第 3 版

機械設計工學

工學博士 劉 憲 一 著

東 明 社

기계설계공학

제3판 발행 1996년 8월 5일
제3판12쇄 발행 2015년 1월 9일

지은이 유헌일
펴낸이 최국주
펴낸곳 동명사
출판등록 1950년 11월 1일(제1-76호)

주소 (우 413-756) 경기도 파주시 회동길 50(문발동)
전화 031-955-7200(대표)~2, 7203(편집부), 7204(물류)
팩스 031-955-7205
전자우편 webmaster@dmsbook.com
홈페이지 www.dmsbook.com

東明社

ISBN 978-89-411-0166-6 93550
값 36,000원

·····3판 머리말·····

초판을 낸 지도 벌써 10년이 지났다. 그 동안 개정 · 증보판을 냈고 이번에는 3판을 내면서 많은 분으로부터 보내 주신 성원과 격려에 보답하고자 한다.

내용은 제1편과 제2편으로 나누어 제1편에서는 기본개념을, 제2편에서는 기계요소 각론을 취급하였다. 내용을 많이 바꾼 제1편에서는 제1장 기계설계의 개요, 제2장 재료, 제3장 하중과 응력, 제4장 탄성 변형률과 변형량, 제5장 파손이론, 안전계수 및 신뢰성, 제6장 충격과 피로, 제7장 표준화와 끼워맞춤으로 기계설계의 기본개념으로 중요한 내용을 망라했다.

사용된 용어는 1992년도판 대한기계학회편 "기계 용어집"에 의해서 통일하여 사용되는데 착오 없도록 노력했으며, 용어집에 없는 것은 다른 참고문헌을 참고로 혼란이 없도록 표기하였다.

기계설계에 사용된 단위는 주로 중력 단위계로서 kg_f · m · s를 힘 · 길이 · 시간의 단위로 널리 사용해 왔다. 그러나 국제 단위계(SI 계)로 통일되면서 많은 분야에 국제 단위계가 이용되면서 멀지 않는 장래에 기계설계 분야에도 국제 단위계가 사용되리라 생각한다. 그래서 3판에서는 예제와 연습문제에 국제 단위계를 사용한 문제를 거의 반정도 소개함으로써 앞으로 실무에 활용하도록 노력하였다.

기계설계를 공부하다 보면 많은 식을 대하게 된다. 식을 요령있게 활용하여 기계설계를 적절히 하도록 도움을 주기 위해서 꼭 중요하다고 생각되는 식에는 다른 식과 구별하여 위 아래로 선을 그어서 암기에 도움을 주도록 하였다.

각 장마다 충분한 예제와 연습문제를 주어서 기계설계의 이해를 돕도록 했으며, 연습문제를 확실하게 숙지함으로써 기계설계 실무에 큰 도움을 얻으리라 생각한다.

본 기계설계공학은 대학의 정규과정을 위해서 편찬된 것이지만, 공업 전문대학의 교재로 사용하려면 많은 시간부담이 있으므로 제1장에서 제7장을 간략하게 연구하고, 제8장부터 시작되는 각론을 공부하는 것이 바람직하다.

3판에 대해서도 아낌없는 성원과 격려를 바라고 보다 좋은 교재가 되도록 계속해서 노력을 경주하겠다.

끝으로 본교재가 기계설계에 관심 있는 모든 사람에게 보탬이 되었으면 하는 마음 간절하며, 끝까지 어려운 여건에서도 이 교재가 세상에 나오도록 노력한 동명사 여러분에게 감사를 드린다.

1996년 6월 15일

著者 씀

차　　례

제 1 편　基本概念

제 1 장　機械設計의 概要

제 2 장　材　　料

제 3 장 荷重과 應力

제 4 장 彈性 變形率과 변형량

제 5 장 破損理論, 安全係數 및 信賴性

제 6 장 衝擊과 疲勞

제 7 장 標準化와 끼워맞춤

제 2 편 機械要素各論

제8장 나 사

제9장 키와 코터 및 핀

제 10 장 리벳이음

제 11 장 熔接이음

제 12 장 軸

제13장 軸 이 음

제14장 구름 베어링

제 15 장 미끄럼 베어링

제 16 장 摩 擦 車

제 17 장 齒 車(기어)

제 18 장 헬리컬 기어·베벨 기어 및 웜 기어

제 19 장 平벨트와 V벨트

제 20 장 로프와 체인傳動

제 21 장 브레이크 및 플라이휠

제22장 스 프 링

제23장 管·管이음 및 밸브

제 1 편
基本概念

제 1 장

機械設計의 概要

1-1 機械와 機械設計

1-1-1 機械要素

工業(engineering)은 인간에게 유익하도록 자원과 자연법칙을 활용하는 것이며, 자연법칙을 이해하고 어떤 정해진 목적에 응용하므로 응용과학의 한 분야이다. 기계설계 공학은 모든 종류의 기계와 기계장치의 개념, 설계, 개발응용을 다루기 때문에 공업의 중요한 부분이라 할 수 있다.

機械(machine)란 저항력이 있는 물체가 조합되어 구성된 각 부분품이 어떤 한정된 상대운동을 하면서 외부로부터 에너지를 받아들여 사람에게 유용한 기계적 일을 하는 것을 말한다. 한정된 상대운동을 하지 않는다는 점에서 工具(tool)와 구별되고, 외부로부터 받은 에너지를 유용한 기계적 일로 변환시키는 것이 목적이 아니고 단순히 사람의 지감을 보조한다는 점에서 器具(instrument)와 구별된다.

아무리 복잡한 기계라도 이것을 분해해 보면 몇 개의 같은 종류의 기계 부분품으로 구성되어 있음을 알 수 있다. 이와 같은 기계 부분품을 **기계요소**(machine elements)라 하며, 기계는 기계요소를 적절히 조합하여 만들어진다.

나사, 축, 기어와 같은 기계요소는 각각의 설계법에 따라 만들어지기 때문에 기계요소 설계에 관한 지식을 습득해야 하고, 볼트·너트·볼 베어링과 같은 기계요소는 전문 제작회사에서 규격대로 만들어져 나오므로, 그 규격이 어떻게 제정되었나를 알고 그 적용법을 습득하는 것이 기계설계의 기본이 된다.

1-1-2 機械設計

기계를 훌륭하게 설계하려면 기초적인 지식에서 전문적, 응용력 있는 지식에 이르는 넓은 범위에 걸친 경험과 지식이 풍부할수록 좋으며, 나날이 개발되는 과학기술의 새로운 지식을 끊임없이 흡수, 응용함으로써 기능적으로 충분하고 사용하기에 편리하며, 미관상 아름다운 기계를 설계할 수 있게 해야 한다.

기계는 항상 설계도면에 의하여 만들어진다. 기계설계란 제작하고자 하는 기계의 필요한 모든 도면을 작성하기까지의 과정을 말한다. 기계제작에 필요한 도면을 마련하기 위하여 기계의 모양, 크기, 재료 등 필요한 사항을 결정해야 하고, 설계가 완료되었다는 것은 이 모든 사항이 도면 위에 표현되었음을 말한다. 따라서, 도면은 설계자의 의도를 표현하는 수단으로서 기계제작을 위한 상세한 설명서가 되며 기계제작을 위한 명령서이다.

설계는 그림 1-1과 같은 수순에 따라 이루어져야 한다. 사회나 국가에서 요구가 인식되고 설계능력의 검토, 기술실적의 조회, 문제의 비교정리, 기술자료의 조사와 분석, 창조성의 도입으로 문제를 정의하여 설계하면서 총합, 분석, 최적화의 과정을 거쳐 설계수준을 시험, 평가하며 설계도면과 지시서로써 발표하여 의사를 전달한다.

기계설계를 할 때 유의해야 할 사항은 다음과 같다.

① 기구는 사용목적에 맞도록 간단하고 확실한 동작과 조정, 수리, 운반이 편리해야 한다.

② 강도는 충분한 신뢰성을 갖고, 기계는 경량·소형으로 수명이 길어야 한다.

③ 효율이 좋고 취급이 용이해야 한다.

④ 제작비가 적고 경제적 가치가 커야 한다.

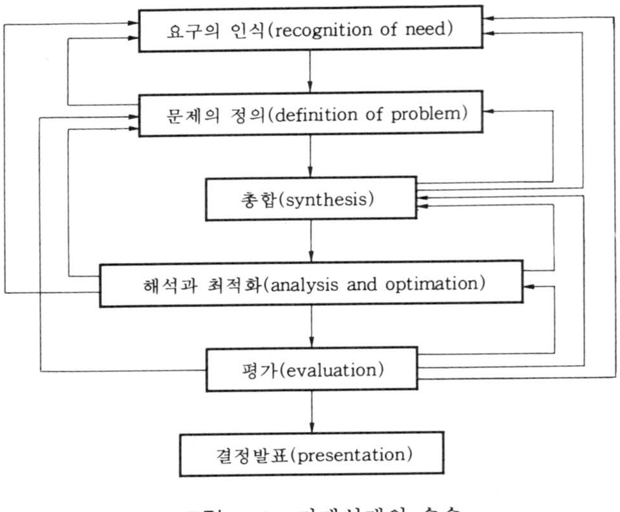

그림 1-1 기계설계의 수순

⑤ 외관이 아름답고 상품가치가 높아야 한다

기계요소와 기계를 설계하거나 개발하는데는 주로 기술적, 경제적 고려가 크게 작용하였다. 그러나 현대 공학자는 안전(safety), 생태학(ecology)과 삶의 질(quality of life)에 더 많은 관심을 가져야 할 것이다.

1-2 설계할 때 考慮事項

공학설계에는 수많은 고려사항이 있으며 이것들을 적절하게 반영시키는 것이 공학자가 해야 할 일이다. 간단한 표로 나타낸다는 것이 무리일지 모르나 어느 정도 도움을 줄 수 있기 때문에 아래에 열거한다.

[1] 종래의 고려사항

(1) 부 품 자 체

① 강도(strength)

② 처짐(deflection)

③ 무게(weight)

④ 크기와 모양(shape)

(2) 부 품 표 면

① 마모(wear)

② 윤활(lubrication)

③ 부식(corrosion)

④ 마찰력(frictional force)

⑤ 마찰열(frictional heat)

(3) 비 용

[2] 현대의 고려사항

(1) 안 전

(2) 생태학(오염, 자원보존, 소음)

(3) 삶의 질

[3] 기타 고려사항

(1) 신뢰성(reliability)과 지속성(maintainability)

(2) 미학(aesthetics)

1-3 單 位 系

1-3-1 單 位

우리 나라는 오래 전부터 사용해 왔던 단위와 근래에 공업화되면서 사용된 단위가 혼용되어 상당한 복잡성을 갖고 있다. 앞으로는 점진적으로 국제 단위계(國際單位系)인 **SI계**(international system of units)가 사용되기 때문에 충분한 지식을 가질 필요가 있다.

양을 측정하기 위해서 단위(unit)를 사용하게 되고, 기본단위로서 길이·질량·시간을, 유도단위로 힘을 정한 **절대단위**와 기본단위로 길이·무게·시간을, 유도단위로 질량을 정한 **중력단위**가 있다. 절대단위는 주로 물리학계에서, 중력단위는 공학계에서 널리 사용해 왔다. 어느 단위를 사용하든간에 단위 사이의 관계를 확실히 알아 두어야 한다.

절대단위의 힘의 단위는 질량 1kg의 물체에 $1\,\mathrm{m/sec^2}$의 가속도를 주는 힘으로, 이것을 1뉴턴(Newton, N)이라 한다.

$$1\,\mathrm{N} = 1\,\mathrm{kg \cdot m/sec^2}$$

질량 1g의 물체에 $1\,\mathrm{cm/sec^2}$의 가속도를 주는 힘은 1다인(dyne)이라 하고 다음 식이 성립한다.

$$1\,\mathrm{dyne} = 1\,\mathrm{g \cdot cm/sec^2} = 10^{-5}\,\mathrm{N}$$

중력단위의 힘의 단위로서 질량 1kg의 물체에 작용하는 중력, 즉 물체의 무게를 사용하며 이것을 1중량 kg(kg_w, kg_f)라 한다. 절대단위와 중력단위의 힘의 관계식은 다음과 같다.

$$\begin{aligned} &1\,\mathrm{kg}_f = 1\,\mathrm{kg} \times 9.806\,\mathrm{m/sec^2} = 9.806\,\mathrm{N} \\ &\therefore\ 1\,\mathrm{N} = 0.1019\,\mathrm{kg}_f \\ &\quad 1\,\mathrm{dyne} = 1.019 \times 10^{-6}\,\mathrm{kg}_f \\ &\quad 1\,\mathrm{kg}(\text{질량}) = 0.1019\,\mathrm{kg}_f \cdot \mathrm{sec^2/m} \end{aligned} \tag{1·1}$$

1-3-2 SI單位

국제 도량형 총회에서 1960년에 6개의 기본단위, 2개의 보조단위, 고유명칭을 가진 13개의 조립단위 및 12개의 접두어로 된 단위계를 채택할 것을 결정하여, 이것을 **국제 단위계**(SI계, international system of units)라 하고 그 후에 조금씩 추가 개정되었다.

국제표준화기구(international organization for standardization, ISO)는 1947년에 설립

되어 우리 나라도 가입되어 있다. 1969년부터 ISO 규격에는 모두 SI 단위를 우선적으로 사용하도록 되어 있기 때문에 ISO에서 나오는 여러 가지 산업에 관련되는 자료 속에 나타나는 양의 단위는 SI 단위를 기본으로 통일되어 갈 것이다.

우리 나라는 아직 공업규격에 도입되어 있지 않으나 조만간 도입될 전망이며, 현재 국제회의나 논문 등에는 SI 단위계를 의무적으로 사용하도록 되어 있다.

[1] SI 基本單位

SI 기본단위는 표 1-1에 표시한 바와 같이 7개의 단위인 길이, 질량, 시간, 전류, 열역학온도, 물질량, 광도에 대한 단위, 즉 미터, 킬로그램, 초, 암페어, 켈빈, 몰, 칸델라 등이다.

단위기호는 소문자로 된 입체문자이고, 고유명사로부터 유도된 경우에는 첫 번째의 문자는 대문자의 입체문자가 된다.

표 1-1 SI기본단위

양	측정단위	단위기호
길이	미터	m
질량	킬로그램	kg
시간	초	s
전류	암페어	A
열역학온도	켈빈	K
물질량	몰	mol
광도	칸델라	cd

[2] SI 補助單位

SI 보조단위는 표 1-2에 표시한 바와 같이 2개의 기하학적인 양으로 무차원량이며, 기본단위나 조립단위의 어느 편에 속한다고 하여도 상관이 없으나 약속에 의하여 보조단위라고 한다.

표 1-2 SI보조단위

양	측정단위	단위기호
평면각	라디안(radian)	rad
입체각	스테라디안(steradian)	sr

(1) 라디안

라디안(radian)은 원주상에서 그 반지름과 같은 길이의 원호를 끊어 이루어진 2개의 반지름 사이의 평면각이다.

(2) 스테라디안

스테라디안(steradian)은 구(球)의 중심을 정점으로 그 구(球)의 반지름을 한 변으로 하는 정4각형의 면적과 같은 면적을 그 구(球)의 표면에서 끊어내는 입체각이다. 스테라디안을 이용한 조립단위의 예는 다음과 같은 것이 있다.

放射角度 ……… W/sr

放射輝度 ……… $W/m^2 \cdot sr$

光　束 ……… $lm = cd \cdot sr$

[3] SI組立單位

SI 조립단위는 기본단위와 보조단위를 사용하여 대수적인 관계로 구성된 단위이다. 예를 들면, 힘의 단위는 $kg \cdot m \cdot s^{-2}$이고 그 명칭은 킬로그램·미터·매초제곱으로 아주 비현실적이다. 그래서 고유명칭을 가진 19개의 조립단위가 표 1-3과 같이 결정되었다.

표 1-3 고유의 명칭을 가진 SI조립단위

양	측정단위	기호	정의
주파수	헤르츠	Hz	s^{-1}
힘	뉴턴	N	$m \cdot kg \cdot s^{-2}$
압력, 응력	파스칼	Pa	N/m^2
에너지, 일량, 열량	줄	J	$N \cdot m$
작업률(工率), 放射束	와트	W	J/s
전기량, 전하	쿨롱	C	$A \cdot s$
전압, 전위	볼트	V	W/A
靜電容量	패럿	F	C/A
전기저항	옴	Ω	V/A
컨덕턴스	지멘스	S	A/V
磁束	웨버	Wb	$V \cdot s$
자속밀도	테슬라	T	Wb/m^2
인덕턴스	헨리	H	Wb/A
섭씨온도	섭씨온도	℃	t℃/$(t+273.15)$K
光束	루멘	lm	$cd \cdot sr$
照度	럭스	lx	lm/m^2
방사능	베크렐	Bq	s^{-1}
吸收線量	그레이	Gy	J/kg
線量當量	시버트	Sv	J/kg

[4] SI接頭語

아주 크거나 적은 양을 표시하기 위해 SI 단위의 10의 상수승배를 나타내는 16개의 접두어 명칭과 기호가 표 1-4에 표시되어 있다. 양을 표시하는 숫자가 0.1에서 1000 사이가 되도록 적절한 SI 접두어를 사용해야 한다.

1-3-3 機械設計에 사용되는 SI單位

기계설계에서 사용되는 주요 조립단위를 표 1-5에 표시하고, 고유명칭을 가진 조립단위 몇 가지를 표 1-6에 표시한다.

표 1-4 SI 접두어

배 수	접 두 어	기 호	배 수	접 두 어	기 호
10^{18}	엑 사	E	10^{-1}	데 시	d
10^{15}	페 타	P	10^{-2}	센 티	c
10^{12}	테 라	T	10^{-3}	밀 리	m
10^{9}	기 가	G	10^{-6}	마이크로	μ
10^{6}	메 가	M	10^{-9}	나 노	n
10^{3}	킬 로	k	10^{-12}	피 코	p
10^{2}	헥 토	h	10^{-15}	펨 토	f
10^{1}	데 카	da	10^{-18}	아 토	a

표 1-5 기계설계에서 사용되는 주요 조립단위

양	SI	
	단 위(명칭)	단위기호
면 적	평 방 미 터	m^2
체 적	입 방 미 터	m^3
속 도	미 터 매 초	m/s
가 속 도	미터매초제곱	m/s^2
각 속 도	라디안매초	rad/s
각 가 속 도	라디안매초제곱	rad/s^2
진동수, 주파수	헤 르 츠	Hz
회 전 속 도	回 每 秒	s^{-1}
밀 도	킬로그램每立方미터	kg/m^3
운 동 량	킬로그램미터매초	kg·m/s
운동량의 모멘트, 角運動量	킬로그램평방미터매초	$kg \cdot m^2/s$
관성 모멘트	킬로그램평방미터	$kg \cdot m^2$
힘	뉴 턴	N
힘의 모멘트	뉴 턴 미 터	N·m
압 력	파 스 칼	Pa
응 력	파스칼(뉴턴매평방미터)	Pa, (N/m^2)
표 면 장 력	뉴턴每미터	N/m
에너지, 일량	줄	J
일 률, 동 력	와 트	W

표 1-6 고유의 명칭을 가진 조립단위

양	명 칭	단 위 기 호	다른 SI 단위에 의한 표시	SI 기본단위에 의한 표시
진동수, 주파수	헤 르 츠	Hz		s^{-1}
힘	뉴 턴	N		$m \cdot kg \cdot s^{-2}$
압력, 응력	파 스 칼	Pa	N/m^2	$m^{-1} \cdot kg \cdot s^{-2}$
에너지, 일량	줄	J	N·m	$m^2 \cdot kg \cdot s^{-2}$
일률, 동력	와 트	W	J/s	$m^2 \cdot kg \cdot s^{-3}$

예제 1-1. 지름 50mm인 강봉(鋼棒)이 중심선으로부터 28mm인 점에 9kN의 하중과 100 N·m의 비틀림 모멘트를 받고 있다. 최대 인장응력과 최대 전단응력을 구하라. 최대 인장응력과 최대 전단응력을 kg_f/mm^2로 환산하라.

풀이 $I=\frac{\pi d^4}{64}=\frac{\pi\times 0.05^4}{64}=30.68\times 10^{-8}m^4$

$J=\frac{\pi d^4}{32}=61.36\times 10^{-8}m^4$

$\sigma_x=+\frac{P}{A}+\frac{Mc}{I}=\frac{9000}{1.963\times 10^{-3}}+\frac{9000\times 0.028\times 0.025}{30.68\times 10^{-8}}=25.12\,MN/m^2$

$\tau_{xy}=\frac{Tr}{J}=\frac{100\times 0.025}{61.36\times 10^{-8}}=4.07\,MN/m^2$

최대 인장응력과 최대 전단응력을 다음과 같이 구한다.

$\sigma_{max}=\frac{25.12}{2}+\sqrt{12.56^2+4.07^2}=25.8\,MN/m^2$

$\tau_{max}=\sqrt{12.56^2+4.07^2}=13.2\,MN/m^2$

MN/m^2을 kg_f/mm^2로 환산하기 위해 $1N=0.1019kg_f$이므로

$25.8\times\frac{MN}{m^2}=25.8\times 10^6\frac{N}{m^2}=25.8\times 10^6 N\cdot\frac{0.1019kg_f}{N}\cdot\frac{1}{m^2}\cdot\frac{m}{1000mm}\cdot\frac{m}{1000mm}$

$=25.8\times 0.1019kg_f/mm^2=2.63kg_f/mm^2$

$13.2MN/m^2=13.2\times 0.1019kg_f/mm^2=1.35kg_f/mm^2$

예제 1-2. 마력단위로서 1HP는 $75kg_f\cdot m/sec$인데 몇 kW인가? 또, 1미국 마력은 $1hp=550lb_f\cdot ft/sec$로 표시되는데, 몇 kW인지 환산하라.

풀이 $1HP=75\frac{kg_f\cdot m}{sec}=75kg_f\cdot\frac{9.806N}{kg_f}\cdot\frac{m}{sec}=75\times 9.806\,J/sec$

$=75\times 9.806\,W=0.735\,kW$

$1hp=550lb_f\cdot ft/sec=550\times\frac{lb_f\cdot ft}{sec}\times\frac{0.454\,kg_f}{lb_f}\times\frac{0.305m}{ft}\times\frac{9.806N}{kg_f}$

$=550\times 0.454\times 0.305\times 9.806\frac{N\cdot m}{sec}=0.747kW$

1-4 일과 에너지

모든 기계에는 하중과 운동이 따르고 이것이 조합되어 일(work) 또는 에너지를 나타내므로, 이 기초적인 개념에 대해 복습해 두는 것이 좋다.

초기점 S_1에서 마지막 점 S_2까지 움직이는 동안 작용하는 힘 $\mathbf{P}$에 의해 행해진 일은

$$W=\int_{S_1}^{S_2}\mathbf{P}\cdot d\mathbf{S} \quad (1\cdot a)$$

이며 힘벡터 **P**와 변위벡터 $d\mathbf{S}$의 스칼라곱으로 표시한다.

그림 1-2와 같이 반지름 r인 바퀴에 접선력 P가 작용하여 q회전을 하였다면 행해진 일 W는 다음과 같다.

$$W = P(2\pi r)(q) = \mathrm{PS} \tag{1·b}$$

S는 P가 작용하는 동안 이동한 거리를 나타낸다. P와 r의 곱인 토크 T가 작용하는 동안 바퀴가 회전한 각을 θ라고 하면, 행해진 일 W는 다음과 같다.

$$W = P(r\theta) = T\theta \tag{1·c}$$

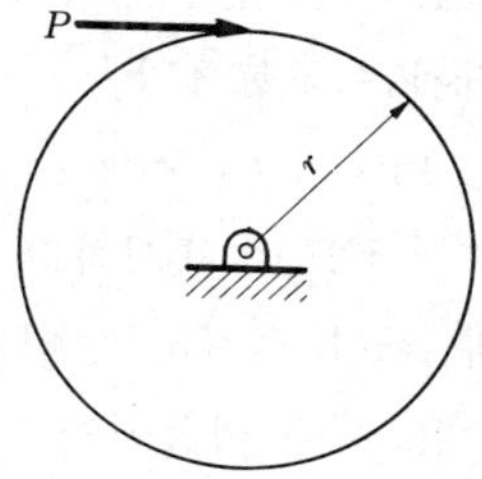

그림 1-2 접선력으로 회전하는 바퀴

힘이나 토크로 행해진 일은 부품에 저장되었던 중력 퍼텐셜 에너지, 운동 에너지 또는 내부 에너지 등이 이동한 것으로 생각할 수 있으며, 때로는 열에너지로 발산되기도 한다. 이동하는 동안 전체 에너지의 양은 변하지 않는다.

일은 힘에다 거리를 곱한 단위를 갖는다. 운동 에너지, 퍼텐셜 에너지와 내부 에너지도 일의 단위와 같은 단위를 갖는다. SI 계에서는 일의 단위는 줄(J)이라는 뉴턴 · 미터(N·m)이다. 중력 단위계에서 일과 에너지의 단위는 $\mathrm{kg}_f\cdot\mathrm{m}$이 된다.

예제 1-3. 그림 1-3은 회전하는 캠이 종동절을 수직으로 움직인다. 표시된 그림에서 1N의 힘을 종동절이 받고 있다. 캠이 0.1rad(5.73°) 회전하면 종동절은 1mm 움직인다. 이 때 캠축을 회전하는 평균토크를 구하라.

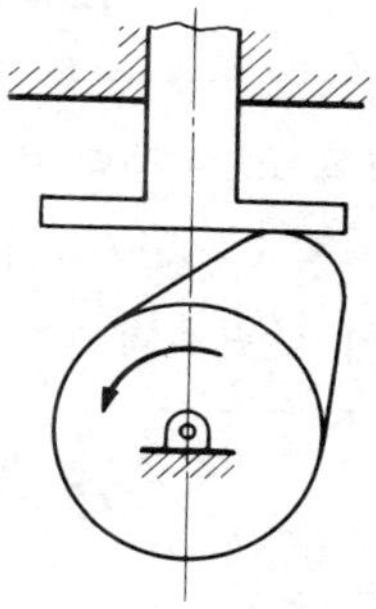

그림 1-3 캠과 종동절

풀이〉 회전하는 동안 토크는 일정하고 마찰손실이 없다고 본다.

입력된 일 $W_{in} = T\theta = T(0.1\,\mathrm{rad})$

출력된 일 $W_{out} = \mathrm{PS} = (1\,\mathrm{N})(0.001\,\mathrm{m})$

입력 · 출력된 일을 같다고 놓으면

$$T = \frac{1\,\mathrm{N} \times 0.001\,\mathrm{mm}}{0.1\,\mathrm{rad}} = 0.01\,\mathrm{N\cdot m} = 10\,\mathrm{N\cdot mm}$$

1-5 動力(Power)

기계설계 문제를 해석하는데는 에너지가 이동되는 시간적 변화율에 관심을 갖게 되는데, 일량의 시간적 변화율을 **동력**(power)이라 하며 H로 표시한다. 일에는 힘이 포함되므로 일량의 시간적 변화율은 힘과 힘이 작용하는 점의 속도의 곱으로 나타낸다.

$$H = \mathbf{P} \cdot \mathbf{v} \tag{1·d}$$

식 (1·d)는 시간 t_1에서 t_2까지 적분가능하므로 전체 일은 다음과 같다.

$$W = \int_{t_1}^{t_2} H dt = \int_{t_1}^{t_2} \mathbf{P} \cdot \mathbf{v} dt$$

동력은 일의 시간적 변화율이므로 에너지와 시간의 단위로 표시된다. SI 계에서는 동력의 단위는 줄每초(J/s), 즉 와트(W)로 표시되고 주로 kW가 많이 사용된다. 중력 단위계에서는 $kg_f \cdot m/s$, kcal/s 그리고 마력(HP or hp)을 사용한다. 이 책에서는 마력은 MKS 단위로서 HP로 표시하고 FPS 단위로서 hp로 표시하여 구별하였다. 축, 플라이휠, 기어, 풀리와 같이 회전하는 기계요소로 전달되는 동력은 기계연구에서는 중요하다. 특히, 회전하는 축은 자주 이용되는 기계요소이다. 토크 T를 받는 축이 각속도 ω로 회전한다고 생각한다. 또, 토크 T는 접선력 P와 반지름 r로 $T = Pr$가 된다. 힘이 작용하는 점에서 속도는 $v = r\omega$이며 ω의 단위는 rad/s이므로 동력은 다음과 같이 된다.

$$H = Pv = (T/r)(r\omega) = T\omega$$

SI 단위계에서는 와트(W)는 1J/s, 즉 1N·m/s이다. 1회전은 2π rad이므로 1kW의 동력은

$$H = \frac{P \cdot v}{1000} = \frac{T\omega}{1000} = \frac{T(2\pi n)}{1000(60)} = \frac{Tn}{1000(60)/2\pi} = \frac{Tn}{9549} \tag{1·2}$$

가 되고 H = 동력(kW), T = 토크(N·m), n = 회전수(rpm), P = 힘(N), v = 속도(m/s), ω = 각속도(rad/s)이다.

중력 단위계에서는 마력(HP)은 75$kg_f \cdot m/s$이므로

$$H = \frac{P \cdot v}{75} = \frac{2\pi Tn}{(1000)75(60)} = \frac{Tn}{(1000)75(60)/2\pi} = \frac{Tn}{716,200} \tag{1·3}$$

여기서 H = 동력(HP), T = 토크($kg_f \cdot mm$), n = 회전수(rpm), P = 힘(kg_f), v = 속도(m/s)이다.

1-6 에너지 保存

경계를 통한 질량의 이동이 없는 계에서는 에너지 보존이 성립한다.

$$\Delta E = \Delta KE + \Delta PE + \Delta U = Q + W \tag{1·4}$$

여기서 ΔE = 계의 전에너지의 변화

$\Delta KE = \frac{1}{2}m(v_2^2 - v_1^2)$ = 운동 에너지의 변화

$\Delta PE = mg(z_2 - z_1)$ = 중력 퍼텐셜 에너지의 변화

ΔU = 내부 에너지의 변화

Q = 계로 이동된 열에너지

W = 계에 행해진 일

예제 1-4. 예제 1-3의 캠축이 1000rpm으로 균일하게 회전한다면 필요한 평균동력은 얼마인가?

풀이 회전하는 동안 토크는 일정하고 마찰손실이 없다면

$1000\,\text{rpm} = 2000\pi\ \text{rad/min} = 33.3\pi\ \text{rad/s}$

0.1rad의 회전에는 $(0.1/33.3\pi)$초가 소요된다.

$$H = \frac{0.001\,\text{N}\cdot\text{m}}{(0.1/33.3\pi)\text{s}} = 1.05\,\text{N}\cdot\text{m/s} = 1.05\,\text{W}$$

마력으로 환산하면

$$1.05\,\text{W} \times \frac{1\,\text{HP}}{735\,\text{W}} = 0.0014\,\text{HP}$$

예제 1-5. 펀치 프레스의 크랭크축이 60rpm으로 회전하면서 1분 동안에 60개의 구멍을 강판에 뚫고 있다. 크랭크축이 필요한 토크는 그림 1-4에 나타낸 바와 같다. 프레스는 1200rpm로 회전하는 모터로 감속되어 구동되고 있다. 플라이휠 효과를 무시한다면 모터의 동력은 얼마가 되어야 하는가?

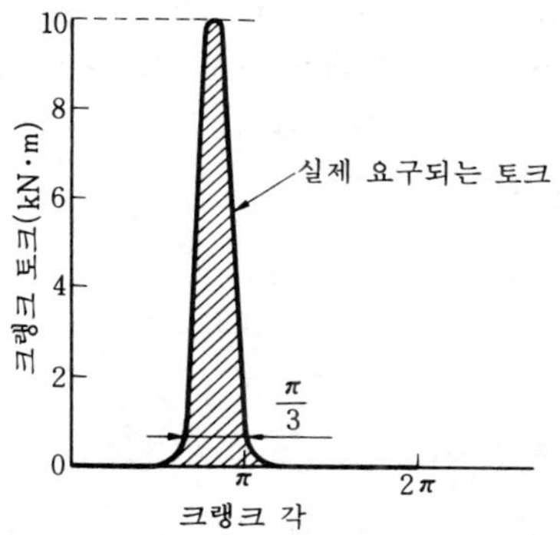

그림 1-4 펀치 프레스의 필요한 토크

풀이 마찰손실을 무시하고, 회전운동 에너지가 저장되지 않고 모터는 계속해서 최대토크를 공급한다면, 모터의 입력은 크랭크축의 출력과 같아야 하고 20:1의 속도감소는 토크를 20:1로 증가시키므로 모터의 토크는 다음과 같다.

$(10\,\text{kN}\cdot\text{m}/20) = 500\,\text{N}\cdot\text{m}$

계속해서 모터가 500N·m의 토크를 공급하므로 1회전 동안 일은 $2\pi(500\,N\cdot m)=1000\pi\ J$이 된다.

모터가 20회전하는 1초 동안에 일은 20π kJ이 된다. 따라서, 동력은 다음과 같다.

$$H=20\pi\ kW=62.8\,kW$$

마력으로 환산하면

$$H=62.8\,kW\times\frac{1\,HP}{0.735\,kW}=85.4\,HP$$

예제 1-6. 예제 1-5의 펀치 프레스에서 플라이휠을 사용한다면 모터의 동력은 얼마로 되는가? 프레스에 필요한 에너지는 실제토크와 크랭크각 곡선 사이의 면적으로 표시되고, 그림 1-5에 따라 2π kN·m 즉 6283J 이다.

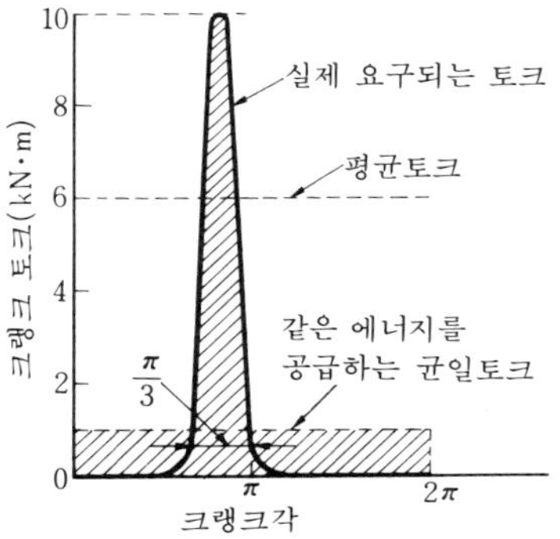

그림 1-5 펀치 프레스의 필요한 토크

풀이 그림에서 실제 펀치행정 동안 평균토크는 6kN·m이고 펀치행정이 $\frac{\pi}{3}$rad 계속된다. 2π rad에 걸쳐 일정한 토크를 공급하도록 플라이휠을 사용하면 필요한 토크를 1kN·m로 감소시킨다. 속도가 같으면 모터의 토크와 모터의 동력은 비례하므로 10:1의 토크감소는 같은 비율로 동력을 감소시킨다. 따라서, 필요한 동력은 다음과 같다.

$$H=6.3\,kW=8.6\,HP$$

연 습 문 제

1. 과학, 공업과 기술의 정의를 명확히 하라.
2. 기계설계란 무엇이며, 기계설계를 훌륭히 하려면 어떤 점을 고려해야 하는가?
3. 현대 공학자가 기계설계에서 고려해야 할 삶의 질(quality of life)에 관해 구체적으로 설명하라.
4. 현재 우리 나라에서 사용되고 있는 단위에 대해서 자세히 설명하라.
5. 운동 에너지와 중력 퍼텐셜 에너지를 수식으로 어떻게 표시되는지 유도하라.
6. 이 책에는 마력을 HP와 hp를 구별해서 사용하는데, 미터계를 사용하는 HP를 영미계통의 hp로

환산하려면 무슨 수를 HP에다 곱해야 하는가? (1.016)

7. 중력 가속도 $9.81\,m/s^2$인 곳에 질량 10kg의 물체가 있다. 이 물체의 무게는 몇 N인가? 또, kg_f로 환산하면 얼마인가? (98.1N, $10kg_f$)

8. 문제 **7**의 무게를 환산하면 몇 lb_f되는가? ($22.1lb_f$)

9. 물체의 질량이 8kg이다. 중력 가속도 $9.7\,m/s^2$인 곳에서 무게는 얼마인가? 물체를 $7\,m/s^2$으로 가속하려면 몇 N의 힘이 요구되는가? (77.6N, 56.0N)

10. 트럭의 무게가 3300lb이다. 중력 가속도가 $32.2\,ft/s^2$이고 마찰을 무시한다면 $5\,ft/s^2$의 가속을 유지하려고 할 때 얼마의 힘이 필요한가? ($512.4lb_f$)

11. 스프링이 5mm/N의 비율로 늘어난다. 물체를 스프링에 매달았을 때 30mm가 늘어났다고 하면, 매달린 물체의 질량은 얼마인가? 중력 가속도는 $9.81\,m/s^2$이다. (0.612kg)

12. 치차상자(gear box)로 들어가는 입력축이 2000rpm로 40kW의 동력을 전달한다. 출력축의 동력이 36kW이고 500rpm으로 감속되었다면 각 축의 토크를 구하라. 치차상자의 효율은 얼마인가?
(191.0N·m, 687.5N·m, 90%)

13. 전열기가 220V로 10시간 동안 6A의 전류를 소모한다. 전열기에 공급된 전체 에너지를 kW·h로 표시하라. (13.2kW·h)

14. 속도변동을 최소로 하는 플라이휠을 가진 펀치 프레스가 매분 120펀칭을 하고, 각 펀칭마다 50 mm의 행정에 평균 2000N의 힘이 소요된다. 300rpm의 입력축이 기어 감속기를 통해 프레스가 구동된다. 전효율은 80%이다. 축을 통해 전달된 동력은 얼마인가? 또, 축에 걸리는 평균토크는 얼마인가? (250W, 8.0N·m)

15. 소형 펀치 프레스가 그림 **1-6**과 같은 곡선을 따라 0에서 1000N·m의 토크변동으로 100rpm 회전한다. 프레스는 1200rpm의 모터로 감속기를 거쳐 구동된다. 마찰손실을 무시한다면 플라이휠이 있는 경우와 없는 경우 필요한 모터의 동력은 얼마인가? (2618W, 10,472W)

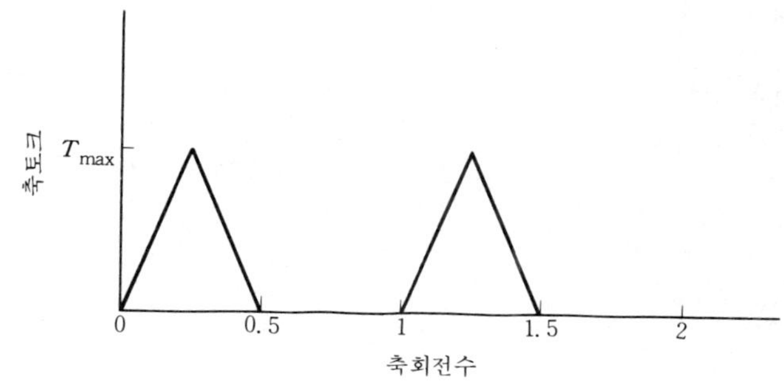

그림 1-6 프레스의 토크곡선

제 2 장

材　料

2-1 서　론

기계요소를 설계하려면 재료를 선택하고 어떤 제작공정으로 만들 것인가를 결정하는 것이 중요하다. 재료를 선택하는 데 있어서 강도와 강성이 중요한 요소가 되나 신뢰성과 耐久性도 고려해야 한다. 또한, 극한온도에서 작동되는 경우 재료선택은 각별한 주의가 필요하다. 최근에는 재활용성, 에너지 요구와 환경오염에 대해서도 생각해야 한다. 재료뿐만 아니라 제작에 소요되는 모든 비용과 유용성도 빼놓을 수 없는 것들이다. 따라서, 가장 좋은 재료는 성능과 비용의 비로 표시되는 가치가 가장 좋은 재료라야 한다.

대부분의 기계나 부품의 유효수명은 疲勞破損(fatigue failure)이나 表面劣化(surface deterioration)로 결정된다. 파손에 대한 재료의 저항에 관한 내용은 다음에 설명이 있을 것이다. 공업용 재료에 대한 물리적 상수나 기계적 성질은 여러 표나 도표에 소개되어 있으므로 기계설계하는 데 참고해야 한다.

2-2 應力-變形率線圖

풀림을 한 軟鋼을 引張試驗하여 얻어진 應力과 변형률의 변화를 선도로 표시하면, 그림 2-1과 같은 응력-變形率線圖(stress-strain diagram)를 얻는다. 이 선도에서 실선으로 표시된 것은 재료에 작용하는 하중을 최초 단면적으로 나눈 응력값, 즉 公稱應力(nominal stress)을 표시하고, 점선으로 나타낸 것은 작용하중을 그때 그때의 단면적으로 나눈 眞應力(true stress)을 표시한다.

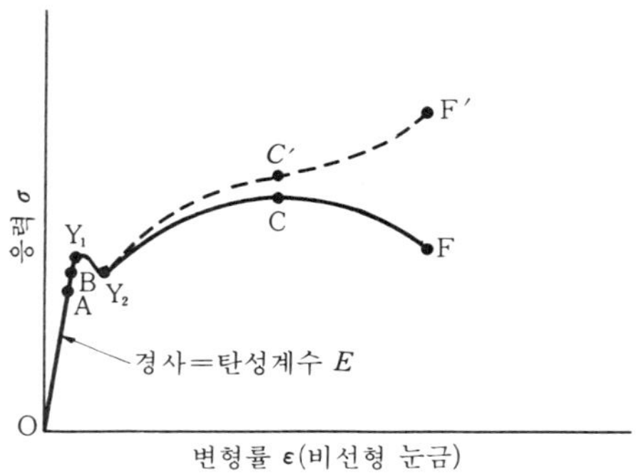

그림 2-1 연강의 응력-변형률 선도

이 선도에서 점 A까지의 응력은 변형률과 비례관계를 가지므로 점 A를 비례한도(proportional limit)라 부르고, $\overline{OA}$ 사이의 직선의 기울기로부터 재료의 탄성계수를 구한다. 이 범위 내에서는 응력 σ와 변형률 ε 사이는 훅의 법칙(Hooke's law)이 성립하므로, 즉

$$\sigma = E\varepsilon$$

이며, 여기서 E는 재료의 세로 탄성계수이다.

다음 점 B는 응력을 제거하면 변형률도 완전히 없어지는 한계점으로, 이 점을 **彈性限界**(elastic limit)라 한다. 점 B를 넘어 응력이 더 가해지면 재료에는 영구변형이 잔류한다. 이 영구변형을 **塑性變形**(plastic deformation)이라고 한다. 점 Y_1에서는 응력이 그대로 있거나 혹은 감소하여도 변형률만이 증가하는데, 이 점을 **降伏點**(yield point)이라 한다. 항복점에는 점 Y_1의 **上降伏點**(upper yield point)과 점 Y_2의 **下降伏點**(lower yield point)이 있고, 상항복점은 시험속도와 試驗片의 모양에 영향을 받으나 하항복점은 재료의 참된 특성값을 나타낸다. 그러나 주철, 구리, 알루미늄, 고무 등에는 항복점이 나타나지 않으므로, 편의상 0.002의 영구 변형률을 잔류시키는 응력값을 항복점으로 생각하여 이것을 **降伏強度**(yield strength)라 한다. 항복점을 지나면 재료에는 네킹(necking)이 발생하기 시작하여 단면이 가늘게 되어서 **局部收縮**(local contraction)이 발생하고 공칭응력과 진응력의 차는 커진다. 점 C에 도달하면 재료가 견딜 수 있는 최대 응력값이 되고, 곧이어 점 F에서 **破斷**한다. 그러므로 점 C의 응력을 **極限強度**(ultimate strength)라 하고 인장시험의 극한강도를 **引張強度**(tensile strength), 압축시험의 극한강도를 **壓縮強度**(compressive strength)라고 한다. 기계재료로 사용되는 금속의 기계적 성질을 표 **2-1**에 표시하였다.

초기와 최후값을 첨자 0과 f로 표시한다면 부피가 일정한 경우 다음 식들이 성립한다.

$$A_0 L_0 = A_f(L_0 + \Delta L) = A_f L_0(1 + \varepsilon)$$

이므로

표 2-1 기계재료의 기계적 성질 (단위 : kg_f/mm^2)

재 료	세로 탄성계수 E	가로 탄성계수 G	비례한도 σ_e	항복점 σ_Y	극한강도 σ_u 인장강도 σ_{ut}	압축강도 σ_{uc}	전단강도 τ
스웨덴강	20,000	7700	13~16	18~26	33~40	33~40	–
軟鋼	21,000	8100	18~23	20~30	37~45	37~45	30~38
半硬鋼	21,000	8100~8400	28~36	30~40	48~62	48~62	40~
硬鋼	21,000	8100~8400	50~	–	100~	100~	65~70
스프링강							
담금질 않음	21,000	8500	50~	–	~100	–	–
담금질	21,500	8800	75~	–	~170	–	–
니켈강(2~3.5 %)	20,900	–	33~	38	56~67	–	–
鑄鋼	21,500	8300	20~	21~	35~70	–	–
주철	10,000	3800	–	–	12~24	60~85	13~26
황동							
주물	8000	–	6.5	–	15	10	15
壓延	–	–	–	–	30	–	–
燐靑鋼	9300	4300	–	40	23~39	–	–
알루미늄							
주물	6750	2000	–	–	6~9	–	–
壓延	7300	–	4.8	–	15	–	–
듀랄루민	5000~6000	–	–	24~34	38~48	–	–
砲金	9000	4000	9	–	25	–	24

$$A_f = \frac{A_0}{1+\varepsilon} \tag{2·1}$$

斷面比(area ratio) : $$R = \frac{A_0}{A_f} = 1 + \varepsilon \tag{2·2}$$

$$\Delta A = A_0 - A_f = A_0\left(1 - \frac{1}{1+\varepsilon}\right) \tag{2·3}$$

斷面 감소율(area reduction) : $$A_r = \frac{\Delta A}{A_0} = 1 - \frac{1}{1+\varepsilon} = 1 - \frac{1}{R} \tag{2·4}$$

예제 2-1. 압연강(hot-rolled steel)의 응력-변형률 선도가 그림 **2-2**와 같다. 가로축은 변형률을 선형눈금으로 표시되어 있다. 점 C까지 냉간가공이 이루어졌다면 σ_Y와 σ_C는 얼마인가? 파괴점 F에서 R, A_r 및 ε은 얼마인가?

풀이 냉간가공 후 재료는 점 H에 있게 된다. 따라서, 재료는 1.3배로 늘어가고 단면적은 1/1.3배가 된다. 새로운 단면적을 기준으로

$$\sigma_Y = 450 \times 1.3 = 585\,\text{MPa} \quad \text{또는} \quad 60\,kg_f/mm^2$$

$$\sigma_C = 450 \times 1.3 = 585\,\text{MPa} \quad \text{또는} \quad 60\,kg_f/mm^2$$

이 얻어진다.

점 F에서 $A_F = \dfrac{1}{2.5} \times A_0$이므로

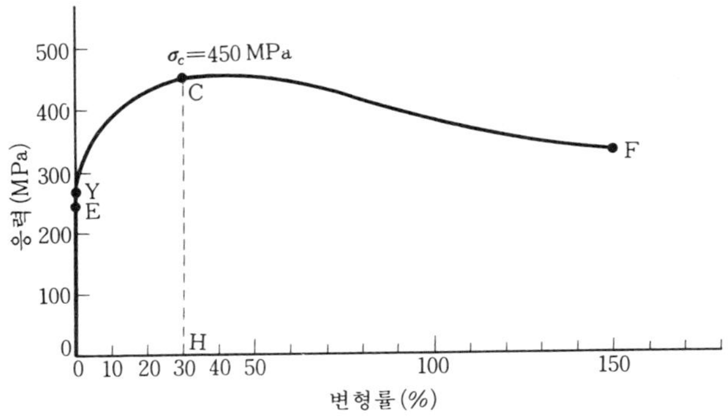

그림 2-2 선형적인 눈금으로 표시된 응력-변형률

$$R=\frac{A_H}{A_F}=\frac{2.5}{1.3}=1.92$$

$$A_r=1-\frac{1}{R}=1-\frac{1}{1.92}=0.48 \text{ or } 48\%$$

$$\varepsilon=R-1=1.92-1=0.92 \text{ or } 92\%$$

점 C 이상까지 하중을 가해서 냉간가공을 하면 σ_Y와 σ_C가 같아지고 재료의 연성이 없어진다.

2-3 眞應力-變形率 관계

재료가 최대탄성 변형률의 20~30배로 늘어난다면 공업적 응력(공칭응력)은 실제 면적보다 아주 다른 단면적을 기준으로 구해지기 때문에 허구적인 값이 된다. 이런 경우, 하중이 걸려 있는 상태에서 얻어지는 단면적으로 나누어 구한 **眞應力**(true srtess) σ_T을 계산하는 것이 바람직하다. 그러므로 $\sigma=P/A_0$이고 $\sigma_Y=P/A_f$가 된다. 따라서, 진응력의 식은 다음과 같이 표시된다.

$$\sigma_T=(P/A_0)(1+\varepsilon)=\sigma(1+\varepsilon)=\sigma R \qquad (2\cdot5)$$

그림 **2-2**에서 점 Y, C, F의 진응력은 각각 270(1) = 270MPa, 450(1.3) = 585 MPa, 310(2.5) = 776MPa가 되고, 진응력은 파괴점에 이르기까지 계속 증가한다.

마찬가지로, 변형률이 커지면 공업적 변형률(공칭 변형률)도 실제적인 값이 되지 못하므로 **眞變形率**(true strain) ε_T를 사용해야 한다. 진변형률을 수식으로 다음과 같이 표시한다.

$$\varepsilon_T=\sum_{L_0}^{L_f}\frac{\Delta L}{L}=\int_{L_0}^{L_f}\frac{dL}{L}=\ln R=\ln(1+\varepsilon) \qquad (2\cdot6)$$

여기서 L_0와 L_f는 초기 및 최후의 길이이며 ln는 자연대수이다. 대부분의 금속에서 공업적 변형률과 진변형률은 최대탄성 변형률의 5~6배 내에서는 거의 같다.

그림 **2-2**의 진응력-변형률을 log-log 눈금으로 그리면 그림 **2-3**이 얻어지고, 강도에 미치는 냉간가공 효과를 예견하는 일반식을 얻을 수 있다. 그림에서 3개의 영역인 탄성영역(elastic region), 소성가공 경화영역(plastic strain strengthening region)과 천이영역(transition region)이 나타나고 중요한 식과 개념을 제공한다.

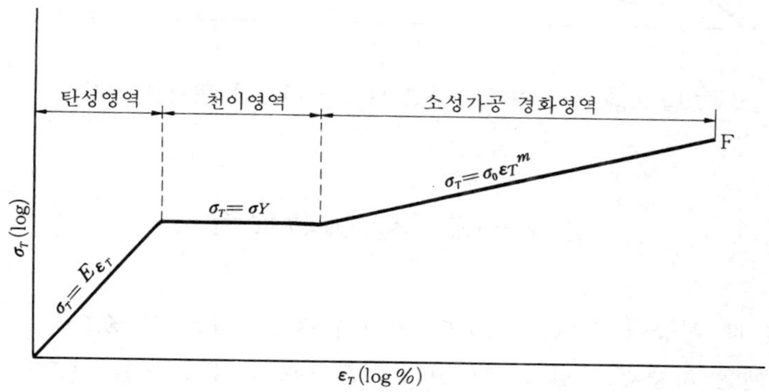

그림 2-3 진응력-변형률 곡선

1) 彈性領域 세로 탄성계수는 공칭응력과 변형률의 비가 되고 약간의 오차를 무시한다면 진응력과 변형률의 비로 본다.

$$\sigma_T = E\varepsilon_T \tag{2·7}$$

그림 **2-3**의 log-log 좌표축에서 기울기 1인 직선이 되고, E는 1의 탄성 변형률을 만드는 데 요구되는 응력값이 된다.

2) 塑性加工 硬化領域 곡선의 기울기를 나타내는 加工硬化指數(strain strengthering exponent) m을 제외하면 식 (2·7)과 같은 변형 경화식은 다음과 같다.

$$\sigma_T = \sigma_0\, \varepsilon_T{}^m \tag{2·8}$$

위의 식에서 σ_0는 가공경화 비례상수로 1의 진변형률에 해당되는 진응력을 나타낸다.

3) 遷移領域 이상적인 재료의 경우 탄성한도의 값은 그림 **2-4**에 나타낸 바와 같이 탄성선(elastic line)과 소성선(plastic line)의 교점이 된다. 실제 재료에서는 실험을 통해 얻어진 遷移曲線(transition curve) Ⅰ과 Ⅱ에 따라 높거나 낮은 σ_e의 값을 갖는다.

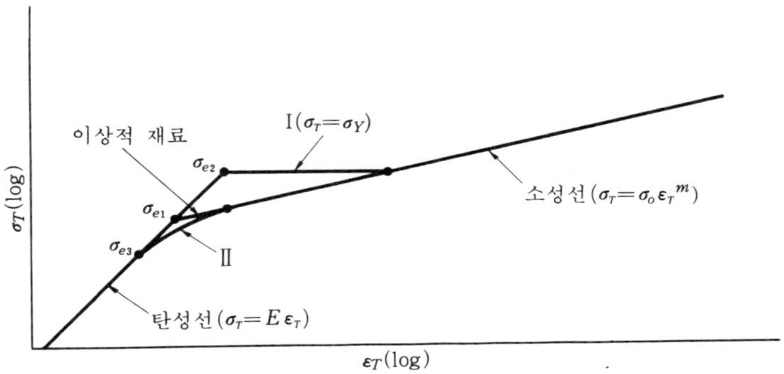

그림 2-4 천이영역 변화를 나타낸 진응력-변형률 곡선

2-4 에너지 吸收能力

부품을 설계할 때 하중에 견디는 것보다 에너지 흡수능력을 더 중요하게 생각하는 경우가 있다. 에너지에는 하중과 처짐이 포함되어 있으므로 응력-변형률 선도가 유용하게 이용된다. 그림 **2-5**에 0점 주위를 확대해서 응력-변형률 곡선을 나타내었다.

탄성한도 내에서 에너지를 흡수하는 능력을 **레질리언스**(resilience)라 하며, 크기는 레질리언스 **係數**(modulus of resilience) R_m으로 표시되고, 탄성한도까지 인장하중을 가했을 때 단위부피에 흡수된 에너지로 정의된다. 이것은 그림 **2-5**의 탄성부분의 3각형 면적과 같다.

$$R_m=\frac{1}{2}\sigma_e\cdot\frac{\sigma_e}{E}=\frac{\sigma_e{}^2}{2E} \tag{2·9}$$

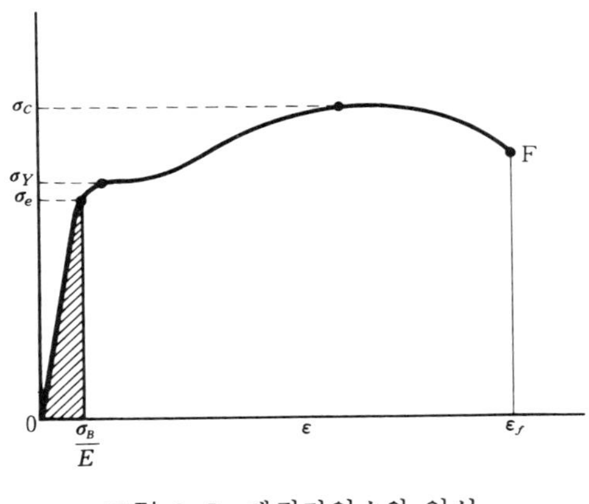

그림 2-5 레질리언스와 인성

파괴없는 에너지의 흡수능력을 **靭性**(toughness)이라 한다. **靭性係數**(modulus of toughness) T_m은 파괴점까지 인장하중을 가했을 때 단위부피가 흡수하는 에너지로 나타내고, 그림 2-5에서 곡선 아래의 면적과 같다.

$$T_m = \int_0^{\varepsilon_f} \sigma \, d\varepsilon \qquad (2\cdot10)$$

도시적으로 적분하면 편리한 경우가 있으며, 대략적인 값을 구하면 다음과 같다.

$$T_m = \frac{\sigma_e + \sigma_c}{2} \varepsilon_f$$

에너지 흡수능력을 고려한 재료는 보통 충격하중을 받으며, 특수한 시험(Charpy 및 Izod 시험)으로 여러 가지 온도에서 충격 에너지 흡수능력을 평가한다.

2-5 硬度로 強度評價

브리넬(Brinell)이나 로크웰(Rockwell) **硬度試驗**은 재료의 강도평가에 편리하고도 비파괴적인 방법이다. 이런 시험은 재료의 영구변형에 대한 저항을 측정하는 것으로, 인장강도는 다음과 같은 관계식이 성립한다.

$$\sigma_u = K_B H_B \qquad (2\cdot11)$$

여기서 H_B는 브리넬 경도, K_B는 비례상수인데 σ_u는 MPa로 표시한 인장강도를 나타낸다. 대부분의 鋼에 대해서 $K_B = 3.45$이나 K_B는 변형 경화지수 m의 함수로 표시된다.

냉간가공을 하지 않은 강의 인장 항복강도 σ_Y는 다음과 같은 식에서 구할 수 있다.

$$\sigma_Y = 1.05\ \sigma_u - 207\,\text{MPa} \qquad (2\cdot12)$$

예제 **2-2.** 강으로 된 부품을 브리넬 경도 300 ***Bhn***까지 열처리하였다. σ_u와 σ_Y를 구하라.

풀이 이미 소개된 경도와 극한강도 및 항복강도의 관계식은 충분히 정확하다.

$$\sigma_u = K_B H_B = 3.45 \times 300 = 1035\,\text{MPa} \div 9.8 = 105.6\,\text{kg}_f/\text{mm}^2$$

$$\sigma_Y = (1.05 \times 1035) - 207 = 880.0\,\text{MPa} \div 9.8 = 89.8\,\text{kg}_f/\text{mm}^2$$

2-6 腐蝕(Corrosion)

기계부품에 사용되는 금속재료는 부식성 환경에서는 말할 것도 없고 대기 중에서도 부식하여 파괴되는 경우가 많다. 따라서, 이와 같은 파괴를 막기 위해서는 재료의 선택, 조합 및 被覆方法 등에 충분한 주의를 해야 한다.

부식에 영향을 주는 요인의 하나는 이종금속의 접촉을 들 수 있다. 접촉하고 있는 2개 금속의 부식정도는 표 **2-2**에 나타낸 바와 같고, 2개의 금속이 서로 많이 떨어져 있을수록 부식이 격렬하고, 상위순위에 속한 금속은 하위순위의 금속에 비해 거의 부식하지 않는다.

부식이 일어나려면 습기가 필요하므로, 부식을 막는 한 가지 방법으로 2개 금속이 접촉하고 있는 부분을 페인트나 기름으로 방수하는 것도 유효하다. 다른 방법으로는 비금속제 개스킷이나 와셔 등을 사용하여 2개의 금속을 분리하든가 금속에 비금속 피복을 해서 분리시킨다. 부식방지 때문에 금속도금을 하는 경우라도 표 **2-2**의 관계를 유지하여야 한다. 체결용 기계요소를 설계할 때 결합될 금속재료와 같은 재료로 만들어진 결합용 기계요소를 사용하지 않는 경우, 결합될 재료보다 표 중에서 위에 있는 재료를 사용하여 결합용 기계요소를 설계제작해야 한다.

표 2-2 부식정도의 순위

순 위	재 료	순 위	재 료
1	금, 은, 흑연	6	강 철
2	스테인리스강	7	가 드 뮴
3	모넬 메탈, 니켈, 인코넬	8	알 루 미 늄
4	구리, 청동, 황동	9	아 연
5	납, 주석	10	마 그 네 슘

2-7 被切削性

기계부품을 생산하는 비용은 재료의 가격과 가공될 수 있는 용이성에 의해 결정된다. 표준절삭 조건에서 정해진 수명에 대한 상대 절삭속도로 정의되는 피절삭 등급은 경험적으로 많이 발표되어 있으나, 대부분 신빙성이 없고 모순성이 많다. 피절삭성은 재료의 부차적인 성질로서 3개의 재료가 갖는 물리적 성질의 함수로 다음과 같이 표시된다.

$$V_{60} = \frac{Ck}{H_B}(1 - A_r)^{\frac{1}{2}} \tag{2·13}$$

여기서

V_{60} : 표준절삭 조건에서 공구수명을 60분으로 할 때 m/s로 표시된 절삭속도

k : 열전도율(kcal/h·m·℃)

H_B : 브리넬 경도

A_r : 파괴시의 단면 감소율

C : 상수

k의 값은 모든 금속의 경우 거의 같으므로, 금속의 피절삭성은 결과적으로 硬度와 延性의 함수로 본다.

2-8 鑄鐵(Cast iron)

주철은 F, C(2~4%), Si, Mg의 4원소 합금으로 다른 원소가 첨가되기도 한다. 주물의 물리적 성질은 응고시의 냉각속도에 따라 영향을 받기 때문에 주물의 크기와 모양, 주물공장의 작업에 따라 많이 달라진다. 그러므로 주철은 화학적 성분보다 기계적 성질에 의해서 분류된다.

주철의 독특한 성질이 탄소 함유량에 따라 결정되는데, 탄소 함유량이 많으면 유동성이 좋아져서 복잡한 모양의 주물을 만들 수 있고, 응고시 탄소가 침전되면 정상적인 수축이 이루어지지 않는다. 흑연이 있으면 피절삭성이 좋아지고, 진동을 감쇠하고 마모면에 경계윤활을 돕는다. 응고시 표면으로부터 급격히 열을 제거하여 만들어진 칠드주물(chilled casting)은 표면에 있는 탄소가 탄화철로 조성되어 매우 단단하면서 마모에 강한 표면을 만든다.

널리 사용되는 주철과 용도는 다음과 같다.

1) 灰鑄鐵(gray iron) …… 엔진 블록, 기계의 플레임, 기어, 플라이휠, 브레이크 디스크와 드럼
2) 球狀鑄鐵(nodular iron) …… 크랭크축, 기어, 자동차 문의 힌지
3) 白鑄鐵(white iron) …… 볼 밀, 압출다이, 철도용 브레이크 슈, 압연기롤, 분쇄기, 미분기
4) 可鍛鑄鐵(malleable iron) …… 트럭, 철도장비, 건설기계, 농업장비에 사용되는 튼튼한 베어링

2-9 鋼(Steel)

鋼은 기계부품에 가장 널리 사용되는 재료이다. 성분, 열처리 및 기계적 처리를 변화시켜 광범위한 기계적 성질을 얻을 수 있다.

모든 강은 본질적으로 똑같은 탄성계수를 갖는다. 따라서, 부품의 剛性이 꼭 필요하다면 모든 강에 똑같이 주어지도록 하나 가장 경비가 작게 쓰이도록 한다.

탄소 함유량으로 최대경도를 얻을 수 있는데, 0.7%까지 최대경도가 증가한다. 비교적 작고 규칙적인 모양의 부품은 보통강의 경도와 강도를 가격이 비싼 합금강의 경도와 강도로 열처리할 수 있다.

합금원소(Mg, Mo, Cr, Ni 등)는 강을 쉽게 硬化시킬 수 있다. 그리고 합금원소를 사용하면 경도와 강도를 심하지 않은 열처리로 개량시킬 수 있다. 합금강을 사용하면 큰 단면의 부품일지라도 단면중앙의 경도를 높일 수 있고, 불규칙적인 모양의 부품도 간단한 열처리로 원하는 경도를 얻는다.

강에는 다음과 같은 종류가 있다.

(1) 보통 炭素鋼(plain carbon steel)

(2) 合金鋼(alloy steel)

(3) 고강도 低合金鋼(high-strength low-alloy steel) or HSLA鋼

(4) 표면 硬化鋼(case-handening steel)

(5) 스테인리스鋼(stainless steel)

(6) 鐵基超合金(iron-based superalloy)

2-10 非鐵合金(Nonferrous alloy)

(1) 알루미늄 合金

수많은 알루미늄 합금이 가공형태나 주물형태로 이용된다. 화학성분은 가공형태인 경우 4자리 숫자로, 주물형태의 경우는 3자리 숫자로 표시된다.

경도와 강도를 높이기 위한 열처리는 강의 열처리와는 판이하게 다르다. 알루미늄 합금은 Cu, Mg, Mn, Si, Ni와 같은 경화성분이 녹아서 時效硬化(age-harden)되는데, 오랫동안 높은 온도를 유지해야 한다. 시효경화에서 경화성분이 조직 내에 침전된다. 室溫에서도 침전되나 어떤 합금은 높은 온도를 요구한다.

알루미늄은 쉽게 주조가 되나 주조에 따르는 문제가 있다. 주조 중 수축이 비교적 커서

3.5~8.5%까지 이르고, 주철에서와 같은 수축을 막는 유익한 탄소 침전기구가 없다.

(2) 구리合金(copper alloy)

구리합금은 구리와 아연으로 만들어지는 黃銅(brass)과 구리와 주석으로 만들어지는 靑銅(bronze)이 있다. 구리합금은 전기 전도율, 열전도율, 耐腐蝕性이 좋으나 무게에 대한 강도비가 낮다. 熱間 혹은 冷間加工이 가능하나 변형경화된다. 연성은 어닐링이나 용접, 경납땜의 열로 회복된다. 강도, 耐熱, 피절삭성은 소량의 합금원소를 첨가해서 현저히 개선된다.

(3) 마그네슘 合金(magnesium alloy)

마그네슘 합금은 가장 가벼운 공업용 재료이다. ASTM에서 정한 표시법으로 처음 2개의 문자는 가장 많은 합금원소를 첫 문자로, 두 번째로 많은 합금원소를 다음 문자로 하고 이들 원소의 백분율을 상수로 올림해서 두 자리 숫자로 순서대로 표시한다.

(4) 니켈合金(nickel alloy)

니켈합금은 특수한 耐蝕과 1100℃의 고온이나 −240℃의 저온에서 강도와 靭性이 요구되는 구조물에 널리 이용된다. 니켈과 듀라니켈 합금은 94% 이상의 니켈을 함유한다. 모넬(Monel)은 니켈과 구리의 합금으로 0℃ 이하의 온도에서 강하고, 질기며 응력부식 균열에 강하다. Hastelloy는 Ni-Mo, Ni-Mo-Cr의 초합금으로 산화에 강하고, 1100℃에서 유용한 강도와 크리프 특성을 유지한다.

(5) 티타늄 合金(titanium alloy)

티타늄 합금은 非磁性體로 내식성이 좋고, 열전도율이 낮고 무게에 대한 강도비가 좋다. 그러나 값이 비싸고 가공하기가 어렵다.

(6) 아연合金(zinc alloy)

아연은 비교적 低價이면서 적당한 강도를 갖는다. 융점이 낮아서 다이캐스팅에 적합하다. 대표적인 아연 다이캐스팅에는 자동차 부품, 건축용 철물, 사무기계 부품 및 장난감이 있다. 여러 가지 방법으로 주조되는 새로운 합금도 개발되고 있다.

2-11 플라스틱(Plastics)

플라스틱은 크고 다양한 합성 유기물질로 이루어진다. 플라스틱의 기본적 화학단위를 單量體(monomer)라 한다. 열과 압력을 가한 적절한 조건에서 단량체가 重合體(polymer)로 조성되는 重合(polymerization)이 이루어진다.

많은 단량체가 첨가되어 훨씬 긴 중합체 連鎖가 구성되면서 분자량이 커지고 물리적 성질이 광범위하게 변한다. 그림 **2-6**에 메탄가스(methane gas)인 CH_4가 그려져 있다. CH_2

가 첨가되어 무거운 에탄가스(ethane gas) C_2H_6가 얻어진다. CH_2를 계속 첨가하면 액체인 펜탄(pentane) C_5H_{12}가 얻어지고, 계속해서 파라핀 왁스 $C_{18}H_{38}$이 얻어진다. $C_{100}H_{202}$의 물질은 저분자량 폴리에틸렌(polyethylene)으로 질기고 유용한 플라스틱이 된다. 가장 질긴 고분자량 폴리에틸렌은 하나의 중합체 연쇄에 약 50만개의 CH_2를 포함한다.

중합체 연쇄구조는 그림 **2-6**에 나타낸 바와 같이 사이드 브랜칭(side branching)을 혼합한다. 브랜칭의 정도는 연쇄가 짜여지는 치밀성에 영향을 준다. 따라서, 물리적 성질에 영향을 준다.

플라스틱은 열에 연화되는 熱可塑性(thermsplastic)과 열에 연화되지 않는 熱硬化性(thermosetting)으로 불리워 왔으나 線型結合(linear linked)과 交叉結合(cross linked)으로도 표시한다.

교차결합은 열, 화학약품, 방사능에 의해 만들어진다. 어떤 플라스틱은 교차결합이나 선형결합으로 이루어진다. 교차 결합체는 열, 화학반응, 크리프에 대한 저항이 크나 선형 결합체는 耐衝擊에 강하고 가공하기가 쉬워서 복잡한 모양에 이용되기도 한다.

유리섬유로 강화하면 플라스틱의 강도를 2배 이상 높일 수 있고, 비용이 많이 소요되나 탄소섬유로 강화하면 더 많은 개량을 할 수 있다. 10～40%의 탄소를 함유하는 새로운 재료는 280MPa(약 $30 kg_f/mm^2$)의 인장강도를 갖는다. 유리섬유 강화수지에 비해서 탄소섬유 강화수지는 주조수축이 작고 팽창계수가 낮으며, 크리프나 摩耗에 대한 저항이 크며 인성이 좋다. 따라서, 경량이면서 무게에 대한 강도비가 큰 기계나 建築部材에 널리 이용된다.

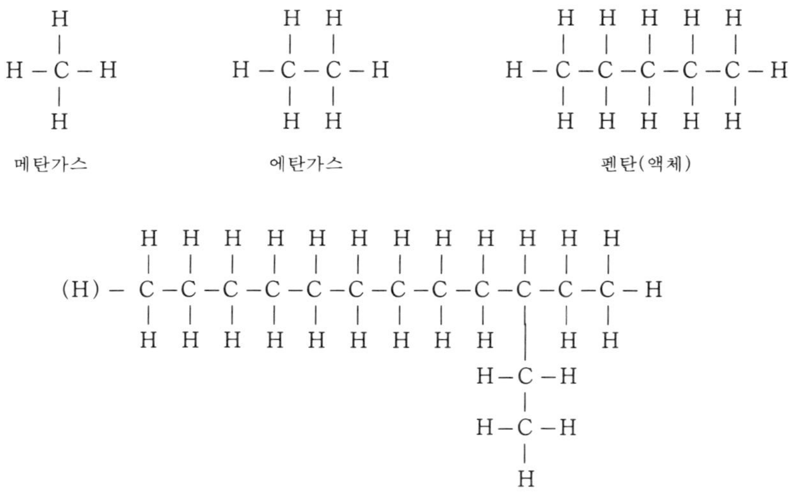

그림 2-6 분자연쇄(molecular chains)

2-12 材料와 加工方法의 기호

부품의 재료를 지정하거나 금속부품의 제작에 이용되는 가공방법이나 공정을 표시하는데 KS에 규정된 기호를 사용한다.

재료기호는 재질, 재료의 강도, 경도, 제조방법, 성분 등을 표시하며, 다음의 3부분으로 구성된다.

1) **처음 부분** : 재질을 나타내는 기호로 로마자의 머리글자 또는 화학원소 기호를 사용한다.

표 2-3 재질을 표시하는 기호

기 호	재 질	비 고	기 호	재 질	비 고
A	알루미늄	Aluminium	MC	주조자석	Magnet casting
Br	청동	Bronze	PB	인청동	Phosphor bronze
Bs	황동	Brass	S	강	Steel
F	철	Ferrum	Cu	구리	원소기호

2) **중간 부분** : 규격명 또는 제품명을 나타내는 기호문자로서 로마자의 머리글자를 사용한다.

표 2-4 규격명 또는 제품명을 표시하는 기호

기 호	규격 또는 제품명	비 고	기 호	규격 또는 제품명	비 고
B	봉	Bar	T	공구강	Tool steel
C	주조품	Casting	NC	니켈크롬	Nickel chrome
F	단조품	Forging	Cr	크롬	Chrome
GP	가스관	Gas piping	TA	합금관	Alloy tube
P	판	Plate	WR	線材	Wire rod

3) **마지막 부분** : 재료의 종류를 나타내는 것으로 재료의 종류번호 또는 최저 인장강도의 숫자를 사용한다.

다음 재료의 기호를 보기로 나타내면 다음과 같다.

〈보기 1〉

S	B	41
강재	구조용	일반 구조용 鋼材로 인장강도 41～52 kg_f/mm^2

〈보기 2〉

S	NC	3
강재	니켈크롬강	제 3 종

가공방법의 기호는 원칙적으로 로마자의 알파벳 대문자를 사용하며, 한 자 또는 몇 개의 문자를 조합한다. 기본이 되는 가공방법 기호와 상세한 가공방법 기호가 있다.

표 2-5 기본이 되는 가공방법 기호

가공방법	기호	영문	가공방법	기호	영문
주조	C	Casting	열처리	H	Heat treatment
소성가공	P	Plastic working	표면처리	S	Surface treatment
기계가공	M	Machining	조립	A	Assembly
다듬질	F	Finishing	기타	Z	—
용접	W	Welding			

표 2-6 상세한 가공방법 기호

가공방법		기호	영문
주조 (C)	사형주조	CS	Sand mold casting
	생형주조	CSG	: Green sand
	금형주조	CM	Metal mold casting
	다이캐스팅	CD	Die casting
	정밀주조	CP	Precision investment casting
	셸몰드	CPSM	: Shell mold process
소성가공 (P)	단조	F	Forging
	프레스단조	FP	Press forging
	압연	R	Rolling
	열간압연	RH	Hot rolling
	프레스가공	P	Press working
	剪斷	PS	Shearing
	따내기	PP	Punching
	押出	E	Extruding
기계가공 (M)	절삭	C	Cutting
	旋削	L	Lathe turning
	면삭	LFC	: Facing
	드릴	D	Drilling
	스폿페이싱	DS	: Spot facing
	리머다듬질	DR	: Reaming
	밀링깎기	M	Milling
	평면밀링	MP	: Plain milling
	엔드밀링	ME	: End milling
	기어절삭	TC	Gear cutting
	호브절삭	TCH	: Hobbing

연 습 문 제

1. 공칭(공업적) 응력-변형률 선도를 그리고 중요한 점에 대해서 설명하라.

2. 진응력과 진변형률이 왜 필요하며 수식으로 어떻게 표시되는지 구하라.

3. 진응력-변형률 선도에서 나타나는 3개 영역에 관해서 설명하라.

4. 재료의 인성이란 무엇인가?

5. 기계재료로 사용되는 비철합금에 대해서 간단히 설명하라.

6. 어떤 강을 변형률 20%에 해당되는 점까지 제조과정에서 냉간가공하였다. σ_u, σ_Y 및 파괴점에서의 ε, R 및 A_r로 연성을 구하라. 이 강의 인장강도는 450 MPa이며 냉간가공 때의 $\sigma = 440$ MPa이다. 파괴점에서는 $R = 2.5$이다. ($\sigma_Y = 528$ MPa, $\sigma_u = 540$ MPa, $R = 2.08$, $A_r = 0.519$, $\varepsilon = 1.08$)

7. 문제 6의 강을 인장강도까지 하중을 가했다. 이 때의 σ, ε, σ_T와 ε_T를 구하라.
($\sigma = 450$ MPa, $\varepsilon = 30\%$, $\sigma_T = 585$ MPa, $\varepsilon_T = 26\%$)

8. 문제 7의 강을 하중을 완전히 제거하여 새로운 시편으로 사용한다. 새로운 시편을 극한강도까지 다시 하중을 가했을 때 σ, ε, σ_T와 ε_T을 구하라.
($\sigma = 585$ MPa, $\varepsilon = 0.00279$, $\sigma_T = 585$ MPa, $\varepsilon_T = 0.28\%$)

9. 어떤 강을 점 I($\sigma = 440$ MPa, $\varepsilon = 20\%$)까지 하중을 가하였다. 이 때의 σ, ε, σ_T 및 ε_T을 구하라.
($\sigma = 440$ MPa, $\varepsilon = 20\%$, $\sigma_T = 528$ MPa, $\varepsilon_T = 18\%$)

10. 문제 9의 강은 완전히 하중을 제거한다. 새로운 시편으로 취급하여 다시 점 I까지 하중을 가하였다. 이 때의 σ, ε, σ_T 및 ε_T를 구하라. ($\sigma = 528$ MPa $\approx \sigma_T$, $\varepsilon = 0.0025 \approx \varepsilon_T$)

11. 어느 강을 120 Bhn까지 어닐링하였다. 이 강의 σ_u와 σ_Y를 구하라.
($\sigma_u = 414$ MPa, $\sigma_Y = 228$ MPa)

12. 강을 210 Bhn까지 열처리하였다. 이 재료의 σ_u와 σ_Y는 얼마인가?
($\sigma_u = 725$ MPa, $\sigma_Y = 554$ MPa)

13. 지름 10 mm, 표점 거리 45 mm의 인장시편이 50 kN의 하중을 받고 표점 거리가 53 mm로 늘어났다. 여기까지의 변형은 균일변형이었다. 진응력, 진변형률, 변형 후 지름을 구하라.
(750 MPa, 0.163, 9.22 mm)

14. 단면 감소율 A_r와 진변형률 ε_T의 관계를 설명하고, 어떤 재료의 진응력-진변형률 곡선이 $\sigma_T = 70\ \varepsilon_T^{\ 0.5}$ (kg_f/mm^2)로 주어질 때, 이 재료로 만들어진 봉이 $A_r = 0.3$까지 냉간가공이 되었다면 이 봉에 발생되는 인장응력은 얼마인가? $\left(\varepsilon_T = \ln\left(\frac{1}{1 - A_r}\right),\ 41.8\,kg_f/mm^2\right)$

제 3 장

荷重과 應力

3-1 서　론

기계나 구조물의 부품을 설계하고 해석하는데 하중해석이 기본적으로 중요하다. 정확하지 않는 하중을 기초로 응력과 처짐을 해석하면 기계설계에 아무런 소용이 없다. 작동하중을 기초로 해서 설계되지 않는 기계부품은 만족스럽지 못하다.

기관, 압축기와 전동기처럼 토크와 속도가 알려져 있으면 쉽게 작동하중을 결정할 수 있다. 그러나 자동차 샤시부품이나 비행기의 구조물처럼 작용하고 있는 하중을 결정하기 어려운 경우도 있다. 적절한 하중을 결정하는 것은 기계나 구조물의 부품을 설계하는 데 어려운 첫 단계가 된다.

부재에 작용하는 하중이 결정되면 다음은 응력을 구해야 한다. 하중이 작용하는 국부의 표면응력이나 접촉응력과는 달리 부품 전체에 대한 응력을 구한다. 또, 충격이나 피로하중에 의한 응력이 아니고 **靜荷重**(static loading)으로 발생되는 응력을 주로 구한다.

3-2 平衡方程式과 自由物體圖

작용하중이 결정되면 기본적인 평형 방정식으로 설계상 필요로 하는 다른 점의 하중을 구하게 된다. 가속되지 않은 물체의 경우 방정식은 다음과 같다.

$$\Sigma \boldsymbol{F} = 0 \qquad \Sigma \boldsymbol{M} = 0 \tag{3·1}$$

가속되는 물체의 경우는 다음과 같이 표시된다.

$$\sum F = ma, \qquad \sum M = I\alpha \tag{3·2}$$

위의 방정식은 3개의 직교 좌표축에 관해서 적용되나 일반적인 경우 하나 혹은 2개의 좌표축에 의해 적용한다.

예제 **3-1.** 무게 1500 kg_f인 자동차가 그림 **3-1**에 나타낸 바와 같이 100 km/h의 속도로 달리고 있으며, 이 속도에서 공기 역학적 抗力은 16 HP이다. 중심(CG)과 공기 역학적 압력(CP)의 중심이 그림에 표시되어 있다. 앞뒤 바퀴에 작용하는 反力을 구하라.

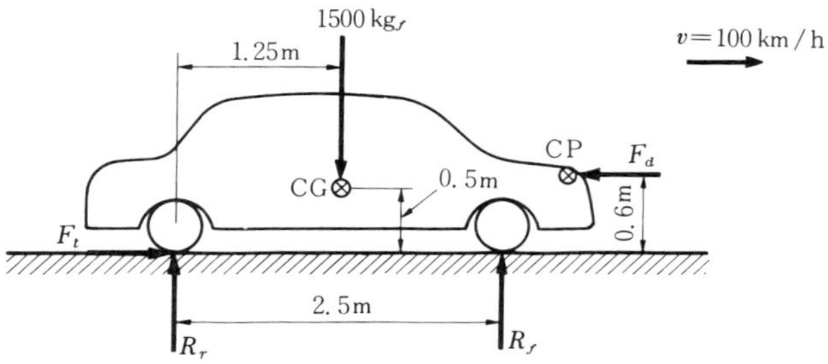

그림 3-1 일정속도로 주행하는 자동차의 자유 물체도

풀이 속도가 일정하며 後輪驅動이고 수직방향의 공기 역학적 힘은 무시한다.

$$HP = \frac{\text{항력}(kg_f)\cdot\text{속도}(m/s)}{75} \quad \text{이므로}$$

$$v = 100\,km/h = 100 \times \frac{1000\,m}{km} \times km \times \frac{1}{h} \times \frac{h}{3600\,s} = 27.8\,m/s$$

$$16 = \frac{F_d \cdot 27.8}{75}$$

$$F_d = 43.2\,kg_f$$

가속력이 없으므로 운동방향의 힘의 합은 0이 되어야 한다. 推力 $F_t = 43.2\,kg_f$가 된다.

뒷바퀴 접지점을 통하는 횡축을 모멘트식에 적용시키면

$$\sum M = (1500\,kg_f \times 1.25\,m) - (43.2\,kg_f \times 0.6\,m) - (R_f \times 2.5\,m) = 0$$

$$R_f = 740\,kg_f$$

수직방향의 힘의 합은 0이므로

$$R_r = 1500 - 740 = 760\,kg_f$$

예제 **3-2.** 100 km/h로 달리고 있는 예제 **3-1**의 자동차가 갑자기 全開(full throttle)되어 엔진출력 96 HP가 되었다. 앞뒤 바퀴의 반력(反力)과 바퀴의 가속도는 얼마인가?

풀이 회전부분의 慣性效果가 차중의 7%로 본다면 가속에 이용되는 출력 중에서 100/107만이 차를 가속하는 데 사용된다.

16 HP는 속도를 일정하게 유지하는 데 소요되므로 96 HP로 출력이 증가되면 80 HP가 가

속에 이용되고, $80 \times \frac{100}{107} = 74.8\text{HP}$ 만이 차를 가속하는 데 이용되므로 74.8HP는 추력을 $43.2\text{kg}_f \times \frac{74.8}{16} = 202\text{kg}_f$ 까지 증가시키게 된다. 따라서,

$$a = \frac{F}{m} = \frac{F \cdot g}{W} = \frac{202\text{kg}_f \cdot 9.8\text{m/s}^2}{1500\text{kg}_f} = 1.3\text{m/s}^2$$

뒷바퀴 접지점을 모멘트축으로 잡으면

$$(1500\text{kg}_f \times 1.25\text{m}) - (43.2\text{kg}_f \times 0.6\text{m}) - (202\text{kg}_f \times 0.5\text{m}) - (R_f \times 2.5\text{m}) = 0$$

$$R_f = 699\text{kg}_f$$

$$R_r = 1500 - 699 = 801\text{kg}_f$$

3-3 軸荷重(Axial loading)

그림 3-2는 單純引張(simple tension)의 경우를 나타낸 것이다. 하중 P가 반대방향이 되면 봉은 단순압축으로 하중을 받는다. 어느 쪽이나 하중은 축방향이 된다. 작은 조각 E는 그림 3-2의 (b)와 (c)에 나타낸 바와 같이 임의로 자리잡은 매우 작은 요소(element)를 표시한다. 봉이 평형이 되면 요소의 반대편에 작용하는 인장응력도 같아야 한다. 그림 3-2의 (c)에 나타낸 바와 같이 응력은 종이면에 수직한 면에 작용하고 있어야 한다.

그림 3-2의 (d)는 왼쪽에 외력이 작용하고 절단면에 인장응력이 작용하는 봉의 왼쪽부분의 평형을 나타내고 있다. 평형으로부터 가장 단순한 식을 다음과 같이 얻는다.

$$\sigma = \frac{P}{A} \tag{3·3}$$

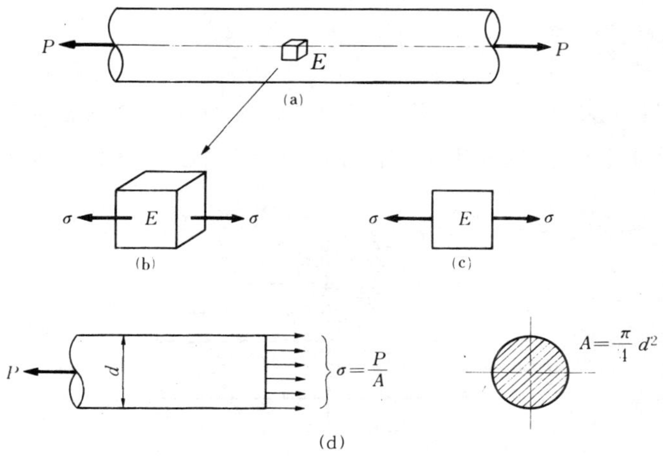

그림 3-2 축 하 중

식 (3·3)이 성립하려면 다음과 같은 조건들이 만족되어야 한다.

(1) 하중 작용점부터 봉의 지름에 3배 이상이 되는 곳에서 균일한 힘의 분포가 이루어진다.

(2) 하중은 봉의 도심축(centroidal axis)을 따라 작용해야 한다. 만약, 하중이 위쪽으로 치우쳐서 편심하중으로 작용하면 봉의 위쪽에 최대응력이 작용하고 아래쪽은 최소응력이 작용한다.

(3) 봉은 구멍, 노치, 나사, 내부결함 혹은 표면상처가 없어야 한다. 이런 것이 있으면 應力集中(stress concentration)이 발생한다.

(4) 외부하중이 제거되면 응력이 완전히 없어져야 한다. 부품의 제조나 기계적인 열에 의한 하중이력으로 殘留應力(residual stress)이 생길 수도 있다.

(5) 하중을 받을 때 정적안정이 유지되어야 한다. 봉이 비교적 길고 압축하중을 받으면 탄성적 불안정이 되어 挫屈(buckling)이 일어난다.

(6) 봉은 균질해야 한다. 복합재료는 균질하지 않으며 탄성계수가 높은 재질이 응력을 크게 받는다.

3-4 직접 剪斷荷重(Direct shearing loading)

직접 전단하중은 거의 같은 선상에 크기가 같고 방향이 반대되는 힘이 작용하여 그들 사이의 재료에 전단응력을 일으키게 된다. 힘 P를 받는 2개의 판 사이가 미끄러지지 않도록 볼트로 조여 있는 상태를 그림 **3-3**에 표시하였다. 판 사이의 마찰을 무시한다면 단면적 A의 볼트는 다음 식과 같은 평균직접 전단응력을 발생한다.

$$\tau = \frac{P}{A} \tag{3·4}$$

그림 **3-3**의 너트는 볼트의 인장력 P가 생기도록 조여져 있으므로 볼트나사의 골부분(면적 ②)과 너트나사의 골부분(면적 ③)의 직접 전단응력은 식 (3·4)의 평균값으로 표시

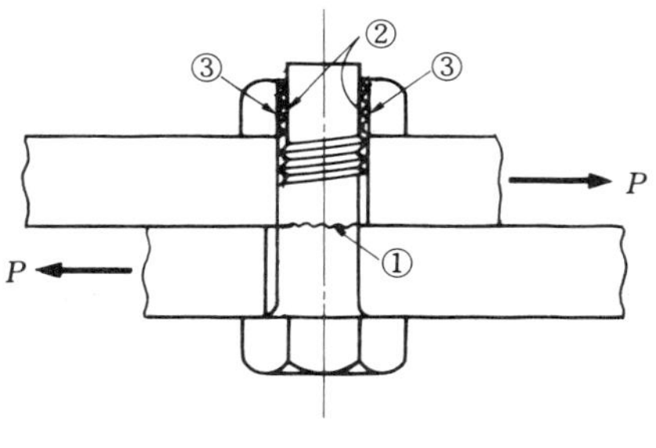

그림 3-3　3개의 직접 전단면을 표시한 볼트이음

된다. 나사골 부분의 면적은 너트 두께에 해당되는 높이를 가진 원통의 표면적이 된다. 전단응력이 크면 볼트나 너트 중 약한 쪽에 전단이 일어난다.

직접전단은 리벳, 핀, 키, 스플라인 등에서 발생하며, 가정용 가위, 제지용 절단기 및 금속 전단기와 같은 절단에 주로 이용된다. 복전단(double shear)이 발생하는 경우는 단면적을 2배로 해야 한다.

3-5 비틀림 荷重(Torsional loading)

둥근 봉이 비틀림 하중을 받는 경우가 그림 3-4에 표시된다. 작용한 토크 T의 방향으로 요소 E의 왼쪽면에는 아래로 향하는 전단응력이, 오른쪽면에는 위로 향하는 전단응력이 발생한다. 이 응력이 요소에 반시계 방향의 偶力으로 나타나고 위아래면에 작용하는 전단응력에 의한 시계방향의 偶力과 평형이 된다. 요소 E의 응력상태를 **純粹剪斷**(pure shear)이라 한다.

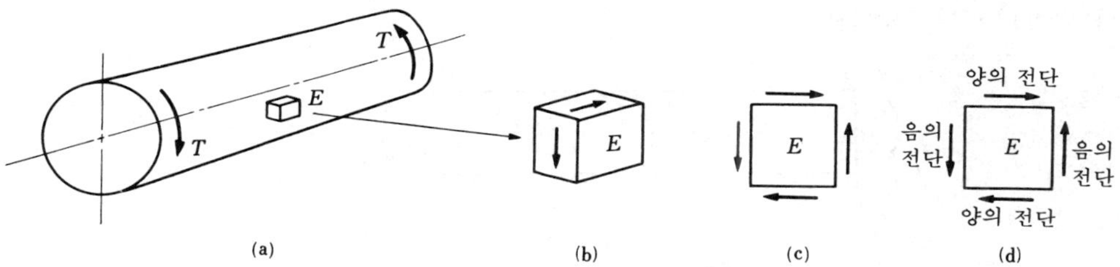

그림 3-4 둥근 봉의 비틀림 하중

인장을 양으로 압축을 음으로 하는 축하중에서는 부호(+ 또는 −)가 근본적으로 다른 하중상태를 표시한다. 압축은 挫屈을 일으키나 인장은 일으킬 수 없다. 체인이나 케이블은 인장에 견디나 압축에 견딜 수 없다. 콘크리트는 압축에 강하나 인장에는 약하다. 그러나 전단의 경우는 음이나 양이나 근본적으로 같으므로 임의로 정해서 사용한다. 이 책에서는 양의 전단응력은 시계방향으로 한다.

비틀림을 받는 둥근 봉의 응력은 축에서 0이며, 바깥표면에서 최대값이 되고 그 사이는 선형적으로 변한다. 반지름이 r인 곳에서 전단응력은 다음과 같다.

$$\tau = Tr/J \tag{3·5}$$

반지름 r에 해당되는 봉의 바깥면의 응력이 특히 중요하다. J는 단면의 극관성 모멘트를 표시하며 지름 d인 **中實棒**의 경우 $\pi d^4/32$이 된다. 따라서, 지름이 d인 표면의 비틀림 응력은 다음과 같다.

$$\tau = \frac{16T}{\pi d^3} \tag{3·6}$$

3-6 순수 굽힘하중을 받는 직선보

굽힘만을 받는 순수 굽힘보를 그림 3-5와 3-6에 표시하였다. 재료역학으로부터 응력은 다음 식과 같이 표시된다.

$$\sigma = \frac{My}{I} \tag{3·7}$$

여기서 I는 중립축에 대한 단면의 관성 모멘트이며 y는 중립축으로부터의 거리를 말한다. 굽힘응력은 축응력과 같이 수직응력으로, 굽힘응력은 σ_b로, 축응력은 σ_a로 구별한다. 그림에서 인장응력은 단면의 중립축 위에, 압축응력은 아래에 작용하고 있으며 최대값은 꼭대기와 밑바닥에서 구해진다.

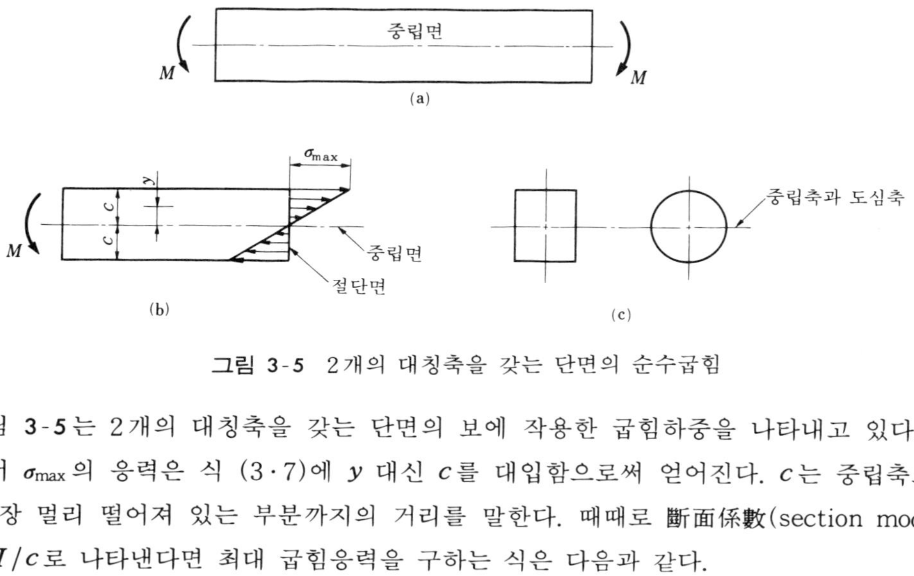

그림 3-5 2개의 대칭축을 갖는 단면의 순수굽힘

그림 3-5는 2개의 대칭축을 갖는 단면의 보에 작용한 굽힘하중을 나타내고 있다. 절단면에서 σ_{max}의 응력은 식 (3·7)에 y 대신 c를 대입함으로써 얻어진다. c는 중립축으로부터 가장 멀리 떨어져 있는 부분까지의 거리를 말한다. 때때로 **斷面係數**(section modulus) Z를 I/c로 나타낸다면 최대 굽힘응력을 구하는 식은 다음과 같다.

$$\sigma_{max} = \frac{M}{Z} \tag{3·8}$$

中實의 둥근 봉의 경우 $I = \frac{\pi d^4}{64}$, $c = \frac{d}{2}$이므로 $Z = \frac{\pi d^3}{32}$이 되어 다음 식이 성립된다.

$$\sigma_{max} = \frac{32M}{\pi d^3} \tag{3·9}$$

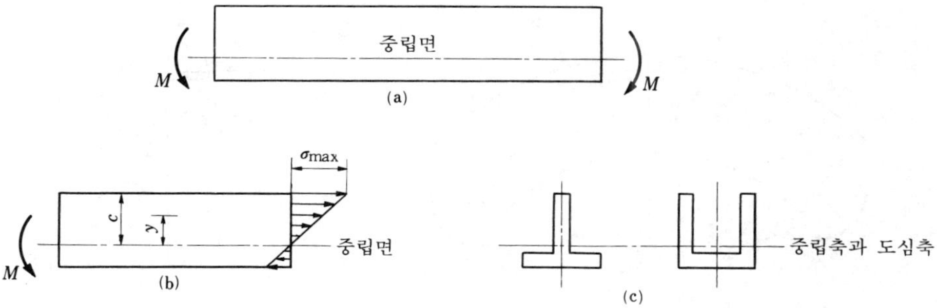

그림 3-6 하나의 대칭축을 갖는 단면의 순수굽힘

그림 **3-6**은 하나의 대칭축을 갖는 단면의 굽힘이며, 이 경우 굽힘 모멘트는 대칭축을 포함하는 면에 있어야 한다.

3-7 순수 굽힘하중을 받는 곡선보

곡선보가 곡률면을 따라 하중을 받게 되면 안쪽면의 길이가 가장 짧아지고 안쪽면의 응력은 직선보의 응력보다 커진다. 평형조건에 따라 중립축이 안쪽으로 e만큼 옮겨지고 응력분포는 그림 **3-7**과 같이 쌍곡선 모양이 된다. C-클램프, 펀치 프레스와 드릴 프레스의 프레임, 훅, 브래킷, 체인 링크와 같이 심하게 구부린 곡선보에서는 偏差가 중요한 역할을 한다.

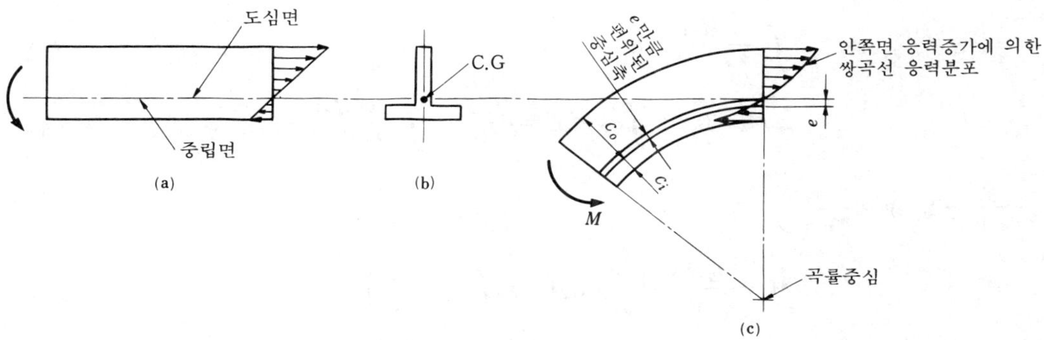

그림 3-7 하나의 대칭축을 갖는 단면의 순수굽힘에서 곡률의 영향

그림 **3-7**(c)의 곡선을 명확히 이해하기 위해서 곡선보의 기본적인 응력 방정식을 구해보기로 한다. 그림 **3-8**에서 대칭면 ab와 면 cd로 싸인 요소 $abcd$에 모멘트 M가 작용하면 면 cd가 각 $d\phi$ 만큼 회전하여 새로운 면 $c'd'$로 되었다고 본다. 면의 회전은 圖心軸으로부터 e만큼 옮겨진 중립축에 대해서 이루어진다.

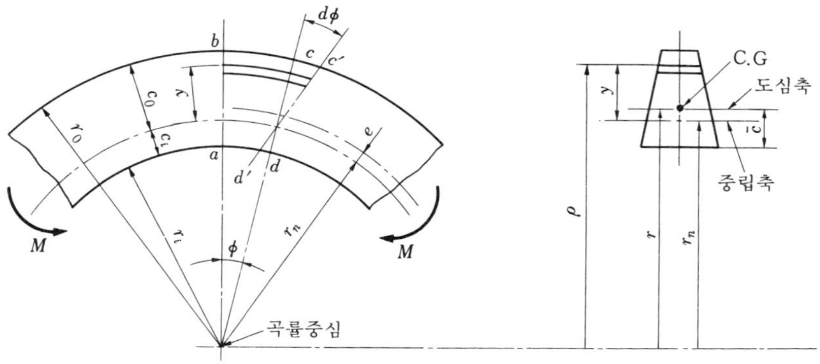

그림 3-8 굽힘을 받는 곡선보

중립축으로부터 y되는 곳의 변형률은

$$\varepsilon = \frac{y\, d\phi}{(r_n + y)\phi} \tag{a}$$

이며 탄성재료에서는 응력은 다음과 같다.

$$\sigma = \frac{Ey\, d\phi}{(r_n + y)\phi} \tag{b}$$

면 cd의 평형을 고려하면

$$\Sigma F = 0, \qquad \int \sigma\, dA = \frac{E\, d\phi}{\phi} \int \frac{y\, dA}{r_n + y} = 0$$

$E \fallingdotseq 0$ 이므로

$$\int \frac{y\, dA}{r_n + y} = 0 \tag{c}$$

$$\Sigma M = 0, \qquad \int \sigma y\, dA = \frac{E\, d\phi}{\phi} \int \frac{y^2\, dA}{r_n + y} = M \tag{d}$$

$\dfrac{y^2}{r_n + y}$을 $y - \dfrac{r_n y}{r_n + y}$ 로 바꾸면

$$M = \frac{E\, d\phi}{\phi} \left(\int y\, dA - r_n \int \frac{y\, dA}{r_n + y} \right) \tag{e}$$

위의 식에서 두 번째 적분은 0이 되고 첫 번째 적분은 eA가 되므로 식 (e)는 다음과 같다.

$$M = \frac{E\, d\phi}{\phi}\, eA \quad \text{혹은} \quad E = \frac{M\phi}{d\phi \cdot eA} \tag{f}$$

식 (b)에다 식 (f)를 대입하면

$$\sigma = \frac{My}{eA(r_n + y)} \tag{g}$$

내외면에서 최대응력을 얻기 위해 $y=-c_i$, $y=c_0$을 대입하면 다음 식을 얻는다.

$$\sigma_i=\frac{-Mc_i}{eA(r_n-c_i)}=\frac{-Mc_i}{eAr_i}$$

$$\sigma_0=\frac{Mc_0}{eA(r_n+c_0)}=\frac{Mc_0}{eAr_0}$$

위의 식의 부호는 그림 3-8에서 내외면에 생기는 압축과 인장응력을 표시한다. 일반적으로 곡선보를 곧게 펴는 굽힘 모멘트를 양으로 정의하면 다음 식이 얻어진다.

$$\sigma_i=+\frac{Mc_i}{eAr_i},\qquad \sigma_0=-\frac{Mc_0}{eAr_0} \tag{3·10}$$

e에 관한 식을 얻기 위해서 식(c)의 r_n+y를 ρ로 대입하면

$$\int\frac{y\,dA}{\rho}=0$$

$$\int\frac{(\rho-r_n)dA}{\rho}=\int dA-\int\frac{r_n\,dA}{\rho}=0$$

따라서,

$$A=r_n\int\frac{dA}{\rho}\quad \text{혹은}\quad r_n=\frac{A}{\int\frac{dA}{\rho}} \tag{h}$$

e는 $\bar{r}-r_n$과 같으므로 다음 식이 얻어진다.

$$e=\bar{r}-\frac{A}{\int dA/\rho} \tag{3·11}$$

식 (3·10)의 응력이 직선보의 Mc/I에 비해서 曲率係數(curvature factor) K만큼 차이가 난다면 다음과 같은 식이 얻어진다.

$$\sigma_i=K_iMc/I=K_iM/Z,\qquad \sigma_0=-K_0Mc/I=-K_0M/Z \tag{3·12}$$

K의 값은 $\bar{r}$가 $\bar{c}$의 열배 정도이면 σ_i는 Mc/I의 1.1을 넘지 않는다.

예제 3-3. 너비 b, 높이 h인 4각 단면보가 그림 3-9에 나타낸 바와 같이 h의 초기곡률을 갖고 있다. 이 곡선보의 최대, 최소응력을 구하고 직선보의 응력과 비교하라.

풀이 그림 3-9에 표시된 하중으로 직선보의 경우

$$\sigma_i=+\frac{Mc}{I}=\frac{6M}{bh^2},\qquad \sigma_0=-\frac{6M}{bh^2}$$

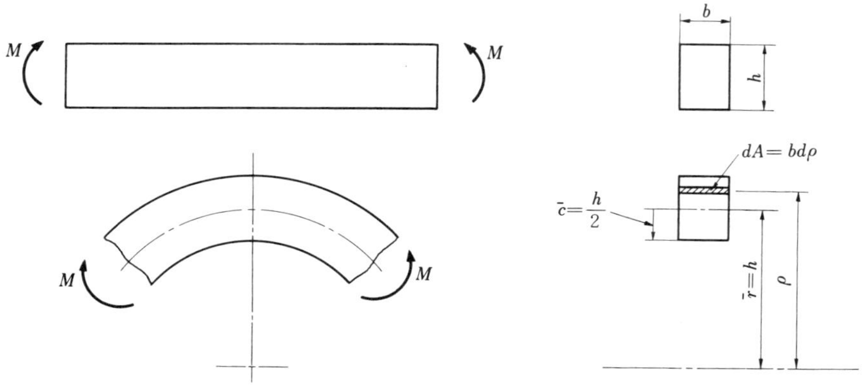

그림 3-9 곡률 반지름 $\bar{r}=h$인 곡선보와 4각단면의 직선보

식 (3·11)로부터

$$e=\bar{r}-\frac{A}{\int dA/\rho}=h-\frac{bh}{b\int_{r_i}^{r_0}d\rho/\rho}=h-\frac{h}{ln(r_0/r_i)}=h\left(1-\frac{1}{ln\ 3}\right)=0.0898h$$

따라서, 식 (3·10)에서

$$\sigma_i=+\frac{M(0.5h-0.0898h)}{(0.0898h)(bh)(0.5h)}=\frac{9.14M}{bh^2}$$

$$\sigma_0=-\frac{M(0.5h+0.0898h)}{(0.0898h)(bh)(1.5h)}=-\frac{4.38M}{bh^2}$$

식 (3·12)로부터 곡률계수 K_i와 K_0를 구하면 다음과 같다.

$$K_i=\frac{9.14}{6}=1.52, \qquad K_0=\frac{4.38}{6}=0.73$$

3-8 보의 수평방향 전단응력

보에서 수평방향의 전단응력이 존재한다는 것은 간단한 실험으로 알 수 있다. 높이 h인 2개의 같은 직4각형 보를 그림 3-10(a)처럼 단순 지지점 위에 놓고 집중력 P를 작용시킨다. 만약, 보 사이에 마찰이 없다면 보의 굽힘은 따로따로 일어나서 각 보의 중립축 위는

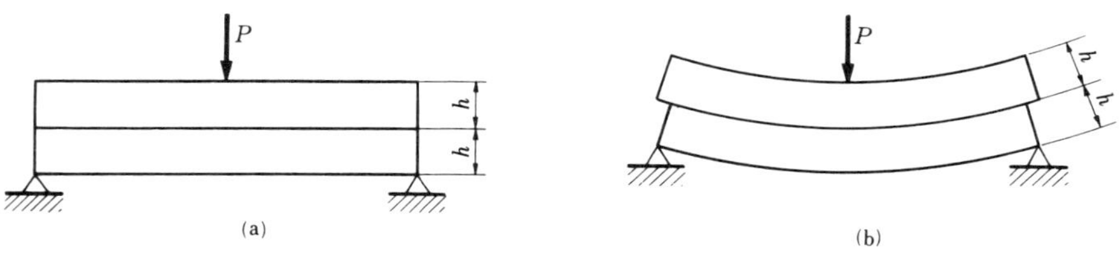

그림 3-10 2개의 분리된 보의 굽힘

압축, 아래는 인장이 일어나서 그림 3-10(b)처럼 변형하여 위에 놓인 보의 안내면은 아래에 놓인 보의 윗면에 대해 미끄러진다. 만일, 2개의 보 대신에 높이 $2h$인 中實보를 사용했다면 미끄럼을 방지할 만큼의 전단응력이 중립면을 따라 작용해야 한다. 미끄럼 방지를 위한 전단응력이 존재하기 때문에 높이 $2h$인 단일보는 높이가 각각 h인 2개의 분리된 보보다 더욱 튼튼한 것이다.

수평방향의 전단응력을 구하기 위해서 그림 3-11 에 나타낸 바와 같이 왼쪽 지지점으로부터 x되는 곳에서 너비가 dx되도록 위에서부터 밑면에 τ의 전단응력이 작용하는 면까지 4각형 요소를 취한다. 미지의 전단응력이 작용하는 밑면은 dx와 b의 크기를 갖는다. b의 크기는 y_0의 값에 따라 달라진다.

보의 미소부분에 작용하는 힘의 관계를 확대해서 그림 3-11 에 표시하였다. 오른쪽이 굽힘 모멘트가 dM만큼 크므로 굽힘응력도 약간 크다. 밑부분에 작용하는 미지의 전단응력은 수평력의 합이 0이어야 하므로

$$\int_{y=y_0}^{y=c} \frac{dM \cdot y}{I} dA = \tau b\,dx$$

그러나 $dM = V dx$ 이므로

$$\int_{y=y_0}^{y=c} \frac{V dx \cdot y}{I} dA = \tau b\,dx$$

τ에 관해서 풀면 다음 식이 얻어진다.

$$\tau = \frac{V}{Ib} \int_{y=y_0}^{c} y\,dA \qquad (3 \cdot 13)$$

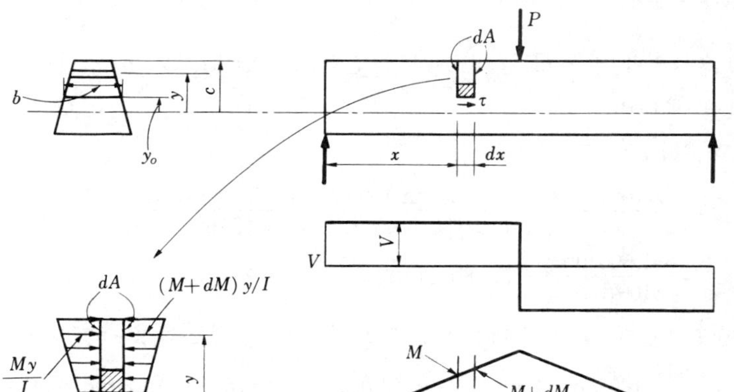

그림 3-11 수평방향 전단응력의 분포

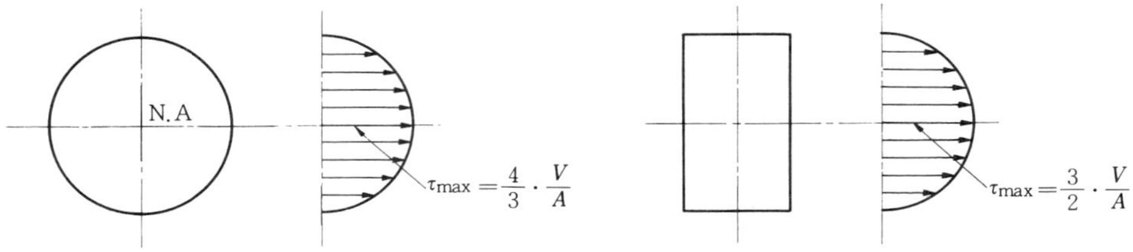

그림 3-12 원형단면과 4각단면의 전단응력 분포

수평방향의 전단응력의 분포를 원형단면과 4각형 단면보에 대해 그리면 그림 3-12와 같이 포물선적으로 변한다. 굽힘응력이 가장 큰 위 또는 아래면에서 전단응력은 0이며, 중립축에서 굽힘응력은 0이나 전단응력은 최대가 된다.

원형단면과 4각단면에 식 (3·13)을 적용하면 그림 3-12에서처럼 포물선적으로 전단응력이 분포되고, 원형단면에서 최대 전단응력은 중립축에서

$$\tau_{max} = \frac{4}{3} \cdot \frac{V}{A} \qquad (3 \cdot 14)$$

이고, 4각 단면에서는

$$\tau_{max} = \frac{3}{2} \cdot \frac{V}{A} \qquad (3 \cdot 15)$$

중공원형 단면의 경우에는 안지름과 바깥 지름의 비에 따라 다르나 얇은 벽의 원통에서는 최대 전단응력은 대략 다음과 같다.

$$\tau_{max} = 2V/A \qquad (3 \cdot 16)$$

예제 3-4. 그림 3-13과 같은 T형 단면보가 전단력 5000 kg_f를 받는 단면에서 웨브부분의 최대 전단응력을 구하라.

풀이〉 圖心까지의 거리 c는

$$c = \frac{(200\,\text{mm})(30\,\text{mm})(100\,\text{mm}) + (70\,\text{mm})(30\,\text{mm})(15\,\text{mm})}{(200\,\text{mm})(30\,\text{mm}) + (70\,\text{mm})(30\,\text{mm})}$$

$$= \frac{631{,}500\,\text{mm}^3}{8100\,\text{mm}^2} = 77.96\,\text{mm}$$

중립축에 대한 I는 축 $n-n$에 대한 관성 모멘트를 구하고 평행축 정리로 구하면 다음과 같다.

$$I = \frac{1}{3}(100\,\text{mm})(30\,\text{mm})^3 + \frac{1}{3}(30\,\text{mm})(170\,\text{mm})^3 - (8100\,\text{mm}^2)(47.96\,\text{mm})^2$$

$$= 900{,}000\,\text{mm}^4 + 49{,}130{,}000\,\text{mm}^4 - 18{,}631{,}389\,\text{mm}^4 = 31{,}398{,}611\,\text{mm}^4$$

최대 전단응력은 중립축에 일어나며 중립축 아래 면적의 1차 모멘트 Q는

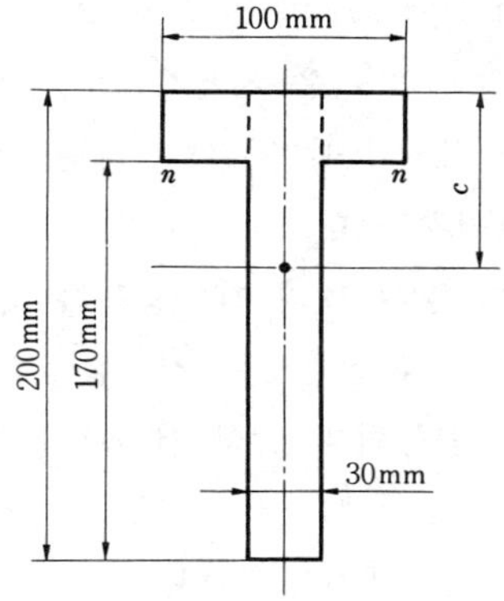

그림 3-13 T형 단면보

$$Q=(30\,\text{mm})(200\,\text{mm}-77.96\,\text{mm})^2\left(\frac{1}{2}\right)=223{,}406.4\,\text{mm}^3$$

$$\tau=\frac{VQ}{Ib}=\frac{(5000\,\text{kgf})(223{,}406.4\,\text{mm}^3)}{(31{,}398{,}611\,\text{mm}^4)(30\,\text{mm})}=1.186\,\text{kgf/mm}^2$$

3-9 誘導應力(Induced stress)

단순인장 또는 압축은 어떤 면상에 전단응력을 유발시킨다. 마찬가지로 순수 전단하중은 인장과 압축을 유발한다. 어떤 경우 유도응력은 직접응력보다 재료에 치명적일 수 있다.

그림 3-14(a)의 물체에 인장을 가하면 그림 3-14(b)처럼 늘어가면서 45° 경사면의 전단변형은 현저하게 나타난다. 만약, 압축을 받았다면 45° 경사면의 전단변형은 반대로 일어날 것이다.

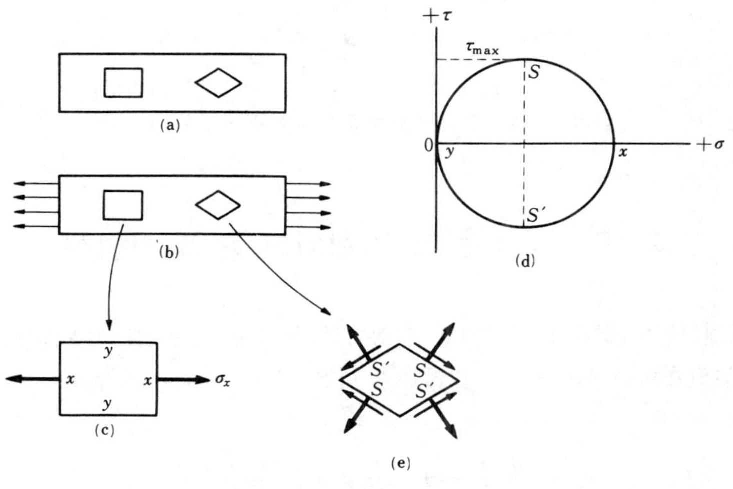

그림 3-14 순수 인장하중으로부터 유도된 전단응력

요소 위에 작용하는 응력들은 Mohr 원에 표시하면 그림 **3-14**(d)와 같다. 점 x와 y는 x와 y면상에 작용하는 수직응력을 표시하고 원은 지름을 선 xy로 그려져 있다. Mohr 원에서 측정된 각은 요소자체의 해당되는 각의 2배가 된다. 예를 들어 x와 y는 요소에서 90° 떨어져 있으나 Mohr 원에서는 180° 떨어져 있다.

점 S와 S'는〔그림 **3-14**(d)〕최대의 양과 음의 전단응력을 나타낸다. Mohr 원에서 점 S는 반시계 방향으로 x에서 90° 회전하나 요소에서는 x면에서 반시계 방향으로 45° 회전한다. 그림 **3-14**(e)에서 면 S에는 양의 축응력과 양의 전단응력이 작용하고 그들 응력의 크기는 $\sigma_x/2$가 된다.

이번에는 순수 전단하중을 받는 경우를 생각해 본다. 그림 **3-15**(a)처럼 배열된 요소가 그림 **3-15**(b)와 같이 전단하중을 받으면, 직각부분의 각도가 변하게 되고 45° 경사된 요소에서는 그림 **3-15**(d)와 같이 직각부분은 90°를 유지하면서 축응력만이 유발된다. 전단응력이 0이 되고 인장과 압축응력이 최대값을 나타내는 면을 **主面**(principal plane)이라 하며, 그림 **3-15**(c)에 1과 2로 표시된다.

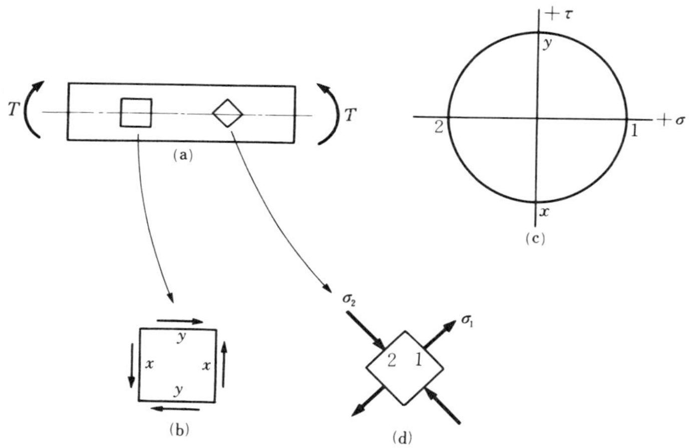

그림 3-15 순수 전단하중으로부터 유도된 축응력

3-10 Mohr 원에 관계되는 응력 방정식

주어진 방향에 대한 응력이 주어지면 主應力(principal stress), 主方向(principal direction)과 최대 전단응력은 Mohr원을 그리든가 다음 식으로부터 구해진다.

$$\sigma_1,\ \sigma_2 = \frac{\sigma_x + \sigma_y}{2} \pm \sqrt{\tau_{xy}^2 + \left(\frac{\sigma_x - \sigma_y}{2}\right)^2} \tag{3·17}$$

$$2\phi = \tan^{-1} \frac{2\tau_{xy}}{\sigma_x - \sigma_y} \quad (3 \cdot 18)$$

$$\tau_{\max} = \pm \sqrt{\tau_{xy}^2 + \left(\frac{\sigma_x - \sigma_y}{2} \right)^2} \quad (3 \cdot 19)$$

여기서 ϕ는 主軸과 x 및 y축 사이의 각이다. ϕ가 양이면 주축은 x와 y축으로부터 시계 방향이다.

주응력을 알고 1번의 주면으로부터 ϕ 각만큼 회전한 면 위에 작용하는 응력을 구하려면 다음 식을 이용한다.

$$\sigma_\phi = \frac{\sigma_1 + \sigma_2}{2} + \frac{\sigma_1 - \sigma_2}{2} \cos 2\phi \quad (3 \cdot 20)$$

$$\tau_\phi = \frac{\sigma_1 - \sigma_2}{2} \sin 2\phi \quad (3 \cdot 21)$$

식 (3·17)에서부터 식 (3·19)까지는 그림 **3-16**에 나타난 Mohr 원으로부터 얻을 수 있으며, 식 (3·20)에서 식 (3·21)은 그림 **3-17**에 나타난 Mohr 원으로부터 쉽게 얻을 수 있다. 식과 Mohr 원을 잘 관찰하면 유용한 내용을 얻는다.

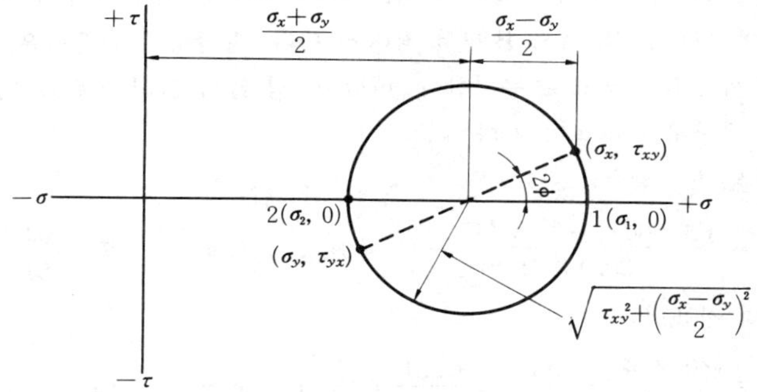

그림 3-16 식 (3·17)~식 (3·19)를 표시한 Mohr 원

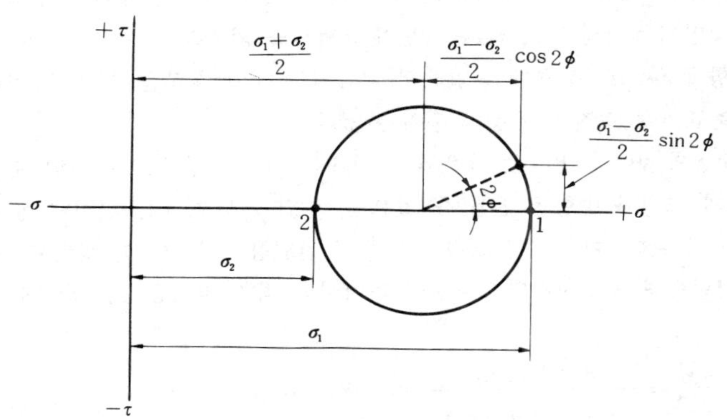

그림 3-17 식 (3·20), (3·21)을 표시한 Mohr 원

예제 **3-5.** 그림 **3-18**에 축과 100 kg$_f$의 하중을 받고 있는 풀리를 나타내고 있다. 축지름 30 mm 되는 단면에서 가장 큰 응력은 어디서 발생하며, 그 크기는 얼마인가?

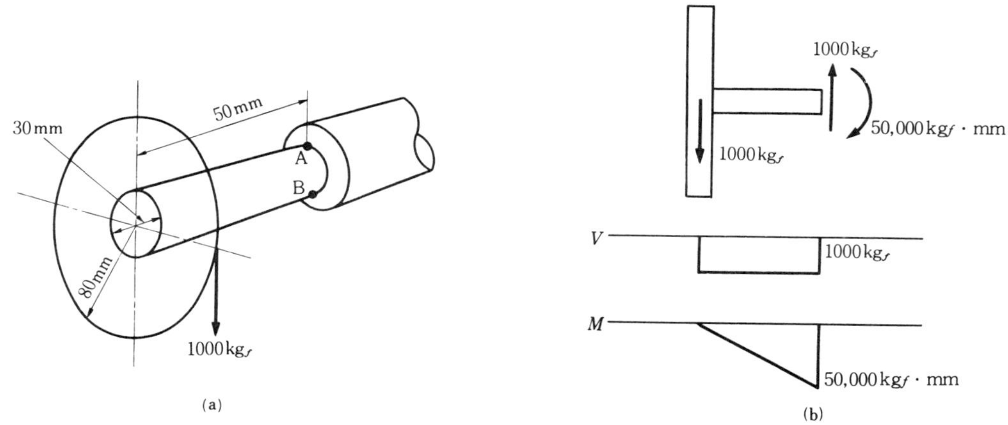

그림 **3-18** 조합하중을 받는 축

풀이 축지름 30 mm의 단부의 응력집중은 무시하고 대기압력이 축표면에 작용한 압축력도 무시한다. 축은 비틀림, 굽힘, 횡방향 전단을 받는다. 비틀림 응력은 표면에서 최대가 된다. 굽힘응력은 그림 **3-18**(a)에 나타난 점 A와 B에서 최대가 된다. 횡방향 전단응력은 굽힘응력에 비하면 작고 점 A와 B에서는 0이 되므로 무시한다. 따라서, 점 A와 B의 응력을 검토해야 한다. 하중에 따르는 응력을 계산하면 다음과 같다.

굽힘응력(A : 인장, B : 압축)

$$\sigma_x = \frac{Mc}{I} = \frac{(50{,}000\,\mathrm{kg}_f \cdot \mathrm{mm})(15\,\mathrm{mm})}{39{,}760.8\,\mathrm{mm}^4} = 18.9\,\mathrm{kg}_f/\mathrm{mm}^2, \qquad I = \frac{\pi d^4}{64} = 39{,}760.8\,\mathrm{mm}^4$$

비틀림 응력(축의 전표면)

$$\tau_{xy} = \frac{Tr}{J} = \frac{(80{,}000\,\mathrm{kg}_f \cdot \mathrm{mm})(15\,\mathrm{mm})}{79{,}521.6\,\mathrm{mm}^4} = 15.1\,\mathrm{kg}_f/\mathrm{mm}^2, \qquad J = \frac{\pi d^4}{32} = 79{,}521.6\,\mathrm{mm}^4$$

A부분의 요소를 그리면 그림 **3-19**(a)와 같다. B부분은 굽힘응력이 압축인 것을 제외하면 똑같다. τ_{xy}는 x면에 y방향으로, τ_{yx}는 y면에 x방향을 가지고 있으며, $\tau_{xy} = \tau_{yx}$로 보아도 상관없으나 시계방향을 양으로 부호를 통일해서 취급하는 것이 혼란을 없앨 수 있다. 대기압력을 무시하였으므로 축표면에 수직한 방향의 응력은 없다.

Mohr 원은 면 x와 y에 작용하는 응력을 나타내는 점을 찍음으로써 그릴 수 있다. 원으로부터 주응력 σ_1과 σ_2의 크기와 방향을 얻을 수 있으며, 주면 1은 면 x를 반시계 방향으로 58°의 반을 회전시켜 위치하게 된다. 마찬가지 요령으로 최대 전단응력의 크기와 방향도 결정된다.

횡방향의 전단응력을 무시하였으나 중립축에서의 최대 전단응력을 참고로 구해 보면 다음과 같다.

$$\tau = \frac{4V}{3A} = \frac{4 \times 1000\,\mathrm{kg}_f}{3 \times \frac{\pi}{4} \times (30\,\mathrm{mm})^2} = 1.9\,\mathrm{kg}_f/\mathrm{mm}^2$$

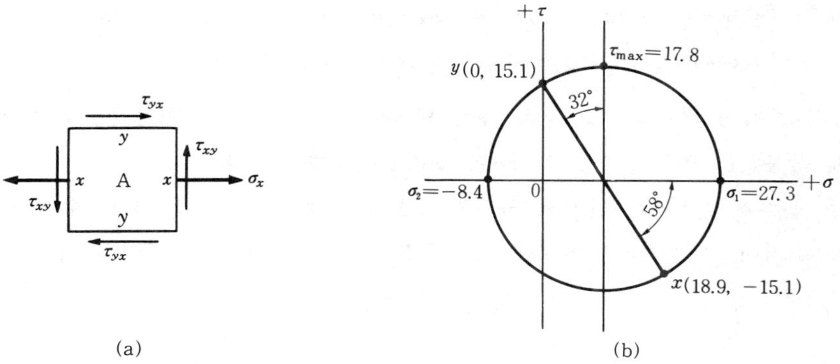

그림 3-19 점 A의 요소와 Mohr 원 표시

3-11 3軸 應力狀態

3차원 응력 혹은 3軸應力(triaxial stress)의 경우는 2축 응력의 경우와 마찬가지로 모든 전단응력이 0이 되는 특수한 방향을 얻을 수 있다. 이 특수방향에 수직한 면은 주방향과 관계가 있고 그 면상에 주응력이 작용하게 된다. 6개의 면이 있으므로 3개의 주방향과 3개의 주응력 σ_1, σ_2 및 σ_3가 존재한다.

평면응력에서는 σ_x, σ_y, τ_{xy}로 주방향과 주응력을 구할 수 있었으나 3차원의 일반적인 응력상태에서는 6개의 응력성분이 있으므로 주방향과 주응력을 구하는 것은 어렵다. 통상적인 설계에서는 별로 필요치 않으므로 자세한 설명을 생략하고, 다음과 같은 3차 방정식의 근을 구함으로써 그림 3-20(a)와 같은 주응력 성분을 얻는다.

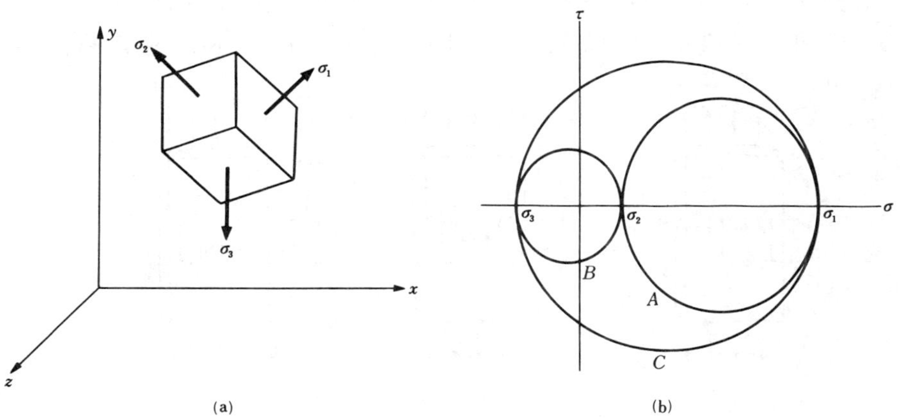

그림 3-20 3축응력의 Mohr 원

$$\sigma^3 - (\sigma_x + \sigma_y + \sigma_z)\sigma^2 + (\sigma_x\sigma_y + \sigma_x\sigma_z + \sigma_y\sigma_z - \tau_{xy}^2 - \tau_{yz}^2 - \tau_{zx}^2)\sigma$$
$$- (\sigma_x\sigma_y\sigma_z + 2\tau_{xy}\tau_{yz}\tau_{zx} - \sigma_x\tau_{yz}^2 - \sigma_y\tau_{zx}^2 - \sigma_z\tau_{xy}^2) = 0 \qquad (3 \cdot 22)$$

3축 응력의 주응력을 $\sigma_1 > \sigma_2 > \sigma_3$로 하여 Mohr 원을 그리면 그림 **3-20**과 같고, 임의방향의 면상에 작용하는 응력성분 σ_N과 τ_N은 Mohr 원상에 놓인다.

Mohr 원을 분석해 보면 각 원에서 하나씩 3개의 최대 전단응력을 얻을 수 있으나, 반지름이 다르므로 최대 전단응력은 아래에 표시된 3개 중에서 가장 큰 값이 된다.

$$\tau = \frac{\sigma_1 - \sigma_2}{2}, \qquad \tau = \frac{\sigma_2 - \sigma_3}{2}, \qquad \tau = \frac{\sigma_1 - \sigma_3}{2}$$

언제나 주응력을 $\sigma_1 > \sigma_2 > \sigma_3$로 표시한다면 최대 전단응력은 다음 식과 같이 표시된다.

$$\tau_{\max} = \frac{\sigma_1 - \sigma_3}{2} \qquad (3 \cdot 23)$$

3-12 應力集中

기계부품에 구멍, 홈, 단 및 노치(notch)가 있어서 단면적이 급격히 변하는 곳에서는 응력분포 상태가 불규칙하고 큰 응력이 발생하는데 이런 현상을 **應力集中**(stress concentration)이라 한다. 취성재료에서는 국부응력이 재료의 한계강도를 넘으면 균열이 생겨 균열의 응력집중으로 破斷한다.

[1] 應力集中 계수

단면의 모양이 균등한 재료가 그림 **3-21**(a)와 같이 단면 XX'를 따라 평균응력 σ_n이 고르게 분포한다. 그러나 그림 **3-21**(b)에서처럼 노치가 있으면 홈부분을 지나는 단면 XX'에는 응력이 같지 않고, 홈 밑부분에서 최대응력 $\sigma_{\max}$이 발생하고 중심부의 응력은 평

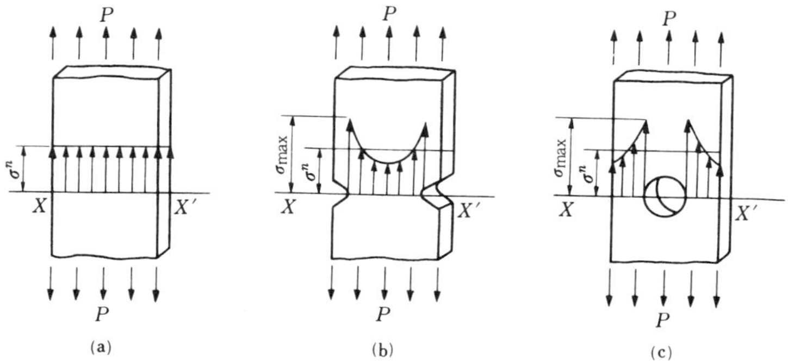

그림 3-21 응 력 집 중

균응력보다 작다. 그림 **3-21** (c)에는 구멍이 있는 경우 응력분포를 표시한다. 따라서, 응력집중의 정도는 $\sigma_{\max}$을 σ_n으로 나눈 값 K_t로 표시하고, 이를 **應力集中 계수**(factor of stress concentration)라 한다.

$$K_t = \frac{\sigma_{\max}}{\sigma_n}, \qquad \sigma_{\max} = K_t\ \sigma_n \tag{3·24}$$

이 계수는 재료의 크기에는 무관하고 다만 모양만으로 결정된다. 그러나 같은 모양이라도 하중에 따라 다르며 인장이 가장 크고 굽힘, 비틀림 순이다.

그림 **3-22**에 단붙이 판재와 단붙이 원봉에 대한 응력집중 계수를 보기로 표시하였으며, 복잡한 모양의 응력집중 계수는 광탄성 시험과 같은 실험으로 측정한다.

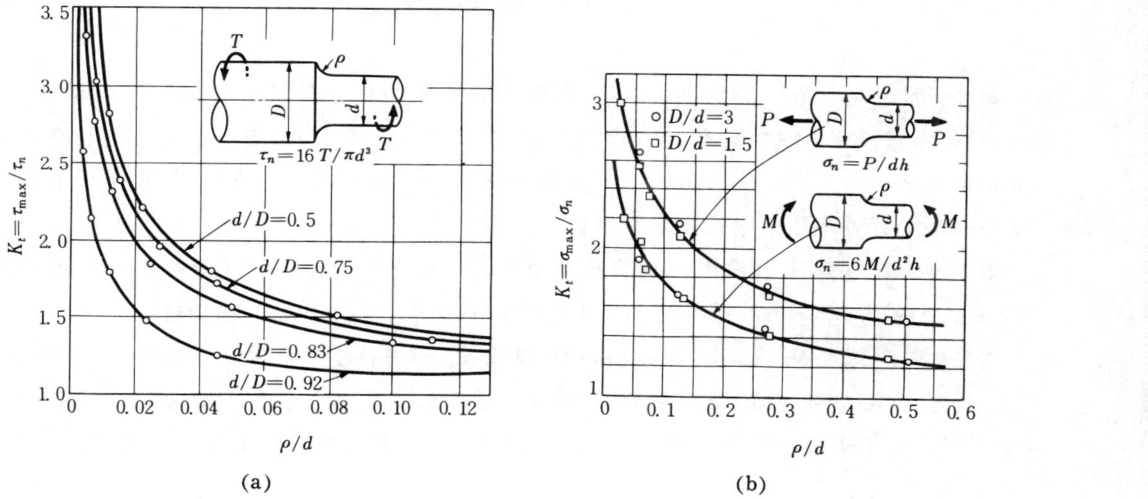

그림 **3-22** 응력집중 계수의 보기

[2] 應力集中의 輕減對策

기계 설계상 응력집중은 가능한 한 경감시켜야 한다. 기계부품의 파손은 대부분 외부표면에 작용하는 최대응력에 의해 일어나므로, 표면부분의 응력집중을 경감시키는 데 유의해야 한다. 보통 널리 사용되는 응력집중의 경감대책은 다음과 같다.

① 그림 **3-23**에 표시된 바와 같이 단부분의 반지름을 크게 하거나 테이퍼 부분을 설치하여 완만한 단면변화가 일어나도록 한다.

② 제 2, 제 3의 단면변화 부분을 설치하여 응력의 흐름을 완만하게 한다.

③ 단면변화 부분에 보강재를 결합하여 응력집중을 경감시킨다.

④ 숏 피닝(shot peening), 압연처리 및 열처리를 하여 강화시키거나 표면의 거칠기를 향상시킨다.

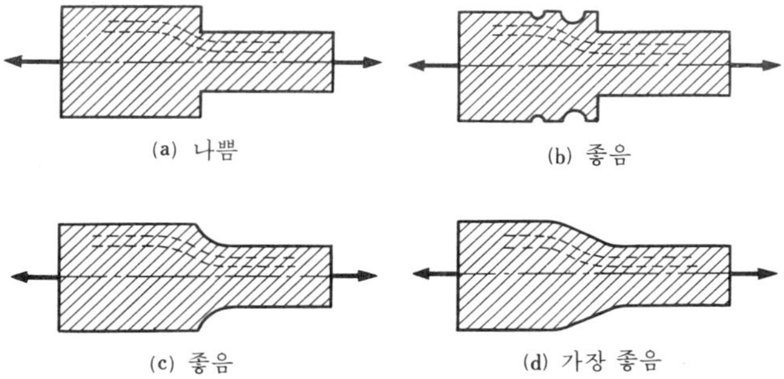

그림 3-23 응력집중의 경감

3-13 殘留應力

塑性變形을 일으키는 단일 소성체의 원형 단면봉에 작용하는 비틀림 모멘트 T 또는 굽힘 모멘트 M을 제거하면 除荷는 탄성적으로 이루어져도 약간의 영구변형과 殘留應力(residual stress)이 남게 된다. 그림 3-24에 비틀림 전단응력의 잔류응력 형성과 분포를, 그림 3-25에 굽힘응력의 잔류응력 분포를 표시하였다.

일반적으로 항복을 일으키는 過負荷(overload)는 같은 방향으로 작용하는 未來荷重(future load)에는 유리하고 반대방향의 미래하중에는 불리한 잔류응력을 만든다.

잔류응력은 강도상 해로울 때와 유리할 때가 있다. 잔류응력 σ_0와 外力에 의한 응력 σ_1이 작용하면 재료 내에는 $\sigma=\sigma_1+\sigma_0$의 응력이 작용하고 σ가 항복점에 도달하면 그 점이 항복하여 잔류응력의 분포가 변한다. 또, 인장응력이 발생하는 부분에 압축 잔류응력을 발생시

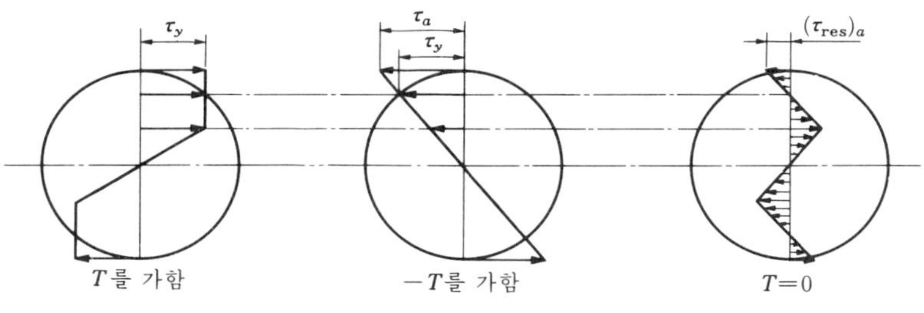

그림 3-24 비틀림에 의한 잔류응력

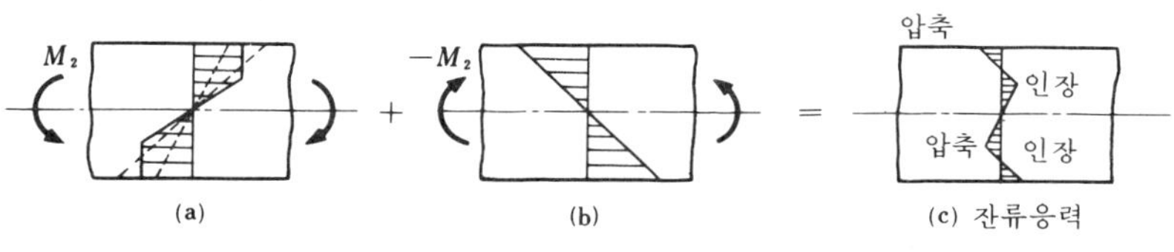

그림 3-25 굽힘에 의한 잔류응력

켜 놓으면 큰 하중에 견딜 수 있는 이점을 갖는다. 잔류응력은 반복하중에 의해서 감소되고, 특히 표면의 잔류응력은 수회의 반복하중으로 거의 0이 된다. 열처리나 용접을 하면 잔류응력과 변형이 생긴다.

3-14 熱 應 力

물체의 온도가 균일하게 올라가면 팽창하고 수직 변형률(normal strain)은

$$\epsilon_x = \epsilon_y = \epsilon_z = \alpha(\Delta T) \tag{3·25}$$

로 표시되고, α는 열팽창 계수, ΔT는 온도변화이다. 물체는 부피가 증가하고 전단 변형률 성분이 전부 0이 된다.

곧은 봉이 길이방향으로 늘어나지 않도록 하고, 온도상승이 일어나면 축방향 구속 때문에 압축응력이 생기며 그 크기는 다음과 같다.

$$\sigma = \epsilon E = \alpha(\Delta T)E \tag{3·26}$$

식 (3·26)의 응력은 온도상승에 의해 발생한 응력이지만 끝이 고정되어 있기 때문에 생겼으므로 熱應力(thermal stress)이라 하지 않는다. 물체 내의 溫度勾配(temperature gradient)로 발생되는 응력을 **열응력**이라 한다.

길이가 무한히 긴 판재를 가열 또는 냉각하면 그림 **3-26**과 같이 열응력이 발생하는데, 가열 때는 외부표면은 가열되어 팽창하려고 하나, 내부가 온도저하로 구속되어 표면은 압축, 내부는 인장을 나타내고 냉각 때에는 반대현상이 생긴다.

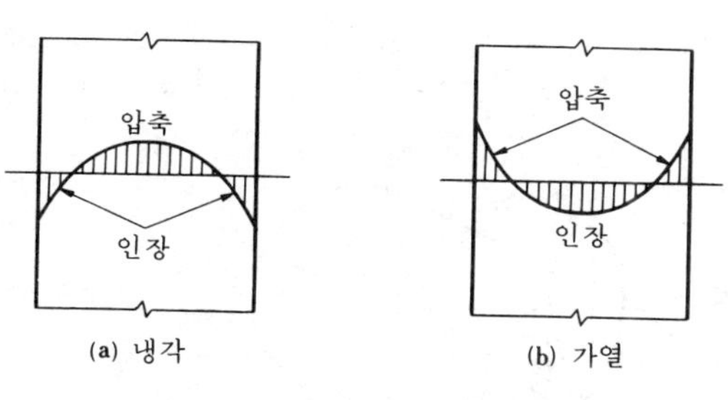

그림 3-26 냉각, 가열될 때의 열응력

예제 3-6. 길이 25cm의 강관($E = 2.1 \times 10^4 \text{kg}_f/\text{mm}^2$, $\alpha = 11 \times 10^{-6}/℃$)이 20℃에서 응력이 없는 상태로 고정되어 있다. 단면적은 10cm²이다. 160℃까지 균일가열 되었을 때 고정단이 0.02mm 늘어났다면 관의 양단에 작용하는 하중과 응력을 구하라.

풀이 구속되지 않는 관은

$$\varepsilon = \alpha \Delta T = (11 \times 10^{-6})(140) = 1.54 \times 10^{-3}$$

$$\Delta L = L\varepsilon = 25 \times (1.54 \times 10^{-3}) = 0.0385\,\text{cm}$$

$0.0385 - 0.02 = 0.0185\,\text{cm}$의 늘어남을 일으키는 힘을 양단에 작용시켜야 한다. 따라서,

$$\delta = \frac{PL}{AE}$$

$$0.0185 = \frac{P \times 25}{10 \times 2.1 \times 10^6} \qquad P = 15{,}540\,\text{kg}_f$$

$$\sigma = \frac{15{,}540\,\text{kg}_f}{10\,\text{cm}^2} = 1554\,\text{kg}_f/\text{cm}^2 = 15.54\,\text{kg}_f/\text{mm}^2$$

연 습 문 제

1. 축하중이 작용하는 경우, 응력 $\sigma = P/A$의 식이 성립하려면 만족되어야 할 조건에 관해서 설명하라.

2. 축하중에 의한 응력과 직접 전단하중에 의한 전단응력의 부호에 관해서 어떤 차이가 있는지 설명하라.

3. 4각 단면보의 수평방향 전단응력이 평균값보다 50% 크게 중립축에서 나타나는 것을 설명하라.

4. 순수 전단하중을 받는 표면에서 주면에 대한 Mohr 원을 그리고, 주면에서의 응력의 크기에 관해서 설명하라.

5. 과부하로 잔류응력이 발생하면, 과부하와 같은 방향의 하중이 나중에 작용할 때 유리한 이유를 설명하라.

6. A와 B에 지지된 전기홴이 그림 3-27에 나타나 있다. 전동기가 날개에 2N·m의 토크를 공급한다. 홴이 공기를 20N의 힘으로 앞으로 밀고 있다. 중력을 무시한 경우, 홴에 작용하는 모든 하중을 결정하고 자유 물체도를 그려라.
(A : 수평으로 10N, 위로 20N
B : 수평으로 10N, 아래로 20N)

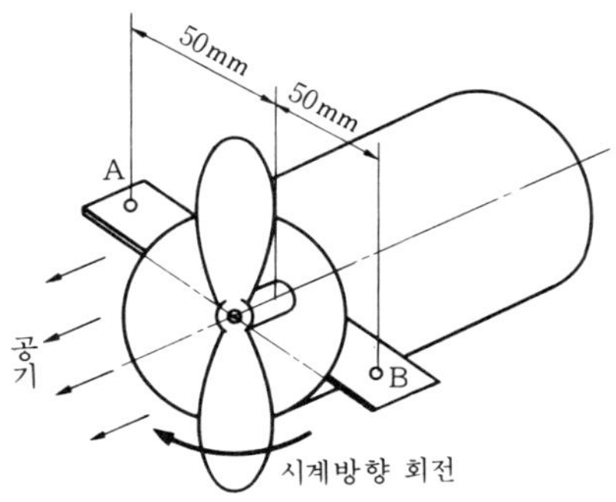

그림 3-27 전 기 홴

7. 단단한 수평봉이 그림 **3-28**과 같이 4개의 같은 스프링으로 지지되어 중앙에 100N의 하중을 받고 있다. 각 스프링에 작용하는 하중을 구하라. (위 스프링 : 20N, 아래 스프링 : 40N)

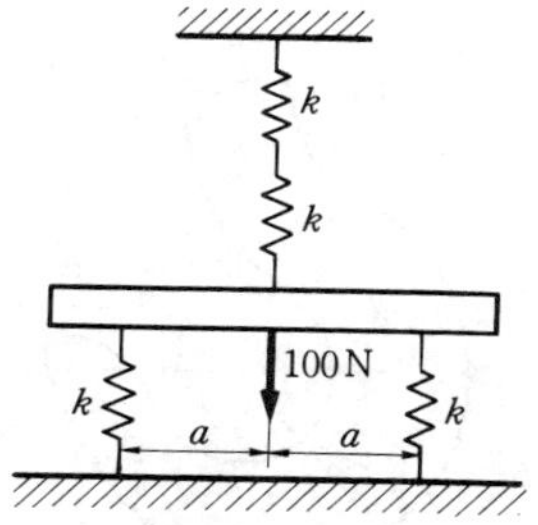

그림 3-28

8. 그림 **3-29**와 같이 2개의 판을 양쪽 덮개판 한 줄 맞대기 리벳이음으로 하였다. 모든 재료의 인장, 압축 및 전단의 항복강도가 각각 300, 300 및 170MPa이다. 판과 덮개판 사이의 마찰을 무시한다.
   (a) 리벳의 전단강도를 기준으로 피치당 전달되는 하중은 얼마인가?
   (b) 위의 하중을 전달하기 위한 판과 덮개판의 두께 및 피치를 구하라.
   (c) 위의 값을 이용하여 리벳의 이음효율을 구하라.

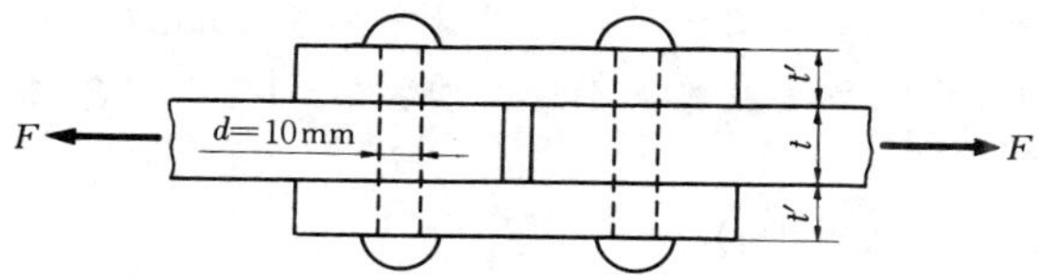

그림 3-29 리 벳 이 음

((a) $F = 27{,}600\,\text{N}$
(b) $t = 2t' = 8.90\text{mm}$
$p = 20\text{mm}$
(c) $\eta = 50\%$)

9. 전단응력 $\tau = 200\,\text{MPa}$를 받는 재료로 만들어진 지름 30mm의 볼트와 핀이음 때의 핀의 전단강도에 해당되는 하중을 각각 구하라. ($P_b = 141\,\text{kN}$, $P_p = 283\,\text{kN}$)

10. 지름 30mm의 축이 1500rpm에서 700kW을 전달한다. 굽힘과 축하중은 무시한다.
   (a) 표면의 전단응력은 얼마인가?
   (b) 바깥 지름의 0.8배인 안지름을 갖는 中空軸인 경우 (a)와 같은 표면의 전단응력을 갖는데 바깥 지름은 얼마로 해야 하는가?
   (c) 中實軸과 중공축의 무게비는 어떤가?

((a) 840.56 MPa
(b) 35.8mm
(c) 0.51)

11. 너비 b, 높이 h인 4각 단면보가 초기곡률 $\bar{r} = 2h$인 곡선보로 되어 있다. 곡선보의 최대 굽힘응력이 직선보에 대해 어떻게 다른지 비교하라. ($K_i = 1.2$, $K_0 = 0.85$)

12. 길이 200mm이고 한 변의 길이가 60mm인 정 4 각형 단면보가 중앙에 80,000N의 집중하중을 받고 단순지지로 되어 있다. 수평방향의 최대 전단응력을 식 (3·13)으로 구하고 식 (3·15)와 비교하라. (16.7MPa)

13. P와 Q를 포함하는 단면적 $A=7200\,\text{mm}^2$인 크레인 훅에서 점 P와 Q에서의 합성응력은 얼마인가? 단 $K_i=1.5$, $K_0=0.75$이다. ($\sigma_P=-55.6\,\text{MPa}$, $\sigma_Q=140.3\,\text{MPa}$)

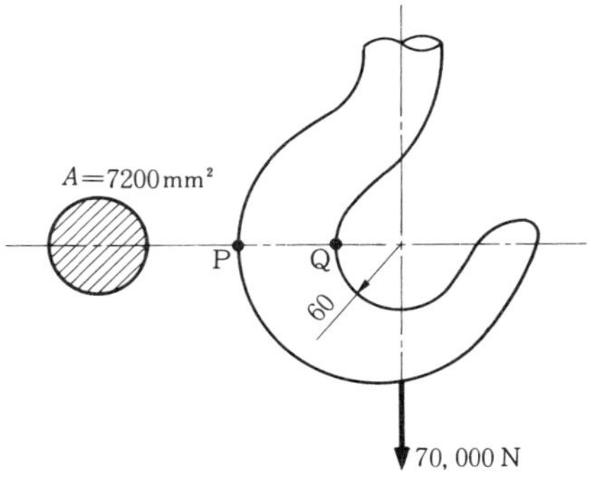

그림 3·30 훅

14. 내부압력 100MPa를 받는 중공의 원통에서 내부면에 접선과 축방향의 응력이 각각 350MPa, 75 MPa이다. Mohr 원을 그리고 최대 전단응력을 구하라. ($\tau_{max}=225\,\text{MPa}$)

15. 너비 40mm, 두께 10mm의 강판($\sigma_{yt}=\sigma_{yc}=300\,\text{MPa}$)이 중앙에 지름 6mm의 구멍을 가지고 있다. 처음에는 잔류응력이 없고 이상적인 응력-변형률 선도를 갖는다. 다음과 같은 경우 구멍을 갖는 면에서의 응력분포를 표시하라.

(a) 100kN의 인장력이 작용할 때 ($K_t=2.55$이다)

(b) 하중이 제거된 후 [$\sigma_{max}=2.55(294\,\text{MPa})=750\,\text{MPa}$(탄성값)]

제 4 장

彈性 變形率과 변형량

4-1 서 론

탄성 변형률, 변형량, 강성 및 안전성은 기본적으로 중요한 사항이다. 경우에 따라서 응력보다 처짐이나 강성이 부품설계에 중요한 역할을 한다. 공작기계의 프레임은 가공물의 정밀도를 높이기 위해 강성조건을 만족시켜야 한다. 또, 어떤 부품에서는 진동을 막기 위해 剛性을 요구하는 경우도 있다. 처짐이 심하면 기어의 물림이 풀어지거나 부품 사이의 간섭이 일어날 수 있다.

탄성 변형률로부터 응력을 측정한다. 응력은 일반적으로 직접 측정되는 양은 아니다. 재료의 탄성상수들을 알고 있으면 탄성응력-변형률 관계를 이용하여 실험적으로 측정된 변형률로부터 해당응력을 구한다.

탄성적으로 안전한 계는, 평형상태가 무너지는 경우 탄성적인 復原力이나 모멘트에 의해 평형상태가 회복된다. 그러나 가느다란 기둥인 경우에는 그렇지 않다. 기둥이 가늘고 탄성계수가 작으면서 하중이 크면 기둥은 탄성적으로 불안전해져서 사소한 교란에도 挫屈(buckling)이 일어나서 못쓰게 된다. 이런 현상은 응력이 재료의 탄성한도보다 훨씬 작은데도 발생한다.

4-2 변형률과 Mohr 원의 표시

4각 단면봉이 만약 단순인장을 받고 있고 인장방향을 x방향으로 생각한다면, 변형률 ε_x는 양이고 ε_y, ε_z는 음이 된다. 직각은 변하지 않으므로 γ_{xy}, γ_{xz} 및 γ_{yz}는 0이 된다. 따라서, 이런 경우 ε_x, ε_y 및 ε_z는 ε_1, ε_2 및 ε_3가 되고 첨자 1, 2 및 3은 주방향을 나타낸다.

순수전단인 경우에는 전단 변형률은 γ_{xy}와 같으며 첨자 xy는 응력의 경우와 마찬가지로 표시하고 γ_{xy}의 부호는 시계방향을 양으로 정한다. 변형률에 대한 Mohr 원을 그리면 그림 4-1과 같다. 응력의 Mohr 원과 다른 점은 세로축을 전단 변형률 γ의 $\frac{1}{2}$로 해서 변형률의 Mohr 원을 표시해야 한다.

일반적으로 주방향은 알지 못하므로 임의방향의 변형률인 ε_x, ε_y 및 γ_{xy}을 측정하여 그림 4-1의 Mohr 원으로부터 ε_1과 ε_2를 결정하여 ε_1과 ε_2의 방향과 크기를 얻는다. 3요소로 된 스트레인 게이지 로제트(rosettes)가 이용된다. 보통 사용되고 있는 3개 요소의 로제트는 등각 로제트(equiangular rosettes)와 직각 로제트(rectangular rosettes)가 있다.

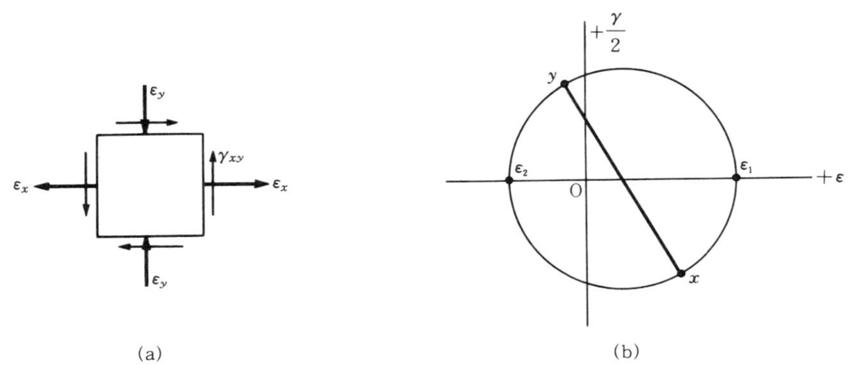

그림 4-1 ε_x, ε_y, γ_{xy}로부터 그려진 변형률의 Mohr 원

4-3 변형률의 해석

모든 등각 로제트가 반시계 방향순으로 0°, 120° 및 240°에 각 게이지를 배열하여 그림 4-2(a)에 나타나 있다. 각 α는 0° 게이지로부터 미지의 주축 사이의 각을 표시한다. 그림 4-2(b)와 (c)는 等價의 게이지 방향의 다른 조합을 표시한다.

주변형률과 방향을 구하는 식은 다음과 같다.

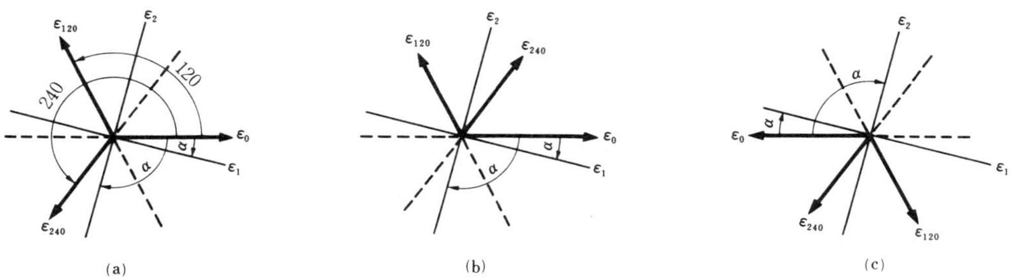

그림 4-2 등각 로제트의 표시

$$\varepsilon_{1,2} = \frac{\varepsilon_0 + \varepsilon_{120} + \varepsilon_{240}}{3} \pm \sqrt{\frac{(2\varepsilon_0 - \varepsilon_{120} - \varepsilon_{240})^2}{9} - \frac{(\varepsilon_{120} - \varepsilon_{240})^2}{3}} \qquad (4\cdot1)$$

$$\tan 2\alpha = \frac{\sqrt{3}\,(\varepsilon_{120} - \varepsilon_{240})}{2\varepsilon_0 - \varepsilon_{120} - \varepsilon_{240}} \qquad (4\cdot2)$$

양의 α값은 ε_0 게이지로부터 식 (4·2)으로 얻어진 2개의 주축까지 시계방향으로 표시한다. 값이 큰 주변형률은 ε_0, ε_{120} 및 ε_{240} 중에서 대수적으로 값이 제일 큰 것에서 30° 이내에 놓여 있다.

예제 4-1. 등각 로제트로부터 다음과 같은 변형률이 얻어졌다.

$$\varepsilon_0 = -0.00075\,\mathrm{m/m}$$
$$\varepsilon_{120} = +0.0004\,\mathrm{m/m}$$
$$\varepsilon_{240} = +0.00185\,\mathrm{m/m}$$

주변형률의 크기와 방향을 결정하고 Mohr 원을 그려서 결과를 검토하라.

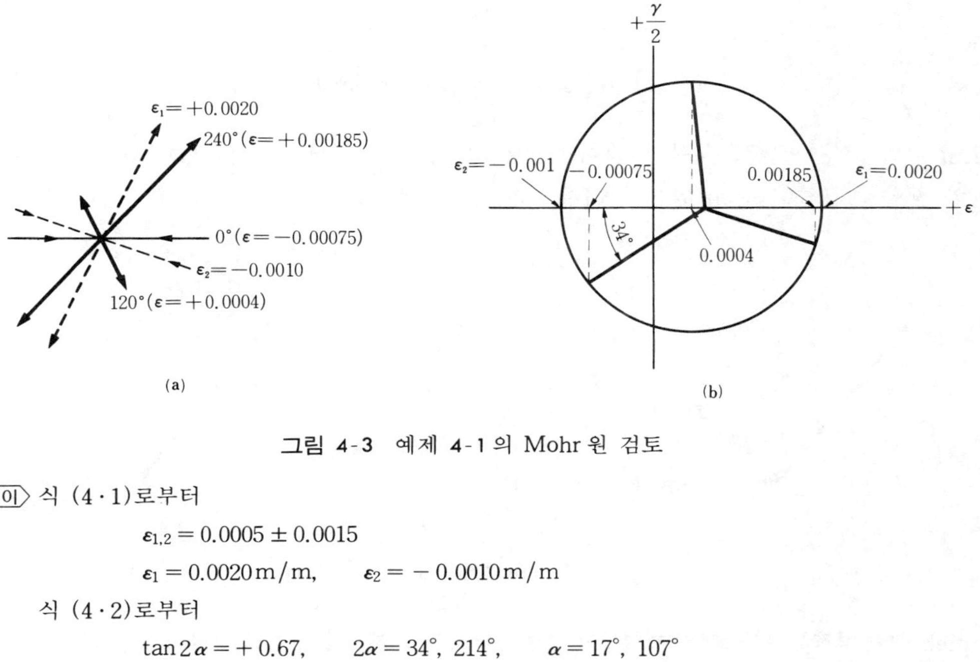

그림 4-3 예제 4-1의 Mohr 원 검토

풀이 식 (4·1)로부터

$$\varepsilon_{1,2} = 0.0005 \pm 0.0015$$
$$\varepsilon_1 = 0.0020\,\mathrm{m/m}, \qquad \varepsilon_2 = -0.0010\,\mathrm{m/m}$$

식 (4·2)로부터

$$\tan 2\alpha = +0.67, \qquad 2\alpha = 34°,\ 214°, \qquad \alpha = 17°,\ 107°$$

직각 로제트에 대한 기본적인 형태가 그림 4-4(a)에 나타나 있다. 3개의 게이지 방향은 임의로 정한 0게이지로부터 45°씩 반시계 방향으로 배열되었다. 등각 로제트와 같이 몇 가지 다른 모양이 있는데, 두 가지를 소개하면 그림 4-4(b), (c)와 같다. 각 α는 0게이지에서 主軸으로 측정되고, 주변형률의 크기와 방향에 관한 식은 다음과 같이 표시된다.

$$\varepsilon_{1,2} = \frac{\varepsilon_0 + \varepsilon_{90}}{2} \pm \sqrt{\frac{(\varepsilon_0 - \varepsilon_{45})^2 + (\varepsilon_{45} - \varepsilon_{90})^2}{2}} \quad (4 \cdot 3)$$

$$\tan 2\alpha = \frac{\varepsilon_0 - 2\varepsilon_{45} + \varepsilon_{90}}{\varepsilon_0 - \varepsilon_{90}} \quad (4 \cdot 4)$$

등각 로제트와 마찬가지로 양의 α값은 0게이지로부터 주축까지 시계방향으로 측정된다. 대수적으로 큰 주변형률이 $\varepsilon_{0°}$와 $\varepsilon_{90°}$ 중 대수적으로 큰 변형률과 45° 이내에 있으므로 주축을 구별할 수 있다.

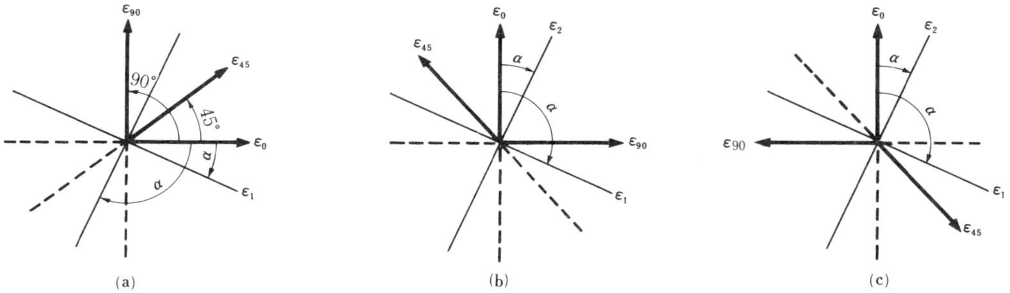

그림 4-4 직각 로제트의 표시

예제 4-2. 직각 로제트로부터 얻어진 값이 그림 4-5(a)에 나타나 있다. 주변형률의 크기와 방향을 구하고 Mohr원을 그려서 그 결과를 검토하라.

그림 4-5 게이지의 값과 등가 로제트

풀이 직각 로제트에서 3개의 변형률이 주어지고 등각 로제트를 그리면 그림 4-5(b)와 같다. 식 (4·3)과 (4·4)에 대입하면 다음 값이 얻어진다.

$\varepsilon_{1,2} = 1525 \pm 2033\,\mu\text{m/m}$, $\varepsilon_1 = 3558\,\mu\text{m/m}$, $\varepsilon_2 = -508\,\mu\text{m/m}$

$\tan 2\alpha = 1.605$, $2\alpha = 58°,\ 238°$, $\alpha = 29°,\ 119°$

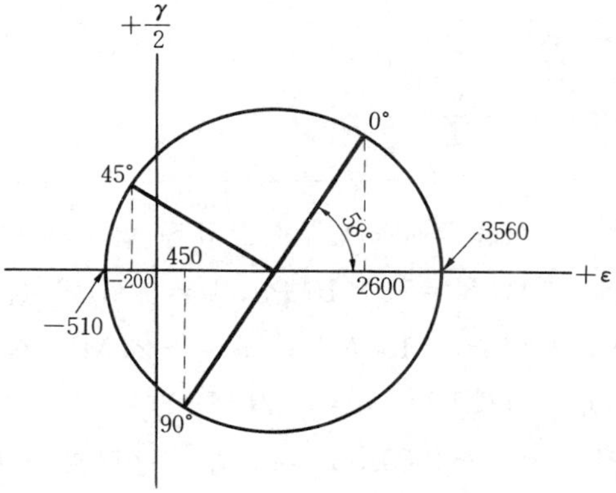

그림 4-6 예제 4-2의 Mohr 원 검토

4-4 彈性應力-變形率關係式과 3次元 Mohr 원

선형 탄성적인 응력-변형률 관계식은 3축 응력의 일반적인 경우에 대해서 여러 가지 문헌에 주어져 있다. 자주 이용되는 2축 응력의 경우에는 다음과 같다.

$$
\begin{aligned}
\sigma_1 &= \frac{E}{1-\nu^2}(\varepsilon_1+\nu\varepsilon_2) \\
\sigma_2 &= \frac{E}{1-\nu^2}(\varepsilon_2+\nu\varepsilon_1) \\
\sigma_3 &= 0 \\
\varepsilon_3 &= \frac{-\nu}{1-\nu}(\varepsilon_1+\varepsilon_2)
\end{aligned}
\tag{4·5}
$$

응력을 알고 있는 경우에는

$$
\begin{aligned}
\varepsilon_1 &= \frac{1}{E}(\sigma_1-\nu\sigma_2) \\
\varepsilon_2 &= \frac{1}{E}(\sigma_2-\nu\sigma_1) \\
\varepsilon_3 &= -\frac{\nu}{E}(\sigma_1+\sigma_2)
\end{aligned}
\tag{4·6}
$$

單軸應力(uniaxial stress)의 경우 위의 식들은 다음과 같다.

$$
\left.
\begin{aligned}
\sigma_1 &= E\varepsilon_1 \\
\sigma_2 &= \sigma_3 = 0
\end{aligned}
\right\}
\tag{4·7 a}
$$

$$\left.\begin{aligned}\varepsilon_1 &= \frac{\sigma_1}{E} \\ \varepsilon_2 = \varepsilon_3 &= -\frac{\nu\sigma_1}{E}\end{aligned}\right\} \tag{4·7 b}$$

모든 응력상태에 $\sigma = E\varepsilon$의 식을 적용하면 큰 오류를 범하게 된다. 예를 들어 예제 4-1의 등각 로제트가 알루미늄 재료($E = 71 \times 10^9$ Pa, $\nu = 0.35$)에 설치되었다면 $\varepsilon_1 = 0.0020$과 $\varepsilon_2 = -0.0010$은 식 (4·5)로부터 $\sigma_1 = 136$ MPa, $\sigma_2 = -24$ MPa을 얻는다. 만약, 주변형률에 E를 단순히 곱한다면 $\sigma_1 = 142$ MPa, $\sigma_2 = -71$ MPa의 잘못된 결과를 얻게 된다.

식 (4·5)나 식 (4·6)에서 $\varepsilon_3 = -0.0005$로 계산하여 응력과 변형률 상태를 Mohr 원상에 표시하면 다음 그림과 같이 얻어진다.

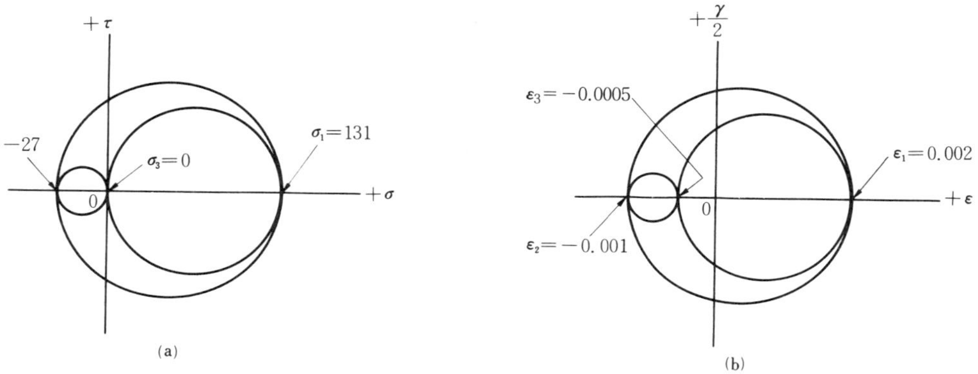

그림 4-7 알루미늄 재료를 사용한 예제 4-1의 응력상태(a)와 변형률 상태(b)

4-5 變形量(Deflection)과 스프링 常數

기본적인 변형량과 스프링 상수가 표 4-1에 표시되어 있다. 표에서 알 수 있는 바와 같이 처음 세 가지 경우는 변형량이 하중과 길이에 비례하고 단면적의 기하학적 剛性과 재료의 강성에 역비례함을 나타내고 있다. 스프링 상수는 스프링율(spring rate)이라고도 하며 선형변형에는 k로, 각의 변형에는 K로 표기한다.

4-6 보의 처짐

보는 가로하중을 받는 구조용 部材를 말하며 기계의 축, 마룻바닥의 들보, 판스프링, 자동차 프레임 부재, 기타 기계와 구조물의 부품으로 널리 사용된다. 보는 응력보다 처짐을 제

표 4-1 균일단면 직선보의 변형량과 강성식

그 림	변형량	스프링 상수
인장 또는 압축 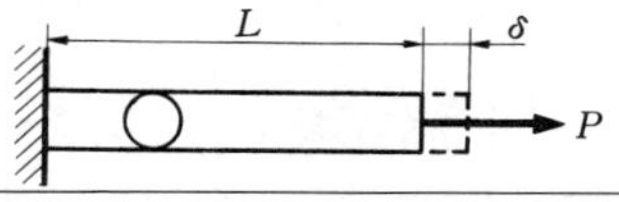	$\delta = \dfrac{PL}{AE}$	$k = \dfrac{P}{\delta} = \dfrac{AE}{L}$
비틀림 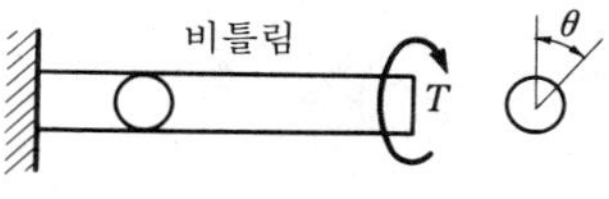	$\theta = \dfrac{TL}{K'G}$ $\left(K' = J = \dfrac{\pi d^4}{32}\right)$ $\theta^\circ = \dfrac{584\ TL}{d^4 G}$ (중실 원형봉)	$K = \dfrac{T}{\theta} = \dfrac{K'G}{L}$
굽힘(각변형) 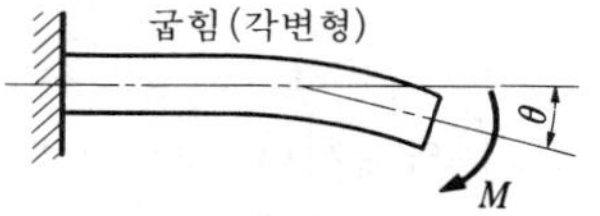	$\theta = \dfrac{ML}{EI}$	$K = \dfrac{M}{\theta} = \dfrac{EI}{L}$
굽힘(선변형) 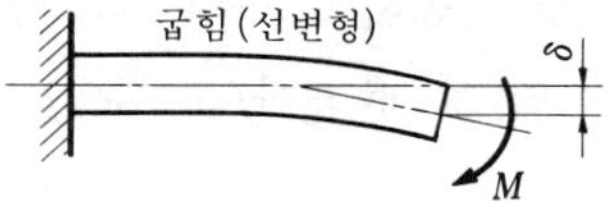	$\delta = \dfrac{ML^2}{2EI}$	$k = \dfrac{M}{\delta} = \dfrac{2EI}{L^2}$
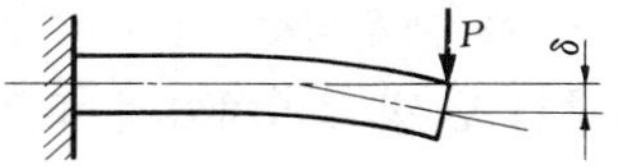	$\delta = \dfrac{PL^3}{3EI}$	$k = \dfrac{P}{\delta} = \dfrac{3EI}{L^3}$

한하기 위해 큰 단면을 요구한다.

보의 처짐을 계산하기 위한 여러 가지 방법을 이미 알고 있으며, 균일 단면보에 대한 처짐의 식들은 참고서를 참고하면 알 수 있다. 보에 하나 이상의 하중이 작용하는 경우, 보의 임의점의 처짐은 하나하나의 하중에 대한 임의점의 처짐을 구해서 합산하면 된다. **重疊法** (method of superposition)은 여러 하중이 작용하는 보의 처짐을 구하는데 쉽고도 빠른 해를 구해 주기도 한다.

여러 가지 이유로 보가 불균일 단면을 갖기도 한다. 기계의 회전축의 경우 베어링이나 다른 기계요소를 축에 장착하기 위해서 단붙이로 만들어지기도 한다. 이런 보의 처짐을 계산하는 데 일반적인 방법으로 구하려면 굉장히 힘이 들므로 계산기를 이용해서 쉽게 구하기도 한다.

계산기를 사용하기 때문에 단붙이축의 처짐을 보통의 방법으로 풀지는 않으나, 연습문제를 수학을 이용해서 교묘히 풀어보면서 그 내용을 이해하는 것은 학생에게 큰 도움이 된다. 기본적으로 사용되는 식들을 소개하면 다음과 같다.

$$x = \frac{d^4\delta}{dx^4}\ EI = w$$

$$x = \frac{d^3\delta}{dx^3}\ EI = V$$

$$x = \frac{d^2\delta}{dx^2}EI = M \tag{4·8}$$

$$x = \frac{d\delta}{dx} = \theta$$

$$x = \delta$$

4-7 Castigliano법

표 **4-1**에 나타난 단순한 경우가 아닌 선형 변형량을 계산하기 위해서나 굽힘하중 외의 하중이 작용하는 상태에서 문제를 해결하려면 Castigliano법을 이용해야 한다. 이 방법은 변형량 문제를 광범위하게 취급할 수 있고 과잉반력을 결정하는 데 유용하다. 과잉반력에 대해서는 다음 절에서 취급한다.

선형적인 하중-변형량 곡선을 그리면 그림 **4-8**과 같다. 하중은 대응되는 선형 또는 각 변위를 갖는 힘이나 모멘트가 된다. 사선을 친 면적(U)은 저장된 탄성 에너지와 같다. 2중으로 사선을 친 면적(U')은 共軛 에너지(complementary energy)가 된다.

$$U = U' = Q\Delta/2$$

위의 식이 성립되고 저장된 탄성 에너지는 변형량에 평균힘을 곱한 것과 같다. 하중 증가량 dQ에 대한 부가 에너지는

$$dU' = dU = \Delta\, dQ$$

이며, 변형량 Δ에 관해 풀면 다음 식이 얻어진다.

$$\Delta = dU/dQ$$

일반적인 경우 Q는 부재에 작용하는 많은 하중 중의 하나일 수도 있다. Q가 작용하는

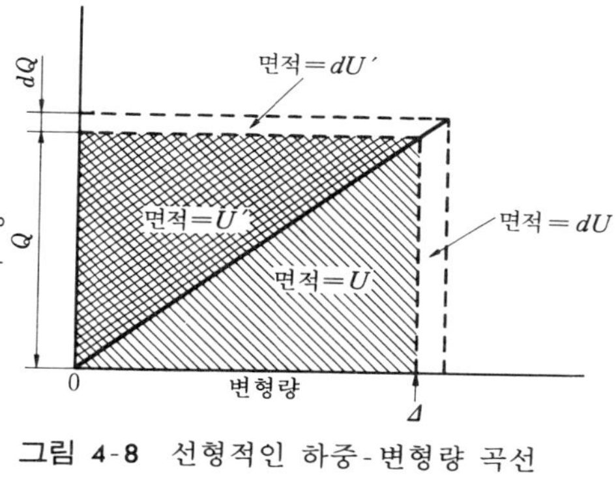

그림 **4-8** 선형적인 하중-변형량 곡선

점에서 Q방향의 변형량은 다른 하중을 일정하게 놓고 도함수를 취하여 구한다. 따라서, 변형량에 대한 일반식은 다음과 같다.

$$\Delta = \partial U / \partial Q \tag{4·9}$$

"한 물체가 조합하중으로 탄성적으로 변형되었을 때 임의점에서 임의방향의 변형량은 임의점에서 임의방향으로 작용한 하중에 대해서 변형 에너지(모든 작용하중으로 계산된)의 편도함수와 같다."

임의점에서 임의방향의 하중이 없을지라도 그 점과 그 방향의 변형량을 구하는 데 이 방법을 이용한다. Q로 표시되는 가상하중을 세워 Q의 함수로 변형량을 구한 다음 Q를 0으로 놓고 최종답을 얻는다.

전반적으로 식 (4·9)의 U는 각 하중에 대한 에너지를 합하므로 여러 항으로 표시하게 된다. 여러 가지 하중에 대한 탄성변형 에너지가 표 4-2에 나타나 있으며, 이들이 어떻게 얻어졌는지 알기 위해서 축하중의 경우를 살펴보기로 한다. 그림 4-8로부터

$$U = \frac{Q\Delta}{2}$$

축하중 P와 축변형량 δ의 특수한 경우에는

$$U = \frac{P\delta}{2} \tag{a}$$

표 4-1의 첫 번째 경우

$$\delta = \frac{PL}{AE} \tag{b}$$

식 (a)에 식 (b)를 대입하면

표 4-2 Castigliano법에 사용되는 에너지 및 변형량식

하중	인자	3인자가 상수일 때 에너지식	일반 에너지식	일반 변형량식
축방향	P.E.A	$U = \frac{P^2L}{2EA}$	$U = \int_0^L \frac{P^2}{2EA}\,dx$	$\Delta = \int_0^L \frac{P(\partial P/\partial Q)}{EA}\,dx$
굽힘	M.E.I	$U = \frac{M^2L}{2EI}$	$U = \int_0^L \frac{M^2}{2EI}\,dx$	$\Delta = \int_0^L \frac{M(\partial M/\partial Q)}{EI}\,dx$
비틀림	T.G.K′	$U = \frac{T^2L}{2GK'}$	$U = \int_0^L \frac{T^2}{2GK'}\,dx$	$\Delta = \int_0^L \frac{T(\partial T/\partial Q)}{GK'}\,dx$
횡전단 (4각단면)	V.G.A	$U = \frac{3V^2L}{5GA}$	$U = \int_0^L \frac{3V^2}{5GA}\,dx$	$\Delta = \int_0^L \frac{6V(\partial V/\partial Q)}{5GA}\,dx$

$$U = \frac{P^2L}{2EA} \tag{c}$$

단면과 탄성계수가 변하는 경우에는 탄성변형 에너지는 다음과 같다.

$$U = \int_0^L \frac{P^2}{2EA}\, dx \tag{d}$$

표 **4-2**의 다른 식들은 같은 방법으로 유도된다.

예제 **4-3.** 너비 b, 높이 h의 4각 단면보의 길이가 L이다. 중앙에 집중하중 P가 작용하고 보가 단순지지되어 있다. 중앙에서의 처짐을 구하라.

풀이 1) 에너지를 구한 다음 편미분해서 처짐을 구한다. 보는 지지점으로부터 임의의 거리 x에 굽힘과 전단의 하중을 다음과 같이 받는다.

$$M = \frac{P}{2}x, \qquad V = \frac{P}{2}$$

따라서, 에너지식은 2항으로 이루어진다.

$$U = 2\int_0^{\frac{L}{2}} \frac{M^2}{2EI}dx + \int_0^L \frac{3V^2}{5GA}dx = 2\int_0^{\frac{L}{2}} \frac{P^2x^2}{8EI}dx + \int_0^L \frac{3(P/2)^2}{5GA}\, dx$$

$$= \frac{P^2}{4EI}\int_0^{\frac{L}{2}} x^2dx + \frac{3P^2}{20GA}\int_0^L dx = \frac{P^2L^3}{96EI} + \frac{3P^2L}{20GA}$$

편미분하여 처짐을 다음과 같이 얻는다.

$$\delta = \frac{\partial U}{\partial P} = \frac{PL^3}{48EI} + \frac{3PL}{10GA}$$

일반적으로 횡방향의 전단에 의한 처짐을 무시하고 첫째 항으로 처짐을 표시한다. Castigliano 법을 사용하면 쉽게 전단에 의한 처짐의 크기를 구할 수 있다.

2) 처짐을 다음과 같이 구할 수도 있다.

$$\delta = 2\int_0^{\frac{L}{2}} \frac{M(\partial M/\partial P)}{EI}\, dx + \frac{\partial}{\partial P}\ (\text{횡방향 전단의 } U)$$

$$= \frac{2}{EI}\int_0^{\frac{L}{2}} \frac{Px}{2}\cdot\frac{x}{2}dx + \frac{\partial}{\partial P}\left(\frac{3(P/2)^2\,L}{5GA}\right)$$

$$= \frac{2}{EI}\int_0^{\frac{L}{2}} \frac{Px^2}{4}dx + \frac{3PL}{10GA} = \frac{P}{2EI}\left[\frac{(L/2)^3}{3} - 0\right] + \frac{3PL}{10GA}$$

$$= \frac{PL^3}{48EI} + \frac{3PL}{10GA}$$

예제 **4-4.** 위의 예제 **4-3**에서 $P = 5000\,\text{N}$, $L = 400\,\text{mm}$, $b = 25\,\text{mm}$, $h = 50\,\text{mm}$이고 보는 $E = 207\,\text{GPa}$, $\text{G} = 80\,\text{GPa}$의 강으로 만들어져 있다. 중앙에서의 처짐을 구하라.

풀이

$$\delta = \frac{PL^3}{48EI} + \frac{3PL}{10GA}$$

$$= \frac{5000(0.400)^3}{48(207\times10^9)\left[\frac{25(50)^3}{12}\times10^{-12}\right]} + \frac{3(5000)(0.400)}{10(80\times10^9)(0.025)(0.05)}$$

$$= (1.237\times10^{-4}) + (6000\times10^{-6}) = 1.297\times10^{-4}$$

단면 높이의 8배에 해당되는 길이를 가진 직각 단면보에서는 횡방향 전단에 의한 처짐은 굽힘에 의한 처짐의 5%밖에 되지 않는다.

예제 **4-5.** 90°로 구부린 외팔보가 그림 **4-9**와 같다. 자유단에서의 수직처짐을 구하라.

풀이 점 a에서 수직하중은 없으므로 그런 하중을 첨가해야 한다.

횡방향의 전단을 무시한다면 4개의 에너지가 존재한다.

① ab구간의 굽힘 $M_{ab} = Py$

② bc구간의 굽힘 $M_{bc} = Qx + Ph$

③ ab의 인장 Q

④ bc의 압축 P

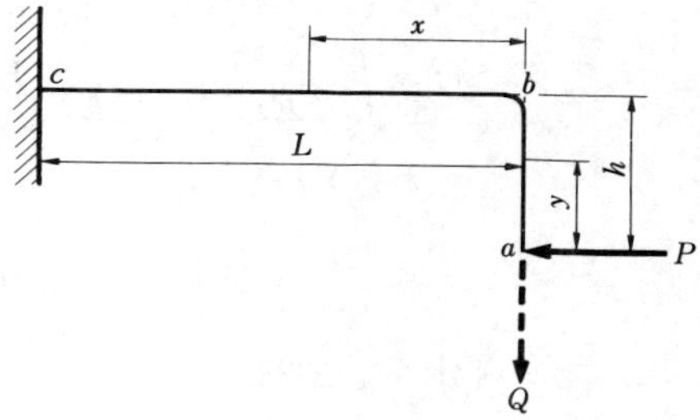

그림 **4-9** 끝에 하중이 걸린 90° 외팔보

처짐 δ는 다음과 같이 4개 항으로 구성된다.

$$\delta = \int_0^h \frac{M_{ab}(\partial M_{ab}/\partial Q)}{EI}dy + \int_0^L \frac{M_{bc}(\partial M_{bc}/\partial Q)}{EI}dx + \int_0^h \frac{Q(\partial Q/\partial Q)}{EA}dx$$

$$+ \int_0^L \frac{P(\partial P/\partial Q)}{EA}dx = \int_0^h \frac{(Py)(0)}{EI}dy + \int_0^L \frac{(Qx+Ph)x}{EI}dx + \frac{Qh}{EI}$$

$$+ \int_0^L \frac{P(0)}{EI}dx$$

$Q=0$을 대입하면

$$\delta = 0 + \int_0^L \frac{Phx}{EI}dx + 0 + 0 = \frac{PhL^2}{2EI}$$

4-8 過剩反力(Redundant reaction)

평형에 필요하지 않는 힘과 모멘트를 **과잉반력**이라 한다. 과잉반력의 크기가 변하면 변형량이 변하나 평형은 그대로 유지된다. Castigliano 정리에 의하면 평형을 유지하면서 변할 수 있는 어떤 반력에 대한 변형량은 그 반력에 대한 전탄성 에너지의 편도함수와 같다. 4-7절에서는 하중을 전부 알고 있는 경우 변형량을 구했으나 이번에는 변형량을 알고 대응하중을 구해 보기로 한다. 예제문제를 주의깊게 공부하면 그 과정을 충분히 이해하게 된다.

예제 **4-6.** 편심질량을 지지하는 지주가 그림 **4-10**에 나타나 있다. 지주는 밑부분이 고정되고 점 a에서 받침줄로 수평으로 지지되어 있다. 받침줄이 설치되어 있는 지주부분의 변형량이 0이 되도록 줄의 인장력 F를 구하라.

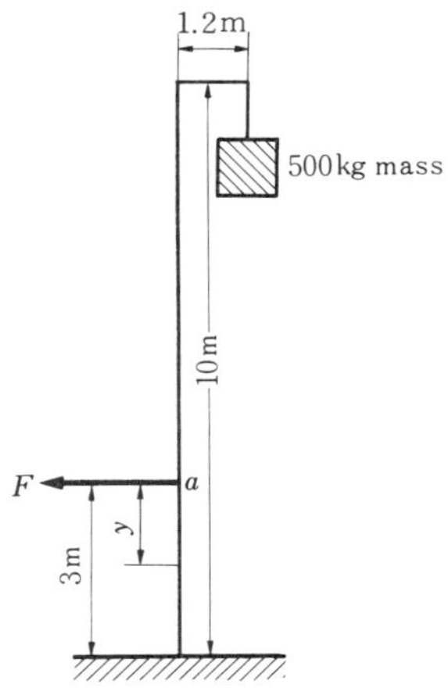

그림 4-10 편심하중을 받는 과잉지지된 지주

풀이〉 중력 가속도가 $9.8\,m/s^2$이므로 질량에 걸리는 중력은 4900N이다. 받침줄이 없어도 평형이 되므로 장력 F는 과잉반력이므로 F방향의 변형량은 0이 되어야 한다. 따라서, F에 대한 전 탄성 에너지는 0이 된다.

a 아래의 굽힘 에너지를 구해 보면

$$M = (4900\,\mathrm{N})(1.2\,\mathrm{m}) - Fy, \qquad M = 5880 - Fy$$

$$U = \int_0^3 \frac{M^2}{2EI}dy = \frac{1}{2EI}\int_0^3 (5880^2 - 11{,}760\,Fy + F^2y^2)dy$$

$$= \frac{1}{2EI}(5880^2 \times 3 - 52{,}920\,F + 9F^2)$$

점 a에서 수평변위는

$$\delta = 0 = \frac{\partial U}{\partial F} = \frac{1}{2EI}(-52{,}920 + 18F)$$

E와 I는 일정한 값을 가지므로 괄호 내가 0이 되어야 한다.

$$F = 2940\,\mathrm{N}$$

4-9 기둥의 挫屈(Buckling)

탄성한도 내에서는 하중과 변형은 선형으로 변하나 가늘고 긴 재료에 압축응력을 작동시키면 아주 다른 현상이 일어난다. 가늘고 긴 기둥이 압축하중을 받으면 좌굴이 일어나는데 예로서 건물의 기둥, 교량에 이용되는 구조용 압축링크, 피스톤의 커넥팅 로드, 압축코일 스프링, 잭나사 등이 있다.

그림 4-11에 압축하중을 받는 길고 가는 기둥을 나타낸다. 기둥은 똑바로 되어 있고 하중은 정확히 축심을 따라 작용하고 재료는 균질이며 응력은 선형 탄성한도 내에 있다. 만약, 이 기둥이 어떤 하중 P_{cr}보다 작은 하중을 받아서 옆방향으로 사소한 변위를 일으켰다고 하자. 횡변위를 일으키는 힘이 없어질 때, 기둥을 똑바로 회복시킬 수 있는 내부탄성 모멘트가 기둥을 원상태로 회복시킨다면 그 기둥은 탄성적으로 안정하다. P_{cr}보다 커지면 사소한 횡변위는 편심된 굽힘 모멘트 Pe가 발생되고 회복시켜려는 탄성 모멘트보다 훨씬 커져서 기둥은 부서진다. P_{cr}보다 큰 하중은 기둥을 탄성적으로 불안정하게 한다. P_{cr}를 구하는 오일러식(Euler's equation)은 많은 재료역학 책에 소개되어 있으며 그 식은 다음과 같다.

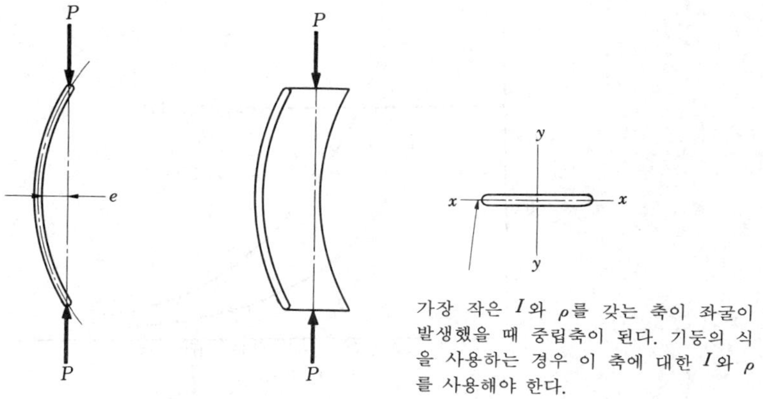

그림 4-11 좌굴이 일어나는 기둥

$$P_{cr} = \frac{\pi^2 EI}{L_e^2} \tag{4·10}$$

위의 식에서

E = 탄성계수

I = 좌굴 굽힘축에 대한 단면의 관성 모멘트

L_e = 기둥의 등가 길이. 그림 4-11과 같이 끝이 힌지로 되어 있는 경우, 실제 길이 L과 같으나 다른 端部條件(end condition)을 가질 때 L_e의 값은 달라진다.

식 (4·10)에 $I = A\rho^2$(ρ는 회전 반지름)을 대입하면

$$\sigma_{cr} = \frac{P_{cr}}{A} = \frac{\pi^2 E}{(L_e/\rho)^2} \quad \text{또는} \quad \frac{\sigma_{cr}}{E} = \frac{\pi^2}{(L_e/\rho)^2} \tag{4·11}$$

L_e/ρ는 기둥의 細長比(slenderness ratio)로 기둥이 탄성적으로 불안전하게 되는 것은 재료의 극한강도나 항복강도와는 아무런 관계가 없음을 나타낸다.

강과 알루미늄의 오일러 곡선을 선형좌표로 표시하면 그림 4-12와 같다. 압축에 대한 항복곡선은 각각 $\sigma_{Ya} = 500\,\text{MPa}$, $\sigma_{Ys} = 690\,\text{MPa}$이다. 강은 하중과 모양의 조합이 곡선 ACE 위에 위치하면 파손되고 알루미늄은 곡선 BDF 위에 위치하면 파손한다. 천이점 C와 D 부근에서는 보다 낮은 응력에서 실제로 파손현상이 일어난다.

그림 4-11의 변형곡선의 이론적인 모양은 正弦曲線(sine wave)의 반에 해당된다. 이미, 소개된 오일러의 식을 이용하려면 양끝이 핀으로 연결되고 등가기둥으로 정의되는 등가 길이 L_e를 이용하는 것이 바람직하다. 특히, 고정단의 경우에는 이론적으로 절대강성으로 생각하였으나 실제로는 약간의 차가 있으므로 권장되는 등가 길이를 사용하는 것이 좋으며, 여러 가지 단부조건에 따른 등가 길이를 그림 4-13에 표시하였다.

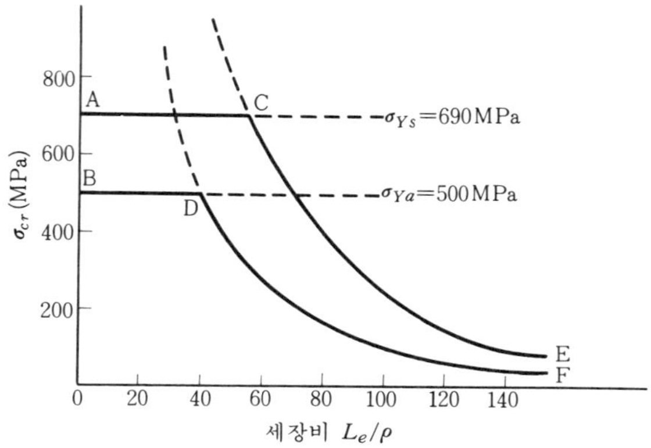

그림 4-12 오일러 기둥의 좌굴곡선

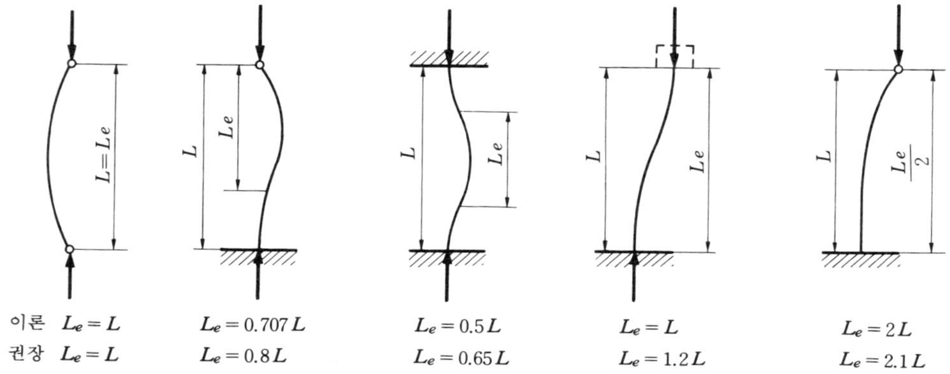

그림 4-13 여러 단부조건의 기둥 등가 길이

4-10 기둥의 설계식 - Johnson 포물선

그림 4-12에 표시된 곡선 ACE와 BDF의 이상적인 상태를 벗어나게 되면 점 C와 D 부근에서는 이론상 예견되는 하중보다 훨씬 작은 하중에서 기둥이 파손된다. 이런 상태를 취급하는 많은 수정이 실험적으로 이루어졌는데, 그 중에서 가장 널리 이용되는 수정은 Johnson에 의한 포물선식으로 다음과 같다.

$$\sigma_{cr} = \frac{P_{cr}}{A} = \sigma_Y - \frac{\sigma_Y^2}{4\pi^2 E}\left(\frac{L_e}{\rho}\right)^2 \qquad (4 \cdot 12)$$

그림 4-14에 나타낸 바와 같이 포물선은 언제나 다음 점에서 오일러 곡선과 접선을 이룬다.

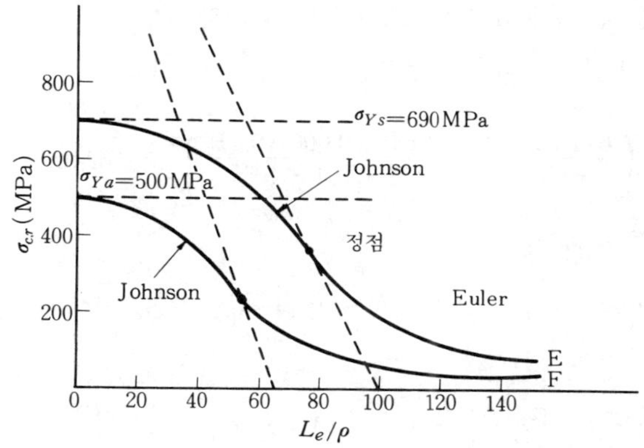

그림 4-14 오일러와 존슨 기둥곡선

$$\sigma_{cr} = \frac{\sigma_Y}{2}, \qquad \frac{L_e}{\rho} = \left(\frac{2\pi^2 E}{\sigma_Y}\right)^{\frac{1}{2}} \tag{4·13}$$

이 접점은 중간기둥(포물선 범위)과 긴 기둥(오일러 범위)을 구분하도록 하며, 짧은 기둥은 보통 細長比가 10이하로 생각하고 이런 경우 임계하중은 σ_Y로 본다.

예제 4-7. 둥근 단면을 갖는 피스톤의 커넥팅 로드의 길이가 1m로 80,000N의 최대 압축하중을 받는다. $\sigma_Y = 689$ MPa, $E = 203$ GPa의 강으로 만들어졌다면 커넥팅 로드의 지름을 얼마로 해야 하는가? 안전계수는 2.5로 한다.

풀이 단부조건으로 핀으로 연결되어 있다면 $L_e = L = 1$m가 되고 오일러 식이 적용된다고 가정한다. 안전계수가 2.5로 주어졌으므로 설계하중은

$$80,000\,\text{N} \times 2.5 = 200,000\,\text{N}$$

이며, 지름을 d라 하면

$$A = \frac{\pi}{4}d^2, \qquad \rho = \frac{d}{4}$$

따라서

$$\frac{4P}{\pi d^2} = \frac{\pi^2 E d^2}{16 L_e^2}, \qquad 64PL_e^2 = \pi^3 E d^4$$

$$d = \left(\frac{64PL_e^2}{\pi^3 E}\right)^{\frac{1}{4}} = \left[\frac{64(200,000)(1)^2}{\pi^2(203 \times 10^9)}\right]^{\frac{1}{4}} = 0.0378\,\text{m}$$

세장비를 구해 보면

$$\frac{L_e}{\rho} = \frac{1}{0.0378/4} = 106$$

오일러 범위에 들어가므로 $d = 38$mm로 한다.

예제 4-8. 재료로 알루미늄($\sigma_Y = 496$ MPa, $E = 71$ GPa)을 사용하고 길이를 200mm로 한

커넥팅 로드의 지름을 예제 4-7의 조건에서 구하라.

풀이> 기둥을 오일러 범위에 있다고 가정하면

$$d = \left(\frac{64PL_e^2}{\pi^2 E}\right)^{\frac{1}{4}} = \left[\frac{64(200,000)(0.2)^2}{\pi^2(71\times 10^9)}\right]^{\frac{1}{4}} = 0.022\,\mathrm{m}$$

$$\frac{L_e}{\rho} = \frac{0.2}{0.022/4} = 36.4$$

그림 4-14에서 세장비를 고려해 보면 오일러 식을 적용하기에는 너무 짧은 기둥이 되므로 존슨 식을 이용하면

$$\frac{P}{A} = \sigma_Y - \frac{\sigma_Y^2}{4\pi^2 E}\left(\frac{L}{\rho}\right)^2, \qquad A = \frac{\pi}{4}d^2, \qquad \rho = \frac{d}{4}$$

$$\frac{200,000(4)}{\pi d^2} = (496\times 10^6) - \frac{(496\times 10^6)^2}{4\pi^2(71\times 10^9)}\ \frac{(0.2)^2(16)}{d^2}$$

$$\frac{254,648}{d^2} = (496\times 10^6) - \frac{56,172}{d^2}$$

$$d = \left(\frac{254,648+56,172}{496\times 10^6}\right)^{\frac{1}{2}} = 0.025\,\mathrm{m}$$

$$\frac{L_e}{\rho} = \frac{0.2(4)}{0.025} = 32$$

세장비를 고려해 보면 존슨 범위에 들어가므로 $d = 25\,\mathrm{mm}$로 취해야 한다.

4-11 偏心荷重을 받는 기둥-Secant 식

기둥에 작용하는 하중 P의 작용선이 단면의 도심축을 통하지 않으면 기둥은 편심하중을 받는다. 하중축과 기둥축 사이의 거리를 **偏心距離**(eccentricity) e라 한다. 편심 모멘트 Pe가 고려되면 다음과 같은 Secant 공식이 사용된다.

$$\sigma_{cr} = \frac{P_{cr}}{A} = \frac{\sigma_Y}{1+(ec/\rho^2)\sec[(L_e/\rho)\sqrt{P_{cr}/4AE}]} \qquad (4\cdot 14)$$

c는 중립면에서 최외단까지의 거리이며 ec/ρ^2는 偏心比(eccentricity ratio)라 한다. 위의 식에서 σ_{cr}는 σ_Y와 세장비 및 편심비에 의해 구해진다. $e=0$일 때 식 (4·14)의 Secant 식은 이용될 수 없다. 세장비와 편심비에 따라 오일러 식과 Secant 식을 비교해서 그리면 그림 4-15와 같다.

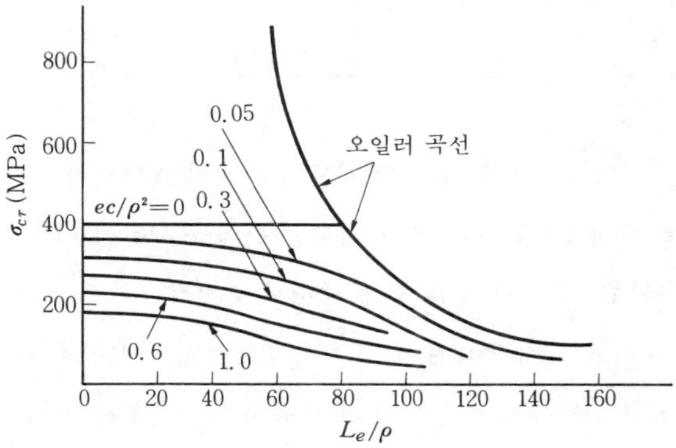

그림 4-15　오일러 식과 Secant 식의 비교

4-12　等價기둥 應力

σ_{cr}를 σ_Y로 다음과 같이 표시한다면

$$\sigma_{cr} = \frac{\sigma_Y}{\alpha} \tag{a}$$

α는 挫屈 때문에 압축강도가 감소되는 정도를 나타내는 인자가 된다. 아주 짧은 기둥이면($L_e/\rho < 10$) α는 1이 되고 보다 긴 기둥인 경우에는 α는 값이 증가한다.

오일러 범위에서는

$$\alpha = \frac{\sigma_Y}{\sigma_{cr}} = \frac{\sigma_Y(L_e/\rho)^2}{\pi^2 E} \tag{4·15}$$

마찬가지로 존슨 범위에서는 식 (4·12)를 사용하여 다음 식이 얻어진다.

$$\alpha = \frac{\sigma_Y}{\sigma_{cr}} = \frac{4\pi^2 E}{4\pi^2 E - \sigma_Y(L_e/\rho)^2} \tag{4·16}$$

α를 응력승수로 이용하면 편리하다. 그러면 $\alpha P/A$와 σ_Y를 직접 비교한다. 이런 개념은 조합응력을 다룰 때 극히 유용하다.

연 습 문 제

1. 3개 요소로 이루어진 등각 로제트와 직각 로제트에 관해서 설명하라.

2. 단축응력의 경우 응력과 변형률은 어떻게 표시되는지 식을 세워서 설명하라.

3. Castigliano 법을 설명하고 이 법의 좋은 점에 대해서 말하라.

4. 기둥에 대한 오일러 식이 세장비에 대해서 어떻게 변하는지 탄성한계 내에서 설명하라.

5. 기둥에 대한 Euler 식과 Johnson 식을 어떻게 적용시켜 이용하는 것이 좋은지 σ_{cr} - L_e/ρ 곡선상에 표시하여 설명하라.

6. 등각 스트레인 게이지 로제트를 설치하여 로제트로부터 얻어진 변형률이 각각 $\varepsilon_0 = -0.0005$ m/m, $\varepsilon_{120} = +0.0003$ m/m 및 $\varepsilon_{240} = +0.001$ m/m이다. 게이지의 각은 반시계 방향으로 측정되었다. 주변형률의 크기와 방향(0° 게이지에 대해서)을 구하여 Mohr 원상에 그리고 결과를 검토하라.
($\varepsilon_1 = 0.00113$, $\varepsilon_2 = -0.0006$, ε_1은 0° 게이지로부터 시계방향으로 74°)

7. 등각 스트레인 게이지 로제트가 강판 위에 설치되었다. 게이지의 눈금이 $\varepsilon_0 = +1900$, $\varepsilon_{120} = -700$ 및 $\varepsilon_{240^\circ} = +300\,\mu$m/m이다. 주응력과 주변형률을 구하고 응력과 변형률의 Mohr 원을 각각 그려라.
($\varepsilon_1 = 2014\,\mu$m/m, $\varepsilon_2 = -1014\,\mu$m/m, ε_1은 0° 게이지로부터 반시계 방향으로 11.2°
$\sigma_1 = 389$ MPa, $\sigma_2 = -93$ MPa, $\varepsilon_3 = -429\,\mu$m/m)

8. 마그네슘 부품에 직각 로제트를 설치하여 게이지 눈금이 $\varepsilon_0 = -625$, $\varepsilon_{90} = 1575$, $\varepsilon_{135} = -390\,\mu$m/m였다면 주응력과 주변형률을 구하고 응력과 변형률의 Mohr 원을 각각 그려라.
($\varepsilon_1 = 1874\,\mu$m/m, $\varepsilon_2 = -924\,\mu$m/m, ε_1은 90° 게이지로부터 반시계 방향으로 19.1°
$\sigma_1 = 79.5$ MPa, $\sigma_2 = -13.7$ MPa, $\varepsilon_3 = -512\,\mu$m/m)

9. 길이 400mm인 원형단면의 지름이 다음과 같을 때 비틀림 스프링 상수를 N·m/deg로 구하라. 재료의 $G = 79$ GPa이다.
(a) 30mm
(b) 20mm
(c) 길이 반은 30mm이고 나머지 반은 20mm
((a) 274 N·m/deg
(b) 54 N·m/deg
(c) 90 N·m/deg)

10. 그림 4-16과 같은 장치에서 점 A의 처짐과 비틀림각을 구하라. 재료의 $E = 207$ GPa, G = 79 GPa이다.
($\delta = 0.672$ mm, $\theta = 0.38°$)

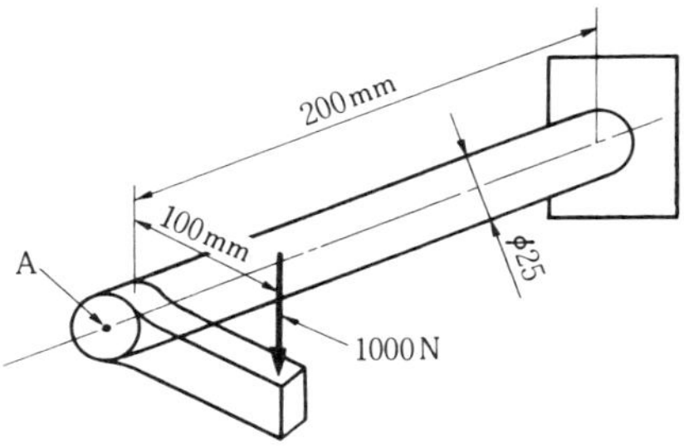

그림 4-16 토션 바

11. 그림 4-17과 같은 단붙이 축이 2하중을 받고 단순지지되어 있다. 축의 모든 점에서의 처짐을 구하라. 최대처짐은 얼마인가? $E=207\,\text{GPa}$ 이다. (4kN 하중점에서 처짐은 0.09mm)

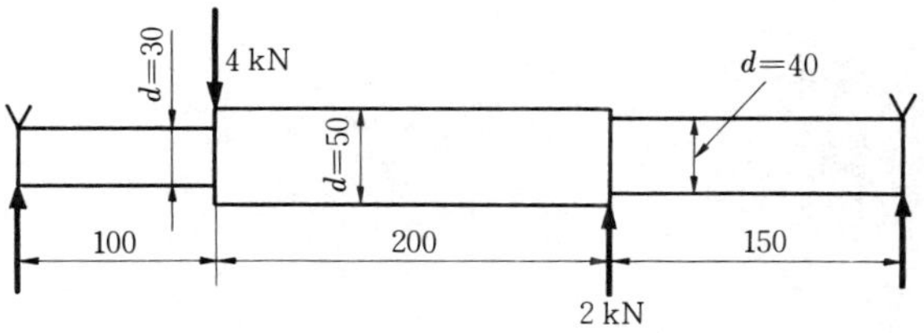

그림 4-17 단붙이 축

12. 브래킷이 그림 4-18과 같이 고정되어 있다. Y 방향으로 하중을 받게 되면 자유단의 Y 방향의 처짐은 얼마인가?

$$\left(\frac{Fb^3}{3EI}+\frac{Fa^3}{3EI}+\frac{Fb^2a}{GJ}\right)$$

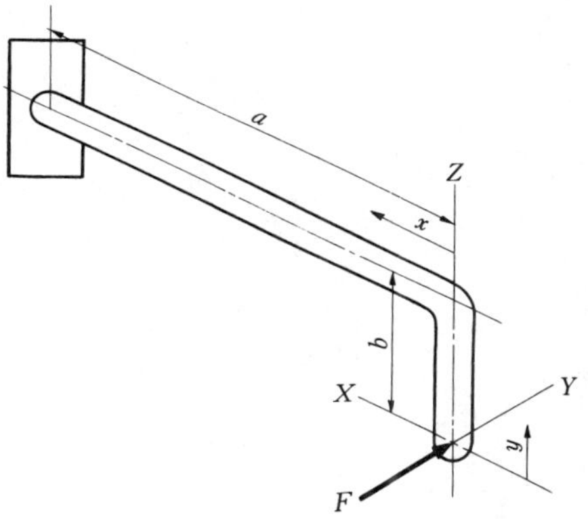

그림 4-18 브 래 킷

13. 3각형 외팔보가 벽면에 고정되고 자유단에 하중 F를 받고 있다. 외팔보가 고정되어 있는 너비는 b이고 두께는 h이며 길이는 L이다. 가로방향의 전단을 무시한다면 자유단에서의 처짐은 얼마인가?

$$\left(\frac{6FL}{Ebh^3}\right)$$

14. $\sigma_Y=350\,\text{MPa}$ 인 둥근 강봉이 길이가 1m이고 지름은 70mm이다. 양끝이 힌지로 지지되어 있다면 안전계수를 4로 했을 때 축방향의 압축하중을 얼마로 해야 하는가? $E=207\,\text{GPa}$ 이다. (290kN)

15. $\sigma_Y=350\,\text{MPa}$ 인 강봉의 지름이 20mm이다. 양끝이 핀으로 연결되고 있다. 짧은 경우에는 $\sigma_Y A=110\,\text{kN}$의 하중을 받을 수 있다. 90%의 하중을 지탱한다면 강봉의 길이를 얼마로 해야 하는가? $E=207\,\text{GPa}$ 이다. (241.6mm)

제 5 장

破損理論, 安全係數 및 信賴性

5-1 서 론

하중을 결정하고, 하중으로 말미암아 발생되는 응력과 변형률을 검토하고 시험하중으로부터 재료의 강도를 취급해 왔다. 이번 장에서는 임의의 하중들이 조합해서 작용할 때 재료가 견딜 수 있는 능력을 예견하고 필요한 안전과 신뢰성을 얻기 위해 적당한 안전계수를 선택하는 문제를 다루게 된다. 역시 하중은 정하중에 국한한다.

신뢰성에 관해서 제품의 공업기술에 미치는 영향이 크며 그 중요성이 더욱 인정되고 있다. 그러나 제품생산에서 지나치게 비싸고 무겁고 부피가 커서 재료를 낭비하지 않도록 설계를 해야 할 것이다.

재료가 하중을 받아 항복을 일으키거나 또는 파괴되는 경우를 총칭하여 재료는 **破損**(failure)했다고 한다. 연성재료는 변형률이 갑자기 증가하여 항복한 상태가 되면 파손되었다고 말하며, 늘어남이 작은 취성재료에서는 破壞(rupture)되었을 때 파손하였다고 한다. 그러나 사용목적에 따라서는 항복점이 넘는 응력에서도 사용하는 경우가 있으므로, 재료가 항복하여 파손상태에 있다고 해서 사용할 수 없다고 단정할 수는 없다. 따라서, 일반적으로 파손이라고 하면 항복과 파괴의 두 가지 현상을 포함한다.

파손이 일어나지 않도록 부품을 설계하려면 내부응력이 재료의 강도를 넘지 않도록 유의해야 한다. 사용되는 재료가 연성재료인 경우에는 영구변형이 파손을 일으키므로 항복점에 관심을 가져야 한다. 항복점이 없는 주철과 같은 취성재료에서는 파손의 기준으로 극한 강도를 사용한다. 취성재료의 부품을 설계할 때 압축강도는 인장강도보다 **훨씬** 크다는 것을 잊어서는 안 된다. 그러나 연성재료에서는 인장강도와 압축강도는 거의 같다.

오랜 세월에 걸쳐 공학자와 금속학자들은 시험실의 강도시험에서는 거의 완전한 연성을 나타내는 구조강이 脆性破壞되는 것에 관심을 가져왔다. 제2차 세계대전 중 유조선이 취성파괴로 말미암아 두 동강으로 파괴되는 경우가 있었다. 취성파괴 기구는 비교적 새로운 분야인 破壞力學(fracture mechanics)에서 다루게 된다.

5-2 破壞力學의 概念과 應用

파괴역학은 실제 이용되는 모든 재료가 어떤 크기의(비록 미세하지만) 균열을 갖고 있다는 가정에서 접근한다. 취성파괴가 일어나는 것은 원래 있었던 한두 개의 균열이 순간적으로 전파되도록 하중이나 환경(주로 온도)조건이 갖추어지는 데 원인이 있다. 피로하중이 작용하면 초기균열이 점진적으로 성장해서 전체 파괴를 일으키는 **臨界크기**(critical size)에 도달한다.

균열 끝의 반지름은 0이므로 이론적으로 균열 끝의 응력집중 계수는 무한대가 된다. 만약, 재료가 약간의 延性을 갖는다면 균열 끝의 작은 영역에는 항복이 일어나서 응력의 재분포가 발생한다. 따라서, 유효 응력집중 계수는 무한대보다 현저히 작아지고 작용응력에 따라 그 크기는 변한다. 그러므로 응력집중보다는 균열 끝의 유효 국부응력의 척도로서 **應力擴大係數**(stress intensity factor) K를 평가한다. 평가된 K는 재료의 균열전파에 필요한 K의 臨界값(limiting value)과 비교하게 된다. 이 임계값은 재료의 특성값으로 **破壞靭性값**(fracture toughness) 또는 **臨界應力 확대계수**(critical stress intensity factor) K_c라 한다.

현재 널리 이용되고 있는 K와 K_c는 인장하중에 대한 것으로 Ⅰ형(mode Ⅰ)이라 한다. 따라서, K_I와 K_{IC}로 표시하고 Ⅱ형과 Ⅲ형은 전단하중과 관련이 있다. 여기서는 Ⅰ형에 국한한다.

가장 유용한 K_{IC}는 균열 끝의 재료가 平面變形率(plane strain) 상태를 갖는 두꺼운 것이라야 한다. 균열을 에워싸고 있는 저응력의 재료는 균열 끝의 푸아송 비 수축에 저항해서 $\varepsilon_3 \approx 0$가 두께방향으로 발생한다. 아주 얇은 재료의 균열끝 재료는 두께방향으로 수축이 자유스러워 $\sigma_3 \approx 0$가 되어 平面應力(plane stress)이 된다. σ_3가 인장인 평면 변형률 인장하중의 경우 전단항복에 의한 균열 끝의 응력 재분포는 일어나지 않는다. 이런 이유로 평면 변형률 K_{IC}는 평면응력의 것보다 낮은 값을 갖는다. 실제 두께에 대한 K_{IC}를 알지 못하는 경우 평면 변형률 K_{IC}값이 여러 계산에 널리 사용하게 된다.

[1] 얇은 판

그림 5-1(a)에 두께를 관통하는 길이 $2c$의 균열을 가진 얇은 판을 나타내고 있다. 균열 길이가 판너비에 비해서 작고 순단면(net area), $t(2w-2c)$를 기준으로 한 응력 P/A가

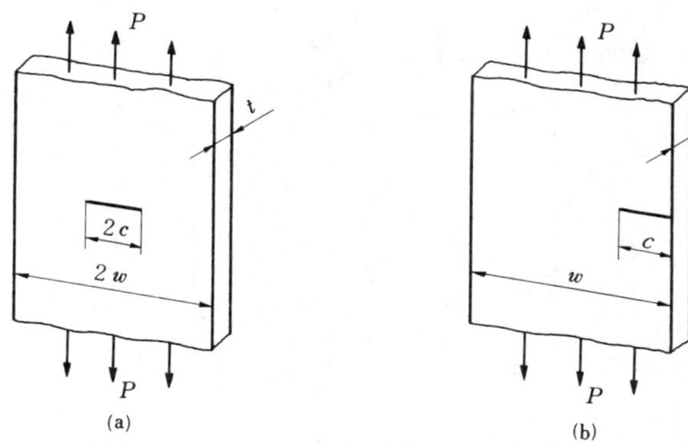

그림 5-1 얇은 판의 관통균열

항복강도보다 작으면 균열 끝의 응력확대 계수는 대략 다음과 같다.

$$K_{IC} = (1.8\sqrt{c})\ \sigma_g \qquad (5 \cdot 1)$$

여기서 σ_g는 총단면(gross section) 인장응력 $P/2wt$이다. K_I가 K_{IC}에 도달되면 급속한 파괴가 일어난다. 얇은 판의 경우 평면응력 K_{IC}를 사용하는 것이 바람직하다. 모든 변수들이 다음과 같은 관계를 만족시키면 파괴는 일어난다.

$$K_{IC} = (1.8\sqrt{c})\sigma_g \qquad (5 \cdot 2)$$

그림 **5-1**(b)와 같이 판의 가장자리에 균열이 있는 경우에는 상수를 약간 크게 함으로써 식 (5·2)를 사용할 수 있다. 따라서, 그림 **5-1**(b)의 파괴기준은 대략 다음과 같다.

$$K_{IC} = (2.0\sqrt{c})\sigma_g \qquad (5 \cdot 3)$$

예제 5-1. 너비 150mm, 두께 1.5mm의 판이 알루미늄($\sigma_u = 538\,\text{MPa}$, $\sigma_Y = 483\,\text{MPa}$)으로 만들어졌다. 평면응력 $K_{IC} = 66\,\text{MPa}\sqrt{\text{m}}$이다. 중앙균열 길이 $2c = 25\,\text{mm}$로 성장했을 때 급격한 파괴를 일으키지 않고 적용시킬 수 있는 최대하중은 얼마인가?

풀이 식 (5·2)로부터

$$\sigma_g = \frac{K_{IC}}{1.8\sqrt{c}} = \frac{66\,\text{MPa}\sqrt{\text{m}}}{1.8\sqrt{12.5 \times 10^{-3}\text{m}}} = 327\,\text{MPa}$$

$$P = \sigma_g(2wt) = 327\,\text{MPa}(150\,\text{mm} \times 1.5\,\text{mm}) = 327\,\text{MPa} \times 150 \times 1.5 \times 10^{-6}\text{m}^2$$
$$= 73{,}575\text{N}$$

순단면을 기준으로 한 $\dfrac{P}{A} = \dfrac{P}{t(2w-2c)} = \dfrac{73{,}575\,\text{N}}{187.5\,\text{mm}^2} = 392.4\,\text{MPa}$이며, 이 값은 σ_Y보다 훨씬 작다.

[2] 두꺼운 판

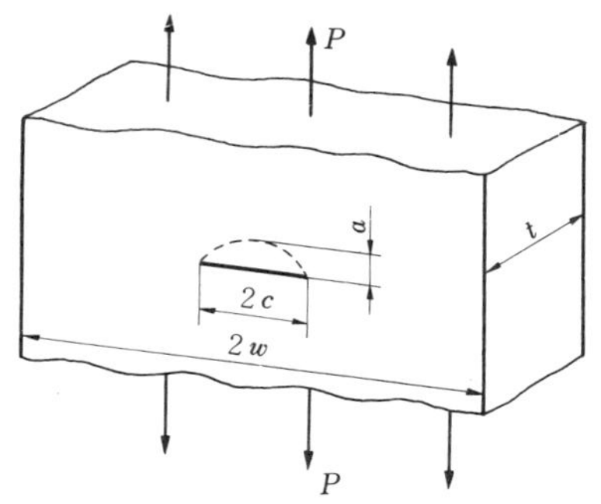

그림 5-2 중앙균열을 가진 두꺼운 판

두꺼운 판의 균열은 일반적으로 표면에서 발생하고 그림 5-2에 나타낸 바와 같이 타원형으로 된다. $2w/t > 6$, $a/2c \fallingdotseq 0.25$, $w/c > 3$, $a/t < 0.5$이고 $\sigma_g/\sigma_Y < 0.8$이면 균열 끝의 응력확대 계수는 대략 다음과 같다.

$$K = \frac{\sigma_g \sqrt{a}}{\sqrt{0.39 - 0.053(\sigma_g/\sigma_Y)^2}} \tag{5·4}$$

예제 **5-2.** 티타늄판이 $0.73\sigma_Y$의 총단면 응력 σ_g로 하중을 받고 있다. $t = 25\,\text{mm}$, $2w = 150\,\text{mm}$이고 $a/2c = 0.25$이다. 급격한 파괴가 일어나는 임계균열 깊이 a_{cr}를 구하라. 다만 $\sigma_Y = 828\,\text{MPa}$, $K_{IC} = 72\text{MPa}\sqrt{\text{m}}$이다.

풀이 식 (5·4)에 $K = K_{IC}$로 $(a = a_{cr})$로 대입하면

$$a_{cr} = \left(\frac{K_{IC}\sqrt{0.39 - 0.053(\sigma_g/\sigma_Y)^2}}{\sigma_g}\right)^2$$

$$= \left(\frac{72\sqrt{0.39 - 0.053(0.73)^2}}{(0.73)(828)}\right)^2 = \left(\frac{43.3}{604.4}\right)^2 = (0.07\,\text{m})^2 = 4.9\,\text{mm}$$

5-3 破損理論(Failure theory)

재료의 기계적 성질은 인장 또는 압축과 같은 단순응력 상태의 시험으로 조사한다. 따라서, 이러한 시험결과로부터 설계상 부딪치는 여러 가지 응력상태에 대한 강도계산을 해야 하기 때문에, 여러 가지 조합응력 상태에서 어떤 경우에 재료가 파손하는지 미리 알아둘 필요가 있다.

예를 들어 그림 5-3(b)의 인장시험에서 파손이 일어나는 것은 단순히 재료가 700MPa 이상의 인장응력을 감당할 수 없다는 이론을 가정한다면, 어떤 다른 하중조건에서 σ_1이 700

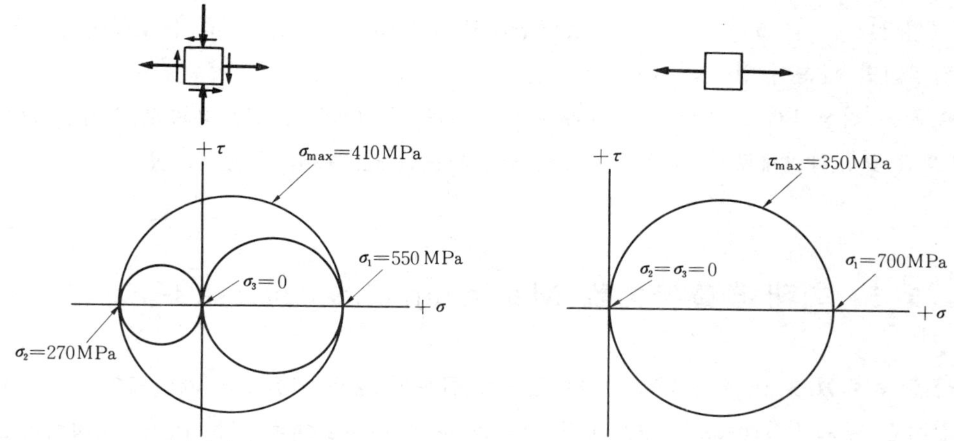

(a) 임의의 응력상태 (b) 표준 인장시험

그림 5-3 파손이론이 요구되는 대표적인 사례

MPa을 넘긴다면 재료는 파손한다는 것을 이 이론은 예견한다. 그림 **5-3**(a)에서는 최대 인장응력이 550MPa이므로 파손은 예견되지 않는다.

또, 달리 전단응력에 견딜 수 있는 능력에 제한을 받기 때문에 인장시험 중 파손이 일어날 수도 있다. 인장시험을 기준한다면 전단응력은 350MPa이다. 이런 기준에서 본다면 그림 **5-3**(a)에서는 파손이 일어날 수도 있다. 위에 든 예는 각각 최대 주응력설과 최대전단응력설을 말한다.

5-4 최대 主應力說(Maximum normal stress theory)

최대 주응력에 대한 학설은 파손이론 중에서 가장 간단하다. 최대 인장응력이 단축 인장강도보다 클 경우, 또는 최대 압축응력이 단축 압축강도보다 크면 파손이 일어나는 것이다. 그림 **5-4**(a)의 Mohr 원이면 주 Mohr 원이 수직인 접선 밖으로 응력상태가 정해질 때 파

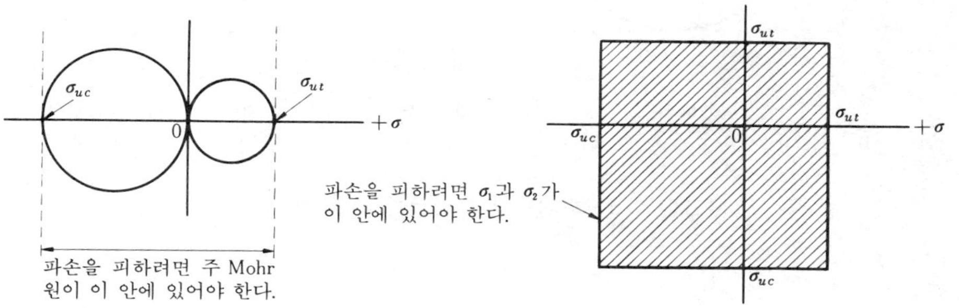

그림 5-4 최대 주응력설의 표시

손이 일어난다. 그림 **5-4**(b)의 2축 응력상태인 경우($\sigma_3 = 0$), σ_1과 σ_2의 조합이 4각형 밖으로 위치하면 파손이 일어날 것이다.

이 이론은 취성파괴에 대한 시험결과와 잘 일치한다. 따라서, 연성파괴에는 적절하지 않다. 그림 5-4에 취성재료의 인장과 압축의 극한강도인 σ_{ut}와 σ_{uc}를 표기하였다.

5-5　최대 剪斷應力說(Maximum shear stress theory)

최대전단 응력설은 가장 오래된 파손이론으로 쿨롱에 의해 처음으로 제안되었고, 이 이론을 발전시킨 공로로 Tresca와 Guest의 이름을 따서 **Tresca 이론** 또는 **Guest 법칙**이라고도 한다.

그림 **5-5**에 이 이론에 대해서 도시되어 있다. 제1과 3상한 내에서 주 Mohr 원에 0이 되는 주응력을 가지나 제2와 4상한 내에서는 0이 되는 주응력을 갖지 않는다. 연성재료의 인장항복 강도 σ_{Yt}가 시험점으로 표시되어 있다. 인장시험이 가장 많이 실시되고 가장 정확하기 때문에 널리 이용된다.

이 이론은 연성재료의 항복과 잘 합치되나 다음 절에서 소개되는 **最大變形 에너지說**은 연성재료의 항복에 대한 실제 시험결과와 더 잘 일치되기 때문에 더 널리 이용되도록 권장되고 있다.

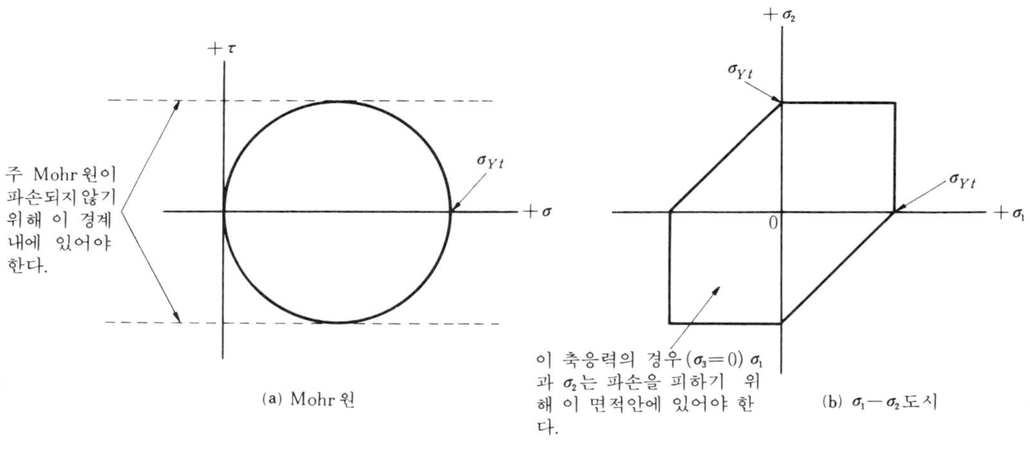

그림 5-5　최대전단 응력설의 두 가지 도시

5-6 最大變形 에너지說(Maximum distortion energy theory)

최대변형 에너지설의 내용은 탄성적으로 응력을 받는 재료는 모양이나 부피, 또는 둘을 합한 사소한 변화를 받는다는 것이다. 이런 변화를 일으키는 데 필요한 에너지는 탄성 에너지로서 재료 내에 저장된다. 많은 공업용 재료가 손상을 입지 않고 막대한 정수압($\sigma_1=\sigma_2=\sigma_3=$ 큰 압축)에 견딜 수 있다고 알려져 왔다. 그러므로 재료는 변형 에너지(크기가 아니고 모양을 변화시키는 에너지)를 일정량 흡수하는 능력을 가지며, 더 많은 변형 에너지를 공급하게 되면 항복을 일으키게 된다.

실제의 응력에서 똑같은 변형 에너지(같은 파손 가능성)를 얻는 단축인장 응력의 값으로 정의되는 等價應力(equivalent stress), σ_e를 구하는 것이 이 이론을 사용하는 데 편리하다. 주응력의 항으로 등가응력을 표시하면 다음과 같다.

$$\sigma_e=\frac{\sqrt{2}}{2}\left[(\sigma_2-\sigma_1)^2+(\sigma_3-\sigma_1)^2+(\sigma_3-\sigma_2)^2\right]^{\frac{1}{2}} \tag{5·5}$$

2축 응력의 경우는 다음과 같다.

$$\sigma_e=(\sigma_1{}^2+\sigma_2{}^2-\sigma_1\sigma_2)^{\frac{1}{2}} \tag{5·6}$$

σ_x, σ_y 및 τ_{xy}가 쉽게 얻어지는 경우에는 등가응력 방정식은 다음과 같다.

$$\sigma_e=(\sigma_x{}^2+\sigma_y{}^2-\sigma_x\sigma_y+3\tau_{xy}{}^2)^{\frac{1}{2}} \tag{5·7}$$

등가응력이 구해지면 표준인장 시험에서 얻어진 항복강도와 비교한다. 만약, σ_e가 σ_{Yt}보다 크면 항복이 일어날 것이다.

그림 **5-6**에 최대변형 에너지설을 $\sigma_1-\sigma_2$로 표기하면 타원으로 나타난다. $\sigma_{Yt}=\sigma_{Yc}=700$

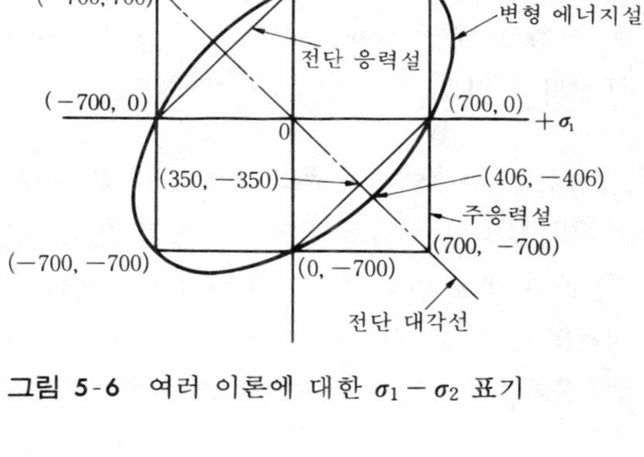

그림 5-6 여러 이론에 대한 $\sigma_1-\sigma_2$ 표기

MPa인 연성재료에 대해서 최대전단 응력설과 최대 주응력설에 대해서도 표기하여 비교하였다. 변형 에너지와 전단 응력설이 잘 일치하고 있으며, σ_1과 σ_2의 값에 따라 변형 에너지설이 0~15%의 강도가 좋음을 알 수 있다. 또, 순수전단($\sigma_1 = -\sigma_2$; $\sigma_3 = 0$)에 해당되는 궤적을 나타낸 **剪斷對角線**(shear diagonal)도 표시되어 있다. 여러 이론에서 예견되는 전단응력이 큰 차이가 나는 것은 흥미롭다. 연성재료의 실제시험과 잘 일치되는 변형 에너지설에서는 전단항복 강도 $\tau_Y = 0.58\sigma_Y$로 나타난다.

5-7 修正 Mohr說(Modified Mohr theory)

수년간에 걸쳐 기본적인 파손이론에 대한 여러 가지 경험을 바탕으로 한 수정이 이루어졌고, 그 중의 하나가 그림 **5-7**에 도시된 **Mohr설**(Coulomb-Mohr theory로 알려져 있음)이다. 이 이론은 압축강도가 인장강도보다 훨씬 큰 취성재료에 잘 맞는다.

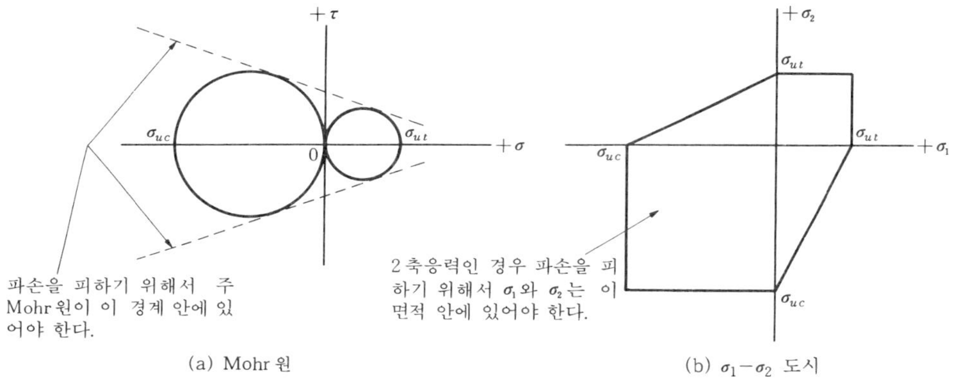

그림 5-7 Mohr 설의 두 가지 도시

그림 **5-8**에 Mohr설의 수정이 취성재료의 파손을 예견하는 데 널리 이용되고 있다. 이 수정된 설은 Mohr설이나 최대 주응력설보다 많은 실험결과와 잘 일치한다.

이상의 여러 이론을 살펴볼 때 연성재료의 항복을 예견하는 데 최대변형 에너지설을 이용하고, 취성파괴를 예견하는 데는 수정 Mohr 설을 이용하는 것이 바람직하다.

[예제] **5-3.** 스트레인 게이지를 사용하여 **鋼**으로 만들어진 부품의 표면으로부터 주응력 $\sigma_1 = 245$ MPa, $\sigma_2 = -175$ MPa($\sigma_3 = 0$)를 얻었다. 강의 항복강도는 700 MPa이다. 파손이론을 이용하여 초기항복에 대한 안전계수를 구하여 비교하라.

[풀이] 그림 **5-9**에 도시해를 나타낸다. 하중점으로부터 응력은 비례적으로 증가하여 전단 응력설, 변형 에너지설 및 주응력설에 따라 각각 σ_1의 값은 406 MPa, 462 MPa 및 700 MPa가 된다. 따라

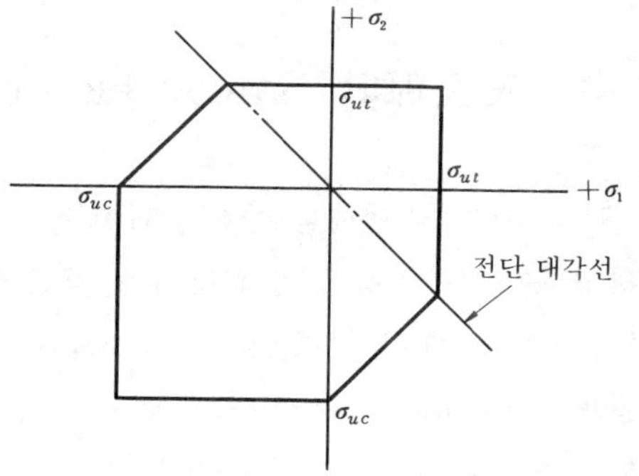

그림 5-8 2축 응력에 대한 수정 Mohr 설의 도시

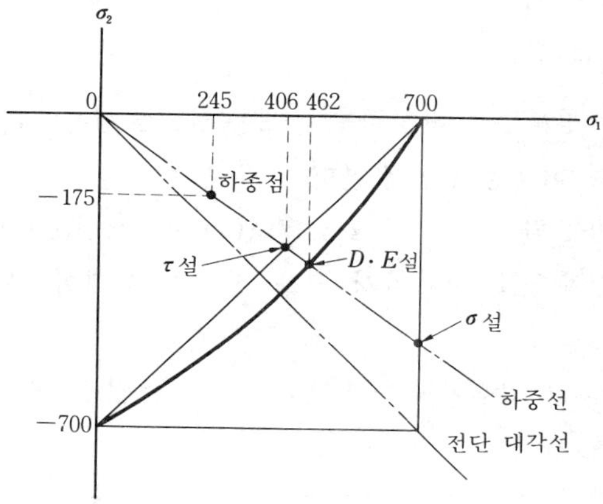

그림 5-9 도시해법

서, 안전계수는 406/245 = 1.7, 462/245 = 1.9 및 700/245 = 2.9를 얻는다.

가장 좋은 안전계수는 변형 에너지설을 기준으로 해서 얻어진 1.9가 된다. 빠른 평가에 사용되는 전단 응력설은 그런대로 사용할 수 있으나 주응력설은 이 경우 유용성이 없다.

도시적 해법은 빠르며 정확성을 갖는다. 해석적인 해법을 소개하면 변형 에너지설의 경우에는 등가응력 σ_e를 구한다.

$$\sigma_e = (\sigma_1{}^2 + \sigma_2{}^2 - \sigma_1\sigma_2)^{\frac{1}{2}} = [(245)^2 + (-175)^2 - (245)(-175)^2]^{\frac{1}{2}} = 365\,\text{MPa}$$

$$700/365 = 1.9$$

전단 응력설을 사용하려면 주 Mohr원의 지름이 420 MPa가 되고 반지름은 210 MPa이므로 최대 전단응력은 210 MPa이다. 재료는 350 MPa의 전단응력을 받을 수 있다.

$$350/210 = 1.66 \fallingdotseq 1.7$$

주응력설을 사용하면 최대 주응력은 245 MPa이고 재료는 700 MPa의 주응력을 받을 수 있으므로 안전계수는 다음과 같다.

$$700/245 = 2.86 \fallingdotseq 2.9$$

5-8 安全係數(Safety factor)

기계에 작용하는 하중이 점점 커지면 변형률이나 응력이 증가하여 결국 파괴된다. 따라서, 기계나 구조물이 안전하고 충분한 기능을 발휘하려면 발생한 응력이 사용재료에 허용되는 일정한도의 응력을 넘지 않도록 해야 한다. 실제로 장시간 안전하게 사용하고 있을 때 각 部材에 작용하고 있는 응력을 **使用應力**(working stress)이라 하고, 이 사용응력을 정확히 알아낸다는 것은 거의 불가능하다. 따라서, 안전하게 여유를 두고 설정된 탄성한도 이하의 응력, 즉 재료를 사용하는 데 허용되는 최대응력을 **許容應力**(allowable stress)이라 한다. 따라서, 사용응력 σ_w 는 허용응력 σ_a 보다 작아야 한다. 즉

$$\sigma_a \geq \sigma_w \tag{5·8}$$

일반적으로 극한강도 > 항복점 > 탄성한도 > 허용응력 ≥ 사용응력의 관계가 성립되고, 적절한 안전계수를 사용하여 허용응력을 정한다.

재료의 기준강도와 허용응력과의 비를 **安全係數**(safety factor)라 한다. 통상 안전계수는 1보다 큰 값이 되나 안전계수를 지나치게 크게 잡으면 설계의 안전성이 좋으나 경제성이 떨어진다.

따라서, 최적설계를 하려면 안전계수는 1보다 약간 큰 값을 취하도록 하나 보통 1.25~4 범위로 한다.

$$\text{안전계수} = \frac{\text{기준강도}}{\text{허용응력}} \tag{5·9}$$

안전계수를 결정하는 데 고려하여야 할 사항은 다음과 같다.

① 하중과 응력의 종류 및 성질

② 재질, 특히 균일성에 대한 신뢰도

③ 하중계산의 정확도

④ 응력계산의 정확도

⑤ 작동조건, 즉 사용온도, 습도, 고체마찰의 유무, 부식, 침식, 미동, 마모, 캐비테이션 침식 등의 영향

⑥ 공작, 조립의 정밀도와 잔류응력

⑦ 수명

안전계수는 여러 가지 영향을 고려해서 결정해야 하므로 일반적으로 통용되는 값을 정하기란 어렵다. 따라서, 오랜 경험을 토대로 안전계수를 결정하는 수가 많다.

재질, 사용조건 및 요구되는 성능 등에 따라 안전계수를 정하여 기준강도로부터 허용응

력을 산출한다. 기준강도의 선정은 재질, 사용조건 및 수명 등을 고려하여 다음과 같은 값을 취한다.

① 정하중이 연강과 같은 연성재료에 작용하는 경우에는 항복점을 기준강도로 한다.

② 정하중이 주철과 같은 취성재료에 작용하는 경우에는 극한강도를 기준강도로 한다.

③ 반복하중, 교번하중이 작용하면 피로파괴가 일어난다. 교번하중일 때는 피로한도를 기준강도로 한다. 유한수명의 파괴에서는 필요 반복수에 대한 **時間強度**를 이용한다. 반복하중에서는 반복 피로한도, 임의의 평균응력이 있는 경우에는 내구선도로부터 응력진폭, 최대응력 및 최소응력을 기준강도로 한다.

④ 고온에서 정하중이 작용하는 경우에는 크리프 한도를 기준강도로 한다.

⑤ 저온이나 천이온도 근방의 온도 이하에서는 저온취성을 고려해서 기준강도를 정한다.

⑥ 긴 기둥이나 편심하중에서는 좌굴응력을 기준강도로 한다.

⑦ 소성설계나 극한설계에서는 붕괴하지 않는 최대하중에 대한 응력을 기준강도로 한다.

예제 5-4. 양단이 고정된 길이 6 m의 연강제 등근봉에 4.5 t의 압축하중이 가해질 때 안전계수를 10으로 하면 지름을 얼마로 해야 하는가? 다만 재료의 세로 탄성계수 $E = 2.1 \times 10^4 \text{kg}_f/\text{mm}^2$이다.

풀이〉 길이가 길므로 일단 기둥으로 생각하고 문제를 풀어 본다. 안전계수를 10으로 하면 압축하중 P는

$$P = 4500 \times 10 = 45{,}000 \text{kg}_f$$

지름을 d로 하면 회전 반지름 ρ는

$$\rho = \sqrt{\frac{I}{A}} = \sqrt{\frac{d^2}{16}} = \frac{d}{4}$$

양단이 고정인 경우 단부조건에 따른 등가 길이 $L_e = 0.65L$(권장값)로 하고 오일러 식에 대입하면

$$\frac{45{,}000}{\frac{\pi}{4}d^2} = \pi^2 E \left(\frac{\frac{d}{4}}{0.65L} \right)^2 = \pi^2 E \left(\frac{d}{0.65 \times 6000 \times 4} \right)^2$$

$$\frac{45{,}000 \times 4}{\pi d^2} = \pi^2 E \left(\frac{d}{6000 \times 0.65 \times 4} \right)^2$$

$$d = \sqrt[4]{\frac{45{,}000 \times 4 \times (6000 \times 0.65 \times 4)^2}{\pi^3 \times 2.1 \times 10^4}} = \sqrt[4]{\frac{4.4 \times 10^{13}}{65.1 \times 10^4}} = \sqrt[4]{0.68 \times 10^8} = 90.8 \text{mm}$$

細長比를 구해 보면

$$\frac{L}{\rho} = \frac{6000}{90.8/4} = 264.3$$

세장비가 충분히 커서 오일러 식을 이용해도 괜찮다.

5-9　信賴性(Reliability)

안전계수와 밀접한 관계를 갖는 것이 신뢰성이다. 100개의 비슷한 부품을 사용하다가 그 중 2개가 파손되었다면 그 부품은 98%의 신뢰성이 있다. 신뢰성은 마모나 피로하중을 받는 부품에 더 응용되나 정하중 같은 단순한 경우에도 응용된다. 신뢰성을 잘 활용하려면 부품에 작용하는 하중으로부터 계산되는 유용한 응력과 제작된 부품의 유용한 강도에 관한 통계적 분포의 지식을 알고 있어야 한다.

유용한 응력과 대응되는 유용한 강도에 대한 가상적인 분포곡선이 그림 **5-10**에 나타나 있다. 강도의 평균값은 70이고 평균 응력값은 40이다. 평균적인 부품이 평균적인 하중상태에서 사용된다면 안전여유(margin of safety)가 30임을 말하고 있다. 그러나 곡선의 사선이 쳐져 있지 않은 부분에서는 강도 50에 해당되는 약한 부품이 응력 60에 해당되는 심한 응용에서 파손이 일어날 수 있는 가능성이 있음을 나타내기도 한다. 안전여유가 평균 30일지라도 아주 드문 경우이지만 안전여유가 음이 되어 파손이 발생할 수도 있다. 그림 **5-11**에 안전여유 분포가 그려져 있다. 대부분의 경우 파손을 나타내는 왼쪽의 사선이 쳐 있지 않은 면적 크기에 관심을 갖게 된다.

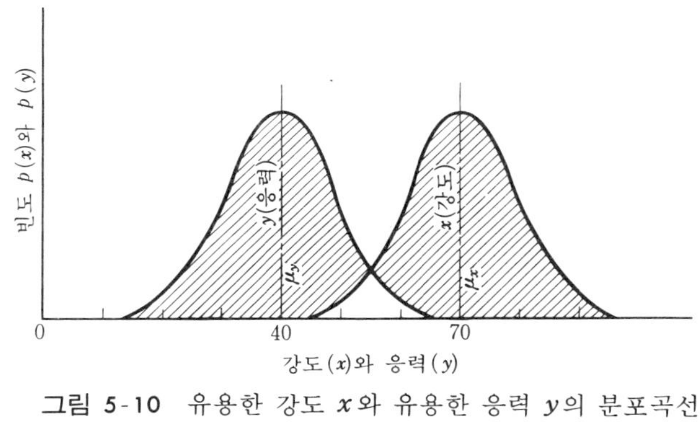

그림 5-10　유용한 강도 x와 유용한 응력 y의 분포곡선

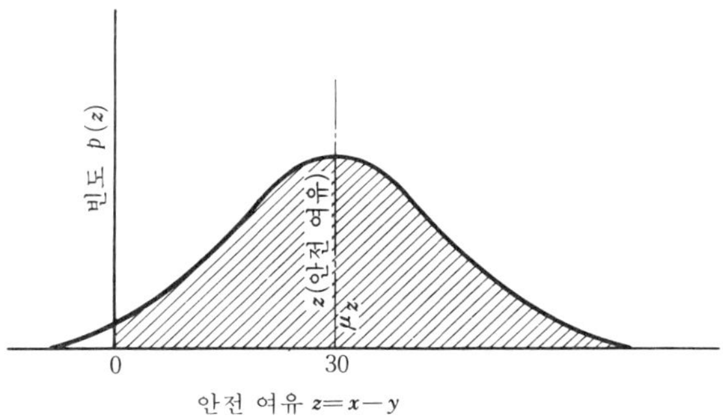

그림 5-11　안전여유의 분포곡선

이미 언급된 파손의 정량적 평가를 얻기 위해서 유용한 응력과 유용한 강도의 분포곡선에 관해 알아야 한다. 여기서는 正規 또는 가우스 분포(normal or Gaussian distribution)에 관해서 알아 보기로 한다. 이 분포곡선은 실제 경우에 가장 적합한 수학적 모형의 하나이기도 하지만 가장 널리 사용되기도 한다.

몇 개의 정규분포 곡선을 소개하면 그림 5-12와 같으며 그 식은 다음과 같이 표시된다.

$$p(x) = \frac{1}{\sqrt{2\pi}\,\sigma} \exp\left[-\frac{(x-\mu)^2}{2\sigma^2}\right] \qquad -\infty < x < \infty \tag{5·10}$$

여기서 μ는 平均(mean)이고 σ는 **標準偏差**(standard deviation)를 나타낸다.

정규분포 곡선은 양과 음의 무한대로 접근하며 곡선 아래 면적은 1을 나타낸다. 어떤 특정한 값 x_1과 x_2 사이의 확률은 그림 5-12에 표시된 바와 같이 x_1과 x_2 사이의 곡선의 아랫부분의 면적과 같다.

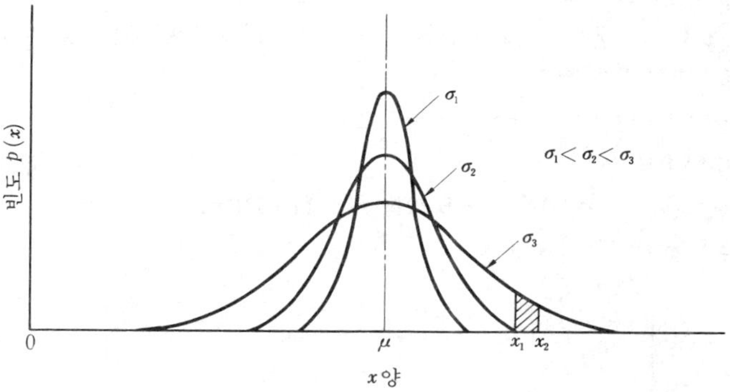

그림 5-12 일정한 μ와 여러 가지 σ를 갖는 정규분포 곡선

μ값을 변화시키면 곡선이 오른쪽으로 또는 왼쪽으로 이동하게 되고 σ를 변화시키면 그림 5-12와 같이 곡선의 모양이 변한다. 수학적으로 μ와 σ를 나타내면 다음과 같다.

$$\mu = \text{平均} = \frac{1}{n}\sum_{i=1}^{n} x_i \tag{5·11}$$

$$\sigma = \text{標準偏差} = \sqrt{\frac{1}{n-1}\sum_{i=1}^{n}(x_i-\mu)^2} \tag{5·12}$$

모든 정규분포 곡선에는 유용한 성질이 있는데 모집단의 68%는 $\mu \pm 1\sigma$의 범위 내에 존재하며 95%는 $\mu \pm 2\sigma$의 범위 내에 존재한다. 다른 부분에 해당되는 모집단의 백분율은 정규 분포표로부터 구할 수 있다.

이미 설명한 바와 같이 안전여유 z는 $z = x - y$로 표시되고 z의 평균과 표준편차는 다음과 같다.

$$\mu_z = \mu_x - \mu_y \tag{5·13}$$

$$\sigma_z = \sqrt{\sigma_x^2 + \sigma_y^2} \tag{5·14}$$

따라서, 破損確率(probability of failure)은 $p(z<0)$가 된다. 만약, 강도 x와 응력 y가 정규분포이면 안전여유 z도 정규분포가 된다.

예제 5-5. 제품을 생산하는 데 볼트가 자동렌치로 조여지고 있다. 가장 높은 초기 인장력을 얻기 위해서 단면에 걸쳐 항복이 되도록 충분히 조여진다. 따라서, 조립되는 동안 볼트가 비틀려서 못 쓰게 되는 경우가 있다. 볼트는 표준편차 1N·m으로 평균 비틀림 강도가 20N·m이다. 자동렌치의 표준편차는 1.5N·m이다. 조립 중 볼트 500개 중 하나가 못 쓰게 된다면 렌치의 평균토크는 얼마인가?

풀이 볼트의 비틀림 강도와 렌치의 비틀림 토크가 정규분포라고 가정한다면 $\sigma_x = 1\text{N·m}$, $\sigma_y = 1.5\text{N·m}$이므로 식 (5·14)로부터 $\sigma_z = 1.8\text{N·m}$이 된다. 정규분포 곡선으로부터 0.2%의 파손은 평균보다 2.9 표준편차보다 작으므로

$$\mu_z = 2.9\ \sigma_z = 2.9 \times 1.8\text{N·m} = 5.22\text{N·m}$$

μ_x는 20N·m이므로

$$\mu_y = \mu_x - \mu_z = 20\text{N·m} - 5.22\text{N·m} = 14.78\text{N·m}$$

분포곡선으로 표시하면 다음과 같다.

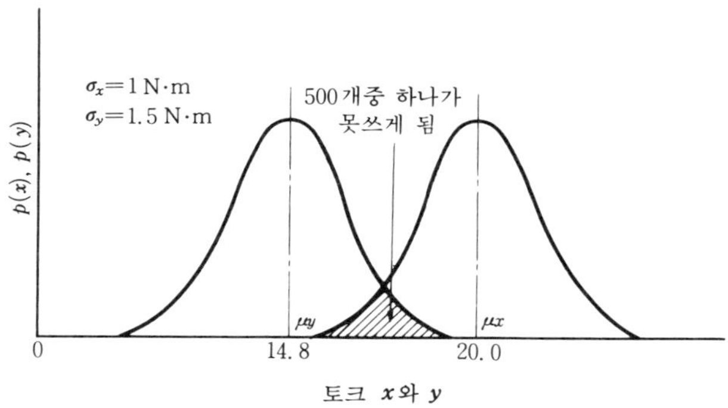

그림 5-13　x와 y의 분포곡선

연습문제

1. 파손을 일반적으로 어떻게 정의하는가?

2. 파괴 인성값이란 무엇이며 평면 변형률과 평면응력의 관계를 설명하라.

3. 파손이론이 요구되는 사례를 예를 들어 설명하라.

4. 파손이론을 간단히 설명하고 가장 바람직한 이론은 어느 것인지 검토하라.

5. 안전계수와 신뢰성을 구별하고 기준강도에 관해서 설명하라.

6. 너비 150mm, 두께 1.5mm의 판이 −40℉에서 강($\sigma_u = 1566$MPa, $\sigma_Y = 1359$MPa)으로 만들어졌다. 평면응력 $K_{IC} = 110$MPa$\sqrt{m}$ 이다. 중앙균열 길이 $2c = 25$mm로 성장했을 때 급격한 파괴를 일으키지 않고 적용시킬 수 있는 최대하중은 얼마인가? (122,985N)

7. 알루미늄판이 실온에서 $\sigma_g = 0.73\sigma_Y$가 되도록 하중을 받고 있다. $t = 25$mm, $2w = 150$mm이고, $a/2c = 0.25$이다. 급격한 파괴가 일어나는 임계균열 깊이 a_{cr}를 구하라. 알루미늄의 $K_{IC} = 30$MPa$\sqrt{m}$, $\sigma_Y = 483$MPa이다. (2.6mm)

8. 다음과 같은 2축 응력상태가 있다. ① $\sigma_1 = 30$, $\sigma_2 = 0$, ② $\sigma_1 = 30$, $\sigma_2 = -15$, ③ $\sigma_1 = 30$, $\sigma_2 = -30$, ④ $\sigma_1 = 30$, $\sigma_2 = 15$, ⑤ 순수전단, $\tau = 30$, 위의 응력상태를 ㉠ 최대 주응력설, ㉡ 최대 전단 응력설 및 ㉢ 최대변형 에너지설에 따라 안전계수로 순서대로 표시하라.

(㉠ 안전계수가 똑같다
㉡ 1과 4 → 2 → 3과 5
㉢ 4 → 1 → 2 → 3과 5)

9. 기계부품의 응력상태가 $\sigma_1 = 200$MPa, $\sigma_2 = -150$MPa, $\sigma_3 = 0$이다. 이 재료는 연성재료로 600MPa의 인장·압축의 항복강도를 갖는다. ① 최대 주응력설, ② 최대전단 응력설, ③ 최대변형 에너지설에 따라 안전계수를 구하라. 어느 이론이 실제시험과 가장 잘 일치되는지 검토하라. (① 3.0, ② 1.72, ③ 1.97)

10. 鋼製로 된 기계부재의 표면에 주응력 200MPa와 100MPa을 받고 있다. 안전계수를 2로 하려면 인장항복 강도는 얼마로 해야 하는가? ① 최대전단 응력설에 의해서, ② 최대변형 에너지설에 의해서 (① 400MPa, ② 346MPa)

11. 둥근 강봉이 축인장 응력 50MPa와 100MPa의 비틀림 전단응력을 받고 있다. 재료가 500MPa의 인장항복 강도를 갖는다면 가장 바람직한 안전계수는 얼마인가? (2.77)

12. 部材의 표면에 $\sigma_1 = 100$MPa, $\sigma_2 = 20$MPa, $\sigma_3 = -80$MPa의 응력을 받고 있다. 안전계수를 2.5로 했을 때 인장항복 강도를 얼마로 해야 하는가? ① 최대전단 응력설에 의해서, ② 최대변형 에너지설에 의해서 (① 450MPa, ② 390MPa)

13. 축이 최대하중 20kN을 받고 있다. 그리고 25kN의 하중에 견디도록 설계되어 있다. 최대하중이 표준편차 3.0kN으로 정규분포되어 있고 축의 강도가 표준편차 2.0kN으로 정규분포가 되었다면 파손율은 얼마인가? (8%)

14. 문제 13의 파손율은 받아들일 수 없다고 했을 때
(a) 5%의 파손율을 유지하기 위해 다른 것은 변치 않고 축강도의 표준편차를 얼마로 줄여야 하는가? (불가능)
(b) 5%의 파손율을 유지하기 위해 다른 것은 변치 않고 축강도를 얼마까지 증대시켜야 하는가? (26.12kN)

15. 축이 최대하중 10kN을 받고 있다. 그리고 15kN의 하중에 견디도록 설계되어 있다. 최대하중이 표준편차 2.5kN로 정규분포되어 있고 축강도가 표준편차 2.0kN으로 정규분포되어 있다면 파손율은 얼마인가? (7%)

제 6 장

衝擊과 疲勞

6-1 衝 擊

지금까지 靜的荷重(static loading)만을 취급해 왔다. 그러나 실제문제에 더 자주 만나게 되는 動的荷重(dynamic loading)에 대해서 검토해 보기로 한다. 동적하중에는 衝擊(impact)와 疲勞(fatigue)가 있으며 제 6 장에서 전반에는 충격에 대해서, 후반은 피로에 관해서 연구하기로 한다.

충격하중은 가혹한 정도에 따라 그림 6-1에 나타낸 바와 같이 세 가지 범주로 나누어진다. ① 다리를 지나가는 자동차에서 발생되는 것처럼 갑자기 움직이는 하중, ② 폭발이나 내연기관의 연소에서와 같이 갑작스럽게 작용하는 하중, ③ 파일을 박거나 자동차 충돌처럼 직접적인 충격하중이 있다. 그림 6-1(a)에서는 질량 m이 스프링 위에 닿자마자 갑자기 놓여진다. 대시포트 c는 중력 mg가 스프링에 순간적으로 작용하지 않도록 마찰 지지력을 작용한다. 그림 6-1(b)에서는 질량 m을 놓는 순간 중력 mg가 그대로 작용한다. 그림 6-1(c)에서는 힘이 순간적으로 작용할 뿐만 아니라 스프링에 부딪치기 전에 질량은 운동 에너지를 얻게 된다.

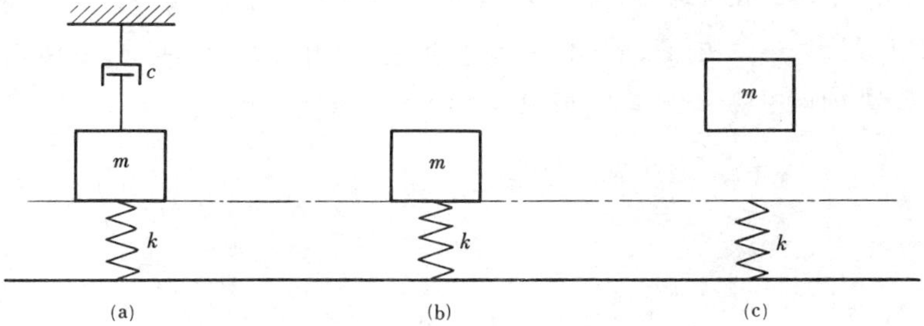

그림 6-1 질량 m을 순간적으로 놓았을 때 일어나는 세 가지 충격하중

그림 6-1(a)에서 대시포트는 하중 mg가 점진적으로 작용하도록 한다. 만약, 하중이 천천히 작용한다면 정적하중으로 보아야 한다. 정적하중과 충격하중의 구별은 스프링에 작용하는 非減衰(undamped) 질량의 固有週期(natural period)와 하중이 작용하는 데 소요되는 시간을 비교하여 이루어진다.

그림 6-1(b)에서 질량을 아래로 눌렀다가 갑자기 놓으면 질량은 위아래로 진동을 하는데, 위로부터 아래로 다시 위로 돌아오는 데 일정한 시간간격을 가지고 진동한다. 이 시간간격을 스프링에 놓인 질량의 진동고유 주기라 한다. 질량 m, 스프링 상수 k와 주기 τ 사이의 관계는 다음과 같다.

$$\tau = 2\pi\sqrt{\frac{m}{k}} \tag{a}$$

하중이 작용하는 시간이 고유주기의 3배보다 길면 동적효과는 무시되고 정적하중으로 간주된다. 하중작용 시간이 고유주기의 반보다 짧으면 충격으로 보며, 그 사이에는 애매한 구간이 존재한다.

충격하중에는 압축, 인장, 굽힘, 비틀림과 이들의 조합으로 작용될 수 있으며, 정적하중을 받는 부품은 하중에 버티도록 설계되고 충격을 받는 부품은 에너지를 흡수하도록 설계되어야 한다.

6-2 衝擊에 의한 應力과 처짐

그림 6-2는 무게 W가 자유낙하하여 구조물에 충격하는 경우를 나타내고 있다. 모든 구조물은 약간의 탄성을 가지므로 구조물을 스프링으로 표시하였다.

관계식을 유도하기 위해 ① 구조물(스프링)의 질량은 무시한다. ② 질량 자체의 처짐은 무시한다. ③ 감쇠를 무시한다. 낙하체의 무게를 W, 구조물이 충격을 탄성적으로 받는다고 보고 스프링 상수 k로 표시하고, 충격에 의한 최대처짐을 δ로, 똑같은 처짐 δ를 일으키는 등가 정적힘인 F_e로 놓으면 $F_e = k\delta$가 성립한다. 정적처짐 δ_{st}를 $\delta_{st} = W/k$로 나타내고 낙하체의 퍼텐셜 에너지와 스프링의 탄성 에너지를 같다고 놓으면

$$W(h+\delta) = \frac{1}{2}F_e\delta \tag{b}$$

따라서,

$$F_e = \left(\frac{\delta}{\delta_{st}}\right)W \quad \text{또는} \quad \frac{\delta}{\delta_{st}} = \frac{F_e}{W} \tag{c}$$

식 (b)에 식 (c)를 대입하면

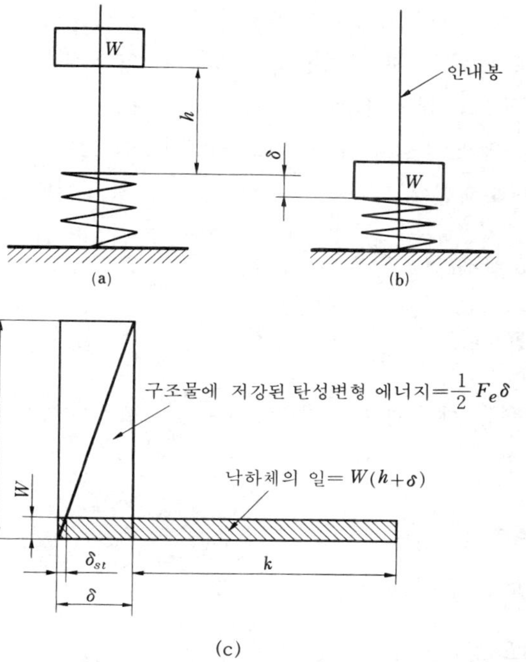

그림 6-2 탄성 구조물에 작용한 낙하체의 충격하중

$$W(h+\delta)=\frac{1}{2}\frac{\delta^2}{\delta_{st}}W \tag{d}$$

식 (d)는 δ의 2차 방정식이므로, 이것을 풀면

$$\delta=\delta_{st}\left(1+\sqrt{1+\frac{2h}{\delta_{st}}}\right) \tag{6·1}$$

식 (6·1)에 식 (c)를 대입하면 다음 식이 얻어진다.

$$F_e=W\left(1+\sqrt{1+\frac{2h}{\delta_{st}}}\right) \tag{6·2}$$

식 (6·1)과 (6·2)의 괄호 속의 항을 **衝擊係數**(impact factor)라 한다. 동적으로 작용한 무게 W에 의해서 발생되는 하중, 응력 및 처짐은 느리게 정적으로 작용하는 똑같은 크기의 무게에 의해서 발생되는 것들보다 큰 정도를 나타내는 계수가 된다.

때로는 식 (6·1)과 (6·2)를 낙하 높이 h 대신 충격속도 v로 표시하는 것이 편리할 때도 있다. 자유낙하의 경우

$$v^2=2gh \quad \text{또는} \quad h=\frac{v^2}{2g} \tag{e}$$

으로 나타나며, 여기서 g는 중력 가속도를 표시한다.

낙하 높이 h를 0으로 하면 갑자기 작용하는 하중의 경우가 되고 충격계수는 2가 된다. 이럴 때는 안전계수를 갑절로 해서 설계하는 것이 바람직하다.

충격을 포함하는 많은 경우 처짐은 h에 비해서 거의 무시되므로, 이런 경우 식 (6·1)과 (6·2)는 다음과 같이 단순해진다.

$$\delta = \delta_{st}\sqrt{\frac{2h}{\delta_{st}}} = \sqrt{2h\delta_{st}} \tag{6·3}$$

$$F_e = W\sqrt{\frac{2h}{\delta_{st}}} = \sqrt{2Whk} \tag{6·4}$$

δ와 F_e의 식을 충격운동 에너지 $U = \frac{1}{2}mv^2 = \frac{Wv^2}{2g}$의 함수로 표시하면 유용하게 사용할 수 있다.

$$\delta = \sqrt{\frac{2U}{k}} \tag{6·3a}$$

$$F_e = \sqrt{2Uk} \tag{6·4a}$$

또, $\sigma = \frac{F_e}{A}$와 $k = \frac{AE}{L}$로 놓으면 A와 L은 단면적과 길이를 나타내므로,

$$\sigma = \sqrt{\frac{2UE}{AL}} = \sqrt{\frac{2UE}{V}} \tag{f}$$

가 얻어지고 V는 재료의 부피를 나타낸다. 따라서, 봉 속에 나타나는 응력은 모양에는 상관없이 부피의 함수임을 알 수 있다.

식 (f)을 U에 관해서 풀면 다음 식이 얻어진다.

$$U = \frac{\sigma^2 V}{2E} \tag{6·5}$$

예제 6-1. 그림 6-3과 같이 2개의 봉이 인장충격을 받는다. 탄성 에너지 흡수능력을 비

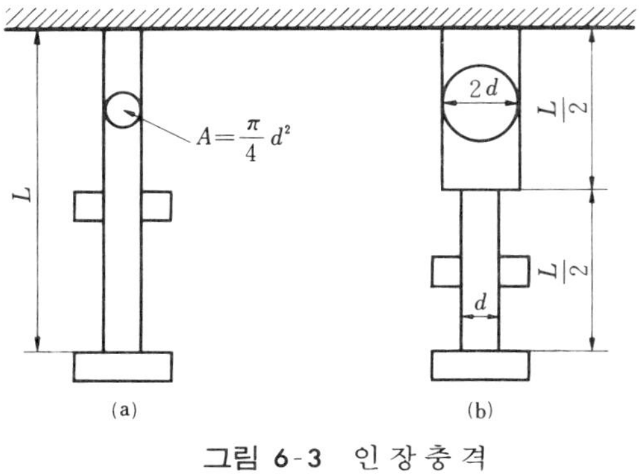

그림 6-3 인장충격

교하라. 다만 응력집중은 무시하고 탄성한도의 근사값으로 σ_Y를 사용한다.

풀이〉 식 (6·5)로부터 그림 6-3(a)의 흡수 에너지를 $\sigma=\sigma_Y$로 하면

$$U_a=\frac{\sigma_Y{}^2 V}{2E}$$

그림 6-3(b)에서 아래쪽은 부피가 $\frac{V}{2}$이고 응력 σ_Y 이므로

$$U_{bl}=\frac{\sigma_Y{}^2\left(\frac{V}{2}\right)}{2E}=\frac{1}{2}U_a$$

똑같은 힘이 전체 봉에 전달되므로 윗부분은 단면적이 4배가 되고 응력은 $\frac{1}{4}$이 되므로

$$U_{bu}=\frac{\left(\frac{\sigma_Y}{4}\right)^2(2V)}{2E}=\frac{1}{8}U_a$$

전체 에너지 능력은 $U_b=U_{bl}+U_{bu}=\frac{5}{8}U_a$이고 부피는 $V_b=\frac{5}{2}V_a$가 되므로, 무게당 에너지는 균일 단면봉에 비해서 4배가 된다.

예제 **6-2.** 표 6·1과 같은 물질로 만들어진 완충기($V=A\times L$) 위에 물체가 낙하했을 때 탄성 에너지 흡수능력을 평가하라.

표 6-1

재료	밀도(kN/m³)	탄성계수(E)	탄성한도(σ_e : MPa)
연강	77	207 GPa	207
경강	77	207 GPa	828
고무	9.2	1.034 MPa	2.07

풀이〉 흡수된 탄성변형 에너지는 $\frac{1}{2}F_e\delta$이고 $F_e=\sigma_e A,\ \delta=F_eL/AE$이므로

$$U=\frac{1}{2}F_e\delta=\frac{\sigma_e{}^2 AL}{2E}=\frac{\sigma_e{}^2 V}{2E}$$

주어진 값을 대입해 보면 탄성 에너지 흡수능력은 연강 : 경강 : 고무 = 1 : 16 : 20이 되고, 무게를 기준으로 단위 무게당 흡수능력은 1 : 16 : 168이 된다.

예제 **6-3.** 그림 6-4에 나타낸 바와 같이 볼트가 인장충격 하중을 받는다. 에너지 흡수능력을 향상시키기 위해 설계를 수정하였다. 수정설계로 얼마만큼 흡수능력이 커졌는가?

풀이〉 $U=\frac{\sigma^2 V}{2E}$에서 E는 상수이므로

$$\frac{U_b}{U_a}=\frac{\sigma_b{}^2 V_b}{\sigma_a{}^2 V_a}$$

재료의 강도를 S라고 할 때, 볼트자루에 걸리는 응력은 응력집중과 나사부의 면적과 자루의 면적이 다르므로

$$\sigma_a=\frac{S}{3.5}\left(\frac{600}{700}\right)=0.245S$$

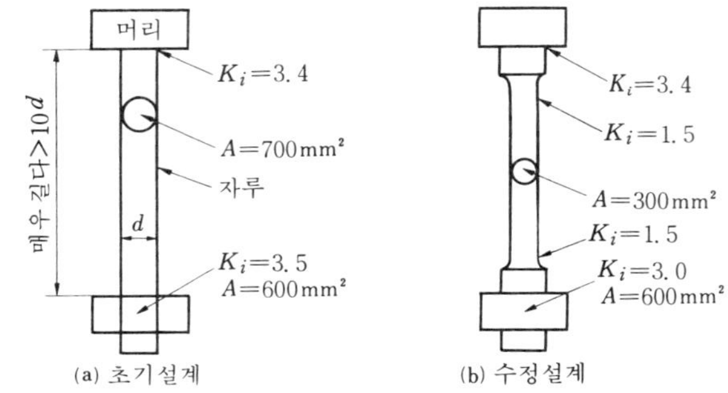

그림 6-4 인장충격을 받는 볼트

초기설계의 자루부분의 부피를 V라고 하면

$$\sigma_b = \frac{S}{3.0}\left(\frac{600}{300}\right) = 0.667S$$

이고, 수정설계의 V_b는 $V(300/700) = 0.429S$이므로

$$\frac{U_b}{U_a} = \frac{(0.667S)^2(0.429V)}{(0.245S)^2(V)} = 3.18$$

수정설계로 볼트를 가볍게 만들고 에너지 흡수능력을 3배로 올렸다.

6-3 疲勞의 概念

정적인 응력이나 변형률에서의 거동과는 달리 반복되는 응력이나 변형률의 작용을 받는 재료의 거동을 **疲勞**(fatigue)라 한다. 재료의 어느 부분에 변동응력이나 변형률을 일으켜 충분한 변동횟수 후에 균열이 최고로 커질 때, 완전히 파손되는 상태로 이르게 되는 점진적이고 국부적인 구조적 변화과정을 말한다.

피로를 정의하는 데는 4개의 낱말에 특별히 관심을 가져야 하는데, 피로과정은 일정한 시간이 경과되고 난 후 일어나기 때문에 점진적이라고 한다. 어떤 피로파손은 외부경고 없이 갑자기 일어나기도 하나 기구는 부품의 사용과 더불어 진행되고 있음을 알아야 한다.

피로과정은 전체의 부품이나 구조물보다 국부적으로 일어난다. 이런 국부지역은 높은 응력과 변형률이 일어나는데 외부 하중전달, 기하적인 급격한 변화, 온도차이, 잔류응력, 재료의 불완전 때문에 발생한다. 그러므로 공학자는 이런 국부지역에 관심을 가져야 한다.

모든 피로파손의 궁극적인 원인은, 균열이 성장해서 나머지 재료가 응력과 변형률을 이기지 못해서 갑작스런 파손이 일어나는 데 있다. 균열은 반복되는 하중으로 말미암아 이런 크기로 성장하게 된다. 항공분야에서는 피로파손의 경제적인 손실이 엄청나기 때문에, 안전이 중요한 부분의 설계기준은 아주 작은 균열과 같은 결함이 사용에 앞서 이미 존재하고 있다는 가정하에서 설계하며, 피로수명은 균열성장에만 전적으로 의존하고 있다.

피로과정의 마지막 단계인 파손은 2개 이상으로 부품이나 구조물이 분리되는 것을 말하고 있다.

6-4 疲勞限度

일정진폭 피로시험은 1850년경 Wöhler에 의해 처음으로 이루어졌다. 일정진폭 응력과 시간에 관한 낱말은 그림 **6-5**에 표시되어 있다.

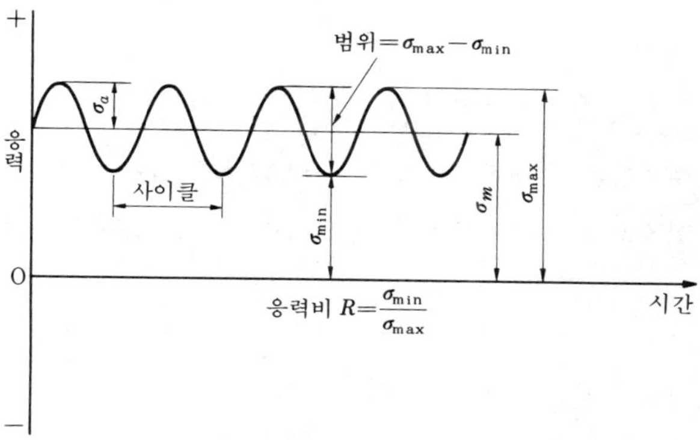

그림 6-5 일정진폭 반복하중

위의 그림으로부터 일정진폭 반복하중에 대한 관계식은 다음과 같이 표시된다.

$$\sigma_a = \frac{\sigma_{max} - \sigma_{min}}{2} \cdots\cdots \text{응력진폭 또는 교번응력}$$

$$\sigma_m = \frac{\sigma_{max} + \sigma_{min}}{2} \cdots\cdots \text{평균응력}$$

$$\sigma_{max} = \sigma_m + \sigma_a \cdots\cdots \text{최대응력} \qquad (6 \cdot 6)$$

$$\sigma_{min} = \sigma_m - \sigma_a \cdots\cdots \text{최소응력}$$

그림 **6-6**과 같이 응력진폭을 세로축에 파괴되기까지의 반복수 N을 가로축에 취하여 그린 선도를 **S-N曲線** 또는 **Wöhler 曲線**이라 하고, 가로축에 평행한 선에 맞는 응력 σ_e를 **疲勞限度**(fatigue limit)라 한다. 강인 경우 피로한도는 보통 10^6회의 반복수에서 얻어진다. 10^6회보다 작은 임의의 반복수 N에서 파괴되는 응력, 즉 **時間強度**(fatigue strength) σ_a는 다음과 같이 구할 수 있다.

$$\sigma_a = \sigma_u - \left(\frac{\sigma_u - \sigma_e}{6}\right) \log_{10} N \qquad (6 \cdot 7)$$

비철금속 중에는 피로한도가 나타나지 않는 것이 있으므로, 이런 경우에는 지정된 반복

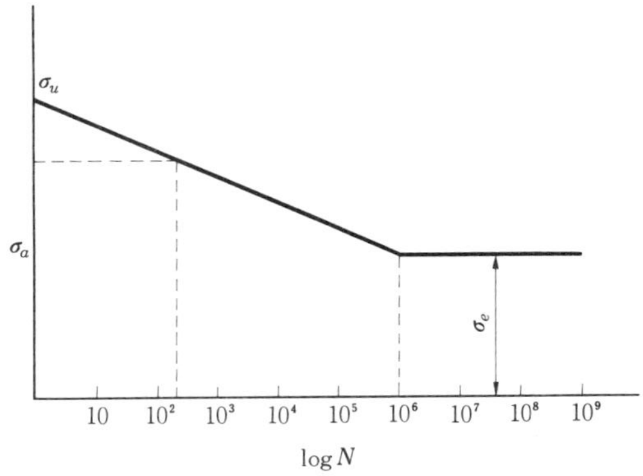

그림 6-6 S-N 곡선

수 $10^7 \sim 10^8$회에 견딜 수 있는 응력을 구하여 그 반복수에 대한 피로한도로 이용한다.

鋼인 경우 σ_u를 극한강도로 보면 브리넬 경도(Bhn 또는 H_B)로부터 피로한도를 다음과 같이 구하기도 한다.

$$\sigma_{10^3} = 0.9\sigma_u = 3.1 \times H_B(\text{MPa}) \tag{6·8}$$
$$\sigma_e = 0.5\sigma_u = 1.73 \times H_B(\text{MPa})$$

6-5 疲勞에 영향을 주는 요인

기계를 설계할 때 피로한도를 재료의 강도로 생각하는 것이 좋으며 피로강도를 떨어뜨리는 인자로 노치·치수의 크기, 압입응력, 표면의 거칠기, 부식, 도금, 표면부의 인장잔류 응력 등이 있고, 피로강도를 높이는 인자는 고주파 담금질, 침탄처리, 질화처리, 표면압연, 숏피닝, 표층부의 압축잔류 응력 등이다.

[1] 노치효과

단면의 모양이 급변하는 부분에는 응력집중이 일어나고 피로한도도 저하된다. 피로에 있어서 응력집중은 疲勞應力 집중계수(fatigue stress concentration factor) K_f로 표시한다.

$$K_f = \frac{\text{노치가 없을 때의 피로한도 } \sigma_{e0}}{\text{노치가 있을 때의 피로한도 } \sigma_{ek}} \tag{6·9}$$

이론적으로 K_f는 기하학적 계수인 K_t와 같아야 하나 시험결과는 $K_f < K_t$하다. 노치에 예민한 재료에서는 $K_f \approx K_t$하나 주철과 같이 노치에 예민하지 않는 재료는 $K_f \approx 1$이다. 이것을 노치 感度係數(notch sensitivity factor) q를 이용하여 다음과 같이 정의해서 설명

할 수 있다.

$$K_f = 1 + (K_t - 1)q \tag{6·10}$$

q는 $0(K_f = 1)$에서 $1(K_f = K_t)$까지의 값을 가지며, 재료의 노치감도를 알면 기하학적 계수 K_t로부터 피로응력 집중계수 K_f을 산출하게 된다.

[2] 치수효과

재료시험에 의해 얻어진 기계적 성질은 그 시험편에 관한 것이고 시험편과 치수가 다른 재료에 반드시 적용되는 것은 아니다. 인장, 압축처럼 전단면에 균일하게 응력이 분포되는 경우는 비교적 잘 맞으나 굽힘이나 비틀림처럼 응력분포가 내부로 향할수록 감소되는 경우, 치수가 커지면 피로한도가 저하된다. 이것을 **치수효과**라 한다.

[3] 표면상태

다듬질면의 표면 거칠기는 노치효과와 같이 면이 거칠수록 피로한도는 저하되고, 그 경향은 인장강도가 높은 재료일수록 크다. 표면을 질화, 침탄, 고주파 담금질 등에 의하여 경화처리하거나 표면압연, 숏 피닝, 샌드 블라스팅 등 표면의 가공경화나 압축잔류 응력을 발생시키면 피로한도가 높아지고, 처리 전의 표면상태가 나쁜 경우 그 효과는 더욱 크다.

[4] 腐蝕疲勞

부식은 피로한도를 저하시키며 부식되어 있는 상태에서 반복하중을 받으면 피로한도는 현저히 떨어지는데 이런 현상을 **腐蝕疲勞**(corrosion fatigue)라 한다. 산·알칼리·염수 등에서는 물론, 물 속이나 공기 중에서도 일어난다. 도금은 피로한도를 떨어뜨리나 그 정도가 대단치 않으므로 부식작용이 일어나는 곳에서는 도금으로 부식피로를 막는 것이 바람직하다.

[5] 壓 入

축에 베어링 內輪과 같은 부시를 압입 또는 열박음을 하면 맞춤부분의 축의 피로한도는 축의 지름 50mm 이상에서 약 반으로 떨어진다. 맞춤부는 맞춤압력에 의해 변위가 제한되고, 충격력 흡수가 곤란하고 표면층의 늘임이 제한되어 피로한도가 떨어진다. 이런 경우에도 고주파 가공 등으로 피로한도를 높일 수 있다.

6-6 平均應力이 疲勞強度에 미치는 영향

기계나 구조물은 완전히 역전되는 응력을 받는 경우보다 오히려 정적응력에 완전히 역전되는 응력을 결합한 **變動應力**(fluctuating stress)을 받는다. 변동응력은 평균응력과 교번응력으로 결정되고 최대응력과 최소응력도 역시 사용된다.

항복과 여러 가지 피로수명에 대한 기준에 관해서 평균응력과 변동응력을 조합하여 그림을 그리면 그림 **6-7**과 같은 편리한 도면을 얻는다. 그림에는 일정한 10^6사이클 수명, 일정한 10^5사이클 수명 등의 선을 갖고 있기 때문에 **일정수명 피로선도**(constant life fatigue diagram)라 부르고 있다.

수평축($\sigma_a = 0$)은 정적하중에 해당된다. 항복강도와 극한강도는 점 A와 B로 표시된다. 연성재료의 경우 압축항복 강도는 $-\sigma_Y$이며 점 A′가 된다. 만약, 평균응력이 0이면 교번응력은 점 A″로 σ_Y와 같고 응력은 σ_Y에서 $-\sigma_Y$ 사이를 변동한다. 선 AA″상의 모든 점은 σ_Y의 인장응력을 갖고 변동하며, A′A″상의 모든 점은 압축응력 $-\sigma_Y$로 변동한다. 항복을 일으키지 않는 σ_m과 σ_a의 모든 조합은 3각형 AA′A″ 내에 있어야 한다.

모든 S-N곡선은 $\sigma_m = 0$에 해당되므로 어떤 피로수명에 대해서 점 C, D, E, F를 얻게 된다. 이런 점들을 B와 연결하면 일정한 수명을 평가하는 선을 얻게 되는데 이런 선들을 goodman 선이라 한다.

실험을 해보면 압축평균 응력은 허용되는 교번응력의 진폭을 감소시키지 않고 약간 증가시키는 것으로 나타난다. 따라서, 그림 **6-7**에서 점 C, D 등의 왼쪽은 수평으로 표시한다. 그림의 여러 부분에 대해서 음미해 보면 다음과 같다.

① 10^6사이클의 수명을 요구하고 항복을 허용치 않는다면 면적 A′HCGA 내에 있어야 한다.

② 10^6사이클의 수명보다 작으나 항복을 허용치 않으면 면적 HCGA″H에 있어야 한다.

③ 10^6사이클의 수명을 요구하면서 항복을 허용한다면 면적 A′HCGA에 면적 AGB가

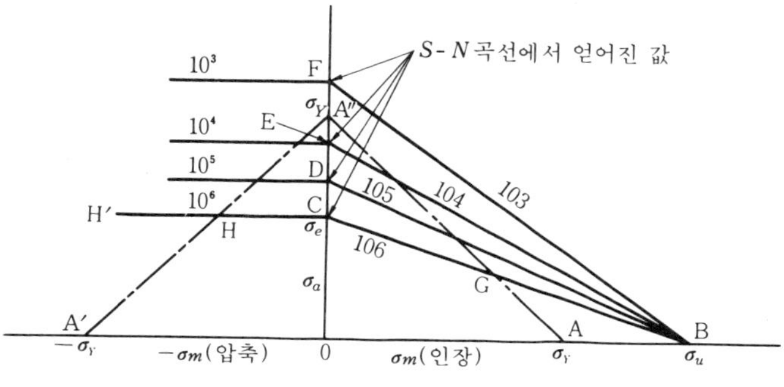

그림 6-7 일정수명 피로선도 - 연성재료

첨가되어 사용된다.

④ 면적 A″GB의 위(A″HH′의 위)는 하중이 작용하자마자 항복이 일어나고 10^6사이클 전에 피로파손이 발생한다.

예제 6-4. 어떤 기계부품에 반복굽힘 하중이 작용하여 굽힘응력 $40\,kg_f/mm^2$가 발생하였다. 이 재료의 인장강도는 $68\,kg_f/mm^2$이고 피로한도는 $34\,kg_f/mm^2$라고 하면 이 부품이 파손되기까지의 반복횟수는 얼마인가?

풀이 식 6·7에 주어진 자료를 대입하면

$$40=68-\left(\frac{68-34}{6}\right)\log_{10}N, \qquad \log_{10}N=4.9$$

$$N=10^{4.9}=79,430\text{회}$$

6-7 累積疲勞損傷

기계 구조물에 작용하는 하중은 피로시험에서 사용되는 일정 크기의 진폭을 갖는 반복하중과는 다르게 불규칙하게 변동하는 것이 일반적이다. 이와 같은 변동하중에서 피로수명을 추정하는 데는 S-N 곡선을 기초로 하여 몇 가지 累積損傷法則(cumulative damage law)이 제안되고 있다. 반복하중을 받는 部材에는 피로한도 이하의 응력이 발생되도록 설계하며, 피로한도보다 큰 사용응력에 따라서는 허용 반복횟수를 감소해야 한다.

일반적으로 불규칙한 변동하중을 받을 때는 그림 6-8과 같이 σ_1의 응력에 대해서는 N_1회, σ_2의 응력에 대해서는 N_2회에서 파괴되면 σ_1이 n_1회, σ_2가 n_2회를 작용하여, 다음 식이 만족되면 재료는 파괴된다고 가정한다.

$$\frac{n_1}{N_1}+\frac{n_2}{N_2}=1 \tag{6·11}$$

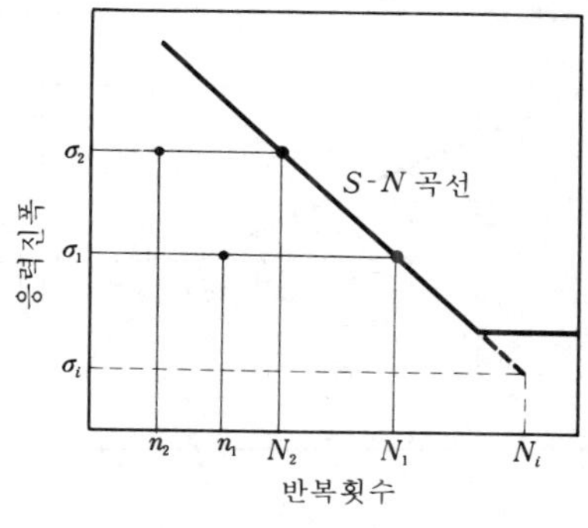

그림 6-8 2단 중복하중의 S-N 곡선

σ_1, σ_2, σ_3 …… 의 응력이 단독으로 작용하였을 때 파괴하는 반복횟수를 각각 N_1, N_2, N_3 …… 라면 이들이 섞여서 작용하며, 개개의 작용 반복횟수가 n_1, n_2, n_3 …… 로 측정되면 다음 식을 만족하는 경우, 재료가 파괴된다고 가정한다. 이 식을 Miner 법칙이라 한다.

$$\sum_{i=1}^{n} \frac{n_i}{N_i} = 1 \tag{6·12}$$

그러나 피로손상은 응력이력과 관계가 있기 때문에 2단 중복시험에서 고응력으로부터 저응력으로 변하는 때는 $\sum \frac{n_i}{N_i} < 1$, 저응력에서 고응력으로 변하는 경우는 $\sum \frac{n_i}{N_i} > 1$이 되며 그 값은 0.1~20까지 변한다.

변동하중에서는 피로한도 이하의 응력이라도 피로한도 이상의 응력이 혼재하면 손상이 발생한다. 이와 같이 피로한도 이하의 과소응력의 피로손상을 평가하려면, 그림 6-8의 S-N 곡선의 경사부를 점선과 같이 피로한도 이하까지 연장하여 과소응력 σ_i에 의한 파단 반복횟수 N_i로 생각하여 계산한다.

예제 6-5. 차축에 걸리는 하루 사이의 응력변화를 측정하여 응력진폭을 $2\text{kg}_f/\text{mm}^2$ 간격으로 나누어 각 단계의 중앙값을 그 단계의 대표된 응력으로 하고, 각 응력진폭의 반복횟수와 차축재료의 S-N 곡선을 표 6-2, 그림 6-9와 같이 얻었다. 측정된 하루의 응력변화가 매일같이 반복된다고 가정할 때 파괴까지의 평균수명은 얼마인가?

표 6-2 차축의 응력과 회전수

No	$\sigma_i(\text{kg}_f/\text{mm}^2)$	n_i	N_i	n_i/N_i
1	17	8	2.6×10^5	3.1×10^{-5}
2	15	60	5.5×10^5	10.9×10^{-5}
3	13	900	11.5×10^5	80.0×10^{-5}
4	11	6000	∞	0
5	9	23,000	∞	0

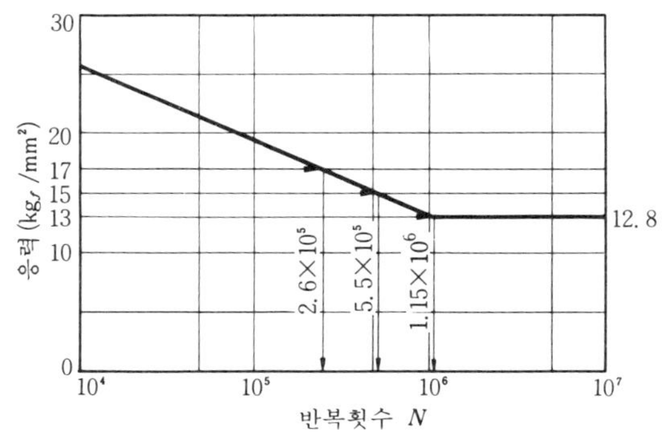

그림 6-9 차축재료의 S-N 곡선

풀이> 표 6-2에서 제 4 열을 세로로 합계하면

$$\Sigma \left(\frac{n_i}{N_i} \right) = 94.0 \times 10^{-6}$$

이 얻어진다. 이것은 하루의 누계 회전비이다. 이 축이 파괴될 때까지의 일수를 Z라 하면

$$Z \cdot \Sigma \frac{n_i}{N_i} = 1$$

$$Z = \frac{1}{\Sigma (n_i/N_i)} = \frac{1}{94.0 \times 10^{-6}} = 1060\text{일}$$

연 습 문 제

1. 정적하중과 충격하중을 어떻게 구별하는지 설명하라.
2. 충격계수를 정의하고 그 계수가 어떤 의미를 갖는지 설명하라.
3. 피로에 대한 기본개념에 관해서 설명하라.
4. 피로강도에 미치는 평균응력의 효과에 관해서 설명하라.
5. 선형누적 손상법칙(linear cumulative damage rule)에 관해 설명하라.
6. 5ton의 엘리베이터가 단면적 $16.13 \times 10^{-4}\text{m}^2$, 82.8GPa의 탄성계수로 된 표준강선으로 지지되어 있다. 일정속도 2m/s로 내려오다 엘리베이터 위 21.4m되는 강선에서 사고가 생겨 갑자기 정지하였다. 강선의 최대신장과 최대 인장응력을 구하라. ($\delta_{max} = 0.065\text{m}$, $\sigma_{max} = 252\text{MPa}$)
7. 차가 빙판길에 미끄러져 눈 속에 빠졌다. 질량 1400kg의 구조차가 강성 $k = 5000\text{N/mm}$, 길이 5m의 견인선으로 끄집어 내려고 한다. 견인선이 팽팽하게 당겨질 때 4km/h의 속도에 도달하였다. 견인선이 자동차에 단단히 고정되었다면 견인선에 걸리는 최대 충격힘과 신장량을 구하라.

   (92.9kN, 18.6mm)
8. 그림 6-10과 같이 나타난 인장 충격봉에 대해서 노치가 있을 때와 없을 때의 흡수된 충격 에너지비를 구하라.

   (0.06)

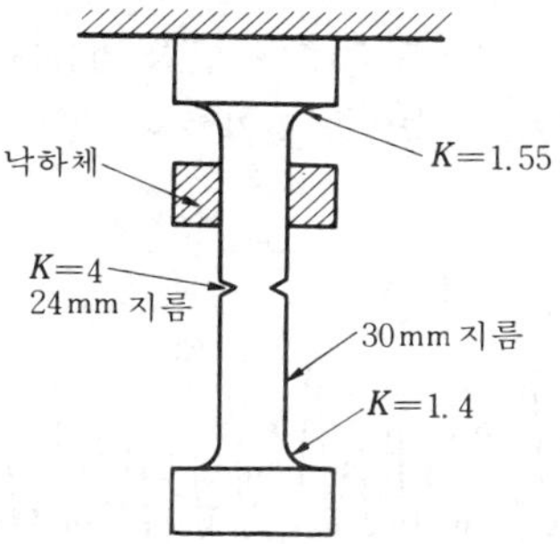

그림 6-10 인장 충격봉

9. 지름 1cm인 인장 충격봉에 옆으로 0.1cm 지름의 구멍을 뚫었다. 충격봉의 필렛부분이 $K = 2$이며 구멍에 의한 응력집중 계수는 2.7이라고 가정하면, 구멍 때문에 충격봉의 에너지 흡수능력이 얼마만큼 감소하는지 검토하라.

   (2.4)

10. 브리넬 경도가 100, 300 및 500이 되는 강의 피로한도와 10^3 사이클 피로강도를 구하라.

$$\begin{pmatrix} \sigma_{10^3} : 310\,\text{MPa},\ 930\,\text{MPa},\ 1550\,\text{MPa} \\ \sigma_e : 173\,\text{MPa},\ 519\,\text{MPa},\ 865\,\text{MPa} \end{pmatrix}$$

11. 응력집중이 없는 둥근 인장링크가 4.4kN과 22kN 사이를 변동하는 하중을 받고 있다. 재료는 강으로 피로한도가 421MPa이며 $\sigma_u = 1035\,\text{MPa}$, $\sigma_Y = 828\,\text{MPa}$로 안전계수를 2로 취할 때 지름을 얼마로 해야 하는가? ($d = 9.2\,\text{mm}$)

12. 25.4mm의 지름을 가진 강봉이 굽힘의 피로하중을 받고 있다. 재료의 $\sigma_u = 759\,\text{MPa}$, $\sigma_Y = 531\,\text{MPa}$이며 S-N 선도로부터 $\sigma_e = 253\,\text{MPa}$를 얻었다. 0부터 최대값으로 하중의 변동이 일어난다면 최대 굽힘응력은 얼마인가? ($\sigma_{max} = 386\,\text{MPa}$)

13. 그림 6-11에 똑같은 최소 단면적을 갖는 노치가 없는 봉과 노치가 있는 봉이 있다. 파손을 일으키는 정적 인장하중 P를 구하라. 또, 피로파손을 일으키는 교번축 하중 $\pm P$의 값을 구하라. 재료의 $\sigma_u = 748.1\,\text{MPa}$이며 $\sigma_e = 221\,\text{MPa}$이다. 응력집중 계수 $K_t = 2.5$이며 노치감도 계수 $q = 0.86$이다. ($P = 670\,\text{kN}$, $P = 199\,\text{kN}$, $87\,\text{kN}$)

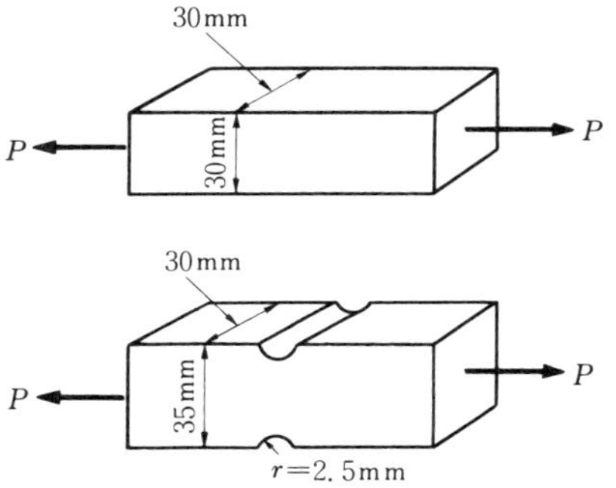

그림 6-11 인장을 받는 봉

14. 최소 지름 20mm인 축이 반복 비틀림 토크를 받고 있다. 피로한도가 105.3MPa로 축에 있는 노치로 말미암아 $K_t = 1.65$, $q = 0.74$이다. 안전계수를 2로 하면 피로파손을 일으키지 않는 토크는 얼마가 되어야 하는가? ($55.8\,\text{N}\cdot\text{m}$)

15. 단붙이축이 10^3사이클에서의 피로강도가 497MPa, 10^6 사이클에서의 피로한도가 187MPa로 나타났으며 $K_t = 1.46$, $q = 0.86$이다. 과하중 상태로 30초 동안의 비틀림 응력상태가 그림 6-12와 같다면, 이런 상태가 계속 유지된다고 할 때 축의 수명을 평가하라. (43시간)

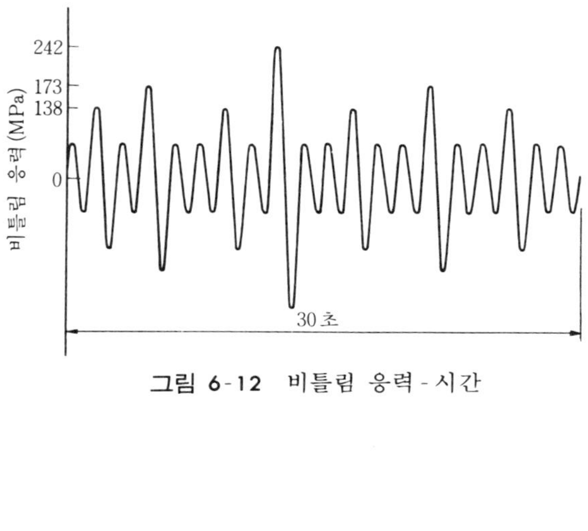

그림 6-12 비틀림 응력-시간

제 7 장

標準化와 끼워맞춤

7-1 標準化의 필요성

공업제품의 품질, 모양, 크기, 검사에 일정한 표준을 정하여 호환성을 높이며, 생산성을 향상시키고 생산의 합리성을 추구하는 것을 통틀어 **표준화**(standardization)라 하며, 산업기술의 발전에 있어서는 반드시 필요한 것이다. 표준화는 고도화·정보화 및 국제화에 따라 필요성이 증가하고 있으며, 그 대상도 공업제품에 국한하지 않고 제도방식, 기계량 또는 물리량의 기술과 단위, 계측, 검사, 포장 등 널리 확장되고 있다. 표준화를 이룩하는 방법으로 규격을 사용하고 있다.

표준화의 장단점은 다음과 같다.

(1) 장 점

① 규격제품은 품질이 보증되고 호환성이 좋으며, 염가이므로 수요가 많다.

② 시장조사로 예측생산이 가능하므로 생산량을 결정할 수 있다.

③ 생산, 설계, 품질 및 시험방법 등이 규격화되어 있어서 능률적이다.

④ 생산계획에 맞추어 시설, 설비, 지그공구 등을 설비하고, 생산공정의 자동화로 가동률을 높이고 경제적인 양산생산이 가능하다.

⑤ 공정의 계획화로 흐름작업을 하고 작업의 단순화와 기능의 숙련도가 향상된다.

⑥ 검사의 표준화·자동화로 품질을 향상한다.

⑦ 재고율을 계획한 대로 할 수 있어서 창고관리를 잘 할 수 있다.

⑧ 건설비, 재료비, 가공비 및 인건비를 절약한다.

(2) 단 점

① 규격 이외의 제품이 필요한 경우, 특별주문으로 생산해야 하기 때문에 가격이 비싸진다.

② 제품이 일부 생산되고 난 후 규격제정이 이루어지므로 회사 상호간에 이해가 엇갈린다.

③ 규격은 시간이 흐름에 따라 개정, 갱신, 수정을 해야 한다.

④ 규격제정에는 막대한 지식, 경비, 시간이 소요된다.

7-2 工業規格

표준화는 공업분야에 주로 이루어졌고 선진 각국에서는 표 7-1에 나타낸 바와 같이 오래 전부터 공업규격을 제정하여 공업발전을 이룩해 왔다. 우리 나라에서는 1962년 상공부 산하 공업표준청에 표준국이 신설되어 여러 가지 규격을 한국 공업규격으로 제정하여 사용하고 있다. 표 7-2에 한국 공업규격의 분류기호가 소개되어 있고, 표 7-3에는 기계부문의 분류기호가 예시되어 있다.

표 7-1 각국의 공업규격

국명	제정년도	규격기호	국명	제정년도	규격기호	국명	제정년도	규격기호
영국	1901	BS	미국	1918	ASA	스웨덴	1922	SIS
독일	1917	DIN	벨기에	1919	ABS	덴마크	1923	DS
프랑스	1918	NF	헝가리	1920	MOSZ	노르웨이	1923	NS
스위스	1918	VSM	이탈리아	1921	UNI	핀란드	1924	SFS
캐나다	1918	CESA	일본	1921	JIS	그리스	1933	ENO
네덜란드	1918	N	오스트레일리아	1921	SAA	한국	1962	KS

표 7-2 KS에서의 각부 분류기호

분류기호	부문	분류기호	부문	분류기호	부문
A	기본	E	광산	K	섬유
B	기계	F	토건	L	요업
C	전기	G	일용품	M	화학
D	금속	H	식료품		

표 7-3 기계부문의 분류번호

분류번호	기계부문
B 0001~B 0999	기계기본
B 1000~B 3000	기계요소
B 3001~B 4000	공구
B 4001~	공작기계
B 6001~B 7000	일반기계
B 7001~B 8000	산업기계
B 8001~	수송기계

또, 국제간에도 통일된 규격을 제정확대하여 국제간의 통상을 용이하게 하고, 과학・경제 등 여러 부문에 걸쳐 국제협력을 증진시키기 위해 1949년에 **國際標準化機構**(international organization for standardization : ISO)가 설립되어 ISO 국제규격을 제정하고 있다. 우리나라도 ISO 기구에 가맹하여 ISO 국제규격을 이용하고 있다.

7-3 標 準 數

제품을 설계하려면 성능, 모양, 구조 등에 관해서 수치를 정할 경우가 생기는데, 설계자는 이론계산, 실험자료, 경험, 연구조건 등을 고려하여 적절히 하여야 하지만 통일성이 없으면 제품의 종류가 많아지고, 제품을 제작하기 위한 재료, 부품, 공작기계, 공구, 게이지, 지그 등의 종류가 많아져서 생산이 비경제적이 된다.

따라서, 생산성의 낭비를 줄이기 위해서는 종류를 축소해야 하고 기술적인 허용범위 내에서 수치의 선택을 통일하는 것이 바람직하다. 이런 목적에 맞도록 체계화된 합리적인 수열로부터 선택하여 제정된 수치를 **標準數**(prefered number)라 한다.

표준수는 10의 (+) 또는 (−)의 정수제곱을 포함하고 공비가 각각 $\sqrt[5]{10}$, $\sqrt[10]{10}$, $\sqrt[20]{10}$, $\sqrt[40]{10}$ 및 $\sqrt[80]{10}$인 등비 급수열의 수치를 정리한 것으로 각각을 R 5, R 10, R 20, R 40 및 R 80의 기호로 나타내고, 앞의 네 가지를 기본수열, R 80을 특별수열이라 한다.

예를 들어 R 10이란 1에서 10까지의 사이를 등비적으로 10구분한 수열이고 그 공비는 $\sqrt[10]{10}$이다. R 10의 수열에서 하나 간격으로 수치를 제거하여 5구분하면 R 5가 얻어지고, R 10의 수열이 각 수치 사이에 등비적으로 중간값을 넘으면 1과 10 사이가 20구분되어 R 20이 얻어진다.

표준수는 1을 포함하고 공비가 $\sqrt[r]{10}$되는 급수이므로, 10의 (+) 또는 (−)의 정수제곱을 해도 표준수의 수치에는 변화가 거의 없기 때문에 표준수는 1에서 10까지만 준비하면 충분하다. 어느 수열의 어느 수치로부터 2번째, 3번째……, p번째마다 선택하여 사용하는 경우, 이런 수열을 유도수열이라 하고, 2, 3……p를 피치수라 한다. 예를 들어, R 10의 수열에서 매 세 번째를 선택한 수열을 R 10/3으로 표시한다.

표준수의 선정에는 증가율이 큰 수열순으로, 즉 R 5, R 10, R 20, R 40순으로 선정하고, 충분치 않으면 R 80을 사용한다. 증가율이 작은 수열로 옮기기는 쉬우나 증가율이 큰 수열로 변경하기는 어렵다.

표준수는 다음과 같은 기준으로 널리 이용된다.

① 정리된 부품……R 5∼R 10

② 전용공구를 필요로 하는 부분……R 10

③ 일반기계의 가공부분……R 20

④ 증가율이 작은 수열로 변경……R 40

표준수는 또한 다음과 같은 특징을 가지고 있기 때문에 점차로 사용이 확대될 것이다.

① 표준수를 곱하거나 나누어도 그 수는 표준수이다. 또한, 표준수의 정수제곱도 표준수이다.

② 표준수 속에는 2.5, $\sqrt{2} \fallingdotseq 1.4$, $\pi \fallingdotseq 3.14$, $1'' = 25\,\text{mm}$, $g \fallingdotseq 10\,\text{m/s}^2$과 같은 수치가 포함되어 있다.

③ 표준수는 등비급수이므로 대수와 같이 취급할 수 있으며, 등간격 눈금을 새기면 대수 그래프 용지로 사용된다.

표준수를 R 5, R 10, R 20, R 40 및 R 80 을 표시하면 표 7-4와 같다.

표 7-4 표 준 수

	기본수열의 표준수				계 산 값	특별수열의 표준수	계 산 값
증 가 율	1.60	1.25	1.12	1.06		1.03	
수열기호	R_5	R_{10}	R_{20}	R_{40}		R_{80}	
1.00		1.00	1.00	1.00	1.0000	1.00 1.03	1.0292
				1.06	1.0593	1.06 1.09	1.0902
			1.12	1.12	1.1220	1.12 1.15	1.1548
				1.18	1.1885	1.18 1.22	1.2232
		1.25	1.25	1.25	1.2589	1.25 1.28	1.2957
				1.32	1.3335	1.32 1.36	1.3725
			1.40	1.40	1.4125	1.40 1.45	1.4538
				1.50	1.4962	1.50 1.55	1.5399
1.60		1.60	1.60	1.60	1.5849	1.60 1.65	1.6312
				1.70	1.6788	1.70 1.75	1.7278
			1.80	1.80	1.7783	1.80 1.85	1.8302
				1.90	1.8836	1.90 1.95	1.9387
		2.00	2.00	2.00	1.9953	2.00 2.06	2.0535
				2.12	2.1135	2.12 2.18	2.1752
			2.24	2.24	2.2387	2.24 2.30	2.3041
				2.36	2.3714	2.36 2.43	2.4406
2.50		2.50	2.50	2.50	2.5119	2.50 2.58	2.5852
				2.65	2.6607	2.65 2.72	2.7384
			2.80	2.80	2.8184	2.80 2.90	2.9007
				3.00	2.9854	3.00 3.07	3.0726
		3.15	3.15	3.15	3.1623	3.15 3.25	3.2546

표 7-4 표 준 수 (계속)

	기본수열의 표준수				계 산 치	특별수열의 표준수	계 산 치
증 가 율	1.60	1.25	1.12	1.06		1.03	
수열기호	R_5	R_{10}	R_{20}	R_{40}		R_5	
				3.35	3.3497	3.35	
						3.45	3.4475
			3.55	3.55	3.5481	3.55	
						5.65	3.6517
				3.75	3.7584	3.75	
						3.87	3.8681
	4.00	4.00	4.00	4.00	3.9811	4.00	
						4.12	4.0973
				4.25	4.2170	4.25	
						4.37	4.3401
			4.50	4.50	4.4668	4.50	
						4.62	4.5973
				4.75	4.9315	4.75	
						4.87	4.8697
		5.00	5.00	5.00	5.0119	5.00	
						5.15	5.1582
				5.30	5.3088	5.30	
						5.45	5.4639
			5.60	5.60	5.6234	5.60	
						5.80	5.7876
				6.00	5.9566	6.00	
						6.15	6.1306
	6.30	6.30	6.30	6.30	6.3096	6.30	
						6.50	6.4938
				6.70	6.6834	6.70	
						6.90	6.8786
			7.10	7.10	7.0795	7.10	
						7.30	7.2862
				7.50	7.4989	7.50	
						7.75	7.7199
		8.00	8.00	8.00	7.9483	8.00	
						8.25	8.1752
				8.50	8.4140	8.50	
						8.75	8.6596
			9.00	9.00	8.9125	9.00	
						9.25	9.1728
				9.50	9.4406	9.50	
						9.75	9.7163

7-4 有效數字

어떤 물체의 질량이 65.4 kg로 정확히 기록되었다면 참질량은 65.35와 65.45 kg 사이에 있음을 의미한다. 따라서, 소수점의 위치를 표시하는 데 필요한 0을 제외하고 정확한 수를 **有效數字**(significant figures)라 한다. 예를 들면 65.4는 3개의 유효숫자를 가지며 0.0018은 2개의 유효숫자를 가지나 0.001800은 4개의 유효숫자를 갖는다. 하나씩 세는 수는 물론 정확한 것이고, 많은 유효숫자를 가질 수 있으나 적절한 정보가 주어지지 않는다면 유효숫자가 어느 정도인지 결정하기가 어려워진다. 예를 들면 2830000은 유효숫자가 3, 4, ……7개가 될 수도 있다.

계산을 하고 난 후 유효숫자는 다음과 같이 정한다.

① 곱셈, 나눗셈, 제곱근의 계산결과는 가장 작은 유효숫자를 갖는 수보다 많은 유효숫자를 가질 수 없다.

② 덧셈, 뺄셈의 계산결과는 소수점 이하의 유효숫자가 가장 작은 수보다 소수점 이하의 유효숫자를 많이 가질 수 없다.

몇 가지 계산한 예를 다음에 표시한다.

$73.24 \times 4.52 = 331$

$1.648 \div 0.023 = 72$

$\sqrt{38.7} = 6.22$

$3.16 + 2.7 = 5.9$

$83.42 - 72 = 11$

$47.816 - 25 = 22.816$(이 경우, 25는 정확한 수이다)

7-5 치 수 公 差

어떤 기계부품을 제작할 때 설계도면에 지정된 치수, 즉 **基準**치수 또는 **呼稱**치수(base size or nominal size)대로 가공한다는 것은 실제상 불가능하며, 같은 조건으로 작업을 하여도 다듬질 치수에 어느 정도의 흐트러짐이 생기는 것은 어쩔 수 없다. 따라서, 실용상 허용할 수 있는 오차의 한계를 정하여 **許容限界 치수**(allowable limit size)로 하고 실제로 다듬질된 치수, 즉 **實際**치수(actual size)가 허용한계 치수 안에 들어가도록 하면 공작상 매우 편리할 뿐만 아니라 호환성도 좋아진다.

허용한계 치수는 큰 쪽을 최대 허용치수, 작은 쪽을 최소 허용치수라 하고, 이 두 치수의 차를 **치수公差** 또는 단순히 **公差**(tolerance)라 한다. 그러므로 공차는 제품을 기준치수로 다듬질할 때 허용되는 오차의 크기를 말한다. 허용한계 치수에서 기준치수를 뺀 값을 치수 許容差(deviation)라 하며 최대 허용치수에서 기준치수를 뺀 값을 **윗치수 許容差**(upper deviation), 최소 허용치수에서 기준치수를 뺀 값을 **아랫치수 許容差**(lower deviation)라 한

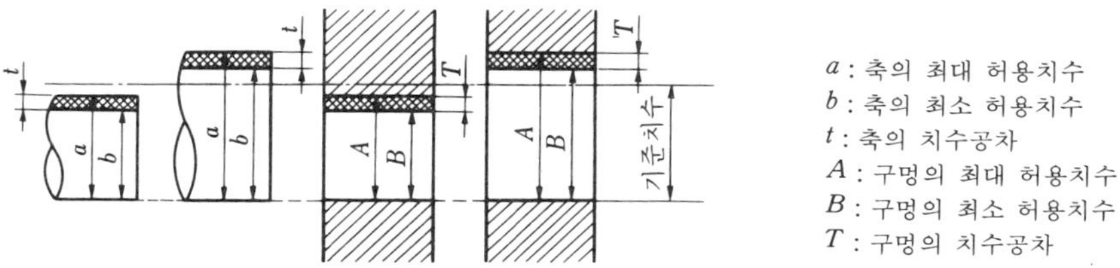

그림 7-1 기준치수와 공차의 관계

표 7-5 IT 기본공차의 수치

(a) 0~500(mm) (단위 : μ=0.001 mm)

치수 구분(mm) \ 등급	IT 01 (01급)	IT 0 (0급)	IT 1 (1급)	IT 2 (2급)	IT 3 (3급)	IT 4 (4급)	IT 5 (5급)	IT 6 (6급)	IT 7 (7급)	IT 8 (8급)	IT 9 (9급)	IT 10 (10급)	IT 11 (11급)	IT 12 (12급)	IT 13 (13급)	IT 14 (14급)	IT 15 (15급)	IT 16 (16급)
−3	0.3	0.5	0.8	1.2	2	3	4	6	10	14	25	40	60	100	140	250	400	600
3~6	0.4	0.6	1	1.5	2.5	4	5	8	12	18	30	48	75	120	180	300	480	750
6~10	0.4	0.6	1	1.5	2.5	4	6	9	15	22	36	58	90	150	220	360	580	900
10~18	0.5	0.8	1.2	2	3	5	8	11	18	27	43	70	110	180	270	430	700	1100
18~30	0.6	1	1.5	2.5	4	6	9	13	21	33	52	84	130	210	330	530	840	1300
30~50	0.6	1	1.5	2.5	4	7	11	16	25	39	62	100	160	250	390	620	1000	1600
50~80	0.8	1.2	2	3	5	8	13	19	30	46	74	120	190	300	460	740	1200	1900
80~120	1	1.5	2.5	4	6	10	15	22	35	54	87	140	220	350	540	870	1400	2200
120~180	1.2	2	3.5	5	8	12	18	25	40	63	100	160	250	400	630	1000	1600	2500
180~250	2	3	4.5	7	10	14	20	29	46	72	115	185	290	460	720	1150	1850	2900
250~315	2.5	4	6	8	12	16	23	32	52	81	130	210	320	520	520	810	1300	2100
315~400	3	5	7	9	13	18	25	36	57	89	140	230	360	570	890	1400	2300	3600
400~500	4	6	8	10	15	20	27	40	63	97	155	250	400	630	970	1550	2500	4000

(b) 500~3150 (mm)

치수 구분(mm) \ 등급	IT 6 (6급)	IT 7 (7급)	IT 8 (8급)	IT 9 (9급)	IT 10 (10급)	IT 11 (11급)	IT 12 (12급)	IT 13 (13급)	IT 14 (14급)	IT 15 (15급)	IT 16 (16급)
500~630	44	70	110	175	280	440	700	1100	1750	2800	4400
630~800	50	80	125	200	320	500	800	1250	2000	3200	5000
800~1000	56	90	140	230	360	560	900	1400	2300	3600	5600
1000~1250	66	105	165	260	420	660	1050	1650	2600	4200	6600
1250~1600	78	125	195	310	500	780	1250	1950	3100	5000	7800
1600~2000	92	150	230	370	600	920	1500	2300	3700	6000	9200
2000~2500	110	175	280	440	700	1100	1750	2800	4400	7000	11,000
2500~3150	135	210	330	540	800	1350	2100	3300	5400	8600	13,500

다. 따라서, 공차는 윗치수 허용차와 아랫치수 허용차의 차로서 표시하고, 그 관계를 그림 7-1에 나타냈다.

7-6 IT基本公差와 等級

제품은 크기가 커짐에 따라 다듬질 정밀도가 저하된다. 치수가 커지면 공작의 오차는 치수의 제곱근에 비례하여 커지므로 표 7-5에 표시한 것처럼 치수를 여러 단계로 나누어 같은 치수구분에 속하는 것에는 같은 치수공차를 주도록 한다.

치수구분에 따라 작은 치수에는 작은 치수공차를, 큰 치수에는 큰 치수공차를 주도록 규정한다. ISO규격에서는 제품의 정밀도에 따라 치수공차의 등급을 01급, 0급, 1급, 2급……16급까지 18등급으로 나누어, 각 치수구분에 대한 공차의 기준을 정하여 이것을 **IT基本公差**(ISO tolerance)라 한다. 표 7-5에 기본공차의 값이 규격으로 정해지고, 이 중에서 01~4급은 게이지류, 5~10급은 끼워맞춤 부분, 11~16급은 끼워맞춤을 하지 않는 부분에 공차로 적용했다.

7-7 끼워맞춤과 記號

기계요소에서 끼워 맞추어지는 구멍과 둥근축의 상대적 치수관계를 **끼워맞춤**(fit)이라 하고 끼워맞춤에 대한 체계적인 규정방식을 **끼워맞춤 방식**이라 한다. 끼워맞춤에는 꼭 끼워져서 놀지 않아야 할 때도 있고 조금은 놀 수 있도록 할 때도 있다. 전자의 구멍에는 구멍과 축 사이에 틈새가 없고 후자의 경우에는 약간의 틈새가 있다.

축과 구멍이 끼워 맞추어질 때 헐겁게 끼워 맞추어져서 그림 7-2(a)처럼 구멍이 크고 축이 작아서 치수차가 생길 때, 그 치수차를 **틈새**(clearance)라 하고 반대로 구멍이 작고 축의 지름이 약간 커서 억지로 끼워 맞추어지면 그림 7-2(b)처럼 **죔새**(interference)가 생긴다. 틈새와 죔새의 크기에 따라 끼워맞춤은 다음과 같이 나누어진다.

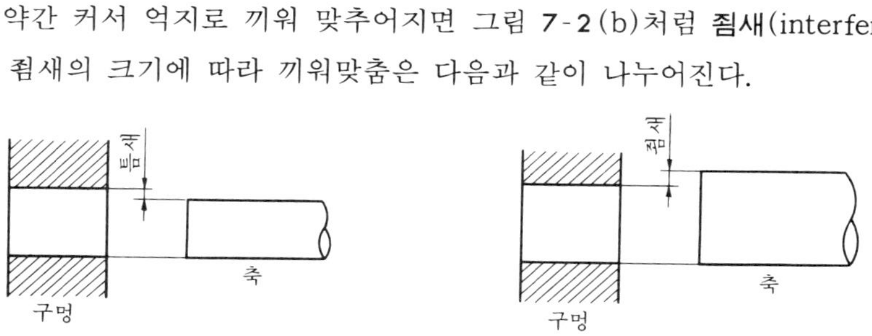

(a) 틈 새 (b) 죔 새

그림 7-2 틈새와 죔새

(1) **헐거운 끼워맞춤**(running or clearance fit)

항상 틈새가 생기는 끼워맞춤으로 그림 **7-3**에 빗금으로 표시된 축의 허용구역은 구멍의 허용구역보다 완전히 아래에 있다. 이 때 구멍의 최소치수에서 축의 최대치수를 뺀 값을 **최소틈새**(minimum clearance)라 하고, 구멍의 최대치수에서 축의 최소치수를 뺀 값을 **최대틈새**(maximum clearance)라고 한다.

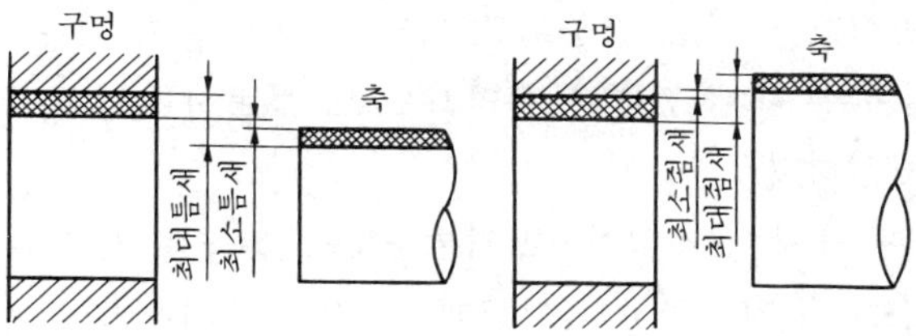

그림 7-3 끼워맞춤의 종류

(2) **억지 끼워맞춤**(tight or interference fit)

언제나 죔새가 생기는 끼워맞춤이고 축이 허용되는 구역은 구멍의 허용구역보다 완전히 위에 있다. 이 때 축의 최소치수에서 구멍의 최대치수를 뺀 값을 **최소죔새**라 한다.

(3) **중간 끼워맞춤**(slide fit)

치수에 따라 틈새나 죔새가 생기는 끼워맞춤으로, 축의 허용구역은 구멍의 허용구역에 겹친다.

끼워맞춤의 관계는 구멍과 축의 각각에 대해서 종류와 등급의 2개 규격을 조합하여 나타낸다. 구멍의 종류를 표시하는 기호는 대문자의 알파벳을 사용하고 축의 종류를 표시하는 기호는 소문자의 알파벳을 사용한다. 그림 **7-4**에 구멍과 축의 기호가 표시되어 있다.

즉, 구멍에는 알파벳 문자의 대문자를 사용하는데 최소치수와 기준치수가 일치하는 것을 기준구멍으로 H를 사용하고, 축에서는 최대치수가 기준치수와 일치하는 것을 기준축으로

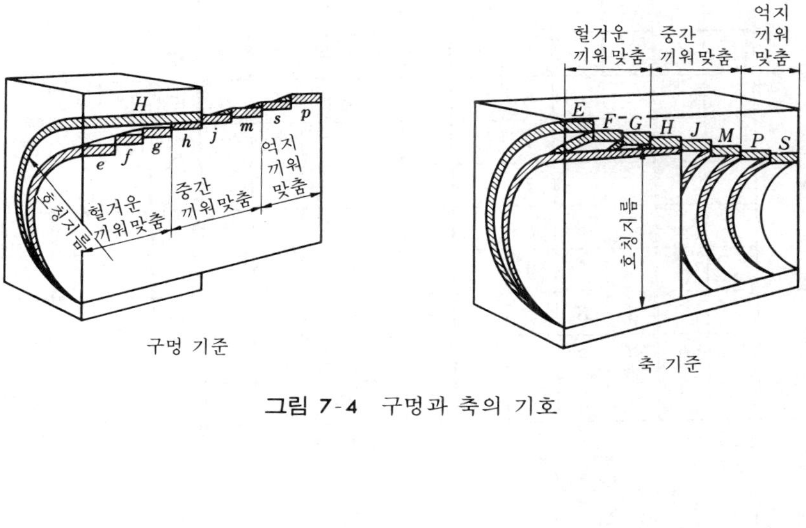

그림 7-4 구멍과 축의 기호

h를 사용한다. ***h***, ***H***보다 앞의 알파벳 문자에서는 구멍은 크고 축은 가느다랗게 되어 틈새가 생겨 헐거운 끼워맞춤을 표시하고, 뒤의 알파벳 문자에서는 구멍을 작게, 축은 굵게 되어 죔새가 생기며 억지 끼워맞춤을 표시한다. 따라서, 끼워맞춤 부분을 공작하려면 구멍이나 축이든지 어느 한쪽을 기준으로 가공하게 되는데, 한국 공업규격에서는 편측공차 방식을 채용하여 구멍 기준식과 축기준식의 두 가지 종류가 규정된다.

구멍기준 끼워맞춤과 축기준 끼워맞춤을 비교하면 일반적으로 구멍의 가공보다 축을 가공하는 쪽이 쉬우므로, 일정한 구멍을 기준으로 여러 가지 지름의 축을 조합하는 구멍기준 끼워맞춤쪽이 가공비, 설비비 등의 점에서 유리하므로, 특별히 필요한 경우를 제외하고는 구멍기준 끼워맞춤이 바람직하다.

등급에 대해서는 구멍과 축에 관계없이 IT기본공차의 등급을 사용하여 표시한다. 따라서, 구멍과 축의 치수공차는 IT 기본공차의 등급과 그 수치를 사용하여 표시한다.

구멍과 축의 기호를 보기를 들면 다음과 같다.

〈보기 1〉 구멍의 기호 : 기준치수 12mm, 종류 ***H***, 등급 6……ϕ 12***H***6

〈보기 2〉 축의 기호 : 기준치수 12mm, 종류 ***g***, 등급 5……ϕ 12***g***5

끼워맞춤 방식에 의하여 구멍과 축을 임의로 조합해서 사용할 수 있으나, 한국 공업규격에서는 일반용으로 권장할 수 있는 이들의 조합을 常用 끼워맞춤으로 정해져 있으므로 이것을 사용하는 것이 바람직하다. 표 7-6(a)에 구멍기준 상용 끼워맞춤을, (b)에 구멍기준 상용 끼워맞춤의 관계를 수치와 함께 표시하였다.

표 7-6 상용 끼워맞춤

(a) 구멍기준 상용 끼워맞춤

기 준 구 멍	축의 종류와 등급																
	헐거운 끼워맞춤						중간 끼워맞춤				억지 끼워맞춤						
	b	c	d	e	f	g	h	js	k	m	n	p	r	s	t	u	x
H 5						4	4	4	4	4							
H 6						5	5	5	5	5							
					6	6	6	6	6	6	6*	6*					
H 7				(6)	6	6	6	6	6	6	6	6*	6*	6	6	6	6
				7	7	(7)	7	7	7	(7)	(7)	(7)*	(7)*	(7)	(7)	(7)	(7)
H 8					7		7										
				8	8		8										
				9	9												
H 9			8	8			8										
		9	9	9			9										
H 10		9	9	9													

(b) 구멍기준 끼워맞춤

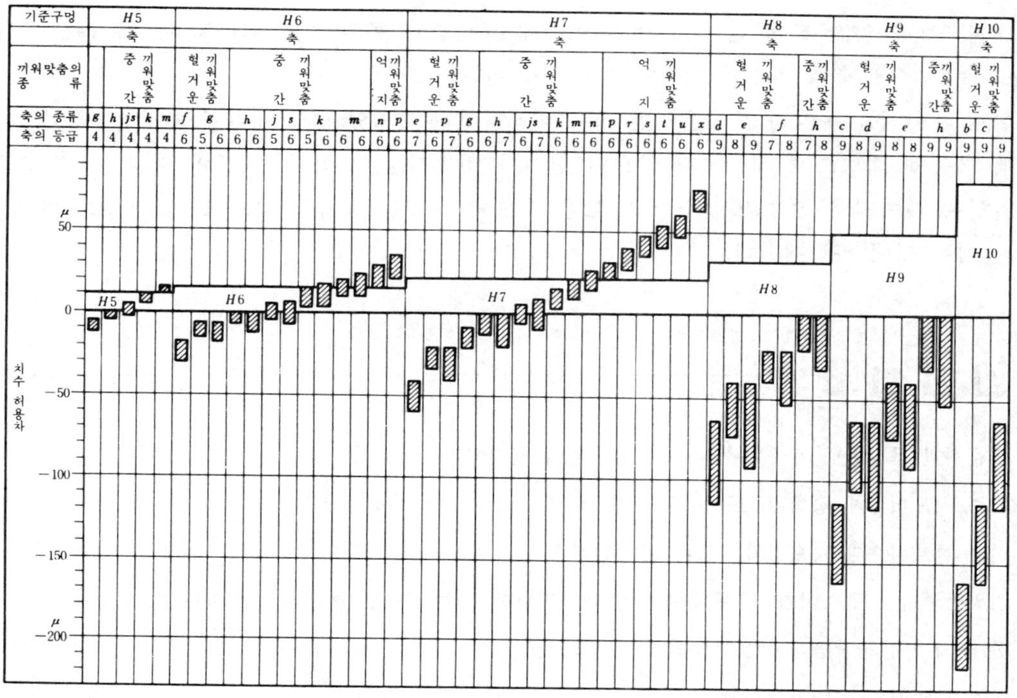

7-8 限界 게이지

끼워맞춤 방식에 의해 설계된 부품을 제작할 때는 정해진 공차 내의 치수로 가공하면 되지만, 일일이 측정기로 공차 내에 들어갔는지의 여부를 결정하는 것보다는 그림 **7-5**와 같은 게이지를 마련하여 검사하는 것이 편리하다. 이런 게이지를 **限界 게이지**(limit gauge)라 한다. 이 게이지에는 통과 쪽(go gauge)과 정지 쪽(not go gauge)이 있으며, 이와 같은 게이지를 이용한 공작방식을 **限界 게이지 工作方式**(limit gauge work system)이라 한다. 구멍용 게이지를 플러그 게이지(plug gauge), 축용 게이지를 스냅 게이지(snap gauge)라 한다.

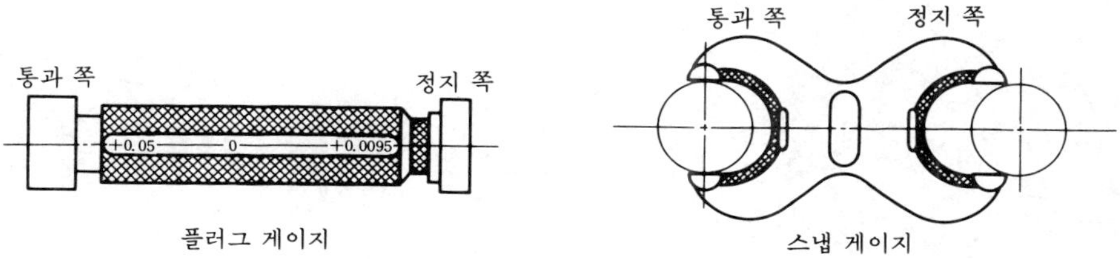

그림 7-5 플러그 게이지와 스냅 게이지

플러그 게이지에서는 통과 쪽은 구멍의 최소수치보다 약간 작게 하고 정지 쪽은 구멍의 최대치수보다 약간 크게 한다. 스냅 게이지에서는 통과 쪽은 축의 최대치수보다 약간 크게 하고 정지 쪽은 축의 최소치수보다 약간 작게 한다.

한계 게이지를 유효하게 이용하면 많은 이점을 얻을 수 있으나, 게이지 자체가 비싸기 때문에 제품을 대량으로 제작하지 않으면 단가가 비싸진다. 따라서, 제품의 모양, 치수 등을 통일하여 게이지의 종류를 감소하고, 같은 용도의 것에는 공차를 같게 하여 제품의 생산성을 높이는 것이 바람직하다.

연습문제

1. 표준화란 무엇이며 표준화에 따르는 장단점을 열거하라.
2. 표준수를 어떻게 정하며, 표준수는 어떤 특징을 갖고 있는가를 설명하라.
3. 허용 한계치수와 치수공차, 즉 공차의 관계를 설명하라.
4. 끼워맞춤이란 무엇이며, 틈새와 죔새가 끼워맞춤에 어떤 작용을 하는지를 설명하라.
5. 한계 게이지 공작방식이란 무엇인지 설명하라.
6. 표준수 R10의 공비와 4번째 표준수를 유효숫자 3자리로 구하라. (1.25, 2.50)
7. 0.0028과 0.002800은 어떻게 다른가?
8. 다음 계산을 유효숫자의 개념을 살려 답을 구하라. (0.826, 10.77)

   $32.5 \times 0.02542 =$

   $7.52 + 3.253 =$
9. 축을 20mm로 가공하려고 한다. 최대 허용치수 20.1mm로 하고 공차를 0.5mm로 한다면 최소 허용치수는 얼마인가? 이 축의 한계치수를 기준치수를 중심으로 어떻게 표시하는가?

   (19.6mm, $\phi 20^{0.1}_{-0.4}$)
10. 기준값이 35mm인 종류 H, 등급 6인 구멍을 기호로 표시한다면 어떻게 나타내는가?

    ($\phi 35H6$)

제 2 편

機械要素 各論

제 8 장

나 사

8-1 나사의 構成

8-1-1 나사의 定義

일반적으로 기계는 많은 구성요소가 조립되어 만들어지고 조립하려면 여러 가지 결합요소가 사용된다. 결합요소로서 가장 많이 사용하는 것은 나사이며 나사는 간단히 풀 수 있는 특징을 가지고 있다. 나사는 회전운동과 직선운동과의 상호 변환요소로서, 또 작은 회전 모멘트로 축방향의 큰 힘을 얻는 운동용 나사로써 중요한 기계요소의 하나이다.

그림 **8-1**에 나타낸 바와 같이 지름 d_1인 원기둥에 밑변 $AC=\pi d_1$인 직각 삼각형 ABC를 감으면 빗변 AB는 원기둥 위에 螺旋(helix)이라는 곡선을 그린다. 이 나선을 따라 원기둥을 한 바퀴 돌면 $BC=l$만큼 올라간다. 이 l을 리드(lead)라 한다. 그림의 나선은 왼쪽으로 돌 때 올라가므로 왼螺旋(left handed helix)이라 하며, 직각 삼각형 ABC를 반대방향에서 원기둥에 감으면 오른螺旋(right handed helix)이 생긴다. 지금 BC를 밑변으로 삼

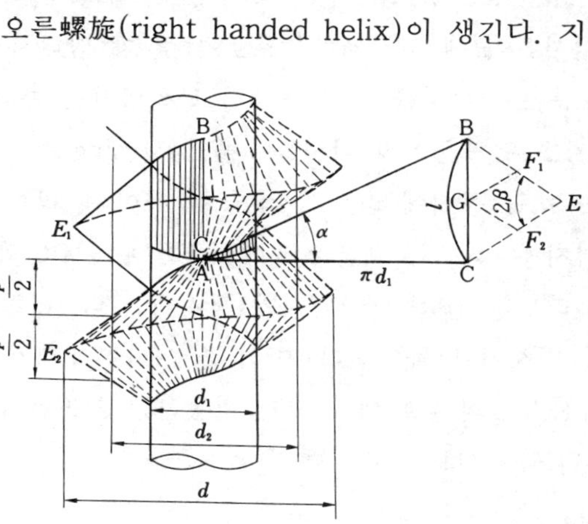

그림 8-1 나 사

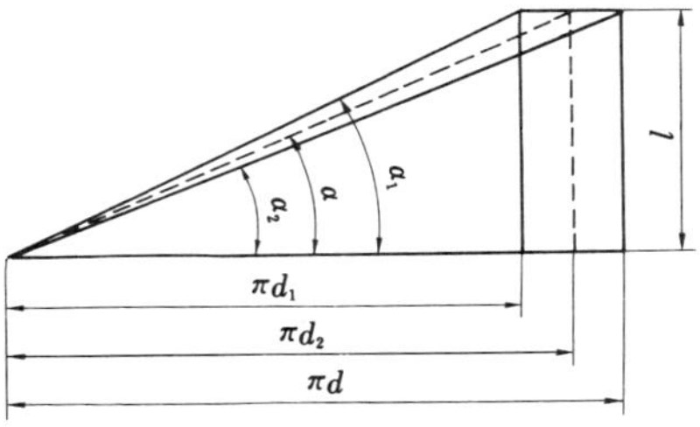

그림 8-2 리 드 각

각형 BCE를 나선에 따라 감으면 BE, CE는 나선面(helix surface or helicoid)을 형성하고, 마치 단면이 삼각형 BCE인 띠를 감는 것처럼 된다. 이것을 나사(screw)라 하며, 삼각형 BEC를 나사산(screw thread)이라 한다.

나선의 경사각 $\angle BAC = \alpha$를 리드각(lead angle)이라 하며, 1줄 나사에서는 피치각(pitch angle)이라고도 하며, 리드각 α는 그림 **8-2**와 같이 바깥 지름, 골지름, 유효 지름에 따라 α_2, α_1 α가 되고 그 크기가 다르며, 보통 유효 지름의 것을 사용한다. 따라서, $\tan\alpha = \dfrac{l}{\pi d_2}$이 성립되고 나사의 작용에 중요한 평균 경사각이다.

나선곡선 위를 따라 3각형, 4각형 등의 여러 가지 단면을 가진 띠를 감으면 감은 띠의 봉우리 부분과 띠 사이에 골부분이 생긴다. 띠부분을 **나사산**이라 하고 띠 사이의 낮은 부분을 **골**이라 한다. 원기둥이나 원뿔의 바깥면에 나사산을 새긴 것을 **수나사**(external screw thread)라 하고 속이 빈 원통의 안쪽면에 새긴 것을 **암나사**(internal screw thread)라고 한다. 그리고 수나사를 새긴 것을 **볼트**(bolt), 암나사를 새긴 것을 **너트**(nut)라 하며 볼트와 너트는 반드시 짝(pair)을 이룬다.

나사산은 올라가 감겨지는 방향에 따라 두 가지로 나누어지는데 오른쪽으로 올라가는 나사를 **오른나사**(right hand screw)라 하고, 왼쪽으로 올라가는 나사를 **왼나사**(left hand screw)라고 한다. 수나사를 끝에서 시계방향으로 돌릴 때 암나사 속으로 박혀 들어가는 나사가 오른나사이다. 보통 오른나사를 많이 사용하고 왼나사는 특별한 목적에만 사용한다.

1개의 나선곡선을 기초로 만들어진 나사를 **1줄 나사**(single screw)라 하는데, 1줄 나사는 피치를 가늘고 작게 하는 동시에 리드도 작게 한 것이다. 리드가 작은나사는 죄는 데 시간이 걸리지만 잘 풀어지지 않는다. 그림 **8-1**에서 BC 위에 BC의 $\frac{1}{2}$을 밑변으로 하는 2개의 3각형을 생각하면, 리드가 같은 2줄 나사가 생기게 된다. 마찬가지로, 그림 **8-3**과 같이 3줄, 4줄…… 여러 줄 나사가 만들어진다. 여러 줄 나사는 1회전에 대한 리드를 크게 하려고 할 때 사용된다. 나사가 1회전할 때 나사가 이동하는 거리는 1줄 나사에서는 1피치, 즉 1리드가 되어 피치와 리드가 서로 같다. 즉

$$l = p \tag{8·1}$$

그러나 2줄 나사 이상 여러 줄 나사에서는, 즉 n줄 나사에서는 n피치가 1리드가 되므로

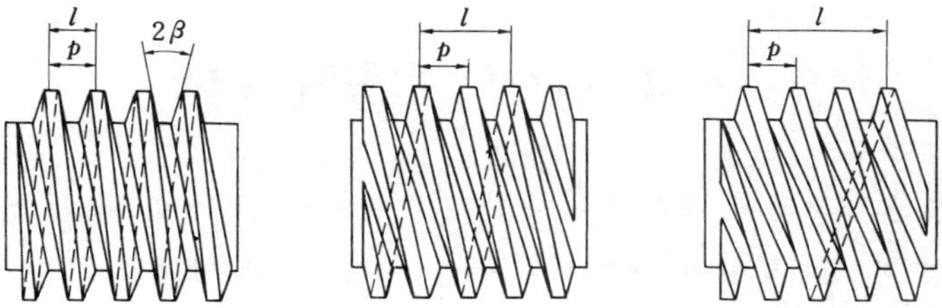

그림 8-3 여러 줄 나사

같은 크기의 나사면에 있어서는 다음 관계가 성립한다.

$$l = np \qquad (8 \cdot 2)$$

8-1-2 나사의 名稱

나사산의 꼭지면을 **봉우리**(crest)라 하고, 나사 봉우리와 골을 연결하는 나사면을 플랭크(flank), 나사의 축선을 포함하는 단면에서 서로 이웃한 나사산의 대응하는 2점 사이의 축 방향의 거리를 **피치**(pitch)라 한다. 나사에 사용되는 지름은 다음과 같다.

1) 바깥 지름(major diameter)…… 수나사의 축에 직각으로 측정한 최대 지름 d를 말하고, 나사의 크기는 나사의 바깥 지름으로 표시하며 공칭 지름이라고 한다.

2) 골지름(minor diameter)…… 수나사에서는 최소 지름이 되고 암나사에서는 최대 지름이 되며 d_1으로 표시한다.

3) 안지름…… 암나사의 최소 지름을 말한다.

4) 有效 지름…… 바깥 지름 d와 골지름 d_1의 평균 지름 $(d+d_1)/2$을 말하며 피치 지름 d_2라고도 한다. 수나사와 암나사에 해당되는 여러 가지 지름을 그림 **8-4**에 표시한다.

바깥 지름 d와 골지름 d_1의 차의 $\frac{1}{2}$은 나사 높이 h가 된다. 나선곡선과 그 위의 한 점을 통과하는 나사의 축에 평행한 직선과 이루는 각을 비틀림각 λ라 하며 리드각 α와는 다음 식이 성립된다.

$$\lambda + \alpha = 90° \qquad (8 \cdot 3)$$

인접한 2개의 플랭크가 맺는 각을 **나사산각**이라 하고, 플랭크와 축선에 직각인 직선과 맺는 각을 **플랭크각**(angle of flank)이라 하며, 3각나사에서는 나사산각 2β가 플랭크각 β의 2배이다.

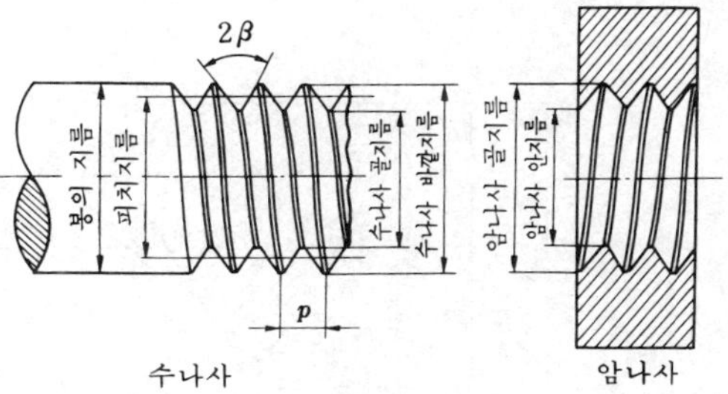

그림 8-4 나사의 명칭

8-2 나사의 종류와 等級

나사에는 나사산의 모양에 따라 3각 나사, 4각 나사, 사다리꼴 나사, 톱니나사, 둥근나사 등이 있으며 기준치수의 단위에 따라 미터나사, 인치나사로 나눈다.

8-2-1 3각 나사(Triangular screw thread)

3각 나사는 나사산의 단면이 정3각형에 가까운 나사로써 나사산의 모양에 따라 미터나사, 유니파이 나사 등으로 나누어지고 파이프용으로 사용되는 管用나사가 따로 있다. 이 3각나사는 체결용 나사로써 가장 많이 사용되며, 호환성이 크게 요구되므로 일찍이 그 표준화가 이루어졌다.

(1) 미터나사(metric thread)

나사의 지름과 피치를 mm로 표시한 것으로 나사산각은 60°이다. 보통나사(coarse thread)와 가는나사(fine thread)가 있으며, 보통나사는 지름과 피치와의 조합이 일반적이고 가장 보통으로 사용되는 나사이다. 가는나사는 지름에 대한 피치의 비율이 보통나사보다 가는 것이나 管用나사보다는 피치를 약간 크게 한 것으로 보통나사보다 강도를 필요로 하는 곳, 살이 얇은 원통부, 水密, 氣密을 유지하는 곳에 사용된다. 그림 8-5에 미터나사의 모양이 표시되었고, 표 8-1에 미터 보통나사, 표 8-2에 미터 가는나사의 치수를 나타내었다.

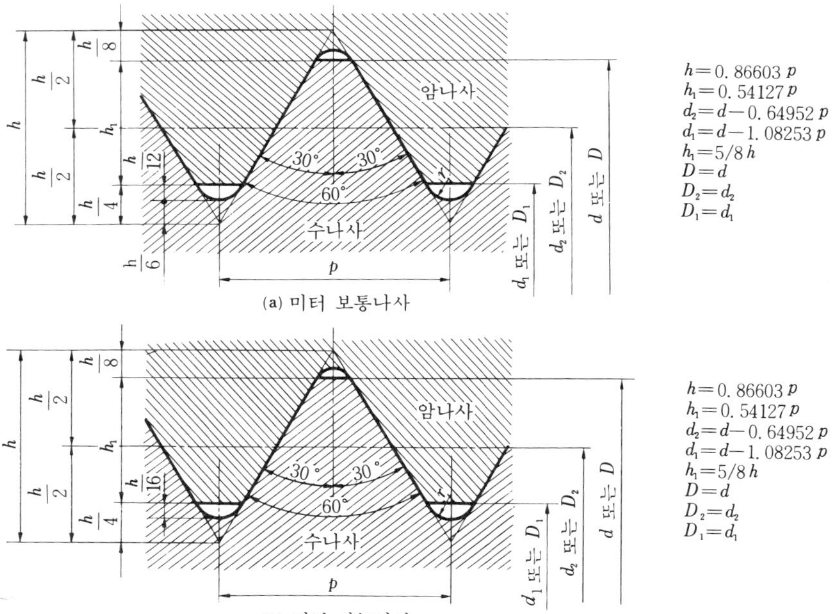

(a) 미터 보통나사

(b) 미터 가는나사

그림 8-5 미터나사의 모양

표 8-1 미터 보통나사(KS B 0201)

(단위 : mm)

나사의 호칭 1	나사의 호칭 2	나사의 호칭 3	나사의 호칭 4	피치 p	작용높이 h_1	암나사 골지름 D / 수나사 바깥지름 d	암나사 유효지름 D_2 / 수나사 유효지름 d_2	암나사 안지름 D_1 / 수나사 골지름 d_1	ISO의 골밑지름 d	응력 600 kg_f/cm^2을 발생시 볼트에 작용하는 힘
M 0.25				0.075	0.041	0.250	0.201	0.169	0.158	kg_f 0.118
M 0.3				0.08	0.043	0.300	0.248	0.213	0.202	0.192
	M 0.35			0.09	0.049	0.350	0.292	0.253	0.240	0.272
M 0.4				0.1	0.054	0.400	0.335	0.292	0.277	0.361
	M0.45			0.1	0.054	0.450	0.385	0.342	0.327	0.504
M 0.5				0.125	0.068	0.500	0.419	0.365	0.347	0.568
	M 0.55			0.125	0.068	0.550	0.469	0.415	0.397	0.742
M 0.6				0.15	0.081	0.600	0.503	0.438	0.416	0.818
	M 0.7			0.175	0.095	0.700	0.586	0.511	0.485	1.11
M 0.8				0.2	0.108	0.800	0.670	0.583	0.555	1.45
	M 0.9			0.225	0.122	0.900	0.754	0.656	0.624	1.84
M 1				0.25	0.135	1.000	0.838	0.729	0.693	2.26
M 1.2				0.25	0.135	1.200	1.038	0.929	0.893	3.76
M 1.4				0.3	0.162	1.400	1.205	1.075	1.032	5.02
M 1.7				0.35	0.189	1.700	1.473	1.321	1.271	7.60
M 2				0.4	0.217	2.000	1.740	1.567	1.509	10.75
M 2.3				0.4	0.217	2.300	2.040	1.867	1.809	15.4
M 2.6				0.45	0.244	2.600	2.308	2.113	2.048	19.8
M 3×0.5				0.5	0.271	3.000	2.675	2.459	2.387	26.8
			M 3×0.6	0.6	0.325	3.000	2.610	2.350	2.264	24.2
	M 3.5			0.6	0.325	3.500	3.110	2.850	2.764	36.0
M 4×0.7				0.7	0.379	4.000	3.545	3.242	3.141	16.6
			M 4×0.75	0.75	0.406	4.000	3.513	3.188	3.080	44.7
	M 4.5			0.75	0.406	4.500	4.013	3.688	3.580	60.3
M 5×0.8				0.8	0.433	5.000	4.480	4.134	4.019	76.0
			M 5×0.9	0.9	0.487	5.000	4.415	4.026	3.896	71.2
			M 5.5	0.9	0.487	5.500	4.915	4.526	4.396	91.0
M 6				1	0.541	6.000	5.350	4.917	4.773	107.5
		M 7		1	0.541	7.000	6.350	5.917	5.773	157
M 8				1.25	0.677	8.000	7.188	6.647	6.467	197
		M 9		1.25	0.677	9.000	8.188	7.647	7.466	263
M 10				1.5	0.812	10.000	9.026	8.376	8.159	315
	M 11			1.5	0.812	11.000	10.026	9.376	9.159	396
M 12				1.75	0.947	12.000	10.863	10.106	9.853	458
		M 14		2	1.083	14.000	12.701	11.835	11.546	628
M 16				2	1.083	16.600	14.701	13.835	13.546	862
	M 18			2.5	1.353	18.000	16.376	15.294	14.933	ton 1.05
M 20				2.5	1.353	20.000	18.376	17.294	16.933	1.35
	M 22			2.5	1.353	22.000	20.376	19.294	18.933	1.69
M 24				3	1.624	24.000	22.051	20.752	20.319	1.94
	M 27			3	1.624	27.000	25.051	23.752	23.319	2.55
M 30				3.5	1.894	30.000	27.727	26.211	25.706	3.11
	M 33			3.5	1.894	33.000	30.727	29.211	28.706	3.88
M 36				4	2.165	36.000	33.402	31.670	31.093	4.55
	M 39			4	2.165	39.000	36.402	34.670	34.093	5.48
M 42				4.5	2.436	42.000	39.077	37.129	36.479	6.25
	M 45			4.5	2.436	45.000	42.077	40.129	39.479	7.33
M 48				5	2.706	48.000	44.752	42.587	41.866	8.22
	M 52			5	2.706	52.000	48.752	46.587	45.866	9.90
M 56				5.5	2.977	56.000	54.428	50.046	49.252	11.4
	M 60			5.5	2.977	60.000	56.428	54.046	53.252	13.3
M 64				6	3.248	64.000	60.103	57.505	56.639	15.1
	M 68			6	3.248	68.000	64.103	61.505	60.639	17.3

〔주〕 1란은 우선적으로 필요에 따라 2란 3란 4란의 순으로 선택한다. 1란, 2란 및 3란은 ISO R 261에 규정되어 있는 ISO이며 나사의 호칭 지름 선택 기준에 일치하여 있다.

표 8-2 미터 가는나사(KS B 0204)

(단위 : mm)

나사의 호칭	피치	접촉 높이	암나사 골지름	암나사 유효지름	암나사 안지름
			D	D_2	D_1
			수나사 바깥지름	수나사 유효지름	수나사 골지름
	p	h_1	d	d_2	d_1
M1 ×0.2	0.2	0.108	1.000	0.870	0.783
M1.1×0.2	0.2	0.108	1.100	0.970	0.883
M1.2×0.2	0.2	0.108	1.200	1.070	0.983
M1.4×0.2	0.2	0.108	1.400	1.270	1.183
M1.6×0.2	0.2	0.108	1.600	1.470	1.383
M1.8×0.2	0.2	0.108	1.800	1.670	1.583
M2 ×0.25	0.25	0.135	2.000	1.838	1.729
M2.2×0.25	0.25	0.135	2.200	2.038	1.929
M2.5×0.35	0.35	0.189	2.500	2.273	2.121
M3 ×0.35	0.35	0.189	3.000	2.773	2.621
M3.5×0.35	0.35	0.189	3.500	3.273	3.121
M4 ×0.5	0.5	0.271	4.000	3.675	3.459
M4.5×0.5	0.5	0.271	4.500	4.175	3.959
M5 ×0.5	0.5	0.271	5.000	4.675	4.459
M5.5×0.5	0.5	0.271	5.500	5.175	4.959
M6 ×0.75	0.75	0.406	6.000	5.513	5.188
M7 ×0.75	0.75	0.406	7.000	6.513	6.188
M8 ×1	1	0.541	8.000	7.350	6.917
M8 ×0.75	0.75	0.406	8.000	7.513	7.188
M9 ×1	1	0.541	9.000	8.350	7.917
M9 ×0.75	0.75	0.406	9.000	8.513	8.818
M10 ×1.25	1.25	0.677	10.000	9.188	8.647
M10 ×1	1	0.541	10.000	9.350	8.917
M10 ×0.75	0.75	0.406	10.000	9.513	9.188
M11 ×1	1	0.541	11.000	10.350	9.917
M11 ×0.75	0.75	0.406	11.000	10.513	10.188
M12×1.5	1.5	0.812	12.000	11.026	10.376
M12×1.25	1.25	0.677	12.000	11.188	10.647
M12×1	1	0.541	12.000	11.350	10.917
M14 ×1.5	1.5	0.812	14.000	13.026	12.376
M14 ×1.25	1.25	0.677	14.000	13.188	12.647
M14 ×1	1	0.541	14.000	13.350	12.917
M15 ×1.5	1.5	0.812	15.000	14.026	13.376
M15 ×1	1	0.541	15.000	14.350	13.917
M16 ×1.5	1.5	0.812	16.000	15.026	14.376
M16 ×1	1	0.541	16.000	15.350	14.917
M17 ×1.5	1.5	0.812	17.000	16.026	15.376
M17 ×1	1	0.541	17.000	16.350	15.917

나사의 호칭	피치	접촉 높이	암나사 골지름	암나사 유효지름	암나사 안지름
			D	D_2	D_1
			수나사 바깥지름	수나사 유효지름	수나사 골지름
	p	h_1	d	d_2	d_1
M18 ×2	2	1.083	18.000	16.701	15.835
M18 ×1.5	1.5	0.812	18.000	17.026	16.376
M18 ×1	1	0.541	18.000	17.350	16.917
M20 ×2	2	1.083	20.000	18.701	17.835
M20 ×1.5	1.5	0.812	20.000	19.026	18.376
M20 ×1	1	0.541	20.000	19.350	18.917
M22 ×2	2	1.083	22.000	20.701	19.835
M22 ×1.5	1.5	0.812	22.000	21.026	20.376
M22 ×1	1	0.541	22.000	21.350	20.917
M24 ×2	2	1.083	24.000	22.701	21.835
M24 ×1.5	1.5	0.812	24.000	23.026	22.376
M24 ×1	1	0.541	24.000	23.350	22.917
M25 ×2	2	1.083	25.000	23.701	22.835
M25 ×1.5	1.5	0.812	25.000	24.026	23.376
M25 ×1	1	0.541	25.000	24.350	23.917
M26 ×1.5	1.5	0.812	26.000	25.026	24.376
M27 ×2	2	1.083	27.000	25.701	24.835
M27 ×1.5	1.5	0.812	27.000	26.026	25.376
M27 ×1	1	0.541	27.000	26.350	25.917
M28 ×2	2	1.083	28.000	26.701	25.835
M28 ×1.5	1.5	0.812	28.000	27.026	26.376
M28 ×1	1	0.541	28.000	27.350	26.917
M30 ×3	3	1.624	30.000	28.051	26.752
M30 ×2	2	1.083	30.000	28.701	27.835
M30 ×1.5	1.5	0.812	30.000	29.026	28.376
M30 ×1	1	0.541	30.000	29.350	28.917
M32 ×2	2	1.083	32.000	30.701	29.835
M32 ×1.5	1.5	0.812	32.000	30.026	30.376
M33 ×3	3	1.624	33.000	31.051	29.752
M33 ×2	2	1.083	33.000	31.702	30.835
M33 ×1.5	1.5	0.812	33.000	32.026	31.376
M35 ×1.5	1.5	0.812	35.000	34.026	33.376
M36 ×3	3	1.624	36.000	34.051	32.752
M36 ×2	2	1.083	36.000	34.701	33.835
M36 ×1.5	1.5	0.812	36.000	35.026	34.376
M38 ×1.5	1.5	0.812	38.000	37.026	36.376

〔비고〕 이 표는 발췌한 것으로서 규격에는 M300×4 까지 규정되어 있다.

(2) 유니파이 나사(unified screw thread)

1948년 11월에 영국·미국·캐나다의 3국 협정에 의해 정한 것으로 실질적으로 세계의 표준나사라 볼 수 있으며, ABC 나사라고도 한다. 인치 단위계로서 피치는 나사축선 1인치에 몇 개의 나사산을 포함하고 있는가에 의하여 규정되어 있고, 나사산의 각도는 60°로서 영국의 휘트워스 나사보다는 오히려 미국 표준나사에 가깝다.

수나사와 암나사가 각각 다르고, 암나사는 나사 봉우리와 골이 모두 평탄하고 골은 $\frac{h}{8}$이며 나사 봉우리는 $\frac{h}{4}$로 평탄하다. 수나사는 골은 등금새를 주고 나사 봉우리는 $c = 0.108p$의 등금새를 주든지 $\frac{h}{8}$로 평탄하다. 그림 **8-6**은 유니파이 나사의 모양이 표시되어 있고 표 **8-3**은 유니파이 보통나사, 표 **8-4**는 유니파이 보통나사와 가는나사의 치수를 표시한다.

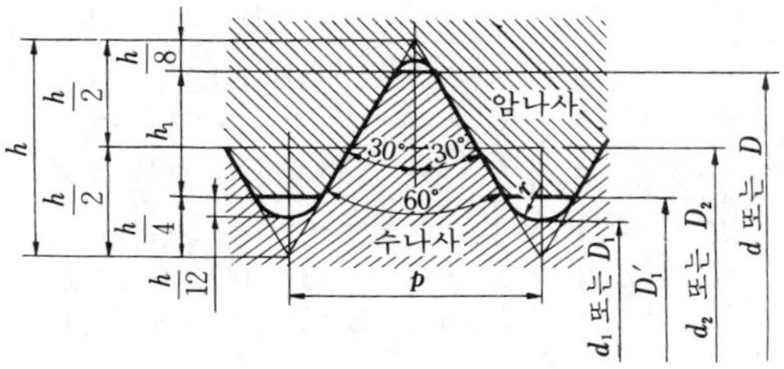

$p = \frac{25.4}{n}$

$h = 0.86603\,p,\quad d_2 = d - 0.64952p,\quad D = d$

$h_1 = 0.61343\,p,\quad d_1 = d - 2h_1,\quad D_2 = d_2$

$r = 0.14434\,p,\quad D_1 = d_1$

$D_1' = d_1 + 2 \times \frac{h}{12}$

그림 8-6 유니파이 보통나사

표 8-3 유니파이 보통나사의 기준치수

(단위 : mm)

나 사 의 호 칭(1)			나사산수 (25.4 mm에 대한) n	피치 p (참고)	접촉 높이 h_1	암나사 골지름 D	암나사 유효지름 D_2	암나사 안지름 D_1
1	2	참 고				수나사 바깥지름 d	수나사 유효지름 d_2	수나사 골지름 d_1
No. 2-56 UNC	No. 1-64 UNC	0.730 −64 UNC	64	0.3969	0.215	1.854	1.598	1.425
		0.0860−56 UNC	56	0.4536	0.246	2.184	1.890	1.694
	No. 3-48 UNC	0.0990−48 UNC	48	0.5292	0.286	2.515	2.172	1.941
No. 4-40 UNC		0.1120−40 UNC	40	0.6350	0.344	2.845	2.433	2.156
No. 5-40 UNC		0.1250−40 UNC	40	0.6350	0.344	3.175	2.764	2.487
No. 6-32 UNC		0.1380−32 UNC	32	0.7938	0.430	3.505	2.990	2.647
No. 8-32 UNC		0.1640−32 UNC	32	0.7938	0.430	4.166	3.650	3.307
No.10-24 UNC		0.1900−24 UNC	24	1.0583	0.573	4.826	4.138	3.680
	No.12-24 UNC	0.2160−24 UNC	24	1.0583	0.573	5.486	4.798	4.341
1/4 −20 UNC		0.2500−20 UNC	20	1.2700	0.687	6.350	5.524	4.976
5/16 −18 UNC		0.3125−18 UNC	18	1.4111	0.764	7.938	7.021	6.411
3/8 −16 UNC		0.3750−16 UNC	16	1.5875	0.859	9.525	8.494	7.805
7/16 −14 UNC		0.4375−14 UNC	14	1.8143	0.982	11.112	9.934	9.149

1/2 −13 UNC		0.5000−13 UNC	13	1.9538	1.058	12.700	11.430	10.584
9/12 −13 UNC		0.5625−12 UNC	12	2.1167	1.146	14.288	12.913	11.996
5/8 −11 UNC		0.6250−11 UNC	11	2.3091	1.250	15.875	14.376	13.376
3/4 −10 UNC		0.7500−10 UNC	10	2.5400	1.375	19.050	17.399	16.299
7/8 − 9 UNC		0.8750− 9 UNC	9	2.8222	1.528	22.225	20.391	19.169
1 − 8 UNC		1.0000− 8 UNC	8	3.1750	1.719	25.400	23.338	21.963
1 1/6 − 7 UNC		1.1250− 7 UNC	7	3.6286	1.964	28.575	26.218	24.648
1 1/4 − 7 UNC		1.2500− 7 UNC	7	6.6286	1.964	31.750	29.393	27.823
1 3/8 − 6 UNC		1.3750− 6 UNC	6	4.2333	2.291	34.925	32.174	30.343
1 1/2 − 6 UNC		1.5000− 6 UNC	6	4.2333	2.291	38.100	35.349	33.518
1 3/4 − 5 UNC		1.7500− 5 UNC	5	5.0800	2.750	44.450	41.151	38.951
2 −4 1/2 UNC		2.0000−4.5 UNC	4 1/2	5.6444	3.055	50.800	47.135	44.689
2 1/4 −4 1/2 UNC		2.2500−4.5 UNC	4 1/2	5.6444	3.055	57.150	53.485	51.039
2 1/2 − 4 UNC		2.5000− 4 UNC	4	6.3500	3.437	63.500	59.375	56.627
2 3/4 − 4 UNC		2.7500− 4 UNC	4	6.3500	3.437	69.850	65.725	62.977
3 − 4 UNC		3.0000− 4 UNC	4	6.3500	3.437	76.200	72.075	69.327
3 1/4 − 4 UNC		3.2500− 4 UNC	4	6.3500	3.437	82.550	78.45	75.677
3 1/2 − 4 UNC		3.5000− 4 UNC	4	6.3500	3.437	88.900	84.775	82.027
3 3/4 − 4 UNC		3.7500− 4 UNC	4	6.3500	3.437	95.250	91.125	88.377
4 − 4 UNC		4.0000− 4 UNC	4	6.3500	3.437	101.600	97.475	94.727

〔주〕 (1) 1란을 우선적으로 택하고 필요에 따라 2란을 택한다. 참고란은 나사의 호칭법을 10진법으로 하여 표시한 것이다.

표 8-4 유니파이 보통나사 및 유니파이 가는나사의 크기와 나사산수(25.4mm에 대한)와의 조합

크 기[1]		바깥지름의 기준치수 mm	보통나사 (UNC)		가는나사 (UNF)		크 기	바깥지름의 기준치수 mm	보통나사 (UNC)		가는나사 (UNF)	
1	2		산수 n (25.4 mm)	피치 환산값 mm	산수 n (25.4 mm)	피치 환산값 mm	1		산수 n (25.4 mm)	피치 환산값 mm	산수 n (25.4 mm)	피치 환산값 mm
No. 0	No. 1	1.524			80	0.3175	3/4	19.050	10	2.5400	16	1.5875
No. 2		1.854	64	0.3969	72	0.3525	7/8	22.225	9	2.8222	14	1.8143
		2.184	56	0.4536	64	0.3969	1	25.400	8	3.1750	12	2.1167
	No. 3	2.515	48	0.5292	56	0.4536	1 1/8	28.575	7	3.6286	12	2.1167
No. 4		2.845	40	0.6350	48	0.5292	1 1/4	31.750	7	3.6286	12	2.1167
No. 5		3.175	40	0.6350	44	0.5773	1 3/8	34.925	6	4.2333	12	2.1167
No. 6		3.505	32	0.7938	40	0.6350	1 3/4	38.100	6	4.2333	12	2.1167
No. 8		4.166	32	0.7638	36	0.7056	1 1/2	44.450	5	5.0800		
No. 10		4.826	24	1.0583	32	0.7938	2	50.800	4 1/2	5.6444		
	No. 12	5.486	24	1.0583	28	0.9071	2 1/4	57.150	4 1/2	5.6444		
1/4		6.350	20	1.2700	28	0.9071	2 1/2	63.500	4	6.3500		
5/16		7.938	18	1.4111	24	1.0583	2 3/4	69.850	4	6.3500		
3/8		9.525	16	1.5875	24	1.0583	3	76.200	4	6.3500		
7/16		11.112	14	1.8143	20	1.2700	3 1/4	82.550	4	6.3500		
1/2		12.700	13	1.9538	20	1.2700	3 1/2	88.900	4	6.3500		
9/16		14.288	12	2.1167	18	1.4111	3 2/4	95.250	4	6.3500		
5/8		15.875	11	2.3091	18	1.4111	4	101.600	4	6.3500		

〔주〕 (1) 난의 것을 우선적으로 하고, 필요에 따라서 2난의 것을 택한다.

(3) 管用나사(pipe thread)

파이프를 연결할 때 파이프의 양끝에 나사를 깎고 管이음쇠를 연결한다. 이 때 파이프는 살의 두께가 엷으므로 위에 말한 나사들을 사용하면 나사산이 너무 높아서 파이프의 강도가 떨어진다. 이 점을 고려하여 만든 것이 管用나사이며, 누설을 방지하고 氣密을 유지하는 데 사용된다. 테이퍼 管用나사(PT)와 평행 管用나사(PF)의 2종류가 있으며, 기밀에는 테이퍼 관용나사가 좋다. 테이퍼 수나사는 테이퍼 암나사나 평행 암나사에, 평행 수나사는 평행 암나사에 사용하는 것을 원칙으로 한다. 테이퍼는 1/16로 한다.

지금까지 설명한 3각 나사의 크기를 비교하기 위하여 표 **8-5**에 지름이 약 48mm인 나사들의 피치와 높이를 표시함으로써 쉽게 그 차이를 이해할 수 있다.

표 8-5 나사의 피치와 높이의 비교

(단위 : mm)

나사의 형식 \ 치수	호 칭	나사의 바깥지름	피 치	나사산의 높이
미터 보통나사	M 48	48.000	5.000	3.248
관용 테이퍼 나사	PT $1\frac{1}{2}$	47.803	2.300	1.479
미터 가는나사	M 48 × 1.5	48.000	1.500	0.974
미터 극가는 나사	M 48 × 1	48.000	1.000	0.605

8-2-2 4각 나사(Square thread)

그림 **8-7**(a)에 Armengaurd가 제안한 운동용 나사를 표시하였으며, 바깥 지름을 d라 할 때 피치 p는 $p=0.09d+2$mm로 규정한다. 이 나사는 단면이 4각형이기 때문에 밀링커터로는 절삭할 수 없어 제작이 곤란하다. 따라서, 이것을 개량하기 위해 그림 **8-7**(b)에서 보는 것처럼 모서리에 둥금새를 붙인 것이 Unwin에 의해 제안되었다. 큰 축하중을 받으면서 운동하는 나사로서 하중의 방향이 일정하지 않는 경우에 효율성 있게 사용하는 데는 아무래도 4각 나사를 사용해야 한다. 다른 나사에 비해 나사의 효율은 가장 좋으나 공작이 곤란한 결점을 가지고 있고 고정밀도인 것은 비싸게 된다. 그러나 나사 프레스, 대형 선반의 이송나사(feed screw) 등에는 널리 사용되고 있다.

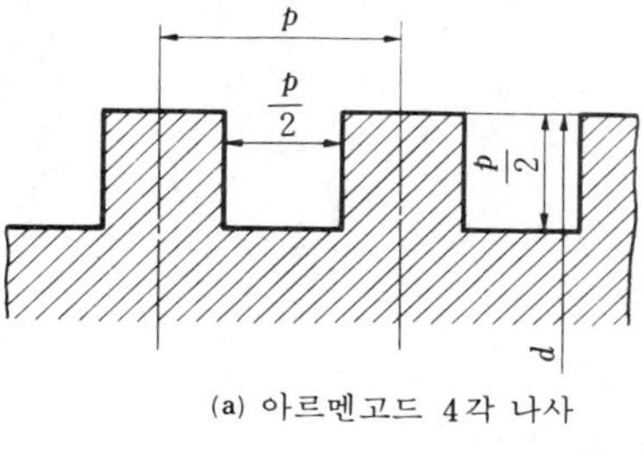

(a) 아르멘고드 4각 나사

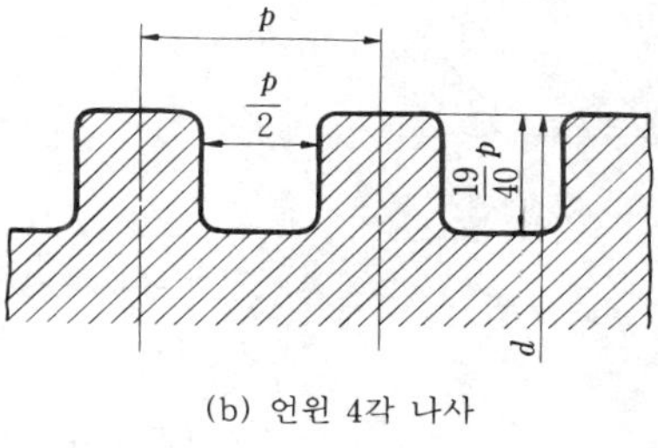

(b) 언윈 4각 나사

그림 8-7 4각 나사

8-2-3 사다리꼴 나사(Trapezoidal screw thread)

애크미(acme) 나사라고도 하며 나사산각은 미터계(TM)가 30°, 인치계(TW)가 29° 이다. 전자는 피치를 mm로 나타내고, 후자에서는 25.4mm에 대한 나사산수로 나타내고 있다. 운동용 나사는 효율이 좋아야 하므로 4각 나사가 이상적이지만 가공하기가 매우 곤란하므로 대개는 사다리꼴 나사가 사용된다. 사다리꼴 나사는 균일 강도보에 가까우므로 4각 나사보다 강도가 높아 저항력이 크고 나사 봉우리와 골에 틈이 생기므로 공작이 용이하고 물림이 좋으며, 마모에 대해서는 조정하기 쉬운 이점을 가지고 있다. 그림 **8-8**은 사다리꼴 나사의 모양을, 표 **8-6**은 사다리꼴 나사의 여러 가지 치수를 나타낸다.

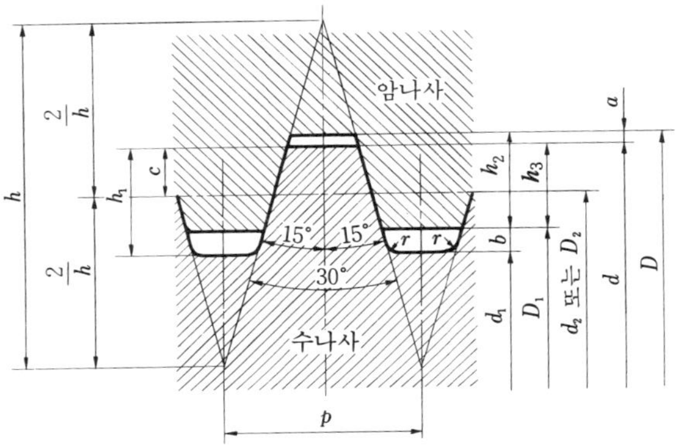

$h=1.866p$, $c=0.25p$, $h_1=2c+a$, $h_2=2c+a-b$, $h_3=2c+2a-b$,

$d_2=d-2c$, $d_1=d-2h_1$, $D=d+2a$, $D_2=d_2$, $D_1=d_1+2b$

(굵은 실선은 기본 산 모양을 표시한다)

(a) 미터계

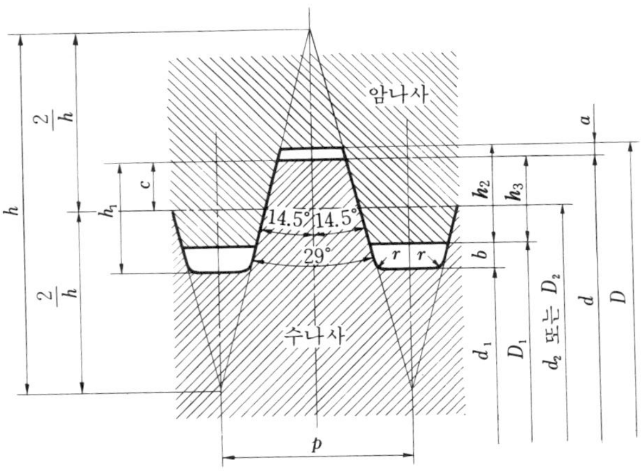

$h=1.9335p$, $c=0.25p$, $h_1=2c+a$, $h_2=2c+a-b$, $h_3=2c+2a-b$,

$d_2=d-2c$, $d_1=d-2h_1$, $D=d+2a$, $D_2=d_2$, $D_1=d_1+2b$

(굵은 실선은 기본 산 모양을 표시한다)

(b) 인치계

그림 8-8 사다리꼴 나사

표 8-6 (a) 30° 사다리꼴 나사의 나사산의 치수

피치	틈새		c	h_2	h_1	h_3	r
p	a	b					
2	0.25	0.50	0.50	0.75	1.25	1.00	0.25
3	0.25	0.50	0.75	1.25	1.75	1.50	0.25
4	0.25	0.50	1.00	1.75	2.25	2.00	0.25
5	0.25	0.75	1.25	2.00	2.75	2.25	0.25
6	0.25	0.75	1.50	2.50	3.25	2.75	0.25
8	0.25	0.75	2.00	3.50	4.55	3.75	0.25
10	0.25	0.75	2.50	4.50	5.25	4.75	0.25
12	0.25	0.75	3.00	5.50	6.25	5.75	0.25
16	0.25	1.50	4.00	7.00	8.50	7.50	0.50
20	0.50	1.50	5.00	9.00	10.50	9.50	0.50
24	0.50	1.50	6.00	11.00	12.50	11.50	0.50

(b) 30° 사다리꼴 나사의 기본치수

나사의 호칭	피치 p	접촉 높이 h_3	암나사		
			골지름 D	유효지름 D_2	안지름 D_1
			수나사		
			바깥지름 d	유효지름 d_2	골지름 d_1
Tr 14×3	3	1.5	14.000	12.500	11.000
Tr 14×2	2	1	14.000	13.000	12.000
Tr 16×4	4	2	16.000	14.000	12.000
Tr 16×2	2	1	16.000	15.000	14.000
Tr 18×4	4	2	18.000	16.000	14.000
Tr 18×2	2	1	18.000	17.000	16.000
Tr 20×4	4	2	20.000	18.000	16.000
Tr 20×2	2	1	20.000	19.000	18.000
Tr 22×8	8	4	22.000	18.000	14.000
Tr 22×5	5	2.5	22.000	19.500	17.000
Tr 22×3	3	1.5	22.000	20.500	19.000
Tr 24×8	8	4	24.000	20.000	16.000
Tr 24×5	5	2.5	24.000	21.500	19.000
Tr 24×3	3	1.5	24.000	22.500	21.000
Tr 26×8	8	4	26.000	22.000	18.000
Tr 26×5	5	2.5	26.000	23.500	21.000
Tr 26×3	3	1.5	26.000	24.500	23.000
Tr 28×8	8	4	28.000	24.000	20.000
Tr 28×5	5	2.5	28.000	25.500	23.000
Tr 28×3	3	1.5	28.000	26.500	25.000
Tr 30×10	10	5	30.000	25.000	20.000
Tr 30×6	6	3	30.000	27.000	24.000
Tr 30×3	3	1.5	30.000	28.500	27.000
Tr 32×10	10	5	32.000	27.000	22.000
Tr 32×6	6	3	32.000	29.000	26.000
Tr 32×3	3	1.5	32.000	30.500	29.000
Tr 34×10	10	5	34.000	29.000	24.000
Tr 34×6	6	3	34.000	31.000	28.000
Tr 34×3	3	1.5	34.000	32.500	31.000
Tr 36×10	10	5	36.000	31.000	26.000
Tr 36×6	6	3	36.000	33.000	30.000
Tr 36×3	3	1.5	36.000	34.500	33.000
Tr 38×10	10	5	38.000	33.000	28.000
Tr 38×7	7	3.5	38.000	34.500	31.000
Tr 38×3	3	1.5	38.000	36.500	35.000
Tr 40×10	10	5	40.000	35.000	30.000
Tr 40×7	7	3.5	40.000	36.500	33.000
Tr 40×3	3	1.5	40.000	36.500	37.000
Tr 42×10	10	5	42.000	37.000	32.000
Tr 42×7	7	3.5	42.000	38.500	35.000
Tr 42×3	3	1.5	42.000	40.500	39.000
Tr 44×12	12	6	44.000	38.000	32.000
Tr 44×7	7	3.5	44.000	40.500	37.000
Tr 44×3	3	1.5	44.000	42.500	41.000
Tr 46×12	12	6	46.000	40.000	34.000
Tr 46×8	8	4	46.000	42.000	38.000
Tr 46×3	3	1.5	46.000	44.500	43.000
Tr 48×12	12	6	48.000	46.000	36.000
Tr 48×8	8	4	48.000	44.000	40.000
Tr 48×3	3	1.5	48.000	46.500	45.000
Tr 50×12	12	6	50.000	44.000	38.000
Tr 50×8	8	4	50.000	46.000	42.000
Tr 50×3	3	1.5	50.000	48.500	47.000

(c) 29° 사다리꼴 나사의 나사산의 치수

산의 수 25.4mm에 대한 n	피치 p	틈새 a	틈새 b	c	h_2	h_1	h_3	r
12	2.1167	0.25	0.50	0.50	0.75	1.25	1.00	0.25
10	2.5400	0.25	0.50	0.60	0.95	1.45	1.20	0.25
8	3.1750	0.25	0.50	0.75	1.25	1.75	1.50	0.25
6	4.2333	0.25	0.50	1.00	1.75	2.25	2.00	0.25
5	5.0800	0.25	0.75	1.25	2.00	2.75	2.25	0.25
4	6.3500	0.25	0.75	1.50	2.50	3.25	2.75	0.25
3 1/2	7.2511	0.25	0.75	1.75	3.00	1.75	3.25	0.25
3	8.4667	0.25	0.75	2.00	3.50	4.25	3.75	0.25
2 1/2	10.1600	0.25	0.75	2.50	4.50	5.25	4.75	0.25
2	12.7000	0.25	0.75	3.00	5.50	6.25	5.75	0.25

8-2-4 톱니나사(Buttress thread)

나사 잭(screw jack) 등과 같이 압력의 방향이 항상 일정할 때 사용되는 것으로 하중을 받는 쪽은 4각 나사, 반대쪽을 3각 나사로 깎아서 양자의 이점을 가지고 있다. 나사산각에는 30°, 45°의 두 가지가 있고 하중을 받지 않는 면에는 0.2mm의 틈새를 준다. 하중을 받는 쪽은 제작을 간단하게 하기 위하여 나사각이 30°인 경우에는 3°의 경사를, 45°의 경우에는 5°의 경사를 붙인다. 그림 **8-9**에 나사각이 30°인 경우의 톱니나사 모양을 나타낸다.

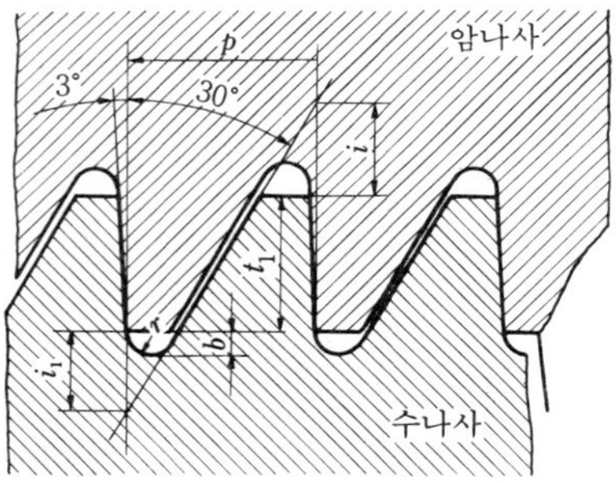

그림 8-9 톱 니 나 사

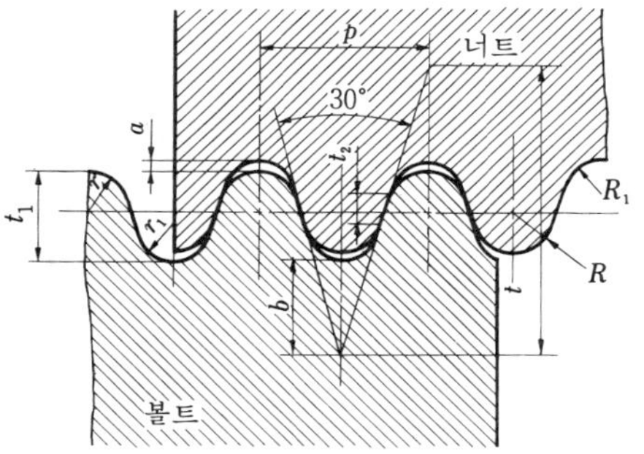

그림 8-10 둥 근 나 사

8-2-5 둥근나사(Round thread)

둥근나사는 그림 **8-10**과 같이 나사산과 골을 같은 반지름의 원호로 이은 모양을 하고 있으며, 나사산각은 30°로 나사 봉우리와 골은 크고 둥글게 되어 있다. 먼지, 모래, 녹가루 등이 나사산으로 들어갈 염려가 있는 경우에 사용되고, 또한 큰 힘에도 견딜 수 있으므로 격렬하게 움직이는 부분에 사용하면 효과적이다.

8-2-6 볼나사(Ball screw)

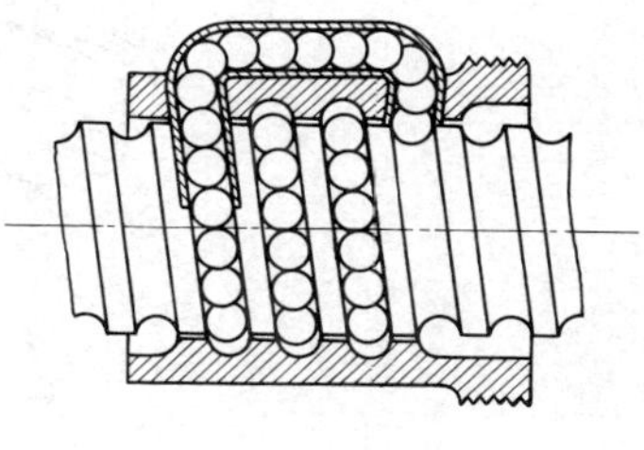

그림 8-11 볼 나 사

그림 8-11에 표시한 바와 같이 볼나사는 수나사 부분과 암나사 부분에 반원 모양의 홈을 파고, 그 2개의 홈을 맞보도록 맞추고 그 홈 사이에 수많은 볼을 연속적으로 삽입하여 볼의 구름 접촉에 의해 나사운동을 하는 기계요소이다. 보통나사에 비하여 마찰계수가 극히 작아서 효율은 90% 이상으로 좋으며, 수치제어용 공작기계의 이송나사로써 적당하다.

8-2-7 나사의 等級

체결용으로 사용되는 나사에 대하여 나사의 등급은 수나사의 바깥 지름, 유효 지름, 골지름, 암나사의 유효 지름, 안지름의 치수차 및 공차에 의하여 다음과 같이 KS에서는 규정하고 있다.

미터나사·························· 1급, 2급, 3급

유니파이 나사 { 수나사용······ 3A, 2A, 1A
암나사용······ 3B, 2B, 1B }

유니파이 나사의 정밀도는 숫자가 클수록 좋아서 3A가 1급, 2A가 2급, 1A가 3급에 해당된다. 각 급에 대한 허용 한계치수 및 공차에 대한 상세한 값은 KS에 규정되어 있다.

나사의 등급을 선택하는 방법은 사용목적에 따라 결정되는 것이지만 대체적인 표준은 다음과 같다.

1급 나사······발동기와 같이 진동하중을 받아 헐거워지거나, 피로강도 등에 대해 높은 성능이 요구되는 경우

2급 나사······일반 중급기계의 체결용

3급 나사······일반 중급기계의 여러 가지 나사, 범용기계의 체결용

8-3 나사의 力學

8-3-1 나사를 죄는 데 필요한 토크

[1] 4각 나사의 경우

그림 8-12에 표시한 바와 같이 나사를 돌려서 고정한다는 것은 물체를 빗면에 따라 밀

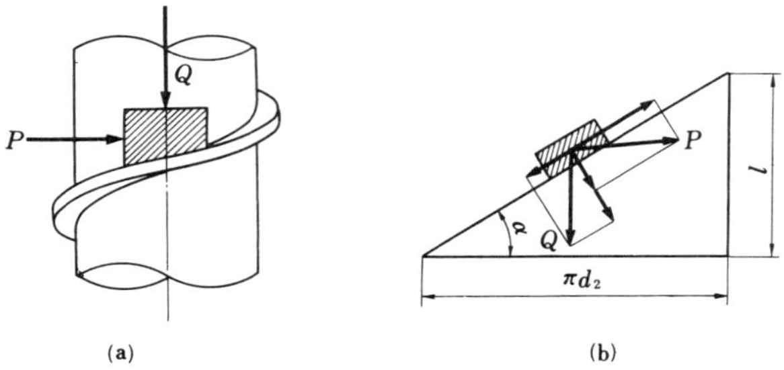

그림 8-12 나사에 작용하는 힘

어울리는 것에 해당된다. 나사를 돌리는 힘을 P, 축방향으로 가해진 힘을 Q라 한다. 이 힘들을 빗면에 수직한 힘과 평행한 힘으로 나눈다.

Q의 빗면에 수직한 분력은 $Q\cos\alpha$, P의 같은 방향의 분력이 $P\sin\alpha$이므로

$$\text{수직력} = Q\cos\alpha + P\sin\alpha$$

마찬가지로

$$\text{평행력} = P\cos\alpha - Q\sin\alpha$$

위의 수직력으로 말미암아 빗면에 평행한 마찰력이 작용하고, 이것이 위의 평행력과 균형상태를 유지하고 마찰계수를 μ라고 하면

$$P\cos\alpha - Q\sin\alpha = \mu(Q\cos\alpha + P\sin\alpha)$$

위의 식을 정리하면

$$P(\cos\alpha - \mu\sin\alpha) = Q(\mu\cos\alpha + \sin\alpha)$$

마찰각을 ρ라고 하면 $\mu = \tan\rho$이므로

$$P = Q\frac{\tan\rho\cos\alpha + \sin\alpha}{\cos\alpha - \tan\rho\sin\alpha} = Q\frac{\tan\rho + \tan\alpha}{1 - \tan\rho\tan\alpha} = Q\tan(\alpha + \rho) \qquad (8 \cdot 4)$$

가 된다. 다음 나사를 죄는 데 필요한 토크 T는 유효 지름의 $\frac{1}{2}$을 r라 하면

$$T = Pr = Qr\tan(\alpha + \rho) \qquad (8 \cdot 5)$$

이다. 나사를 풀 때는 회전이 반대로 되고, Q를 밀어내리는 것으로 마찰각이 반대방향이 되므로 푸는 힘을 P'라고 하면

$$P' = Q\tan(\alpha - \rho) \qquad (8 \cdot 6)$$

$$T' = Qr\tan(\alpha - \rho) \qquad (8 \cdot 7)$$

나사가 풀어지지 않으려면 푸는 힘 P'가 陰($-$)이면 되므로

$$P' \leqq 0 \text{ 또는 } T' \leqq 0 \tag{8·8}$$

이어야만 된다.

[2] 3각 나사의 경우

3각 나사의 경우에는 그림 8-13과 같이 나사산각을 2β라고 하면 나사면에 대한 수직력은

$$\frac{Q}{\cos\beta}$$

이고,

$$\text{마찰력} = \mu \cdot \frac{Q}{\cos\beta} = \mu' \cdot Q$$

여기서 $\frac{\mu}{\cos\beta} = \mu'$라 하고 μ 대신에 μ'를, ρ 대신에 ρ'를 사용하면, 3각 나사의 경우에는 다음 식이 성립한다.

$$P = Q\tan(\alpha + \rho') \tag{8·9}$$

$$T = Qr\tan(\alpha + \rho') \tag{8·10}$$

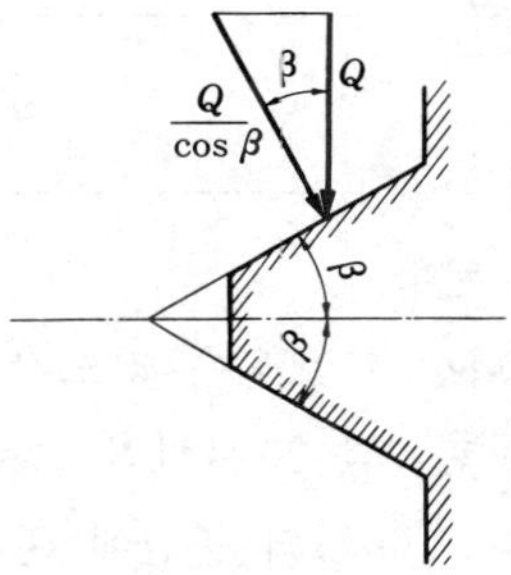

그림 8-13 3각 나사의 수직력

보통 $\cos\beta < 1$이므로 $\mu' > \mu$가 성립되고 체결용으로는 4각 나사보다 3각 나사가 훨씬 유리하다. 체결용 나사인 경우에는 나사가 풀어지지 않는 것이 필요한 조건이다. 죄는 힘을 가하지 않아도 나사가 풀어지지 않는 상태를 **나사의 自立잠김**(self locking)이라 한다.

실제로 나사를 죄일 때 너트와 와셔의 마찰도 고려해야 하고, 이런 마찰이 추가되므로 나사는 잘 풀리지 않게 된다. 이런 경우 나사를 죄는 데 필요한 토크 T는

$$T = Q\{r\tan(\alpha + \rho') + r_n \mu_n\} \tag{8·11}$$

이며, 여기서 r_n은 접촉되는 면의 평균 반지름, μ_n은 너트와 와셔 밑면의 마찰계수이다.

8-3-2 나사의 效率

나사면에 마찰이 전혀 없다고 가정하면 회전은 이상상태로 되고 그 때의 회전력 P_0는

$$P_0 = Q\tan\alpha = Q\frac{p}{\pi d_2} \tag{8·12}$$

즉

$$\pi d_2 P_0 = Qp \tag{8·13}$$

나사의 효율이란 Q의 하중을 p만큼 올리기 위하여 한 일 Qp와 나사를 1회전시키기 위하여 外力 P가 한 일 $2\pi rP$와의 비를 말한다. 즉, 외부에서 가해진 일량 중에서 몇 %가

유효한 일로 소비되었는가를 말한다. 4각 나사의 경우 나사의 효율 η는

$$\eta=\frac{Qp}{2\pi rP}=\frac{\pi d_2 P_0}{2\pi rP}=\frac{\pi d_2 P_0}{\pi d_2 P}=\frac{P_0}{P}$$
$$=\frac{Q\tan\alpha}{Q\tan(\alpha+\rho)}=\frac{\tan\alpha}{\tan(\alpha+\rho)} \qquad (8\cdot14)$$

로 표시된다. 따라서, 3각 나사의 경우 나사의 효율을 η'라고 하면

$$\eta'=\frac{\tan\alpha}{\tan(\alpha+\rho')} \qquad (8\cdot15)$$

가 된다.

나사의 효율은 리드각 α의 함수이며, $\alpha=0$ 및 $\alpha=\frac{\pi}{2}-\rho$일 때 $\eta=0$이 되며, η와 α와의 관계를 도시하면 그림 8-14와 같이 된다. 그러므로 효율이 최대가 되는 리드각 α는 0과 $\frac{\pi}{2}-\rho$의 중간에 존재한다. 즉,

$$\alpha=\frac{\pi}{4}-\frac{\rho}{2}=45°-\frac{\rho}{2} \qquad (8\cdot16)$$

이 값은 $\frac{d\eta}{d\alpha}=0$으로부터 구할 수도 있다.

따라서, 나사의 최대효율 η_{max}은

$$\eta_{max}=\frac{\tan\left(45°-\frac{\rho}{2}\right)}{\tan\left(45°+\frac{\rho}{2}\right)}$$

로 얻어지나, $\tan\left(45°+\frac{\rho}{2}\right)\tan\left(45°-\frac{\rho}{2}\right)=1$이므로

$$\eta_{max}=\tan^2\left(45°-\frac{\rho}{2}\right) \qquad (8\cdot17)$$

를 얻는다.

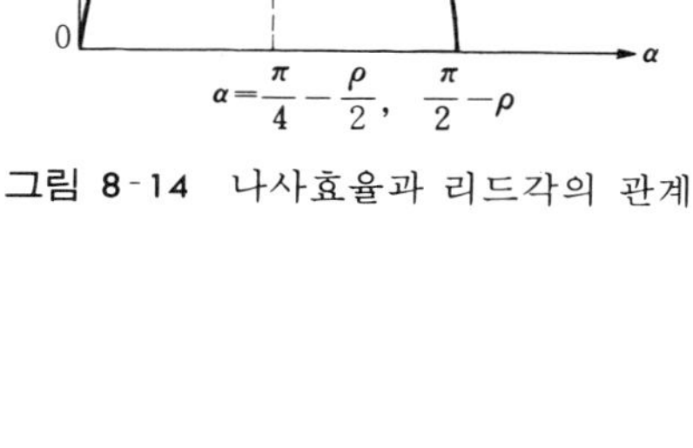

그림 8-14 나사효율과 리드각의 관계

나사가 자립잠김의 조건을 만족시키는 한계는 $\alpha=\rho$일 때이므로, 이를 효율의 식에 대입하면

$$\eta=\frac{\tan\alpha}{\tan 2\alpha}=\frac{1}{2}-\frac{1}{2}\tan^2\alpha<0.5$$

가 되므로, 나사가 자립잠김 조건을 만족시켰을 경우 효율은 반드시 50%보다 작아야 한다.

예제 8-1. M 16의 볼트에 너트를 죄어서 물체를 체결하려고 한다. 사용하는 스패너는 팔의 길이가 20 cm이고 가하는 힘은 10 kg_f이다. 나사산의 마찰계수가 0.1, 너트의 밑면 사이의 마찰계수가 0.2라면 나사축에 걸리는 힘은 얼마인가? 너트 접촉면의 평균 지름은 나사의 유효 지름의 1.4 배이다.

풀이 M 16의 피치는 2 mm, 유효 지름은 14.701 mm이다. 따라서, 리드각 α는

$$\tan\alpha=\frac{2}{14.701\pi}=0.0433 \qquad \alpha=2°29'$$

다음 나사의 나사산각이 60°이므로 3각 나사의 등가 마찰각 ρ'는

$$\tan\rho'=\frac{0.1}{\cos 30°}=0.1155 \qquad \rho'=6°35'$$

나사축에 걸리는 힘을 Q라고 하면

$$10\times 200=Q\left\{\frac{14.701}{2}\times\tan(2°29'+6°35')+1.4\times\frac{14.701}{2}\times 0.2\right\}$$

$$Q=619\,kg_f$$

가 얻어진다.

예제 8-2. 4각 나사의 축선 길이 25.4 mm에 2산의 피치, 바깥 지름 49 mm, 골지름 36.3 mm의 잭에 잭 레버 반지름 610 mm에 132 N의 힘을 작용시킬 때 지지할 수 있는 하중을 구하여라. 단, 칼라의 바깥 지름이 100 mm, 안지름이 50 mm이고 나사면, 칼라의 마찰계수가 각각 0.15 및 0.1이다.

풀이 $p=12.7$ mm이고

나사의 유효 지름 $d_2=\dfrac{49+36.3}{2}=42.65\,\text{mm}$

나사부의 토크 T_1의 하중을 Q라고 할 때

$$T_1=Q\times\frac{42.65}{2}\times\frac{12.7+0.15\times\pi\times 42.65}{42.65\times\pi-0.15\times 12.7}=3.97Q$$

칼라부의 토크 T_2는

$$T_2=Q\times 0.1\times 37=3.7Q$$

전체 토크 $T=T_1+T_2$이므로

$$T=3.97Q+3.7Q=7.67Q$$

$T=610\times 132$이므로

$$Q=\frac{610\times 132}{7.67}=10{,}498\,\text{N}\fallingdotseq 10.5\,\text{kN}$$

예제 8-3. 바깥 지름 36 mm, 피치 8 mm, 나사산의 높이가 피치의 $\frac{1}{2}$, 마찰계수 0.12인 4각 나사의 나사의 효율을 구하여라.

풀이 유효 지름 $d_2 = \dfrac{d+d_1}{2} = \dfrac{36+(36-8)}{2} = 32\,\text{mm}$

$$\eta = \frac{\tan\alpha}{\tan(\alpha+\rho)} = \frac{\tan\alpha(1-\tan\alpha\tan\rho)}{\tan\alpha+\tan\rho} \text{ 이다.}$$

$$\tan\alpha = \frac{p}{\pi d_2} = \frac{8}{\pi\times 32} = 0.08$$

$$\mu = \tan\rho = 0.12$$

위의 식에 대입하면

$$\eta = \frac{0.08(1-0.08\times 0.12)}{0.08+0.12} = 0.396 \qquad \underline{39.6\%}$$

예제 8-4. M 16의 나사에서 마찰계수 $\mu = 0.1$이라면 나사의 효율은 얼마인가?

풀이 3각 나사의 나사산각은 60°이므로

$$\tan\rho' = \frac{\mu}{\cos 30°} = \frac{0.1}{\cos 30°} = \frac{0.1}{0.866} = 0.1155 \qquad \rho' \fallingdotseq 6°30'$$

M 16 나사의 유효 지름은 14.701 mm, 피치는 2 mm이므로

$$\tan\alpha = \frac{p}{\pi d_2} = \frac{2}{\pi\times 14.701} = 0.0433 \qquad \alpha = 2°30'$$

따라서, 나사의 효율 η는

$$\eta = \frac{\tan\alpha}{\tan(\alpha+\rho')} = \frac{\tan 2°30'}{\tan(2°30'+6°30')} \fallingdotseq 0.275$$

예제 8-5. 리드 25 mm의 4각 나사가 2줄 나사로 유효 지름은 60 mm이다. 나사의 마찰계수는 0.12, 칼라부의 마찰계수는 0.1이다. 골부분의 비틀림 응력을 98 MPa로 허용한다면 얼마의 하중을 올릴 수 있는가?

풀이 하중을 Q라고 하고 하중을 올리는 데 필요한 토크 T는

$$T = Qr\frac{l+2\pi r\mu}{2\pi r - l\mu} = Q\times 30\times\frac{25+2\pi\times 30\times 0.12}{2\pi\times 30 - 25\times 0.12} = 7.72Q\ \text{N·mm}$$

비틀림 응력을 발생시키는 것은 T이므로

$$\frac{\pi}{16}d^3\tau = 7.72Q$$

$$Q = \frac{\pi\times 60^3\times 98}{7.72\times 16} = 538{,}384.8\,\text{N} = 538.4\,\text{kN}$$

8-4　나사의 部品

나사의 부품으로 사용되는 것은 주로 볼트, 너트 및 여러 가지 부속품이 있으며 대부분이 공업규격으로 제정되어 있다.

8-4-1 볼트 및 너트

주로 6각 볼트와 6각 너트가 많이 사용되고 재질은 일반적으로 冷間引拔鋼棒이 많이 쓰인다. 인장강도는 $\sigma_u = 34 \sim 45\,kg_f/mm^2$, 연신율은 15~30% 정도의 軟鋼이 많이 쓰이나 사용 목적에 따라 항복점이 $100\,kg_f/mm^2$ 이상의 특수강도에 사용한다. 볼트의 등급은 표 **8-7**에 표시한 바와 같이 가공정도, 나사 정밀도 및 기계적 성질을 조합해서 사용되고 너트의 등급도 볼트와 마찬가지로 표시한다.

표 8-7 볼트의 등급

종 류	등 급		
	가 공 정 도	나 사 정 밀 도	기 계 적 성 질
6 각 볼 트	상, 중, 흑	1급, 2급, 3급	0T, 4T
소 형 6 각 볼 트	상, 중	1급, 2급, 3급	0T, 4T

기계적 성질을 나타내는 0T, 4T의 T기호는 인장강도의 머리문자를 딴 것으로, 0T는 특별히 기계적 성질을 규정하지 않고 단지 鋼製임을 표시한다. 또, 4T의 4는 인장강도가 $40\,kg_f/mm^2$ 이상이라는 것을 말하고, 8T 이상의 인장강도를 갖는 볼트를 高力볼트(high tension bolt)라 해서 철골 구조물, 교량 등에 사용한다. 표 **8-8**과 표 **8-9**는 각각 KS규격에 규정되어 있는 6각 볼트 및 6각 너트의 주요치수를 표시한 것이다.

표 8-8 6각 볼트(미터 보통나사)

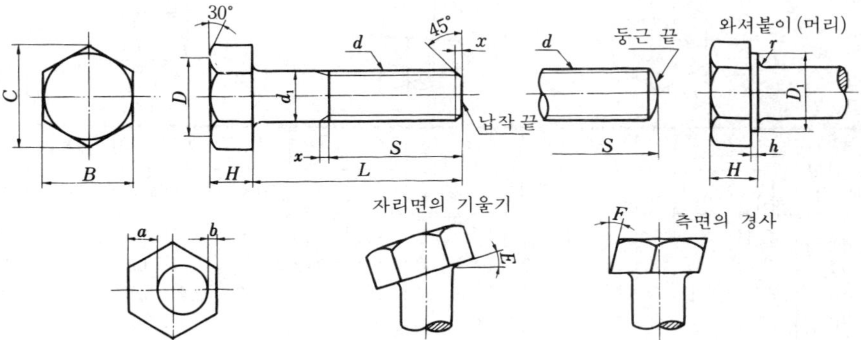

(단위 : mm)

나사의 호칭 d	d_1		H		B		C	D	$r(*)$	k	$a-b$	E 및 F	S	L
	기본치수	허용차	기본치수	허용차	기본치수	허용차	약	약	최대	약	최대	최대	약	최소 최대
M 3	3		2		5.5		6.4	5.3	0.2	0.6	0.2		12	5~32
M 4	4	0	2.8	±0.1	7	0	8.1	6.8	0.3	0.8	0.2		16	6~40
M 5	5	−0.1	3.5		8	−0.2	9.2	7.8	0.3	0.9	0.3		16	7~50
M 6	6	0	4	±0.15	10		11.5	9.8	0.5	1	0.3		18	7~70
M 8	8	−0.15	5.5		13	0	15	12.6	0.5	1.2	0.4		22	11~100
M 10	10		7		17	0.25	19.6	16.5	0.8	1.5	0.5		26	14~100

M 12	12		8		19		21.9	18	0.8	2	0.7		30	18～140
(M 14)	14		9		22		25.4	21	0.8	2	0.7		34	20～140
M 16	16	0	10		24	0	27.7	23	1.2	2	0.8	1°	38	20～140
(M 18)	18	−0.2	12	±0.2	27	−0.35	31.2	26	0.2	2.5	0.9		42	22～140
M 20	20		13		30		34.6	29	1.2	2.5	0.9		46	28～200
(M 22)	22		14		32		37	31	1.2	2.5	1.1		50	28～200
M 24	24		15		36	0	41.6	34	1.6	3	1.2		54	30～200
M 30	30		19		46	−0.4	53.1	44	1.6	3.5	1.5		66	40～240
M 36	36	0	23	±0.25	55		63.5	53	2	4	1.8		78	50～240
M 42	42	−0.25	26		65	0	5	62	2	4.5	2.1		90	55～325
M 48	48		30		75	−0.45	86.5	72	2	5	2.4		102	60～325
M 56	56		35		85		98.1	82	2.5	5.5	2.8		124	135～400

〔주〕 1) S : 유효 나사부의 길이　　L : 나사의 호칭에 대한 추장된 길이
　　　x : 불완전 나사부의 길이로써 약 2 산으로 한다.
2) (*) r의 수치는 목밑 둥금새의 최대값으로서 목밑에는 반드시 둥급새를 붙인다.
3) 나사의 호칭에 ( ) 안의 수치는 되도록 사용하지 않는다.

표 8-9 6각 너트(미터나사)

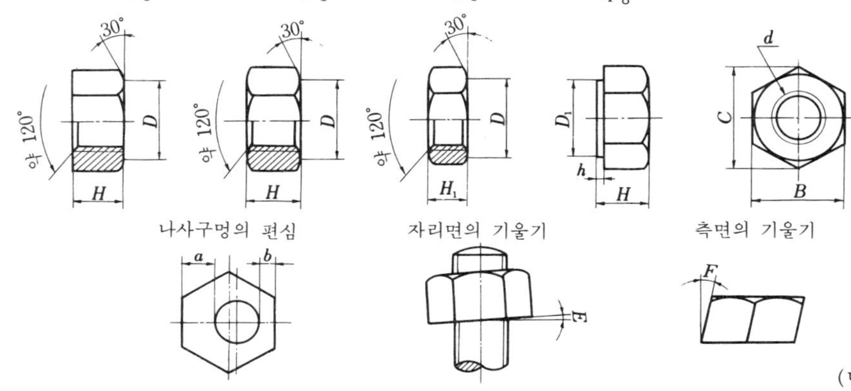

(단위 : mm)

나사의 호칭 d	수나사의 바깥지름	H 기본치수	H 허용차	H_1 기본치수	H_1 허용차	B 기본치수	B 허용차	C 약	D 약	D_1 최소	h 약	$a-b$ 최대	E및F 최대	드릴 A열	지름 B열
M 3	3	2.4		1.8	±0.1	5.5		6.4	5.3	−	−	0.2		2.45	2.40
M 4	4	3.2		2.4		7	0	8.1	6.8	−	−	0.2		3.25	3.30
M 5	5	4	±0.1	3.2		8	−0.2	9.2	7.8	7.2	0.4	0.3		4.1	4.0
M 6	6	5		3.6		10		11.5	9.8	9	0.4	0.3		5.0	4.9
M 8	8	6.5	±0.15	5	±0.15	13	0	15	12.5	11.7	0.4	0.4		6.8	6.7
M 10	10	8		6		17	−0.25	19.6	16.5	15.8	0.4	0.5		8.5	8.4
M 12	12	10		7		19		21.9	18	17.6	0.6	0.5		10.2	10.0
(M 14)	14	11		8		22		25.4	21	20.4	0.6	0.7	1°	12.0	11.8
M 16	16	13		10	±0.2	24	0	27.7	23	22.3	0.6	0.8		14.0	13.8
(M 18)	18	15	±0.2	11		27	−0.35	31.2	26	25.6	0.6	0.8		15.5	15.2
M 20	20	16		12		30		34.6	29	28.5	0.6	0.9		17.5	17.2
(M 22)	22	18		13		32		37	31	30.4	0.6	0.9		19.5	19.2
M 24	24	19		14	±0.2	36	0	41.6	34	34.2	0.6	1.1		21.0	20.7
M 30	30	24	±0.25	18		46	−0.4	53.1	44	−	−	1.5		26.5	26.1
M 36	36	29		21		55		63.5	53			1.8		2.0	31.6

〔주〕 1) 너트의 구멍을 드릴로 만들 때 보통 A 열을 사용하나 필요에 따라 B 열도 사용한다.
2) 나사의 호칭기호 M은 특히 필요하지 않는 경우는 생략해도 좋다.

8-4-2 볼트의 種類

(1) 貫通볼트(through bolt)

그림 8-15(a)와 같이 죄이려고 하는 그 부분에 볼트 지름보다 약간 큰 구멍을 뚫고, 여기에 머리붙이 볼트를 삽입하여 너트로 죄는 것이다. 일반적으로 사용되는 볼트는 이 관통볼트를 말한다.

(2) 탭 볼트(tap bolt)

그림 8-15(b)와 같이 모양은 관통볼트와 같으나, 관통볼트를 사용하기 어려운 때 체결하려는 상대쪽에 암나사를 대고 머리붙이 볼트를 나사박음해서 부품을 죄이는 볼트이다. 이 볼트를 나사박음할 때 나사부가 파괴되지 않도록 암나사 구멍의 깊이 f는 볼트의 축부보다 길게 하여야 한다.

(3) 스터드 볼트(stud bolt)

그림 8-15(c)와 같이 관통볼트의 구멍을 뚫을 수 없을 때 둥근봉의 양단에 나사를 낸 머리없는 볼트를 한 끝은 상대쪽의 암나사 부분에 미리 반영구적으로 나사박음하고, 다른 끝에 너트를 끼워 죄이도록 하는 볼트이다. 나사박는 힘은 볼트의 나사 축부쪽의 불완전 나사부분을 무리하게 나사박음으로써 얻게 되므로, 볼트의 끝과 암나사 구멍의 밑 사이에는 반드시 틈새를 두어야 한다.

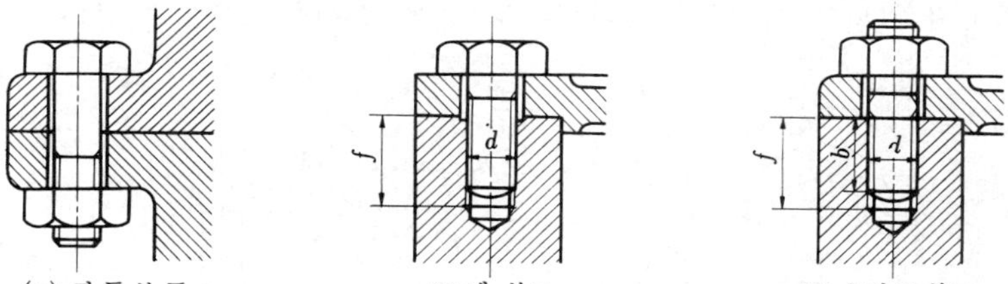

(a) 관통볼트 (b) 탭 볼트 (c) 스터드 볼트

그림 8-15 볼트의 사용법

(4) 리머 볼트(reamer bolt)

일반적으로 볼트구멍은 볼트 지름보다 크게 하나, 이런 경우 볼트에 剪斷力이 작용하면 체결하려고 하는 판이 미끄러져서 볼트에 굽힘 모멘트가 작용하므로, 볼트와 볼트구멍의 끼워맞춤이 중간 또는 억지 끼워맞춤이 되도록 볼트구멍을 리머로 다듬질하고 다듬질된 볼트를 때려서 꼭 끼운다. 이와 같은 목적으로 사용되는 볼트를 **리머 볼트**라 한다. 볼트에 전단력이 작용하는 곳에 많이 사용하며 전단면이 나사부에 걸리지 않도록 주의해야 한다. 그림 8-16과 같이 전단력을 링으로 받게 하거나 볼트의 축부를 테이퍼지게 하여 테이퍼 구멍에 끼우거나 한다.

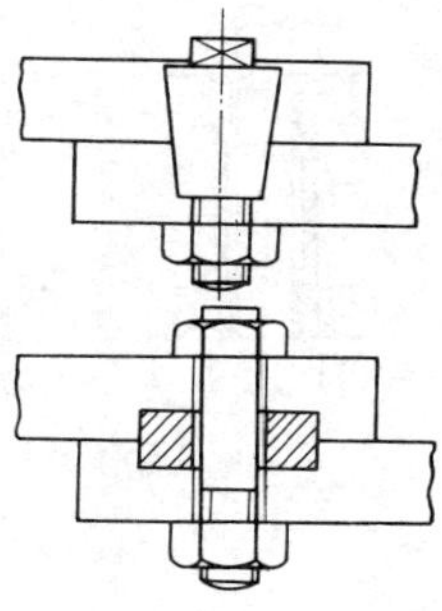

그림 8-16 리머볼트

8-4-3 특수볼트 및 특수너트

특수볼트에는 다음과 같은 것들이 있다(그림 8-17).

(a) 아이 볼트(eye bolt)

볼트 머리부에 핀을 끼울 구멍이 있어 핀을 축으로 하여 회전할 수 있게 되어 있다. 자주 착탈하는 뚜껑의 체결용으로 사용한다.

(b) 고리볼트(lifting eyebolt)

무거운 물체를 달아 올리기 위하여 훅을 걸 수 있는 고리가 있는 볼트를 사용한다.

(c) 나비볼트(wing bolt)

볼트의 머리부를 나비 모양으로 만들어 스패너 없이 손으로 죌 수 있게 한 것이다.

(d) 스테이 볼트(stay bolt)

2개의 물건 사이를 일정하게 유지시키면서 체결하는 데 사용한다.

(e) 기초볼트(foundation bolt)

기계류를 콘크리트 기초에 고정시키기 위하여 사용하는 볼트로, 볼트의 한쪽이 콘크리트 기초에 묻혔을 때 빠지지 않도록 하기 위하여 여러 가지 모양이 있다.

(f) T볼트(T-bolt)

공작기계로 가공할 때 공작물을 테이블에 고정하는 데 사용하는 볼트로, 죌 때 볼트가 너트와 같이 회전하지 않도록 머리부를 4각형으로 하여 T홈에 끼우도록 한다.

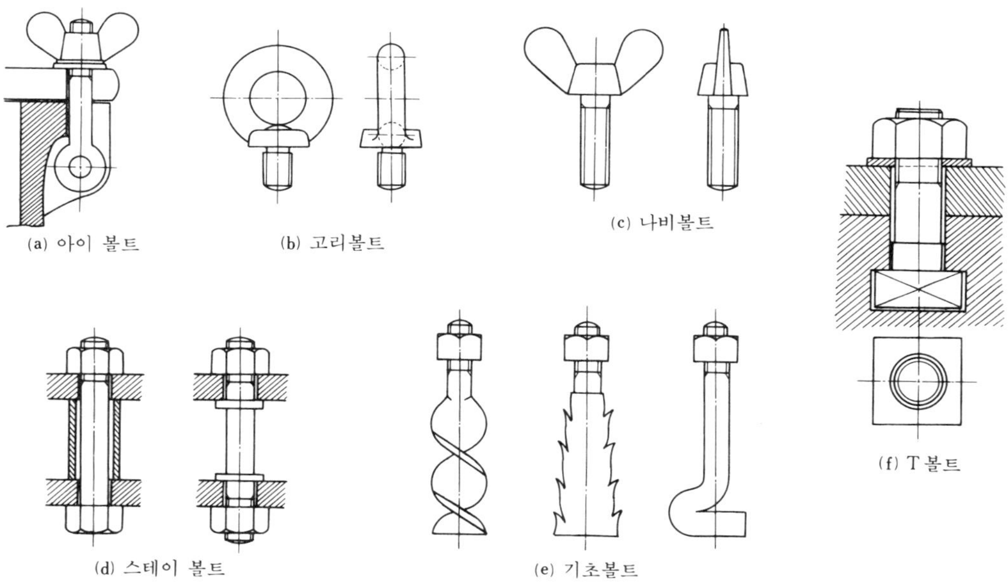

그림 8-17 특수볼트

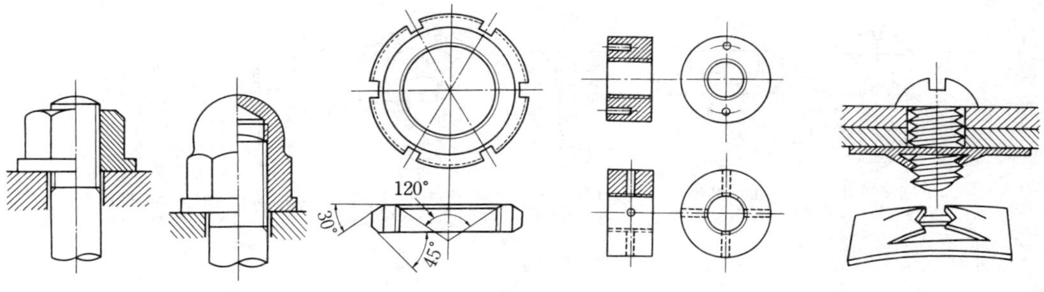

(a) 와셔 너트　(b) 캡 너트　(c) 홈붙이 둥근너트　(d) 둥근너트　(e) 스프링판 너트

그림 8-18 특수너트

특수너트에는 그림 8-18에 표시한 것들이 있다.

(a) 와셔 너트(washer based nut)

너트의 밑면에 넓은 원형의 플랜지가 있는 너트로써 볼트구멍이 큰 경우나, 접촉압력을 작게 하고자 할 때 와셔의 역할을 겸한 너트이다.

(b) 캡 너트(cap nut)

나사면에서 증기나 기름이 새는 것을 막거나, 외부에서 먼지 등이 들어가는 것을 막기 위하여 사용되는 너트이다.

(c) 홈붙이 둥근너트(grooved ring nut)

(d) 둥근너트(circular nut, ring nut)

홈붙이 둥근너트와 둥근너트는 간단히 제작할 수 있는 경우, 회전체의 균형을 좋게 하기 위하여 또는 너트를 외부에 돌출시키지 않는 경우 등에 사용한다. 또, 이들 너트를 죄는 데는 이 너트 등에 맞는 특수한 스패너가 필요하다.

(e) 스프링판 너트

스프링판을 굽혀서 만들어지며, 나사박음하지 않고 간단하게 끼울 수 있기 때문에 스피드 너트(speed nut)라고도 한다.

8-4-4 여러 가지 나사

(1) 작은나사(cap screw or machine screw)

그림 8-19에 표시한 것과 같이 볼트의 축지름이 1~9mm의 작은나사로서, 보통 머리부에는 드라이버로 돌릴 수 있도록 홈이 파여져 있다. 홈의 모양에 따라 －자홈 작은나사, ＋자홈 작은나사로 분류된다. 작은나사는 머리부의 모양이 여러 가지가 있으며 주요치수가 규격에 규정되어 있다.

(2) 멈춤나사(set screw)

밀어 박아서 생기는 마찰저항에 의해 2개의 물체 사이에 회전이나 미끄럼이 생기지 않도록 사용하는 작은나사로 키의 대용역할을 한다. 회전체의 보스부분을 축에 고정하는 데 많

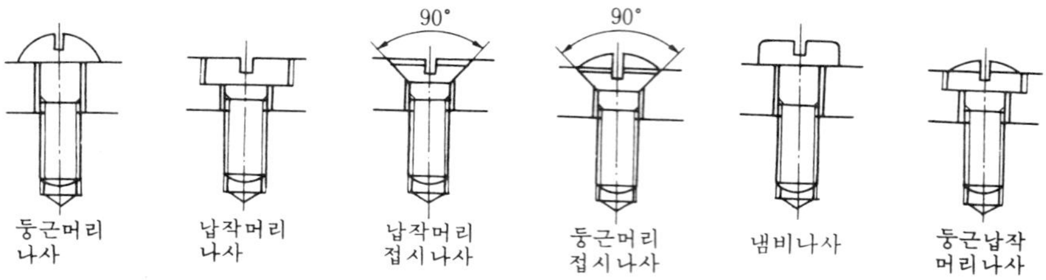

그림 8-19 작은나사

이 사용한다. 그림 8-20(a)와 같이 머리부의 모양에 따라 홈붙이, 구멍붙이, 4각 머리붙이 등이 있으며, 나사 끝의 모양에 따라 몇 가지의 종류가 있다.

(3) 나사못(wood screw)

그림 8-20(b)에 표시한 것과 같이 나사부가 원추부로 끝이 가늘게 되고 피치가 큰 3각 나사를 절삭한 것인데, 일반적으로 목재와 같은 연한 재료에 나사박음을 할 때 사용한다.

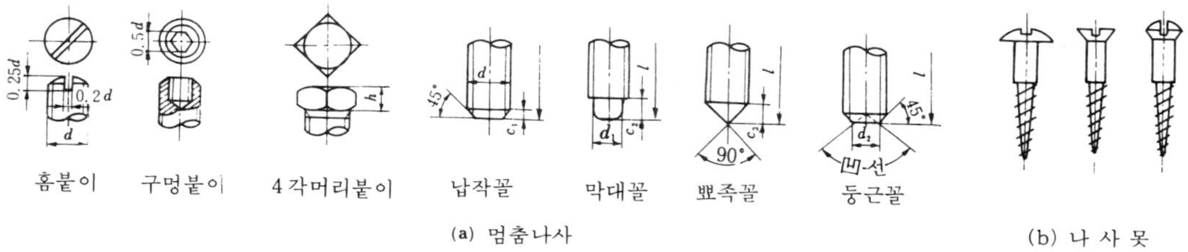

그림 8-20

(4) 태핑나사(tapping screw)

浸炭 담금질로 硬化시킨 작은나사로, 그림 8-21과 같이 나사의 끝부분에 테이퍼를 주고 암나사쪽은 나사구멍만 뚫고 스스로 나사를 내면서 죄는 것이다. 대개는 薄板을 고정하는 데 사용되고 전기기구에서 많이 사용한다.

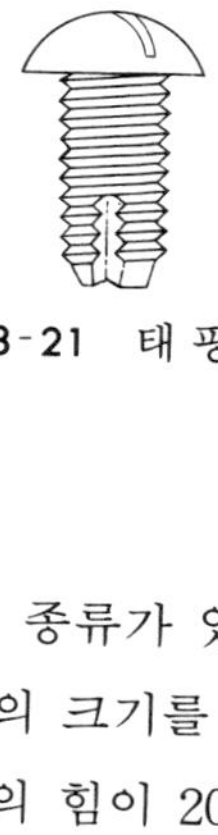

그림 8-21 태핑나사

8-4-5 스패너(Spanner)

너트 또는 볼트를 회전시키기 위한 공구로 그림 8-22와 같이 여러 가지 종류가 있다. 스패너의 입의 크기에 따라 호칭치수가 표시된다. 그림 8-22(b)에서처럼 이의 크기를 자유로이 조절할 수 있는 스패너도 있다. 스패너의 길이는 한쪽에 작용하는 사람의 힘이 20kg$_f$ 정도가 되도록 적당한 치수를 선택하는 것이 바람직하다.

8-4-6 와셔(Washer)

볼트구멍이 크거나, 너트 시트에 凹凸이 있을 때, 너트 시트가 볼트의 체결압력이나 마모에 견딜 수 없을 만큼 연한 재료로 되어 있을 때 와셔를 사용한다.

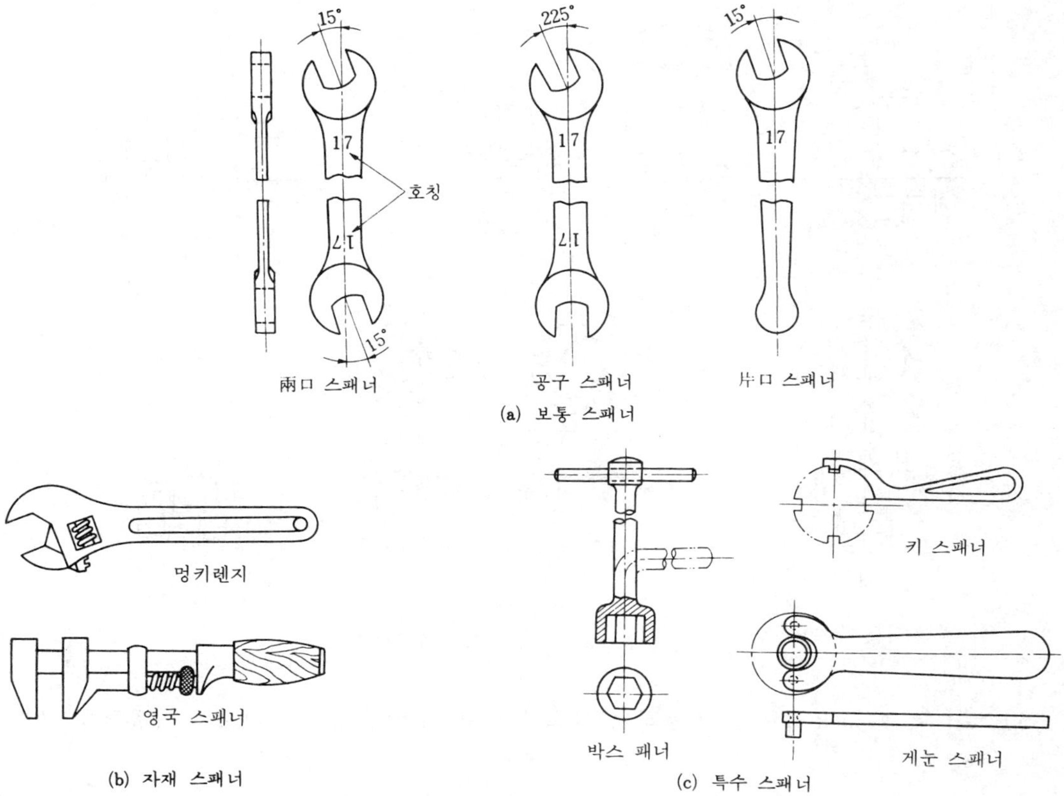

그림 8-22 스패너의 종류

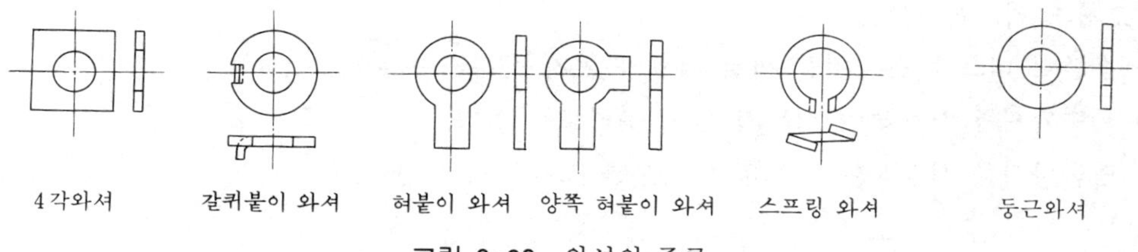

그림 8-23 와셔의 종류

그림 8-23에 표시한 바와 같이 사용목적에 따라 여러 가지 종류의 와셔가 있다.

8-4-7 나사의 풀림방지

체결용 나사의 리드각은 나사면의 마찰각보다 작게 취하여 자립잠김 조건이 만족되도록 설계되어 있으므로, 축방향 하중이 걸려도 쉽게 나사가 회전하는 일은 없다. 그러나 실제의 경우 운전 중 진동이나 충격이 기계에 가해지면 볼트가 풀어져 기계의 파손과 위험을 일으키는 경우가 많다.

따라서, 그림 8-24와 같은 여러 가지 나사풀림을 방지하는 방법을 강구한다.

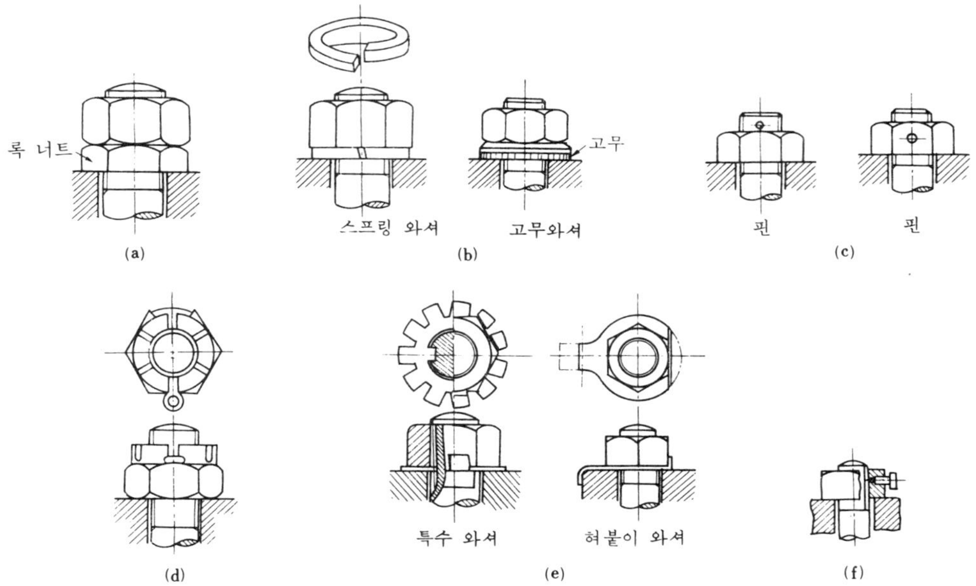

그림 8-24 나사의 풀림방지

(1) 로크 너트(lock nut)를 사용하여 볼트와 너트 사이에 생기는 나사의 마찰력을 크게 하도록 한다.

(2) 스프링 와셔나 고무와셔를 중간에 끼워 축방향의 힘을 유지시키도록 한다.

(3) 볼트에 구멍을 뚫든가 볼트와 너트에 같은 구멍을 뚫어 핀을 꽂음으로써 너트가 빠져 나오지 못하도록 한다.

(4) 홈붙이 너트에 분할핀을 끼워 너트가 돌지 못하도록 한다.

(5) 특수와셔를 사용하여 너트가 돌지 못하도록 한다.

(6) 멈춤나사를 사용하여 볼트의 나사부를 고정하도록 한다.

8-5 나사의 強度設計

8-5-1 볼트의 강도

[1] 축방향으로 인장하중만을 받는 경우

인장하중 Q가 작용하는 경우에 볼트의 골지름을 d_1, 나사재료의 허용 인장응력을 σ_t라고 하면

$$Q = \frac{\pi d_1^2 \sigma_t}{4} \tag{8·18}$$

볼트의 호칭 지름으로써 바깥 지름을 사용하므로, 바깥 지름을 d라 하고 위의 식을 다시 쓰면

$$Q = \frac{\pi}{4}\left(\frac{d_1}{d}\right)^2 d^2 \sigma_t \tag{8·19}$$

미터나사나 휘트워스 나사에서 d_1과 d의 관계는 표 8-10과 같이 나타나므로, 이 중에서 최소값인 $(d_1/d)^2 = 0.63$을 취하면

$$Q = \frac{\pi}{4} \times 0.63 \times d^2 \sigma_t \fallingdotseq \frac{1}{2} d^2 \sigma_t$$

$$d = \sqrt{\frac{2Q}{\sigma_t}} \tag{8·20}$$

허용응력 σ_t의 값은 공작이 양호할 때는 $6.0\,\mathrm{kg_f/mm^2}$, 공작이 불량할 때는 $4.8\,\mathrm{kg_f/mm^2}$이다.

표 8-10

d (mm)	12	16	28	40	d (in)	1/2″	5/8″	$1\frac{1}{8}$″	$1\frac{5}{8}$″
$(d_1/d)^2$	0.63	0.66	0.69	0.70	$(d_1/d)^2$	0.63	0.66	0.70	0.77

[2] **축하중과 비틀림 모멘트를 동시에 받는 경우**

나사를 죄이는 데 필요한 모멘트 T는

$$T = Qr\tan(\alpha + \rho')$$

이 모멘트에 의한 볼트의 전단응력 τ는

$$\tau = \frac{T}{\frac{\pi}{16}d_1^3} = \frac{Qr\tan(\alpha+\rho')}{\frac{\pi}{16}d_1^3} = \frac{16Qr\tan(\alpha+\rho')}{\pi d_1^3} \tag{8·21}$$

또, 인장응력 σ는

$$\sigma = \frac{Q}{\frac{\pi}{4}d_1^2} = \frac{4Q}{\pi d_1^2} \tag{8·22}$$

볼트가 **軟鋼**과 같은 연성재료라면 최대 전단응력 $\tau_{\max}$은

$$\tau_{\max} = \frac{1}{2}\sqrt{\sigma^2 + 4\tau^2} \tag{8·23}$$

이므로, 이 값이 허용 전단응력을 넘지 않아야 한다.

[3] **죄어진 볼트에 인장하중이 작용하는 경우**

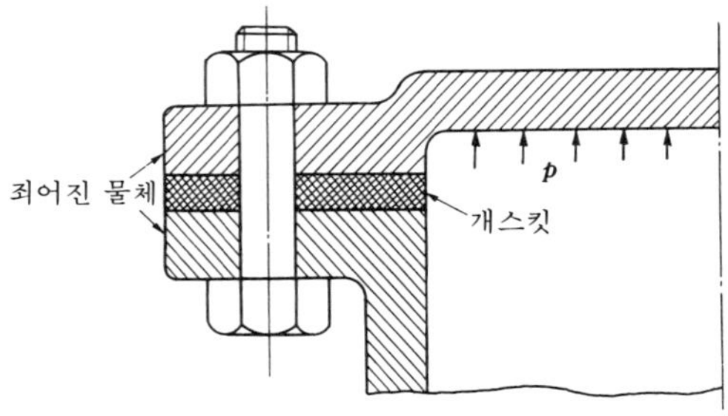

그림 8-25 압력 용기용 볼트

그림 **8-25** 와 같이 압력용기의 이음부분이 처음에 충분히 죄어져서 볼트에 Q_0의 인장력이 작용하고 있다. 이 인장력 Q_0 때문에 볼트는 늘어나고 죄어진 물체는 수축하여 균형상태를 이루게 된다.

지금 Q_0에 대응되는 볼트의 신장을 δ_t, 죄어진 물체의 수축을 δ_c라 하여 이 죔상태를 힘-신장(수축)선도로 표시하면 그림 **8-26** (a), (b), (c) 와 같이 표시된다. 즉 (a) 는 볼트의 힘-신장선도, (b) 는 죄어진 물체의 힘-수축선도, (c) 는 (a) 와 (b) 를 조합한 것이다.

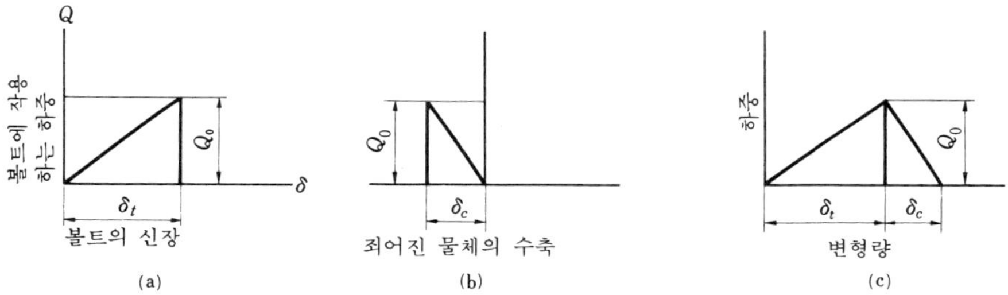

그림 8-26 신장(수축)선도

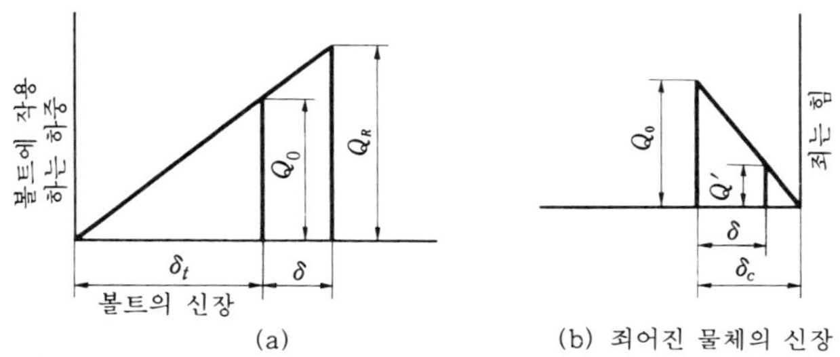

그림 8-27 충분히 죈 볼트에서 다시 P의 하중이 작용할 때의 힘-신장선도

다음 이런 상태에서 그림 **8-27** 에서 보는 것처럼 압력 p에 의한 하중 P가 다시 가해졌다고 하면, 볼트는 P에 의해 다시 δ만큼 늘어나고 그 상태를 도시하면 그림 **8-27** (a)와 같이 된다. 이 때 볼트에 작용하는 인장력을 Q_R라고 하면 다음 관계가 성립한다.

$$\frac{Q_R}{Q_0} = \frac{\delta_t + \delta}{\delta_t}$$

즉

$$Q_R = Q_0 \frac{\delta_t + \delta}{\delta_t} \tag{8·24}$$

또한, 죄어진 물체의 수축은 $(\delta_c - \delta)$로 감소하고 그 상태를 도시하면 그림 **8-27**(b)와 같이 된다. 이 때 죄어진 물체의 압축력을 Q'라 하면 다음 관계가 성립한다.

$$\frac{Q_0}{Q'} = \frac{\delta_c}{\delta_c - \delta}$$

$$Q' = Q_0 \frac{\delta_c - \delta}{\delta_c} \tag{8·25}$$

따라서, 볼트와 죄어진 물체의 선도를 조합하면, 그림 **8-28**에서 표시한 바와 같이 볼트에 작용하는 인장력 Q_R는 하중 P와 죄어진 물체에 가해지는 압축력 Q'와의 합으로 표시할 수 있다. 따라서, 다음 식이 성립한다.

$$Q_R = Q' + P = Q_0 \frac{\delta_c - \delta}{\delta_c} + P \tag{8·26}$$

또, 식 (8·24)로부터 $\delta = \delta_c\left(\frac{Q_R}{Q_0} - 1\right)$이므로, 이것을 식 (8·26)에 대입하면 다음 식을 얻는다.

$$Q_R = Q_0 \frac{\delta_c - \frac{Q_R \delta_t}{Q_0} + \delta_t}{\delta_c} + P$$

$$Q_R = Q_0 + P \frac{\delta_c}{\delta_t + \delta_c} \tag{8·27}$$

그림 **8-28**에서 세로축을 힘, 가로축을 볼트의 신장과 죄어진 물체의 수축을 취하면 $\overline{OB}$는 볼트의 인장력, $\overline{AD}$는 죄어진 물체의 압축력이다. A점은 볼트가 죄인 채 그대로의 상태이고 인장력은 Q_0, 신장은 δ_t, 죄어진 물체의 수축은 δ_c를 표시한다. B점은 여기에 다시 하중 P가 가해져 볼트는 인장력 Q_R, 죄어진 물체는 압축력 Q'로 된 상태로서 각각의 크기는

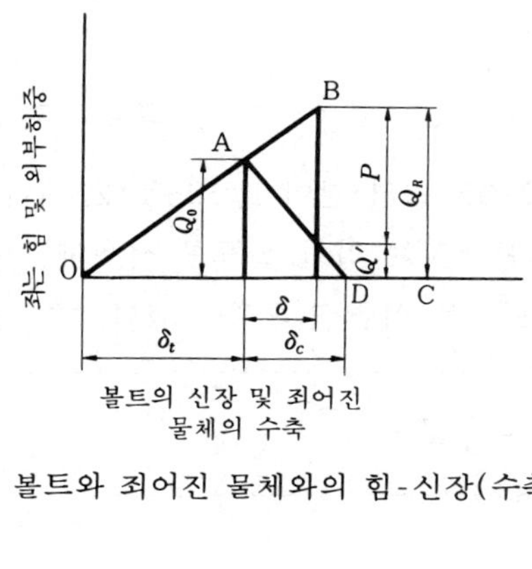

그림 8-28 볼트와 죄어진 물체와의 힘-신장(수축)의 조합선도

앞의 식들로 표시된다. P가 커져서 볼트의 신장 δ가 $\delta=\delta_c$로 되면 죄어진 물체의 수축은 0이 되고 압축력 $Q'=0$이 되므로 $Q_R=P$가 된다.

Q_R는 볼트에 작용하는 합성 인장력이므로 볼트의 크기는 Q_R로써 설계해야 하고, 엔진의 실린더 헤드의 뚜껑, 압력용기의 뚜껑, 파이프 이음 등에서 P가 아주 크면 볼트의 신장이 죄어지는 물체의 수축보다 커져서 틈이 생기게 되어 氣密을 유지할 수 없게 된다. 그러므로 P의 값이 다음 범위 내에 있어야만 한다.

$$0<P<Q_0\frac{\delta_t+\delta}{\delta_t} \qquad (8\cdot28)$$

식 (8·28)이 성립되면 식 (8·26)에서 $Q_R>P$이므로 Q'가 0이 되지 않아서 내부압력이 누설되지는 않는다.

[4] 축의 직각방향에 힘을 받는 경우

서로 미끄러지는 판을 체결하는 볼트는 축방향의 힘 Q이외에 그림 **8-29**와 같이 인장력 P를 받게 된다. 이 때 판이 미끄러지지 않으려면 마찰력 μQ가 P보다 커야 한다. 볼트와 볼트구멍 사이에 틈새가 생겨서 판이 미끄러지게 되면 볼트는 전단응력 이외에 굽힘응력까지 받게 되어 위험하다. 따라서, 체결력을 크게 하기 위해 항복점이 높은 재료를 선택할 필요가 있다. 만약, 미끄러지면 굽힘 모멘트와 굽힘응력은 다음과 같이 구한다.

$$M=\frac{Pl}{8}, \qquad \sigma_b=\frac{Pl}{8\times\frac{\pi}{32}d^3}=\frac{4Pl}{\pi d^3} \qquad (8\cdot29)$$

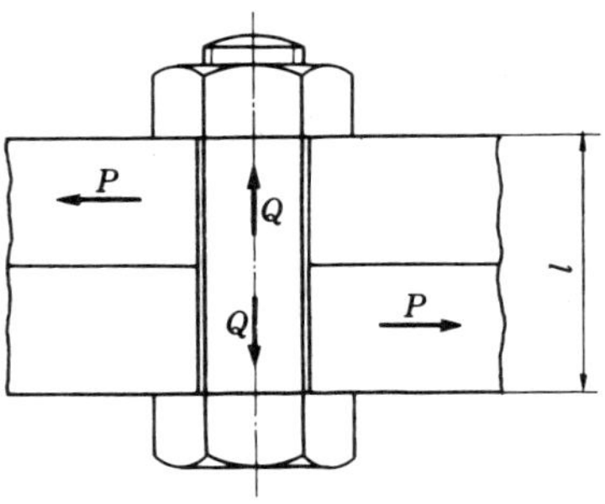

그림 8-29 볼트의 전단작용

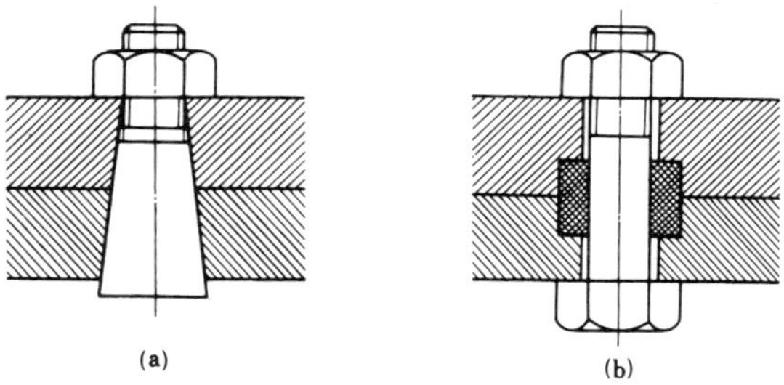

그림 8-30 볼트의 단순전단

또 볼트와 볼트구멍에 그림 **8-30**(a)와 같이 1/10~1/20 테이퍼를 만들어 서로 밀착시킴으로써 틈새를 없애거나, 구멍과 꼭맞는 리머 볼트를 사용하면 볼트는 단순전단 상태를 유지한다. 이 때 판의 인장력 P는 다음 식을 만족해야 한다.

$$P\leqq\mu Q+\frac{\pi}{4}d^2\tau \qquad (8\cdot30)$$

전단력은 나사부에 작용하지 않도록 하여야 한다. 판의 미끄러움을 방지하기 위하여 그림 **8-30**(b)와 같이 판 사이에 링(ring)을 넣어 볼트를 보호하기도 한다.

[5] 충격하중을 받는 경우

내연기관과 같은 충격적인 하중을 받는 장소에 사용되는 볼트는 반복하중을 받아 피로파괴를 일으킨다. 이와 같은 충격 반복하중을 받는 볼트는 축지름을 가늘게 함으로써 그 내구한도가 상승되는 것을 실험으로 알 수 있다. 예제 **6-3**을 복습하는 것이 바람직하다.

8-5-2 너트의 높이

너트에 나사가 깎여 있을 때 나사산의 수를 n, 나사의 피치를 p라고 하면 너트의 높이 H는 다음과 같다.

$$H = np \tag{8·31}$$

나사산의 파괴는 굽힘이 아니면 전단으로 파괴되나 실험에 의하면 3각 나사는 굽힘으로 4각 나사, 사다리꼴 나사는 전단작용으로 파괴되고, 주철은 대개 전단작용으로 파괴되는 것으로 나타났다.

[1] 굽힘強度

그림 **8-31**에서 보는 바와 같이 나사의 각 부분의 치수가 주어지고 하중 Q가 집중하중으로 골 밑에서 $\frac{h}{3}$의 곳에 작용한다고 하면

$$Q = \frac{\pi}{4} d_1^2 \sigma_t \tag{8·32}$$

또,

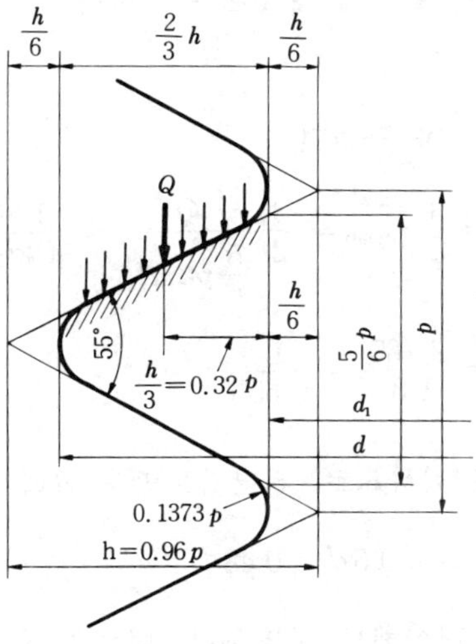

그림 8-31 너트의 높이

$$M = \frac{h}{3}Q = 0.32pQ \qquad (\because \frac{h}{3} = 0.32p) \tag{8·33}$$

나사를 외팔보로 생각할 때 고정단의 단면 높이가 $\frac{5}{6}p$, 너비가 $n\pi d_1$의 4각형이므로

$$\text{단면계수} = \frac{1}{6}(n\pi d_1)\left(\frac{5}{6}p\right)^2 = \frac{25}{216}nd_1p^2\pi$$

따라서 굽힘응력 σ_b는

$$\sigma_b = \frac{M}{Z} = \frac{0.32\times 216}{25\pi}\cdot\frac{Q}{nd_1p} = \frac{2.765Q}{n\pi d_1 p} \tag{8·34}$$

식 (8·32)를 식 (8·34)에 대입하면

$$\sigma_b = \frac{2.765}{n\pi d_1 p}\times\frac{\pi}{4}d_1^2\sigma_t = 0.69\frac{d_1}{np}\sigma_t \tag{8·35}$$

$H = np$라고 할 때 이것을 위의 식에 대입하면

$$H = np = 0.69\frac{\sigma_t}{\sigma_b}d_1 \tag{8·36}$$

일반적으로 $\sigma_b \fallingdotseq \sigma_t$이므로

$$H = 0.69d_1 \tag{8·37}$$

$d_1 = 0.85d$로 하면

$$H = 0.6d \tag{8·38}$$

너트의 재료가 볼트의 재료보다 강한 강철로 만들어졌다면 높이는 0.6d 정도로 하면 되나, 일반적으로 너트의 재료가 볼트의 재료보다 약하다.

[2] 剪斷強度

같은 4각 단면에서 전단응력을 구하면

$$\tau_{max} = \frac{3}{2}\tau_{mean} = \frac{3}{2}\frac{Q}{\frac{5}{6}pn\pi d_1} = \frac{1.8Q}{\pi nd_1p} \tag{8·39}$$

$$\frac{\sigma_b}{\tau_{max}} = \frac{2.765}{1.8} = \frac{1}{0.65} \tag{8·40}$$

그러나 보통 $\frac{\sigma_b}{\tau_{max}} = \frac{1}{0.8}$로 취하므로, 전단강도만을 고려했을 때 너트의 높이는

$$H = 0.8\times 0.6d = 0.48d \tag{8·41}$$

가 되므로 굽힘에 대해서만 계산해도 무방하다. 너트의 재료가 볼트재료보다 약한 주철의 경우에는 $H \fallingdotseq 1.5d$로 하고 있으며, 다른 재료에 대해서는 표 8-11과 같이 취한다.

표 8-11 너트의 높이

볼 트	너 트	H
강	강	$\fallingdotseq d$
강	주 철	$\fallingdotseq 1.5d$
강	청 동	$\fallingdotseq 1.25d$

[3] 나사산의 接觸壓力

나사산의 접촉은 균일하지 않은 것이 보통이므로, 하중이 커지면 나사산은 큰 접촉압력을 받게 되어 마찰이 커지고 응력분포가 불균일하게 되어 불의의 사고가 발생한다. 따라서, 나사산에 작용하는 접촉압력을 제한하여 너트의 높이를 결정하는 방법을 많이 사용한다.

지금 축하중 Q가 나사간에 균일하게 분포된다고 하면, 나사간의 평균 접촉압력 p_m은

$$p_m = \frac{Q}{n \cdot \frac{\pi}{4}(d^2 - d_1^2)} \tag{8·42}$$

이며, 유효지름 $d_2 = \frac{d + d_1}{2}$이고 나사산의 높이 $h = \frac{d - d_1}{2}$이므로 이것들을 위의 식에 대입하면

$$p_m = \frac{Q}{n\pi d_2 h} \tag{8·43}$$

축하중이 증가하면 나사를 돌릴 때 나사 사이의 마찰이 커지고 마멸이 아주 심하게 되면 타게 되어 사고가 발생한다. 따라서, 실용상 p_m의 값을 크게 취하지 않고 제한하게 된다. 특히, 정밀을 필요로 하는 이송나사 등에서는 충분히 낮은 값이 되도록 하여야 한다. 나사산의 수를 증가시키지 않고 접촉압력을 낮게 하려면 나사의 지름을 크게 해도 괜찮다. 허용 접촉압력으로 표 8-12에 나타낸 값을 많이 사용하고 있다.

표 8-12 허용 접촉압력

재 료		p_a (kg$_f$/cm^2)	
볼 트	너 트	결 합 용	전 동 용
연 강	연강 또는 청동	300	100
경 강	경강 또는 청동	400	130
강	주 철	150	500

傳動用 나사의 경우 일반적으로

저속인 경우 …… $p_a = 1.25 \sim 1.80\,\mathrm{kg_f/mm^2}$

중속인 경우 …… $p_a = 0.35 \sim 1.00\,\mathrm{kg_f/mm^2}$

로 취하는 것이 좋다.

허용 접촉압력을 기준으로 너트의 높이를 결정하면 다음과 같다.

$$Q = \frac{\pi}{4}(d^2 - d_1^2)np_a$$

$$n = \frac{4Q}{\pi(d^2 - d_1)^2 p_a} = \frac{Q}{\pi d_2 h p_a} \quad (8 \cdot 44)$$

$$\therefore\ H = np = \frac{4Qp}{\pi(d^2 - d_1^2)p_a} = \frac{Qp}{\pi d_2 h p_a} \quad (8 \cdot 45)$$

예제 8-6. 58.8 kN의 하중을 수직으로 끌어올리는 데 사용되는 아이 볼트의 바깥 지름을 구하라. 볼트재료는 연강으로 허용 인장응력은 58.8 MPa이다.

풀이> 식 (8·20)에 대입하면

$$d = \sqrt{\frac{2Q}{\sigma_t}} = \sqrt{\frac{2 \times 58.8 \times 10^3}{58.8 \times 10^6}} = 0.0447\,\text{m} = 44.7\,\text{mm}$$

예제 8-7. 그림 8-32와 같은 브래킷을 3개의 바깥 지름 22 mm의 볼트로 벽에다 장착하는 경우 그 안전하중 P를 구하여라. 단, 볼트에 작용하는 전단력은 일체 무시한다. 동하중에 대한 볼트의 허용 인장응력은 6 kg_f/mm^2로 한다.

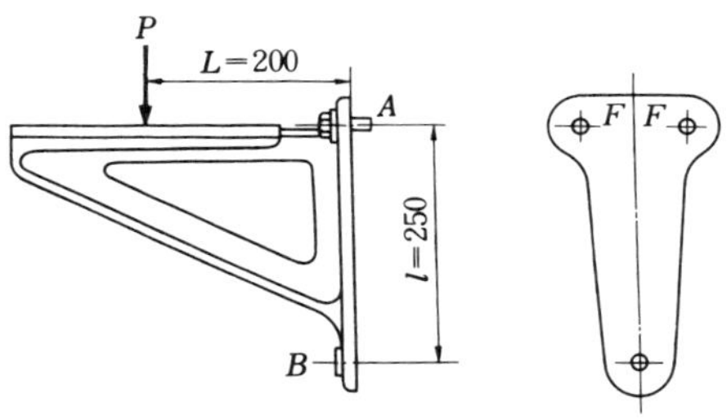

그림 8-32 브 래 킷

풀이> 하중을 P라 하고 하중으로부터 지점까지의 거리를 L, 작용 모멘트를 T_1이라고 하면

$$T_1 = PL \quad \text{(a)}$$

이런 경우 밑에 있는 나사는 고정하는 역할을 하고 주로 위에 있는 2개의 나사가 인장을 받아 모멘트를 지지한다고 보면, 나사 하나가 받을 수 있는 힘 F는

$$F = (A \cdot \sigma_t)\text{kg}_f$$

단, σ_t는 허용 인장응력, A는 나사부의 단면적, 최대저항 모멘트 T_2는 상하 나사의 간격을 l이라고 하면

$$T_2 = 2F \cdot l \quad \text{(b)}$$

또, $T_1 = T_2$로 식 (a), (b)로부터

$$PL = 2F \cdot l$$

$$P = \frac{2F \cdot l}{L} = \frac{2A\sigma_t \cdot l}{L}$$

이 된다. 바깥 지름이 22 mm 이면 골지름은 18.7 mm 이고 $A = 274.5\,\text{mm}^2$ 이므로 식에 대입하면

$$P = \frac{2 \times 274.5 \times 6 \times 250}{200} = 4120\,\text{kg}_f$$

따라서, 안전하중은 약 4 ton 이다.

예제 8-8. 예제 8-7에서 실제로 각 볼트에는 인장응력 외에 전단응력이 작용한다. 만약, 4 ton 의 하중이 가해지는 경우 각 볼트에 생기는 응력을 구하여 그 안전도를 검토하라. 초기의 죄는 힘은 무시한다.

풀이 밑에 있는 나사를 원점으로 하여 모멘트를 구하면

$$PL = 2F \cdot l$$

하나의 볼트에 가해지는 인장력 F 는

$$F = \frac{PL}{2l} = \frac{4000 \times 200}{2 \times 250} = 1600\,\text{kg}_f$$

따라서, 볼트에 가해지는 인장응력 σ_t 는

$$\sigma_t = \frac{F}{\frac{\pi}{4}d_1^2} = \frac{1600}{\frac{\pi}{4} \times 18.7^2} = 5.84\,\text{kg}_f/\text{mm}^2$$

다음 볼트에 가해지는 전단응력은 3개의 볼트가 지지되므로

$$\tau = \frac{P}{3 \cdot \frac{\pi}{4}d_1^2} = \frac{4000}{3 \times \frac{\pi}{4} \times 18.7^2} = 4.85\,\text{kg}_f/\text{mm}^2$$

최대전단 응력설에 의해 합성 전단응력 τ_e 는

$$\tau_e = \frac{1}{2}\sqrt{\sigma_t^2 + 4\tau^2} = \frac{1}{2}\sqrt{5.84^2 + 4 \times 4.85^2} = 5.66\,\text{kg}_f/\text{mm}^2$$

전단항복 응력은 인장항복 응력의 $\frac{1}{2}$ 이고, 볼트재료의 인장항복 응력이 $24\text{kg}_f/\text{mm}^2$ 라면 안전계수 SF 는

$$SF = \frac{24}{2 \times 5.66} = 2.1$$

이 얻어지고 하중에 대해 안전하다.

예제 8-9. $10\text{kg}_f/\text{cm}^2$ 의 압력을 받는 안지름 220 mm 인 강관의 개스킷의 지름은 그림 8-33 처럼 280 mm 이며, 볼트는 M 20 × 14 개이다. 만약, $\delta_t/\delta_c = 4$ 이고 볼트의 최초 인장력이 압력에 의한 하중 P 의 1.3 으로 하는 경우 볼트에 발생되는 최대응력은 얼마이며, 이 플랜지의 기밀은 유지되겠는가 검토하여라.

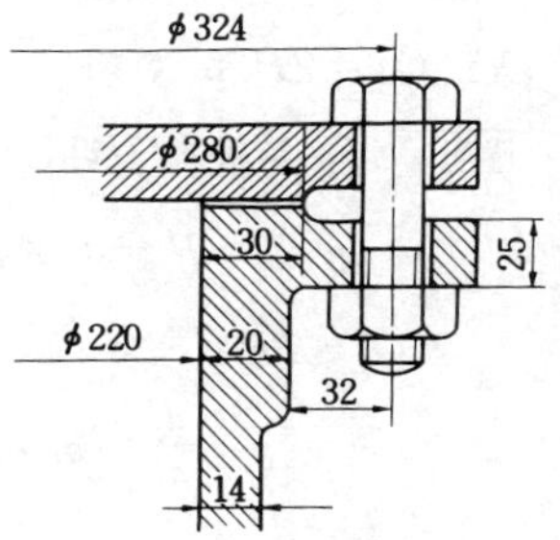

그림 8-33

풀이 압력이 개스킷의 중앙까지 작용한다고 생각할 때 압력으로 인

한 하중 P는

$$P=\frac{\pi}{4}(22+3)^2\times 10=4900\,\mathrm{kg}_f$$

$$Q_0=1.3P=1.3\times 4900=6370\,\mathrm{kg}_f$$

$\delta_t/\delta_c=4$이므로 $\delta_c/(\delta_c+\delta_t)=0.2$가 되고, 볼트에 작용하는 인장력 Q_R는 식 (8·27)에 의하여

$$Q_R=Q_0+P\frac{\delta_c}{\delta_t+\delta_c}=6370+4900\times 0.2=7350\,\mathrm{kg}_f$$

M20의 볼트의 골지름은 1.68cm이고 14개의 전체 단면적은

$$A_1=\frac{\pi}{4}\times 1.68^2\times 14=39.5\,\mathrm{kgcm}^2$$

따라서, 볼트에 걸리는 최대 인장응력 δ_t는

$$\delta_t=\frac{Q_R}{A_1}=\frac{7350}{39.5}=186\,\mathrm{kg}_f/\mathrm{cm}^2$$

또, 내압을 받을 때 개스킷에 작용하는 압축력 Q'는 식 (8·25)에 의해

$$Q'=Q_0\frac{\delta_c-\delta}{\delta_c}$$

이고, 그림 **8-28** 로부터

$$\delta=\frac{(7350-6370)\times 4}{6370}=0.62$$

가 얻어지고

$$Q'=6370\frac{0.38}{1}=2421\,\mathrm{kg}_f$$

개스킷의 단면적 A_2는

$$A_2=\frac{\pi}{4}(28^2-22^2)=235\,\mathrm{cm}^2$$

개스킷에 작용하는 압축응력은

$$\sigma_c=\frac{Q'}{A_2}=\frac{2421}{235}=10.3\,\mathrm{kg}_f/\mathrm{cm}^2$$

이 압축응력은 耐壓보다 크므로 누설이 일어나지 않는다.

예제 8-10. 안지름 400mm, 내압 0.98MPa의 실린더 커버를 12개의 볼트로 죄이려고 한다. 볼트재료의 허용 인장응력을 47MPa로 한다면 볼트의 지름은 얼마로 해야 하는가? 단, $Q_0=2P$로 한다.

풀이 볼트 하나에 걸리는 압력에 의한 인장하중 P는

$$P=p\cdot A/n=0.98\cdot\frac{\pi}{4}\times 400^2\times\frac{1}{12}=(123\times 10^3\div 12)\,\mathrm{N}$$

$Q_0=2P$이므로

$$\frac{\pi}{4}d_1^2\sigma_t=2\times 123\times 10^3\div 12$$

$$d_1^2=\frac{4\times 2\times 123\times 10^3}{12\pi\times 47\,\mathrm{MPa}}=555 \qquad d_1=23.6\,\mathrm{mm}$$

예제 **8-11.** 하중 8ton, 揚程 250mm의 나사잭의 나사를 30° 사다리꼴 나사로 재료는 S45C를 사용하고 안전계수는 5로 한다. 또, 잭의 칼라부의 평균 지름은 75mm이고 칼라와 나사부의 마찰계수는 0.15이다.

① 나사를 설계하라.

② 挫屈應力을 구하고 안전유무를 검토하라.

③ 나사의 접촉면 압력이 $p_a = 1\,\text{kg}_f/\text{mm}^2$일 때 나사의 물림 길이는 얼마로 해야 하는가?

④ 토크와 잭의 효율을 구하라.

⑤ 나사를 밀어 올리는 속도가 0.3m/min일 때 소요동력은 얼마인가?

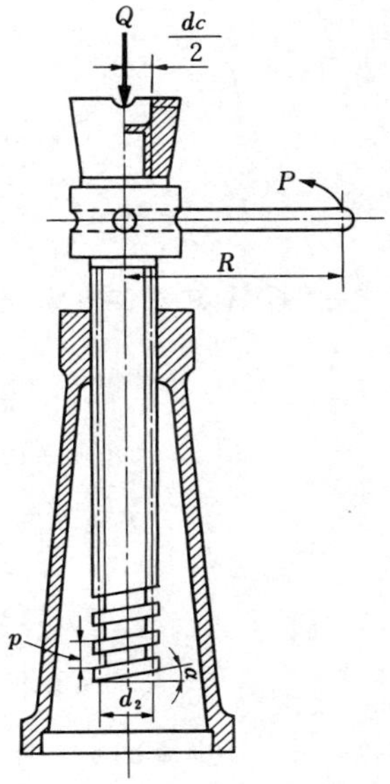

그림 8-34 나 사 잭

풀이 ① S45C의 인장강도는 $45\,\text{kg}_f/\text{mm}^2$(항복점 $30\,\text{kg}_f/\text{mm}^2$)이고 $\sigma_t = \sigma_c$를 생각하면 허용 압축응력은

$$\sigma_c = \frac{45}{5} = 9.0\,\text{kg}_f/\text{mm}^2$$

$$d = \sqrt{\frac{2Q}{\sigma_c}} = \sqrt{\frac{2 \times 8000}{9}} = 42\,\text{mm}$$

따라서, 나사 Tr 50×8을 사용하기도 한다. $d = 50\,\text{mm}$, $d_2 = 46\,\text{mm}$, $d_1 = 42\,\text{mm}$, $p = 8\,\text{mm}$이다.

② $d_1 = 42\,\text{mm}$, 길이 250mm의 1단 고정, 타단자유의 원주에 대해

$$I = \frac{\pi d_1^4}{64} = \frac{\pi \times 42^4}{64} = 153 \times 10^3, \qquad A = \frac{\pi d_1^2}{4} = 1.39 \times 10^3$$

회전 반지름 k는

$$k = \sqrt{\frac{I}{A}} = \sqrt{\frac{153 \times 10^3}{1.39 \times 10^3}} = 10.5\,\text{mm}$$

세장비 λ는

$$\lambda = \frac{l}{k} = \frac{250}{10.5} = 24$$

이며 $E = 2.1 \times 10^4\,\text{kg}_f/\text{mm}^2$로 하면, 좌굴응력 σ_{cr}는 랭킨 식에서 구할 때 다음과 같이 얻어진다.

$$\sigma_{cr} = \frac{\sigma_r}{1 + \dfrac{a}{n}\left(\dfrac{l}{k}\right)^2} = \frac{30}{1 + 1.4 \times 10^{-4} \cdot 4 \cdot 24^2} = \frac{30}{1 + 0.32}$$

$$= 22.7\,\text{kg}_f/\text{mm}^2$$

여기서

$$a = \frac{\sigma_r}{\pi^2 E} = \frac{30}{\pi^2 \times 2.1 \times 10^4} = 1.4 \times 10^{-4}, \qquad n = \frac{1}{4}$$

응력비 $\frac{\sigma_{cr}}{\sigma_c} = \frac{22.7}{9} = 2.5$이므로 안전하다.

③ 식 (8·45)에서 물림 길이, 즉 너트의 높이를 구해 보면 다음과 같다.

$$H = \frac{4Qp}{\pi(d^2 - d_1^2)P_a} = \frac{4 \times 8 \times 8000}{\pi(50^2 - 42^2) \times 1} = 110.7$$

$$n = \frac{H}{p} = \frac{110.7}{8} = 13.84$$

④ 필요한 토크를 구하기 위해 리드각과 마찰각을 구한다.

$$\tan\alpha = \frac{p}{\pi d_2} = \frac{8}{\pi \times 46} = 0.055, \qquad \alpha = 3°10'$$

$$\tan\rho = 0.15, \qquad \rho = 8°50'$$

$$T = \frac{d_2}{2} \cdot Q\left\{\tan(\alpha + \rho) + \frac{d_c}{d_2}\mu_c\right\}$$

$$= \frac{46}{2} \times 8000\left\{\tan(3°10' + 8°50') + \frac{75}{46} \times 0.15\right\}$$

$$= 82{,}800\,\mathrm{kg_f \cdot mm}$$

잭의 효율 η는 다음과 같다.

$$\eta = \frac{Qp}{2\pi T} = \frac{8000 \times 8}{2\pi \times 82{,}800} = 0.12$$

⑤ 소요동력 H는 밀어 올리는 속도가 0.3m/min이므로 다음과 같이 계산한다.

$$H = \frac{Qv}{60 \times 75 \times \eta} = \frac{8000 \times 0.3}{60 \times 75 \times 0.12} = 4.4\,\mathrm{HP}$$

연 습 문 제

1. 암나사 수나사의 지름에 관해서 설명하라.
2. 나사의 자립멈춤을 만족시키는 조건을 설명하고, 나사의 자립멈춤과 나사의 효율에 관한 관계를 수식으로 표시하라.
3. 압력용기에 사용되는 죄어진 볼트에 인장하중이 작용할 때, 누설되지 않는 조건에 관해서 설명하라.
4. 나사의 효율을 나타내는 식을 유도하고 최대 나사효율에 관해서 설명하라.
5. 와셔의 용도를 간단히 설명하고 나사의 풀림방지를 위한 방법에는 어떤 것이 있는지 보기를 들어 설명하라.
6. 미터계열 사다리꼴 나사 Tr 25의 효율을 구하라. 단 마찰계수 $\mu = 0.1$이다. (41.1%)
7. 바깥 지름 32mm, 피치 4mm인 2줄 나사산을 갖는 동력용 나사를 4각 나사로 하려고 한다. $\mu = \mu_m = 0.08$, 접촉면의 평균 지름은 40mm이며 나사산 하나에 작용하는 하중 $Q = 6.4\,\mathrm{kN}$이다.

① 나사산의 깊이, 너비, 유효 지름, 골지름 및 리드를 구하라.

② 하중을 들어올리기 위한 토크를 구하라.

③ 하중을 내리기 위한 토크를 구하라.

④ 전체 효율을 구하라.

(① 깊이 = 너비 = 2mm, $d_2 = 30$mm, $d_1 = 28$mm, $l = 8$mm
② 26.17N·m ③ 10.71N·m ④ 0.311)

8. 바깥 지름 58mm, 골지름 44mm, 피치 12.7mm의 4각 나사가 축방향의 힘 78.4kN을 지지하고 있을 때, 이 나사를 돌리는 데 필요한 토크를 구하여라. ($T = 361.2$N·m)

9. 유효 길이 210mm의 스패너를 사용해서 M20인 볼트로 2개의 강판을 죄어 29.4kN의 축인장력을 주고자 한다. 스패너에 작용시킬 힘을 구하라. 마찰계수는 모두 0.2로 한다. 와셔의 바깥 지름은 30mm이다. ($P = 705.2$N)

10. 나사 잭의 나사부는 $d = 38$mm, $d_2 = 34$mm, $p = 7.257$mm로 되어 있다. 2ton의 무게를 들어올리기 위해 핸들 길이 500mm에 얼마의 힘을 가해야 하는가? 단, 칼라부의 평균 반지름은 20mm이고 마찰계수는 전부 0.1이다. ($P = 19.5$kg$_f$)

11. 축하중 2330kg$_f$를 받는 지름 28mm의 30° 사다리꼴 나사($p = 5$mm, $d_1 = 22.5$mm, $d_2 = 25.5$mm)가 있다. 이 나사를 돌려서 하중을 들어올릴 때 발생하는 응력은 안전한가? 단, 재료의 항복점은 24kg$_f$/mm^2, $\mu = 0.12$이다. 또한, 안전계수는 3으로 한다.

($\tau_{max} = 3.85$kg$_f$/mm$^2 < \tau_a = 4$kg$_f$/mm^2)

12. 한 줄 4각 나사잭이 있는데 15ton의 하중을 지지해야 한다. 1″길이에 2산, 나사산의 높이 6mm, 자리면의 유효 반지름 26mm, 나사의 마찰계수 0.15, 접촉부 칼라의 마찰계수 0.13일 때 재료의 허용 압축응력이 6kg$_f$/mm^{2}라면 골지름은 얼마로 해야 하는가? 길이 200cm의 봉으로 토크를 가할 때 필요한 힘은 얼마인가? ($d_1 = 56.4$mm, $P = 76$kg$_f$)

13. 디젤기관의 실린더 지름 200mm, 최고압력 45kg$_f$/cm^{2}의 실린더 헤드 장착볼트를 설계하여라. 다만, 압력은 지름 230mm의 면적에 걸쳐 실린더 헤드에 작용하고, 실린더 헤드의 높이는 100mm이며 볼트는 6개로 한다. ($d = 20$mm)

14. 강제 볼트($E = 2.1 \times 10^4$kg$_f$/mm^2)에 너트를 죄어서 바깥 지름 30mm, 안지름 18mm의 알루미늄관($E = 7.3 \times 10^3$kg$_f$/mm^2)을 죄이려고 한다. 볼트나사의 골지름 16mm, $p = 2$mm로 볼트 너트를 사용하여 관을 죄이기 시작해서 너트를 $\frac{1}{8}$회전시켰을 때 볼트 및 알루미늄관에 발생하는 응력은 얼마인가? ($\sigma_B = 23$kg$_f$/mm^2, $\sigma_A = 10$kg$_f$/mm^2)

15. 압력 13kg$_f$/cm^2, 지름 480mm의 고압 실린더에 헤드를 장착하는 데 골지름 23mm의 볼트 14개를 사용한다. 기밀을 유지하기 위해서 안지름 500mm, 바깥 지름 535mm, 두께 3.5mm의 개스킷을 사용하여 헤드에 미치는 증기압은 이 개스킷의 평균 지름까지 미치고 있다. 볼트를 죄이는 힘을 증기압에 의한 하중의 1.3배로 취하면 볼트에 생기는 인장응력은 얼마인가? ($\sigma = 5.68$kg$_f$/mm^2)

제 9 장

키와 코터 및 핀

9-1 키

축에 기어, 풀리, 플라이휠, 커플링, 클러치 등을 고정시켜 상대적인 운동을 방지하면서 회전력을 전달시키는 결합용 기계요소이다. 회전력을 전달하기 위한 힘은 축과 키를 포함한 평면에 직각으로 작용하므로 주로 剪斷力을 받는다. 키는 보통 단면의 모양이 4각형이나 원형인 것도 있으며, 축재질보다 굳고 좋은 재질로 만들어진다.

축에 키를 박는 홈인 키홈(key way)을 파려면 그림 9-1에 나타낸 바와 같이 밀링 커터나 엔드 밀로 가공하고, 풀리의 보스(boss)의 홈가공에는 브로치(broach) 가공이나 슬로터(slotter) 가공으로 한다.

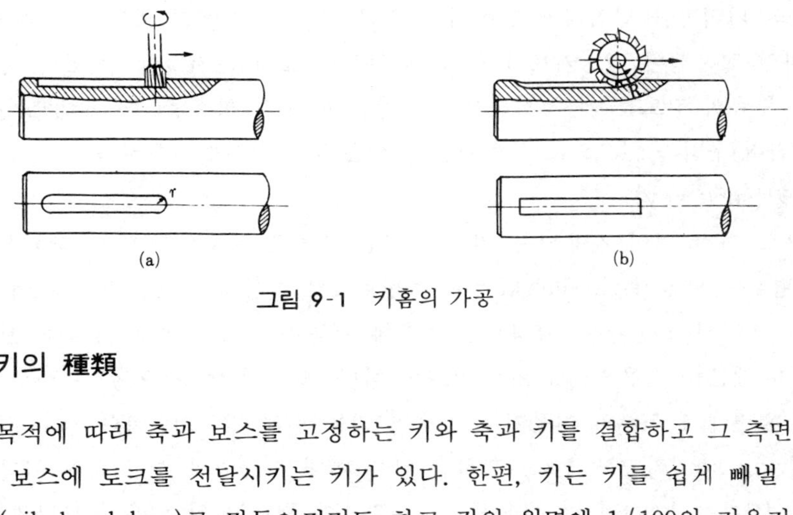

그림 9-1 키홈의 가공

9-1-1 키의 種類

키는 사용목적에 따라 축과 보스를 고정하는 키와 축과 키를 결합하고 그 측면에서 보스를 움직여서 보스에 토크를 전달시키는 키가 있다. 한편, 키는 키를 쉽게 빼낼 수 있도록 머리붙이 키(gib head key)로 만들어지기도 하고 키의 윗면에 1/100의 기울기를 붙이는 수가 많다. 그림 9-2에 키의 종류를 도시하였다.

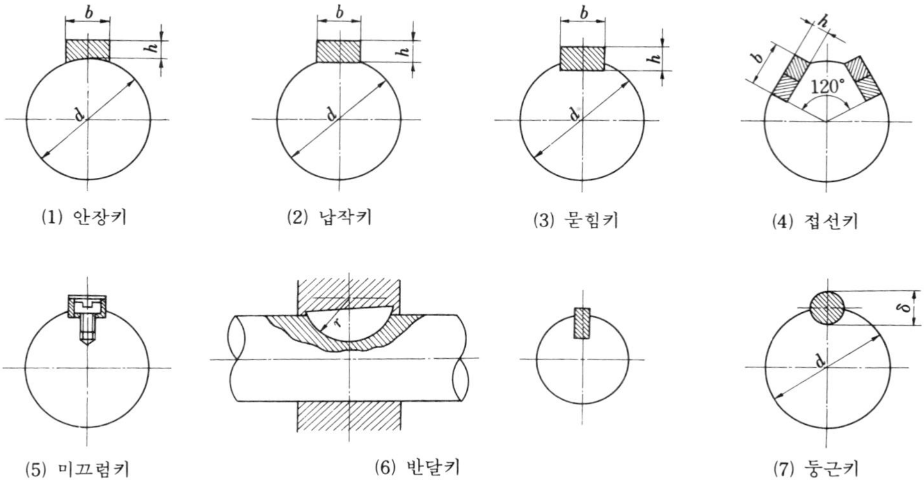

그림 9-2 키의 종류

(1) 안장키(saddle key)

축에는 홈을 파지 않고 보스에만 1/100 정도 기울기의 홈을 파고 이 홈 속에 키를 박는 것으로, 키의 뒷면은 축둘레의 일부와 완전히 밀착되도록 가공하여 밀착면의 접촉압력에 의한 마찰력만으로 힘을 전달하는 키이다. 이 안장키는 축에는 전혀 가공을 하지 않으므로 강도를 감소시키지 않는 것과 기어나 풀리를 임의의 위치에 설치할 수 있는 이점을 가지고 있으나, 마찰력에 의해서만 회전력을 전달하므로 큰 동력을 전달시킬 수 없고 불확실하다.

(2) 납작키(flat key)

축을 키의 너비만큼 납작하게 깎아서 보스의 기울기 1/100의 키홈 사이에 키를 때려 박는다. 축과의 접촉성이 안장키보다 좋기 때문에 큰 토크를 전달할 수 있다. 전달하는 회전력은 작으나 축의 강도를 거의 저하시키지 않는다. 축의 회전방향이 교대로 변화하는 경우에는 헐거워질 우려가 있으므로 묻힘키보다 작은 토크전달에 사용된다.

(3) 묻힘키(sunk key)

일반적으로 가장 많이 사용되는 키로서 단면 모양은 정4각형 또는 직4각형이다. 키의 상하면이 평행한 평행키(parallel key)는 축방향으로 이동하는 것을 막기 위해 키의 윗면에 멈춤나사를 끼워서 고정한다. 평행키는 키홈에 키를 미리 묻어놓고 그 위에 보스를 축방향으로 끼우기 때문에 심음키(set key)라고도 한다. 傾斜키(taper key)는 키의 윗면과 보스의 키홈의 윗면에 1/100의 기울기를 만들어 키를 때려 박는다. 이와 같은 경사키를 때려박음키(driving key)라고도 한다. 끼워진 다음 빼내기를 쉽게 하기 위해 머리붙이 傾斜키(gib headed taper key)가 잘 사용된다. 표 9-1에 평행키 및 키홈의 모양과 치수를 표시한다.

(4) 接線키(tangential key)

표 9-1 평행키 및 키홈의 모양과 치수(KS B 1311)

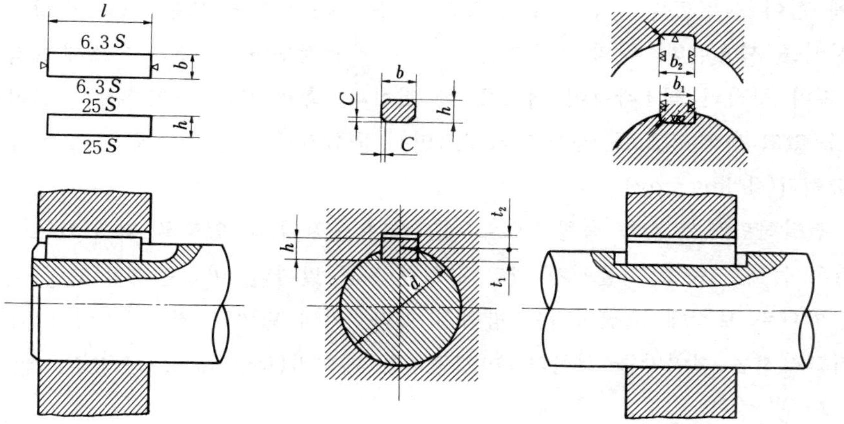

(단위 : mm)

키의 호칭치수 $b \times h$	키의 치수 b 기준치수	키의 치수 b 허용차 ($h9$)	키의 치수 h 기준치수	키의 치수 h 허용차		키의 치수 C	키의 치수 l	키홈의 치수 $b_1 \cdot b_2$의 기준치수	정급 b_1 및 b_2 허용차 ($P9$)	병급 b_1 허용차 ($N9$)	병급 b_2 허용차 ($Js9$)	r_1 및 r_2	t_1의 기준치수	t_2의 기준치수	$t_1 \cdot t_2$의 허용차	참고 적용하는 축지름 d
2×2	2	0 −0.025	2	0 −0.025	$h9$	0.16 ~0.25	6~20	2	−0.006 −0.031	−0.004 −0.029	±0.0125	0.08 ~0.16	1.2	1.0	+0.1 0	6~8
3×3	3		3				6~36	3					1.8	1.4		8~10
4×4	4	0 −0.030	4	0 −0.030			8~45	4	−0.012 −0.042	0 −0.030	±0.0150		2.5	1.8		10~12
5×5	5		5			0.25 ~0.40	10~56	5				0.16 ~0.25	3.0	2.3		12~17
6×6	6		6				14~70	6					3.5	2.8		17~22
(7×7)	7	0 −0.036	7	0 −0.036			16~80	7	−0.015 −0.051	0 −0.036	±0.0180		4.0	3.0	+0.2 0	20~25
8×7	8		7	0 −0.090	$h11$		18~90	8					4.0	3.3		22~30
10×8	10		8			0.40 ~0.60	22~090	10				0.25 ~0.40	5.0	3.3		30~38
12×8	12	0 −0.043	8				28~140	12	−0.018 −0.061	0 −0.043	±0.0215		5.0	3.3		38~44
14×9	14		9				36~160	14					5.5	3.8		44~50
(15×10)	15		10				40~180	15					5.0	5.0		50~55
16×10	16		10				45~180	16					6.0	4.3		50~58
18×11	18		11	0 −0.110			50~200	18					7.0	4.4		58~65
20×12	20	0 −0.052	12			0.60 ~0.80	56~220	20	−0.022 −0.074	0 −0.052	±0.0260	0.40 ~0.60	7.5	4.9		65~75
22×14	22		14				63~250	22					9.0	5.4		75~85
(24×16)	24		16				70~280	24					8.0	8.0		80~90
25×14	25		14				70~280	25					9.0	5.4		85~95
28×16	28		16				80~320	28					10.0	6.4		95~110
32×18	32	0 −0.062	18				90~360	32	−0.26 −0.088	0 −0.062	±0.0310		11.0	7.4		110~130
(35×22)	35		22	0 −0.130		1.00 ~1.20	100~400	35				0.70 ~1.00	11.0	11.0	+0.3 0	125~140
36×20	36		20				−	36					12.0	8.4		130~150
(38×24)	38		24				−	38					12.0	12.0		140~160
40×22	40		22				−	40					13.0	9.4		150~170
(42×26)	42		26				−	42					13.0	13.0		160~180
42×25	45		25				−	45					15.0	10.4		170~200
50×28	50		28				−	50					17.0	11.4		200~230
56×32	56	0 −0.074	32	0 −0.160		1.60 ~2.00	−	56	−0.032 −0.106	0 −0.074	±0.0370	1.20 ~1.60	20.0	12.4		230~260
63×32	63		32				−	63					20.0	12.4		260~290
70×36	70		36				−	70					22.0	14.4		290~330
80×40	80		40			2.50 ~3.00	−	80				2.00 ~2.50	25.0	15.4		330~380
90×45	90	0 −0.087	45				−	90	−0.037 −0.124	0 −0.087	±0.0435		28.0	17.4		380~440
100×50	100		50				−	100					31.0	19.5		440~500

토크를 전달시키는 전단력은 축의 바깥둘레에 접선방향으로 작용하므로, 키를 박을 때 이 방향에 힘이 생기도록 고안되어 있으므로 아주 큰 회전력 또는 힘의 방향이 변화하는 곳에 접선키를 사용한다. 키의 기울기는 $\frac{1}{40} \sim \frac{1}{45}$ 정도이다. 축과 보스에 3각형의 홈을 파서 이 홈이 합하면 직4각형이 되도록 한 것이다. 축과 보스의 키홈을 묻힘키보다 깊지 않게 할 수 있고 축의 강도를 약간 저하시키면서 묻힘키보다 큰 토크를 전달할 수 있다.

(5) 미끄럼키(sliding key)

토크를 전달하면서 보스가 축방향으로 미끄러져 움직일 수 있도록 키의 보스 또는 축 사이에 약간의 틈새를 두고 기울기가 없고 평행한 키를 말한다. 미끄럼키의 고정은 키를 축에 고정하는 방식과 보스에 고정시키는 방법이 있다. 키의 단면은 직4각형이고 키의 길이와 키홈은 미끄러지는 길이만큼 취한다. 미끄럼키를 페더키(feather key) 또는 案內키라고도 부른다.

(6) 반달키(woodruff key)

반달 모양의 키로서 축의 홈이 깊게 가공되어 축의 강도가 약하게 되는 결점을 가지나, 키와 키홈을 가공하기가 쉽고 키가 자동적으로 축과 보스 사이에 들어가서 잘 들어맞게 한다. 자동차, 공작기계 등에 널리 사용되고, 특히 테이퍼축에 사용하면 편리하다.

(7) 둥근키(round key)

핀키라고도 하며 단면은 원형이며 테이퍼 핀 또는 평행핀을 사용한다. 축이 손상되는 일은 별로 없고 가공하기 쉬우므로 간편하게 사용된다. 이미 고정된 보스가 헐거워졌을 때 다시 죄기 위하여 쓰기도 한다. 그러나 큰 토크를 전달하는 데는 부적당하다.

9-1-2 키의 強度

[1] 묻 힘 키

전달토크가 완전히 전해지도록 키의 치수를 정해야 한다. 묻힘키의 경우, 키의 밑면 또는 축의 밑면에 접촉압력이 생겨 이것이 토크를 전달하는 데 약간의 역할을 하나, 이것은 별로 크지 않기 때문에 무시하고 키의 전단응력과 압축응력에 의한 토크를 계산한다.

그림 9-3(a)에서 전단응력 τ_s는

$$\tau_s = \frac{P}{bl} = \frac{2T}{bdl} \tag{9·1}$$

여기서 P: 회전토크에 의하여 키에 작용하는 회전력

l: 키의 길이

b: 키의 너비

T: 전달토크, 즉 축의 토크 $\left[T = P \cdot \frac{d}{2}\right]$

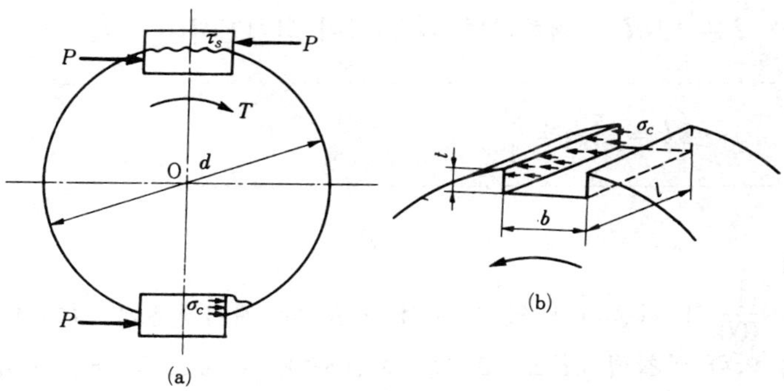

그림 9-3 묻힘키의 응력

다음 회전력 P에 의해서 키에 발생되는 압축응력 σ_c는

$$\sigma_c = \frac{P}{tl} = \frac{2T}{dtl} \tag{9·2}$$

여기서 t : 축에 묻히는 키의 깊이

그런데 $t = \dfrac{h}{2}$ (h : 키의 높이)라면

$$\sigma_c = \frac{4T}{hld} = \frac{2P}{hl} \tag{9·3}$$

지금 키의 전단저항과 압축저항이 같도록 설계한다면

$$\tau_s lb = \sigma_c l \frac{h}{2}$$

$$h = b\frac{2\tau_s}{\sigma_c} \tag{9·4}$$

여기서, $\sigma_c = 2\tau_s$라고 하면 $h = b$가 되어 단면이 정4각형이 된다. 그러나 일반적으로 $\tau_s > \dfrac{1}{2}\sigma_c$이므로 $h > b$로 되어 키의 높이가 높아지고, 보스와 축에 깊이 홈을 파야 하기 때문에 축이 약해지므로 깊이가 너비보다 커서는 안 된다. 치수가 큰 경우에는 $b > h$로 하고 압축에 대해서 약해진 것은 길이를 길게 하여 보충한다.

전단응력에 의한 키의 회전력이 축에 작용하는 회전력과 같게 하면

$$\tau_s lb \cdot \frac{d}{2} = \frac{\pi d^3}{16}\tau_d \tag{9·5}$$

가 성립되고, 여기서 τ_d는 축에 생기는 최대 전단응력이며, 만약 $\tau_s = \tau_d$라고 하면

$$lb\frac{d}{2} = \frac{\pi d^3}{16}$$

보통키의 길이 l은 $1.5d$로 취한다면 다음 식이 얻어진다.

$$b = \frac{\pi}{12}d \fallingdotseq \frac{d}{4} \tag{9·6}$$

[2] 안 장 키

키의 윗면에 $\frac{1}{100}$의 기울기가 있어 때려 박을 때 쐐기작용에 의하여 축과 보스 사이에 생기는 힘 P에 의한 마찰력 μP로 토크를 전달하나, 큰 토크를 전달할 수는 없다. 축의 임의의 위치에 키를 고정할 수 있는 특징을 가진다.

그림 9-4에서 키의 너비를 b, 길이를 l, 평균면압을 p_m, 축 바로 아래에 작용하는 최대 압력을 p_0라고 하면 전달할 수 있는 토크 T는

$$T = \mu bl p_m \frac{d}{2} + \mu p_0 l \frac{d^2}{2}\left(= 2\int_0^{\frac{\pi}{2}} p \cdot \cos\theta \cdot \frac{d}{2} \cdot d\theta \cdot l \cdot \mu \cdot \frac{d}{2}\right) \tag{9·7}$$

로 된다. 우변의 제1항은 축과 키 사이의 마찰에 의한 토크, 제2항은 축과 보스 사이의 마찰에 의한 토크이다. 또한

$$P = \mu bl p_m, \quad P = \frac{\pi}{4} dl p_0 \left(= 2\int_0^{\frac{\pi}{2}} p_0 \cos\theta \cdot \frac{d}{2} \cdot d\theta \cdot l \cdot \cos\theta\right) \tag{9·8}$$

따라서

$$T = \mu Pd\left(\frac{1}{2} + \frac{2}{\pi}\right) \tag{9·9}$$

키의 경사각을 α, 마찰각을 ρ, 키의 윗면에 작용하는 수직력 P_b와 아랫면에 작용하는 수

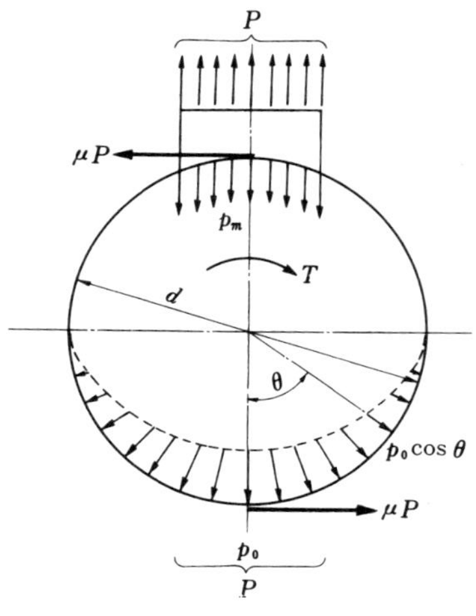

그림 9-4

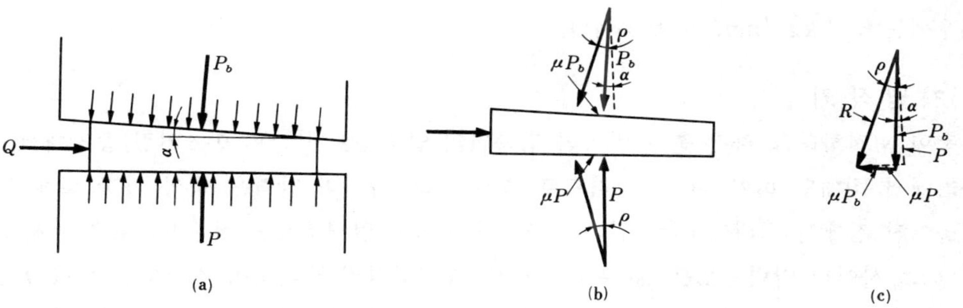

그림 9-5 키를 때려 박을 때의 힘의 관계

직력 P 사이에는 그림 **9-5**에 나타낸 바와 같이

$$\frac{P_b}{\cos\rho}\cos(\alpha+\rho)=P \qquad (9\cdot10)$$

가 성립하고, 키를 때려 박는 힘 Q는

$$\left.\begin{aligned} Q&=\mu P+\frac{P_b}{\cos\rho}\sin(\alpha+\rho)=\mu P+\frac{P\cos\rho}{\cos(\alpha+\rho)\cos\rho}\sin(\alpha+\rho)\\ \tan\rho&=\frac{\mu P}{P}=\mu \end{aligned}\right\} \qquad (9\cdot11)$$

이므로, 다음 식이 얻어진다.

$$Q=P\tan(\alpha+\rho)+P\tan\rho\fallingdotseq 2\tan(\alpha+\rho) \qquad (9\cdot12\cdot\text{a})$$

또는

$$Q=2bl\,p_m\tan(\alpha+\rho)=\frac{\pi}{2}dlp_0\tan(\alpha+\rho) \qquad (9\cdot12\cdot\text{b})$$

키의 높이를 h, 키의 단면에 작용하는 압축응력 σ_c를 재료의 인장강도 σ_u에 대해서 $\sigma_c=\dfrac{\sigma_u}{SF}$($SF$: 안전계수)로 표시하면

$$Q=\frac{hb}{SF}\sigma_u \qquad (9\cdot13)$$

로 된다. 따라서

$$p_m=\frac{h\sigma_u}{2SF\,l\tan(\alpha+\rho)} \qquad (9\cdot14\text{a})$$

$$p_0=\frac{2hb\sigma_u}{\pi SF\,dl\tan(\alpha+\rho)} \qquad (9\cdot14\text{b})$$

p_m의 값은 **鋼軸**에 대해 보스가 주철인 경우에는 3~5 kg_f/mm^2, 그리고 보스가 강철인

경우에는 5~9 kg_f/mm^2가 보통이다.

[3] 납 작 키

축이 회전하려고 하면 축과 키와의 접촉면의 압력분포가 그림 9-6처럼 중앙에서 0, 가장 자리에서 최대인 p_0가 된다. 그러므로 축과 보스 사이의 압력은 축의 가장 밑에서 φ만큼 기울어진 점에서 최대인 q_0로 된다. 축과 키 사이의 압력분포를 직선적으로 가정하고 또 축과 보스 사이의 압력분포를 $q_0\cos\theta$로 가정하면, 납작키에 의하여 전달되는 토크 T는 축과 키 사이의 압력에 의한 토크 T_1과 축과 보스 사이의 마찰력에 의한 토크 T_2의 합으로 표시된다.

$$T = T_1 + T_2$$

적분에 의하여 각 토크를 구하면

$$T_1 = \int_0^{\frac{b}{2}} l\,px\;dx = \frac{p_0 bl}{4}\cdot\frac{b}{3} \qquad \left(\because\; p = \frac{2p_0}{b}x\right) \tag{9·15}$$

φ는 미소하므로 $P\cos\varphi \fallingdotseq P$이므로

$$T_2 = 2\mu l\int_0^{\frac{\pi}{2}} q_0\cos\theta r^2\,d\theta = \frac{p_0\,bl}{4}\cdot\frac{4\mu}{\pi}\cdot\frac{d}{2} \tag{9·16}$$

$$T = \frac{p_0\,bl}{4}\left(\frac{b}{3}+\frac{2\mu}{\pi}d\right) = P\left(\frac{b}{3}+\frac{2\mu}{\pi}\cdot d\right) \tag{9·17}$$

p_0를 키 또는 축재료의 약한 쪽의 허용응력으로 취하여 $p_0 = \dfrac{\sigma_u}{SF}$로 하면

$$T = \frac{\sigma_u\,bl}{4SF}\left(\frac{b}{3}+\frac{2\mu}{\pi}d\right) \tag{9·18}$$

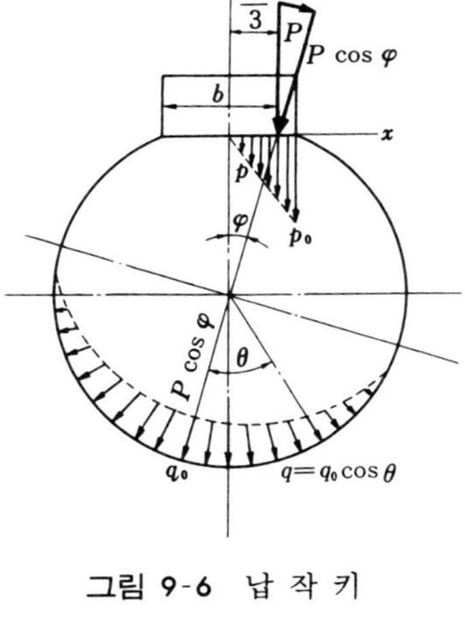

그림 9-6　납 작 키

실제로 납작키가 전달할 수 있는 토크는 식 (9·17)에다 식 (9·9)를 합한 토크가 된다. $b=\dfrac{d}{4}$, $\mu=0.15$를 취한다면 납작키가 전달할 수 있는 토크는 안장키가 전달할 수 있는 토크의 거의 2배가 된다.

[4] 접 선 키

한쪽면에 경사를 갖는 2개의 키를 조합하여 축의 접선방향에 때려 박은 키로 강력한 토크를 전달하는 데 사용한다. 같은 강도에 대하여 묻힘키보다 얇은 것이 사용되기 때문에 축이나 보스 등의 강도를 약화시키지 않는다. 키에 작용하는 側壓 p_m은

$$p_m=\frac{P}{hl}=\frac{2T}{dhl} \tag{9·19}$$

$h=(0.13\sim0.08)d \fallingdotseq 0.1d$ 이고 $b=\sqrt{dh-h^2}\fallingdotseq 0.33d$ 라면

$$b \fallingdotseq \frac{1}{3}d \tag{9·20}$$

접선키의 전달토크는 그림 9-7에서 알 수 있는 바와 같이

$$T=\mu P_0\frac{d}{2}+P\frac{d-h}{2} \tag{9·21}$$

여기서 P_0 : 축과 보스 사이의 압력에 의한 힘

P : 회전력

과 같이 구한다.

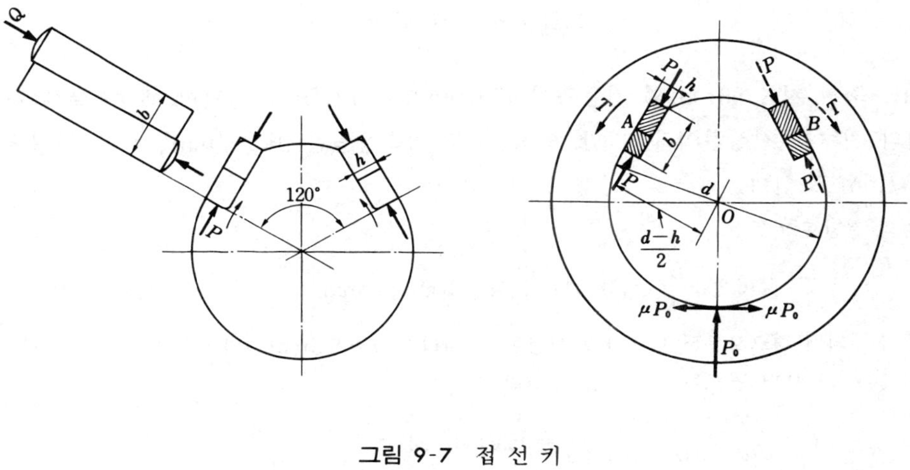

그림 9-7 접 선 키

[5] 미끄럼키

그림 9-8(a)와 같이 미끄럼키를 1개 이용할 때 전달할 수 있는 토크 T는

$$T = P_1 \frac{d}{2} \tag{9·22}$$

P_1에 의한 마찰력 μP_1은 보스를 축방향으로 이동시키는 데 필요하며, 그 힘은

$$2\mu P_1 = \frac{4\mu T}{d} \tag{9·23}$$

이고, 그림 **9-8**(b)와 같이 미끄럼키를 위 아래로 2개 이용할 때는

$$T = P_2 d \tag{9·24}$$

따라서, 보스를 축방향으로 이동시키는 데 필요한 힘은

$$2\mu P_2 = \frac{2\mu T}{d} \tag{9·24'}$$

와 같이 된다.

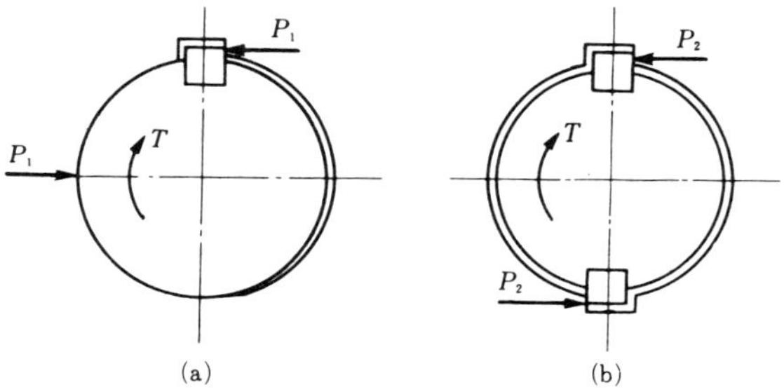

그림 9-8 미끄럼키

예제 **9-1.** 축의 지름 50 mm의 전동축이 150 rpm으로 12 HP를 전달할 때 이 축에 사용할 묻힘키의 치수를 결정하여라. 다만, 키의 허용 압축응력은 $9\,kg_f/mm^2$, 허용 전단응력은 $2.5\,kg_f/mm^2$로 한다.

풀이〉 축의 전달토크 T는

$$T = 716{,}200\frac{H}{n} = 716{,}200\frac{12}{150} \fallingdotseq 57{,}300\,kg_f \cdot mm$$

표 **9-1**의 규격으로부터 14×9를 선정한다. 따라서, $t = 5.5$ mm이다.

식 (9·2)로부터 필요한 길이 l을 구하면

$$l = \frac{2T}{dt\sigma_c} = \frac{2 \times 57{,}300}{50 \times 5.5 \times 9} = 46.3\,mm \fallingdotseq 47\,mm$$

전단응력을 식 (9·1)로부터 구해 보면

$$\tau_s = \frac{2T}{bdl} = \frac{2 \times 57{,}300}{14 \times 50 \times 47} = 3.48\,kg_f/mm^2$$

그러므로 $l=1.5d=1.5\times50=75\,\text{mm}$로 잡으면

$$\tau_s=\frac{2T}{bdl}=\frac{2\times57,300}{14\times50\times75}=2.18\,\text{kg}_f/\text{mm}^2<2.5\,\text{kg}_f/\text{mm}^2$$

이므로, 적당하다고 보아 키의 치수는 $14\times9\times75$로 한다.

예제 9-2. 지름 $d=55\,\text{mm}$인 축에 끼울 묻힘키를 설계하려고 한다. 다만, 축재료의 허용 비틀림 응력 $\tau_d=3\,\text{kg}_f/\text{mm}^2$, 키의 측면과 보스 사이의 허용면압 $p_m=9\,\text{kg}_f/\text{mm}^2$로 한다.

풀이 축의 전달토크를 키의 측면의 면압에 의해서 전달하려고 하면

$$\frac{\pi d^3}{16}\tau_d=tl\,p_m\cdot\frac{d}{2}$$

가 성립되고, $l=1.5d$로 취한다면

$$t=\frac{\pi d\tau_d}{12p_m}=\frac{\pi\times55\times3}{12\times9}=4.8\,\text{mm}$$

$$h\fallingdotseq2t=2\times4.8=9.6\,\text{mm}$$

식 (9·6)에서 키의 너비 b를 구하면

$$b=\frac{\pi}{12}d=\frac{\pi\times55}{12}=14.4\,\text{mm}$$

$$l=1.5d=1.5\times55=82.5\,\text{mm}$$

표 9-1로부터 15×10으로 취하여 키의 치수는 $15\times10\times83$으로 한다.

예제 9-3. 기울기 $\frac{1}{100}$, 마찰계수 0.2, $b=\frac{1}{4}d$, $h=\frac{1}{2}b$, $l=1.5d$, $SF=3$일 때 안장키가 전달할 수 있는 토크를 구하여라. 단, 축재료의 허용 전단응력 τ_d는 인장응력을 σ_u라고 했을 때 $\tau_d=\sigma_u/9$이다.

풀이 식 (9·14a·b)로부터 p_m과 p_0를 구하면

$$p_m\fallingdotseq\frac{\sigma_u}{15},\qquad p_0\fallingdotseq\frac{\sigma_u}{47.5}$$

이다. 식 (9·7)의 안장키가 전달할 수 있는 토크 T_s를 구하면

$$T_s=\mu bl\,p_m\frac{d}{2}+\mu p_0 l\,\frac{d^2}{2}\fallingdotseq\frac{1}{177}d^3\sigma_u=\frac{1}{3.8}\cdot\frac{\pi}{16}d^3\tau_d$$

그러므로 안장키와 묻힘키를 다같이 $b=\frac{1}{4}d$로 하면 안장키가 전달할 수 있는 토크는 묻힘키의 약 $\frac{1}{4}$이 된다.

예제 9-4. 다음과 같은 납작키가 전달할 수 있는 토크를 묻힘키의 전달토크와 비교하여라. 단, $b=\frac{1}{4}d$, $\mu=0.15$, $l=1.5d$, $SF=3$으로 한다.

풀이 주어진 자료를 식 (9·17)에 대입하면

$$T_f=\frac{\sigma_u bl}{4SF}\left(\frac{b}{3}+\frac{2\mu}{\pi}\cdot d\right)\fallingdotseq\frac{1}{177}d^3\sigma_u$$

이므로, 납작키가 실제로 전달할 수 있는 토크 T_f는 안장키가 전달할 수 있는 토크보다 배가 되는 것을 알 수 있다. 따라서, 묻힘키의 전달토크에 비한다면 $T_f = 2T_s \fallingdotseq \frac{1}{2}T_d$이다. 여기서 T_d는 묻힘키가 전달하는 토크이다. 그러므로 $T_d > T_f > T_s$의 관계가 성립하고, 안장키가 최소의 전달토크를 갖고 있다.

예제 9-5. 지름 50 mm인 축이 1600 rpm으로 6.62 kW를 전달하고 있다. 마찰계수 0.15의 접선키를 사용하여 풀리를 고정하려고 한다. 키의 높이 $h = 0.1d$로 했을 때 전달토크를 전달하기 위해서는 축과 보스 사이의 압력에 의한 압축력이 얼마나 되어야 하는가?

풀이 전달토크 T는

$$T = 9549\frac{H}{n} = 9549\frac{6.62}{1600} = 39.5\,\text{N}\cdot\text{m}$$

접선키의 전달토크는 식 (9·21)에 의하여 구할 수 있다.

$$T = \mu P_0\frac{d}{2} + P\frac{d-h}{2}$$

$$P = \frac{2T}{d} = \frac{2\times 39.5\times 10^3}{50} = 1580\,\text{N}$$

$$P_0 = \frac{2}{\mu d}\cdot\left(T - P\frac{d-h}{2}\right) = \frac{2}{0.15\times 50}\left(39.5\times 10^3 - 1580\frac{50-5}{2}\right)$$

$$= 0.27(3950) \fallingdotseq 1053\,\text{N}$$

9-2 스플라인(Spline)

큰 토크를 축으로부터 보스로 전달할 때 2개 이상의 키를 사용한다면 공작상 공작공수를 증가시키고, 축의 둘레에 키홈을 깎게 되면 축의 단면적이 감소되어 강도가 떨어지고 키홈에 의한 축의 노치로 말미암아 응력집중이 발생하여 축은 약해진다. 이런 경우 미끄럼키를 축과 일체로 하여 축의 원주상에 같은 간격으로 배치한 스플라인축(splined shaft)을 사용하면 된다. 스플라인 축에 끼워지는 상대방의 보스를 스플라인(spline)이라 한다. 스플라인축은 미끄럼키와 마찬가지로 스플라인에 회전토크를 전달하는 동시에 축방향으로 이동시킬 수도 있으며, 토크를 몇 개의 키로 분담하므로 큰 토크를 전달할 수 있고 耐久性이 좋아서 자동차, 항공기, 공작기계 등의 속도변환 기구 등에 널리 사용되고 있다. 스플라인은 이의 모양에 따라 角形 스플라인, 인벌류트 스플라인 및 세레이션(serration) 등의 종류가 있다.

스플라인축과 스플라인의 중심 맞추기는 그림 9-9처럼 (a) 축의 이끝원과 구멍의 이뿌리원을 맞추는 방법, (b) 축의 이뿌리원과 구멍의 이끝원을 맞추는 방법, (c) 잇면에 의한 방법, (d) 다른 중심맞춤을 만드는 특수맞춤 등이 있다.

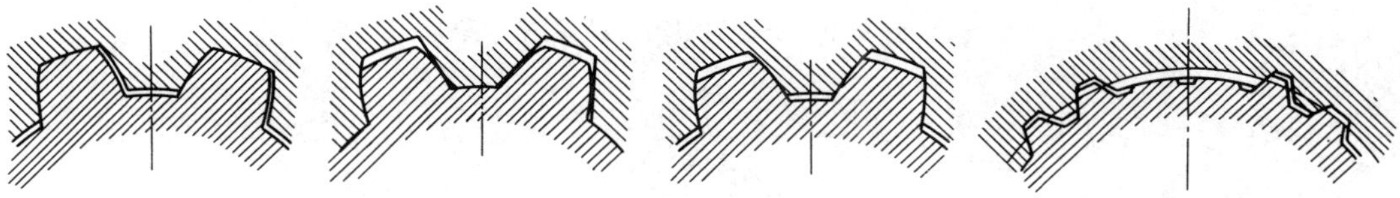

(a) 큰지름 맞춤 (b) 작은지름 맞춤 (c) 잇면맞춤 (d) 특수맞춤

그림 9-9 중심 맞추는 방법

9-2-1 스플라인의 種類

[1] 角形 스플라인

잇면이 평행한 각형으로 규격에는 잇수가 6, 8 및 10의 3종류가 있다. 1형은 경하중용이고 2형은 중하중용으로 나누고, 또 축과 구멍의 끼워맞춤 정도에 따라 보스를 축방향으로 이동시키는 이동용과 고정시키는 고정용이 있다. 표 9-2(a), (b)에 角形 스플라인의 모양과 치수가 표시되어 있다.

보스와 축의 중심을 맞추는 방법에는 안지름 맞추기, 바깥 지름 맞추기 및 스플라인이 아닌 곳을 마개맞춤으로 맞추는 세 가지 방법이 있는데, 보스의 가공에는 안지름 맞추기가 가장 쉽다. 특히, 열처리를 필요로 할 때 보스에는 안지름만 硏削할 수 있으므로 이 방법이 가장 좋다. 그러나 바깥 지름 맞추기는 제작공수를 가장 적게 해주는 이점을 가지고 있다.

[2] 인벌류트 스플라인

인벌류트 치형의 바깥기어를 축에 깎고 이것과 끼워맞춤하게 되는 안기어를 보스에 깎아 스플라인 이음을 한 것이다. 공작법은 인벌류트 치차의 공작과 아주 흡사하므로 각형 스플라인에 비해 정밀도가 높고 치형은 이뿌리가 넓기 때문에 강도도 커서 이상적이다. 스플라인 치형은 압력각이 30°이고 이의 높이는 표준기어의 $\frac{1}{2}$이다.

중심 맞추기는 잇면맞춤과 큰 지름 맞춤의 두 가지 방식이 있다. 잇면맞춤의 경우에는 바깥 지름과 골지름 사이에는 큰 틈이 있게 되고, 큰 지름 맞춤의 경우에 잇면 사이의 맞춤은 규격에 따라 H9에 대한 c10 또는 f10 정도의 헐거운 맞춤으로 한다.

[3] 세레이션

그림 9-10에 나타낸 바와 같이 수많은 작은 3각형의 스플라인을 특히 세레이션(serration)이라 하고 축과 보스의 상대각 위치를 가늘게 조절해서 고정하려고 할 때 사용된다. 이의 높이가 낮고 잇수가 많으므로 側壓強度가 크게 되고, 같은 바깥 지름의 스플라인축보다 큰 회전력을 전달시킬 수가 있다. 세레이션은 주로 정적맞춤에만 쓰이고 이동에는 사용할 수 없다. 치형이 3각형인 3각형 세레이션과 인벌류트 세레이션이 있다. 가공은 세레이션축은 세레이션 호브로, 보스의 홈은 브로치로 절삭해서 제작한다.

표 9-2 스플라인의 상세치수(I형)

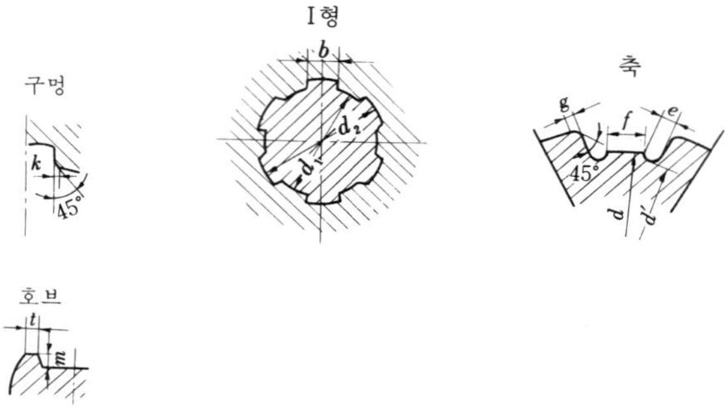

(단위 : mm)

호칭 지름 d	잇수 z	작은 지름 d_1	큰지름 d_2	너비 b	g (최소)	k (최대)	r[1] (최대)	넓이[2] S_0 (mm^2) (최대)	참고 d' (최소)	참고 e (최대)	참고 f (최소)	참고 호브 t	참고 호브 m
23		23	26	6				6.6	22.08	1.27	3.44	0.5	0.46
26		26	30	6			0.2	9.5	24.56	1.90	3.75		0.72
28		28	32	7				9.6	20.69	1.80	3.96		0.66
32		32	36	8	0.3	0.3		9.6	30.74	1.73	5.21		0.63
36		36	40	8				9.5	34.64	1.74	7.31	0.7	0.68
							0.3						
42		42	46	10				9.6	40.80	1.60	8.69		0.60
46	6	46	50	12				9.7	44.96	1.50	8.95		0.52
52		52	58	14				15.1	50.30	2.40	8.24		0.85
56		56	62	14				14.9	54.21	2.42	10.34		0.90
62		62	68	16				15.0	60.34	2.30	11.68		0.83
					0.4	0.4	0.5					1.0	
72		72	78	18				14.9	70.38	2.21	15.10		0.81
82		82	88	20				14.9	80.43	2.12	18.48		0.79
92		92	98	22				14.8	90.48	2.05	21.85		0.76
32		32	36	6				11.0	30.37	1.12	2.69		0.82
36		36	40	7				11.9	34.46	1.82	3.45		0.77
42		42	46	8	0.4	0.4	0.3	11.1	40.50	1.74	4.97	0.7	0.75
46	8	46	50	9				11.1	44.58	1.68	5.66		0.71
52		52	58	10				17.9	49.65	2.73	4.90		1.81
					0.5	0.5	0.5					1.0	
56		56	62	10				17.7	53.55	2.73	6.47		1.22
62		62	68	12				17.9	59.78	2.56	7.16		1.11
72		72	78	12				22.0	69.59	2.56	6.45		1.21
82		82	88	12				21.7	79.42	2.54	8.64		1.29
92	10	92	98	14	0.5	0.5	0.5	21.8	89.59	2.42	10.02	1.0	1.27
102		102	108	16				21.9	99.73	2.10	11.59		1.14
112		112	120	18				32.1	108.84	3.23	10.65	1.3	1.58

〔주〕 1) r는 둥글기를 주어 대신할 수 있다.

2) S_0는 스플라인 길이 1 mm 당 이면의 수압넓이를 나타낸다.

〔비고〕 축의 이면은 지름 d의 부분까지 평행되어야 한다.

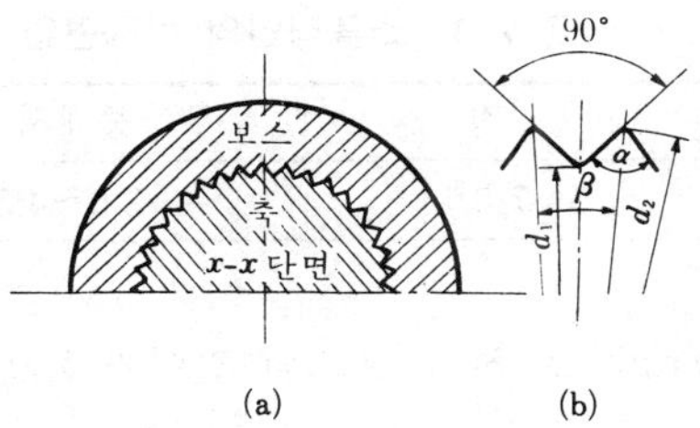

그림 9-10 세 레 이 션

9-2-2 스플라인의 강도

스플라인은 잇수가 많아서 전단면이 많아 전단강도는 충분하다고 볼 수 있다. 따라서, 전달해야 할 토크는 잇면의 面壓強度로써 계산한다. 스플라인이 전달할 수 있는 토크를 T라 하고, 이의 측면에 걸리는 압력이 이 높이의 중앙에 집중하중으로 작용한다고 생각하면, 그림 9-11로부터 이 하나의 측면에 작용하는 힘 P'는

$$P' = p_m(h-2c)l \qquad (9\cdot25)$$

이다. 여기서 p_m : 허용면압

h : 이의 높이

c : 잇면의 모따기

l : 보스의 길이

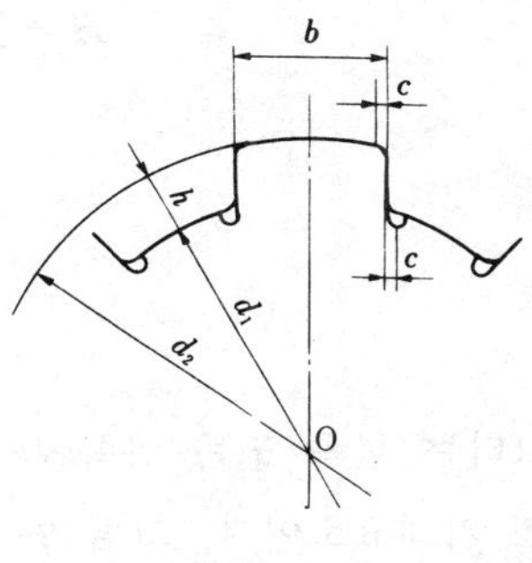

그림 9-11

이의 측면에서 고려되어야 할 접촉효율 η는 이론상으로 100%이나, 실제로 스플라인의 절삭가공 때의 정밀도로 말미암아 절삭된 이 중에서 $\frac{3}{4}$만이 토크를 전달하는 데 유효하다. 그러므로 접촉효율 η는 75%로 취한다.

따라서, 스플라인이 전달할 수 있는 토크 T는 다음과 같다.

$$T = \eta z_s P' \cdot \frac{d}{2} = \eta z_s (h-2c) p_m l \frac{1}{4}(d_1+d_2) \qquad (9\cdot26)$$

위의 식에서 d_2 : 스플라인의 큰 지름

d_1 : 스플라인의 작은 지름

d : 평균 지름

z_s : 스플라인의 잇수

스플라인에 실제로 사용하고 있는 허용면압 p_m을 표 9-3에 표시한다.

예제 9-6. 잇수 $z_s=6$인 호칭 지름 82 mm의 스플라인축이 200 rpm로 회전하고 있다. 이

표 9-3　스플라인의 허용면압

허 용 면 압	고　정	무하중에서 이동	하중상태에서 이동
$p_m(kg_f/\text{mm}^2)$	4.5~7.0	3.0~4.5	3.0이하

측면의 허용면압을 $2\text{kg}_f/\text{mm}^2$로 하고 보스의 길이가 150mm일 때 전달할 수 있는 마력을 구하라.

풀이〉 표 9-2로부터 큰 지름 $d_2 = 88\text{mm}$, 작은 지름 $d_1 = 82\text{mm}$이므로

$$h = (d_2 - d_1)/2 = 3\text{mm}$$

전달할 수 있는 토크 T는

$$T = 0.75 \times z_s hl\, p_m \frac{1}{4}(d_2 + d_1) = 0.75 \times 6 \times 3 \times 150 \times 2 \times \frac{1}{4}(88 + 82)$$
$$= 1.72 \times 10^5 \text{kg}_f \cdot \text{mm}$$

$$H = \frac{Tn}{716,200} = \frac{1.72 \times 10^5 \times 200}{716,200} = 48\text{HP}$$

9-3　코터(Cotter)

코터는 한쪽 또는 양쪽에 기울기를 갖는 평판 모양의 쐐기로써 2개의 축을 연결하는 결합용 기계요소이다. 그림 9-12와 같이 로드 엔드(rod end)를 소켓(socket)에 끼우고, 코터구멍에 코터를 때려 박아서 연결한다. 키는 축의 회전력을 전달하기 때문에 剪斷力을 받게 되나, 코터는 축방향의 인장력이나 압축력을 전달한다. 피스톤 로드, 크로스 헤드 및 커넥팅 로드의 체결에 사용되나 많이 사용되지는 않는다.

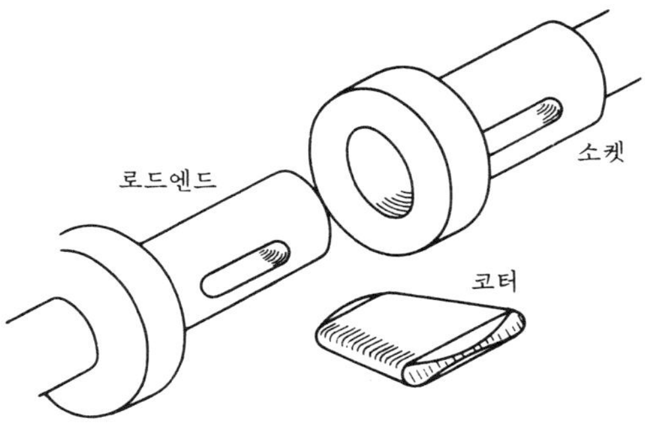

그림 9-12　코터이음의 구성

9-3-1 코터이음의 力學

그림 **9-13**과 같이 코터를 P의 힘으로 때려 박으면 로드 엔드와 소켓에 연결된 양축에는 인장력 Q가 작용하고 각 접촉부에는 反力 R, R_1 및 R_2가 생긴다. 로드와 소켓 사이의 마찰계수를 $\mu = \tan\rho$, 코터와 로드 사이의 마찰계수를 $\mu_1 = \tan\rho_1$, 코터와 소켓 사이의 마찰계수를 $\mu_2 = \tan\rho_2$라 하면, 코터에 작용하는 힘은 평형조건으로부터 다음과 같이 표시된다.

$$P = R_1 \sin(\alpha_1 + \rho_1) + R_2 \sin(\alpha_2 + \rho_2) \tag{a}$$

$$R_1 \cos(\alpha_1 + \rho_1) = R_2 \cos(\alpha_2 + \rho_2) \tag{b}$$

로드에 작용하는 힘은 평형조건으로부터

$$Q + R \sin\rho = R_1 \cos(\alpha_1 + \rho_1) \tag{c}$$

$$R \cos\rho = R_1 \sin(\alpha_1 + \rho_1) \tag{d}$$

위의 4개 식에서 R, R_1, R_2를 소거하면 다음 식이 얻어진다.

$$P = Q \cdot \frac{\tan(\alpha_1 + \rho_1) + \tan(\alpha_2 + \rho_2)}{1 - \tan\rho \tan(\alpha_1 + \rho_1)} \tag{9·27}$$

만약, 코터를 빼기 위해 반대방향에서 코터에 가하는 힘을 P'라고 하면, 식 (9·27)에서 마찰각의 부호를 음(−)으로 바꾸면 얻게 되므로

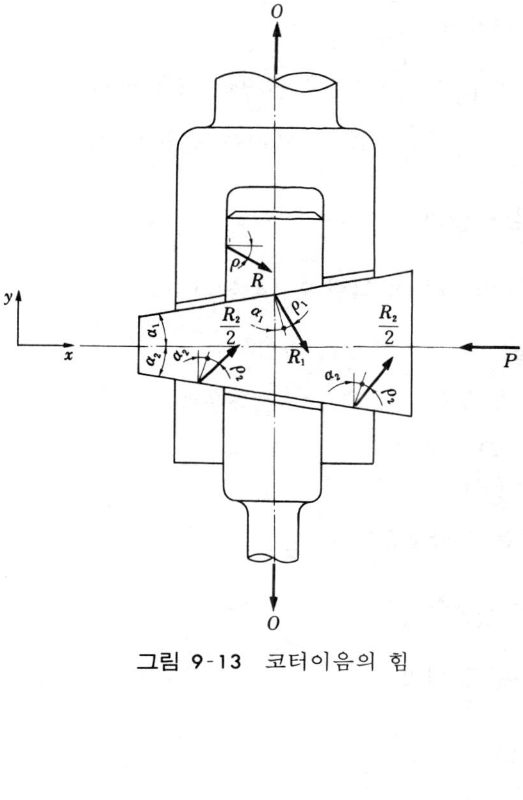

그림 **9-13** 코터이음의 힘

$$P' = Q \cdot \frac{\tan(\alpha_1 - \rho_1) + \tan(\alpha_2 - \rho_2)}{1 + \tan\rho \tan(\alpha_1 - \rho_1)} \qquad (9 \cdot 28)$$

코터가 저절로 빠지지 않기 위해서, 즉 자립잠김 조건을 만족하려면 $P' \leqq 0$이어야 하므로

$$\tan(\alpha_1 - \rho_1) + \tan(\alpha_2 - \rho_2) \leqq 0 \qquad (9 \cdot 29)$$

이 성립되어야 한다.

실제로 양쪽 기울기의 경우 $\alpha_1 = \alpha_2 = \alpha$, $\rho_1 = \rho_2 = \rho$라면, 이 조건은

$$\tan(\alpha - \rho) \leqq 0 \qquad \therefore \alpha \leqq \rho \qquad (9 \cdot 30)$$

한쪽 기울기의 경우 $\alpha_2 = 0$, $\alpha_1 = \alpha$, $\rho_1 = \rho_2 = \rho$라면 자립잠김 조건은

$$\tan(\alpha - \rho) - \tan\rho \leqq 0 \qquad \therefore \alpha \leqq 2\rho \qquad (9 \cdot 31)$$

한쪽 기울기의 경우에 식 (9·27)은 다음과 같이 간단하게 표시된다.

$$P = Q \cdot \frac{\tan(\alpha + \rho) + \tan\rho}{1 - \tan\rho \tan(\alpha + \rho)} = Q \tan(\alpha + 2\rho) \qquad (9 \cdot 32)$$

보통 양쪽 기울기보다 한쪽 기울기의 코터가 많이 사용된다. 기울기는,

반영구적으로 설치할 때 : $\tan\alpha = \frac{1}{20} \sim \frac{1}{40}$

자주 탈착할 때 : $\begin{cases} \tan\alpha = \frac{1}{15} \sim \frac{1}{10} \text{(핀으로 빠지는 것을 방지)} \\ \tan\alpha = \frac{1}{10} \sim \frac{1}{5} \text{(너트로 빠지는 것을 방지)} \end{cases}$

9-3-2 코터이음의 강도설계

코터이음의 강도를 검토하기 위하여 그림 **9-14**를 참조하면 다음과 같다.

[1] 코터에 의한 압축응력

로드 엔드가 코터에 접하는 부분에 가해지는 압축응력 σ_c는

$$\sigma_c = \frac{Q}{bd} \qquad (9 \cdot 33)$$

소켓이 코터에 접하는 부분의 압축응력 σ_c'는

$$\sigma_c' = \frac{Q}{b(D - d)} \qquad (9 \cdot 34)$$

따라서, 설계에서는 $\sigma_c = \sigma_c'$로 하면

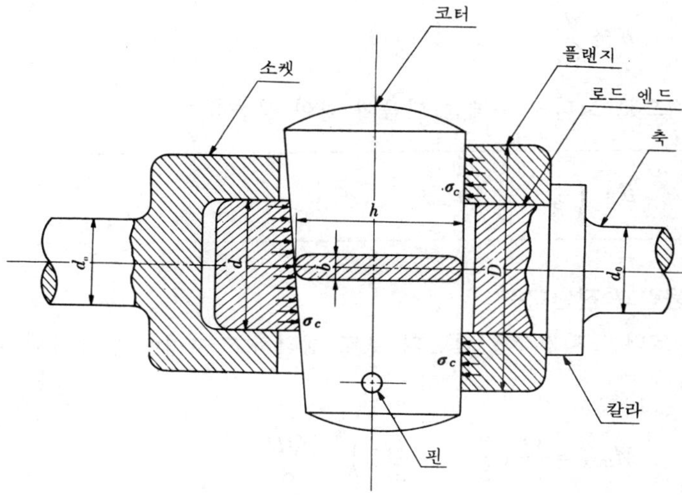

그림 9-14 코터이음의 강도설계

$$\frac{Q}{bd} = \frac{Q}{b(D-d)}$$

$$\therefore\ d = \frac{D}{2} \qquad (9 \cdot 35)$$

[2] 축의 인장응력

축의 인장응력 σ_t는

$$\sigma_t = \frac{Q}{\frac{\pi}{4}d_0^2} \qquad (9 \cdot 36)$$

코터구멍이 있는 로드 엔드 부분의 인장응력 $\sigma_t{}'$는

$$\sigma_t{}' = \frac{Q}{\frac{\pi}{4}d^2 - bd} \qquad (9 \cdot 37)$$

$\sigma_t = \sigma_t{}'$로 설계하면

$$\frac{Q}{\frac{\pi}{4}d_0^2} = \frac{Q}{\frac{\pi}{4}d^2 - bd}$$

$$\frac{\pi}{4}d_0^2 = \frac{\pi}{4}d^2 - bd$$

$$b = \frac{\pi}{4}\left(\frac{d^2 - d_0^2}{d}\right) = \frac{\pi}{4}d\left(1 - \frac{d_0^2}{d^2}\right)$$

실제로 코터구멍의 내부에는 큰 응력집중이 생기므로 로드 엔드의 지름 $d = \frac{4}{3}d_0$로 취하면

$$b \fallingdotseq \frac{d}{3} \tag{9·38}$$

가 얻어지고, 일반적으로 코터의 두께는 다음과 같이 정한다.

$$b = \left(\frac{1}{3} \sim \frac{1}{4}\right) d \tag{9·39}$$

[3] 코터의 굽힘응력과 전단응력

그림 9-15(a)의 코터를 직4각형 단면의 보로 생각하고 코터에 발생하는 최대굽힘 모멘트 M_{max}을 구하면

$$M_{max} = \frac{Q}{2}\left(\frac{3}{8}D - \frac{1}{8}D\right) = \frac{QD}{8}$$

코터의 굽힙응력 σ_b는

$$\sigma_b = \frac{M_{max}}{Z} = \frac{6M_{max}}{bh^2} = \frac{6QD}{8bh^2}$$

$$\therefore\ h = \sqrt{\frac{3QD}{4b\sigma_b}} \tag{9·40}$$

여기서 $b = \frac{1}{4}d$, $D = 2d$, $Q = \frac{\pi}{4} d_0{}^2 \sigma_t$, $d_0 = \frac{3}{4}d$ 그리고 코터의 재질이 굳어서 $\sigma_t = \frac{2}{3}\sigma_b$ 라고 하면, 위의 식은 다음과 같다.

$$h \fallingdotseq \frac{4}{3}d \tag{9·41}$$

일반적으로 코터의 너비 h는 다음과 같이 정한다.

$$h = \left(\frac{2}{3} \sim \frac{3}{2}\right) d \tag{9·42}$$

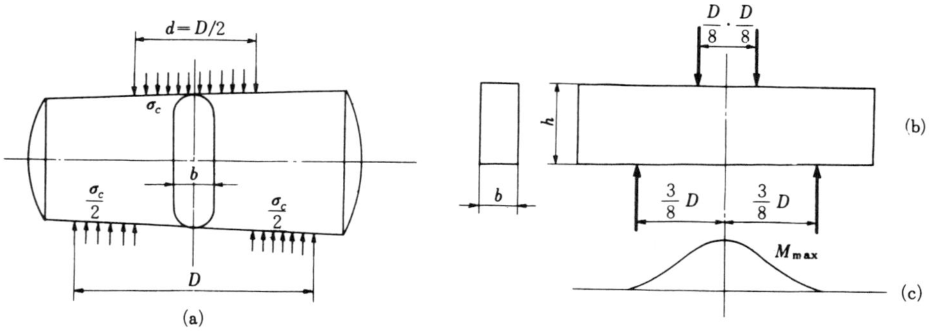

그림 9-15 코터의 굽힘 모멘트

코터에 생기는 전단응력 τ_c는 2면 전단이므로

$$\tau_c = \frac{Q}{2bh} \tag{9·43}$$

로 된다.

[4] 로드 엔드 끝과 소켓 끝의 전단응력

그림 9-16(a)에서 로드 엔드 끝부분의 길이를 h_1이라 하면, 로드 엔드에 생기는 전단응력 τ_r는

$$\tau_r = \frac{Q}{2h_1 d} \tag{9·44}$$

소켓 끝의 길이를 h_2라고 하면 로드 엔드 끝부분과 마찬가지로 소켓에 생기는 전단응력 τ_s는

$$\tau_s = \frac{Q}{2h_2(D-d)} \tag{9·45}$$

$Q = \frac{\pi}{4} d_0^2 \sigma_t$를 식 (9·44)에 대입하면

$$h_1 = \frac{\pi d_0^2 \sigma_t}{8 d \tau_r} \tag{9·46}$$

위의 식에 $d_0 = \frac{3}{4}d$, $h = \frac{2}{3}d$, $\sigma_t = 2\tau_r$를 대입하면

$$h_1 = \frac{2}{3}h \tag{9·47}$$

로 되고, 일반적으로

$$h_1 = h_2 = \left(\frac{1}{2} \sim \frac{2}{3}\right)h \tag{9·48}$$

로 한다.

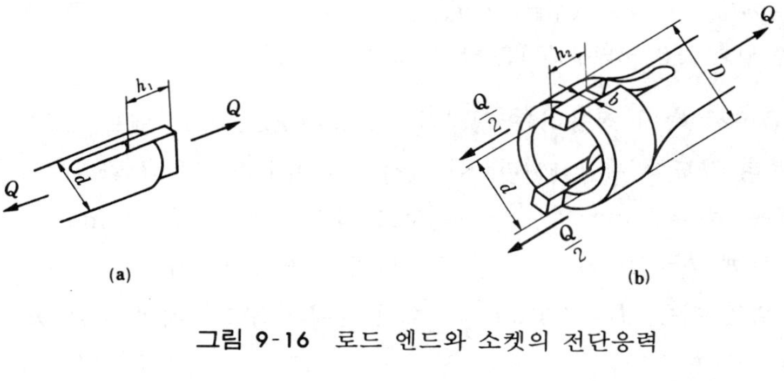

그림 9-16 로드 엔드와 소켓의 전단응력

[5] 로드 칼라의 강도

축방향의 하중이 인장력과 압축력이 교대로 작용하는 경우, 로드의 칼라(collar)가 압축력을 소켓에 전달하도록 함으로써 코터의 약화를 막는다.

압축력에 의한 칼라와 소켓의 플랜지 사이의 접촉면압 p_m은

$$p_m = \frac{Q}{\frac{\pi}{4}(d_1^2 - d^2)} \tag{9·49}$$

이고, d_1는 칼라부분의 지름이다.

로드 칼라의 두께를 t라고 하면 압축력에 의한 로드 칼라의 전단응력 τ_{rc}는

$$\tau_{rc} = \frac{Q}{\pi d t} \tag{9·50}$$

이다. 보통 로드 칼라의 지름 $d_1 = \left(1\frac{1}{4} \sim 1\frac{3}{4}\right)d_0$, 칼라의 두께 $t = \left(\frac{1}{3} \sim \frac{1}{4}\right)d$ 정도로 한다.

또한, 응력을 계산할 때 축방향의 하중 Q는 코터를 때려 박을 때 이미 가해져 있는 힘을 고려해서 $1.25Q$로 하여 강도를 검토해야 한다.

예제 9-7. 코터이음에 사용된 코터, 로드 엔드, 소켓의 재질은 연강이고 $\sigma_t : \sigma_c : \tau = 5 : 10 : 4$의 강도비를 갖는 경우 어느 부분이 가장 약한가? 축의 지름 $d_0 = 70\,\text{mm}$, 로드 엔드의 지름 $d = 85\,\text{mm}$, 코터의 두께 $b = 20\,\text{mm}$, 코터의 너비 $h = 90\,\text{mm}$이다.

풀이 $Q = \frac{\pi}{4}d_0^2\sigma_t$에서 $\sigma_t = 50\,\text{MPa}$를 대입하면

$$Q = \frac{\pi}{4}70^2 \times 50 = 192,422.6\,\text{N} = 192.4\,\text{kN}$$

코터구멍이 있는 로드 엔드 부분의 인장력은 식 (9·37)로부터

$$Q = \sigma_t\left(\frac{\pi d^2}{4} - db\right) = 50\left(\frac{\pi \times 85^2}{4} - 85 \times 20\right) = 202.5\,\text{kN}$$

코터가 2면 전단으로 받아내는 힘은 식 (9·43)으로부터

$$Q = 2hb\tau_c = 2 \times 90 \times 20 \times 40 = 144\,\text{kN}$$

코터가 로드 엔드에 가하는 압축응력으로 받을 수 있는 힘은 식 (9·33)으로부터

$$Q = bd\sigma_c = 20 \times 85 \times 100 = 170\,\text{kN}$$

이상으로 가장 약한 곳은 코터부분임을 알 수 있다.

예제 9-8. 코터이음에서 축에 작용하는 인장하중을 $5000\,\text{kg}_f$, 로드 엔드, 소켓, 코터는 연강제이다. 각 부분의 강도를 계산하여라. 이음 각부의 치수는 다음과 같다.

축의 지름 : $d_0 = 75\,\text{mm}$ 로드 엔드의 지름 : $d = 70\,\text{mm}$

코터의 두께 : $b = 20\,\text{mm}$ 코터의 너비 : $h = 90\,\text{mm}$

소켓의 바깥 지름 : $D = 140\,\text{mm}$ 소켓 끝에서 구멍까지의 길이 : $h_2 = 45\,\text{mm}$

풀이〉 이음에 작용하는 하중을 Q라 하고 하중이 변화하는 것을 고려해서 안전하게 $\frac{5}{4}$배가 가해진다고 보면

$$Q = 5000 \times \frac{5}{4} = 6250\,\text{kg}_f$$

① 축에 생기는 인장응력 σ_t는

$$\sigma_t = \frac{Q}{\frac{\pi}{4}d_0^2} = \frac{4 \times 6250}{\pi \times 75^2} = 1.42\,\text{kg}_f/\text{mm}^2$$

② 코터구멍이 있는 로드 엔드 부분의 인장응력 σ_t'는

$$\sigma_t' = \frac{Q}{\frac{\pi}{4}d^2 - bd} = \frac{6250}{\frac{\pi}{4} \times 70^2 - 70 \times 20} = 1.68\,\text{kg}_f/\text{mm}^2$$

③ 코터구멍이 있는 소켓부분의 인장응력 σ_t''는

$$\sigma_t'' = \frac{Q}{\frac{\pi}{4}(D^2 - d^2) - b(D - d)}$$

$$= \frac{6250}{\frac{\pi}{4}(140^2 - 70^2) - 20(140 - 70)} = 0.613\,\text{kg}_f/\text{mm}^2$$

④ 로드 엔드의 압축응력 σ_c는

$$\sigma_c = \frac{Q}{bd} = \frac{6250}{20 \times 70} = 4.46\,\text{kg}_f/\text{mm}^2$$

⑤ 코터의 전단응력 τ_c는

$$\tau_c = \frac{Q}{2bh} = \frac{6250}{2 \times 20 \times 90} = 1.74\,\text{kg}_f/\text{mm}^2$$

⑥ 소켓 끝부분의 전단응력 τ_s는

$$\tau_s = \frac{Q}{2h_2(D - d)} = \frac{6250}{2 \times 45(140 - 70)} = 0.992\,\text{kg}_f/\text{mm}^2$$

이며, 이들 각 응력은 허용응력 이하이므로 이음은 안전하다.

9-4 핀(Pin)

9-4-1 핀의 종류

핀은 키의 대용으로 사용하거나 코터가 빠져나오는 것을 막는데, 또는 부품의 위치결정 등을 하는 데 사용한다. 핀에는 평행핀(parallel pin), 테이퍼 핀(taper pin), 분할핀(split pin)의 3종류가 있으며, 각 핀의 규격과 재료는 표 9-4에 나타나 있다.

표 9-4 핀

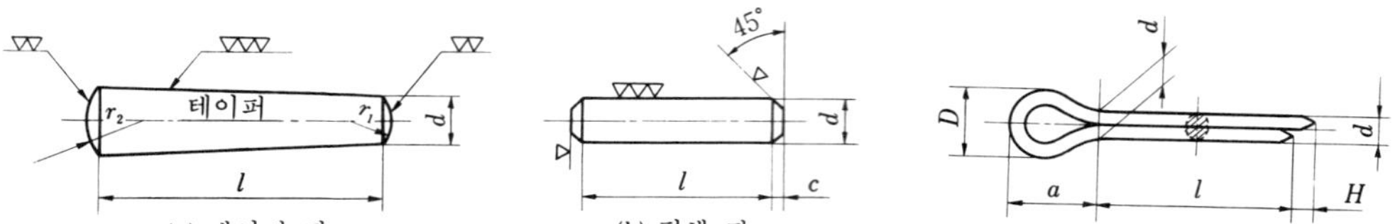

(a) 테이퍼 핀 (b) 평행 핀 (c) 분할 핀

	테이퍼핀		평행핀			분할핀				
KS	B 1322		B 1320			B 1321				
적용재료	SM 50 C, SM 20 C		SB 41, SM 45 C			SWRM 12, SWRM 15				
호칭지름	d	l	d	c	l	d	D	a(약)	H(약)	l
1	1	6~16	1	0.2	3~12	0.9	1.8	2.3	1.6	6~15
1.2	1.2	8~18	1.2	0.2	3~16	1.0	2	2.5	2.5	8~18
1.6	1.6	10~25	1.6	0.2	4~20	1.4	2.7	3.3	2.5	8~35
2	2	12~28	2	0.4	5~25	1.8	3.5	4	2.5	10~35
2.5	2.5	14~36	2.5	0.4	5~25	2.3	4.5	5	2.5	12~54
3	3	16~50	3	0.4	6~32	2.7	5.5	6	3.2	15~55
4	4	18~63	4	1	8~40	3.6	7	8	3.2	20~75
5	5	25~70	5	1	10~50	4.6	8	10	3.2	22~90

9-4-2 핀이음(Pin joint)

그림 9-17에 나타낸 바와 같이 축의 한쪽을 포크로 하고 여기에 아이(eye) 부분을 연결하여, 구멍에 핀을 끼워 축방향의 인장하중을 받는 2개의 축을 연결하는 데 사용한다. 구조물의 引張棒이나 자동차의 동력전달 기구 등에 사용되고 있다. 코터이음과 마찬가지로 강도를 검토해야 하나 보통 다음 내용을 주로 취급한다.

축하중을 Q, 핀의 지름을 d_1, 핀과 아이부분의 접촉 길이를 a라고 할 때, $a = md_1$($m =$ 1~1.5를 취한다) 관계식을 이용하여 아이부분과 접촉하고 있는 핀의 면압 p는

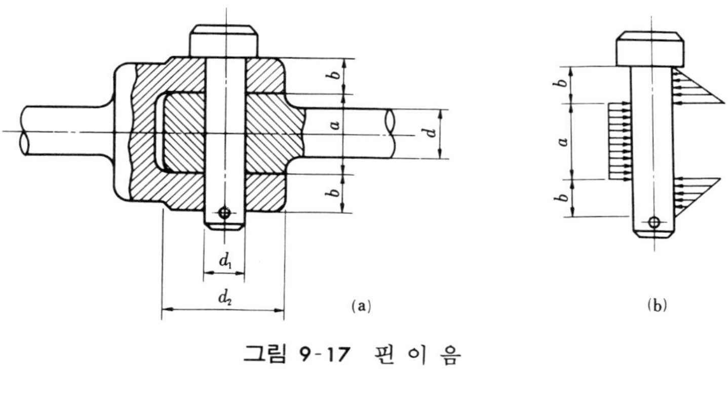

(a) (b)

그림 9-17 핀 이음

$$p=\frac{Q}{d_1 a}$$

$$Q=d_1 ap=md_1^2 p$$

$$d_1=\sqrt{\frac{Q}{mp}} \qquad (9\cdot 51)$$

포크의 두께 $b \fallingdotseq \frac{1}{2}a$로 하며 핀의 허용면압 $p=1.4\sim 2.1\,\mathrm{kg}_f/\mathrm{mm}^2$ 정도로 취한다.

핀에 발생되는 전단응력 τ는 2면 전단이므로

$$\tau=\frac{Q}{2\times\frac{\pi}{4}d_1^2} \qquad (9\cdot 52)$$

이고, 핀의 굽힘응력 σ_b는

$$M_{\max}=\frac{Ql}{8}=\frac{\pi}{32}d_1^3\sigma_b\,(l=1.5\,md_1)$$

$$\sigma_b=\frac{Q\cdot l}{8}\cdot\frac{32}{\pi d_1^3}=\frac{4Ql}{\pi d_1^3} \qquad (9\cdot 53)$$

여기서 l은 핀과 이음과의 온길이이다.

9-5 固 定 링

원형단면을 갖는 축이나 원통형 내면을 갖는 기계부품에 조립해서 박음되는 부재를 축방향으로 고정하거나 위치를 결정할 때 사용되는 기계요소를 **固定링**(retaining ring)이라 한다.

축심방향으로 삽입하는 것과 축직각 방향으로 삽입하는 것이 있고, 축에 그대로 끼우는 것과 축에 정해진 홈을 만들어 그 홈에 끼워서 사용하는 것이 있다. 원통내면에 사용하는 경우에는 구멍의 정해진 위치에 홈을 만들어 고정링을 오므려서 축심방향으로 삽입한 후 홈 안에서 확장시켜 사용한다.

고정링은 스프링으로서 충분한 강도(경도는 H_{RC} 40~50)를 가져야 하고, 지름방향의 탄성변형을 이용해서 축이나 구멍에 고정하여 부품이 축방향의 위치를 유지하고 착탈이 쉬운 것이라야 한다. 또한, 고정링은 사용 중 스러스트 하중을 받으므로 설계시 스러스트 하중을 충분히 고려해야 한다.

고정링은 C형과 E형이 있으며 그림 9-18에 C형 고정링이 표시되어 있다. 호칭 지름은 10~125까지 규격화되어 있으며, 모양은 偏心을 갖는 원형으로 開口部 양쪽에 벌리거나 오므리기 쉽도록 작은 구멍이 있으며, 이 구멍이 홈 속에 묻히지 않도록 해야 한다. E형 고

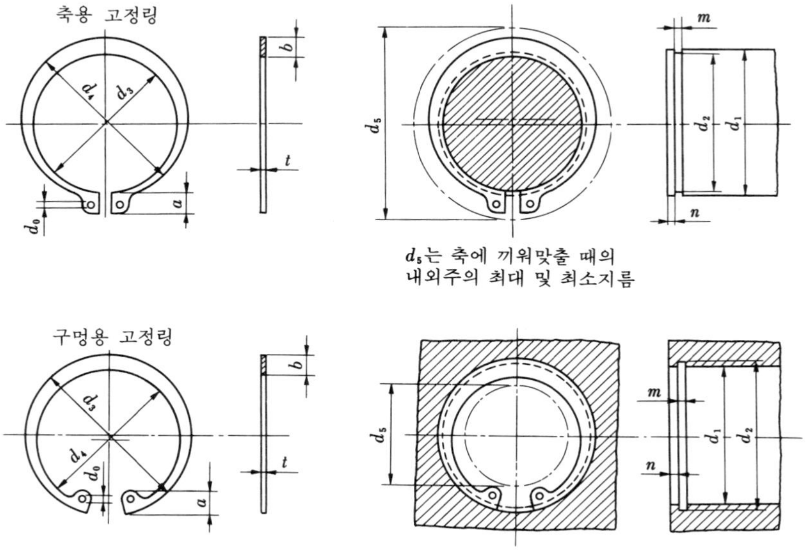

그림 9-18 C형 고정링의 모양과 사용상태

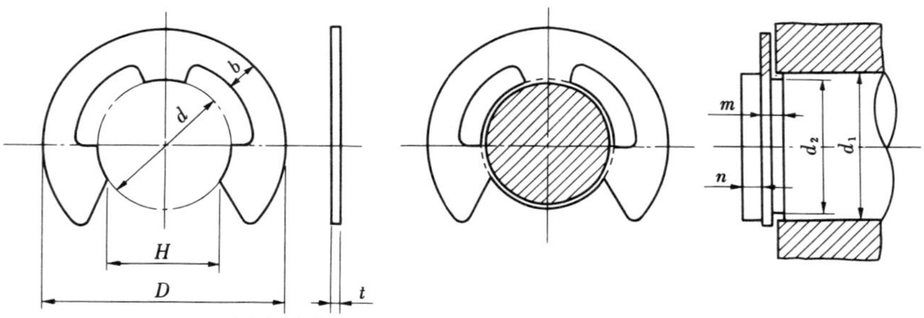

그림 9-19 E형 고정링의 모양과 사용상태

정링은 그림 9-19에 나타낸 바와 같이 비교적 작은 지름의 축용으로 사용되고 축의 지름은 1~38 mm까지로 착탈이 편리하도록 고안되어 있다.

예제 **9-9.** 핀이음으로 인장하중 30 kN을 지지하려고 한다. 핀의 지름을 얼마로 설계하면 되겠는가? 핀재료의 허용 전단응력은 50 MPa이며, 핀의 접촉부분에서 허용면압은 100 MPa이다. 포크의 두께 $b = 8$ mm, 아이부분의 두께 $a = 24$ mm이다.

풀이 먼저 전단응력으로부터 설계하면

$$50 = \frac{30 \times 10^3}{2 \times \dfrac{\pi}{4} d_1^2} \qquad \therefore \ d_1 = 19.5\,\text{mm}$$

다음 면압을 기준으로 설계하면

$$100 = \frac{30 \times 10^3}{2 \times 8 \times d_1} \qquad \therefore\ d_1 = 18.8\,\text{mm}$$

따라서, 핀의 지름은 19.5mm, 즉 20mm로 설계해야 한다.

예제 9-10. 핀이음에 1200kg$_f$의 하중이 작용할 때 핀을 설계하여라. 강도를 검토하고 핀 재료의 인장강도가 50kg$_f$/mm^{2}라면 안전계수는 얼마인가? 단, $a = 1.3d_1$이며, 허용면압은 150kg$_f$/cm^{2}이다.

풀이 식 (9·51)로부터 핀의 지름 d_1

$$d_1 = \sqrt{\frac{Q}{mp}} = \sqrt{\frac{1200}{1.3 \times 150}} = 2.48\,\text{cm} \fallingdotseq 25\,\text{mm}$$

따라서 $a = 1.3d_1 = 1.3 \times 25 = 32.5 \fallingdotseq 32\,\text{mm}$

$$l = 2a = 2 \times 32.5 = 65\,\text{mm}$$

로 한다.

먼저 전단응력을 구해 보면 식 (9·52)로부터

$$\tau = \frac{2Q}{\pi d_1^2} = \frac{2 \times 1200}{\pi \times 25^2} = 1.22\,\text{kg}_f/\text{mm}^2$$

핀의 굽힘응력은 식 (9·53)에서

$$\sigma_b = \frac{4Ql}{\pi d_1^3} = \frac{4 \times 1200 \times 65}{\pi \times 25^3} = 6.35\,\text{kg}_f/\text{mm}^2$$

안전계수 SF는

$$SF = \frac{50}{6.35} = 7.87$$

이므로 하중이 심한 충격적인 반복하중이 아니라면 이것으로 안전하다고 볼 수 있다.

연 습 문 제

1. 키의 종류를 열거하고 각 키의 특성을 간단히 설명하라.
2. 안장키와 납작키가 각각 전달할 수 있는 토크를 비교검토하라.
3. 스플라인이 전달하는 토크에 관해서 고려해야 할 사항을 설명하고, 전달되는 토크에 관한 식을 유도하여라.
4. 코터가 한쪽 기울기, 양쪽 기울기의 각 경우에 대한 자립잠김 조건에 관해 설명하라.
5. 코터이음과 핀이음을 비교설명하라.
6. 키와 축이 같은 재료로 만들어질 때 키의 단면이 정 4 각형이고 키의 전단강도와 축의 비틀림 강도를 같게 하려면 키의 길이를 어떻게 설계하는 것이 좋은가? ($l = 1.2d$)
7. 너비 10mm, 높이 8mm, 길이 40mm인 강제 평행키가 지름 35mm의 축에 물혀 있다. 이 키가 전

달할 수 있는 토크는 얼마인가? 단, $\sigma_c = 60\,\text{MPa} = 3\tau_a$ 이다. ($T = 98\,\text{N}\cdot\text{m}$)

8. 지름 75 mm의 축에 250 rpm, 66 kW를 전달하는 묻힘키를 설계하라. 다만, 키의 허용 압축응력은 120 MPa, 허용 전단응력은 70 MPa로 한다. ($20 \times 12 \times 75$)

9. 한쪽면의 기울기가 $\frac{1}{100}$ 인 안장키 $b \times h \times l$ 을 때려 박는 데 필요한 힘과 빼는 데 필요한 힘을 각각 구하라. 다만, 키접촉면의 면압은 p_m 이다. ($Q = 2blp_m \tan(\alpha + \rho)$, $Q' = 2blp_m \tan(\alpha - \rho)$)

10. 최대 전단 응력설에 의해 $\tau = \frac{1}{2}\sigma$ 의 관계가 성립한다. 축재료의 항복점 400 MPa, 축지름 80 mm이고 키재료의 항복점 340 MPa로 키의 $b \times h = 22 \times 22$ 이다. 안전계수를 2로 했을 때 키 길이를 구하라. ($l = 135\,\text{mm}$)

11. 지름 60 mm의 중실축 재료의 인장 항복점이 450 MPa이다. 축에 너비 18 mm, 높이 11 mm의 경사키가 박혀 있고 키재료의 인장 항복점이 350 MPa이다. 전달토크를 고려하여 키의 길이를 구하라. 축과 키재료의 전단 항복점은 인장 항복점의 60%이고 안전계수는 8로 한다. ($l = 101\,\text{mm}$)

12. 축지름 36 mm인 자동차 추진축이 50,000 $\text{kg}_f\cdot\text{mm}$ 의 토크를 전달할 때 각형 스플라인을 설계하라. 허용면압은 1.5 kg_f/mm^2 로 한다.

($d_2 = 40$, $d_1 = 36$, $b = 8$, $z = 6$, $c = 0.3$, $h = 2$, $l = 279\,\text{mm}$)

13. 호칭 지름 36 mm, 잇수 6, 이 너비 8 mm의 1형인 각형 스플라인이 있다. 이의 높이는 2.68 mm이고 스플라인 길이 1 mm마다 잇면의 수압면적은 9.5 mm^2 이다. 이 스플라인에 보스 길이 40 mm의 물체가 장착되어 120 rpm으로 회전한다. 스플라인 재료의 허용 전단응력 3 kg_f/mm^2, 접촉부의 허용 면압이 6 kg_f/mm^2 라면 스플라인축이 전달할 수 있는 동력은 얼마인가? ($H = 5.4\,\text{kW}$)

14. 코터의 경사각이 각각 α_1, α_2 이고 마찰각도 각각 ρ_1, ρ_2 라면 코터를 박고난 다음 1.25 P 의 축력을 발생시키는 데 코터를 때려 박는 힘을 구하라.

$$\left(P = 0.8Q\,\frac{\tan(\alpha_1 + \rho_1) + \tan(\alpha_2 + \rho_2)}{1 - \tan\rho\tan(\alpha_1 + \rho_1)}\right)$$

15. 지름 15 mm의 핸들축에 핸들을 테이퍼 핀으로 장착하려고 한다. 핸들의 지름 20 cm, 핸들에 10 kg_f 의 힘을 가하여 회전시킨다면 핀의 지름은 얼마가 되어야 하는가? 핀재료의 허용 전단응력은 3 kg_f/mm^2 이다. ($d = 5\,\text{mm}$)

제 10 장

리 벳 이 음

리벳(rivet)은 강판이나 型鋼(rolled steel)을 겹쳐서 영구적으로 결합시키는 기계요소를 말하고, 구조가 간단하고 생산성이 높으며 응용범위가 넓다. 각 部材 사이에 작용하는 힘을 전달하는 능력이 커서 교량, 철골 구조물, 선박 등에 사용되고, 또 죄는 힘이 커서 氣密을 요하는 압력 용기나 보일러 등에도 사용된다.

10-1 리벳의 종류

리벳에는 제작시 冷間에서 성형되는 冷間리벳(호칭 지름이 3~13mm)과 熱間에서 성형되는 熱間리벳(호칭 지름 10~40mm)이 있으며, 냉간리벳은 연강선재나 비철선재를 사용하고 열간리벳은 압연선재를 사용한다.

리벳은 리벳머리(rivet head)와 리벳자루(rivet shank)로 구성되고 머리 모양에 따라 여러 가지가 있고, 자루는 끝쪽을 약간 가늘게 하고 길이는 지름의 5배 이하로 한다. 또한, 표 10-1, 표 10-2에 냉간성형 리벳과 열간성형 리벳의 모양과 치수를 표시한다.

리벳의 재질은 결합시킬 판이 강판일 때는 연강 또는 특수강을, 듀랄루민판에 대해서는 알루미늄을, 구리판일 때는 구리를 취하는데, 일반적으로 리벳의 재질은 판재와 같은 계통을 사용하여 접촉전류에 의한 부식을 막는다.

강판용 리벳재료로는 일반용으로 인장강도 34~50 kg_f/mm^2인 리벳강을 용도에 세분하여 규정하고 있다. 41~48 kg_f/mm^2의 것은 보일러용으로, 39~46 kg_f/mm^2의 것은 선체용으로 쓰이고 있다.

표 10-1 냉간성형 리벳의 치수

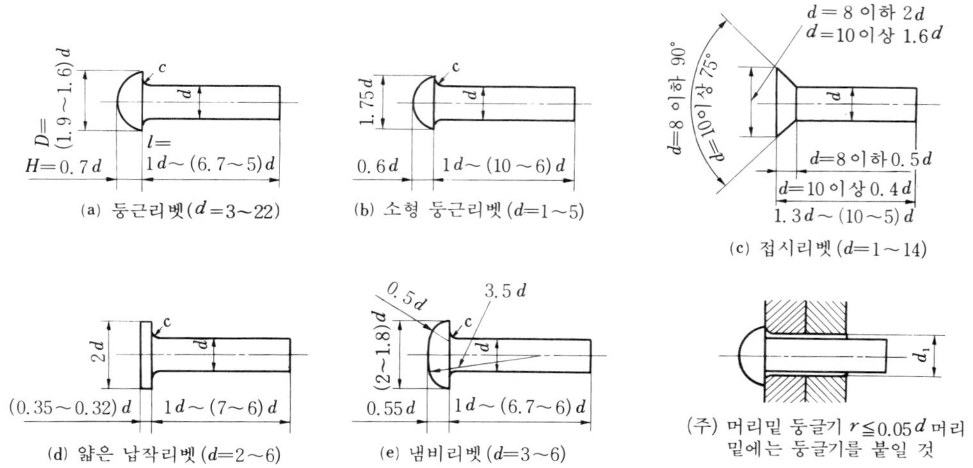

(a) 둥근리벳(d=3~22) (b) 소형 둥근리벳(d=1~5) (c) 접시리벳(d=1~14)

(d) 얇은 납작리벳(d=2~6) (e) 냄비리벳(d=3~6) (주) 머리밑 둥글기 $r \leqq 0.05d$ 머리 밑에는 둥글기를 붙일 것

(단위 : mm)

호 칭 지 름 (d)												
	1 란	3		4		5	6	8	10	12		
	2 란		3.5		4.5							14
	3 란										13	
머리부의 지름 D	기본치수	5.7	6.7		7.2	8.1	9	13.3	16	19	21	22
머리부의 높이 H	기본치수	2.1	2.5	2.8	3.2	3.5	4.2	5.6	7	8	9	10
머리밑의 둥글기 r	최 대	0.15	0.18	0.2	0.23	0.25	0.3	0.4	0.5	0.6	0.65	0.7
구멍의 지름 d_1	참 고	3.2	3.7	4.2	4.7	5.3	6.3	8.4	10.6	12.8	13.8	15
길 이 l	−	3~20	4~22	4~24	5~26	5~30	6~36	8~40	10~56	12~60	14~65	14~70

표 10-2 열간성형 리벳의 치수

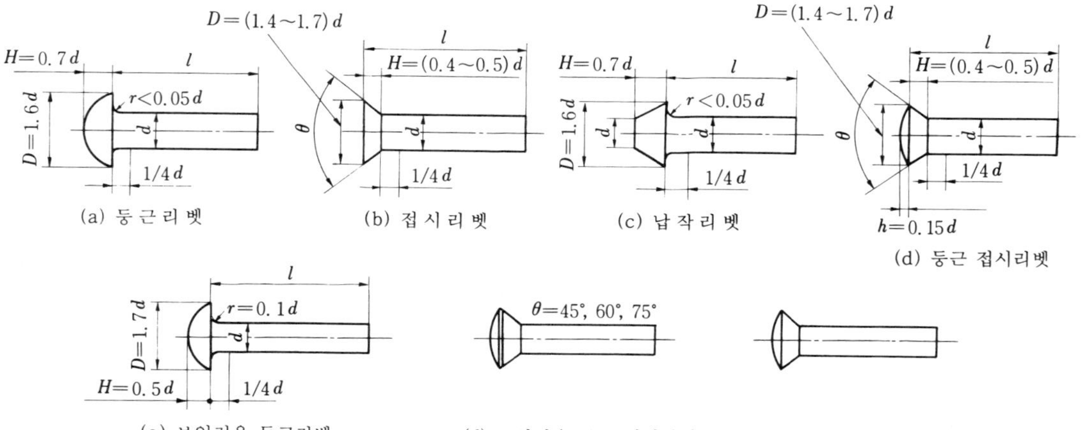

(a) 둥근리벳 (b) 접시리벳 (c) 납작리벳 (d) 둥근 접시리벳

(e) 보일러용 둥근리벳 (f) 보일러용 둥근 접시리벳 (g) 선박용 둥근 접시리벳

(단위 : mm)

호칭지름 (*d*)		1 란	10	12			16			20		24				30			36	
		2 란				14		18			22			27				33		40
		3 란			13				19				25		28		32			
일반용	둥근·납작	*D*	16	19	21	22	26	29	30	32	35	38	40	43	45	48	51	54	58	64
		D_1	10	12	13	14	16	18	19	20	22	24	25	27	28	30	32	33	36	40
		H	7	8	9	10	11	12.5	13.5	14	15.5	17	17.5	19	19.5	21	22.5	23	25	28
		r(최대)	0.5	0.6	0.66	0.7	0.8	0.9	0.95	1.0	1.1	1.2	1.25	1.35	1.4	1.5	1.6	1.65	1.8	2.0
	접시·둥근접시	*D*	16	19	21	22	25	29	30	32	35	38	39.5	39.5	39.5	42.5	45	47	51	57
		H	4	5	5	6	8	9	9.5	10	11	12	12.5	13.5	14	15	16	16.5	18	20
		h	1.5	2	2	2	2.5	2.5	3	3	3.5	3.5	4	4	4	4.5	5	5	5.5	6
		θ(약)	75°				60°							45°						
	구멍의 지름 d_1(참고)		11	13	14	15	17	19.5	20.5	21.5	23.5	25.5	26.5	28.5	29.5	32	34	35	38	42

10-2 리벳작업(Riveting)

그림 10-1에 표시한 것처럼 제2의 머리를 성형하여 접합하려는 판재를 체결하는 작업을 **리벳작업**이라 한다.

결합하려고 하는 판재에 먼저 구멍을 뚫는다. 리벳구멍은 리벳의 지름보다 1~1.5mm 정도 크게 뚫는다. 구멍을 뚫는 방법에는 펀칭(punching)과 드릴링(drilling)의 두 가지 방법이 있다. 구멍은 판 두께 20mm까지는 프레스 펀치에 의하여 뚫을 수 있으나, 기밀을 요하는 것은 드릴로 뚫은 후 판과 판을 포개어 리머(reamer)로 다듬질한다.

구멍을 뚫은 후에는 구멍을 맞추어 겹쳐 놓고, 빨갛게 가열된 리벳자루를 구멍에 집어넣고, 리벳머리를 스냅(snap)으로 받치고 자루의 끝에 또 하나의 머리를 만드는 스냅을 대고 손의 힘이나 기계력에 의해 두드려서 제2의 리벳머리를 만든다.

해머를 이용한 손 리벳작업은 비철금속이나 리벳의 지름 25mm 이하에서는 가능하나 기계 리벳작업이 훨씬 신뢰도가 있다. 기계 리벳작업은 리베터(riveter or riveting machine)

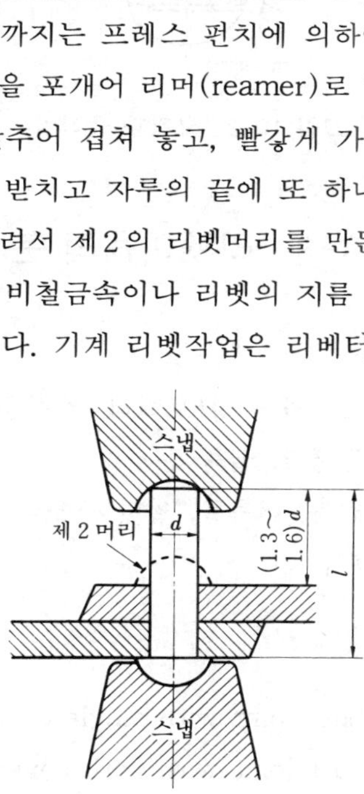

그림 10-1 리벳작업

로 연속적인 타격을 주어 성형한다. 리베터의 동력으로는 증기, 압축공기, 수력 등을 이용한다.

리벳작업에는 냉간 리벳작업과 열간 리벳작업으로 나눈다. 냉간 리벳작업은 常溫에서 시행하므로 작업이 끝난 후 리벳의 수축이 없으므로 판을 죄는 힘이 없고, 따라서 마찰저항도 없다. 비철재의 리벳이나 지름 8mm 이하의 강리벳에 사용하는 방법이다. 열간 리벳작업은 赤熱狀態로 가열하여 성형하므로 작업 후에 판에서 생기는 수축으로 판을 세게 죄므로 기밀의 효과를 얻을 수 있다.

보일러와 같이 기밀을 필요로 할 때는 리벳작업이 끝난 다음 리벳머리의 둘레와 강판의 가장자리를 정(chisel)과 같은 공구로 때리는데 이와 같은 작업을 **코킹**(caulking)**작업**이라 하며, 그림 10-2처럼 강판의 가장자리는 75~85° 가량 경사지게 한다. 코킹작업을 할 때 아래쪽의 강판에 자국이 나지 않도록 주의해야 하고, 더욱 기밀을 좋게 하기 위해 강판과 같은 두께의 풀러링 공구로 때려 붙이는 풀러링(fullering) 작업을 한다. 강판의 두께가 5mm 이하인 경우 코팅작업은 아무런 효과가 없고, 얇은 강판에는 기름종이나 그 밖의 패킹재료를 강판 사이에 집어넣는다. 고온에 접촉하는 곳에는 石綿을 사용한다.

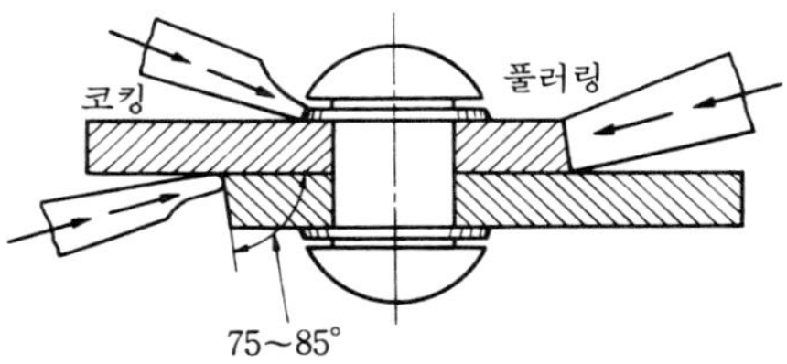

그림 10-2 코킹과 풀러링

10-3 리벳이음의 분류

(1) 사용목적에 의한 분류

① 강도와 기밀을 동시에 필요로 하는 것(보일러, 압력용기 등)

② 기밀을 주로 요구하는 것(물탱크, 굴뚝 등)

③ 강도를 주로 요구하는 것(교량, 건축물, 일반 구조물 등)

(2) 판을 겹치는 방법에 의한 분류

① 겹치기 이음(lap joint)

② 맞대기 이음(butt joint)

한쪽 덮개판 맞대기 이음(butt joint with single cover strap)

양쪽 덮개판 맞대기 이음(butt joint with both cover strap)

(3) 전단면수에 의한 분류

① 단일 전단면 이음(single shear riveted joint)
② 복전단면 이음(double shear riveted joint)

(4) 리벳의 줄수에 의한 분류

① 한 줄 리벳이음(single riveted joint)
② 두 줄 리벳이음(double riveted joint)
③ 여러 줄 리벳이음(multiple riveted joint)

(5) 리벳의 배열에 의한 분류

① 평행형 리벳이음(chain riveted joint)
② 지그재그형 리벳이음(zigzag riveted joint)

10-4 리벳이음의 강도

10-4-1 리벳의 강도

리벳작업이 끝난 리벳은 그 내부에 큰 인장응력이 남는다. 이 인장응력으로 말미암아 판은 매우 큰 힘으로 죄어지고, 죄어진 힘에 의한 판 사이의 마찰력과 리벳의 전단강도로 판을 체결한다. 열간 리벳작업인 경우, 이 응력은 크고 리벳재료의 항복응력에 가까운 값이 된다. 리벳 내부에 발생된 인장응력을 σ_r, 마찰계수를 μ, 리벳의 지름을 d, 리벳의 전단응력을 τ_r라고 하면 마찰력에 의한 저항력은

$$P_f = \mu\sigma_r \frac{\pi}{4} d^2 \tag{10·1}$$

전단력에 의한 저항력은

$$P_s = \tau_r \frac{\pi}{4} d^2 \tag{10·2}$$

대체적으로 $\mu = 0.45 \sim 0.55$, $\sigma_r = 22 \sim 45\,\mathrm{kg_f/mm^2}$라고 한다면 $\mu\sigma_r = 10 \sim 25\,\mathrm{kg_f/mm^2}$로 되고, 나쁜 조건의 경우라도 $8\,\mathrm{kg_f/mm^2}$ 이하로 되는 일이 없으므로

$$\mu\sigma_r = 8 \sim 25\,\mathrm{kg_f/mm^2} \tag{10·3}$$

로 생각할 수 있다.

[1] 단일 전단면의 리벳강도

리벳 내의 인장응력 σ_r가 재료의 항복점 σ_Y에 가까운 값이고 $\mu = 0.5$라면

$$\mu\sigma_Y = 0.5\sigma_Y$$

인장강도 $\sigma_u < 50\,\mathrm{kg}_f/\mathrm{mm}^2$ 인 강에서는 $\sigma_Y \fallingdotseq \frac{1}{2}\sigma_u$ 이므로

$$\mu\sigma_r = 0.25\sigma_u \qquad (10 \cdot 4)$$

최대 전단 응력설에 의하면 탄성변형 내에서는 $\tau = \frac{1}{2}\sigma$ 이므로

$$\tau_r = \frac{1}{2}\sigma_Y = 0.25\sigma_u \qquad (10 \cdot 5)$$

따라서 $\mu\sigma_r = \tau_r$ 가 성립되고 식 (10·1), (10·2)는 허용 전단응력을 τ_a 라고 하면 다음과 같이 하나의 식으로 표시할 수 있다.

$$P = \tau_a \frac{\pi}{4} d^2 \qquad (10 \cdot 6)$$

氣密을 필요로 하는 리벳이음에서는 식 (10·1)에 의하여 미끄럼이 생기기 전의 강도를 계산해야 하나 μ, σ_r 의 값을 정확히 얻기 어려우므로 식 (10·6)에 의해서 리벳의 허용 전단응력을 기준으로 계산하는 편이 편리하다. 특별히 지정하지 않는 한 **鋼製**리벳의 일반적인 경우, 안전을 고려해서 허용 전단응력 $\tau_a = 6 \sim 7\,\mathrm{kg}_f/\mathrm{mm}^2$ 로 한다.

[2] 복전단면의 리벳강도

양쪽 덮개판 맞대기 이음과 같이 1개의 리벳으로 2개의 전단면을 갖는 경우에는, 단면적을 2배로 하지 않고 안전을 고려해서 1.8배로 잡아서 계산한다.

$$P = 1.8\tau_a \frac{\pi}{4} d^2 \qquad (10 \cdot 7)$$

[3] 여러 줄의 리벳강도

리벳의 줄수가 많은 경우에는 바깥쪽과 안쪽의 리벳에 작용하는 힘이 그림 **10-3**과 같이 서로 다르기 때문에 균등하게 취급할 수 없다. 하중의 분포상태는 표 **10-3**에서 알 수 있는 바와 같이 3줄 이상에서는 제일 바깥쪽의 리벳은 평균하중보다 10~50%의 과부하를 받는다.

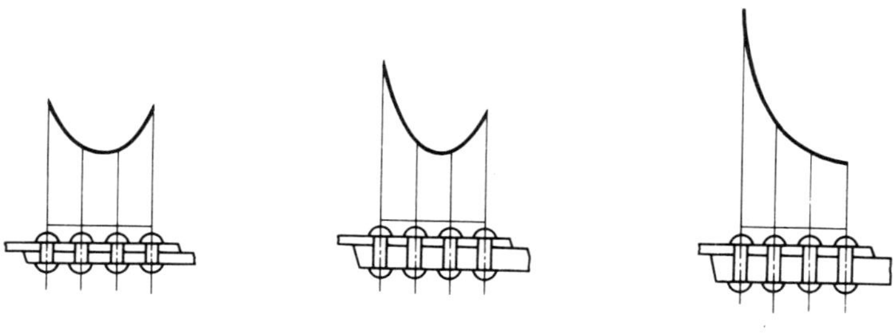

그림 10-3 줄과 판 두께에 따르는 하중분포

표 10-3 여러 줄 리벳의 하중분포 상태

리벳의 줄수 z \ 순서	리벳 하중의 분포비율						제일 바깥쪽 리벳 하중이 평균값으로부터 초과되는 양(%)	부하평균화 계수 α
	1	2	3	4	5	6		
2	0.5	0.5	−	−	−	−	0	1.0
3	0.368	0.264	0.368	−	−	−	11	0.9
4	0.307	0.193	0.193	0.307	−	−	23	0.8
5	0.272	0.163	0.130	0.163	0.272	−	36	0.75
6	0.247	0.147	0.106	0.106	0.147	0.247	48	0.7

그러므로 1피치 내의 리벳강도는

$$P = \alpha \cdot z \cdot \tau_a \frac{\pi}{4} d^2 \qquad (10 \cdot 8)$$

으로 구해지고 z는 리벳의 줄수, α는 줄수에 의한 負荷平均化 계수라 하며 표 10-3에 표시한다.

안쪽 리벳은 바깥쪽 리벳보다 작은 하중을 받기 때문에 지름이 작은 리벳으로도 될 수 있으나, 보통은 같은 지름의 리벳을 사용한다. 그러므로 너무 줄수를 증가시키는 것은 효과가 없으므로 일반적으로 3~4줄을 한도로 하는 것이 바람직하다.

10-4-2 리벳이음의 강도설계

리벳이음의 강도는 인장력 P가 판 사이의 마찰저항보다 커지면 리벳자루와 리벳구멍이 접촉하여 다음 다섯 가지의 파괴 중에서 가장 파괴하기 쉬운 상태에서 파손된다. 해석을 간단하게 하기 위해서 1줄 겹치기 이음에서 1피치의 너비에 대해서 강도를 생각한다.

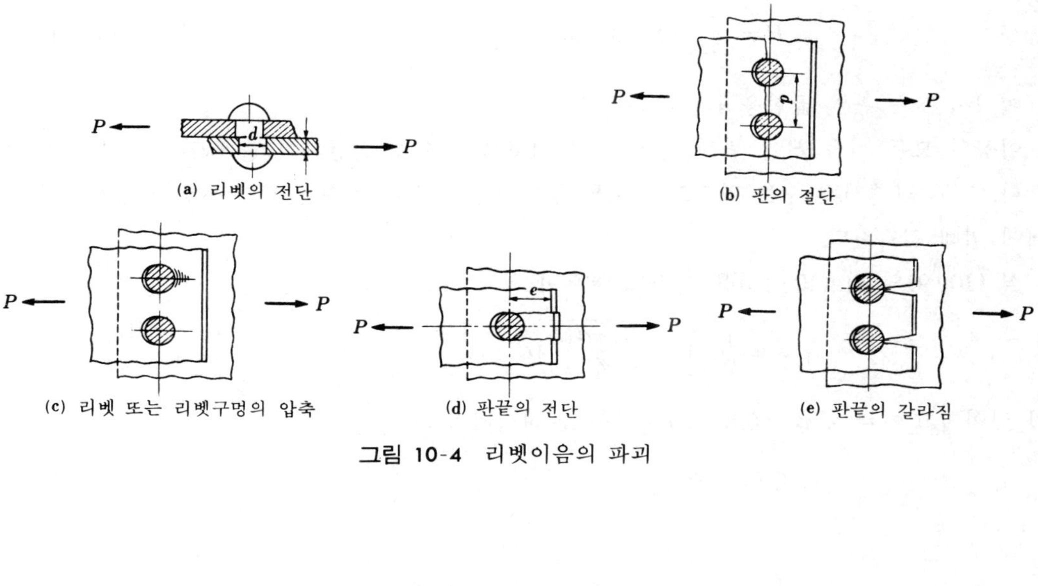

그림 10-4 리벳이음의 파괴

[1] 리벳의 剪斷

리벳의 지름을 d, 리벳의 전단응력을 τ_r라고 하면 인장력 P는

$$P = \frac{\pi}{4} d^2 \tau_r \tag{10·9}$$

[2] 판의 절단

판의 두께를 t, 리벳의 피치를 p, 판의 인장응력을 σ_t라고 하면

$$P = (p - d) t \sigma_t \tag{10·10}$$

[3] 리벳 또는 리벳구멍의 압축

리벳 또는 판의 압축응력을 σ_c라고 하면

$$P = dt\sigma_c \tag{10·11}$$

[4] 판 끝의 剪斷

리벳중심에서 판 끝까지의 거리를 e, 판의 전단응력을 τ_p라고 하면

$$P = 2et\tau_p \quad \text{또는} \quad 2\left(e - \frac{d}{2}\right)t\tau_p \tag{10·12}$$

[5] 판 끝의 갈라짐

리벳의 지름과 같은 길이의 판의 중앙에 P의 집중하중을 받아서 판이 굽어진다고 생각할 때 굽힘 모멘트 M은

$$M = \frac{1}{8} Pd$$

이고, 단면계수 $Z = \frac{1}{6}\left(e - \frac{d}{2}\right)^2 t$이므로 $M = \sigma_b Z$의 관계식을 이용하여 다음 식을 얻는다.

$$P = \frac{1}{3d}(2e - d)^2 t\sigma_b \tag{10·13}$$

여기서 σ_b는 판의 굽힘응력을 나타낸다.

이상의 모든 식을 P에 관해 같은 값이 되도록 치수를 결정하여 설계하는 것이 가장 좋으나, 모두 만족시킬 수는 없으므로 보통 경험값을 기초로 치수를 결정하여 그 강도를 위의 식에 의해 검토한다.

식 (10·9)와 식 (10·13)을 같다고 놓으면

$$e = \frac{1}{2}\left(1 + \sqrt{\frac{3\pi d\tau_r}{4t\sigma_b}}\right)d$$

가 얻어지고 $\sigma_b = \sigma_t$, $\tau_r = 0.85\sigma_t$, $t = \frac{1}{2}d$를 대입하면

$$e = 1.5d \tag{10·14}$$

식 (10·9)와 식 (10·12)에 대해서 같은 조건을 대입하면 $e=0.785d$ 가 된다. 따라서, $e=1.5d$ 로 하면 [4], [5]의 강도는 만족된다.

다음 식 (10·9)와 식 (10·10)을 같다고 놓으면

$$p=\frac{\pi d^2 \tau_r}{4t\sigma_t}+d \qquad (10\cdot 15)$$

전단면이 n개일 때에는

$$p=\frac{n\pi d^2 \tau_r}{4t\sigma_t}+d \qquad (10\cdot 16)$$

복전단면인 경우 $n=2$로 하여야 하나 안전을 위해서 $n=1.75\sim1.875$로 하고, p의 길이가 너무 커서 누설이 생기지 않도록 각별히 주의해야 한다.

식 (10·9)와 (10·11)을 같게 놓고 $\sigma_c=2\tau_r$로 취하면 $d=2.55t$가 된다. 만약, $d<2.55t$이면 이음의 치수는 식 (10·9)로 결정하고 $d>2.55t$이면 식 (10·11)로 결정한다. 그러므로 리벳 지름과 판의 두께에 대한 관계를 알면 계산이 간단해진다.

10-4-3 리벳이음의 효율

리벳이음의 강도에 대한 구멍이 없는 판의 강도의 비를 **리벳이음의 효율**이라 한다.

[1] 판의 효율

1피치의 너비를 기준으로 리벳구멍이 뚫린 판과 구멍이 없는 판의 강도비를 판의 효율 η_1이라 한다.

$$\eta_1=\frac{(p-d)t\sigma_t}{pt\sigma_t}=\frac{p-d}{p} \qquad (10\cdot 17)$$

[2] 리벳의 효율

1피치의 너비를 기준으로 리벳의 전단강도에 대한 구멍이 없는 판의 강도비를 리벳의 효율 η_2라 한다.

$$\left.\begin{array}{ll}\text{단일 전단면의 경우}: & \eta_2=\dfrac{\frac{1}{4}\pi d^2\tau_r}{pt\sigma_t}\\[2ex] \text{복전단면의 경우}: & \eta_2=\dfrac{1.8\times\frac{1}{4}\pi d^2\tau_r}{pt\sigma_t}\end{array}\right\} \qquad (10\cdot 18)$$

여러 줄 리벳의 경우에는 1피치의 너비 내의 리벳의 수를 곱해서 계산한다.

[3] 조 합 효 율

그림 10-5와 같은 리벳이음의 경우에는 안쪽 리벳의 피치가 바깥쪽 리벳의 피치의 $\frac{1}{2}$이므로 바깥쪽 리벳은 전단으로, 안쪽 리벳은 판의 절단으로 파괴되는 경우라면 조합효율 η_3는

한쪽 덮개판이 바깥쪽 리벳에 결합되는 경우

$$\eta_3 = \frac{p-2d}{p} + \frac{\frac{1}{4}\pi d^2 \tau_r}{pt\sigma_t} \qquad (10 \cdot 19\text{a})$$

양쪽 덮개판이 바깥쪽 리벳에 결합되는 경우

$$\eta_3 = \frac{p-2d}{p} + \frac{1.8 \times \frac{1}{4}\pi d^2 \tau_r}{pt\sigma_t} \qquad (10 \cdot 19\text{b})$$

이들 효율 중에서 가장 작은 것을 리벳이음의 효율(efficiency of riveted joint)이라 하며, 리벳이음의 강도를 결정한다.

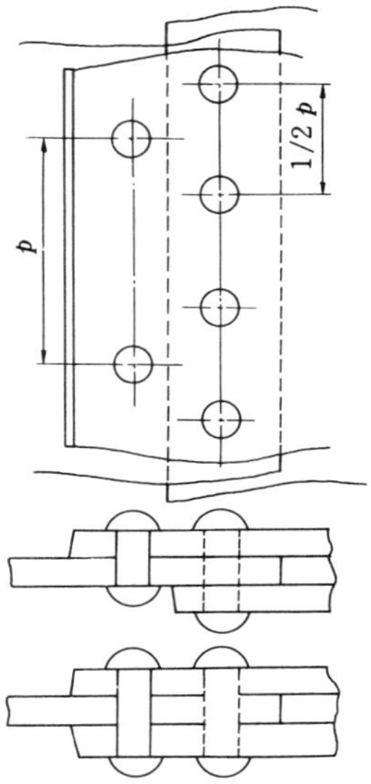

그림 10-5 길이가 다른 양쪽 덮개판 맞대기 이음

예제 10-1. 150 kN의 인장력을 받는 양쪽 덮개판 맞대기 이음의 리벳 지름이 22 mm라면 리벳은 몇 개가 필요한가? 리벳이음은 리벳의 전단에 의해 파손된다고 본다. 리벳의 허용 전단응력은 70 MPa 이다.

풀이 양쪽 덮개판 맞대기 이음의 경우는 복전단면이므로 식 (10·7)로부터 리벳의 수를 n라고 하면

$$P = 1.8\tau_a \frac{\pi}{4} d^2 \times n$$

에서

$$n = \frac{4P}{1.8\tau_a \pi d^2} = \frac{4 \times 150 \times 10^3}{1.8 \times 70 \times \pi \times 22^2} = 3.13 \fallingdotseq 4\text{개}$$

예제 10-2. 강판의 두께가 20 mm인 1줄 겹치기 이음을 설계하라. 단, 강판의 압축강도와 인장강도가 같고 리벳의 전단강도는 압축강도의 70%이다.

풀이 리벳의 지름 d를 크게 하면 강판이 약해지고 피치 p를 작게 하면 효율이 저하한다.

$\sigma_c / \tau_r = 10/7$이므로 식 (10·9)와 식 (10·11)로부터

$$d = \frac{4t\sigma_c}{\pi\tau_r} = \frac{4 \times 20 \times 10}{\pi \times 7} = 32.2\,\text{mm} \fallingdotseq 32\,\text{mm}$$

$\sigma_c = \sigma_t$이므로 식 (10·9)와 식 (10·10)로부터

$$p = \frac{\pi d^2 \tau_r}{4t\sigma_t} + d = \frac{\pi \times 32^2 \times 7}{4 \times 20 \times 10} + 32 = 60.1\,\text{mm}$$

p가 작으면 효율이 떨어지고 보통 $p_{min} = 2d$인 점을 감안해서 $p = 65\,\text{mm}$로 결정한다.

예제 10-3. 양쪽 덮개판 1줄 맞대기 이음에서 피치가 56mm, 리벳구멍의 지름이 17mm, 강판의 두께가 10mm, 리벳의 전단강도가 강판의 인장강도의 85%일 때 이 리벳이음의 효율은 얼마인가?

풀이) 식 (10·17)에서 판의 효율 η_1은

$$\eta_1 = \frac{p-d}{p} = \frac{56-17}{56} = 0.696 = 69.6\%$$

복전단면의 경우 리벳의 효율 η_2는 식 (10·18)로부터

$$\eta_2 = \frac{1.8 \times \frac{1}{4}\pi d^2 \tau_r}{pt\sigma_t} = \frac{1.8 \times \frac{1}{4} \times \pi \times 16^2 \times 0.85}{56 \times 10} = 0.549 = 54.9\%$$

위의 식에서 리벳의 지름은 리벳구멍의 지름보다 1mm 작게 취했다. 작은 쪽의 효율이 리벳이음의 효율이므로 그 값은 54.9%이다.

예제 10-4. 강판의 두께 10mm, 리벳의 지름 20mm, 피치 45mm, 리벳중심에서 강판의 가장자리까지의 길이 30mm인 1줄 겹치기 이음의 리벳이음의 효율을 구하라. 단, 재료의 인장응력은 8.8 $\mathrm{kg_f/mm^2}$, 압축응력은 16 $\mathrm{kg_f/mm^2}$, 전단응력은 7 $\mathrm{kg_f/mm^2}$이다.

풀이) ① 리벳의 전단 : $P = \frac{\pi}{4} \times 20^2 \times 7 = 2198\,\mathrm{kg_f}$

② 판의 절단 : $P = (45-20) \times 10 \times 8.8 = 2200\,\mathrm{kg_f}$

③ 리벳 또는 리벳구멍의 압축 : $P = 20 \times 10 \times 16 = 3200\,\mathrm{kg_f}$

④ 판 끝의 전단 : $P = 2 \times 30 \times 10 \times 7 = 4200\,\mathrm{kg_f}$

⑤ 판 끝의 갈라짐 : $P = \frac{1}{3 \times 20}(2 \times 30 - 20)^2 \times 10 \times 8.8 = 2347\,\mathrm{kg_f}$

구멍이 없는 강판의 인장강도는

$$P = 45 \times 10 \times 8.8 = 3960\,\mathrm{kg_f}$$

이 리벳이음에서는 리벳의 전단이 가장 약하므로, 리벳이음의 효율 η는 다음과 같이 구해진다.

$$\eta = \frac{2198}{3960} = 0.555 = 55.5\%$$

예제 10-5. 두께 11mm의 강판을 2줄 지그재그형 겹치기 이음을 할 때 리벳의 지름, 피치 및 이음의 효율을 구하라. 단, 강판의 인장응력은 340MPa, 리벳 및 강판의 압축응력은 340MPa, 리벳의 전단응력은 270MPa이다.

풀이)

$$P = (p-d)t\sigma_t \qquad \text{(a)}$$

$$P = \frac{\pi}{4}d^2\tau_r \qquad \text{(b)}$$

$$P = dt\sigma_c \qquad \text{(c)}$$

에서 (b) = (c)이면

$$d = \frac{4t\sigma_c}{\pi\tau_r} = \frac{4 \times 11 \times 340}{\pi \times 270} = 17.64\,\mathrm{mm} \fallingdotseq 19\,\mathrm{mm}$$

(a) = (b)로 놓으면

$$p = \frac{\pi d^2 \tau_r}{4t\sigma_t} + d = \frac{\pi \times 19^2 \times 270 \times 2}{4 \times 11 \times 340} + 19 = 59.9\,\text{mm} \fallingdotseq 62\,\text{mm}$$

$$e = 1.5d = 28.5 \fallingdotseq 30\,\text{mm}$$

$$e_1 = 0.6p = 37.2 \fallingdotseq 40\,\text{mm}$$ (e_1 : 첫줄과 둘째 줄 사이의 거리)

판의 효율 η_1는

$$\eta_1 = \frac{p-d}{p} = \frac{62-19}{62} = 0.694 = 69.4\%$$

리벳의 효율 η_2는

$$\eta_2 = \frac{2 \times \frac{\pi}{4} \times 19^2 \times 27}{62 \times 11 \times 34} = 0.66 = 66\%$$

10-5 보일러용 리벳이음

리벳이음 중에서 가장 까다로우며 氣密과 강도를 동시에 만족해야 한다. 증기 보일러와 압력용기가 여기에 해당되고 규격은 엄격히 정해져 있다.

10-5-1 보일러의 구조

강판을 원통형으로 말아서 리벳작업을 하는데 길이방향의 리벳이음을 **길이이음**(longitudinal seam)이라 한다. 보통 원통은 길게 해야 하므로 제2장, 제3장을 원둘레에 따라 리벳작업을 하는데 이것을 **원주이음**(circumferential seam)이라고 한다. 양쪽 끝은 鏡板(end plate)을 대고 원주이음을 한다.

리벳이음은 장소에 따라서 제3장, 제4장이 겹치는 부분이 생기므로, 이런 중첩 부분을 피하기 위해 인접된 세로이음을 서로 어긋나게 한다. 그러나 중첩부분을 피할 수 없는 것은 판을 고온에서 늘어가게 하든가 경사지게 깎아내서 포개어 리벳이음을 한다. 그림 10-6에는 판의 접합부분을 나타내고, 그림 10-7에는 여러 장이 겹치기 이음을 한 보기를 표시한다.

10-5-2 보일러의 강도설계

그림 10-8과 같이 內壓 p가 작용하는 원통용기의 길이방향의 단면에 생기는 인장응력

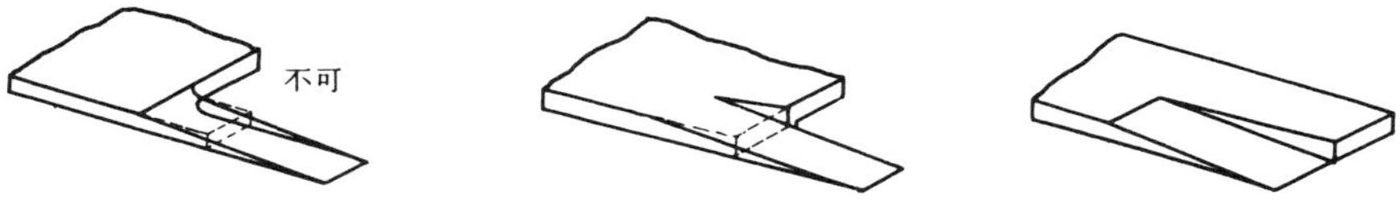

그림 10-6 판의 접합 부분

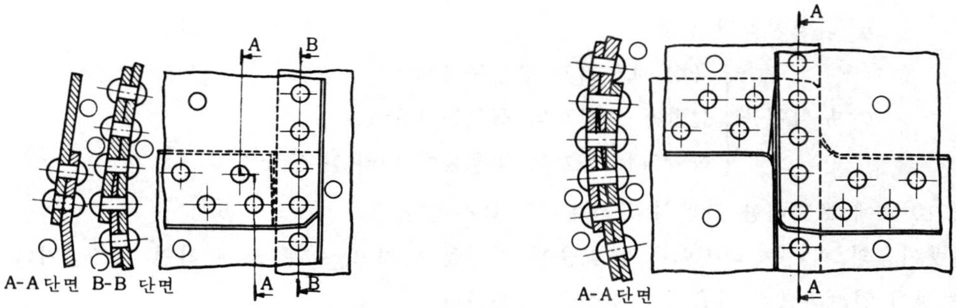

그림 10-7 중첩된 겹치기 이음

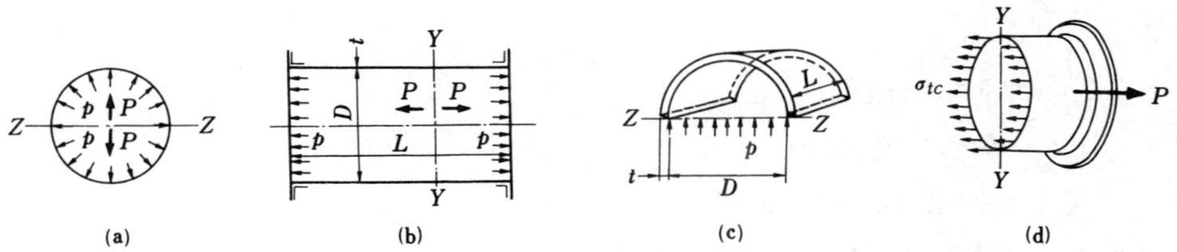

그림 10-8 원통용기의 강도

σ_{tl}은

$$\sigma_{tl} = \frac{pD}{2t} \qquad (10 \cdot 20)$$

이고, 원주방향의 단면에 생기는 인장응력 σ_{tc}는

$$\sigma_{tc} = \frac{pD}{4t} \qquad (10 \cdot 21)$$

이므로, $\sigma_{tl} = 2\sigma_{tc}$가 된다. 따라서, 보일러의 두께 t는 식 (10·20)에 의해 결정되고 그 값은 $t = \frac{pD}{2\sigma_{tl}}$이다. 그리고 원주이음은 길이이음보다 약하게 리벳이음을 하여도 된다.

실제로 판의 두께는 리벳이음의 효율, 판의 부식 등을 고려하여 다음 식을 사용한다.

$$t = \frac{pD\,SF}{2\sigma_t \eta} + c \qquad (10 \cdot 22)$$

여기서

t : 강판의 두께

σ_t : 강판의 인장응력

p : 내압

D : 보일러 동체의 안지름

SF : 안전계수

η : 리벳이음의 효율

c : 부식여유 { 육상 보일러의 경우는 1 mm / 선박용 보일러의 경우는 1.5 mm / 화학약품 용기는 내용물에 따라 1~7 mm }

표 10-4에 보일러용 강판의 안전계수를 표시한다.

리벳이음의 피치는 리벳이음의 효율에 영향을 미치고, 너무 크게 하면 압축공기나 증기의 누설이 염려되므로 다음의 경험식을 사용한다.

$$p \leqq Ct + 42\,\text{mm} \qquad (10 \cdot 23)$$

여기서

p : 최대피치(mm)

t : 강판의 두께(mm)

C : 계수(표 10-5에 표시)

최소피치는 공작을 고려해서 다음과 같이 한다.

$$p \geqq 2.5d \qquad (10 \cdot 24)$$

덮개판의 두께 t_1은

$$\left.\begin{array}{ll} \text{한쪽 덮개판의 경우} & t_1 = 1.25t \\ \text{양쪽 덮개판의 경우} & t_1 = (0.6 \sim 0.8)t \end{array}\right\} \qquad (10 \cdot 25)$$

리벳줄의 간격 e_1은 다음과 같이 한다.

표 10-4 보일러용 강판의 안전계수

리벳작업 \ 이음의 형식	겹치기 이음	맞대기 이음		
		한쪽 덮개판	양쪽 덮개판	
			2줄에서 1줄은 한쪽 덮개판	2줄이상
손 리벳작업	4.75	4.75	4.35	4.25
기계 리벳작업	4.50	4.50	4.10	4.00

표 10-5 C의 값

1피치 안에 있는 리벳의 수	겹치기 이음	양쪽 덮개판 맞대기 이음
1	1.30	1.75
2	2.60	3.50
3	3.45	4.60
4	4.15	5.50
5	−	6.00

$$\left.\begin{aligned} p/d \leqq 4 \text{일 때 } e_1 &\geqq 2d(\text{길이이음}) \\ e_1 &\geqq 1.75d(\text{원주이음}) \\ p/d > 4 \text{일 때 } e_1 &\geqq 2d + 0.1(p-4d) \end{aligned}\right\} \quad (10 \cdot 26)$$

리벳의 지름 d는

$$\left.\begin{aligned} &\text{겹치기 이음의 경우} & d &= (2.5\sim1.3)t \\ &\text{양쪽 덮개판 이음의 경우} & d &= (1.4\sim0.8)t \end{aligned}\right\} \quad (10 \cdot 27)$$

또, 실험식으로 다음 식이 널리 사용된다.

$$\left.\begin{aligned} &\text{겹치기 이음의 경우} & d &= \sqrt{50t} - 4\,\text{mm} \\ &\text{양쪽 덮개판 이음의 경우} & d &= \sqrt{50t} - 6\,\text{mm}(2\text{줄}) \\ & & d &= \sqrt{50t} - 7\,\text{mm}(3\text{줄}) \end{aligned}\right\} \quad (10 \cdot 28)$$

10-5-3 리벳이음의 선정

보일러의 리벳이음은 길이이음과 원주이음으로 구별하고 원주이음의 강도는 길이이음의 강도에 대해 50% 이상이어야 한다.

길이이음은 KS 규격에 다음과 같이 제한하고 있다.

① 한쪽 덮개판 맞대기 이음은 사용하지 않는다.

② $D > 1000\,\text{mm}$인 경우에는 겹치기 이음은 사용하지 않는다.

③ $D < 1000\,\text{mm}$, $p_0 < 7\,\text{kg}_f/\text{cm}^2$인 경우에는 겹치기 이음을 해도 좋다.

④ 외부 연소식 가로煙管 보일러에서는 길이이음을 화염에 접촉하는 위치에 설치하지 않는다.

리벳이음의 형식을 선정하는데 단위 길이에 작용하는 힘을 기준으로 한다. 단위 길이에 작용하는 힘 P_u는 다음 식으로 구한다.

$$P_u = \frac{Dp_0}{2}\,(\text{kg}_f/\text{cm}) \quad (10 \cdot 29)$$

표 10-6에 리벳이음의 형식을 선정하는 기준을 표시한다.

표 10-6 리벳이음의 형식 선정

$P_u(\text{kg}_f/\text{cm})$	길 이 이 음	원 주 이 음
500	1줄 리벳 겹치기 이음	1줄 리벳 겹치기 이음
390~1000	2줄 〃	〃
700~1350	3줄 〃	〃
650~1350	양쪽 덮개판 2줄 리벳 막대기 이음	2줄 〃
1100~2400	〃 3줄 〃	2줄 또는 3줄 리벳 겹치기 이음
1800~3200	〃 4줄 〃	〃

표 10-7 보일러용 재료의 허용응력

재 료	하 중	재료 \ 온도 (℃)	350°	375°	400°	425°	450°	475°
판 재	인 장	SB 35	8.8	8.4	7.7	6.7	5.4	3.9
		SB 42	10.5	9.9	9.0	7.7	5.8	4.0
		SB 49	11.5	10.8	9.7	8.2	5.9	4.0
	압 축	허용 인장응력과 같다.						
	전 단	허용 인장응력의 85%						
리 벳 재	전 단	리벳재의 인장응력의 21%, 인장응력이 불명일 때는 $7\,kg_f/mm^2$						
	면 압	〃 38%						

(허용응력 단위: kg_f/mm^2)

표 10-7에 보일러용 관재 및 리벳재료의 허용응력을 표시한다.

보일러용 리벳이음의 여러 가지 종류를 표시하면 표 10-8과 같으며, 표 10-8의 경험식은 다음과 같은 내용을 고려해야 한다.

① 리벳의 전단응력을 판의 인장응력의 85%로 보고 세 가지 효율 중에서 가장 작은 것을 효율로 취한다.

② 복전단면의 강도는 단일 전단면의 것의 1.8배의 강도를 갖는 것으로 생각한다.

③ 같은 리벳 지름에 대해 판의 두께가 여러 가지 있을 경우에는 두꺼운 것에 대한 효율 중에서 최소의 값을 취한다.

④ 덮개판의 최소 두께 $t_1 \geqq 0.6t + 2\,mm$로, 줄 사이의 간격 $e_1 \geqq 2d$로, 판의 가장자리까지의 거리 $e = (1.25 \sim 1.75)d$로 리벳의 최대피치는 식 (10·23)에 의한다.

표 10-9에 보일러용 겹치기 이음의 표준치수를, 표 10-10에 보일러용 양쪽 덮개판 맞대기 이음의 표준치수를 표시한다.

예제 10-6. 지름 500mm, 압력 12기압의 보일러 길이이음을 설계하라. 다만, 강판의 인장강도는 $35\,kg_f/mm^2$이고 안전계수는 4.75이다.

풀이 허용 인장응력 σ_a는

$$\sigma_a = \frac{35}{4.75} = 7.36\,kg_f/mm^2$$

판의 두께는 식 (10·22)를 사용하여 $\eta \fallingdotseq 0.58$로 가정하면

$$t = \frac{pD}{2\sigma_a \eta} + 1 = \frac{0.12 \times 500}{2 \times 7.36 \times 0.58} + 1 = 8.02 \fallingdotseq 8\,mm$$

$D < 1000\,mm$이나 $p > 7\,kg_f/mm^2$이므로 양쪽 덮개판 2줄 맞대기 리벳이음으로 한다면 표 10-8(e)의 란에서

$$d = \sqrt{5t} - 0.6 = \sqrt{5 \times 0.8} - 0.6 = 1.4\,cm = 14\,mm$$

표 10-8 보일러용 리벳이음의 종류와 경험식

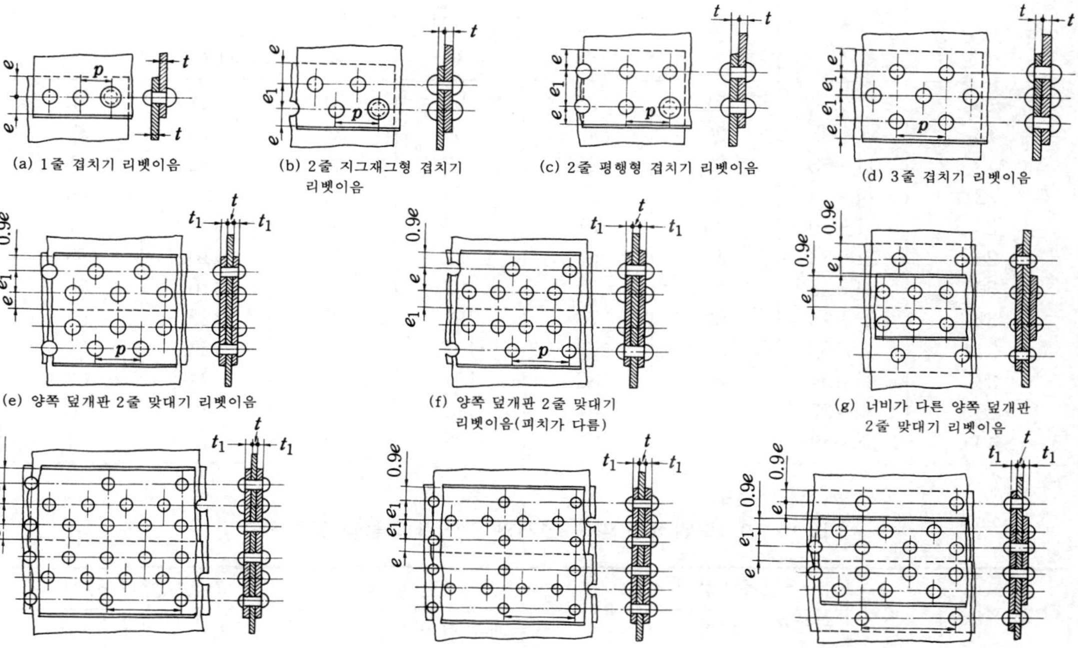

(a) 1줄 겹치기 리벳이음

(b) 2줄 지그재그형 겹치기 리벳이음

(c) 2줄 평행형 겹치기 리벳이음

(d) 3줄 겹치기 리벳이음

(e) 양쪽 덮개판 2줄 맞대기 리벳이음

(f) 양쪽 덮개판 2줄 맞대기 리벳이음(피치가 다름)

(g) 너비가 다른 양쪽 덮개판 2줄 맞대기 리벳이음

(h) 양쪽 덮개판 3줄 맞대기 리벳이음(피치가 다름)

(i) 양쪽 덮개판 3줄 맞대기 리벳이음(피치가 다름)

(j) 너비가 다른 양쪽 덮개판 3줄 맞대기 리벳이음

이음의 종류 그림 번호	(a)	(b)	(c)	(d)	(e)
d cm	$\sqrt{5t}-0.4$	$\sqrt{5t}-0.4$	$\sqrt{5t}-0.4$	$\sqrt{5t}-0.4$	$\sqrt{5t}-0.6$
t_1	—	—	—	—	$(0.6\sim0.7)t$
p cm	$2d+0.8$	$2.6d+1.5$	$2.6d+1$	$3d+2.2$	$3.5d+1.5$
e	$1.5d$	$1.5d$	$1.5d$	$1.5d$	$1.5d$
e_1	—	$0.6p$	$0.8p$	$0.5p$	$0.5p$
η_1	$(p-d)/p$	$(p-d)/p$	$(p-d)/p$	$(p-d)/p$	$(p-d)/p$
η_2^*	k	$2k$	$2k$	$3k$	$3.6k$
이음의 종류 그림 번호	(f)	(g)	(h)	(i)	(j)
d cm	$\sqrt{5t}-0.6$	$\sqrt{5t}-0.6$	$\sqrt{5t}-0.7$	$\sqrt{5t}-0.7$	$\sqrt{5t}-0.7$
t_1	$(0.6\sim0.7)t$	$(0.6\sim0.7)t$	$0.8t$	$0.8t$	$0.8t$
p cm	$5d+1.5$	$5d+1.5$	$6d+2$	$6d+2$	$6d+2$
e	$1.5d$	$1.5d$	$1.5d$	$1.5d$	$1.5d$
e_1	$0.4p$	—	$0.38p$	$0.38p$	$0.38p$
η_1	$(p-d)/p$	$(p-d)/p$	$(p-d)/p$	$(p-d)/p$	$(p-d)/p$
η_2^*	$5.4k$	$4.6k$	$9k$	$7.2k$	$8.2k$
η_3^*	$(p-2d)/p+1.8k$	$(p-2d)/p+k$	$(p-2d)/p+1.8k$	$(p-2d)/p+k$	$(p-2d)/p+k$

〔주〕 $^*k=(\pi d^2\tau)/(4pt\sigma_t)$

표 10-9 보일러용 겹치기 이음의 표준치수

(단위 : mm)

리벳지름	판두께 t	e	1줄 피치 p	2 줄 지그재그형		3 줄	
				피치 p	e_1	피치 p	e_1
13	7	21	36	51	31	64	32
16	8～10	26	42	59	35	73	37
19	11～13	30	48	67	40	82	41
22	14～16	35	54	75	45	91	46
25	17～20	40	61	84	50	101	51
28	21～23	44	67	92	55	110	55
30	24～26	47	71	97	58	116	58
32	27～29	50	75	102	61	122	61
34	30～32	53	79	107	64	128	64
36	33～34	56	83	112	67	134	67
38	35～37	59	87	118	71	140	70
40	38～40	62	91	123	74	147	74

표 10-10 보일러용 양쪽 덮개판 맞대기 이음의 표준치수

(단위 : mm)

리벳지름	e	2 줄(형식 e)			2 줄(형식 f)			3 줄(형식 h)		
		판두께 t	피치 p	e_1	판두께	피치 p	e_1	판두께	피치 p	e_1
10	—	—	—	—	—	—	—	7	86	32
13	21	7～ 9	64	32	7～ 9	85	34	8～10	104	39
16	26	10～12	75	38	10～12	100	40	11～13	122	46
19	30	13～15	85	43	13～15	115	46	14～16	140	53
22	35	16～18	96	48	16～18	130	52	17～20	158	59
25	40	19～23	108	54	19～23	148	59	21～24	179	67
28	44	24～26	118	59	24～26	163	65	25～28	197	74
30	47	27～29	125	63	27～29	173	69	29～31	209	78
32	50	30～32	132	66	30～32	183	73	32～34	221	83
34	53	33～34	139	70	33～34	193	77	35	233	87
36	56	35～37	146	73	35～37	203	81	36～38	245	92
38	59	38～40	153	77	38～40	213	85	39～40	257	96

표 10-10의 형식 (e)에서

$$d = 13\,\text{mm},\ e = 21\,\text{mm},\ p = 64\,\text{mm},\ e_1 = 32\,\text{mm}$$

를 취한다.

효율은 표 10-8 (e)난에서

$$\eta_1 = \frac{p-d}{p} = \frac{64-13}{64} = 0.796 \fallingdotseq 80\%$$

리벳재료의 인장강도가 $34\,\text{kg}_f/\text{mm}^2$라면 허용 전단응력은 21%를 취하므로 $\tau_a = 34 \times 0.21 = 7.14\,\text{kg}_f/\text{mm}^2$이다.

$$\eta_2 = \frac{3.6\pi d^2 \tau_a}{4pt\sigma_a} = \frac{3.6 \times \pi \times 13^2 \times 7.14}{4 \times 64 \times 8 \times 7.36} = 0.905 \fallingdotseq 91\%$$

예제 10-7. 지름 1800 mm, 내압 10.5 kg_f/cm^2인 보일러 동체를 리벳이음으로 설계하려고 한다. 판재의 인장강도는 42 kg_f/mm^2이고, 리벳재료의 인장강도는 41 kg_f/mm^2이다. 리벳이음의 종류와 치수 및 효율을 구하라.

풀이 리벳이음의 형식을 선정하기 위해서 식 (10·29)의 단위 길이에 작용하는 힘 P_u는

$$P_u = \frac{Dp}{2} = \frac{180 \times 10.5}{2} = 945\,\mathrm{kg}_f/\mathrm{cm}$$

$D > 1000$ mm인 경우, 겹치기 이음을 길이이음에는 사용하지 못하므로 표 **10-6**으로부터

길이이음 : 양쪽 덮개판 2줄 맞대기 리벳이음

원주이음 : 2줄 겹치기 리벳이음

으로 한다.

강판의 두께를 정하기 위하여 우선 효율을 0.68로 가정하고, 안전계수는 표 **10-4**로부터 4를 취하면 식 (10·22)에서

$$t = \frac{pD\,SF}{2\sigma_t \eta} + c = \frac{0.105 \times 1800 \times 4}{2 \times 42 \times 0.68} + 1 = 14.24\,\mathrm{mm}$$

$t = 15$ mm로 정하고 리벳의 지름 d는 식 (10·28)로부터

$$d = \sqrt{50t} - 6\,\mathrm{mm} = 21.4\,\mathrm{mm} \fallingdotseq 22\,\mathrm{mm}$$

피치는 식 (10·23)과 표 **10-5**로부터 p_{max}을 구해 보면

길이이음 $p_{max} = Ct + 42 = 3.5 \times 15 + 42 = 94.5 \fallingdotseq 94\,\mathrm{mm}$

원주이음 $p_{max} = 2.6 \times 15 + 42 = 81\,\mathrm{mm}$

최소피치 p_{min}은 식 (10·24)로부터

$$p_{min} \geqq 2.5d = 2.5 \times 22 = 55\,\mathrm{mm}$$

로 된다. p을 너무 크게 하면 효율에 영향을 주므로 $p = 3d$ 정도로 취하여 $p = 70$ mm로 한다.
리벳구멍 중심에서 판의 가장자리까지의 거리 e는 표 **10-8**로부터

$$e = 1.5d = 1.5 \times 22 = 33\,\mathrm{mm}$$

이므로 $e = 35$ mm을 취한다.

리벳이음의 줄 사이의 간격 e_1는 식 (10·26)으로부터 $p/d < 4$이므로

길이이음 : $e_1 \geqq 2d = 2 \times 22 = 44 \rightarrow 45\,\mathrm{mm}$

원주이음 : $e_1 \geqq 1.75d = 1.75 \times 22 = 38.5 \rightarrow 40\,\mathrm{mm}$

로 결정한다.

판의 효율 η_1는

$$\eta_1 = \frac{p-d}{p} = \frac{70 - 23.2}{70} = 0.668 \fallingdotseq 67\%$$

(리벳의 지름이 22 mm인 경우 리벳구멍의 지름은 23.2 mm이다)

리벳의 효율 η_2는

$$\eta_2=\frac{\frac{1}{4}\pi d^2\times z\tau_r\times 1.8}{pt\sigma_t}=\frac{\frac{1}{4}\pi\times 22^2\times 2\times 41\times 1.8}{70\times 15\times 42}=1.27$$

η_1과 너무 차이가 있으므로 피치를 재조정한다. 표 10-8(e)에서

$$p=3.5d+1.5=3.5\times 2.2+1.5=9.2\,\text{cm}=92\,\text{mm}$$

피치 92 mm로 하였을 때

$$\eta_1=\frac{92-23.2}{92}=0.747=75\%$$

$$\eta_2=\frac{\frac{1}{4}\pi\times 22^2\times 2\times 1.8\times 41}{92\times 15\times 42}=0.967=96.7\%$$

따라서, 이음의 효율이 75%로 커졌기 때문에 결정된 치수를 그대로 사용한다.

예제 10-8. 판 두께 14 mm, 보일러 동체의 안지름 1.5 m인 길이이음에 양쪽 덮개판 2줄 맞대기 리벳이음을 사용한다. 리벳지름 19 mm, η_1과 η_2가 대략 같게 되도록 피치를 정하고 보일러의 사용증기 압력을 구하라. 다만, 리벳의 허용 전단응력 70 MPa, 판의 허용 인장응력 120 MPa이고 각 리벳줄의 피치는 같다.

풀이 이 리벳이음의 효율 η_1과 η_2는

$$\eta_1=\frac{p-d}{p},\qquad \eta_2=\frac{\frac{\pi}{4}d^2\,\tau_r\times 2\times 1.8}{pt\sigma_t}$$

$\eta_1=\eta_2$로 하면

$$p=d+\frac{0.9\pi d^2\tau_r}{t\sigma_t}=19+\frac{0.9\times\pi\times 19^2\times 7}{14\times 12}=61.5\fallingdotseq 62\,\text{mm}$$

$$\eta_1=\frac{62-19}{62}=0.693$$

$$\eta_2=\frac{2\times 1.8\times\frac{\pi}{4}\times 19^2\times 70}{62\times 14\times 120}=0.686$$

리벳이음의 효율은 68.6%가 되므로 사용증기 압력은 식 (10·22)로부터 $c=1$ mm로 하면

$$p=\frac{2(t-1)\times\sigma_t\eta}{D}=\frac{2(14-1)\times 120\times 0.686}{1500}=1.43\,\text{MPa}$$

10-6 構造用 리벳이음

교량, 기중기, 건축물 등은 氣密이 필요가 없고 강도만을 생각해야 한다. 이런 구조물은 형강, 평강, 강판을 적당히 리벳이음하여 만든다. 구조물에 작용하는 힘은 자중, 하중, 풍

압, 관성력 등 대단히 복잡하고 하중의 종류와 진동 등도 고려해야 한다. 구조용 리벳에는 剪斷力만이 작용하고 굽힘이나 인장력은 작용하지 않도록 하여야 한다.

구조용 리벳은 보일러용 리벳보다 지름이 일반적으로 커서 16~25mm의 것이 많다. 리벳 지름의 실험식으로

$$d = \sqrt{50t} - 2\,\text{mm}$$

이며, 피치의 크기도 기밀을 고려하지 않기 때문에 비교적 자유로이 잡을 수 있다. 그림 10-9에서 각 부의 치수를 표시하면 다음과 같다.

$$p = (3\sim8)d$$
$$e = (1.5\sim2.5)d$$
$$e' = (1.5\sim2)d$$

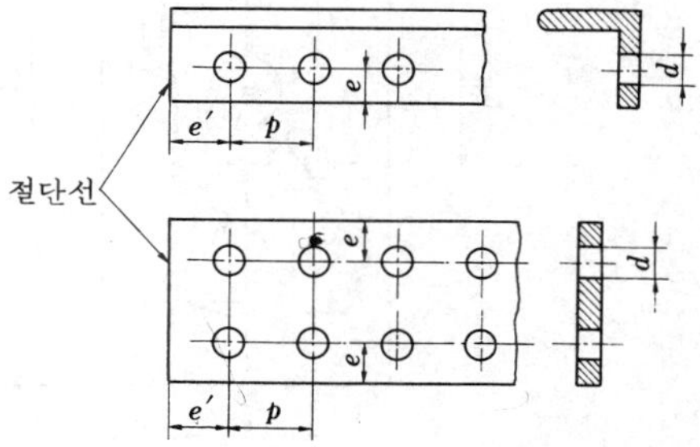

표 10-9 구조용 리벳

型鋼의 경우에는 플랜지의 길이 $b > 3d$로 하고 $b > 100$mm이면 2줄 리벳이음으로 한다. 표 10-11에서 나타낸 바와 같이 형강의 끝면에서 리벳중심까지의 거리 g를 리벳 게이지(rivet gauge)라 하고 표 10-11에 따라 설계치수를 정해야 한다.

그림 10-10과 같이 偏心荷重을 받고 있는 2줄 겹치기 리벳이음이나 맞대기 이음에서 리벳의 수를 n, 하중을 P라고 하면 각 리벳은 $\frac{P}{n}$의 직접 전단력과 편심에 의한 모멘트

표 10-11 구조용 型鋼의 리벳이음 치수

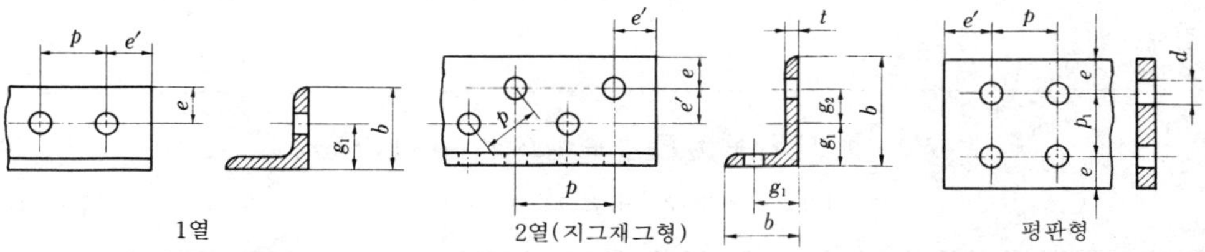

리벳지름 d	두 께	p 최소	p 보통	p 최 대	e′ 최소	e′ 보통	e	g_1	g_2	b
16	10 이하	40	50	100~200	25	30	22~25	38 40	– –	60 65
20	10	48	58	115~145	29	38	25~29	42	–	70
22	10~12.5	55	65	130~165	33	45	28~33	45 45	– –	75 80
24	12.5 ~ 15	63	73	145~190	38	53	32~38	50 50 50 50 55	– – 40 45 55	90 100 125 130 150

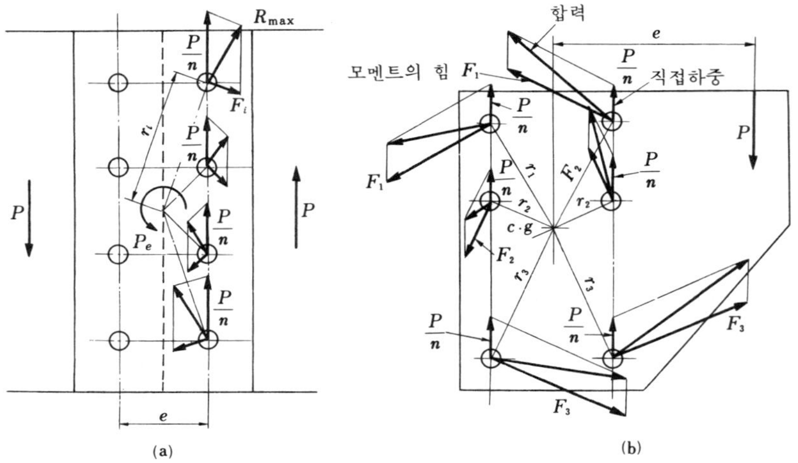

그림 10-10 편심하중을 받는 리벳이음

Pe의 영향을 받는다. 모멘트에 의해서 받는 힘은 리벳 전체에 대한 重心에서 리벳까지의 거리에 비례하고, 그 중심으로부터 리벳중심을 잇는 직선에 직각방향으로 작용한다.

비례상수를 k라 하고 각 리벳에 작용하는 편심 모멘트에 의한 힘을 각각 F_1, F_2, F_3……F_n, 거리를 r_1, r_2, r_3……r_n이라고 하면

$$F_1 = kr_1, \qquad F_2 = kr_2, \qquad F_3 = kr_3 \tag{10·30}$$

가 성립되고, 같은 거리에 있는 리벳의 수를 n_1, n_2, n_3……n_n라고 하면 다음과 같은 식이 얻어진다.

$$\begin{aligned} Pe &= n_1 F_1 r_1 + n_2 F_2 r_2 + n_3 F_3 r_3 \cdots\cdots n_n F_n r_n \\ &= k(n_1 r_1^2 + n_2 r_2^2 + n_3 r_3^2 \cdots\cdots n_n r_n^2) \end{aligned} \tag{10·31}$$

식 (10·31)을 이용하여 F_1, F_2, F_3……F_n 등이 계산되면 이 중에서 가장 큰 F인 F_{max}을 취하고, $\frac{P}{n}$와의 합력이 리벳의 허용강도보다 작으면 안전하다고 생각한다.

예제 10-9. 두께 10mm, 너비 380mm인 판재를 양쪽 덮개판 2줄 맞대기 리벳이음을 하여 인장하중 400kN을 받도록 하려고 한다. 판재의 인장강도는 580MPa이고 리벳의 허용 압축응력 280MPa, 허용 전단응력 100MPa라면 리벳이음을 설계하라. 덮개판의 두께는 6mm이다.

풀이 이 경우는 복전단면이고 여러 가지 지름에 대한 리벳의 작용력은 다음과 같다.

표 10-12로부터 리벳의 지름을 22mm로 선정하면 리벳의 수 n은

$$n = \frac{400,000}{73,920} = 5.4 \fallingdotseq 6$$

표 10-12

리벳의 지름 d mm	전단력(N) $2 \times \frac{\pi}{4} d^2 \times 10$	압축력(N) $(6+6) \times d \times 28$	차 이(N)
10	15708	33600	17892
13	26547	43680	17133
16	4022	53760	13548
19	56706	63840	7134
22	76027	73920	2107
25	98175	84000	14175

가 얻어진다.

리벳구멍의 지름을 23.5 mm로 하고 6개의 리벳을 2줄로 배열했을 때 판의 남는 너비는

$$380 - (3 \times 23.5) = 309.5\,\text{mm}$$

이고, 인장응력 σ_t는

$$\sigma_t = \frac{400,000}{309.5 \times 10} = 129.3\,\text{MPa}$$

이고 안전계수를 4로 했을 때 판의 허용응력 $\sigma_a = \frac{580}{4} = 145\,\text{MPa}$보다 인장응력이 작으므로 리벳의 배열은 만족스럽다. 리벳중심으로부터 판의 가장자리까지의 거리는 리벳 지름의 2배로 잡아서 50 mm, 줄 사이의 간격도 리벳 지름의 2배 이상으로 생각하여 60 mm로 취하면 리벳이음의 설계는 그림 10-11과 같이 된다.

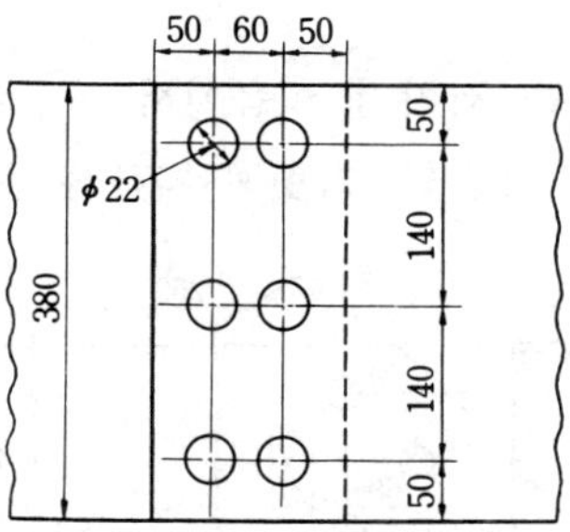

그림 10-11

예제 10-10. 그림 10-12와 같은 구조용 겹치기 리벳이음에서 $P = 90\,\text{kN}$, $d = 17\,\text{mm}$, $b = 120\,\text{mm}$, $t = 10\,\text{mm}$일 때 리벳에 생기는 전단응력, 리벳에 생기는 압축응력 및 그림에 표시된 각 단면에서 생기는 인장응력을 구하라.

풀이 리벳의 전단응력

$$\tau = \frac{P}{\pi d^2 / 4 \times n} = \frac{90,000}{\pi \times 17^2 / 4 \times 9} = 44.1\,\text{MPa}$$

리벳의 압축응력

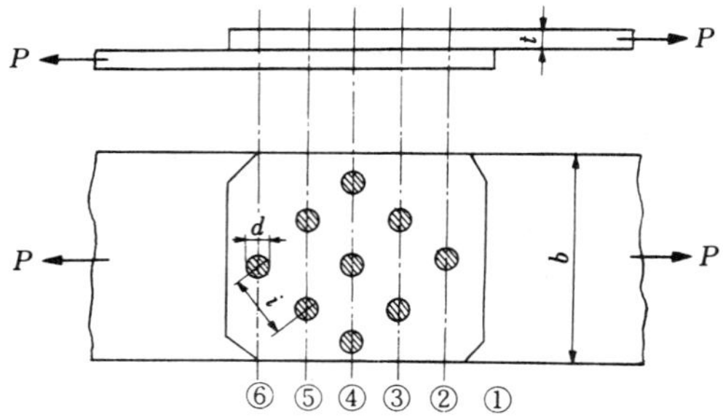

그림 10-12

$$\sigma_c = \frac{P}{dtn} = \frac{90,000}{17 \times 10 \times 9} = 58.8\,\text{MPa}$$

각 단면의 인장응력

$$\sigma_1 = \frac{P}{bt} = \frac{90,000}{120 \times 10} = 75\,\text{MPa}$$

$$\sigma_2 = \frac{P}{(b-d)t} = \frac{90,000}{(120-17) \times 10} = 87.4\,\text{MPa}$$

$$\sigma_3 = \frac{P - P/q}{(b-2d)t} = \frac{90,000 - 10,000}{(120 - 2 \times 17) \times 10} = 93\,\text{MPa}$$

$$\sigma_4 = \frac{P - 3P/q}{(b-3d)t} = \frac{90,000 - 30,000}{(120 - 3 \times 17) \times 10} = 87\,\text{MPa}$$

$$\sigma_5 = 34.9\,\text{MPa}$$

$$\sigma_6 = 9.7\,\text{MPa}$$

예제 10-11. 그림 10-13과 같은 겹치기 이음에서 편심하중 2500 kg_f를 받을 때 리벳에 생기는 최대 전단응력은 얼마인가? 단, 리벳의 지름은 23.5 mm이다.

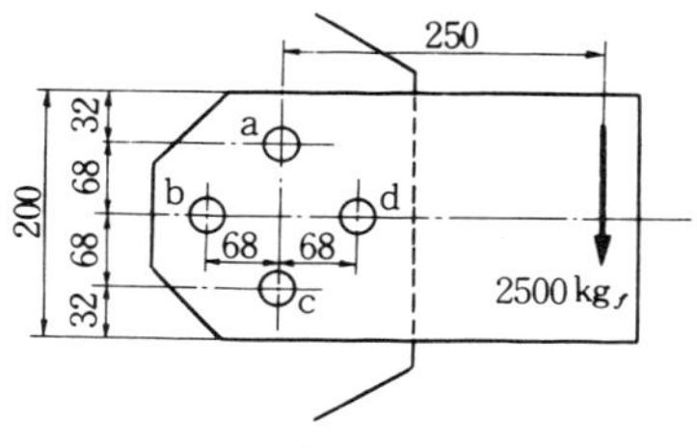

그림 10-13

풀이 각 리벳은 2500 kg_f에 의한 직접 전단력과 편심하중에 의한 모멘트의 영향을 받는다. 리벳이음의 중심으로부터 각 리벳까지의 거리는 모두 68 mm로 같다. 그러므로 모멘트에 의한 전단력 P_m은 같은 크기를 갖는다. 편심하중에 의한 직접 전단력 P_s는 각 리벳에 균등하게 작용하며 그 크기는 $P_s = P/4$이다. 그리고 P_m은

$$2500 \times 250 = 4 \times 68 \times P_m$$

$$P_m = \frac{250 \times 2500}{4 \times 68} = 2298\,\text{kg}_f$$

4개의 리벳 중에서 최대의 합력이 작용하는 것은 d 리벳이고, 합력 P_R는

$$P_R = P_m + P_s = 2298 + \frac{2500}{4} = 2923\,\text{kg}_f$$

리벳에 생기는 최대 전단응력 $\tau_{\max}$은

$$\tau_{\max} = \frac{P_R}{\frac{\pi}{4}d^2} = \frac{2923}{\frac{\pi}{4} \times 23.5^2} = 6.74\,\text{kg}_f/\text{mm}^2$$

예제 10-12. 그림 10-14에 표시한 리벳이음에 편심하중 4800kg$_f$가 가해질 때 리벳의 지름을 얼마로 해야 하는가? 다만, 단일 전단면이고 리벳 재의 전단강도는 30kg$_f$/mm², 안전계수는 1.6으로 한다.

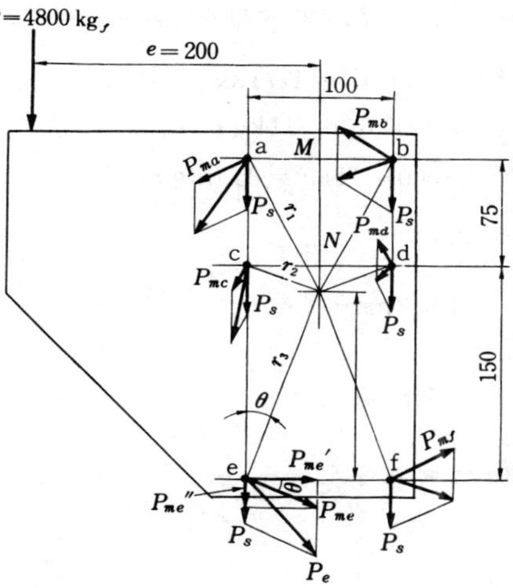

그림 10-14

풀이 리벳에 작용하는 직접 전단력 P_s는

$$P_s = \frac{P}{6} = \frac{4800}{6} = 800\,\text{kg}_f$$

그림에서 a b c d e f의 도심을 0으로 하고 e f 선에 대한 단면 1차 모멘트를 구하면

$$6\bar{y} = 2(75 + 150) + 2 \times 150$$

$$\bar{y} = 125\,\text{mm}$$

$$\overline{\text{Oa}} = \overline{\text{Ob}} = \sqrt{\overline{\text{OM}}^2 + \left(\frac{\text{ab}}{2}\right)^2} = \sqrt{(150 + 75 - \bar{y})^2 + \left(\frac{100}{2}\right)^2}$$

$$= 111.8\,\text{mm} = r_1$$

$$\overline{\text{Oc}} = \overline{\text{Od}} = \sqrt{\overline{\text{ON}}^2 + \left(\frac{\text{cd}}{2}\right)^2} = 55.9\,\text{mm} = r_2$$

$$\overline{\text{Oe}} = \overline{\text{Of}} = \sqrt{\bar{y}^2 + \left(\frac{\text{ef}}{2}\right)^2} = 134.6\,\text{mm} = r_3$$

식 (10 · 31)에서

$$4800 \times 200 = k(2 \times 111.8^2 + 2 \times 55.9^2 + 2 \times 134.6^2)$$

$$k = \frac{4800 \times 200}{24{,}998.5 + 6249.6 + 36{,}234.3} = \frac{960{,}000}{67{,}482.4} = 14.2$$

따라서

$$P_{ma} = P_{mb} = 14.2 \times 111.8 = 1588\,\text{kg}_f$$

$$P_{mc} = P_{md} = 14.2 \times 55.9 = 794\,\text{kg}_f$$

$$P_{me} = P_{mf} = 14.2 \times 134.6 = 1911\,\text{kg}_f$$

그러므로 각 리벳 중에서 최대 전단하중을 받는 것은 e, f 리벳 2개이므로 P_s와 P_{me}의 합력 P_R를 구하면 된다.

그림에서 $\angle \text{Oec} = \theta = 21°51'$이므로 P_{me}의 수평분력과 수직분력은

$$\text{수평분력} = 1911 \times \cos 21°51' = 1774\,\text{kg}_f$$

$$\text{수직분력} = 1911 \times \sin 21°51' = 711\,\text{kg}_f$$

$$\therefore\ P_R = \sqrt{1774^2 + (800 + 711)^2} = 2330\,\text{kg}_f$$

리벳이 필요로 하는 단면적 A는

$$A = \frac{2330 \times 1.6}{30} = 124.3\,\text{mm}^2$$

$$d = \sqrt{\frac{4 \times 124.3}{\pi}} = 12.6\,\text{mm}$$

따라서, 리벳의 지름은 13mm로 취한다.

연 습 문 제

1. 리벳작업을 순서에 따라 설명하고 코킹과 풀러링의 차이에 대해 설명하라.
2. 리벳이음의 강도설계에서 판 끝의 갈라짐이 일어났을 때 굽힘응력에 관한 식을 유도하라.
3. 리벳이음의 효율에 관해 상세히 설명하고, 이들 효율 중에서 어느 효율을 설계할 때 이용하는가?
4. 보일러용 리벳이음에서 단위 길이에 작용하는 힘을 리벳이음의 형식을 선정하는 데 사용한다. 길이이음과 원주이음에 관해 설명하라.
5. 구조용 리벳이음에서 편심하중이 작용하는 경우, 리벳의 크기를 어떻게 결정하는가?
6. 100kN의 인장력을 받는 양쪽 덮개판 맞대기 리벳이음에서 리벳의 지름을 16mm로 하면 몇 개의 리벳이 필요한가? 단, 리벳의 허용 전단응력은 60MPa이다. ($n = 5$)
7. 두께 7mm의 강판에 리벳 지름 13mm의 한 줄 겹치기 리벳이음에서 리벳의 피치 및 효율을 구하라. 다만, 판의 허용 인장응력은 88MPa, 리벳의 허용 전단응력은 70MPa이다.
($p = 28\,\text{mm}$, $\eta = 53.6\%$)

8. 250kN의 인장하중을 받고 있는 너비 1m의 연강판 한 줄 겹치기 리벳이음을 설계하라. 판재의 인장강도는 410MPa이고, 안전계수는 5이다.

($t=6$mm, $d=13$mm, $e=21$mm, $p=36$mm, $n=28$, $\eta=63\%$)

9. 그림 10-15와 같이 판 두께 $t=10$mm, 리벳의 지름 $d=16$mm이고, 구멍을 펀칭으로 뚫었을 때 이음이 받아낼 수 있는 최대 인장하중은 얼마인가? 판재의 허용 인장응력은 140MPa, 리벳의 허용 전단응력은 100MPa, 허용 압축응력은 220MPa이다. ($P=60.3$kN)

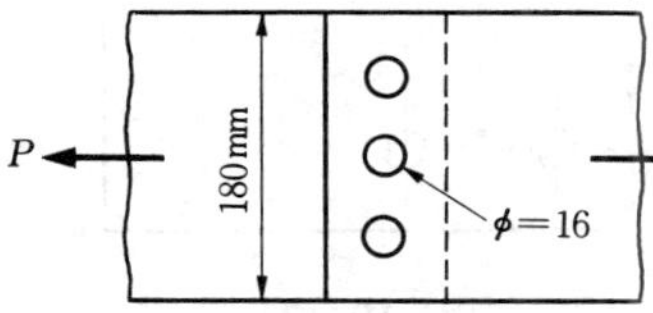

그림 10-15

10. 두께 10mm인 강판($\sigma_c=1.25\tau_r$, $\tau_r=0.85\sigma_t$)에 리벳을 사용하여 보일러 동체의 길이 이음용 2줄 지그재그형 겹치기 이음을 설계하라. 또, 이 경우 리벳의 이음효율과 리벳의 길이 l을 구하라.

($d=16$mm, $p=50$mm, $e=24$mm, $e_1=30$mm, $\eta=68\%$, $l=46$mm)

11. 耐壓 16kg$_f$/cm^{2}를 받는 안지름 1m인 얇은 살을 갖는 원통의 두께를 구하라. 또, 이 용기의 원주이음과 길이이음을 설계하라. 원통재료의 허용응력은 8kg$_f$/mm^{2}이고 리벳의 허용 전단응력은 7.2 kg$_f$/mm^{2}일 때 안전한지를 검토하라.

($t=10$mm, $d=18.4$mm, $p=40$mm, $\tau=5.65$kg$_f$/mm^2 < 7.2kg$_f$/mm^2…… 안전하다)

12. 보일러 동체의 길이이음에서 3줄 맞대기 리벳이음을 설계하라. 다만, 판의 두께는 15mm, $\tau/\sigma=0.85$이다. 안쪽 2줄은 양쪽 덮개판이고 가장 바깥줄은 한쪽 덮개판 맞대기 이음으로, 피치는 가장 바깥줄이 다른 줄의 반이다. ($d=22$mm, $n=1.75\sim1.85$, $e=33$mm, $e_1=44$mm, $\eta=68\%$)

13. 그림 10-16과 같은 편심하중을 받는 리벳이음에서 리벳에 생기는 최대응력을 구하라.

($\tau_{max}=6.74$kg$_f$/mm^2)

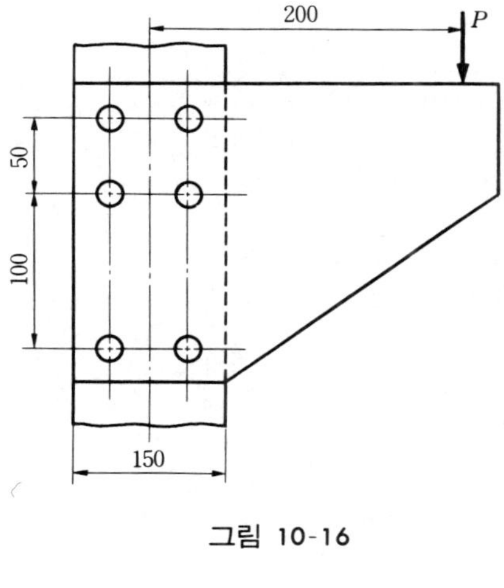

그림 10-16

14. 그림 10-17과 같이 4.5ton의 편심하중을 받는 리벳이음에서 리벳 내에 발생하는 최대 전단응력을 구하라. 단, 리벳의 지름은 19mm이다. ($\tau = 5.5\,\mathrm{kg}_f/\mathrm{mm}^2$)

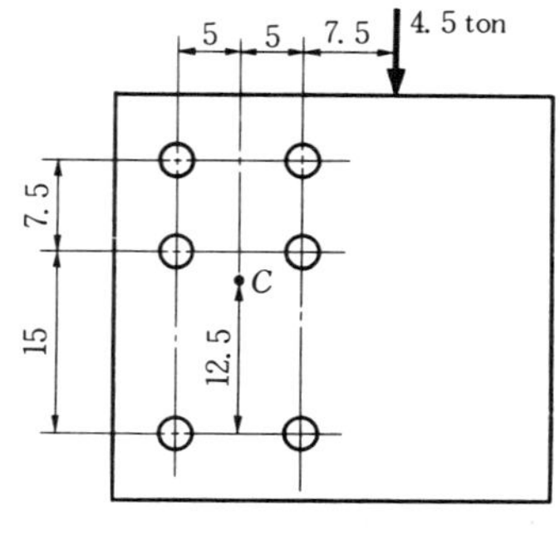

그림 10-17

15. 그림 10-18의 리벳이음에서 P를 몇 kg_f까지 허용할 수 있는가? 리벳과 판재의 인장강도는 41 $\mathrm{kg}_f/\mathrm{mm}^2$로 한다. 그림에서 $d = 20\,\mathrm{mm}$, $p = 80\,\mathrm{mm}$, $p' = 60\,\mathrm{mm}$, $l = 170\,\mathrm{mm}$, $t = 14\,\mathrm{mm}$, $t_1 = 9$ mm이다. ($P = 5861\,\mathrm{kg}_f$)

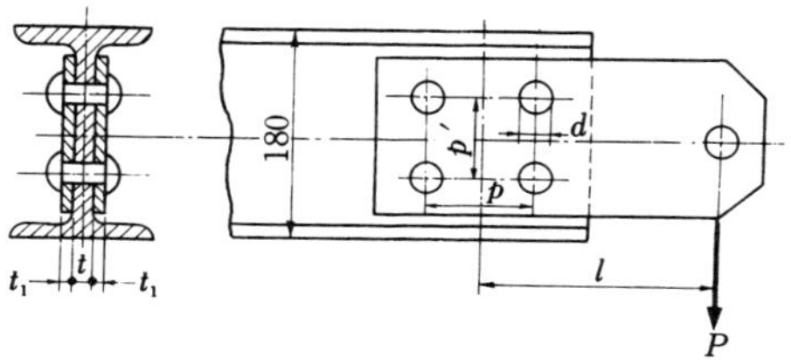

그림 10-18

제 11 장

熔接이음

용접은 2개의 금속을 용융온도 이상으로 가열하여 접합하는 결합법으로 보일러, 용기, 구조물, 기계부품 등의 영구적인 접합법인데 현재는 리벳이음에 대신하여 널리 사용되며, 종래의 주조나 段造 등에 비하여 많은 이점을 가지고 있다. 그러나 한편으로 아직까지 해결하지 못한 문제점도 많아서 용접설계에는 용접에 관한 충분한 지식을 가지고 있어야 한다.

용접은 리벳이음, 주조 및 단조에 비해서 다음과 같은 장점과 단점을 가지고 있다.

용접이음의 장점

① 공작이 용이하므로 재료를 절약할 수 있다.

② 강판의 두께에 관계없이 이음효율을 100%까지 올릴 수 있다.

③ 氣密性이 좋다.

④ 사용하는 판재의 두께에 제한이 없고, 40～120mm 정도를 많이 사용한다.

⑤ 재질이 우수하고 재료의 선택이 자유롭기 때문에 무게를 줄일 수 있다.

⑥ 주조물에 비해 균열 등의 결함이 없고 보수도 용이하다.

⑦ 리벳이음처럼 소음이 없고 주조처럼 목형이 필요없다. 그리고 단조에서와 같은 대형 가공기계가 필요치 않으므로 제작비가 싸다.

용접이음의 단점

① 용접할 때 고열에 의한 변형이나 잔류응력이 발생하고, 또 재질이 변한다.

② 용접의 최적조건이 맞지 않으면 결함이 생기기 쉽고, 이런 결함은 예민한 노치효과를 나타낸다.

③ 강도가 매우 크므로 응력집중에 대한 민감도가 크고, 균열이 발생하면 구조물이 일체이므로 파괴가 계속 진행해서 위험하다.

④ 진동을 감쇠하는 능력이 부족하다.

⑤ 용접부의 비파괴 검사가 어렵다.

11-1 熔接의 종류

용접(welding)은 冶金的으로 결합하는 것으로서 종류에는 가열방법, 처리방법, 母材의 상태에 의하여 다르나, 크게 나누어 融接(fusion welding), 壓接(pressure welding) 및 납접으로 구분된다. 결합하고자 하는 금속인 母材(base metal)를 반용융 상태 또는 냉간에서 기계적 압력 또는 해머 등으로 압력을 가하여 결합시키는 것이 **압접**이고, 母材를 용융 상태로 하여 결합시키는 방법이 **융접**이며, 융점이 낮은 합금인 납을 이용하여 모재를 결합시키는 것이 납접으로, 450℃ 이상을 경납접(brazing)이라 하며, 450℃ 이하를 연납접(soldering)이라고 한다.

단접(forge welding)이란 2개의 모재를 가열하여 해머로 두드려 압착하는 방법이고, **테르밋 용접**(thermit welding)이란 알루미늄 분말과 산화철의 혼합물인 테르밋劑를 과산화바륨·마그네슘의 혼합물과 섞어서 점화하면 고온이 발생하고, 테르밋제가 녹아서 생긴 순수한 용융철에 의해 모재의 용접을 하는 것으로, 단접과 같이 특별한 경우를 제외하고는 사용하지 않는다.

저항용접이란 모재를 맞대거나 겹쳐서 접합면에 국부적으로 큰 전류를 짧은 시간에 흐르도록 하면, 모재의 접합면에 생기는 저항열에 의해 熔着하는 방법으로 널리 사용되고 있으나, 주로 작은 강재나 薄板에 적용한다.

또, 가스용접은 아세틸렌 또는 수소가스에 산소를 가하여 연소시켜서 그 열로 용접봉이 녹아서 용접되는 것으로, 길고 큰 모재의 용접에는 부적당하고 충분한 강도를 얻지 못한다.

아크용접은 접합금속과 금속전극(용접봉) 사이에 아크를 발생시켜 그 때 생기는 고열로 용접봉을 녹여 용착금속으로 모재를 용접하는 것으로, 모재의 大小에는 무관하고 용접의 신뢰성도 높아서 현재 용접방식 중에서 가장 널리 사용되고 있다.

아크용접에서는 아주 높은 온도에서 용접하므로 대기 중의 산소나 질소가 용융금속과 작용하여 용접부를 약하게 하기 때문에, 被覆 용접봉을 사용하거나 또는 가스피복 방식을 이용한다. 전자는 용접봉의 둘레에 피복제(flux)가 가스상태로 용접부를 대기와 차단시키고, 후자는 아르곤이나 헬륨 가스로 용접부를 대기와 차단시킨다. 피복 용접봉은 강재의 용접에, 가스피복은 주철, 비철합금의 용접에 널리 사용한다.

11-2 熔接部와 熔接이음

11-2-1 熔接部의 구성

용접에 의해서 용접봉과 母材의 일부가 용융하여 응고한 부분을 **熔着部**(weld metal zone)라 하고, 그림 11-1에 표시한 바와 같이 그 부분의 금속을 **熔接金屬**(weld metal)이라고 하며, 용접금속 중에서 용접봉의 것을 **熔着金屬**(deposit metal)이라 한다. 따라서, 모재와 용착금속이 합해서 용접금속이 된다. 용융은 되지 않으나 열에 의해서 조직, 특성 등이 변화한 모재의 부분을 **熱影響部**(heat effected zone)라 하며, 용착부와 합해서 **熔接部**(weld zone)라 한다. 용접부에서 치수 이상으로 표면으로부터 높이 덧붙여진 용접금속을 **덧붙임**(reinforcement of weld)이라고 한다.

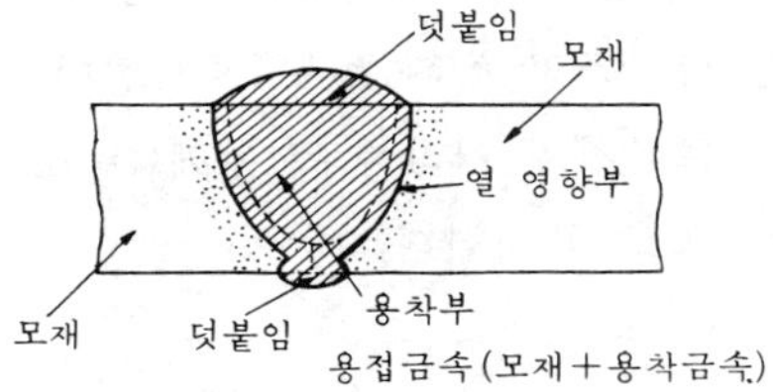

그림 11-1 용접부의 구성

11-2-2 熔接部의 모양

용접부의 모양에 따라 구분하면 다음과 같다.

[1] **그루브 용접**(groove weld)

그림 11-2에서 나타낸 바와 같이 접합하는 모재 사이의 그루브 부분에 하는 용접으로 片面 그루브와 兩面 그루브가 있고, 편면 그루브에는 I형, J형, L형, U형, V형이 있으며,

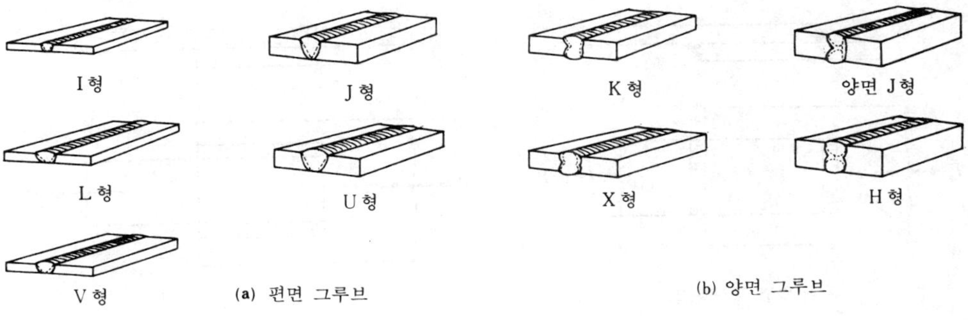

그림 11-2 그루브 용접

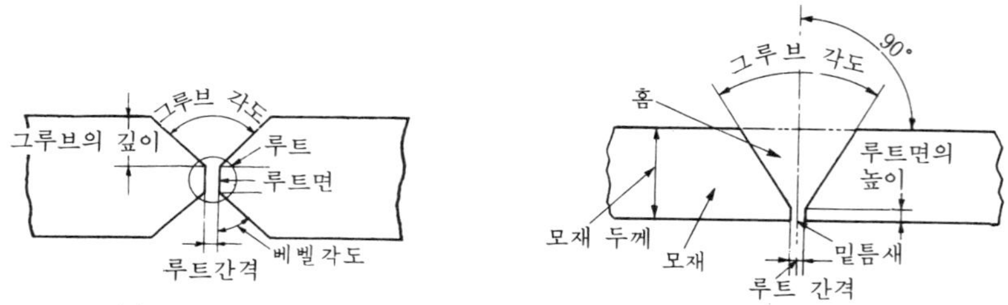

(a) X형 그루브 (b) V형 그루브

그림 11-3 그루브 용접의 각부 명칭

양면 그루브에는 K형, 양면 J형, X형, H형이 있다. 그림 **11-3**에 X형 그루브와 V형 그루브 각 부분의 명칭을 표시한다.

[2] **필릿용접**(fillet weld)

직교하는 2개의 면을 결합하는 용접으로서 3각형의 단면을 갖는다. 그림 **11-4**에 표시한 것처럼 필릿용접의 크기는 용접 사이즈인 h_1과 h_2로 표시한다. 이 용접 사이즈로 정해지는 3각형의 빗면으로부터 이음의 루트까지의 거리를 **목 두께**(throat)라 하며, 용접부의 강도계산에 사용된다. 앞으로 목 두께는 a로 표시한다.

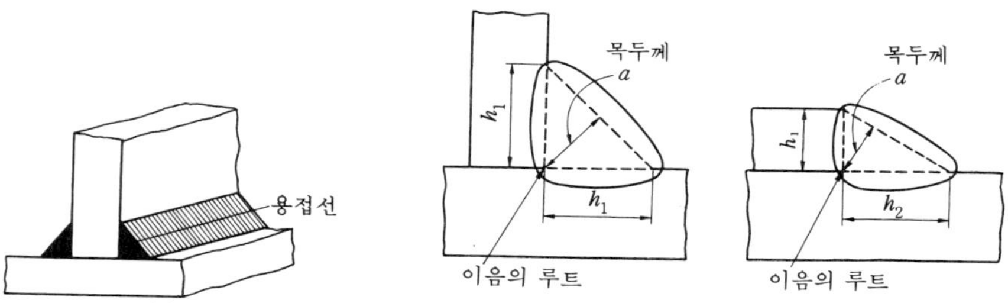

(a) (b)

그림 11-4 필릿용접

그림 **11-5**와 같이 용접선의 방향이 힘의 방향과 거의 직각인 필릿용접을 **앞면 필릿 용접**(front fillet weld), 평행인 것을 **옆면 필릿용접**(side fillet weld)이라 한다.

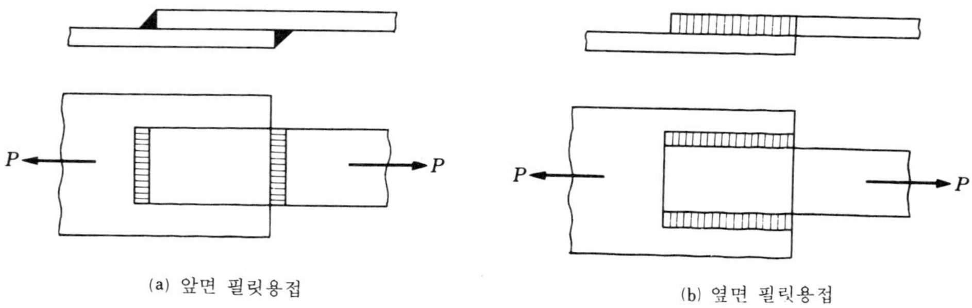

(a) 앞면 필릿용접 (b) 옆면 필릿용접

그림 11-5 필릿용접

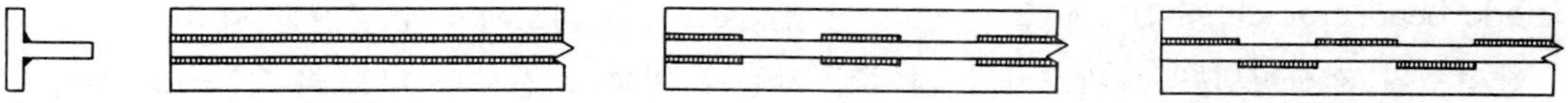

그림 11-6 필릿용접

또, 그림 11-6과 같이 용접선이 연속되면 연속 필릿용접(continuous fillet weld), 용접선이 중간에 끊어지면 단속 필릿용접(intermittent fillet weld), 엇갈린 단속 필릿용접(staggered intermittent fillet weld)의 구별이 있다.

[3] **플러그 용접**(plug weld)

그림 11-7과 같이 접합할 모재의 한쪽에 구멍을 뚫고 판의 표면까지 가득히 용접하여 다른쪽 모재와 접합하는 것을 **플러그 용접**이라 한다.

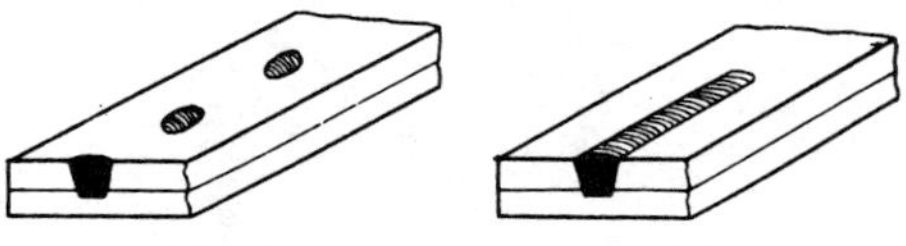

그림 11-7 플러그 용접

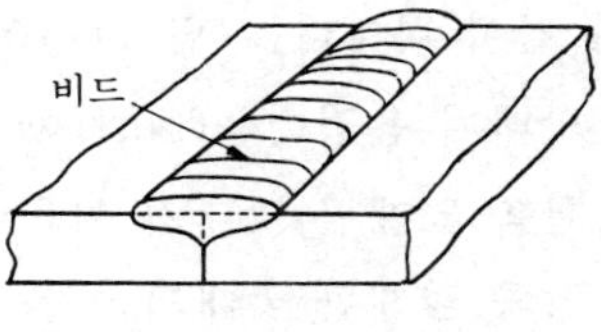

그림 11-8 비드용접

[4] **비드용접**(bead weld)

그림 11-8과 같이 접합하려고 하는 모재를 맞보게 하고, 그루브는 만들지 않고 평면 그대로 그 위에 비드를 용착하는 용접을 말한다.

[5] **덧붙이 용접**(build-up weld)

마멸된 부분이나 치수가 부족한 표면을 보충하는 용접을 **덧붙이 용접**이라 한다.

11-2-3 熔接部의 결함

용접작업에 의한 결함은 그림 11-9에서 알 수 있는 바와 같이 熔入의 부족, 언더컷(undercut), 오버랩(overlap), 슬래그 섞임(slag inclusion), 氣孔(blow hole), 비드 밑터짐

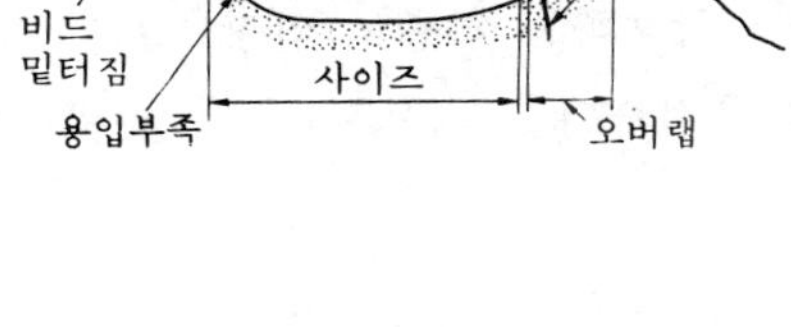

그림 11-9 용접부의 결함

(underbead crack) 등이다. 이들 결함은 용접강도, 특히 피로파괴의 원인이 된다.

용접부의 검사방법은 파괴검사인 기계적 시험과 비파괴 검사로 나눌 수 있는데, 완료된 제품을 파괴검사하기는 곤란하므로 제품이 완성되기 전에 조립 중인 공작물에서 중요부분을 채취하여 시험한다.

비파괴 검사는 완성된 공작물을 파괴함이 없이 용접부의 결함을 찾아낼 수 있으므로 용접부의 검사에는 주로 이런 방법을 사용하며, 여기에는 ① 肉眼檢査(visual inspection), ② 放射線檢査(radiography), ③ 磁氣探傷法(magnetic particle inspection), ④ 超音波探傷法(ultrasonic flaw inspection), ⑤ 過電流法(eddy current testing) 등이 있다.

11-2-4 용접이음

용접이음은 용접부의 모양에 의해서도 분류할 수 있으나, 모재의 상대적인 위치에 따라 다음과 같이 나눈다(그림 11-10).

(1) 맞대기 용접이음(butt weld joint)
(2) 한쪽 덮개판 맞대기 이음
(3) 양쪽 덮개판 맞대기 이음
(4) 겹치기 용접이음(lap weld joint)
(5) T형 용접이음
(6) 모서리 이음(corner weld joint)
(7) 가장자리 이음(edge weld joint)

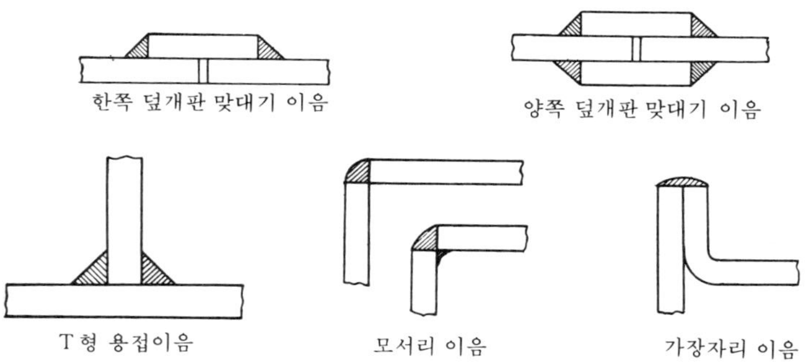

그림 11-10 용접이음의 종류

11-3 熔接이음의 強度設計

용접이음에는 여러 가지 형태가 있고 작용하는 하중도 인장, 압축, 굽힘, 비틀림 등 여러 가지이며 발생되는 응력도 복잡하다. 용접부의 응력분포나 그 파괴강도에 관해서 아직도

해결되지 않는 점이 많기 때문에, 응력계산에도 여러 가지 학설이 적용되므로 계산결과도 다르고 상당히 복잡하다. 그러므로 실용상 간단한 응력계산으로 용접부의 강도를 검토하고 있다.

11-3-1 용접이음 설계에서 고려해야 할 사항

① 용접성이 좋은 재질을 사용하고 모양이 복잡하면 段造品 및 주조품을 병용한다.

② 部材는 가능한 한 얇은 판 또는 型鋼을 사용하고 큰 단면계수를 갖는 모양을 선택한다.

③ 힘의 방향과 용접위치를 고려해서 용접장소를 선정한다.

④ 용접열에 의한 劣化를 피하기 위해 용접부분을 분산한다.

⑤ 용접에 의한 변형, 균열을 피하기 위해 구속응력이 없도록 한다.

⑥ 노치효과나 응력집중을 피하고 응력이 균일하도록 한다.

⑦ 공장용접, 아래보기 용접이 가능하도록 하고 용접봉의 삽입이 용이해야 한다.

11-3-2 맞대기 용접이음

그림 11-11에서 인장하중을 P, 목 두께를 a, 모재의 두께를 t, 용접 길이를 l, 용접금속의 인장응력을 σ_t라고 하면

$$P = \sigma_t \cdot al = \sigma_t \cdot tl \tag{11·1}$$

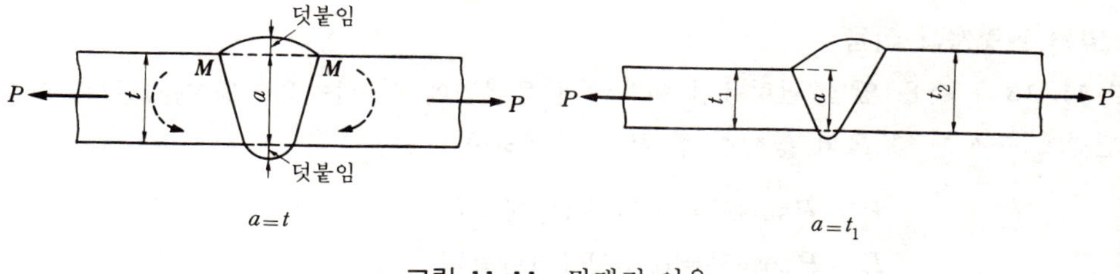

그림 11-11 맞대기 이음

또, 맞대는 모재의 두께가 다를 때는 두께가 작은 쪽을 취하여

$$P = \sigma_t \cdot al = \sigma_t \cdot t_1 l \tag{11·2}$$

굽힘 모멘트 M이 작용하면 굽힘응력을 σ_b라고 하여

$$M = \sigma_b \cdot Z = \sigma_b \cdot \frac{a^2 l}{6} = \sigma_b \cdot \frac{t^2 l}{6} \tag{11·3}$$

$a = t$로 하든지 안전을 기하기 위해 $a = t - 1\text{mm}$로 하기도 한다.

11-3-3 필릿용접 이음

필릿용접에서는 용접 사이즈를 h라고 하면 목 두께 a는 다음과 같다.

$$a = h\cos 45° = \frac{h}{\sqrt{2}} = 0.707h \qquad (11 \cdot 4)$$

[1] 옆면 필릿용접 이음

그림 11-12는 옆면 필릿용접 이음의 가장 단단한 모양으로, 용착금속에 전단력이 작용하므로 용착금속의 전단응력을 τ라고 하면

$$P = A\tau = 2al\tau = 1.414hl\tau \qquad (11 \cdot 5)$$

일반적으로 용착금속의 전단강도는 그 인장강도의 약 80%이다.

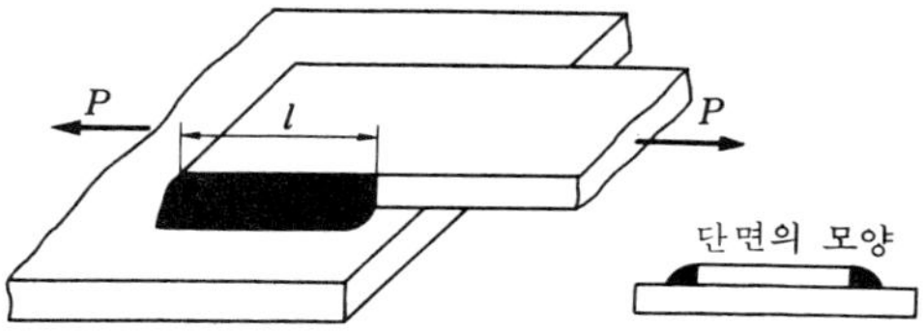

그림 11-12 옆면 필릿용접 이음

[2] 앞면 필릿용접 이음

그림 11-13과 같은 앞면 필릿용접 이음에서 목단면에 생기는 응력을 생각한다. 하중 P를 목단면에 수직한 힘 P_n와 평행한 힘 P_s로 분해하면

$$P_n = P\sin 45° = 0.707P \text{ (인장력)}$$
$$P_s = P\cos 45° = 0.707P \text{ (전단력)}$$

이 되고, 수직응력 σ_n와 전단응력 τ는 각각

$$\sigma_n = P_n/0.707hl = P/hl$$
$$\tau = P_s/0.707hl = P/hl$$

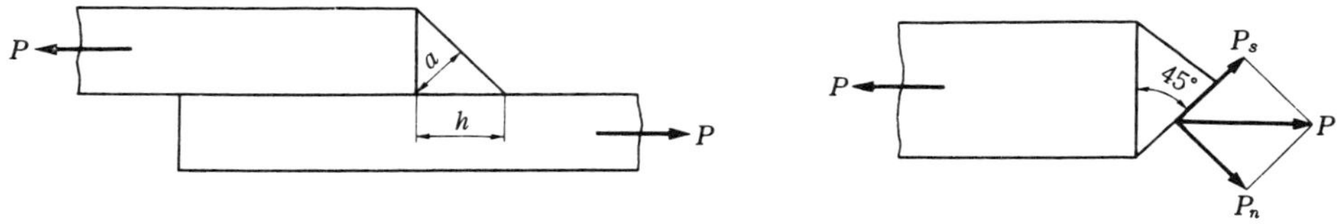

그림 11-13 앞면 필릿용접 이음

이 된다. 따라서, 최대 주응력 σ_{max}은

$$\sigma_{max} = \frac{\sigma_n}{2} + \sqrt{\left(\frac{\sigma_n}{2}\right)^2 + (\tau)^2} = 1.618\,P/hl$$

가 되어 이음의 파괴하중을 $\sigma_t = \sigma_{max}$으로 보면

$$P = \frac{\sigma_t \cdot hl}{1.618} \qquad (11 \cdot 6)$$

그러나 식 (11·6) 대신에 P를 목단면적으로 나눈 응력으로 강도를 생각하므로, 이 경우에 식은 다음과 같이 된다.

$$P = \frac{\sigma_t \cdot hl}{1.414} \quad \text{또는} \quad P = \frac{\tau \cdot hl}{1.414} \qquad (11 \cdot 7)$$

만약, 용접이 위아래로 되어 있으면 2 배의 강도를 갖게 되어 다음과 같이 표시한다.

$$P = \frac{\sigma_t \cdot hl}{0.707} \qquad (11 \cdot 8)$$

[3] 軸線이 偏位한 引張部材의 필릿용접 이음

용접부분은 그 위치, 치수, 길이 등이 강도적으로 대칭이 되도록 배치하여야 한다. 그림 11-14와 같이 앵글(angle)을 용접하는 경우 인장력 P에 의한 용접부의 허용 전단응력을 τ_a라고 하면

$$P = a(l_1 + l_2)\tau_a = \frac{h}{\sqrt{2}}\,l\tau_a = 0.707\,hl\tau_a \qquad (11 \cdot 9a)$$

이고,

$$l = l_1 + l_2$$

다음 용접부의 강도가 평형하다면 圖心軸에 대한 모멘트는

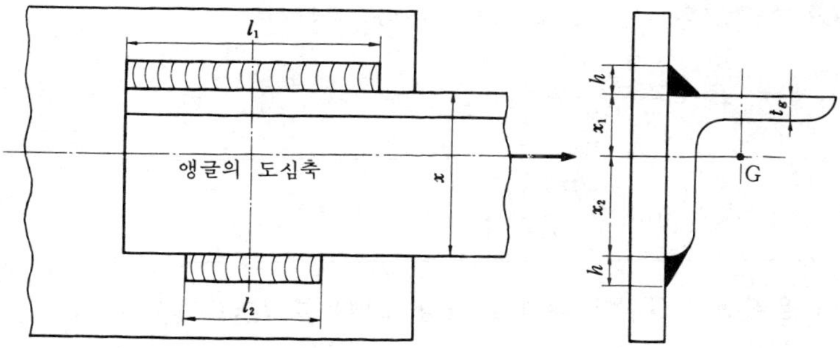

그림 11-14 축선이 편위한 인장부재의 필릿용접 이음

$$x_1 a l_1 \tau_a = x_2 a l_2 \tau_a$$

$$\therefore\ x_1 l_1 = x_2 l_2 \qquad (11 \cdot 9b)$$

이고, 여기서 $x = x_1 + x_2$라고 하면 용접 길이는 각각 다음과 같다.

$$l_1 = \frac{l x_2}{x}, \qquad l_2 = \frac{l x_1}{x} \qquad (11 \cdot 9c)$$

[4] 偏心荷重을 받는 필릿용접 이음

그림 11-15와 같은 경우 $P \cdot e$의 모멘트를 받게 되면 용접부의 임의점에 생기는 응력은 重心 G에서의 거리에 비례한다. 즉

$$\frac{\tau}{r} = \frac{\tau_1}{r_H}$$

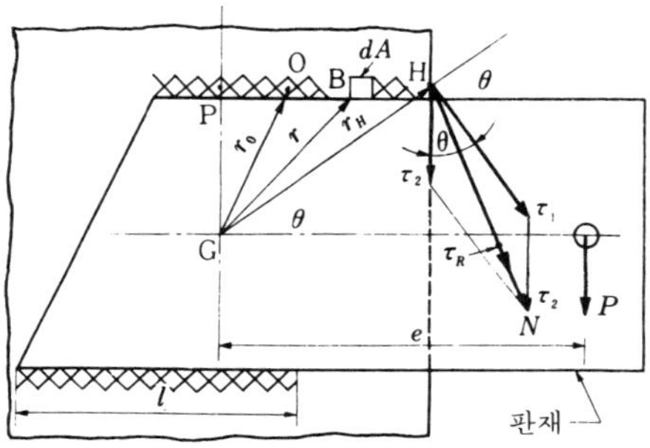

그림 11-15 편심하중을 받는 필릿용접 이음

여기서 τ는 B 점의 응력이고, τ_1은 H 점의 최대응력이다. B 점의 미소면적 dA를 취하면 dA에 생기는 저항 모멘트는 $r\tau dA$가 된다.

$$P \cdot e = \int r \tau dA = \frac{\tau_1}{r_H} \int r^2 dA \qquad (11 \cdot 10)$$

그런데 $\int r^2 dA$는 단면의 극관성 모멘트 J_G이다. 따라서

$$P \cdot e = \frac{\tau_1}{r_H} \cdot J_G$$

$$\tau_1 = \tau_{max} = \frac{P e r_H}{J_G} \qquad (11 \cdot 11a)$$

만일, J_G대신에 용접선의 G점에 대한 극관성 모멘트를 I_G라고 하면

$$I_G = \int r^2 dl, \qquad dA = a \cdot dl$$

$$J_G = \int r^2 dA = \int r^2 \cdot a\,dl = a\int r^2 dl = aI_G = 0.707\,hI_G$$

$$\tau_1 = \frac{P \cdot e \cdot r_H}{0.707\,hI_G} \quad (11 \cdot 11b)$$

직접 전단력 P에 의해 생기는 전단응력 τ_2는

$$\tau_2 = \frac{P}{0.707\,h \cdot (2l)} \quad (11 \cdot 12)$$

따라서, 합성응력 τ_R는 다음과 같이 구해진다.

$$\tau_R = \sqrt{\tau_1^2 + \tau_2^2 + 2\tau_1\tau_2\cos\theta} \quad (11 \cdot 13)$$

그림 11-16과 같은 필릿용접 이음의 경우에 I_G는 순서대로 표시하면 다음과 같다.

$$\left.\begin{aligned} I_G &= \frac{(l+b)^3}{6} \\ I_G &= \frac{l\,(3b^2 + l^2)}{6} \\ I_G &= \frac{b\,(3l^2 + b^2)}{6} \end{aligned}\right\} \quad (11 \cdot 14)$$

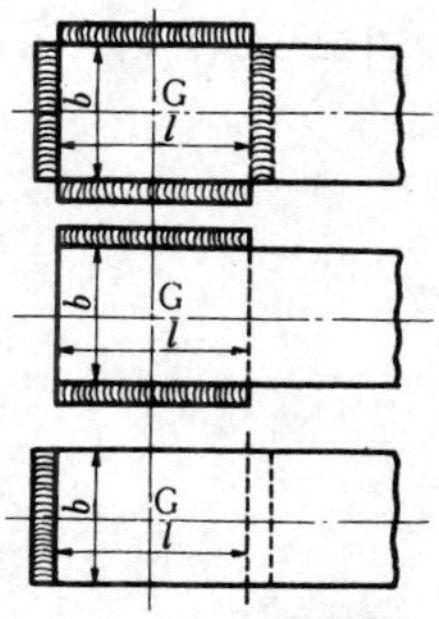

그림 11-16 용접선의 극관성 모멘트

[5] T형 용접이음

그림 11-17과 같은 T형 용접이음을 할 때

(a)의 경우

$$P = 1.414hl\sigma \quad (11 \cdot 15)$$

$$M = \frac{(t + 1.4h)^3 - t^3}{6(t + 1.4h)} \cdot l\sigma_b \quad (11 \cdot 16)$$

$h = t$이면

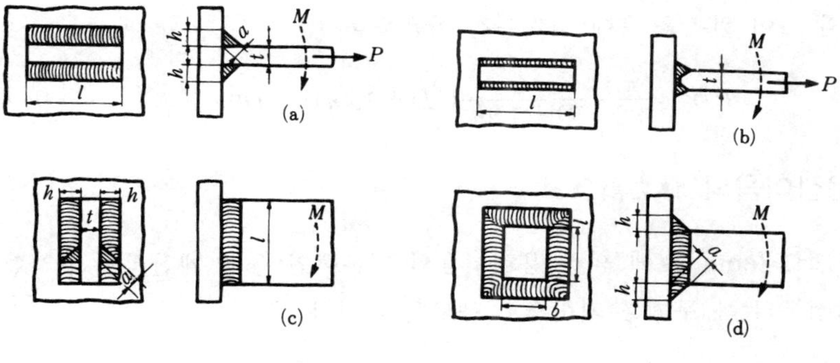

그림 11-17 T형 용접이음

$$M = 0.97\,lt^2\sigma_b \qquad (11\cdot17)$$

(b)의 경우 $a=t$라면

$$P = tl\sigma \qquad (11\cdot18)$$

$$M = \frac{lt^2}{6}\sigma_b \qquad (11\cdot19)$$

(c)의 경우 $a=0.7h$로 하면

$$M = \frac{1.4hl^2}{6}\sigma_b = 0.23hl^2\sigma_b \qquad (11\cdot20)$$

(d)의 경우

$$M = \frac{(b+1.4h)(l+1.4h)^3 - bl^3}{6(l+1.4h)}\cdot\sigma_b \qquad (11\cdot21)$$

그리고 그림 11-18과 같은 원형단면을 필릿용접 이음을 하면

$$P = \frac{\pi}{4}\{(D+1.4h)^2 - D^2\}\sigma \qquad (11\cdot22)$$

$$M = \frac{\pi}{64}\cdot\frac{2}{D+1.4h}\{(D+1.4h)^4 - D^4\}\sigma_b \qquad (11\cdot23)$$

$$T = \frac{\pi}{32}\cdot\frac{2}{D+1.4h}\{(D+1.4h)^4 - D^4\}\tau \qquad (11\cdot24)$$

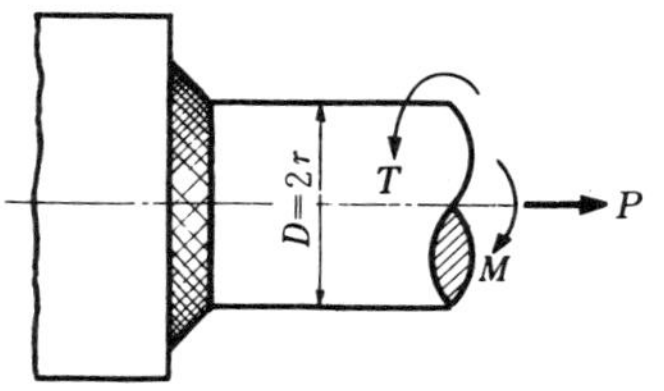

그림 11-18 원형단면 필릿용접

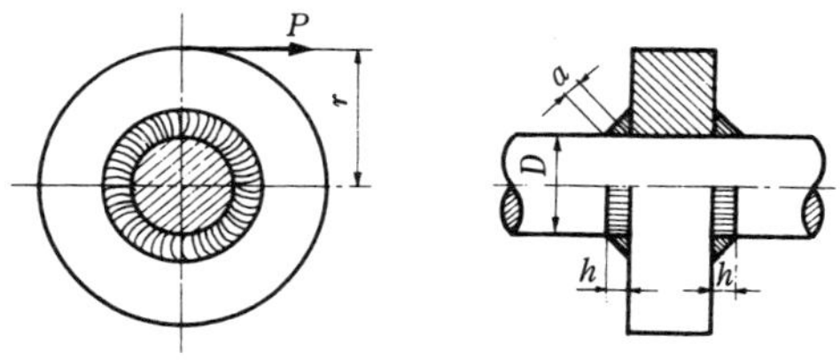

그림 11-19 원판의 필릿용접

그림 11-19와 같이 원판을 축에 필릿용접 이음을 하면

$$P\cdot r = \frac{\pi}{32}\cdot\frac{4}{D+1.4h}\{(D+1.4h)^4 - D^4\}\tau \qquad (11\cdot25)$$

11-3-4 용접이음의 應力計算式

표 11-1에 C.H. Jennings에 의한 용접이음의 기본적인 응력 계산식을 표시한다. 이 계산식은 모두 용접부의 목 두께를 기준으로 유도한 식이다.

표 11-1 용접이음의 응력 계산식

L : 하중점의 거리, l : 용접 유효길이(全周熔接) 이외일 때는 $l_n=l-2a$를 사용), h : 용접 사이즈
a : 목 두께, e : 중심으로부터의 거리

1 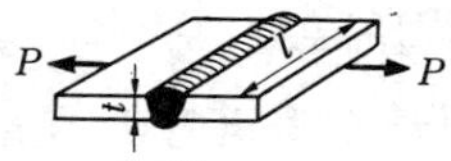 $\sigma=\frac{P}{l_a}$, $(a=t)$	2 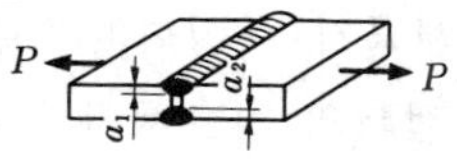 $\sigma=\frac{P}{l(a_1+a_2)}$	3 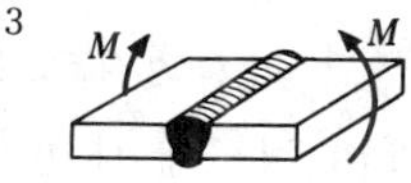 $\sigma_b=\frac{6M}{la^2}$, $(a=t)$	4 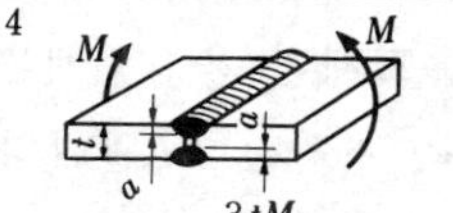 $\sigma_b=\frac{3tM}{la(3t^2-6ta+4a^2)}$
5 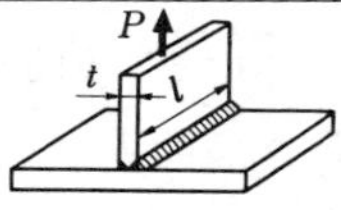 $\sigma=\frac{P}{lt}$	6 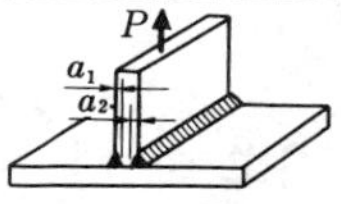 $\sigma=\frac{P}{l(a_1+a_2)}$	7 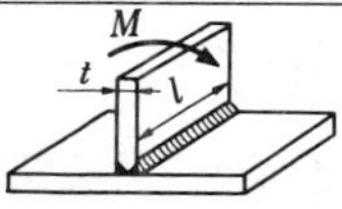 $\sigma_b=\frac{6M}{lt^2}$	8 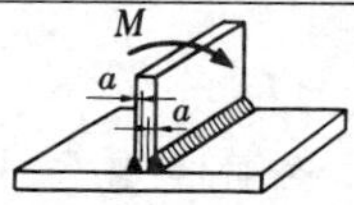 $\sigma_b=\frac{3tM}{la(3t^2-6ta+4a^2)}$
9 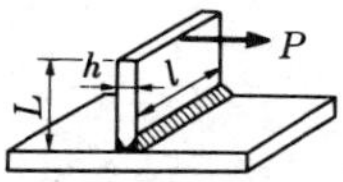 $\sigma_b=\frac{6PL}{lt^2}$, $\tau=\frac{P}{lt}$	10 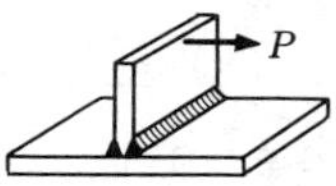 $\sigma_b=\frac{3tPL}{la(3t^2-6ta+4a^2)}$, $\tau=\frac{P}{2lt}$	11 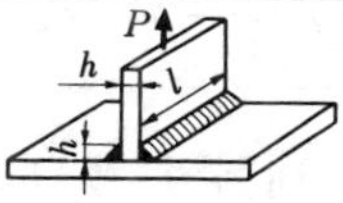 $\sigma=\frac{0.707P}{lh}$	12 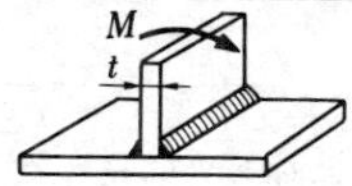 $\sigma_b=\frac{1.414M}{lh(t+h)}$
13 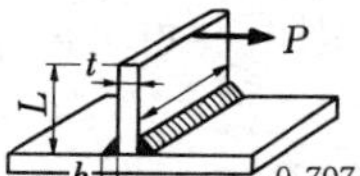 평균 $\sigma=\frac{0.707P}{lh}$, $\sigma_{max}=\frac{P}{lh(t+h)}\sqrt{2L^2+\frac{(t+h)^2}{2}}$	14 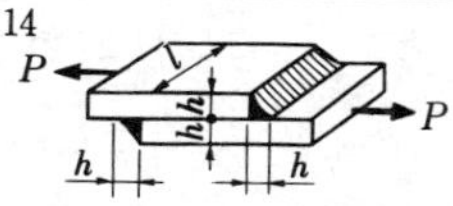 $\sigma=\frac{0.707P}{lh}$, $(h=t)$	15 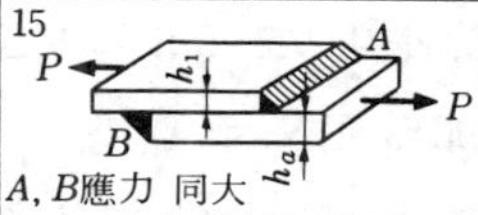 A, B應力 同大 $\sigma=\frac{1.414P}{l(h_1+h_2)}$ $\begin{pmatrix}h_1=t_1\\h_2=t_2\end{pmatrix}$	16 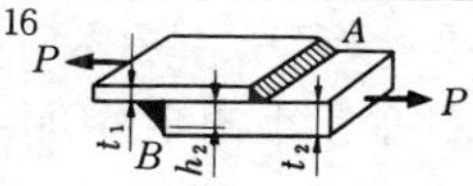 $\sigma_A=\frac{1.414P}{l(t_1+t_2)}$, $\sigma_B=\frac{1.414Pt_2}{lh_2(t_1+t_2)}$
17 $P/2$ 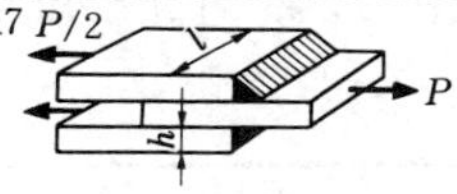 $\sigma=\frac{0.707P}{lh}$, $(h=t)$	18 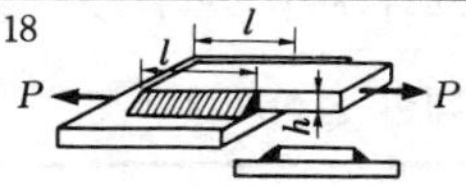 $\sigma=\frac{0.707P}{lh}$, $(h=t)$	19 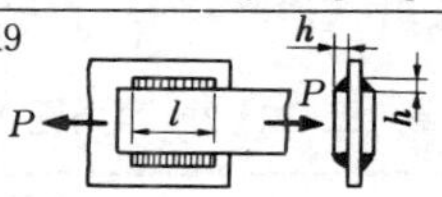 $\sigma=\frac{0.354P}{lh}$, $(h=t)$	20 중심 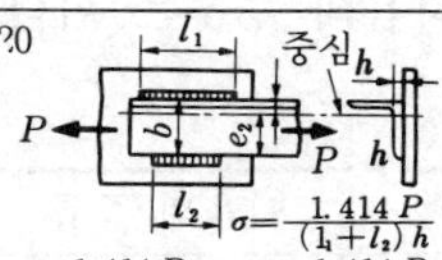 $\sigma=\frac{1.414P}{(l_1+l_2)h}$ $\sigma=\frac{1.414Pe_2}{\sigma hb}$, $l_2=\frac{1.414Pe_1}{\sigma hb}$
21 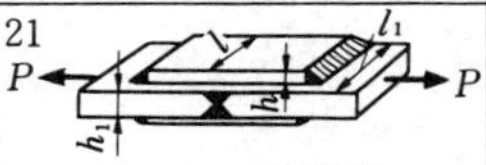 필릿 $\sigma=\frac{1.414P}{2lh+l_1h_1}$ 버트 $\sigma=\frac{P}{2lh+l_1h_1}$	22 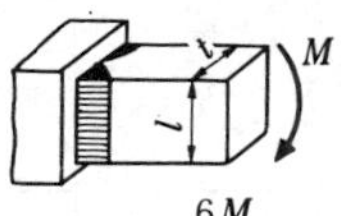 $\sigma_b=\frac{6M}{l^2t}$	23 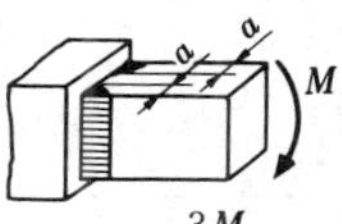 $\sigma_b=\frac{3M}{l^2a}$	24 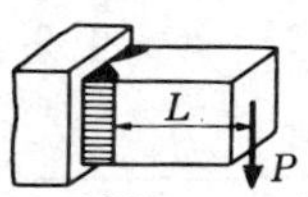 $\sigma_b=\frac{6PL}{l^2t}$, $\tau=\frac{P}{lt}$
25 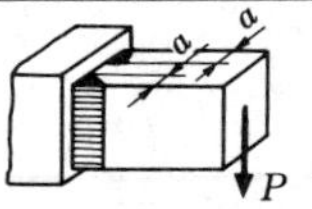 $\sigma_b=\frac{3PL}{l^2a}$, $\tau=\frac{P}{2la}$	26 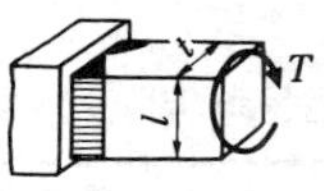 $\tau=\frac{T(3l+1.8t)}{l^2t^2}$	27 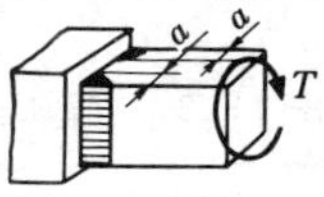 $\tau=\frac{T}{2(t-a)(l-a)a}$	28 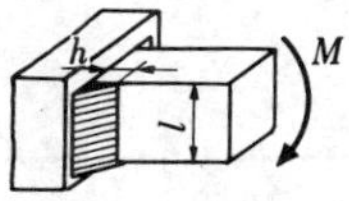 $\sigma_b=\frac{4.24M}{l^2h}$
29 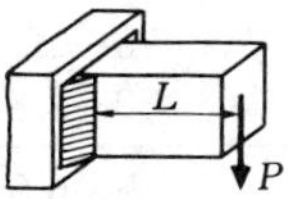 $\sigma_b=\frac{4.24PL}{l^2h}$, $\tau=\frac{0.707P}{lh}$	30 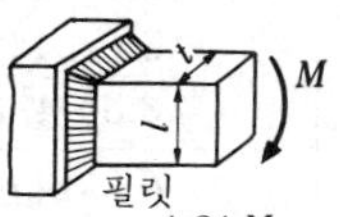 필릿 $\sigma_b=\frac{4.24M}{h\{t^2+3l(t+h)\}}$	31 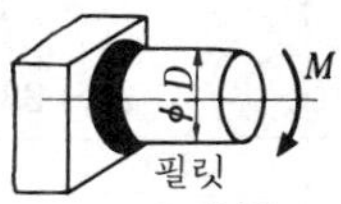 필릿 $\sigma_b=\frac{5.56M}{h\pi D^2}$	32 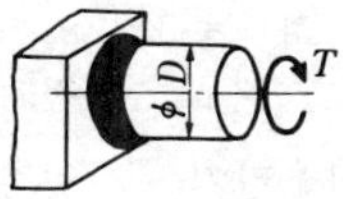 $\tau=\frac{2.83T}{h\pi D^2}$

11-4 용접이음 효율

일반적으로 용접이음은 리벳이음보다 우수하고 용접부의 강도는 母材의 강도에 맞먹으나, 모재의 용접부에는 급격한 가열냉각으로 재료가 취성화되므로 실제로는 모재의 강도보다는 저하된다. 원래의 모재의 강도에 대한 용접부의 강도저하의 비율을 용접이음 효율 η로 나타내며, 이것은 形狀係數 k_1, 熔接係數 k_2로 나누어 생각하면

$$\eta = k_1 \cdot k_2 \tag{11·26}$$

이고, 용접 허용응력을 σ_a, 모재의 허용응력을 σ_a'라고 하면

$$\sigma_a = \eta\sigma_a' = k_1 \cdot k_2 \cdot \sigma_a' \tag{11·27}$$

형상계수 k_1은 정하중에 대해서 표 11-2의 값을 취하고 용접계수 k_2는 양호한 용접인 경우는 $k_2 = 1.0$으로 할 수 있으나, 아래보기 용접이 아닌 수평용접, 수직용접, 윗보기 용접으로 갈수록 신뢰성이 낮아지므로 0.5 정도로 취한다. 그리고 현장용접의 용접이음 효율은 공장용접의 경우의 80~90% 정도로 한다.

표 11-3은 연강에 대한 용접이음의 허용응력과 안전계수의 값을 표시한 것이다.

다음의 경우는 위의 표의 값에 다음 값을 고려해야 한다(필릿용접 80%, 현장용접 90%,

표 11-2 정하중에 대한 형상계수 k_1값

이음의 종류	하중의 종류	k_1
맞대기 용접	인 장	0.75
	압 축	0.85
	굽 힘	0.80
	전 단	0.65
필릿용접	모든 경우	0.65

표 11-3 용접이음의 허용응력 및 안전계수

하 중		설계강도(kg $_f$/mm²)	안전계수	허용응력(kg $_f$/mm²)
정 하 중	인 장	28~34	3.3~4.0	7.0~10.0
	압 축	30~35	3.0~4.0	7.5~12.0
	전 단	21~28	3.3~4.0	5.0~8.5
달아올리기 동하중	인장 또는	−	6.0~8.0	3.5~6.0
	압축전단	−	6.0~8.0	2.5~4.5
진동하중	인장압축	−	9.5~13.0	2.0~3.5
	전 단	−	9.5~13.0	1.5~3.0

윗보기 용접 80%, 수평용접 90%, 수직용접 95%)

11-5 용접에 의한 변형과 殘留應力

판재가 균일하게 가열, 냉각되면 외부구속이 없는 팽창, 수축으로 말미암아 판재는 처음 상태로 되돌아간다. 그러나 외부구속이 없는 경우라도 판의 한 局部가 가열되면 그 팽창은 가열되지 않는 부분에 의해 방해를 받는다. 재료는 고온에서 항복점이 낮아지고 작은 열응력에 의해서도 쉽게 塑性變形을 일으키므로, 가열이 끝났을 때 국부가열 부분의 길이는 균일가열 때의 길이보다 짧다.

냉각될 때는 먼저 수축한 부분은 짧게 되어 있는 가열부분에 잡아 끌리게 되고, 균일냉각 때보다 최초 냉각부분은 길게, 늦은 냉각부분은 보다 짧아진다. 따라서, 온도가 높은 부분은 가열, 냉각시에 압축 소성변형을 한다. 압축 소성변형한 부분은 잡아 끌리고 그 주위는 이에 균형되는 압축을 받아 殘留應力(residual stress)과 동시에 변형(deformation)이 발생한다. 그림 11-20은 외부구속이 없는 맞대기 용접이음의 잔류응력의 예를, 그림 11-21은 변형의 예를 표시한 것이다.

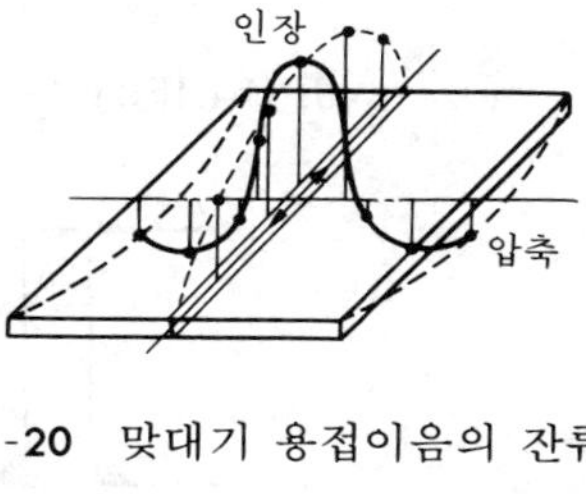

그림 11-20 맞대기 용접이음의 잔류응력

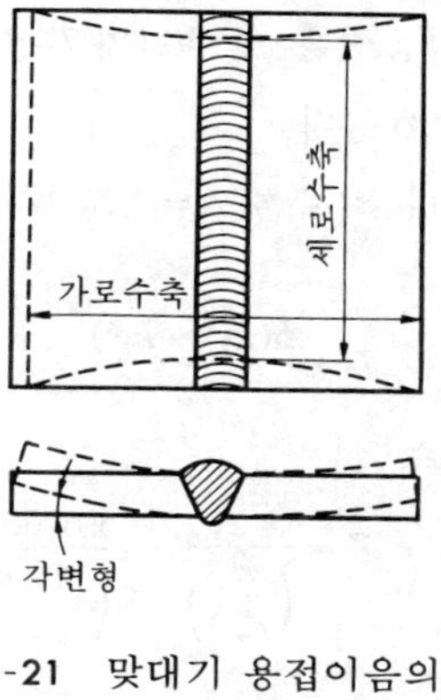

그림 11-21 맞대기 용접이음의 변형

일반적으로 외부구속이 크면 잔류응력이 커지고 자유로우면 변형이 커지므로 잔류응력과 변형은 상반되는 관계를 갖는다. 동시에 잔류응력과 변형을 작게 할 수는 없다. 강도를 위한 두터운 판에는 잔류응력을 작게, 얇은 판에는 변형을 방지하는 것이 바람직하다.

① 용접선의 길이나 용접 사이즈를 강도상에서 필요한 최소한으로 하고 공급열량도 되도록 적게 한다.

② 용접부분이 한 곳에 집중하거나 너무 가까이 해서는 안 되고 균등하게 배분한다.

③ 외부구속을 받지 않은 상태에서 용접하도록 용접순서를 정하고 수축량이 많은 부분에서 용접을 시작한다.

④ 적당한 구속과 역변형으로 각 변형을 방지한다.

⑤ 맞대기 용접인 경우, 양면 그루브로 **溶着量**을 거의 균일하게 한다.

⑥ 잔류응력을 완화하는 데는 650℃에서 판 두께 25mm에 대해 1~2시간 가열로 응력제거 풀림을 한다. 이 열처리로 잔류응력을 제거하는 동시에 열영향부, 용착금속의 재질을 개선하여 기계적 성질을 향상하게 된다.

예제 11-1. 허용 인장응력 80MPa, 두께 10mm의 강판을 용접 길이 150mm, 용접이음 효율 80%로 맞대기 용접을 할 때 목 두께는 얼마로 해야 하는가? 다만, 용접부의 허용응력을 70MPa로 한다.

풀이 용접 길이에 해당되는 강판이 받아낼 수 있는 하중은

$$80 \times 10 \times 150 = 120{,}000\,\text{N}$$

용접이음 효율이 80%이므로 용접부가 받아낼 수 있는 허용하중 P는

$$P = 120{,}000 \times 0.8 = 96{,}000\,\text{N}$$

식 (11·1)로부터 목두께 t는

$$a = \frac{P}{\sigma_t \cdot l} = \frac{96{,}000}{70 \times 150} = 9.14 \fallingdotseq 9.2\,\text{mm}$$

예제 11-2. 그림 11-22와 같이 필릿용접 이음에 6kN의 힘이 작용하고 있을 때 용접부에 생기는 굽힘응력은 얼마인가? 용접부의 유효 길이는 양쪽이 각각 10mm이고, 용접 사이즈 $h = 10$mm이다.

풀이 용접부의 목 두께 $a = 0.707 \times 10 = 7.07$mm이고, 굽힘의 중립축에 대한 용접부분의 단면 2차 모멘트 I는

$$I = \frac{b(h_2^3 - h_1^3)}{12} = \frac{100 \times \{(30 + 2 \times 7.07)^2 - 30^2\}}{12} = 491{,}664.16\,\text{mm}^4$$

단면계수 Z는

$$Z = \frac{I}{\left(\frac{h_2}{2}\right)} = \frac{491{,}664.16}{\left(\frac{44.14}{2}\right)} = 22{,}277.5\,\text{mm}^3$$

굽힘응력 $\sigma_b = \dfrac{M}{Z}$이므로

$$\sigma_b = \frac{6000 \times 120}{22{,}277.5} = 32.3\,\text{MPa}$$

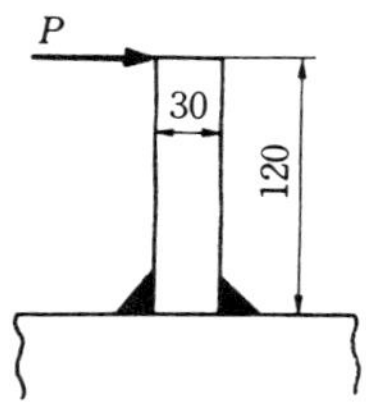

그림 11-22

예제 11-3. 그림 11-23과 같이 달아 올리기 강판에 $P = 70$kN의 하중이 수평으로부터 30° 위쪽으로 걸리는 경우 용접부를 설계하라. 다만, 강판의 두께 $t = 13$mm, 용접 사이즈 $h = 13$mm로 한다.

풀이 용접부에 걸리는 인장하중 P_t는

$$P_t = P \sin 30° = 70{,}000 \times 0.5 = 35{,}000\,\text{N}$$

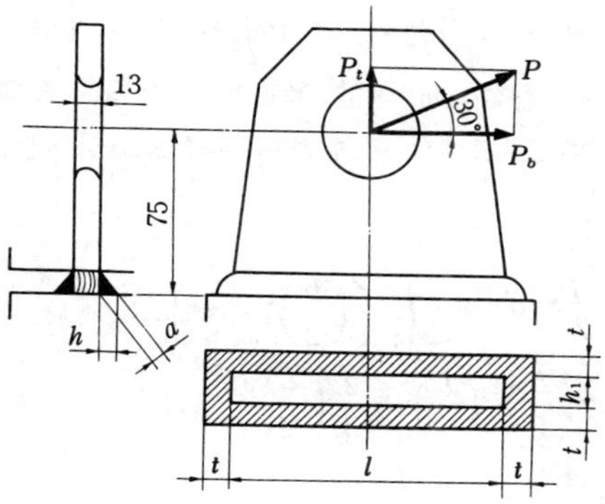

그림 11-23

용접부에 작용하는 굽힘 모멘트 M은

$$M = P_b \times 75 = 75 \times P\cos 30° = 75 \times 70,000 \times 0.866 = 4546.5\,\mathrm{N \cdot m}$$

목 두께 a는

$$a = 0.707h = 0.707 \times 13 = 9.19\,\mathrm{mm}$$

용접부 너비를 l이라 하면 용접부분의 면적 A는

$$A = 2(l + 2t)a + 2h_1 a = 2(l + 2 \times 9.19) \times 9.19 + 2 \times 13 \times 9.19$$
$$= 18.38l + 576.76\,\mathrm{mm}^2$$

단면계수 Z는

$$Z = \frac{1}{6} \cdot \frac{(h_1 + 2a)(l + 2a)^3 - h_1 l^3}{l + 2a}$$
$$= \frac{(13 + 2 \times 9.19)(l + 2 \times 9.19)^3 - 13l^3}{6(l + 2 \times 9.19)}$$
$$= \frac{31.38(l + 18.38)^3 - 13l^3}{6(l + 18.38)}$$

인장응력 σ_t는

$$\sigma_t = \frac{P_t}{A} = \frac{35,000}{18.38l + 576.76}$$

굽힘응력 σ_b는

$$\sigma_b = \frac{75P_b}{Z} = \frac{4,546,500 \times 6(l + 18.38)}{31.38(l + 18.38)^3 - 13l^3}$$

따라서, 합성응력 σ는

$$\sigma = \sigma_t + \sigma_b$$

달아 올리기 동하중에 대한 허용응력은 표 11-3에서 6.0kg$_f$/mm^2(58.8MPa)를 취하고, 이음효율을 80%로 하면 허용응력은 $6.0 \times 0.8 = 4.8$kg$_f$/mm^2(47MPa)가 된다.
$l = 165$mm로 하고 계산하면 $\sigma = \sigma_t + \sigma_b = 9.7 + 37.0 = 46.7$MPa이므로 $l = 165$mm로 해야 한다.

예제 11-4. 그림 11-24와 같은 용접선이 중심에 대한 극관성 모멘트 I_G를 구하라.

풀이> 각 용접선을 분리해서 각 용접선에 대한 극관성 모멘트를 구하고 나중에 전부 합하면 된다. 위의 용접선을 생각하고 미소요소 dx를 취하여 미소요소의 길이에다 중심까지의 거리의 제곱을 곱하여 적분을 구하면

$$I_{G1}=\int r^2dx=2\int_0^{\frac{l}{2}}\left[\left(\frac{b}{2}\right)^2+x^2\right]dx$$
$$=2\left(\frac{b}{2}\right)^2\left(\frac{l}{2}\right)+\frac{2}{3}\left(\frac{l}{2}\right)^3$$
$$=\frac{b^2l}{4}+\frac{l^3}{12}$$

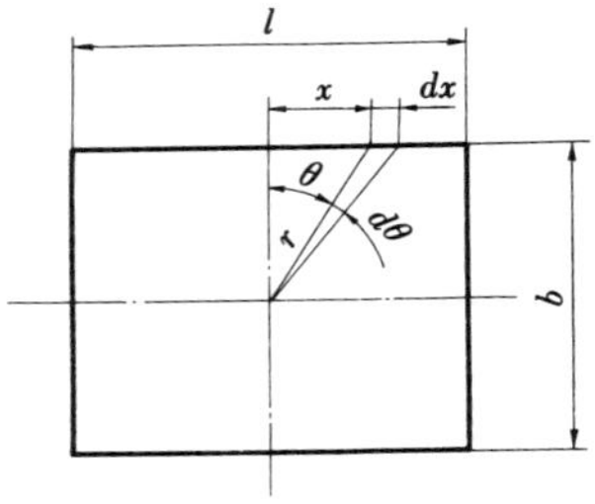

그림 11-24

아래 용접선에 대해서 마찬가지로 $I_{G2}=\dfrac{b^2l}{4}+\dfrac{l^3}{12}$

같은 방법으로 수직한 용접선에 대한 극관성 모멘트를 구하면

$$I_{G3}=I_{G4}=\frac{bl^2}{4}+\frac{b^3}{12}$$

전체의 극관성 모멘트 $I_G=I_{G1}+I_{G2}+I_{G3}+I_{G4}$이므로

$$I_G=\frac{l^3+3l^2b+3lb^2+b^3}{6}=\frac{(l+b)^3}{6}$$

예제 11-5. 그림 11-25에 바깥 지름 500mm, 보스 지름 100mm인 풀리가 용접 사이즈 6 mm로 필릿용접 이음을 하고 있다. 이 풀리가 1200rpm, 22kW를 전달시킬 때 용접부의 전단응력을 구하라.

풀이> 토크 T는

$$T=\frac{9549\times22}{n}=\frac{9549\times22}{1200}=175.1\,\mathrm{N\cdot m}$$

보스의 목 두께의 중심까지의 반지름 r는

$$r=\frac{100}{2}+\frac{6}{4}=51.5\,\mathrm{mm}$$

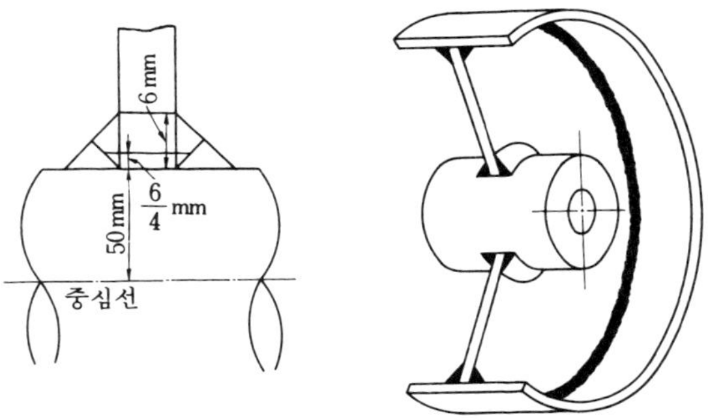

그림 11-25

토크 때문에 용접부가 받는 힘은 림 부분보다 보스 부분이 훨씬 크며, 그 힘을 P라고 하면

$$P=\frac{T}{r}=\frac{175.1\,\mathrm{N\cdot m}}{51.5}=3400\,\mathrm{N}$$

전단응력 τ는

$$\tau=\frac{P}{0.707hl}=\frac{3400\,\mathrm{N}}{0.707\times 6\times 2\pi\times 51.5\times 2}=1.24\,\mathrm{MPa}$$

예제 **11-6.** 그림 11-26과 같은 필릿용접 이음에서 하중 $1000\,\mathrm{kg}_f$를 작용시킬 때 용접 사이즈 h의 크기를 구하라. 다만, 용접부의 허용 전단응력을 $7\,\mathrm{kg}_f/\mathrm{mm}^2$로 한다.

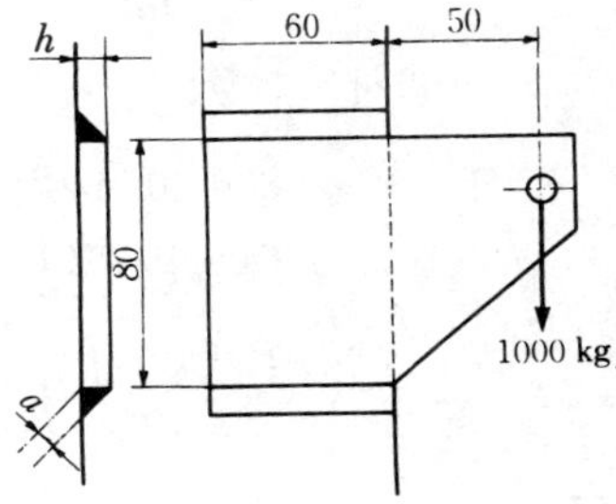

그림 11-26

풀이 직접 전단력에 의한 전단응력 τ_2는

$$\tau_2=\frac{P}{2al}=\frac{1000}{2\times a\times 60}=\frac{8.33}{a}$$

용접부의 중심에 대한 굽힘 모멘트 M은

$$M=P\cdot e=1000\times 80=80{,}000\,\mathrm{kg}_f\cdot\mathrm{mm}$$

식 (11·14)로부터 I_G는

$$I_G=\frac{l(3b^2+l^2)}{6}=\frac{60\times(3\times 80^2+60^2)}{6}=228{,}000\,\mathrm{mm}^3$$

중심으로부터 가장 먼 용접부까지의 거리 r_H는

$$r_H=50\,\mathrm{mm}$$

따라서 식 (11·11)로부터 전단응력 τ_1을 구하면

$$\tau_1=\frac{P\cdot e\cdot r_H}{aI_G}=\frac{80{,}000\times 50}{228{,}000a}=\frac{17.54}{a}$$

합성응력이 허용 전단응력 $7\,\mathrm{kg}_f/\mathrm{mm}^2$와 같아야 하므로

$$7^2=\tau_1{}^2+\tau_2{}^2+2\tau_1\tau_2\frac{30}{50}=\left(\frac{8.33}{a}\right)^2+\left(\frac{17.54}{a}\right)^2+2\times\frac{8.33}{a}\times\frac{17.54}{a}\times\frac{30}{50}$$

$$a=\sqrt{\frac{553}{49}}=\sqrt{11.3}=3.36\,\mathrm{mm}$$

$$h=\frac{3.36}{0.707}=4.75\,\mathrm{mm}\fallingdotseq 5\,\mathrm{mm}$$

예제 **11-7.** 그림 11-27에서 보는 바와 같이 채널인 형강을 가로로 놓고 용접하였다. 용접부의 치수는 모두 같고, 허용 전단응력을 $8\,\mathrm{kg}_f/\mathrm{mm}^2$로 했을 때 중앙에 작용하고 있는 하중을 얼마까지 받아낼 수 있는가?

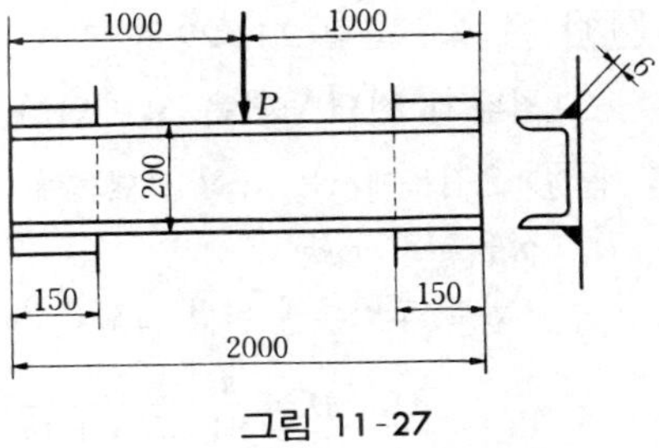

그림 11-27

풀이 최대굽힘 모멘트 M_{max}은

$$M_{max}=\frac{Pl}{8}=\frac{2000P}{8}=250P$$

$$r_H=\sqrt{100^2+75^2}=125\,\mathrm{mm}$$

이고, 용접선의 극관성 모멘트 I_G는 식 (11·14)로부터

$$I_G = \frac{l(3b^2+l^2)}{6} = \frac{150\times(3\times200^2+150^2)}{6} = 3{,}562{,}500$$

모멘트에 의한 전단응력 τ_1은 식 (11·11b)로부터

$$\tau_1 = \frac{M_{\max}\cdot r_H}{aI_G} = \frac{250P\times125}{6\times356{,}250} = 0.0146P$$

직접 전단력에 의한 전단응력 τ_2는

$$\tau_2 = \frac{P}{4al} = \frac{P}{4\times6\times150} = 0.000278P$$

따라서

$$8^2 = (0.0146P)^2 + (0.000278P)^2 + 2\times0.0146P\times0.000278P\times\frac{75}{125}$$

$$64 = 10^{-8}(21{,}316P^2 + 7.73P^2 + 487P^2) = 10^{-8}\times21{,}810.73P^2$$

$$P = 10^4\sqrt{\frac{64}{21{,}810.73}} = 541\,\mathrm{kg}_f$$

예제 11-8. 그림 11-28과 같이 L강 50×50×5를 필릿용접 이음으로 4ton의 인장력을 받고 있다. 각 용접부의 길이 l_1, l_2를 구하라. 다만, 용접부의 허용 전단응력이 $8\,\mathrm{kg}_f/\mathrm{mm}^2$이고, 용접 사이즈 h가 5mm이다.

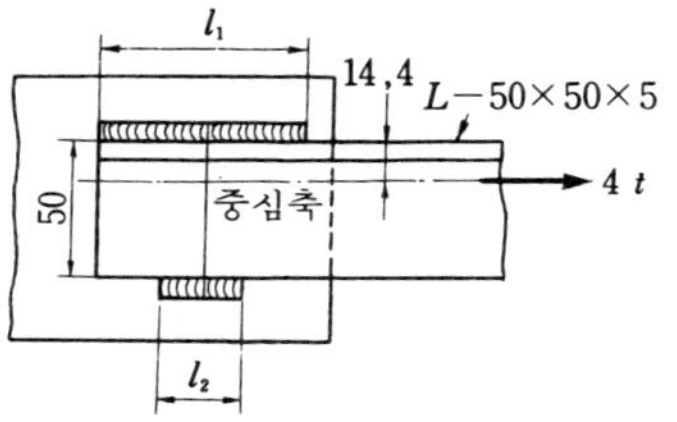

그림 11-28

풀이 L강을 필릿용접 이음을 하고 각 용접부의 길이를 l_1, l_2라고 하면, 식 (11·9 b)로부터 $l_1 = l_2\dfrac{35.6}{14.4}$이 되므로 용접부의 온길이 l은

$$l = l_1 + l_2 = l_2\left(\frac{35.6}{14.4}+1\right)$$

한편, 용접부의 목 두께 a는 $a = 0.707\times5 = 3.535\,\mathrm{mm}$이고, 식 (11·9 a)로부터

$$l_2\left(\frac{35.6}{14.4}\right) = \frac{4000}{3.535\times8}$$

$$l_2 = 40.8\,\mathrm{mm}$$

가 얻어지고

$$l_1 = 100.9\,\mathrm{mm}$$

예제 11-9. 그림 11-29와 같이 둥근봉을 강판에 필릿용접 이음을 하였다. 용접부에 걸리는 최대의 전단응력은 얼마인가? 용접 사이즈를 10mm로 한다.

풀이 용접부에서는 굽힘 모멘트에 의한 응력과 직접 전단력에 의한 응력을 각각 구하고 난 다음 합성응력을 구한다.

굽힘 모멘트에 의한 굽힘응력은 식 (11·23)으로부터

$$M = \frac{\pi}{64}\cdot\frac{2}{D+1.4h}\{(D+1.4h)^4 - D^4\}\sigma_b$$

$$1000 \times 200 = \frac{\pi}{64} \cdot \frac{2}{50 + 1.4 \times 10}\{(50 + 1.4 \times 10)^4 - 50^4\}\sigma_b$$

$$\sigma_b = 12.4\,\text{kg}_f/\text{mm}^2$$

직접 전단력에 의한 전단응력은

$$\tau = \frac{1000}{50 \times \pi \times 0.707 \times 10} = 0.9\,\text{kg}_f/\text{mm}^2$$

합성응력은 굽힘응력과 전단응력이 서로 직각방향으로 작용하고 있으므로

$$\sigma = \sqrt{12.4^2 + 0.9^2} = 12.43\,\text{kg}_f/\text{mm}^2$$

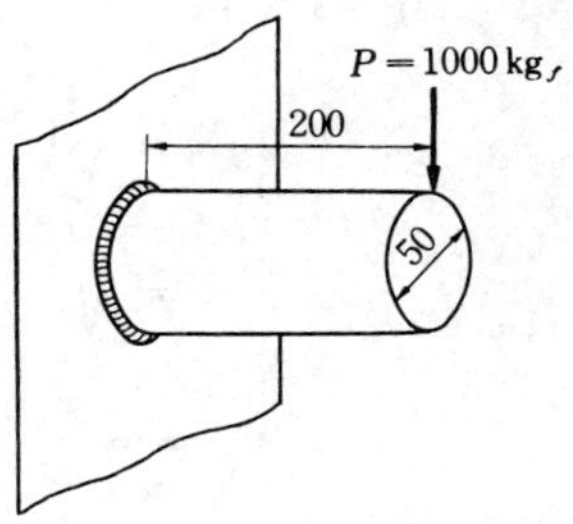

그림 11-29

예제 **11-10.** 그림 11-30(a)와 같이 150 × 75 × 16 L 형강을 필릿용접 이음으로 강판에 붙이고, 하중 2ton을 가하려고 한다. $\tau_a = 6\,\text{kg}_f/\text{mm}^2$로 하여 필요한 필릿의 용접 사이즈를 구하라.

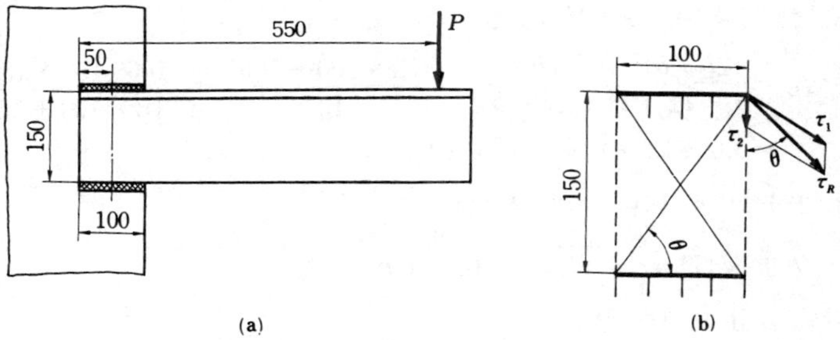

그림 11-30

풀이 하중에 의한 굽힘 모멘트는

$$M = 2000 \times (550 - 50) = 1{,}000{,}000\,\text{kg}_f/\text{mm}$$

이고, 용접선에 대하여 비틀림 모멘트로 작용한다.

그림 11-30(b)와 같이 용접부를 선으로 생각하여 극관성 모멘트를 구하면 식 (11·14)로부터

$$I_G = \frac{l\,(3b^2 + l^2)}{6} = \frac{100 \times (3 \times 150^2 + 100^2)}{6} = 1.3 \times 10^6\,\text{mm}^3$$

도심에서 가장 먼 곳까지의 거리 r_H는 90mm이므로, 식 (11·11b)로부터

$$\tau_1 = \frac{M \cdot r_H}{aI_G} = \frac{1{,}000{,}000 \times 90}{1.3 \times 10^6 a} = 69.2/a$$

하중에 의한 직접적인 전단응력은 식(11 · 12)로부터

$$\tau_2 = \frac{P}{2l \cdot a} = \frac{2000}{2 \times 100 \times a} = \frac{10}{a}$$

이들 사이의 각 θ는

$$\theta = \tan^{-1}\frac{150}{100} = 54.4°$$

합성응력 τ_R는 식 (11·13)으로부터

$$\tau_R = \sqrt{\left(\frac{69.2}{a}\right)^2 + \left(\frac{10}{a}\right)^2 + 2 \times \frac{69.2}{a} \times \frac{10}{a} \times \cos 54.4^\circ}$$

$$= \sqrt{\frac{5694.3}{a^2}} = \frac{75.5}{a}$$

$$6 = \frac{75.5}{a}, \qquad a = 12.6$$

따라서 용접 사이즈 $h = 1.414 \times 12.6 = 17.8\,\text{mm}$

그런데 L형강의 두께는 16mm이므로 $h = 17.8\,\text{mm}$로 할 수 없다. 그러므로 용접 길이를 크게 하여야 한다. 그림 11-31과 같이 가장자리를 모두 용접한다면 용접 길이 l_t는

$$l_t = 2 \times 100 + 150 = 350\,\text{mm}$$

로 되고, 도심까지의 거리 x는

$$x = \frac{2 \times 100 \times 50}{350} = 28.6\,\text{mm}$$

로 된다.

이 때 용접선의 극관성 모멘트 I_G는

$$I_G = \frac{(2l+b)^3}{12} - \frac{l^2(l+b)^2}{(2l+b)} = \frac{(2 \times 100 \times 150)^3}{12} - \frac{100^2(100+150)^2}{(2 \times 100 + 150)}$$

$$= 3.6 \times 10^6 - 1.8 \times 10^6 = 1.8 \times 10^6$$

도심에서 가장 먼 용접선까지의 거리는

$$r_H = \sqrt{(71.4)^2 + (75)^2} = 103.6\,\text{mm}$$

하중에 의한 굽힘 모멘트 M은

$$M = 2000 \times (550 - 28.6) = 1.043 \times 10^6\,\text{kg}_f/\text{mm}$$

전단응력 τ_1는

$$\tau_1 = \frac{M \times r_H}{I_G \cdot a} = \frac{1.043 \times 10^6 \times 103.6}{1.8 \times 10^6 \times a} = \frac{60}{a}$$

직접 전단력에 의한 전단응력 τ_2는

$$\tau_2 = \frac{2000}{350 \times a} = \frac{5.7}{a}$$

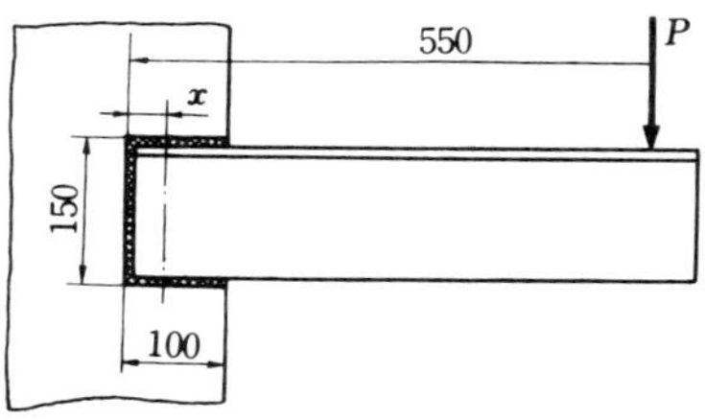

(a)

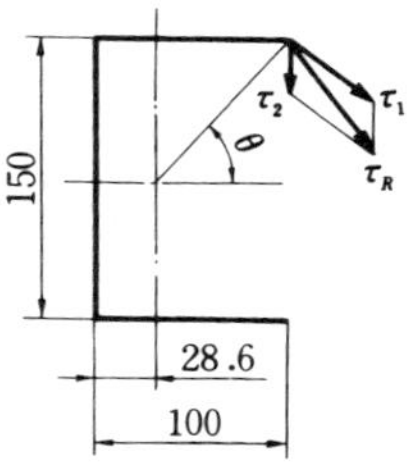

(b)

그림 11-31

두 응력 사이의 각 θ는

$$\theta = \tan^{-1}\frac{75}{71.4} = 46.4°$$

합성응력 τ_R는

$$\tau_R = \sqrt{\left(\frac{60}{a}\right)^2 + \left(\frac{5.7}{a}\right)^2 + 2\frac{60}{a} \times \frac{5.7}{a}\cos 46.4°}$$

$$= \sqrt{\frac{4104.2}{a^2}} = \frac{64.1}{a}$$

$$6 = \frac{64.1}{a}$$

$$a = 10.7$$

용접 사이즈는

$$h = 1.414 \times a = 15.1\,\text{mm}$$

연 습 문 제

1. 용접이음의 장점과 단점을 상술하라.
2. 현재 널리 이용되고 있는 아크용접에 관해 설명하라.
3. 용접부의 여러 가지 결함을 들고 결함을 찾는 검사방법에 대해 아는 대로 설명하라.
4. 용접에 의한 변형과 잔류응력에 대해 설명하고, 이것들을 피하는 방법에 관해 논하라.
5. 편심하중을 받는 필릿용접 이음에서 응력계산을 위한 식을 유도하고, 용접부 단면에 대한 극관성 모멘트와 용접선에 대한 극관성 모멘트의 관계를 설명하라.
6. 허용 인장응력 100 MPa의 두께 12 mm인 강판을 160 mm의 길이인 V형 그루브 용접을 하여 효율이 80%가 되려면 목 두께는 얼마로 해야 하는가? 다만, 용접부의 허용응력은 $\sigma = 80\,\text{MPa}$이다.
   ($a = 11\,\text{mm}$)
7. 그림 11-14와 같이 75×75×9의 L형강에 하중 15,000 kg_f가 작용할 때, 용접선의 치수를 결정하라. 다만, 전단응력 $\tau = 7\,\text{kg}_f/\text{mm}^2$, 필릿용접의 용접 사이즈 $h = 9\,\text{mm}$이다.
   ($l_1 = 238\,\text{mm}$, $l_2 = 99\,\text{mm}$)
8. T형 용접이음에서 그림 11-17(a)처럼 필릿용접 이음에 작용하는 안전하중 P를 구하라. 다만, 허용응력 $\sigma = 90\,\text{MPa}$이다. 또, 이 용접을 그림 11-17(b)처럼 맞대기 용접이음을 하면 얼마의 안전하중 P를 받을 수 있는가? $t = 12\,\text{mm}$, $l = 60\,\text{mm}$이다. ($P = 91{,}627.2\,\text{N}$, $P = 64{,}800\,\text{N}$)
9. 용접 사이즈 h로 필릿용접한 지름 D인 둥근봉에 비틀림 모멘트 T가 작용하면 용접부에 생기는 전단응력 τ의 식을 유도하라.
   $\left(\tau = \frac{2.83T}{\pi D^2 h}\right)$

10. 그림 11-32와 같이 필릿용접하였는데, 용접 사이즈는 12mm이다. 용접부의 허용 전단응력을 $\tau_a=$ 40MPa라면 인장하중은 얼마까지 견딜 수 있는가? ($P=81{,}446.4\,\text{N}$)

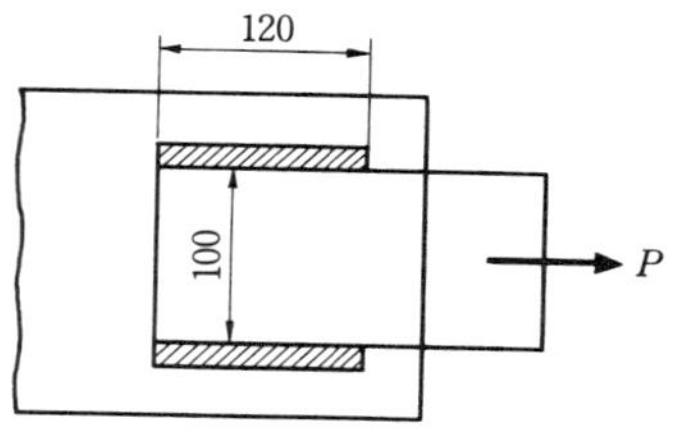

그림 11-32

11. 그림 11-33과 같이 필릿용접의 용접 사이즈가 림부는 4mm, 보스부는 6mm이다. 7.5kW, 250 rpm의 동력을 전달하려는 경우, 림·보스 용접부의 전단응력을 각각 구하라.

($\tau_B=4.3\,\text{MPa}$, $\tau_R=0.45\,\text{MPa}$)

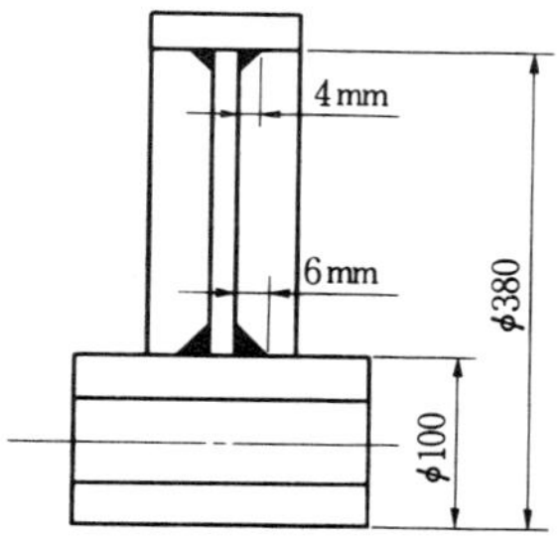

그림 11-33

12. 용접 사이즈 $h=10\,\text{mm}$인 전면 필릿용접 이음에서 용접선에 직각인 방향으로 5ton의 인장하중이 작용하면 용접부에 생기는 응력을 구하라. 단, 용접 길이는 120mm이다.

($\sigma=5.89\,\text{kg}_f/\text{mm}^2$, 최대 주응력 $\sigma_1=6.74\,\text{kg}_f/\text{mm}^2$)

13. 그림 11-34와 같은 4변이 필릿용접된 200×70×7인 채널강에 편심하중 $P=5600\,\text{kg}_f$가 작용할 때 용접부의 최대응력을 구하라. ($\tau_{max}=5.81\,\text{kg}_f/\text{mm}^2$)

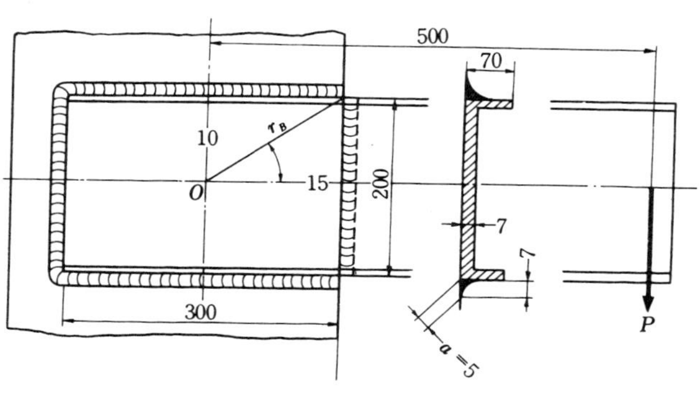

그림 11-34

14. 그림 **11-35**와 같은 브래킷을 프레임에 양쪽 필릿용접을 하였다. 용접 사이즈 8mm, $l=80$mm, $e=25$mm, 허용응력 $\sigma_a=15$kg$_f$/mm^{2}라고 하면, 수평하중 P의 값은 얼마까지 작용시킬 수 있는가? ($P=7241$ kg$_f$)

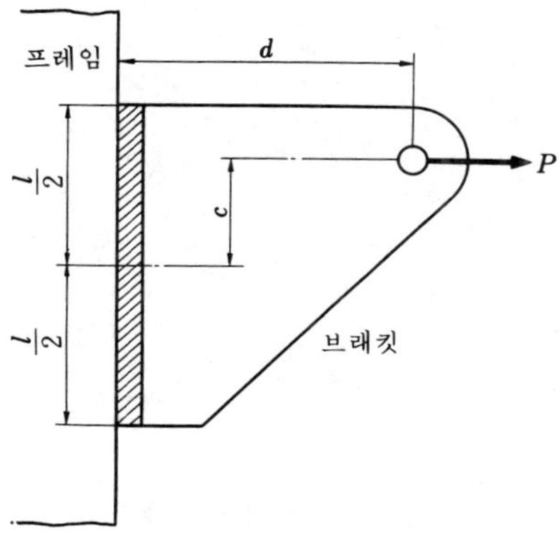

그림 11-35

15. 판 A를 프레임 B에 앞뒤로 필릿용접하여 하중 $P=3$ton이 그림 **11-36**과 같이 작용하면, 용접부에 생기는 최대응력을 구하라. ($\tau=7.18$kg$_f$/mm^2)

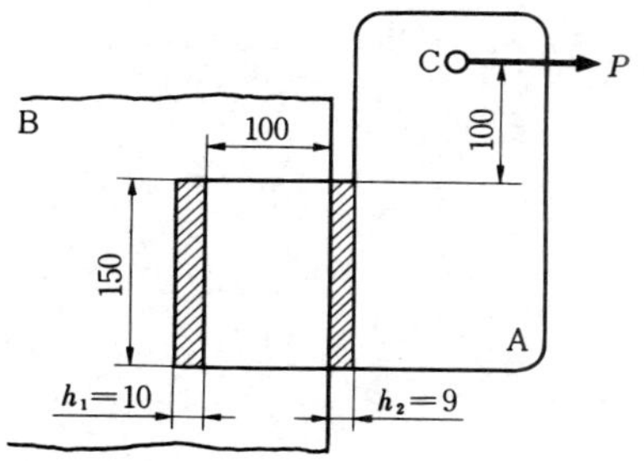

그림 11-36

제 12 장

軸

12-1 軸의 분류

베어링으로 지지되고 하중을 받으면서 동력을 전달하는 기계요소를 축(shaft)이라 한다. 축은 풀리, 기어, 플라이휠 등을 달고 있는 경우가 많다.

축은 단면의 모양에 따라 둥근축(circular shaft), 角軸, 스플라인축으로 나누어지고 둥근축은 속이 차 있는 中實軸(solid shaft), 속이 비어 있는 中空軸(hollow shaft)으로 나눈다. 축선이 일직선으로 곧은 直線軸과 축선이 곡선으로 된 크랭크축이 있다.

단면이 균일한 축과 테이퍼가 있는 테이퍼축, 段이 있는 단붙이축이 있다.

축에 작용하는 하중에 따라 분류하면 다음과 같이 나눈다.

(1) 주로 굽힘작용을 받는 축

굽힘작용을 받으면서 토크를 전달하지 않는 축을 **靜止軸**(stationary shaft)이라 하며, 토크까지 전달하는 축을 **回轉軸**(rotating shaft)이라고 한다.

(2) 주로 비틀림 작용을 받는 축

동력전달을 주목적으로 하는 **傳動軸**(transmission shaft)이 여기에 속한다.

(3) 굽힘, 비틀림, 인장, 압축 등의 작용을 동시에 받는 축

선박의 프로펠러축, 윈치의 드럼축, 크랭크축 등은 2종류 이상의 하중을 동시에 받는다.

이 밖에 작용하중에 의한 변형량이 적은 것을 요구하는 지름에 비하여 짧은 축을 **스핀들축**(spindle shaft)이라 하며 공작기계의 주축으로 사용하고 있다.

축에 사용되는 재료는 보통 0.1～0.4C의 탄소강이 가장 널리 사용된다. 고속, 고하중, 고열을 받는 축에는 Ni강, Ni-Cr강, Ni-Cr-Mo강 등이 특수강으로 사용되고, 내마멸성이 요구되는 경우에는 표면 경화강이 사용된다.

축을 설계하려면 주어진 운전조건과 하중조건에서 파손하지 않는 충분한 강도가 있어야 하고, 하중에 대한 변형량이 어느 한도 내에 들어가도록 필요한 **剛性**을 가져야 하고, 위험속도에서 20% 이상 벗어난 상태에서 사용하도록 하는 조건을 만족하지 않으면 안 된다. 이런 조건들은 서로 연관되지 않으므로 각 조건에 맞는 설계를 하고 그 중에서 가장 안전한 값을 설계치수로 선택해야 한다. 보통 변형량에 대한 제한조건을 만족하면 강도는 충분히 견디어 낼 수 있으므로, 강성에 대한 설계를 마치고 난 후 강도를 검토하는 것이 좋다.

축의 설계에서 고려해야 할 사항은 다음과 같다.

[1] **強度**(strength)

여러 가지 하중에 대해 충분히 견디어 낼 수 있는 강도를 가져야 한다. 특히 키홈, 원주홈, 段部 등의 노치에서 발생되는 응력집중에 세심한 주의를 해야 한다.

[2] **剛性**(stiffness)

작용하중에 의해 발생되는 변형량이 어느 한도 내에 있도록 충분한 강성을 가져야 한다. 굽힘하중을 받는 축에서는 처짐량이 어느 한도 이상을 넘으면 베어링 압력의 불균일, 베어링 틈새의 불균일, 기어물림의 이상이 일어나고, 공작기계의 스핀들축의 경우에는 가공물의 다듬질 정밀도가 저하된다. 또, 비틀림 하중을 받는 축에서 비틀림각이 지나치게 커지면 비틀림 진동에 의한 파손이 쉽게 일어난다. 확실한 전동이 요구되는 기계에서 비틀림각이 너무 커져버리면 기계적 불균형이 생길 수도 있다.

[3] **振動**(vibration)

축에서는 굽힘에 의한 가로진동이나 비틀림 진동의 고유 진동수와 크기가 같은 축의 회전수를 **危險速度**(critical speed)라 하며, 이 속도로 축이 회전하게 되면 共振(resonance)이 발생하여 축은 파손하게 된다. 그러므로 진동에 관해서 사전에 검토하여 진동방지에 대한 대책을 마련해야 한다.

이상에서 소개된 조건 외에 증기터빈과 같이 고온상태에서 사용되는 축에 대해서는 **熱應力**(thermal stress)에 주의해야 하고, 축을 사용하는 분위기가 가혹한 경우에는 **腐蝕**(corrosion)에 대해서도 각별히 고려해야 한다.

12-2 軸의 強度設計

축에 작용하는 하중에는 굽힘 모멘트, 비틀림 모멘트, 인장력, 압축력, **剪斷力** 등이 있고, 이들 하중은 단독으로 작용하는 경우도 있으나 대체로 몇 가지 하중이 조합해서 작용한다. 다만, 전단력은 축이 긴 경우에는 고려하지 않아도 된다. 작용하는 하중에는 동적인 반복하중이나 변동하중인 경우가 많고, 노치부에서는 응력집중이 발생하고 피로파괴에 의한 파손을 고려해야 하나 여기서는 극히 기초적인 사항만을 취급한다.

12-2-1 굽힘 모멘트만이 작용하는 軸

차량의 車軸이 여기에 해당되며, 굽힘 모멘트의 크기는 하중의 종류와 지지방법에 따라 변하지만 위험단면에서의 최대 굽힘응력은 다음 식으로 표시한다.

$$\sigma_b = \frac{M}{Z}, \qquad M = \sigma_b \cdot Z \tag{12·1}$$

여기서

σ_b : 최대 굽힘응력

M: 축에 작용하는 최대굽힘 모멘트

Z : 축단면의 단면계수

(1) 중실축의 경우

중실축의 축지름을 d라고 하면

$$Z = \frac{\pi}{32}d^3, \qquad M = \frac{\pi}{32}d^3\sigma_b$$

$$d = \sqrt[3]{\frac{32M}{\pi\sigma_b}} \fallingdotseq \sqrt[3]{\frac{10.2M}{\sigma_b}} \fallingdotseq 2.17\sqrt[3]{\frac{M}{\sigma_b}} \tag{12·2}$$

(2) 중공축의 경우

바깥 지름을 d_0, 안지름을 d_i, 지름비 $x = \frac{d_i}{d_0}$라고 하면

$$Z = \frac{\pi}{32} \cdot \frac{d_0^4 - d_i^4}{d_0} = \frac{\pi}{32}d_0^3(1 - x^4)$$

$$M = \frac{\pi}{32}d_0^3(1 - x^4)\sigma_b$$

$$d_0 = \sqrt[3]{\frac{32M}{\pi(1 - x^4)\sigma_b}} \fallingdotseq 2.17\sqrt[3]{\frac{M}{(1 - x^4)\sigma_b}} \tag{12·3}$$

12-2-2 비틀림 모멘트만이 작용하는 軸

일반적으로 동력을 전달하는 전동축은 이 경우에 해당되며, 비틀림 모멘트에 의해 생기는 축의 전단응력은 다음 식과 같다.

$$\tau = \frac{T}{Z_p}, \qquad T = \tau \cdot Z_p \tag{12·4}$$

여기서

τ : 축의 전단응력

T : 축의 비틀림 모멘트

Z_p: 축단면의 극단면 계수

(1) 중실축의 경우

$$Z_p = \frac{\pi}{16}d^3, \qquad T = \frac{\pi}{16}d^3 \cdot \tau$$

$$d = \sqrt[3]{\frac{16T}{\pi\tau}} = \sqrt[3]{\frac{5.1T}{\tau}} \fallingdotseq 1.72\sqrt[3]{\frac{T}{\tau}} \tag{12·5}$$

(2) 중공축의 경우

$$Z_p = \frac{\pi}{16} \cdot \frac{d_0^4 - d_i^4}{d_0} = \frac{\pi}{16}d_0^3(1 - x^4)$$

$$T = \frac{\pi}{16}d_0^3(1 - x^4) \cdot \tau$$

$$d_0 = \sqrt[3]{\frac{16T}{\pi(1 - x^4)\tau}} \fallingdotseq 1.72\sqrt[3]{\frac{T}{\tau(1 - x^4)}} \tag{12·6}$$

여기서 전달동력을 H HP 또는 H'kW, 축의 회전속도를 $n$rpm이라고 하면 전달되는 토크는

$$T = 716{,}200\frac{H}{n}\,(\mathrm{kg_f/mm}), \qquad T = 9549\frac{H'}{n}\,(\mathrm{N \cdot m}) \tag{12·7}$$

식 (12·7)을 식 (12·6)에 대입하면

$$d_0 \fallingdotseq 154\sqrt[3]{\frac{H}{\tau(1 - x^4)n}}\,(\mathrm{mm})$$
$$d_0 \fallingdotseq 365\sqrt[3]{\frac{H'}{\tau(1 - x^4)n}}\,(\mathrm{mm}) \tag{12·8}$$

축재료로 많이 사용되고 있는 **軟鋼**인 경우 $\tau = 2.1\,\mathrm{kg_f/mm^2}$로 잡으면

$$d_0 = 120\sqrt[3]{\frac{H}{\tau(1 - x^4)n}}\,(\mathrm{mm}) \tag{12·9}$$

위의 식에서 $x = 0$로 하면 중실축에 대한 식을 얻는다.

지금 중공축과 비틀림 강도가 같은 중실축의 지름을 d라고 하면

$$T = \frac{\pi}{16}d_0^3(1 - x^4)\tau = \frac{\pi}{16}d^3\tau$$

로부터

$$d_0 = \frac{d}{\sqrt[3]{1 - x^4}}, \qquad d_i = \frac{nd}{\sqrt[3]{1 - x^4}} \tag{12·10}$$

이 경우 양축의 중량비 ε_w는

$$\varepsilon_w = \frac{d^2}{d_0^2 - d_i^2} = \frac{(1 - x^4)^{2/3}}{1 - x^2} \tag{12·11}$$

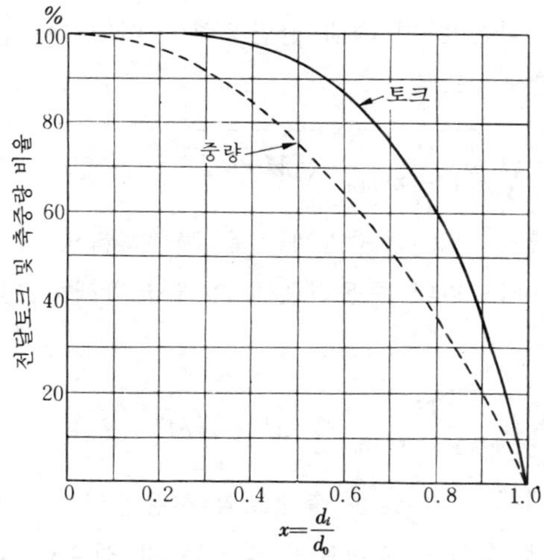

그림 12-1 전달토크 및 축중량의 비율[%]

그림 12-1에 지름비 x가 여러 가지로 변하였을 때, 바깥 지름과 같은 크기를 가진 지름의 중실축과 중공축의 전달토크 및 중량의 비율을 표시한다.

12-2-3 굽힘 모멘트와 비틀림 모멘트가 동시에 작용하는 軸

많은 축은 하중에 의한 굽힘 모멘트와 동력전달에 의한 비틀림 모멘트가 동시에 작용하는 경우가 많다. 축의 어느 단면에 이와 같은 두 가지 모멘트가 작용하면 단면에는 굽힘에 의한 굽힘응력 σ_b와 비틀림 모멘트에 의한 전단응력 τ가 생긴다.

이런 조합응력 상태에서의 Mohr 원에 의한 최대 주응력 및 최대 전단응력은 다음과 같다.

$$\sigma_{\max}=\frac{1}{2}\sigma_b+\frac{1}{2}\sqrt{\sigma_b{}^2+4\tau^2} \tag{12·12}$$

$$\tau_{\max}=\frac{1}{2}\sqrt{\sigma_b{}^2+4\tau^2} \tag{12·13}$$

위의 식에다 $\sigma=\frac{32M}{\pi d^3}$, $\tau=\frac{16T}{\pi d^3}$를 대입하여 정리하면

$$\left.\begin{aligned}\sigma_{\max}&=\frac{32}{\pi d^3}\left\{\frac{1}{2}(M+\sqrt{M^2+T^2}\right\}=\frac{32}{\pi d^3}M_e\\ \tau_{\max}&=\frac{16}{\pi d^3}\left(\sqrt{M^2+T^2}\right)=\frac{16}{\pi d^3}T_e\end{aligned}\right\} \tag{12·14}$$

가 성립되어 $M_e=\frac{1}{2}(M+\sqrt{M^2+T^2})$을 相當굽힘 모멘트(equivalent bending moment), $T_e=\sqrt{M^2+T^2}$을 相當 비틀림 모멘트(equivalent twisting moment)라 한다. 따라서 M_e, T_e를 계산하면 이들이 단독으로 작용한 것으로 생각하여 축의 지름을 계산할 수 있다.

연강과 같은 연성재료의 파손은 그 최대 전단응력이 어떤 값 이상이 되면 일어난다는 최대전단 응력설에 의해서 발생되므로

$$d_0 = \sqrt[3]{\frac{16}{\pi(1-x^4)\tau_a} \cdot \sqrt{M^2+T^2}} \tag{12·15}$$

으로 축의 바깥 지름을 구할 수 있고, 주철과 같은 脆性材料의 파손은 그 최대 주응력이 어느 값 이상이 되면 일어난다는 최대 주응력설에 의해서 발생되므로, 中空軸의 바깥 지름은 다음과 같이 구한다.

$$d_0 = \sqrt[3]{\frac{32}{\pi(1-x^4)\sigma_a} \cdot \frac{1}{2}\left(M+\sqrt{M^2+T^2}\right)} \tag{12·16}$$

식 (12·15)와 (12·16)에서 σ_a와 τ_a는 축재료의 허용응력으로 취하여 축의 지름을 결정해야 한다. 또, 이들 중간에 속하는 축재료의 경우는 각 식으로 축지름을 구하고, 그 중에서 안전을 고려하여 큰 값의 축지름을 취하는 것이 좋다.

12-2-4 굽힘 모멘트와 비틀림 모멘트 및 軸荷重을 동시에 받는 軸

웜 기어축, 선박용 프로펠러축 등은 세 가지 하중을 동시에 받는 축이며, 축하중 P에 의해서 발생되는 축응력 σ_n은 굽힘응력과 마찬가지로 단면에 대해 수직한 방향으로 작용한다. 따라서, 수직응력을 $\sigma_b + \sigma_n$으로 생각하여 최대 주응력 $\sigma_{\max}$은

$$\begin{aligned}\sigma_{\max} &= \frac{1}{2}(\sigma_b+\sigma_n) + \frac{1}{2}\sqrt{(\sigma_b+\sigma_n)^2+4\tau^2} \\ &= \frac{16}{\pi d_0^3(1-x^4)}\left[\left\{M+\frac{Pd_0(1+x^2)}{8}\right\}\right. \\ &\quad \left. + \sqrt{\left\{M+\frac{Pd_0(1+x^2)}{8}\right\}^2+T^2}\ \right]\end{aligned}$$

최대 전단응력 $\tau_{\max}$은

$$\begin{aligned}\tau_{\max} &= \frac{1}{2}\sqrt{(\sigma_b+\sigma_n)^2+4\tau^2} \\ &= \frac{16}{\pi d_0^3(1-x^4)}\sqrt{\left\{M+\frac{Pd_0(1+x^2)}{8}\right\}^2+T^2}\end{aligned}$$

위의 식에서 $\sigma_{\max}$, $\tau_{\max}$은 축재료의 허용응력 σ_a, τ_a로 취하여 축의 지름을 구하면 다음과 같다. 연성재료의 경우

$$d_0 = \sqrt[3]{\frac{16}{\pi(1-x^4)\tau_a}\sqrt{\left\{M+\frac{Pd_0(1+x^2)}{8}\right\}^2+T^2}} \tag{12·17}$$

취성재료의 경우

$$d_0 = \sqrt[3]{\frac{16}{\pi(1-x^4)\sigma_a}\left[\left\{M+\frac{Pd_0(1+x^2)}{8}\right\}+\sqrt{\left\{M+\frac{Pd_0(1+x^2)}{8}\right\}^2+T^2}\right]} \tag{12·18}$$

이들 식을 사용하여 축지름을 구하려면, 처음에는 식 (12·15), (12·16)을 이용해서 대략으로 적당한 값을 구하여 식 (12·17), (12·18)에 대입해서 d_0을 구하고, 다시 이 값을 식의 우변에 대입한다. 이런 과정을 거치면서 대입한 d_0와 구해진 d_0의 값이 거의 일치하면 대체로 타당한 값을 얻을 수 있게 된다.

12-2-5 軸荷重이 壓縮力이고 挫屈現象이 일어나는 軸

축하중이 압축력이고, 베어링 사이의 축의 길이가 클 때는 좌굴에 의한 파손을 고려한 계수를 생각해야 한다. 좌굴 효과계수 k_b는 다음과 같이 細長比 $\lambda=\dfrac{L}{\rho}$에 의해 결정된다.

$$\lambda<110\text{의 경우 } k_b=\frac{1}{1-0.004\lambda\sqrt{m}}$$
$$\lambda>110\text{의 경우 } k_b=\frac{\sigma_{CY}\lambda^2}{\pi^2 mE} \qquad (12\cdot19)$$

여기서

L : 베어링 사이의 축의 길이

ρ : 축단면의 회전 반지름(radius of gyration)이며, 중실축에서는 $\rho=\dfrac{d}{4}$, 중공축에서는 $k=\dfrac{d_0}{4}\sqrt{1+x^2}$이다.

σ_{CY} : 축재료의 압축 항복점

m : 축단의 지지방법에 따라 결정되는 端部係數로

① 볼 베어링과 같이 자유지지에 가까운 경우……$m=1$

② 너비가 있는 미끄럼 베어링으로 지지하는 경우……$m=2.25$

③ 완전 고정지지의 경우……$m=4$

좌굴 효과계수 k_b는 P에 곱함으로써 모든 식에 적용시킬 수 있다.

12-2-6 動荷重을 받는 軸

기계의 축에 작용하는 굽힘 모멘트와 비틀림 모멘트는 일정하지 않고 복잡하게 변동하든지 또는 충격적으로 작용하는 경우가 많다. 또, 축의 어떤 단면은 설치물의 무게나 풀리에 작용하는 벨트의 장력 때문에 회전할 때마다 반복하중을 받게 된다. 따라서, 이런 동적효과를 고려해서 축을 설계해야 하기 때문에 축에 작용하는 굽힘 모멘트 M에 계수 k_m을 비틀림 모멘트 T에 계수 k_t을 각각 곱하여 k_mM, k_tT로 하여 축의 지름을 계산한다. 표 12-1에 동적효과 계수 k_m, k_t의 값을 표시한다.

12-2-7 축지름을 구하는 一般式

모든 계수를 포함하여 중공축의 바깥 지름 d_0를 구하는 식을 표시하면 다음과 같다.

표 12-1 동적효과 계수 k_m, k_t의 값

하 중 의 종 류	회 전 축		정 지 축	
	k_t	k_m	k_t	k_m
정하중 또는 극히 약한 동하중	1.0	1.5	1.0	1.0
심한 변동하중 또는 약한 충격하중	1.0~1.5	1.5~2.0	1.5~2.0	1.5~2.0
격렬한 충격하중	1.5~3.0	2.0~3.0	–	–

연성재료의 경우

$$d_0=\left[\frac{16}{\pi(1-x^4)\tau_a}\sqrt{\left\{k_mM+\frac{d_0(1+x^2)}{8}k_bP\right\}^2+(k_tT)^2}\right]^{\frac{1}{3}} \tag{12·20}$$

취성재료의 경우

$$d_0=\left[\frac{16}{\pi(1-x^4)\sigma_a}\left\{k_mM+\frac{d_0(1+x^2)}{8}k_bP\right\}+\sqrt{\left\{k_mM+\frac{d_0(1+x^2)}{8}k_bP\right\}^2+(k_tT)^2}\right]^{\frac{1}{3}} \tag{12·21}$$

위의 식에서 중실축의 경우에는 $x=0$이고, $d_0=d$가 된다.

일반적으로 많이 사용되는 축재료의 허용응력을 표 12-2에 표시한다.

표 12-2 축재료의 정하중에 대한 허용응력

축 의 재 료	비 틀 림 $\tau_a(\mathrm{kg_f/mm^2})$	굽 힘 $\sigma_a(\mathrm{kg_f/mm^2})$	비틀림과 굽힘 $\tau_a(\mathrm{kg_f/mm^2})$
보통의 압연강(키홈 없음)	5.6	11.2	5.6
보통의 압연강(키홈 있음)	4.2	8.4	4.2
강도를 아는 강	탄성한도의 30% 인장강도의 18% 이하	탄성한도의 60% 인장강도의 36% 이하	탄성한도의 30% 인장강도의 18% 이하

12-2-8 노치가 軸의 강도에 미치는 영향

축에 풀리, 기어 및 플라이휠 등을 부착할 때 키를 사용하게 된다. 축에 키홈을 갖게 되면 단면적을 감소시킬 뿐만 아니라 키홈의 모서리에 응력집중이 생기므로 축의 강도는 현저히 떨어진다. 따라서, 키홈이 있는 축을 설계할 때는 보통 축의 지름에다 키홈의 깊이를 더한 값을 축지름으로 한다.

또, 비틀림 모멘트를 받는 키홈이 있는 축의 설계에 있어서는 축지름이 32 mm~57 mm 범위 내에서는 Moore의 실험식에 의한 비틀림 강도비 β를 사용한다.

$$\beta = \frac{\text{키홈이 있는 축의 강도}}{\text{키홈이 없는 축의 강도}} = 1.0 - 0.2\frac{b}{d} - 1.1\frac{t}{d} \qquad (12 \cdot 22)$$

위의 식에서 구한 β를 허용응력에 곱해서 축지름을 구하면 된다. 대체로 β의 값은 0.64~0.9 범위 내에 있으며, 평균값은 $\beta = 0.75$로 취하면 된다. 그림 **12-2**에 키홈이 있는 축의 각부의 치수가 표시되어 있다.

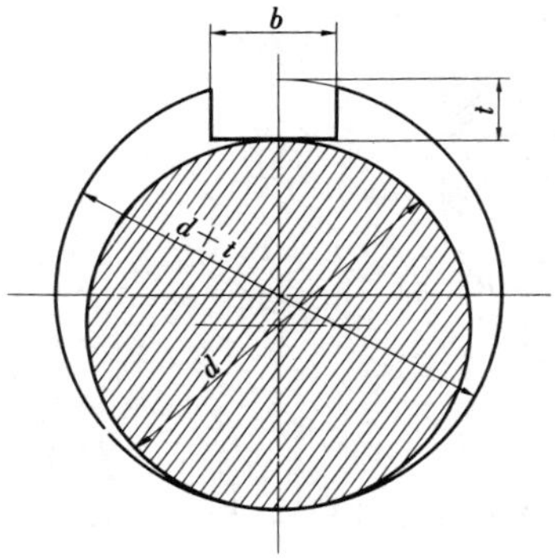

그림 12-2 키홈이 있는 축

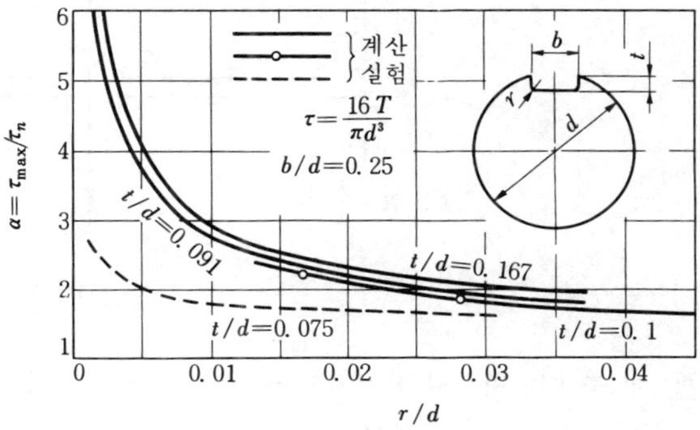

그림 12-3 키홈의 응력집중 계수

그림 **12-3**에서 알 수 있는 바와 같이 키홈의 모서리 부분의 반지름 r는 축의 지름 d의 3% 이상이 되어야만 응력집중의 견지에서 바람직하다.

또, 단붙이축인 경우 지름이 작은 쪽에 그림 **12-4**와 같이 키홈을 가공할 때는 축지름이 큰 쪽의 끝으로부터 $2r$ 이상 떨어진 곳에 가공하는 것이 응력집중을 최대한으로 피할 수 있다.

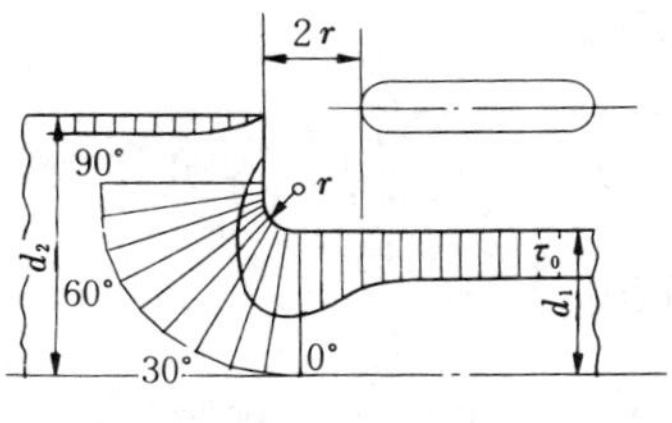

그림 12-4 단붙이축의 응력집중 범위

예제 12-1. 지름이 80 mm인 중실축과 강도가 같고 지름비 $x = \dfrac{d_i}{d_0} = 0.6$이 되는 중공축의 바깥 지름 d_0를 구하라. 이 경우 축의 무게는 몇 % 감소하는가?

풀이 $x = 0.6$에 대해서 식 (12·10)으로부터

$$d_0 = \frac{d}{\sqrt[3]{1-x^4}} = \frac{80}{\sqrt[3]{1-0.6^4}} = \frac{80}{0.955} = 83.8\,\text{mm}$$

중량비 ε_w는 식 (12·11)로부터

$$\varepsilon_w = \frac{(1-x^4)^{\frac{2}{3}}}{1-x^2} = \frac{0.912}{0.64} = \frac{1}{0.702}$$

즉, 70%로 감소한다.

예제 **12-2.** 그림 12-5와 같이 길이 $l = 2\,\text{m}$인 축이 90rpm으로 33kW를 전달한다. 무게 650N의 풀리를 축의 중앙에 붙일 때 이 축의 지름을 구하라. 다만, 축재료는 연강이고 키홈은 무시한다.

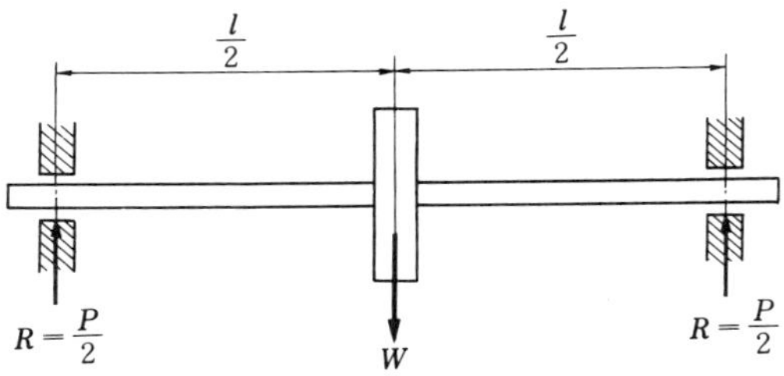

그림 12-5

풀이 이 축에는 비틀림과 굽힘이 동시에 작용한다. 축이 전달하는 비틀림 모멘트, 즉 토크는

$$T = 9549\frac{H}{n} = 9549\frac{33}{90} = 3601\,\text{N}\cdot\text{m}$$

최대굽힘 모멘트는 중앙의 하중점에서 생기며, 그 크기는

$$M = \frac{Wl}{4} = \frac{1}{4} \times 650 \times 2 = 325\,\text{N}\cdot\text{m}$$

축재료가 연강이므로 연성재료로 볼 수 있으며, 허용 전단응력을 35MPa로 본다면 식 (12·14)로부터

$$\tau_a = \frac{16}{\pi d^3}\left(\sqrt{M^2 + T^2}\right)$$

$$d = \sqrt[3]{\frac{16}{\pi \tau_a}\sqrt{M^2 + T^2}} = \sqrt[3]{\frac{16}{\pi \times 35}\sqrt{3601^2 + 325^2}} = 80.7\,\text{mm}$$

축의 지름 $d = 81\,\text{mm}$을 취한다.

예제 **12-3.** 굽힘 모멘트 4800N·m, 비틀림 모멘트 3000N·m을 동시에 받는 축의 지름을 구하라.

풀이 표 12-2로부터 키홈이 없는 경우 허용응력의 값은 각각 $\sigma_a = 112\,\text{MPa}$, $\tau_a = 56\,\text{MPa}$이다.

상당 비틀림 모멘트 T_e는

$$T_e = \sqrt{M^2 + T^2} = \sqrt{4800^2 + 3000^2} = 5660\,\text{N}\cdot\text{m}$$

$$d = 1.72\sqrt[3]{\frac{5660}{56}} = 80.12\,\text{mm}$$

상당 굽힘 모멘트 M_e는

$$M_e = \frac{1}{2}\left(M + \sqrt{M^2 + T^2}\right) = \frac{1}{2}(4800 + 5660) = 6230\,\text{N}\cdot\text{m}$$

$$d = 2.17\sqrt[3]{\frac{6230}{112}} = 82.8\,\text{mm}$$

따라서, 큰 쪽이 안전하므로 축의 지름 $d = 83$mm로 한다.

예제 12-4. 그림 12-6과 같이 2.2W, 1750rpm의 모터에 직결되는 歯車 감속장치에 65 kg_f의 하중이 걸린다. 축의 재료는 연강으로 인장강도 55kg_f/mm^{2}이다. 축의 지름을 설계하라.

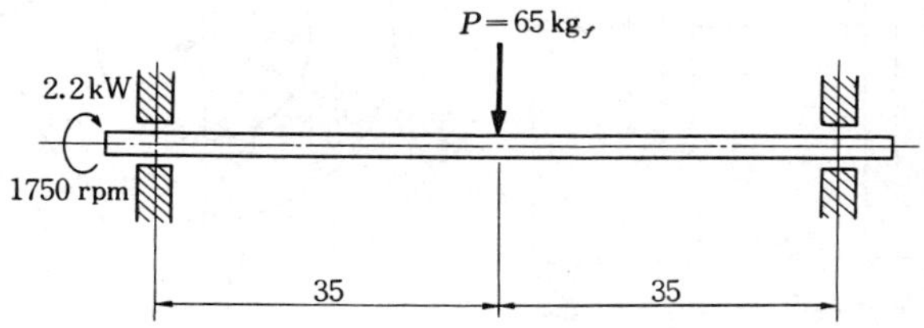

그림 12-6

풀이〉 축에 작용하는 회전토크 T는

$$T = 974{,}000 \times \frac{H'}{n} = 974{,}000 \times \frac{2.2}{1750} = 1224.5\,kg_f \cdot \text{mm}$$

이고, 최대굽힘 모멘트 M은

$$M = \frac{Pl}{4} = \frac{65 \times 70}{4} = 1138\,kg_f \cdot \text{mm}$$

치차 감속장치는 변동하중을 받으므로 표 12-1로부터 동적효과 계수는 $k_m = 2.0$, $k_t = 1.5$를 취한다. 표 12-2로부터 허용 비틀림 응력 τ_a'는

$$\tau_a' = 55 \times 0.18 = 9.9\,kg_f/\text{mm}^2$$

이고, 키홈에 의한 비틀림 강도비 $\beta = 0.75$로 하면 축지름을 구하기 위한 허용 비틀림 응력 τ_a는

$$\tau_a = 9.9 \times 0.75 = 7.4\,kg_f/\text{mm}^2$$

식 (12·20)에 대입해서

$$d = \left\{\frac{16}{\pi\tau_a}\sqrt{(k_m M)^2 + (k_t T)^2}\right\}^{\frac{1}{3}}$$

$$= \left\{\frac{16}{\pi \times 7.4}\sqrt{(2 \times 1138)^2 + (1.5 \times 1224.5)^2}\right\}^{\frac{1}{3}} = 12.6\,\text{mm}$$

축의 지름은 $d = 13$mm로 정한다.

예제 12-5. 그림 12-7과 같은 치차 감속장치의 중간축이 驅動軸으로부터 10HP의 동력을 받아 300rpm으로 회전한다. 평치차 이의 압력각을 20°라 하고, 축재료의 인장강도는 55kg_f/mm^{2}로 연강이다. 중간축에 부착된 B, C 치차의 피치원 지름은 각각 150mm, 450mm이고, 각 치차는 묻힘키로 축에 고정되고 치차에는 가벼운 충격하중이 작용한 것

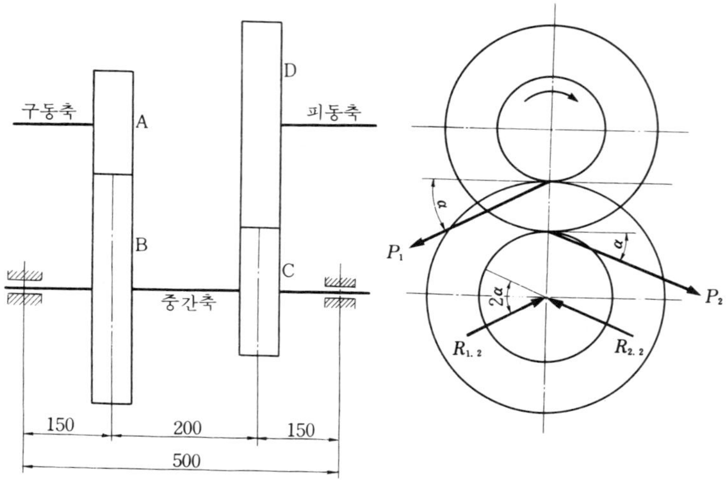

그림 12-7 치차 감속장치

으로 본다. 중간축의 지름을 구하라.

풀이 축에 작용하는 비틀림 모멘트 T는 식 (12·7)로부터

$$T = 716{,}200\frac{H}{n} = 716{,}200 \times \frac{10}{300} \fallingdotseq 23{,}900\,\mathrm{kg}_f\cdot\mathrm{mm}$$

B 치차에 작용하는 힘 P_1은 압력각이 20°이므로

$$P_1 = \frac{2T}{D_1\cos\alpha} = \frac{2\times 23{,}900}{450\times\cos 20^\circ} = 113\,\mathrm{kg}_f$$

C 치차에 작용하는 힘 P_2는 같은 방법으로

$$P_2 = \frac{2T}{D_2\cos\alpha} = \frac{2\times 23{,}900}{150\times\cos 20^\circ} = 339\,\mathrm{kg}_f$$

이 P_1과 P_2에 의한 굽힘 모멘트를 각각 계산하고 그 합성 모멘트를 구한다. 즉, P_1에 의한 反力 : 왼쪽 지점에 대하여

$$R_{1.1} = \frac{113\times 350}{500} = 79\,\mathrm{kg}_f$$

오른쪽 지점에 대하여

$$R_{1.2} = 113 - 79 = 34\,\mathrm{kg}_f$$

P_2에 의한 반력 : 왼쪽 지점에 대하여

$$R_{2.1} = \frac{339\times 150}{500} = 102\,\mathrm{kg}_f$$

오른쪽 지점에 대하여

$$R_{2.2} = 339 - 102 = 237\,\mathrm{kg}_f$$

B 단면에 작용하는 굽힘 모멘트 M_B는

P_1에 의하여……$M_{B.1} = R_{1.1}\times 150 = 11{,}850\,\mathrm{kg}_f\cdot\mathrm{mm}$

P_2에 의하여……$M_{B.2} = R_{2.1} \times 150 = 102 \times 150 = 15,300\,\mathrm{kg_f \cdot mm}$

따라서, 합성 모멘트 M_B는 코사인 법칙에 의하여

$$M_B = \sqrt{M_{B.1}^2 + M_{B.2}^2 - 2M_{B.1} \cdot M_{B.2}\cos 2\alpha}$$

$$= \sqrt{11,850^2 + 15,300^2 - 2 \times 11,850 \times 15,300 \times \cos 40°} \fallingdotseq 9840\,\mathrm{kg_f \cdot mm}$$

C단면에 작용하는 굽힘 모멘트 M_C

P_1에 의하여……$M_{C.1} = R_{1.2} \times 150 = 34 \times 150 = 5100\,\mathrm{kg_f \cdot mm}$

P_2에 의하여……$M_{C.2} = R_{2.2} \times 150 = 237 \times 150 = 35,600\,\mathrm{kg_f \cdot mm}$

따라서, 합성 모멘트 M_C는 마찬가지로

$$M_C = \sqrt{M_{C.1}^2 + M_{C.2}^2 - 2M_{C.1} \cdot M_{C.2}\cos 2\alpha}$$

$$= \sqrt{5100^2 + 35,600^2 - 2 \times 5100 \times 35,600 \times \cos 40°} \fallingdotseq 31,900\,\mathrm{kg_f \cdot mm}$$

그러므로 중간축의 최대굽힘 모멘트는 C단면에 작용하고 그 값은 $M = 31,900\,\mathrm{kg_f \cdot mm}$이다. 인장강도는 $55\,\mathrm{kg_f/mm^2}$이고 비틀림 강도비 $\beta = 0.75$를 고려하면 허용 전단응력 τ_a는

$$\tau_a = 55 \times 0.18 \times 0.75 = 7.4\,\mathrm{kg_f/mm^2}$$

표 12-1에서 동적효과 계수는 각각 $k_m = 2.0$, $k_t = 1.5$로 하면

$$d = \left\{\frac{16}{\pi\tau_a}\sqrt{(k_m M)^2 + (k_t T)^2}\right\}^{\frac{1}{3}}$$

$$= \left\{\frac{16}{\pi \times 7.4}\sqrt{(2.0 \times 31,900)^2 + (1.5 \times 23,900)^2}\right\}^{\frac{1}{3}} \fallingdotseq 36.9\,\mathrm{mm}$$

축의 지름 $d = 37\,\mathrm{mm}$로 한다.

12-3 축의 剛性設計

12-3-1 비틀림 剛性

傳動軸에 비틀림 모멘트가 작용하면 축에는 비틀림각만큼 비틀려진다. 이 값이 너무 크면 비틀림 진동으로 축이 쉽게 파손되므로 비틀림각에는 어떤 제한을 둔다. l만큼 떨어진 두 단면 사이의 비틀림각 $\theta\,\mathrm{rad}$는 다음과 같은 식으로 구해진다.

$$\theta = \frac{32}{\pi d^4} \cdot \frac{Tl}{G} \qquad (12 \cdot 23)$$

여기서

d : 축의 지름

T : 비틀림 모멘트

G : 재료의 가로 탄성계수

이 θrad 을 각도로 표시한 것을 θ°라고 하면, 식 (12·23)은

$$\theta^{\circ} = \frac{32}{\pi d^4} \cdot \frac{Tl}{G} \cdot \frac{180}{\pi} \fallingdotseq \frac{583.6\,Tl}{Gd^4} \qquad (12 \cdot 24)$$

일반적으로 전동축의 비틀림각은 축의 길이 $l = 1\,\mathrm{m}$에 대해 0.25° 이하가 되도록 제한하고 있다.

따라서, 식 (12·24)에 $\theta^{\circ}/l = 0.25/1000$, $T = 716{,}200 \times \dfrac{H}{n}$를, $G = 8300\,\mathrm{kg}_f/\mathrm{mm}^2$를 대입하여 축의 지름을 구하면

$$d = 120\sqrt[4]{\frac{H}{n}} \qquad (12 \cdot 25)$$

로 된다.

중공축의 경우에는 식 (12·25)는 다음과 같다.

$$d_0 = 120\sqrt[4]{\frac{H}{(1-x^4)n}} \qquad (12 \cdot 26)$$

n rpm으로 H HP를 전달하는 연강제 中實軸을 설계하는 경우, 剪斷強度를 고려한 축지름의 식 (12·9)와 비틀림 剛性을 고려한 축지름의 식 (12·26)을 그림 **12-8**에 표시하였다. 일반적으로 사용되고 있는 $\dfrac{H}{n} < 1$인 경우에는 강성에 의한 축의 지름이 더 큰 것을 알 수 있다. 이와 같이 일반적인 사용조건에서는 비틀림 강성이 충분한 축은 전단강도에는 충분하므로, 축을 설계할 때는 먼저 강성에 대해서 설계하고, 다음에 강도를 검토하는 것이 바람직하다.

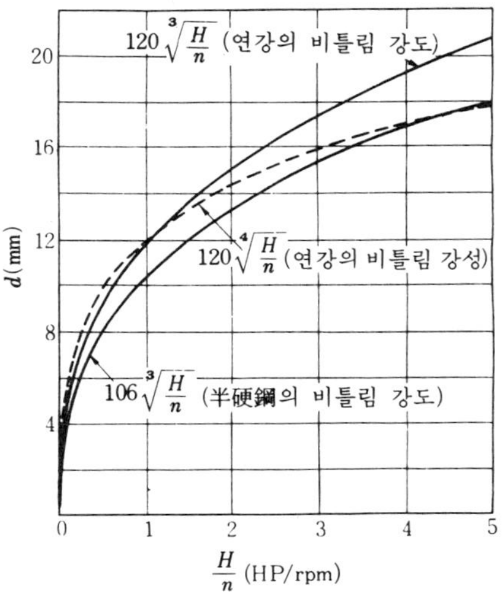

그림 12-8 축지름의 비교

그림 **12-9**와 같이 단면이 다른 단붙이축의 경우에는 균일한 지름을 가진 **等價軸**(equivalent shaft)으로 고칠 필요가 있다. 그림에서 비틀림 모멘트 T를 받는 경우 비틀림각은 다음 식으로 구해진다.

$$\theta = \frac{32Tl_1}{\pi d_1^4 G} + \frac{32Tl_2}{\pi d_2^4 G} + \cdots\cdots \frac{32Tl_n}{\pi d_n^4 G}$$

$$= \frac{32T}{\pi d_1^4 G}\left(l_1 + \frac{d_1^4}{d_2^4} l_2 \cdots\cdots + \frac{d_1^4}{d_n^4} l_n\right) \tag{12·27}$$

지금 위의 식에서

$$l = l_1 + \frac{d_1^4}{d_2^4} l_2 \cdots\cdots \frac{d_1^4}{d_n^4} l_n \tag{12·28}$$

으로 놓으면

$$\theta = \frac{32Tl}{\pi d_1^4 G} \tag{12·29}$$

위의 식은 길이 l이고, 지름 d_1의 균일단면을 가진 둥근축에 대한 비틀림각을 구하는 공식이다. 식 (12·28)로 구해지는 길이 l을 가진 지름 d_1의 둥근축은 많은 단을 가진 그림 **12-9**와 같은 축의 **等價軸**으로 볼 수 있다.

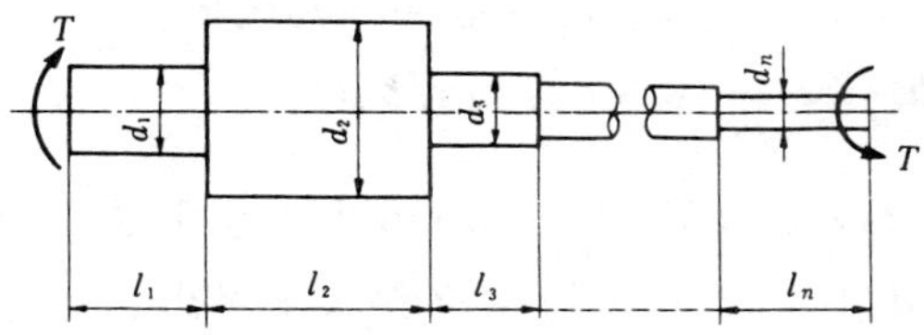

그림 12-9 비틀림을 받는 단붙이축

12-3-2 굽힘剛性

축이 굽힘 모멘트를 받으면 축의 중심선은 최초의 위치에서 처진다. 축에 생기는 굽힘응력이 허용응력 이하라도 처짐량이 어느 정도 커지면 베어링 내의 압력의 불균일, 기어의 이 물림이 나빠지고 벨트의 장력이 감소하여 동력전달이 좋지 않으므로 축의 처짐에 어느 정도 제한을 주어 축을 설계해야 한다.

지금 베어링간 거리 l인 축의 중앙에 집중하중 P가 작용할 때 최대처짐 δ와 처짐각 β는

$$\delta = \frac{Pl^3}{48EI}, \qquad \beta = \frac{Pl^2}{16EI}$$

로 표시되고 두 식으로부터

$$\frac{\delta}{\beta} = \frac{l}{3} \tag{12·30}$$

의 관계를 얻는다. 일반적인 傳動軸에서는 축의 최대 처짐각이 $\frac{1}{1000}$rad 이하가 되도록 하고 있다. 이 처짐각의 제한값을 식 (12·30)에 대입하면

$$\delta = \beta \cdot \frac{l}{3} \leqq \frac{l}{3000} \tag{12·31}$$

즉, 축의 길이 1m에 대해

$$\delta \leqq \frac{1000}{3000} = 0.33\,\text{mm/m} \tag{12·32}$$

로 제한하게 된다.

이 처짐의 제한은 여러 가지 사용목적에 따라 다르나 몇 가지 보기를 들면 다음과 같다.

공장 전동축(벨트구동) $\delta \leqq 0.35\,\text{mm/m}$

일반 전동축

  균일 분포하중 $\delta \leqq 0.30\,\text{mm/m}$

  중앙 집중하중 $\delta \leqq 0.33\,\text{mm/m}$

터빈축

  원통형 로터축 $\delta \leqq 0.026 \sim 0.128\,\text{mm/m}$

  원판형 로터축 $\delta \leqq 0.128 \sim 0.165\,\text{mm/m}$

  선반주축(주축단에서) $\delta \leqq 0.05 \sim 0.2\,\text{mm}/100\,\text{kg}_f$

  치차축(이 너비 $= b$) $\delta \leqq 0.05\,\text{mm}/b\,\text{cm}$

예제 12-6. 300rpm로 회전하고 있는 지름 50mm의 연강제 중실축으로 비틀림각을 1m에 대해 0.2°까지 허용한다면 전달할 수 있는 동력은 몇 kW인가?

풀이 식 (12·24)로부터 $\theta° = \frac{583.6Tl}{Gd^4}$이므로, 또 $T = 9549\frac{H'}{n}$이므로 이들 식에 $G = 83{,}000\,\text{MPa}$를 대입하여 정리하면

$$\theta° = \frac{583.6l}{83{,}000 \times d^4} \times 9549 \times 10^3 \frac{H'}{n} = 67{,}142\frac{H'l}{d^4 n}$$

따라서

$$H' = \frac{d^4 n\theta°}{67{,}142l} = \frac{50^4 \times 300 \times 0.2}{67{,}142 \times 1000} = 5.59\,\text{kW}$$

예제 12-7. 그림 12-10에서 벨트 풀리 1에 500HP가 주어져 벨트 풀리 2에 200HP, 벨트 풀리 3에 300HP가 전달된다. 축의 양부분의 최대응력이 같아지도록 하려면 지름 d_1, d_2의 비는 어떻게 되어야 하는가? 또, 양부분의 비틀림각의 비도 구하라.

풀이 벨트 풀리 1, 2, 3에 가해지는 토크를 T_1, T_2, T_3라 한다. 벨트 풀리 1, 2 사이의 축은 풀리 1로부터 2로, T_2를 또 풀리 1로부터 3으로 T_3을 전달하므로 $T_1 = T_2 + T_3$의 토크를 전달한다. 따라서, 풀리 2, 3 사이의 축은 풀리 3에 토크 T_3만을 전달하면 된다. 그러므로

$$T_1 = \frac{\pi}{16} d_1^3 \tau, \qquad T_3 = \frac{\pi}{16} d_2^3 \tau$$

이것으로부터

$$\frac{T_1}{T_3} = \left(\frac{d_1}{d_2}\right)^3$$

양축은 같은 회전이므로

$$\left(\frac{d_1}{d_2}\right)^3 = \frac{500}{300} \qquad \therefore \frac{d_1}{d_2} = \sqrt[3]{\frac{5}{3}}$$

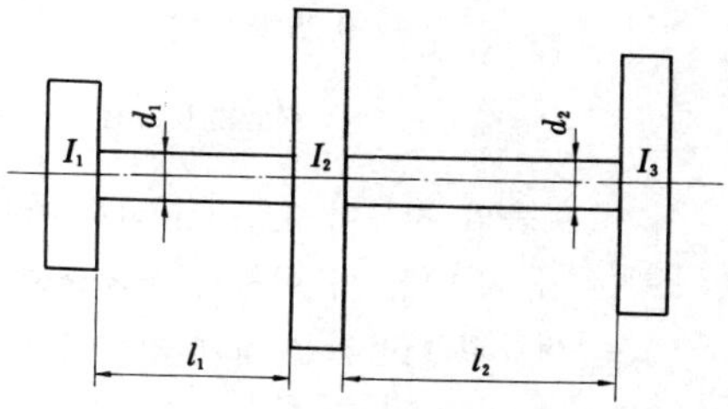

그림 12-10

다음은 단위 길이마다의 비틀림각의 비는 각각 축의 비틀림각을 θ_1', θ_2'라고 하면

$$T_1 = \frac{\pi}{32} d_1^4 G\theta'_1$$

$$T_3 = \frac{\pi}{32} d_2^4 G\theta'_2$$

이므로

$$\frac{T_1}{T_3} = \left(\frac{d_1}{d_2}\right)^4 \frac{\theta_1'}{\theta_2'}$$

$\left(\frac{d_1}{d_2}\right)^3 = \frac{T_1}{T_3}$ 이므로

$$\frac{\theta_1'}{\theta_2'} = \frac{d_2}{d_1} = \sqrt[3]{\frac{3}{5}}$$

축의 온길이에 대한 비틀림각을 θ_1, θ_2라고 하면

$$\frac{\theta_1}{\theta_2} = \sqrt[3]{\frac{3}{5}} \cdot \frac{l_1}{l_2}$$

예제 12-8. 비틀림 강도로부터 구해진 지름과 비틀림각의 제한과의 관계를 검토하라.

풀이 지름 d인 전동축의 최대 비틀림 강도 T는

$$T = \frac{\pi}{16} d^3 \tau$$

이 T가 작용할 때의 비틀림각 θ는

$$\theta = \frac{32}{\pi d^4} \frac{Tl}{G} \ \text{(rad)}$$

이것을 각도로 표시하면

$$\theta^\circ = \frac{180}{\pi} \times \theta = \frac{180}{\pi} \cdot \frac{32}{\pi d^4} \cdot \frac{l}{G} \cdot \frac{\pi}{16} d^3 \tau$$

$$\therefore \theta^\circ = \frac{180}{\pi} \cdot \frac{2l\tau}{Gd}$$

축의 재료를 연강으로 한다면 $\tau = 4\,\text{kg}_f/\text{mm}^2$, $G = 8300\,\text{kg}_f/\text{mm}^2$를 취하여

$$\theta^\circ = \frac{180}{\pi} \times \frac{2 \times l \times 4}{8300\,d} = 0.0553 \frac{l}{d}$$

$\theta^\circ \leqq 0.25^\circ/\text{m}$로 제한하여 이것을 위의 식에 대입하면

$$0.25° \geqq 0.0553 \times \frac{1000}{d}$$

$$\therefore d \geqq 221 \text{ mm}$$

축의 지름이 221mm 이상이면 최대 비틀림 모멘트가 작용해도 비틀림각은 위의 제한값 이하가 되지만, 이 이하의 축지름에서는 비틀림각이 제한값보다 크게 된다. 따라서, G가 큰 재료로 써 τ의 허용값을 작게 잡아서 축지름을 결정해야 한다.

12-4 축의 振動

회전축에서는 伸縮에 의한 세로진동(longitudinal vibration), 처짐에 의한 가로진동(transverse vibration), 비틀림에 의한 비틀림 진동(torsional vibration)이 고려되나, 세로진동에 대해서는 위험성이 크지 않으므로 주로 가로진동과 비틀림 진동을 고려한다.

축은 비틀림이나 처짐이 커지면 축재료가 탄성체이므로 이것을 회복하려는 에너지가 발생하고, 이 에너지는 운동 에너지로 되어 축의 원형을 중심으로 변형을 교대로 반복하게 된다. 특히, 이 변화의 주기인 축 자체의 비틀림 또는 가로진동의 고유 진동주기와 축의 회전수가 일치하면, 진폭은 점차로 증대하여 共振現象을 일으켜서 결국에는 축의 탄성한도를 초과하여 파손한다. 이와 같은 축의 고유 진동수에 해당되는 회전속도를 **危險速度**(critical speed)라고 한다.

예를 들어, 기통수가 작은 크랭크축은 베어링간 거리가 짧으므로 가로진동을 고려할 필요가 없고, 왕복운동 부분의 慣性力 변화로부터 오는 주기적인 비틀림 모멘트의 변화에 대한 비틀림 진동을 고려해야 한다.

또 송풍기, 압축기, 터빈, 펌프 등은 베어링간 거리가 커서 회전자의 무게와 축의 自重에 의한 처짐이 크게 되므로 가로진동을 검토하여야 한다. 이 경우 재료의 불균형, 가공, 조립의 정밀도 불량 등이 축심과 중심의 불일치로 원심력이 생겨 진동의 원인이 된다.

회전축은 일반적으로 제1, 제2, 제3차와 같은 다수의 위험속도를 갖고 있다. 기계의 상용회전수는 항상 제 1 차 위험속도로부터 상하로 ±20% 이상 떨어지도록 정해야 한다.

12-4-1 비틀림 振動

위험속도는 일반적으로 축의 재료, 지름, 베어링간 거리, 축에 가해지는 하중의 종류, 하중의 크기 등에 의하여 달라지나, 축에 작용하는 비틀림 모멘트의 변동주기가 축의 고유 진동주기와 일치하면 共振이 일어나고 비틀림의 위험속도 n_c가 발생한다. 축의 원진동수 ω는 $\omega = 2\pi n_c \cdot \frac{1}{60}$(rad/sec)이므로

$$n_c = \frac{60\omega}{2\pi} = \frac{30}{\pi}\omega(\text{rpm}) \qquad (12 \cdot 33)$$

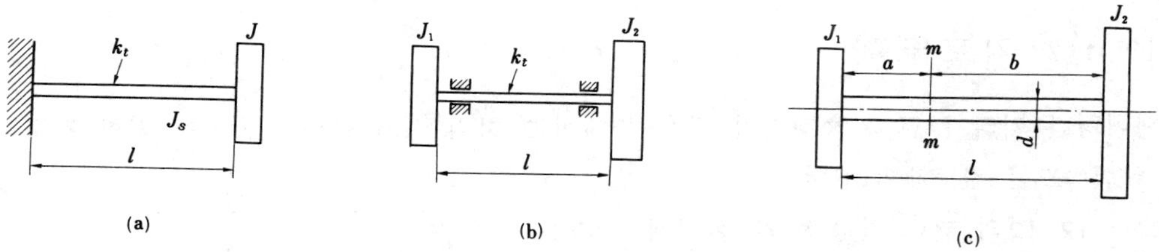

그림 12-11 비틀림 진동계

그림 12-11(a)에서 축의 비틀림 스프링 상수 k_t는

$$k_t = \frac{T}{\theta} = \frac{GI_p}{l} = \frac{G\pi d^4}{32\,l} \tag{12·34}$$

이고, I_p는 축단면의 극관성 모멘트로 $I_p = \dfrac{\pi d^4}{32}$ 이다.

$$\omega = \sqrt{\frac{k_t}{J}} = \sqrt{\frac{GI_p}{Jl}}$$

$$n_c = \frac{30}{\pi}\sqrt{\frac{GI_p}{Jl}} = \frac{30}{\pi}\sqrt{\frac{G\pi d^4}{32\,lJ}} \tag{12·35}$$

여기서 J는 회전체의 질량 극관성 모멘트이다.

축의 질량 극관성 모멘트 J_s를 고려하면

$$n_c = \frac{30}{\pi}\sqrt{\frac{GI_p}{(J+J_s/3)l}} \tag{12·36}$$

그림 12-11(b)와 같이 2개의 회전체가 서로 반대방향으로 비틀림 모멘트가 가해지면

$$n_c = \frac{30}{\pi}\sqrt{\frac{GI_p}{l}\cdot\frac{J_1+J_2}{J_1\,J_2}} \tag{12·37}$$

회전체의 지름 D, 두께 h, 밀도 γ, 온무게가 W인 원판의 질량 극관성 모멘트는 다음과 같다.

$$J_1 = \frac{mD^2}{8} = \frac{\pi D^4 h\gamma}{32\,g} = \frac{WD^2}{8\,g} \tag{12·38}$$

그림 12-11(c)에서 $\dfrac{a}{b} = \dfrac{J_1}{J_2}$인 단면 m-m에서는 진동이 전혀 없는데 이 곳을 마디(node)라고 한다.

12-4-2 가로振動

베어링간 거리가 크고 축지름이 작은 축에서는 처짐이 커지므로, 굽힘에 의한 가로진동의 위험속도를 검토해야 한다.

그림 12-12와 같이 질량 m인 회전체를 가진 축이 각속도 ω로 회전하여 δ의 처짐이 생겼다면 원심력 F는

$$F = m(\delta + e)\omega^2$$

으로 표시된다. 한편, 이 F에 의하여 δ의 처짐을 일으켜 평형되어 있으므로, 훅의 법칙에 의하여 $F = k\delta$이고

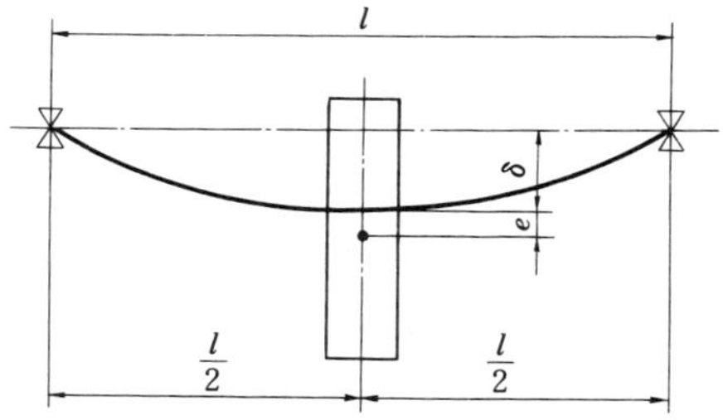

그림 12-12　가로 진동계

$$m(\delta + e)\omega^2 = k\delta$$

$$\delta = \frac{m\omega^2 e}{k - m\omega^2} = \frac{e}{\dfrac{k}{m_c\omega^2} - 1}$$

여기서 $e \fallingdotseq 0$, $k = m\omega^2$일 때 처짐 δ는 무한대가 되므로, 이 때의 각속도를 ω_c라고 하면 이것이 위험속도가 된다.

$$k = m\omega_c^2, \qquad \omega_c = \sqrt{\frac{k}{m}} \tag{12·39}$$

회전체의 무게를 W라고 하면 $W = mg$, W에 의한 처짐을 δ라고 하면 $W = k\delta$이므로 $mg = k\delta$이고, $k = \dfrac{mg}{\delta}$가 성립되므로

$$\omega_c = \sqrt{\frac{k}{m}} = \sqrt{\frac{g}{\delta}} \tag{12·40}$$

위험속도 n_c rpm으로 고쳐 쓰면

$$n_c = \frac{60}{2\pi} \cdot \omega_c = \frac{30}{\pi}\sqrt{\frac{k}{m}} = \frac{30}{\pi}\sqrt{\frac{g}{\delta}} \tag{12·41}$$

다음에 가로진동에 대한 몇 가지 보기를 소개한다.

(1) 축이 양단에서 자유로이 지지되고 1개의 집중하중을 받을 때(자중무시), 그림 12-13(a)에서

$$n_c = \frac{30}{\pi}\sqrt{\frac{3EI(a+b)g}{Wa^2b^2}} \tag{12·42}$$

(2) 양단이 고정보와 같이 지지되고 1개의 집중하중을 받을 때(자중무시), 그림 12-13(b)에서

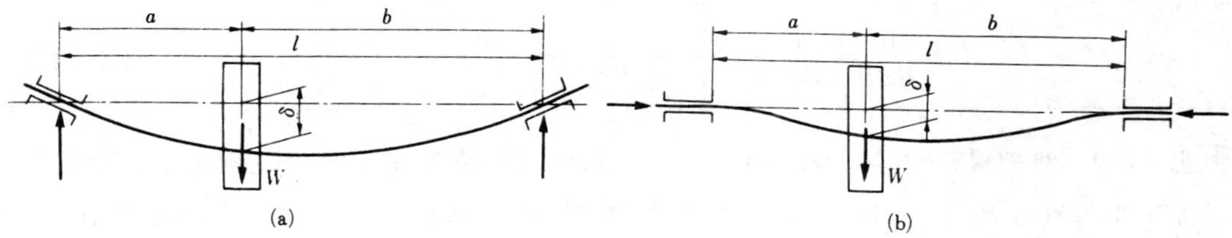

그림 12-13 축의 위험속도

$$n_c = \frac{30}{\pi}\sqrt{\frac{3EI(a+b)^3 g}{Wa^3b^3}} \qquad (12 \cdot 43)$$

(3) 균등 분포하중을 받고 양단이 자유로이 지지된 축(자중고려), 축의 단위 길이마다의 무게를 w라고 하면

$$n_c = \frac{30}{\pi}\cdot\frac{\pi^2}{l^2}\cdot\sqrt{\frac{EIg}{w}} \qquad (12 \cdot 44)$$

(4) 균등 분포하중을 받고 양단이 회전축 방향으로 지지되는 축(자중고려)

$$n_c = \frac{30}{\pi}\cdot\frac{22.4}{l^2}\cdot\sqrt{\frac{EIg}{w}} \qquad (12 \cdot 45)$$

(5) 여러 개의 회전체를 가지고 양단이 자유로이 지지되고 있는 축(축의 자중무시)

회전체의 무게를 W_1, W_2, W_3…… 라고 하면, 회전체의 설치위치에서 축의 정적처짐을 각각 δ_1, δ_2, δ_3…… 라고 했을 때(그림 12-14)

$$n_c = \frac{30}{\pi}\sqrt{\frac{g(W_1\delta_1 + W_2\delta_2 + W_3\delta_3 \cdots\cdots)}{(W_1\delta_1^2 + W_2\delta_2^2 + W_3\delta_3^2 \cdots\cdots)}} \qquad (12 \cdot 46)$$

단면이 불균일한 축에 대해서도 식 (12·46)을 적용할 수 있다. 단면이 균일한 부분을 1개의 회전체로 보고, 각 부분의 하중점에서의 처짐을 δ_i로 취급하여 위험속도를 구한다.

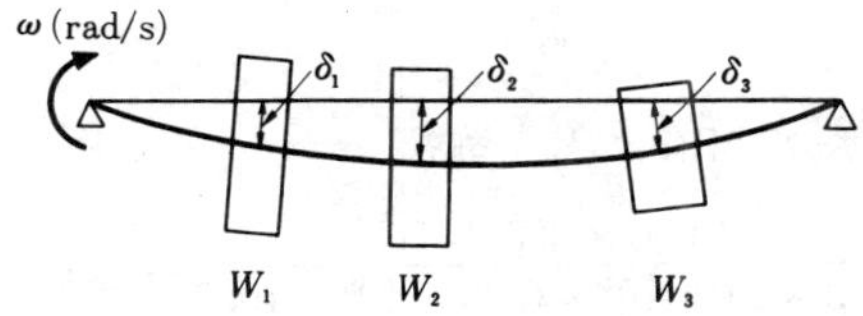

그림 12-14 여러 회전체를 갖는 축의 가로진동

(6) 덩컬레이의 식(Dunkerley's equation)

여러 개의 회전체가 고정된 축의 가로진동을 구하기 위하여 각 회전체의 무게 W_1, W_2, W_3…… 를 단독으로 붙였을 때의 위험속도를 n_1, n_2, n_3…… 라 하고, 축 자체의 위험속도를 n_0라고 하면 다음과 같은 위험속도의 실험식을 얻을 수 있다.

$$\frac{1}{n_c^2}=\frac{1}{n_0^2}+\frac{1}{n_1^2}+\frac{1}{n_2^2}\cdots\cdots \qquad (12\cdot 47)$$

예제 12-9. 베어링간 거리 500mm, 축지름 50mm인 축의 중앙에 집중하중 500N의 회전체가 설치되어 있다. 축의 자중을 무시할 때 이 축의 제1 위험속도를 구하라. 다만, $E=$ 210GPa이다.

풀이〉 축의 양단이 단순지지로 본다면 축단면의 관성 모멘트 I는

$$I=\frac{\pi d^4}{64}=\frac{\pi\times 50^4}{64}=306{,}641\,\text{mm}^4$$

처짐 δ는

$$\delta=\frac{Wl^3}{48EI}=\frac{500\times 500^3}{48\times 210{,}000\times 306{,}641}=0.02\,\text{mm}$$

식 (12·41)로부터

$$n_c=\frac{30}{\pi}\sqrt{\frac{g}{\delta}}=\frac{30}{\pi}\sqrt{\frac{9800}{0.02}}=6685\,\text{rpm}$$

예제 12-10. 지름 60mm의 축이 있다. 베어링간 거리를 1m로, 한쪽 베어링으로부터 0.3 m의 위치에 600N의 집중하중이 작용하고 있다. 이 축의 위험속도를 구하라.

풀이〉 자중만을 생각할 때의 위험속도를 n_0라고 하면 축의 단면에 대한 관성 모멘트 I는

$$I=\frac{\pi}{64}d^4=\frac{\pi}{64}\times 60^4=6.36\times 10^5\,\text{mm}^4$$

축의 단위 길이에 대한 무게 w는 축재료의 비중량을 $77\times 10^{-6}\text{N/mm}^3$라고 하면

$$w=\frac{\pi}{4}d^2\times 77\times 10^{-6}=\frac{\pi}{4}\times 60^2\times 77\times 10^{-6}=22\times 10^{-2}\,\text{N/mm}$$

따라서

$$n_0=\frac{30\pi}{l^2}\sqrt{\frac{EIg}{w}}=\frac{30\pi}{1000^2}\sqrt{\frac{21\times 10^4\times 6.36\times 10^5\times 9800}{22\times 10^{-2}}}$$
$$=7270\,\text{rpm}$$

다음에 집중하중에 의한 축의 처짐 δ를 구하면

$$\delta=\frac{Wl_1^2 l_2^2}{3EIl}=\frac{600\times 300^2\times 700^2}{3\times 21\times 10^4\times 6.36\times 10^5\times 1000}=0.066\,\text{mm}$$

집중하중만의 위험속도 n_1은

$$n_1=\frac{30}{\pi}\sqrt{\frac{g}{\delta}}=\frac{30}{\pi}\sqrt{\frac{9800}{0.066}}=3680\,\text{rpm}$$

축 전체의 위험속도 n_c는

$$\frac{1}{n_c^2}=\frac{1}{n_0^2}+\frac{1}{n_1^2}=\frac{1}{7270^2}+\frac{1}{3680^2}=1.9\times 10^{-8}+7.4\times 10^{-8}=9.3\times 10^{-8}$$

$$n_c = \sqrt{\frac{10^8}{9.3}} = 3279\,\text{rpm}$$

예제 12-11. 그림 12-15와 같은 鋼製軸으로 위험속도를 150 rpm 이상으로 하려면 축지름을 얼마로 설계해야 하는가?

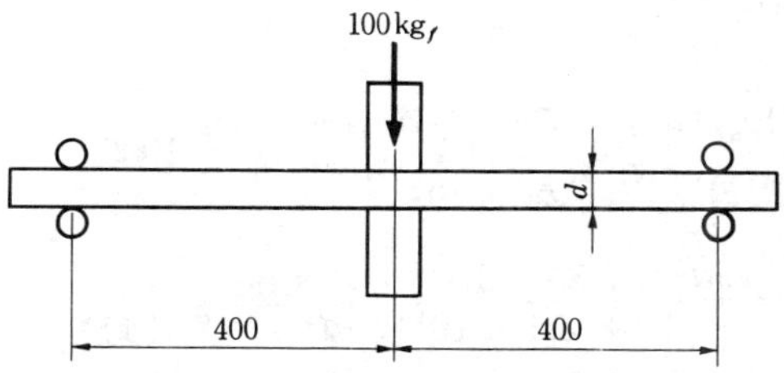

그림 12-15

풀이 하중점의 처짐 δ는

$$\delta = \frac{Wl^3}{48EI} = \frac{100 \times 800^3}{48 \times 21,000 \times \dfrac{\pi}{64} d^4} = \frac{1,034,759.8}{d^4}$$

식 (12·41)로부터

$$150 = \frac{30}{\pi}\sqrt{\frac{9800\,d^4}{1,034,759.8}} = 0.92915\,d^2$$

$$d = 12.7\,\text{mm}$$

12-5 베어링간 거리(Bearing span)

베어링 사이의 축의 길이, 즉 베어링간 거리는 되도록 긴 것이 설비하는 데 경제적이나 축의 경사 또는 처짐 등이 크게 되므로 제한을 받는다. 반대로 베어링간 거리를 작게 하면 축의 처짐이 작아져서 좋으나 베어링수가 많아지므로 가공의 어려움이 있다.

12-5-1 굽힘강성을 고려한 베어링간 거리

傳動軸에는 베어링 사이에 몇 개의 하중이 걸리는 경우가 많으므로, 이들을 균일분포하중 w가 작용한 것으로 가정해서 계산한다. 축의 自重을 포함해서 w를 축자중의 4~5배로 가정한다.

지금 w를 축의 자중인 4배로 가정한다면

$$w = 4 \times \frac{\pi}{4} d^2 \gamma$$

여기서

d : 축의 지름

γ : 축재료의 비중량

균일 분포하중 w가 작용할 때의 최대 처짐각 β는

$$\beta = \frac{wl^3}{24EI}$$

이 식에 $E = 2.1 \times 10^4 \text{kg}_f/\text{mm}^2$, $I = \frac{\pi}{64}d^4 \text{mm}^4$, $\beta \leqq \frac{1}{1000}$, $\gamma = 7.85 \times 10^{-6} \text{kg}_f/\text{mm}^3$를 대입하여 최대 베어링간 거리 l을 구해 보면

$$\beta = \frac{\pi d^2 \times 7.85 \times 10^{-6} \times l^3 \times 64}{24 \times 2.1 \times 10^4 \times \pi d^4} \leqq \frac{1}{1000}$$

$$l = 100.1 \sqrt[3]{d^2}\ (d,\ l : \text{mm})$$

안전을 고려한다면 약간 작게 취하여

$$l = 100 \sqrt[3]{d^2}\ (d,\ l : \text{mm}) \tag{12·48}$$

12-5-2 굽힘강도를 고려한 베어링간 거리

그림 12-16과 같이 연속보의 상태로 축이 지지되고 있는 경우 균일 분포하중 w가 작용하고 있는 것으로 가정한다. 축의 양단부분에 해당되는 l_1의 보는 一端支持 他端固定이고 중간부분에 해당되는 l_2의 보는 兩端固定으로 볼 수 있다.

$$w = 4 \times \frac{\pi}{4} d^2 \gamma = 4 \times \frac{\pi}{4} \times d^2 \times 7.85 \times 10^{-6} = 2.46 \times 10^{-5} d^2$$

양단부의 축 : $M = \frac{wl_1^2}{8} = \frac{1}{8} \times 2.46 \times 10^{-5} d^2 l_1^2 = \frac{\pi}{32} d^3 \sigma_b$

중간부의 축 : $M = \frac{wl_2^2}{12} = \frac{1}{12} \times 2.46 \times 10^{-5} d^2 l_2^2 = \frac{\pi}{32} d^3 \sigma_b$

여기서 처짐을 고려하여 $\sigma_b = 3 \text{kg}_f/\text{mm}^2$로 작게 잡으면

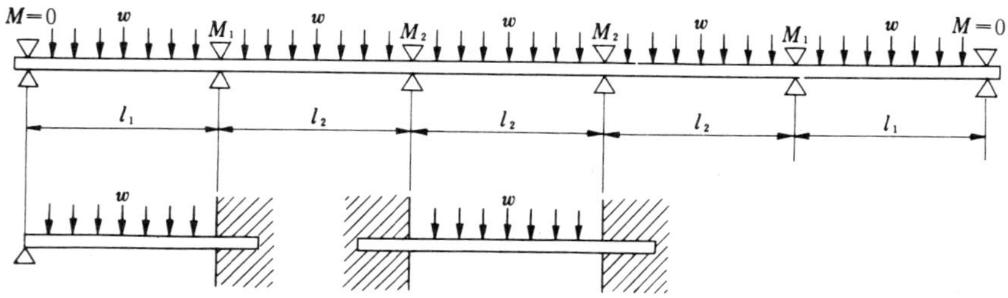

그림 12-16 연속보로 생각하는 축

$$\left.\begin{aligned} l_1 &\fallingdotseq 310\sqrt{d} \\ l_2 &\fallingdotseq 380\sqrt{d} \end{aligned} \quad (d,\ l : \text{mm})\right\} \qquad (12 \cdot 49)$$

식 (12·48), (12·49)를 축의 지름에 따라 비교하면 표 12-3과 같다.

표 12-3으로 비교해 보면 강도를 기준한 것보다 剛性을 기준하면 상당히 짧게 하여야 한다는 것을 알 수 있다.

표 12-3 베어링간 거리의 비교

d(mm)	30	50	100	120
$l = 100\sqrt[3]{d^2}$ (mm)	965	1357	2154	2433
$l = 310\sqrt{d}$ (mm)	1698	2192	3100	3396

예제 12-12. 지름이 60mm, 베어링간 거리 2m인 전동축이 있다. 축의 자중과 그 밖의 하중의 합 $W = 150\,\text{kg}_f$가 균일하게 분포되어 있다고 가정하고 베어링간 거리를 검토하라.

풀이 이 경우 최대굽힘 모멘트 M은

$$M = \frac{Wl}{8} \quad (W = wl)$$

따라서, 축에 생기는 굽힘응력 σ_b는

$$\frac{Wl}{8} = \frac{\pi}{32} d^3 \sigma_b$$

$$\sigma_b = \frac{Wl}{8} \cdot \frac{32}{\pi d^3} = \frac{150 \times 2000 \times 32}{8 \times \pi \times 60^3} = 1.77\,\text{kg}_f/\text{mm}^2$$

축재료가 연강인 경우 허용 굽힘응력은 $5\,\text{kg}_f/\text{mm}^2$로 취한다고 해도 강도에서 충분한 값이다. 이 경우의 최대처짐을 구해 보면

$$\delta = \frac{5}{384} \cdot \frac{wl^4}{EI} = \frac{5}{384} \cdot \frac{150 \times 2000^3}{2.1 \times 10^4 \times 635{,}850} = 1.17\,\text{mm}/2\,\text{m} = 0.59\,\text{mm}/\text{m}$$

가 되어 제한값보다 크다는 것을 알 수 있다. 따라서, 식 (12·48)로 베어링간 거리를 계산하면

$$l \leqq 100\sqrt[3]{d^2} = 100 \times \sqrt[3]{60^2} = 1533\,\text{mm}$$

즉, 베어링간 거리 2m는 과다하므로 이것을 1533mm보다 작게 설계하는 것이 바람직하다.

연 습 문 제

1. 상당굽힘 모멘트와 상당 비틀림 모멘트의 뜻을 말하고 축의 설계에 어떻게 이용되는지 말하라.

2. 연강제 중실축을 설계하는 경우, 비틀림 강도와 비틀림 강성을 비교하여 어떻게 이용되는지 설명하라.

3. 축을 설계할 때 고려해야 할 사항을 들고, 축의 위험속도와 공진의 관계를 설명하라.

4. 축의 가로진동에 관해 아는 대로 설명하라.

5. 베어링간 거리를 결정하는데 굽힘강성을 고려하는 경우와 굽힘강도를 고려하는 경우, 어떠한 관계가 있는가?

6. 연강제 중실축의 지름이 m배가 되면 전달토크는 몇 배가 되는가? 또, 같은 토크를 전달하면 비틀림각은 어떻게 되는가? $\left(T\text{는 } m^3\text{배, } \theta\text{는 } \frac{1}{m}\right)$

7. 지름 10cm의 축에 1200N·m의 토크 및 800N·m의 굽힘 모멘트가 갑자기 작용하였다. 재료의 항복점을 50MPa라면 안전계수를 얼마로 하여야 할 것인가? 동적효과 계수 $k_m=2$, $k_t=1.5$라 한다. $(SF=4.07)$

8. 그림 12-17에서처럼 점 B에 $T=1000\text{N}\cdot\text{m}$의 토크가 작용할 때, 축의 양단에 걸리는 T_A, T_C는 얼마인가? $(T_A=612.2\text{N}\cdot\text{m},\ T_C=387.8\text{N}\cdot\text{m})$

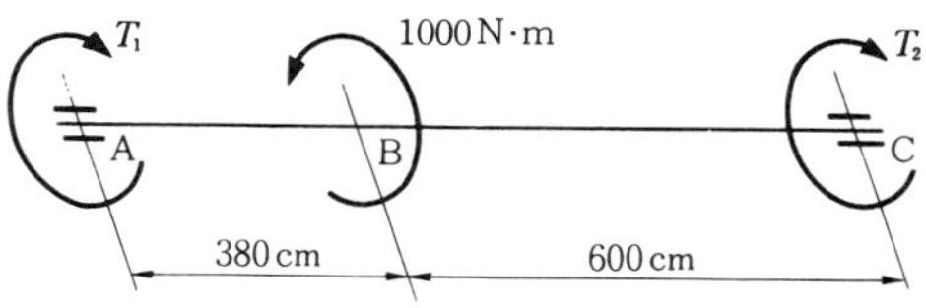

그림 12-17

9. 그림 12-18과 같이 2개의 벨트가 각각 수평선과 45°, 60° 방향으로 작용하고 있을 때, 축에 걸리는 최대굽힘 모멘트를 구하라. $(M_{\max}=4425\text{N}\cdot\text{m})$

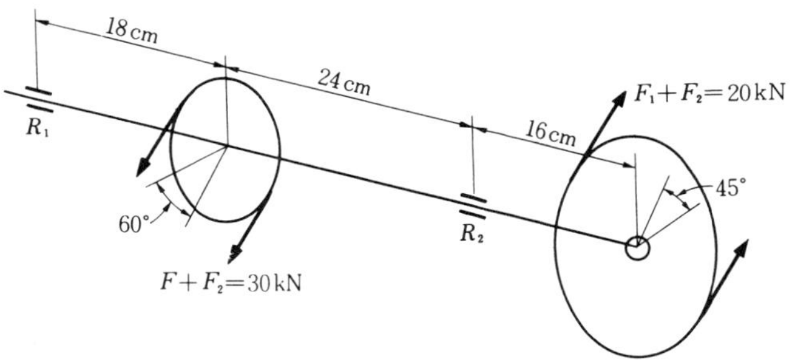

그림 12-18

10. 그림 12-19와 같은 차축에 50kN의 하중을 가할 때, 차축의 지름은 얼마로 해야 하는가? 단 허용굽힘응력은 50MPa이다. $(d=110\text{mm})$

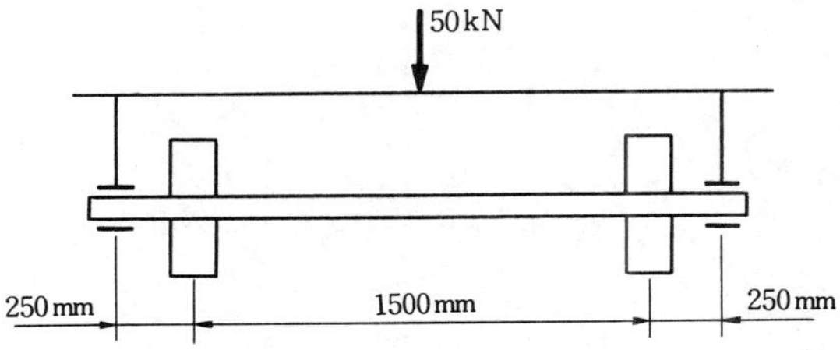

그림 12-19

11. 지름 65mm의 중실축과 비틀림 강도가 같고 같은 축길이로 무게가 55%인 중공축의 안지름, 바깥지름을 각각 구하라. 다만, 축재료는 같다. ($d_0 = 74.6$mm, $d_i = 57$mm)

12. 지름 110mm로 매분 120회전하는 강제축이 동력을 전달하고 있다. 이 축의 40cm 떨어진 임의의 2단면 사이의 비틀림각을 측정해 본 결과 0.04°였다. 이 축이 전달하고 있는 동력은 몇 kW인가? ($H = 25.7$kW)

13. 그림 12-20과 같은 강제축의 위험속도를 구하라. 다만, 축의 자중은 무시한다. ($n_c = 7990$rpm)

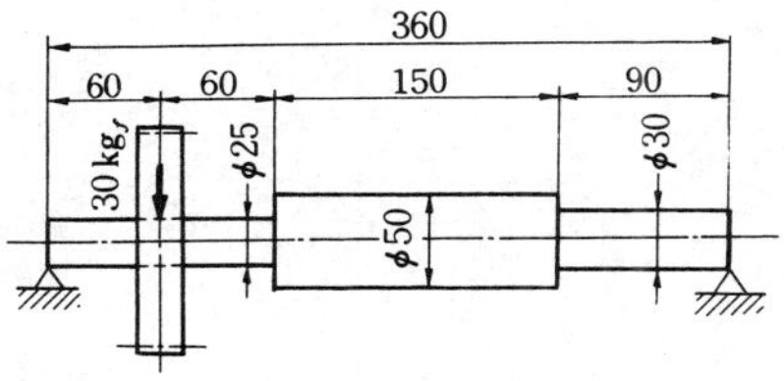

그림 12-20

14. 베어링간 거리 2m, 지름 30mm의 강제축에 벨트 풀리를 통해서 동력을 받는다. 벨트 풀리는 100 rpm으로 10HP를 받는다. 벨트 풀리는 축의 중앙에 위치하고 지름은 300mm이다. 벨트에 작용하는 유효장력이 축에 집중하중으로 걸린다고 가정하였을 때, 베어링간 거리가 적절한지 검토하라. ($l = 300$mm)

15. 그림 12-21과 같이 하중을 받고 있는 지름 30mm의 축의 자중은 2.68kg$_f$이고, 축재료의 $E = 2.1 \times 10^4$kg$_f$/mm^{2}일 때 축의 위험속도를 구하라. ($n_c = 4920$rpm)

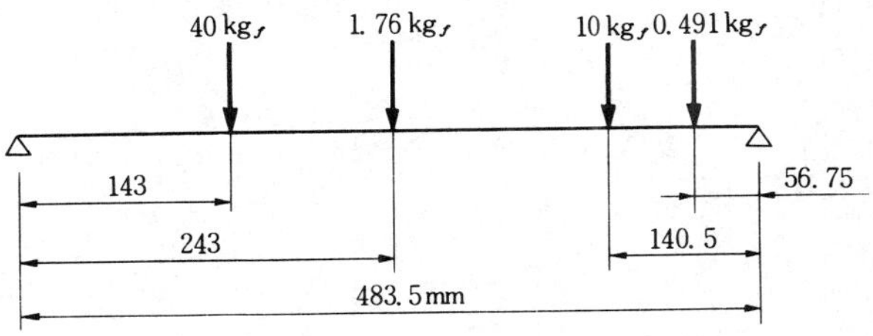

그림 12-21

제 13 장

軸 이 음

13-1 축이음의 분류

축의 길이는 그 재료의 길이 또는 공작상 사정으로 제한을 받으므로, 긴 축을 필요로 할 때는 몇 개의 축을 이어야 한다. 또, 원동기에 의하여 다른 기계를 **驅動**하는 경우 그 두 축을 연결해 줄 필요가 있다. 이와 같이 토크를 전달하기 위하여 축을 연결하는 데 사용되는 기계요소를 **축이음**(shaft coupling)이라 한다.

축이음을 커플링과 클러치로 크게 나누고 운전 중 결합을 끊을 수 없는 영구 축이음을 **커플링**이라 하고, 운전 중 결합을 단속할 수 있는 축이음을 **클러치**라 한다.

13-1-1 커 플 링(coupling)

(1) 固定 커플링(fixed coupling)

일직선상에 있는 축을 연결한 것으로 볼트 또는 키를 사용하여 결합하고, 2축 사이의 상호이동이 전혀 허용되지 않는 구조의 커플링이다. 이 고정 커플링에는 **圓筒** 커플링과 플랜지 커플링으로 나누어진다.

(2) 플렉시블 커플링(flexible coupling)

원칙적으로 직선상에 있는 두 축의 연결에 사용하나 두 축 사이의 약간의 상호이동을 허용하는 것이며, 온도의 변화에 따른 축의 신축 또는 탄성변형 등에 의한 **軸線**의 불일치를 완화하여 원활히 운전할 수 있는 커플링이다.

(3) 올덤 커플링(Oldham's coupling)

2개의 축이 평행하고 그 축의 중심선이 약간 어긋났을 때 각속도의 변화없이 회전동력을 전달하는 데 사용되는 커플링이다.

(4) 유니버설 커플링(universal coupling)

두 축이 어느 각도로 교차되고 그 사이의 각도가 운전 중 다소 변하더라도 자유로이 운동을 전달할 수 있도록 구조가 되어 있는 커플링이다.

13-1-2 클 러 치(Clutch)

(1) 물림 클러치(claw clutch or jaw clutch)

이와 이로 맞물어 연결하는 클러치로 저속, 소하중용이다.

(2) 摩擦 클러치(friction clutch)

각 축에 붙어 있는 마찰면을 밀어붙여 그 사이의 마찰로 연결을 단속하는 것으로 고속회전에 적합하다.

(3) 非逆轉 클러치(one way clutch or overrunning clutch)

구동축이 수동축보다 빠른 경우에는 토크가 전달되고 속도가 늦어지면 수동축이 자유로이 공전할 수 있도록 한다. 따라서, 구동축에서 한 방향의 토크는 전달되고 반대방향의 토크는 전달할 수 없는 클러치이다.

(4) 遠心 클러치(centrifugal clutch)

회전 중에 발생하는 원심력에 의해서 원동축과 수동축의 단속이 이루어지는 클러치를 말한다.

13-2 커 플 링

13-2-1 固定 커플링

[1] 원통 커플링(cylindrical coupling)

원통 커플링은 가장 간단한 구조로서 두 축의 끝을 맞대어 일직선으로 맞추고, 접촉면을 중앙으로 원통의 보스를 끼워맞춤하여 키 또는 마찰력으로 傳動하는 커플링으로 축방향의 이동이 없어야 한다. 머프 커플링, 마찰원통 커플링, 클램프 커플링, 반겹치기 커플링, 셀러 원추 커플링 등 다섯 가지 종류가 있다. 그리고 원통 커플링에서 키의 작용을 생각치 않고 축과 원통 사이의 마찰에 의해서 전동토크를 전달한다고 생각하면 그림 13-1로부터 다음과 같은 식을 유도한다.

$$P=\int_0^{\pi}\frac{d}{2}\cdot d\phi\cdot p\sin\phi\times\frac{L}{2}=\frac{pdL}{2} \qquad (13\cdot1)$$

$$T=\int_0^{2\pi}\frac{d}{2}\cdot d\phi\cdot p\cdot\frac{L}{2}\cdot\mu\cdot\frac{d}{2}=\frac{\mu\pi pd^2L}{2}=\frac{\mu\pi Pd}{2} \qquad (13\cdot2)$$

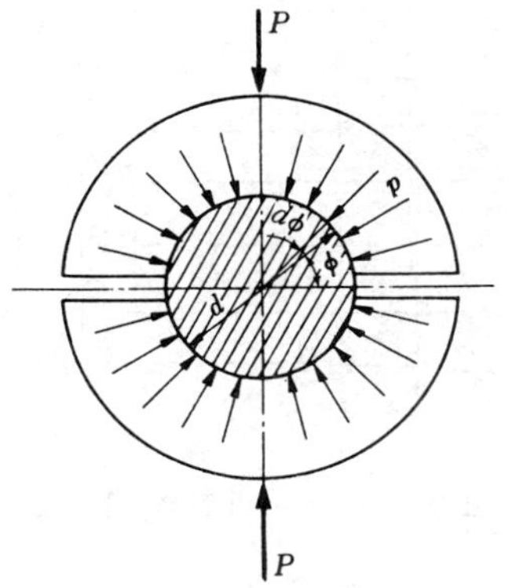

그림 13-1 원통 커플링의 비틀림 모멘트

여기서

P : 원통이 축을 죄는 힘

p : 원통과 축 사이의 접촉압력

L : 원통의 길이

μ : 원통과 축 사이의 마찰계수

T : 전달할 수 있는 토크

(1) 머프 커플링(muff coupling)

그림 **13-2**에 나타낸 바와 같이 주철제의 원통 속에 두 축을 맞대어 맞추고 키로 고정한 것이며, 축지름과 하중이 아주 작을 경우 사용되는 가장 간단한 커플링이다. 축에 인장력이 작용하는 경우는 부적당하다. 머리붙이 키의 경우에는 작업자에게 상해를 줄 위험이 있으므로 머리를 안전커버로 덮어 씌어야 한다.

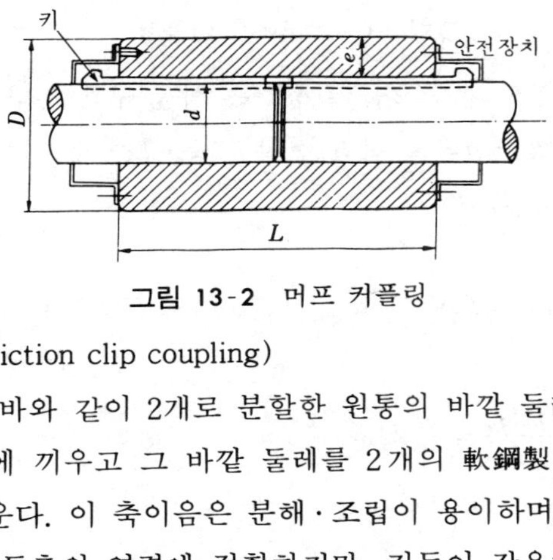

그림 13-2 머프 커플링

(2) 마찰원통 커플링(friction clip coupling)

그림 **13-3**에 표시한 바와 같이 2개로 분할한 원통의 바깥 둘레를 원추형으로 가공한 주철제의 원통을 양 축단에 끼우고 그 바깥 둘레를 2개의 軟鋼製의 링으로 죈 것이다. 안전을 위하여 보통키를 끼운다. 이 축이음은 분해·조립이 용이하며, 축의 임의의 위치에서 고정할 수 있으므로 긴 전동축의 연결에 적합하지만, 진동이 작용하는 경우에는 링이 빠져나갈 우려가 있다. 보통 지름이 150mm까지의 축에 사용된다.

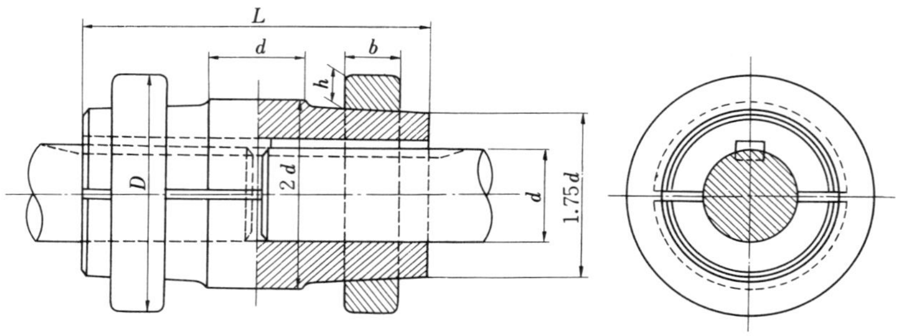

그림 13-3 마찰원통 커플링

(3) 클램프 커플링(clamp coupling, split muff coupling)

그림 13-4와 같이 2개로 분할한 주철 또는 주강제의 원통을 양 축단에 끼우고 볼트로 원주를 죄는 구조이다. 전달토크가 작을 때는 볼트로 죄어서 이음을 축에 고정시키면 되나 토크가 커서 키를 사용할 경우에는 평행키를 사용한다. 볼트머리나 너트가 바깥으로 노출하는 것을 안전하게 막기 위하여 원통의 바깥쪽을 박판 등으로 씌우는 경우도 있다. 보통 지름 200 mm까지의 축에 사용된다.

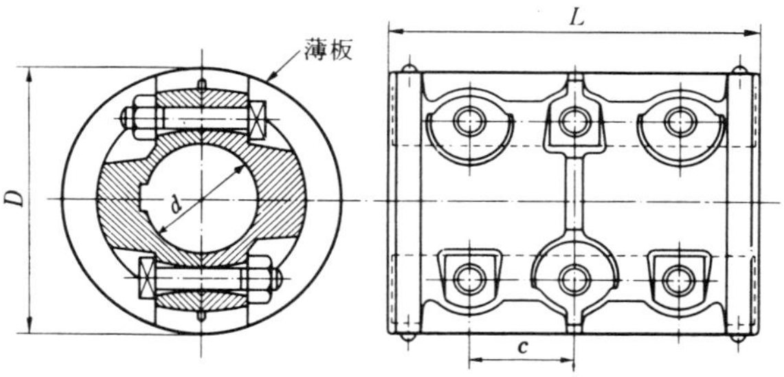

그림 13-4 클램프 커플링

클램프 커플링에 사용할 볼트의 수 z를 결정하는 식을 구해 본다.

원통과 축 사이의 접촉압력을 p라고 하면 전달할 수 있는 토크는 식 (13·2)로부터

$$T = \frac{\mu\pi Pd}{2}$$

볼트를 죔으로써 축을 P의 힘으로 누르게 되고, 이의 反力으로 볼트에 인장력 P가 작용한다. 그런데

$$P = \frac{pdL}{2} = \frac{\pi}{4}\delta^2\sigma_t\cdot\frac{z}{2} \tag{13·3}$$

이므로, 지름 d인 축의 비틀림 강도에 대해서

$$T = \frac{\pi}{16}d^3\tau = \frac{\mu\pi d}{2}\left(\frac{\pi}{4}\delta^2\sigma_t\cdot\frac{z}{2}\right)$$

$$z = \frac{\tau d^2}{\mu \pi \sigma_t \delta^2} \tag{13·4}$$

(4) 반겹치기 커플링(half lap coupling)

그림 **13-5**와 같이 축단을 약간 크게 하여 경사지게 겹쳐 키로 고정한 커플링이고, 축방향에 인장력이 작용하는 경우에 사용한다.

l 부분은 1 : 12의 경사를 갖는다.

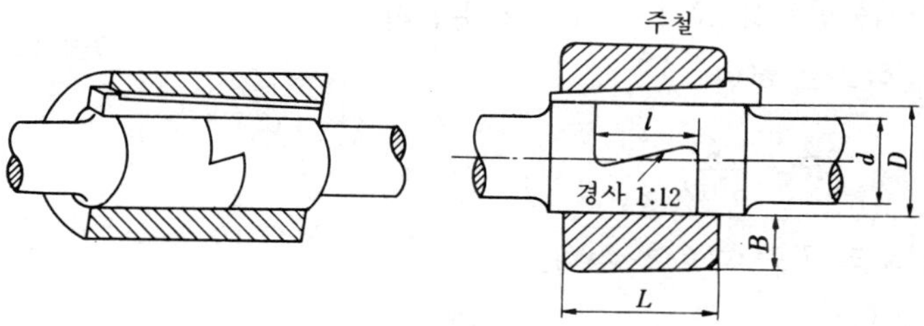

그림 13-5 반겹치기 커플링

(5) 셀러 圓錐 커플링(Seller's cone coupling)

이 축이음은 그림 **13-6**과 같이 양 축단에 내면이 원추면으로 되어 있는 바깥통을 끼우고, 그 속에 바깥면이 원추면으로 되어 있는 안통 2개를 축의 양단에 넣어 3개의 볼트로 죈 것이다. 이 축이음은 연결할 양축의 지름이 다소 달라도 결합할 수 있는 것이 특징이고 지름 135 mm까지의 축에 사용한다.

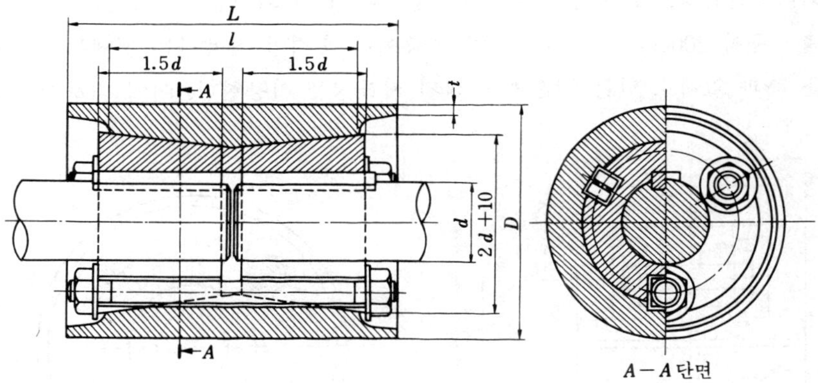

그림 13-6 셀러 원추 커플링

지금 전달토크 T를 구하기 위해 그림 **13-7**을 보면

Q : 볼트 하나가 죄는 힘

z : 볼트의 수

P': Q에 의한 축을 죄는 힘

이라면

$$\tan\alpha = \frac{Q}{P'}, \qquad P' = \frac{Q}{\tan\alpha}$$

전체로써 축을 죄는 힘 $P = z\dfrac{Q}{\tan\alpha}$

이것을 식 (13·2)에 대입하면 전달토크 T는

$$T = z\frac{Q}{\tan\alpha}\cdot\frac{\mu\pi d}{2} \qquad (13\cdot5)$$

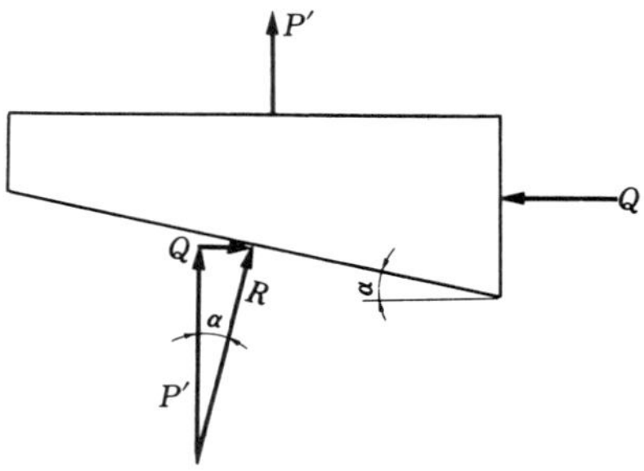

그림 13-7

원추면에 작용하는 반력을 R라고 하고 원추면의 평균 반지름을 r_m이라고 하면

$$R = \frac{Q}{\sin\alpha}$$

이고, 전체의 전달토크 T는 다음과 같다.

$$T = z\mu R r_m = z\cdot\mu\cdot\frac{Q}{\sin\alpha}\cdot r_m \qquad (13\cdot6)$$

[2] 플랜지 커플링(flange coupling)

플랜지 커플링은 지름이 큰 축과 고속도 회전축에 적당하고 공장 전동축 또는 일반기계의 커플링으로 널리 사용되고 있다. 이 축이음은 그림 13-8과 같이 양 축단에 각각 플랜지를 억지 끼워맞춤으로 끼우고 키로 고정하여 플랜지를 리머 볼트로써 연결한 것으로, 확실하게 토크를 전달할 수 있는 대표적인 커플링으로 사용된다. 지름 200 mm 정도까지의 축이음에 사용되며, 일반적으로 주철제의 것이 많으나 고속 회전용의 것으로는 주강제의 것도 있다. 또, 축지름이 200 mm 이상이고, 큰 하중이나 충격이 작용하는 것에는 축단을 鍛造하여 플랜지를 축과 일체로 만든 鍛造式 플랜지 커플링을 사용한다. 이에 대하여 앞서 이야기

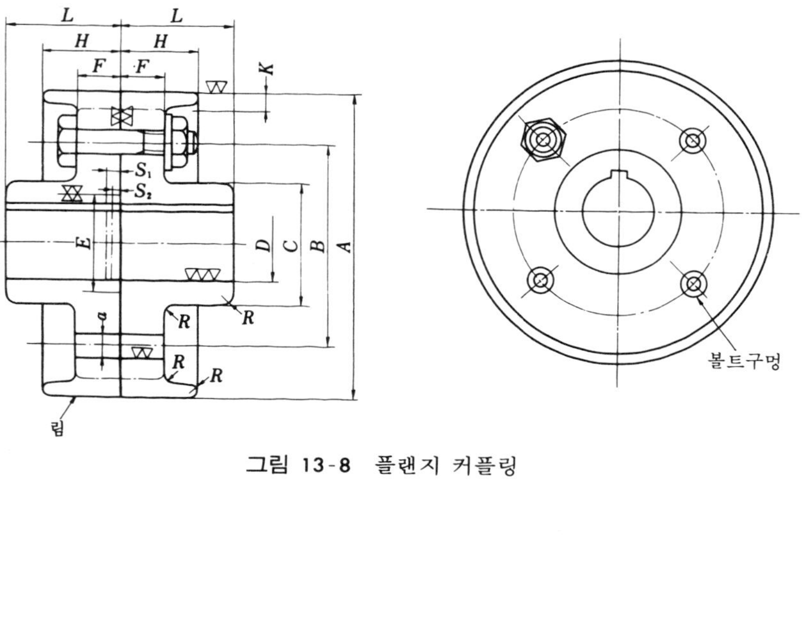

그림 13-8 플랜지 커플링

한 것을 組立式 플랜지 커플링이라 한다. 단조식 플랜지 커플링은 선박용 기관의 축과 프로펠러축에 사용한다.

표 13-1에 플랜지 커플링의 각부의 치수를 표시한다.

플랜지 커플링에서 중심을 맞추는 방법에는 한쪽 축의 끝을 상대쪽 축의 플랜지에 박는 수도 있으나, 일반적으로 양편 플랜지면의 중앙에 凹凸면을 만들어 축심을 일치시키고, 凹凸부는 접촉시키지 않고 바깥 둘레 부분만을 접촉시킨다. 이와 같이 접촉시킴으로써 마찰에 의한 토크가 크게 된다. 그러나 이와 같이 凹凸면을 만든 것은 축의 연결을 떼려고 할 때 볼트를 풀고 플랜지를 옮기지 않으면 안 되므로, 양면을 모두 오목면으로 하고 중간에 링을 집어넣는 수도 있다.

표 13-1 플랜지 커플링의 각 부의 치수 (단위 : mm)

A	D		L	C	B	F	H	K	볼트 수	볼트 지름	참고				
	최대 축구멍 지름	최소 축구멍 지름									끼워맞춤			R	볼트 빠짐 여유
									z	δ	E	S_2	S_1		
112	25	16	40	45	75	16	25	4	4	10	40	2	3	2	70
125	28	18	45	50	85	18	28	4	4	14	45	2	3	2	81
140	35.5	20	50	63	100	18	28	4	6	14	56	2	3	2	81
160	45	25	56	80	115	18	28	6	8	14	71	2	3	3	81
180	50	28	63	90	132	18	28	6	8	14	80	2	3	3	81
200	56	31.5	71	100	145	22.4	40	6	8	16	90	3	4	3	103
224	63	35.5	80	112	170	22.4	40	6	8	16	100	3	4	3	103
250	71	40	90	125	180	28	50	8	8	20	112	3	4	4	126
280	80	50	100	140	200	28	50	8	8	20	125	3	4	4	126
315	90	63	112	160	236	28	50	8	10	20	140	3	4	4	126
355	100	71	125	180	260	35.5	63	10	8	25	160	3	4	5	157

〔비고〕 1. 볼트 빠짐 여유는 축 끝으로부터의 치수를 표시한다.
2. 축이음을 축으로부터 빼기 쉽게 하기 위한 나사구멍은 적당히 설치하여도 좋다.

(1) 볼트의 전단저항으로 토크를 전달하는 경우

축의 전달토크 T는 축의 지름을 d, 축재료의 허용 전단응력을 τ_s라고 하면

$$T = \frac{\pi}{16} d^3 \tau_s$$

z개의 볼트가 갖는 전단저항에 의한 전달토크 T'는

$$T' = \frac{\pi}{4} \delta^2 \tau_b z R \qquad (13 \cdot 7)$$

여기서

δ : 볼트의 지름

τ_b : 볼트재료의 허용 전단응력

R : 볼트 피치원의 반지름

이고, $T' \geqq T$ 이어야 하므로

$$\frac{\pi}{16} d^3 \tau_s = \frac{\pi}{4} \delta^2 \tau_b z R$$

$$\delta = 0.5 \sqrt{\frac{d^3 \tau_s}{z R \tau_b}} \qquad (13 \cdot 8)$$

축과 볼트의 재질이 같으면 $\tau_s = \tau_b$ 이므로 다음 식을 얻는다.

$$\delta = 0.5 \sqrt{\frac{d^3}{zR}}$$

볼트의 수는 되도록 짝수로 한다.

(2) 플랜지面 사이의 마찰력으로 전달되는 토크의 경우

전달토크가 작거나 리머 볼트를 사용하지 않는 보통급의 플랜지 커플링에서는 주로 마찰력으로 토크를 전달한다.

볼트 하나가 죄는 힘 Q는

$$Q = \frac{\pi}{4} \delta^2 \sigma_t$$

이므로, 플랜지 접촉면의 마찰력에 의한 플랜지 커플링의 전달토크 T'는

$$T' = \mu Q z R_f \qquad (13 \cdot 9)$$

$$\frac{\pi}{16} d^3 \tau_s = \mu Q z R_f = \frac{\pi}{4} \delta^2 \sigma_t \mu z R_f \qquad (13 \cdot 10)$$

여기서

μ : 플랜지 접촉면의 마찰계수(주철인 경우 $\mu = 0.2 \sim 0.3$)

R_f: 플랜지 접촉면의 평균 반지름($R_f \fallingdotseq R$)

(3) 플랜지의 두께

지금 그림 13-9에서

D : 플랜지 허브의 바깥 지름

t : 플랜지의 두께

τ_f : 플랜지 재료의 허용 전단응력

이라고 하면 전달토크 T'는 다음과 같다.

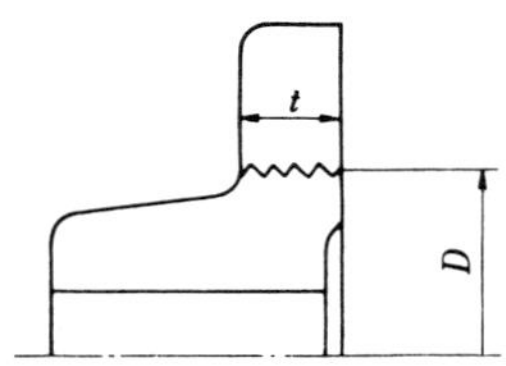

그림 13-9 플랜지의 두께

$$T' = \pi D t \tau_f \cdot \frac{D}{2} \qquad (13 \cdot 11)$$

$$\frac{\pi}{16}d^3\tau_s = \pi D t \tau_f \frac{D}{2} \tag{13·12}$$

13-2-2 플렉시블 커플링

양축의 중심선이 정확하게 일치하지 않을 때 사용되는 커플링으로 커플링 부분에 고무, 가죽, 목재, 스프링 등 탄성체를 개입시키거나 축이음의 간격을 넓힘으로써 구동축에 생기는 변동토크, 충격, 진동 등에 대한 완화작용을 한다. 처음에는 양축이 일직선상에 정확하게 설치되었다고 하더라도 베어링의 마멸이 서로 다르게 되어 축선이 휘어지고 베어링에 무리가 생긴다. 또, 전달토크에 변동이 일어나거나 고속도로 회전하면 진동이 발생한다.

이와 같은 상태들을 완화시킬 필요가 있고, 축이음의 可撓性으로 충격과 진동을 감소시키고 베어링에 생기는 무리를 소멸시키기 위해 플렉시블 커플링을 사용하게 되었다.

플렉시블 커플링은 크게 나누어 彈性式과 間隙式이 있다.

[1] 탄 성 식

(1) 벨트식 플렉시블 커플링

그림 13-10 에서 보는 바와 같이 양 축단에 고정된 원판 플랜지의 둘레에 다수의 돌기물이 있고, 1개의 벨트를 파도형으로 돌기물을 따라 감고 이것으로 양축을 연결하는 구조이다. 벨트의 인장력으로 전동하고 오래 사용하면 벨트의 탄성이 감소되므로 때때로 바꾸어야 한다. 이 커플링은 비틀림 진동을 방지하고 전기 절연성이 우수하므로 수력 원동기와 발전기의 커플링으로 많이 사용한다.

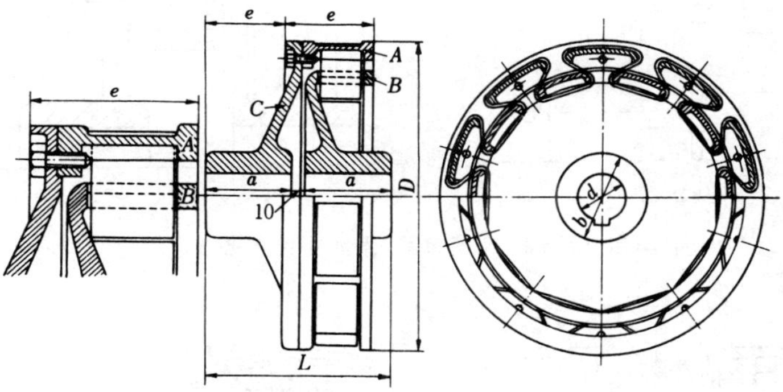

그림 13-10 벨트식 플렉시블 커플링

(2) 압축 스프링 플렉시블 커플링

그림 13-11 과 같이 주강으로 만든 플랜지 속에 강철로 만든 코일 스프링과 리벳 모양의 스프링 밀기를 중개물로 연결한 것이고 충격과 진동의 완화작용이 크다.

(3) 압축고무, 인장고무 플렉시블 커플링

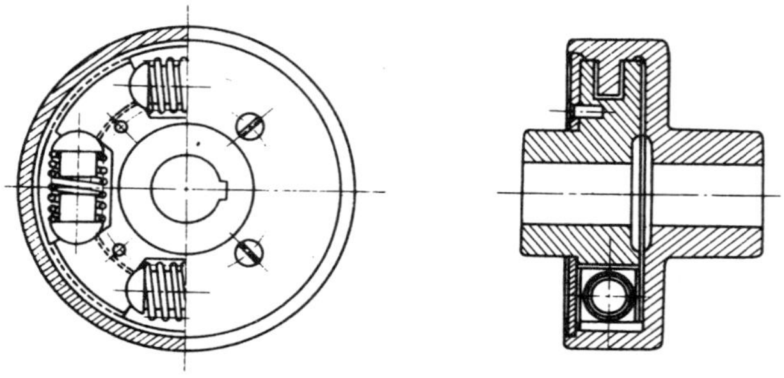

그림 13-11 압축 스프링 플렉시블 커플링

그림 13-12는 압축고무를 이용한 것이고 그림 13-13은 인장고무를 이용한 것으로 고무의 허용응력은 0.08~0.14 kg_f/mm^2로 설계한다. 진동의 방지에 아주 효과가 있고 모터와 펌프의 연결에 많이 사용한다.

인장고무 플렉시블 커플링에서는 플랜지에 붙인 핀에 고무링을 걸쳐 이 인장력으로 토크를 전달시킨다. 회전 중 고무링의 경사각을 α라고 하면

$$T = zP_t R\cos\alpha \tag{13·13}$$

여기서

z : 고무링의 수

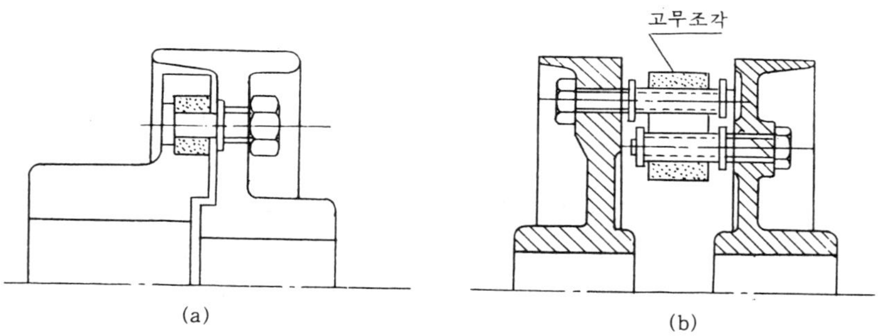

그림 13-12 압축고무 플렉시블 커플링

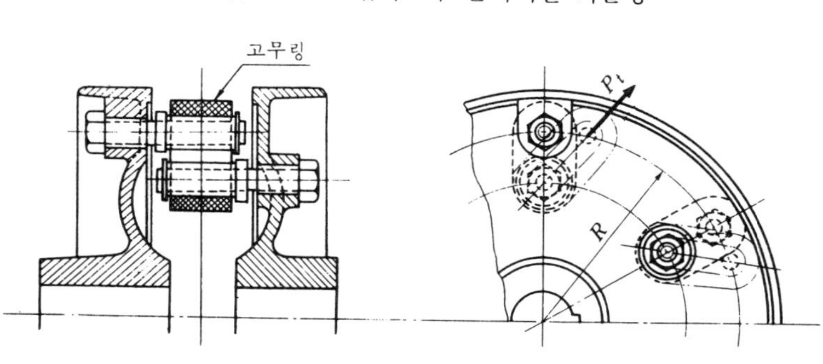

그림 13-13 인장고무 플렉시블 커플링

P_t: 고무링의 인장력

R : 종동축의 핀의 중심 반지름

고무의 너비를 b, 두께를 t, 허용 인장응력을 σ_a라고 하면 다음 식이 성립한다.

$$P_t = 2bt\sigma_a \tag{13·14}$$

(4) 리본 스프링 플렉시블 커플링

剪斷에 대한 탄성을 이용한 것이고, 그림 13-14와 같이 강철로 만든 리본 모양의 스프링을 양축의 치형돌기에 감아서 연결한 커플링으로 부하의 크기에 따라 강판 스프링의 모양이 변형한다.

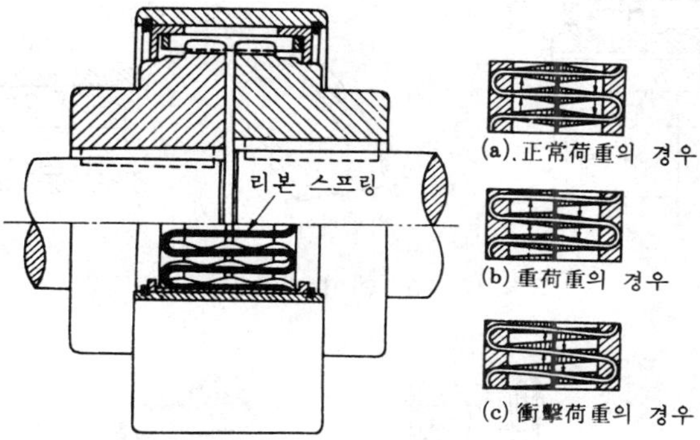

그림 13-14 리본 스프링 플렉시블 커플링

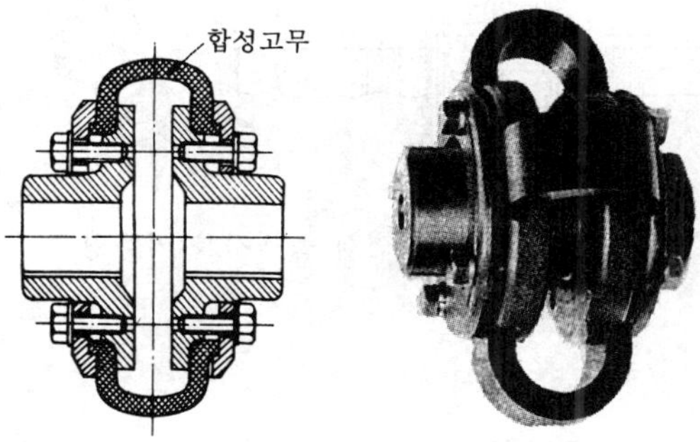

그림 13-15 합성고무 전단 플렉시블 커플링

(5) 합성고무 전단 플렉시블 커플링

그림 13-15에 보는 것처럼 합성고무의 전단에 대한 탄성을 이용한 커플링으로, 중간에 넣은 고무의 모양에 따라 여러 가지 형식이 있다.

[2] 間隙式

이것은 주로 접촉부의 간격을 넓게 만들어 이것으로 무리를 완화시키는 형식으로 기어 커플링(gear coupling)과 롤러 커플링(roller coupling)이 있다. 모두 탄성은 없으나 軸線이 약간 경사지더라도 강도가 커서 고속회전을 시킬 수가 있다. 그림 **13-16**에 나타낸 바와 같이 같은 치수의 바깥기어와 안기어를 물리어 그 간격으로 무리를 완화시키는 커플링이 기어 커플링이다. 기어 커플링은 외통에 있는 안기어와 내통에 있는 바깥기어를 서로 맞물려 회전력을 전달하고 압력각은 20°를 취한다.

그림 **13-17**에 스프로킷 휠(sprocket wheel)과 롤러 체인을 연결시킨 롤러 체인 커플링을 표시한다.

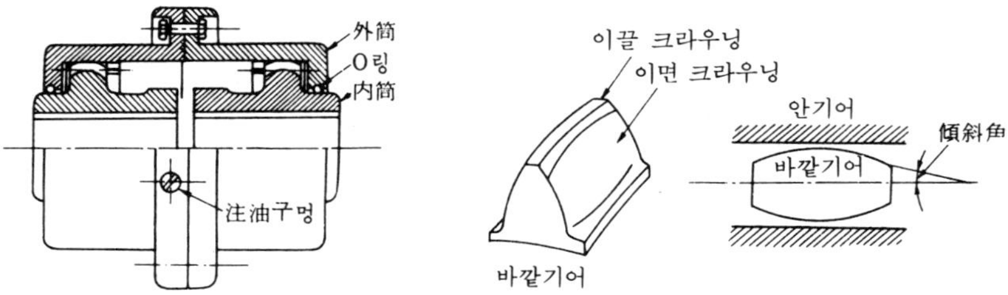

그림 13-16 기어 커플링

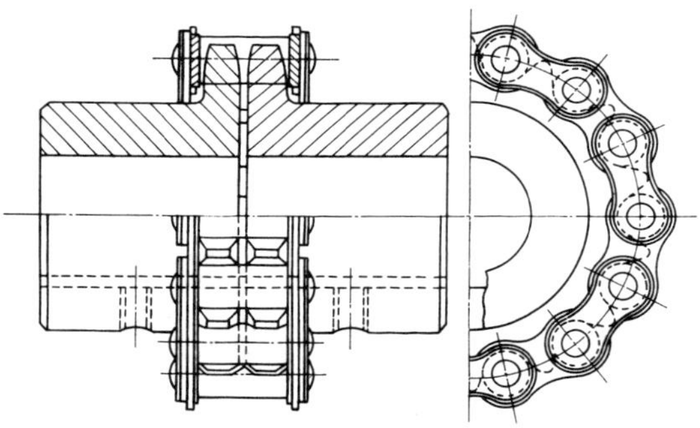

그림 13-17 롤러 체인식 플렉시블 커플링

13-2-3 올덤 커플링

2개의 축이 평행하고 그 축의 중심선의 위치가 약간 어긋났을 경우 각속도의 변화없이 토크를 전달시키려고 할 때 사용하는 커플링으로, 그림 **13-18**에서 볼 수 있는 바와 같이 하나의 원반 b의 앞·뒤면에 서로 직각방향으로 키 모양의 돌기를 만들어, 이것을 그 돌기에 꽉 들어맞는 지름방향의 홈이 파져 있는 양편의 플랜지 a, c 사이에 끼워넣어 한쪽의 축을 회전시키면 중앙의 원반이 홈을 따라 미끄러지면서 다른 쪽의 축에 회전을 전달하게 된다. 이 경우 원반과 각 플랜지의 상대운동은 직선 미끄럼 운동으로, 상대 각운동은 전혀 없으므로 원동축의 각속도는 그대로 종동축에 전달된다. 그러므로 운전 중 양 축선에 약간의 어긋남이 생기더라도 상관이 없다.

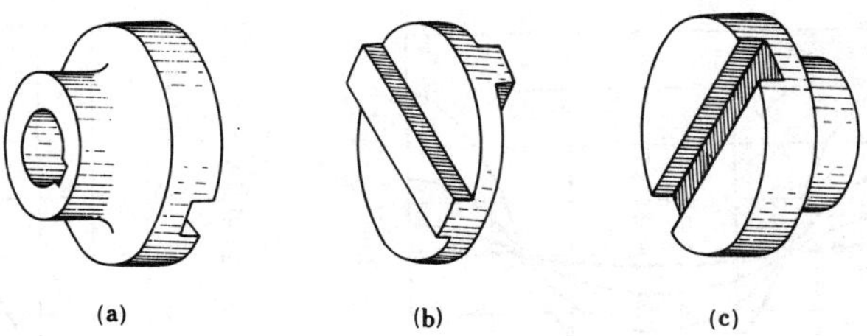

그림 13-18 올덤 커플링

13-2-4 유니버설 커플링

이 커플링은 양축이 같은 평면 내에 있고 그 축선이 어떤 각도로 교차하는 경우에 사용되는 축이음으로써 유니버설 조인트라고도 한다. 그림 13-19에 나타낸 바와 같이 양 축단에 요크(yoke)를 부착하고 이것을 十字形의 핀으로 자유로이 회전할 수 있도록 연결하였다. 傳動 중에 양축을 맺는 각이 변화해도 무관하므로 공작기계, 자동차의 동력 전달기구, 압연롤러의 전동축 등에 널리 사용하고 있다.

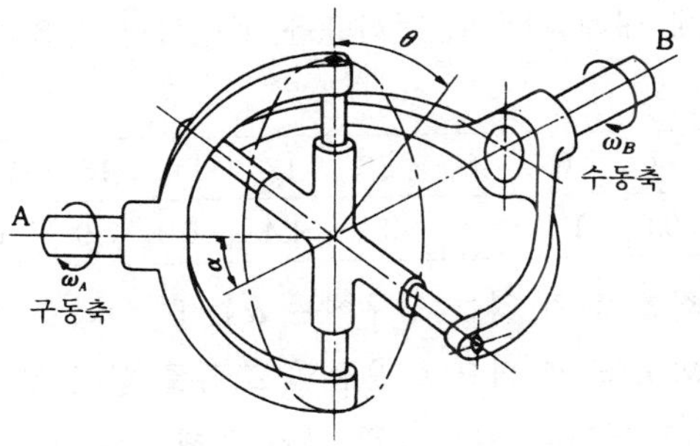

그림 13-19 유니버설 조인트

이 축이음에서는 구동축의 속도가 일정하더라도 양축의 교차각의 크기에 따라 수동축의 속도는 변화하고, 따라서 전달되는 토크도 변화하게 된다. 지금 두 축의 교차각을 α, 구동축의 각속도를 일정한 크기를 갖는 ω_A라고 하면 구동축의 임의의 회전각 θ에 있어서의 수동축의 각속도 ω_B는 다음 식과 같이 구해진다.

$$\frac{\omega_B}{\omega_A} = \frac{\cos\alpha}{1-\sin^2\theta\sin^2\alpha} \qquad (13\cdot15)$$

위의 식으로부터 각속도비는 2축의 교차각 α뿐만 아니라 구동축의 회전각에 따라서도 변화함을 알 수 있다. 보통 α는 30° 이하에서 사용하며, 아주 저속인 경우에는 45° 정도까지 할 수 있다.

그림 13-20(a)에 나타낸 바와 같이 각속도비 $\frac{\omega_B}{\omega_A}$는 축이 1/4회전할 때마다 최소 $\cos\alpha$에서 최대 $\frac{1}{\cos\alpha}$의 사이로 변한다. 따라서, 수동축의 각속도 변화율을 구해 보면

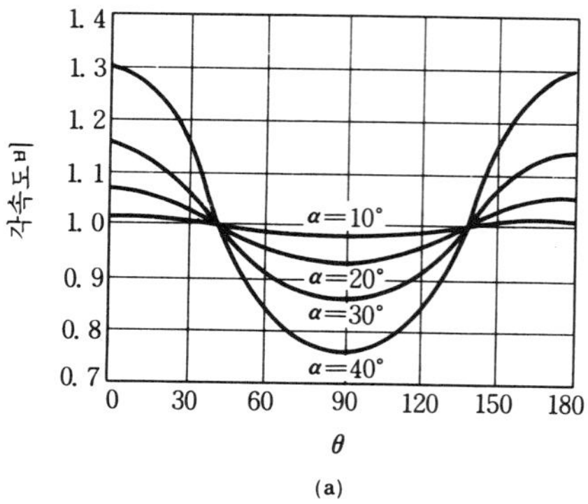

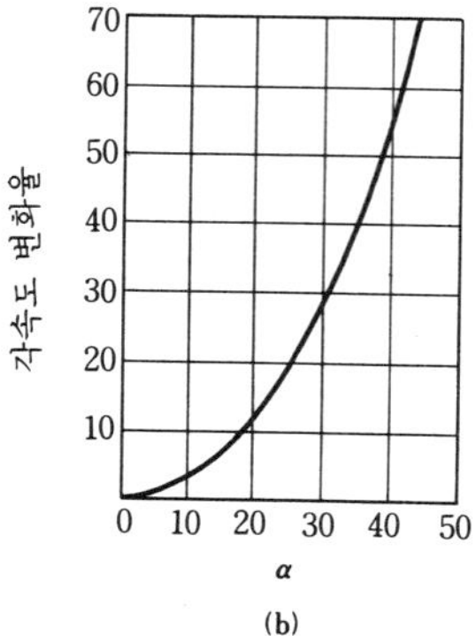

그림 13-20 유니버설 조인트의 각속도비와 각속도 변화율

$$\frac{\left(\dfrac{1}{\cos\alpha}\right)\omega_A-(\cos\alpha)\omega_A}{\omega_A}=\frac{1}{\cos\alpha}-\cos\alpha=\tan\alpha\sin\alpha \tag{13·16}$$

그러므로 α의 여러 값에 대해 각속도 변화율을 계산하면 다음과 같으며, 그림 **13-20**(b)에 표시하였다.

$\alpha°$	2	4	6	8	10	12	14	16	18	20	24	28	30
각속도 변화율	0.15	0.5	1.1	2	3.1	4.4	6	7.9	10	12.4	18	25	28.9

따라서, 각속도비의 변화를 원치 않는 경우에는 α는 5° 이하로 제한하여야 한다. α각도가 너무 크면 각속도비의 변화도 크게 되므로 운동의 조화를 얻지 못한다.

이와 같은 결점을 없애고 회전을 원활하게 하기 위해서는 그림 **13-21**과 같이 양축의 교차각을 같게 한 중간축을 삽입하여 2중으로 유니버설 조인트를 설치한다. 이와 같이 하면 구동축과 중간축의 각속도비와 수동축과 중간축과의 각속도비는 서로 역수가 되어 구동축과 수동축 양축의 각속도는 같아진다.

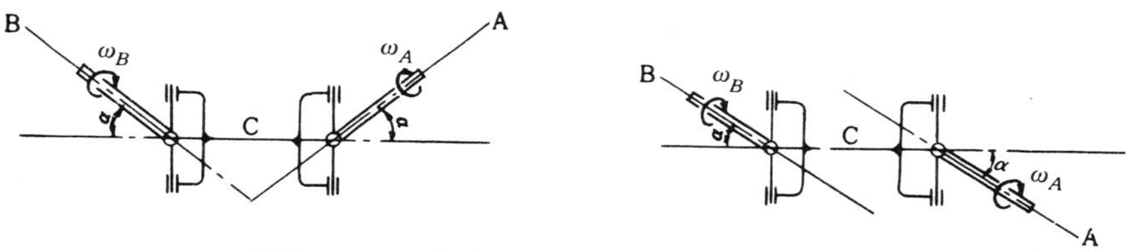

그림 13-21 유니버설 커플링의 중간축의 설치

예제 13-1. 축지름 $d=90$mm의 클램프 커플링에서 볼트 6개를 사용하여 40kW, 120rpm의 동력을 전달한다. 지금 마찰력만으로 동력을 전달한다면 볼트에 생기는 인장응력은 얼마인가? 다만, 마찰계수를 0.2로 한다. 또, 볼트 지름은 22.2mm이다.

풀이〉
$$T = 9549\frac{H}{n} = 9549 \times \frac{40}{120} = 3183\,\mathrm{N\cdot m}$$

식 (13·2)에서

$$P = \frac{2T}{\pi\mu d} = \frac{2 \times 3183\,\mathrm{N\cdot m}}{\pi \times 0.2 \times 90} = 112{,}576 = 112.6\,\mathrm{kN}$$

식 (13·3)에서

$$P = \frac{\pi}{4}\delta^2\sigma_t \cdot \frac{z}{2}$$

이므로

$$\sigma_t = \frac{8P}{\pi\delta^2 z} = \frac{8 \times 112.6}{\pi \times 22.2^2 \times 6} = 0.0969\,\mathrm{kN/mm^2} = 96.9\,\mathrm{N/mm^2} = 97\,\mathrm{MPa}$$

예제 **13-2.** 축의 지름 $d = 50$mm에 클램프 커플링을 사용하여 축이음을 하였다. 커플링에 M 12 볼트(골지름 9.73mm)가 4개 사용되었다. 볼트에 발생하는 응력을 $\sigma_t = 50$MPa로 하면 얼마 정도의 토크를 전달할 수 있는가? 마찰면의 마찰계수는 0.2이다. 만약, 축의 허용 전단응력이 30MPa라면 이 커플링으로 토크를 충분히 전달할 수 있겠는가를 검토하라.

풀이〉 볼트에 작용하는 인장력 P는 식 (13·3)으로부터

$$P = \frac{\pi}{4}\delta^2\sigma_t \cdot \frac{z}{2} = \frac{\pi}{4} \times 9.73^2 \times 50 \times \frac{4}{2} = 7435.6\,\mathrm{N}$$

전달토크 T는 식(13·2)로부터

$$T = \frac{\mu\pi P d}{2} = \frac{0.2 \times \pi \times 7435.6 \times 50}{2} = 116{,}798.1\,\mathrm{N\cdot mm} = 116.8\,\mathrm{N\cdot m}$$

축의 전달토크 T'는

$$T' = \frac{\pi}{16}d^3\tau_s = \frac{\pi}{16} \times 50^3 \times 30 = 736{,}360.8\,\mathrm{N\cdot mm} = 736.3\,\mathrm{N\cdot m}$$

커플링의 마찰만으로 축의 전토크를 전달할 수가 없으므로 커플링에 키를 박아야 한다.

예제 **13-3.** 축지름 90mm의 축에 사용될 플랜지 커플링의 각부 치수를 결정하고 체결용 볼트에 $\sigma_t = 80$MPa의 인장응력이 작용하도록 죄었을 때 마찰에 의하여 전달할 수 있는 동력은 얼마인가? 이 때 플랜지면의 마찰계수는 0.15로 가정하고, 축의 회전수는 250rpm으로 한다.

풀이〉 표 13-1로부터 축지름 90mm에 대한 플랜지 커플링의 치수를 찾으면

바깥 지름	$D = 315$mm
길이	$L = 112$mm
볼트의 피치원 지름	$B = 236$mm
볼트의 지름	$\delta = 20$mm
볼트의 수	$z = 10$

이다. M20 볼트의 골지름 $\delta_1 = 17.3\,\text{mm}$이므로 1개의 볼트에 의한 체결력 Q는

$$Q = \frac{\pi}{4}\delta_1{}^2 \times \sigma_t = \frac{\pi}{4} \times 17.3^2 \times 80 = 18{,}804.9\,\text{N}$$

따라서, 마찰력에 의한 전달토크 T'는 식 (13·9)로부터

$$T = \mu Q z R_f = 0.15 \times 18{,}804.9 \times 10 \times 236/2 = 3{,}328{,}467.3\,\text{N}\cdot\text{mm} = 3328.5\,\text{N}\cdot\text{m}$$

$$H = \frac{Tn}{9549} = \frac{3328.5 \times 250}{9549} = 87.1\,\text{kW}$$

예제 13-4. 지름 100mm의 축에 사용되는 플랜지 커플링에 25.4mm의 볼트 6개를 사용한다. 허용 전달토크에 대한 플랜지 접촉면의 마찰을 무시하는 경우 볼트에 생기는 전단응력과 전달토크를 플랜지 접촉면의 마찰만으로 전달될 때, 초기 체결력에 의한 인장응력은 각각 얼마나 되는가? 다만, 볼트구멍 피치원 지름은 270mm, 마찰계수는 0.2, 축재료의 허용 전단응력은 $1.2\,\text{kg}_f/\text{mm}^2$로 한다.

풀이

$$T = \frac{\pi \times 100^3 \times 1.2}{16} = 2.35 \times 10^5\,\text{kg}_f\cdot\text{mm}$$

식 (13·8)로부터 볼트의 전단저항에 의한 토크는

$$T' = \frac{\pi}{4}\delta^2 \tau_b z R$$

$$\tau_b = \frac{4T'}{\pi\delta^2 zR} = \frac{4 \times 2.35 \times 10^5}{\pi \times 25.4^2 \times 6 \times 135} = 0.573\,\text{kg}_f/\text{mm}^2$$

식 (13·10)으로부터 플랜지 접촉면의 마찰에 의한 전달토크는

$$T' = \frac{\pi}{4}\delta^2 \sigma_t \mu z R_f$$

$$\sigma_t = \frac{4T'}{\pi\delta^2 \mu z R_f} = \frac{4 \times 2.35 \times 10^5}{\pi \times 25.4^2 \times 0.2 \times 6 \times 135} = 2.86\,\text{kg}_f/\text{mm}^2$$

예제 13-5. 축지름이 120mm인 플랜지 커플링이 300rpm에서 몇 마력을 전달할 수 있는가? 그리고 이 경우 볼트와 플랜지에 생기는 전단응력은 얼마인가? 다만, 축재료의 허용 전단응력은 $2.1\,\text{kg}_f/\text{mm}^2$이다.

풀이 식 (12·26)에서

$$d = 120\sqrt[4]{\frac{H}{n}}$$

이므로

$$H = \frac{120^4 \times 300}{120^4} = 300\,\text{HP}$$

$$T = 716{,}200 \times \frac{H}{n} = 716{,}200 \times \frac{300}{300} = 716{,}200\,\text{kg}_f\cdot\text{mm}$$

볼트의 지름이 25.4mm이고, 6개를 사용하여 볼트 중심의 피치원 지름이 315mm라면 볼트의 전단응력은 식 (13·7)로부터

$$\tau_b = \frac{4T'}{\pi\delta^2 \times zR} = \frac{4 \times 716{,}200}{\pi \times 25.4^2 \times 6 \times 157.5} = 1.5\,\text{kg}_f/\text{mm}^2$$

플랜지 허브의 바깥 지름이 230mm, 플랜지의 두께가 40mm라면 플랜지의 전단응력은 식 (13·11)로부터

$$\tau_f = \frac{2T'}{\pi D^2 t} = \frac{2 \times 716{,}200}{\pi \times 230^2 \times 40} = 0.216\,\text{kg}_f/\text{mm}^2$$

13-3 클 러 치

13-3-1 물림 클러치(Claw clutch or Jaw clutch)

이(jaw)와 이가 맞물림으로써 양축 사이에는 미끄럼없이 순간적으로 같은 회전을 하게 되므로 조 클러치(jaw clutch)라고도 한다. 이를 가진 플랜지 하나를 驅動軸에 키로써 고정하고, 다른 하나는 미끄럼키로써 수동축에 달고 이것을 축방향으로 활동시켜 연결을 떼고 붙이고 한다. 축방향의 이동은 수동축의 보스에 파여 있는 홈에 시프터(shifter)를 넣어서 한다.

물림 클러치의 이의 수나 높이는 전동토크, 회전속도 등에 의하여 결정되고, 물림면은 반드시 중심을 통과하는 방사선상에 있게 한다. 이는 4각형, 3각형, 톱니형, 사다리형, 나선형 등이 있다.

또한, 나선형 물림 클러치의 모양과 주요치수를 표 13-2에 참고로 표시한다.

표 13-2 나선형 물림 클러치의 주요치수

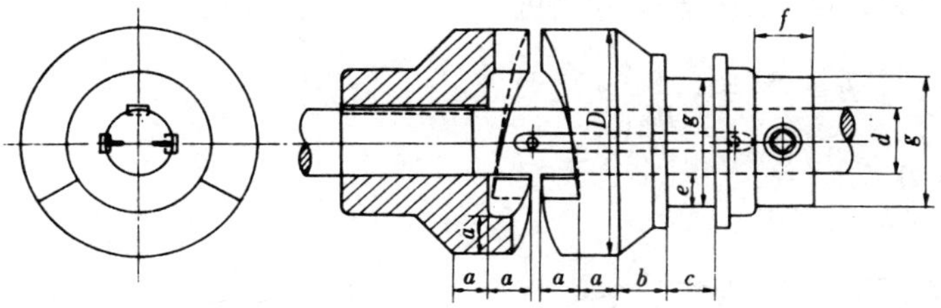

(단위 : mm)

d	40	50	60	70	80	90	100	110	120
D	100	125	150	175	200	225	250	275	300
a	20	23	25	30	35	40	45	50	55
b	40	50	60	70	80	90	100	110	120
c	20	25	30	35	40	45	50	55	60
e	16	18	20	22	24	26	28	30	32
f	30	32	34	39	38	40	42	44	46
g	72	86	100	114	128	142	156	170	183
이의 수 z	3	3	4	4	4	5	5	6	6

물림 클러치의 전달토크는 주로 이의 剪斷力 및 이의 접촉면압에 의해서 계산된다.

(1) 이뿌리면의 전단저항으로 전달되는 토크

전달토크 T는

$$T = zA_1\tau R_m \tag{13·17}$$

여기서

z : 이의 수

τ : 이의 허용 전단응력

R_m : 이의 중앙부의 반지름 $\left[= \dfrac{D_0 + D_i}{4} \right]$

A_1 : 이 뿌리의 면적 $\left[= \dfrac{\pi}{8z} (D_0^2 - D_i^2) \right]$

(2) 이 사이의 접촉면압으로 전달되는 토크

전달토크 T는

$$T = zA_2 p_m R_m \tag{13·18}$$

여기서

p_m : 이 사이의 접촉면압

A_2 : 이의 접촉면적 $\left[= \dfrac{1}{2} (D_0 - D_i)h \right]$

h : 이의 높이

위의 두 식으로부터 이의 높이 h를 구하면

$$h = \frac{\pi R_m}{z} \cdot \frac{\tau}{p_m} \tag{13·19}$$

(3) 이의 굽힘응력

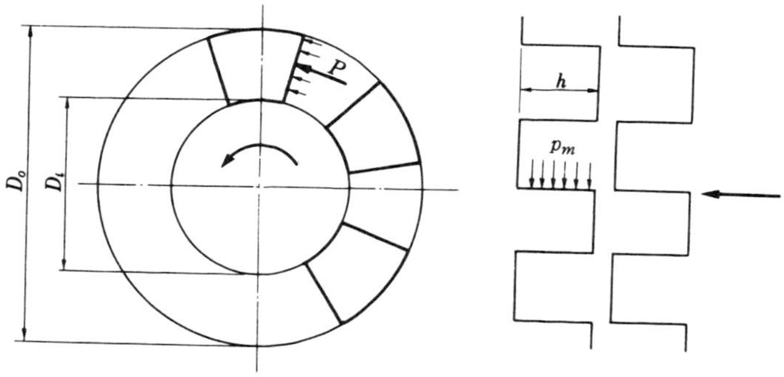

그림 13-22 물림 클러치

이에 작용하는 굽힘하중 P는 $T = PR_m$에서 구해지고, P는 이의 중앙에 작용하나 안전을 고려해서 이의 끝에 작용한다고 가정하면 이에 걸리는 최대굽힘 모멘트 $M = Ph$이고 굽힘응력 σ_b는

$$\sigma_b = \frac{Ph}{z \cdot Z} = \frac{Th}{zZR_m} \tag{13·20}$$

여기서 단면계수 Z는 근사적으로 다음과 같다.

$$Z = \frac{1}{6} \cdot \frac{D_0 - D_i}{2} \left\{ \frac{\pi(D_0 + D_i)}{4z} \right\}^2 \tag{13·21}$$

이의 뿌리에는 전단응력과 굽힘응력이 동시에 걸리므로 최대 전단 응력설에 의하여

$$\tau_{\max} = \frac{1}{2}\sqrt{\sigma_b^2 + 4\tau^2}$$

을 계산하여 이것을 설계응력으로 잡는다.

13-3-2 摩擦 클러치(Friction clutch)

일직선상에 회전축을 가지고 있는 驅動軸과 수동축 사이의 傳動을 접촉면의 마찰력을 이용하여 양축을 연결하는 클러치로 회전 중에 단속할 수 있도록 되어 있다. 회전 중 구동축이 정지하고 있는 수동축을 운동의 타격을 주지 않고 자유로이 연결시키므로, 처음에 연결될 때는 약간의 미끄럼이 생기나 마찰력에 의하여 수동원판에 서서히 가속을 주어 정지마찰력으로 밀착이 되면서 큰 전달토크를 전할 수 있다. 또, 과대한 하중이 수동부분에 생겨도 접촉면의 마찰부분에서 미끄러져 구동축에는 일정 이상의 회전력이 작용하지 않는 안전장치로써의 이점이 있으나, 마찰에 따르는 마멸과 가열은 피할 수 없다.

일반적으로 일어나는 고장은 마찰면의 마멸, 눌어붙어서 파손되는 것, 또는 밀어붙이는 힘이 약해져서 제대로의 기능을 하지 못하는 경우가 있다.

[1] 圓板 클러치(disk clutch)

구동축과 수동축이 각각 1개 또는 몇 개의 원판을 가지고 이것을 서로 접촉시켜 그 사이의 마찰력에 의해 회전토크를 전달시킨다. 원판의 수에 따라 單板式(single disk)과 多板式(multiple disk)으로 나누어지고 자동차에서는 구조를 간단히 하기 위하여 단판식이 주로 사용되며, 공작기계에서는 소형으로 하기 위하여 다판식이 많이 사용된다.

마찰면에 생기는 압력 p는 처음에는 균일하게 분포하나 약간 사용한 후에는 마찰면의 바깥쪽일수록 더욱 많이 마모되므로 $pR = C$로 표시되는 압력분포 상태가 이루어진다. 따라서, $p = C$인 경우 및 $pR = C$인 경우에 대한 회전토크를 구해 보기로 한다.

(1) 마모량이 일정한 경우($pR = C$)

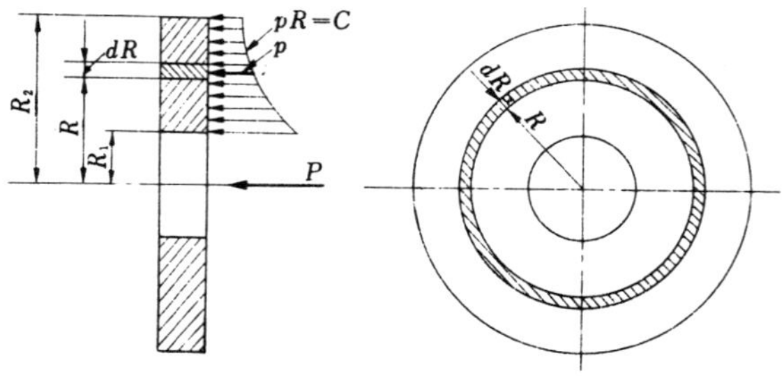

그림 13-23 원판 클러치

마찰에 의한 마모량은 마찰일량에 비례하고 마찰일량은 압력 p와 속도 v의 곱에 비례하므로, 마모량 $\propto pv$가 성립하고 $v = r\omega$이므로 마모량은 $pr\omega$에 비례한다. 그림 13-23으로부터 밀어붙이는 힘 P는

$$P = \int_{R_1}^{R_2} 2\pi pRdR = \int_{R_1}^{R_2} 2\pi CdR = 2\pi C(R_2 - R_1) \tag{13·22}$$

$$C = \frac{P}{2\pi(R_2 - R_1)} = pR \tag{13·23}$$

이 때 최대압력 $p_{\max}$은 R_1에서 생기며

$$p_{\max} = \frac{p}{2\pi R_1(R_2 - R_1)}$$

다음에 원판의 전달토크 T는 마찰계수를 μ라고 했을 경우

$$T = \int_{R_1}^{R_2} \mu(2\pi pRdR)R = \int_{R_1}^{R_2} 2\pi\mu pR^2dR = \int_{R_1}^{R_2} 2\pi\mu CRdR$$
$$= \pi\mu C(R_2^2 - R_1^2) \tag{13·24}$$

위의 식에 식 (13·23)을 대입하고 $R_m = \dfrac{R_1 + R_2}{2}$라고 하면

$$T = \mu R\frac{R_1 + R_2}{2} = \mu PR_m = \mu P\frac{D_1 + D_2}{4} \tag{13·25}$$

(2) 압력 p가 일정한 경우($p = C$)

초기에는 압력이 전체 접촉면에 균일하게 작용하므로 밀어붙이는 힘 P는

$$P = \pi(R_2^2 - R_1^2)p$$

전달토크 T는

$$T = 2\pi\mu\int_{R_1}^{R_2} pR^2dR = \frac{2}{3}\pi\mu(R_2^3 - R_1^3)p \tag{13·26}$$

위의 식에서

$$T = \frac{2}{3}\mu\left(\frac{R_2^3 - R_1^3}{R_2^2 - R_1^2}\right)P$$

실제로 $R_1 = (0.6 \sim 0.7) R_2$로 설계하므로

$$\frac{2}{3}\left(\frac{R_2^3 - R_1^3}{R_2^2 - R_1^2}\right) \fallingdotseq \frac{R_1 + R_2}{2} = R_m \qquad (13 \cdot 27)$$

따라서, 어느 경우이든지간에 전달토크 $T = \mu P R_m$으로 표시되고, 큰 토크를 전달하기 위해서는 양 원판의 중심부는 접촉하지 않도록 하여 접촉면의 평균 반지름을 크게 하여야 한다. 이렇게 함으로써 접촉면의 속도차를 되도록 적게 하고 마멸을 균일하게 할 수 있다.

다판 클러치의 경우에는 마찰면의 수를 z라고 할 때 전달토크 T는 다음과 같이 구해진다.

$$T = \mu P z R_m \qquad (13 \cdot 28)$$

표 13-3에 마찰계수와 허용면압을 표시하였다.

표 13-3 원판 클러치의 설계자료

접촉면 재료	마찰계수(μ)			허용면압 $p(\mathrm{kg}_f/\mathrm{cm}^2)$
	건조	그리스	윤활	
목재와 주철	0.35～0.20	0.12～0.08		4.2～6.3
가죽과 주철	0.5～0.3	0.20～0.15	0.15～0.12	0.7～2.8
파이버와 금속		0.20～0.10		0.7～2.8
석면과 금속	0.5～0.35	0.30～0.25	0.25～0.20	2.1～5.6
코르크와 금속	0.35	0.30～0.25	0.25～0.22	0.6～1.1
주철과 주철	0.2～0.15	0.10～0.06	0.10～0.05	10.5～17.5
청동과 주철		0.10～0.05	0.10～0.05	5.6～8.4
강철과 주철	0.35～0.25	0.12～0.07	0.10～0.06	8.4～14

[2] 圓錐 클러치(cone clutch)

전달토크를 크게 하려면 원판 클러치의 경우 대형으로 되는 경향이 생기므로, 그림 13-24와 같은 원추 클러치를 사용한다.

이 클러치는 원판 클러치에 비해서 제작이나 조정 등에 약간의 난점이 있으나 큰 토크를 전달할 수 있는 이점을 갖고 있다. 구동축의 클러치 Ⓐ에 축방향으로 P인 힘으로 밀어붙여 수동축의 클러치 Ⓑ에 접촉시키면, 접촉된 원추면에 직각방향으로 Q인 힘이 생기고 접촉 원추면의 평균 반지름을 R_m, 원추면의 경사각을 α라고 하면 전달할 수 있는 토크 T는

$$T = \mu Q R_m \qquad (13 \cdot 29)$$

그림 13-24로부터 P와 Q 사이의 관계는 다음과 같다.

$$P = Q \sin\alpha + \mu Q \cos\alpha = Q(\sin\alpha + \mu \cos\alpha)$$

위의 식을 식 (13·29)에 대입하면

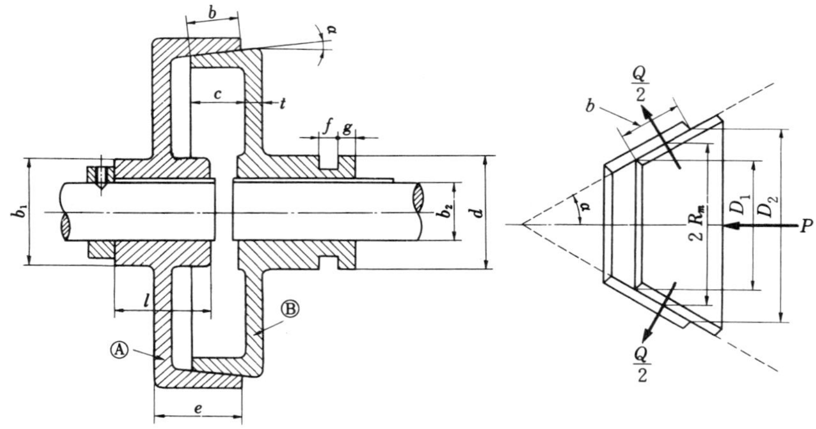

그림 13-24 원추 클러치

$$T = \frac{\mu}{\sin\alpha + \mu\cos\alpha} PR_m = \mu' PR_m$$
$$\mu' = \frac{\mu}{\sin\alpha + \mu\cos\alpha} \quad (13 \cdot 30)$$

여기서 $\mu' > \mu$이므로 원추 클러치는 원판 클러치에 비하여 작은 힘으로 큰 토크를 전달할 수 있다는 것을 알 수 있다. 경사각 α가 너무 작으면 클러치를 밀어넣을 때 과대한 충격이 작용하게 되거나, 클러치를 떼어내기가 어렵게 되므로 접촉면의 마찰재료에 따라 표 13-4와 같이 적절한 값을 취해야 한다.

또, 마찰면의 너비를 b, 마찰면의 평균면압을 p라고 하면

$$Q = 2\pi R_m bp$$
$$\therefore\ p = \frac{Q}{2\pi R_m b} = \frac{T}{2\pi\mu R_m^2 b} \quad (13 \cdot 31)$$

접촉 원추면의 큰 지름을 D_2, 작은 지름을 D_1이라고 하면

$$\sin\alpha = \frac{D_2 - D_1}{2b} \quad (13 \cdot 32)$$

원추면의 평균 반지름을 R_m이라고 하면 다음과 같은 식을 얻는다.

표 13-4 원추 클러치의 설계자료

마찰면의 재료	경 사 각	마 찰 계 수	허용면압(kg_f/cm^2)
금속과 가죽	10～13°	0.15～0.20	0.5～0.8
금속과 석면	11～14.5°	0.20～0.30	0.7～1.0
금속과 코르크가 섞인 금속	8～12°	0.22～0.30	0.5～0.8
주철과 주철	8～12°	0.07 이하	3～3.5
주철과 목재	11.5～14°	0.20～0.30	2～3

$$D_1 = 2(R_m - \frac{b}{2}\sin\alpha)$$
$$D_2 = 2(R_m + \frac{b}{2}\sin\alpha) \qquad (13 \cdot 33)$$

[3] **圓周 클러치**(rim clutch)

이 클러치는 마찰면이 원주가 되고 마찰면에 힘을 가하기 위해 블록의 마찰면은 반지름 방향, 즉 軸心을 향하여 움직인다. 전동능력은 비교적 크고 저속 중부하용에 사용한다.

그림 **13-25**에 표시한 것처럼 원주의 바깥쪽(外周블록) 또는 안쪽(內周블록)에 해당되는 블록을 밀어붙여서 클러치의 작용을 하는 것으로 축방향의 압력을 가하는 수고를 덜 수 있다. 접촉면의 모양에 따라 평형과 V형이 있으며, V형의 경우는 접촉면적이 커진다.

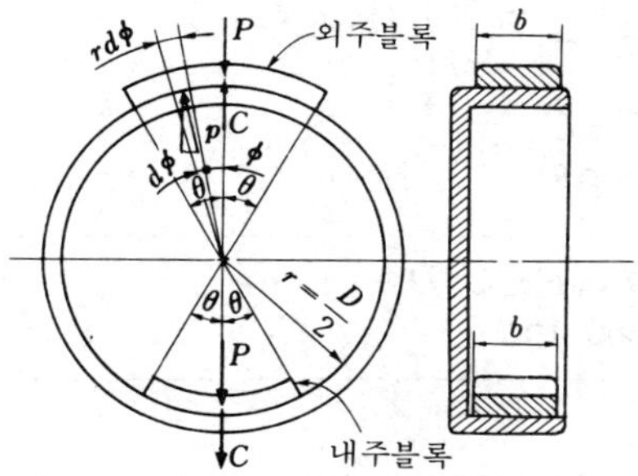

그림 13-25 원주 클러치의 힘의 관계

그림 **13-25**에서 1개의 블록을 반지름 방향으로 밀어붙이는 힘을 P라고 하면 다음 식이 얻어진다.

$$P \pm C = 2\int_0^{\theta} pbr\cos\phi\, d\phi = 2pbr\sin\theta \qquad (13 \cdot 34)$$

여기서

C : 블록에 작용하는 원심력으로 외주블록의 경우는 (−)이고, 내주블록의 경우는 (+)

p : 블록과 원주면 사이의 평균압력

b : 블록의 너비

r : 원주의 반지름

θ : 블록이 차지한 중심각의 반

원심력 C는 고속운전 때에만 고려해 주는 것이 좋다. 원심력 C는

$$C = \frac{Wv^2}{gR} = \frac{4WR\pi^2n^2}{60^2 g} \qquad (13 \cdot 35)$$

여기서

W : 블록의 무게

R : 축선에서 블록중심까지의 반지름

n : 회전속도(rpm)

v : 원주속도

g : 중력 가속도

또한, 블록의 수를 z라고 하면 상대편의 원주면 사이의 전 압력 Q는

$$Q = pb \times (\text{블록의 호의 길이}) \times z$$
$$= pb\pi r \frac{2\theta°}{180°} \times z = \frac{\pi pbr\theta° z}{90} \qquad (13 \cdot 36)$$

Q에 의해 전달되는 회전 모멘트 T는 다음 식으로 주어진다.

$$T = \mu Q \frac{D}{2} = \frac{\pi pbr\theta° z}{90} \cdot \frac{\mu D}{2} \qquad (13 \cdot 37)$$

$$pbr = \frac{P \pm C}{2\sin\theta} \text{ 이므로}$$

$$T = \frac{\pi\mu\theta° z(P \pm C)D}{360\sin\theta} \qquad (13 \cdot 38)$$

13-3-3 非逆轉 클러치(Overrunning clutch or one way clutch)

原動軸이 한 방향으로 회전하고 있을 때 그 회전방향이 반대로 되거나, 또는 從動軸이 원동축보다 빠른 속도로 회전하게 되면 자동적으로 전동이 차단되는 클러치를 **비역전 클러치** 또는 **일방향 클러치**라고 한다. 이런 클러치는 그림 **13-26**에서 볼 수 있는 바와 같이 적당한 쐐기 모양으로 만들어진 공간 속에 다수의 볼이나 롤러와 같은 轉動體를 삽입한 구조로 되어 있으며, 원동축의 회전에 의하여 전동체가 쐐기 모양의 공간 속으로 끌려 들어가면 클러치 효과가 생기고, 그 반대인 경우에는 클러치 효과가 없어진다. 쐐기 모양의 공간은 그림 **13-26**과 같이 內輪에 만들어진 것과 外輪에 만들어진 것도 있다.

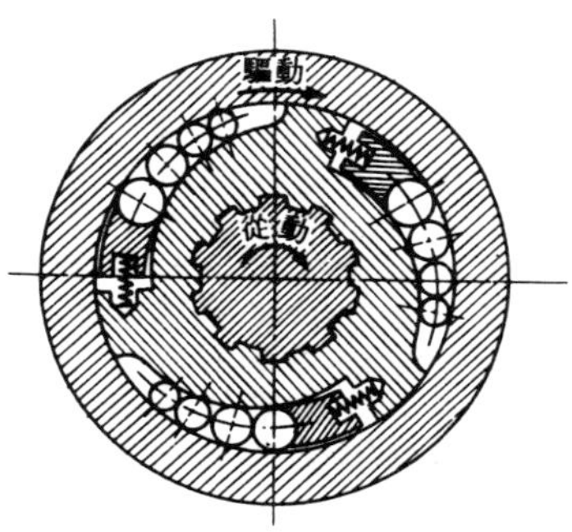

그림 13-26 비역전 클러치

13-3-4 遠心 클러치(Centrifugal clutch)

원심력에 의하여 마찰면이 접촉하도록 한 것으로, 원동축이 시동하여 점차 회전속도가 상승하면 클러치가 걸리도록 되어 있다. 그림 13-27과 같이 블록이 스프링에 의해 당겨져 있다가 원동축이 어느 속도 이상이 되면 스프링의 힘을 이겨서 원심력에 의해 블록이 종동축의 케이싱 안쪽면과 접촉하여 거기서 생기는 마찰력에 의해 토크를 전달하게 된다.

이것 외에도 그림 13-28에 나타난 粒體의 원심력을 이용한 粒體 클러치(powder clutch)와 그림 13-29에 나타난 粒體 대신 流體를 사용한 流體 클러치(fluid clutch) 등이 있다.

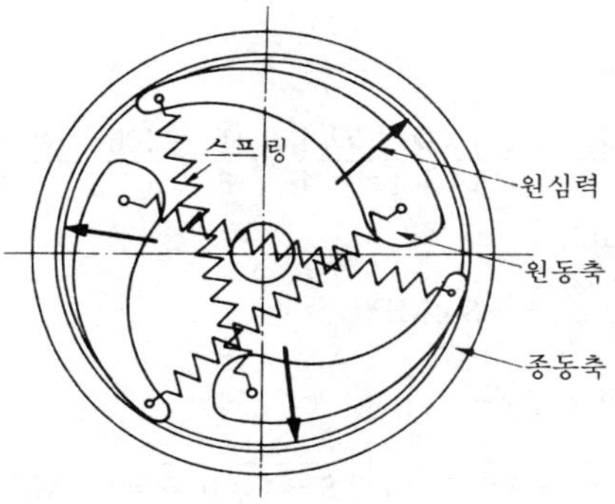

그림 13-27 원심 클러치

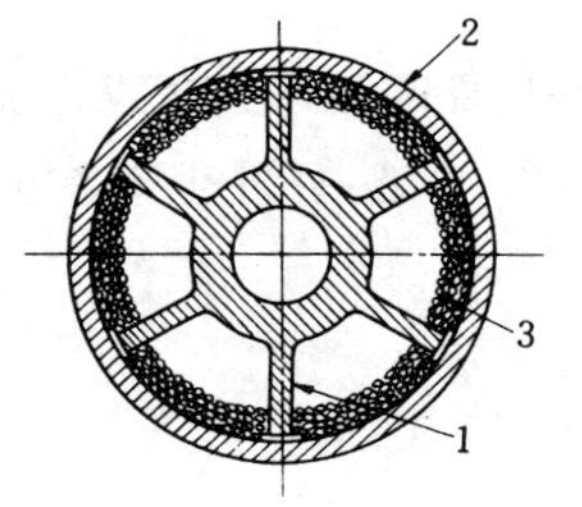

그림 13-28 입체 클러치

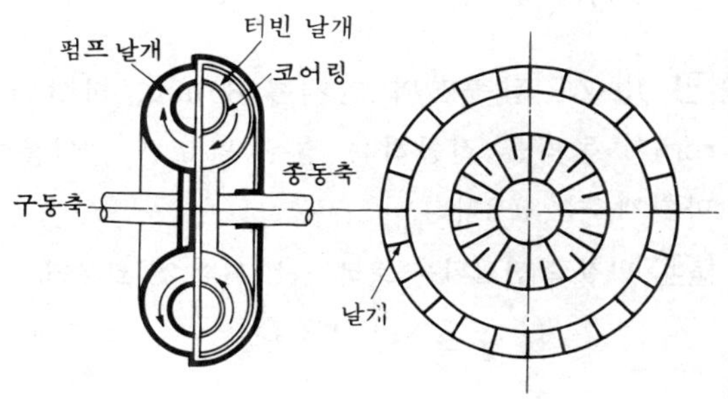

그림 13-29 유체 클러치

예제 **13-6.** 지름 40 mm의 軟鋼軸에 사용한 4각 이 3개를 갖는 물림 클러치의 바깥 지름이 105 mm, 안지름이 58 mm, 이의 높이가 28 mm일 때 이의 강도를 검토하라. 다만, 축은 120 rpm, 1.5 kW를 전달하려고 한다.

풀이〉 토크 T는

$$T = 9549\frac{H}{n} = 9549 \times \frac{2}{120} \doteqdot 119.4\,\mathrm{N\cdot m}$$

이 중앙부의 반지름 R_m은 $\dfrac{D_0+D_i}{4}$이므로 이에 걸리는 접선력 P는

$$P=\frac{T}{R_m}=\frac{119.4\times4}{105+58}\fallingdotseq 2930.1\,\mathrm{N}$$

이 뿌리면의 전단응력 τ는 식 (13·18)로부터

$$T=zA_1\tau R_m$$

$$\tau=\frac{T}{zA_1R_m}=\frac{P}{\frac{\pi}{8}(D_0^2-D_i^2)}=\frac{2930.1}{\frac{\pi}{8}(105^2-58^2)}=0.97\,\mathrm{MPa}$$

굽힘응력 σ_b는 식 (13·21)로부터

$$\sigma_b=\frac{Ph}{z\cdot Z}$$

여기서 단면계수 Z는

$$Z=\frac{1}{6}\times\frac{D_0-D_i}{2}\left\{\frac{\pi D_0+D_i}{4z}\right\}^2=\frac{1}{6}\times\frac{105-58}{2}\left\{\frac{\pi(105+58)}{4\times3}\right\}^2$$
$$=7124\,\mathrm{mm^3}$$

$$\sigma_b=\frac{2930.1\times28}{3\times7124}=3.8\,\mathrm{MPa}$$

따라서, 최대 전단응력 τ_{max}은

$$\tau_{max}=\frac{1}{2}\sqrt{\sigma_b^2+4\tau^2}=\frac{1}{2}\sqrt{3.8+4\times0.97}\fallingdotseq 2.1\,\mathrm{MPa}$$

이 최대 전단응력 τ_{max}이 먼저 구한 굽힘응력 σ_b에 비해서 작으므로 이는 안전하다는 것을 알 수 있다.

예제 13-7. 접촉면의 안지름 80 mm, 바깥지름 120 mm 인 단판 클러치로 1.5 kW, 1500 rpm의 동력을 전동하는 경우 필요한 밀어붙이는 힘을 계산하라. 다만, 클러치 접촉면의 마찰계수는 0.2이다.

풀이〉 마찰로 전달되는 토크는 식 (13·25)로부터

$$T=\mu P\cdot\frac{D_1+D_2}{4}$$

축이 전달하고자 하는 회전토크는

$$T=9549\frac{H}{n}$$

위의 식들을 같다고 놓고 P에 관해 풀면

$$P=\frac{4}{\mu(D_1+D_2)}\times9549\frac{H}{n}=\frac{4\times9549\times1.5\times10^3}{0.2\times(80+120)\times1500}=954.9\,\mathrm{N}$$

예제 13-8. 100 rpm, 9 HP의 동력을 전하는 단판 클러치의 內外徑比를 $D_1/D_2=0.8$로 하면 안지름 및 바깥 지름은 얼마로 해야 하는가? 다만, 마찰계수는 0.2, 접촉면압은 0.02

kg_f/mm^2이다.

풀이〉 축방향으로 밀어붙이는 힘을 P라고 하면

$$P = \frac{\pi}{4}(D_2^2 - D_1^2)p$$

클러치를 통한 전달토크 T는

$$T = \mu P \frac{D_1 + D_2}{4}$$

위의 두 식으로부터

$$T = \mu \frac{\pi}{16}(1 - 0.8^2)(1 + 0.8)D_2^3 p$$

위의 식을 D_2에 관해 풀면

$$D_2 = \sqrt[3]{\frac{16T}{\mu\pi(1 - 0.8^2)(1 + 0.8)p}} = \sqrt{\frac{16 \times 716,200 \times \frac{9}{100}}{0.2 \times \pi \times 0.36 \times 1.8 \times 0.02}}$$

$$\fallingdotseq \sqrt[3]{126.7 \times 10^6} \fallingdotseq 500\,\text{mm}$$

$$D_1 = 0.8 \times D_2 = 400\,\text{mm}$$

예제 **13-9.** 접촉면의 평균 반지름 125mm, 접촉면의 너비 80mm, 원추각 22°의 원추 클러치로 마찰계수 0.2, 접촉면압 0.04kg_f/mm^2로 하면 240rpm으로 몇 마력을 전달할 수 있는가? 또, 이 경우 축방향으로 밀어붙이는 힘을 구하라.

풀이〉 전달토크를 T라고 하면 $T = \mu Q R_m$이고 식 (13·31)에서 $Q = 2\pi R_m bp$이므로

$$T = \mu \cdot 2\pi \cdot bpR_m^2 = 0.2 \times 2\pi \times 80 \times 0.04 \times 125^2 = 62,800\,kg_f \cdot mm$$

전달마력 H는

$$H = \frac{n \cdot T}{716,200} = \frac{240 \times 62,800}{716,200} = 21\,\text{HP}$$

또, 밀어붙이는 힘 P는

$$P = 2\pi R_m bp(\sin\alpha + \mu\cos\alpha) = 2\pi \times 125 \times 80 \times 0.04\left(\sin\frac{22}{2} + 0.2\cos\frac{22}{2}\right)$$

$$= 2512(0.191 + 0.2 \times 0.982) = 972\,kg_f$$

예제 **13-10.** 다판식 원판 클러치로 마찰면의 너비가 바깥 지름의 $\frac{1}{4}$로 설계되어 있다. 이 클러치가 축방향으로 100kg_f의 힘으로 밀어붙여져서 1500rpm로 40HP를 전달하려면 몇 장의 원판이 필요한가? 다만, 마찰면의 마찰계수는 0.25이고 클러치 바깥 지름은 200mm 이다.

풀이〉 클러치의 전달토크 T는

$$T = 716,200\frac{H}{n} = 716,200 \times \frac{40}{1500} = 19,100\,kg_f \cdot mm$$

원판 하나의 접촉면에서 전달되는 토크는

$$0.25 \times \frac{100+75}{2} \times 100 = 2190\,\mathrm{kg}_f \cdot \mathrm{mm}$$

따라서 접촉면수 z는

$$z = \frac{19{,}100}{2190} = 8.7 \doteqdot 9$$

연 습 문 제

1. 축이음을 설계할 때 고려해야 할 사항을 커플링의 경우와 클러치의 경우로 나누어 생각하라.

2. 플랜지 커플링의 전달토크에 관해서 볼트의 전단에 의한 것과 마찰면의 마찰에 의한 것으로 나누어 설명하라.

3. 유니버설 커플링에서 축의 교차각과 각속도 변화율의 관계를 설명하고, 각속도 변화율을 없애기 위한 방법에 대해 말하라.

4. 원판 클러치에서 마찰면의 압력은 일정하나 어느 정도 사용하면 압력분포가 달라지는데, 이런 상태에서 마찰면을 통해서 전달되는 토크는 얼마가 되는지 유도하라.

5. 원추 클러치에서 원추면의 경사각이 전달되는 토크에 미치는 영향에 대해서 설명하라.

6. 축지름 80mm를 클램프 커플링으로 40kW, 110rpm의 동력을 전달한다. 지금 마찰력만으로 동력을 전달한다면 볼트에 생기는 인장응력은 얼마인가? 다만, 마찰계수는 0.2이다.
   ($\sigma_t = 146.6\,\mathrm{MPa}$)

7. 60kW, 180rpm의 동력을 전달하는 축에 플랜지 커플링으로 축이음을 하였다. 지름 21mm의 볼트 4개를 사용한다면 볼트에 생기는 전단응력은 얼마인가? 다만, 접촉면의 마찰은 없고 볼트구멍의 피치원 지름은 235mm이다. ($\tau = 19.6\,\mathrm{MPa}$)

8. 지름 50mm의 축에 플랜지 커플링을 사용하였다. 6개 볼트의 골지름 $\delta = 13.4\,\mathrm{mm}$이고 피치원 지름은 140mm이며, 볼트의 허용 인장응력이 50MPa일 때 마찰에 의한 전달 토크는 얼마인가? 또, 200 rpm으로 30kW를 전달시키려면 볼트에 발생되는 전단응력은 얼마인가?
   ($T = 592.4\,\mathrm{N \cdot m}$, $\tau = 24.2\,\mathrm{MPa}$)

9. 지름 40mm로 600rpm을 회전하는 2축을 리본 스프링 플렉시블 커플링으로 연결하였다. 스프링의 두께 0.8mm, 너비 6mm로 축 중심으로부터 스프링 너비 중앙까지의 반지름이 45mm이다. 이 커플링으로 10kW를 전달하려면 스프링을 몇 번 구부리면 되는가? 스프링 재료의 전단응력은 65MPa이고 안전계수는 10이다. (6번 구부리면 된다.)

10. 30°로 교차하고 있는 2축을 유니버설 커플링으로 축이음하였다. 원동축의 토크는 일정하여 150N·m이라면 종동축에 전달되는 토크는 얼마인가? ($T_{max} = 172.4\,\mathrm{N \cdot m}$, $T_{min} = 128.7\,\mathrm{N \cdot m}$)

11. 축지름 50mm의 4각이 물림 클러치에서 이의 수가 3, 클러치의 바깥 지름 125mm, 안지름 70 mm, 이의 높이 33mm일 때 접촉면압과 이 뿌리에 생기는 전단응력을 구하라. 단, 축의 허용 전단응

력 $\tau_s = 2.1\,\mathrm{kg_f/mm^2}$이고, 이의 허용 접촉면압은 $p_a = 0.5\,\mathrm{kg_f/mm^2}$라 한다.

($p = 0.388\,\mathrm{kg_f/mm^2}$, $\tau = 0.251\,\mathrm{kg_f/mm^2}$)

12. 원판 클러치의 회전수 $n = 2400\,\mathrm{rpm}$, 접촉면의 바깥 지름 160mm, 안지름 112mm, 마찰계수 0.35로 20HP를 전달하려면 클러치를 밀어붙이는 힘과 접촉면압은 각각 얼마인가?

($P = 251\,\mathrm{kg_f}$, $p = 0.025\,\mathrm{kg_f/mm^2}$)

13. 3000rpm으로 45HP를 내는 기관출력을 그림 **13-30**과 같은 원판 클러치로 종동축에 전달하려 한다. 마찰면의 마찰계수는 0.12이고 마찰면은 마모하고 있다. 이 경우 레버에 작용시키는 힘 F와 마찰면에 걸리는 최대압력을 구하라. 링크부분의 마찰은 무시한다.

($F = 1119\,\mathrm{kg_f}$, $p_{\max} = 0.176\,\mathrm{kg_f/mm^2}$)

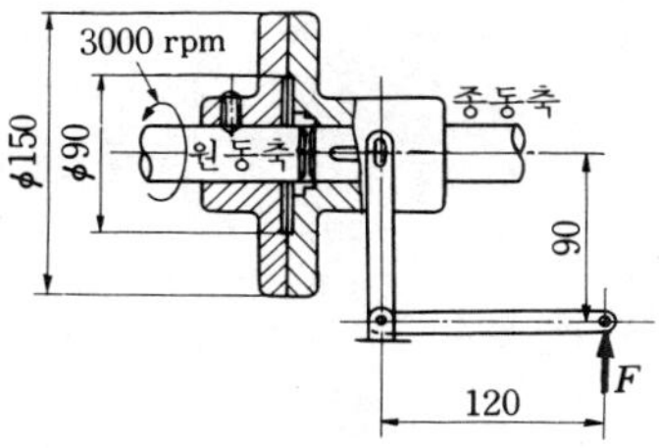

그림 13-30

14. 그림 **13-31**과 같은 원추 클러치로 마찰면의 마찰계수를 0.22로 할 때, 400rpm으로 12kW를 전달하기 위해서 어느 정도의 힘으로 밀어붙여야 하는가? ($P = 658\,\mathrm{kg_f}$)

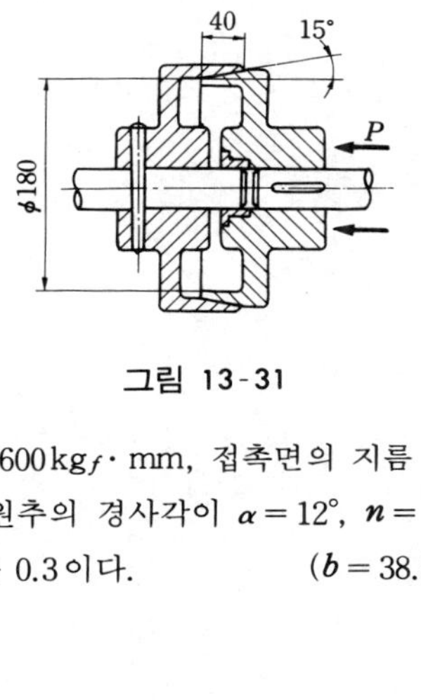

그림 13-31

15. 원추마찰 클러치에서 전달토크 $9600\,\mathrm{kg_f \cdot mm}$, 접촉면의 지름 210mm, 접촉면압 $0.012\,\mathrm{kg_f/mm^2}$가 되도록 접촉면의 너비를 정하라. 원추의 경사각이 $\alpha = 12°$, $n = 1200\,\mathrm{rpm}$이면 클러치의 축방향 힘과 전달동력을 구하라. 단, 마찰계수는 0.3이다. ($b = 38.5\,\mathrm{mm}$, $P = 153\,\mathrm{kg_f}$, $H = 11.8\,\mathrm{kW}$)

제 14 장

구름 베어링

회전축을 지지하면서 축에 작용하고 있는 하중을 받는 기계요소를 베어링(bearing)이라 하고, 베어링에 의해 받쳐지고 있는 축부분을 저널(journal)이라고 한다. 따라서, 베어링과 저널은 회전짝(rotating pair)을 이루고 상대운동을 하므로, 마찰이 생겨 이것으로 동력손실을 일으킴과 동시에 열을 발생하여 심한 경우에는 녹아붙음(seizing)이 일어나서 기계고장의 원인이 된다.

베어링은 형식에 따라 크게 두 가지로 나누어지며, 그 하나는 축과 베어링 사이에 볼(ball) 또는 롤러(roller), 니들 롤러(needle roller)를 넣어서 미끄럼 접촉을 구름접촉으로 바꾸어서 마찰이 훨씬 작은 구름마찰(rolling friction)을 하는 구름 베어링(rolling bearing)이고, 다른 하나는 축과 베어링이 면접촉으로 미끄럼 마찰을 하는 베어링인 미끄럼 베어링(sliding bearing)이다. 또, 베어링에는 작용하는 하중의 방향에 따라 레이디얼 베어링(radial bearing)과 스러스트 베어링(thrust bearing)이 있다. 레이디얼 베어링은 레이디얼 하중, 즉 軸線에 직각으로 작용하는 하중을 지지하고 스러스트 베어링은 스러스트 하중, 즉 축선방향으로 작용하는 하중을 지지한다.

14-1 구름 베어링의 구조와 종류

14-1-1 구름 베어링의 구조

그림 14-1에서 보는 것처럼 구름 베어링은 內輪(inner race), 外輪(outer race)으로 이루어진 軌道輪과 그 사이에 리테이너(retainer)로 적당한 간격을 유지하고 있는 볼(ball) 또는 롤러(roller)인 轉動體로 구성되어 있다. 축과 베어링 부분의 미끄럼 접촉을 이 전동체로 말미암아 구름접촉이 되어 마찰손실을 최대한으로 감소시킬 수 있다.

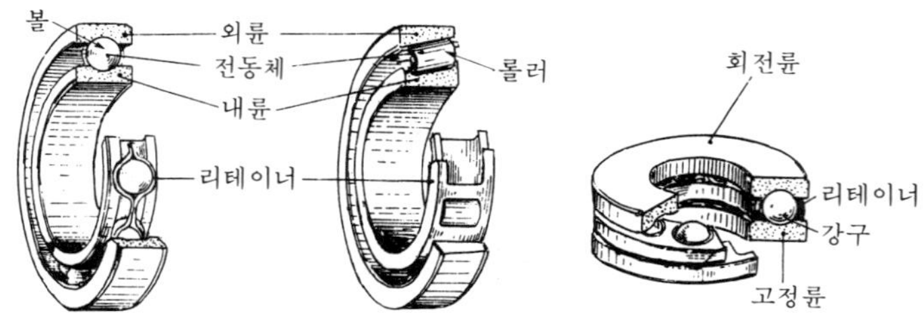

그림 14-1 구름 베어링의 구조

구름 베어링은 전동체에 따라 볼 베어링(ball bearing)과 롤러 베어링(roller bearing)으로 나누어지고, 롤러 베어링은 롤러의 모양에 따라 원통롤러 베어링, 원추롤러 베어링, 球面롤러 베어링 및 니들 롤러 베어링 등으로 나누어진다.

롤러 베어링은 작용하는 하중방향에 따라 레이디얼 베어링과 스러스트 베어링으로 나눈다. 레이디얼 베어링은 보통 어느 정도의 스러스트 負荷能力을 가지나 스러스트 베어링은 일반적으로 레이디얼 부하능력을 갖지 않는다.

전동체의 列數에 따라 1열인 것을 **單列**, 2열인 것을 **複列**이라 부르고 **內外輪**의 어느 쪽이 분리되는 **分離形**과 **非分離形**이 있다.

구름 베어링은 미끄럼 베어링에 비해서 마찰계수가 작고, 과열의 염려가 없고 고속회전이 가능하며, 축심의 벗어남이 적고 베어링 길이가 짧아 기계를 소형으로 할 수 있는 이점이 있다.

14-1-2 구름 베어링의 종류

구름 베어링은 그 종류가 많고 대부분이 규격품으로 만들어진다. 표 14-1에 구름 베어링의 종류를 표시했으며, 그 중에서도 흔히 쓰이는 중요한 베어링에 대해서 간단한 설명을 한다.

[1] 레이디얼 베어링

(1) 단열 레이디얼 볼 베어링(single row radial ball bearing)

이 베어링은 가장 많이 사용되는 대표적인 구름 베어링이다. 궤도면의 홈이 비교적 깊으므로 깊은 홈형(deep groove)이라 하며, 주로 레이디얼 하중을 받으나 볼이 홈 속에 들어가므로 어느 정도의 스러스트 하중도 받을 수 있다. 구조가 간단하면서 정밀도가 높게 제작되어 고속 회전용으로 가장 적합하다. 또한, 고무실(rubber seal)이나 실드板(shield plate)을 부착하여 그리스를 봉입한 베어링도 만들어진다. 그림 14-2에 나타나 있다.

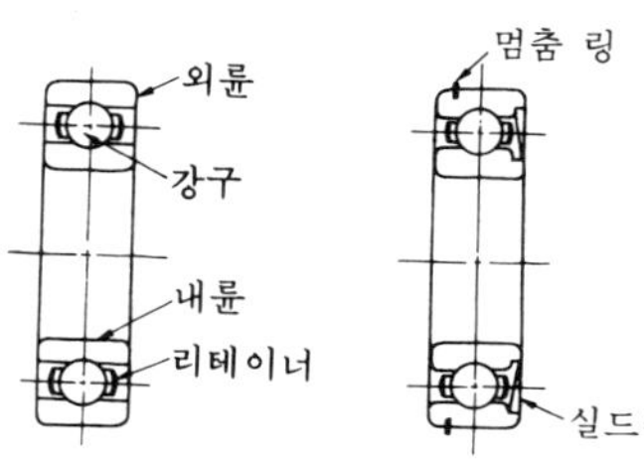

그림 14-2 단열 레이디얼 볼 베어링

표 14-1　구름 베어링의 종류

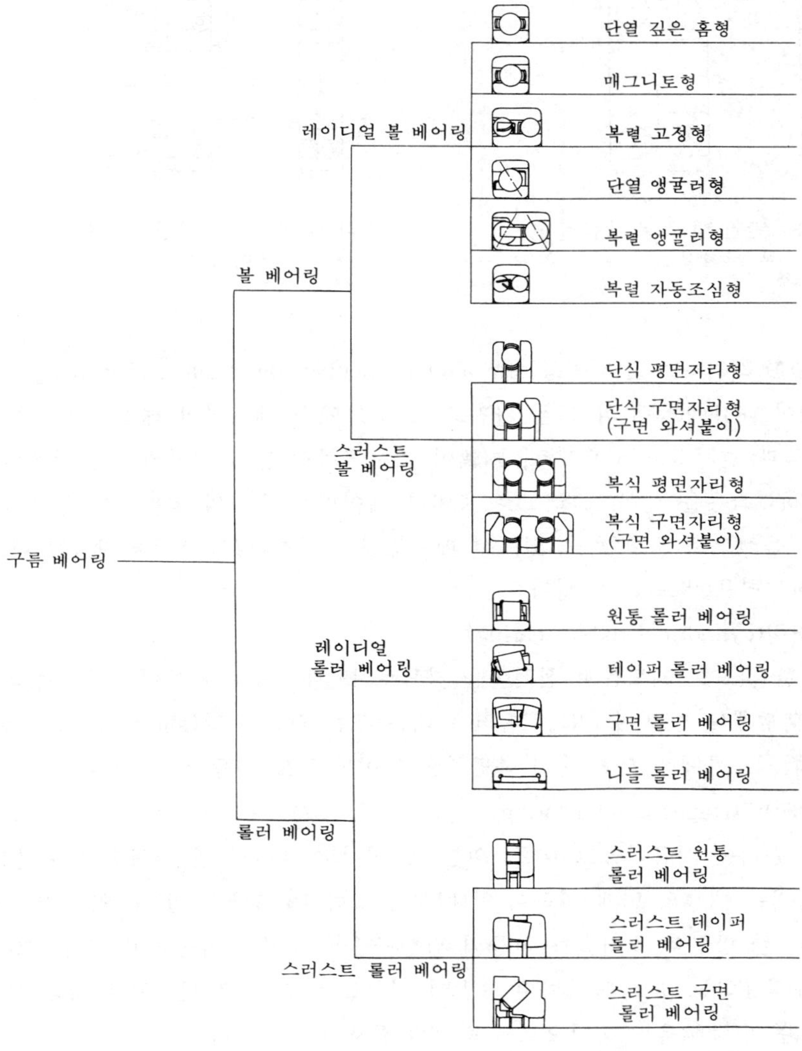

(2) 단열 앵귤러 볼 베어링(single row angular contact ball bearing)

볼과 **內外輪**과의 접촉점을 잇는 직선이 레이디얼 방향에 대해서 어느 각도를 이루고 있는 베어링으로 이 각도를 **接觸角**(contact angle)이라 한다. 구조상 정해진 한 방향의 스러스트 하중 및 합성하중을 받는 경우에 적합하다. 접촉각이 클수록 비교적 큰 볼을 사용할 수 있으므로 단열 레이디얼 볼 베어링보다 부하용량이 크고 큰 스러스트 하중에 견딘다. 그러나 마찰이 크므로 고속에는 적합하지 않다. 이 베어링은 하나의 축에 2개를 상대시켜서 사용한다. 볼이 복열로 된 복열 앵귤러 볼 베어링은 접촉각의 방향이 서로 반대로 되어 있으므로, 반대방향까지 포함해서 양방향의 스러스트 부하능력을 갖는다. 그림 **14-3**에 나타

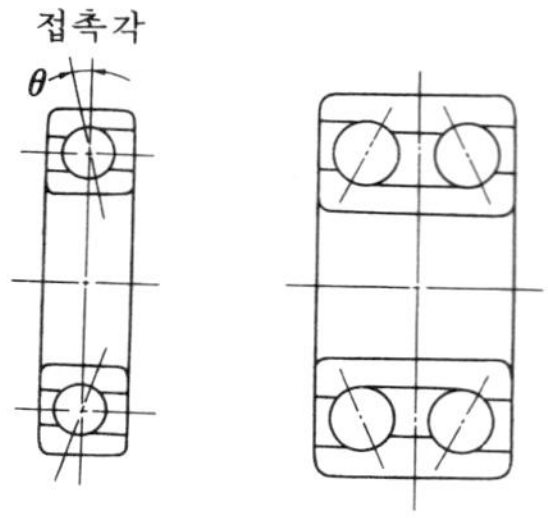

그림 14-3 단열 및 복렬 앵귤러 볼 베어링

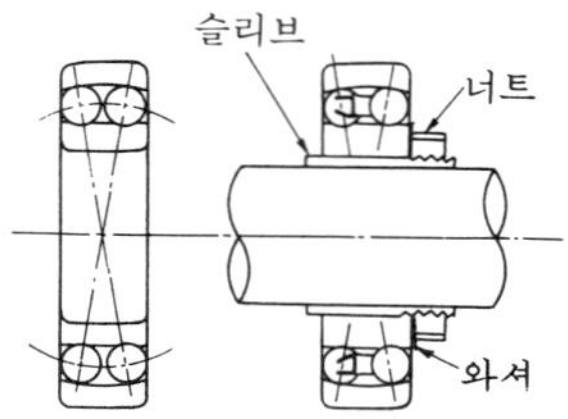

그림 14-4 복렬 자동 조심형 레이디얼 볼 베어링

나 있다.

(3) 복렬 自動調心形 레이디얼 볼 베어링(self-aligning double row radial ball bearing)

그림 14-4와 같이 내륜에 복렬의 홈을 가지고 있고 外輪의 궤도면이 球面으로 되어 그 중심이 베어링 중심과 일치하고 있으므로, 內輪이 기울어져도 볼의 관계위치는 언제나 일정하다. 즉, 自動調心 작용을 한다. 그러므로 축이나 베어링 하우징의 공작부착 등에 의한 축심의 어긋남을 자동적으로 조절할 수 있어서 베어링에 무리한 힘이 작용하지 않는다. 그러나 스러스트 부하능력은 별로 크지 않다.

(4) 원통롤러 베어링(cylindrical roller bearing)

원통롤러를 사용한 것으로 궤도륜과 선접촉을 하므로 볼 베어링보다 레이디얼 방향의 부하용량이 크며, 重荷重에도 견딜 수 있다. 롤러는 내륜 또는 외륜의 턱(shoulder)에 의해서 안내되고 턱이 한쪽 궤도륜에 있으면 축이 축방향으로 어느 정도 이동할 수 있다.

(5) 테이퍼 롤러 베어링(taper roller bearing)

전동체로 테이퍼 롤러를 사용하였고 내륜, 외륜 및 테이퍼 롤러의 원추 정점이 축선상의 한 점에 모이며, 롤러는 내륜의 턱에 의하여 안내된다. 그림 14-5에서 알 수 있는 바와 같이 레이디얼 하중과 한 방향의 스러스트 하중의 합성하중에 대한 부하능력이 크다. 그러나 순 레이디얼 하중이 작용하는 경우 축방향의 分力이 생기므로, 보통 2개를 서로 상대시켜서 사용하고 내륜과 외륜의 間隙을 조정함으로써 필요한 틈새가 얻어진다.

(6) 球面롤러 베어링(spherical roller bearing)

표면이 구면으로 되어 있는 롤러를 전동체로 사용한 것으로서, 자동조심 작용이 있으므로 축심이 어긋났을 때 자동적으로 조절한다. 레이디얼 부하용량이 크고 구면을 이용하여 양 방향의 스러스트 하중에도 견딜 수 있으므로, 重荷重 및 충격하중에 적합하나 고속회전에는 적합하지 않다.

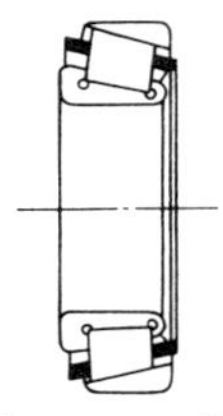

그림 14-5 테이퍼 롤러 베어링

(7) 니들 롤러 베어링(needle roller bearing)

지름이 2~5mm의 바늘 모양의 롤러를 사용한 것으로, 일반적으로 리테이너는 없고 內外輪이 있는 것과 내륜이 없이 축에 직접 접촉하는 것이 있다. 이 베어링은 축지름에 비하여 바깥 지름이 작고 단위면적마다의 부하용량이 커서 다른 롤러 베어링을 사용할 수 없는 좁은 장소나 충격하중이 있는 내연기관의 피스톤 핀의 베어링 등에 사용한다.

[2] 스러스트 베어링

(1) 單列 스러스트 볼 베어링(single row thrust ball bearing)

이 베어링은 스러스트 하중만을 받을 수 있고 고속회전에는 부적합하다. 한쪽 방향의 스러스트 하중만을 받을 수 있는 單式(single direction)과 양쪽 방향의 스러스트 하중을 받을 수 있는 複式(double direction)이 있다. 단식에서는 회전륜과 고정륜 사이에 볼을 배열하고 복식에서는 상하에 고정륜, 중간에 회전륜이 있으며, 고정륜과 회전륜 사이에는 볼이 있고 축은 회전륜에 부착한다. 그림 **14-6**에는 복식을 나타내고 있으며, 회전륜의 자리는 모두 평면이고 고정륜의 자리는 평면자리의 것과 구면자리의 것이 있으며, 구면자리의 것은 자동조심 작용을 한다.

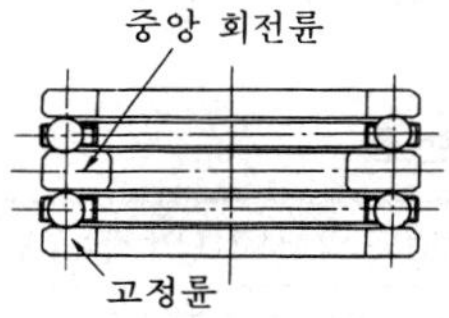

그림 14-6 단열복식 스러스트 볼 베어링

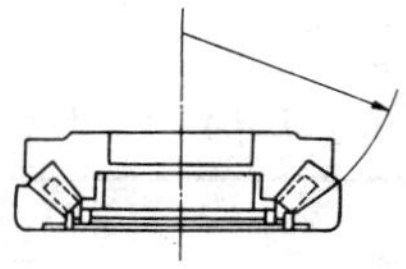

그림 14-7 스러스트 구면 롤러 베어링

(2) 스러스트 球面롤러 베어링(thrust spherical roller bearing)

구면롤러를 그림 **14-7**과 같이 접촉각 40∼50° 정도 경사시켜서 배열한 것으로 고하중에는 견디나 고속회전에 부적합하다. 스러스트 하중이 작용할 때 어느 정도의 레이디얼 하중을 받을 수 있다. 또한, 이 베어링은 구면롤러를 사용하므로 궤도면 자체가 구면이 되어 자동조심 작용을 한다.

14-2 구름 베어링의 主要치수와 표시

14-2-1 구름 베어링의 주요치수

구름 베어링에서는 전문 메이커의 제품을 그대로 구입해서 사용하는 것이 보통이므로, 규격 표준품의 주요치수를 조사하여 사용하게 된다. 구름 베어링을 사용할 때 직접 필요한 치수는 안지름, 바깥 지름, 너비(또는 높이) 치수이다. 국내 규격품의 구름 베어링은 안지름을 기준으로 하며, 그 안지름에 대하여 여러 가지의 바깥 지름과 너비를 조합한 것으로

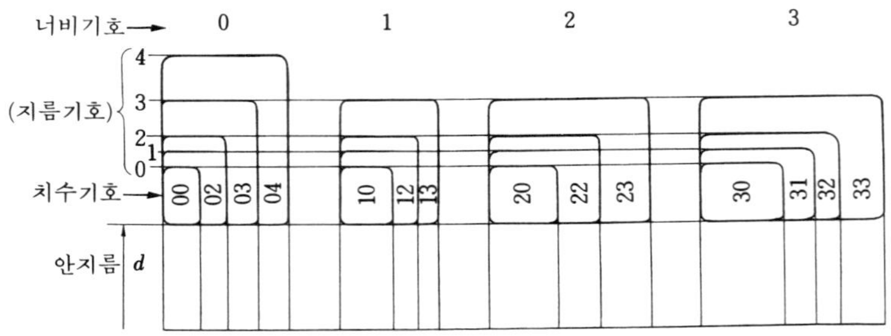

그림 14-8 구름 베어링의 치수기호

되어 있다. 같은 안지름의 구름 베어링에서는 바깥 지름이 클수록 重荷重에 견딘다. KS 규격에서는 그림 14-8 에 나타낸 바와 같이 안지름에 대한 바깥 지름 및 너비의 단계를 정하여 이것을 지름기호 및 너비기호로 표시한다. 지름기호에는 0, 1, 2, 3, 4가 있으며, 또 너비기호에는 0, 1, 2, 3이 있어서 각각 순서에 따라 지름과 너비가 커진다. 지름기호가 0 및 1은 특별 경하중형, 2는 경하중형, 3은 中荷重形, 4는 重荷重形으로 사용된다.

표 14-2 구름 베어링의 종류와 호칭번호

베어링의 종류		형식기호	치 수 기 호	호칭번호의 보기(안지름 번호00의 경우)
레이디얼 볼 베어링	단열 깊은 홈형	6	10, 02, 03, 04	6000, 6200, 6300, 6400
	단열 앵귤러형	7	10, 02, 03, 04	7000, 7200, 7300, 7400
	자동 조심형	1	02, 22, 03, 23	1200, 2200, 1300, 2300
스러스트 볼 베어링	단식 평면 자리형	5	11, 12, 13, 14	51,100, 51,200, 51,300, 51,400
	복식 평면 자리형	5	22, 23, 24	52,200, 52,300, 52,400
	단식 구면 자리형	5	32, 33, 34	53,200, 53,300, 53,400
	복식 구면 자리형	5	42, 43, 44	54,200, 54,300, 54,400
원통롤러 베어링	N형 (외륜 양쪽 턱없음 내륜 양쪽 턱붙이)	N	02, 03, 04	N 200, N 300, N 400
	NF형 (외륜 한쪽 턱붙이 내륜 양쪽 턱붙이)	NF	02, 03	NF 200, NF 300
	NU형 (외륜 양쪽 턱붙이 내륜 양쪽 턱없음)	NU	10, 02, 22, 03 23, 04	NU 1000, NU 200, NU 2200, NU 300, NU 2300, NU 400
	NJ형 (외륜 양쪽 턱붙이 내륜 한쪽 턱붙이)	NJ	02, 03, 04	NJ 200, NJ 300, NJ 400
	NN형 (복렬 외륜 턱없음 내륜 턱붙이)	NN	30	NN 3000
테이퍼 롤러 베어링		3	02, 22, 03, 23	30,200, 32,200, 30,300, 32,300
구면 롤러 베어링		2	30, 31, 22, 32 13, 23	23,000, 23,100, 22,200, 23,200, 21,300, 22,300
니들 롤러 베어링		NA RNA	49	NA4900, RNA4900

또, 너비기호와 지름기호를 합해서 표시한 것을 **치수기호**라 한다. 즉, 너비기호가 0이고 지름기호가 2인 경우 치수기호는 02로 표시하고, 너비기호가 3이고 지름기호가 0인 경우 치수기호는 30으로 표시한다. 이상은 레이디얼 베어링의 경우이고, 스러스트 베어링에서는 너비기호 대신 높이기호(1, 2, 3, 4)를 사용하여 표시한다. 또, 구름 베어링의 안지름을 표시하는데 안지름 20mm 이상 500mm 미만에서는 이것을 5로 나눈 수를 **안지름 번호**(두 자리)라 한다. 따라서, 안지름 25mm일 때는 안지름 번호는 05로 표시한다. 또, 안지름 20mm 미만의 것에서는 안지름 번호 00은 10mm, 01은 12mm, 02는 15mm, 03은 17mm를 나타내고, 10mm 미만의 것에서는 안지름 치수를 그대로 안지름 번호로 표시한다.

이 밖에 구름 베어링의 형식에 따라 **形式記號**가 정해져 있으며, 구름 베어링의 **呼稱番號**는 위에서 설명한 형식기호, 치수기호, 안지름 번호를 순서대로 조합하여 4자리 또는 5자리의 숫자나 기호로 표시하도록 규정되어 있다. 표 **14-2**에 구름 베어링의 종류와 호칭번호를, 표 **14-3**과 표 **14-4**에 구름 베어링의 호칭번호와 주요치수가 하나의 보기로 표시되었다.

베어링 호칭번호의 보기를 설명하면 다음과 같다.

① 7 2 08 B Z C2 P4

- P4: 등급기호(4급)
- C2: 틈새기호(C_2 틈새)
- Z: 밀봉기호(한쪽 밀봉)
- B: 접촉각 기호(호칭 접촉각 32～45°)
- 08: 안지름 기호(베어링 안지름 40mm)
- 2: 치수기호(02의 0을 생략한 것)
- 7: 형식기호(단열 앵귤러 볼 베어링)

② 62 14 Z NR

- NR: 궤도륜 형상기호(증지륜붙이)
- Z: 밀봉기호(한쪽 밀봉)
- 14: 안지름 번호(베어링 안지름 70mm)
- 62: 형식기호(단열 깊은홈 볼 베어링, 치수계열 02)

표 14-3 레이디얼 베어링의 호칭번호 및 주요 치수

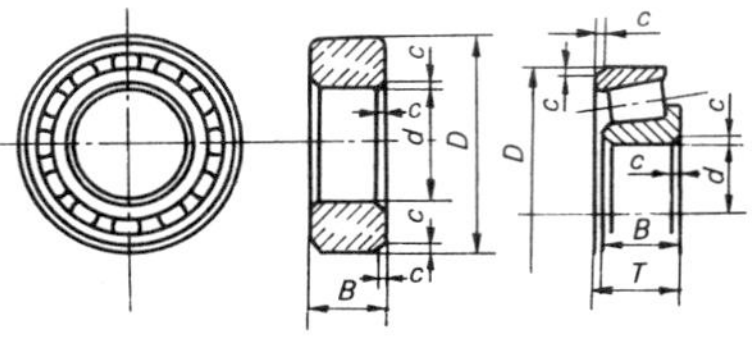

단열 볼 베어링		680		
안 지 름 d		지름기호 8		
		바깥지름	축기호 1 / 치수기호 18	C
번호	mm	D	너비 B	
/4	4	9	2.5	0.2
/5	5	11	3	0.3
/6	6	13	3.5	0.3
/7	7	14	3.5	0.3
/8	8	16	4	0.4
/9	9	17	4	0.4

	특별 경하중			경 중						중(中) 하 중						중(重) 하 중	
단열볼베어링	600 5000 7000				620 6200 7200						630 6300 7300					6400 7400	
복렬볼베어링						120 1200	2200 4200	3200 5200				1300	2300 4300	3300 5300			
원통 롤러 베어링		NN 3000			(N) 200						(N) 300					(N) 400	
구면 롤러 베어링		3000					22200					21 300	22300				
테이퍼 롤러 베어링					30200		32200				30300	31 300	32300				

안지름 d 번호	안지름 d mm	지름기호 0 바깥지름 D	너비기호 1 치수기호 10 너비 B	너비기호 3 치수기호 30 너비 B	C	지름기호 2 바깥지름 D	너비기호 0 치수기호 02 T 최대	02 T 최소	너비기호 1 치수기호 12 B	12 B	너비기호 2 치수기호 22 T 최대	22 T 최소	22 B	너비기호 3 치수기호 32 B	C	지름기호 3 바깥지름 D	너비기호 0 치수기호 03 T 최대	03 T 최소	너비기호 1 치수기호 13 B	13 B	너비기호 2 치수기호 23 T 최대	23 T 최소	23 B	너비기호 3 치수기호 33 B	C	지름기호 4 바깥지름 D	너비기호 0 치수기호 04 B	B	안지름 d mm	번호
/4	4	12	4	-	0.4	13	-	-	5		-	-	-	-	0.4	16	-	-	5		-	-	-	10	0.5	-	-	-	4	/4
/5	5	14	5	-	〃	16	-	-	5		-	-	-	-	0.5	19	-	-	6		-	-	-	11	〃	-	-	-	5	/5
/6	6	17	6	9	0.5	19	-	-	6		-	-	-	-	〃	22	-	-	7		-	-	11	13	〃	-	-	-	6	/6
/7	7	19	6	10	〃	22	-	-	7		-	-	-	-	〃	26	-	-	9		-	-	13	15	〃	-	-	-	7	/7
/8	8	22	7	11	〃	24	-	-	8		-	-	-	-	〃	28	-	-	9		-	-	13	15	〃	30	10	1	8	/8
/9	9	24	7	12	〃	26	-	-	8		-	-	-	-	1	30	-	-	10		-	-	14	16	〃	32	11	1	9	/9
00	10	26	8	12	0.5	30	-	-	9		-	-	14	-	〃	35	-	-	11		-	-	17	19	1	37	12	1	10	00
01	12	28	8	12	〃	32	11	10.5	10		-	-	14	15.9	〃	37	-	-	12		-	-	17	19	1.5	42	13	1.5	12	01
02	15	32	9	13	〃	35	12	11.5	11		-	-	14	15.9	〃	42	14.5	14	13		18.5	18	17	19	〃	52	15	2	15	02
03	17	35	10	14	〃	40	13.5	13	12		-	-	16	17.5	〃	47	15.5	15	14		20.5	20	19	22.2	〃	62	17	〃	17	03
04	20	42	12	16	1	47	15.5	15	14		-	-	18	20.6	1.5	52	16.5	16	15		22.5	22	21	22.2	2	72	19	〃	20	04
05	25	47	12	16	〃	52	16.5	16	15		-	-	18	20.6	〃	62	18.5	18	17		25.5	25	24	25.4	〃	80	21	2.5	25	05
06	30	55	13	19	1.5	62	17.5	17	16		21.5	21	20	23.8	1.5	72	21	20.5	19		29	28.5	27	30.2	2	90	23	2.5	30	06
07	35	62	14	20	〃	72	18.5	18	17		24.5	24	23	27.0	2	80	23	22.5	21		33	32.5	31	34.9	2.5	100	25	〃	35	07
08	40	68	15	21	〃	80	20	19.5	18		25	24.5	23	30.2	〃	90	25.5	25	23		35.5	35	33	36.5	〃	110	27	3	40	08
09	45	75	16	23	〃	85	21	20.5	19		25	24.5	23	30.2	〃	100	27.5	27	25		38.5	38	36	39.7	〃	120	29	〃	45	09
10	50	80	16	23	〃	90	22	21.5	20		26	24.5	23	30.2	〃	110	29.5	29	27		42.5	42	40	44.4	3	130	31	3.5	50	10
11	55	90	18	26	2	100	23	22.5	21		27	26.5	25	33.3	2.5	120	32	31	29		46	45	43	49.2	〃	140	33	〃	55	11
12	60	95	18	26	〃	110	24	23.5	22		30	29.5	28	36.5	〃	130	34	33	31		49	48	46	54.0	3.5	150	35	〃	60	12
13	65	100	18	26	〃	120	25	24.5	23		33	32.5	31	38.1	〃	140	36.5	35.5	33		51.5	50.5	48	58.7	〃	160	37	〃	65	13
14	70	110	20	30	〃	125	26.5	26	24		33.5	33	31	39.7	〃	150	38.5	37.5	35		54.5	53.5	51	63.5	〃	180	42	4	70	14
15	75	115	20	30	〃	130	27.5	27	25		33.5	33	31	41.3	〃	160	40.5	39.5	37		58.5	57.5	55	68.3	〃	190	45	〃	75	15
16	80	125	22	34	2	140	28.5	28	26		33.5	35	33	44.4	3	170	43	42	39		62	61	58	68.3	3.5	200	48	4	80	16
17	85	130	22	34	〃	150	31	30	28		39	38	36	49.2	〃	180	45	44	41		64	63	60	73.0	4	210	52	5	85	17
18	90	140	24	37	2.5	160	33	32	30		43	42	40	52.4	〃	190	47	46	43		68	67	64	73.0	〃	225	54	〃	90	18
19	95	145	24	37	〃	170	35	34	32		46	45	43	55.6	3.5	200	50	49	45		72	71	67	77.8	〃	240	55	〃	95	19
20	100	150	24	37	〃	180	37.5	36.5	34		49.5	48.5	46	60.3	〃	215	52	51	47		78	77	73	82.6	〃	250	58	〃	100	20
21	105	160	26	41	3	190	39.5	38.5	36		53.5	52.5	50	65.1	〃	225	54	53	49		82	81	77	87.3	〃	260	60	〃	105	21
22	110	170	26	45	〃	200	41.5	40.5	38		56.5	55.5	53	69.8	〃	240	55	54	50		85	84	80	92.1	〃	280	65	〃	110	22
24	120	180	28	46	〃	215	44	43	40	42	62	61	58	76	〃	260	60	59	55		91	90	86	106	〃	310	72	6	120	24
26	130	200	33	52	〃	230	44.5	43	40	46	68.5	67	64	80	4	280	64.5	63	58		99.5	98	93	112	5	340	78	〃	130	26
28	140	210	33	53	〃	250	46.5	45	42	50	72.5	71	68	88	〃	300	68.5	67	62		108.5	107	102	118	〃	360	82	〃	140	28
30	150	225	35	56	3.5	270	50	48	45	54	78	76	73	96	〃	320	73	71	65	67	115	113	108	128	〃	380	85	〃	150	30
32	160	240	38	60	3.5	290	53	51	48	58	85	83	80	104	4	340	76	74	68	71	122	120	114	136	5	400	88	6	160	32
34	170	260	42	67	〃	310	58	56	52	62	92	90	86	110	5	360	81	79	72	75	128	126	120	140	〃	420	92	〃	170	34
36	180	280	46	74	〃	320	58	56	52	62	92	90	86	112	〃	380	84	82	75	79	135	133	126	150	〃	440	95	8	180	36
38	180	290	46	75	〃	340	61	59	55	65	98	96	92	120	〃	400	87	85	78	83	141	139	132	155	6	460	98	〃	190	38
40	200	310	51	82	〃	360	65	63	58	70	105	103	98	128	〃	420	90	88	80	87	147	145	138	165	〃	480	102	〃	200	40
44	220	340	56	90	4	400	73	71	65	78	115	113	108	144	〃	460	98	96	88	99	155	153	145	180	〃	540	115	〃	220	44
48	240	360	56	92	〃	440	80	78	72	85	128	126	120	160	〃	500	106	104	95	111	166	164	155	195	〃	580	122	〃	240	48
52	260	400	65	104	5	480	90	88	80	90	138	136	130	174	6	540	114	112	102	120	177	175	165	206	8	620	132	10	260	52
56	280	420	66	106	〃	500	90	88	80	90	138	136	130	176	〃	580	120	118	108	128	188	185	175	224	〃	670	140	〃	280	56
60	300	460	74	115	〃	540	97	95	85	98	150	148	140	192	〃	620			109	140			185	236	10	710	150	〃	300	60
64	320	480	74	121	5	580	105	103	92	105	160	158	150	208	6	670			112	155			200	258	10	750	155	12	320	64
66	340	520	82	133	6	620			92	118			165	224	8	710			118	165			212	272	〃	800	165	〃	340	68
72	360	540	82	134	〃	660			95	122			170	232	〃	750			125	170			224	290	〃	850	180	〃	360	72
76	380	560	82	135	〃	680			95	132			175	240	〃	780			128	175			230	300	〃	900	190	〃	380	76
80	400	600	90	148	〃	720			103	140			185	256	〃	820			136	185			243	308	〃	950	200	15	400	80
84	420	620	90	150	〃	760			109	150			195	272	10	850			136	190			250	315	12	980	206	〃	420	84
88	440	660	94	157	3	790			112	155			200	280	〃	900			145	200			265	345	〃	1030	212	〃	440	88
92	460	680	100	163	〃	830			118	165			212	296	〃	950			155	212			280	365	〃	1060	218	〃	460	92
96	480	700	100	166	〃	870			125	170			224	310	〃	980			160	218			290	375	〃	1120	230	18	480	96
/500	500	720	100	167	〃	920			136	185			243	336	〃	1030			170	240			300	388	15	1150	236	〃	500	1500

표 14-4 스러스트 베어링의 호칭번호와 주요 치수

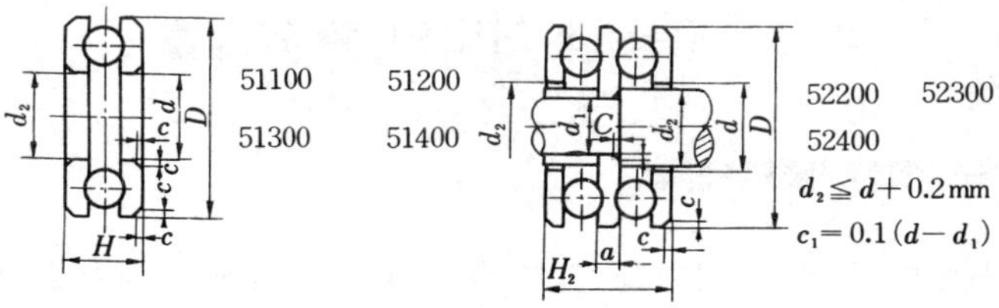

		특별 경하중			경 하 중						중(中) 하 중						중(重) 하 중					
단 식		51,100			51,200						51,300						51,400					
복 식		41,100						52,200						52,300						52,400		
안지름 d		지름 기호 1			지름 기호 2						지름 기호 3						지름 기호 4					
		바깥지름 D	C	높이기호 1	바깥지름 D	C	높이 기호 1	높이 기호 2			바깥지름 D	C	높이 기호 1	높이 기호 2			바깥지름 D	C	높이 기호 1	높이 기호 1		
				치수기호 1100			치수 기호 1200	치수 기호 2200					치수 기호 1300	치수 기호 2300					치수 기호 1400	치수 기호 2400		
번호	mm			H			H	d_1	H_2	a			H	d	H_2	a			H	d_1	H_2	a
00	10	24	0.5	9	26	1	11															
01	12	26	〃	9	28	〃	11															
02	15	28	〃	9	32	〃	12	10	22	5												
03	17	30	〃	9	35	〃	12	-	-	-												
04	20	35	〃	10	40	〃	14	15	26	6												
05	25	42	1	11	47	〃	15	20	28	7	52	1.5	18	20	34	8	60	1.5	24	15	45	11
06	30	47	1	11	52	1	16	25	29	7	60	1.5	21	25	38	9	70	1.5	28	20	32	12
07	35	52	〃	12	62	1.5	18	30	34	8	68	〃	24	30	44	10	80	2	32	25	59	14
08	40	60	〃	13	68	〃	19	30	36	9	78	〃	26	30	49	12	90	〃	36	30	65	15
09	45	65	〃	14	73	〃	20	35	37	〃	85	〃	28	35	52	12	100	〃	39	35	72	17
10	50	70	〃	14	78	〃	22	40	39	〃	95	2	31	40	58	14	110	2.5	43	40	78	18
11	55	78	1	16	90	1.5	25	45	45	10	105	2	35	45	64	15	120	2.5	48	45	87	20
12	60	85	1.5	17	95	〃	26	50	46	〃	110	〃	35	50	64	15	130	〃	51	50	93	21
13	65	90	〃	18	100	〃	27	55	47	〃	115	〃	36	55	65	15	140	3	56	50	101	23
14	70	95	〃	18	105	〃	27	55	47	〃	125	〃	40	55	72	16	150	〃	60	55	107	24
15	75	100	〃	19	110	〃	27	60	47	〃	135	2.5	44	60	79	18	160	〃	65	60	115	26
16	80	105	1.5	19	115	1.5	28	65	48	10	140	2.5	44	65	79	18	170	3.5	68	65	120	27
17	85	110	〃	19	125	〃	31	70	55	12	150	〃	49	70	87	19	180	〃	72	65	128	29
18	90	120	〃	22	135	2	35	75	62	14	155	〃	50	75	88	19	190	〃	77	70	135	30
20	100	135	〃	25	150	〃	38	85	67	15	170	〃	55	85	97	21	210	4	85	80	150	33
22	110	145	1.5	25	160	2	38	95	67	15	190	3	63	95	110	24	230	4	95	90	166	37
24	120	155	〃	25	170	〃	39	100	68	〃	210	3.5	70	100	123	27	250	5	102	95	177	40
26	130	170	〃	30	190	2.5	45	110	80	18	225	〃	75	110	130	30	270	〃	110	100	192	42
28	140	180	〃	31	200	〃	46	120	81	〃	240	〃	80	120	140	31	280	〃	112	110	196	44
30	150	190	〃	31	213	〃	50	130	89	20	250	〃	80	130	140	31	300	〃	120	120	209	46
32	160	200	1.5	31	225	2.5	51	140	90	20	270	4	87	140	153	33	320	6	130	130	226	50
34	170	215	2	34	240	〃	55	150	97	21	280	〃	87	150	153	33	340	〃	135	135	236	50
36	180	225	〃	34	250	〃	56	150	98	〃	300	〃	95	150	166	37	360	〃	140	140	245	52
38	190	240	〃	37	270	3	62	160	109	24	320	5	105	160	183	40	380	〃	150			
40	200	250	〃	37	280	〃	62	170	109	〃	340	〃	110	170	192	42	400	〃	155			
44	220	270	2	37	300	3	63	190	110	24							420	8	160			
48	240	300	2.5	45	340	3.5	78										440	〃	160			
52	260	320	〃	45	350	〃	79										480	〃	175			
56	280	350	〃	53	380	〃	80										520	〃	190			
60	300	380	3	62	420	4	95										540	〃	190			
64	320	400	3	63	440	4	95										580	10	206			
68	340	420	〃	64	460	〃	96										620	〃	220			
72	360	440	〃	65	500	5	110										640	〃	220			

14-3 구름 베어링의 負荷容量

14-3-1 Hertz의 彈性 接觸理論

볼 베어링의 설계는 여러 가지 사항을 고려해야 하고 거기에다 경험을 첨가하여야 한다. 볼에 관한 접촉압력, 변형에 대한 탄성 역학적 계산은 Hertz의 계산식을 근거로 한다.

그림 14-9에서 알 수 있는 바와 같이 반지름 r_1과 r_2의 세로 탄성계수 E가 같은 동일 재료의 볼을 P_0의 힘으로 서로 밀어 압력을 가하면, 접촉면은 변형하여 지름 $2a$의 작은 원형면적이 이루어진다. 그리고 2개의 볼의 중심간의 거리는 처음 外接인 경우 r_1+r_2이었던 것이 δ만큼 가까워지고 $r_1+r_2-\delta$가 된다. 접촉면의 압력은 접촉원의 중심에서 최대값 $p_{\max}$으로 되고, $2a$의 원둘레에서는 0이 된다. 평균압력 p_{mean}은 P_0를 원의 면적으로 나눈 값이 되고 $p_{\max}=1.5p_{\text{mean}}$의 관계가 있다.

그림 14-9에는 $r_1=r_2=\dfrac{d}{2}$일 때 반지름 r인 볼이 반지름 $2r$의 볼의 내면에 접촉하는 경우, 평면 위에 볼이 접촉하면 다같이 $p_{\max}$과 P_0의 값을 표시하고 있다. 볼 내부에 일어나

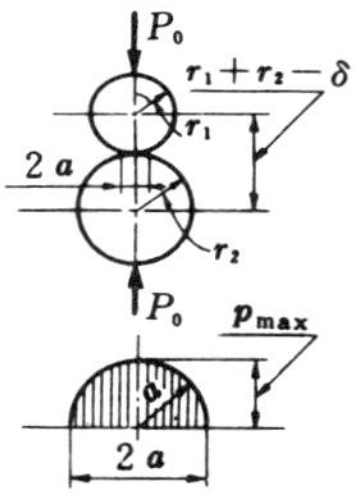	p_m : 평균압력 E :세로 탄성계수 $a=1.109\sqrt[3]{\dfrac{P_0}{E}\cdot\dfrac{r_1r_2}{r_1+r_2}}$ $\delta=1.231\sqrt[3]{\dfrac{P_0^2}{E^2}\cdot\dfrac{r_1+r_2}{r_1r_2}}$ $p_{\max}=1.5p_m=0.388\sqrt[3]{P_0E^2\left(\dfrac{r_1+r_2}{r_1r_2}\right)^2}$
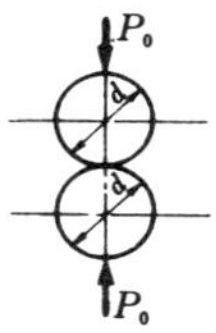	$p_{\max}=0.388\sqrt[3]{\dfrac{16P_0E^2}{d^2}}$ $P_0=\left(\dfrac{p_{\max}}{0.388}\right)^3\dfrac{d^2}{16E^2}$
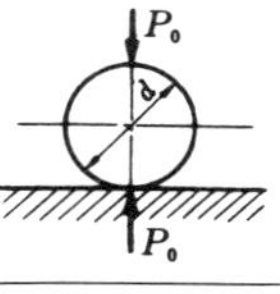	$p_{\max}=0.388\sqrt[3]{\dfrac{4P_0E^2}{d^2}}$ $P_0=\left(\dfrac{p_{\max}}{0.388}\right)^3\dfrac{d^2}{4E^2}$
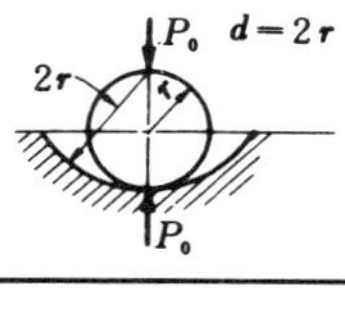	$p_{\max}=0.388\sqrt[3]{\dfrac{P_0E^2}{d^2}}$ $P_0=\left(\dfrac{p_{\max}}{0.388}\right)^3\dfrac{d^2}{E^2}$

그림 14-9 볼 베어링의 부하용량의 이론적 해석

는 최대 압축응력을 σ_{max}이라 하면 이것이 p_{max}과 같다고 할 때 볼의 2배의 지름을 가진 볼면에 내접하는 경우의 압축력은 평면 위에 접촉하는 경우의 4배, 같은 지름의 볼이 외접하는 경우의 16배가 되는 것을 알 수 있다. 즉, 볼끼리 서로 외접시키는 것은 위험하고 볼 베어링에서처럼 볼과 궤도륜의 홈에 內接시키는 것이 가장 좋다는 것을 알게 된다.

14-3-2 負荷容量

구름 베어링이 견딜 수 있는 하중의 크기를 **負荷容量**(load capacity)이라 하며 이에는 靜的 負荷容量과 動的 負荷容量이 있다.

[1] **靜的 負荷容量**

구름 베어링이 정지하고 있는 상태에서 **靜荷重**이 작용할 때 견딜 수 있는 하중의 크기를 **靜的 負荷容量**(static load capacity)이라 하며 그림 14-9의 이론식에서 재료와 치수가 결정되면 다음 관계식을 얻는다.

$$\left.\begin{aligned} p_{max} &= A\sqrt[3]{\frac{P_0}{d^2}} \\ \delta &= B\sqrt[3]{P_0^2} \end{aligned}\right\} \qquad (14\cdot1)$$

위의 식에서 p_{max}을 허용 접촉응력으로 잡으면 허용 압축력 P_0와 지름 d와의 관계는 다음 식과 같다.

$$\left.\begin{aligned} P_0 &= kd^2(\text{볼}) \\ P_0 &= kdl(\text{롤러}) \end{aligned}\right\} \qquad (14\cdot2)$$

여기서 k는 比荷重(specific load)이라고 부른다.

레이디얼 볼 베어링에 있어서는 그림 14-10과 같이 하중 P가 작용할 때 베어링의 하반부에 있는 볼만이 하중 P를 부담하며, 또 축 바로 아래에 있는 볼이 가장 큰 하중을 받는다. 평형조건에 따라 P_0, P_1, P_2……의 하중방향의 分力의 합은 P와 같아지므로

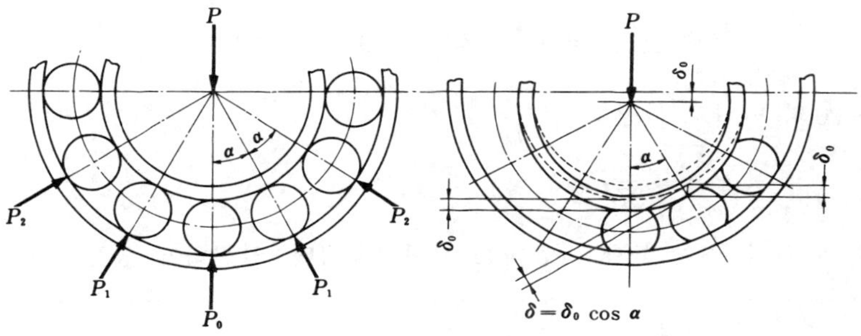

그림 14-10 정적 부하용량

$$P = P_0 + 2P_1\cos\alpha + 2P_2\cos 2\alpha \cdots\cdots 2P_n\cos n\alpha \qquad (14\cdot 3)$$

의 관계가 성립하고, 볼의 총수를 z라고 하면 $\alpha = 360°/z$, $n = \dfrac{z}{4}$, $n\alpha \leqq 90°$이다.

식 (14·3)에서 P_1, $P_2 \cdots\cdots P_n$은 미지이므로 이것을 구하기 위하여 탄성변형을 고려하였다. 하중이 작용하여도 內外輪의 모양은 변형하지 않고 내륜만이 그 원형을 유지하면서 하중 P의 방향으로 δ_0 만큼 變位하는 것으로 가정하였다. 따라서, P_0의 하중을 받는 볼에 대한 변위는 δ_0가 된다. 다른 볼에 대한 P_1, $P_2 \cdots\cdots P_n$에 의한 그 하중방향의 변위를 각각 δ_1, $\delta_2 \cdots\cdots \delta_n$이라고 하면

$$\delta_1 = \delta_0\cos\alpha, \quad \delta_2 = \delta_0\cos 2\alpha, \quad \delta_n = \delta_0\cos n\alpha \qquad (14\cdot 4)$$

와 같이 되고, Hertz의 이론에 의하면 $\delta^3 \propto P_0^2$의 관계로부터

$$\frac{P_0^2}{P_1^2} = \frac{\delta_0^3}{\delta_1^3} \qquad \therefore\ P_1 = P_0\left(\frac{\delta_1}{\delta_0}\right)^{\frac{3}{2}} \qquad (14\cdot 5)$$

식 (14·4)의 값을 위의 식에 대입하면

$$\left.\begin{aligned} P_1 &= P_0\cos^{\frac{3}{2}}\alpha \\ P_2 &= P_0\cos^{\frac{3}{2}}2\alpha \\ &\ \vdots \\ P_n &= P_0\cos^{\frac{3}{2}}n\alpha \end{aligned}\right\} \qquad (14\cdot 6)$$

가 되고, 이들을 식 (14·3)에 대입하면

$$P = P_0(1 + 2\cos^{\frac{5}{2}}\alpha + 2\cos^{\frac{5}{2}}2\alpha \cdots\cdots 2\cos^{\frac{5}{2}}n\alpha) \qquad (14\cdot 7)$$

로 된다.

볼의 수를 정해서 위의 식에 넣어 계산해 보면

$$P = 2.28\,P_0 = \frac{z}{4.38}P_0(z = 10,\ \alpha = 36°)$$

$$P = 3.44\,P_0 = \frac{z}{4.36}P_0(z = 15,\ \alpha = 24°)$$

$$P = 4.58\,P_0 = \frac{z}{4.37}P_0(z = 20,\ \alpha = 18°)$$

이고, $z = 10 \sim 20$의 범위로 하면

$$P = \frac{z}{4.37}P_0 \qquad (14\cdot 8)$$

로 쓸 수 있다. 여기서 P_0는 볼에 작용하는 최대하중이며, 안전하게 생각해서

$$P = \frac{z}{5}P_0 \qquad (14\cdot 9)$$

로 하였다. 식 (14·2)에 의하여 1개의 볼에 허용되는 최대하중은 $P_0 = kd^2$ 이므로, 볼 베어링의 경우에는

$$P = \frac{1}{5} zkd^2 \qquad (14 \cdot 10)$$

이 주어지고, 원통롤러의 경우에는

$$P = \frac{1}{5} zkdl \qquad (14 \cdot 11)$$

여기서 d : 원통롤러의 지름, l : 롤러의 길이이다.

또한, 스러스트 베어링에서는,

$$P = zkd^2 \qquad (14 \cdot 12)$$

으로 주어지고 k의 값은 표 14-5에 나타나 있다.

표 14-5 k의 값

베 어 링 의 종 류		k
레이디얼 베어링	단열 볼 베어링	6.2
	단열 앵귤러 볼 베어링	6.2
	복렬 앵귤러 볼 베어링	6.2
	복렬 자동 조심형 볼 베어링	1.7
	원통롤러 베어링	11
	원추롤러 베어링	11
	구면롤러 베어링	11
스러스트 베어링	단식 볼 베어링	5
	구면롤러 베어링	11

일반적으로 볼 베어링에 있어서 볼의 열수를 i, 볼의 접촉각을 θ라고 하면 식 (14·10)은 다음과 같다.

$$P = \frac{1}{5} zkd^2 i \cos\theta \qquad (14 \cdot 13)$$

마찬가지로 스러스트 볼 베어링의 경우에는

$$P = kzd^2 i \sin\theta \qquad (14 \cdot 14)$$

로 된다.

이 P를 靜的 負荷容量이라고 부른다. 위의 식은 Hertz의 이론식으로부터 유도된 것이므로 볼의 변형은 어디까지나 영구변형이 생기지 않는 범위 내에 있어야 한다. 그러나 실제로 약간의 영구변형이 생겨도 사용하는 데 큰 지장이 없으므로, 구름 베어링에서는 정적 부하

용량을 다음과 같이 규정하고 있다. "최대부하를 받고 있는 **轉動體**와 궤도륜의 접촉부에서 전동체의 영구 변형량과 궤도륜의 영구 변형량의 합이 전동체 지름의 0.0001배가 되는 정하중을 정하여 이것을 **基本靜的 負荷容量**(basic static load capacity)이라 하고 C_0 (kg$_f$)로 표시한다." 규격에 정해진 C_0의 식은 다음과 같다.

$$\left.\begin{array}{l} ①\ 레이디얼\ 볼\ 베어링\cdots\cdots C_0 = f_0 \boldsymbol{izd}^2 \cos\theta \\ ②\ 레이디얼\ 롤러\ 베어링\cdots\cdots C_0 = f_0 \boldsymbol{izdl} \cos\theta \\ ③\ 스러스트\ 볼\ 베어링\cdots\cdots C_0 = f_0 \boldsymbol{zd}^2 \sin\theta \\ ④\ 스러스트\ 롤러\ 베어링\cdots\cdots C_0 = f_0 \boldsymbol{zdl} \sin\theta \\ ⑤\ 자동\ 조심형\ 볼\ 베어링\cdots\cdots C_0 = 0.34 \boldsymbol{izd}^2 \cos\theta \end{array}\right\} \qquad (14 \cdot 15)$$

여기서

i : 볼 또는 롤러의 열수

θ : 접촉각

z : 1열 중의 볼 또는 롤러의 수

d : 볼 또는 롤러의 지름

l : 롤러의 유효 접촉길이

f_0 : 베어링 각부의 모양, 가공 정밀도 및 재료에 따라 정해지는 계수로 표 14-6에 표시한 바와 같다.

표 14-6 f_0의 값

베 어 링 의 종 류		f_0
레이디얼 베어링	깊은홈, 앵귤러 볼 베어링	1.25
	자동 조심형 볼 베어링	0.34
	롤러 베어링	2.2
스러스트 베어링	볼 베어링	5
	롤러 베어링	10

[2] **動的 負荷容量**

회전 중에 구름 베어링이 견딜 수 있는 하중을 **動的 負荷容量**(dynamic load capacity)이라 하며, 반복응력에 의한 피로현상을 대상으로 하여 결정된다.

구름 베어링을 오랫동안 사용하면 그 **內外輪** 및 **轉動體**는 반복응력을 받아서 피로하여 접촉표면에 플레이킹(flaking)이라는 **剝離現象**을 일으켜 진동과 소음으로 사용할 수 없게 된다. 최초의 플레이킹이 일어날 때까지의 총회전수(또는, 일정회전 속도에서는 시간)를 **베어링 壽命**(bearing life)이라 한다. 구름 베어링의 구조와 치수 등이 꼭같은 여러 개의 베어링을 같은 조건에서 개개로 운전하였을 때, 그 중의 90%의 베어링이 피로박리 현상에 의한 재료의 손상을 일으킴이 없이 회전할 수 있는 총회전수(또는, 일정회전 속도에서는 시간)를

計算壽命 또는 **定格壽命**(rating life)이라고 하며, 이것을 기준으로 하여 구름 베어링을 설계한다. 또, KS규격에서는 다음과 같이 정의한다. 즉, 내륜을 회전시키고 외륜을 정지시킨 조건하에서 여러 개의 같은 베어링을 개개로 운전하였을 때 정격수명이 100만 회전이 되는 방향과 크기가 변동하지 않는 하중을 **基本動的 負荷容量**이라 하며, 때로는 간단하게 基本負荷容量(basic load capacity)이라고 한다. 보통 $C(\mathrm{kg}_f)$로 표시하고 레이디얼 베어링에서는 순레이디얼 하중을, 스러스트 베어링에서는 순스러스트 하중을 취한다.

수명을 시간으로 나타낼 경우에는 보통 500시간을 기준으로 한다. 따라서, 100만 회전의 수명은 $33.3 \times 60 \times 500 = 10^6$이므로 33.3 rpm으로 500시간의 수명에 견디는 하중이 기본 부하용량이 된다. 기본정적 부하용량 C_0 및 기본동적 부하용량 C는 각 베어링 제작사의 카탈로그에 기재되어 있으므로 이것을 참조하여 베어링을 선정한다.

기본동적 부하용량은 다음과 같은 식으로 얻어진다.

(1) 레이디얼 볼 베어링

$$d \leqq 25.4\,\mathrm{mm} \cdots\cdots C = f_C(i\cos\theta)^{0.7} z^{\frac{2}{3}} d^{1.8}$$

$$d > 25.4\,\mathrm{mm} \cdots\cdots C = f_C(i\cos\theta)^{0.7} z^{\frac{2}{3}} \times 3.647\, d^{1.4}$$

(2) 레이디얼 롤러 베어링

$$C = f_C(il\cos\theta)^{\frac{7}{9}} z^{\frac{3}{4}} d^{\frac{29}{27}}$$

(3) 스러스트 볼 베어링

$d \leqq 25.4\,\mathrm{mm}$

$$\theta = 90^\circ \cdots\cdots C = f_C z^{\frac{2}{3}} d^{1.8}$$

$$\theta \fallingdotseq 90^\circ \cdots\cdots C = f_C(\cos\theta)^{0.7} \tan\theta \cdot z^{\frac{2}{3}} d^{1.8} \qquad (14 \cdot 16)$$

$d > 25.4\,\mathrm{mm}$

$$\theta = 90^\circ \cdots\cdots C = f_C z^{\frac{2}{3}} \times 3.647\, d^{1.4}$$

$$\theta \fallingdotseq 90^\circ \cdots\cdots C = f_C(\cos\theta)^{0.7} \tan\theta \cdot z^{\frac{2}{3}} \times 3.647\, d^{1.4}$$

(4) 스러스트 롤러 베어링

$$\theta = 90^\circ \cdots\cdots C = f_C l^{\frac{7}{9}} l^{\frac{3}{4}} d^{\frac{29}{27}}$$

$$\theta \fallingdotseq 90^\circ \cdots\cdots C = f_C(l\cos\theta)^{\frac{7}{9}} \tan\theta \cdot z^{\frac{3}{4}} d^{\frac{29}{27}}$$

여기서

d : 전동체의 지름

z : 1열에 있는 전동체의 수

i : 전동체의 열수

θ : 접촉각

l : 롤러의 유효 접촉길이

f_c : 베어링 각부의 모양, 가공 정밀도 및 재료에 따라 정해지는 계수이며 KS규격에 규정되어 있다.

표 14-7(a), (b)에 구름 베어링의 부하용량에 대한 규격을 표시한다.

표 14-7(a) 구름 베어링의 부하용량

종 류		단열 깊은홈 레이디얼 볼 베어링						단열 앵귤러 볼 베어링				자동 조심형 레이디얼 볼 베어링				원통롤러 베어링			
하중의 구분		輕荷重用		中荷重用		重荷重用		輕荷重用		中荷重用		輕荷重用		中荷重用		輕荷重用		中荷重用	
안지름 \ 호칭번호		6200		6390		6400		7200		7300		1200		1300		N 200		N 300	
번호	d	C	C_0	C	C_0	C	C_0	C	C_0	C	C_0	C	C_0	C	C_0	C	C_0	C	C_0
00	10	400	195	640	380							430	135	560	185				
01	12	535	295	760	470							435	150	740	240				
02	15	600	355	900	545							585	205	750	265				
03	17	755	445	1060	660	1770	1100					650	245	975	375				
04	20	1010	625	1250	790	2400	1560					775	325	980	410	980	695	1370	965
05	25	1100	705	1660	1070	2810	1900	1270	850	2080	1460	940	410	1410	610	1100	850	1860	1370
06	30	1530	1010	2180	1450	3350	2320	1770	1270	2650	1910	1220	590	1670	790	1460	1160	2450	1930
07	35	2010	1380	2610	1810	4300	3050	2330	1720	3150	2350	1230	675	1960	1000	2120	1700	3000	2360
08	40	2280	1580	3200	2260	5000	3750	2770	2130	3850	2930	1440	820	2310	1240	2750	2320	3750	3100
09	45	2560	1800	4150	3050	5850	4400	3100	2430	5000	3950	1700	975	2970	1620	2900	2500	4800	3900
10	50	2750	2000	4850	3600	6800	5000	3250	2600	5850	4700	1780	1100	3400	1780	3050	2700	5850	4960
11	55	3400	2530	5650	4250	7850	6000	4000	3300	6750	5500	2090	1360	4000	2290	3650	3250	7100	5850
12	60	4100	3150	6450	4960	8450	6700	4850	4050	7700	6350	2350	1580	4450	2710	4400	4000	8500	7200
13	65	4500	3450	7300	5600	9250	7650	5500	4750	8700	7300	2410	1750	4850	2990	5100	4750	9500	8150
14	70	4850	3800	8150	6400	11,100	10,200	6000	5250	9800	8300	2710	1920	5800	3600	5300	5000	10,400	9000
15	75	5150	4200	8900	7250	12,000	11,000	6200	5550	10,600	9400	3050	2180	6200	3900	6200	5850	12,700	11,000
16	80	5700	4500	9650	8100	12,700	12,000	6950	6250	11,500	10,500	3100	2400	6900	4300	7100	6800	13,400	12,000
17	85	6500	5450	10,400	9000	13,600	13,200	7800	7200	12,400	11,700	3850	2900	7600	4950	8150	7800	15,000	13,200
18	90	7500	6150	11,200	10,000	14,500	14,600	9200	8500	13,400	13,000	4450	3250	9050	5700	9800	9300	17,300	15,600
19	95	8500	7050	12,000	11,000			10,500	9750	14,300	14,300	5000	3750	10,300	6500	11,400	11,000	18,600	17,000
20	100	9550	8000	13,600	13,200			11,300	10,400	16,200	17,200	5400	4100	11,100	7350	12,700	12,200	21,600	19,600
21	105	10,400	9050	14,400	14,400			12,300	11,700	17,200	18,700	5800	4500	12,100	8250	14,000	13,700	25,000	22,400
22	110	11,300	10,100	16,100	16,900			13,300	13,200	17,300	22,000	6850	5320	12,700	9350	16,300	15,300	30,000	26,000
23	115																		
24	120	12,100	11,500	16,200	16,900			14,300	14,700	21,000	25,000					18,300	18,000	34,000	30,000

표 14-7(b) 구름 베어링의 부하용량

종 류		테이퍼 베어링				구면구름 베어링				단식 스러스트 볼 베어링				복식 스러스트 볼 베어링			
하중의 구분		輕荷重用		中荷重用		輕荷重用		中荷重用		輕荷重用		中荷重用		輕荷重用		中荷重用	
안지름 \ 호칭번호		30,200		30,300		22,200		22,300		51,100		51,200		52,200		52,300	
번호	d	C	C_0	C	C_0	C	C_0	C	C_0	C	C_0	C	C_0	C	C_0	C	C_0
00	10									570	1140	720	1400				
01	12									570	1140	770	1550				
02	15			1290	980					615	1250	990	2000	990	2200		

03	17	1040	850	1630	1250					690	1480	1060	2200				
04	20	1600	1290	2550	1600					920	2000	1400	3050	1400	3050		
05	25	1760	1560	3050	2160					1300	3000	1800	4100	1800	4100	2260	4990
06	30	2400	2080	3550	2850					1420	3400	1980	4700	1980	4700	2780	6400
07	35	3100	2650	4750	3750					1580	4050	2650	6350	2650	6350	3600	8500
08	40	3600	3100	5400	4500			6300	5850	1970	5100	3200	7980	3200	7980	4500	11,000
09	45	4150	3600	6800	5700			8000	7500	2100	5600	3350	8500	3350	8500	5270	13,300
10	50	4550	4050	8000	6700			11,000	10,000	2230	6150	3500	9050	3500	9050	6350	16,400
11	55	5600	5200	9150	7800			12,900	11,800	2750	7550	4900	12,900	4900	12,900	7600	20,000
12	60	6100	5600	10,800	9150			15,600	14,000	3250	9150	5300	14,500	5300	14,500	8000	21,700
13	65	7200	6550	12,500	10,800			17,600	15,300	3350	9550	5500	15,300	5500	15,300	8400	23,300
14	70	7800	7100	14,300	12,200			22,400	19,600	3500	10,300	5700	16,100	5700	16,100	9800	27,600
15	75	8650	8150	16,000	13,700			23,200	21,200	3680	11,100	5900	16,900	5900	16,900	11,200	32,000
16	80	9650	8800	17,600	15,300	9500	10,200	27,500	24,500	3750	11,400	6050	17,700	6050	17,700	11,700	34,000
17	85	11,400	10,600	20,000	17,000	12,200	13,200	30,000	26,500	3900	12,200	7250	21,400	7250	21,400	13,200	39,700
18	90	12,700	12,000	21,600	19,000	15,600	16,000	35,500	31,000	5000	15,400	8750	26,500	8350	26,500	13,200	39,700
19	95	14,000	13,200	25,500	22,800	18,300	19,000	38,000	34,000								
20	100	16,300	15,600	28,000	25,500	21,200	21,200	45,500	40,500	6950	21,800	10,760	33,300	10,700	33,300	15,600	48,400
21	105	18,300	17,000	30,500	27,500												
22	110	20,400	19,600	33,500	30,000	27,500	26,000	56,000	50,000	7300	23,400	11,400	36,700	11,400	36,700		
23	115																
24	120	22,800	21,600	40,000	36,500	34,000	33,500	68,000	60,000	7600	25,000	11,700	38,800	11,700	38,800		

예제 14-1. 호칭번호 6306의 단열 볼 베어링에 5000 N의 레이디얼 하중이 작용할 때 각 볼에 작용하는 하중을 구하라. 볼의 지름 12.3 mm, 볼의 수는 8, 볼의 중심이 그리는 원의 지름 52 mm, 베어링의 안지름 30 mm, 베어링의 바깥 지름 72 mm, 베어링의 너비 19 mm이다.

풀이 8개의 볼을 원의 둘레에 배치하면 하중을 받는 볼은 하반부의 3개이다. 식 (14·9)에서 축중심의 바로 아래에 있는 볼이 받는 하중 P_0는

$$P_0 \fallingdotseq \frac{5}{z}P = \frac{5}{8} \times 5000 \fallingdotseq 3125\,\mathrm{N}$$

또한

$$P_1 = P_0 \cos^{\frac{3}{2}} \alpha = 3125\,\mathrm{N} \times \cos^{\frac{3}{2}}\left(\frac{360°}{8}\right) \fallingdotseq 1858\,\mathrm{N}$$

어느 볼이나 회전하여 최하위치에 오면 3125 N의 하중을 받고, 따라서 회전함으로써 하중상태는 0~3125 N 사이를 반복한다.

예제 14-2. 지름 10 mm의 볼을 강판 위에 올려 놓고 이들에 2000 N의 하중을 각각 가할 때 볼에 발생하는 최대 접촉압력, 접촉면적 및 평균 접촉압력을 구하라. 다만, $E = 210$ GPa이다.

풀이 그림 14-9로부터

$$p_{\max} = 0.388\sqrt[3]{\frac{PE^2}{r^2}} = 0.388\sqrt[3]{\frac{2000\times(210{,}000)^2}{5^2}}$$

$$= 5906.7\,\mathrm{N/mm^2} = 5.9\,\mathrm{GPa}$$

접촉면적 A는

$$A = \pi a^2 = \pi\times\left(1.109\sqrt[3]{\frac{Pr}{E}}\right)^2 = \pi(1.109)^2\left(\frac{2000\times5}{210{,}000}\right)^{\frac{2}{3}}$$

$$\fallingdotseq 0.5/\mathrm{mm^2}$$

평균 접촉압력 p_{mean}은

$$p_{mean} = \frac{P}{A} = \frac{2000}{0.51} \fallingdotseq 3921.6\,\mathrm{N/mm^2} = 3921.6\,\mathrm{MPa}$$

예제 14-3. 단열 레이디얼 볼 베어링의 호칭번호 6005의 내륜이 60,000 rpm으로 회전할 때 리테이너의 회전속도, 볼의 자전속도는 얼마인가? 또, 볼에 작용하는 원심력의 크기를 구하라. 다만, 볼의 지름 6.35 mm, 볼의 수 10개, 안지름 25 mm, 바깥 지름 47 mm, 볼의 중심이 그리는 원의 지름 36 mm, 베어링의 너비는 12 mm이다.

풀이 외륜의 궤도 반지름 …… $R_0 = \dfrac{36+6.35}{2} = 21.175\,\mathrm{mm}$

내륜의 궤도 반지름 …… $R_i = \dfrac{36-6.35}{2} = 14.825\,\mathrm{mm}$

리테이너의 회전속도는 볼의 공전속도와 같으므로

$$n_R = \frac{R_i}{R_0+R_i}\,n = \frac{14.825}{36}\times60{,}000 \fallingdotseq 24{,}708\,\mathrm{rpm}$$

볼의 자전속도 n_B는

$$n_B = \frac{R_i}{R_0-R_i}\,n = \frac{14.825}{6.35}\times60{,}000 \fallingdotseq 140{,}079 \fallingdotseq 14\text{만 rpm}$$

볼에 작용하는 원심력 F를 구하기 위하여 볼재료의 비중량을 $7.8\times10^{-3}\,\mathrm{kg_f/mm^3}$라고 하면, 볼의 무게는

$$7.8\times10^{-3}\times\frac{\pi}{6}\times6.35^3 \fallingdotseq 1.05\,\mathrm{g_f}$$

볼의 공전속도는 리테이너의 회전속도와 같으므로

$$24{,}708\,\mathrm{rpm} = 2587\,\mathrm{rad/s}$$

볼의 공전 반지름은 $36\div2 = 18\,\mathrm{mm}$

따라서, 1개의 볼에 작용하는 원심력 F는

$$F = mrw^2 = \frac{1.05}{9800}\times18\times2587^2 = 12{,}907\,\mathrm{g_f}$$

$$\fallingdotseq 12.9\,\mathrm{kg_f}$$

전체 볼의 원심력은 다음과 같이 구해진다.

$$12.9\times10 = 129\,\mathrm{kg_f}$$

14-4 구름 베어링의 選定

14-4-1 구름 베어링의 定格壽命計算

구름 베어링의 정격수명은 많은 실험에 의하여 유도된 다음 식으로 계산한다.

$$\left.\begin{aligned} &\text{볼 베어링 : } L=\left(\frac{C}{P}\right)^3 \ (10^6 \text{ 회전단위}) \\ &\text{롤러 베어링 : } L=\left(\frac{C}{P}\right)^{\frac{10}{3}} \ (10^6 \text{ 회전단위}) \end{aligned}\right\} \qquad (14 \cdot 17)$$

여기서

C : 기본 부하용량

P : 베어링 하중

L : 정격수명(단위가 10^6 회전)

실제의 베어링 설계에서는 주어진 베어링 하중과 요구되는 수명에 대하여 기본 부하용량을 다음 식에 의해 산출하여

$$C=P\sqrt[3]{L} \qquad (14 \cdot 18)$$

이 C에 해당되는 베어링을 제작회사의 카탈로그에서 선택한다.

실용상으로 수명은 총회전수보다 운전시간과 회전속도로 표시하는 것이 여러 가지로 편리하다. 즉, n rpm으로 회전하는 베어링의 수명을 시간단위로 나타낸 정격수명을 L_h라고 하면

$$L_h=\frac{L\times 10^6}{n\times 60} \ (\text{시간}) \qquad (14 \cdot 19)$$

여기서 $10^6=33.3\,\text{rpm}\times 60\times 500$시간이므로

$$L_h=\left(\frac{C}{P}\right)^3\times\frac{33.3}{n}\times 500$$

$$\frac{L_h}{500}=\left(\frac{C}{P}\right)^3\times\frac{33.3}{n}$$

위의 식에서

$$f_h=\sqrt[3]{\frac{L_h}{500}}, \qquad f_n=\sqrt[3]{\frac{33.3}{n}} \qquad (14 \cdot 20)$$

이라고 하면

$$f_h=\left(\frac{C}{P}\right)f_n$$

이 성립되고

$$C = \frac{f_h}{f_n} P \qquad (14 \cdot 21)$$

f_h를 壽命係數(life factor), f_n을 速度係數(speed factor)라고 한다.

어떤 베어링이 n rpm으로 하중 P를 받고 회전할 때의 수명시간은 식 (14·21)로부터 f_h를 구하여 다음 식으로 계산하여 얻어진다.

$$L_h = 500 f_h^3 \qquad (14 \cdot 22)$$

롤러 베어링의 경우는 지금까지 설명한 식에서 제곱수 3 대신에 10/3을 사용하면 된다.

베어링을 설계할 때 베어링의 부하용량을 필요이상으로 크게 취하면 비경제적이므로, 사용기계 및 사용상태에 따라 경험적으로 이용되고 있는 수명시간을 표 14-8에 표시한다.

표 14-8　구름 베어링의 수명시간과 수명계수

사 용 상 태	기 계 의 종 류	수명시간 L_h(hr)	수명계수 f_h
늘 회전할 필요가 없는 기구	도어 개폐기, 자동차의 방향 지시기	500	1
단시간 또는 가끔 사용하는 기계로, 만일 사고로 정지되더라도 영향이 적은 경우	가정용 전기기구, 자전거, 기계공장의 호이스트, 농업용 기계, 단조공장 크레인, 핸드 그라인더 등	4000 ~ 8000	2~2.5
단속적으로 사용되며 연속적으로는 사용되지 않으나 확실성이 필요한 기계	발전소의 보조기계, 컨베이어, 엘리베이터, 에스컬레이터, 일반하역 크레인, 기계톱, 건설기계	8000 ~ 14,000	2.5~3
1일 8시간 연속운전 기계	일반펌프, 세퍼레이터, 공작기계, 윤전기, 원심 분리기, 전동기, 철도차량, 테이블 롤러, 치차 감속장치, 바이브레이터, 조 크러셔	20,000 ~ 30,000	3.5~4
24시간 연속운전이고 사고로 정지되어서는 안 될 기계	중요한 전동기, 발전소, 배수펌프, 제지기계, 볼 밀, 송풍기, 크레인, 시내 수도설비	50,000 ~ 100,000	4.5~6

14-4-2　베어링 荷重의 평가

실제로 기계에 사용되는 구름 베어링의 경우, 베어링에 작용하는 하중은 일정치 않고 시간과 더불어 변동하거나 때로는 레이디얼 방향이나 스러스트 방향으로 작용하지 않는 경우가 많다. 또, 일정한 방향으로 작용하는 하중이라도 內輪이 회전하는 경우 외에 外輪이 회전하거나 내외륜이 회전하는 경우도 있다. 그러나 구름 베어링의 동적 부하용량에 의한 정격수명의 계산은 이미 말한 바와 같이 내륜이 회전하고, 외륜이 정지상태에서 방향과 크기가 변하지 않는 하중이 작용하는 경우에 대해서 성립한다. 그러므로 이와 같은 정격수명 계산식은 이상에서 말한 여러 가지 경우에 적용시키려고 하면 레이디얼 베어링에서는 실제의 경우와 같은 베어링 수명을 갖는 내륜회전, 외륜정지 상태에 대응하고, 방향과 크기가 일정한 레이디얼 하중을 산출하여야 하고, 또 스러스트 베어링에서는 회전륜 회전, 정지륜 정지상태에서 베어링 중심축과 일치하는 방향으로 크기가 일정한 스러스트 하중을 산출하여 사용하지 않으면 안 된다. 이와 같은 하중을 **動的 等價荷重**(dynamic equivalent load)이라 정의한다.

이상과 같이 베어링의 수명계산에 사용되는 하중으로서, 일정방향을 가지면서 시간과 더불어 변동하는 하중에 대해서는 평균 *有效荷重*(mean effective load)을, 구름 베어링의 회전륜과 하중방향과의 관계에서 동적 등가하중을, 그리고 구름 베어링에 대한 하중의 작용방향에 따르는 동적 등가하중을 생각하지 않으면 안 된다.

[1] 일정방향으로 작용하면서 크기가 변하는 하중에 대한 평균 유효하중

구름 베어링의 정격수명은 베어링 하중의 3제곱(볼 베어링의 경우) 때로는 10/3제곱(롤러 베어링의 경우)에 반비례한다. 따라서, 구름 베어링에 작용하는 하중이 큰 경우에는 비교적 짧은 시간 동안 작용한다고 해도 베어링의 수명에 큰 영향을 미치게 되고, 반대로 하중이 작은 경우에는 긴 시간 작용하더라도 베어링 수명에 미치는 영향은 적다. 지금 어떤 구름 베어링에 작용하는 하중이 그림 14-11과 같이 변동하는 경우를 생각해 본다. 즉, 크기가 P_1의 베어링 하중이 N_1회전 동안 작용하고 다음 크기가 P_2인 베어링 하중이 N_2회전 동안 작용하여, 계속 다른 크기의 베어링 하중이 다른 회전 동안 작용해서 결국에는 베어링의 수명에 도달하게 된다. 이런 경우

$$P_m = \left[\frac{\sum_{i=1}^{n} (P_i^t\ N_i)}{L} \right]^{\frac{1}{t}} \tag{14·23}$$

이라면

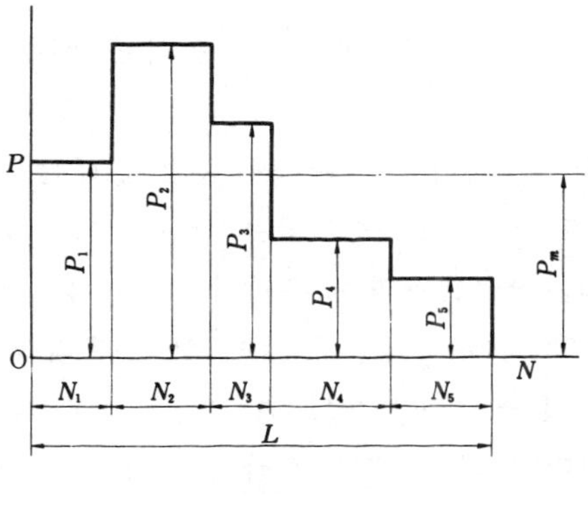

그림 14-11 불연속 변동하중

$$L = \left(\frac{C}{P_m}\right)^t \qquad (14 \cdot 24)$$

가 얻어진다.

윗식의 P_m은 변동하중과 같은 베어링 수명을 생기게 하는 변동하중의 평균적인 베어링 하중으로 생각할 수 있다.

그림 14-12에 나타낸 바와 같이 구름 베어링에 작용하는 하중이 최소값 $P_{\min}$으로부터 최대값 $P_{\max}$까지 연속적으로 단조롭게 변동하는 경우, 평균 유효하중 P_m은 근사적으로 다음 식과 같이 구할 수 있다.

$$P_m = \frac{1}{3}(P_{\min} + 2P_{\max}) \qquad (14 \cdot 25)$$

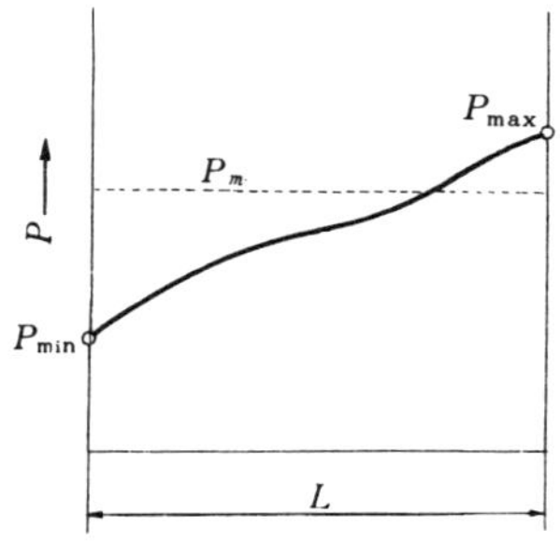

그림 14-12 구름 베어링의 실제 하중의 평균 유효하중

[2] **組合荷重에 대한 動的 等價荷重**

구름 베어링에 작용하는 하중이 베어링의 레이디얼 방향의 평면과 각도 β되는 방향으로 향하고 있을 때, 베어링 하중 F는 다음과 같이 2분력으로 분해된다.

레이디얼 하중 …… $F_r = F\cos\beta$

스러스트 하중 …… $F_a = F\sin\beta$

이와 같이 레이디얼 방향 및 스러스트 방향으로 동시에 받는 하중상태를 **組合荷重 상태**라 한다.

조합하중을 받는 구름 베어링 내에 생기는 하중분포 상태는, 베어링에 레이디얼 하중 또는 스러스트 하중이 단독으로 작용하는 경우와는 상당히 다르다. 그 밖에 조합하중을 받는 구름 베어링에서는 궤도륜과 **轉動體**와의 접촉각이 각 위치에 따라 다르므로, 전동면에는 미끄럼 마찰에 의한 접선력이 생기는 경향이 있고, 또 접촉각의 변화로 전동체 공전속도의 변화, 즉 전동면에 작용하는 응력의 반복수도 변한다. 이상과 같은 이유로 조합하중을 받는 구름 베어링의 수명은 레이디얼 하중 또는 스러스트 하중이 단독으로 작용하는 경우와는 다르다.

그러므로 이런 경우에도 먼저 소개한 수명 계산식을 적용하여 정격수명을 계산하기 위해서는, 조합하중이 작용하는 경우와 같은 피로파괴가 일어나는 레이디얼 하중 또는 스러스트 하중, 즉 동적 **等價荷重**을 구해야만 된다.

레이디얼 베어링 또는 스러스트 베어링(접촉각 $\theta \fallingdotseq 90°$의 경우)의 동적 등가하중은 각각 다음 식으로 산출한다.

레이디얼 베어링의 경우 ⋯⋯ $P_r = XVF_r + YF_a$ (14·26)

스러스트 베어링의 경우 ⋯⋯ $P_a = XF_r + YF_a$ (14·27)

여기서

P_r : 레이디얼 베어링의 동적 등가하중

P_a : 스러스트 베어링의 동적 등가하중

F_r : 레이디얼 하중

F_a : 스러스트 하중

X : 레이디얼 계수

Y : 스러스트 계수

V : 회전계수

X, Y의 값은 베어링의 종류, 형식 등에 따라 표 14-9~4-12로부터 얻는다.

구름 베어링에 작용하는 조합하중이 시간과 더불어 변동하는 경우에는, 변동하중의 상태에 따라 평균이 되는 동적 등가하중을 구하면 된다. 즉, 레이디얼 베어링의 경우에는

$$P = \left[\frac{\sum_{i=1}^{n}\{(XVF_r + YF_a)^t N_i\}}{L}\right]^{\frac{1}{t}} \tag{14·28}$$

$$P = \sqrt[t]{\int_0^L (XVF_r + YF_a)^t dN/L} \tag{14·29}$$

$$P = \frac{1}{3}\{(XVF_r + YF_a)_{\min} + 2(XVF_r + YF_a)_{\max}\} \tag{14·30}$$

과 같이 구해진다.

[3] 베어링의 회전륜 상태에 의한 等價荷重

일정한 방향에 작용하는 레이디얼 하중을 받는 레이디얼 볼 베어링에서 **內輪**이 정지하고 **外輪**이 회전하는 경우에도 **等價荷重**을 생각해야 한다. 이것은 내륜이나 외륜상의 어떤 한 점이 받는 응력의 반복상태는 내륜회전의 경우와 외륜회전의 경우가 각각 다르기 때문이다. 즉, 내륜이 베어링 하중을 받으면서 회전하는 경우에는 외륜 궤도상의 한 점은 언제나

표 14-9　레이디얼 볼 베어링의 계수 V, X 및 Y의 값

베어링의 형식		$\frac{iF_a}{C_0}$	$\frac{F_a}{C_0}$	V 내륜 회전 하중	V 외륜 회전 하중	X 단열 볼 베어링 $\frac{F_a}{VF_r}>e$	X 복렬 볼 베어링 $\frac{F_a}{VF_r}\leq e$	X 복렬 볼 베어링 $\frac{F_a}{VF_r}>e$	Y 단열 볼 베어링 $\frac{F_a}{VF_r}>e$	Y 복렬 볼 베어링 $\frac{F_a}{VF_r}\leq e$	Y 복렬 볼 베어링 $\frac{F_a}{VF_r}>e$	e	
깊은 홈 볼 베어링			0.14						2.30		2.30	0.19	
			0.028						1.99		1.99	0.22	
			0.056						1.71		1.71	0.29	
			0.084						1.55		1.55	0.28	
			0.11	1	1.2	0.56	1	0.56	1.45	0	1.45	0.30	
			0.17						1.31		1.31	0.34	
			0.28						1.15		1.15	0.38	
			0.42						1.04		1.04	0.42	
			0.56						1.00		1.00	0.44	
앵귤러 볼 베어링												단열	복렬
	$\theta=5°$	0.014							2.30	2.78	3.74	0.19	0.23
		0.028							1.99	2.40	3.23	0.22	0.26
		0.056							1.71	2.07	2.78	0.26	0.30
		0.085	—		1.2	0.56	1	0.78	1.55	1.87	2.52	0.28	0.34
		0.11							1.45	1.75	2.36	0.30	0.36
		0.17							1.31	1.58	2.13	0.34	0.40
		0.28							1.15	1.39	1.87	0.38	0.45
		0.42							1.04	1.26	1.69	0.42	0.50
		0.56							1.00	1.21	1.63	0.44	0.52
	$\theta=10°$	0.014							1.88	2.18	3.06	0.29	
		0.029							1.71	1.98	2.78	0.32	
		0.057							1.52	1.76	2.47	0.36	
		0.086							1.41	1.63	2.29	0.38	
		0.11	—	1	1.2	0.46	1	0.75	1.34	1.55	2.18	0.40	
		0.17							1.23	1.42	2.00	0.44	
		0.29							1.10	1.27	1.79	0.49	
		0.43							1.01	1.17	1.64	0.54	
		0.57							1.00	1.16	1.36	0.54	
	$\theta=15°$	0.015							1.47	1.65	2.39	0.38	
		0.029							1.40	1.57	2.28	0.40	
		0.058							1.30	1.46	2.11	0.43	
		0.087							1.23	1.38	2.00	0.46	
		0.12	—	1	1.2	0.44	1	0.72	1.19	1.34	1.93	0.47	
		0.17							1.12	1.26	1.82	0.50	
		0.29							1.02	1.14	1.66	0.55	
		0.44							1.00	1.12	1.63	0.56	
		0.58							1.00	1.12	1.63	0.56	
	$\theta=20°$			1	1.2	0.43	1	0.70	1.00	1.09	1.63	0.57	
	$\theta=25°$			1	1.2	0.41	1	0.67	0.87	0.92	1.41	0.68	
	$\theta=30°$	—	—	1	1.2	0.39	1	0.63	0.76	0.78	1.24	0.80	
	$\theta=35°$			1	1.2	0.37	1	0.60	0.66	0.66	1.07	0.95	
	$\theta=40°$			1	1.2	0.35	1	0.57	0.55	0.55	0.93	1.14	
자동조심 볼 베어링		—	—	1	1	0.40	1	0.65	$0.4\times\cot\theta$	$0.42\times\cot\theta$	$0.65\times\cot\theta$	$1.5\times\tan\theta$	
마그네트 볼 베어링		—	—	1	1	0.5	—	—	2.5	—	—	0	

C_0 : 기본정적 부하용량(kgf),　i : 1개의 베어링 내의 볼의 줄수,　θ : 접촉각

표 14-10 레이디얼 롤러 베어링의 V, X 및 Y의 값

베어링의 형식	V		X				Y				e
	내륜 회전 하중	외륜 회전 하중	단열롤러 베어링		복렬롤러 베어링		단열롤러 베어링		복렬롤러 베어링		
			$\frac{F_a}{VF_r}\leqq e$	$\frac{F_a}{VF_r}>e$	$\frac{F_a}{VF_r}\leqq e$	$\frac{F_a}{VF_r}>e$	$\frac{F_a}{VF_r}\leqq e$	$\frac{F_a}{VF_r}>e$	$\frac{F_a}{VF_r}\leqq e$	$\frac{F_a}{VF_r}>e$	
자동조심 롤러 베어링, 원추 롤러 베어링 $\theta \fallingdotseq 0$	1	1.2	1	0.4	1	0.67	0	$0.4\times\cot\theta$	$0.45\times\cot\theta$	$0.67\times\cot\theta$	$1.5\times\cot\theta$

〔주〕 $\theta=0°$일 때는 $F_a=0$, $X=1$. 복렬롤러 베어링은 대칭형으로 한다.

표 14-11 스러스트 볼 베어링의 Y 및 X의 값

베어링의 형식	X			Y			e
	단식 볼 베어링	복식 볼 베어링		단식 볼 베어링	복식 볼 베어링		
	$\frac{F_a}{F_r}>e$	$\frac{F_a}{F_r}\leqq e$	$\frac{F_a}{F_r}>e$	$\frac{F_a}{F_r}>e$	$\frac{F_a}{F_r}\leqq e$	$\frac{F_a}{F_r}>e$	
스러스트 볼 베어링							
$\theta=45°$	0.66	1.18	0.66	1	0.59	1	1.25
$\theta=60°$	0.92	1.90	0.92	1	0.54	1	2.17
$\theta=70°$	1.66	3.89	1.66	1	0.52	1	4.67
$\theta=90°$	—	—	—	—	—	—	—

〔주〕 복식 볼 베어링은 대칭형임. $\theta=90°$일 때는 $F_r=0$, $Y=1$.

표 14-12 스러스트 롤러 베어링의 X 및 Y의 값

베어링의 형식	X			Y			e
	단식 롤러 베어링	복식 롤러 베어링		단식 롤러 베어링	복식 롤러 베어링		
	$\frac{F_a}{F_r}>e$	$\frac{F_a}{F_r}\leqq e$	$\frac{F_a}{F_r}>e$	$\frac{F_a}{F_r}>e$	$\frac{F_a}{F_r}\leqq e$	$\frac{F_a}{F_r}>e$	
스러스트 자동조심 롤러 베어링, 스러스트 원추롤러 베어링 ($\theta \fallingdotseq 90°$)	$\tan\theta$	$1.5\tan\theta$	$\tan\theta$	1	0.67	1	$1.5\tan\theta$

〔주〕 복식 롤러 베어링은 대칭형임. $\theta=90°$일 때는 $F_r=0$, $Y=1$.

최대 분포하중을 받고 있으나, 내륜 궤도상의 한 점을 통과하는 轉動體는 차례차례로 변화한다. 지금 내륜 궤도상의 한 점이 베어링의 무부하 영역 내에 있는 경우라면, 이 점에 대해 분포하중은 전혀 작용하지 않는다. 그러나 내륜이 회전하여 부하영역 내로 들어가면, 처음에 작은 분포하중을 받은 전동체가 그 점을 통과하여 점차로 증대한 분포하중을 받고, 전동체는 차례차례로 그 점을 통과하고 어떤 최대값이 작용한 내륜위치로부터 다시 감소한 분포하중을 받은 전동체가 그 점을 통과하게 된다.

한편, 내륜이 정지하고 외륜이 회전하는 경우에는 전동체 통과와 더불어 외륜 궤도상의 한 점에는 변동하는 분포하중이 작용하나, 베어링 하중의 작용선상에 있는 내륜 궤도상의 점은 이 곳을 전동체가 통과할 때마다 최대 분포하중의 작용을 받게 되고, 그 반복수는 외륜이 정지하고 내륜이 회전하는 경우의 2배가 된다.

이런 차이 때문에 내외 양륜에 대한 피로수명을 고려하여 정하여진 어떤 베어링 수명에 대한 기본동적 부하용량은 내륜이 정지하고, 외륜이 회전하는 경우가 외륜이 정지하고 내륜이 회전하는 경우에 비해서 감소하는 결과를 얻는다.

그러나 깊은 홈 레이디얼 볼 베어링이나 앵귤러 볼 베어링과 같이 스러스트 하중도 지지할 수 있는 베어링이 스러스트 하중만을 받는 경우에는, 베어링 내의 각 볼은 같은 분포하중을 받으므로 기본동적 부하용량은 변하지 않는다.

이와 같이 베어링 하중에 대한 레이디얼 베어링의 회전륜이 내외륜의 어느 쪽인가 하는 관계로, 레이디얼 하중에 곱해야 할 계수를 **回轉係數**(rotation factor) V라 하고, 표 **14-9**, **14-10**에 표시하였다.

14-5 구름 베어링의 潤滑과 設置

14-5-1 구름 베어링의 潤滑

[1] **限界 dn값**

베어링의 크기와 회전속도에 따라 적당한 윤활법을 선택하는 것은 베어링의 수명에 큰 영향을 준다. 구름 베어링은 순구름 마찰 외에 여러 가지 미끄럼 마찰이 존재하고, 고속회전일 때는 리테이너와 **轉動體** 사이의 마찰이 특히 문제가 된다. 일반적으로 축지름 d(mm)와 회전속도 n(rpm)의 곱인 dn값이 베어링의 종류, 치수, 윤활법 등에 따라 경제적인 한계값을 갖는 것으로 알려져 있다. 표 **14-13**에 보통 사용조건에서 연속사용할 때 허용할 수 있는 한계 dn값을 나타낸다. 이 한계값을 초과하면 베어링 내에 녹아붙음이 일어난다. 베어링의 안지름이 10mm 이하이거나 200mm 이상일 때는 더 작은 값을 취해야 한다.

[2] **密封裝置**(seal)

구름 베어링은 외부로부터 여러 가지 이물이 들어오면 마모가 촉진되어 수명이 짧아진다. 따라서, 윤활유의 유출을 막고 먼지나 수분 등의 침입을 방지하기 위해 밀봉을 한다. 그림 **14-13**에 나타낸 바와 같이 마찰접촉으로 밀봉하는 방법이 있는데, 펠트 링(felt ring)과 오일 실 등은 축부와의 마찰로 축표면을 충분히 다듬질을 해야 하며 경도는 $H_{RC}=30$ 이상이 되어야 한다. 이런 방법은 마찰에 의한 발열, 마찰토크를 피하기 어려운 결점

표 14-13 윤활방법과 한계 dn값

베어링 형식	그리스 윤활	윤활방법				
		유욕	적하	강제	분무	제트
단열 고정형 레이디얼 볼 베어링	200,000	300,000	400,000[1]	600,000[4]	700,000[4]	1,000,000[4]
자동조심 복렬 볼 베어링	150,000	250,000	400,000[1),2)]	–	–	–
단열 앵귤러 볼 베어링	200,000	300,000	400,000[1]	600,000[4]	700,000[4]	1,000,000[4]
원통롤러 베어링	150,000	300,000	400,000[1]	600,000[4]	700,000[4]	1,000,000[4]
원추롤러 베어링	100,000	200,000	250,000[1]	300,000[4]	–	–
구면롤러 베어링	100,000	200,000	–	300,000[2]	–	–
스러스트 볼 베어링	100,000	150,000	–	200,000[2),3)]	–	–

〔주〕 1) KS상급 이상의 정밀도. 2) 절삭가공된 리테이너를 가진 베어링을 사용할 것.
3) 가벼운 예압을 가하여 조립할 것. 4) 고정밀도, 고속도 리테이너를 사용할 것.

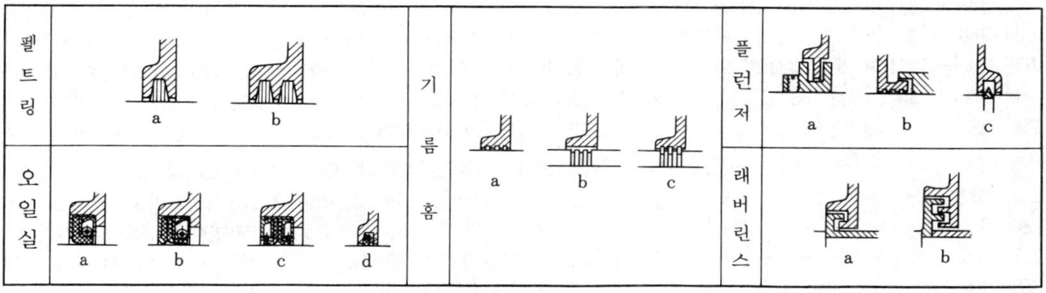

그림 14-13 밀봉장치

을 갖고 있다. 기름홈, 래버린스(labyrinth), 플런저(plunger) 등 비접촉형은 모두 기름의 원심력을 이용한 것으로, 외부로부터 먼지의 침입을 막는 것이 주목적이고 기름의 안전유출 방지는 곤란하다.

14-5-2 구름 베어링의 設置

[1] 구름 베어링의 틈새

구름 베어링은 내륜, 전동체, 외륜 사이에 반지름 방향의 틈새가 있도록 만들어져 있다. 이 틈새가 과소하여 운전상태에서 음(−)의 틈새가 되면, 전동면에 과대한 부하가 걸리게 되어 발열, 조기손상의 원인이 된다.

운전상태에서 반지름 방향의 틈새가 0이 되는 것이 가장 이상적이며, 이 때 베어링의 부하용량은 최대가 된다. 운전 중에는 하중에 의한 반지름 방향 틈새의 증가량과 온도에 의한 틈새의 감소량은 서로 相殺되는 것으로 본다. 따라서, 일반적으로 베어링을 끼워맞춤한 후,

표 14·14 원통구멍의 베어링의 반지름 방향 틈새

베어링 안지름 d mm		깊은 홈 볼 베어링								互換性의 圓筒 롤러 베어링										自動調心 롤러 베어링							
		C_2		보통		C_3		C_4		C_2		보통		C_3		C_4		C_5		C_2		보통		C_3		C_4	
초과	이하	최소	최대	최소	최대	최소	최대	최소	최대	최소	최대	최소	최대	최소	최대	최소	최대	최소	최대	최소	최대	최소	최대	최소	최대	최소	최대
2.5	10	–	7	2	13	8	23	–	–	–	–	–	–	–	–	–	–	–	–	–	–	–	–	–	–	–	–
10	18	–	9	3	18	11	25	18	33	–	–	–	–	–	–	–	–	–	–	–	–	–	–	–	–	–	–
18	24	–	10	5	20	13	28	20	36	0	30	10	40	25	55	35	65	55	85	10	20	20	35	35	45	45	60
24	30	–	11	5	20	13	28	23	41	0	30	10	45	30	65	40	70	60	90	15	25	25	40	40	55	55	75
30	40	–	11	6	20	15	33	28	46	0	35	15	50	35	70	45	80	70	105	15	30	30	45	45	60	60	80
40	50	–	11	6	23	18	36	30	51	5	40	20	55	40	75	55	90	85	120	20	35	35	55	55	75	75	100
50	65	–	15	8	28	23	43	38	61	5	45	25	70	45	90	65	105	100	140	20	40	40	65	65	90	90	120
65	80	–	15	10	30	25	51	46	71	5	55	30	80	55	105	75	125	115	165	30	50	50	80	80	110	110	145
80	100	–	18	12	36	30	58	53	84	10	60	35	85	65	115	90	140	145	195	35	60	60	100	100	135	135	180
100	120	–	20	15	41	36	66	61	97	10	65	35	90	80	135	105	160	165	220	40	75	75	120	120	160	160	210
120	140	–	23	18	43	41	81	71	114	10	75	40	105	90	155	115	180	185	250	50	95	95	145	145	190	190	240
140	160	–	23	18	53	46	91	81	130	15	80	50	115	100	165	130	195	210	275	60	110	110	170	170	220	220	280
160	180	–	25	20	61	53	102	91	147	20	85	60	125	110	175	150	215	235	300	65	120	120	180	180	240	240	310
180	200	–	30	25	71	63	117	107	163	25	95	65	135	125	195	165	235	260	330	70	130	130	200	200	260	260	340
200	225	–	–	–	–	–	–	–	–	30	105	75	150	140	215	180	225	290	365	80	140	140	220	220	290	290	380
225	250	–	–	–	–	–	–	–	–	40	115	90	165	155	230	205	280	320	395	90	150	150	240	240	320	320	420
250	280	–	–	–	–	–	–	–	–	45	125	100	180	175	255	230	310	355	435	100	170	170	260	260	350	350	460
280	315	–	–	–	–	–	–	–	–	50	135	110	195	195	280	255	340	400	485	110	190	190	280	280	370	370	500
315	355	–	–	–	–	–	–	–	–	55	145	125	215	215	305	280	370	440	530	120	200	200	310	310	410	410	550
355	400	–	–	–	–	–	–	–	–	65	160	140	235	245	340	320	415	500	595	130	220	220	340	340	450	450	600
400	450	–	–	–	–	–	–	–	–	70	190	155	275	270	390	355	455	555	675	140	240	240	370	370	500	500	660
450	500	–	–	–	–	–	–	–	–	85	205	180	300	300	420	395	515	620	740	140	260	260	410	410	550	550	720
500	560	–	–	–	–	–	–	–	–	–	–	–	–	–	–	–	–	–	–	150	280	280	440	440	600	600	780
560	630	–	–	–	–	–	–	–	–	–	–	–	–	–	–	–	–	–	–	170	310	310	480	480	650	650	850
630	710	–	–	–	–	–	–	–	–	–	–	–	–	–	–	–	–	–	–	190	350	350	530	530	700	700	920
710	800	–	–	–	–	–	–	–	–	–	–	–	–	–	–	–	–	–	–	210	390	390	580	580	770	770	1010
800	900	–	–	–	–	–	–	–	–	–	–	–	–	–	–	–	–	–	–	230	430	430	650	650	860	860	1120
900	1000	–	–	–	–	–	–	–	–	–	–	–	–	–	–	–	–	–	–	260	480	480	710	710	930	930	1220

반지름 방향의 틈새가 음(—)이 되지 않도록, 또 사용상 지장이 없는 범위의 틈새를 선정하여야 한다. 표 14-14는 원통구멍의 베어링 틈새값을 나타낸다. 틈새의 크기는 C_2, 보통 C_3, C_4로 갈수록 크다.

또, 축방향의 틈새는 베어링의 형식, 하중, 반지름 방향의 틈새, 접촉각 등에 의해 변하고 여러 가지 참조자료를 참고해야 한다.

[2] 구름 베어링의 설치

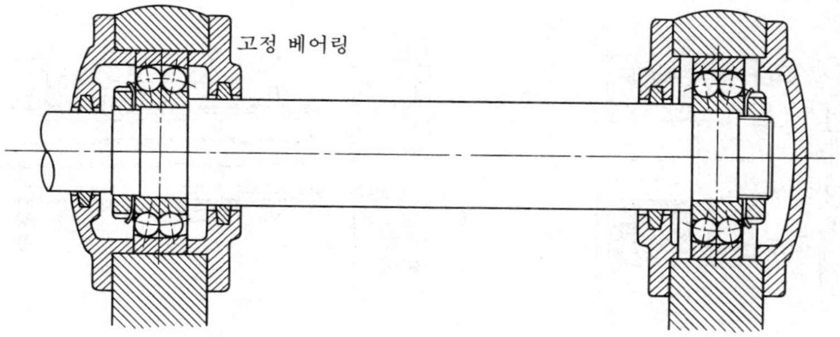

그림 14-14 온도변화를 고려한 베어링 설치

그림 14-14와 같이 한쪽 볼 베어링의 外輪은 하우징에 고정하여 축방향 이동을 방지하고, 다른 쪽의 볼 베어링은 양쪽에 틈새를 두어 온도변화에 따르는 축의 이동에 여유를 준다.

레이디얼 하중과 양쪽 방향으로 큰 스러스트 하중을 받는 경우에는 그림 14-15와 같이 복식 스러스트 베어링을 사용한다. 스러스트 베어링은 축의 축방향 이동을 막도록 설치하므로, 레이디얼 베어링은 외륜을 고정하지 않고 축방향 이동을 허용하도록 한다.

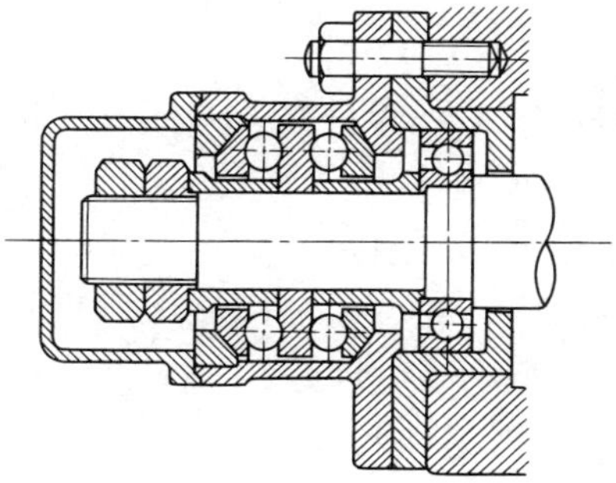

그림 14-15 복식 스러스트 베어링

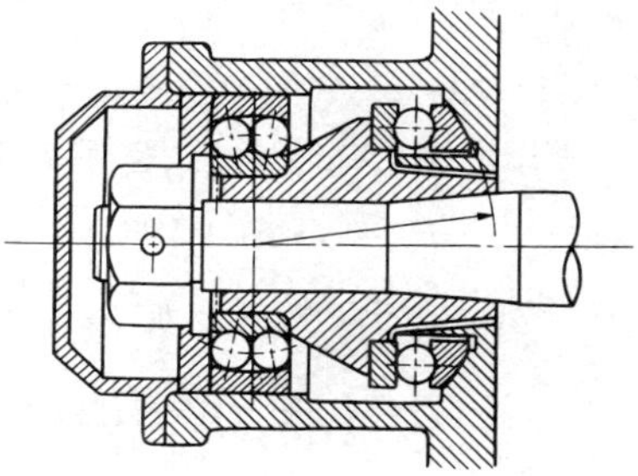

그림 14-16 자동 조심형 베어링

자동 조심형 레이디얼 베어링과 스러스트 베어링을 같이 사용할 때는, 그림 14-16과 같이 그 베어링의 구면중심이 일치하도록 설치해야 조심작용이 이루어진다.

테이퍼 롤러 베어링을 설치할 때는 서로 정면을 향하도록 하는 背面組合(indirect mounting)과 서로 배면을 바라보게 설치하는 正面組合(direct mounting)이 있다. 그림 14-17에 나타낸 배면조합은 외륜이 회전하거나 두 베어링 사이의 거리가 가까울 때 안전상 유리하고, 그림 14-18의 경우는 內輪이 회전하거나 베어링 사이의 거리가 클 때 이용되는데 자동차 변속기어 축, 공작기계의 축 등에 사용된다.

예제 14-4. 원통롤러 베어링 N205를 레이디얼 하중 700 kg_f가 작용하는 상태에서 900 rpm의 내륜회전 상태로 사용한다면 이 베어링의 정격수명을 시간단위로 구하라.

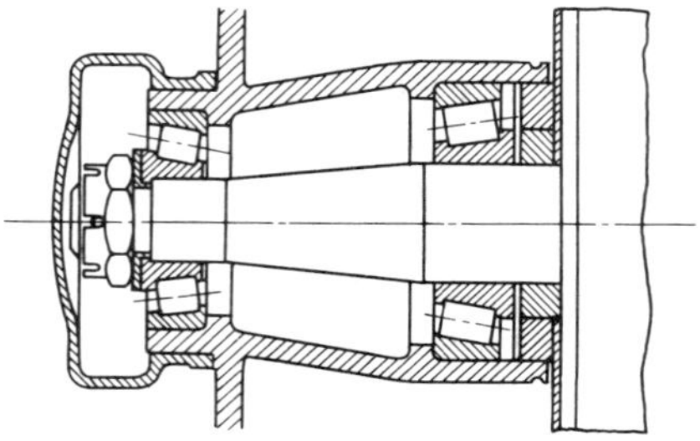

그림 14-17 배면조합

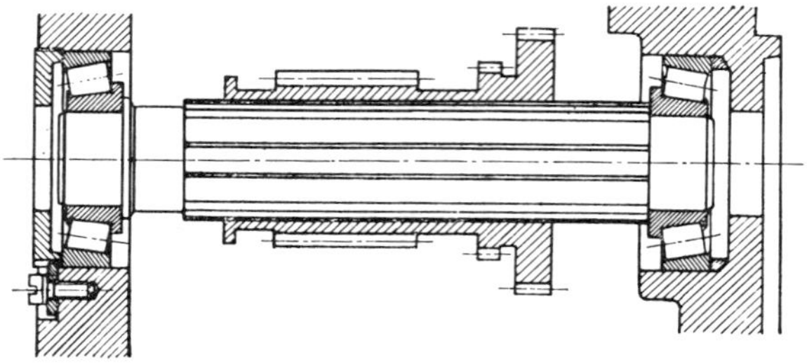

그림 14-18 정면조합

풀이> 표 14-7(a)로부터 N205의 기본동적 부하용량은 1100kg$_f$이다. 정격수명은 식 (14·17)에서

$$L=\left(\frac{1100}{700}\right)^{\frac{10}{3}}=4.5(10^6\text{ 회전})$$

수명시간 L_h라면 식 (14·19)로부터

$$L_h=\frac{L\times10^6}{n\times60}=\frac{4.5\times10^6}{900\times60}\fallingdotseq 84\text{ 시간}$$

예제 14-5. 단열 앵귤러 볼 베어링 7210($\theta=15°$)에 350kg$_f$의 레이디얼 하중과 464kg$_f$의 스러스트 하중이 작용하고 있다. 이 베어링의 정격수명을 구하라. 다만, 외륜은 고정하고 내륜회전으로 사용한다.

풀이> 표 14-7(a)로부터 $C=3250$kg$_f$, $C_0=2600$kg$_f$이다. 표 14-9로부터 $V=1$이고, $X=0.44$, $Y=1.12$를 취한다. 따라서, 동적 등가하중 P_r는 식 (14·26)에서

$$P_r=XVF_r+YF_a=0.44\times1\times350+1.12\times464=674\text{kg}_f$$

따라서, 정격수명은 다음과 같다.

$$L=\left(\frac{3250}{674}\right)^3=112(10^6\text{ 회전})$$

예제 14-6. 600rpm으로 회전하는 깊은 홈 볼 베어링에 최초 3시간은 300kg$_f$의 레이디얼 하중이 작용하고 그 후 500kg$_f$의 레이디얼 하중이 1시간 작용하여 이와 같은 하중상태가 반복된다. 베어링의 정격수명 시간을 10,000시간으로 하려면 어떤 베어링을 선정하면 되는가?

풀이> 식 (14·23)으로부터 하중변동 1사이클의 평균 유효하중 P_m은

$$P_m=\sqrt[3]{\frac{(300)^3\times3+(500)^3\times1}{4}}=372\text{kg}_f$$

정격수명을 회전수 단위로 바꾸면

$$L=10{,}000\text{ 시간}\times60\times600\text{rpm}=360(10^6\text{ 회전})$$

식 (14·17)에서

$$360=\left(\frac{C}{372}\right)^3,\qquad C=2645\text{kg}_f$$

표 14-7(a)에서 $C \geqq 2645(\text{kg}_f)$의 깊은 홈 볼 베어링을 찾아보면 $6210(C=2750\,\text{kg}_f)$나 6308 $(C=3200\,\text{kg}_f)$을 선정해야 한다.

예제 14-7. 레이디얼 하중 $300\,\text{kg}_f$, 스러스트 하중 $200\,\text{kg}_f$를 받는 깊은 홈 볼 베어링 6205의 등가 레이디얼 하중을 구하라.

풀이 보통 내륜회전이므로 $V=1$로 한다. 먼저 스러스트 하중 F_a와 C_0의 비를 구하기 위해 6205의 C_0는 표 14-7(a)로부터 $C_0=705\,\text{kg}_f$이므로 $F_a/C_0=200/705=0.28$로 된다. 다음 F_a와 F_r와의 비를 구하면

$$\frac{F_a}{F_r}=\frac{200}{300}=0.67$$

$F_a/C_0=0.28$인 경우 표 14-9에서 $e=0.38$이고, $F_a/F_r=0.67>e$이므로 표 14-9에서 $X=0.56$, $Y=1.15$를 얻는다. 식 (14·26)으로부터 등가 레이디얼 하중 P_r는

$$P_r=XVF_r+YF_a=0.56\times1\times300+1.15\times200=398\,\text{kg}_f$$

예제 14-8. 베어링 하중 $200\,\text{kg}_f$를 복렬 자동 조심형 볼 베어링으로 지지하여 회전수 300 rpm으로 1일 8시간 연속운전하는 데 사용하려고 하면 어떤 베어링 번호의 것이 적당한가? 다만, 하중계수는 2이다.

풀이 표 14-8로부터 수명시간 $L_h=30{,}000$시간

식 (14·19)로부터

$$L=300\,\text{rpm}\times60\times30{,}000=540(10^6\text{ 회전})$$

하중계수가 2이므로

$$P=200\times2=400\,\text{kg}_f$$

따라서

$$C=P\sqrt[3]{L}=400\sqrt[3]{540}=3260\,\text{kg}_f$$

표 14-7(a)로부터 $1310(C=3400\,\text{kg}_f)$ 또는 $1217(C=3850\,\text{kg}_f)$을 선정한다.

예제 14-9. 베어링 번호 6310의 단열 레이디얼 볼 베어링에 그리스 윤활로 30,000시간의 수명을 주려고 한다. 최고사용 회전수와 베어링 하중을 구하라.

풀이 베어링 번호 6310의 베어링 안지름은 50mm이고 표 14-13으로부터 한계 $dn=200{,}000$이므로

$$n=\frac{dn}{d}=\frac{200{,}000}{50}=4000\,\text{rpm}$$

식 (14·19)로부터

$$L=60nL_h=60\times4000\times30{,}000=7200(10^6\text{ 회전})$$

표 14-7(a)에서 6310에 대한

$$C=4850\,\text{kg}_f$$

따라서

$$P = \frac{C}{\sqrt[3]{L}} = \frac{4850}{\sqrt[3]{7200}} \fallingdotseq 251\,\text{kg}_f$$

예제 **14-10.** 레이디얼 하중 500kg$_f$, 스러스트 하중 210kg$_f$를 회전수 200rpm으로 지지하여 2000시간의 수명을 줄 때, 이것에 적합한 單列 레이디얼 볼 베어링을 선정하라.

풀이 등가 레이디얼 하중을 계산하려면 레이디얼 및 스러스트 계수 X, Y를 가정해야 하며, 그것을 어림잡기 위해 F_a/F_r을 구해 보면

$$\frac{F_a}{F_r} = \frac{210}{500} = 0.42 > e$$

위의 관계를 만족시키는 것 중에서 중간부분에 해당되는 $e = 0.30$을 취하면 $F_a/C_0 = 0.11$이고 $X = 0.56$, $Y = 1.45$로 가정한다. 그러면 등가 레이디얼 하중 P_r는 식 (14·26)으로부터

$$P_r = XF_r + YF_a = 0.56 \times 500 + 1.45 \times 210 = 585\,\text{kg}_f$$

식 (14·19)에서

$$L = 60n \times L_h = 60 \times 200 \times 20{,}000 = 240(10^6 \text{ 회전})$$

식 (14·17)로부터

$$C = P\sqrt[3]{L} = 585\sqrt[3]{240} = 3635\,\text{kg}_f$$

이 값에 가까운 기본부하 용량을 갖는 단열 레이디얼 볼 베어링은 표 **14-7**(a)에서 6309($C =$ 4150kg$_f$, $C_0 = 3050$kg$_f$)이다.

따라서, 이 베어링에 대한 레이디얼 및 스러스트 계수를 사용하여 검산하면

$$\frac{F_a}{C_0} = \frac{210}{3050} = 0.069$$

로 이 값은 표 **14-9**에서 0.056과 0.084 사이에 있고, 대응하는 $e = 0.29 \sim 0.28$보다 $F_a/F_r =$ 0.42가 크므로 $F_a/C_0 = 0.069$에 대한 레이디얼 및 스러스트 계수를 표 **14-9**에서 비례계산하면

$$X = 0.56$$

$$Y = 1.71 - \frac{0.069 - 0.056}{0.084 - 0.056}(1.71 - 1.55) = 1.64$$

따라서, 등가 레이디얼 하중 P_r는

$$P_r = XF_r + YF_a = 0.56 \times 500 + 1.64 \times 210 = 624\,\text{kg}_f$$

이 베어링의 수명은

$$L = \left(\frac{C}{P}\right)^3 = \left(\frac{4150}{624}\right)^3 = 294(10^6 \text{ 회전}) > 240(10^6 \text{ 회전})$$

요구수명을 만족시키기 때문에 6309의 단열 레이디얼 볼 베어링으로 선정한다. 만약, 검산결과가 문제의 요구조건에 미달하거나 너무 차이가 나면 처음의 X, Y의 가정을 변경하여 다시 검산한다. 또한, 등가하중인 베어링 하중에도 조건에 따라 하중계수를 곱하여 계산하기도 한다.

연 습 문 제

1. 구름 베어링의 구조에 관해 설명하고 접촉각과 하중의 관계를 설명하라.

2. 구름 베어링의 표시방법에 대해 설명하라.

3. 구름 베어링의 부하용량은 어떻게 정의하며 동적 부하용량과 계산수명은 어떤 연관성을 갖는가?

4. 일정한 방향으로 작용하면서 크기가 변하는 하중에 대한 평균 유효하중은 어떻게 평가하는지 설명하라.

5. 조합하중 상태에 있는 구름베어링의 회전계수에 관해서 설명하라.

6. 레이디얼 하중을 받는 깊은 홈 볼 베어링에서 레이디얼 하중이 n배가 되면 정격수명은 어떻게 되는가?

$\left(\dfrac{1}{n^3}\text{배}\right)$

7. 지름 10mm의 볼과 $d \times l = 10\,\text{mm} \times 10\,\text{mm}$의 롤러를 강판 위에 올려 놓고, 이들에 2000N의 하중을 각각 가할 때 볼과 롤러에 발생하는 최대 접촉압력, 접촉면적 및 평균 접촉압력을 구하라. 다만, 재료의 세로 탄성계수는 210GPa이다.

$\left(\begin{array}{l}\text{볼 : } p_{max} = 5907\,\text{MPa},\ A = 0.508\,\text{mm}^2,\ p = 3940\,\text{MPa}, \\ \text{롤러 : } p_{max} = 1212.7\,\text{MPa},\ A = 2.1\,\text{mm}^2,\ p = 952.4\,\text{MPa}\end{array}\right)$

8. 단열 레이디얼 볼 베어링 6204에 300rpm으로 20,000시간의 수명을 주려고 한다. 이 경우 베어링으로 지지할 수 있는 최대 베어링 하중을 구하라. 다만, 보통인 운전상태이다. ($P = 95\,\text{kg}_f$)

9. 150rpm으로 100kg$_f$를 지지하는 감속 기어용 단열 레이디얼 볼 베어링을 선정하라. 다만, 수명은 30,000시간으로 하고 보통의 운전상태로 한다. ($C = 969.5\,\text{kg}_f$, 6204($C = 1010\,\text{kg}_f$))

10. 지름 25mm의 축에 직선 운동용 볼 베어링($C = 510\,\text{N}$)이 사용되어 250N의 하중을 받는다. 10^6 회전이 50km에 해당된다면 이 베어링의 정격 주행거리는 몇 km인가? (425km)

11. 단열 앵귤러 볼 베어링 7210($\theta = 15°$)에 350kg$_f$의 레이디얼 하중과 464kg$_f$의 스러스트 하중이 작용한다. 이 베어링의 정격수명을 구하라. 다만, 외륜은 고정되고 내륜이 회전한다.

($L = 122.8 \times 10^6$ 회전)

12. 1300형의 복렬 자동조심 볼 베어링으로 300kg$_f$의 레이디얼 하중과 200kg$_f$의 스러스트 하중을 받는다. 회전수 300rpm으로 30,000시간의 수명을 갖는 베어링을 선정하라. 다만, 보통의 운전상태로 한다. ($C = 6745\,\text{kg}_f$, 1316($C = 6900\,\text{kg}_f$))

13. 레이디얼 볼 베어링에 작용하는 레이디얼 하중이 최대하중 3000kg$_f$, 최소하중 0인 코사인 곡선적으로 반복변동한다면 베어링에 작용하는 평균 유효하중은 얼마인가? ($P_m = 2036\,\text{kg}_f$)

14. 단열 레이디얼 볼 베어링 6305의 정적 부하용량 $C_0 = 1080\,\text{kg}_f$이고 동적 부하용량 $C = 1660\,\text{kg}_f$이다. 이 베어링이 500kg$_f$의 레이디얼 하중과 300kg$_f$의 스러스트 하중을 받고 내륜회전하고 있을 때 베어링의 정격수명을 구하라. ($L = 18.74 \times 10^6$ 회전)

15. 일정속도로 회전하고 있는 축에 변동하중이 작용한다. 레이디얼 볼 베어링에 작용하고 있는 레이디얼 하중은 처음 2분간은 $P_1 = 6000\,\text{N}$, 다음 3분간은 $P_2 = 4000\,\text{N}$, 끝으로 5분간은 $P_3 = 3000\,\text{N}$으로 반복해서 작용한다면 평균 유효하중은 얼마인가? ($P_m = 4236\,\text{N}$)

제 15 장

미끄럼 베어링

미끄럼 베어링은 축과 베어링 메탈 사이에 얇은 油膜을 형성시켜서 상대 미끄럼 운동을 하는 베어링으로 그 응용범위가 넓으며, 특히 원동기의 베어링 부분에 없어서는 안 될 베어링으로 구름 베어링과는 거의 반반씩의 적용범위를 갖는다.

미끄럼 베어링은 반지름 방향의 하중을 받는 레이디얼 미끄럼 베어링(radial sliding bearing)과 축방향 하중을 받는 스러스트 미끄럼 베어링(thrust sliding bearing)으로 나눌 수 있으며 윤활의 원리면에서 動壓과 靜壓으로 나누기도 한다.

동압 베어링은 베어링과 축 사이의 상대운동에 의하여 동역학적으로 유막에 압력을 발생시킴으로써 하중을 받치는 것이고, 정압 베어링은 정역학적으로 유막압력을 발생시켜서 이것이 하중을 받치는 것이다.

미끄럼 베어링의 여러 가지 형식을 표 15-1에 간단히 소개한다.

15-1 摩　擦

수직력 P가 작용하는 접촉면 사이를 일정한 속도로 상대운동하고 있을 때, 접촉면에 생기는 마찰력 F와 수직력 P 사이에는 쿨롱(Coulomb)의 법칙에 의해

$$F = \mu P$$

인 관계가 성립한다. 이 경우 μ를 마찰계수(coefficient of friction)라 하며, 상대운동이 막 시작하려고 하는 경우의 마찰계수를 靜止摩擦係數, 운동하고 있는 경우의 마찰계수를 運動摩擦係數라 하고 전자가 후자보다는 약간 큰 값을 갖는다.

표 15-1 미끄럼 베어링의 형식

	레이디얼 베어링		스러스트 베어링	
	기 본 형 식		기 본 형 식	
동압 베어링	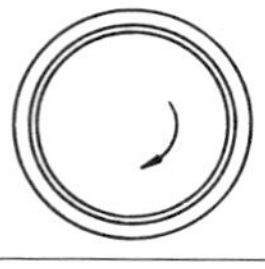	원통저널 베어링으로서 가장 일반적이고 2조각으로 된 분할 또는 부동부시를 사용한다.	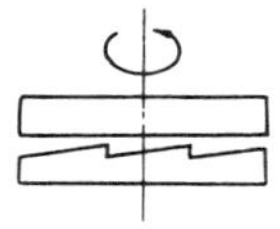	고정식 경사 스러스트 베어링으로서, 간단하고 값이 싸므로 널리 사용된다.
	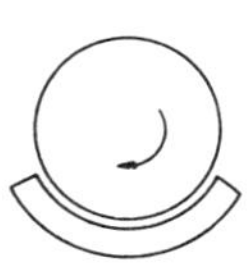	부분저널 베어링으로서 부하부분만 사용하므로 효율이 좋으나, 하중방향이 변화하는 경우에는 사용하지 못한다.	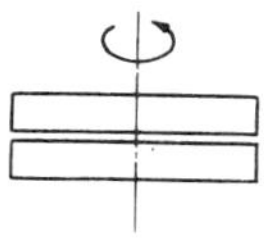	평행면 추력 베어링으로서 간단한 기름홈을 병용하는 수도 있으나 큰 추력에는 못 견딘다.
		미첼형 저널 베어링으로서 피벗 대신에 스프링을 사용하는 수도 있다. 부하용량이 크다.	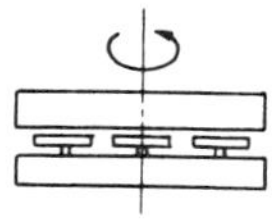	미첼형 스러스트 베어링으로서 고성능이나 비교적 고가이다.
정압베어링	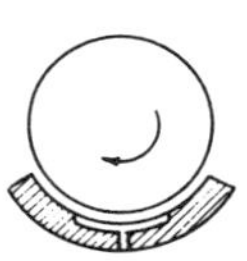	정압저널 베어링으로서 사방에서 정압으로 지지된 원통저널도 있다. 축심의 안정에 유효, 저속 고하중용이다.	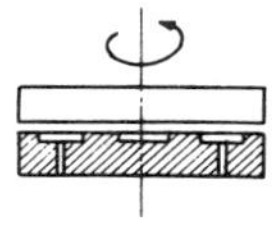	정압 스러스트 베어링으로서 저속 또는 고하중이고, 동적인 유막구성 능력이 낮은 경우에 유효하다.

마찰의 본질에 대해서는 아직 완전히 해명하지 못하고 있는 실정이며 부분적인 설명만이 가능하다. 쿨롱 법칙으로 정의되는 마찰계수도 일정한 값을 갖는 계수가 아니고 접촉면의 재질, 접촉면의 상태, 윤활유의 유무, 하중의 크기, 온도, 속도 등 여러 조건에 따라 변하고, 각 조건의 변화가 적은 범위 내에서는 하나의 定數로 볼 수 있다. 마찰상태는 다음과 같이 세 가지 경우로 나누어 생각할 수 있으나 엄격히 구분하기 어려운 경우도 있다.

[1] 固體摩擦(solid friction)

접촉면 사이에 윤활제의 공급이 없는 마찰로 乾燥摩擦(dry friction)이라고도 한다. 재료의 탄성, 접촉면의 거칠기, 접촉압력, 상대속도 등에 따라 변하는 마찰상태로, 마찰계수도 영향을 받아 아무리 매끄럽게 연마한 면이라도 그 값은 $\mu = 0.14 \sim 0.25$ 정도이고, 다른 마찰상태보다 그 값이 크다. 따라서, 마찰저항이 가장 크고 마멸, 발열을 일으키므로 베어링에서는 절대로 존재해서는 안 되는 마찰상태이다.

[2] 流體摩擦(fluid friction)

접촉면 사이에 있는 윤활제가 강력한 油膜을 형성하여 접촉면이 직접 접촉하지 않고 유막을 사이에 두고 서로 완전히 떨어져 있는 마찰상태이다. 이 경우에는 기름의 剪斷抵抗, 즉 기름의 점성(viscosity)에 따라 마찰의 크기가 결정되고 접촉면의 재질, 표면의 상태에는 무

관해서 마찰계수는 극히 작다. 그러므로 마멸이나 발열은 아주 미소하여 베어링으로써는 가장 바람직한 마찰상태이다.

[3] **境界摩擦**(boundary friction)

이 마찰상태는 이미 이야기한 두 가지 마찰상태의 중간상태로 접촉면 사이의 油膜이 아주 얇은 경우의 마찰상태이다. 유막의 두께가 10^{-3}mm 이하가 되면 접촉면의 거칠기로 말미암아 건조마찰과 비슷해지고 쿨롱의 마찰특성을 나타내지만 마찰저항은 건조마찰보다 아주 작다. 이런 정도의 유막 두께에서는 기름의 분자가 물체 표면에 흡착한 상태이며, 기름의 점성보다는 기름분자의 성질, 물체와의 화학작용 및 물체의 성질 등이 큰 영향을 미친다. 이와 같은 유막을 **境界層**(boundary layer)이라 하며 경계층을 갖는 마찰상태를 경계마찰이라고 한다. 실제로 물체표면의 **波形度**(waveness), 거칠기는 경계층의 두께 정도이므로 경계마찰에서는 이미 거칠기의 돌출부가 부분적으로 직접 접촉한 것으로 생각된다. 따라서, 유막이 얇아지면 유체마찰, 경계마찰, 고체마찰이 서로 혼재하게 되어 차차로 건조마찰에 가까운 상태로 옮겨간다.

유체마찰로 이루어진 윤활상태를 **流體潤滑**(fluid lubrication) 또는 **完全潤滑**(perfect lubrication)이라 하고 유체마찰 상태로부터 유막이 약해지면서 마찰이 갑자기 증가하여 경계윤활에 이르는 영역을 **不完全潤滑**(imperfect lubrication)이라고 한다.

따라서, 미끄럼 베어링은 유체윤활 상태에서 사용하도록 설계되어야 하며, 불완전 윤활상태에서는 운전 중 녹아붙음이나 마멸 등이 생기기 쉬우므로 되도록 피하여야 한다. 그리고 불완전 윤활상태는 ① 고하중, ② 저속도, ③ 윤활유 점도의 불충분, ④ 베어링 틈새의 불충분, ⑤ 베어링면의 큰 거칠기와 파형도, ⑥ 변형으로 축과 베어링 사이의 접촉이 한쪽으로 치우침이 일어나는 경우 등에 발생하기 쉬우므로, 경험상의 데이터를 기준으로 설계하여야 한다. 위의 세 가지 마찰상태의 마찰계수를 표 15-2에 표시한다. 그리고 표 15-3에

표 15-2 마찰계수 μ의 값

마찰의 종류	고 체 마 찰	경 계 마 찰	유 체 마 찰
μ의 범위 order	1~0.1 10^{-1}	0.1~0.01 10^{-2}	0.01~0.001 10^{-3}

표 15-3 각종 베어링의 마찰계수

축 받 침	운동마찰 계수		정지마찰 계수	
	μ	평 균	μ	평 균
미끄럼 베어링(완전윤활)	0.001~0.006	0.003	0.05~0.2	0.1
미끄럼 베어링(경계윤활)	0.01~0.1	0.03		
볼 베어링	0.001~0.003	0.002	0.002~0.004	0.003
롤러 베어링	0.002~0.007	0.004	0.004~0.006	0.005

베어링의 마찰계수를 표시한다.

15-2 미끄럼 베어링의 基礎潤滑理論

15-2-1 粘 度

미끄럼 베어링은 앞서 말한 바와 같이 유체윤활 상태로 회전축을 지지하는 것이 이상적이므로, 사용하는 윤활유의 유체마찰 특성이 중요하다. 지금 그림 **15-1**과 같이 판과 고정평면 사이에 기름이 있으며, 판이 힘 F에 의하여 속도 U로 두께 h인 유막 위를 미끄러질 때 판 바로 아래의 기름의 미소층은 판과 같이 이동하지만 맨 아래층은 정지하고 있다. 임의층에서의 속도를 u라고 하면, 점성유체에 대한 뉴턴의 법칙에 의하여 유체 속의 전단강도 τ는

$$\tau = \frac{F}{A} = \eta \frac{du}{dy} \qquad (15 \cdot 1)$$

와 같이 표시된다.

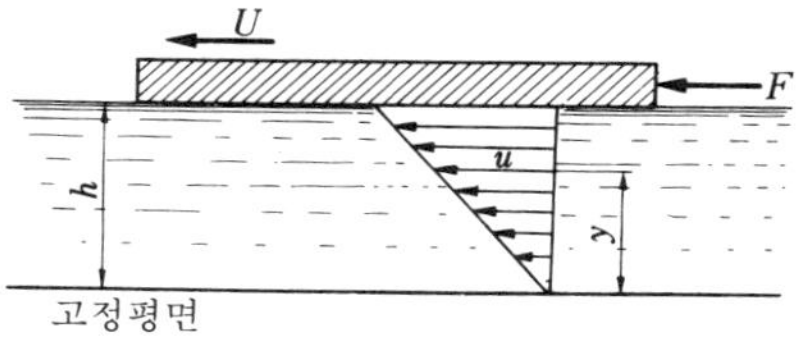

그림 15-1

여기서 A는 판의 넓이이고, du/dy는 속도의 변화율(rate of change of velocity)로 속도 기울기(velocity gradient)라 부르기도 한다. 식 중에서 η를 **粘性係數**(coefficient of viscosity) 또는 **粘度**(viscosity)라고 한다. 각 층에서의 속도변화가 선형적이라면, 즉 du/dy가 일정한 경우에는 U/h로 쓸 수 있으므로

$$\tau = \frac{F}{A} = \eta \frac{U}{h} \qquad (15 \cdot 2)$$

로 된다.

점성계수의 단위는 단위계에 따라 다르나, c.g.s 절대 단위계에서는 **絶對粘性係數**(absolute viscosity) η는 1cm의 유막 두께로 면적 $1\,cm^2$의 판을 1cm/s의 속도로 움직이는 데 필요한 1dyne의 힘을 **푸아즈**(poise)라 정의하고 기호 p로 나타낸다.

$$1\,poise = 1\,dyne \cdot s/cm^2 = 1.02 \times 10^{-2}\,kg_f \cdot s/m^2$$
$$= 1 \times 10^{-1}\,N \cdot s/m^2 = \frac{1}{10}\,Pa \cdot s$$

대부분의 윤활유의 점도는 1poise보다 작으므로 실용단위로써 절대점도의 1/100을 취하여 1centi-poise, 즉 cp를 많이 사용한다. 또, 절대 점성계수 η, 밀도를 ρ라고 하면 $\nu = \frac{\eta}{\rho}$를 **動粘性係數**(dynamic viscosity)라고 하며, 그 절대단위를 **스토크**(stoke)라 하고 st의 기호를 사용한다. 1st의 1/100의 단위를 1centistoke라 하고 cst의 기호로 표시한다.

점성계수의 공업단위로는 $kg_f \cdot s/m^2$가 사용되므로 $1\,p = 1.02 \times 10^{-2}\,kg_f \cdot s/m^2$의 관계가

이루어진다. 따라서, 절대 점도계수의 단위 사이의 관계는 다음과 같은 식으로 표시한다.

$$1\,\mathrm{cp} = 1.02 \times 10^{-4}\,\mathrm{kg}_f \cdot \mathrm{s/m^2} = 1 \times 10^{-3}\,\mathrm{Pa \cdot s} = 1\,\mathrm{mPa \cdot s} \qquad (15 \cdot 3)$$

유체의 점성계수를 직접 측정하는 것은 곤란하므로 측정하기 쉬운 동점성 계수가 측정된다. 측정기로는 여러 가지 점도계가 있으나, 점도계에서 측정되는 것은 동점성 계수 ν이므로 점성계수 η를 구하려면 밀도 ρ를 측정해야 한다. 밀도는 비중과 숫적으로는 같다.

많이 사용되는 점성계로는 세이볼트(Saybolt) 점도계가 있으며, 이것은 일정온도에서 표준 모세관 속을 60cc의 기름이 통과하는 데 소요되는 시간을 초로 표시한 수치를 취하여 Saybolt Universal초(SUV)라 부르며, SUV와 η(cp)와의 관계식은 다음과 같다.

$$\eta(\mathrm{cp}) = \rho\left(0.22 \cdot \mathrm{SUV} - \frac{180}{\mathrm{SUV}}\right) \qquad (15 \cdot 4)$$

여기서 η, ρ, SUV는 각각 t℃에서의 값을 취한다.

또, 기름의 밀도는 온도상승에 따라 감소하게 되므로 t_0℃에서의 밀도를 ρ_0로 하면 t℃에서의 밀도는 다음 식으로 구한다.

$$\rho_t = \rho_0 - 0.000657(t - t_0) \qquad (15 \cdot 5)$$

15-2-2 Petroff의 베어링式

저널 베어링에서 고속이며 점도가 높고 하중이 극히 가벼워 축의 중심이 베어링의 중심과 일치할 때는 반지름 틈새가 베어링의 길이에 따라 일정하다고 가정할 수 있다. 그림 15-2에서 반지름 r인 축이 반지름 틈새 c, 베어링의 길이 l, 회전속도 $n$rpm으로 회전할 때 기름의 전단응력 τ는 식 (15·2)로부터

$$\tau = \eta\frac{U}{h} = \frac{2\pi r}{c}\,\frac{\eta n}{60} \qquad (15 \cdot 6)$$

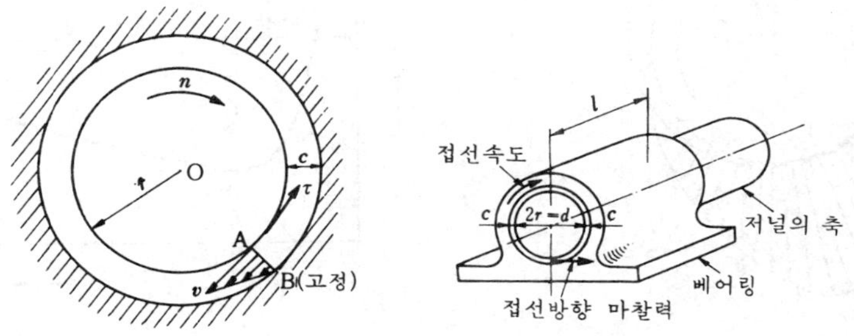

그림 15-2 페트로프의 법칙

으로 표시되고, 토크 T는

$$T = (\tau A)r = \frac{2\pi r}{c} \cdot \frac{\eta n}{60}(2\pi rl)r = \frac{4\pi^2 r^2 l}{c} \cdot \frac{\eta n}{60} \quad (15 \cdot 7)$$

으로 계산된다.

한편 베어링 하중을 P, 베어링의 마찰계수를 μ라고 하면

$$T = \mu Pr = \mu(2rlp)r = 2r^2 \mu lp \quad (15 \cdot 8)$$

여기서 $p = P/2rl$(베어링 압력)이며, 식 (15·7)과 식 (15·8)을 같게 놓고 $\varphi = c/r$라고 하면

$$\mu = \frac{\pi^2}{30} \cdot \frac{\eta n}{p} \cdot \frac{1}{\varphi} \quad (15 \cdot 9)$$

을 얻는다. 이 식을 Petroff의 베어링식이라 하며, 이 식 중의 $\eta n/p$ 및 $\varphi = c/r$는 미끄럼 베어링에서 중요한 파라미터이다. $\eta n/p$은 무차원량으로써 베어링 定數(bearing modulus)라고 한다. 또, $\varphi = c/r$를 틈새비라고 하며, 이것이 너무 작으면 경계마찰이 되기 쉬우므로 적당한 값을 잡아야 한다. φ는 0.001을 표준으로 하나 정밀을 필요로 하는 베어링에서는 0.0005 정도, 고온에서 사용되는 베어링에서는 냉각을 위하여 다량의 순환유량을 요하므로 0.002 정도로 잡는다.

실제의 베어링에서는 축과 베어링의 상호위치는 그림 **15-3**과 같이 축이 회전을 하면 축심이 편심한다. 그러므로 틈새는 균일하지 않고 최소틈새 h_0가 생기며, 油膜의 압력분포는 그림과 같아진다. 유막의 쐐기작용으로 유막 중에 생긴 압력이 상승하여 저널을 지지하게 된다.

그림 **15-4**에 나타낸 바와 같이 베어링 정수 $\eta n/p$을 파라미터로 μ의 값은 변한다. 페트로프의 베어링식에 의하면 μ와 $\eta n/p$은 비례하게 되어 있으나, 그림에서 선 AB 왼쪽에서는

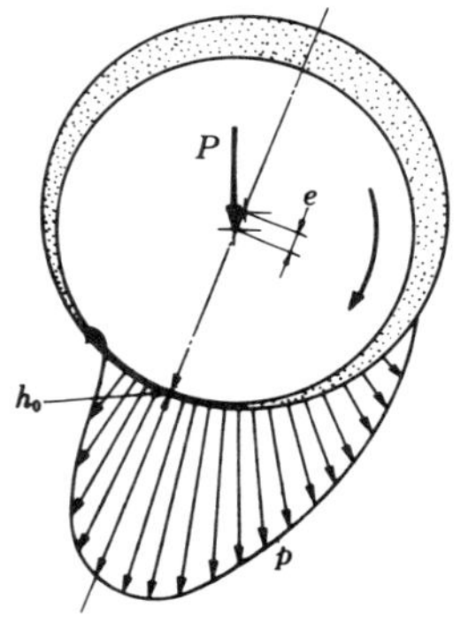

그림 15-3 유압분포

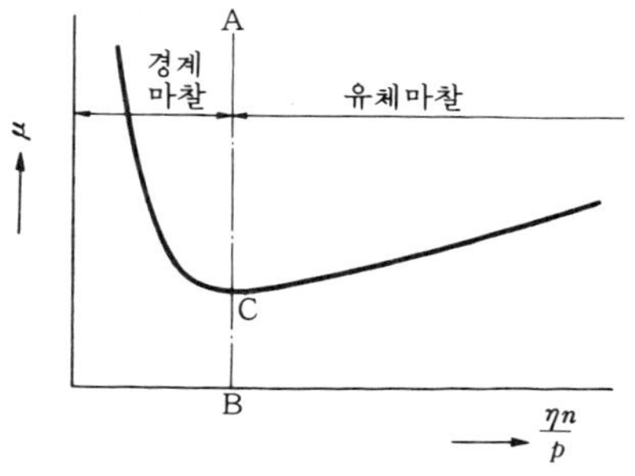

그림 15-4 유체 마찰계수

전혀 다른 모양을 나타낸다. 이것은 유막이 매우 얇아서 유체윤활이 이루어지지 않고 경계마찰로 되기 때문이다. 선 AB 오른쪽은 유막의 두께가 충분하여 유체윤활이 이루어져서 안정된 범위에 속하며, 미끄럼 베어링에서는 설계할 때에 유체윤활의 안정된 범위에 들어가도록 $\eta n/p$의 값이 어느 한도 이상이 되도록 최소값을 제한해야 한다.

15-2-3 Reynold의 방정식

미끄럼 베어링의 마찰계수 및 그 밖의 특성값을 구하기 위하여 점성 유체역학으로 해석해 보기로 한다. 그림 15-5에서 두 평면 사이의 상대 미끄럼 때문에 기름은 剪斷力을 받으나 두 평면이 지면에 수직한 방향으로 충분히 길다면 전단의 대부분은 x방향으로 일어나므로, 지면에 수직한 방향의 흐름은 고려할 필요가 없어서 문제는 2차원 문제로 간단해진다. 이론해석을 간단하게 하기 위해 다음 가정을 설정한다.

① 윤활유는 뉴턴의 점성 유체법칙에 따른다.

② 윤활유의 관성력은 전단력에 비해 작다고 생각하여 생략한다.

③ 윤활유는 비압축성이다.

④ 윤활유의 점성계수는 일정하다.

⑤ y방향의 유체압력은 일정하다.

그림 15-5에서 유막 중의 임의점에 있는 미소부분 $dx \times dy \times 1$에 작용하는 힘의 평형을 생각하면

$$pdy - \left(p + \frac{dp}{dx}dx\right)dy - \tau dx + \left(\tau + \frac{d\tau}{dy}dy\right)dx = 0$$

$$\therefore \frac{dp}{dx} = \frac{d\tau}{dy}$$

식 (15·1)인 $\tau = \eta \dfrac{du}{dy}$를 위의 식에 대입하면

$$\frac{dp}{dx} = \eta \frac{d^2u}{dy^2} \qquad (15\cdot10)$$

여기서 η는 점성계수, u는 임의점$(x,\ y)$에서의 x방향 기름의 속도를 나타낸다. 가정에

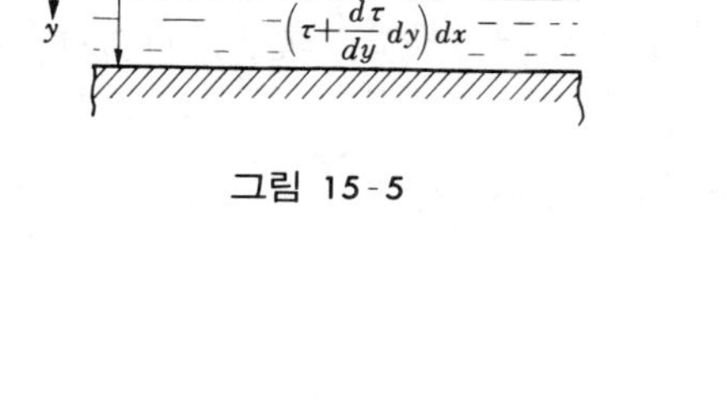

그림 15-5

따르면 p는 y에 대하여 독립적이므로 식 (15·10)을 적분하면

$$u=\frac{1}{2\eta}\frac{dp}{dx}y^2+C_1y+C_2$$

$y=0$에서 $u=U$이고, $y=h$에서 $u=0$이므로

$$C_1=-\frac{h}{2\eta}\frac{dp}{dx}-\frac{U}{h},\qquad C_2=U$$

따라서

$$u=\frac{U(h-y)}{h}-\frac{y(h-y)}{2\eta}\frac{dp}{dx}\tag{15·11}$$

다음 기름의 단위 너비마다 x방향의 유량을 Q라고 하면

$$Q=\int_0^h u\,dy=\frac{Uh}{2}-\frac{h^3}{12\eta}\cdot\frac{dp}{dx}\tag{15·12}$$

유체의 연속 방정식으로부터 $dQ/dx=0$이므로

$$\frac{dQ}{dx}=\frac{U}{2}\frac{dh}{dx}-\frac{d}{dx}\left(\frac{h^3}{12\eta}\cdot\frac{dp}{dx}\right)=0$$

$$\therefore\ \frac{d}{dx}\left(\frac{h^3}{\eta}\cdot\frac{dp}{dx}\right)=6U\frac{dh}{dx}\tag{15·13}$$

로 되고, 이 식을 1차원 흐름의 경우에 해당되는 Reynold의 기초 방정식이라 한다. 만일, 축방향(z방향)의 흐름을 고려한다면, 식 (15·13)은 다음과 같은 3차원 윤활이론의 기초가 되는 Reynold의 방정식(Reynold's equation)을 얻는다.

$$\frac{\partial}{\partial x}\left(\frac{h^3}{\eta}\frac{\partial p}{\partial x}\right)+\frac{\partial}{\partial z}\left(\frac{h^3}{\eta}\frac{\partial p}{\partial z}\right)=6U\frac{dh}{dx}\tag{15·14}$$

일반적으로 h는 x의 함수이므로 식 (15·13)을 풀면 압력 p를 구할 수 있다. 식 (15·13)을 적분하고 $dp/dx=0$, $h=h_0$(h_0 : 최대압력 위치에서의 유막의 두께)로부터 적분상수를 정하면

$$\frac{dp}{dx}=6\eta U\left(\frac{1}{h^2}-\frac{h_0}{h^3}\right)\tag{15·15}$$

를 얻는다. 위의 식으로부터 압력분포를 구할 수 있다.

그림 **15-6**을 원통저널 베어링의 단면이라 하고, 윤활유의 흐름은 1차원 흐름으로 생각한다. O를 축의 중심, O′를 베어링의 중심이라 하고 화살표 방향으로 축이 회전하고 틈새에는 점성 윤활유가 충만되어 있다고 하자. 축의 반지름을 r, 베어링의 반지름을 R, 편심량을 e, 각 위치 θ에서의 유막의 두께를 h라고 하면, 그림에서 $h=\mathrm{BC}=\mathrm{AC}-\mathrm{AB}$이고 $\mathrm{AC}=R+e\cos\theta$

$$\mathrm{AB}=\sqrt{r^2-e^2\sin^2\theta}$$

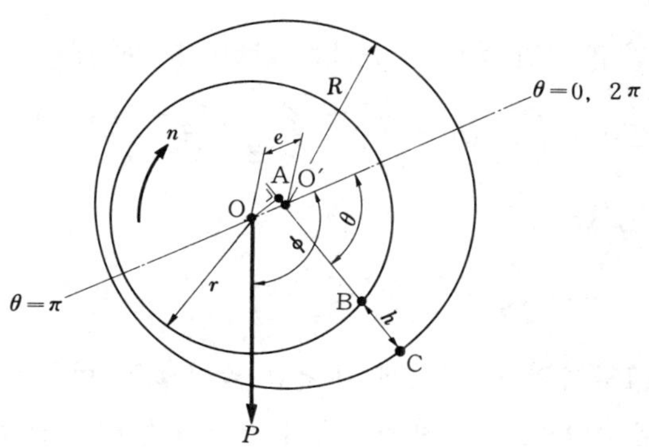

그림 15-6 저널 베어링

이므로

$$h = R + e\cos\theta - \sqrt{r^2 - e^2\sin^2\theta}$$
$$= R + e\cos\theta - r\left\{1 - \frac{1}{2}\left(\frac{e}{r}\right)^2\sin^2\theta\cdots\cdots\right\}$$

e는 r에 비해 대단히 작으므로 { } 안의 제 2 항 이하를 생략하면

$$h = R - r + e\cos\theta$$
$$= c + e\cos\theta$$
$$= c(1 + \varepsilon\cos\theta) \qquad (15 \cdot 16)$$

여기서 c는 베어링의 반지름 틈새($R - r$), ε은 e/c로서 偏心率(eccentricity ratio)이라 부른다. 따라서, 유막의 최대 두께 h_{max} 및 최소 두께 h_{min}은

$$h_{max} = c + e = c(1 + \varepsilon), \ (\theta = 0, \ 2\pi)$$
$$h_{min} = c - e = c(1 - \varepsilon), \ (\theta = \pi)$$

로 된다.

압력분포를 구하기 위해 $r\theta \fallingdotseq x$로 놓고, 식 (15 · 15)에 식 (15 · 16)을 대입할 때 압력 기울기는 다음과 같다.

$$\frac{dp}{d\theta} = \frac{6\eta Ur}{c^2}\left\{\frac{1}{(1 + \varepsilon\cos\theta)^2} - \frac{h_0}{c(1 + \varepsilon\cos\theta)^3}\right\}$$

위의 식의 적분은 교묘한 치환적분으로 이루어졌고, 그 결과는 다음과 같다.

$$p = p_0 + \frac{6\eta Ur}{c^2}\left\{\frac{\varepsilon(2 + \varepsilon\cos\theta)\sin\theta}{(2 + \varepsilon^2)(1 + \varepsilon\cos\theta)^2}\right\} \qquad (15 \cdot 17)$$

여기서 p_0는 $\theta = 0$에서의 유막압력이다.

또, 베어링의 단위 너비에 대한 부하용량 P는

$$P = \int_0^{2\pi} pr\sin\theta d\theta = \eta U\left(\frac{r}{c}\right)^2\left\{\frac{12\pi\varepsilon}{(2 + \varepsilon)^2\sqrt{1 - \varepsilon^2}}\right\} \qquad (15 \cdot 18)$$

또, 전단응력을 τ라고 하면 축에 작용하는 단위 너비에 대한 마찰토크 T는

$$T = r^2 \int_0^{2\pi} \tau\, d\theta = \frac{\eta U r^2}{c} \left\{ \frac{4\pi(1+2\varepsilon^2)}{(2+\varepsilon^2)\sqrt{1-\varepsilon^2}} \right\} \tag{15·19}$$

이 되므로, 마찰계수 μ는

$$\mu = \frac{T}{Pr} = \frac{c}{r} \left(\frac{1+2\varepsilon^2}{3\varepsilon} \right) \tag{15·20}$$

으로 된다. 식 (15·18)에서 P 대신에 베어링 압력 p를 변수로 사용하고, 미끄럼 속도 U 대신에 회전속도 n을 사용하여 고쳐 쓰면, 즉 $P = pdl$, $U = \pi dn$이므로

$$\left(\frac{r}{c} \right)^2 \frac{\eta n}{p} = \frac{(2+\varepsilon^2)\sqrt{1-\varepsilon^2}}{12\pi^2 \varepsilon} \tag{15·21}$$

으로 된다. 즉, $\left(\frac{r}{c} \right)^2 \frac{\eta n}{p}$이 일정하면 ε은 일정하게 되고, ε의 일정값에 대해 베어링의 다른 여러 특성도 다음과 같이 결정된다.

$$\left.\begin{aligned} \frac{h_{\min}}{c} &= 1-\varepsilon \\ \frac{r}{c}\mu &= \frac{1+2\varepsilon^2}{3\varepsilon} \\ \frac{r}{h_{\min}}\mu &= \frac{1+2\varepsilon^2}{3\varepsilon(1-\varepsilon)} \\ J\rho s \frac{\Delta t}{p} &= \frac{2(2+\varepsilon^2)(1+2\varepsilon^2)}{3\varepsilon(1-\varepsilon^2)} \end{aligned}\right\} \tag{15·22}$$

여기서 Δt는 온도 상승값, J는 열의 일당량, ρ는 기름의 밀도, s는 기름의 비중이다.

이와 같이 모든 성능은 $\left(\frac{r}{c} \right)^2 \frac{\eta n}{p}$의 함수로 표시되며, 베어링의 성능을 결정하는 중요한 무차원량이다. 따라서, 이것은 **좀머펠트數**(Sommerfeld number)라고 부르고 S로 표시한다.

$$S = \left(\frac{r}{c} \right)^2 \frac{\eta n}{p} \tag{15·23}$$

예제 15-1. 99℃에서 50.5초 SUV의 점도를 나타내는 기름의 동점성 계수는 얼마인가?

풀이〉 식 (15·4)에서

$$\eta = \rho\left(0.22 \times 50.5 - \frac{180}{50.5} \right) = 7.55\rho(\text{cp})$$

$$\nu = \frac{\eta}{\rho} = \frac{7.55\rho}{\rho} = 7.55\,(\text{cst})$$

예제 15-2. 지름 75mm, 길이 150mm의 미끄럼 베어링의 $\eta n/p-\mu$ 선도에서 $\eta n/p=500$ cp·rpm·cm²/kg$_f$, $\mu=0.002$의 점과 $\eta n/p=4000$ cp·rpm·cm²/kg$_f$, $\mu=0.0065$의 점을 직선적으로 통과한다. SAE 10의 윤활유를 사용하여 유막의 온도가 76℃(SUV = 56.3초), 전부하 700kg$_f$를 받으며 1200rpm로 회전할 때 마찰손실 마력을 구하라. SAE 10의 기름의 비중은 15℃에서 0.87이다.

풀이 76℃의 비중을 구하기 위하여 식 (15·5)를 이용하여

$$\rho_t=0.87-0.000657(76-15)=0.83$$

점성계수 η는 식 (15·4)로부터

$$\eta=0.83\left(0.22\times56.3-\frac{180}{56.3}\right)=7.62(\text{cp})$$

$$p=\frac{700}{7.5\times15}=6.2\,\text{kg}_f/\text{cm}^2$$

따라서, 베어링 정수는

$$\frac{\eta n}{p}=\frac{7.62\times1200}{6.2}=1475\,\text{cp}\cdot\text{rpm}\cdot\text{cm}^2/\text{kg}_f$$

$\eta n/p=1475$에 해당되는 μ는 두 점의 직선관계로부터

$$\mu=0.002+\frac{0.0065-0.002}{4000-500}\times(1475-500)=0.0033$$

마찰력 F는

$$F=\mu P=0.0033\times700=2.31\,\text{kg}_f$$

마찰손실 마력 H는

$$H\frac{Tn}{716,200}=\frac{2.31\times37.5\times1200}{716,200}=0.15\,\text{HP}$$

예제 15-3. 지름 75mm, 레이디얼 間隙이 0.05mm인 좀머펠트 베어링이 있다. 회전속도는 2500rpm이고, 베어링의 편심률은 $\varepsilon=0.6$에서 작동한다. 또, 유막에서의 기름의 점도는 0.000000012kg$_f$·s/mm²이다. 베어링이 지탱할 수 있는 하중과 마찰계수를 구하라.

풀이

$$\frac{r}{c}=\frac{37.5}{0.05}=750$$

$$U=\frac{\pi dn}{60}=\frac{\pi\times75\times2500}{60}=9813\,\text{mm/s}$$

식 (15·18)에 대입하여 단위 너비에 대한 부하용량 P는

$$P=\eta U\left(\frac{r}{c}\right)^2\left\{\frac{12\pi\varepsilon}{(2+\varepsilon)^2\sqrt{1-\varepsilon^2}}\right\}=0.000000012\times9813\times750^2\times\left\{\frac{12\times\pi\times0.6}{2.6^2\sqrt{0.64}}\right\}$$
$$=277\,\text{kg}_f/\text{mm}$$

마찰계수는 식 (15·20)에서

$$\mu = \frac{c}{r}\left(\frac{1+2\varepsilon^2}{3\varepsilon}\right) = \frac{1}{750}\left(\frac{1+0.72}{1.8}\right) = 0.00127$$

15-3 베어링 메탈

15-3-1 베어링 메탈의 모양

원주속도나 하중이 작은 간단한 베어링에서는 베어링 메탈 없이 몸체 자체가 베어링 메탈의 역할을 하는 것도 있으나, 마찰을 적게 하고 마멸되었을 때 베어링 메탈의 일부를 교환함으로써 간단히 수리할 수 있도록 베어링 몸체에 베어링 메탈을 끼워 저널과 직접 접촉하도록 한다. 베어링 부시와 같이 원통형의 베어링 메탈은 제작비는 싸나 마멸되었을 때 전혀 조절할 수 없다. 베어링 메탈은 보통 마멸이 가장 적은 곳, 또는 작용하는 압력방향에 직각되는 면에서 2개로 분할하여 베어링 메탈의 교환에 편리하도록 하거나, 또는 마멸에 대한 조절도 용이하게 한다.

그림 15-7과 같이 베어링 압력이 가장 작은 곳에 給油구멍(oil hole)을 마련하고, 저널의 온둘레에 급유하기 위해 베어링 메탈 안쪽에 기름홈(oil groove)을 만든다. 베어링 메탈의 두께 t는 대략 다음과 같이 정한다.

砲金 또는 黃銅 : $t = 0.07d + 4\,\text{mm}$

鑄鐵 : $t = d/8 + 2.5\,\text{mm}$

화이트 메탈 : $t = (0.02d + 2) \sim (0.03d + 3)\,\text{mm}$

또, 화이트 메탈처럼 강도가 약한 재료는 청동·주철·주강 등을 백 메탈(back metal)로 하고, 여기에 화이트 메탈을 라이닝하여 베어링 메탈로 사용한다. 베어링 메탈의 마멸을 조정하기 위해 분할된 사이에 얇은 黃銅板인 라이너, 또는 심(shim)을 여러 장 삽입하여 판의 두께를 가감함으로써 저널과의 끼워맞춤을 적절히 유지한다.

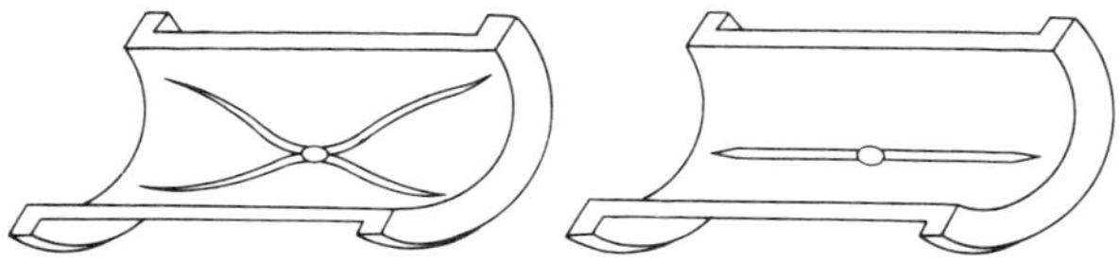

그림 15-7 기 름 홈

15-3-2 베어링 메탈의 材料

베어링 메탈은 저널과 직접 접촉하는 부분이므로 중요하다. 축과의 사이에 충분한 油膜이 형성되면 좋으나, 불완전 윤활상태가 되면 베어링 메탈과 축이 직접 접촉하여 마멸이 생기고, 마찰열에 녹아붙음 현상이 발생하므로 베어링 메탈은 적당한 재질로 구성되어야 한다. 일반적으로 베어링 메탈로써 구비하여야 할 조건을 들면 다음과 같다.

① 하중에 견딜 수 있도록 충분한 강도와 강성을 가질 것

② 저널에 잘 융화함으로써 접촉성이 좋을 것

③ 마찰계수가 작을 것

④ 耐蝕性이 좋을 것

⑤ 피로강도가 높을 것

⑥ 마찰열을 잘 소산할 수 있도록 열전도율이 좋을 것

⑦ 공작하기가 쉬워 제작, 수리가 용이할 것

⑧ 마모가 적고 내구성이 클 것

⑨ 녹아붙지 않을 것

⑩ 축재료보다 연하면서 압축강도가 클 것

앞에서 말한 특성을 전부 만족시키는 베어링 메탈은 아직 없으며, 또 이들 조건은 서로 상반되는 것이 있다. 예를 들면 접촉성이 좋은 재료는 일반적으로 연한 금속이고, 연한 재료는 面壓强度나 剛性이 떨어진다. 이런 점을 해결하기 위해서 합금을 사용하고 있고, 용도에 따라 비금속 재료를 사용하는 경우도 있다,

[1] 鑄 鐵

Fe-C-Si의 3원 합금으로 이루어지고, 그 금속조직은 펄라이트 또는 페라이트 바탕에 片狀黑鉛이 析出된 조직으로, 바탕은 굳어서 마멸이나 충격에 잘 견디고 흑연은 고체윤활의 역할을 함으로써 오래 전부터 사용되어 왔다. 그러나 축의 재료와 비슷한 조직을 갖기 때문에 고속에서 녹아붙고 열전도가 나쁘다. 그렇기 때문에 고속에는 많은 제한을 받으나 싸고 가공하기 쉬우므로 저속 저압용 베어링 메탈로써 널리 사용된다.

[2] 銅 合 金

일반적으로 단단하고 융점이 높고 열전도가 좋으며, 마멸이나 충격에 잘 견딘다. 그러나 녹아붙기 잘하는 결점을 갖고 있다. 대부분 주물로 만들어지나 인청동은 壓延材로 제작한다.

(1) 黃銅(brass) …… 피로강도가 비교적 크고 중저속 · 고압용

(2) 砲金(gun metal) …… 청동과 황동의 중간 성질로 광범위하게 사용

(3) 靑銅(bronze) …… 중속 · 고압용으로 고가이며 고급 베어링용

1) 燐靑銅 : 내마멸성이 좋고 강성이 높다.

2) 알루미늄 靑銅 : 고압, 내충격용

3) 베릴륨 靑銅 : 열전도가 우수하고 매우 단단하다.

(4) 켈밋(kelmet) …… Cu와 Pb(20～30%)의 합금으로 Cu보다 강도 · 강성이 크고 열전도

가 좋아서 고압용으로 사용

[3] 화이트 메탈

Sn, Pb, Zn 등의 연한 금속을 주성분으로 한 백색합금의 총칭으로 마멸이 적고 길들임이 좋으며, 油膜을 강하게 하고 녹아붙지 않는다. 또, 제작·수리가 용이하므로 베어링 메탈로는 현재까지 가장 우수하다. 저용융점에 열전도가 나쁘므로 고온에는 부적당하다. 연한 금속의 합금이기 때문에 강도·강성이 적어서 다른 금속을 백 메탈로 얇게 라이닝해서 사용한다. Sn基 화이트 메탈과 Pb基 화이트 메탈이 있으며, Sn基 화이트 메탈이 이 중에서도 가장 우수한 메탈재료로 달리 **배빗 메탈**(babbitt matal)이라고도 부르며, 내연기관에 널리 사용되고 있다.

[4] 카드뮴 合金

화이트 메탈보다 강도가 크고 **耐熱性**이 우수하여 고하중의 내연기관용 베어링으로 사용된다.

[5] 알루미늄 合金

일반적으로 가볍고 접촉성이 좋으며, 내마멸성이 커 고속·고부하용 베어링으로 사용되나, 표면에 생기는 강한 산화피막 Al_2O_3 때문에 축이 상하는 결점을 가지고 있다.

[6] 含油燒結 합금

분말야금에 의한 소결합금으로 윤활유 속에 담가둠으로써 입자 사이에 기름을 스며들게 한 것이다. 급유가 곤란하거나 전혀 급유하지 않는 베어링에 사용한다. 이와 같이 별도로 급유할 필요가 없으므로 오일리스 베어링(oiless bearng)이라 부르고 있다. 경계윤활 상태에서 사용하므로 사용온도는 50℃ 이하로 제한되며, 큰 하중에는 부적당하여 소형기계와 같이 급유와 보수가 곤란한 곳에 사용된다.

[7] 非金屬 재료

1) 黑鉛 카본 자체가 고체 윤활제이므로 별도의 윤활제가 필요치 않고, －100～400℃의 넓은 온도범위에 걸쳐 사용할 수 있고 不活性이 있어서 특수용도로 사용된다.

2) 플라스틱 나일론, 테플론(Teflon) 등의 플라스틱은 윤활유가 없는 상태에서도 비교적 마찰계수가 작고 내마멸이 되며, 경계윤활 상태에서도 윤활성이 좋기 때문에 베어링 재료로써 좋다. 값이 싸고 가공성이 좋으며, 내식성이 높은 것이 큰 장점이나 열에 약하고 열전도율이 낮아서 쉽게 열변형이 발생하는 결점을 갖는다.

3) 木材 남양에서 재배되는 리그넘바이티(lignumvitae)는 유명한 목재 베어링 재료이다. 목재 속에 함유된 수지가 윤활제 구실을 하며, 물윤활에도 무관하므로 펌프, 선박용 베어링으로 사용된다.

4) 고무 물과 같은 점도가 낮은 윤활제를 사용하면 마찰계수가 작다. 내마멸성이 좋고 진동, 충격의 흡수성이 좋아서 백 메탈에 부착해서 사용한다. 실리콘 고무, 불소고무 등의 내열·내유성의 고무가 유효하게 사용된다.

5) 寶石 루비, 사파이어, 瑪瑙 등의 보석은 경도가 높고 내마멸성이 좋아서 시계나 계측기의 베어링 재료로 널리 사용된다.

표 15-4에 각종 비금속 베어링 재료의 성질과 성능을 표시한다.

표 15-4 각종 비금속 베어링 재료의 성질과 성능

베어링 재료	최대 허용압력 kg_f/cm^2	최고 허용온도 ℃	최대 속도 m/sec	최대허용 압력속도 계수 pv $kg_f/cm^2 \cdot m/sec$
고무	4	70	5	40~80
카본 그래파이트	40	350	41	40~80
페놀수지	350	100	14	40~80
나일론	70	100	3	10~15
테플론	35	250	1.5	25~50
목재(리그넘바이티)	150	70	10	40~80

15-4 미끄럼 베어링의 設計

15-4-1 저널 베어링(Journal bearing)

레이디얼 미끄럼 베어링을 저널 베어링이라고도 하며 베어링 壓力, 저널의 강도, 마찰열 및 구성부분의 설계의 순으로 설계를 진행한다.

[1] 베어링 壓力(bearing pressure)

베어링의 접촉면에 작용하는 압력은 접촉면의 위치에 따라 다르므로, 다음과 같이 평균값를 취하게 된다. 즉, 그림 15-8과 같이 저널면상에 미소면적 dA를 취하여 여기에 작용하는 압력을 p라 하고, 하중 P가 작용하고 있는 경우 다음 관계가 성립한다.

$$P = \int_0^\pi p dA \sin\alpha$$

$dA = l \cdot \dfrac{d}{2} \cdot d\alpha$이므로 p가 일정하다고 하면

$$P = p \cdot \frac{d}{2} \cdot l \int_0^\pi \sin\alpha d\alpha$$

$$= p \cdot d \cdot l \qquad (15 \cdot 24)$$

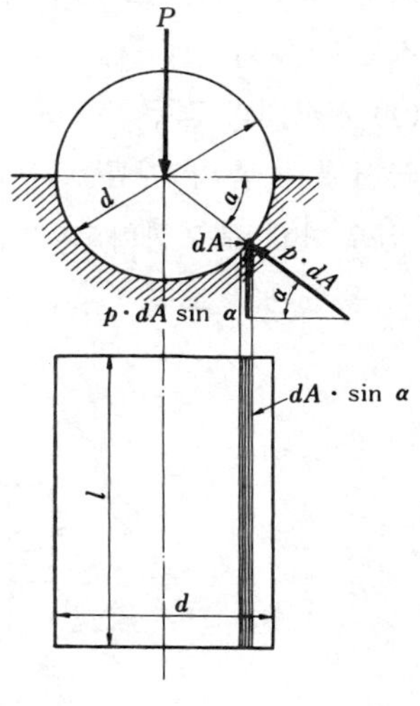

그림 15-8 베어링 압력

여기서 $d \cdot l$은 베어링면을 하중 P의 방향에 수직한 평면상에 투상한 投像面積(project area)이다. 투상면적을 A라 하면 $d \cdot l = A$가 되므로

$$P = p \cdot A \quad \text{또는} \quad p = \frac{P}{A} \tag{9·25}$$

즉, 하중을 투상면적으로 나눈 평면압력을 **베어링 壓力**이라 하고 미끄럼 베어링을 설계할 때 여러 가지 형식에 따라 적당한 값이 주어진다. 설계에 사용되는 베어링 압력을 **허용 베어링 壓力**(allowable bearing pressure)이라 하고 p_a로 표시한다. p_a의 값은 재료, 윤활유, 윤활방법, 회전속도, 하중의 종류, 가공상태 등 여러 가지 조건에 따라 다르나 대체적으로 표 15-5에 표시한 바와 같다.

표 15-5　베어링 재료의 허용 베어링 압력(p_a)

재료		p_a	재료		p_a
축	베어링	(kg_f/mm^2)	축	베어링	(kg_f/mm^2)
탄소강	탄소강	1~1.5	탄소강	Sn계 화이트 메탈	0.6~1.0
	주철	0.3~0.6		Al계 베어링 합금	2.8
	청동 또는 황동	0.7~2.0		켈밋	2.0~3.2
	인청동	1.5~6.0		베클라이트	1.5~4.0
	Cd 합금	1.0~1.4		오일리스 베어링 합금	0.15~0.2
	Pb계 화이트 메탈	0.6~0.8			

[2] 저널의 강도

저널은 베어링과 접촉하고 있는 축의 일부분이므로 그 지름은 일반적으로 축의 지름에 따라 결정한다. 저널에는 축의 끝부분에 있는 끝저널(end journal)과 축의 중간에 있는 중간저널이 있다.

(1) 끝저널의 경우

끝저널은 축의 지름보다 어느 정도 가느다랗게 한다. 저널을 외팔보로 보고 베어링 압력이 균일하게 분포한다고 가정한다. 그림 15-9에서 하중 P가 베어링 길이의 중앙에 집중하여 작용한다고 보면

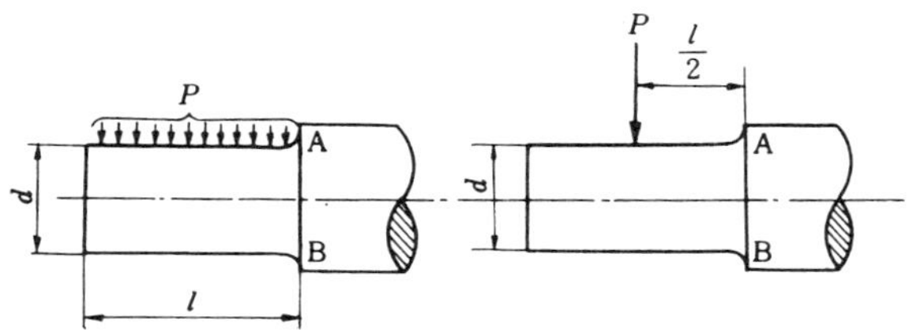

그림 15-9　끝 저널의 설계

$$M = \frac{Pl}{2} = \sigma_b \cdot Z = \frac{\pi d^3}{32}\sigma_b$$

$$d = \sqrt[3]{\frac{5.1Pl}{\sigma_b}} \tag{15·26}$$

한편

$$P = p_a d \cdot l$$

$$p_a \cdot dl\frac{l}{2} = \sigma_b \frac{\pi}{32}d^3$$

$$p_a l^2 = \frac{\pi}{16}d^2\sigma_b$$

$$\left(\frac{l}{d}\right)^2 = \frac{\pi}{16}\,\frac{\sigma_b}{p_a}$$

$$\frac{l}{d} = \sqrt{\frac{1}{5.1}\cdot\frac{\sigma_b}{p_a}} \tag{15·27}$$

(2) 중간저널의 경우

그림 15-10에서 보는 바와 같이 중간저널에서는 일반적으로 굽힘 모멘트 M과 비틀림 모멘트 T가 동시에 작용하는 조합응력 상태이므로, 강도계산은 축재료에 따라 상당굽힘 모멘트 M_e나 상당 비틀림 모멘트 T_e를 구하여 계산한다. 그림과 같은 중간저널에서의 최대굽힘 모멘트는 저널의 중앙에 생기므로

$$M_{\max} = \frac{P}{2}\left(\frac{l}{2}+\frac{l_1}{2}\right) - \frac{P}{2}\cdot\frac{l}{4} = \frac{P}{2}\left(\frac{l}{2}+\frac{l_1}{2}-\frac{l}{4}\right)$$

$$= \frac{P}{2}\cdot\frac{1}{4}(l+2l_1) = \frac{PL}{8}$$

$$\frac{PL}{8} = \sigma_b \cdot \frac{\pi}{32}d^3$$

$$d^3 = \frac{4}{\pi}\cdot\frac{PL}{\sigma_b}$$

$$d = \sqrt[3]{\frac{4}{\pi}\cdot\frac{PL}{\sigma_b}} = \sqrt[3]{1.27\frac{PL}{\sigma_b}} \tag{15·28}$$

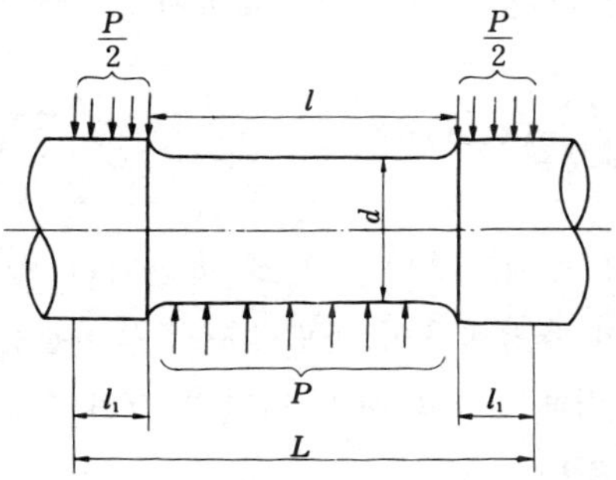

그림 15-10 중 간 저 널

온길이 L과 저널의 길이 l과의 비 $\frac{L}{l}=e$라고 하면 $L=el=1.5l$로 되므로

$$d=\sqrt[3]{\frac{1.27\,ePl}{\sigma_b}}=\sqrt[3]{\frac{1.27\times 1.5\,p_a l^2\cdot d}{\sigma_b}}$$

$$d^3=1.27\times 1.5\frac{p_a}{\sigma_b}d\cdot l^2$$

$$\left(\frac{l}{d}\right)^2=\frac{1}{1.27\times 1.5}\cdot\frac{\sigma_b}{p_a}$$

$$\frac{l}{d}=\sqrt[3]{\frac{1}{1.27\times 1.5}\cdot\frac{\sigma_b}{p_a}}=\sqrt[3]{\frac{1}{1.91}\cdot\frac{\sigma_b}{p_a}} \qquad (15\cdot 29)$$

실제 설계에서 l/d이 커지면 축이 굽을 때 베어링 끝에 압력이 집중되어 油膜이 파괴된다. 또, l/d이 작아지면 기름의 누설이 현저하여 유막압력이 떨어지고 부하능력이 감소한다. 경험적으로 $l/d=0.6\sim3.0$을 널리 사용하며, 보통 하중의 경우 $l/d=1.0\sim1.5$를 많이 사용한다.

[3] 摩擦熱

저널의 원주속도 v(m/s)는

$$v=\frac{\pi dn}{60} \qquad (15\cdot 30)$$

여기서 d는 저널의 지름(m)이고 n은 저널의 회전속도(rpm)이다.

지금 저널 베어링에서 레이디얼 하중을 P(kg$_f$), 마찰계수를 μ라고 하면 단위시간의 마찰일(friction work) W_f는

$$W_f=\mu Pv(\text{kg}_f\cdot\text{m/s}) \qquad (15\cdot 31)$$

이다. 이 마찰일은 전부 열로 변하여 동력의 손실을 가져온다. 따라서, 마찰일에 의한 동력손실 H_f는

$$H_f=\frac{\mu Pv}{75}\ (\text{HP})\ \text{또는}\ H_f=\frac{\mu Pv}{102}\ (\text{kW}) \qquad (15\cdot 32)$$

로 된다. 1 kcal = 427kg$_f$·m이므로 단위시간에 발생되는 마찰열(friction heat) Q는

$$Q=\frac{\mu Pv}{427}(\text{kcal/s}) \qquad (15\cdot 33)$$

로 된다. 이 마찰열은 베어링 몸체로부터 외부로 발산되나 발생열량이 발산열량보다 많으면 베어링은 온도가 상승하여 윤활작용이 불량해져서 녹아붙음이 일어난다. 지금 발생열량을 베어링 투상면적 $d\cdot l$에 비례한다고 하면 저널의 단위 투상면적마다의 마찰열 w_f를 제한해야 하고 그 값은 다음과 같다.

$$w_f = \frac{W_f}{d \cdot l} = \frac{\mu P v}{d \cdot l} = \mu p v \qquad (15 \cdot 34)$$

위의 식에서 μ는 별로 큰 차이가 없으므로 pv 값이 마찰열에 의한 온도상승을 가져오므로 이 값을 제한하여야 한다. 이 pv를 發熱係數라 부르고, 표 15-6에 pv의 실용값을 표시한다.

표 15-6 $p \cdot v$ 실용값

증기기관 메인 베어링	$p \cdot v = 15 \sim 20 \left[\frac{\text{kg}_f}{\text{cm}^2} \cdot \frac{\text{m}}{\text{s}} \right]$
내연기관의 화이트 메탈 베어링	≧30
내연기관의 砲金 베어링	≧25
선박의 베어링	30~40
전동축의 베어링	10~20
왕복기계의 크랭크 핀	25~35
화이트 메탈을 넣은 크랭크축 베어링	50
선반용 기관의 크랭크 핀	50~70
철도차량 차축	50
기관차 차축	65

만약, 베어링 압력이 $p(\text{kg}_f/\text{cm}^2)$라면 $P = pd \cdot l/100$, $v = \pi dn/1000 \times 60(\text{m/s})$의 두 식으로부터($d$, l은 mm)

$$l = \frac{\pi P n}{600 pv} \fallingdotseq \frac{Pn}{191 pv} (\text{mm}) \qquad (15 \cdot 35)$$

가 얻어지고, pv의 제한값으로부터 베어링의 너비를 결정할 수 있다.

위에서 말한 마찰열량이 공기 중에 자연적으로 방열하는데, 저널의 단위 투상면적마다의 방열열량 q_b에 대하여 다음과 같은 Pederson의 실험식을 사용한다.

$$q_b = \frac{(t_b - t_a + 18.3)^2}{K} \ \text{kg}_f \cdot \text{m/s} \cdot \text{mm}^2 \qquad (15 \cdot 36)$$

여기서 t_b : 베어링 하우징의 표면온도(℃), t_a : 공기의 온도(℃)이고 계수 K는 표 15-7에 주어졌다.

표 15-7 K의 값

베어링의 구조와 조건	K
정지한 공기 중에 있는 중량, 경량의 베어링	4.75×10^6
공기의 유통이 좋은 중량 베어링	2.68×10^6

다음 베어링 하우징의 표면온도 t_b로부터 유막의 온도 t_m을 실험식으로 구할 수 있다. 이

실험식을 Burwell의 식이라 한다.

$$t_m = t_b + 2(t_b - t_a) \tag{15·37}$$

또, 고속 · 고하중용 베어링에서는 발생열량이 많으므로 자연적인 열의 방열로는 과열될 우려가 있다. 따라서, 윤활유를 강제순환시켜 발생열량을 기름이 흡수하도록 한다. 이런 강제순환 급유에서 외부로 방열시킬 수 있는 열량 L은 다음과 같이 구할 수 있다.

$$L = Q\gamma c(t_0 - t_i) \tag{15·38}$$

여기서

γ : 기름의 비중량(kg_f/m^3)

Q : 기름의 유량(m^3/s)

c : 기름의 비열 0.4∼0.6 kcal/kg_f·℃ = (0.4∼0.6) × 427 kg_f·m/kg_f·℃

t_0, t_i : 출구 및 입구의 기름온도(℃)

[4] 構成部分의 설계

저널 베어링은 대체로 다음과 같은 부분으로 구성된다.

① 베어링 메탈

② 베어링 하우징 : 베어링 캡(bearing cap), 베어링대(pedestal body)

③ 캡 볼트

④ 설치볼트

(1) 베어링 하우징의 강도

가장 일반적인 주철제의 베어링 本體인 베어링 하우징(housing)의 강도설계를 검토해야 한다. 즉, 그림 15-11에서 보는 것처럼 2개로 쪼개진 베어링 하우징의 강도계산은 윗부분의 베어링 캡과 아랫부분의 베어링대가 각각 베어링 압력과 그 反力으로 생긴 굽힘 모멘트

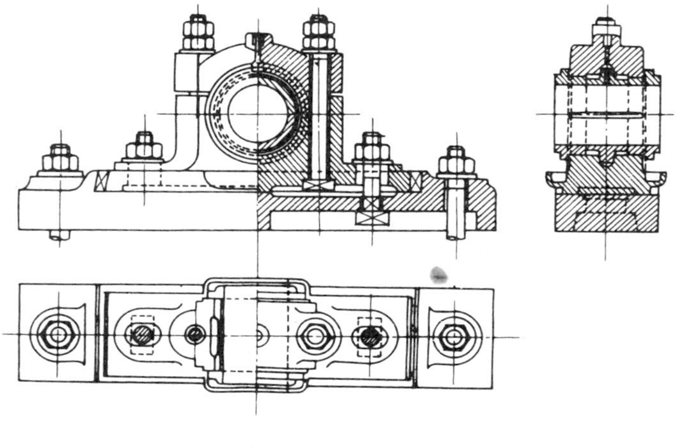

그림 15-11 베어링 하우징

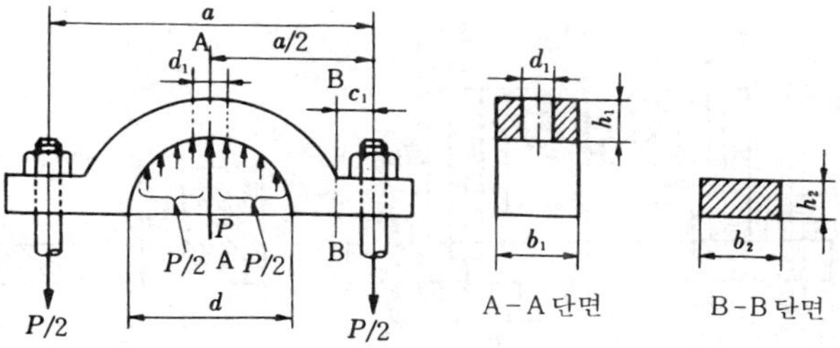

그림 15-12 베어링 캡의 강도

를 받아내는 데 충분한 치수를 갖도록 설계하여야 한다.

1) 베어링 캡의 굽힘강도 그림 15-12에서 보는 바와 같이 단면 A-A의 굽힘 모멘트 M_A는

$$M_A = \frac{P}{2}\left(\frac{a}{2} - \frac{d}{2}\right) \tag{15·39}$$

그 단면의 단면계수 Z_A는

$$Z_A = \frac{1}{6}(b_1 - d_1)h_1^2 \tag{15·40}$$

따라서, 굽힘응력 σ_b는

$$\sigma_b = \frac{M_A}{Z_A} = \frac{3P\left(\frac{a}{2} - \frac{d}{4}\right)}{(b_1 - d_1)h_1^2} \leqq \sigma_a \tag{15·41}$$

한편, 단면 B-B에 대해서도 같은 방법으로

$$M_B = \frac{P}{2}c_1 \tag{15·42}$$

$$Z_B = \frac{1}{6}b_2h_2^2 \tag{15·43}$$

따라서, 굽힘 모멘트 σ_b는 다음과 같다.

$$\sigma_b = \frac{M_B}{Z_B} = \frac{3Pc_1}{b_2h_2^2} \leqq \sigma_a \tag{15·44}$$

σ_a는 대체로 주철인 경우 $150\,kg_f/cm^2$ 정도 취하면 된다.

2) 베어링대의 강도 그림 15-13에서 보는 것처럼 중앙에서 $l/4$의 곳을 캡 볼트로 받치고 있다면 단면 A-A에 생기는 굽힘 모멘트는 다음과 같다.

$$M_A' = \frac{P}{2}\left(\frac{l}{4} - \frac{d}{4}\right) = \frac{P}{8}(l - d) \tag{15·45}$$

단면계수 Z_A'는

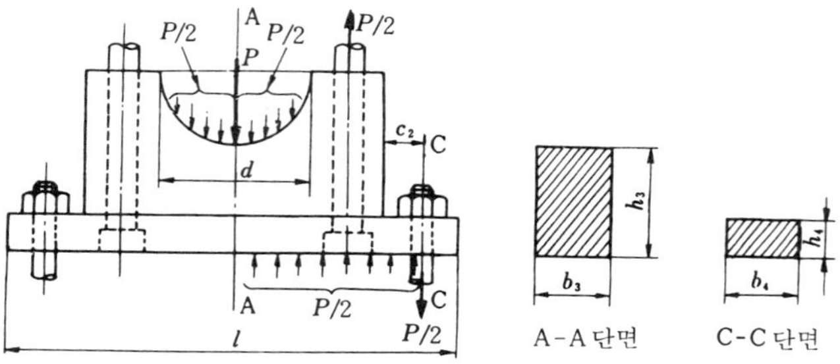

그림 15-13 베어링 대의 강도

$$Z_A' = \frac{1}{6} b_3 h_3^2 \tag{15·46}$$

따라서, 단면 A-A에 생기는 굽힘응력 σ_b는

$$\sigma_b = \frac{M_A'}{Z_A'} = \frac{3P(l-d)}{4b_3h_3^2} \tag{15·47}$$

또, 단면 C-C에 대해서도 같은 방법으로 굽힘응력을 구한다.

$$M_C = \frac{P}{2}c_2, \qquad Z_C = \frac{1}{6}b_4h_4^2 \tag{15·48}$$

$$\sigma_b = \frac{M_C}{Z_C} = \frac{3Pc_2}{b_4h_4^2} \tag{15·49}$$

그리고 밑바닥 판(sole plate)과 바닥과의 압력은 콘크리트 바닥의 경우 8 kg_f/cm^2, 나무 바닥인 경우 4 kg_f/cm^2를 넘지 않도록 한다.

15-4-2 스러스트 베어링

스러스트 미끄럼 베어링에서는 하중이 軸線을 따라 작용하므로 굽힘강도는 생각하지 않아도 좋으므로, 베어링 압력과 마찰열의 두 가지 견지에서 저널 베어링의 경우와 마찬가지로 설계한다.

[1] 베어링 압력

1) 피벗 베어링의 경우

그림 15-14(a), (b)는 피벗 베어링의 경우로서 베어링 압력 p는

$$\left.\begin{aligned} p &= \frac{P}{\frac{\pi}{4}d^2} && \text{(a)} \\ p &= \frac{P}{\frac{\pi}{4}(d_2^2 - d_1^2)} && \text{(b)} \end{aligned}\right\} \tag{15·50}$$

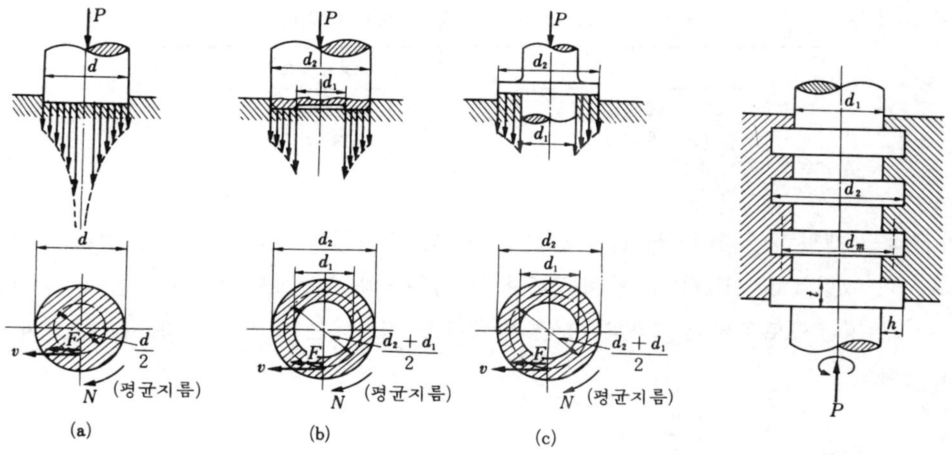

그림 15-14 스러스트 미끄럼 베어링

여기서 d와 d_2는 축의 지름이고, d_1은 오목한 부분의 지름이다. 피벗 베어링의 압력분포는 중심부에 심하므로 중심부를 깎아내어 압력분포가 균일하게 되도록 고려한다. 따라서 p의 허용 값도 저널 베어링의 경우보다 작게 잡아야 한다.

2) 칼라 스러스트 베어링의 경우

그림 15-14(c)와 같이 칼라가 하나인 경우와 그림 15-14(d)와 같이 칼라의 수가 z개인 경우가 있다.

$$p=\frac{P}{z\cdot\frac{\pi}{4}(d_2^2-d_1^2)}=\frac{P}{z\pi d_m h} \tag{15·51}$$

여기서

d_1 : 칼라의 안지름

d_2 : 칼라의 바깥 지름

d_m : 칼라의 평균 지름$\left(d_m=\frac{d_1+d_2}{2}\right)$

h : 칼라의 높이$\left(h=\frac{d_2-d_1}{2}\right)$

칼라 베어링에서는 각 칼라에 하중분담의 불균일 등을 고려하여 저널 베어링의 경우보다 베어링 압력을 훨씬 작게 잡는다. 칼라의 높이 h를 작게 하면 칼라의 수가 증가하고, h를 크게 하면 칼라의 수는 적어도 되나 剛性面에서 칼라의 두께 t를 크게 하지 않으면 안 된다. 스러스트 베어링의 허용 베어링 압력을 표 15-8에 표시한다.

[2] 摩擦熱

(1) 피벗 베어링의 경우

표 15-8 스러스트 베어링의 허용 베어링 압력

종 류	$p(\mathrm{kg}_f/\mathrm{mm}^2)$
피벗 베어링	0.15~0.2
칼라 베어링	0.03~0.06

, 마찰열을 제한하기 위한 허용된 pv값으로부터 베어링의 지름을 구하게 된다. 다만, 앞에서 표시한 그림 (a), (b)의 두 가지 경우에서 접촉면의 원주속도 v는 반지름의 위치에 따라 다르므로, 평균속도로써 접촉면의 평균 반지름에 해당되는 곳의 원주속도를 취하여 계산하여야 한다.

즉 $P = \frac{\pi}{4}d^2p,\ v = \dfrac{\pi \cdot \frac{d}{2} \cdot n}{1000 \times 60}$ 의 두 식으로부터

$$d = \frac{Pn}{30,000\,pv}\,(\mathrm{mm}) \qquad (15 \cdot 52)$$

여기서 pv의 단위는 $\mathrm{kg}_f/\mathrm{mm}^2 \cdot \mathrm{m/s}$이다.

또 $P = \frac{\pi}{4}(d_2^2 - d_1^2)p,\ v = \dfrac{\pi \cdot \frac{d_2 + d_1}{2} \cdot n}{1000 \times 60}$ 의 두 식으로부터

$$d_2 - d_1 = \frac{Pn}{30,000\,pv}\,(\mathrm{mm}) \qquad (15 \cdot 53)$$

를 얻는다.

(2) 칼라 베어링의 경우

이 경우에도 피벗 베어링의 경우와 마찬가지로 칼라 접촉면의 평균 반지름의 곳에 해당되는 원주속도를 취한다. 즉

$$P = z \cdot \frac{\pi}{4}(d_2^2 - d_1^2)p, \qquad v = \frac{\pi \cdot \frac{d_2 + d_1}{2} \cdot n}{1000 \times 60}$$

의 두 식으로부터

$$d_2 - d_1 = \frac{Pn}{30,000\,z \cdot pv}\,(\mathrm{mm}) \qquad (15 \cdot 54)$$

를 얻는다. 표 15-9에 허용 pv의 값을 표시한다.

예제 15-4. 50 kN의 하중을 받고 200 rpm으로 회전하는 칼라 베어링에서 축지름 150 mm라면 칼라의 바깥 지름은 얼마로 해야 하는가? 다만, 칼라의 수는 3이고 $pv = 3\,\mathrm{N \cdot m/mm^2 \cdot s}$라 한다.

표 15-9 허용 pv의 값

베어링의 종류	사 용 상 태	허용 $pv(\text{kg}_f \cdot \text{m/cm}^2 \cdot \text{s})$
피벗 베어링	균일 상태로 회전하는 보통 저널 펌프로 윤활 크레인(냉각하지 않음) 수력터빈 특별히 냉각하는 상태	≦17 4~8 ≦4 15~25 ≦8
칼라 베어링	베어링 메탈을 조정할 수 있는 상태 베어링 메탈을 고정	10 5

풀이〉 식 (15·54)에서

$$d_2 - d_1 = \frac{Pn}{30{,}000\,zpv} \text{에서}$$

$$d_2 = \frac{50{,}000 \times 200}{30{,}000 \times 3 \times 3} + 150 = 37 + 150 = 187\,\text{mm}$$

예제 15-5. 130 rpm으로 60 kN의 베어링 하중을 지지하는 끝저널의 지름 d와 너비 l을 결정하라. 다만, 허용 굽힘압력 $\sigma_b = 60\,\text{MPa}$, 허용 베어링 압력 $p_a = 6\,\text{MPa}$, 허용 $pv = 2\,\text{N/mm}^2 \cdot \text{m/s}$이다.

풀이〉 먼저 허용 굽힘응력과 허용 베어링 압력으로부터 d와 l을 구한 다음 허용 pv의 값을 검토해 본다. 식 (15·26)에서

$$d^3 = \frac{5.1 \times Pl}{\sigma_b} = \frac{5.1 \times 60{,}000 \times l}{60} = 5100\,l$$

식 (15·24)로부터

$$d \cdot l = \frac{P}{p} = \frac{60{,}000}{6} = 10{,}000$$

위의 2개 식을 연립해서 풀면

$$d = \sqrt[4]{5100 \times 10{,}000} = 84.5\,\text{mm}$$

$$l = \frac{10{,}000}{d} = \frac{10{,}000}{84.5} = 118\,\text{mm}$$

이 경우 pv를 검토해 보면

$$v = \frac{\pi dn}{1000 \times 60} = \frac{\pi \times 84.5 \times 130}{1000 \times 60} = 0.58\,\text{m/s}$$

$$pv = 6 \times 0.58 = 3.48\,\text{N/mm}^2 \cdot \text{m/s} > 2\,\text{N/mm}^2 \cdot \text{m/s}$$

로 되어 허용 pv 값을 초과하므로, 허용 pv를 기준으로 다시 계산한다.

식 (15·35)로부터

$$l = \frac{Pn}{191\,pv} = \frac{60{,}000 \times 130}{191 \times 200} = 204\,\text{mm}$$

$$d = \sqrt[3]{5100 \times 204} = 101\,\text{mm}$$

이 l과 d는 허용 pv와 허용 굽힘응력을 기준으로 하여 구한 값이므로, 다음에는 베어링 압력을 검토한다.

$$p=\frac{P}{d\cdot l}=\frac{60,000}{204\times 101}=2.9\,\mathrm{N/mm^2}<6\,\mathrm{N/mm^2}$$

로 되어 허용값을 만족시킨다.

예제 **15-6.** 선박의 축지름이 250mm로 112kN의 推力을 받는다. 칼라 베어링의 칼라의 바깥 지름이 375mm이며, 최대허용 베어링 압력을 0.4N/mm²라면 칼라가 몇 개 필요한가?

풀이

$$z=\frac{4P}{\pi(d_2{}^2-d_1{}^2)p}=\frac{4\times 112,000}{\pi\times(375^2-250^2)\times 0.4}=4.14\fallingdotseq 5$$

예제 **15-7.** 400rpm으로 16kN의 베어링 하중을 지지하는 저널 베어링의 지름과 너비를 구하라. 다만, 허용 베어링 압력 $p_a=1\,\mathrm{N/mm^2}$, $l/d=2$로 한다.

풀이 베어링 압력 $p=\dfrac{P}{d\cdot l}$이고 $l/d=2$이므로 $l=2d$이다. 이것을 위의 식에 대입하면

$$p=\frac{P}{2d^2},\qquad d=\sqrt{\frac{P}{2p}}=\sqrt{\frac{16,000}{2\times 1}}\fallingdotseq 89.5\,\mathrm{mm}$$

$$l=2d=2\times 89.5=179\,\mathrm{mm}$$

예제 **15-8.** 지름 100mm, 너비 250mm의 저널 베어링이 420rpm으로 2200$\mathrm{kg_f}$의 베어링 하중을 지지하고, 대기온도 20℃일 때 베어링 하우징의 표면온도는 45℃로 계속 운전하고 있다. 이 때의 마찰계수를 추정하고 손실되는 동력을 구하라. 다만, 인공냉각은 하지 않고 베어링으로부터의 방열상태는 양호한 것으로 한다.

풀이 발생열량과 방열열량이 같을 때 베어링의 온도는 일정하게 유지되므로 식 (15·34), (15·36)을 같다고 놓으면

$$\mu pv=\frac{(t_b-t_a+18.3)^2}{K}$$

$$\mu=\frac{(t_b-t_a+18.3)^2}{Kpv}$$

으로부터 마찰계수를 추정한다.

$$p=\frac{P}{d\cdot l}=\frac{2200}{100\times 250}=0.088\,\mathrm{kg_f/mm^2}$$

$$v=\frac{\pi dn}{1000\times 60}=\frac{\pi\times 100\times 420}{1000\times 60}=2.2\,\mathrm{m/s}$$

방열상태가 양호하면 표 **15-7**에서 $K=2.68\times 10^6$을 취한다.

베어링 온도 $t_b=45$℃, 대기온도 $t_b=20$℃이므로 이들 값을 대입하면

$$\mu=\frac{(45-20+18.3)^2}{2.68\times 10^6\times 0.088\times 2.2}=0.0036$$

으로 된다. 마찰손실 동력은 식 (15·32)로부터

$$H = \frac{0.0036 \times 2200 \times 2.2}{75} \fallingdotseq 0.24\,\text{HP}$$

예제 **15-9.** 300 rpm 으로 지름이 125 mm인 수직축의 밑에 피벗 베어링이 있다. 베어링면은 바깥 지름 120 mm, 안지름 50 mm이다. 허용 베어링 압력을 $0.15\,\text{kg}_f/\text{mm}^2$로 하면 지지할 수 있는 스러스트 하중은 얼마인가? 그리고 마찰계수를 0.012 라면 마찰손실 마력은 얼마인가?

풀이 식 (15·50)에서 스러스트 하중 P는

$$P = \frac{\pi}{4}\,(d_2^2 - d_1^2)p = \frac{\pi}{4}(120^2 - 50^2) \times 0.15 = 1400\,\text{kg}_f$$

$$v = \frac{\pi(d_1 + d_2)n}{2 \times 60 \times 1000} = \frac{\pi \times (120 + 50) \times 300}{2 \times 60 \times 1000} = 1.34\,\text{m/s}$$

$$H = \frac{\mu P v}{75} = \frac{0.012 \times 1400 \times 1.34}{75} = 0.3\,\text{HP}$$

예제 **15-10.** 700 rpm 으로 유막의 평균온도를 50℃로 유지할 때, 허용 베어링 정수 $\eta n/p = 14 \times 10^4\text{cp}\cdot\text{rpm}/(\text{kg}_f/\text{mm}^2)$라면 허용 베어링 압력은 얼마인가? 다만, 50℃에서 30 cst의 윤활유를 사용한다. 일반적으로 윤활유는 20℃일 때 비중은 $0.9\,\text{kg}_f/\text{cm}^3$이다.

풀이 $t_0 = 20$℃일 때 $\rho_0 = 0.9\,\text{kg}_f/\text{cm}^3$이므로 $t = 50$℃에 대해서는 식 (15·5)로부터

$$\rho = 0.9 - 0.000657(50 - 20) = 0.88\,\text{kg}_f/\text{cm}^3$$

$$\eta = \rho\nu = 0.88 \times 30 = 26.4\,\text{cp}$$

$$p = \frac{\eta n}{(\eta n/p)} = \frac{26.4 \times 700}{14 \times 10^4} = 0.132\,\text{kg}_f/\text{mm}^2$$

15-4-3 구름 베어링과 미끄럼 베어링의 비교

베어링을 설계하는 데 어떤 베어링 형식을 취하느냐 하는 것은 중요한 문제이다. 표 15-10에 미끄럼 베어링과 구름 베어링을 비교하였으나 고하중이나 고속, 또는 수만 회전을 하는 경우를 제외한 일반적인 경우에 대해서 비교하였다. 근래에 와서 구름 베어링의 정밀도, 성능이 개선되면서 미끄럼 베어링으로 설계된 부분이 점차로 구름 베어링으로 대치되어 가고 있다.

표 15-10 구름 베어링과 미끄럼 베어링의 비교

항목 \ 종류	구름 베어링	미끄럼 베어링
하중	양방향의 하중을 하나의 베어링으로 받을 수 있다.	스러스트, 레이디얼 하중을 하나의 베어링으로 받을 수 없다.
모양, 치수	니들 베어링을 제외하고 바깥 지름이 크고 너비가 작다.	바깥 지름은 작고 너비가 크다.

마 찰	기동마찰이 0.002~0.006으로 작으며 일반적으로 마찰이 작다.	기동마찰이 0.01~0.1로 크며 마찰도 일반적으로 큰 경우가 많다.
내 충 격 성	약하다.	비교적 강하다.
진동, 소음	발생하기 쉽고 전동체와 궤도면의 정밀도에 따라 소음에 영향을 준다.	발생하기 어렵고 유막구성이 좋으면 정숙하다.
부 착 조 건	축, 베어링 하우징에 내외륜이 끼워지므로 끼워맞춤에 주의해야 한다.	구조가 간단해서 부착조건이 까다롭지 않다.
윤 활 조 건	용이하고 그리스 윤활의 경우, 거의 윤활장치가 필요치 않다.	주의해야 하며 윤활장치가 필요하다.
수 명	피로손상에 의해서 한정된다.	마멸에 좌우되고 완전 유체마찰이면 반영구적이다.
온 도	점도변화에 영향을 받지 않는다.	점도에 영향을 주므로 윤활유 선택에 주의해야 한다.
운 전 속 도	고속회전에 부적합하고, 유막이 꼭 필요한 것이 아니므로 저속운전에 적당하다.	마찰열을 잘 제거한다면 고속회전에 적당하고 저속회전에는 부적당하다.
호 환 성	규격화되어 있으므로 호환성이 좋고, 대량생산으로 선택이 자유스럽다.	규격이 없고 주문생산이므로 호환성이 나쁘다.
보 수	파손되면 교환하므로 보수가 간단하다.	윤활장치가 있으므로 보수에는 시간과 노력이 필요하다.
가 격	일반적으로 고가이다.	일반적으로 값이 저렴하다.

연 습 문 제

1. 미끄럼 베어링에는 어떤 형식이 있으며, 미끄럼 베어링에서 가장 바람직한 유체마찰은 어떤 것인지 설명하라.

2. Petroff의 식을 유도하고 식 중의 여러 변수에 대한 단위를 검토하라.

3. 좀머펠트 수란 무엇이며 무슨 뜻을 갖고 있는가?

4. 베어링 메탈로서 구비해야 할 조건을 들고 비교적 널리 사용되고 있는 화이트 메탈에 관해 설명하라.

5. 발생되는 마찰열과 이것을 방열시키는 열량 사이의 관계를 해석하라.

6. 지름 100mm, 너비 150mm, 하중 1000kg$_f$, 회전수 750rpm, 틈새비 $\frac{c}{r}=0.0025$의 360° 베어링에서 윤활유 점도가 65℃에서 21cp일 때 최소 유막 두께와 마찰계수를 구하라.
($h_{min}=0.04$ mm, $\mu=0.003$)

7. 레이디얼 간극이 0.06mm, 편심률 0.5, 지름 80mm인 축이 3000rpm으로 회전하고 있다. 베어링이 지탱할 수 있는 하중은 350kg$_f$/mm이다. 이 경우 베어링에 사용된 기름의 점도와 베어링의 마찰계수를 구하라.
($\eta=1.8\times10^{-7}$N·s/mm^2, $\mu=0.0015$)

8. 끝 저널의 베어링이 28kN의 하중을 지지한다. 베어링의 너비와 지름이 같고 저널의 허용 굽힘응력을 60MPa라 하면 베어링의 지름과 길이는 얼마인가? 그리고 이 때의 베어링 압력을 계산하라.
($d = l = 50$mm, $p = 11.2$MPa)

9. 증기기관의 메인 베어링이 35kN의 수직하중과 9kN의 수평하중을 받고 회전수는 100rpm이다. 베어링의 지름이 155mm, 길이 330mm일 때 베어링 압력을 구하라. ($p = 0.71$MPa)

10. 360° 저널 베어링에서 치수와 운전조건이 다음과 같을 때, 좀머펠트 수를 구하라. 단, $\eta = 27.6$cp, $r = 2$cm, $n = 1760$rpm, $c = 0.004$cm, $P = 270$kg$_f$, $l = 5$cm이다. ($S = 0.15$s/s)

11. 강제인 끝저널에 15kN의 하중이 가해지면 저널의 지름과 길이는 얼마로 해야 하는가? 단 $\frac{l}{d} = 1.8$, 허용 굽힘응력을 45MPa로 한다. ($d = 56$mm, $l = 100$mm)

12. 박용 디젤기관의 칼라 스러스트 베어링이 380rpm으로 8.5kN의 스러스트 하중을 받고 있다. 베어링 압력과 pv값을 계산하라. 다만, 칼라는 하나, 축의 지름은 100mm, 칼라의 바깥 지름은 210mm이다. ($p = 0.32$MPa, $pv = 0.98$N/mm^2 · m/s)

13. 회전수 900rpm, 하중 530kg$_f$를 받는 끝저널의 지름과 길이를 구하고 저널에 발생하는 굽힘응력과 베어링의 마찰손실 마력을 구하라. 단, 허용 베어링 압력은 0.085kg$_f$/mm^2, 허용 $pv = 0.2$kg$_f$/mm^2 · m/s, 마찰계수는 0.006이다. ($d = 50$mm, $l = 125$mm, $\sigma_b = 2.7$kg$_f$/mm^2, $H = 0.1$HP)

14. 칼라의 지름 400mm, 축지름 280mm의 저널이 300rpm으로 2200kg$_f$의 스러스트를 받기 위해서 칼라의 수를 얼마로 해야 하는가? 단 $pv = 0.1$kg$_f$/mm^2 · m/s이다. ($z = 2$)

15. 지름 210mm, 너비 360mm의 저널 베어링이 105rpm으로 5500kg$_f$의 하중을 받치고 있다. 마찰계수가 0.007이라면 베어링의 표면온도는 얼마로 추정되는가? 이 경우 사용되는 윤활유의 적정한 점도를 cst로 구하라. 다만 $\frac{d}{c} = 1000$, 실온은 20℃, 방열상태는 양호하여 실온에 대한 유막의 온도 상승은 베어링의 표면온도 상승의 2배이다. (41.4℃, $\eta = 119.4$cst)

(mc15-6 end)

제 16 장

摩擦車

마찰차는 2개의 바퀴를 직접 접촉시켜 서로 밀어붙임으로써 그 사이에 생기는 마찰력을 이용하여 2축 사이의 동력을 전달시키는 장치로 기어와 더불어 직접 傳動裝置라 한다. 2개의 바퀴는 구름접촉을 하면서 회전하므로 접촉선 위의 한 점에서 2바퀴의 속도는 항상 같다. 그러나 실제로는 약간의 미끄럼이 있기 때문에 기어와 같이 일정한 속도비를 유지하거나 큰 동력을 전달할 수 없다.

한편, 접촉면이 매끈하기 때문에 운전 중 접촉을 분리시키지 않고 바퀴를 이동시킬 수 있으며, 운전이 정숙하고 傳動의 단속이 무리하지 않으며, 어떤 범위 내에서도 속도비를 연속적으로 변화시킬 수 있는 이점을 갖고 있다. 그러므로 경하중으로 전달동력이 작고 속도비가 정확하지 않아도 좋은 경우에 사용된다.

또, 마찰차 전동장치는 피동차에 과부하가 생기면 미끄럼(slip)에 의하여 과부하가 驅動軸에 전달되지 않고 손상을 방지할 수 있으므로 하나의 안전장치로써의 역할도 한다.

마찰차는 다음과 같이 나누어 표시한다.

(1) 圓筒摩擦車(cylindrical friction wheel, spur friction wheel)
두 축이 평행하고 바퀴는 원통형이다.

(2) 홈摩擦車(grooved friction wheel)
두 축이 평행하고 접촉면이 홈이 있다.

(3) 圓錐摩擦車(bevel friction wheel)
두 축이 어느 각도로 만나며 바퀴는 원추형이다.

(4) 無段變速摩擦車(infinite variable speed friction wheel)
원판, 원추, 구면을 이용하여 무단변속하는 마찰차

마찰차는 접촉면의 마찰에 의해 전동하므로 충분한 마찰력을 얻기 위해서 상당한 힘으로 양쪽 바퀴를 서로 누르게 되고, 이 누르는 힘은 결국 베어링에 걸리게 되어 베어링의 마찰 손실이 커져서 다른 전동장치에 비해 전동효율이 나빠진다. 보통 흔히 사용되는 원통, 원추 마찰차는 대략 85~90%, 홈마찰차의 경우 대략 90%, 무단변속 마찰차의 경우는 미끄럼이 많아서 80% 이하로 낮아진다.

16-1 圓筒摩擦車

마찰차가 원통형이며 접촉상태에 따라 外接과 內接으로 나눈다.

16-1-1 速度比(velocity ratio)와 回轉方向

그림 16-1의 (a)는 외접이고, (b)는 내접이다. 그림의 원통 마찰차에 미끄럼이 전혀 없다고 가정하면 양바퀴의 접촉면의 원주속도 v는 같으므로

$$v = \pi D_A n_A = \pi D_B n_B$$

따라서, 속도비 i는

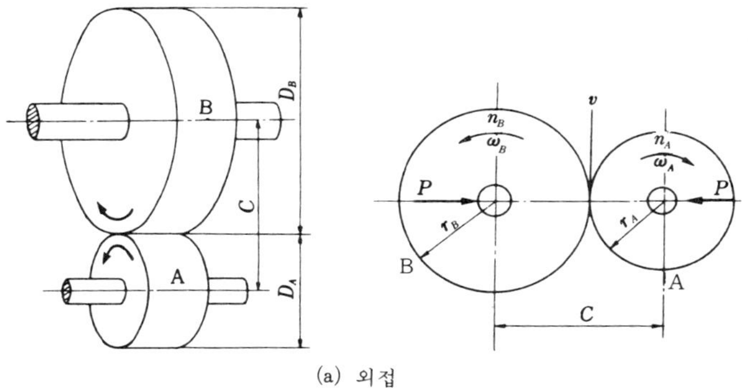

(a) 외접

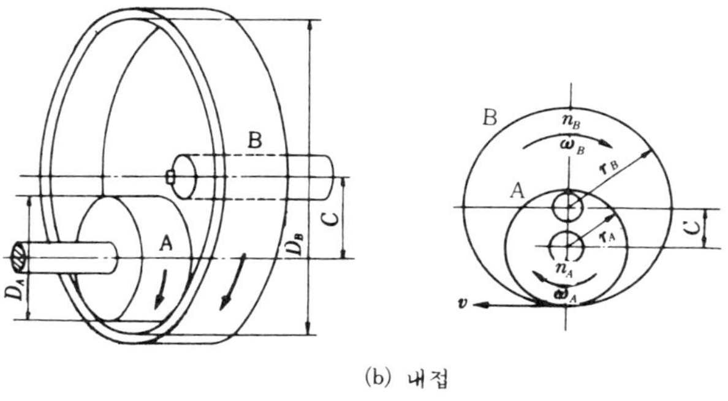

(b) 내접

그림 16-1 원통 마찰차의 속도비

$$i = \frac{n_B}{n_A} = \frac{D_A}{D_B} \tag{16·1}$$

여기서 D_A, D_B : A, B 양차의 지름

n_A, n_B : A, B 양차의 회전속도

이다.

2개의 마찰차의 중심 거리 C는

$$C = \frac{1}{2}(D_B \pm D_A) \quad \begin{pmatrix} +\text{는 외접} \\ -\text{는 내접} \end{pmatrix} \tag{16·2}$$

그리고 양차의 회전방향은 외접일 때 반대이고 내접일 때 같아진다.

또한, 외접을 시키면서 회전방향을 같게 하려면 그림 **16-2**와 같이 양차 사이에 C차를 삽입하면 된다. 이 경우 속도비는

$$i = \frac{n_B}{n_A} = \frac{n_C}{n_A} \cdot \frac{n_B}{n_C} = \frac{D_A}{D_C} \cdot \frac{D_C}{D_B} = \frac{D_A}{D_B} \tag{16·3}$$

이므로, 중간차 C는 속도비에는 아무런 영향이 없고 회전방향만을 변화시킨다. 이런 중간차를 아이들 휠(idle wheel)이라 한다.

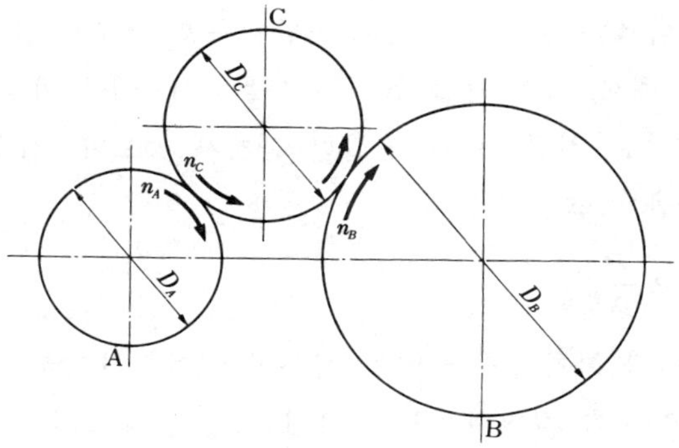

그림 16-2 중간차(아이들 휠)

16-1-2 傳達馬力

그림 **16-3**에서 A를 구동차, B를 수동차라 하고 힘 P로 양차를 밀어붙이면 접촉면에 마찰력 F가 발생하여 전동한다. 이 F를 회전력(driving force) 또는 전달력이라 하고 접촉부에서 마찰계수를 μ라고 하면

$$F = \mu P \tag{16·4}$$

의 관계가 성립한다.

전달할 수 있는 최대동력 H는

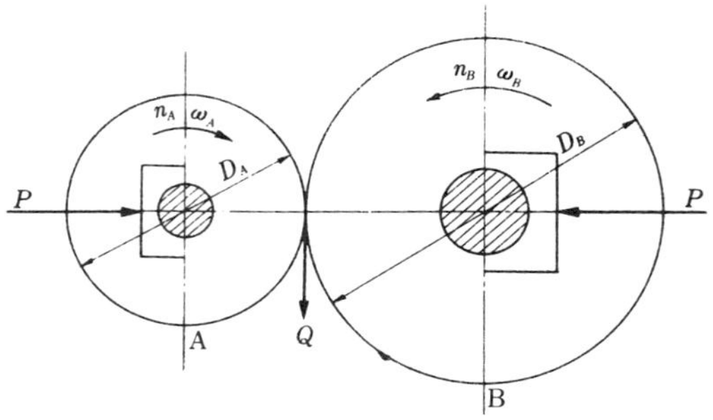

그림 16-3 원통 마찰차의 전동마력

$$H = \frac{Fv}{75} = \frac{\mu P v}{75} \text{ (HP)}$$

또는

$$H' = \frac{Fv}{102} = \frac{\mu P v}{102} \text{ (kW)} \qquad (16 \cdot 5)$$

여기서

$$v = \frac{\pi D_A n_A}{1000 \times 60} = \frac{\pi D_B n_B}{1000 \times 60} \text{ (m/s)}$$

로 D_A, D_B의 단위는 mm, n_A, n_B는 rpm 이다.

마찰차는 보통 주철이나 鋼으로 만들어지고 마찰계수를 크게 하기 위해 주철체의 本體에 경질고무, 파이버, 가죽, 목재, 종이 등을 붙여서 사용하며, 이들 마찰재료는 구동축에 붙여야 한다. 마찰차의 너비 b는 전달동력과 밀접한 관계가 있으며, 접촉선마다의 허용압력을 p_0(kg_f/mm)라 할 때 다음 식으로 얻는다.

$$b \geqq \frac{P}{p_0} \qquad (16 \cdot 6)$$

너비 b를 너무 크게 하면 마찰차의 균일한 접촉이 어려워지므로 대략 마찰차의 지름 크기 정도로, 즉 $b \leqq D$가 되도록 정한다. 표 16-1에 마찰차 재료의 마찰계수와 허용 접촉압력을 표시한다.

표 16-1 마찰계수 및 허용 접촉압력

표 면 재 료	마찰계수 μ	허용 접촉압력 p_0 (kg_f/mm)
주철과 주철	0.1～0.15	2～3
주철과 종이	0.15～0.2	0.5～0.7
주철과 가죽	0.2～0.3	0.7～1.5
주철과 단단한 나무	0.2～0.3	1.7～2.5
주철과 연한 나무	0.2～0.3	1～1.5

예제 16-1. 5마력, 1000 rpm의 원동축으로부터 원통 마찰차를 사용하여 350 rpm으로 감속하여 종동축을 운전하려고 한다. 원동차는 주철제에 가죽을 씌우고 종동차는 주철제이다.

차의 최소 지름을 약 120 mm 정도로 하려고 한다. 각 차의 지름, 축간 거리, 차의 너비, 차를 밀어붙이는 힘을 구하라.

풀이 식 (16·1)로부터 최소 지름을 $D_A = 120\text{mm}$(원동축)로 하면

$$\frac{n_B}{n_A} = \frac{D_A}{D_B} = \frac{120}{D_B} = \frac{350}{1000} \qquad D_B = 343\,\text{mm}$$

식 (16·2)에서

$$C = \frac{D_A + D_B}{2} = \frac{120 + 343}{2} = 231.5\,\text{mm}$$

원주속도 v는

$$v = \frac{\pi D_A n_A}{1000 \times 60} = \frac{\pi \times 120 \times 1000}{1000 \times 60} = 6.28\,\text{m/s}$$

표 16-1로부터 $\mu = 0.2$이면 밀어붙이는 힘 P는 식 (16·5)에서

$$P = \frac{75H}{\mu v} = \frac{75 \times 5}{0.2 \times 6.28} = 299\,\text{kg}_f$$

마찬가지로 표 16-1에서 $p_0 = 1.0\,\text{kg}_f/\text{mm}$ 이므로 차의 너비 b는

$$b = \frac{P}{p_0} = \frac{299}{1.0} = 299\,\text{mm}$$

예제 16-2. 회전수 900, 300 rpm, 지름 100, 300 mm의 원통 마찰차를 서로 500 N의 힘으로 밀어붙이면 몇 kW을 전달할 수 있는가? 다만, 마찰계수는 0.2라 한다.

풀이 원주속도 v는

$$v = \frac{\pi D_A n_A}{1000 \times 60} = \frac{\pi \times 100 \times 900}{1000 \times 60} = 4.71\,\text{m/s}$$

$$H = \frac{\mu P v}{1000} = \frac{0.2 \times 500 \times 4.71}{1000} = 0.47\,\text{kW}$$

16-2 홈 摩擦車

마찰에 의해 큰 동력을 전달하려고 할 때 마찰계수가 큰 재료를 사용하거나 그렇지 않으면 일반적으로 두 바퀴를 큰 힘으로 밀어붙여야 하는데, 밀어붙이는 힘은 베어링을 통해 가해지므로 베어링 하중이 증가하여 큰 마찰손실을 가져온다. 따라서, 밀어붙이는 힘을 증가시키지 않고 전달동력을 크게 하도록 개량한 것이 홈마찰차이다. 그림 16-4와 같이 바퀴의 둘레에 쐐기 모양의 홈을 만들어 원동차의 凸부가 수동차의 凹부에 들어 박히도록 하면 원통 마찰차에 비해서 작은 힘으로 밀어붙여

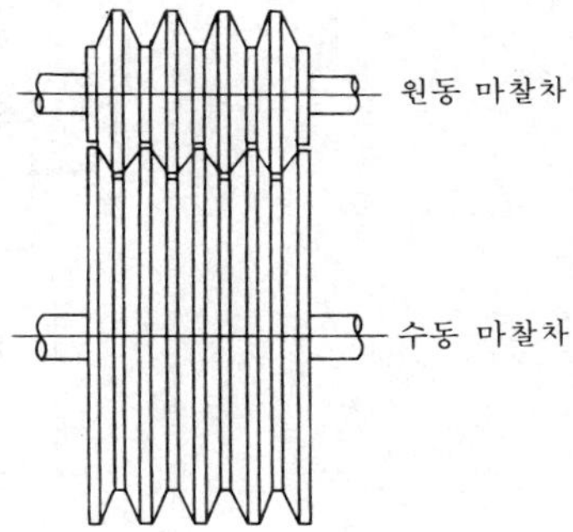

그림 16-4 홈마찰차

도 큰 전달력을 얻는다.

그림 16-5에 나타낸 바와 같이 반지름 방향으로 밀어붙이는 힘 P에 의하여 접촉홈의 경사면에 수직력 Q가 생기고, 또 마찰력 μQ가 작용한다. 홈의 각도를 2α라고 하면 수직력의 반지름 방향의 분력 P_1과 마찰력 μQ의 반지름 방향의 분력 P_2는 각각 다음과 같이 주어진다.

$$P_1 = Q\sin\alpha, \qquad P_2 = \mu Q\cos\alpha \tag{16·7}$$

따라서, 바퀴를 밀어붙이는 힘 P와 $P_1 + P_2$는 평형이므로

$$P = P_1 + P_2 = Q(\sin\alpha + \mu\cos\alpha)$$

$$\therefore\ Q = \frac{P}{\sin\alpha + \mu\cos\alpha} \tag{16·8}$$

이 경우 회전력으로 작용하는 힘은 바퀴의 접선방향의 마찰력 μQ이고 F'로 표시하면

$$F' = \mu Q = \frac{\mu P}{\sin\alpha + \mu\cos\alpha} = \mu' P \tag{16·9}$$

즉, 원통 마찰차에 비해서 홈마찰차의 경우는 같은 밀어붙이는 힘에 대해 마찰계수가 μ에서 μ'로 증가하는 것을 알 수 있다. 일반적으로 홈마찰차는 주철로 만들어지고 脫着을 쉽게 하기 위해 홈의 각도 2α를 30~40°로 한다. 만약, $\mu = 0.1$이라면 전달력은 $F' : F = 2.8 : 1$이 된다. 같은 밀어붙이는 힘 P에 대해 홈마찰차의 경우가 약 3배의 전달력을 얻을 수 있다. 따라서, 베어링 하중도 작게 할 수 있으며, 마찰계수가 작은 재료에도 적합하다. 그러나 홈마찰차는 구름접촉을 정확하게 하는 곳은 홈의 평균 지름에 해당되는 곳뿐이고,

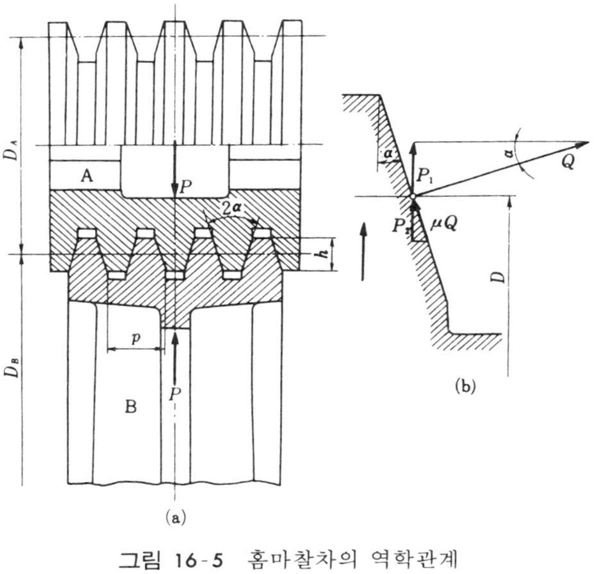

그림 16-5 홈마찰차의 역학관계

다른 곳에서는 미끄럼(slip)이 생기므로 마멸, 소음, 발열이 일어나는 결점을 갖는다. 이런 현상은 홈의 깊이가 깊을수록, 속도가 클수록 심해서 홈의 깊이는 되도록 작은 것이 좋다. 보통 바퀴의 지름을 D라고 하면 $h = 0.05\ D$이하로 하나 다음과 같은 경험식을 많이 사용한다. 홈의 깊이 h는

$$h = 0.94\sqrt{\mu' P}\,(\text{mm}) \tag{16·10}$$

이고, 접촉되는 부분의 전체 길이를 l이라 할 때, 홈의 수를 z라고 하면, 그림 16-5에서

$$l = 2zh/\cos\alpha \fallingdotseq 2zh$$

$$z = \frac{Q}{2hp_0} \tag{16·11}$$

이나, 홈의 수가 너무 많으면 홈의 접촉성이 나빠지므로 5~6개 정도로 한정하는 것이 좋다.

홈마찰차에서의 전달마력 H는 다음과 같다.

$$H = \frac{F'v}{75} = \frac{\mu' Pv}{75}\,(\text{HP}) \tag{16·12}$$

예제 **16-3.** 다음과 같은 홈마찰차의 밀어붙이는 힘은 얼마라야 하는가? 피치 지름은 원동차가 200 mm, 종동차가 700 mm, 홈의 각도 40°, 마찰계수 0.15, 전달동력 2.5 kW, 종동차의 회전수가 350 rpm이다.

풀이 밀어붙이는 힘 P는 다음과 같이 구할 수 있다.

$$\mu' = \frac{\mu}{\sin\alpha + \mu\cos\alpha} = \frac{0.15}{\sin 20° + 0.15\cos 20°} = 0.31$$

$$v = \frac{\pi D_B n_B}{1000 \times 60} = \frac{\pi \times 700 \times 350}{1000 \times 60} = 12.8\,\text{m/s}$$

$$P = \frac{1000H}{\mu' v} = \frac{1000 \times 2.5}{0.31 \times 12.8} = 630\,\text{N}$$

예제 **16-4.** 한 쌍의 홈마찰차의 중심 거리 약 400 mm의 두 축 사이에 7 HP의 동력을 전달시키려고 한다. 구동축과 수동축의 회전속도는 각각 300 rpm, 100 rpm이다. 홈의 각도를 40°, 마찰계수 0.2, 접촉면의 허용압력을 3 kg_f/mm라 할 때 밀어붙이는 힘과 홈의 깊이와 수를 결정하라.

풀이 구동차와 수동차의 지름을 각각 D_A, D_B라고 하면

$$400 = \frac{1}{2}(D_A + D_B)$$

한편 속도비 i는

$$i = \frac{n_B}{n_A} = \frac{D_A}{D_B} = \frac{100}{300} = \frac{1}{3}$$

$$D_B = 3D_A$$

따라서

$$D_A + 3D_A = 2 \times 400$$

$$D_A = 200\text{mm}, \qquad D_B = 3 \times 200 = 600\text{mm}$$

구동차의 원주속도 v는

$$v = \frac{\pi \times 200 \times 300}{1000 \times 60} = 3.14\text{m/s}$$

$$\mu' = \frac{\mu}{\sin\alpha + \mu\cos\alpha} = \frac{0.2}{\sin 20° + 0.2 \times \cos 20°} = 0.378$$

밀어붙이는 힘 P는 식 (16·12)로부터

$$P = \frac{75H}{\mu' v} = \frac{75 \times 7}{0.378 \times 3.14} = 442.3\text{kg}_f$$

홈의 깊이 h는

$$h = 0.05 \times 200 = 10\text{mm}$$

h의 경험식 (16·10)을 이용하여 구해 보면

$$h = 0.94\sqrt{\mu' P} = 0.94\sqrt{0.378 \times 442.3} = 12.2\text{mm}$$

이므로 $h = 10\text{mm}$를 취한다.

홈의 수 z를 구하는 식은 식 (16·11)이고 Q를 구하기 위해 식 (16·8)을 사용하면

$$Q = \frac{P}{\sin\alpha + \mu\cos\alpha} = \frac{442.3}{\sin 20° + 0.2\cos 20°} = 834.6\text{kg}_f$$

$$z = \frac{Q}{2hp_0} = \frac{834.6}{2 \times 10 \times 3} = 13.9 \fallingdotseq 14$$

16-3 圓錐摩擦車

같은 평면 내에서 교차하는 두 축 사이의 회전을 전달하기 위해 사용되는 마찰차를 **원추마찰차**라 하며, 外接하는 것과 內接하는 것이 있다. 외접차는 반대방향, 내접차는 같은 방향으로 회전한다.

16-3-1 速度比와 軸角

그림 **16-6**과 같이 **傳動軸** A와 B가 2개의 원추표면으로 접촉하고 서로 구름접촉을 하면, 접촉선은 양전동축을 포함한 평면상에 양축의 교점 O를 지나는 직선 OP가 된다. 따라서, OP 위의 임의의 점 P를 지나는 원형단면의 지름의 비는 일정하므로 양바퀴의 속도비는 어느 정도 일정하고, 원추표면의 어느 부분을 사용하여 원추 마찰차를 만들더라도 속도비는 변하지 않는다.

그림 **16-6**에서 원추각을 각각 α, β라 할 때 두 축이 맺는 각, 즉 **軸角**(shaft angle)을

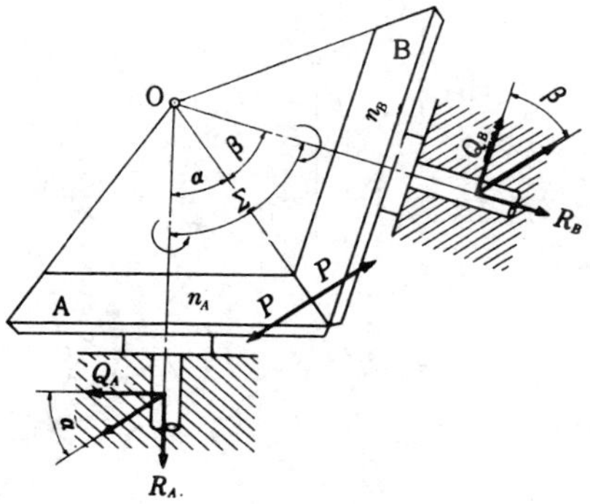

그림 16-6 원추 마찰차의 속도비

Σ라 하면 속도비는 다음과 같다.

$$i=\frac{n_B}{n_A}=\frac{D_A}{D_B}=\frac{2\,\mathrm{OP}\sin\alpha}{2\,\mathrm{OP}\sin\beta}=\frac{\sin\alpha}{\sin\beta}$$
$$=\frac{\sin\alpha}{\sin(\Sigma-\alpha)}=\frac{\tan\alpha}{\sin\Sigma-\cos\Sigma\tan\alpha} \tag{16·13}$$

$$\left.\begin{aligned}\tan\alpha&=\frac{\sin\Sigma}{\dfrac{n_A}{n_B}+\cos\Sigma}\\ \tan\beta&=\frac{\sin\Sigma}{\dfrac{n_B}{n_A}+\cos\Sigma}\end{aligned}\right\} \tag{16·14}$$

$\Sigma=90°$인 경우가 많이 사용되는데 이 때는

$$\tan\ \alpha=\frac{n_B}{n_A},\qquad \tan\ \beta=\frac{n_A}{n_B}$$

$\Sigma=90°$이고 $i=n_B/n_A=1$인 경우에는 $\alpha=\beta$가 되어 두 원추 마찰차는 꼭 같아지는데 이런 원추차를 마이터 휠(miter wheel)이라고 한다.

16-3-2 傳達動力

그림 16-7에서 접촉면에 수직한 힘 Q를 주기 위하여 A와 B바퀴에 각각 P_A와 P_B의 힘으로 꼭지점을 향하여 축방향으로 밀어야 된다. 힘의 관계로부터

$$Q=\frac{P_A}{\sin\ \alpha}=\frac{P_B}{\sin\ \beta} \tag{16·16}$$

힘 Q는 접촉선의 중앙에 작용한다고 가정하고 원주속도는 평균속도를 취한다. 마찰에 의해 주어지는 회전력은 다음과 같다.

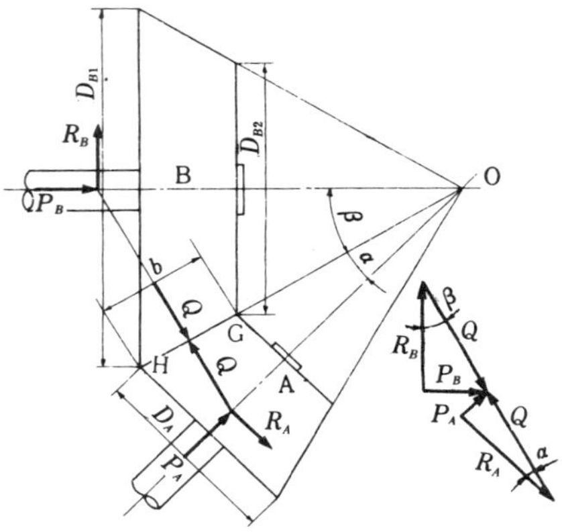

그림 16-7 원추 마찰차의 힘의 해석

$$\mu Q = \frac{\mu P_A}{\sin\alpha} = \frac{\mu P_B}{\sin\beta} \tag{16·17}$$

따라서 전달동력은 다음과 같이 구해진다.

$$H = \frac{\mu Q v}{75}\,(\mathrm{HP}), \qquad H' = \frac{\mu Q v}{102}\,(\mathrm{kW}) \tag{16·18}$$

16-3-3 베어링에 작용하는 荷重

분력 R_A 및 R_B는

$$R_A = \frac{P_A}{\tan\alpha}, \qquad R_B = \frac{P_B}{\tan\beta} \tag{16·19}$$

로 표시되고 베어링의 가로하중으로 작용한다. $\Sigma = 90°$인 경우에는 다음과 같다.

$$R_A = P_B, \qquad R_B = P_A \tag{16·20}$$

16-3-4 접촉압력과 바퀴의 너비

접촉선 1mm마다 작용하는 힘을 접촉압력 p_0(kg$_f$/mm)라고 하면, 접촉선의 길이 즉 바퀴의 너비 b는 다음과 같이 구하고

$$b = \frac{Q}{p_0} = \frac{P_A}{p_0 \sin\alpha} \tag{16·21}$$

μ와 p_0의 허용값은 원통 마찰차에서 주어진 값을 그대로 사용한다.

예제 16-5. 200rpm의 원동차가 80°의 축각으로 서로 만나는 종동차에 원추 마찰차를 통해 84rpm의 운동을 전달한다. 접촉면의 마찰계수는 0.15이다. 종동차의 바깥 지름은 350mm, 접촉면의 너비는 100mm로 할 때 양바퀴에 작용시켜야 할 推力을 계산하라. 다만,

접촉면 사이의 수직력은 4kN 이다.

풀이 식 (16·14)로 부터

$$\tan\alpha = \frac{\sin\Sigma}{\dfrac{n_A}{n_B} + \cos\Sigma} = \frac{\sin 80^\circ}{\dfrac{200}{84} + \cos 80^\circ} = 0.386$$

$$\alpha = 21.1^\circ, \qquad \beta = 80^\circ - 21.1^\circ = 58.9^\circ$$

$$P_A = Q\sin\alpha = 4000 \times \sin\ 21.1^\circ = 1440.1\,\mathrm{N}$$

$$P_B = Q\sin\beta = 4000 \times \sin\ 58.9^\circ = 3425.1\,\mathrm{N}$$

예제 **16-6.** 속도비가 0.5, 축각이 90° 인 원추 마찰차에서 나무로 된 구동차가 400rpm 으로 3HP 의 동력을 주철제 종동차로 전달하려고 한다. 피동차의 최대 지름은 600mm, 접촉면의 너비 150mm 이고, 마찰계수는 0.3 이다. 전동하기 위한 각 축에 작용시키는 스러스트를 구하고 접촉면의 너비가 적당한지 검토하라.

풀이 $\Sigma = 90^\circ$ 이므로 식 (16·15)에서

$$\tan\ \alpha = \frac{n_B}{n_A} = \frac{1}{2}$$

$$\alpha = 26.6^\circ, \qquad \beta = 90^\circ - 26.6^\circ = 63.4^\circ$$

다음은 종동차의 평균 지름의 곳에서 원주속도 v를 구한다. 종동차의 평균 지름 D_m은

$$D_m = 600 - 2 \times 75 \times \cos 26.6^\circ \fallingdotseq 466\,\mathrm{mm}$$

$$v = \frac{\pi D_m n_B}{1000 \times 60} = \frac{\pi \times 466 \times 200}{1000 \times 60} \fallingdotseq 4.9\,\mathrm{m/s}$$

식 (16·18)로부터

$$Q = \frac{75H}{\mu v} = \frac{75 \times 3}{0.3 \times 4.9} \fallingdotseq 153\,\mathrm{kg}_f$$

$$P_A = Q\ \sin\ \alpha = 153 \times \sin\ 26.6^\circ \fallingdotseq 69\,\mathrm{kg}_f$$

$$P_B = Q\ \sin\ \beta = 153 \times \sin\ 63.4^\circ \fallingdotseq 137\,\mathrm{kg}_f$$

접촉압력 p_0를 구해 보면

$$p_0 = \frac{Q}{b} = \frac{153}{150} \fallingdotseq 1\,\mathrm{kg}_f/\mathrm{mm}$$

표 16-1 에서 주철대 목재인 경우 $p_0 = 2.5 \sim 1.0\,\mathrm{kg}_f/\mathrm{mm}$ 이므로 너비 150mm 는 적당하다고 판단된다.

16-4 無段變速 摩擦車

무단변속 마찰차는 어느 범위 내에서 속도비를 자유로이 연속적으로 변화시킬 수 있으므로, 일정한 회전을 하는 驅動軸에 대해 從動軸에 임의의 회전을 주는 데 사용되나 큰 동력

은 전달하기 곤란하다. 이 절에서는 원판, 원추, 曲面을 이용한 변속장치에 대해서 설명한다.

16-4-1 圓板을 이용한 變速

그림 16-8에서 I 축에는 圓板車(disc wheel) A를 고정하고 II 축에는 마찰차 B를 미끄럼키 또는 스플라인축을 이용해서 II 축 위를 자유로이 이동하면서 회전할 수 있도록 한다. 이 경우 B차의 위치에 따라 속도비가 다음과 같이 변한다.

$$i=\frac{n_B}{n_A}=\frac{x}{R_B} \tag{16·22}$$

이고, R_B는 일정하므로 x를 변화시키면 i가 변한다. 또 양 축의 토크 T_A, T_B도 변하고

$$\frac{T_A}{T_B}=\frac{x}{R_B} \tag{16·23}$$

의 관계가 성립한다.

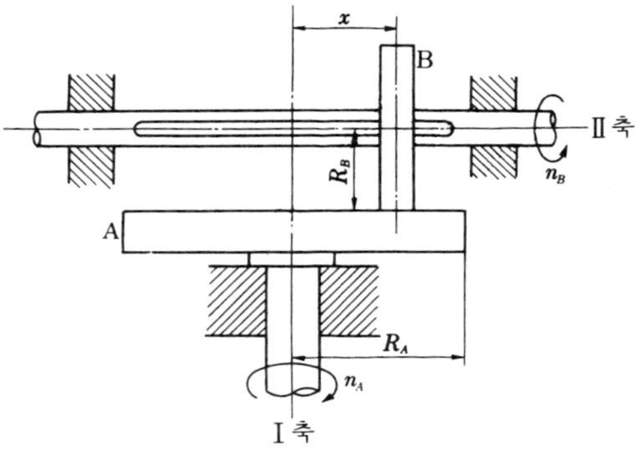

그림 16-8 원판을 이용한 변속

(a) I 축이 구동축일 때

$$n_A=\text{일정} \qquad n_B=\frac{x}{R_B}\cdot n_A$$

$$T_A=\text{일정} \qquad T_B=\frac{R_B}{x}\cdot T_A$$

(b) II 축이 구동축일 때

$$n_B=\text{일정} \qquad n_A=\frac{R_B}{x}\cdot n_B$$

$$T_B=\text{일정} \qquad T_A=\frac{x}{R_B}\cdot T_B$$

그림 16-9는 (a), (b) 경우의 속도변화를 표시한 것이며 토크의 변화는 반대가 된다. B차가 A차의 중심을 지나 반대쪽에서 접촉하면 회전방향은 반대가 된다. (b)의 경우 B차가 A차의 중심에 왔을 때 I 축은 이론상 무한대의 회전속도를 가져야 하나 실제는 정지한다.

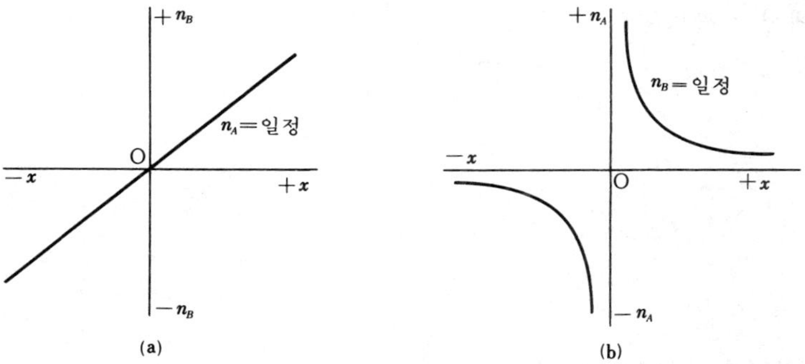

그림 16-9 두 축의 회전속도와 x와의 관계

또, B차는 너비가 있기 때문에 접촉면의 중앙은 구름접촉을 하나 다른 곳은 미끄럼이 생긴다. 그러므로 B차의 너비는 가능한 한 작게 만들어야 하고, 또 지나치게 중앙 부근에 접촉시키면 미끄럼의 비율이 커져 마멸이 증가하므로 A차의 바깥 둘레에 접촉시키는 것이 좋다. 바깥 둘레에 접촉시키면 Ⅰ축에 굽힘이 심하게 작용하므로 베어링의 너비를 크게 해야 한다.

이미 소개한 원판차를 이용한 변속장치에서 충분한 마찰력을 얻을려면 B차를 A차에 강하게 눌러야 하는데, B차에 가해진 힘으로 Ⅱ축에 굽힘 모멘트가 커진다. 그러므로 그림 16-10과 같이 원판차 2개를 사용하여 그 사이에 마찰차를 끼우면 굽힘 모멘트를 제거시킬 수 있다. 이 변속장치의 속도비 i는

$$\frac{n_C}{n_A}=\frac{x}{R_C}, \qquad \frac{n_B}{n_C}=\frac{R_C}{a-x}$$

$$i=\frac{n_B}{n_A}=\frac{n_C}{n_A}\cdot\frac{n_B}{n_C}=\frac{x}{R_C}\cdot\frac{R_C}{a-x}=\frac{x}{a-x} \tag{16·24}$$

$$n_B=\frac{x}{a-x}\cdot n_A \tag{16·25}$$

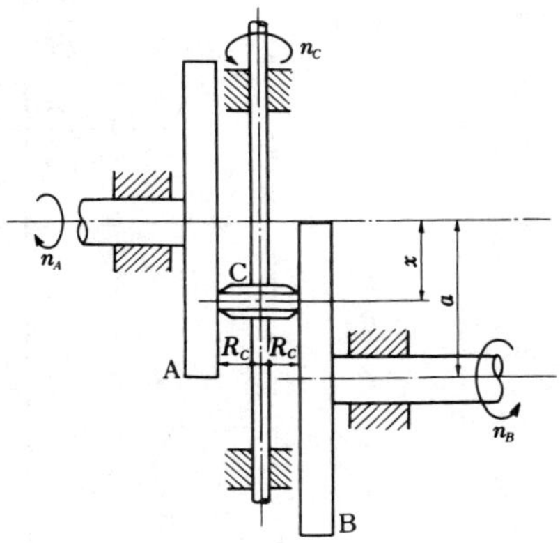

그림 16-10 2개의 원판을 이용한 변속

또, 접촉면에서 접촉방향의 힘 F는

$$F=\frac{T_A}{x}=\frac{T_B}{a-x}$$

이므로

$$T_B=\frac{a-x}{x}\cdot T_A \qquad (16\cdot 26)$$

가 된다.

16-4-2 圓錐를 이용한 變速

그림 16-11은 원추차 A와 원통차 B를 접촉시켜 회전하는 것으로 원통차의 위치에 따라 속도비가 달라진다. 그림에서 원추의 꼭지점으로부터 원통차까지의 거리를 x라고 하면, 여기서 원동차를 원추차로 하고 회전속도 n_A, 종동차를 원통차로 하여 회전속도 n_B라고 할 때

$$n_B=\frac{R_x}{r_x}\,n_A=\frac{R_1 n_A}{l\,r_x}\cdot x \qquad (16\cdot 27)$$

구동축의 회전속도 n_A가 일정하다면 n_B는 x에 비례하므로 직선적으로 변화하게 된다.

두 차의 접촉면에서 접선방향의 힘을 F라 하면 토크는 $T_A=FR_x$, $T_B=F\cdot r_x$이므로

$$T_B=\frac{r_x}{R_x}\cdot T_A=\frac{r_x l}{R_1 x}\cdot T_A \qquad (16\cdot 28)$$

가 성립하고 토크 T_B는 x에 대하여 쌍곡선적으로 변화하는 것을 알 수 있다.

그림 16-12는 앞에서 설명한 그림 16-11을 2개 조합한 것으로 평행축의 傳動에 사용한

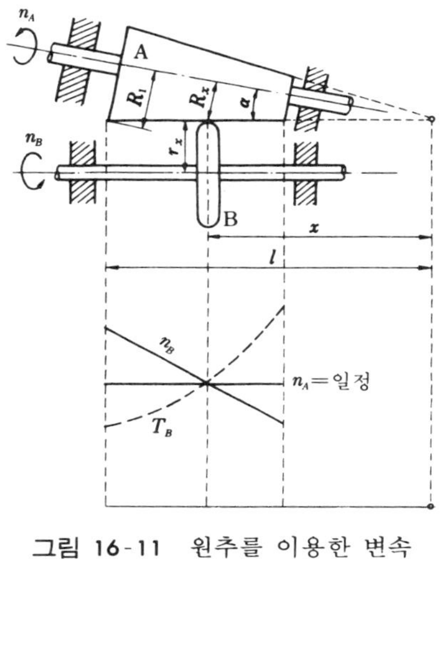

그림 16-11 원추를 이용한 변속

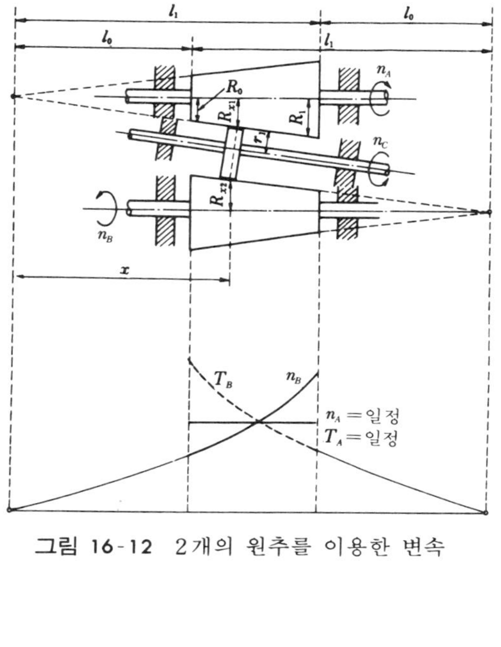

그림 16-12 2개의 원추를 이용한 변속

다.

$$l_0 = l_1 \frac{R_0}{R_1}, \qquad R_{x1} = \frac{R_1}{l_1} x$$

$$R_{x2} = \frac{R_1}{l_1}\{(l_1 + l_0) - x\} = \frac{R_1}{l_1}\left\{l_1\left(1 + \frac{R_0}{R_1}\right) - x\right\} \tag{16·29}$$

$$\frac{n_C}{n_A} = \frac{R_{x1}}{r_1}, \qquad \frac{n_B}{n_C} = \frac{r_1}{R_{x2}}$$

$$\frac{n_B}{n_A} = \frac{R_{x1}}{r_1} \cdot \frac{r_1}{R_{x2}} = \frac{R_{x1}}{R_{x2}} \tag{16·30}$$

따라서, 속도비는 다음과 같다.

$$\frac{n_B}{n_A} = \frac{R_1/l_1 \cdot x}{R_1/l_1 \cdot \{l_1\left(1 + \frac{R_0}{R_1}\right) - x\}} = \frac{R_1 x}{l_1(R_1 + R_0) - R_1 x} \tag{16·31}$$

중간차 C는 두 원추차의 속도비에 무관하다.

$$F = \frac{T_A}{R_{x1}} = \frac{T_A \cdot l_1}{R_1 x} \tag{16·32}$$

$$T_B = F \cdot R_{x2} = \frac{T_A\{l_1(R_1 + R_0) - R_1 x\}}{R_1 \cdot x} \tag{16·33}$$

로 되고 그 변화가 그림에 나타나 있다.

16-4-3 球面을 이용한 變速

지금까지는 마찰면이 평면이었으나 구면을 가진 마찰차를 이용한 것도 있다. 대개 공작 기계의 무단변속 장치로 사용되고 있다.

그림 16-13(a)에서는 동일 축상에 2개의 접시 모양의 마찰차를 붙이고, 사이에 2개의 중간차를 끼워 변속시키는 것으로 研削機에서 사용한다.

그림 16-13(b)에서는 직교축에 각각 구면 마찰차를 하나씩 붙이고, 사이에 중간차를 끼워 중간차의 축회전으로 양마찰차의 접촉면을 변화시키고 반지름의 변화로 속도비가 다르게 된다. 소형 드릴링 머신 등에 사용된다.

그림 16-13(c)는 원판차에 중간차로 구면 마찰차를 사용한 것이다.

그림 16-13(d)는 직교축에 원통 마찰차를 붙이고 중간차를 구면 마찰차로 한 것이다.

예제 16-7. 원판을 이용한 변속장치에서 원판차의 회전속도가 120 rpm, 마찰차의 회전속도가 360 rpm이 되게 하려면 마찰차의 위치는 어느 곳에 놓으면 되겠는가? 마찰차의 지름은 120 mm이다.

풀이 원판의 중심으로부터 마찰차의 위치까지의 거리를 x라고 하면 원판차의 지름 $D_A = 2x$이므로 식 (16·22)로부터

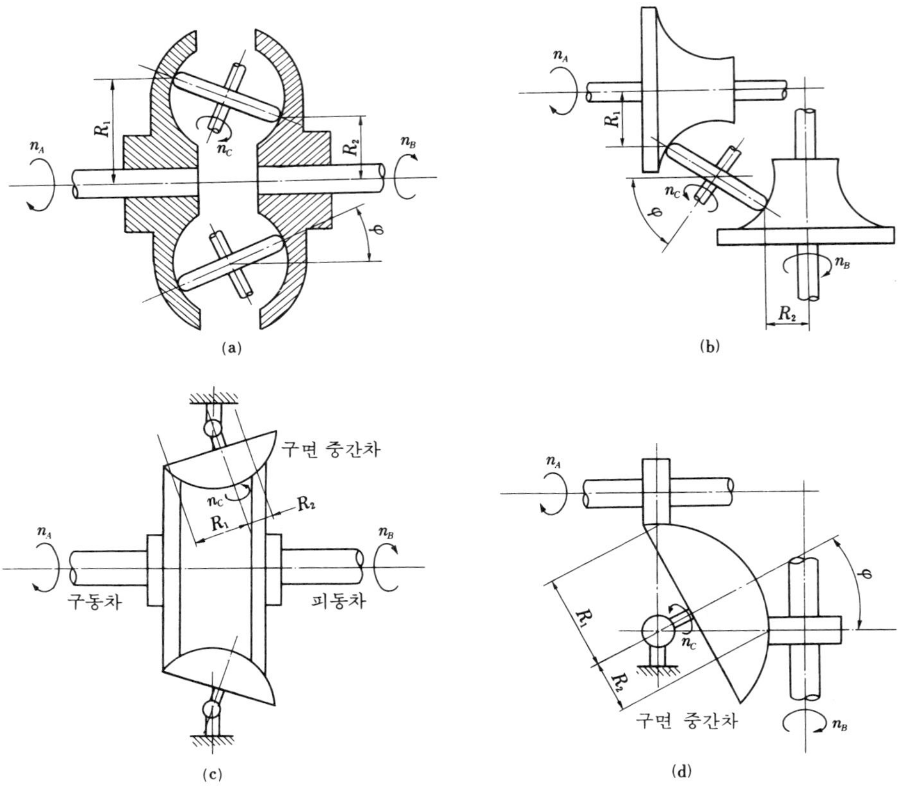

그림 16-13 구면을 이용한 변속장치

$$i = \frac{n_B}{n_A} = \frac{2x}{D_B} = \frac{360}{120} = \frac{2x}{120}$$

$$x = 180\,\text{mm}$$

따라서, 원판차의 중심에서 180 mm 되는 곳에 원통 마찰차를 놓으면 된다.

예제 16-8. 그림 16-14와 같은 에반스 마찰차를 설계하는데 속도비는 $\frac{1}{3} \sim 3$의 범위로, 원동차 A는 750 rpm으로 2 HP를 전달한다. 축간 거리 300 mm로 하고, A, B 양차의 치수, 가죽벨트의 너비, 양차를 밀어붙이는 힘을 구하라.

풀이 양차를 같은 치수로 하고 가죽의 두께를 무시하고 양차의 최대, 최소 지름을 산출한다.

D_A를 A차의 최소 지름, D_B를 B차의 최대 지름이라고 하면

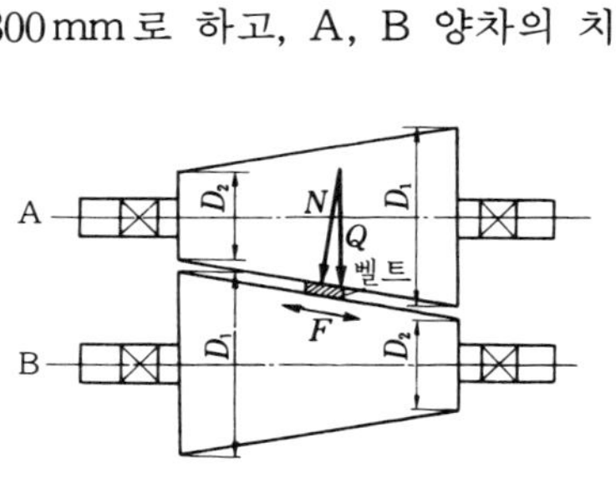

그림 16-14 에반스 마찰차

$$i = \frac{n_B}{n_A} = \frac{D_A}{D_B} = \frac{1}{3}, \qquad D_B = 3D_A$$

$$C = \frac{1}{2}(D_A + D_B) = 2D_A = 300$$

$$D_A = 150\,\text{mm}, \qquad D_B = 3 \times 150 = 450\,\text{mm}$$

식 (16·5)에서 $H=\frac{\mu P v}{75}$로 v가 작을수록 밀어붙이는 힘 P는 크다. 그림에서 벨트가 왼쪽 끝에 왔을 때이며, 그 때의 원주속도 v는

$$v=\frac{\pi D_A n_A}{1000\times 60}=\frac{\pi\times 150\times 750}{1000\times 60}=5.9\,\mathrm{m/s}$$

이 경우

$$P=\frac{75H}{\mu v}=\frac{75\times 2}{0.2\times 5.9}=127\,\mathrm{kg}_f$$

반대로 v가 최대인 경우 P는 최소이다. 그림에서 벨트가 오른쪽 끝에 있을 때이다. 이 경우

$$v=\frac{\pi\times 450\times 750}{1000\times 60}=17.7\,\mathrm{m/s}$$

$$P=\frac{75\times 2}{0.2\times 17.7}=42.5\,\mathrm{kg}_f$$

표 16-1에서 가죽의 허용 접촉압력 $p_0=1.5\,\mathrm{kg}_f/\mathrm{mm}$라고 하면

$$b=\frac{p}{p_0}=\frac{127}{1.5}=85\,\mathrm{mm}$$

차의 길이는 테이퍼각을 20°로 하고

$$\tan 10^\circ=(450-150)\frac{1}{2l},\qquad l=850\,\mathrm{mm}$$

가죽의 너비 85 mm를 양쪽으로 반반씩 첨가하면 전체 차의 너비 L은

$$L=850+85=935\,\mathrm{mm}$$

지름은 85 mm에 대한 것만큼 증감하므로 85 mm에 대한 지름의 증감분을 y라고 하면

$$y=\frac{85}{2}\tan 10^\circ=42.5\times 0.1763=7.5\,\mathrm{mm}$$

따라서,

최소 지름 $150-(7.5\times 2)=135\,\mathrm{mm}$

최대 지름 $450+(7.5\times 2)=465\,\mathrm{mm}$

예제 16-9. 원판차를 이용한 변속장치에서 원판으로 된 원동차 A는 지름 500 mm로 주철제이고 1500 rpm이다. 종동차 B는 둘레에 구리판이 씌워져 너비 40 mm, 지름 530 mm이다. B차의 이동범위는 $x=40\sim190\,\mathrm{mm}$로, 최소 · 최대 회전수와 전달동력을 산출하라. 다만 마찰계수는 0.2, 허용 접촉압력 20 N/mm이다.

풀이 $n_B=\frac{n_A}{R_B}\cdot x$이므로 n_B는 x의 증가에 따라 증가하므로 $x=40\,\mathrm{mm}$에서 n_B는 최소이다.

$$n_{B\min}=\frac{n_A}{R_B}\cdot x=\frac{1500}{265}\times 40=226.4\,\mathrm{rpm}$$

$x=190\,\mathrm{mm}$에서 n_B는 최대가 된다.

$$n_{B\max}=\frac{1500}{265}\times 190=1075.5\,\mathrm{rpm}$$

양차를 밀어붙이는 힘 P는

$$P=p_0\cdot b=20\times 40=800\,\mathrm{N}$$

차의 원주속도 v는

$$v_{\min} = \frac{\pi \times 40 \times 1500}{1000 \times 60} = 3.14\,\text{m/s}$$

$$v_{\max} = \frac{\pi \times 190 \times 1500}{1000 \times 60} = 14.9\,\text{m/s}$$

전달동력 H는

$$H_{\min} = \frac{0.2 \times 800 \times 3.14}{1000} = 0.5\,\text{kW}$$

$$H_{\max} = \frac{0.2 \times 800 \times 14.9}{1000} = 2.4\,\text{kW}$$

예제 16-10. 그림 16-15와 같이 구면차에 대해서 원동차가 일정한 회전을 하는 경우, 종동차의 속도변화 상태를 조사하라. 다만, 원동축과 구면차의 회전축이 이루는 각은 θ_2이다.

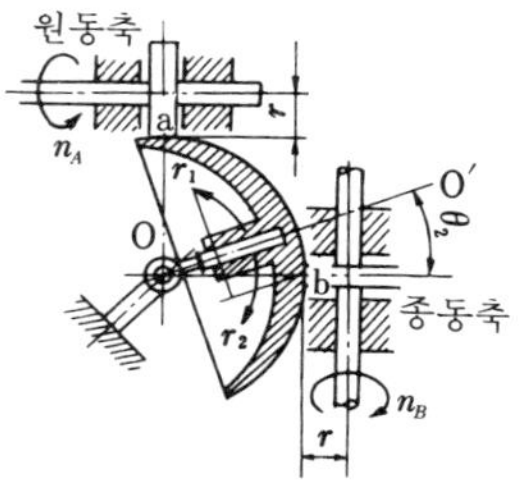

그림 16-15　구면 마찰차

풀이 원동차 A의 회전이 구면차 C에 전달되고, C차가 n_C 회전을 하고 있다. A차의 원주속도 v_A는 C차가 $\overline{OO'}$를 축으로 회전할 때 접촉점 a의 선속도가 같다.

$$v_a = \frac{2\pi \cdot \overline{Oa}\ \sin\,\theta_1 \times n_C}{1000 \times 60} = \frac{2\pi \cdot \overline{Oa} + n_C}{1000 \times 60}\sin\,\theta_1$$

마찬가지로, 종동차 B의 원주속도는 접촉점 b의 선속도와 같고 $\overline{Oa} = \overline{Ob}$이므로

$$v_b = \frac{2\pi \cdot \overline{Ob}\sin\theta_2 \times n_C}{1000 \times 60} = \frac{2\pi \cdot \overline{Oa} \times n_C}{1000 \times 60}\sin\theta_2$$

$\theta_1 + \theta_2 = 90°$이므로

$$v_b = \frac{2\pi \times \overline{Oa} \times n_C}{1000 \times 60}\sin\,\theta_2 = \frac{2\pi \times \overline{Oa} \times n_C}{1000 \times 60}\sin(90° - \theta_1) = \frac{2\pi \times \overline{Oa} \times n_C}{1000 \times 60}\cos\theta_1$$

따라서

$$v_a : v_b = \sin\,\theta_1 : \cos\,\theta_1$$

연 습 문 제

1. 마찰차의 종류를 들고 마찰차와 다른 전동장치를 비교하라.
2. 홈마찰차가 갖는 이점을 말하고 홈마찰차의 홈의 깊이를 설계하는 데 유의해야 할 점을 논하라.
3. 원추 마찰차의 속도비와 축각의 관계에 관해 설명하라.
4. 무단변속 마찰차로 이용되는 여러 가지 기구에 관해 간단히 설명하라.
5. 원추를 이용한 무단변속 마찰차에서 속도비와 토크의 변화를 수식으로 설명하라.
6. 800 rpm의 원동축으로부터 1 HP를 원통 마찰차를 통해 450 rpm의 종동축에 전달하는데, 종동차의 지름을 850 mm로 하면 양차의 치수와 양차를 미는 힘은 얼마인가? 원동차와 종동차 사이의 마찰계

수는 0.3이다. ($D_A = 478\text{mm}$, $P = 166.7\text{N}$)

7. 원동차의 지름 500mm, 회전수 350rpm의 원통 마찰차를 2kN의 힘으로 밀어붙이면 몇 kW를 전달하는가? 단, 원동차는 목재, 종동차는 주철제로 하여 $\mu = 0.35$로 한다. ($H = 6.4\text{kW}$)

8. 원동차의 표면에 가죽, 종동차는 주철을 사용한 원통 마찰차에서 $D_A = 20\text{cm}$, $n_A = 1000\text{rpm}$으로 3kW을 전달하기 위한 차의 필요한 너비를 구하라. 단, 허용 접촉압력 $p_0 = 7\text{N/mm}$, $\mu = 0.2$로 한다. ($b = 206\text{mm}$)

9. 원동차 800rpm, 종동차 450rpm으로 3kW를 전달하는 홈마찰차의 피치 지름과 홈의 수를 결정하라. 재질은 양차 모두 주철이고 홈각 30°, 중심 거리는 약 230mm이다.

($D_A = 165.6\text{mm}$, $D_B = 294.4\text{mm}$, 14개)

10. 원동차 350rpm, 종동차 160rpm인 한 쌍의 원추 마찰차의 축각이 70°일 때 양차의 원추각을 구하라. ($\alpha = 20.3°$ $\beta = 49.7°$)

11. 홈마찰차에서 축간 거리 50mm, 원동차 및 종동차의 회전수가 각각 200rpm, 300rpm일 때 2kW를 전달시키려면 얼마의 힘으로 밀어붙여야 하는가? 단, $\mu = 0.15$, 홈의 각도는 40°, 허용 접촉압력을 $3\text{kg}_f/\text{mm}$로 한다. ($P = 104\text{kg}_f$)

12. 원판을 이용한 무단변속 장치에서 원판차의 회전수가 120rpm, 마찰차의 회전수 360rpm이 되려면 마찰차의 위치는 어느 곳에 놓여야 하는가? 마찰차의 지름은 120mm이다.

(원판차의 중심으로부터 180mm)

13. 원판차를 이용한 무단변속 장치에서 원판으로 된 원동차 A는 지름이 600mm로 주철제이고 회전수 1200rpm이다. 종동차 B는 둘레에 고무판이 씌워져 너비 30mm, 지름 550mm이다. 전달되는 동력이 0.5∼3.5HP가 되도록 하려면 B차의 이동 거리는 어느 범위 내에 있어야 하는가? 다만, 마찰계수는 0.2, 허용 접촉압력이 $2.1\text{kg}_f/\text{mm}$이다. (24∼166mm)

14. 에반스 마찰차에서 큰 부분의 지름이 15cm, 작은 쪽의 지름이 6cm이다. 원동차의 회전속도가 150rpm일 때 종동차의 최대, 최소 회전속도를 구하라. ($n_{\max} = 375\text{rpm}$, $n_{\min} = 60\text{rpm}$)

15. 그림 16-15의 구면 마찰차에서 원동차의 원주속도와 종동차의 원주속도가 5 : 1이 되려면 원동축과 구면 마찰차 축 사이의 각은 몇 도가 되어야 하는가? ($\theta_2 = 11°29'$)

제 17 장

齒 車(기어)

깎여진 이가 차례로 물리면서 미끄럼 없이 동력을 전달시키는 기계요소를 **기어**(gear, toothed wheel)라 한다. 동력을 전달시키는 방법으로는 이미 소개한 마찰차, 앞으로 소개될 체인과 스프로킷 휠, 로프, 벨트 등 여러 가지가 있으나 기어는 확실한 속도비, 작은 구조, 좋은 효율, 큰 회전력을 전달할 수 있기 때문에 작은 것은 시계로부터 큰 것은 수만 마력의 감속기어에 이르기까지 극히 넓은 범위에 걸쳐 사용된다.

서로 맞물려 도는 기어 중에서 잇수가 많은 기어를 **큰 기어** 또는 **기어**라 부르고, 잇수가 적은 기어를 **피니언**(pinion)이라 한다. 또, 운동을 전달하는 쪽의 기어를 **구동기어**(driver, driving gear)라 하고, 구동기어에 의해 운동을 전달받는 기어를 **수동기어**(follower, driven gear)라고 한다.

17-1 기어의 分類

17-1-1 두 축의 상대위치에 의한 기어의 분류

맞물고 돌아가는 한 쌍의 기어에서 2개의 축을 상대적인 위치에 의하여 분류하면 표 17-1과 그림 17-1과 같다. 기어의 종류는 극히 많고 성능 및 공작상의 장단점이 있으며, 가격과 형식에 의하여 아주 다르므로 설계할 때 충분한 고려가 있어야 한다.

17-1-2 기어의 크기에 의한 分類

기어의 크기는 기어의 바깥 지름의 크기로 나눈다.

① 극대형 기어 …… 1000 mm 이상

② 대형기어 ……… 250~1000 mm

표 17-1 기어의 종류

두 축의 상대위치	명칭		이와 이와의 접촉	설명
	한국어	영어		
두 축이 평행	① 스퍼 기어	spur gear	직선	이끝이 직선이며 축에 평행한 원통기어
	② 래크	rack	직선	원통기어의 피치원통의 반지름을 무한대로 한 것
	③ 헬리컬 기어	helical gear	직선	이끝이 헬리컬선을 가지는 원통기어. 보통 평행한 두 축 사이에 회전운동을 전달
	④ 헬리컬 래크	helical rack	직선	헬리컬 기어의 피치원통의 반지름을 무한대로 하여 얻어지는 래크
	⑤ 헤링본 기어; 더블 헬리컬 기어	herringbone gear; double helical gear	직선	양쪽으로 나선형으로 된 기어를 조합한 것. 평행 두 축간에 운동을 전달
	⑥ 내접 기어	internal gear	직선(곡선)	원통 또는 원추의 안쪽에 이가 만들어져 있는 기어
두 축이 어느 각도로 만날 때	⑦ 베벨 기어	bevel gear	직선	교차되는 두 축간에 운동을 전달하는 원추형의 기어
	⑧ 마이터 기어	miter gear	직선	직각인 두 축간에 운동을 전달하는 잇수가 같은 한 쌍의 베벨기어
	⑨ 앵귤러 베벨 기어	angular bevel gear	직선	직각이 아닌 두 축간에 운동을 전달하는 베벨기어
	⑩ 크라운 기어	crown gear	직선	피치면이 평면인 베벨기어를 말하고 스퍼 기어에서 래크에 해당한다.
	⑪ 직선 베벨 기어	straight bevel gear	직선	이끝이 피치원추의 모직선과 일치하는 경우의 베벨기어
	⑫ 스파이럴 베벨 기어	spiral bevel gear	곡선	이 기어와 물리는 크라운 기어의 이끝이 곡선으로 된 베벨기어
	⑬ 재롤 베벨 기어	zerol bevel gear	곡선	나선각이 0인 한 쌍의 스파이럴 베벨기어
	⑭ 스큐 베벨 기어	skew bevel gear	직선	이 기어와 물리는 크라운 기어의 이끝이 직선이고, 꼭지점에 향하지 않는 베벨기어
두 축이 만나지도 않고 평행하지도 않은 경우	⑮ 스큐 기어	skew gear	직선	교차하지 않고, 또 평행하지도 않는 두 축(스큐축)간에 운동을 전달하는 기어
	⑯ 나사 기어	crossed helical gear	점	헬리컬 기어의 한 쌍을 스큐축 사이의 운동전달에 이용한 것
	⑰ 하이포이드 기어	hypoid gear	곡선	스큐축간에 운동을 전달하는 원추형 기어
	⑱ 페이스 기어	face gear	점	스퍼 기어 또는 헬리컬 기어와 서로 물리는 원판상의 기어. 두 축이 교차하는 것도 있고 스큐하는 것도 있는데, 보통은 축각이 직각
	⑲ 웜 기어	worm gear	곡선	웜과 웜에 물리는 웜 휠에 의한 기어. 보통은 선접촉을 하고 또 축각은 직각으로 된 것이 많다.
	⑳ 웜	worm	곡선	한 줄 또는 그 이상의 줄수를 가지는 나사 모양의 기어. 일반적으로는 원통형이다.
	㉑ 웜 휠	worm wheel	곡선	웜과 물리는 기어
	㉒ 장고형 웜 기어	hourglass worm gear	곡선	장고형 웜 기어와 물리는 웜기어 장치

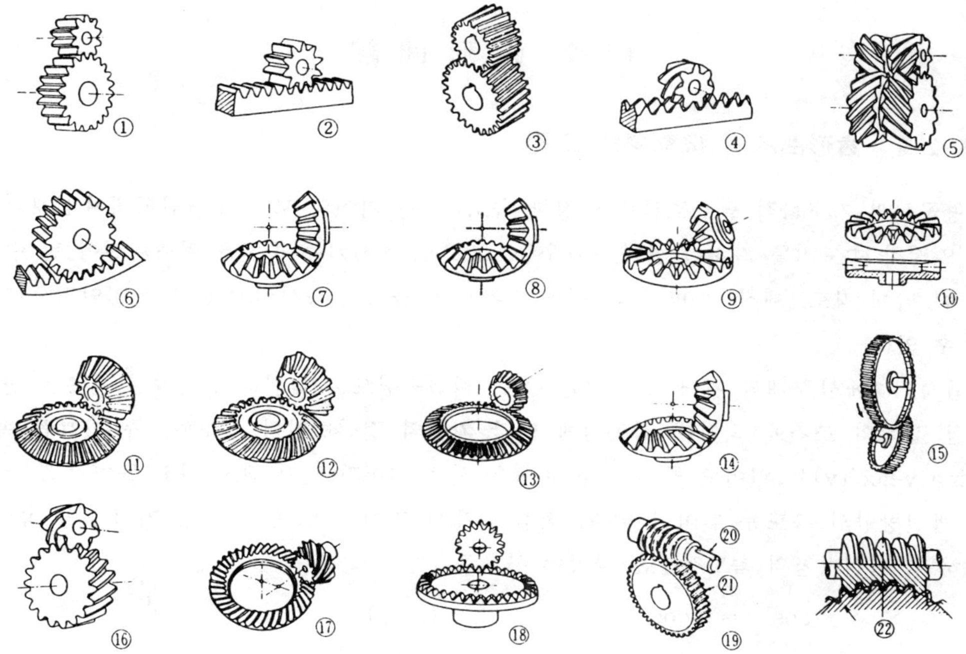

그림 17-1 기어의 종류

③ 중형기어 ……… 40~250mm
④ 소형기어 ……… 10~40mm
⑤ 극소형 기어…… 10mm 이하

17-1-3 齒形을 切削加工하는 방법에 의한 분류

(1) 成形齒切 기어

성형 치절법으로 깎아낸 기어로서 밀링 머신으로 깎아낸 조합기어가 여기에 해당된다. 또, 이의 형체를 계산하여 이의 모양과 같은 판자 게이지를 만들고, 이 게이지에 맞춘 바이트로 이를 하나씩 셰이퍼(shaper) 같은 공작기계를 깎아낸 것도 있다. 일반적으로 하급기어에 사용되고 정밀도가 떨어진다.

(2) 創成齒切 기어

정밀도가 높고 다량생산이 요구되는 오늘날에는 창성법에 의한 기어제작을 사용한다. 이 방법은 커터(cutter)와 기어 공작물과의 상관운동에 의해 이를 깎는 것이다. 즉 호브, 피니언 커터, 래크 커터 등의 전문적인 기계로 절삭한다.

17-2 歯 形 曲 線

17-2-1 歯形曲線의 機構學的 조건

치형곡선의 기구학적 필요조건은 일정한 속도비, 즉 기어의 모든 물림위치에서 2개의 기어가 일정한 속도비를 가져야 한다. 이 운동요건을 만족시키는 곡선은 치형곡선이 될 수 있으나 이 밖에 강도, 제작, 수명 등의 여러 요건도 아울러 만족시키지 않으면 공업적으로 사용할 수 없다.

그림 **17-2**에서 2개의 기어 1,2가 O_1, O_2를 회전중심으로 회전하고 미끄럼 접촉을 한다. 미끄럼 접촉의 조건에 의하여 접촉점에서 각 기어의 접선방향의 속도차, 즉 미끄럼 속도(sliding velocity)는 있어도 좋지만 두 치형은 서로 떨어져도 안 되고 파고 들어가도 안 되므로 법선방향의 속도는 같아야 한다. 접점 Q에서 기어 1의 속도를 v_1, 기어 2의 속도를 v_2라 하면, 법선방향의 속도성분은 같아야 하므로

$$v_1 \cos \alpha_1 = v_2 \cos \alpha_2 \tag{17·1}$$

일반적으로 회전 반지름을 r, 각속도를 ω라 하면 $v = r\omega$ 이므로

$$r_1 \omega_1 \cos \alpha_1 = r_2 \omega_2 \cos \alpha_2$$

$$\frac{\omega_2}{\omega_1} = \frac{r_1 \cos \alpha_1}{r_2 \cos \alpha_2} \tag{17·2}$$

여기서 $\angle QO_1N_1 = \alpha_1$, $\angle QO_2N_2 = \alpha_2$이므로

$$r_1 \cos \alpha_1 = \overline{O_1N_1} \qquad r_2 \cos \alpha_2 = \overline{O_2N_2}$$

따라서

$$\frac{\omega_2}{\omega_1} = \frac{\overline{O_1N_1}}{\overline{O_2N_2}}$$

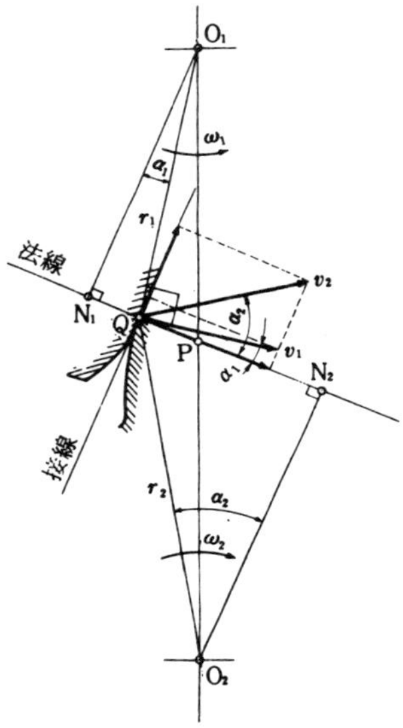

그림 17-2　치형곡선의 해석

$\triangle O_1N_1P$ 및 $\triangle O_2N_2P$에서

$$\angle O_1N_1P = \angle O_2N_2P = \angle R$$

이므로

$$\frac{\omega_2}{\omega_1} = \frac{\overline{O_1P}}{\overline{O_2P}} \tag{17·3}$$

O_1, O_2는 양기어의 회전중심이므로 定點이고, 양기어는 일정한 속도비로 회전하므로 $\omega_2/$

ω_1는 일정해야 한다. 따라서, P 점은 $\overline{O_1O_2}$를 일정비(ω_2/ω_1)로 내분하는 점이고 **定點**이다. 그러므로 접촉점의 법선은 하나의 정점을 통과한다. 이 정점을 피치점이라 하고 기어의 중심을 중심으로 하고 피치점을 통과하는 원을 피치원이라 한다. 기어의 전동회전과 피치원의 미끄럼 없는 구름접촉에 의한 전동회전은 기하학적으로 동등하다. 따라서, 피치원은 기어전동을 기하학적으로 똑같은 미끄럼 없는 마찰전동으로 바꾸어 놓은 마찰원이다. 치형곡선의 접촉점은 기어의 회전과 더불어 이동하고 그 궤적을 기어의 **接觸路**(path of contact)라고 한다.

17-2-2 實用齒形曲線

현재 주로 사용되고 있는 기어의 치형곡선에는 사이클로이드 곡선(cycloid curve)과 인벌류트 곡선(involute curve)이 있다.

실제로 널리 사용되고 있는 치형으로서는 계기, 시계 등의 소형치차에 사이클로이드 치형이 사용되고 있을 뿐 동력 전달용, 공작기계 등의 대부분의 기어에는 성능, 제작, 검사 등의 견지에서 거의 인벌류트 치형이 사용되고 있다. 접촉로는 사이클로이드 치형에서는 원호, 인벌류트 치형에서는 직선이 된다.

[1] 사이클로이드 齒形曲線

고정된 한 직선 위를 하나의 원이 미끄럼 없이 굴러갈 때 원주 위의 한 점이 그리는 곡선을 **사이클로이드**(cycloid)라 하며, 또 고정된 하나의 원둘레를 1개의 원이 구를 때 그 구름원(rolling circle)의 원둘레 위의 한 점이 그리는 곡선을 **外轉 사이클로이드**(epicycloid), 안둘레를 구를 때 그리는 곡선을 **內轉 사이클로이드**(hypocycloid)라 한다. 따라서, 고정된 원이 피치원이고 피치원 바깥쪽의 치형은 에피사이클로이드, 안쪽의 치형은 하이포사이클로이드로 구성된다.

그림 **17-3**과 같이 2개의 피치원을 O_1, O_2, 구름원을 a, b라고 하면 원 O_1의 에피사이클로이드와 원 O_2의 하이포사이클로이드가, 또 원 O_1의 하이포사이클로이드와 원 O_2의 에피사이클로이드가 서로 미끄럼 접촉을 하면서 회전을 전달하게 된다. 따라서, 어떤 순간에서 양 치형의 접촉점을 M이라 하면, 순간중심이 피치점 P가 되므로 접촉점에 있어서의 공통법선은 항상 피치점을 지나는 것이 되어 치형으로써의 조건을 만족하게 된다. 사이클로이드 치형곡선에서의 접촉으로는. 그림에서 보는 바와 같이 구름원 a, b의 원둘레의 일부인 M_1P 및 M_2P인 원호이다.

사이클로이드 치형은 피치원이 같아도 구름원의 크기에 따라 그 모양이 달라지며, 에피사이클로이드에서는 그 영향이 적으나 하이포사이클로이드에서는 구름원의 크기에 의하여 그 모양은 많은 영향을 받는다. 그림 **17-4**와 같이 내전하는 구름원이 커짐에 따라 점차로 직선에 가까워지며 피치원 크기의 $\frac{1}{2}$인 경우에는 피치원의 지름이 되어 직선이 된다. 피치

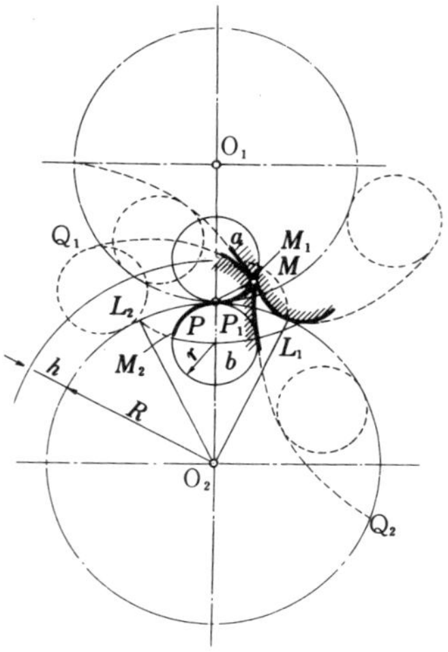

그림 17-3　사이클로이드 치형곡선

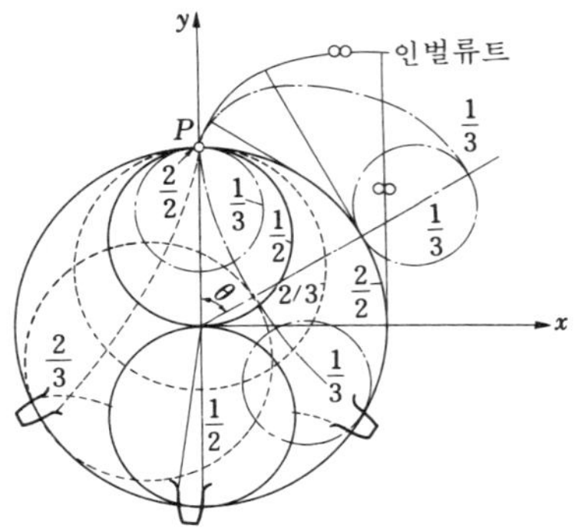

그림 17-4　구름원의 크기

원과 같은 크기의 경우에는 피치점 그 자체가 된다. 구름원이 커짐에 따라 이뿌리가 가늘어지므로 보통 기어에서는 내접 구름원의 크기는 피치원의 $\frac{1}{3}$ 정도로 잡는다.

[2] 인벌류트 齒形曲線

그림 17-5에서 보는 것처럼 피치점 P를 통과하는 임의의 직선 $\overline{N_1N_2}$를 긋고, O_1, O_2를 중심으로 하여 $\overline{N_1N_2}$에 접하는 원 1, 2를 긋는다. 지금 $\overline{N_1N_2}$ 선상의 임의의 점 Q를 선택하여 N_1Q를 1원 위에 감으면 QQ_1 곡선이 얻어지고 $\overline{N_2Q}$를 2원 위에 감으면 QQ_2 곡선이 얻어진다. 이와 같은 QQ_1, QQ_2 곡선은 원 1, 2의 인벌류트 곡선이고, 이 곡선으로 형성된 기어가 인벌류트 곡선이고, 또 이 곡선으로 형성된 기어가 인벌류트 기어이다. 원 1, 2를 인벌류트 기어의 基礎圓(base circle)이라 한다.

$\overline{N_1N_2}$ 선은 기초원의 공통접선이고 이것이 인벌류트 곡선을 긋는 구름직선에 일치하기 때

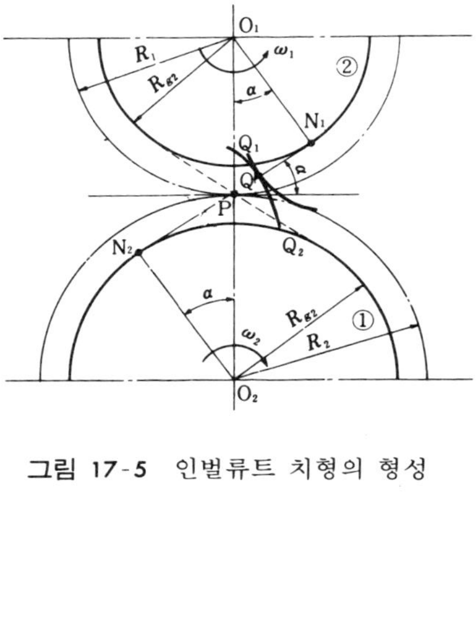

그림 17-5　인벌류트 치형의 형성

문에 2개의 인벌류트 곡선은 $\overline{N_1N_2}$ 위의 점 Q에서 서로 접하고 공통법선은 $\overline{N_1N_2}$에 일치한다. 따라서, 치형으로써 필요조건을 만족하고 일정한 속도비로 회전을 전달할 수 있다.

$\overline{N_1N_2}$ 선은 인벌류트 기어의 作用線 또는 壓力線이라 하고 한 쌍의 인벌류트 치형의 접촉점 Q는 항상 이 직선 위를 이동한다. 또, 피치점 P에서 $\overline{O_1O_2}$ 직선에 세운 수직선과 작용선과의 맺는 각 α를 壓力角이라 한다.

이상에서 알 수 있는 바와 같이 인벌류트 곡선은 기초원만으로 결정되고 피치원과는 무관하므로 인벌류트 기어에서 그 기초원은 결정되나 피치원은 결정되지 않는다. 그러나 물리게 되는 상대편의 기어가 주어지면 양쪽 기초원의 공통접선, 즉 작용선이 중심선과 만나는 점, 즉 피치점을 통과하는 원이 피치원이 되므로 비로소 피치원이 결정된다.

지금 한 쌍의 물고 돌아가는 기어의 피치원의 반지름을 각각 R_1, R_2라 하고 기초원의 반지름을 R_{g1}, R_{g2}라고 하면 속도비 i는

$$i=\frac{\omega_2}{\omega_1}=\frac{R_1}{R_2}=\frac{R_1\cos\alpha}{R_2\cos\alpha}=\frac{R_{g1}}{R_{g2}} \tag{17·4}$$

이고, 위의 식으로부터 속도비가 기초원 반지름에 반비례함을 알 수 있다.

그런데 기초원 반지름은 각 기어에 대해 미리 결정되어 있으므로 한 쌍의 인벌류트 기어의 중심 거리가 변하더라도 일정한 속도비로 회전을 전달할 수 있다. 또, 중심 거리가 변하면 피치원 반지름과 압력각이 달라진다. 그러므로 인벌류트 기어에서는 호환성을 갖게 하려면 각 기어의 원주피치 또는 모듈이 같아야 하는 것은 물론 압력각도 같아야 한다.

그림 17-6에서 보는 바와 같이 인벌류트 곡선군의 작용선 방향의 피치 p_n을 法線피치(normal pitch)라 하며 원주피치(circular pitch)와의 관계식을 유도해 보기로 한다.

피치원의 지름을 D, 기초원의 지름을 D_g라고 하면

$$D_g=D\cos\alpha \tag{17·5}$$

법선피치와 기초원의 지름 사이에는

$$p_n=\frac{\pi D_g}{z} \tag{17·6}$$

여기서 z는 이의 수이다. 따라서 법선피치, 피치원 지름 및 기초원의 피치 p_g와의 관계는 다음과 같다.

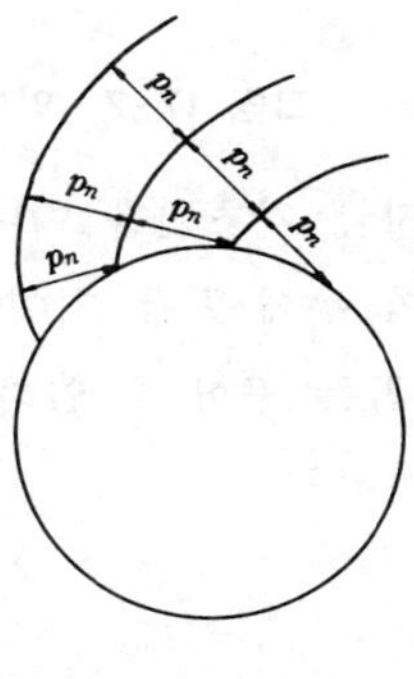

그림 17-6 법선피치

$$p_g=p_n=\frac{\pi D}{z}\cos\alpha=p\cos\alpha \tag{17·7}$$

[3] 인벌류트 函數

인벌류트 곡선은 인벌류트 함수를 사용해서 표시한다. 그림 17-7에서 반지름 R_g의 기초원 위의 한 점 Q_1에서 풀려나간 인벌류트 곡선 Q_1Q_2 위의 임의점 Q로부터 기초원에 대해 접선 $\overline{QT}$를 긋고, 점 Q_1 및 T를 중심 O와 연결하여 $\angle TOQ=\alpha$, $\angle Q_1OQ=\phi$ 라 한다.

인벌류트의 성질에서 $\overline{TQ}$는 기초원 위의 원호 TQ_1과 같으므로

$$\overline{TQ}=R_g(\alpha+\phi) \qquad (17\cdot8)$$

한편 직각 3각형 △QTO에서 $\overline{QT}$는 $R_g\tan\alpha$이므로

$$R_g\tan\alpha=R_g(\alpha+\phi)$$

$$\phi=\tan\alpha-\alpha \qquad (17\cdot9)$$

각 ϕ를 각 α의 인벌류트 함수(involute function)라 하고 $\mathrm{inv}\,\alpha$로 표시한다.

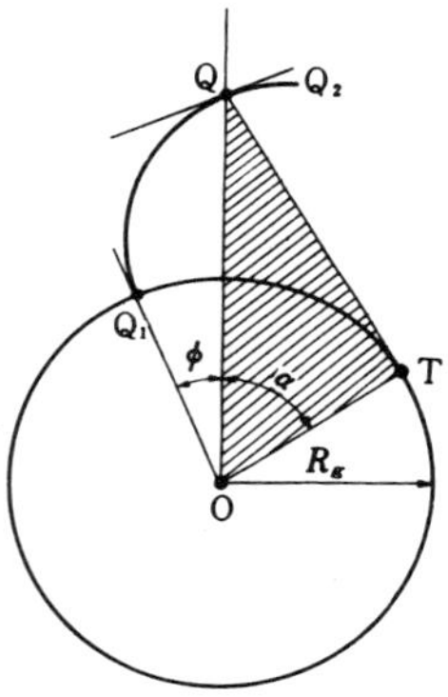

그림 17-7 인벌류트 함수

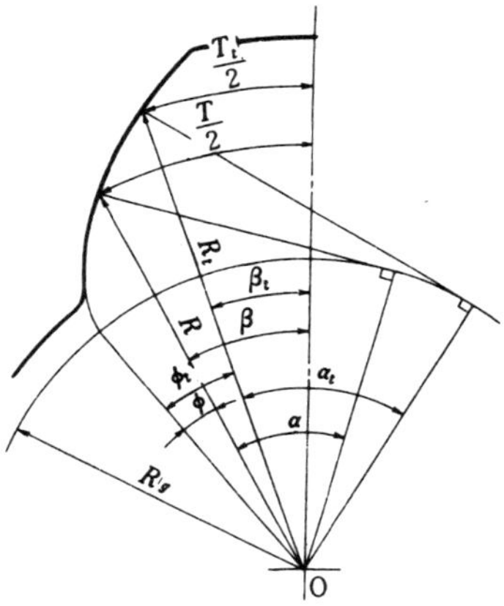

그림 17-8 이의 임의점의 이 두께 측정

지금 기초원을 이미 알고 있는 인벌류트 치형이 있을 때 반지름 R의 원을 따라 측정한 이의 두께 T를 기어 마이크로미터로 측정하여 미리 알고 있다면 R_t 반지름 위의 이의 두께 T_t를 구할 수 있다. 그림 17-8에서 $\dfrac{T}{2}=\beta\cdot R$, $\dfrac{T_t}{2}=\beta_t\cdot R_t$이므로

$$\frac{T}{2R}-\frac{T_t}{2R_t}=\beta-\beta_t=\phi_t-\phi=\mathrm{inv}\,\alpha_t-\mathrm{inv}\,\alpha$$

$$T_t=2R_t\left(\frac{T}{2R}+\mathrm{inv}\,\alpha-\mathrm{inv}\,\alpha_t\right) \qquad (17\cdot10)$$

$R=R_g/\cos\alpha$를 이용하여 $\cos\alpha$와 $\cos\alpha_t$를 구하고 표 17-2의 함수표에서 α, α_t에 대한 $\mathrm{inv}\,\alpha$와 $\mathrm{inv}\,\alpha_t$를 구하여 T_t를 계산한다.

다음 보기로서 임의의 반지름 R에 대한 이의 두께 T를 알고 있으면, 이의 꼭대기의 두

표 17-2 인벌류트 함수표

$\alpha°$	.0	.2	.4	.6	.8
0	0.00000	0.00000	0.00000	0.00000	0.00000
1	0.00000	0.00000	0.00001	0.00001	0.00001
2	0.00001	0.00002	0.00003	0.00003	0.00004
3	0.00005	0.00006	0.00007	0.00008	0.00010
4	0.00011	0.00013	0.00015	0.00017	0.00020
5	0.00022	0.00025	0.00028	0.00031	0.00035
6	0.00038	0.00042	0.00047	0.00051	0.00056
7	0.00061	0.00067	0.00072	0.00078	0.00085
8	0.00091	0.00099	0.00106	0.00114	0.00122
9	0.00131	0.00139	0.00149	0.00159	0.00169
10	0.00179	0.00191	0.00202	0.00214	0.00227
11	0.00239	0.00253	0.00267	0.00281	0.00296
12	0.00312	0.00328	0.00344	0.00362	0.00379
13	0.00398	0.00416	0.00436	0.00456	0.00477
14	0.00498	0.00520	0.00543	0.00566	0.00590
15	0.00615	0.00640	0.00667	0.00693	0.00772
16	0.00749	0.00778	0.00808	0.00839	0.00870
17	0.00903	0.00936	0.00969	0.01004	0.01040
18	0.01076	0.01113	0.01152	0.01191	0.01231
19	0.01272	0.01313	0.01356	0.01400	0.01445
20	0.01490	0.01537	0.01585	0.01634	0.01684
21	0.01735	0.01787	0.01840	0.01894	0.01949
22	0.02005	0.02063	0.02122	0.02182	0.02243
23	0.02305	0.02368	0.02433	0.02499	0.02566
24	0.02635	0.02705	0.02776	0.02849	0.02922
25	0.02998	0.03074	0.03152	0.03232	0.03312
26	0.03395	0.03479	0.03564	0.03651	0.03739
27	0.03829	0.03920	0.04013	0.04108	0.04204
28	0.04302	0.04401	0.04502	0.04605	0.04710
29	0.04816	0.04925	0.05034	0.05146	0.05260
30	0.05375	0.05492	0.05612	0.05733	0.05356
31	0.05981	0.06108	0.06237	0.06368	0.06501
32	0.06636	0.06774	0.06913	0.07055	0.07199
33	0.07345	0.07493	0.07644	0.07797	0.07952
34	0.08110	0.08270	0.08432	0.08597	0.08764
35	0.08934	0.09107	0.09282	0.09459	0.09640
36	0.09822	0.10008	0.10196	0.10388	0.10581
37	0.10778	0.10978	0.11180	0.11386	0.11594
38	0.11806	0.12021	0.12238	0.12459	0.12683
39	0.12911	0.13141	0.13375	0.13612	0.13833
40	0.14097	0.14344	0.14595	0.14850	0.15108
41	0.15370	0.15636	0.15905	0.16178	0.16456
42	0.16737	0.17022	0.17311	0.17604	0.17901
43	0.18202	0.18508	0.18818	0.19132	0.19451
44	0.19774	0.20102	0.20435	0.20772	0.21114
45	0.21460	0.21812	0.22168	0.22530	0.22896
46	0.23268	0.23645	0.24027	0.24415	0.24808
47	0.25206	0.25611	0.26021	0.26436	0.26838
48	0.27285	0.27719	0.28159	0.28605	0.29057
49	0.29516	0.29981	0.30453	0.30931	0.31417
50	0.31909	0.32408	0.32915	0.33428	0.33949
51	0.34478	0.35014	0.35558	0.36110	0.36669
52	0.37237	0.37843	0.38397	0.38990	0.39591
53	0.40202	0.40821	0.41450	0.42087	0.42734
54	0.43390	0.44057	0.44733	0.45419	0.46115

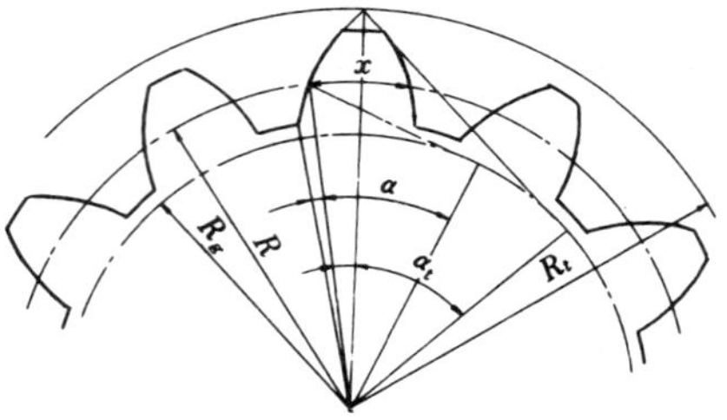

그림 17-9　인벌류트 함수표의 이용

께 T_t가 0이 되는 반지름의 길이를 구할 수 있다. 그림 17-9에서

$$T_t = 2R_t\left(\frac{T}{2R} + \mathrm{inv}\,\alpha - \mathrm{inv}\,\alpha_t\right)$$

식 중에서 $T_t = 0$이 되면

$$\frac{T}{2R} + \mathrm{inv}\,\alpha - \mathrm{inv}\,\alpha_t = 0$$

$$\mathrm{inv}\,\alpha_t = \frac{T}{2R} + \mathrm{inv}\,\alpha \qquad (17 \cdot 11)$$

따라서, 위의 식에서 $\mathrm{inv}\,\alpha_t$를 구하고 함수 표에서 α_t를 구하여

$$R_t = \frac{R\cos\alpha}{\cos\alpha_t} \qquad (17 \cdot 12)$$

에서 R_t를 구한다.

[4] 사이클로이드 齒形과 인벌류트 齒形의 비교

사이클로이드 치형은 이끝면, 이뿌리면의 치형곡선이 서로 다른 곡선계이므로, 중심 거리에 오차가 있어서 피치점끼리 서로 접하지 않게 되면 사이클로이드 접촉이론과 달라지게 되어 원활한 傳動과 일정한 속도비를 얻지 못한다. 그러나 이 치형은 미끄럼률이 균일하여 마멸이 균일해지므로 치형의 오차가 적게 되어 계기나 시계와 같은 부하가 작고 정밀을 요하는 곳에 사용된다. 이에 비해 인벌류트 치형은 전체가 단일 곡선계이고 래크의 치형이 직선이므로, 래크 커터에 의한 創成法 절삭으로 정확한 치형을 쉽게 얻을 수 있다. 또, 속도비는 기초원 지름의 역비와 같으므로 중심 거리가 변하면 압력각은 변하나 속도비는 변하지 않기 때문에 조립시 중심 거리에 약간의 오차가 있다고 해도 속도비를 정확히 유지할 수 있다. 모듈과 압력각이 같으면 어떤 기어라도 물고 돌아갈 수 있는 이점이 있으므로, 현재 인벌류트 기어를 많이 사용하고 있다. 인벌류트 기어의 결점은 전위치차나 수정치형 등의 기술에 의해 많이 개선되어 현재로써는 이상적인 치형이 만들어지고 있다.

예제 17-1.　인벌류트 치형에서 $\alpha = 20°$, $R = 120\,\mathrm{mm}$, $T = 15.708\,\mathrm{mm}$라 할 때 $R_t = 127.5$

mm의 곳의 이 두께 T_t를 구하라.

풀이

$$R_g = R\cos\alpha = R_t\cos\alpha_t$$

$$\cos\alpha_t = \frac{R\cos\alpha}{R_t}$$

$$R_g = R\cos\alpha = 120\times\cos 20^\circ = 112.76\,\text{mm}$$

$$\cos\alpha_t = \frac{R\cos\alpha}{R_t} = \frac{112.76}{127.5} = 0.884$$

$$\alpha_t = 27.8^\circ$$

$$\text{inv}\,20^\circ = 0.0149$$

$$\text{inv}\,\alpha_t = \text{inv}\,27.8^\circ = 0.0421$$

$$T_t = 2R_t\left(\frac{T}{2R} + \text{inv}\,\alpha - \text{inv}\,\alpha_t\right) = 2\times127.5\left(\frac{15.708}{2\times120} + 0.0149 - 0.0421\right)$$

$$= 9.83\,\text{mm}$$

예제 17-2. 앞예제에서 이끝이 뾰족하게 될 때의 반지름을 구하라.

풀이

$$\text{inv}\,\alpha_t = \frac{T}{2R} + \text{inv}\,\alpha = \frac{15.708}{2\times120} + \text{inv}\,20^\circ = 0.0804$$

$$\alpha_t = 33.9^\circ$$

$$R_t = \frac{R\cos\alpha}{\cos\alpha_t} = \frac{120\times\cos 20^\circ}{\cos 33.9^\circ} = \frac{112.763}{0.8300} = 135.86\,\text{mm}$$

17-3 기어 各部의 명칭과 이의 크기

17-3-1 기어 各部의 명칭

기어 各部의 명칭은 그림 17-10과 같이 하나의 이는 피치원을 기준으로 바깥쪽 부분과 안쪽 부분으로 이루어진다. 바깥쪽의 잇면을 이끝면(tooth face), 안쪽의 잇면을 이뿌리면(tooth flank)이라 하고, 피치원에서 이끝까지의 높이를 이끝 높이(addendum), 피치원에서 이뿌리까지의 높이를 이뿌리 높이(dedendum)라 한다. 이끝을 연결하는 원을 이끝원(addendum circle), 이뿌리를 연결하는 원을 이뿌리원(dedendum circle)이라 하며, 그 사이의 높이를 온 이 높이(whole depth)라 한다. 한 쌍의 이의 물림에서 상대방의 이끝 높이는 이뿌리 높이보다 작게 하는데 그 차이를 이끝 틈새(top clearance)라 한다.

또, 이물림이 실질적으로 이루어지는 이의 높이를 有效 이 높이(working depth)라 한다. 피치원을 따라 측정한 이의 두께를 이 두께(tooth thickness) 또는 원호 이 두께(circular thickness)라 부르기도 한다. 축선방향으로 측정한 이의 길이를 이 너비(face width)라 하며, 피치원의 원둘레상에서 인접하는 이의 대응되는 부분의 원호 길이를 圓周피치(circular pitch)라 하고 원주피치에서 이 두께를 뺀 원호의 길이를 이홈(space)이라 한다. 이끝의 평평한 부분을 봉우리라 하고 그 부분의 평면을 봉우리면(top surface)이라 한다. 한 쌍의 이

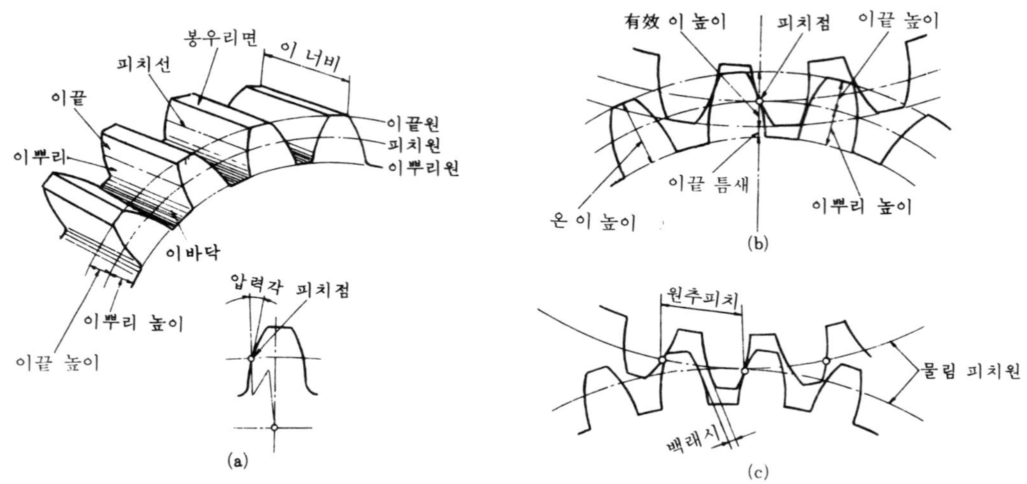

그림 17-10 기어 각부의 명칭

가 물고 돌아갈 때 접촉점의 반대면에서는 약간 틈이 생기는데 이 틈새를 백래시(backlash)라 한다. 백래시에는 원둘레 방향의 백래시와 법선방향의 백래시가 있다.

17-3-2 이의 크기

같은 크기의 피치원이라도 잇수를 적게 하여 이를 크게 깎아 기어를 만들 수 있고, 반대로 잇수를 많이 하고 개개의 이를 작게 깎아 기어를 만들어 낼 수도 있다. 따라서, 이의 크기를 결정하기 위한 기준이 필요하게 되고 여기에는 세 가지가 있다.

[1] **圓周피치**(circular pitch)

피치원의 원둘레를 잇수로 나눈 것으로 피치원의 지름을 D, 잇수를 z라고 할 때 원주피치 p는

$$p=\frac{\pi D}{z} \qquad (17\cdot 13)$$

이고, 이 p를 기준으로 이끝 높이, 이뿌리 높이, 그 밖의 모든 부분의 치수비율이 결정된다. 그러나 식에서 아는 바와 같이 π가 포함되어 있고 p는 항상 소수를 포함하므로 이의 크기를 결정하는 기준으로는 그다지 사용되지 않는다.

[2] **모듈**(module)

미터 단위계를 사용하는 나라에서 널리 사용되는 이의 크기를 표시하는 단위로서, 피치원의 지름(mm)을 잇수로 나눈 값이다. 모듈을 m이라고 하면 다음과 같은 관계식을 얻는다.

$$m = \frac{D}{z} = \frac{p}{\pi} \tag{17·14}$$

$$D = mz \tag{17·15}$$

[3] **지름피치**(diametral pitch)

인치로 표시된 피치원의 지름으로 z를 나눈 값이다. 따라서, 지름피치 p_d는

$$p_d = \frac{z}{D(\text{in})} = \frac{\pi}{p(\text{in})} \tag{17·16}$$

이것은 모듈의 역수로 나타나나 p_d의 단위가 인치이기 때문에 수치로는 모듈의 역수로 표시할 수 없다. 따라서, 지름피치와 모듈의 관계식은 다음과 같이 표시한다.

$$p_d = \frac{25.4}{m} \tag{17·17}$$

지름피치는 인치계를 사용하는 나라에서 이의 크기를 표시하는 단위로 사용하고 있다. 모듈과 지름피치는 그 수치를 마음대로 결정하면 이의 크기를 표시하는 데 너무 많은 종류가 생겨서 공작이 불편하므로, 규격에 따라 표준값이 결정되고 있다. 표 **17-3**에 모듈의 표준값, 표 **17-4**에 지름피치의 표준값을 표시한다.

예제 17-3. 원동축의 회전수 1400 rpm을 600 rpm으로 감속하고자 한다. 양축의 중심 거리는 210 mm이고, 모듈을 6으로 할 때 각 축에 고정할 기어의 잇수와 원주피치를 구하라.

풀이 중심 거리를 C라 하고 A축을 원동축, B축을 수동축이라 하면

$$C = \frac{1}{2} m(z_A + z_B)$$

이고

$$z_A + z_B = \frac{2C}{m} = \frac{2 \times 210}{6} = 70$$

속도비 i는

$$i = \frac{n_B}{n_A} = \frac{600}{1400} = \frac{3}{7} = \frac{z_A}{z_B}, \qquad z_A = \frac{3}{7} z_B$$

$$\left(\frac{3}{7} + 1\right) z_B = 70, \qquad z_B = 70 \times \frac{7}{10} = 49$$

$$z_A = \frac{3}{7} z_B = \frac{3}{7} \times 49 = 21$$

$$p = m\pi = 6 \times \pi = 18.85\,\text{mm}$$

표 17-3　모듈의 표준값(단위 : mm)

제 1 계열	제 2 계열	제 3 계열	제 1 계열	제 2 계열	제 3 계열
0.1			3		
0.15					3.25
0.2				3.5	
0.25					3.75
0.3			4		
	0.35			4.5	
0.4			5		
	0.45			5.5	
0.5			6		
	0.55				6.5
0.6				7	
		0.65	8		
	0.7			9	
		0.75	10		
0.8				11	
	0.9		12		
1					13
1.25				14	
1.5					15
	1.75		16		
2				18	
	2.25		20		
2.5			22		
	2.75		25		

〔비고〕 제 2 계열 및 제 3 계열의 것은 되도록 사용하지 않는 것이 좋다.

표 17-4　지름피치의 표준값

지름피치	모듈로 환산한 값(mm)
24	1.0583
22	1.1545
20	1.2700
18	1.4111
16	1.5875
14	1.8143
12	2.1167
10	2.5400
9	2.8200
8	3.1750
7	3.6286
6	4.2333
5	5.0800
$4^1/_2$	5.6444
4	6.3500
$3^1/_2$	7.2572
3	8.4667
$2^3/_4$	9.2364
$2^1/_2$	10.1600
$2^1/_4$	11.2889
2	12.7000
$1^3/_4$	14.3714
$1^1/_2$	16.9333
$1^1/_4$	20.3200
1	25.4000

17-4　기어의 性能

17-4-1　물 림 률

그림 17-11 에서 한 쌍의 기어가 물고 돌아갈 때 각각의 기어의 이끝원과 작용선과의 교점을 a, b 라 하면, a 점에서 물림이 시작하여 피치점 P를 지나 b 점에서 끝나게 되므로 작용선 aPb의 길이를 물림 길이(length of action)라 하고 $\overline{aP}$를 接近물림 길이 l_a, $\overline{Pb}$를 退去물림 길이 l_r라 한다. 기어의 물림이 순조롭고 원활하게 이루어지려면 한 쌍의 이물림이 끝나기 전에 다음 한 쌍의 이물림이 시작되어야 한다. 따라서, 작용선 aPb의 길이는 작용선 방향의 피치인 법선피치보다 커야 하며, 물림 길이 l을 법선피치 p_n으로 나눈 값을 **물림률**(contact ratio)이라 한다. 물림 길이 $l = l_a + l_r$이고 이끝 높이를 h_k라고 하면

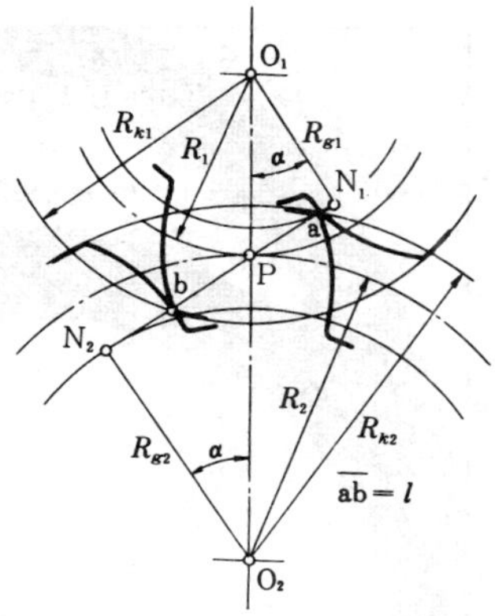

그림 17-11 물 림 길 이

$$\left.\begin{aligned} l_a &= \sqrt{(R_2+h_k)^2-(R_2\cos\alpha)^2}-R_2\sin\alpha \\ l_r &= \sqrt{(R_1+h_k)^2-(R_1\cos\alpha)^2}-R_1\sin\alpha \end{aligned}\right\} \qquad (17\cdot18)$$

물림률 ε은 다음과 같이 표시된다.

$$\varepsilon=\frac{l}{p_n}=\frac{l_a+l_r}{p_n}=\varepsilon_a+\varepsilon_r \qquad (17\cdot19)$$

기어에서는 $\varepsilon>1$이 필요조건으로 ε의 값이 클수록 동시에 물려 있는 잇수가 많아지고, 전달력이 물려 있는 이에 분산되므로 회전이 원활하고 기어에 작용하는 하중도 작아진다.

인벌류트 치형에서 표준치차의 경우 $h_k=m$, $p_n=p\cos\alpha$, $p=\pi m$, $R_1=\frac{1}{2}z_1 m$, $R_2=\frac{1}{2}z_2 m$이므로 물림률은 다음과 같이 표시된다.

$$\left.\begin{aligned} \varepsilon_a &= \frac{1}{2\pi\cos\alpha}\left\{\sqrt{(z_2+2)^2-(z_2\cos\alpha)^2}-z_2\sin\alpha\right\} \\ \varepsilon_r &= \frac{1}{2\pi\cos\alpha}\left\{\sqrt{(z_1+2)^2-(z_1\cos\alpha)^2}-z_1\sin\alpha\right\} \end{aligned}\right\} \qquad (17\cdot20)$$

$$\begin{aligned} \varepsilon=\varepsilon_a+\varepsilon_r=\frac{1}{2\pi\cos\alpha}\Big\{&\sqrt{(z_1+2)^2-(z_1\cos\alpha)^2} \\ &+\sqrt{(z_2+2)^2-(z\cos\alpha)^2}-(z_1+z_2)\sin\alpha\Big\} \end{aligned} \qquad (17\cdot21)$$

잇수 z와 $\varepsilon(z)=\{\sqrt{(z+2)^2-(z\cos\alpha)^2}-z\sin\alpha\}/2\pi\cos\alpha$와의 관계를 압력각 $\alpha=14.5°$와 $\alpha=20°$에 대하여 도시한 것이 그림 17-12이다. 그림에서 z_2와 z_1에 대한 물림률 ε_a, ε_r를 각각 구하여 $\varepsilon=\varepsilon_a+\varepsilon_r$에서 물림률을 구할 수 있다. 물림률의 값은 압력각이 클수록, 잇수가 적을수록 작아지고, 그림에서 알 수 있는 바와 같이 $\alpha=20°$인 경우에는 $\varepsilon<2$이고, $\alpha=14.5°$인 경우는 $\varepsilon<2.6$까지 얻을 수 있기 때문에 $\alpha=14.5°$쪽이 물림률로써는 유리하다. 그러나 잇수가 적고 압력각이 작아지면 언더컷(undercut)이 커져서 오히려 ε의 값

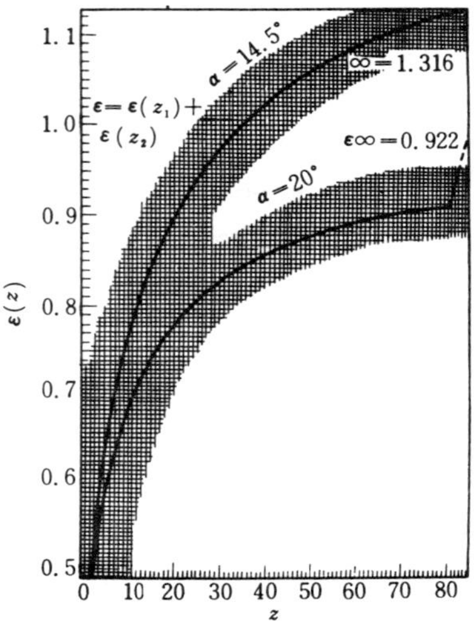

그림 17-12 표준기어의 물림률을 구하는 계산도식

이 저하된다. 그러므로 언더컷이 생기지 않는 범위에서 압력각이 작을수록 물림률이 좋다. 일반적으로 물림률은 $\varepsilon > 1.2$가 바람직하다.

17-4-2 이의 간섭과 언더컷

이미 소개한 바와 같이 한 쌍의 치형의 접촉점은 항상 작용선상에 있어야 하고 이의 물림도 작용선 위에서 이루어져야 한다. 그림 17-12에서 R_{k1}은 $\overline{O_1N_2}$ 보다 작아야 하고, R_{k2}는 $\overline{O_2N_1}$ 보다 작아야 한다. 만일, 이끝 높이를 크게 잡아 접촉점이 $\overline{N_1N_2}$의 범위 밖으로 나오면 기초원 내부에는 인벌류트 치형이 없으므로 이물림이 불가능해지고, 기어의 이끝이 피니언의 이뿌리를 파고들게 된다. 이러한 현상을 이의 간섭(interference of tooth)이라 하고 N_1, N_2를 干涉點(interference point)이라고 한다. 래크공구나 호브로 기어를 創成할 때에 간섭이 일어나도록 두면, 기어의 이뿌리를 깎아내어 이뿌리가 그림 17-13과 같이 가느다랗게 되는데 이것을 언더컷(undercut)이라 한다. 언더컷이 일어나면 이의 강도가 떨어지고 물림 길이가 감소하므로 물림률이 저하되어서 기어의 성능이 나빠진다. 이런 현상은 피니언의 잇수가 적을 때, 잇수비가 클 때 일어나기 쉽다.

따라서, 언더컷이 일어나지 않도록 하기 위해서는 그림 17-14에서 보는 바와 같이 이끝원과 작용선과의 교점이 간섭점과 일치하도록 정해 주는 것이 한계가 되고, 이보다 이끝원이 작으면 언더컷은 일어나지 않는다. 그림 17-14에서 $\triangle O_2PN_1$으로부터

$$(R_2 + h_k)^2 = R_1^2 \sin^2\alpha + R_2^2 + 2R_1R_2\sin^2\alpha$$

여기서 양기어의 잇수를 z_1, z_2, 모듈을 m이라고 하면 $R_1 = \frac{1}{2}mz_1$, $R_2 = \frac{1}{2}mz_2$이므로, 이것들을 위의 식에 대입하여 z_2에 관해 풀면

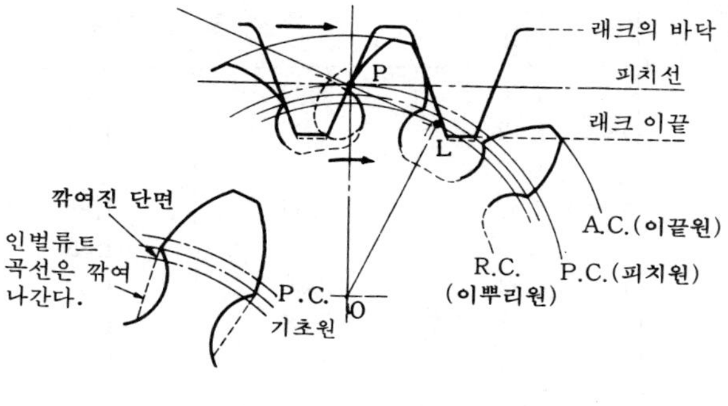

그림 17-13 이의 간섭과 언더컷

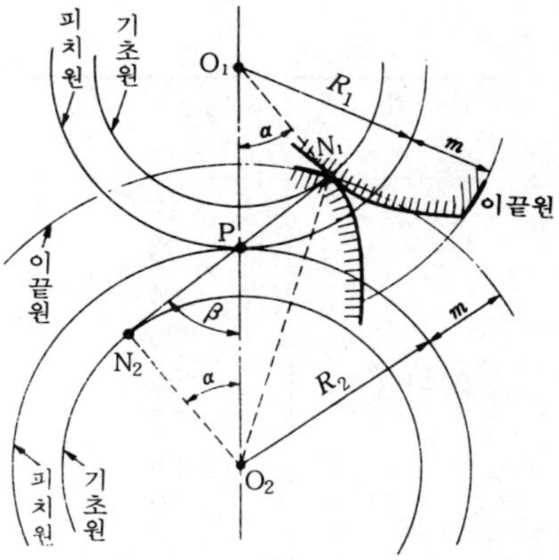

그림 17-14 한계잇수

$$z_2 \leqq \frac{m^2 z_1^2 \sin^2\alpha - 4h_k^2}{2m(2h_k - m z_1 \sin^2\alpha)} \tag{17·22}$$

표준치차에서는 $h_k = m$ 이므로 위의 식에 대입하면

$$z_2 \leqq \frac{z_1^2 \sin^2\alpha - 4}{4 - 2z_1 \sin^2\alpha} \tag{17·23}$$

로 된다. 식 (17·23)은 피니언이 간섭을 받지 않는 조건이다. 기어를 창성하기 위해 래크를 사용하면 래크는 $z_2 = \infty$이므로 식 (17·22)에서 분모가 0이 된다. 그러므로

$$z_1 \geqq \frac{2h_k}{m} \cdot \frac{1}{\sin^2\alpha} \tag{17·24}$$

표준치차의 경우에는 $h_k = m$ 이므로, 위의 식은

$$z_1 \geqq \frac{2}{\sin^2\alpha} = z_g \tag{17·25}$$

따라서 래크공구로 창성되는 기어의 잇수가 z_g보다 크면 언더컷은 일어나지 않는다. 이 z_g를 最小잇수 또는 限界잇수라 한다. 식 (17·25)에서 알 수 있는 바와 같이 최소잇수는 압력각의 크기에 따라 다음과 같이 변한다.

$$\alpha = 14.5° \cdots\cdots z_g \geqq 32(26)$$

$$\alpha = 20° \cdots\cdots\cdots z_g \geqq 17(14)$$

$$\alpha = 27° \cdots\cdots\cdots z_g \geqq 10(8)$$

실제로는 약간의 언더컷은 지장이 없으므로 실용상으로 괄호 안의 잇수를 허용한다. 기어설계에서는 최소잇수 이상으로 해야 하기 때문에 하나의 기준이 될 수 있다. 소형치차를 만들려면 z_g가 작아야 하고, z_g를 작게 하려면 h_k를 작게 하거나 α를 크게 해야 한다.

표 17-5에 언더컷의 한계잇수를 압력각에 따라 표시한다.

표 17-5 언더컷의 한계잇수

압 력 각 α	피니언의 잇수 z_1	기어의 잇수 z_2	잇 수 비 z_2/z_1	물 림 률 ε	
14.5°	22	22	1.00	1.83	1.83
	23	26	1.13	1.86	1.84
	24	32	1.33	1.91	1.85
	25	40	1.60	1.96	1.86
	26	52	2.00	2.00	1.88
	27	68	2.52	2.06	1.90
	28	92	3.28	2.08	1.91
	29	132	4.55	2.14	1.93
	30	220	7.34	2.21	1.94
	31	506	16.35	2.50	1.96
	32	∞	∞	2.30	1.97
20°	12	12	1.00	1.25	1.25
	13	16	1.23	1.48	1.44
	14	25	1.79	1.49	1.47
	15	44	2.94	1.61	1.48
	16	94	5.87	1.68	1.51
	17	∞	∞	1.73	1.53

17-4-3 미 끄 럼 률

기어가 서로 물고 돌아가는 경우 피치원은 구름접촉을 하지만 잇면의 다른 점에서는 구름접촉과 동시에 미끄럼 접촉을 한다. 미끄럼 접촉으로 잇면에서는 마찰이 생기고 동력손실이 생기며 기어장치의 효율은 떨어진다. 미끄럼의 크기는 치형과 잇면의 접촉위치에 따라 다르다.

그림 17-15에서 보는 것처럼 O_1, O_2의 한 쌍의 기어가 물고 도는 경우, 기어의 미소 회전각에 대한 잇면의 변위를 각각 ds_1, ds_2라고 하면 미끄럼률(specific sliding) σ_1 및 σ_2는

$$\left.\begin{aligned}\sigma_1 &= \frac{ds_2 - ds_1}{ds_1}\\ \sigma_2 &= \frac{ds_1 - ds_2}{ds_2}\end{aligned}\right\} \qquad (17 \cdot 26)$$

로 나타내고 미끄럼의 정도를 나타낸다. 인벌류트 치형의 기하학적 성질에 의하여 접촉점에 대한 각 곡선의 곡률 반지름 ρ_1 및 ρ_2는 피치원의 반지름을 R_1, R_2, 압력각을 α라 할 때

$$\left.\begin{aligned}\rho_1 &= R_1 \sin\alpha \pm l\\ \rho_2 &= R_2 \sin\alpha \mp l\end{aligned}\right\} \qquad (17 \cdot 27)$$

이고, l은 피치점에서 접촉점까지의 길이를 나타내고, +는 피치점의 바깥쪽, −는 피치점

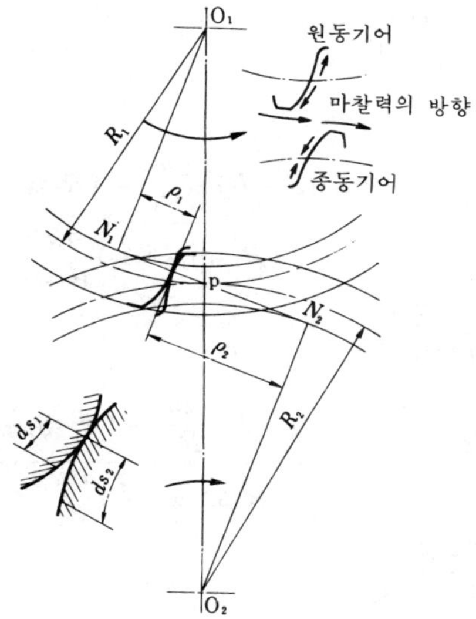

그림 17-15 잇면의 미끄럼

의 안쪽에 접촉점이 있는 경우를 표시한다.

다음에 기어의 회전에 의한 피치원 둘레의 미소변위를 du라 하고 각 기어의 회전각 변위를 각각 dw_1, dw_2라고 하면

$$dw_1 = \frac{du}{R_1}, \qquad dw_2 = \frac{du}{R_2} \tag{17·28}$$

로 표시되고, 따라서

$$ds_1 = \rho_1 dw_1 = \rho_1 \frac{du}{R_1}, \qquad ds_2 = \rho_2 dw_2 = \rho_2 \frac{du}{R_2} \tag{17·29}$$

로 된다. 미끄럼률은 기어 O_1을 원동차로 그 접근측·퇴거측에 대한 미끄럼률을 σ_{a1}, σ_{r1}으로, 기어 O_2를 종동차로 그 접근측·퇴거측에 대한 미끄럼률을 σ_{a2}, σ_{r2}라 할 때 다음과 같이 된다.

① 기어 O_1의 경우

$$\text{접근측} \cdots\cdots \sigma_{a1} = \frac{ds_2 - ds_1}{ds_1} = \frac{(R_2 \sin\alpha + l_2)\dfrac{du}{R_2} - (R_1 \sin\alpha - l_2)\dfrac{du}{R_1}}{(R_1 \sin\alpha - l_2)\dfrac{du}{R_1}}$$

$$= \frac{l_2(R_1 + R_2)}{R_2(R_1 \sin\alpha - l_2)} \tag{17·30}$$

$$\text{퇴거측} \cdots\cdots \sigma_{r1} = \frac{ds_2 - ds_1}{ds_1} = \frac{(R_2 \sin\alpha + l_1)\dfrac{du}{R_2} - (R_1 \sin\alpha - l_1)\dfrac{du}{R_1}}{(R_1 \sin\alpha + l_1)\dfrac{du}{R_1}}$$

$$= \frac{l_1(R_1+R_2)}{R_2(R_1\sin\alpha+l_1)} \tag{17·31}$$

② 기어 O_2의 경우

$$\text{접근측} \cdots\cdots \sigma_{a2} = \frac{ds_1-ds_2}{ds_2} = \frac{(R_1\sin\alpha-l_2)\dfrac{du}{dR_1}-(R_2\sin\alpha+l_2)\dfrac{du}{dR_2}}{(R_2\sin\alpha+l_2)\dfrac{du}{dR_2}}$$

$$= \frac{l_2(R_1+R_2)}{R_1(R_2\sin\alpha+l_2)} \tag{17·32}$$

$$\text{퇴거측} \cdots\cdots \sigma_{r2} = \frac{ds_1-ds_2}{ds_2} = \frac{(R_1\sin\alpha+l_1)\dfrac{du}{R_1}-(R_2\sin\alpha-l_1)\dfrac{du}{R_2}}{(R_2\sin\alpha-l_1)\dfrac{du}{R_2}}$$

$$= \frac{l_1(R_1+R_2)}{R_1(R_2\sin\alpha-l_1)} \tag{17·33}$$

위의 식들에서 피치점에서는 $l=0$이므로 미끄럼률은 없으나 이끝이나 이뿌리에 가까울수록 l이 커지므로 미끄럼률이 커지고, 기어는 이끝과 이뿌리에서 마멸이 가장 크다는 것을 알 수 있다. 미끄럼률의 크기를 표시한 것이 그림 17-16이다. 사이클로이드 치형에서는 이끝면과 이뿌리면에서 미끄럼률의 크기에 차이가 있기는 하나 잇면에 비교적 고르게 분포되어 있고, 인벌류트 치형에서는 차이가 심하다. 그리고 기어와 피니언의 경우에도 인벌류트 치형에서는 차이가 있음을 그림 17-16(c)에서 알 수 있다.

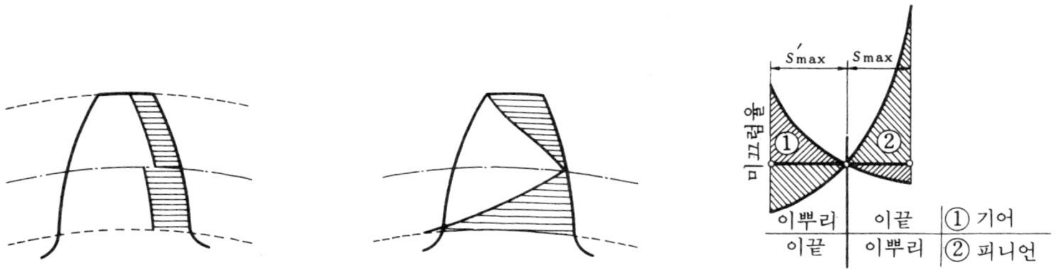

(a) 사이클로이드 치형　(b) 인벌류트 치형　(c) 잇면의 미끄럼률

그림 17-16 미끄럼률의 비교

17-4-4 백 래 시

한 쌍의 기어가 물고 돌아갈 때 이론상으로 생각하면 이 두께와 이홈 사이에 틈새없이 접촉하여도 좋으나, 실제로는 윤활유의 유막 두께, 기어의 치수오차, 중심 거리의 변동, 열팽창, 부하에 의한 이의 변형 등을 고려하여 물림상태에서 이의 뒷면에 다소의 틈새, 즉 백래시(backlash)를 허용하지 않으면 원활한 傳動을 할 수 없다.

그림 17 17에서 보는 것처럼 백래시는 피치원주 위의 길이 c, 법선방향의 길이 c_n, 반지

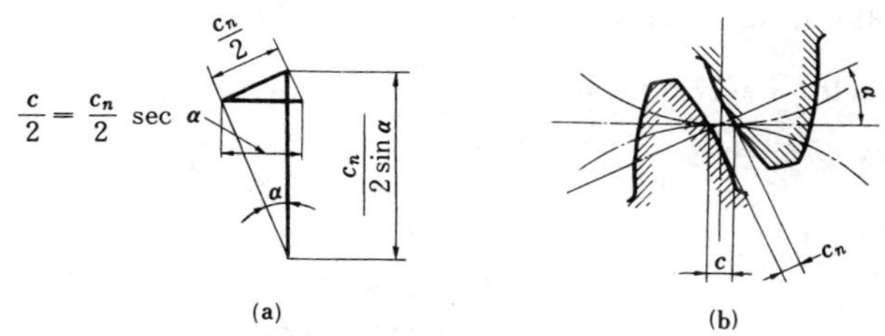

그림 17-17 백 래 시

름 방향의 길이 c_r로 주어지고, 이들 사이에는 다음과 같은 관계가 성립한다.

$$\left.\begin{aligned} c &= c_n/\cos\alpha \\ c_r &= c_n/2\sin\alpha \end{aligned}\right\} \qquad (17\cdot34)$$

헬리컬 기어에서는 나선각을 β, 정면 압력각을 α_s라 하면 다음 식이 성립한다.

$$c = c_n/\cos\alpha_s \cos\beta \qquad (17\cdot35)$$

백래시를 주는 방법으로는

① 중심 거리를 c_r만큼 크게 하는 방법

② 기어의 이 두께를 작게 하는 방법

과 같이 두 가지 방법이 있으며, ②의 방법은 속도비가 클 때는 큰 기어의 이 두께만을 감하고 속도비가 1에 가까울 때는 양쪽의 이 두께를 같이 얇게 한다.

예제 17-4. 공구 압력각 $\alpha=20°$, 잇수 $z_1=18$, $z_2=27$의 한 쌍의 표준치차의 물림률을 구하라.

풀이 식 (17·20)에서

$$\begin{aligned} \varepsilon_r &= \frac{1}{2\pi\cos\alpha}\{\sqrt{(z_1+2)^2-(z_1\cos\alpha)^2}-z_1\sin\alpha\} \\ &= \frac{1}{2\pi\times\cos 20°}\{\sqrt{(18+2)^2-(18\cos 20°)^2}-18\sin 20°\} \\ &= \frac{1}{5.9}(\sqrt{400-286.1}-6.2) = \frac{1}{5.9}\times 4.5 = 0.763 \\ \varepsilon_a &= \frac{1}{2\pi\cos\alpha}\{\sqrt{(z_2+2)^2-(z_2\cos\alpha)^2}-z_2\sin\alpha\} \\ &= \frac{1}{2\pi\times\cos 20°}\{\sqrt{(27+2)^2-(27\cos 20°)^2}-27\sin 20°\} \\ &= \frac{1}{5.9}(\sqrt{841-643.7}-9.2) = \frac{1}{5.9}\times 4.8 = 0.813 \\ \varepsilon &= \varepsilon_r+\varepsilon_a = 0.763+0.813 = 1.576 \end{aligned}$$

그림 17-12에서 찾아보면

$$\varepsilon(18) = 0.76, \qquad \varepsilon(27) = 0.81$$

$$\varepsilon = \varepsilon(18) + \varepsilon(27) = 1.57$$

이므로 계산값과 잘 맞는다.

17-5 스퍼 기어

스퍼 기어로 잇수가 많은 경우에는 표준치차를 사용하는 것이 좋으나, 잇수가 적은 경우에는 전위치차가 좋다. 압력각이 20°이고 피니언의 잇수가 30 미만이면 우선 전위치차를 생각해야 한다. 그러나 공작기계의 변환기어처럼 교환성을 중요하게 생각하는 기어에서는 전위치차는 적합치 않고 표준치차가 좋다. 전위치차는 물림률을 높이고 미끄럼률을 감소시키며, 언더컷을 피할 수 있고 강도가 증가하는 이점을 갖는다.

17-5-1 標 準 齒 車

같은 인벌류트 기어라도 잇수가 다르면 이의 모양이 모두 다르게 되므로, 기어의 호환성을 주기 위해서는 이의 모양을 결정해야 한다. 기초원의 지름이 무한대로 되면 래크(rack)로 되고 이의 모양은 피치원이 직선이 되어 만들어진 피치선(pitch line)에 대해 압력각만큼 경산된 직선으로 된다. 피치원에 따라서 측정한 이 두께가 원주피치의 $\frac{1}{2}$과 같은 치형을 **基準齒形**이라 하고, 기준치형에서 피치원 지름을 무한대로 한 래크를 기준래크(basic rack)라 한다. 기준래크의 이 모양을 규정짓는 것은 용이하며, 그림 17-18에 압력각 14.5°, 20°의 보통이를 규정하고 있으나 최근에는 20°만을 규정하기로 되었다. 보통이라면 이끝 높이 h_k의 값을 모듈 m과 같게 취한 기어를 말한다. 이의 높이를 보통이보다 높게 한 높은이와 이의 높이를 낮게 한 낮은이가 있으나 최근에는 사용하지 않는다.

기준래크 모양의 래크공구의 기준 피치선과 기어의 기준 피치원을 피치점에서 서로 구름운동을 하도록 하면, 이 두께가 원주피치의 $\frac{1}{2}$인 기어가 창성된다. 이 기어를 **標準齒車**(standard gear)라 한다.

이끝 틈새 c_k는 $c_k \geq 0.25\,\mathrm{m}$로 규정되어 있으나, 절삭치형에서는 $c_k = 0.25\,\mathrm{m}$, 硏削 및 셰

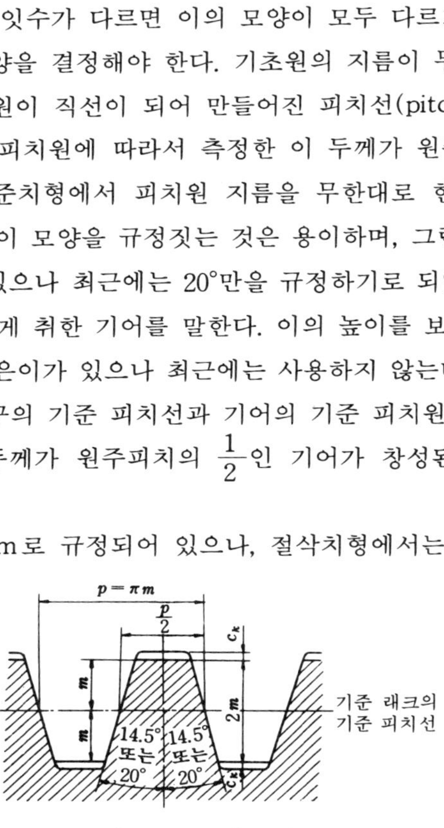

그림 17-18 기준래크

이빙 치형에서는 $c_k = 0.35\text{m}$ 정도로 하는 것이 보통이다. 표 17-6에 표준 스퍼 기어의 치수를 표시한다.

표 17-6 표준 스퍼 기어의 치수

모 듈	(m)	$m = \frac{p}{\pi} = \frac{D}{z}$
원주피치	(p)	$p = m\pi$
피치 원지름	(D)	$D = mz$
기초 원지름	(D_g)	$D_g = D\cos\alpha = mz\cos\alpha$
바깥 지름	(D_0)	$D_0 = D + 2h_k = (z+2)m$
중심 거리	(C)	$C = (D_1 + D_2)/2 = (z_1 + z_2)m/2$
이끝 높이	(h_k)	$h_k = m$
이뿌리 높이	(h_f)	$h_f = h_k + c_k \geqq 1.25\text{m}$
온 이 높이	(h)	$h = h_k + h_f \geqq 2.25\text{m}$
이 두께	(t)	$t = \frac{p}{2} = m\pi/2$

17-5-2 轉位齒車

기어를 절삭할 때 공구 압력각 20°인 경우는 14개, 14.5°인 경우에는 25개 이하의 잇수가 되면, 절삭된 기어의 이뿌리가 공구에 의해 먹혀 들어가서 이른바 언더컷 현상이 생겨서 물림 길이가 감소하고 이의 강도가 아주 약하게 된다. 이상과 같은 언더컷을 방지하기 위해서 낮은이를 사용하든가 전위치형을 사용하여야 한다. 낮은이를 사용하는 경우에는 보통 이끝 높이 0.8m 정도로 하는데, 접촉 길이가 짧아져 물림률이 감소하여 기어의 동력전달 특성이 나빠지므로 현재 거의 사용하지 않는다.

전위치형을 사용하는 경우에는 기준래크로 만들어진 공구래크의 기준 피치선을 기어의 피치원으로부터 어느 거리만큼 이동시켜 創成切削하는 기어를 **轉位齒車**(profile shifted gear)라 한다. 그림 17-19와 같이 래크공구를 피치점보다 mx만큼 후퇴시켜 이를 깎으면

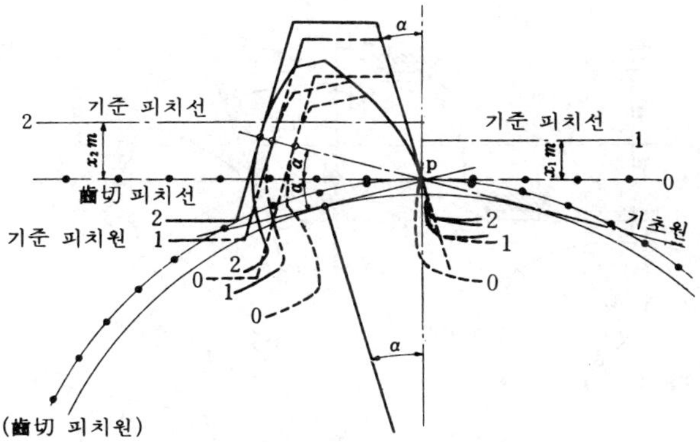

그림 17-19 전위량 xm의 영향

낮은이와 마찬가지로 된다. 표준치형의 경우에는 0으로 표시된 점선과 같은 언더컷이 생기고 1, 2와 같이 x_1m, x_2m만큼 전위시킨 경우에는 언더컷이 없는 치형을 얻을 수 있다. 전위량에는 기어의 기준 피치원의 바깥쪽에 전위된 陽(+) 전위량과 반대로 래크의 피치선이 기어의 피치원에서 안쪽에 전위된 陰(−) 전위량이 있다. 轉位量(amount of addendum modification) mx(mm)를 모듈 m으로 나눈 x를 轉位係數(addendum modification coefficient)라 한다.

그림 17-20에서 기준래크에 상당하는 공구의 기준 피치선과 기어의 기준 피치원을 접하지 않고 mx만큼 떨어뜨려 표준치차의 경우와 완전히 같은 상대적 운동을 래크와 기어에 주면, 래크의 이동속도가 어느 부분에서나 서로 같으므로 기어의 기준 피치원과 미끄럼 없이 굴러가는 래크의 피치선은 歯切 피치선이고 기준 피치선과 mx만큼 떨어져 있다. 따라서, 기준 피치원의 이 두께는 그림에서 알 수 있는 바와 같이 $\left(\frac{\pi}{2}+2x\tan\alpha\right)m$이고, 표준치차의 경우와 같이 $\frac{1}{2}p$가 되지 않는다. 또, 기준 피치원의 압력각은 그대로 α이고 그 기초원은 변함이 없으며, 그 지름 $D_g=Zm\cos\alpha$이고 기초원 위의 피치, 즉 법선피치 $p_n=\pi m\cos\alpha$와 같다.

이상의 설명에서 알 수 있는 바와 같이, 전위계수 x의 값을 적당히 선택함으로써 같은 기초원의 인벌류트 곡선의 적당한 곳을 사용할 수 있을 뿐만 아니라, 이 두께의 크기도 임의로 조정할 수도 있다. 따라서, 언더컷을 방지할 수 있고, 성능에 가장 적당한 인벌류트 곡선을 선택하고, 또 강도상 유효하도록 그 치형을 설계할 수가 있다.

이상과 같이 전위치차는 설계 계산상 표준치차보다 다소 복잡하나 중심 거리를 자유롭게 할 수 있고 언더컷을 방지하며, 이의 강도를 개선할 수 있는 이점을 갖고 있다. 또, 전위치차는 표준치차와 같은 속도비로 물림운동을 하나 중심 거리와 더불어 물림 압력각은 공구 압력각과 다르게 되고 이끝원 지름과 이끝 높이 등은 변화한다.

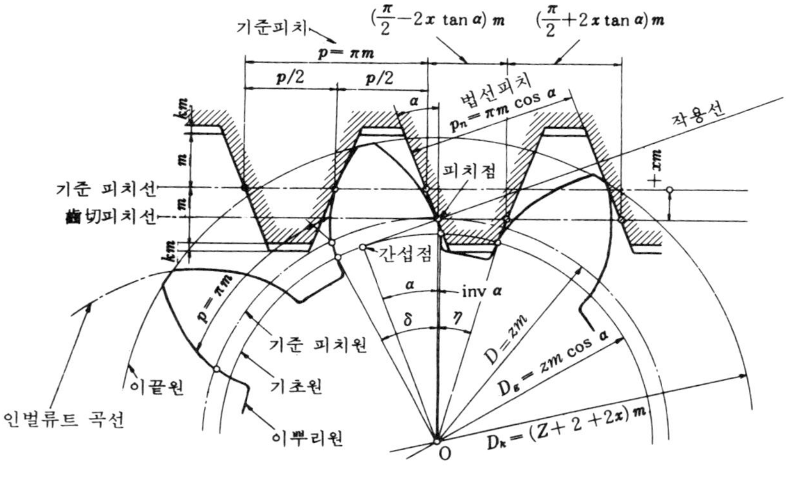

그림 17-20 전위기어의 계산

[1] 轉位齒車의 설계

轉位 스퍼 기어의 設計式은 다음과 같이 표시한다.

(1) 轉位齒車의 기본 設計公式(轉位齒車의 물림 방정식)

백래시가 없다면

$$\mathrm{inv}\,\alpha_b = 2\tan\alpha\cdot\frac{x_1+x_2}{z_1+z_2}+\mathrm{inv}\,\alpha \tag{17·36}$$

로 표시되고, 여기서 x_1, x_2 : 기어의 전위계수, z_1, z_2 : 기어의 잇수, α_b : 물림 압력각, α : 공구 압력각이다.

(2) 중심 거리 C

$$C=\left(\frac{z_1+z_2}{2}+y\right)m+c_r \tag{17·37}$$

여기서 y : 중심 거리 增加係數, $y=\dfrac{z_1+z_2}{2}\left(\dfrac{\cos\alpha}{\cos\alpha_b}-1\right)$

ym : 중심 거리 增加量

c_r : 반지름 방향의 백래시

(3) 轉位齒車의 치수

① 기초원 지름 D_g

$$D_g = mz\cos\alpha \tag{17·38}$$

② 바깥 지름 D_0

$$D_0=(z+2)m+2xm \tag{17·39}$$

또는

$$D_{01}=(z_1+2)m+2(y-x_2)m \tag{17·40}$$

③ 온 이 높이 h

$$h=(2m+c_k)-(x_1+x_2-y)m \tag{17·41}$$

전위치차를 설계할 때는 일반적으로 공구 압력각 α와 잇수 z_1, z_2가 주어지고, 전위계수 x_1, x_2의 값이 결정되면 물림 압력각 α_b를 식 (17·36)으로부터 계산한다. 이 때 인벌류트 함수표를 사용한다. α_b가 구해지면 y를 계산하고 중심 거리를 산출한다. α_b와 y를 구할 때 그림 17-21, 17-22를 사용하면 아주 편리하다.

[2] 轉位係數의 선택

전위계수 x의 값은 어느 범위 내에서 임의로 취할 수 있으므로 그 선택에 있어서 많은

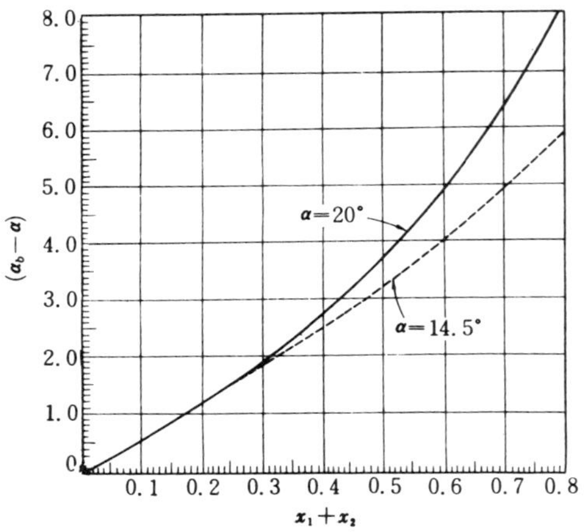

그림 17-21　$(x_1 + x_2)$에서 α_b를 계산

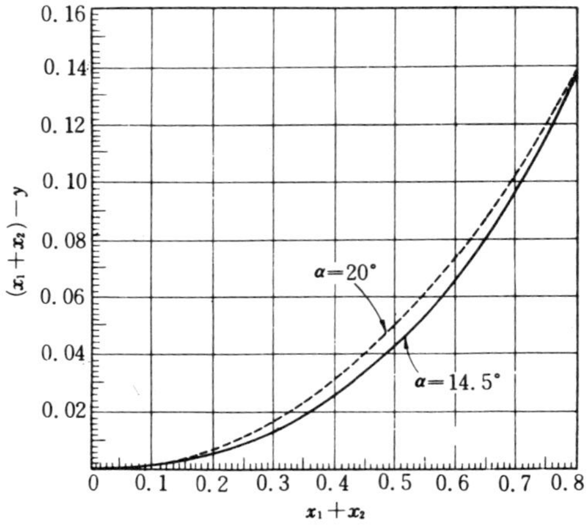

그림 17·22　$(x_1 + x_2)$에서 y를 계산

제안이 있다. 따라서, 실제의 설계에서는 그 기어의 목적과 사용상태를 고려하여 전위계수를 결정해야 한다.

(1) 언더컷 방지를 위한 전위계수

언더컷을 일으키는 한계는 공구의 이끝이 간섭점을 통과하는 경우이므로 다음과 같이 구해진다. 그림 17-23에서

$$\overline{\mathrm{Pb}} = (1 - x)m = \overline{\mathrm{aP}} \sin\alpha = \overline{\mathrm{OP}} \sin\alpha \cdot \sin\alpha = \overline{\mathrm{OP}} \sin^2\alpha$$

$$= \frac{zm}{2} \sin^2\alpha \tag{17·42}$$

따라서

$$x \geqq 1 - \frac{z}{2} \sin^2\alpha \tag{17·43}$$

가 되도록 선택하면 언더컷이 생기지 않는다. 식 (17·25)에서 압력각에 따라 다음과 같이 x를 취한다.

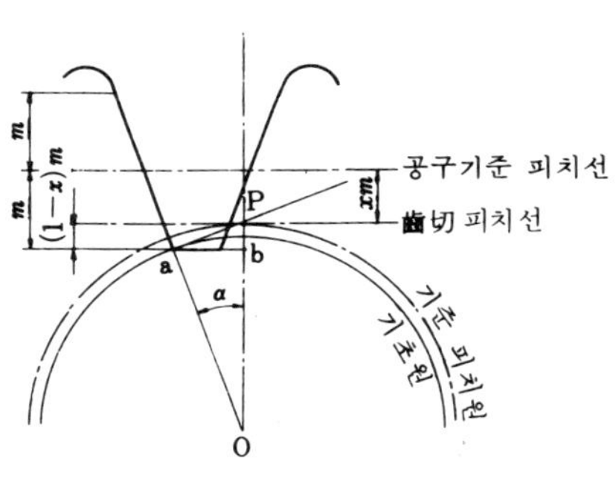

그림 17·23　언더컷이 생기지 않는 전위계수

$$\left.\begin{aligned} \alpha = 20^\circ \text{인 경우} \cdots\cdots \ x \geqq \frac{14-z}{17} \\ \alpha = 14.5^\circ \text{인 경우} \cdots\cdots \ x \geqq \frac{26-z}{32} \end{aligned}\right\} \quad (17 \cdot 44)$$

어떤 경우라도 언더컷이 일어나지 않아야 하므로 x는 큰 쪽이 안전하며, 접촉응력 및 미끄럼률을 같게 하기 위해서도 x를 크게 취하는 것이 유리하다.

(2) 중심 거리를 표준치차의 값과 같게 하는 전위계수

피니언에 (+)전위계수를 주고 기어에 이것과 절대값이 같은 (−)전위계수를 주면

$$x_2 = -x_1, \qquad \alpha_b = \alpha, \qquad y = 0$$

가 되고, 따라서

$$C = \frac{(z_1 + z_2)}{2} m$$

으로 되어 중심 거리는 표준치차의 것과 같아진다. 그러므로 전위치차와 같은 복잡한 계산이 필요없으며, 중심 거리가 공작에 편리한 값으로 되고 물림률도 일반적으로 크게 되므로 널리 사용된다. 다만, 양기어에 언더컷이 일어나지 않도록 하기 위해 $\alpha = 20^\circ$의 경우 $z_1 + z_2 \geqq 34$, $\alpha = 14.5^\circ$인 경우 $z_1 + z_2 \geqq 64$로 할 필요가 있다.

(3) Merrit의 전위계수

압력각 $\alpha = 20^\circ$의 영국 규격의 치형에서 잇수 10이상의 기어에 적용되고 일반 기계용 기어에 많이 사용되고 있다.

① $z_1 + z_2 \geqq 60$의 경우, 피이언의 전위계수 x_1은

$$\left.\begin{aligned} & x_1 = 0.4\left(1 - \frac{z_1}{z_2}\right) \\ \text{또는} \quad & x_1 = 0.02(30 - z_1) \end{aligned}\right\} \quad (17 \cdot 45)$$

을 계산해서 큰 값을 취하고 $x_2 = -x_1$으로 한다.

② $z_1 + z_2 < 60$의 경우, 피니언과 기어의 전위계수는 다음과 같다.

$$\begin{aligned} x_1 &= 0.02(30 - z_1) \\ x_2 &= 0.02(30 - z_2) \end{aligned} \quad (17 \cdot 46)$$

어느 경우에도 $0 \leqq x_1 \leqq 0.4$이어야 하고, ①의 경우에는 $y = 0$이므로 계산이 간단하고, ②의 경우에는 $x_1 + x_2 = 0.02(60 - z_1 - z_2) \fallingdotseq 0$이므로 $y \fallingdotseq 0$이고, 계산이 복잡하므로 그림 **17-21, 17-22**의 선도를 이용하는 것이 좋다.

17-5-3 스퍼 기어의 強度計算

한 쌍의 기어가 동력을 전달할 때 기어의 파손을 크게 나누면 이의 파괴와 잇면의 손상이다. 이의 파괴는 과대하중으로 단시간에 발생하고 이뿌리부에서 일어나며, 잇면의 손상은

피로에 의해서 피치점 부근에 발생하는 **點腐蝕**(pitting) 현상이다. 이 밖에 잇면 사이의 미끄럼에 의해서 **疲勞剝離** 및 **融着現象**이 발생하는데 이것을 **스코링**(scoring) **현상**이라 한다.

일반적으로 이의 파괴에 대해서는 굽힘강도, 잇면의 손상에 대해서는 **面壓強度**, 또 윤활유의 변화에 의한 부식, 마모 및 순간적인 온도상승에 대해서는 스코링 **強度** 등 여러 가지 면에서 이의 강도설계를 검토해야 한다. 대체로 표면경화를 한 **脆性材料**의 이에 대해서는 굽힘강도, 장기간 계속 운전하는 취성재료의 이에 대해서는 면압강도를 주로 검토하고, 고속 고부하에 대해서는 스코링 강도도 아울러 검토하는 것이 좋다.

[1] 굽 힘 強 度

이의 굽힘강도에 대한 엄밀한 해는 복잡해서 대체로 Lewis의 식이 널리 사용되고 있으며, 최악의 경우를 생각하여 다음 조건에 의해 굽힘강도를 결정한다.

① 물림률을 1로 가정하고 전달토크에 의한 전하중이 1개의 이에 작용한다.

② 전하중은 이끝에 작용한다.

③ 이의 모양은 이뿌리 곡선에 내접하는 포물선을 가로단면으로 하는 균일강도의 외팔보로 생각한다.

이상의 가정을 고려하여 그림 **17-24**와 같이 포물선의 이뿌리 두께 S, 길이를 l로 하고 피치 원주상의 전달력 P를 발생할 작용선상의 힘, 즉 이끝에서 잇면에 수직으로 작용할 전하중을 P_n, 이끝 先端에서의 원주방향 분력을 P_1으로 하면 굽힘 모멘트 M은

$$M = P_1 l = P_n l \cos\beta \,(\beta = \alpha + \phi) \tag{17·47}$$

보의 단면계수 Z는 이 너비를 b라고 하면 $Z = \dfrac{1}{6} bS^2$이고, 굽힘응력 σ_b는

$$\sigma_b = \frac{6P_1 l}{bS^2} = \frac{6P_n l \cos\beta}{bS^2} \tag{17·48}$$

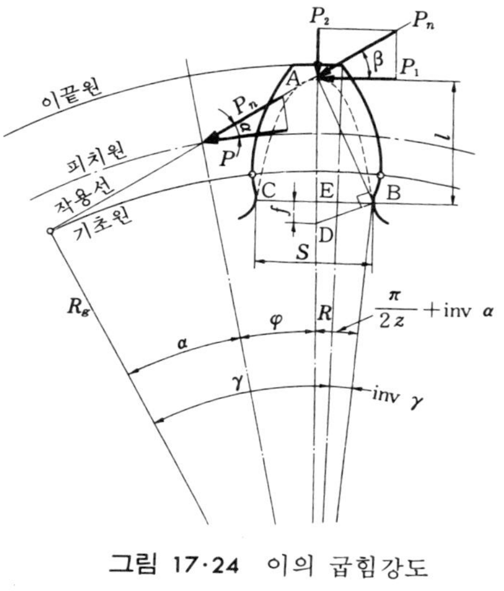

그림 17·24 이의 굽힘강도

피치점에서의 기어의 전달력을 P라고 하면 $P_n = P/\cos\alpha$이므로, 위의 식에 대입하여 P를 구하면

$$P = \sigma_b \cdot b \frac{\cos\alpha}{\cos\beta} \cdot \frac{S^2}{6l} = \sigma_b \cdot b \cdot m \cdot \frac{S^2}{6lm} \cdot \frac{\cos\alpha}{\cos\beta} \tag{17 · 49}$$

지금

$$y = \frac{S^2}{6lm} \cdot \frac{\cos\alpha}{\cos\beta} \tag{17 · 50}$$

로 놓고 y를 齒形係數(form factor) 또는 강도계수(strength factor)라 한다. 이 값은 잇수, 압력각, 이 높이 등에 의해 변한다. y를 식 (17 · 49)에 대입하면 다음 식이 얻어진다.

$$P = \sigma_b \cdot bmy \tag{17 · 51}$$

표 17-7에 표준 스퍼 기어의 y값을 모듈기준으로 표시하였다. 표 중에서 $\beta = \alpha$인 경우 $\varphi = 0$이고, 이 경우의 y값은 P_n이 피치점에서 1개의 이에 전부 작용할 때의 치형계수로서

표 17-7 스퍼 기어의 치형계수의 y의 값

잇 수 z	압력각 $\alpha = 14.5°$ 표준기어		압력각 $\alpha = 20°$ 표준기어		압력각 $\alpha = 20°$ 낮은이 표준기어	
	y	$y'(\beta = \alpha)$	y	$y'(\beta = \alpha)$	y	$y'(\beta = \alpha)$
12	0.237	0.355	0.277	0.415	0.338	0.496
13	0.249	0.377	0.292	0.443	0.350	0.515
14	0.261	0.399	0.308	0.468	0.365	0.540
15	0.270	0.415	0.319	0.490	0.374	0.556
16	0.279	0.430	0.325	0.503	0.386	0.578
17	0.289	0.446	0.330	0.512	0.391	0.587
18	0.293	0.459	0.335	0.522	0.399	0.603
19	0.299	0.471	0.340	0.534	0.409	0.616
20	0.305	0.481	0.346	0.543	0.415	0.628
21	0.311	0.490	0.352	0.553	0.420	0.638
22	0.313	0.496	0.354	0.559	0.426	0.647
24	0.313	0.509	0.359	0.572	0.434	0.663
26	0.327	0.522	0.367	0.587	0.443	0.679
28	0.332	0.534	0.372	0.597	0.448	0.688
30	0.334	0.540	0.377	0.606	0.453	0.697
34	0.342	0.553	0.388	0.628	0.461	0.713
38	0.347	0.565	0.400	0.650	0.469	0.729
43	0.352	0.575	0.411	0.672	0.474	0.738
50	0.357	0.587	0.422	0.694	0.486	0.757
60	0.365	0.603	0.433	0.713	0.493	0.773
75	0.369	0.613	0.443	0.735	0.504	0.792
100	0.374	0.622	0.454	0.757	0.512	0.807
150	0.378	0.635	0.464	0.779	0.523	0.829
300	0.385	0.650	0.474	0.801	0.536	0.855
래 크	0.390	0.660	0.484	0.823	0.550	0.880

영국 규격에 채택되고 있으나, 이것은 기어의 정밀도가 매우 높은 경우에 한해서 사용할 수 있고, 일반적으로는 왼쪽의 y값을 사용하는 것이 안전하다.

전달토크가 주어지면 피치원에 작용하는 하중 P가 구해지므로 식 (17·51)에서 이의 크기를 계산할 수 있지만 실제로는 이뿌리에 응력집중이 일어나고, 또 운전 중에 기어에 작용하는 P의 값은 공작오차, 기어의 이와 축의 굽힘에 의하여 변동이 생기고 속도가 빠르면 빠를수록 충격적이어서 그 값은 속도에 비례하여 크게 된다. 따라서, 이들을 고려한다면 식 (17·51)은 다음과 같이 표시된다.

$$P = \frac{f_v}{f_s \cdot f_w} \sigma_b bmy \tag{17·52}$$

여기서 f_v : 速度係數

f_s : 이뿌리의 形狀係數

f_w : 衝擊係數

(1) 速度係數

피치원의 원주속도 v(m/s)에 의한 동적 부가하중을 고려한 계수로서 표 **17-8**에 나타낸 바와 같이 계산한다.

표 17-8 속도계수 f_v

f_v의 식	적 용 범 위	적 용 예
$f_v = \frac{3.05}{3.05 + v}$	기계 다듬질을 하지 않거나, 거친 기계 다듬질을 한 기어. $v = 0.5 \sim 10$ m/s(저속용)	크레인, 윈치, 시멘트 밀
$f_v = \frac{6.1}{6.1 + v}$	기계 다듬질을 한 기어 $v = 5 \sim 20$ m/s(중속용)	전동기, 그 밖의 일반기계
$f_v = \frac{5.55}{0.55 + \sqrt{v}}$	정밀한 절삭가공, 셰이빙, 연삭 다듬질, 래핑 다듬질을 한 기어. $v = 20 \sim 50$ m/s(고속용)	증기터빈, 송풍기 그 밖의 고속기계
$f_v = \frac{0.75}{1 + v} + 0.25$	비금속 기어 $v < 20$ m/s	전동기용 소형기어, 그 밖의 경하중용 소형기어

(2) 이뿌리의 形狀係數

이뿌리의 형상계수는 보통 1.3～2의 값을 취하고 있으나 취성재료에서는 이것보다 값이 낮고 담금질한 강에서는 높은 값을 취한다. 이뿌리 곡선부의 둥금새 반지름 $r = 0.2$m 이상의 일반적인 경우에는 $f_s = 1$로 한다. 구석 곡선부에 예각이 생기지 않도록 공작할 때 주의해야 하고, 될 수 있는 한 큰 둥금새와 평활을 얻도록 하는 것이 바람직하다.

(3) 衝擊係數

정숙하게 운전하는 것에 대해서는 작은 값을, 부하가 충격적으로 작용하거나 빈번하게 역

표 17-9 충격계수의 값

수동기계		구동원동기: 전동기	구동원동기: 터빈, 다기통 기관
충 격 (소)	발전기, 원심 송풍기, 압축기	1.0	1.25
〃 (중)	공작기계, 크레인, 교반기	1.25	1.5
〃 (대)	압연기, 단조기	1.75	2.0

전을 반복하는 때는 큰 값을 취하되 표 17-9를 기준으로 할 수 있다.

(4) 이 너비

이 너비 $b=(5\sim15)$m로 취하는 것이 보통이고, 너무 크게 취하면 이의 접촉이 나빠져서 하중이 이 너비 전체에 균일하게 분포하지 않는다. 이 너비가 넓은 경우에는 이의 방향에 따라서 잇면을 수정하여 이 너비의 중앙 부근에서 접촉이 잘 이루어지도록 크라우닝(crowning)을 한다.

(5) 기어재료의 허용 굽힘응력

σ_b는 반복 하중하에서 허용 굽힘강도를 나타내고 반복하중에 대한 재료의 허용 굽힘응력에서 구할 수 있다. 표 17-10에 기어재료의 허용 굽힘응력을 표시한다.

[2] 面壓強度

스퍼 기어나 헬리컬 기어의 잇면은 직선으로 접촉하고 그 접촉에 의한 응력이 재료의 한도값을 초과하면 잇면에 현저한 마모가 발생하거나, 피팅으로 불리는 잇면 손상이 발생하여 진동이나 소음을 일으키는 원인이 된다. 일반적으로 표면경화를 하지 않는 재료에서는 면압강도에 의해서 부하능력이 정해진다.

2개의 이가 접촉하고 있을 때 그 접촉선의 부분은 각각의 곡률 반지름을 반지름으로 하는 2개의 평행한 원주가 접촉하고 있다고 생각할 수 있다. 지금 서로 접촉하고 있는 2개의 원주면의 곡률 반지름 및 세로 탄성계수를 r_1, r_2 및 E_1, E_2, 접촉 길이를 b, 접촉면에 수직으로 작용하는 하중을 P_n이라고 하면, 최대 접촉응력 σ_c는 Hertz의 식에 의하여 다음과 같이 표시된다.

$$\sigma_c^2=\frac{0.35P_n\left(\frac{1}{r_1}+\frac{1}{r_2}\right)}{b\left(\frac{1}{E_1}+\frac{1}{E_2}\right)} \tag{17·53}$$

위의 식을 기어에 적용할 때 잇면의 곡률 반지름은 치형의 위치에 따라 다르지만, 반지름으로써 피치점의 잇면의 곡률 반지름을 취한다. 피치점 부근에서 모든 하중을 잇면이 받게 되어 피팅이 일어나기 쉽다. 따라서, 가장 약한 부분으로 피치점의 곡률 반지름을 잡으면

$$r_1=\frac{D_1}{2}\sin\alpha,\qquad r_2=\frac{D_2}{2}\sin\alpha$$

표 17-10 기어재료의 허용 굽힘응력

재 료	기 호	인 장 강 도 σ (kg_f/mm^2)	경 도 H_B	허용반복 굽힘응력 σ_b (kg_f/mm^2)
주 철	GC 15 GC 20 GC 25 GC 30	> 13 > 17 > 22 > 27	140～160 160～180 180～240 190～240	7 9 11 13
주 강	SC 42 SC 46 SC 49	> 42 > 46 > 49	140 160 190	12 19 20
기계 구조용 탄소강	SM 25 C SM 35 C SM 45 C	> 45 > 52 > 58	111～163 121～235 163～269	21 26 30
표면 경화강	SM 15 CK SNC 21 SNC 22	> 50 > 80 > 95	기름 담금질 400 물담금질 600	30 30～40 40～55
니켈·크롬강	SNC 1 SNC 2 SNC 3	> 70 > 80 > 90	212～255 248～302 269～321	35～40 40～60 40～60
포 금 델타 메탈 인청동(주물) 니켈청동(주조)	–	> 18 35～60 19～30 64～90	85 – 70～100 180～260	> 5 10～20 5～7 20～30
베이클라이트	–	–	–	3～5

로 되고, $P_n = \dfrac{P}{\cos\alpha}$, 접촉 길이 b는 너비가 되므로 식 (17·53)은

$$\sigma_c^2 = \frac{0.35P\dfrac{2}{D_1\sin\alpha}\cdot\dfrac{D_1+D_2}{D_2}}{b\cos\alpha\left(\dfrac{1}{E_1}+\dfrac{1}{E_2}\right)}$$

각 기어의 잇수를 z_1, z_2라고 하면 $\dfrac{z_1}{z_2}=\dfrac{D_1}{D_2}$이므로, 위의 식은

$$\left.\begin{aligned} P &= kD_1 b\frac{2z_2}{z_1+z_2} \\ k &= \frac{\sigma_c^2\sin 2\alpha}{2.8}\left(\frac{1}{E_1}+\frac{1}{E_2}\right) \end{aligned}\right\} \quad (17\cdot 54)$$

을 얻는다.

이 경우에는 굽힘강도와 마찬가지로 속도계수를 고려하고 $D_1 = mz_1$이므로, 식 (17·54)는 다음과 같이 표시된다.

$$P = f_v kmb \frac{2z_1 z_2}{z_1 + z_2}$$
$$k = \frac{\sigma_c^2 \sin 2\alpha}{2.8}\left(\frac{1}{E_1} + \frac{1}{E_2}\right) \quad (17 \cdot 55)$$

k를 比應力係數 또는 접촉면 應力係數라고 부르며, 압력각과 재질에 따라 결정된다. 재료의 경도와 접촉응력은 밀접한 관계가 있으므로 경도에 따라 그 값이 다르다. 표 17-11 에

표 17-11 이의 접촉면 응력계수(비응력 계수)

기어재료		σ_c(kg$_f$/mm^2)	k(kg$_f$/mm^2)	
피니언(경도 H_B)	기어(경도 H_B)		$\alpha = 14.5°$	$\alpha = 20°$
강 (150)	강 (150)	35	0.020	0.027
강 (200)	강 (150)	42	0.029	0.039
강 (250)	강 (150)	49	0.040	0.053
강 (200)	강 (200)	49	0.040	0.053
강 (250)	강 (200)	56	0.052	0.069
강 (300)	강 (200)	63	0.066	0.086
강 (250)	강 (250)	63	0.066	0.086
강 (300)	강 (250)	70	0.081	0.107
강 (350)	강 (250)	77	0.098	0.130
강 (300)	강 (300)	77	0.098	0.130
강 (350)	강 (300)	84	0.116	0.154
강 (400)	강 (300)	88	0.127	0.168
강 (350)	강 (350)	91	0.137	0.182
강 (400)	강 (350)	99	0.159	0.210
강 (500)	강 (350)	102	0.170	0.226
강 (400)	강 (400)	120(106)	0.234(0.183)	0.311(0.242)
강 (500)	강 (400)	123	0.248	0.329
강 (600)	강 (400)	127	0.262	0.348
강 (500)	강 (500)	134	0.293	0.389
강 (600)	강 (600)	162	0.430	0.569
강 (150)	주 철	35	0.030	0.039
강 (200)	〃	49	0.059	0.079
강 (250)	〃	63	0.098	0.130
강 (300)	〃	65	0.105	0.139
강 (150)	인 청 동	35	0.031	0.041
강 (200)	〃	49(46)	0.062(0.049)	0.082(0.066)
강 (250)	〃	60(58)	0.092(0.087)	0.135(0.116)
주 철	주 철	63(56)	0.132(0.100)	0.188(0.137)
니켈주철	니켈주철	65	0.140	0.186
	인 청 동	58	0.116	0.155

k의 값을 표시한다.

기어의 설계에 있어서는 일반적으로 굽힘강도와 면압강도를 각각 검토한 후 안전한 쪽을 취한다. 부하가 작고 마멸이 적을 때는 굽힘강도를 고려하면 되나, 장시간에 걸쳐 온부하로 운전하는 경우에는 면압강도를 검토하여 설계계산을 하여야 한다.

[3] 스코링 強度

고속 고부하의 경우 치면압력이 높아지면, 잇면 사이의 油膜이 파괴되어 금속과 금속의 접촉으로 표면의 순간온도가 상승하게 될 때 잇면이 融着하여 손상을 입게 된다. 이런 열적 손상을 **스코링**이라 한다. 정도에 따라 경도의 스코링(moderate scoring)과 파괴적 스코링(destructive scoring)으로 분류된다. 스코링의 발생에는 ① 하중과 운전조건, ② 윤활유의 성질, ③ 기어의 제원, ④ 기어의 재료, ⑤ 윤활방법, ⑥ 기어의 정밀도 등에 의해서 영향을 받는다. 스코링을 막는 방법으로 압력 속도계수 pv를 제한하든가 잇면의 최고온도를 제한하는 방법을 강구한다.

예제 17-5. 주축의 회전수 1400 rpm을 600 rpm으로 감속하고자 한다. 양축의 중심 거리는 210 mm이다. 모듈 6으로 하였을 때 각 축에 고정할 기어의 잇수, 바깥 지름, 원주피치 및 이 높이를 각각 구하라.

풀이 표 17·6으로부터

$$C=\frac{m}{2}(z_1+z_2),\qquad z_1+z_2=\frac{2C}{m}=\frac{2\times210}{6}$$

속도비 i는

$$i=\frac{n_2}{n_1}=\frac{600}{1400}=\frac{3}{7}=\frac{z_1}{z_2},\qquad z_1=\frac{3}{7}z_2$$

$$\left(\frac{3}{7}+1\right)z_2=\frac{420}{6},\qquad z_2=\frac{420}{6}\cdot\frac{7}{10}=49$$

$$z_1=\frac{3}{7}\times49=21$$

$$D_{01}=(z_1+2)m=(21+2)6=138\,\text{mm}$$

$$D_{02}=(z_2+2)m=(49+2)6=306\,\text{mm}$$

$$p=m\pi=6\pi=18.85\,\text{mm}$$

$$h=2.25\,\text{m}=2.25\times6=13.5\,\text{mm}$$

예제 17-6. 잇수 $z_1=10$, $z_2=27$, $m=3$, 공구 압력각 $\alpha=14.5°$의 전위 스퍼 기어를 설계하라.

풀이 식 (17·44)에서

$$x_1=1-\frac{z_1}{32}=1-\frac{10}{32}=0.688$$

$$x_2=1-\frac{z_2}{32}=1-\frac{27}{32}=0.157$$

식 (17·36)에서

$$\text{inv}\,\alpha_b = \text{inv}\,\alpha + 2\tan\alpha \cdot \frac{x_1 + x_2}{z_1 + z_2} = \text{inv}\,14.5° + 2\tan 14.5°\left(\frac{0.6888 + 0.157}{10 + 27}\right)$$

$$= 0.005545 + 2 \times 0.25862 \times \frac{0.845}{37} = 0.017358$$

$$\text{inv}\,\alpha_b = 0.017358$$

$$\alpha_b = 21°$$

중심 거리 증가량 my는

$$my = \frac{z_1 + z_2}{2}\left(\frac{\cos\alpha}{\cos\alpha_b} - 1\right)m = \frac{37}{2}\left(\frac{\cos 14.5°}{\cos 21°} - 1\right) \times 3 = 2.04795\,\text{mm}$$

식 (17·37)에서 중심 거리 C는

$$C = \left(\frac{z_1 + z_2}{2}\right) \times m + my = \frac{37}{2} \times 3 + 2.04795 = 57.548\,\text{mm}$$

바깥 지름

$$D_{01} = (z_1 + 2)m + 2(y - x_2)m = (10 + 2) \times 3 + 2(2.0475 - 0.157 \times 3)$$
$$= 39.154\,\text{mm}$$

$$D_{02} = (z_2 + 2)m + 2(y - x_1)m = (27 + 2) \times 3 + 2(2.0475 - 0.688 \times 3)$$
$$= 86.968\,\text{mm}$$

예제 17-7. 모듈 $m = 3$, 공구 압력각 $\alpha = 20°$, 잇수 $z_1 = 12$, $z_2 = 27$의 한 쌍의 기어를 중심 거리 61 mm로 물려 회전시키려고 한다. 이 경우 양기어의 전위계수와 전위량을 구하라.

풀이 식 (17·37)에서

$$\frac{C}{m} - \frac{z_1 + z_2}{2} = y = \frac{z_1 + z_2}{2}\left(\frac{\cos\alpha}{\cos\alpha_b} - 1\right)$$

$$\frac{61}{3} - \frac{12 + 17}{2} = \frac{12 + 27}{2}\left(\frac{\cos 20°}{\cos\alpha_b} - 1\right)$$

$$20.3 - 19.5 = 19.5\left(\frac{0.9397}{\cos\alpha_b} - 1\right)$$

$$\cos\alpha_b = 0.903$$

$$\alpha_b = 25.5°$$

$$\text{inv}\,\alpha_b = \text{inv}\,25.5° = 0.03192$$

$$\text{inv}\,25.5° = \text{inv}\,20° + 2\tan 20° \frac{x_1 + x_2}{12 + 27}$$

$$0.03192 = 0.014904 + 2 \times 0.3640 \frac{x_1 + x_2}{39}$$

$$x_1 + x_2 = 0.912$$

$z_2 = 27$은 언더컷의 염려가 없으므로 $x_2 = 0$으로 표준이로 하고, $z_1 = 12$의 기어만을 전위하면 $x_1 = 0.912$, 전위량 $x_1 m = 0.912 \times 3 = 2.735\,\text{mm}$

예제 **17-8.** 일반 기계용으로 사용되는 공구 압력각 $\alpha=20°$, 중심 거리 $C=96.56$ mm, 잇수가 각각 $z_1=14$, $z_2=20$인 한 쌍의 전위치차가 있다. 물림 압력각, 모듈, 양기어의 물림 피치원 지름을 구하라.

풀이 Merrit의 방법으로 전위계수를 정하기 위해 $z_1+z_2=14+20=34<60$이므로, 식 (17·46)에서

$$x_1=0.02(30-z_1)=0.02(30-14)=0.32$$
$$x_2=0.02(30-z_2)=0.02(30-20)=0.20$$
$$x_1+x_2=0.32+0.20=0.52$$

그림 17-22에서

$$(x_1+x_2)-y=0.043$$

이므로

$$y=(x_1+x_2)-0.043=0.52-0.043=0.477$$

그림 17-21에서

$$\alpha_b-\alpha=4°$$
$$\alpha_b=\alpha+4°=20°+4°=24°$$

식 (17·37)로부터

$$C=\frac{z_1+z_2}{2}m+ym=96.56$$
$$m=5.55$$

이므로 $m=6$으로 한다.

$m=6$일 때의 중심 거리 C는

$$C=\frac{14+20}{2}\times 6+0.477\times 6=104.862\,\text{mm}$$

이므로, 물림 피치원 지름은 각각 다음과 같이 얻어진다.

$$D_1=\frac{2Cz_1}{z_1+z_2}=\frac{2\times 104.862\times 14}{14+20}=86.357\,\text{mm}$$
$$D_2=2C-D_1=2\times 104.862-86.357=123.367\,\text{mm}$$

예제 **17-9.** 피니언 : 재질은 주철(GC 30), $z_1=20$, $n_1=200$ rpm

기어 : 재질은 주철(GC 20), $z_2=80$, $n_2=50$ rpm

모듈 $m=5$, 압력각 $\alpha=14.5°$, 이 너비 $b=50$ mm인 한 쌍의 스퍼 기어의 전달마력은 얼마인가?

풀이 ① 굽 힘 강 도

먼저 피치 원주속도 v는

$$v=\frac{\pi D_1 N_1}{1000\times 60}=\frac{\pi\times 5\times 20\times 200}{1000\times 60}=1.05\,\text{m/s}$$

따라서, 속도계수 f_v는 표 17-9로부터 저속인 것을 취하여

$$f_v = \frac{3.05}{3.05 + v} = \frac{3.05}{3.05 + 1.05} = 0.744$$

표 17-7에서 치형계수 y를, 표 17-10에서 허용 굽힘응력 σ_b를 택하면

$$y_1 = 0.305, \qquad \sigma_b = 13\,\mathrm{kg}_f/\mathrm{mm}^2$$

식 (17·52)에 대입하면

$$P = f_v \sigma_b b m y_1 = 0.744 \times 13 \times 50 \times 5 \times 0.305 = 737.5\,\mathrm{kg}_f$$

기어에 대해서

$$y_2 = 0.374, \qquad \sigma_b = 9\,\mathrm{kg}_f/\mathrm{mm}^2$$

따라서, 전달하중 P는

$$P = f_v \sigma_b b m y_2 = 0.744 \times 9 \times 50 \times 5 \times 0.374 = 626.1\,\mathrm{kg}_f$$

② 면 압 강 도

표 17-11에서 $k = 0.132\,\mathrm{kg}_f/\mathrm{mm}^2$를 얻으므로, 식 (17·55)에 대입하면 허용 전달하중 P는

$$P = f_v k m b \frac{2 z_1 z_2}{z_1 + z_2} = 0.744 \times 0.732 \times 5 \times 50 \times \frac{2 \times 20 \times 80}{20 + 80}$$
$$= 785.7\,\mathrm{kg}_f$$

이상의 결과에서 최소허용 전달하중은 $626.1\,\mathrm{kg}_f$이므로, 최대 전달마력은

$$H = \frac{Pv}{75} = \frac{626.1 \times 1.05}{75} = 8.8\,\mathrm{HP}$$

예제 17-10. 전달마력 20HP, 회전수 $n_1 = 480\,\mathrm{rpm}$, $n_2 = 1440\,\mathrm{rpm}$의 주철제 기어와 강제 피니언의 한 쌍의 중심 거리가 약 250mm라면 모듈, 잇수, 이 너비($10 \times m$), 피니언 재질의 브리넬 경도를 결정하라. 압력각은 14.5°로 한다.

풀이 기어와 피니언의 피치원 지름을 D_1, D_2라 하고 중심 거리 $C = 250\,\mathrm{mm}$라고 하면

$$\frac{D_2}{D_1} = \frac{n_1}{n_2} = \frac{480}{1440} = \frac{1}{3}, \qquad D_1 = 3D_2$$

$$C = \frac{1}{2}(D_1 + D_2) = \frac{1}{2}(3D_2 + D_2) = 250, \quad D_2 = 125\,\mathrm{mm}, \quad D_1 = 375\,\mathrm{mm}$$

피치 원주속도 v는

$$v = \frac{\pi D_1 n_1}{1000 \times 60} = \frac{\pi \times 375 \times 480}{1000 \times 60} = 9.42\,\mathrm{m/s}$$

이에 작용하는 전달하중 P는

$$P = \frac{75H}{v} = \frac{75 \times 20}{9.42} = 159\,\mathrm{kg}_f$$

기어에 대해 생각해 보면 속도계수 f_v는

$$f_v = \frac{3}{3 + v} = \frac{3}{3 + 9.42} = 0.24$$

표 17-10에서 재질이 GC 30이라면 $\sigma_b = 13\,\mathrm{kg}_f/\mathrm{mm}^2$이고, 치형계수는 표 17-7에서 평균값

을 취한다면 $y=0.1$, 이 너비는 $10m$이므로

$$159=0.24\times 13\times 10m\times m\times 0.1$$

$$m=\sqrt{\frac{159}{0.24\times 13\times 10\times 0.1}}=7.1$$

마찬가지로, 피니언에 대해서 $f_v=0.24$, $y_2=0.1$, $b=10m$이고 재질은 SM 35C 라고 할 때 $\sigma_b=26\,\mathrm{kg_f/mm^2}$이므로

$$159=0.24\times 26\times 10m\times m\times 0.1$$

$$m=\sqrt{\frac{159}{0.24\times 26\times 10\times 0.1}}=5$$

따라서, $m=7$을 취하면

$$z_1=\frac{375}{7}=54,\qquad z_2=54\times\frac{1}{3}=18$$

이상의 결과들을 식 (17·55)에 대입하여 k를 구해 보면

$$159=f_v\cdot kmb\frac{2z_1z_2}{z_1+z_2}=0.24\times k\times 7\times 70\times\frac{2\times 54\times 18}{54+18}$$

$$k=\frac{159\times 72}{0.24\times 7\times 70\times 2\times 54\times 18}=0.05\,\mathrm{kg_f/mm^2}$$

표 17-11 에서 $\alpha=14.5°$일 때 치차재료가 강·주철로 되어 있는 경우 피니언의 재질인 강의 브리넬 경도 $H_B=200$에서 $k=0.059\,\mathrm{kg_f/mm^2}$이고, H_B의 증가에 따라 k의 값도 증가하므로 $H_B=200$이면 충분하다고 판단된다.

17-6 齒車의 구조

일반 傳動用으로 사용되는 스퍼 기어의 구조는 림(rim), 암(arm) 및 보스(boss)로 되어 있다.

피치원 지름이 작은 것은 축과 기어를 일체로 한 齒車軸(gear shaft)으로 기어를 만들고, 피치원 지름이 200 mm 정도까지는 圓筒形(solid type)이나 웨브形(web type)으로 주조하여 기어를 제작한다. 피치원 지름이 240 mm 정도 이상이 되면 림, 암, 보스로 구성되는 기어를 만들게 된다. 그림 17-25 에 기어의 구조가 표시되어 있다.

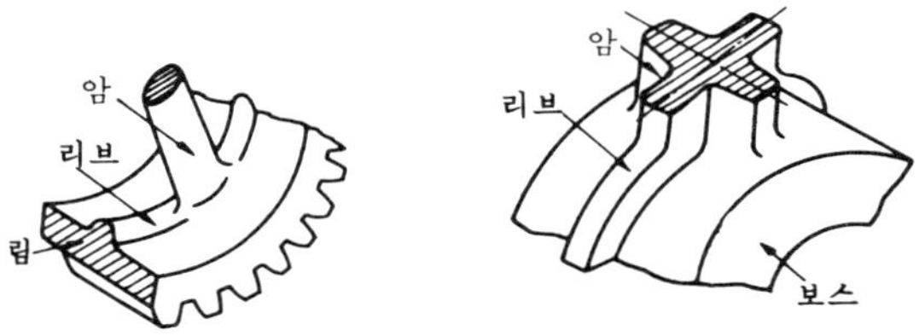

그림 17·25 기어의 구조

17-6-1 림

림의 두께는 작은 기어에서는 원주피치 p의 0.5~0.7배로 하고 큰 기어에서는 $0.5p$의 리브 (rib)를 붙여서 보강하도록 한다.

17-6-2 보 스

보스의 두께는 키를 설치하는 경우 키홈의 깊이만큼 보스의 바깥 지름을 증가시킨다. 따라서, 키홈의 깊이를 제외한 보스의 두께를 δ mm라고 하면 다음과 같이 구한다.

$$\left.\begin{aligned} &\text{경하중(輕荷重)}\cdots\cdots\delta = 0.4d \\ &\text{중하중(中荷重)}\cdots\cdots\delta = 0.44d \\ &\text{중하중(重荷重)}\cdots\cdots\delta = 0.5d \end{aligned}\right\} \qquad (17\cdot 56)$$

여기서 d는 축의 지름을 나타낸다.

보스의 길이 l_b mm는 이 너비를 b, 피치원 지름을 D라고 하면

$$\left.\begin{aligned} &l_b = (1.2\sim 2.2)d \\ \text{또는} \quad &l_b = b = \frac{D}{40} \end{aligned}\right\} \qquad (17\cdot 57)$$

이고, l_b가 너무 길면 $(0.4\sim0.5)l_b$만큼 중앙부를 오목하게 깎아서 축과의 접촉성을 양호하게 한다.

17-6-3 암

피치원 지름이 작은 기어는 이 너비의 두께로 전체를 만들기 때문에 암이 별도로 없다. 그러나 피치원 지름이 커지면 무게를 줄이고 재료를 효율적으로 사용하기 위해 림과 보스 사이를 암으로 연결하는 구조를 취하게 된다. 암의 수 n은 피치원 지름 D를 기준으로 다음과 같이 구할 수 있다. 표 17-12를 참고로 할 수도 있다.

$$n = \frac{1}{7}\sqrt{D} \sim \frac{1}{8}\sqrt{D} \qquad (17\cdot 58)$$

표 17-12 암의 수

피치원 지름 D	암의 수 n
600 mm 까지	4~5
600~1500	6
1500~2400	8
2400 mm 이상	10 또는 12

암의 수는 너무 많으면 제작상 곤란하고, 견고한 단면을 사용하여 개수를 적게 하면 암과 암 사이의 림부분이 약해지므로 주의해야 한다. 따라서, 암의 수는 단면의 모양과 치수에

관계가 있으므로 기어의 모양, 다른 부분과의 균형 등을 고려해서 결정하는 것이 바람직하다. 암의 개수가 결정되면 암의 단면의 치수를 결정해야 한다.

암의 강도는 보스쪽을 고정단으로 하고, 피치원주의 접선방향에서 암에 직각방향으로 회전력 P가 작용하는 외팔보로 생각하고 계산한다. 그림 17-26과 같이 $n=4$인 경우 1개의 암으로 회전력을 받치는 것으로 생각하고, 안전을 고려해서 4개 이상인 경우에는 $\frac{n}{4}$개가 회전력을 받는 것으로 계산한다.

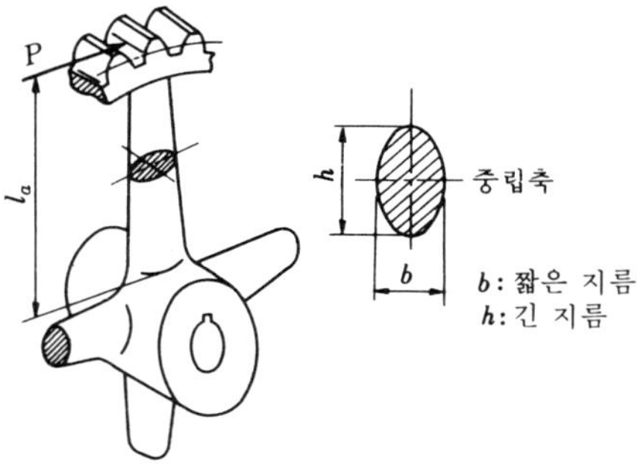

그림 17·26　암의 굽힘강도

암의 고정단에 해당되는 뿌리부에 작용하는 굽힘 모멘트는 $M=Pl_a$이고

$$M=Pl_a=\frac{n}{4}\sigma_b\cdot Z \tag{17·59}$$

여기서 Z는 단면계수이고 타원단면의 경우 $b=\frac{1}{2}h$로 하면

$$Z=\frac{\pi h^2}{32}\left(\frac{1}{2}h\right)=\frac{\pi}{64}h^3 \tag{17·60}$$

따라서

$$M=Pl_a=\frac{n}{4}\sigma_b\cdot\frac{\pi}{64}h^3$$

$$h^3=\frac{256\,Pl_a}{\pi n\sigma_b},\qquad h=\sqrt{\frac{256\,Pl_a}{\pi n\sigma_b}} \tag{17·61}$$

로 단면의 치수가 결정된다.

예제 17-11. 잇수 84, 모듈 $m=4$인 주철제 스퍼 기어가 300 rpm으로 회전하고 있다. 암을 설치하고 암의 단면을 타원으로 할 때 림, 보스 및 암 각부의 치수를 정하라. 압력각은 $\alpha=14.5°$이다.

풀이 피치원 지름 D는

$$D=mz=4\times 84=336\,\text{mm}$$

암의 수는 표 17-12로부터 $n=4$로 한다. 피치 원주속도 v는

$$v=\frac{\pi D_1 n_1}{1000\times 60}=\frac{\pi\times 336\times 300}{1000\times 60}=5.28\,\mathrm{m/s}$$

저속으로 생각하여 속도계수 f_v는

$$f_v=\frac{3.05}{3.05+v}=\frac{3.05}{3.05+5.28}=0.37$$

치형계수 $y=0.371$, $\sigma_b=9\,\mathrm{kg_f/mm^2}$, $b=10\,\mathrm{m}$로 취하고 허용 전달하중 P를 구해 보면

$$P=0.37\times 9\times 4\times 10\times 4\times 0.371=197.7\,\mathrm{kg_f}$$

림의 두께 $=0.6p=0.6m\pi=0.6\times 4\times\pi=7.5\fallingdotseq 8\,\mathrm{mm}$

축의 지름 $d=400\,\mathrm{mm}$라고 하면

보스의 두께 …… $\delta=0.4d=16\,\mathrm{mm}$

보스의 길이 …… $l_b=1.7d=1.7\times 40=68\,\mathrm{mm}$

암의 길이 l_a를 피치원 지름의 $\frac{1}{4}$로 취하면 암단면의 긴 지름 h는

$$h=\sqrt[3]{\frac{256Pl_a}{\pi\cdot n\cdot\sigma_b}}=\sqrt[3]{\frac{256\times 197.7\times 84}{\pi\times 4\times 9}}=33.5\fallingdotseq 34\,\mathrm{mm}$$

짧은 지름 $b_1=\frac{1}{2}h=\frac{1}{2}\times 34=17\,\mathrm{mm}$

17-7 齒 車 列

여러 가지 방법으로 기어를 배열하여 임의의 위치에 있는 구동축과 수동축인 두 축 사이의 운동을 전달할 수 있다. 이와 같이 기어를 서로 물리게 하여 회전을 전달하는 기어들을 **齒車列**(gear train)이라 하고 치차열을 이용한 장치를 **齒車裝置**라 한다.

그림 17-27에서 기어 A, B 사이에 기어 C를 넣은 치차열을 표시한다. 각 기어의 잇수를 z_a, z_b, z_c, 회전수를 각각 n_a, n_b, n_c라고 하면 A와 C 사이의 속도비 i_{ac}는

$$i_{ac}=\frac{n_c}{n_a}=\frac{z_a}{z_c}$$

$$n_a=n_c\frac{z_c}{z_a}$$

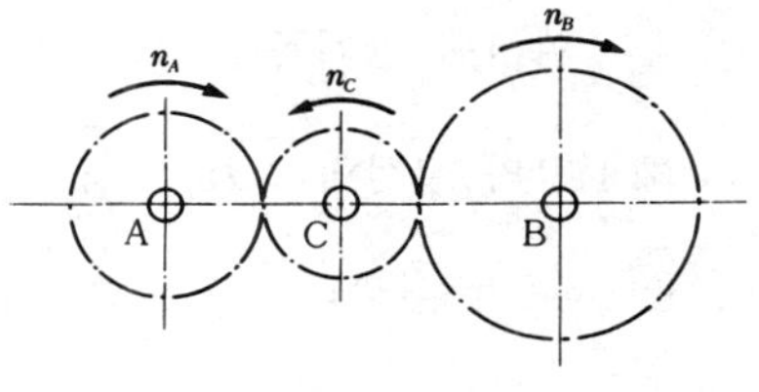

그림 17·27 1단 치차장치

또, C와 B 사이의 속도비 i_{cb}는

$$i_{cb}=\frac{n_b}{n_c}=\frac{z_c}{z_b}$$

$$n_b=n_c\frac{z_c}{z_b}$$

따라서, A와 B 사이의 속도비 i_{ab}는

$$i_{ab} = \frac{n_b}{n_a} = \frac{n_c}{n_a} \cdot \frac{n_b}{n_c} = \frac{z_a}{z_c} \cdot \frac{z_c}{z_b} = \frac{z_a}{z_b} \qquad (17 \cdot 62)$$

A, B 사이의 속도비는 중간기어 C에는 무관하게 정해지므로 C와 같은 중간기어를 아이들 기어(idle gear)라 한다. 그림 17-27과 같은 치차장치를 1단 치차장치라 한다. 아이들 기어는 구동축에서 들어온 동력을 그대로 피동축에 전달할 뿐이므로 축에는 비틀림이 작용하지 않는다.

그림 17-28과 같이 A에서 B로 회전을 전달할 때 중간에 있는 기어 C_1, C_2는 같은 축에 고정되어 있으나 잇수가 다르다. 이 때 A와 C_1 사이의 속도비 i_{ac1}은

$$i_{ac1} = \frac{n_1}{n_a} = \frac{z_a}{z_1}$$

또 C_2와 B 사이의 속도비 i_{c2b}는

$$i_{c2b} = \frac{n_b}{n_2} = \frac{z_2}{z_b}$$

A와 B 사이의 속도비 i_{ab}는

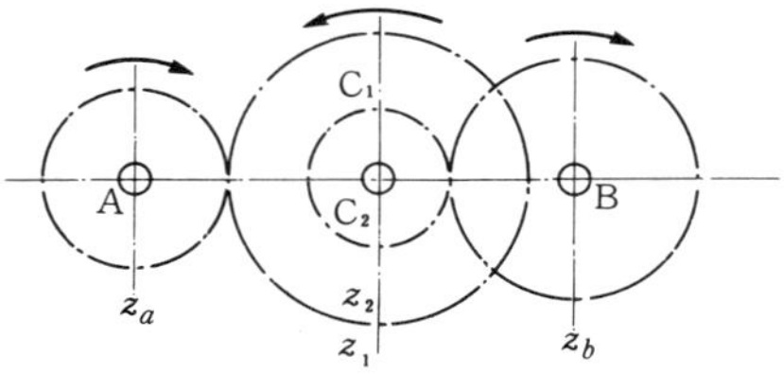

그림 17·28 2단 치차장치

$$i_{ab} = \frac{n_b}{n_a} = \frac{n_1}{n_a} \times \frac{n_b}{n_2} = \frac{z_a}{z_1} \cdot \frac{z_2}{z_b} = i_{ac1} \times i_{c2b} \qquad (17 \cdot 63)$$

이 기어열에서 z_a, z_2는 원동차이고 z_b, z_1은 피동차이므로

$$\text{치차열의 속도비} = \frac{\text{원동차의 잇수의 곱}}{\text{피동차의 잇수의 곱}} \qquad (17 \cdot 64)$$

속도비 i_{ab}는 $i_{ac1} \times i_{c2b}$이므로 그림 17-28과 같은 치차장치를 2단 치차장치라 한다. 보통 사용되는 기어의 속도비는 일반 전동용으로 1/5~1/7 정도이고, 이것보다 큰 속도비가 요구되는 경우에는 2단, 3단의 변속 치차장치를 사용한다.

다음은 치차장치에서의 토크변화를 검토해 본다. 원동축에 작용하는 토크를 T_a, 잇수를 z_a, 기어의 피치원 반지름을 R_a라고 하면

제 1 단의 접선력 : $P_a = \dfrac{T_a}{R_a}$

C축에 작용하는 토크 : $T_c = P_a R_{c1} = T_a \cdot \dfrac{R_{c1}}{R_a} = T_a \cdot \dfrac{z_{c1}}{z_a} = T_a \cdot \dfrac{1}{i_{ac1}}$

제 2 단의 접선력 : $P_c = \dfrac{T_c}{R_{c2}} = P_a \dfrac{R_{c1}}{R_{c2}} = P_a \dfrac{z_{c1}}{z_{c2}}$

B축에 작용하는 토크 : $T_b = P_c \cdot R_b = T_c \cdot \dfrac{R_b}{R_{c2}} = T_c \cdot \dfrac{z_b}{z_{c2}} = T_a \cdot \dfrac{z_{c1}}{z_a} \cdot \dfrac{z_b}{z_{c2}}$

$$= T_a \cdot \frac{1}{i_{ac1}} \cdot \frac{1}{i_{c2b}}$$

이와 같이 몇 단으로 감속하면 접선력은 커지고 토크도 역시 커진다. 말하자면, $\frac{1}{5}$로 감속하면 토크는 5배로 커진다. 실제로 사용되고 있는 치차장치에서는 기어나 베어링에서 동력손실이 있으므로 동력손실을 고려한 각 단에서의 전동효율을 각각 η_1, η_2라고 하면

$$T_c = T_a \cdot \frac{\eta_1}{i_{ac1}}, \qquad T_b = T_a \cdot \frac{\eta_1}{i_{ac1}} \cdot \frac{\eta_2}{i_{c2b}} \tag{17·65}$$

이며, 전동효율은 대략 0.95 정도로 취한다.

예제 17-12. 그림 17-29와 같은 치차열의 속도비를 구하라. 주어진 숫자는 잇수를 나타내고 11과 44, 16과 40은 같은 축에 각각 고정되어 같은 회전을 한다.

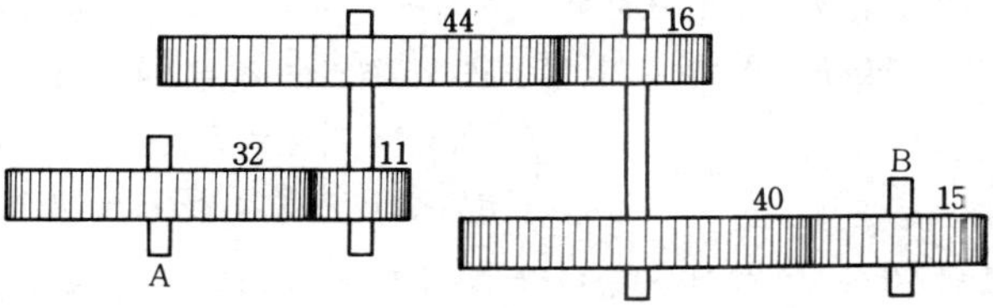

그림 17·29

풀이 A축을 원동축, B축을 종동축이라 하고 각각의 회전수를 n_A, n_B라고 하면, 원동차로 생각할 수 있는 기어는 32, 44, 40의 기어이고 종동차로 생각할 수 있는 기어는 11, 16, 15의 기어이다.

식 (17·64)로부터

$$i = \frac{n_B}{n_A} = \frac{32 \times 44 \times 40}{11 \times 16 \times 15} = \frac{64}{3} = 21\frac{1}{3}$$

회전방향은 축의 수가 짝수이므로 역회전을 한다.

연습문제

1. 치형곡선으로서 기구학적 필요조건에 관해 설명하라.
2. 실용 치형곡선으로 사용되고 있는 사이클로이드 치형과 인벌류트 치형을 비교하라.
3. 물림률에 대해 설명하고 압력각이 물림률에 미치는 영향에 대해 이야기하라.
4. 백래시란 무엇이며 그 종류 상호간에는 어떤 연관성이 있는가?
5. 전위치차를 설계할 때 필요한 전위계수 선정에 관해 설명하라.
6. 파손된 스퍼 기어의 일부가 있다. 이 치차를 다시 만들기 위해 다음 두 가지를 측정하였는데 바깥지름은 대략 135mm, 이끝원의 원주피치가 약 11mm이다. 이것으로부터 기어의 모듈 및 잇수를 구하라. ($m = 3.3$, $z = 39$)
7. 감속비 1/2.5, 축간 거리 약 140mm인 한 쌍의 스퍼 기어를 만들려고 한다. 모듈 3, 압력각 14.5° 백래시 0.13mm로 하고 각부의 치수를 구하라.

($z_1 = 27$, $z_2 = 68$, $D_1 = 81$ mm, $D_2 = 204$ mm, $D_{01} = 87$ mm, $D_{02} = 210$ mm, $h_x = 3$ mm, $h_f = 3.25$ mm, $t = 4.7$ mm)

8. 압력각 14.5°, 잇수 14:49, 피니언은 720 rpm으로 30 HP, 모듈 5, 이 너비는 50 mm로 하여 양 기어의 재질을 결정하라. (피니언 : SM 35C, 기어 : SM 25C)

9. 15 HP, 300 rpm으로 전달하는 스퍼 기어의 모듈을 결정하라. 다만 재질은 주철, 압력각 14.5°, 피치원 지름 약 180 mm, 이 너비는 모듈의 10배 정도로 한다. ($m = 5$)

10. 원동축으로부터 1.5:1로 감속되는 종동축이 있다. 원동축은 3000 rpm, 55 HP, 축간 거리 100 mm 이내로 하고, 이것에 사용될 한 쌍의 스퍼 기어의 잇수와 모듈을 결정하라. 다만 압력각은 20°, 니켈·크롬강으로 제작한다. ($z_1 = 18$, $z_2 = 28$, $m = 4.5$)

11. 잇수 $z_1 = 33$, $z_2 = 37$ 및 $m = 3$의 표준형 기어에서 전달할 수 있는 동력을 구하라. 다만 이들은 압력각이 14.5°, 20°의 두 종류이며, 피니언(원동차)의 회전수 $n_1 = 1800$ rpm, 재료는 GC 23을 사용한다.

(굽힘강도 기준 : $H_{14.5} = 13.4$ HP, $H_{20} = 15.1$ HP,
면압강도 기준 : $H_{14.5} = 14.6$ HP, $H_{20} = 19.5$ HP)

12. 스퍼 기어로 된 1단 감속장치에서 구동마력 60 HP, $n_1 = 1450$ rpm, $n_2 = 290$ rpm의 스퍼 기어를 설계하라. 사용재료는 SM 45C이고 압력각은 14.5°이다.

($m = 3$, $D_1 = 84$ mm, $D_2 = 417$ mm, $D_{01} = 90$ mm, $D_{02} = 423$ mm, $h = 6.6$ mm, $b = 30$ mm)

13. 압력각 20°, $m = 5$, 이 너비 50 mm, $z = 50$의 주철제(GC 30) 인벌류트 표준 스퍼 기어가 있다. 이 기어가 전동기로 600 rpm 회전될 때 전달되는 동력을 구하라. GC 30의 허용반복 굽힘응력은 13 kg_f/mm^2이다. 다만 이뿌리 부분의 응력 집중계수는 1.5이다. ($H = 24.1$ kW)

14. 30 HP를 전동하는 한 쌍의 스퍼 기어에서 원동차의 회전수 600 rpm, 감속비 1:4, 축간 거리를 약 250 mm로 한다. SM 40C를 사용하여 스퍼 기어를 설계하라. 다만, 압력각은 20°로 한다.

($m = 8$로서 잇수 z_1과 z_2가 공약수가 안 되도록 선정하고,
거기에 따라 축간 거리와 피치원 지름을 결정한다.)

15. 잇수 $z_1 = 17$, $z_2 = 20$, $m = 3$의 전위기어를 설계하라. 다만, 언더컷이 없는 것으로 하고 압력각 $\alpha = 14.5°$의 공구를 사용한다. ($x_1 = 0.281$, $x_2 = 0.188$, $\alpha_b = 18.76°$, $y = 0.4157$, $C = 56.75$ mm, $D_{01} = 57.3$ mm, $D_{02} = 66.5$ mm, $h = 6.66$ mm)

제 18 장

헬리컬 기어·베벨 기어 및 웜 기어

18-1 헬리컬 기어

기어가 원활하게 물고 돌아가기 위해서는 물림률이 커서 많은 잇수가 한꺼번에 물리도록 해야 한다. 그림 18-1(a)처럼 스퍼 기어의 이 너비를 여러 개로 분할하여 이 너비가 작은 스퍼 기어를 일정한 각도만큼 순차로 위상을 달리해서 고정시킨 것을 **段기어**(stepped gear)라 한다. 이 段기어의 물림상태를 생각하면 분할된 각각의 이는 약간씩 어긋나게 되어 물림의 옮김이 순차적으로 원활히 행해져서 원래의 스퍼 기어보다 물림시간이 훨씬 길어진다.

이 너비의 분할과 위상을 무한으로 하면 그림 18-1(b)와 같이 원통면 위에 잇줄이 나선을 이루는 기어가 되는데 이런 기어를 **헬리컬 기어**(helical gear)라 한다. 잇줄이 軸線과 이루는 각이 **螺旋角**(helix angle)이며 비틀림각이라고도 한다. 잇수가 작은 경우에 헬리컬 기어로 하면 스퍼 기어에 비하여 물림이 훨씬 원활히 되므로, 같은 크기의 피치원이라도 큰 치형을 創成할 수 있고 크기에 비하여 큰 동력을 전달시킬 수 있다. 또, 물림 길이가 길어지므로 물림률도 커지고 잇면의 마멸도 균일하게 된다. 다만, 이가 비틀어져 있으므로 토크에 비례하는 축방향의 스러스트가 생기며, 이 스러스트를 받는 스러스트 베어링이 필요하게 된다.

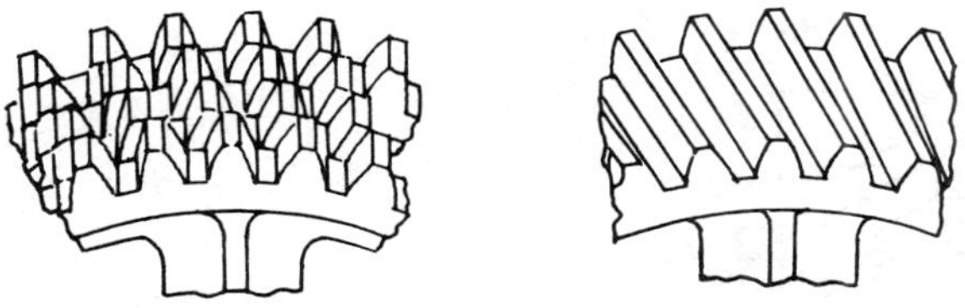

(a) (b)

그림 18-1 단기어와 헬리컬 기어

18-1-1 헬리컬 기어의 특성

① 스퍼 기어에서는 이가 물리기 시작하면 이 너비 전체에 선접촉을 하고 이의 접촉이 끝날 때는 선접촉이 돌연 깨어지므로, 이의 전탄성이 갑자기 변하고 잇면에 걸리는 하중의 변동이 커져서 진동과 소음의 원인이 된다. 그러나 헬리컬 기어에서는 점접촉으로 시작하여 이의 접촉 너비가 서서히 증가하여 최대가 되고, 다시 서서히 감소하여 이 너비의 반대쪽의 점접촉으로 물림이 끝나므로, 전탄성의 변화가 완만하고 원활하여 진동과 소음이 적다.

② 1개의 이가 물고 있어도 물림이 잇면을 따라 연속하고 있으므로, 물림 길이가 길고 이의 강도에 유리하다.

③ 잇수가 작은 기어에서도 사용할 수 있으므로 큰 속도비를 얻을 수 있으며 속도비는 $\frac{1}{10}$~$\frac{1}{15}$ 이상까지도 얻는다.

④ 스퍼 기어보다 효율이 좋아서 98~99%까지 얻을 수 있으며, 아주 큰 동력과 고속전동에는 스러스트가 서로 상쇄되어 없어지도록 만들어진 더블 헬리컬 기어가 사용된다.

18-1-2 齒形方式

헬리컬 기어의 치형을 표시하는데 두 가지 방식이 있다.

① **軸直角** 방식 : 축에 직각인 단면의 치형으로 축직각 치형이라 한다.

② **齒直角** 방식 : 이와 직각인 단면의 치형으로 치직각 치형이라 한다.

그림 **18-2**에서 비틀림각을 β, 축직각 피치를 p_s, 치직각 피치를 p_n이라고 하면

$$p_n = p_s \cos\beta \tag{18・1}$$

이고, 마찬가지로 축직각 모듈을 m_s, 치직각 모듈을 m_n이라고 하면

$$m_n = \frac{p_n}{\pi} = \frac{p_s \cos\beta}{\pi} = m_s \cos\beta \tag{18・2}$$

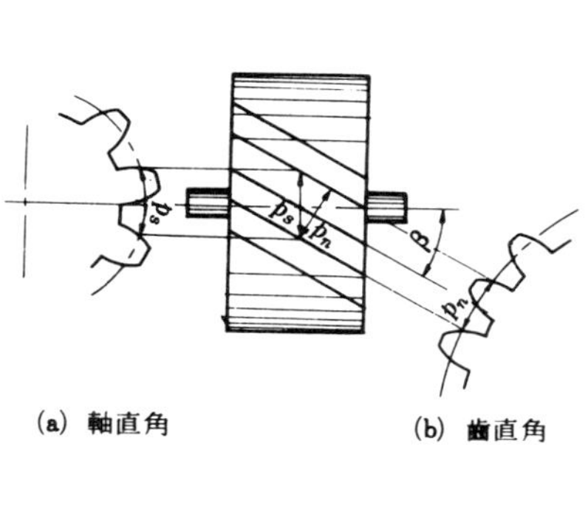

(a) 軸直角 (b) 齒直角 **그림 18-2** 축직각 방식과 치직각 방식

를 얻는다. 또, 축직각 압력각 α_s와 치직각 압력각 α_n 사이의 관계는 그림 18-3에서 $\triangle$HAC($\angle$CHA $= \angle R$)로부터

$$\tan \alpha_s = \overline{HB} / \overline{HC}$$

$\triangle$HBC($\angle$CHB $= \angle R$)에서

$$\tan \alpha_n = \overline{HA} / \overline{HC}$$

$\triangle$HAB($\angle$HAB $= \angle R$)에서

$$\cos \beta = \overline{HA} / \overline{HB}$$

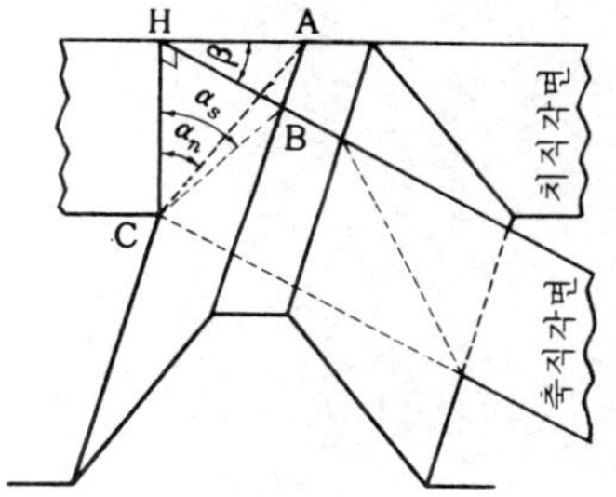

그림 18-3 압력각의 관계

$$\tan \alpha_s = \tan \alpha_n / \cos \beta \tag{18·3}$$

축직각 방식은 피니언 커터 등으로 이를 절삭할 때 사용되며, 호브나 래크 커터로 이를 절삭할 때에는 일반적으로 치직각 방식을 사용한다. 헬리컬 기어는 래크 커터나 호브로 절삭되고, 이 경우 사용되는 공구는 잇줄방향으로 절삭운동을 하므로 공구의 모듈과 압력각은 치직각 모듈, 치직각 압력각과 일치해야 한다. 헬리컬 기어에 대한 각부의 치수는 다음과 같다.

(1) 피치원 지름 D_s

$$D_s = m_s z_s = \frac{m_n z_s}{\cos \beta} \tag{18·4}$$

(2) 바깥 지름 D_0

$$D_0 = D_s + 2m_n = \left(\frac{z_s}{\cos \beta} + 2\right) m_n \tag{18·5}$$

(3) 중심 거리 C

$$C = \frac{D_{s1} + D_{s2}}{2} = \frac{(z_{s1} + z_{s2})}{2} m_s = \frac{(z_{s1} + z_{s2})}{2\cos \beta} m_n \tag{18·6}$$

(4) 온 이 높이 h

$$\left.\begin{aligned} h &= (2 + 0.157) m_n \cdots\cdots \text{압력각 } 14.5° \\ h &= (2 + 0.25) m_n \cdots\cdots \text{압력각 } 20° \end{aligned}\right\} \tag{18·7}$$

여기서 z_s는 축직각 단면에서의 잇수, 즉 헬리컬 기어의 잇수이다.

18-1-3 헬리컬 기어의 相當 스퍼 기어

헬리컬 기어를 成形齒切로 깎을 때 공구번호를 선정하거나, 설계할 경우 실제의 잇수 z에 의하지 않고 다음에 설명하는 상당 스퍼 기어의 잇수 z_e에 의해서 결정한다.

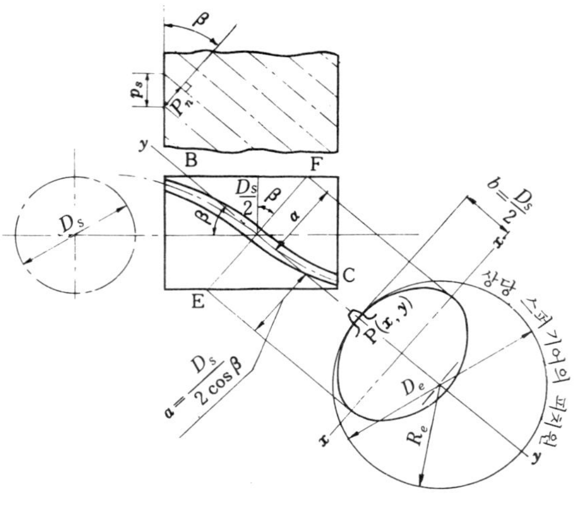

그림 18-4 상당 스퍼 기어의 전개

그림 18-4에서 P점으로부터 잇줄 BC에 직각인 평면 EF로 끊으면 그 단면은 타원이 된다. P점이 있는 이는 P점에서 곡률 반지름 R와 같은 반지름의 피치원을 가진 스퍼 기어의 치형과 같다. $\frac{x^2}{a^2}+\frac{y^2}{b^2}=1$의 타원에서 곡선상의 한 점 P$(x, y)$의 곡률 반지름 ρ는

$$\rho=\frac{\left\{a^2-\left(1-\frac{b^2}{a^2}\right)x\right\}^{\frac{3}{2}}}{ab} \tag{18·8}$$

이다. EF단면의 타원은 $b=\frac{D_s}{2}$, $a=\frac{D_s}{2\cos\beta}$이기 때문에 P점은 $x=0$, $y=b$이므로 P점에서의 곡률 반지름 R_e는 다음과 같다.

$$\rho=R_e=\frac{a^3}{ab}=\frac{a^2}{b}=\left(\frac{D_s}{2\cos\beta}\right)^2\cdot\frac{2}{D_s}=\frac{D_s}{2\cos^2\beta} \tag{18·9}$$

따라서, 피치원의 지름 D_e는

$$D_e=2R_e=\frac{D_s}{\cos^2\beta} \tag{18·10}$$

이며, 이와 같이 생각한 스퍼 기어를 상당 스퍼 기어, D_e를 상당 스퍼 기어의 피치원 지름이라 한다. 그리고 모듈 m_n의 잇수 z_e를 상당 스퍼 기어의 잇수라 하고 다음과 같이 표시된다.

$$z_e=\frac{D_e}{m_n}=\frac{D_s}{m_n\cos^2\beta}=\frac{m_n z_s}{\cos\beta}\cdot\frac{1}{m_n\cos^2\beta}=\frac{z_s}{\cos^3\beta} \tag{18·11}$$

18-1-4 헬리컬 기어에 작용하는 힘

그림 18-5에서 잇줄에 직각인 접촉하중을 P_n이라고 하면 피치원의 절선방향의 분력 P가 회전력이 된다.

지금 치직각 압력각을 α_n, 비틀림각을 β라고 하면

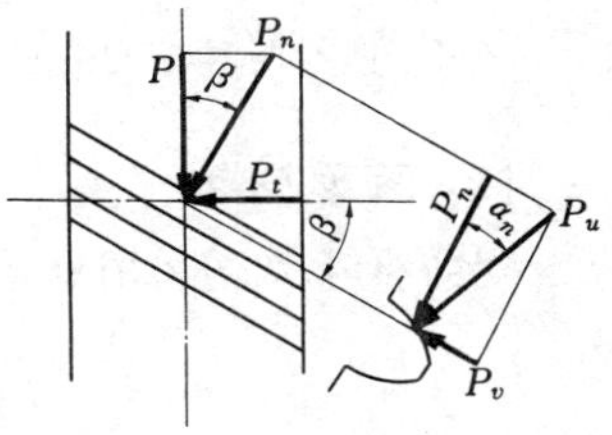

그림 18-5 헬리컬 기어에 작용하는 힘

$$P = P_n \cos\beta, \qquad P_n = \frac{P}{\cos\beta} \qquad (18 \cdot 12)$$

또,

$$P_n = P_u \cos\alpha_n \qquad (18 \cdot 13)$$

이므로

$$P_u = \frac{P_n}{\cos\alpha_n} = \frac{P}{\cos\alpha_n \cos\beta} \qquad (18 \cdot 14)$$

$$P_v = P_u \sin\alpha_n = \frac{P\sin\alpha_n}{\cos\alpha_n \cos\beta} = \frac{P}{\cos\beta}\tan\alpha_n = P_n \tan\alpha_n \qquad (18 \cdot 15)$$

스러스트 P_t는

$$P_t = P\tan\beta \qquad (18 \cdot 16)$$

그리고 P와 P_v가 기어축에 대하여 가로하중으로 작용하고 그 합력 P_R는

$$P_R = \sqrt{P^2 + P_v^2} \qquad (18 \cdot 17)$$

으로 된다.

18-1-5 強度計算

[1] 굽힘強度

헬리컬 기어의 강도계산은 헬리컬 기어를 피치원 지름이 $2R$, 잇수가 z_e인 스퍼 기어로써 근사적인 계산을 할 수 있다. 이 때 전달력은 P_n이 된다. 따라서, 스퍼 기어의 Lewis의 식에 P 대신 P_n을, 이 너비 b 대신 잇줄의 길이 $\dfrac{b}{\cos\beta}$를 대입하여 다음과 같이 유도한다.

$$P_n = \frac{P}{\cos\beta} = f_v \sigma_b \frac{b}{\cos\beta} m_n y_e$$

$$P = f_v \sigma_b b m_n y_e \tag{18·18}$$

여기서 치형계수 y_e는 치직각 압력각 α_n와 상당잇수 z_e에 의하여 표 17-7에서 구한다.

[2] 面壓強度

앞에서와 마찬가지로 대입하여 다음 식이 얻어진다.

$$P_n = \frac{P}{\cos\beta} = f_v C_w k D_{e1} \frac{b}{\cos\beta} \cdot \frac{2z_{e2}}{z_{e1}+z_{e2}}$$

$$= f_v C_w k \frac{D_{s1}}{\cos^2\beta} \cdot \frac{b}{\cos\beta} \cdot \frac{2z_{s2}}{z_{s1}+z_{s2}}$$

여기서 $D_{s1} = m_s z_{s1}$이므로

$$P = f_v \frac{C_w}{\cos^2\beta} k b m_s \frac{2z_{s1}z_{s2}}{z_{s1}+z_{s2}} \tag{18·19}$$

로 된다.

여기서 C_w는 공작 정밀도를 고려한 면압계수인데 보통으로 다듬질된 기어에서는 $C_w = 0.75$ 정도로 잡고 한 쌍의 기어가 똑같이 정밀하게 공작한 것에 대해서는 $C_w = 1.0$으로 한다.

예제 18-1. 치직각 모듈 $m_n = 4$, 나선각 $\beta = 30°$, 잇수 $z = 205$인 헬리컬 기어에서 축직각 모듈, 피치원 지름, 치직각 단면에서의 피치타원의 곡률 반지름 및 등가잇수를 구하라.

풀이

$$m_s = \frac{m_n}{\cos\beta} = \frac{4}{\cos 30°} = 4.619$$

$$D_s = m_s z_s = 4.619 \times 205 = 946.895\,\text{mm}$$

곡률 반지름 ρ는 식 (18·9)에서

$$\rho = \frac{D_s}{2\cos^2\beta} = \frac{946.895}{2\times\cos^2 30°} = 631.37\,\text{mm}$$

등가잇수 z_e는 식 (18·11)에서

$$z_e = \frac{z}{\cos^3\beta} = \frac{205}{\cos^3 30°} = 316$$

예제 18-2. 치직각 모듈 4, 잇수가 각각 30, 90인 한 쌍의 헬리컬 기어의 중심 거리는 얼마인가? 비틀림각이 25°이다. 또, 피니언이 500 rpm으로 8 kW의 동력을 전달할 때에 헬리컬 기어에 작용하는 스러스트를 구하라.

풀이 $m_n = 4$, $z_{s1} = 30$, $z_{s2} = 90$, $\beta = 25°$이다.

$$C = \frac{(z_{s1}+z_{s2})m_n}{2\cos\beta} = \frac{(30+90)}{2\cos 25°} \times 4 = 264.8\,\text{mm}$$

피니언의 피치원 지름 D_{s1}은

$$D_{s1}=\frac{z_{s1}m_n}{\cos\beta}=\frac{30\times 4}{\cos 25^\circ}=132.4\,\text{mm}$$

피치 원주속도 v는

$$v=\frac{\pi D_{s1}n_1}{1000\times 60}=\frac{\pi\times 132.4\times 500}{1000\times 60}=3.46\,\text{m/s}$$

헬리컬 기어의 전달하중 P는

$$P=\frac{1000H}{v}=\frac{1000\times 8}{3.46}=2312\,\text{N}$$

그러므로 축방향의 스러스트 P_t는 식 (18·16)으로부터

$$P_t=P\tan\beta=2312\times\tan 25^\circ\fallingdotseq 1078\,\text{N}$$

예제 18-3. 다음과 같은 헬리컬 기어의 허용 전달동력은 몇 kW인가?

피니언 : 재질은 탄소강(SM45C), 잇수 $z_{s1}=60$, $n_1=900\,\text{rpm}$

기어 : 재질은 탄소강(SM 45C), $z_{s2}=300$, 치직각 모듈 $m_n=2.5$, 비틀림각 $\beta=25^\circ$, 공구 압력각 20°, 이 너비는 $b=5p_n$이다.

풀이 피치 원주속도를 알기 위해서 축직각 모듈 m_s를 먼저 계산한다.

$$m_s=\frac{m_n}{\cos\beta}=\frac{2.5}{\cos 25^\circ}=2.76$$

따라서, 피니언의 피치원 지름

$$D_{s1}=m_s z_{s1}=2.76\times 60=165.6\,\text{mm}$$

기어의 피치원 지름

$$D_{s2}=m_s z_{s2}=2.76\times 300=828\,\text{mm}$$

피치 원주속도 v는

$$v=\frac{\pi D_{s1}\cdot n_1}{1000\times 60}=\frac{\pi\times 165.6\times 900}{1000\times 60}=7.8\,\text{m/s}$$

속도계수 f_v는

$$f_v=\frac{3.05}{3.05+v}=\frac{3.05}{3.05+7.8}=0.28$$

이 너비 $b=5p_n=5\pi m_n=5\times\pi\times 2.5=39.25\fallingdotseq 40\,\text{mm}$

피니언의 상당잇수 $z_{e1}=\dfrac{z_{s1}}{\cos^3\beta}=\dfrac{60}{\cos^3 25^\circ}=80.59\fallingdotseq 81$

기어의 상당잇수 $z_{e2}=\dfrac{z_{s2}}{\cos^3\beta}=\dfrac{300}{\cos^3 25^\circ}=402.98\fallingdotseq 403$

치형계수는 공구 압력각과 상당잇수에서 구한다. 표 17-7에서

$y_{e1}=0.446$

$y_{e2}=0.484$

표 17-10에서 피니언 기어의 허용 굽힘응력 $\sigma_b = 30\,\mathrm{kg}_f/\mathrm{mm}^2$를 얻는다.

이상의 결과를 식 (18·18)에 대입하여 허용 전달하중 P를 구하면

$$P = f_v \sigma_b b m_n y_{e1} = 0.28 \times 30 \times 40 \times 2.5 \times 0.446 = 374.64\,\mathrm{kg}_f$$
$$P = f_v \sigma_b b m_n y_{e2} = 0.28 \times 30 \times 40 \times 2.5 \times 0.484 = 409.46\,\mathrm{kg}_f$$

다음은 면압강도의 식 (18·19)에 대입하여 허용 전달하중 P를 구한다. $C_w = 0.75$로 하고, $H_B = 200$으로 잡아 $k = 0.053\,\mathrm{kg}_f/\mathrm{mm}^2$라 하면

$$\begin{aligned} P &= f_v \cdot \frac{C_w}{\cos^2\beta} k b m_s \frac{2 z_{s1} z_{s2}}{z_{s1} + z_{s2}} \\ &= 0.28 \cdot \frac{0.75}{\cos^2 25°} \cdot 0.053 \times 40 \times 2.76 \times \frac{2 \times 60 \times 300}{60 + 300} \\ &= 149.6\,\mathrm{kg}_f \end{aligned}$$

최소허용 전달하중은 $150\,\mathrm{kg}_f$이므로 전달동력은

$$H' = \frac{Pv}{102} = \frac{150 \times 7.8}{102} \fallingdotseq 11.5\,\mathrm{kW}$$

예제 18-4. 헬리컬 기어의 감속장치에서 전달마력이 10HP이고, 피니언의 회전속도 $n_1 = 1750\,\mathrm{rpm}$, 기어의 회전속도 $n_2 = 350\,\mathrm{rpm}$인 표준 헬리컬 기어를 설계하려고 한다. 기어의 재료는 SM45C이며, 공구 압력각은 14.5°이고 비틀림각은 24°이다. 치직각 모듈 m_n을 구하라.

풀이 언더컷을 방지하는 최소잇수는 26이므로 피니언의 잇수 $z_1 = 28$로 한다. 속도비 i는

$$i = \frac{n_2}{n_1} = \frac{350}{1750} = \frac{1}{5}$$

이므로, 기어의 잇수 $z_2 = z_1 \times 5 = 140$이다.

피니언의 피치원 지름을 D_{s1}이라면 피치 원주속도 v는

$$v = \frac{\pi D_{s1} n_1}{1000 \times 60}$$

이고, 전달마력 H는

$$H = \frac{Pv}{75}$$

이므로, 두 식을 정리하면

$$PD_{s1} = \frac{H \times 75 \times 1000 \times 60}{\pi n_1} = \frac{10 \times 75 \times 1000 \times 60}{\pi \times 1750} = 8190\,\mathrm{kg}_f \cdot \mathrm{mm}$$

이 너비 $b = 10 m_n$으로 하면

$$PD_{s1} = f_v \cdot \sigma_b \cdot 10 \times m_n \times m_n \times y_e \times \frac{m_n}{\cos\beta} \times z_1$$
$$m_n = \sqrt{\frac{PD_{s1}\cos\beta}{f_v \cdot \sigma_b \cdot y_e \cdot z_1}}$$

로 된다. 피니언의 상당잇수 z_{e1}은

$$z_{e1} = \frac{z_1}{\cos^3\beta} = \frac{28}{\cos^3 24°} = 36.7$$

표 17-7에서 $y_e = 0.345$를 얻을 수 있고, 표 17-10에서 $\sigma_b = 30\,\mathrm{kg_f/mm^2}$을 취하고 기어를 기계절삭하는 경우의 중속이라면 $f_v = 0.5$로 가정하여

$$m_n = \sqrt{\frac{8190 \times \cos 24°}{0.5 \times 30 \times 0.345 \times 28}} = 3.72$$

$m_n = 4$로 하면

$$m_s = \frac{m_n}{\cos\beta} = \frac{4}{\cos 24°} = 4.38$$

이므로,

$$D_{s1} = z_1 m_s = 28 \times 4.38 \fallingdotseq 123\,\mathrm{mm}$$

이고 피치원의 원주속도 v는

$$v = \frac{\pi \times 123 \times 1750}{1000 \times 60} = 11.26\,\mathrm{m/s}$$

따라서, 속도계수 f_v는

$$f_v = \frac{6.1}{6.1 + 11.26} = 0.35 < 0.5$$

$f_v = 0.5$로 가정한 값이 너무 크므로 $f_v = 0.3$으로 가정해서 계산을 다시하면

$$m_n = \sqrt{\frac{8190 \times \cos 24°}{0.3 \times 30 \times 0.345 \times 28}} = 4.9$$

$m_n = 5$로 취하면

$$m_s = \frac{5}{\cos 24°} = 5.47$$

이며

$$D_{s1} = m_s z_1 = 5.47 \times 28 = 154\,\mathrm{mm}$$

이고, 피치 원주속도 v는

$$v = \frac{\pi \times 154 \times 1750}{1000 \times 60} = 14.1\,\mathrm{m/s}$$

속도계수 f_v를 다시 구하면

$$f_v = \frac{6.1}{6.1 + 14.1} = 0.302 > 0.3$$

이므로, 가정하였던 0.3보다 크기 때문에 안전하다. 면압강도는 굽힘강도의 $\frac{1}{2} \sim \frac{1}{4}$ 정도이므로 하중이 2~4배가 걸리는 것으로 생각한다면 이의 크기는 $\sqrt[3]{(2 \sim 4)} = 1.26 \sim 1.59$를 곱해 주어야 한다.

따라서, $m_n = 6.3 \sim 7.95$로 원활한 운전에는 $m_n = 6.3$, 그리고 충격이 약간 있는 경우에는 $m_n = 8$로 하는 것이 좋다.

18-2 베 벨 기 어

두 축의 축선이 평행하지 않고 한 점에서 만나고, 이미 배운 원추 마찰차의 원추면에 이를 깎아 만든 기어를 **베벨 기어**(bevel gear)라 한다. 이 때 정점을 포함한 원추체를 **피치圓錐**(pitch cone)라 한다. 양축의 교차각도를 **軸角**(shaft angle)이라 하며, 베벨기어는 그림 **18-6**에 나타낸 바와 같이 잇줄의 모양에 따라 (a) 直線 베벨 기어(straight bevel gear), (b) 헬리컬 베벨 기어(helical bevel gear), (c) 2重 헬리컬 베벨 기어(double helical bevel gear), (d) 스파이럴 베벨 기어(spiral bevel gear), (e) 인벌류트 베벨 기어(involute bevel gear), (f) 圓弧曲線 베벨 기어 등이 있다.

축각이 직각이고 잇수가 같은 한 쌍의 베벨 기어를 마이터 기어(miter gear)라 한다. 스파이럴 베벨기어 중에서 이 너비의 중앙에서 비틀림각이 0으로 되는, 즉 직선 베벨 기어의 잇줄을 곡선으로 한 것을 제롤 베벨 기어(zerol bevel gear)라 한다.

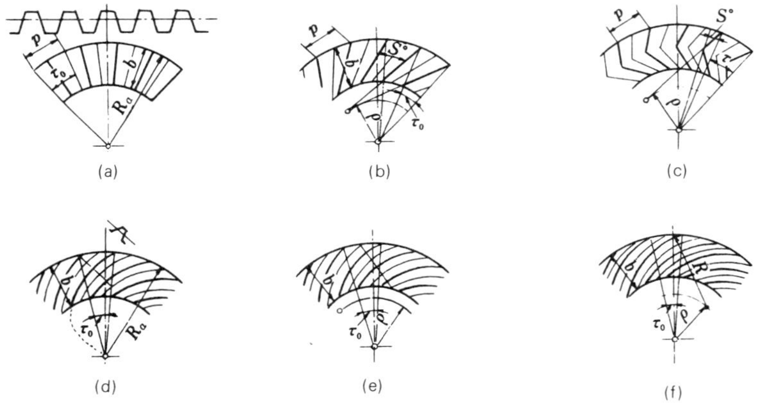

그림 18-6 베벨 기어의 잇줄의 여러 가지 형식

그림 **18-7**에 베벨 기어의 각부의 명칭이 나타나 있으며, 그림에서 알 수 있는 바와 같이 치형은 안쪽에서 바깥쪽으로 가면서 비례적으로 커진다. 바깥쪽을 **大端部** 또는 **外端部**(heel), 안쪽을 **小端部** 또는 **內端部**(toe)라 하고 베벨 기어의 치형은 외단부의 것으로 표시하므로, 베벨 기어의 모듈도 외단부 치형의 모듈을 말한다.

18-2-1 베벨 기어의 展開

그림 **18-8**에 표시한 바와 같이 베벨 기어의 치형을 표시하려면 기어의 대단부에서 피치원추에 접하는 반대방향의 원추를 생각해야 하며, 이 원추를 뒷면원추(back cone)라 하고 평면상에 전개할 수 있으므로 실용적이다. 이 원추의 전개평면에 치형을 표시하면 뒷면원

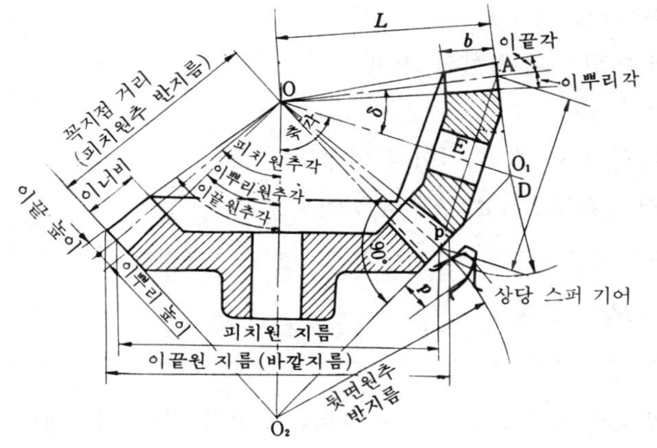

그림 18-7 베벨 기어의 명칭

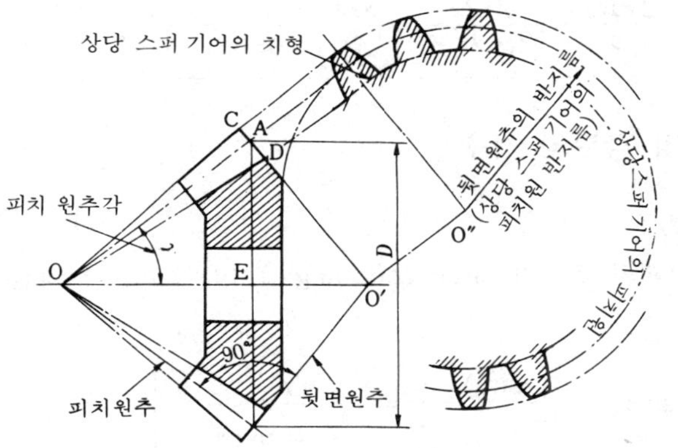

그림 18-8 베벨 기어의 전개

추의 반지름과 크기가 같은 반지름을 가진 피치원의 스퍼 기어와 같은 치형이 된다. 그림 **18-8**에서 OA는 피치원추의 모선이고 O′A는 뒷면원추의 모선이며, OA와 O′A는 직각이 된다.

O′A를 뒷면원추 반지름(back cone radius) 또는 상당 스퍼 기어의 반지름이라 한다. O′A를 피치원 반지름으로 하고, O′′를 중심으로 이끝 높이 AC, 이뿌리 높이 AD를 그대로 이끝 높이, 이뿌리 높이로 하는 하나의 스퍼 기어를 생각하고 이것을 상당 스퍼 기어라 한다. 따라서, 이것이 베벨 기어를 전개한 것이 되고 대단부의 치형으로 계산하게 된다. 상당 스퍼 기어는 밀링 머신 등으로 베벨 기어를 깎을 경우, 인벌류트 커터의 커터번호를 계산할 때 및 강도계산의 경우 등에 사용된다.

베벨 기어의 상당 스퍼 기어에 대해 다음과 같은 관계식이 성립한다.

D : 베벨 기어의 피치원의 지름 $= \overline{AP}$

R_e : 뒷면원추의 반지름 $= \overline{O'A}$

δ : 피치 원추각 $= \angle \mathrm{AOO'}$

p : 베벨 기어 대단부의 치형의 피치

z : 베벨 기어의 잇수

z_e : 베벨 기어의 상당 스퍼 기어의 잇수

라고하면, $\triangle \mathrm{O'AE}$에서 $\angle \mathrm{O'AE} = \delta$, $\overline{\mathrm{AE}} = D/2$이므로

$$R_e = \overline{\mathrm{O'A}} = \frac{\overline{\mathrm{AE}}}{\cos\delta} = \frac{D}{2\cos\delta} \qquad (18 \cdot 20)$$

$z = \dfrac{\pi D}{p}$ 이므로 뒷면원추 반지름으로 전개하더라도 p의 길이에는 변화가 없기 때문에 상당스퍼 기어의 잇수는 다음과 같이 구해진다.

$$z_e = \frac{2\pi R_e}{p} = \frac{2\pi D}{2p\cos\delta} = \frac{\pi D}{p} \cdot \frac{1}{\cos\delta} = \frac{z}{\cos\delta} \qquad (18 \cdot 21)$$

18-2-2 베벨기어의 각부의 치수

(1) 피치 원추각 δ_1, δ_2

피치원추 정각의 $\dfrac{1}{2}$을 피치 원추각(pitch cone angle)이라 하며, 그 계산은 마찰차의 경우와 같다. 축각을 Σ라 하면

$$\left.\begin{aligned} \tan\delta_1 &= \frac{\sin\Sigma}{\dfrac{n_1}{n_2} + \cos\Sigma} = \frac{\sin\Sigma}{\dfrac{z_2}{z_1} + \cos\Sigma} \\ \tan\delta_2 &= \frac{\sin\Sigma}{\dfrac{n_2}{n_1} + \cos\Sigma} = \frac{\sin\Sigma}{\dfrac{z_1}{z_2} + \cos\Sigma} \end{aligned}\right\} \qquad (18 \cdot 22)$$

$\Sigma = 90°$인 직각 베벨 기어가 자주 사용되며, 이 경우에는

$$\tan\delta_1 = \frac{z_1}{z_2}, \qquad \tan\delta_2 = \frac{z_2}{z_1}$$

여기서 n은 회전속도(rpm)이고 z는 잇수를 나타낸다.

(2) 속도비 i

피치원 지름 $D = mz$에 의하여 속도비는 다음과 같다.

$$i = \frac{n_2}{n_1} = \frac{D_1}{D_2} = \frac{z_1}{z_2} = \frac{\sin\delta_1}{\sin\delta_2} \qquad (18 \cdot 23)$$

(3) 축각 Σ

교차하는 2 축 사이의 각을 말하며 피치 원추각을 합한 값이다.

$$\Sigma = \delta_1 + \delta_2 \qquad (18 \cdot 24)$$

(4) 뒷면 원추각 β_1, β_2

외단부의 치형에 접하는 원추를 뒷면원추라 하며, 반드시 피치원추와 직교한다. 뒷면원추 정각의 $\frac{1}{2}$을 뒷면 원추각(back cone angle)이라 한다.

$$\beta_1 = \Sigma - \delta_1, \qquad \beta_2 = \Sigma - \delta_2 \tag{18·25}$$

(5) 피치원 지름 D_1, D_2

$$D_1 = \frac{n_2}{n_1} D_2 = mz_1, \qquad D_2 = \frac{n_1}{n_2} D_1 = mz_2 \tag{18·26}$$

여기서 m은 베벨 기어의 대단부 치형의 모듈이다.

(6) 바깥 지름 D_{01}, D_{02}

그림에서 알 수 있는 바와 같이

$$D_{01} = D_1 + 2h_k \cos\delta_1, \qquad D_{02} = D_2 + 2h_k \cos\delta_2$$

이끝 높이 $h_k = m$이므로 (18·27)

$$D_{01} = (z_1 + 2\cos\delta_1)m, \qquad D_{02} = (z_2 + 2\cos\delta_2)m$$

(7) **圓錐距離** L

피치원추의 외단부까지의 모선의 길이를 **外端圓錐距離** 또는 **圓錐距離**(cone distance)라 하며 다음과 같다.

$$L = \frac{D_1}{2\sin\delta_1} = \frac{D_2}{2\sin\delta_2} \tag{18·28}$$

(8) 이끝각 θ_k 및 이뿌리각 θ_f

베벨 기어에 이끝 원추의 모선 및 이뿌리 원추의 모선과 피치원추의 모선이 이루는 각을 이끝각(addendum angel) 및 이뿌리각(dedendum angle)이라 하며 다음과 같은 식이 성립한다.

$$\tan\theta_k = \frac{h_k}{L}, \qquad \tan\theta_f = \frac{h_f}{L} \tag{18·29}$$

여기서 h_k는 이끝 높이, h_f는 이뿌리 높이이다.

(9) 이끝 원추각 δ_k 및 이뿌리 원추각 δ_f

이끝 원추의 모선 및 이뿌리 원추의 모선과 베벨 기어의 **軸線**이 이루는 각을 각각 이끝 원추각(face angle) 및 이뿌리 원추각(root angle)이라 한다. 즉

$$\left.\begin{aligned} \delta_{k1} &= \delta_1 + \theta_k, & \delta_{k2} &= \delta_2 + \theta_k \\ \delta_{f1} &= \delta_1 - \theta_f, & \delta_{f2} &= \delta_2 - \theta_f \end{aligned}\right\} \tag{18·30}$$

(10) 이 너비 b

베벨 기어의 이 너비는 보통 다음과 같이 정한다.

$$b = \left(\frac{1}{3} \sim \frac{1}{4}\right) L \qquad (18 \cdot 31)$$

18-2-3 베벨 기어를 받치는 베어링에 작용하는 힘

기어의 전달마력은 H HP, 회전속도를 n rpm 이라 하면 토크 T 는

$$T = 716{,}200 \frac{H}{n} \ (\mathrm{kg}_f \cdot \mathrm{mm})$$

이며, $P = \dfrac{T}{R}$ 이므로 그림 18-9 에서 전달력 P 가 힘의 착력점에 집중하여 작용한다고 생각하면, 잇면에는 압력각 α 의 방향에 힘 P_n 이 작용하고, 또 피치 원추면에 수직으로 P_r 의 힘이 작용한다. 즉, P_n 은 P 와 P_r 의 힘으로 나누어진다. 여기서

$$P = P_n \cos \alpha \qquad (18 \cdot 32)$$

$$P_r = P_n \sin \alpha = P \tan \alpha \qquad (18 \cdot 33)$$

이고, P 는 베어링에 가로하중으로 작용하고 스러스트는 없다. P_r 에 의한 가로하중 P_a 는

$$P_a = P_r \cos \delta = P \tan \alpha \cos \delta \qquad (18 \cdot 34)$$

이며, P_r 에 의한 스러스트 P_t 는

$$P_t = P_r \sin \delta = P \tan \alpha \sin \delta \qquad (18 \cdot 35)$$

이다. 베어링에 작용하는 전체 가로하중 P_R 는 다음과 같다.

$$P_R = \sqrt{P^2 + P_a^2} = P \sqrt{1 + \tan \alpha \cos \delta} \qquad (18 \cdot 36)$$

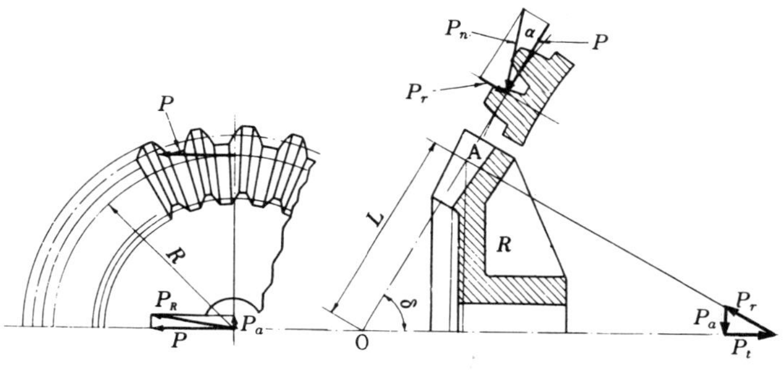

그림 18-9 베벨 기어에 작용하는 힘의 역학

18-2-4 強度計算

베벨 기어의 강도계산은 외단을 기준으로 하는 방법과 이 너비의 중앙부를 기준으로 하는 방법이 있다.

[1] 外端部를 기준으로 한 굽힘強度

베벨 기어의 운동은 원추의 정점을 중심으로 하는 3차원적인 구면상의 운동이므로 하나의 평면상에 표시할 수 없다. 따라서, 근사적으로 뒷면원추를 전개하여, 뒷면원추 반지름을 반지름으로 하는 피치원의 스퍼 기어가 물려 있는 것으로 생각하여 스퍼 기어의 강도 계산식을 적용한다. 이런 가상 스퍼 기어가 베벨 기어의 상당 스퍼 기어이다. 그러므로 상당잇수는 베벨기어의 잇수보다 많으며, 상당 스퍼 기어의 원추피치는 근사적으로 베벨 기어의 원주피치와 같다고 본다.

치형계수 y_e는 압력각과 z_e에 의해서 구한다. 또, 상당 스퍼 기어의 모듈은 외단부의 것이고 내단부로 갈수록 전달력이나 토크가 작아지므로 이것을 수정해 주어야 한다. 修正係數는 이론적으로

$$\frac{T}{T_e} = 1 - \frac{b}{L} + \frac{b^2}{3L^2} \tag{18·37}$$

과 같고, 여기서 T는 베벨 기어의 전달토크, T_e는 상당 스퍼 기어의 전달토크이다. 보통 제 3 항을 생략하여 $1 - \frac{b}{L} = \frac{L-b}{L}$를 사용한다. 이 수정계수를 베벨 기어 係數(bevel gear factor)라고 한다. 따라서, 베벨 기어의 굽힘강도의 식은 다음과 같다.

$$P = f_v \sigma_b b m y_e \frac{L-b}{L} \tag{18·38}$$

[2] 이 너비의 중앙부를 기준으로 한 굽힘강도

평균 피치원 지름 D_m에 해당되는 뒷면원추를 전개한 상당 스퍼 기어에 대하여 이의 크기(p_m 또는 m_m)가 이 너비의 온길이에 걸쳐 균일하다고 간주하여 계산하는 것이다. 이 경우에도 압력각과 z_e는 같으므로 치형계수 y_e는 [1]의 경우의 것을 사용하고, 모듈은 평균모듈 m_m을 사용하며 수정계수는 필요없다. 평균모듈 m_m은 다음과 같이 구한다.

$$\left.\begin{aligned} m_m &= \frac{D_m}{z} = \frac{D - b\sin\delta}{z} = m - \frac{b\sin\delta}{z} \\ \text{또는} \quad m_m &= m\left(1 - \frac{b}{2L}\right) \end{aligned}\right\} \tag{18·39}$$

따라서, 이 경우의 굽힘강도의 식은

$$P = f_v \sigma_b b m_m y_e \quad (18 \cdot 40)$$

로 된다. 원주속도는 평균피치 원주속도를 취해야 되고, 베벨 기어에서는 피치 원주속도는 $v \leqq 5\,\mathrm{m/s}$가 바람직하며 속도계수는 저속용의 식을 사용하여야 한다.

[3] 面壓強度

베벨 기어의 면압강도 계산은 굽힘강도를 구하는 경우와 마찬가지로 외단부 또는 이 너비의 중앙부에서의 상당 스퍼 기어에 대하여 m 또는 m_m 및 z_e를 표준 스퍼 기어의 면압강도의 식에 대입함으로써 구할 수 있다. 즉

$$P = f_v k m b \frac{2 z_{e1} z_{e2}}{z_{e1} + z_{e2}} \quad (18 \cdot 41)$$

그러나 위의 식은 지나치게 안전하도록 값이 주어지므로, 오히려 미국의 AGMA (American gear manufacture's association)의 식이 널리 사용된다.

$$P = 1.67 b \sqrt{D_1} \cdot f_m \cdot f_s \quad (18 \cdot 42)$$

여기서 D_1 : 피니언의 피치원 지름(mm)
f_m : 재료계수(표 18-1)
f_s : 사용 기계계수(표 18-2)

표 18-1 재료계수 f_m

작은 기어의 재료	큰 기어의 재료	f_m	작은기어의 재료	큰 기어의 재료	f_m
주철 또는 주강	주철	0.3	기름 담금질강	연강 또는 주강	0.45
조질강	조질강	0.35	침탄강	조질강	0.5
침탄강	주철	0.4	기름 담금질강	기름 담금질강	0.80
기름 담금질강	주철	0.4	침탄강	기름 담금질강	0.80
침탄강	연강 또는 주강	0.45	침탄강	침탄강	1.00

표 18-2 사용 기계계수 f_s

f_s	사용기계
2.0	자동차, 전차(기동토크에 의함)
1.0	항공기, 송풍기, 원심 분리기, 기중기, 벨트구동(공작기계) : 인쇄기, 원심펌프, 감속기, 방직기, 목공기
0.75	공기 압축기, 휴대용 전기공구, 광산기계, 선인기, 컨베이어
0.65~0.5	분쇄기, 모터 직결구동 공작기계, 왕복펌프, 압연기

예제 18-5. 두 축이 직교하는 베벨 기어가 있다. 잇수가 각각 38, 70이고, 모듈 4.5일 때 양 기어의 피치원 지름과 피치 원추각을 구하라.

풀이 식 (18 · 22)에서

$$\tan\delta_1 = \frac{\sin\Sigma}{\dfrac{z_2}{z_1}+\cos\Sigma} = \frac{\sin 90°}{\dfrac{70}{38}+\cos 90°} = 0.5428$$

$$\delta_1 = 28.5°$$

$$\delta_2 = \Sigma - \delta_1 = 90° - 28.5° = 61.5°$$

$$D_1 = mz_1 = 4.5\times 38 = 171\,\text{mm}$$

$$D_2 = mz_2 = 4.5\times 70 = 315\,\text{mm}$$

예제 18-6. 직교하고 있는 두 축 사이의 회전을 전달하는 베벨 기어를 설계하려고 한다. 속도비 3.25 : 1, 재질은 주철, 전달마력은 22.5 HP, 피니언의 피치원 지름은 약 120 mm, 회전수 1000 rpm 이라면 모듈과 이 너비를 결정하라. 압력각은 20°로 한다.

풀이 피니언의 피치원 지름 $D_1 = 120\,\text{mm}$ 이므로

$$D_2 = 120\times 3.25 = 380\,\text{mm}$$

피치 원주속도 v는

$$v = \frac{\pi D_1 n_1}{1000\times 60} = \frac{\pi\times 120\times 1000}{1000\times 60} = 6.28\,\text{m/s}$$

표 17-8 에서 속도계수 f_v는

$$f_v = \frac{3}{3+v} = \frac{3}{3+6.28} = 0.32$$

전달하중 P는

$$P = \frac{75H}{v} = \frac{75\times 22.5}{6.28} = 270\,\text{kg}_f$$

식 (18 · 22)에서

$$\tan\delta_1 = \frac{\sin 90°}{\dfrac{z_2}{z_1}+\cos 90°} = \frac{z_1}{z_2} = \frac{1}{3.25} = 0.3077$$

$$\delta_1 = 17.1°, \qquad \delta_2 = 72.9°$$

원추 거리 L은 식 (18 · 28)로부터

$$L = \frac{D_1}{2\sin\delta_1} = \frac{120}{2\sin 17.1°} = 204\,\text{mm}$$

이 너비 b는

$$b = \left(\frac{1}{3}\sim\frac{1}{4}\right)L = 68\sim 51 \fallingdotseq 65\,\text{mm}$$

표 17-10 에서 재질 GC 30 이라면 $\sigma_b = 13\,\text{kg}_f/\text{mm}^2$ 이므로 식 (18 · 38)에 대입하면

$$270 = 0.32\times 13\times m\times 65\times y_{e1}\times\frac{204-65}{204}$$

$my_{e1} = 1.465$

m	3	4	5
$z_1 = D_1/m = 120/m$	40	30	24
$z_2 = 3.25 z_1$	130	98	78
$z_{e1} = z_1/\cos 17.1° = z_1/0.9558$	42	31	25
표 17-7의 y_{e1}	0.411	0.379	0.363
식에 의한 y_{e1}	0.488	0.366	0.293

$m=4$를 취하고 허용하중을 구해 보면 피니언에서

$$P = 0.32 \times 13 \times 4 \times 65 \times 0.379 \times \frac{204-65}{204} = 279.3\,\mathrm{kg}_f$$

이므로 충분하다. 다음은 식 (18·41)에 의해 면압강도를 검토하면

$$P = 0.67 \times 65 \times \sqrt{120} \times 0.3 \times 0.75 = 270\,\mathrm{kg}_f$$

이므로 안전하다. 그러므로

$$m = 4, \qquad b = 65\,\mathrm{mm}$$

로 결정한다.

예제 18-7. 주강제의 마이터 베벨 기어가 있어서 압력각 14.5°, 이 너비 65 mm, 모듈 8, 잇수 30일 때 바깥 지름과 200 rpm에 대한 전달마력을 구하라.

풀이 마이터 베벨 기어는 축각이 90°이고, 피치 원추각 45°로 2개가 같은 기어이다.

상당잇수 z_e는 식 (18·21)에서

$$z_e = \frac{z}{\cos\delta} = \frac{30}{\cos 45°} = 42.43 \fallingdotseq 43$$

표 17-7에서 치형계수 $y_{e1} = 0.352$를 얻고

$$D = mz = 8 \times 30 = 240\,\mathrm{mm}$$

$$v = \frac{\pi D n}{1000 \times 60} = \frac{\pi \times 240 \times 200}{1000 \times 60} = 2.5\,\mathrm{m/s}$$

표 17-8에서 속도계수 f_v는

$$f_v = \frac{3}{3+v} = \frac{3}{3+2.5} = 0.55$$

재질을 주강 SC 46이라 하면 표 17-10에서 $\sigma_b = 19\,\mathrm{kg}_f/\mathrm{mm}^2$를 취하고, 원추 거리 L은 식 (18·28)로부터

$$L = \frac{D}{2\sin\delta} = \frac{240}{2\sin 45°} = 169.7\,\mathrm{mm}$$

식 (18·38)에 대입하면

$$P = f_v \sigma_b m b y_e \frac{L-b}{L} = 0.55 \times 19 \times 8 \times 65 \times 0.352 \times \frac{169.7-65}{169.7}$$

$$= 1180\,\mathrm{kg}_f$$

면압강도는 표 18-1에서 $f_m = 0.45$, 표 18-3에서 $f_s = 0.75$이면 식 (18 · 41)에 대입하여

$$P = 1.67 \cdot b \cdot \sqrt{D} \cdot f_m \cdot f_s = 1.67 \times 65 \times \sqrt{240} \times 0.45 \times 0.75 = 567.6\,\mathrm{kg}_f$$

허용 전달마력

$$H = \frac{Pv}{75} = \frac{567.6 \times 2.5}{75} = 18.9\,\mathrm{HP}$$

식 (18 · 27)에서 바깥 지름 D_0는

$$D_0 = D + 2m\cos\delta = 240 + 2 \times 8 \times \cos 45° = 251.3\,\mathrm{mm}$$

18-3 웜 기 어

웜 기어는 나사기어의 일종으로 서로 직각이지만 같은 평면 위에는 있지 않는 두 축 사이의 회전을 전달하는 기어로서 웜(worm)과 웜 휠(worm wheel)로 구성되며 속도비는 $\frac{1}{10} \sim \frac{1}{100}$ 정도가 보통이다.

웜 기어의 장단점을 소개하면 다음과 같다.

〔장점〕

① 큰 감속비를 얻는다.

② 부하용량이 크다.

③ 역전방지를 할 수 있다.

④ 소음과 진동이 적다.

〔단점〕

① 잇면의 미끄럼이 크고 진입각이 작은 경우에 효율이 떨어진다.

② 웜 휠의 공작에는 특수공구가 필요하고 정밀도 측정이 곤란하다.

③ 웜 휠의 재질은 가격이 비싸다.

④ 잇면의 맞부딪침이 있으므로 조정이 필요하다.

⑤ 웜과 웜 휠에 스러스트 하중이 생긴다.

그림 18-10에 웜과 웜 휠의 각 부분의 명칭을 표시하였고, 웜이 1회전하면 웜의 치형은 이의 나선의 리드만큼 움직이고, 웜 휠은 웜의 리드와 같은 길이에 해당되는 원호만큼 회전을 한다. 따라서, 웜 기어의 감속비 i는

$$i = \frac{n_g}{n_w} = \frac{z_w}{z_g} \qquad (18 \cdot 43\mathrm{a})$$

로 표시되고, 여기서

n_w, n_g : 웜과 웜 휠의 회전속도(rpm)

z_w : 웜의 줄수

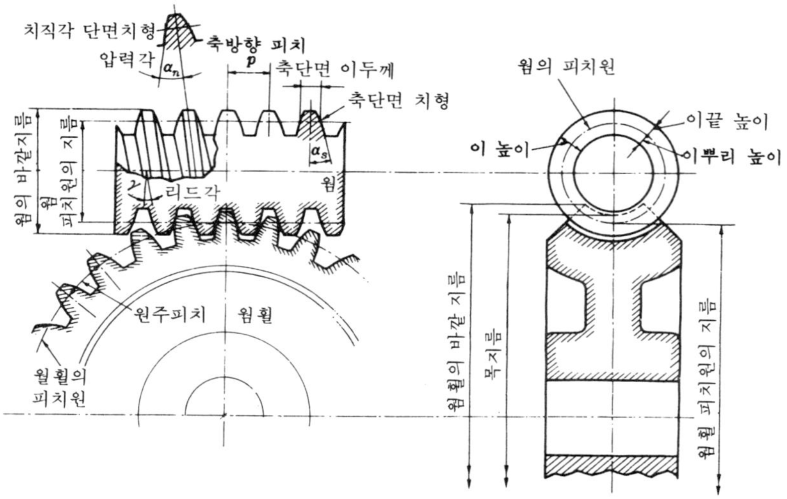

그림 18-10　웜 기어의 용어

z_g : 웜 휠의 잇수

그리고 웜의 리드를 l, 웜의 피치를 p, 웜 휠의 피치원 지름을 D_g라고 하면

$$l = z_w \cdot p, \qquad z_g = \frac{\pi D_g}{p}$$

이므로, 속도비 i는

$$i = \frac{n_g}{n_w} = \frac{l}{\pi D_g} \tag{18·43b}$$

로 표시할 수 있다.

보통 웜의 줄수는 1~3 정도이므로 매우 큰 감속비를 얻을 수 있다. 웜 기어는 적은 용적으로 큰 감속비를 얻을 수는 있으나 치형 접촉면의 마찰이 커지므로 전동효율이 낮다.

한 쌍의 웜 기어의 치형은 웜의 치형을 기준으로 하고, 웜의 치형은 직선치형을 가진 기준래크로 창성되며, 압력각은 치직각 단면으로, 피치나 모듈 등은 축직각 단면으로 표시된다.

18-3-1　웜 기어의 각부의 치수

축직각 단면의 치형을 기준으로 웜 기어의 각부 치수를 정한다.

(1) 축직각 피치 p_s 및 축직각 모듈 m_s

$$p_s = \pi m_s \tag{18·44}$$

(2) 치직각 피치 p_n 및 치직각 모듈 m_n

$$p_n = \pi m_n \tag{18·45}$$

그리고 웜의 리드각을 γ라고 하면 $p_n = p_s \cos\gamma$, $m_n = m_s \cos\gamma$이다.

(3) 이끝 높이 h_k

$$\left.\begin{aligned} &\text{줄수가 1∼2인 경우} \cdots\cdots\ h_k = m_s \\ &\text{줄수가 3∼4인 경우} \cdots\cdots\ h_k = 0.9 m_s \end{aligned}\right\} \tag{18·46}$$

(4) 온 이 높이 h

이끝 틈새 $c \geqq 0.25 m_s$로 할 때

$$\left.\begin{aligned} &\text{줄수가 1∼2인 경우}\ h = 2.25 m_s \\ &\text{줄수가 3∼4인 경우}\ h = 2.05 m_s \end{aligned}\right\} \tag{18·47}$$

(5) 웜

$$\left.\begin{aligned} &D_w = 2p_s + 12.7\,\text{mm} \cdots\cdots (\text{축과 일체인 경우}) \\ &D_w = 2.4p_s + 28\,\text{mm} \cdots\cdots (\text{축구멍이 있는 경우}) \end{aligned}\right\} \tag{18·48}$$

$$D_{ow} = D_w + 2h_k \tag{18·49}$$

$$l = p_s z_w \tag{18·50}$$

$$L = (4.5 + 0.02 z_g) p_s (\text{웜의 길이}) \tag{18·51}$$

$$\gamma = \tan^{-1} \frac{l}{\pi D_w} \tag{18·52}$$

(6) 웜 휠

$$\left.\begin{aligned} \text{이끝 높이 증가량} \cdots\cdots\ &h_i = 0.75 h_k (\text{줄수가 1∼2}) \\ &h_i = 0.5 h_k (\alpha_n < 20°,\ \text{줄수가 3∼4}) \\ &h_i = 0.375 h_k (\alpha_n > 20°,\ \text{줄수가 3∼4}) \end{aligned}\right\} \tag{18·53}$$

$$\left.\begin{aligned} &b = 2.4p_s + 6\,\text{mm}(\text{줄수가 1∼2}) \\ &b = 2.15p_s + 5\,\text{mm}(\text{줄수가 3∼4}) \end{aligned}\right\} \tag{18·54}$$

$$D_g = m_s z_g \tag{18·55}$$

$$\text{목지름(throat diameter)}\ D_t = D_g + 2h_k \tag{18·56}$$

$$\left.\begin{aligned} D_{og} &= D_g + 2h_i \\ &= D_t + (D_w - 2h_k)\left(1 - \cos\frac{\theta}{2}\right) \end{aligned}\right\} \tag{18·57}$$

여기서 θ는 림의 양측면이 이루는 각으로 페이스각(face angle)이라 하고 보통 $\theta =$ 60∼90°를 취한다. 유효 이 너비 B_e는

$$B_e = \sqrt{D_{ow}^2 - D_w^2} \tag{18·58}$$

(7) 중심 거리 C

$$C = \frac{1}{2}(D_w + D_g) \tag{18·59}$$

18-3-2 웜 기어에 작용하는 힘과 효율

웜 기어의 물림에서 힘의 관계를 생각해 보기로 한다. 그림 18-11에서 잇면에 작용하는 법선력을 P_n이라고 하면 μP_n의 마찰력이 웜의 리드각 방향으로 작용하므로 다음 식이 성립한다.

$$\left.\begin{aligned} P_1 &= P\sin\gamma + \mu P_n\cos\gamma = P\sin\gamma + P\tan\rho\cos\gamma \\ P_2 &= P\cos\gamma - \mu P_n\sin\gamma = P\cos\gamma - P\tan\rho\sin\gamma \end{aligned}\right\} \tag{18·60}$$

여기서 P_1 : 웜의 피치원상에서 원주방향의 회전력

P_2 : 웜 휠의 피치원상의 저항력

P : 웜 휠의 피치원상에 접하여 평면상에 작용하는 하중으로 $P = P_n\cos\alpha$이다.

γ : 웜의 피치점에서의 리드각(angle of lead)이며, 나사기어로 생각하는 경우 비틀림각 β를 90°에서 뺀 값

ρ : 마찰각

그림에서 $P = P_n\cos\alpha$이고 마찰력은 μP_n이므로, 마찰각에 대한 식은

$$\tan\rho = \frac{\mu P_n}{P} = \frac{\mu}{\cos\alpha} \tag{18·61}$$

이며

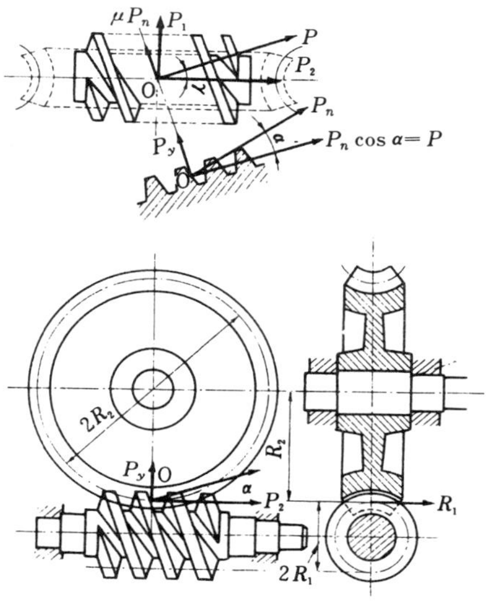

그림 18-11 웜과 웜휠에 작용하는 힘

$$\frac{P_1}{P_2}=\frac{\tan\gamma+\tan\rho}{1-\tan\rho\tan\gamma}=\tan(\gamma+\rho) \tag{18·62}$$

웜의 피치원 반지름을 R_1이라 하면 웜에 가해지는 토크 T는

$$T=P_1R_1=P_2R_1\tan(\gamma+\rho)$$

이며 웜을 1회전하기 위해 행한 일은 $2\pi T$이고, 이것에 의해 웜 휠이 하게 된 일은 pz_wP_2이므로 웜 기어의 효율 η는 다음과 같이 얻어진다.

$$\eta=\frac{pz_wP_2}{2\pi T}=\frac{pz_wP_2}{2\pi P_2R_1\tan(\gamma+\rho)}=\frac{pz_w}{2\pi R_1}\cdot\frac{1}{\tan(\gamma+\rho)}$$

$$\frac{pz_w}{2\pi R_1}=\tan\gamma$$

이므로

$$\eta=\frac{\tan\gamma}{\tan(\gamma+\rho)} \tag{18·63}$$

이다. η를 크게 하려면 ρ를 작게, 즉 마찰계수를 작게 해야 할 것이고, γ를 크게 해도 η는 상승한다. 그림 18-12에 γ와 η의 관계가 표시되어 있다.

그림에서 $\gamma=10°$ 이하로 되면 η가 갑자기 떨어지고 $\gamma=30°$ 이상이 되면 η는 별로 변하지 않는다. η를 최대로 하는 γ를 알기 위해서

$$\frac{d\eta}{d\gamma}=\frac{\sec^2\gamma\tan(\gamma+\rho)-\tan\gamma\sec^2(\gamma+\rho)}{\tan^2(\gamma+\rho)}=0$$

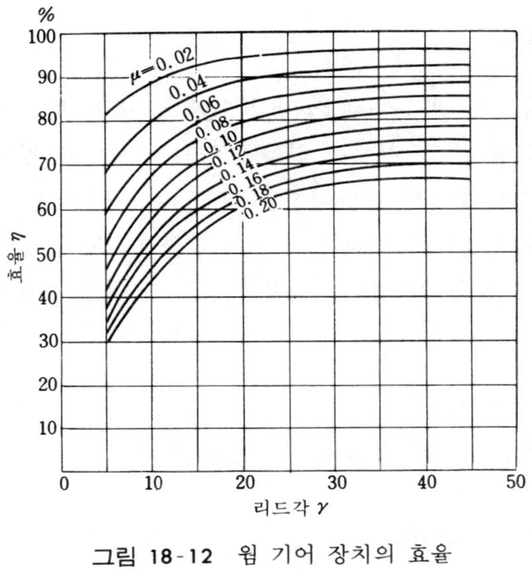

그림 18-12 웜 기어 장치의 효율

에서

$$\sin\gamma\cos\gamma = \sin(\gamma+\rho)\ \cos(\gamma+\rho)$$
$$\sin 2\gamma = \sin 2(\gamma+\rho)$$

즉, 2γ와 $2(\gamma+\rho)$가 서로 보각이 되면 η는 최대가 된다.

$$\gamma = 45° - \frac{\rho}{2} \qquad (18 \cdot 64)$$

효율을 크게 하려면 리드각을 크게 하고, 따라서 웜의 리드를 크게, 지름을 작게 해야 한다. 이뿌리의 지름을 너무 작게 하면 강도가 약해지므로 결국 웜의 줄수를 증가시키는 수밖에 없다. $\gamma = 10 \sim 25°$의 경우에는 공작상 불리하더라도 줄수를 2~3으로 증가시킨다.

웜 휠을 구동기어로 할 때 회전이 반대가 되어 마찰각이 음(−)이 되므로 효율 η'는

$$\eta' = \frac{\tan(\gamma-\rho)}{\tan\gamma} \qquad (12 \cdot 65)$$

이며, 회전을 전달하려면 $\eta' > 0$이 되어야 하므로 $\gamma > \rho$가 필요조건이다. $\gamma \leqq \rho$, 즉 P_1이 陰으로 되면 회전이 불가능하여 자립잠김(self-locking)이 되는데, 이런 웜기어를 자동정지 웜 기어(self-stopping worm gearing)라 하여 무거운 물건을 올린 위치에서 그대로 정지시키든가 로프와 철사를 강하게 잡아당겨서 정지시킬 때 편리하다. 이런 자동정지 작용은 어디까지나 마찰에 의한 것이므로 진동 등으로 차차 풀어지기 마련이다. 그러므로 확실히 정지시키려고 하면 역전방지 장치와 브레이크 장치를 해야 한다.

18-3-3 強度計算

웜 기어는 마찰이 심하므로 웜의 마멸을 막기 위해 웜 휠은 웜에 비해 비교적 연한 재료를 사용한다. 웜에는 담금질강, 웜 휠에는 인청동 또는 알루미늄 청동 등의 조합이 아주 좋다. 그러므로 웜 휠의 이에 대해서 강도계산을 하면 되나 웜과의 접촉상태 및 하중상태가 수시로 변하여 이의 강도를 정확히 구하는 것은 곤란하다. 또한, 웜 기어는 잇면 사이의 마찰로 인한 발열에 많은 제한을 받으므로, 보통 굽힘강도 설계는 하지 않아도 좋으나 응력시험상 간단히 소개한다.

[1] 굽힘強度

웜 휠의 이에 대한 굽힘강도는 다음과 같이 구한다.

$$P = f_v \sigma_b p_n b y \qquad (18 \cdot 66)$$

여기서

P : 피치 원주상의 최대 전달력

σ_b : 재료의 허용 굽힘응력

p_n : 치직각 피치($p_n = p_s \cos\beta$)

b : 이 너비

f_v : 속도계수

y : 치형계수

속도계수, 허용 굽힘응력 및 치형계수는 표 18-3 및 18-4에 따른다.

표 18-3 웜 휠의 속도계수

재 료	속도계수 f_v
금 속 재 료	$f_v = \dfrac{6}{6+v_g}$
합 성 수 지	$f_v = \dfrac{1+0.25v_g}{1+v_g}$

v_g : 웜 휠의 피치 원주속도(m/s)

표 18-4 웜 휠 재료의 허용 굽힘응력 σ_b

웜 휠의 재료	σ_b(kg$_f$/mm^2)	
	일방향 회전	양방향 회전
주 철	8.5	5.7
인 청 동	17.0	11.3
안 티 몬 청 동	10.5	7.0
합 성 수 지	3.0	2.0

표 18-5 웜 휠의 치형계수

치직각 압력각 α_n	치형계수 y
14.5°	0.100
20°	0.125
25°	0.150
30°	0.175

[2] 耐壓強度

웜 휠의 잇면에서 압력에 의한 마멸을 고려한 허용 전달하중은 다음과 같은 실험식에 의한다.

$$P = f_v \phi D_g B_e K \qquad (18 \cdot 67)$$

여기서

ϕ : 웜의 리드각에 의한 계수

D_g : 웜 휠의 피치원 지름(mm)

B_e : 유효 이 너비(mm)

K : 내마멸 계수

이며 ϕ와 K의 값은 표 18-6 및 18-7을 참고한다.

표 18-6 ϕ의 값

$\beta < 10°$	$\phi = 1.00$
$\beta = 10 \sim 25°$	$\phi = 1.25$
$\beta > 25°$	$\phi = 1.50$

표 18-7 내마멸 계수

웜의 재료	웜 휠 의 재 료	$K(kg_f/mm^2)$
강($H_B = 250$ 이상)	인 청 동	42×10^{-3}
담 금 질 강	주 철	35×10^{-3}
〃	인 청 동	56×10^{-3}
〃	인 청 동(금 형)	85×10^{-3}
〃	안 티 몬 청 동	〃
〃	합 성 수 지	〃
주 철	인 청 동	106×10^{-3}

[3] 發熱에 대한 강도

웜의 발열현상은 기어의 재료, 치형, 공작의 정밀도, 윤활유의 상태와 냉각장치 등에 영향을 받으며, 허용 전달하중은 다음과 같은 실험식에 의해 결정된다.

$$P = Cb_e \cdot p_s \tag{18·68}$$

여기서

C : 발열에 관한 계수

b_e : 웜의 피치원을 따라 측정한 웜 기어의 이 너비(mm)

p_s : 축직각 단면의 웜의 피치(mm)

b_e의 값은 웜의 피치원 지름을 D_w, 페이스각을 λ라 하면

$$b_e = \pi D_w \frac{\lambda}{360°} \tag{18·69}$$

λ는 보통 60~80°이며 C는 다음과 같은 Kutzbach의 실험식을 사용한다.

$$C = \frac{0.4}{1 + 0.5 v_s} \quad \text{(주철 대 주철)}$$

$$C = \frac{0.6}{1 + 0.5v_s} \text{ (강철 대 인청동)} \qquad (18 \cdot 70)$$

여기서 v_s는 웜의 미끄럼 속도(m/s)로 웜의 원주속도를 v_w, 비틀림각을 β라고 하면 다음과 같이 구할 수 있다.

$$\left.\begin{aligned} v_s &= \frac{v_w}{\cos\beta} \\ v_w &= \frac{\pi D_w n_w}{1000 \times 60} \end{aligned}\right\} \qquad (18 \cdot 71)$$

예제 18-8. 모듈 3, 웜은 2줄 나사, 속도비 $\frac{1}{30}$의 웜 기어 장치의 치수를 구하라. 다만, 모듈은 축직각 모듈 m_s를 나타낸다.

풀이 속도비가 $\frac{1}{30}$이므로 웜 휠의 잇수 $z_g = 2 \times 30 = 60$

축직각 피치　$p_s = m_s\pi = 3.14 \times 3 = 9.42\,\text{mm}$

웜 휠의 피치원 지름　$D_g = m_s z_g = 3 \times 60 = 180\,\text{mm}$

웜의 피치원 지름　$D_w = 2p_s + 12.7 = 2 \times 9.42 + 12.7 = 31.54\,\text{mm}$

중심 거리　$C = \frac{1}{2}(D_g + D_w) = \frac{1}{2}(180 + 31.54) = 105.77\,\text{mm}$

웜 휠의 각부 치수

이끝 높이　$h_k = m_s = 3\,\text{mm}$

목지름　$D_t = D_g + 2h_k = 180 + 2 \times 3 = 186\,\text{mm}$

이끝 높이 증가량　$h_i = 0.75h_k = 0.75 \times 3 = 2.25\,\text{mm}$

바깥 지름　$D_{og} = D_t + 2h_i = 186 + 2 \times 2.25 = 190.5\,\text{mm}$

이 너비　$b = 2.4p_s + 6 = 2.4 \times 9.42 + 6 = 28.61 \fallingdotseq 30\,\text{mm}$

웜의 각부 치수

바깥 지름　$D_{ow} = D_w + 2h_k = 31.54 + 2 \times 3 = 37.54\,\text{mm}$

리드　$l = p_s z_w = 9.42 \times 2 = 18.84\,\text{mm}$

웜의 길이　$L = (4.5 + 0.02z_g)p_s = (4.5 + 0.02 \times 60) \times 9.42 = 53.69 \fallingdotseq 55\,\text{mm}$

리드각　$\tan\gamma = \frac{l}{\pi D_w} = \frac{18.84}{3.14 \times 31.54} = 0.1902$

$\gamma = 10.8°$

줄수가 2이므로 압력각 $\alpha = 14.5°$로 한다.

예제 18-9. 예제 18-8의 문제에서 웜이 1500 rpm으로 2.5 kW를 전달할 때 웜축에 작용하는 스러스트는 얼마인가? 마찰계수는 0.1로 한다. 또한, 이 경우에 효율은 어떻게 되는가?

풀이 식 (18 · 61)에서

$$\tan\rho = \frac{\mu}{\cos\alpha} = \frac{0.1}{\cos 14.5°} = 0.103$$

$$\tan\gamma = 0.1902$$

$$\eta = \frac{\tan\gamma}{\tan(\gamma+\rho)} = 0.638 = 63.8\%$$

$$n_g = \frac{1500}{30} = 50\,\text{rpm}$$

$$v_g = \frac{3.14 \times 180 \times 50}{1000 \times 60} = 0.47\,\text{m/s}$$

웜에 작용하는 스러스트 P_2는

$$P_2 = \frac{1000\,H\eta}{v_g} = \frac{1000 \times 2.5 \times 0.638}{0.47} = 3393.6\,\text{N}$$

웜 휠에 작용하는 스러스트 P_1은 식 (18·62)에서

$$P_1 = P_2 \tan(\gamma+\rho) = 3393.6 \times \tan(10.8° + 5.9°) = 1018.1\,\text{N}$$

을 얻는다.

예제 18-10. 2.5 HP, 1750 rpm의 동력을 웜 기어 장치로 $\frac{1}{12.25}$로 감속시키려고 한다. 웜은 4줄 나사로 축방향 방식으로 압력각 20°, 모듈 3.5, 중심 거리 110 mm로 할 때, 웜 휠의 피치원상의 전달력과 양베어링에 걸리는 스러스트 및 효율을 구하라.

풀이 웜 휠의 잇수 $z_g = 4 \times 12.25 = 49$

웜 휠의 피치원 지름 $D_g = 3.5 \times 49 = 171.5\,\text{mm}$

웜의 피치원 지름 $D_w = 2C - D_g = 2 \times 110 - 171.5 = 48.5\,\text{mm}$

웜의 축방향 피치 $p_s = \pi m_s = 3.14 \times 3.5 = 10.99\,\text{mm}$

리드 $l = p_s z_w = 10.99 \times 4 = 43.96\,\text{mm}$

리드각 γ는 식 (18·52)에서

$$\tan\gamma = \frac{l}{\pi D_w} = \frac{43.96}{3.14 \times 48.5} = 0.282$$

$$\gamma = 15.7°$$

잇면의 마찰계수를 0.1이라 하면 식 (18·61)로부터

$$\tan\rho = \frac{\mu}{\cos\alpha} = \frac{0.1}{\cos 20°} = 0.107$$

$$\eta = \frac{\tan\gamma}{\tan(\gamma+\rho)} = \frac{0.282}{0.4} = 0.705 = 70.5\%$$

웜 휠의 회전수 $n_g = \frac{1750}{12.25} = 143.5\,\text{rpm}$

웜 휠의 피치 원주속도 v_g는

$$v_g = \frac{3.14 \times 171.5 \times 143}{1000 \times 60} = 1.28\,\text{m/s}$$

웜 휠의 회전력 P_2는

$$P_2 = \frac{75\,H\eta}{v_g} = \frac{75 \times 2.5 \times 0.7}{1.28} = 102\,\text{kg}_f$$

가 얻어지고, 이 힘이 웜축의 스러스트이며 웜 휠의 스러스트 P_1은

$$P_1 = P_2 \tan(\gamma + \rho) = 102 \tan(15.7° + 6.1°) = 41\,\mathrm{kg}_f$$

를 얻는다.

연 습 문 제

1. 헬리컬 기어의 특성을 말하고 축직각 방식과 치직각 방식의 관계를 설명하라.
2. 헬리컬 기어에 작용하는 힘의 관계를 설명하고 기어축에 걸리는 가로하중은 얼마나 되는가?
3. 베벨기어 각부의 명칭을 말하고 상당 스퍼 기어의 잇수를 구하라.
4. 웜 기어의 장단점을 말하라.
5. 웜 기어의 효율을 구하고 리드각이 효율에 미치는 영향에 관해 설명하라.
6. 속도비 1 : 5, 20,000 kg·cm의 토크를 받는 한 쌍의 헬리컬 기어가 있다. 피니언 : 연강, 피치원 지름 200 mm, 회전수 $n_1 = 1150$ rpm, 기어 : 주강으로 구성되고 공구 압력각 14.5°, 비틀림각 20°로 하여 모듈, 양차의 잇수, 기어재료의 경도를 정하라.
   ($m_n = 7$, $z_{s1} = 27$, $z_{s2} = 135$, 피니언 : $H_B = 350$, 기어 : $H_B = 300$)
7. 감속비 $\dfrac{z_2}{z_1} = 5$, $z_1 = 28$, $z_2 = 139$, 피니언의 $n_1 = 1450$ rpm, 구동마력 10 HP, 재료는 SM 35 C, 비틀림각 $\beta = 23.5°$의 헬리컬 기어를 설계하라. ($m_n = 2.5$, $b = 10$ mm)
8. 종동축의 $n_2 = 200$ rpm이고 8 kW를 전달받는 헬리컬 기어 장치가 있다. 기어는 $\beta = 20°$, $\alpha_n = 20°$이고 $m_n = 4$의 호브로 절삭할 때 $z_1 = 32$, $z_2 = 80$의 경우, 이에 작용하는 반지름 방향의 힘과 축방향의 힘을 구하라. ($P_v = 830$ N, $P_t = 788$ N)
9. 전달마력 12 HP, 속도비 1 : 2의 주철제 직각 베벨 기어가 있다. 기어의 피치원 지름 500 mm, 회전수 100 rpm, 이 너비 75 mm로 하여 공구 압력각이 14.5°이면 모듈은 얼마인가? ($m = 4$)
10. 두 축이 직교하는 베벨 기어가 있다. 잇수가 각각 27,56이고 모듈이 4일 때 양기어의 피치원 지름과 피치 원추각을 구하라. ($D_1 = 108$ mm, $D_2 = 224$ mm, $\delta_1 = 25.74°$, $\delta_2 = 64.26°$)
11. 베벨 기어 감속장치에서 구동치차의 구동마력 5 HP, $n_1 = 750$ rpm이다. 이 베벨 기어의 모듈을 구하라. 다만 감속비 $i = 3$, $\Sigma = 90°$이고 재료는 SM 50 C이다. ($m = 3.5$)
12. 150 kW를 전달하는 곡선 이를 가진 베벨 기어에서 원동축의 $n_1 = 600$ rpm일 때 기어에 작용하는 접선력을 구하라. 다만 압력각은 20°, $m_s = 9.358$, $m_n = 6.5$, 이 너비 80 mm이고 잇수는 $z_1 = 25$, $z_2 = 61$이다. ($P = 23.4$ kN)
13. 30 : 1의 웜 감속장치에서 웜은 전동기로 직결되어 1450 rpm으로 한 방향으로 회전한다. 웜은 모듈 5, 치직각 압력각 20°, 줄수 3, 피치원 지름 60 mm의 담금질 강제이고 웜 휠은 인청동제로 이 너비 35 mm이다. 이 감속장치의 허용 전달동력을 구하라. ($H = 13.7$ HP)
14. 축직각 모듈 4, 웜은 3줄 나사, 속도비 $\dfrac{1}{40}$의 웜 기어 장치의 치수를 구하라. 웜이 1000 rpm으로

2HP을 전달할 때 웜축에 작용하는 스러스트는 얼마인가? ($P_t = 193.1\,\text{kg}_f$)

15. 웜의 회전수 800 rpm으로 22kW를 전달하는 웜 감속장치가 있다. 이 웜의 피치가 31.4 mm의 1줄 나사로 피치원 지름이 64 mm, 압력각 14.5°일 때 웜 휠에 작용하는 하중을 구하라.

($P_n = 13{,}791\,\text{N}$, $P_y = 3453\,\text{N}$, $P_2 = 10{,}614\,\text{N}$)

제 19 장

平벨트와 V벨트

구동축과 종동축의 축간 거리가 작으면 직접 전동장치인 기어나 마찰차로 직접 접촉에 의해 동력을 전달할 수 있으나, 축간 거리가 클 때에는 양축에 바퀴를 부착하여 이 바퀴에 벨트, 로프 및 체인 등을 감아걸어서 간접적으로 동력을 전달할 수가 있다. 이와 같은 동력 전달장치를 **감아걸기 傳動裝置**(wrapping transmission gear)라 한다.

벨트나 로프는 이것과 짝을 이루는 풀리 사이의 마찰력에 의해서 운동을 전달하므로, 고속 고부하인 경우 약간의 미끄럼을 수반하기 때문에 기어와 같이 정확하고 일정한 속도비를 얻기 어려우나, 벨트나 로프는 어느 정도의 충격을 흡수하고 부하가 커지면 미끄러져서 기계에 무리를 일으키는 경우가 적고 비교적 정숙한 운동을 시킬 수 있다.

표 19-1에 여러 가지 감아걸기 전동장치의 종류와 그 적용범위를 표시하였다.

표 19-1 걸어감기 전동장치의 적용범위

매개절의 종류		축간 거리 (m)	회전비		매개절의 속도 (m/sec)	
			보통	최대	보통	최대
평벨트		10 이하	1:1~6	1:15	10~30	50
V 벨트		5 이하	1:1~7	1:10	10~18	25
로프(綿, 麻)		10~25	1:1~2	1:5	15~25	30
체인	롤러체인	4 이하	1:1~7	1:10	4 이하	10
	사일런트체인	4 이하	1:1~8	1:10	8 이하	10

19-1　平벨트 傳動

19-1-1　평벨트의 종류와 벨트 풀리

[1] 평 벨 트

평벨트는 충분한 휨(flexibility)과 탄력성이 필요하므로 가죽, 직물, 고무 및 鋼 등의 벨트가 사용되나 고무벨트가 가장 일반적으로 사용되고 있다.

(1) 가죽벨트(leather belt)

소나 물소의 가죽을 연하게 잘 처리해서 가죽벨트로 사용하는데 한 장의 두께는 약 5~8 mm이며, 한 장으로 만든 벨트를 1겹 벨트(single ply belt)라 하며 5kW 이하의 전동에 사용하고, 더 큰 동력을 전달하려고 하면 2장 이상을 겹쳐서 만든 2겹 벨트(double ply belt), 3겹 벨트(treble ply belt)를 사용한다. 벨트의 두께에 따라 사용되는 벨트 풀리의 지름은 1겹벨트에 대해서는 60mm 이상, 2겹 벨트에 대해서는 200mm 이상, 3겹 벨트에 대해서는 500mm 이상의 것을 사용한다. 표 **19-2**에 가죽벨트에 대한 표준치수를, 표 **19-3**에 가죽벨트의 기계적 성질이 표시된다.

표 19-2　가죽벨트의 표준치수

(단위 : mm)

<table>
<tr><th colspan="3">1 겹　벨 트</th><th colspan="3">2 겹　벨 트</th><th colspan="3">3 겹　벨 트</th></tr>
<tr><th colspan="2">너비와 허용차</th><th>두　께</th><th colspan="2">너비와 허용차</th><th>두　께</th><th colspan="2">너비와 허용차</th><th>두　께</th></tr>
<tr><td>25</td><td rowspan="5">±1.5</td><td rowspan="5">3 이상</td><td>51</td><td>±1.5</td><td rowspan="5">6</td><td>203</td><td>±4.0</td><td rowspan="17">10 이상</td></tr>
<tr><td>32</td><td>63</td><td rowspan="4">±3.0</td><td>229</td><td rowspan="11">±5.0</td></tr>
<tr><td>38</td><td>76</td><td>254</td></tr>
<tr><td>44</td><td>89</td><td>279</td></tr>
<tr><td>51</td><td>102</td><td>305</td></tr>
<tr><td>57</td><td rowspan="8">±3.0</td><td rowspan="8">4 이상</td><td>114</td><td rowspan="8">±4.0</td><td rowspan="8">7</td><td>330</td></tr>
<tr><td>63</td><td>127</td><td>356</td></tr>
<tr><td>70</td><td>140</td><td>381</td></tr>
<tr><td>76</td><td>152</td><td>406</td></tr>
<tr><td>83</td><td>165</td><td>432</td></tr>
<tr><td>89</td><td>178</td><td>457</td></tr>
<tr><td>95</td><td>191</td><td>483</td></tr>
<tr><td>102</td><td>203</td><td>508</td><td rowspan="5">±1.0</td></tr>
<tr><td>114</td><td rowspan="4">±4.0</td><td rowspan="4">5 이상</td><td>229</td><td rowspan="4">±5.0</td><td rowspan="4">8</td><td>559</td></tr>
<tr><td>127</td><td>254</td><td>610</td></tr>
<tr><td>140</td><td>279</td><td>660</td></tr>
<tr><td>152</td><td>305</td><td>711</td></tr>
</table>

표 19-3　가죽벨트의 기계적 성질

종　　류	인장강도(kg_f/mm^2)	연 신 율(%) (응력 $2kg_f/mm^2$일 때)	허용응력(kg_f/mm^2)
가죽벨트 1급품	2.5 이상	16 이하	0.25 이상
가죽벨트 2급품	2.0 이상	20 이하	0.20 이상

(2) 織物벨트(textile belt)

무명, 마, 합성섬유의 직물로 이음매 없이 짤 수 있으며, 1겹으로 두텁게 만든 것과 얇은 직물을 겹친 것이 있다. 가죽벨트보다 인장강도가 크나 유연성이 좋지 않아 풀리와의 접촉이 떨어지므로 전동능력이 떨어진다. 그러나 가벼워서 고속회전에 적합하다. 가장 많이 사용되는 무명벨트는 인장강도가 1겹인 경우 4.5~6.0 kg_f/mm^2, 겹친 직물인 경우 3.5~5.5 kg_f/mm^2이며, 허용응력은 다 같이 0.2~0.25 kg_f/mm^2 정도로 잡는다.

(3) 고무벨트(rubber belt)

2장 이상의 직물벨트에 고무를 포개 붙여 만든 것으로, 유연하고 풀리에 잘 접촉되므로 미끄럼이 적고 비교적 수명이 길다. 고무벨트는 습기에 잘 견딜 수 있고 먼지 등에 의하여 손상받지 않으며 70℃의 온도에도 잘 견딘다. 그러나 빛, 기름, 열 등에 약하여 특히 광물성 기름, 휘발유 등에 잘 용해된다. 그리고 오랜 기간 연속운전을 하면 내부에 축적된 열에 의하여 벗겨져 분리되는 剝離現象(flaking)이 생긴다. 표 19-4에 고무벨트의 규격을, 표 19-5에 고무벨트의 너비와 겹수를, 표 19-6에 고무벨트의 기계적 성질을 표시한다.

표 19-4 고무벨트의 규격

종별		1겹 벨트, 너비 10(mm)에 대한 인장강도(kg_f)	1겹 벨트, 너비 10(mm)에 대한 신장률(%)
무명사용 고무벨트	특종	65	하중 60(kg_f) 때 20 이하
	1종	50	하중 45(kg_f) 때 20 이하
	2종	45	하중 40(kg_f) 때 20 이하
	3종	40	하중 35(kg_f) 때 20 이하
인조견포사용 고무벨트		50	하중 45(kg_f) 때 20 이하

표 19-5 고무벨트의 너비와 겹수

(단위 : mm)

겹수	3	4	5	6	7	8
너비	25 32 51 64	51 64 89 102	127	152 178	203 254	305

표 19-6 고무벨트의 기계적 성질

시험	벨트의 구별	특종	1종	2종	3종
인장시험	인장강도 (kg_f/cm)	65 이상	55 이상	50 이상	45 이상
	신장률 (%)	20 이하	20 이하	20 이하	20 이하
박리시험	박리하중 ($kg_f/25cm$)	7 이상	7 이상	6 이상	6 이상

〔비고〕 인장강도는 1겹, 너비 1cm에 대한 것이다.

(4) 鋼벨트(steel belt)

냉간압연한 얇은 강판으로 된 벨트로 보통 두께는 0.3~1.1 mm, 너비 15~250 mm의 것이 사용된다. 다른 벨트에 비해서 인장강도가 커서 100 kg_f/mm^2 정도, 허용응력은 25 kg_f/mm^2, 굽힘응력은 12.5 kg_f/mm^2 정도이다. 같은 동력을 전달하는 경우 가죽벨트의 약 $\frac{1}{5}$의 너비이면 충분하다. 신장률이 작고 수명이 길다. 그러나 풀리의 지름 $D \leqq 50$ mm이면 사용하기 어려워진다.

(5) 타이밍 벨트(timing belt)

그림 19-1과 같이 미끄럼을 완전히 없애기 위하여 접촉면에 치형을 붙여 맞물림에 의해 傳動하도록 고안된 새로운 이붙이 벨트이다. 강선코드를 사용하여 장력을 담당유지하고 늘어나는 것을 방지하도록 한다. 이 벨트의 특징은 미끄럼과 크리프가 거의 없고 속도변화가 아주 적다. 그리고 굽힘저항이 작으므로 작은 지름을 가진 풀리에도 사용할 수가 있고, 저속 및 고속에서 원활한 운전이 가능하다. 따라서, 벨트전동과 체인전동의 중간적인 성능을 가지고 있다.

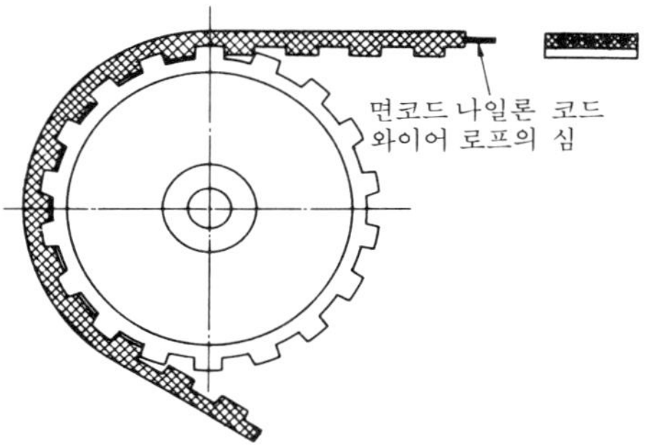

그림 19-1 타이밍 벨트

[2] 벨트의 이음

벨트의 이음방법은 그림 19-2에 나타낸 바와 같이 접착제로 잇는 방법, 가죽끈이나 철사로 잇는 방법, 벨트 레이싱(belt lacing), 앨리게이터(alligator)와 같은 이음쇠를 사용하는 방법이 있는데 이 중에서 아교이음이 가장 좋다.

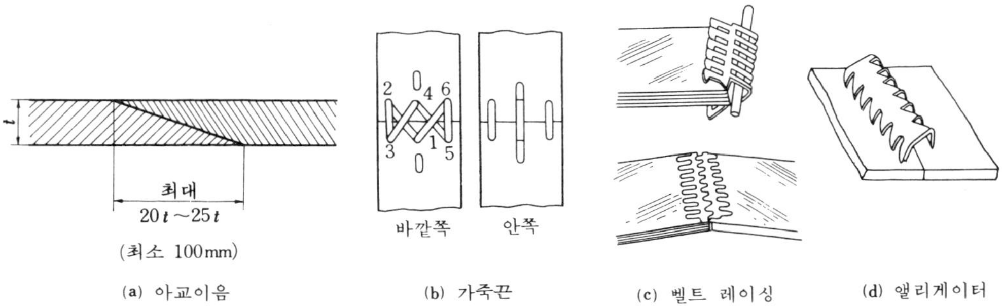

그림 19-2 벨트의 이음방법

이음부는 강도가 약화되므로 표 **19-7**과 같은 이음효율로 약해지는 정도를 표시한다. 벨트설계에서 벨트 자체의 강도보다 이음부의 강도를 기준으로 계산하여야 한다.

표 19-7 가죽벨트의 이음효율

이음의 종류	이음효율(%)
접착제 이음	80~90
철사이음	85~90
가죽끈 이음	약 50
이음쇠 이음	30~65

[3] **벨트 풀리**(belt pulley)

벨트 풀리는 그림 **19-3**에서 알 수 있는 바와 같이 주로 다음과 같은 3부분으로 구성된다.

① 림(rim) : 풀리의 둘레를 구성하는 얇은 살로 된 원통형의 바퀴 둘레를 말한다.

② 보스(boss) : 전동축이 끼어 들어가는 축구멍을 구성하는 중앙부분이다.

③ 암(arm) : 림과 보스부분을 방사선 모양으로 연결하는 몇 개의 막대부분을 말하며 암 대신에 판자를 사용하기도 한다.

재료로써는 일반적으로 주철을 일체로 만든 것을 사용하고 이런 풀리를 일체풀리(solid pulley)라 한다. 원주속도가 30m/s 이상이 되면 원심력의 영향을 고려해서 주강을 사용한다. 주강으로 된 풀리를 만들 때는 분할풀리(split pulley)로 한다.

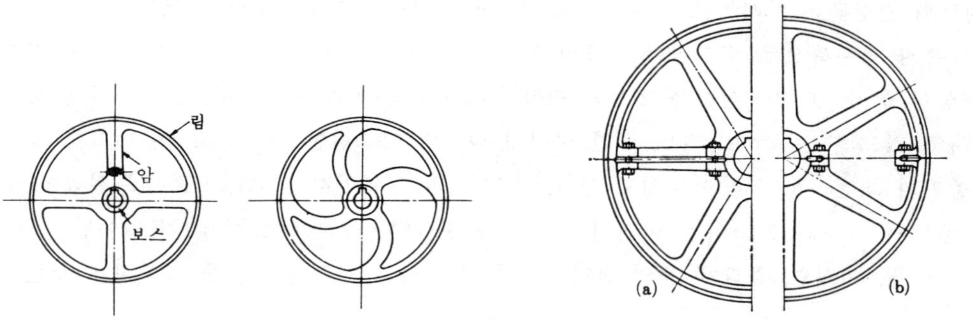

(a) 일체풀리 (b) 분할풀리

그림 19-3 벨트 풀리의 모양

19-1-2 速度比·벨트의 길이 및 接觸角

벨트를 풀리에 걸어감는 방법에는 그림 **19-4**에 표시한 바와 같이 평행걸기(open belting)와 십자걸기(cross belting)가 있고, 전자는 회전방향이 같게 되고 후자는 서로 반대 방향이 된다. 십자걸기는 평행걸기에 비해서 접촉각이 크기 때문에 큰 동력을 전달하는 데 적합하다.

(a) 평행걸기 (b) 십자걸기

그림 19-4 벨트를 걸어감는 방법

그림 19-5에서 원동풀리의 회전속도, 각속도, 지름을 각각 n_1, ω_1, D_1 수동풀리의 회전속도, 각속도, 지름을 각각 n_2, ω_2, D_2라 하고, 벨트와 풀리 사이에 미끄럼이 전혀 없다고 하면 원주속도 v는 다음과 같다.

$$v = \pi D_1 n_1 = \pi D_2 n_2$$

따라서, 속도비 i는

$$i = \frac{n_2}{n_1} = \frac{\omega_2}{\omega_1} = \frac{D_1}{D_2} \qquad (19 \cdot 1)$$

이며, 만약 벨트의 두께 t를 고려한다면 속도비는 다음과 같다.

$$i = \frac{n_2}{n_1} = \frac{\omega_2}{\omega_1} = \frac{D_1 + t}{D_2 + t} \qquad (19 \cdot 2)$$

그림 19-5와 같이 벨트가 회전하면 아래쪽 벨트는 인장력을 받아서 緊張側(tight side)이 되고, 위쪽 벨트는 인장력을 받지 않으므로 느슨해져서 弛緩側(loose side)이 된다. 언제나 벨트의 긴장측은 아래쪽으로, 이완측은 위쪽이 되도록 벨트를 걸어 주어야 한다.

긴장측과 이완측으로 말미암아 벨트와 림의 속도에 차이가 생겨서 벨트가 림면을 기어가는 현상이 생기는데 이 현상을 벨트의 **크리핑**(creeping)이라 한다. 또, 종동풀리에 하중이 작용하고 있으면 벨트와 풀리의 림면 사이에 약간의 미끄럼이 생기므로, 이 미끄럼 때문에 종동풀리의 회전속도가 늦어지기도 한다. 축간 거리가 길어져서 고속으로 벨트전동이 일어나면 벨트가 파닥파닥 소리를 내면서 파도치는 현상인 플래핑(flapping)이 일어난다. 이와 같이 크리핑, 미끄럼, 플래핑 등의 원인으로 풀리가 늦게 회전하는 것을 정확하게 계산하는

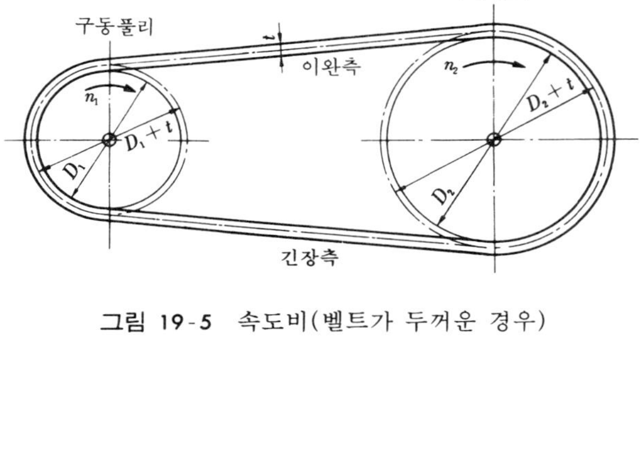

그림 19-5 속도비(벨트가 두꺼운 경우)

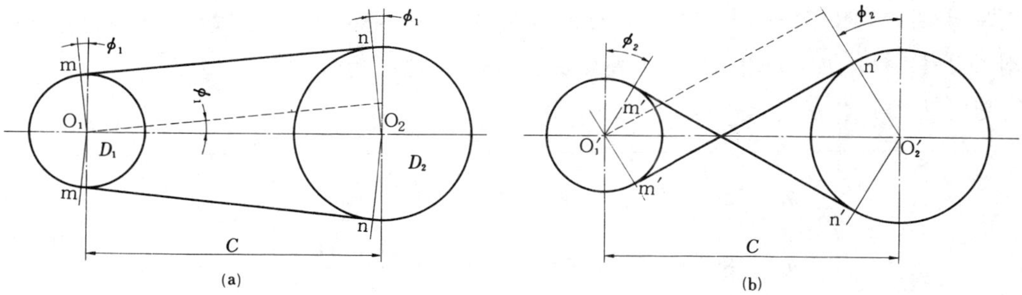

그림 19-6 벨트의 길이

것은 곤란한 일이나 보통 2~3% 정도 늦어지는 것으로 생각해야 한다. 벨트의 길이 L은 그림 **19-6**에 의해서 이론적으로 구하면 다음과 같다.

① 평행걸기의 경우

$$L = \frac{\pi}{2}(D_1 + D_2) + \phi_1(D_2 - D_1) + 2C\cos\phi_1 \tag{19·3}$$

여기서

$$\sin\phi_1 = \frac{D_2 - D_1}{2C}$$

② 십자걸기의 경우

$$L = \frac{\pi}{2}(D_1 + D_2) + \phi_2(D_1 + D_2) + 2C\cos\phi_2 \tag{19·4}$$

여기서

$$\sin\phi_2 = \frac{D_1 + D_2}{2C}$$

보통 C는 D_1, D_2에 비해서 꽤 크며, ϕ_1, ϕ_2가 매우 작을 때는 $\sin\phi \fallingdotseq \phi$, $\cos\phi \fallingdotseq 1 - \frac{1}{2}\phi^2$으로 할 수 있으므로 벨트의 길이 L은 근사적으로 다음과 같이 표시된다.

평행걸기의 경우

$$L = 2C + \frac{\pi}{2}(D_1 + D_2) + \frac{(D_2 - D_1)^2}{4C} \tag{19·5}$$

십자걸기의 경우

$$L = 2C + \frac{\pi}{2}(D_1 + D_2) + \frac{(D_1 + D_2)^2}{4C} \tag{19·6}$$

다음 接觸角(angle of contact)은 벨트가 풀리에 접촉하고 있는 부분의 중심각을 말하며,

벨트의 미끄럼을 적게 하려면 접촉각을 되도록 크게 하여야 한다. 평행걸기에서는 $\theta_1 < \theta_2$, 십자걸기에서는 $\theta_1 = \theta_2$가 된다. 접촉각 θ는 다음과 같이 얻어진다.

평행걸기의 경우

$$\left.\begin{aligned}\theta_1 &= 180° - 2\phi_1 = 180° - 2\sin^{-1}\left(\frac{D_2 - D_1}{2C}\right)\\ \theta_2 &= 180° + 2\phi_1 = 180° + 2\sin^{-1}\left(\frac{D_2 - D_1}{2C}\right)\end{aligned}\right\} \tag{19·7}$$

안전을 고려해서 항상 작은 쪽의 θ_1을 취하게 된다.

십자걸기의 경우

$$\theta_1 = \theta_2 = 180° + 2\phi_2 = 180° + 2\sin^{-1}\left(\frac{D_1 + D_2}{2C}\right) \tag{19·8}$$

십자걸기에서는 평행걸기에 비해서 접촉각이 커서 전달동력이 커지나 벨트가 비틀리고 서로 접촉해서 마멸되기 쉽다. 비틀리는 정도를 적게 하기 위해서 축간 거리를 벨트 너비의 20배 이상으로 하는 것이 바람직하다.

19-1-3 벨트의 張力과 傳達動力

[1] 벨트의 張力

벨트傳動에서 벨트와 풀리 사이의 전동에 필요한 마찰을 얻으려면, 벨트를 걸 때 약간의 인장력이 벨트에 주어져야 한다. 이 장력을 初期張力(initial tension) T_0라고 한다.

긴장측의 장력을 T_1, 이완측의 장력을 T_2라고 하면, $T_1 - T_2 = P$는 풀리를 돌리기 위하여 풀리의 원주에 작용하는 유효 전달력이 되고, 이 P를 有效張力(effective tension)이라 한다. 벨트가 회전하고 있을 때의 T_1, T_2를 구하기 위해서 다음과 같이 해석한다.

그림 19-7에서 벨트의 접촉부분 중 미소부분 $rd\theta$를 잡아 이 부분에 작용하는 힘의 평형을 생각한다. 장력은 미소부분 T에서 $T + dT$로 증가하고, 또 이 부분에 원심력 dC, 수직압력 dN, 마찰력 μdN이 작용한다.

반지름 방향의 평형조건으로부터 다음 식이 성립한다.

$$dN = T\sin\frac{d\theta}{2} + (T + dT)\sin\frac{d\theta}{2} - dC \fallingdotseq Td\theta - dC$$

원심력은

$$dC = \frac{wrd\theta}{g} \cdot \frac{v^2}{r} = \frac{wv^2}{g}d\theta$$

로 표시되고 여기서 r : 벨트 풀리의 반지름, w : 벨트의 단위길이마다의 무게, v : 벨트의

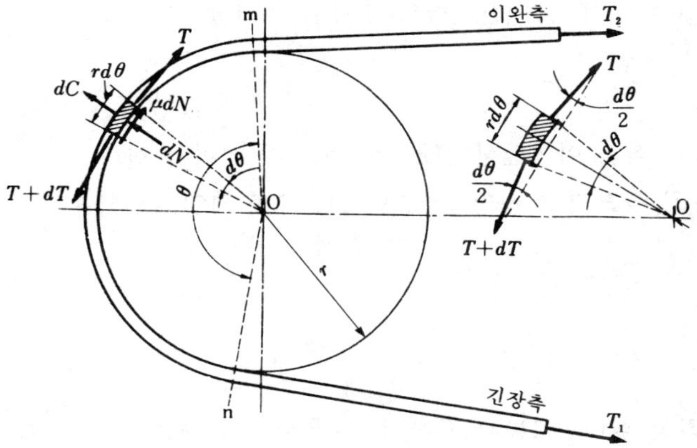

그림 19-7 벨트와 풀리 사이의 힘의 균형

속도이다.

그러므로 다음 식이 얻어진다.

$$dN = \left(T - \frac{wv^2}{g}\right)d\theta \tag{19·9}$$

접선방향의 평형조건으로부터

$$(T + dT)\cos\frac{d\theta}{2} = T\cos\frac{d\theta}{2} + \mu dN$$

여기서 $\cos\frac{d\theta}{2} \fallingdotseq 1$로 생각하면

$$dT \fallingdotseq \mu dN \tag{19·10}$$

식 (19·9)를 식 (19·10)에 대입하면

$$\frac{dT}{T - \frac{wv^2}{g}} = \mu d\theta$$

가 되므로, 이것을 전체에 걸쳐 적분하면 T_1과 T_2의 관계식이 얻어진다.

$$\int_{T_2}^{T_1} \frac{dT}{T - \frac{wv^2}{g}} = \int_0^{\theta} \mu d\theta$$

$$\log\frac{T_1 - \frac{wv^2}{g}}{T_2 - \frac{wv^2}{g}} = \mu\theta$$

$$\frac{T_1 - \frac{wv^2}{g}}{T_2 - \frac{wv^2}{g}} = e^{\mu\theta} \tag{19·11}$$

벨트의 속도 $v \leqq 10\text{m/s}$에서는 원심력의 영향을 무시할 수 있으므로

$$\frac{T_1}{T_2} = e^{\mu\theta} \tag{19·12}$$

와 같이 표시된다. 이 식을 아이텔바인(Eytelwein)의 식이라 한다.

유효장력을 $T_1 - T_2 = P$라고 하면 식 (19·11), (19·12)로부터

$$\left.\begin{aligned} T_1 &= \frac{e^{\mu\theta}}{e^{\mu\theta}-1}P \\ T_2 &= \frac{1}{e^{\mu\theta}-1}P \end{aligned}\right\} \tag{19·13}$$

로, 원심력을 고려하면 식(19·11)과 $T_1 - T_2 = P$로부터 다음 식이 얻어진다.

$$\left.\begin{aligned} T_1 &= \frac{e^{\mu\theta}}{e^{\mu\theta}-1}P + \frac{wv^2}{g} \\ T_2 &= \frac{1}{e^{\mu\theta}-1}P + \frac{wv^2}{g} \end{aligned}\right\} \tag{19·14}$$

여기서 $\frac{wv^2}{g}$은 원심력에 의하여 벨트에 부가되는 힘을 나타내며, 이것을 附加張力이라고 부른다. 보통 v(m/s), $g = 9.8\text{m/s}^2$, $w(\text{kg}_f/\text{m})$의 단위로 계산하고, 벨트의 너비를 b mm, 벨트의 두께를 t mm라 하고, 벨트재료의 비중이 1이라면 w의 식은 다음과 같다.

$$w \fallingdotseq 0.001\,bt(\text{kg}_f/\text{m}) \tag{19·15}$$

마찰계수의 값은 정확하게 결정지을 수 없고 접촉면의 성질, 상태, 벨트의 유효장력, 미끄럼의 정도 등 여러 가지 조건이 모두 μ의 값을 변화시킨다. 실제로 설계하는 데 채택해야 되는 μ의 값은 실험에서 얻은 최대 마찰계수가 아니고, 사용하는 데 항상 확보할 수 있는 값, 즉 安全摩擦係數가 되어야 하고 표 **19-8**에 표시한다.

표 19-8 안전 마찰계수 μ

벨트의 종류	벨트 풀리의 림면						
	철 또는 강철	나 무	종 이	습한 주철	그리스를 칠한 주철	기름을 칠한 주철	고무 또는 가죽으로 붙인 것
탄닝처리 벨트	0.25	0.30	0.35	0.20	0.15	0.12	0.40
크롬처리 벨트	0.40	0.45	0.50	0.35	0.25	0.20	0.48
고 무 벨 트	0.30	0.32	0.35	0.18	—	—	0.42
무 명 벨 트	0.21	0.24	0.26	0.15	0.12	0.10	0.30
毛 벨 트	0.35	0.40	0.45	0.25	0.20	0.15	0.45
발 라 타 벨 트	0.32	0.35	0.48	0.20	—	—	0.40

[2] 傳達動力

벨트는 유효장력 $P\text{kg}_f$를 받고, 속도 vm/s로 전동하므로 저속인 경우 전달동력 HHP

는

$$H=\frac{Pv}{75}=\frac{T_1 v}{75}\cdot\frac{e^{\mu\theta}-1}{e^{\mu\theta}} \qquad (19\cdot 16)$$

v>10m/s일 때는 원심력을 고려해야 하고 전달동력 H는

$$\left.\begin{aligned} H&=\frac{Pv}{75}=\frac{v}{75}\left(T_1-\frac{wv^2}{g}\right)\cdot\frac{e^{\mu\theta}-1}{e^{\mu\theta}}\\ &=\frac{T_1 v}{75}\left(1-\frac{wv^2}{T_1 g}\right)\cdot\frac{e^{\mu\theta}-1}{e^{\mu\theta}}\end{aligned}\right\} \qquad (19\cdot 17)$$

전달동력은 벨트의 속도가 증가하면 초기에는 증가하나 어느 속도 이상이 되면 원심력 때문에 도리어 감소한다. 최대동력을 전달할 때의 속도는 $dH/dv=0$을 풀어서 얻을 수 있다. 식 (19·17)을 속도에 관해서 미분하면

$$\frac{e^{\mu\theta}-1}{75e^{\mu\theta}}\left(T_1-\frac{3w}{g}v^2\right)=0$$

$$v_1=\sqrt{\frac{T_1 g}{3w}} \qquad (19\cdot 18)$$

가 되고, v_1은 전달동력 H가 최대로 되는 벨트의 속도이다.

19-1-4 段 車

원추풀리(cone pulley)를 사용하면 벨트의 이동으로 연속적으로 속도비가 바뀌지는 이점은 있으나, 벨트가 지름이 큰 쪽으로 올라가는 경향이 있어서 이동방지의 장치를 따로 설치해야 하고, 벨트가 손상하기도 쉽다. 또, 접촉이 나빠서 미끄럼도 생기기 쉬우므로 큰 동력을 전달하는 데는 부적당하다. 따라서, 이런 결점을 없애기 위하여 지름이 다른 몇 개의 풀리를 나란히 놓은 것처럼 하면 회전속도는 연속적으로 변하지는 않으나 단계적으로 변화하게 된다. 이와 같은 풀리를 段車(stepped pulley)라 하고 공작기계의 속도변환 장치에 많이 사용되고 있다.

속도비를 단계적으로 변화시킬 때는 그림 19-8과 같은 단차를 서로 반대방향으로 부착하여 사용한다.

여기서

D_1, D_2, ……D_n : 구동단차의 각 단의 지름

d_1, d_2, ……d_n : 종동단차의 각 단의 지름

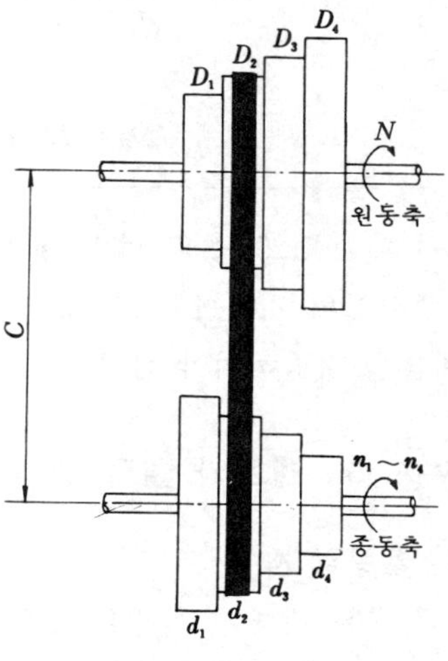

그림 19-8 단차끼리의 조합

N : 구동축의 회전속도

$n_1, n_2, \cdots\cdots n_n$: 종동축의 각 단의 회전속도

이고, 종동축의 회전 속도비가 등비급수 속도열로 배열하여 그 公比를 ϕ 라고 하면

$$\phi = \frac{n_2}{n_1} = \frac{n_3}{n_2} = \frac{n_4}{n_3} \cdots\cdots \frac{n_n}{n_{n-1}}$$

$$n_2 = \phi\, n_1,\ n_3 = \phi\, n_2 = \phi^2 n_1 \cdots\cdots,\ n_n = \phi\, n_{n-1} = \phi^{n-1} n_1$$

$$\phi = \sqrt[n-1]{\frac{n_n}{n_1}} \tag{19·19}$$

따라서, 공비 ϕ 는 종동축의 최소, 최대 회전속도와 단수 n으로부터 구할 수 있다.

또,

$$\frac{n_1}{N} = \frac{D_1}{d_1},\quad \frac{n_2}{N} = \frac{D_2}{d_2} \cdots\cdots \frac{n_n}{N} = \frac{D_n}{d_n}$$

$$\frac{n_2}{N} = \phi\,\frac{n_1}{N},\quad \frac{n_3}{N} = \phi^2\frac{n_1}{N} \cdots\cdots \frac{n_n}{N} = \phi^{n-1}\frac{n_1}{N}$$

이므로

$$D_n = \phi^{n-1}\frac{D_1}{d_1}d_n \tag{19·20}$$

십자걸기의 경우에는

$$D_1 + d_1 = D_2 + d_2 = D_3 + d_3 = \cdots\cdots D_n + d_n \tag{19·21}$$

이 되므로, 식 (19·20)과 (19·21)로부터

$$\left.\begin{aligned} d_n &= \frac{D_1 + d_1}{1 + \phi^{n-1}\dfrac{D_1}{d_1}} \\ D_n &= D_1 + d_1 - d_n \end{aligned}\right\} \tag{19·22}$$

공비 ϕ 는 1.25～2의 범위 내의 값으로 설계한다.

평행걸기의 경우에는 각 단마다 속도비와 벨트 길이의 식을 만족시키도록 각 단의 풀리의 지름을 결정하여야 한다.

19-1-5 벨트와 벨트 풀리의 設計

[1] 벨트의 치수

운전 중의 벨트가 풀리와 접촉하지 않을 때는 T_1 과 T_2 의 장력만을 받고 다음에 림면에서 굽힘을 받는다. 즉, 벨트에 생기는 응력 σ는 장력에 의한 응력 σ_t와 굽힘에 의한 응력

σ_b, 즉 $\sigma = \sigma_t + \sigma_b$로 표시된다.

여기서

b : 벨트의 너비

h : 벨트의 두께

D : 풀리의 지름

E : 벨트재료의 탄성계수 $\begin{cases} 10 \sim 12.5\,\mathrm{kg_f/mm^2} \cdots\cdots \text{새로운 가죽} \\ 20 \sim 22.5\,\mathrm{kg_f/mm^2} \cdots\cdots \text{오래된 가죽} \end{cases}$

이라면, 그림 19-9에서 두께 h인 벨트가 지름 D인 풀리에 감겨질 때의 변형률 ε은

$$\varepsilon = \left\{\left(\frac{D}{2} + h\right) - \left(\frac{D}{2} + \frac{h}{2}\right)\right\} \Big/ \left(\frac{D}{2} + \frac{h}{2}\right) \fallingdotseq \frac{h}{D} \tag{19·23}$$

따라서, 굽힘응력 $\sigma_b = \dfrac{h}{D}E$로 된다. 그러므로, σ_t는 최대값을 취하여

$$\sigma = \sigma_t + \sigma_b = \frac{T_1}{bh} + \frac{hE}{D} \tag{19·24}$$

그러나, $\dfrac{h}{D}$가 작을 경우에는 굽힘응력은 고려하지 않는다. 그러므로

$$\left.\begin{aligned} T_1 &= bh\sigma \\ b &= \frac{T_1}{\sigma_a \cdot h} \end{aligned}\right\} \tag{19·25}$$

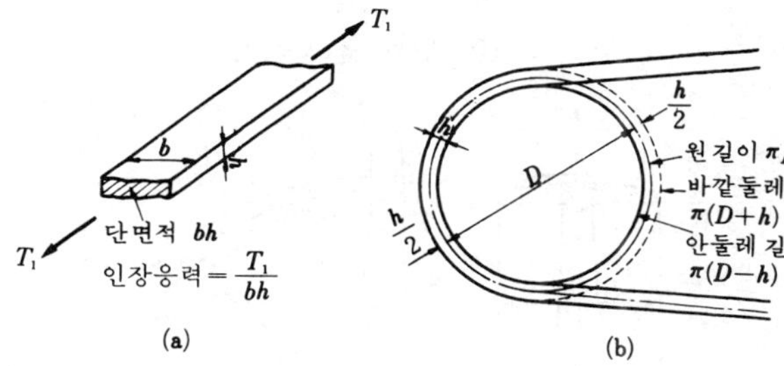

그림 19-9 벨트에 생기는 응력

굽힘응력을 감소시키고 벨트의 수명을 길게 하려면, 풀리를 되도록 크게 하는 것이 좋고 $\dfrac{D}{h} > 35$로 하는 것이 바람직하다. 표 19-9에 D/h에 따르는 벨트의 허용응력 σ_a의 값이 주어진다.

[2] 벨트 풀리의 設計

평벨트 풀리는 보통 주철제이나 고속용으로 경합금, 강판, 목재로 제작한 것도 있다. 주철제 벨트 풀리는 림, 보스, 암으로 구성되어 있고, 작은 것은 미끄럼이 생기기 쉬우므로 일체

표 19-9　벨트의 허용응력

$\frac{D}{h}$	25~50	50 이상
σ_a	$16 \sim 23\,kg_f/cm^2$	$26 \sim 30\,kg_f/cm^2$

형으로 하나 큰 것은 제작, 부착 등을 고려해서 분할형으로 하며, 림의 바깥 둘레의 모양은 그림 19-10에서 알 수 있는 바와 같이 평탄하게 해도 좋으나, 벨트가 벗겨지지 않도록 가운데를 높이는 모양, 즉 크라운을 취한다.

벨트 풀리의 각부의 치수는 그림 19-11에서 다음과 같이 정한다.

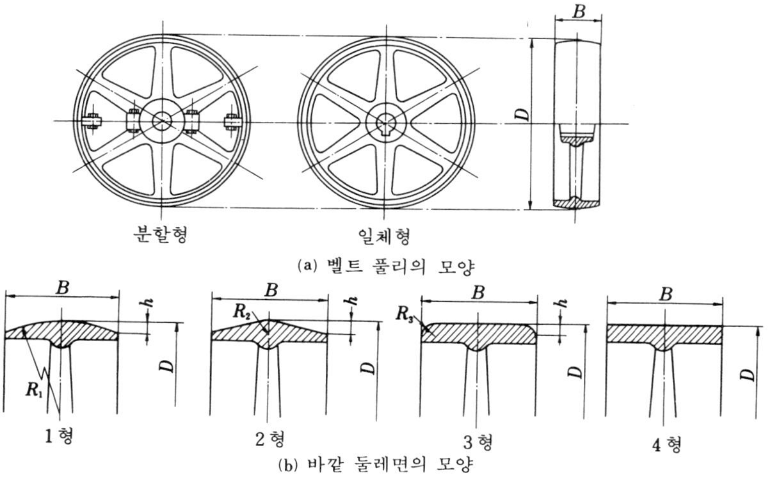

그림 19-10　벨트 풀리의 모양

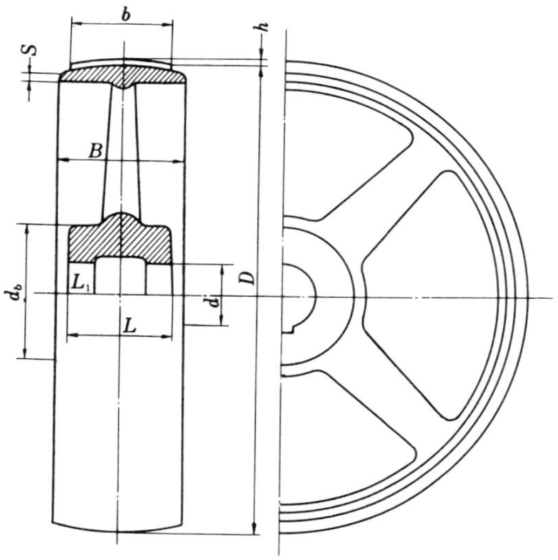

그림 19-11　주철제 벨트 풀리

(1) 림

림의 너비

$$B = 1.1b + 10\text{mm}$$

림의 두께

$$S = \frac{D}{200} + 2\text{mm} \text{ (평면인 것)}$$

$$S = \frac{D}{300} + 2\text{mm} \text{ 또는 최소 } 3\text{mm} \text{ (크라운이 있는 것)}$$

크라운

$$h = \left(\frac{1}{50} \sim \frac{1}{100}\right)B$$

일반적으로 벨트 풀리의 너비와 크라운의 크기는 표 19-10를 참고로 한다.

표 19-10 풀리의 설계치수

풀리의 너비 B(mm)	크라운의 높이 h(mm)	벨트의 너비 b(mm)	풀리의 너비 B(mm)	크라운의 높이 h(mm)	벨트의 너비 b(mm)
35	1	25	175	2	150
40		30	200		170
50		35	230		200
60		45			
			260		230
70		55	300	3	260
80		65	340		300
90	1.5	75			
100		85	390		350
120		100	450		400
			500	4	450
135		115	550		500
155		130	600		500

또, 고속회전하는 벨트 풀리에서는 원심력 때문에 림에 인장응력이 생기며, 림재료의 허용응력을 넘는 경우 파열된다. 특히 주철제 풀리의 경우, 이와 같은 일이 흔히 발생하므로 림의 원주속도를 제한할 필요가 있다. 림을 간단한 링(ring)으로 가정하여 그림 19-12로부터

v : 림의 원주속도(m/s)

R_m : 림의 평균 반지름

a : 림의 단면적

γ : 림의 단위체적의 무게

g : 중력 가속도(9.8m/s^2)

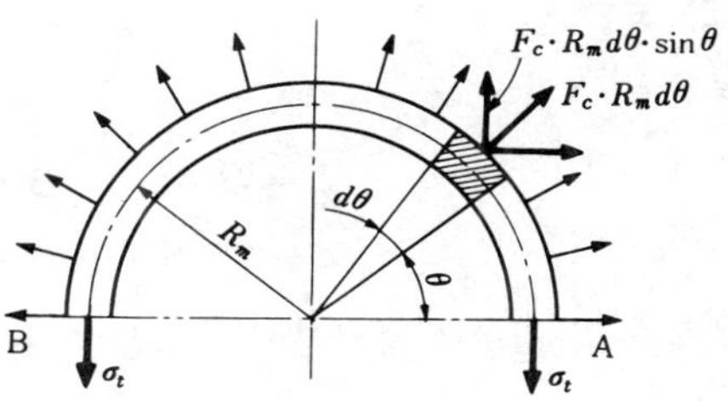

그림 19-12 림면에 생기는 응력

σ_t : 림에 생기는 인장응력

이라면, 림단위 길이에 대한 무게는 $a \cdot \gamma$ 이고, 이 부분의 원심력은

$$F_c = \frac{a \cdot \gamma \cdot v^2}{g \cdot R_m} = \frac{a \cdot \gamma \cdot v^2}{g \cdot R_m} \tag{19·26}$$

온원주의 림단위 길이에 대한 F_c 는 모두 같다고 가정하면, A점에서 반시계 방향으로 θ 회전한 미소부분의 원심력의 수직분력은

$$\frac{a\gamma v^2}{gR_m} \cdot R_m d\theta \sin\theta$$

이며, 이것을 반원부분에 관해서 적분하면

$$\int_0^\pi \frac{a\gamma v^2}{g} \sin\theta d\theta = 2\frac{a\gamma v^2}{g} \tag{19·27}$$

이 얻어지고, 인장응력 σ_t 는 $2a$ 의 단면적상에 나타나므로

$$\frac{2a\gamma v^2}{g} = 2a \cdot \sigma_t$$

이고

$$v = \sqrt{\frac{\sigma_t \cdot g}{\gamma}} \text{m/s} \tag{19·28}$$

를 얻는다. 표 19-11에 여러 가지 재료에 대한 림의 허용 원주속도를 표시한다.

표 19-11 림의 허용 원주속도

벨트 풀리의 재료	허용 원주속도 m/s
주철	20
경합금	30
철판	30
목재	30
철심목재	40

(2) 보 스

보스의 길이

$$L = B \cdots\cdots\cdots B = (1.2 \sim 1.5)d \text{ 의 경우}$$
$$L = 0.7B \cdots\cdots B > 1.5d \text{ 의 경우}$$

보스가 긴 경우에 중앙부에 여유를 두고 그 길이 L_1 은

$$L_1 = (0.4 \sim 0.5)d$$

보스의 바깥 지름

$$d_b = \frac{5}{3}d + 10\,\text{mm}$$

(3) 암

암은 과거에는 주조할 때의 변형을 고려하여 곡선형으로 하기도 하였으나, 원심력에 의한 굽힘작용의 영향이 크므로 최근에는 주로 직선형으로 한다.

암의 수

$$n = \left(\frac{1}{3} \sim \frac{1}{6}\right)\sqrt{D} \ (D : \text{mm})$$

표 19-12에 지름과 암의 수와의 대략적인 관계를 표시한다.

표 19-12 지름과 암의 수

D	180 (mm) 이하	180～500	500～1500	1500～2400
n	원 판	4	6	8

암의 단면은 기어의 경우와 마찬가지로 보통 타원형으로 하며, 그 크기를 결정하기 위해서 암을 보스에 고정한 외팔보로 생각하고 근사적인 계산으로 회전력에 의한 토크를 모든 암의 $\frac{1}{3}$개로 지지한다고 가정하여 계산한다.

여기서

P : 유효 전달력(kg_f)

y : 보스와의 접속부에서 외주까지의 거리(mm)

σ_b : 허용 굽힘응력(kg_f/mm^2), 주철인 경우 $\sigma_b = 1.5 \sim 3\,kg_f/mm^2$

h_1 : 보스 접속부의 암단면의 긴 지름

h_2 : 보스 접속부의 암단면의 짧은 지름 $h_2 = 0.5h_1$

Z : 암의 단면계수로 타원의 경우는 $\frac{\pi}{64}h_1^3$

이라고 하면, 암에 작용하는 굽힘 모멘트 M(kg_f/mm)은

$$M = P \cdot y = \frac{n}{3} \cdot \sigma_b \cdot Z = \frac{n}{3} \cdot \sigma_b \cdot \frac{\pi}{64} h_1^3$$

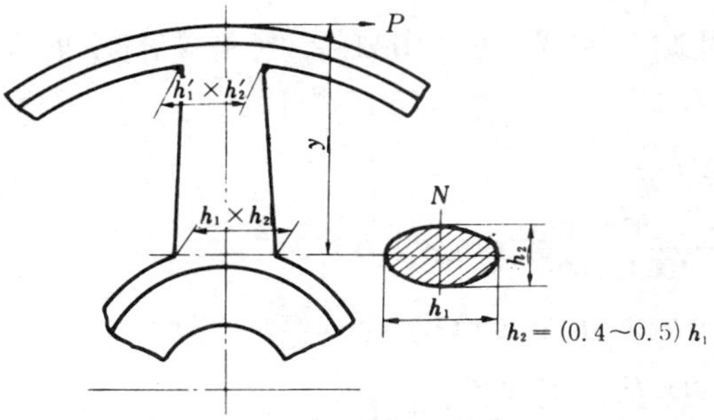

그림 19-13 암의 굽힘강도

$$h_1 = \sqrt[3]{\frac{192P \cdot y}{\pi n \sigma_b}} \qquad (19 \cdot 29)$$

림과의 접속부에서 암의 긴 지름을 h_1'라고 하면 $h_1 : h_1' = 5 : 4$의 크기를 갖도록 테이퍼를 붙인다. 만약에 벨트 풀리의 너비 B가 $B > 0.1D + 250\,\text{mm}$ 또는 $B > 400\,\text{mm}$이면 암을 2줄로 해야 한다.

예제 19-1. 평행걸기로 너비 140mm, 두께 5mm의 가죽벨트(허용장력 2MPa)를 사용하면 몇 kW까지 전달이 가능한가? 다만, 원동풀리는 지름 150mm, 400rpm으로 속도비 1 : 4, 축간 거리 5m이다. 이음효율은 80%, 마찰계수는 0.2로 한다.

풀이 벨트의 원주속도 v는

$$v = \frac{\pi \times 150 \times 400}{1000 \times 60} = 3.14\,\text{m/s}$$

$v < 10\,\text{m/s}$이므로 원심력은 무시되나, 식 (19·25)로부터

$$T_1 = \sigma_a \cdot b \cdot h\eta = 2 \times 140 \times 5 \times 0.8 = 1120\,\text{N}$$

속도비 i는

$$i = \frac{n_2}{n_1} = \frac{1}{4} = \frac{D_1}{D_2} \qquad D_2 = 4 \times D_1 = 600\,\text{mm}$$

식 (19·7)에서 원동측의 접촉각 θ_1는

$$\theta_1 = 180° - 2\sin^{-1}\frac{60-15}{2 \times 500} \fallingdotseq 175°$$

$$\frac{e^{\mu\theta} - 1}{e^{\mu\theta}} = 0.458$$

전달동력 H는 식 (19·16)에서

$$H = \frac{T_1 v}{1000} \cdot \frac{e^{\mu\theta} - 1}{e^{\mu\theta}} = \frac{1120 \times 3.14}{1000} \times 0.458 = 1.6\,\text{kW}$$

예제 19-2. 지름이 각각 100mm, 500mm의 주철제 벨트 풀리에 1겹 가죽벨트를 사용하여 2kW를 전달하려고 한다. 축간 거리는 2m이고, 작은 풀리는 1200rpm이고 벨트이음은 이음쇠를 사용하였다. 마찰계수가 0.25일 때 유효장력, 벨트의 너비 및 베어링에 걸리는 하중을 구하라.

풀이 벨트의 원주속도 v는

$$v = \frac{\pi \times 100 \times 1200}{1000 \times 60} = 6.28\,\text{m/s}$$

유효장력 P는 식 (19·16)으로부터

$$P = \frac{1000H}{v} = \frac{1000 \times 2}{6.28} = 318.5\,\text{N}$$

원동풀리의 접촉각 θ_1은 식 (19·7)로부터

$$\theta_1 = 180° - 2\sin^{-1}\frac{50-10}{2\times 200} = 168° = 2.93\,\text{rad}$$

$$e^{\mu\theta} = e^{0.25\times 2.93} = 2.08$$

식 (19·13)으로부터 긴장측 장력 T_1은

$$T_1 = 318.5\times\frac{2.08}{2.08-1} = 613\,\text{N}$$

이완측 장력 T_2는

$$T_2 = 318.5\times\frac{1}{2.08-1} = 295\,\text{N}$$

베어링에 걸리는 하중 $T_1+T_2 = 908\,\text{N}$, 이음쇠로 벨트가 이어져 있으므로, 표 **19-7**에서 $\eta =$ 50%, 가죽벨트의 허용응력은 표 **19-3**에서 $\sigma_a = 2\,\text{N/mm}^2 = 2\,\text{MPa}$이므로, 식 (19·25)로부터

$$bh = \frac{T_1}{\sigma_a\eta} = \frac{613}{2\times 0.5} = 613\,\text{mm}^2$$

표 **19-2**의 1겹 가죽벨트에서

$$b\times h = 127\times 5 = 635$$

를 택하여 너비 $b = 127\,\text{mm}$로 한다.

예제 19-3. 축간 거리 5m, 지름이 각각 400mm, 450mm의 주철제 벨트 풀리로 평행걸기, 가죽벨트로 35HP를 전달하려고 한다. 벨트의 속도가 900m/min일 때 벨트의 너비와 벨트 풀리의 너비를 결정하라. 다만, 이음효율은 90%이고 마찰계수는 0.25이다.

풀이 $v = 900\,\text{m/min} = 15\,\text{m/s}$ 이므로 원심력의 영향을 생각해야 한다.

원심력에 의한 부가장력은

$$\frac{wv^2}{g} = \frac{0.001\,bh\times 15^2}{9.8} = 0.023\,bh(\text{kg}_f)$$

유효장력 P는

$$P = \frac{75\times 35}{15} = 175\,\text{kg}_f$$

접촉각 θ_1는

$$\theta_1 = 180° - 2\sin^{-1}\frac{45-40}{2\times 500} = 179°.24' = 3.14\,\text{rad}$$

$$e^{\mu\theta} = e^{0.25\times 3.14} = 2.19$$

$$T_1 = 175\times\frac{2.19}{2.19-1} + 0.023\,bh = 322 + 0.023\,bh$$

표로부터 $\sigma_a = 0.2\,\text{kg}_f/\text{mm}^2$, $\eta = 0.9$이므로

$$T_1 = \sigma_a\cdot b\cdot h\cdot\eta = 0.2\times 0.9\,bh$$

$$322 + 0.023\,bh = 0.2\times 0.9\,bh$$

$$bh = 2050\,\text{mm}^2$$

표 **19-2**에서 2겹 벨트로 너비 279mm를 선정하면 $bh = 279 \times 8 = 2232\,\text{mm}^2$이므로 충분하다. 벨트 풀리의 B는

$$B = 1.1b + 10 = 1.1 \times 279 + 10 = 317 \fallingdotseq 320\,\text{mm}$$

예제 **19-4.** 축간 거리가 2m로 원동축의 회전수가 250rpm, 종동축은 최고 500rpm, 최저 100rpm이 되도록 4단의 평행걸기 단차를 설계하라. 다만, 최고 3HP를 전달하는 것으로 한다. 가죽벨트의 허용 인장응력은 $\sigma_a = 0.25\,\text{kg}_f/\text{mm}^2$이고, 이음효율은 100%이다.

풀이 공비 ϕ를 구하기 위해 식 (19·19)로부터

$$\phi = \sqrt[n-1]{\frac{n_4}{n_1}} = \sqrt{\frac{500}{100}} = 1.71$$

따라서, 회전수 $n_1 \cdots\cdots n_4$

$$n_1 = 100,\ n_2 = \phi n_1 = 171,\ n_3 = 171 \times 1.71 = 292,\ n_4 = 292 \times 1.71 = 500$$

$$\frac{n_1}{N} = \frac{100}{250} = \frac{1}{2.5},\quad \frac{n_2}{N} = \frac{171}{250} = \frac{1}{1.46},\quad \frac{n_3}{N} = \frac{292}{250} = 1.17$$

$$\frac{n_4}{N} = \frac{500}{250} = 2$$

이므로, $D_1 \sim d_1$으로 벨트를 걸면 속도비가 최대이므로 D_1을 최소로 하는데, 그 크기를 적당히 취하지 않으면 벨트가 커지므로

$$D_1 = 300\,\text{mm},\qquad d_1 = 750\,\text{mm}$$

로 D_1를 결정하면 벨트의 길이 L은 식 (19·5)를 이용하여

$$L = 2 \times 2000 + \frac{\pi}{2}(300 + 750) + \frac{(750 - 300)^2}{4 \times 2000} = 5696\,\text{mm}$$

다음은

$$\frac{n_2}{N} = \frac{D_2}{d_2} = \frac{1}{1.46},\quad d_2 = 1.46\,D_2$$

$$5696 = 4000 + \frac{\pi}{2}(D_2 + d_2) + \frac{(D_2 - d_2)^2}{8000}$$

$$= 4000 + \frac{\pi}{2} \times 2.46\,D_2 + \frac{0.212\,D_2^2}{8000}$$

$$D_2 = 426\,\text{mm},\ d_2 = 1.46 \times D_2 = 1.46 \times 426 = 624\,\text{mm}$$

마찬가지로

$$\frac{n_3}{N} = \frac{D_3}{d_3} = 1.17,\quad D_3 = 1.17\,d_3$$

$$5696 = 4000 + \frac{\pi}{2}(D_3 + d_3) + \frac{(D_3 - d_3)^2}{8000}$$

$$= 4000 + \frac{\pi}{2} \times 2.17\,d_3 + \frac{0.029\,d_3^2}{8000}$$

$$d_3 = 485\,\text{mm},\qquad D_3 = 1.17\,d_3 = 1.17 \times 485 = 566\,\text{mm}$$

같은 방법으로

$$\frac{n_4}{N}=\frac{D_4}{d_4}=2, \qquad D_4=2d_4$$

$$5696=4000+\frac{\pi}{2}(D_4+d_4)+\frac{(D_4-d_4)^2}{8000}$$

$$d_4=350\,\text{mm}, \qquad D_4=700\,\text{mm}$$

각 단의 너비를 구하기 위해서 벨트의 너비를 구해 본다. 벨트는 $D_1 \sim d_1$에 걸려 있는 경우에 최대의 장력이 작용하므로 이 때의 장력 T_1를 구한다. 우선 접촉각 θ_1은 식 (19·7)에서

$$\theta_1=180°-2\sin^{-1}\frac{75-30}{2\times 200}=180°-2\times 6.5°=167°$$

$\mu=0.2$로 하면

$$\frac{e^{\mu\theta}-1}{e^{\mu\theta}}=0.442$$

벨트의 원주속도 v는

$$v=\frac{\pi\times 300\times 250}{1000\times 60}=4\,\text{m/s}$$

식 (19·16)으로부터

$$H=\frac{T_1 v}{75}\cdot\frac{e^{\mu\theta}-1}{e^{\mu\theta}}$$

$$T_1=\frac{75\times 3}{4\times 0.442}=130\,\text{kg}_f$$

식 (19·25)에서

$$bh=\frac{T_1}{\sigma_a\eta}=\frac{130}{0.25\times 1}=520\,\text{mm}^2$$

표 **19-2**에서 2겹 벨트 중 89mm의 것을 사용하면 $bh=89\times 6=534\text{mm}^2$이므로 충분히 안전하다.

따라서, 단차의 너비 $B=89+10=99≒100\,\text{mm}$로 하면 된다.

예제 19-5. 다음과 같은 조건을 갖는 벨트 전동장치를 설계하라. 평행걸기, 가죽벨트 ($\sigma_a=0.2\,\text{kg}_f/\text{mm}^2$, $\eta=80\%$)로 벨트 풀리는 주철제이다. 전달마력 15HP, 축간 거리 5m, 원동풀리의 회전수 $n_1=750\,\text{rpm}$, 풀리의 지름 $D_1=300\,\text{mm}$, 종동풀리의 회전수 $n_2=250\,\text{rpm}$이다. 다만, 마찰계수는 0.2이며, 주철의 허용 굽힘응력은 $1\,\text{kg}_f/\text{mm}^2$이다.

풀이 ① 벨트의 치수

벨트의 원주속도 v는

$$v=\frac{\pi\times 300\times 750}{1000\times 60}=12\,\text{m/s}$$

원심력의 영향을 고려하여 부가장력을 구하면

$$\frac{wv^2}{g}=\frac{2\,0.001\,bh\times 12^2}{9.8}=0.015\,bh(\text{kg}_f)$$

종동풀리의 지름 D_2는

$$D_2 = D_1\frac{n_1}{n_2} = 300\times\frac{750}{250} = 900\,\text{mm}$$

접촉각 θ_1는

$$\theta_1 = 180^\circ - 2\sin^{-1}\frac{900-300}{2\times5000} = 180^\circ - 2\times3.5^\circ = 173^\circ$$

$$\frac{e^{\mu\theta}-1}{e^{\mu\theta}} = 0.457$$

유효장력 P는

$$P = \frac{75H}{v} = \frac{75\times15}{12} = 93.75\,\text{kg}_f$$

$$T_1 = P\cdot\frac{e^{\mu\theta}}{e^{\mu\theta}-1} + \frac{wv^2}{g} = 93.75\times\frac{1}{0.457} + 0.015\,bh$$

$$= 205 + 0.015\,bh$$

식 (19·25)로부터

$$T_1 = \sigma_a bh\eta = 0.2\times bh\times0.8 = 0.16\,bh$$

$$0.16\,bh = 2.05 + 0.015\,bh$$

$$bh = \frac{205}{0.145} = 1420\,\text{mm}^2$$

표 19-2의 2겹 벨트 중에서 너비 191mm을 선정하면 $bh = 191\times8 = 1528\,\text{mm}^2$로 충분한 안전성을 갖는다. 벨트의 길이 L은

$$L = 2\times5000 + \frac{\pi}{2}(300+900) + \frac{(900-300)^2}{4\times500} = 11{,}910\,\text{mm}$$

② 벨트 풀리 각부의 크기

a) 원동풀리

림의 너비

$$B = 1.1b + 10 = 1.1\times191 + 10 = 220\,\text{mm}$$

림의 두께

$$S = \frac{D}{300} + 2 = \frac{300}{300} + 2 = 3\,\text{mm}$$

크라운 h

$$h = 3\,\text{mm}$$

축의 지름은 연강을 사용한다면 허용 전단응력 $\tau_a = 2.1\,\text{kg}_f/\text{mm}^2$이므로, 축의 지름을 d라고 할 때

$$d = 120\sqrt[3]{\frac{H}{n}} = 120\sqrt[3]{\frac{15}{750}} = 37\,\text{mm}$$

보스의 바깥 지름 d_b는

$$d_b = 1.8d + 12 = 1.8\times37 + 12 = 80\,\text{mm}$$

보스의 길이

$$L = B = 220\,\text{mm}, \qquad L_1 = 0.5d \fallingdotseq 20\,\text{mm}$$

암의 수 n은 표 19-12에서

$$n = 4$$

암 단면의 긴 지름 h_1을 구하기 위하여 보스와의 접속부에서 외주까지의 거리 y는

$$y = \frac{D_1 - d_b}{2} = \frac{300 - 80}{2} = 110\,\text{mm}$$

$$T = 716{,}200\frac{H}{n} = P \cdot \frac{D}{2}$$

$$P = \frac{716{,}200 \times H \times 2}{n \times D} = \frac{716{,}200 \times 15 \times 2}{750 \times 300} = 96\,\text{kg}_f$$

식 (19·29)로부터

$$h_1 = \sqrt[3]{\frac{192P \cdot y}{\pi n \sigma_b}} = \sqrt[3]{\frac{192 \times 96 \times 110}{\pi \times 4 \times 1}} = 54.4\,\text{mm} \fallingdotseq 56\,\text{mm}$$

짧은 지름

$$h_2 = 0.5h_1 = 28\,\text{mm}$$

암 끝에서의 긴 지름과 짧은 지름은 각각

$$h_1' = 0.8 \times h_1 = 44.8 \fallingdotseq 46\text{mm} \qquad h_2' = 23\,\text{mm}$$

b) 종동풀리

림의 너비는 원동풀리와 같다.

림의 두께

$$S = \frac{D_2}{300} + 2 = 5\,\text{mm}$$

크라운

$$h = 2\,\text{mm}$$

축의 지름

$$d = 120\sqrt[3]{\frac{H}{n}} = 120\sqrt[3]{\frac{15}{250}} = 47\,\text{mm}$$

보스의 바깥 지름

$$d_b = 1.8d + 12 = 1.8 \times 47 + 12 = 97\,\text{mm}$$

보스의 길이는 원동풀리와 같다.

암의 수

$$n = 6$$

$$y = \frac{900 - 97}{2} = 402\,\text{mm}$$

$$h_1 = \sqrt[3]{\frac{192 \times 96 \times 402}{\pi \times 6 \times 1}} = 73.2\,\text{mm} \fallingdotseq 74\,\text{mm}$$

$h_2 = 37\,\text{mm}$

$h_1' = 0.8h_1 = 59.2 \fallingdotseq 60\,\text{mm}$

$h_2' = 30\,\text{mm}$

19-2　V벨트 傳動

19-2-1　V벨트 장치의 특성

V벨트는 사다리 모양의 단면을 가지고 있으며, 이음매가 없는 벨트로 V형 홈이 파져 있는 V풀리(V-pulley)에 밀착시켜 홈마찰차의 경우처럼 쐐기작용에 의하여 마찰력을 증대시키도록 되어 있다. 벨트가 홈에 감겨져 있을 때는 안쪽 부분은 압축을 받아 너비가 넓어지므로 홈의 양축면에 잘 밀착되고, 직선이 되는 경우는 너비가 수축되어서 가느다랗게 되어 홈의 출입이 자유스러워 비교적 작은 장력으로 큰 회전력을 얻을 수 있다. 양축간 거리가 5m 정도까지 사용되고, 협소한 장소에서 설치가능하고, 평벨트 장치에 비해 조용하고 충격완화 작용도 한다. 또, 미끄럼이 적으므로 높은 속도비가 얻어지는데 보통 1 : 7, 최대 1 : 10까지 사용되고 원주속도 25m/s까지의 고속운전도 가능하다. 전동효율은 96~99% 정도이고 장력이 작아서 베어링의 하중부담이 적다.

그러나 같은 방향의 회전에만 이용되고 그 길이를 조정할 수 없으므로, 축의 위치가 조금 움직일 수 있도록 되어 있어서 적당한 장력을 줄 수 있는 구조로 해야 한다. 또, V벨트가 홈에 들어갔을 때 V벨트의 바깥쪽이 홈바퀴의 바깥 둘레면과 일치하도록 설치하고, V벨트의 안쪽이 홈바퀴의 밑바닥면에 접촉하지 않도록 주의해야 한다.

19-2-2　V벨트

V벨트의 구조는 그림 **19-14**와 같이 바깥쪽과 안쪽은 늘어나고 줄어드는 데 무리가 없도록 고무층으로 하고, 그 중간에 신축이 없는 곳에는 강력하고 신장이 적은 벨트의 항장체로써 강력인견 로프나 합성섬유 로프로 되어 있고, 외부는 고무를 입힌 면포로 被覆되어 있다. 중간층에는 심체가 굵은 로프를 한 층으로 배열한 단층식과 가는 코드를 굴곡성이 상하

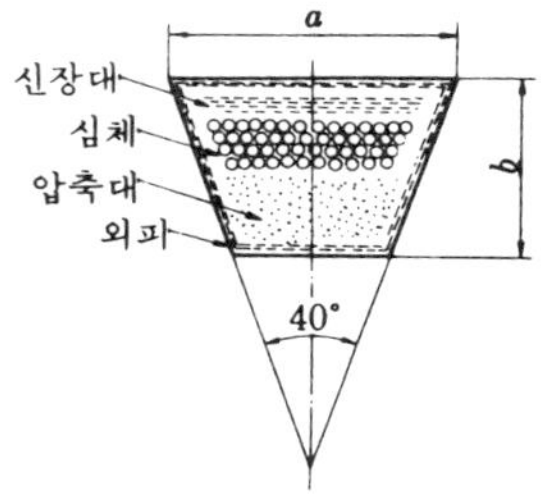

그림 19-14　V벨트의 구조

지 않도록 여러 층을 겹쳐서 배열한 다층식이 있다. 단층식은 축간 거리가 짧은 고속 회전용이며 충격이 적은 기계에 사용되고, 다층식은 동력이 크고 충격이 많은 기계에 사용된다.

V벨트의 종류는 KS규격에 M,A,B,C,D,E 형의 6종류가 규정되어 있고, 동력 전달용으로는 M을 제외한 5종류가 주로 사용된다. 표 **19-13**에 각종 V벨트의 치수와 강도를 표시하였다. V벨트는 이음매 없는 모양으로 제작되므로 표준치수로써 여러 가지 길이가 규정되어 있다. V벨트의 길이는 두께의 중앙부를 통과하는 원주의 길이, 즉 유효원주 길이로 표시한다.

표 19-13 V벨트의 치수와 강도(KS M 6536)

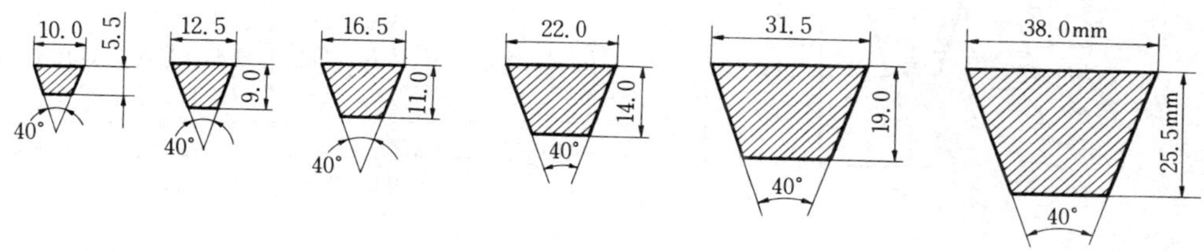

(a) M형 (b) A형 (c) B형 (d) C형 (e) D형 (f) E형

단면	형	a (mm)	b (mm)	단면적 A (mm²)	α (도)	인장강도 (kg_f/본)	중량 (kg_f) (w)	허용장력 T_1 (kg_f)	허용인장응력 (kg_f/mm^2)	최소 피치원 지름(D_1) (mm)	전달마력
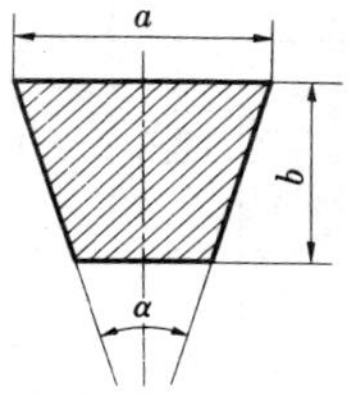	M	10.0	5.5	44.0	40	100 이상	0.528	10	0.23	50	–
	A	12.5	9.0	83.0	40	180 이상	0.996	18	0.22	65	<2
	B	16.5	11.0	137.5	40	300 이상	0.165	30	0.22	120	2~10
	C	22.0	14.0	236.7	40	500 이상	0.280	50	0.21	180	10~50
	D	31.5	19.0	467.1	40	1000 이상	0.560	100	0.21	300	50~150
	E	38.0	25.0	732.3	40	1500 이상	0.878	150	0.20	480	>150

19-2-3 V벨트 풀리(V belt pulley or sheave)

V벨트 홈바퀴를 V벨트 풀리(V belt pulley)라 하고 풀리의 림에 V홈을 만들었기 때문에 간단하게 V풀리라고도 한다. V벨트의 내구력과 효율을 충분히 나타내기 위하여 홈의 각도와 모양을 정확하게 가공해야 하고 홈의 표면은 아주 매끈하게 다듬질해야 한다. 재료는 대체로 조직이 치밀한 특수주철을 사용하나 V벨트의 A, B, C형에는 강판제의 풀리를 사용하는 경우가 있다. 바퀴에는 V형 홈이 파져 있고, V벨트를 감을 때 벨트의 중심선을 통과하는 피치원은 굽힘을 고려해서 되도록 큰 쪽이 좋다.

홈의 각도는 풀리의 지름에 따라 적합하게 선정하고 작은 V풀리는 홈의 각도를 작게 한다. 홈의 밑바닥은 V벨트가 들어박힐 때 6~10mm 정도의 틈이 생기도록 하고, 홈과 홈 사이의 거리는 V벨트의 너비보다 3~6mm 정도 크게 한다.

V풀리 전체의 너비 W는 z개의 V벨트를 사용할 때 다음과 같은 식으로 표시된다.

$$W = \{2Q + (z-1)P\} \tag{19·30}$$

표 19-14에 V벨트 풀리의 모양과 치수를 표시한다.

표 19-14 V벨트 풀리 홈부의 모양 및 치수(KS B 1403)

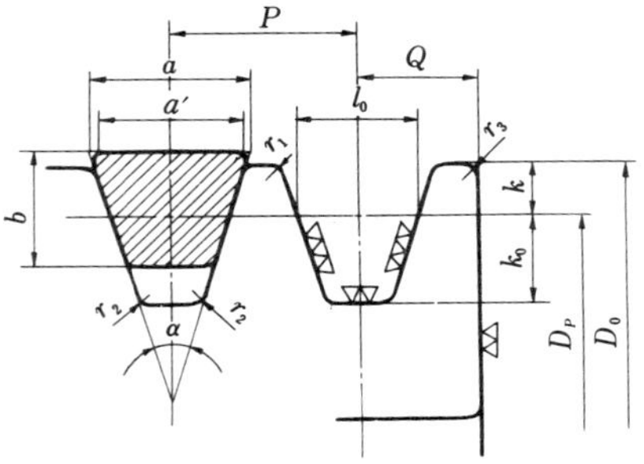

V벨트 풀리의 종류

V벨트의 형별 \ 홈수	1	2	3	4	5	6
A	A 1	A 2	A 3	–	–	–
B	B 1	B 2	B 4	B 4	B 5	–
C	–	–	C 3	C 4	C 5	C 6

〔비고〕 (1) M형, D형, E형의 V벨트를 사용한다.
(2) V벨트 풀리에서 홈수의 규정은 아니다.

(단위 : mm)

형 별	호칭 지름(d_p)	a'	W	l_0	k	k_0	P	Q	r_1	r_2	r_3	a	b
M형	35 이상 50 이하	32	9.5	8.0	2.7	6.3	13.0	9.5	0.2~0.5	0.5~1.0	1~2	10.0	5.5
	50 초과 75 이하	34	9.6										
	75 초과 150 이하	36	9.8										
	150을 초과	38	10.0										
A형	75 이상 140 이하	35	12.1	9.2	4.5	8.0	15.0	10.0	0.2~0.5	0.5~1.0	1~2	12.5	9.0
	140 초과 190 이하	37	12.3										
	190 을 초과	39	12.5										
B형	125 이상 190 이하	35	16.0	12.5	5.5	9.5	19.0	12.5	0.2~0.5	0.5~1.0	1~2	16.5	11.0
	190 초과 225 이하	37	16.2										
	225 를 초과	39	16.5										
C형	200 이상 240 이하	35	21.4	16.9	7.0	12.0	25.5	17.0	0.2~0.5	1.0~1.6	2~3	22.0	14.0
	240 초과 355 이하	37	21.6										
	355 를 초과	39	22.0										
D형	305 이상 380 이하	35	30.6	24.6	9.5	15.5	37.0	24.0	0.2~0.5	1.6~2.0	3~4	31.5	19.0
	380 초과 510 이하	37	31.0										
	510 초과 610 이하	38	31.2										
	610 를 초과	39	31.5										
E형	510 이상 610 이하	37	37.3	28.7	12.7	19.3	44.5	29.0	0.2~0.5	1.6~2.0	4~5	38.0	25.5
	610 초과 710 이하	38	37.5										
	710 을 초과	39	38.0										

〔비고〕 표 중의 종류는 KS M 6535(V고무벨트)의 종류와 같다. (2) M형은 원칙으로 1줄만 걸친다.

19-2-4 V벨트의 摩擦係數와 傳達動力

벨트의 장력으로 벨트를 홈 속으로 밀어붙이는 힘을 F라고 하면, 그림 19-15에서와 같이 힘이 작용하고 접촉면에서의 반력 Q는

$$Q = \frac{F}{2\left(\sin\frac{\alpha}{2} + \mu\cos\frac{\alpha}{2}\right)}$$

이며, 회전력은

$$2\mu Q = \frac{\mu}{\sin\frac{\alpha}{2} + \mu\cos\frac{\alpha}{2}} F = \mu' F$$

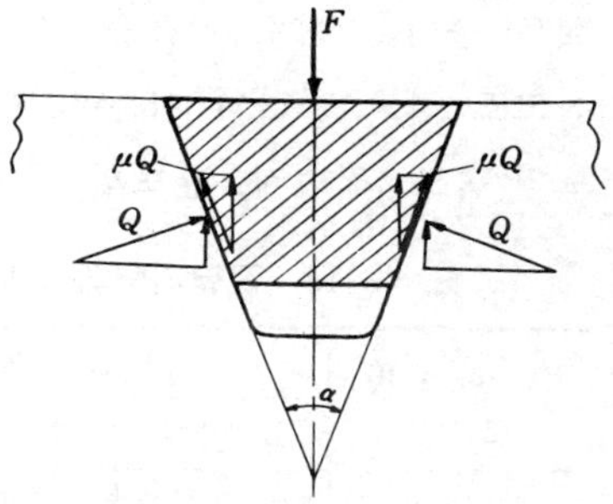

그림 19-15 V벨트와 V벨트 풀리의 접촉면에 작용하는 힘

따라서

$$\mu' = \frac{\mu}{\sin\frac{\alpha}{2} + \mu\cos\frac{\alpha}{2}} \qquad (19 \cdot 31)$$

가 성립하고 $\mu' > \mu$이므로 V벨트쪽이 훨씬 큰 회전력을 얻는다.

표 19-15에 α와 μ에 따라 μ'의 값을 표시한다.

표 19·15 $\mu' = \frac{\mu}{\sin\frac{\alpha}{2} + \mu\cos\frac{\alpha}{2}}$의 값

$\alpha°$	μ				
	0.20	0.25	0.30	0.35	0.40
34	0.41	0.47	0.52	0.56	0.59
35	0.41	0.46	0.51	0.55	0.59
36	0.40	0.46	0.50	0.55	0.58
37	0.39	0.45	0.50	0.54	0.57
38	0.39	0.44	0.49	0.53	0.57
39	0.38	0.44	0.49	0.53	0.56
40	0.38	0.43	0.48	0.52	0.56

V벨트 전동에서 전달동력 H HP는 V벨트의 수를 z라고 할 때 원심력을 무시한 경우에

$$H = \frac{zT_1}{75} \cdot \frac{e^{\mu'\theta} - 1}{e^{\mu'\theta}} \qquad (19 \cdot 32)$$

원심력을 고려한 경우는 다음과 같이 얻어진다.

$$H = \frac{zv}{75}\left(T_1 - \frac{wv^2}{g}\right) \cdot \frac{e^{\mu'\theta} - 1}{e^{\mu'\theta}} \qquad (19 \cdot 33)$$

19-2-5 V벨트 傳動裝置의 설계

표 19-16에 표시된 바와 같이 우선 전달동력에 따르는 V벨트형을 선정한다. 다음에 V벨트 풀리의 최소 지름을 구한다. V벨트 풀리의 지름은 표 19-17에 최소 지름의 보기를 참고로 하고 풀리의 지름은 이미 설명한 바와 같이 피치 지름 D를 말하며, 중심 거리, 벨트의 속도, 접촉각, 벨트의 길이 등을 계산하는 데 이용된다.

표 19-16 전달마력과 V벨트의 형

전 달 마 력 (HP)	V벨트 속도 m/s		
	10 이하	10～17	17 이상
2 이하	A	A	A
2～5	B	B	A, B
5～10	B, C	B	B
10～25	C	B, C	B, C
25～50	C, D	C	C
50～100	D	C, D	C, D
100～150	E	D	D
150 이상	E	E	E

표 19-17 벨트 풀리의 최소 지름

형	최소 피치 지름(mm)
A	65
B	120
C	180
D	300
E	480

V벨트 하나가 전달하는 동력은 전달동력의 식으로 계산되나 표 19-18을 사용하면 아주 편리하다. 표 19-18의 V벨트 하나의 전달동력 H_0 HP는 접촉각 180°, 부하 수정 계수 1.

표 19-18 V벨트 1개의 최대 전달마력

속 도 v(m/s)	접촉각 $\theta=180°$의 경우의 V벨트 1개의 전달마력					속 도 v(m/s)	접촉각 $\theta=180°$의 경우의 V벨트 1개의 전달마력				
	A	B	C	D	E		A	B	C	D	E
5.0	0.9	1.2	3.0	5.5	7.5	13.3	2.2	2.8	6.7	12.9	17.5
5.5	1.0	1.3	3.2	6.0	8.2	13.5	2.2	2.9	6.9	13.3	18.0
6.0	1.0	1.4	3.4	6.5	8.9	14.0	2.3	3.0	7.1	13.7	18.5
6.5	1.1	1.5	3.6	7.0	9.9	14.5	2.3	3.1	7.3	14.1	19.0
7.0	1.2	1.6	3.8	7.5	10.3	15.0	2.4	3.2	7.5	14.5	19.5
7.5	1.3	1.7	4.0	8.0	11.0	15.5	2.5	3.3	7.7	14.8	20.0
8.0	1.4	1.8	4.3	8.4	11.6	16.0	2.5	3.4	7.9	15.1	20.5
8.5	1.5	1.9	4.6	8.8	12.2	16.5	2.5	3.5	8.1	15.4	21.0
9.0	1.6	2.1	4.9	9.2	12.8	17.0	2.6	3.6	8.3	15.7	21.4
9.5	1.6	2.2	5.2	9.6	13.4	17.5	2.6	3.7	8.5	16.0	21.8
10.0	1.7	2.3	5.5	10.0	14.0	18.0	2.7	3.8	8.6	16.3	22.2
10.5	1.8	2.4	5.7	10.5	14.6	18.5	2.7	3.9	8.7	16.6	22.6
11.0	1.9	2.5	5.9	11.0	15.2	19.0	2.8	4.0	8.8	16.9	23.0
11.5	1.9	2.6	6.1	11.5	15.8	19.5	2.8	4.1	8.9	17.2	23.3
12.0	2.0	2.7	6.3	12.0	16.4	20.0	2.8	4.2	9.0	17.5	23.5
12.5	2.1	2.8	6.5	12.5	17.0						

00의 경우에 대한 값이므로 接觸角 修正係數 k_1 및 負荷 修正係數 k_2 를 고려한다면 V벨트 하나의 전달동력은 다음과 같이 된다. 즉,

$$H_0\ k_1\ k_2$$

가 된다.

표 19-19에서 k_1을 표 19-20에서 k_2의 값을 표시하고 필요한 V벨트의 수 z는

$$z = \frac{H}{H_0\ k_1\ k_2} \tag{19·34}$$

와 같이 얻어진다.

표 19-19 접촉각 수정계수 k_1의 값

각도[θ°]	180	176	172	170	168	164	160	156	153	150	145	140	137	135	130	128	125	123	120	115	100	90
k_1	1.00	0.99	0.98	0.98	0.97	0.96	0.96	0.95	0.95	0.94	0.93	0.92	0.91	0.90	0.89	0.89	0.88	0.87	0.86	0.85	0.74	0.69

표 19-20 부하 수정계수 k_2의 값

기계의 종류 또는 하중상태		k_2
송풍기, 원심펌프, 발전기, 컨베이어, 엘리베이터, 교반기, 인쇄기, 그 밖에 하중변화가 적고 완만한 것		1.0
공작기계, 세탁기계, 면조기계 등 약간 충격이 있는 것		0.9
왕복 압축기와 같이 왕복압축을 하는 것		0.85
제지기, 제재기, 제빙기, 크레인과 같이 급격하게 역전하는 것		0.80
분쇄기, 전단기, 광산기계, 제분기, 원심 분리기와 같이 큰 충격이 있는 것		0.75
방적기계, 광산기계는 정격하중에 대해 기동하중	100~150%의 것	0.72
	150~200%의 것	0.64
	200~250%의 것	0.50

예제 **19-6.** 벨트의 속도 $v = 9\,\text{m/s}$일 때의 A형 V벨트 하나의 전달동력을 구하라. 다만 접촉각 135°, 벨트 풀리는 주철제로 마찰계수는 $\mu = 0.25$이다. 또, $v = 23\,\text{m/s}$로 되면 전달동력은 얼마가 되는가?

풀이〉 벨트의 속도가 10m/s 이하인 경우에는 원심력을 무시하므로 부가장력은 생각하지 않아도 된다. 표 **19-13**에서 A형의 허용장력 $T_1 = 15\,\text{kg}_f$이므로 대략 150N이다. V벨트의 상당 마찰계수 μ'는 표 **19-15**에서 $\alpha = 40°$, $\mu = 0.25$의 경우 $\mu' = 0.43$을 얻는다.

$$\frac{e^{\mu'\theta} - 1}{e^{\mu'\theta}} = 0.64$$

따라서

$$H = \frac{15 \times 9}{1000} \times 0.64 = 0.86\,\text{kW}$$

$v=23\mathrm{m/s}$가 되면 부가장력을 고려해야 한다. 표 19-13에서 A형 V벨트의 단면적 $A=83\mathrm{mm^2}=0.83\mathrm{cm^2}$이고 비중을 1.2로 본다면

$$w=0.83\times100\times1.2\times\frac{1}{1000}\fallingdotseq0.1\mathrm{kg_f/m}\fallingdotseq0.98\mathrm{N/m}$$

이므로

$$\frac{wv^2}{g}=\frac{0.98\times23^2}{9.8}=52.9\mathrm{N}$$

$$H=\frac{v}{75}\left(T_1-\frac{wv^2}{g}\right)\cdot\frac{e^{\mu'\theta}-1}{e^{\mu'\theta}}$$

$$=\frac{23}{1000}(150-52.9)\times0.64=1.4\mathrm{kW}$$

예제 19-7. 6개의 D형 V벨트를 사용하여 접촉각 160°, 하중계수 0.7, 벨트의 속도 1350m/min이라면 몇 kW를 전달할 수 있는가?

풀이 벨트의 속도 v는

$$v=1350\mathrm{m/min}=22.5\mathrm{m/s}$$

D형 벨트의 w는

$$w=4.67\mathrm{cm^2}\times100\mathrm{cm}\times1.2=560\mathrm{g/m}=0.56\mathrm{kg_f/m}\times9.8=5.5\mathrm{N/m}$$

원심력에 의한 부가장력은

$$\frac{wv^2}{g}=\frac{5.5\times22.5^2}{9.8}=284\mathrm{N}$$

표 19-13에서 허용장력 $T_1=86\mathrm{kg_f}=86\times9.8=843\mathrm{N}$이므로, $\mu=0.4$로 할 때 표 19-15에서 $\mu'=0.56$이고, $\theta=160°=2.79\mathrm{rad}$이므로

$$e^{\mu'\theta}=4.8$$

$$H_0=\frac{843-284}{1000}\times22.5\times\frac{4.8-1}{4.8}\times0.7=7\mathrm{kW}$$

6개로 전달할 수 있는 동력 H는

$$H=7\times6=42\mathrm{kW}$$

〔다른 풀이〕

표 19-18에서 $v=22.5\mathrm{m/s}$는 $v=20\mathrm{m/s}$ 이상이므로 $v=20\mathrm{m/s}$, $\theta=180°$인 D형의 $H_0=17.5\mathrm{HP}=12.9\mathrm{kW}$이고, 표 19-19에서 $k_1=0.96$, 또 $k_2=0.7$이므로

$$H=zH_0k_1k_2=6\times12.9\times0.96\times0.7=52.8\mathrm{kW}$$

예제 19-8. 35HP의 직물기계의 기동하중이 200%이다. E형 벨트를 사용하여 벨트의 속도가 10m/s, 접촉각 140°의 경우 몇 개의 벨트가 필요한가?

풀이 표 19-18에서 $H_0=14\mathrm{HP}$,

표 19-19에서 $k_1=0.92$

표 19-20에서 $k_2=0.5$

$$z = \frac{35}{14 \times 0.92 \times 0.5} = 5.4 \fallingdotseq 6$$

예제 **19-9.** 회전수 1100rpm의 전동기로 운전하는 10HP, 110rpm의 공기 압축기가 있다. V풀리의 지름을 150mm, 1500mm, 축간 거리 1000mm이면, C형 벨트를 사용할 때 몇 개가 필요한가? 또, D형이면 몇 개가 필요한가? 마찰계수는 $\mu = 0.4$이다.

풀이 ① C형의 경우

벨트의 원주속도 v는

$$v = \frac{\pi \times 150 \times 1100}{1000 \times 60} = 8.6\,\text{m/s}$$

접촉각 θ_1은

$$\theta_1 = 180° - 2\sin^{-1}\frac{150 - 15}{2 \times 100} = 95° = 1.66\,\text{rad}$$

표 19-15에서 $\mu = 0.4$이고 $\alpha = 40°$이면 $\mu' = 0.56$

$$e^{\mu'\theta} = 2.718^{0.56 \times 1.66} = 2.539$$

$$\frac{e^{\mu'\theta} - 1}{e^{\mu'\theta}} = 0.61$$

표 19-13에서 허용 인장력 $T_1 = 40\,\text{kg}_f$

1개의 벨트가 받을 수 있는 전달마력은

$$H_0 = 40 \times 8.6 \times 0.61 / 75 = 2.8\,\text{HP}$$

표 19-20에서 $k_2 = 0.85$이므로

$$z = \frac{10}{2.8 \times 0.85} = 4.2 \fallingdotseq 4$$

② D형의 경우

①과 마찬가지로 $T_1 = 85\,\text{kg}_f$

$$H_0 = 85 \times 8.6 \times 0.61 / 75 = 6\,\text{HP}$$

$$z = \frac{10}{6 \times 0.85} = 1.96 \fallingdotseq 2$$

예제 **19-10.** 다음 조건에 있는 V벨트 전동장치를 설계하라. 전동기의 출력은 25HP, 회전수 1150rpm, 축간 거리 700mm 이내로 425rpm의 송풍기를 운전한다.

풀이 표 19-16에서 C형 V벨트를 가정한다. 표 19-17에서 C형의 전동기측의 V풀리의 피치 지름 $D_1 = 180\,\text{mm}$이며, 송풍기측의 V풀리의 피치 지름 D_2는

$$D_2 = 180 \times \frac{1150}{425} = 490\,\text{mm}$$

벨트의 원주속도 v는

$$v = \frac{\pi \times 180 \times 1150}{1000 \times 60} = 10.8\,\text{m/s}$$

표 19-18에서 C형 V벨트 하나의 전달마력 $H_0 = 5.8\text{HP}$이고 접촉각 θ_1은

$$\theta_1 = 180° - 2\sin^{-1}\frac{490-180}{2\times700} = 155°$$

$k_1 = 0.95$, $k_2 = 1.0$이므로

$$z = \frac{25}{5.8\times0.95\times1.0} = 4.54 \fallingdotseq 5$$

벨트의 길이 L은

$$L = 2\times700 + \frac{\pi}{2}(180+490) + \frac{(490-180)^2}{4\times700} = 2455\,\text{mm}$$

연 습 문 제

1. 평벨트 장치에서 바람직하지 않는 여러 가지 벨트현상에 관해 설명하라.
2. 평벨트 전동장치에서 긴장측 장력과 이완측 장력을 각각 구하고, 원심력에 의한 부가장력이 어떤 영향을 주는지 검토하라.
3. 평벨트 장치에서 최대동력을 전달하기 위한 벨트속도를 구하라. 만약, 원심력의 영향을 고려하지 않으면 어떻게 되는가?
4. 단차의 속도비는 어떻게 결정하며, 속도비에 따르는 단차의 지름을 구하라.
5. V벨트 전동차의 설계순서에 관해 설명하라.
6. 6kW, 300rpm의 플런저 펌프를 운전하는 지름 460mm의 풀리가 있다. 가죽벨트를 사용할 경우 너비는 얼마인가? 다만 접촉각 180°, 마찰계수 0.3, 이음효율 85%이다. ($b\times h = 127\,\text{mm}\times7\,\text{mm}$)
7. 지름이 각각 110mm, 500mm의 주철제 벨트 풀리에 가죽벨트를 사용하여 1.5kW을 전달하려고 한다. 축간 거리 2m로 작은 풀리는 1100rpm으로 회전하면 유효장력, 벨트의 너비, 베어링에 걸리는 하중을 각각 구하라. (P=237N, b=114mm, T_1+T_2=671N)
8. 지름이 각각 200mm, 600mm의 풀리가 축간 거리 2000mm로 배열되어 있으면 벨트의 길이는 얼마로 해야 하는가? (평행걸기 : 5276mm, 십자걸기 : 5336mm)
9. 평벨트 전동에서 지름 200mm, 1200rpm의 원동차로부터 1800mm 떨어진 종동차를 300rpm으로 회전시켜서 2.2kW를 전달하려고 한다. 평행걸기를 하는 경우, 벨트의 장력은 얼마인가? 다만, 벨트의 무게는 1m 당 2N, 마찰계수는 0.3이다. (T_1=341.2N)
10. 2단으로 된 단차의 축간 거리가 1500mm이고 구동축이 100rpm으로 회전한다. 구동풀리 중에서 지름이 큰 것이 D_1=540mm이고 종동축은 회전속도를 200rpm 및 300rpm으로 하려면 D_2와 종동풀리의 지름 d_1, d_2를 얼마로 해야 하는가? 다만, 평행걸기로 한다.
    (d_1=180mm, d_2=242mm, D_2=484mm)
11. 원동축의 회전수 100rpm, 종동축은 최고 300rpm, 최저 85rpm으로 축간거리 2m일 때 평행걸기로 3단의 단차 지름을 구하라. 다만, 원동축의 최소 지름은 85mm이다.

(D_1=85 mm, D_2=114.1 mm, D_3=139 mm, d_1=100 mm, d_2=71.3 mm, d_3=46.3 mm)

12. 벨트속도 25 m/s일 때 D형 V벨트 하나의 전달마력은 얼마인가? 다만 접촉각 135°, 마찰계수 0.4이다. (H=12.24 HP)

13. V벨트로 운전되는 20 HP, 350 rpm의 공기 압축기가 있다. 전동기측 벨트 풀리는 지름 125 mm, 1200 rpm, 축간 거리는 큰 풀리의 지름과 같다면 벨트의 형식과 개수는 어떻게 되는가?

(C형 V벨트로 4개)

14. 500 rpm, 15 HP의 공기 압축기를 구동하는 V벨트를 설계하라. 다만, 전동기는 1450 rpm, 풀리 사이의 중심 거리는 약 500 mm로 하고 벨트의 속도는 15 m/s, 마찰계수는 0.3이다.

(C형 V벨트로 4개)

15. 5 HP, 1000 rpm의 전동기로 300 rpm의 왕복형 공기 압축기를 운전하는 V벨트 전동장치가 있다. 축간 거리를 약 500 mm로 할 때 V벨트의 형, 개수 및 길이를 구하라.

(B형 V벨트 4개, L=2081 mm)

제 20 장

로프와 체인傳動

20-1 로프傳動

로프 전동장치는 목면(cotton), 마(hemp), 강선(steel wire) 등으로 만든 로프(rope)를 홈이 있는 바퀴인 로프 풀리(rope pulley) 또는 시브(sheave)에 감아 걸어서 회전을 전달한다.

대동력 전달에 유리하고 와이어 로프인 경우에는 50~100mm, 섬유로프인 경우에는 10~30m 정도의 축간 거리에도 사용될 수 있으며, 하나의 원동풀리에서 몇 개의 종동풀리로 회전을 전달하는 데 아주 편리하고 벨트에 비해 미끄럼이 적으며, 고속운전에 적합하고 전동경로가 직선이 아닌 경우에도 사용이 가능하다.

그러나 장치가 복잡해서 자유로이 로프를 벗겨낼 수 없고, 조종이 어렵고 절단되었을 때 수리가 어려운 점이 있으며, 미끄럼은 적으나 傳動이 불확실한 점 등이 결점으로 지적된다.

20-1-1 로 프

로프에는 목면, 마 등을 이용한 섬유로프(textile rope)와 와이어 로프(wire rope)가 있다. 전동용으로 주로 면로프, 마로프가 사용되고 와이어 로프는 크레인, 윈치와 같은 중량물 운반용으로 많이 사용된다.

로프의 단면은 대략 원형이지만 약각 凹凸이 있으므로 로프의 크기는 외접원의 지름으로 표시한다.

[1] 纖維로프

면 또는 마로프는 그 섬유로 만든 실(yarn)을 꼬아서 작은 스트랜드(strand)를 만들고, 그림 20-1과 같이 3개 또는 4개의 스트랜드를 꼬아서 로프를 만든다. 3개를 합하여 꼰 3개 꼬임과 4개를 합하여 꼰 4개 꼬임이 있다. 4개 꼬임은 중심에 별도로 芯(center core)

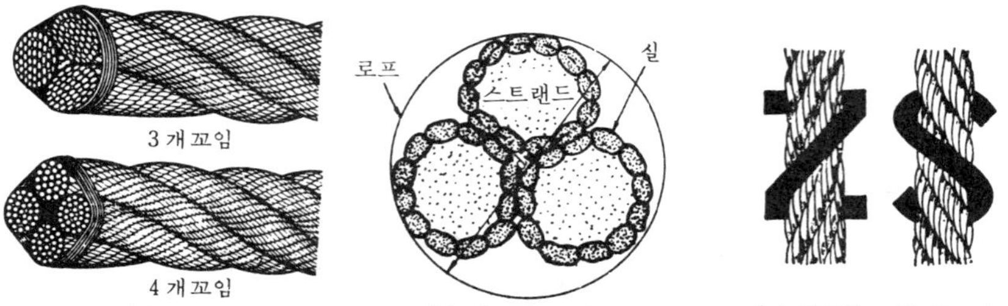

(a) 로프 (b) 실과 스트랜드 (c) Z꼬임 (d) S꼬임

그림 20-1 섬유로프의 꼬임방법

을 넣는다. 따라서, 4개 꼬임쪽이 로프 풀리와 접촉면적이 크다. 보통 실은 왼쪽 꼬임, 스트랜드는 오른쪽 꼬임, 로프는 왼쪽 꼬임으로 한다. 작은 마력의 전동에는 3개 꼬임을 사용하나 보통 4개 꼬임을 사용한다. 전동용 섬유로프는 크기가 25~50 mm 정도의 것을 사용하며, 굵은 것을 1개 사용하는 것보다 가는 것을 여러 개 사용하는 것이 좋다.

면로프는 유연해서 잘 굽어지므로 지름이 작은 로프 풀리에 걸어서 사용할 수 있으나, 습기의 영향을 받기 쉬우므로 옥외사용을 하면 수명이 짧아진다. 그러나 마로프는 비바람에 강하기 때문에 옥외사용에 적합하다. 사용장력은 로프단면의 외접원의 단위면적마다의 응력으로 표시하고 면로프는 8~10 kg_f/cm^2, 마로프는 8~15 kg_f/cm^2이다.

[2] 와이어 로프

와이어 로프는 질이 좋은 강선(wire), 즉 素線을 열처리하여 몇 번이고 다이(die)를 통과시켜 필요한 크기로 만들어 아연도금한 후에 꼬아서 만든 것이다. 중심에 大麻芯을 넣은 것은 로프의 구성을 용이하게 하면서 유연성을 주어서 자유로이 굽어지게 하며, 윤활유를 포함하게 되므로 철사 사이의 마찰을 감소시키고 耐久性을 높인다. 강도계산에는 상관이 없고, 강도만이 중요한 로프에서는 대마심을 전혀 사용하지 않고 소선만을 꼬아서 로프를 만든다. 표 **20-1**에 와이어 로프의 단면구조를 표시한다.

와이어 로프를 꼬는 방법에는 보통꼬임(ordinary lay)과 랭꼬임(Lang's lay)이 있다. 보통꼬임은 스트랜드의 꼬임방향과 소선을 꼬는 방향이 반대되는 꼬임 방법으로 일반적으로 널리 사용된다. 랭꼬임은 같은 방향으로 꼬는 방법이다. 그리고 보통꼬임과 랭꼬임에는 각각 스트랜드의 꼬는 방법이 오른나사와 같은 방향으로 되어 있는 Z꼬임과 왼쪽나사와 같은 방향으로 되어 있는 S꼬임의 두 가지 꼬임방법이 있다. 일반적으로 취급이 편리한 Z꼬임이 많이 사용된다.

보통꼬임은 랭꼬임에 비하여 소선의 꼬임의 경사가 급격하기 때문에 접촉면적이 적고, 소선의 마멸이 빠르지만 엉키어 풀리지 않으므로 취급이 쉽다. 그리고 랭꼬임은 꼬임의 경사가 완만하므로 접촉면적이 크고, 마멸에 의한 손상이 적기 때문에 내구성이 높고 유연성도 좋으나 엉키어 풀리기 쉬우므로 주의하여야 한다. 전동용 와이어 로프는 보통 9~30 mm

표 20-1 와이어 로프의 단면 및 구조

호 별	1호	2호	3호	4호	5호
구 성	7소선 6꼬임 중심섬유	12소선 6꼬임 중심 및 각 스트랜드 중심 섬유	19소선 6꼬임 중심섬유	24소선 6꼬임 중심 및 각 스트랜드 중심 섬유	30소선 6꼬임 중심 및 각 스트랜드 중심 섬유
구성기호	6×7	6×12	6×19	6×24	6×30
단 면	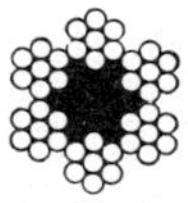	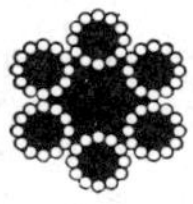			

호 별	6호	7호	8호	9호	10호
구 성	37소선 6꼬임 중심섬유	61소선 6꼬임 중심섬유	플래드형 3각심 7소선 6꼬임 중심섬유	플래드형 둥근선 3각심 7소선 6꼬임 중심섬유	실형 19소선 6꼬임 중심섬유
구성기호	6×37	6×61	6×F{(3×2+3)+7}	6×F{(3×2+3)+12+12}	6×S(19)
단 면			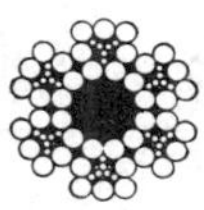	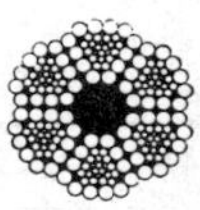	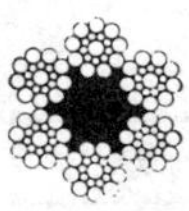

호 별	11호	12호	13호	14호	15호
구 성	워린톤형 19소선 6꼬임 중심섬유	필러형 25소선 6꼬임 중심섬유	필러형 29소선 6꼬임 중심섬유	필러형 25소선 6꼬임 중심 7소선 6꼬임 중심	실형 19소선 8꼬임 중심섬유
구성기호	6×W(19)	6×Fi(25)	6×Fi(29)	7×7+6×Fi(25)	8×S(19)
단 면		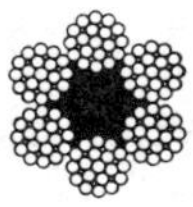		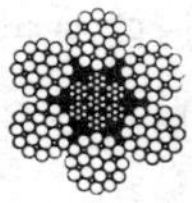	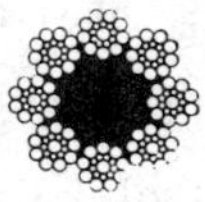

호 별	16호	17호	18호	19호
구 성	워린톤형 19소선 8꼬임 중심섬유	필러형 25소선 8꼬임 중심섬유	필러형 29소선 6꼬임 중심 와이어 로프	워린톤형 26소선 6꼬임 중심섬유
구성기호	8×W(19)	8×Fi(25)	7×7+6×Fi(29)	6×WS(26)
단 면		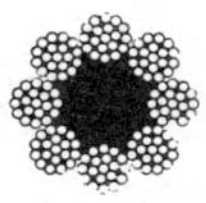	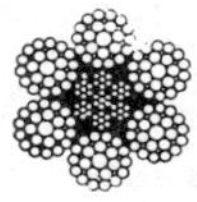	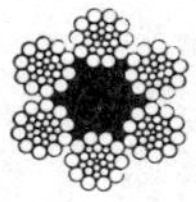

호 별	20호	21호	22호	23호
구 성	워린톤 실형 31소선 6꼬임 중심섬유	워린톤 실형 36소선 6꼬임 중심섬유	워린톤 실형 41소선 6꼬임 중심섬유	세미 실형 37소선 6꼬임 중심섬유
구성기호	6×WS(31)	6×WS(36)	6×WS(41)	6×SeS(37)
단 면			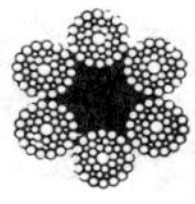	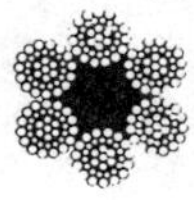

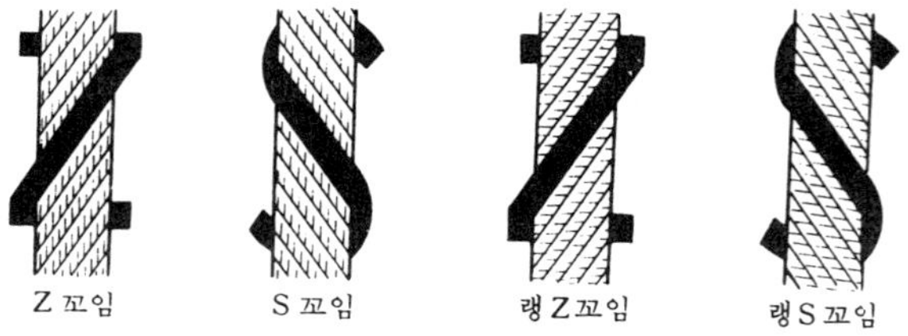

그림 20-2　로프의 꼬임

것을 많이 사용하고, 연결할 때는 로프의 끝을 약간 풀어서 양단을 꼬아서 이어야 하므로 기술이 필요하고 그 부분이 굵어지는 결점을 갖는다.

소선의 표준 인장강도가 표 **20-2**에 표시되어 있는데, 와이어 로프의 인장강도는 소선의 인장강도의 합계보다 10～20%가 적다. 또, 사용하중은 인장강도의 $\frac{1}{5}\sim\frac{1}{10}$ 정도로 한다.

표 20-2　소선의 표준 인장강도

종　　　류	엘리베이터용	도금 1종	도금 2종	도금 3종
인장강도 kg_f/mm^2	135	150	165	180

20-1-2　로프 풀리

로프 풀리는 시브(sheave)라고도 하며 주철이나 주강으로 만들고 바깥 둘레에 홈이 설치된다. 와이어 로프에 대하여 V홈이 파여져 있고, 그림 **20-3**에서 볼 수 있는 바와 같이 $\alpha=30\sim60°$의 V홈 밑바닥을 로프 반지름보다 0.4～1.5mm 정도 큰 둥금새 반지름으로 모양이 이루어진다.

보통 와이어 로프는 홈 밑바닥에서 로프 풀리에 맞닿도록 하는 수도 있다. 이런 경우에는 그 원주의 $\frac{1}{3}$ 정도 접촉하도록 한다. 로프 풀리의 피치원 지름 D가 로프 지름 d에 비하여 작으면 로프의 수명이 단축되므로 다음과 같이 설계한다.

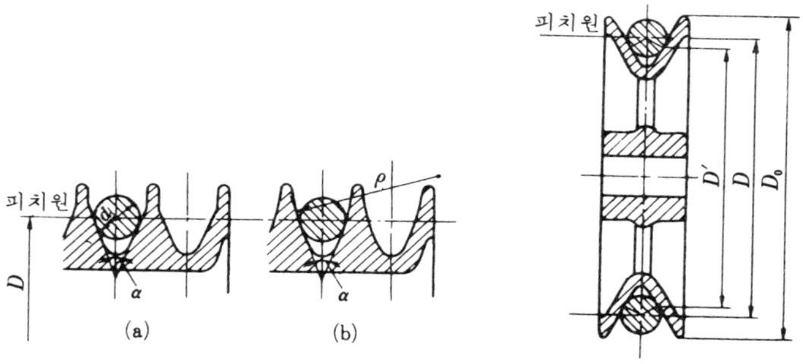

그림 20-3　로프 풀리의 홈과 피치원 지름

$$\left.\begin{aligned} &D \geqq 50d \cdots\cdots\cdots \text{ 와이어 로프} \\ &D > 40d \cdots\cdots\cdots \text{ 마로프} \\ &D > 30d \cdots\cdots\cdots \text{ 면로프} \end{aligned}\right\} \qquad (20 \cdot 1)$$

와이어 로프는 무거우므로 시브의 홈 밑부분을 넓게 하여 접촉시켜서 동력을 전달한다. 섬유로프의 경우는 홈의 양경사면에 접촉시켜서 동력을 전달한다. 따라서, 와이어 로프는 홈 밑부분과 미끄럼이 생기기 쉬우므로 마찰저항을 증가시키고, 또 와이어 로프의 마멸을 방지하여 오랜 세월에 견딜 수 있도록 V홈 밑부분에 가죽 또는 단단한 나무조각, 고무 등을 파묻는다. 그러나 안내풀리로 사용되는 시브풀리에는 가죽, 고무 등을 집어넣지 않는다. 시브풀리가 작은 것은 하나로 주조하나 큰 것은 조립식으로 하여 볼트로 졸라맨다.

20-1-3 로프를 걸어감는 방법

면로프나 마로프에서 큰 동력을 전달하는 경우에 1개의 굵은 로프보다 여러 개의 가는 로프를 걸어서 사용하는 것이 좋으며, 이 때 로프를 걸어감는 방법에는 다음과 같은 두 가지 종류가 있다.

그림 20-4에 나타낸 바와 같이 병렬식(multiple system)과 연속식(continuous system)이 있으며, 병렬식은 2개의 로프 풀리 사이에 로프를 병렬시켜 몇 개의 서로 독립한 로프를 걸어감는 방식이고, 이 방식은 각 로프의 장력이 고르지 못하고 이음매에 의한 진동이 크다는 결점이 있으나, 하중이 각 로프에 고르게 분배되어 작용하고 로프가 하나 정도 절단되더라도 傳動이 가능하다는 특징이 있어서 일반적으로 널리 사용된다.

연속식은 하나의 긴 로프를 양 로프 풀리에 몇 번이고 걸어감는 방식이며, 운전 중에 진동이 작고 장력의 조절이 쉽다는 특징은 있으나 로프가 한 곳이라도 절단되면 운전이 불가능하다.

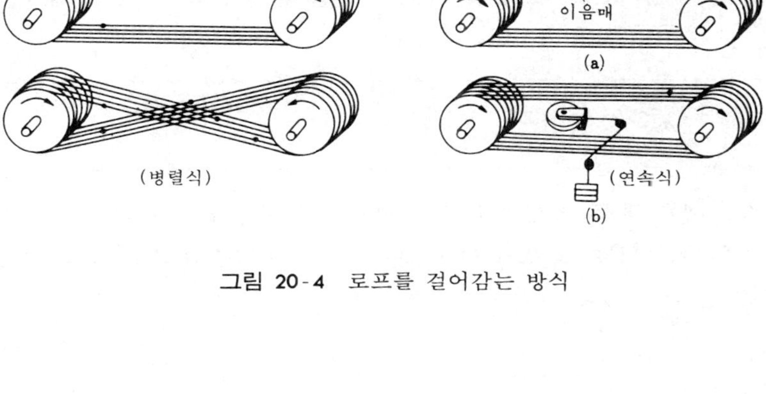

그림 20-4 로프를 걸어감는 방식

20-1-4 와이어 로프의 응력

와이어 로프에 발생되는 응력은 다음과 같이 생각된다.

① 접촉면의 마찰력 때문에 로프에 작용하는 인장응력 σ_t

② 굽힘 때문에 로프에 생기는 굽힘응력 σ_b

③ 원심력에 의한 원심응력 σ_f

여기서

δ : 소선의 지름

n : 소선의 수

P : 로프에 걸리는 인장력

이라면

$$\sigma_t = \frac{P}{\frac{\pi}{4}\delta^2 n} \qquad (20 \cdot 2)$$

이다.

E : 소선재료의 세로 탄성계수

I : 소선단면의 관성 모멘트

Z : 소선의 단면계수

D : 로프 풀리의 피치원 지름($=2R$)

이라면 굽힘 모멘트 M은 다음과 같은 식이 성립한다.

$$M = \frac{EI}{R} = \frac{EZ\delta}{2R} = \sigma_b Z \qquad (20 \cdot 3)$$

$$\sigma_b = \frac{E\delta}{2R} = \frac{E}{D}\delta \qquad (20 \cdot 4)$$

위의 식은 로프를 구성하는 각 소선이 서로 평행한 경우에 적용하고 실제로는 修正係數 C를 곱한다.

$$\sigma_b = C\frac{E}{D}\delta \qquad (20 \cdot 5)$$

C의 값은 로프의 재료 및 꼬는 방법에 따라 다르나 평균 $\frac{3}{8}$을 취한다.

원심응력 σ_f를 구하기 위하여 로프의 단위 길이마다의 무게를 w라고 하면, 원심력 F는

$$F = \frac{wv^2}{g}$$

따라서, 로프의 단면적 $n\frac{\pi}{4}\delta^2$ 으로 나누면

$$\sigma_f = \frac{w}{n\frac{\pi}{4}\delta^2} \cdot \frac{v^2}{g} = \gamma \cdot \frac{v^2}{g} \qquad (20 \cdot 6)$$

γ는 로프재료의 비중량을 표시한다.

20-1-5 로프의 처짐(Sag of rope)

벨트전동에서는 초기장력이 필요하나 로프전동에서는 양축간 거리가 길고, 그 자체의 무게 때문에 처짐이 일어나고 상당한 초기장력이 얻어진다. 로프가 처지는 곡선은 커티너리 곡선(catenary curve)이지만 포물선으로 보아도 큰 지장이 없다. 처짐량이 아주 크면 그림 20-5와 같이 도중에 안내풀리를 설치하든지 또는 중간풀리에 의하여 몇 구간으로 나누고, 로프의 긴장측과 이완측이 서로 접촉하지 않도록, 또 다른 장애물에 접촉하지 않도록 한다. 안내풀리는 보통 로프의 이완측에 설치한다. 축간 거리가 25m 이하의 경우는 할 필요가 없다.

처짐량은 양축간 거리, 로프의 크기와 속도, 로프 풀리의 위치, 대기의 습도 등에 따라 다르므로 간단한 수식으로 표시하기는 어렵다. 그러나 로프가 수평상태인 경우는 비교적 간단한 수식으로 표시할 수 있다. 또, 연속식인 경우는 긴장측과 이완측은 거의 같으나 병렬식에서는 같지 않을 경우가 많다.

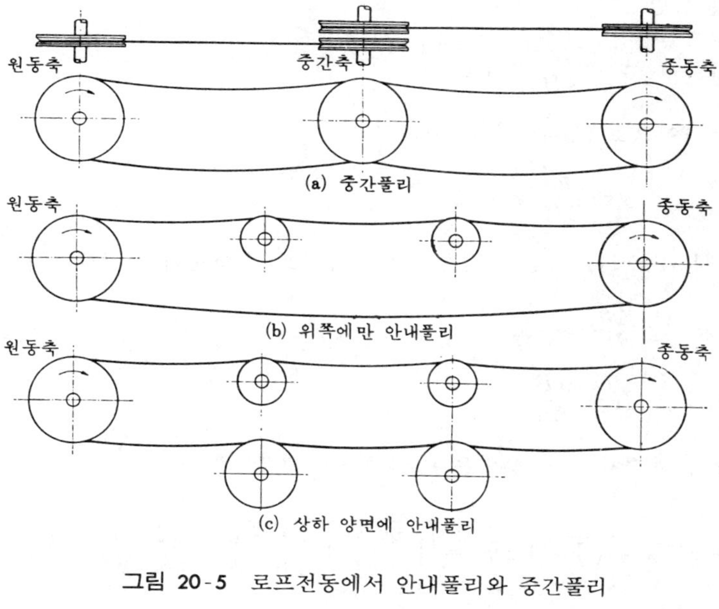

그림 20-5 로프전동에서 안내풀리와 중간풀리

그림 20-6에서와 같이 축간 거리에 비해 처짐량이 작을 경우에는 포물선으로 보아도 큰 차이가 없다. 따라서, 로프 풀리의 지름 D가 같고 높이가 같으면 포물선 AB의 방정식은 다음과 같다.

$$y = ax^2 \tag{20·7}$$

$x = \dfrac{l}{2}$ 일 때 $y = h$이므로 위의 식에 대입하여 정리하면 다음과 같다.

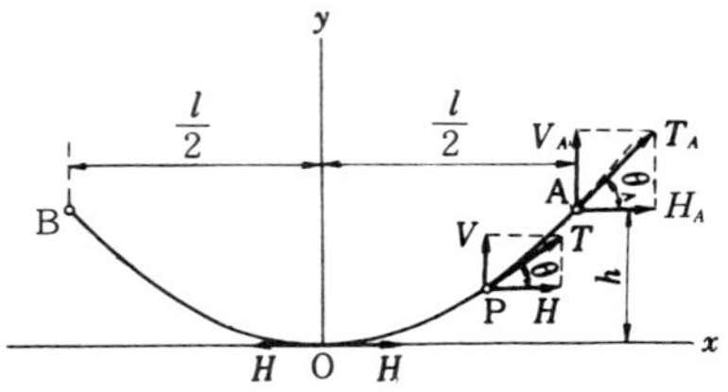

그림 20-6 로프의 처짐량 및 길이

$$a = \frac{4h}{l^2}$$

$$y = \frac{4h}{l^2}x^2 \tag{20·8}$$

$$\frac{dy}{dx} = \frac{8h}{l^2}x \tag{20·9}$$

지금 로프가 정지상태에서 P점에 작용하는 장력을 T, 그 수평분력을 H, 수직분력을 V라고 한다. 로프는 이 상태에서 균형이 되어 있어야 하고 로프에 작용하는 外力은 중력뿐이며, 수평방향의 외력은 전혀 없으므로 H는 x에 관계없이 어디서나 일정한 값이 된다. 로프의 단위 길이에 대한 무게를 w라 하고 로프의 처짐이 얼마되지 않으면 로프의 길이는 수평 거리와 거의 같다고 볼 수 있으므로 $V = wx$로 된다.

T가 수평방향과 맺는 각을 θ라 하면

$$\tan\theta = \frac{dy}{dx} = \frac{V}{H} = \frac{wx}{H} \tag{20·10}$$

위의 식을 적분하면

$$y = \frac{w}{2H}x^2 + C_1$$

$x = 0$이면 $y = 0$이므로 $C_1 = 0$이다. 따라서

$$y = \frac{w}{2H}x^2 \tag{20·11}$$

식 (20·8)과 식 (20·11)은 같은 곡선을 나타내므로 수평분력이 구해진다.

$$\frac{4h}{l^2} = \frac{w}{2H}$$

$$H = \frac{wl^2}{8h} \tag{20·12}$$

A점에서 로프의 자중에 의한 장력은 $V_A = \dfrac{wl}{2}$ 이므로

$$T_A = \sqrt{{V_A}^2 + {H_A}^2} = \sqrt{\left(\frac{wl}{2}\right)^2 + \left(\frac{wl^2}{8h}\right)^2} = \frac{wl^2}{8h}\sqrt{1 + \frac{16h^2}{l^2}} \tag{20·13}$$

이항정리로 전개하여 h는 l에 비해 작으므로 고차항을 생략하면

$$T_A \doteqdot \frac{wl^2}{8h}\left(1+\frac{8h^2}{l^2}\right)=\frac{wl^2}{8h}+wh=H+wh \tag{20·14}$$

와이어 로프에서는 대체로 $h/l=0.03\sim0.06$ 정도이므로

$$T_A=T_B=3.5wl \tag{20·15}$$

로프 AB의 길이 L은 다음과 같이 얻어진다.

$$L=2\int_0^{\frac{l}{2}}\sqrt{dx^2+dy^2}=2\int_0^{\frac{l}{2}}\sqrt{1+\left(\frac{dy}{dx}\right)^2}dx=2\int_0^{\frac{l}{2}}\left\{1+\frac{1}{2}\left(\frac{dy}{dx}\right)^2\right\}dx$$

$$=2\int_0^{\frac{l}{2}}\left(1+\frac{32h^2}{l^4}x^2\right)dx=l\left(1+\frac{8}{3}\cdot\frac{h^2}{l^2}\right) \tag{20·16}$$

따라서, 로프 전체의 길이 L_t는 다음과 같이 구해진다.

$$L_t \doteqdot \pi D+2l\left(1+\frac{8}{3}\cdot\frac{h^2}{l^2}\right) \tag{20·17}$$

예제 20-1. 로프 풀리의 지름이 각각 1100mm, 2500mm, 축간 거리 8m이다. 작은 풀리가 400rpm으로 75kW의 동력을 전달하는 데 사용할 면로프의 크기 및 개수를 구하라. 다만, 홈의 각도는 45°이다.

풀이 먼저 접촉각 θ_1은

$$\theta_1=180°-2\sin^{-1}\left(\frac{D_2-D_1}{2C}\right)=180°-2\sin^{-1}\left(\frac{2500-1100}{2\times8000}\right)$$
$$=180°-2\times5°=170°$$

로프의 지름 d는 $D>30d$로부터

$$d<\frac{D}{30}=\frac{1100}{30}=36.7\,\text{mm}\doteqdot36\,\text{mm}\text{로 한다.}$$

마찰계수 $\mu=0.2$라고 하면

$$\mu'=\frac{\mu}{\sin22.5°+\mu\cos22.5°}=\frac{0.2}{0.38+0.2\times0.92}=0.35$$
$$e^{\mu'\theta}=e^{0.35\times2.97}=2.83$$
$$\frac{e^{\mu'\theta}-1}{e^{\mu'\theta}}=\frac{2.83-1}{2.83}=0.647$$

을 얻는다.

로프의 속도 v는

$$v=\frac{\pi D_1n_1}{1000\times60}=\frac{\pi\times1100\times400}{1000\times60}=23\,\text{m/s}$$

면로프의 인장강도를 $\sigma_t = 0.09\,\text{kg}_f/\text{mm}^2 = 0.9\,\text{MPa}$로 잡으면 긴장측의 장력 T_1는

$$T_1 = \frac{1000H}{v} \cdot \frac{e^{\mu'\theta}}{e^{\mu'\theta}-1} = \frac{1000 \times 75}{23} \cdot \frac{1}{0.647} = 5040\,\text{N}$$

필요한 로프의 개수 n은

$$n = \frac{T_1}{\frac{\pi}{4}d^2\sigma_t} = \frac{4 \times 5040}{\pi \times 36^2 \times 0.9} = 5.5 \fallingdotseq 6$$

예제 20-2. 15kW, 300rpm의 동력을 지름 600mm의 로프 풀리로 같은 회전수를 갖는 수동축에 전달하기 위해서 로프 하나를 사용하였다. 이런 경우 로프와 인장력을 구하라. 다만, 로프와 로프 풀리 사이의 마찰계수는 $\mu = 0.2$이다.

풀이〉 로프의 속도 v는

$$v = \frac{\pi \times 600 \times 300}{1000 \times 60} = 9.42\,\text{m/s}$$

원심력을 무시할 수 있으므로 전달동력 H는 인장력을 T라고 하면

$$H = \frac{Tv}{1000} \cdot \frac{e^{\mu\theta}-1}{e^{\mu\theta}}$$

이며, 위의 식을 T에 관해서 푼다. 2개 로프 풀리의 지름이 같으니까 접촉각 $\theta = 180°$이다. 따라서,

$$T = \frac{1000H}{v \cdot \frac{e^{\mu\theta}-1}{e^{\mu\theta}}} = \frac{1000 \times 15}{9.42 \times 0.467} = 3409.8 = 3410\,\text{N}$$

예제 20-3. 축간 거리 20m의 로프 풀리에서 로프가 0.5m 처졌다. 이 때 로프에 생기는 인장력 T, 그리고 접촉점으로부터 접촉점까지의 로프의 길이 L을 구하라. 다만, 로프단위 길이에 대한 무게는 $w = 0.5\,\text{kg}_f/\text{m}$이다.

풀이〉 로프에 생기는 인장력 T는 식 (20·14)에서

$$T \fallingdotseq \frac{wl^2}{8h} + wh = \frac{0.5 \times 20^2}{8 \times 0.5} + 0.5 \times 0.5 = 50.25\,\text{kg}_f$$

접촉점에서 접촉점까지의 로프의 길이 L은 식 (20·16)으로부터

$$L = l\left(1 + \frac{8}{3} \cdot \frac{h^2}{l^2}\right) = 20\left(1 + \frac{8}{3} \cdot \frac{0.5^2}{20^2}\right) = 20.03\,\text{m}$$

예제 20-4. 축간 거리 25m, 속도 10m/s로 8HP를 전달하는 로프 전동장치에서 소선의 지름 1mm인 강선을 42개를 합쳐진 지름 10mm인 와이어 로프의 단위 길이당 무게가 31kg$_f$/m이다. 로프 풀리의 지름이 1750mm라고 하면 풀리의 회전속도와 로프 내에 발생하는 응력을 계산하라.

풀이〉 로프의 전달력 P는

$$P=\frac{75H}{v}=\frac{75\times 8}{10}=60\,\mathrm{kg}_f$$

회전속도 $n=\dfrac{60v}{\pi D}=\dfrac{60\times 10}{\pi\times 1.75}=110\,\mathrm{rpm}$

로프 풀리에 로프가 감길 때 생기는 굽힘응력 σ_b는

$$\sigma_b=\frac{3}{8}\cdot\frac{E\delta}{D}=\frac{3}{8}\cdot\frac{2\times 10^4\times 1}{1750}=4.3\,\mathrm{kg}_f/\mathrm{mm}^2$$

로프 내에 생기는 인장응력 σ_t는

$$\sigma_t=\frac{P}{\frac{\pi}{4}\delta^2 n}=\frac{4\times 60}{\pi\times 1^2\times 42}=1.8\,\mathrm{kg}_f/\mathrm{mm}^2$$

원심응력 σ_f는

$$\sigma_f=\frac{w}{\frac{\pi}{4}\delta^2 n}\cdot\frac{v^2}{g}=\gamma\cdot\frac{v^2}{g}=7.8\times 10^4\cdot\frac{10^2}{9.8}=795{,}920\,\mathrm{kg}_f/\mathrm{m}^2=0.8\,\mathrm{kg}_f/\mathrm{mm}^2$$

그러므로 전체의 응력 σ는

$$\sigma=\sigma_b+\sigma_t+\sigma_f=4.3+1.8+0.8\fallingdotseq 6.9\,\mathrm{kg}_f/\mathrm{mm}^2$$

예제 **20-5.** 450rpm으로 10kW의 동력을 전달하는 와이어 로프 풀리가 있다. 양 로프 풀리는 밑바닥에 해당되는 지름이 500mm로 와이어 로프 사이의 마찰계수는 0.15이다. 와이어 로프에 작용하는 인장력을 구하라.

풀이 로프의 속도 v는

$$v=\frac{3.14\times 500\times 450}{1000\times 60}=11.8\,\mathrm{m/s}$$

와이어 로프는 로프 풀리의 밑바닥에서 접촉하고 홈의 경사면에서 접촉하지 않으므로 마찰계수는 증가하지 않는다. 또한, 로프의 원심력을 무시한다면

$$10=\frac{T_1\times 11.8}{102}\left(\frac{e^{0.15\times\pi}-1}{e^{0.15\times\pi}}\right)=\frac{11.8T_1}{102}\times 0.375$$

$$T_1=\frac{10\times 102}{11.8\times 0.375}=230.5\,\mathrm{kg}_f$$

를 얻는다.

20-2 체 인 傳 動

벨트와 로프전동은 마찰력을 이용한 간접전동이지만 체인전동은 체인을 스프로킷 휠(sprocket wheel)의 이에 걸어감아서 체인과 휠의 이가 서로 물리는 힘으로 동력을 전달시킨다. 대체로 축간 거리가 짧으면서 기어전동이 불가능한 경우에 전동용으로 사용된다.

체인전동 장치의 특징으로는

〔장점〕

① 미끄럼이 없는 일정한 속도비를 얻는다.

② 초기장력이 필요없고, 정지시에도 장력이 작용하지 않고 베어링에도 하중이 가해지지 않는다.

③ 접촉각은 90° 이상이면 되고 축간 거리도 비교적 짧게 잡을 수 있다.

④ 체인의 탄성으로 어느 정도 충격하중을 흡수시킬 수 있다.

⑤ 다축전동이 가능하고 유지 및 수리가 용이해서 수명이 길다.

⑥ 큰 동력을 전달할 수 있고 전동효율도 95% 이상이다.

〔단점〕

① 축간 거리가 긴 40m 이상의 전동이나 고속전동은 곤란하고 양축은 평행이어야 한다.

② 전동과 소음이 나기 쉽고 마모에 따라 그 정도는 더 심해진다.

전동용 체인으로는 주로 롤러 체인(roller chain)과 사일런트 체인(silent chain)이 사용되며, 이외에 블록 체인(block chain) 등 많은 종류가 있으나 대개 저속 경하중용으로 사용된다. 롤러 체인과 사일런트 체인은 강력해서 전달동력이 크며, 특히 사일런트 체인은 롤러 체인으로는 기대할 수 없는 정숙운전에 이용되나 가격이 비싸다. 물론, 롤러 체인에서도 롤러의 정숙한 구름접촉을 이용하여 기어보다는 정숙한 운전을 기대할 수 있다.

체인전동은 벨트나 로프전동보다 전동효율이 높으며, 롤러 체인의 경우 95% 이상, 사일런트 체인의 경우는 98% 이상이다.

20-2-1 롤러 체인 및 스프로킷 휠

[1] 롤러 체인(roller chain)

(1) 롤러 체인의 구조

롤러 체인은 그림 **20-7**과 같이 롤러 링크(roller link)와 핀 링크(pin link)를 교대로 계속해서 연결한 것이다. 롤러 링크는 2개의 **鋼製**롤러 링크판에 2개의 부시(bush)를 고정하고 그 바깥쪽에 회전하는 롤러를 끼운 것이다. 핀 링크는 2개의 핀 링크판에 2개의 핀을

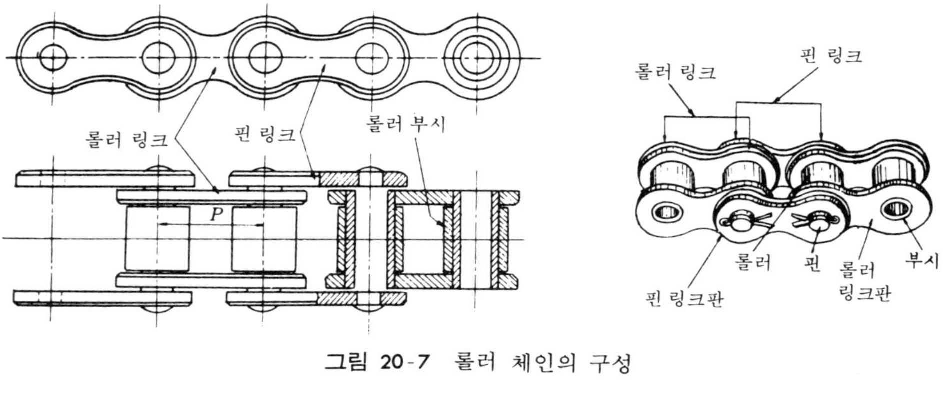

그림 20-7 롤러 체인의 구성

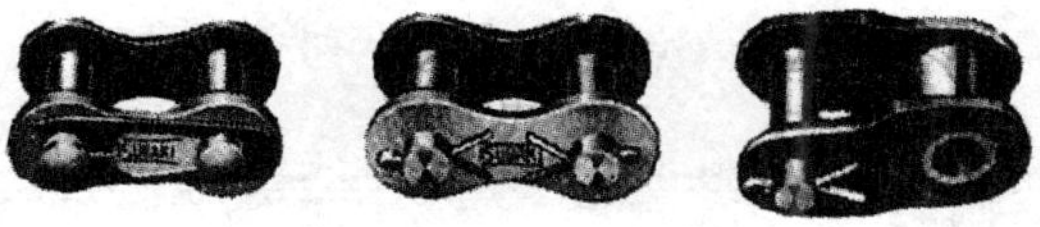

(a) 클립형 (b) 분할핀형 (c) 오프셋형

그림 20-8 이음링크

고정한 것이다. 체인의 양끝을 이을 때는 그림 **20-8**과 같은 분해가능한 핀을 가진 이음링크를 사용한다. 만일, 링크가 홀수인 경우에는 오프셋형을 사용한다.

표 **20-3**에 전동용 롤러 체인의 각부의 치수와 강도를 표시한다. 강력한 전동에는 2列, 3列 등의 체인을 긴 핀으로 연결한 多列 롤러 체인이 사용되며 이 때는 그림과 같은 중간판을 끼운다.

(2) 속 도 비

지금

n_1, n_2 : 양 스프로킷 휠의 회전속도(rpm)

z_1, z_2 : 양 스프로킷 휠의 잇수

라고 하면, 속도비 i는

$$i = \frac{n_2}{n_1} = \frac{z_1}{z_2} \tag{20·18}$$

체인전동에서는 피치원 지름과 잇수가 비례하지 않으므로 기어와 같이 속도비를 피치원 지름의 역비로 표시할 수 없다. 속도비는 보통 1 : 5 정도이고, 1 : 7 이상은 피하는 것이 좋다. 속도비가 커지면 스프로킷 휠의 접촉각이 감소하여 마멸이 심하게 일어난다. 그러나 저속인 경우는 1 : 10 정도까지는 가능하다.

(3) 체인의 길이

체인의 길이는 링크의 남은 수가 허용되지 않으므로 피치의 정수배가 되어야 하며, 축간거리는 어느 정도 조정이 가능해야 하고 링크의 수는 짝수가 되도록 유의하여야 한다. 만약, 홀수가 되면 오프셋 링크 하나를 사용해야 한다.

체인 링크의 수 L_n은 벨트의 길이를 구하는 계산식과 같이 근사식으로 계산한다. 체인에 인접한 핀 중심 사이의 거리를 피치 p라고 하면

$$L = 2C + \frac{\pi}{2}(D_1 + D_2) + \frac{(D_2 - D_1)^2}{4C}$$

$z = \dfrac{\pi D}{p}$ 로부터 $D = \dfrac{pz}{\pi}$ 이므로, 이 식을 위의 식에 대입하면

$$L = 2C + \frac{(z_1 + z_2)p}{2} + \frac{(z_2 - z_1)^2 p^2}{4C\pi^2}$$

링크의 수 L_n은

표 20-3 롤러 체인의 각부 치수와 강도

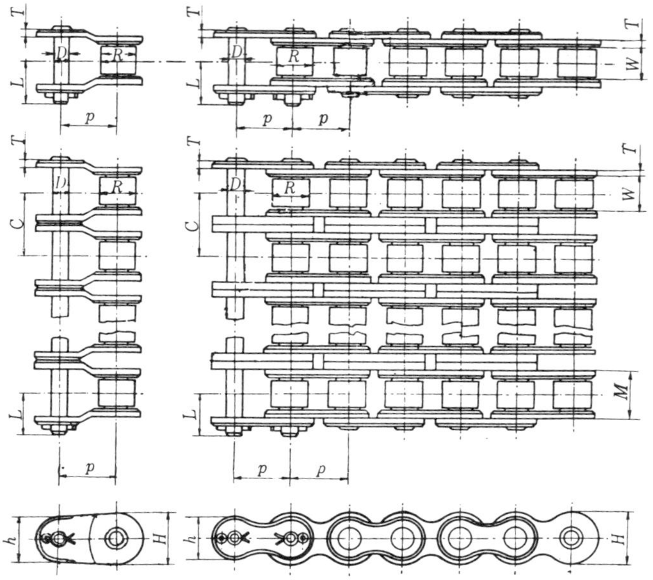

(단위 mm)

롤러체인 호칭번호	피치 p	롤러 바깥지름 R (최대)	롤러링크 안너비 W (최소)	롤러링크 바깥너비 M (최대)	핀 바깥지름 D	핀의 L부 치수 (최대)	링크판 두께 T	핀링크판의 너비 h (최대)	롤러링크판의 너비 H (최대)	참고값: 스프로킷의 가로피치	참고값: 파단하중 kg_f/m (최대)
40	12.70	7.94	7.9	11.23	3.97	10.6	1.5	10.4	12.0	14.4	1420
50	15.88	10.16	9.5	13.90	5.09	12.1	2.0	13.0	15.0	18.1	2210
60	19.05	11.91	12.7	17.81	5.96	16.2	2.4	15.6	18.1	22.8	3200
80	25.40	15.88	15.8	22.66	7.94	20.0	3.2	20.8	24.1	29.3	5650
100	31.75	19.05	19.0	27.51	9.54	24.1	4.0	26.0	30.1	35.8	8850
120	38.10	22.23	25.4	35.51	11.11	29.2	4.8	31.2	36.2	45.4	12,800
140	44.45	25.40	25.4	37.24	12.71	32.2	5.6	36.4	42.2	48.9	17,400
160	50.80	28.58	31.7	45.27	14.29	37.3	6.4	41.6	48.2	58.5	22,700
200	63.50	39.69	38.1	54.94	19.85	48.5	8.0	52.0	60.3	71.6	35,400

〔비고〕 이 치수는 ASA 규격의 in 치수를 mm 치수로 환산한 것이다. 호칭번호 40, 50, …… 의 앞숫자 4, 5, …… 는 체인의 피치(in)를 $\frac{1}{8}$ in 의 배수로 나타낸 것이다. 뒤의 숫자 0은 롤러 체인을 나타낸다. 이 밖에 호칭번호 25, 35가 규정되어 있으나, 이 때의 뒤의 숫자 5는 부시 체인을 나타낸다.

$$L_n = \frac{L}{p} = \frac{2C}{p} + \frac{z_1 + z_2}{2} + \frac{(z_2 - z_1)^2 p^2}{4C\pi^2}$$
$$= \frac{2C}{p} + \frac{1}{2}(z_1 + z_2) + \frac{0.0257\, p (z_2 - z_1)^2}{C} \qquad (20 \cdot 19)$$

여기서

p : 체인의 피치

C : 축간 거리

L_n은 링크의 수이므로 소수점 이하는 올려서 1링크로 한다. 중심 거리 C는 다음 범위가 적당하다.

$$\left.\begin{aligned} C &= (40\sim50)p \\ C_{\min} &= 30p \\ C_{\max} &= 80p \end{aligned}\right\} \qquad (20\cdot20)$$

(4) 체인의 速度

체인의 속도 v_m은 피치 p(mm), 스프로킷 휠의 회전속도를 n(rpm), 스프로킷 휠의 잇수를 z라고 할 때

$$v_m = \frac{npz}{1000\times60}\,(\mathrm{m/s}) \qquad (20\cdot21)$$

와 같이 표시된다. 그러나 실제로는 그림 20-9와 같이 정다각형 벨트를 감는 상태가 되므로 정다각형의 정점으로 체인이 진입하면 속도는 최대가 되고, 정다각형의 변을 따라 진입하면 속도는 최소가 된다. 지금 피치원 지름을 D_p(mm), 회전속도를 n(rpm)이라고 하면

$$\left.\begin{aligned} v_{\max} &= \frac{\pi D_p n}{1000\times60}\,(\mathrm{m/s}) \\ v_{\min} &= \frac{\pi D_p n}{1000\times60}\cdot\cos\frac{\alpha}{2}\,(\mathrm{m/s}) \end{aligned}\right\} \qquad (20\cdot22)$$

가 되어 체인의 속도는 이 사이에서 주기적으로 변동한다. 따라서, 속도 변동률 ε은

$$\varepsilon = \frac{v_{\max}-v_{\min}}{v_{\max}}\times100 = \left(1-\cos\frac{\pi}{z}\right)\times100 \qquad (20\cdot23)$$

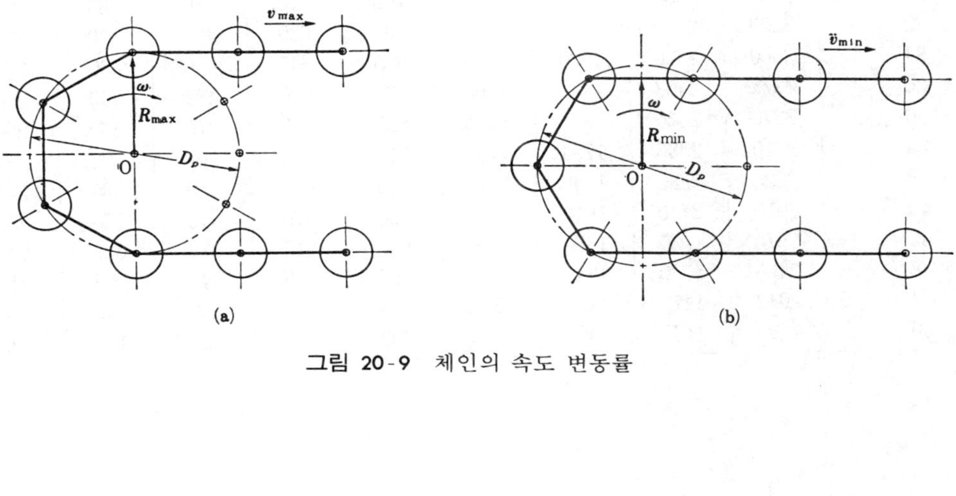

그림 20-9 체인의 속도 변동률

위의 식에서 스프로킷 휠의 지름을 되도록 크게 하고 피치를 작게 하면 잇수가 많아지며, 속도 변동률은 무시할 수 있을 정도로 감소시킬 수 있다. 가장 적당한 체인의 속도는 롤러체인에서는 2~3m/s 까지, 사일런트 체인에서는 4~6m/s 정도이다.

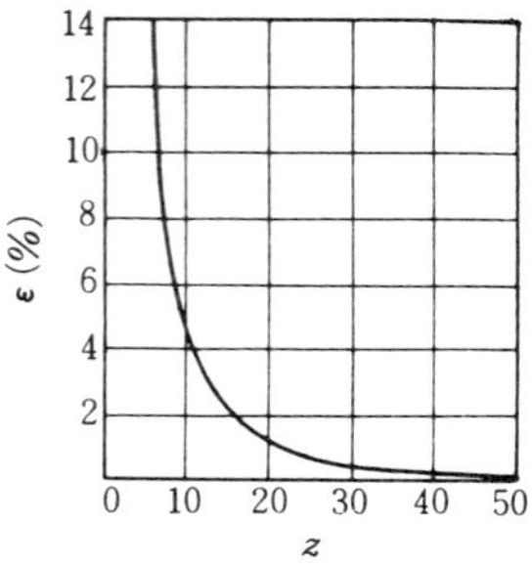

그림 20-10 체인의 ε-z 선도

속도 변동률이 커지면 장력에도 변동이 생기고 소음과 진동의 원인이 된다. 체인의 속도가 어느 정도 높아지면 잇수가 작을수록 굴곡각도와 속도 변동률이 커져서 마멸을 촉진시킨다. 그림 20-10에 잇수에 따르는 속도 변동률이 표시되어 있다. 잇수가 15개 이하가 되면 속도 변동률은 급격히 증가한다.

스프로킷 휠의 회전속도가 크게 되면 체인이 스프로킷 휠에 물릴 때의 충격으로 수명이 짧아지므로 회전속도에 제한을 두고 있다. 표 20-4는 잇수에 대하여 적당한 최고 회전속도를 제한하고 있다.

(5) 傳達動力

체인전동에서는 초기장력을 주지 않고 축간 거리도 짧아 자중에 의한 장력을 무시할 수 있다. 이완측의 장력은 거의 0이므로 긴장측의 장력이 최대장력이 되고 이것이 바로 전달력

표 20-4 롤러 체인의 허용최고 회전속도(rpm)

작은 스프로킷 휠의 잇수	롤러 체인 번호								
	40	50	60	80	100	120	140	160	200
13	2180	1570	1180	750	535	415	305	260	185
14	2380	1720	1290	820	585	455	335	280	205
15	2560	1850	1390	880	630	490	360	305	220
16	2720	1960	1480	935	670	520	380	325	235
17	2860	2060	1550	985	700	550	400	340	245
18	2980	2150	1610	1020	730	570	415	355	255
19	3080	2220	1670	1060	755	590	430	365	265
20	3160	2280	1720	1090	775	605	440	375	270
21	3230	2330	1750	1110	790	620	450	385	280
22	3290	2370	1780	1130	805	630	460	390	280
24	3360	2420	1820	1160	825	645	470	400	290
26	3378	2438	1830	1160	829	649	474	400	290
30	3370	2430	1830	1160	825	645	470	400	290
32	3310	2386	1794	1140	811	633	462	392	284
35	3220	2320	1740	1110	790	615	450	380	275
40	2970	2140	1610	1020	730	570	415	355	255
45	2670	1930	1450	920	655	515	375	320	230
48	2466	1780	1342	851	607	476	345	293	212
54	2042	1472	1110	701	499	390	285	243	176
60	1580	1140	860	545	390	305	220	185	135

이 된다. 따라서

T_1 : 긴장측의 장력 (kg_f)

v_m : 체인의 평균속도 (m/s)

H : 전달마력

이라고 하면

$$H = \frac{T_1 v_m}{75} \text{ (HP)} \tag{20·24}$$

유효장력으로 생각할 수 있는 T_1은 체인의 破斷強度와 안전계수 SF로 정해지고 SF는 속도에 따라 다음과 같이 취한다.

SF = 5~20 ……롤러 체인

SF = 30~50 ……사일런트 체인

[2] **스프로킷 휠**(sprocket wheel)

(1) **스프로킷 휠의 구조**

스프로킷 휠의 잇수는 보통 10~70개의 범위가 좋고, 잇수가 작으면 굴곡각도가 커져서 원활한 운전을 할 수가 없고 진동을 일으켜 수명을 단축시킨다. 그러므로 잇수는 17개 이상이면 굴곡각도가 20° 이하이고 큰 변화가 없어 괜찮으나 저속의 경우에는 6개까지 사용된다. 마모가 균일하게 이루도록 하려면 개수는 홀수가 좋다.

스프로킷 휠의 이는 체인과 물고 돌 때 충격력을 받으면서 롤러와의 접촉에 의하여 마모가 생기게 된다. 이의 재료는 인성과 내마모성이 동시에 필요하며 표면경화의 열처리를 한다. 일반적으로 바깥 지름이 작은 스프로킷 휠은 鍛鋼을 사용하고, 바깥 지름이 큰 스프로킷 휠에는 주철을 사용한다.

(2) **스프로킷 휠의 기본치수**

체인을 스프로킷 휠에 감았을 때 체인의 각 핀의 중심을 통하는 원을 스프로킷 휠의 피치원이라 한다. 체인의 피치를 p, 롤러의 지름을 D_R, 잇수를 z라고 하면 그림 **20-11**에서 피치원 지름 D_p는 다음과 같이 구해진다.

$$\alpha = \frac{2\pi}{z} \tag{20·25}$$

$$\overline{OA} = \frac{\overline{AB}}{\sin\frac{\alpha}{2}} = \frac{\frac{p}{2}}{\sin\frac{\pi}{z}}$$

$$D_p = 2 \times \overline{OA} = \frac{p}{\sin\frac{\pi}{z}} \tag{20·26}$$

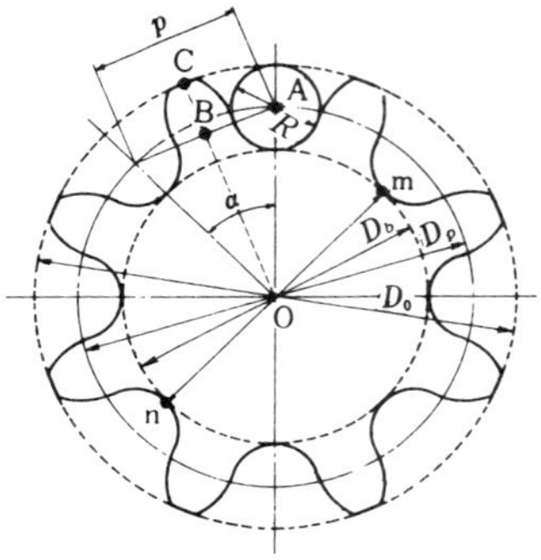

(a) 짝수 이

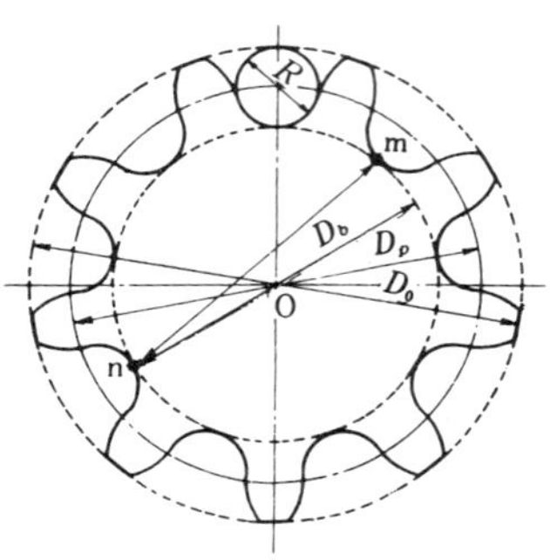

(b) 홀수 이

그림 20-11 스프로킷 휠의 피치원의 지름 D_p

이의 높이를 롤러의 지름 D_R와 같다고 하면 바깥 지름 D_0는

$$D_0 = D_P + D_R \qquad (20 \cdot 27)$$

또, 그림에서 $\overline{BC} = 0.3p$라고 하면

$$D_0 = 2(\overline{OB} + \overline{BC}) = 2\left(\frac{\overline{AB}}{\tan\frac{\alpha}{2}} + 0.3p\right)$$

$$= 2\left(\frac{p}{2} \cdot \cot\frac{\pi}{z} + 0.3p\right) = p\left(0.6 + \cot\frac{\pi}{z}\right) \qquad (20 \cdot 28)$$

스프로킷 휠을 버니어 미터 또는 마이크로 미터 등으로, 그림 **20-11**에서 알 수 있는 바와 같이 서로 마주 보고 있는 이뿌리 사이의 거리 mn를 잰다. 짝수의 잇수를 가진 경우는 $mn = D_b$이므로 $D_P = mn + D_R$가 구해지나 홀수의 경우는 다음과 같이 구한다.

$$D_P = (mn + D_R) / \cos\frac{\pi}{2z} \qquad (20 \cdot 29)$$

위에서 측정한 이뿌리 거리 mn을 캘러퍼 지름(caliper diameter)이라 한다.

(3) 스프로킷 휠의 치형

치형은 호브나 단일커터로 쉽게 절삭할 수 있도록 여러 가지의 모양이 생각되나, 일반적으로 그림 **20-12**와 같이 ASA 치형과 BS 치형이 있고 ASA 치형에는 U형과 S형이 있다.

(4) 스프로킷 휠의 최대 보스 지름과 최대 축지름

체인의 번호와 잇수가 정해지면 표 **20-5**에 의하여 최대 보스 지름과 최대 축지름을 결정할 수 있다. **최대 보스 지름**이란 체인번호와 잇수에 따라 체인이 보스에 접촉함이 없이 회전할 수 있는 지름이고, **최대 축지름**이라는 것은 보스의 지름에 대하여 취할 수 있는 축의 지름을 말한다.

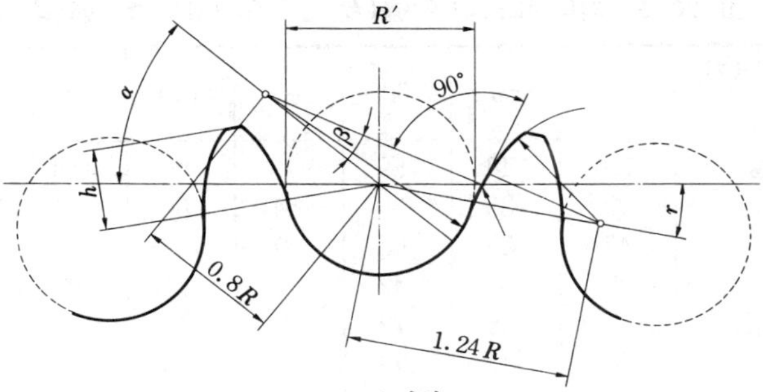

(a) ASA치형

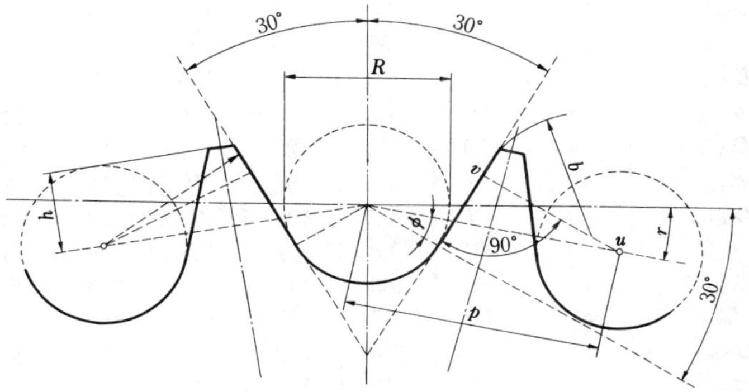

(b) BS치형

그림 20-12 스프로킷 휠의 치형

20-2-2 사일런트 체인 및 스프로킷 휠

롤러 체인은 오랫동안 사용하면 늘어나서 체인의 피치가 길어지고, 스프로킷 휠의 피치와 맞지 않으므로 물림상태가 나빠지고 소음이 발생한다. 사일런트 체인에서는 이런 결점을 없애고 고속회전에도 정숙하고 원활한 운전이 이루어진다.

사일런트 체인은 스프로킷 휠의 이와 접촉되는 면적이 커 운전이 원활하고 전동효율이 98% 이상까지 도달한다. 그러나 모양과 치수에 높은 정밀도가 요구되고 공작이 어려우므로 가격이 비싸다. 사일런트 체인은 그림 **20-13**과 같이 凹형의 양쪽에 3각형의 다리를 가지고 있는 모양의 강판을 연결하여 필요한 길이로 하고, 전동마력에 따라 링크를 가로로 몇 줄이고 나란히 설치함으로써 적당한 너비를 갖는다.

링크의 양끝의 경사면이 맺는 각을 面角 α라 하며, 보통 52°, 60°, 70°, 80°의 4종류가 있으며 피치가 큰 것일수록 α는 작은 것을 사용한다. 그림에서 스프로킷 휠 1개의 이의 양면이 맺는 각을 β, 잇수를 z라고 하면 △OAB에서 다음과 같은 식이 얻어진다.

$$\frac{\alpha}{2}=\frac{\beta}{2}+\frac{2\pi}{z}$$

표 20-5 최대 보스의 지름(D_{Bmax}) 및 최대 축지름(d_{max})

잇 수 \ 체인의 크기		40	50	60	90	100	120	140	160	200
13	D_{Bmax}	39	48	59	79	99	118	136	155	196
	d_{max}	22	30	38	51	66	80	92	106	135
14	D_{Bmax}	43	53	65	87	109	131	151	172	217
	d_{max}	26	33	42	58	74	88	102	118	150
15	D_{Bmax}	47	58	72	95	119	143	165	188	237
	d_{max}	29	37	48	62	80	96	112	129	165
16	D_{Bmax}	51	63	98	103	129	155	179	204	257
	d_{max}	31	41	50	69	86	106	123	140	180
17	D_{Bmax}	55	69	84	111	139	167	193	220	278
	d_{max}	34	46	55	75	94	113	133	153	196
18	D_{Bmax}	60	74	90	120	150	179	208	236	298
	d_{max}	38	50	60	80	101	123	143	164	210
19	D_{Bmax}	64	79	96	128	160	192	222	273	318
	d_{max}	42	51	63	86	110	132	154	177	226
20	D_{Bmax}	68	84	102	136	170	204	236	269	339
	d_{max}	45	55	68	92	116	140	164	188	240
21	D_{Bmax}	72	89	108	144	180	216	250	285	359
	d_{max}	48	59	73	97	124	150	175	200	256
22	D_{Bmax}	76	94	114	152	190	228	264	301	379
	d_{max}	50	62	78	103	130	159	185	213	270
23	D_{Bmax}	80	99	120	160	200	240	278	317	399
	d_{max}	52	66	80	110	138	167	196	225	286
24	D_{Bmax}	84	105	127	169	211	254	294	336	421
	d_{max}	55	70	85	115	145	178	207	236	299
25	D_{Bmax}	88	110	133	177	221	266	308	352	442
	d_{max}	58	74	90	121	154	186	218	250	316

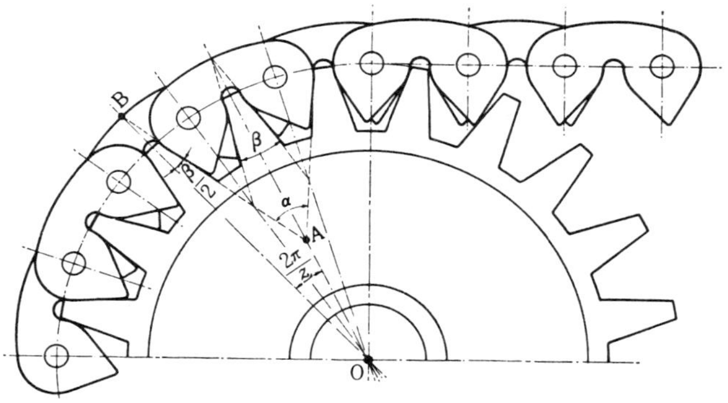

그림 20-13 사일런트 체인의 모양과 면각

$$\beta = \alpha - \frac{4\pi}{z} \tag{20·30}$$

사일런트 체인의 링크수는 짝수로 하는 것이 좋고 축간 거리 C는 롤러 체인의 경우와 같이 피치의 30~50배로 한다.

[1] 사일런트 체인의 종류

사일런트 체인에는 이음방법에 따라 그림 **20-14**에서 보는 바와 같이 같은 핀이음에 의한 레이놀즈 사일런트 체인(Reynolds silent chain)과 핀 대신에 받침 a,b에서 접촉하도록 되어 있는 모스 사일런트 체인(Morse silent chain) 등이 있다. 링크판은 냉간압연한 강재로 성형하고 다시 열처리하여 높은 인성과 내마모성을 준다. 이음핀은 냉간 인발강재에 표면경화를 하고, 그 후에 바깥 둘레를 연마 다듬질하여 만들어진다.

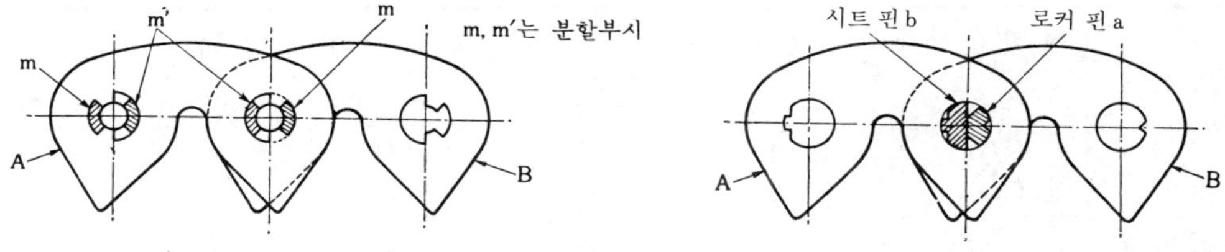

(a) 레이놀즈 사일런트 체인 (b) 모스 사일런트 체인

그림 20-14 사일런트 체인의 종류

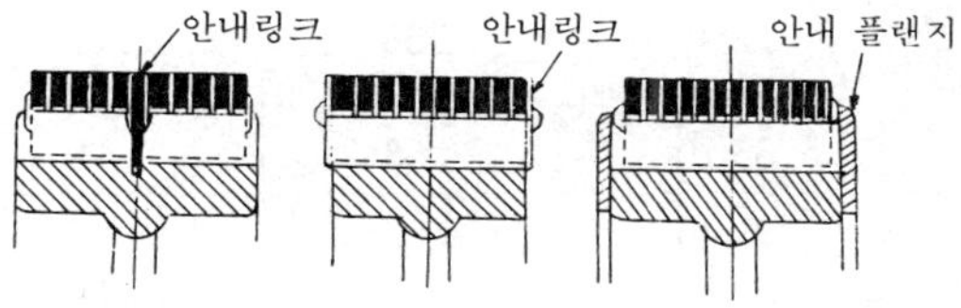

(a) (b) (c)

그림 20-15 안내링크

그림 **20-15**는 안내 링크판으로 운전 중 옆으로 미끄러져 나오는 것을 방지하기 위하여 설치한 것으로, (a)와 같이 안내링크를 중앙에 집어넣은 것을 센터 가이드형(center guide type) 체인이라 하고 안내링크가 들어가도록 스프로킷 휠의 중앙에 홈을 파 놓아야 한다. (b)와 같이 안내링크가 체인의 양쪽에 달려 있는 것을 사이드 가이드형(side guide type) 체인이라 하고, (c)와 같은 것은 가이드 링크판이 없으므로 넌 가이드형(non guide type)이라 하며, 이 때는 스프로킷 휠 이의 양측면에 플랜지를 설치하여 가로 미끄럼을 방지한다.

[2] 사일런트 체인의 치수 및 전달마력

사일런트 체인의 중요치수가 표 **20-6**에 주어지고, 破懷荷重 P_B는 각 제품에 따라 다르

표 20-6 사일런트 체인

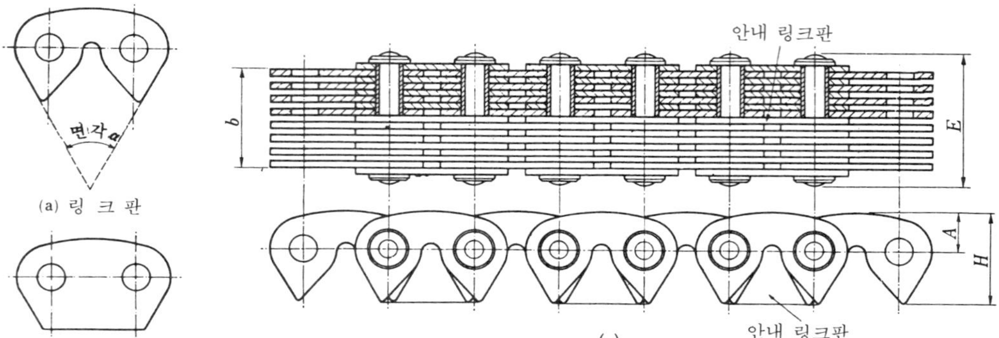

(a) 링 크 판

(b) 안내 링크판

(c)

(단위 : mm)

피 치	체인너비 b (호칭)	리벳핀의 길이 E	스프로킷 피치 지름으로부터의 체인 높이 A (최소)	체인 높이 H (최대)	평균 파단 강도 (kg_f)	평균 중량 (kg_f/m)
9.525 mm (3/8″)	$(^{1}/_{2})$	15.21	4.93	10.11	850	0.57
	$(^{3}/_{4})$	21.56	4.93	10.11	1270	0.83
	(1)	27.91	4.93	10.11	1700	1.12
	$(1^{1}/_{4})$	34.26	4.93	10.11	2130	1.40
	$(1^{1}/_{2})$	46.96	4.93	10.11	2550	1.86
	(2)	53.31	4.93	10.11	3400	2.23
12.70 mm (1/2″)	$(^{3}/_{4})$	22.40	6.53	13.44	2540	1.12
	(1)	28.75	6.53	13.44	3400	1.49
	$(1^{1}/_{4})$	35.10	6.53	13.44	4220	1.86
	$(1^{1}/_{2})$	41.45	6.53	13.44	5080	2.23
	(2)	54.15	6.53	13.44	6800	2.98
	$(2^{1}/_{2})$	66.85	6.53	13.44	8480	3.72
	(3)	79.55	6.53	13.44	10,200	4.46
	$(3^{1}/_{2})$	92.25	6.53	13.44	11,880	5.21
19.05 mm (3/4″)	$(1^{1}/_{2})$	42.67	9.80	20.17	7670	3.35
	(2)	55.37	9.80	20.17	10,210	4.46
	$(2^{1}/_{2})$	68.07	9.80	20.17	12,750	5.58
	(3)	80.77	9.80	20.17	1330	6.70
	(4)	106.17	9.80	20.17	20,410	8.93
	(5)	131.57	9.80	20.17	25,490	11.16
20.40 mm (1″)	(3)	80.80	13.06	26.85	20,410	8.93
	(4)	106.20	13.06	26.85	27,220	11.90
	(5)	131.60	13.06	26.85	34,020	14.88
	(6)	157.00	13.06	26.85	40,820	17.86

나 일류제품에 대해서는 다음 식으로 구한다.

$$P_B = 385\,pb(\mathrm{kg}_f) \tag{20·31}$$

여기서

p : 체인의 피치(cm)

b : 체인의 너비(cm)

또, 사일런트 체인의 전달마력이 표 20-7에 주어진다.

표 20-7 사일런트 체인의 폭 25.4mm당 전달마력

사일런트 체인의 피치 p(mm)	너비 b (mm)	속도(m/sec)						
		3	4	5	6	7	8	9
9.52	12.7~ 76.2	1.96	2.32	2.59	2.83	2.98	3.20	3.42
12.70	12.7~101.6	2.52	3.00	3.38	3.68	3.90	3.96	4.02
15.88	25.4~152.4	3.13	3.70	4.16	4.55	4.82	5.04	5.26
19.05	25.4~152.4	3.86	4.53	5.24	5.58	5.90	6.26	6.62
24.40	50.8~254.0	5.28	6.21	7.02	7.65	8.13	8.61	9.09
31.75	76.2~304.8	6.13	7.22	8.12	8.87	9.41	9.70	10.0
38.10	76.2~304.8	8.07	9.52	10.7	1.71	12.4	13.0	13.2
50.80	152.4~457.2	10.7	12.6	14.3	15.6	16.5	17.2	17.6

예제 20-6. 큰 스프로킷 휠의 잇수 $z_2 = 50$, 작은 스프로킷 휠의 잇수 $z_1 = 20$, 축간 거리 $C = 80\,\mathrm{mm}$의 체인 전동장치에서 50번 체인을 사용하면 필요한 체인의 링크수를 구하라.

풀이 표 20-3에서 50번 체인의 피치 $p = 15.88\,\mathrm{mm}$이며, 식 (20·19)에서 필요한 링크수 L_n은

$$L_n = \frac{2C}{p} + \frac{1}{2}(z_2 + z_1) + \frac{0.0257(z_2 - z_1)^2 p}{C}$$

$$= \frac{2 \times 800}{15.88} + \frac{1}{2}(50 + 20) + \frac{0.0257(30^2) \times 15.88}{800}$$

$$= 136.2147$$

따라서, 링크의 수는 137로 한다.

예제 20-7. 예제 20-6에서 작은 스프로킷 휠이 500rpm이라면 몇 kW를 전달할 수 있는가? 다만, 안전계수는 10이라 한다.

풀이 $z_1 = 20$, $p = 15.88\,\mathrm{mm}$, $n_1 = 500\,\mathrm{rpm}$이므로 평균속도 v_m은

$$v_m = \frac{npz}{1000 \times 60} = \frac{500 \times 15.88 \times 20}{1000 \times 60} = 2.65\,\mathrm{m/s}$$

표 20-3에서 파단하중은 $2210\,\mathrm{kg}_f$이므로 허용 인장력 T_1은

$$T_1 = \frac{2210}{10} = 221\,\mathrm{kg}_f = 2166\,\mathrm{N}$$

따라서, 전달동력 H는 다음과 같다.

$$H=\frac{T_1 v_m}{1000}=\frac{2166\times 2.65}{1000}=5.7\,\text{kW}$$

예제 20-8. 8 HP를 축간 거리 820 mm, 750 rpm의 원동축으로부터 250 rpm의 종동축으로 전달하려고 한다. 롤러 체인을 사용하여 체인의 평균속도를 3 m/s, 안전계수를 15로 하였을 때 체인번호, 체인의 길이, 양 스프로킷 휠의 지름 및 잇수를 설계하라.

풀이 전달력 T_1 은

$$T_1=\frac{75H}{v_m}=\frac{75\times 8}{3}=200\,\text{kg}_f$$

안전계수가 15이므로 체인의 파단하중 $=200\times 15=3000\,\text{kg}_f$

표 20-3에서 체인번호 60(파단하중 3200 kg$_f$)을 사용하기로 한다. 이 체인의 피치 $p=19.05$ mm이므로 원동차의 잇수 z_1은

$$z_1=\frac{v_m}{n_1 p}=\frac{3\times 60\times 1000}{750\times 19.05}=12.6\fallingdotseq 13$$

종동차의 잇수 z_2 는

$$z_2=z_1\cdot\frac{n_1}{n_2}=13\times\frac{750}{250}=39$$

스프로킷 휠의 잇수는 식 (20·26)와 식(20·28)로부터 피치원 지름 D_p와 바깥 지름 D_0는 각각 다음과 같이 구해진다.

원동축

$$D_{p1}=\frac{19.05}{\sin\dfrac{180°}{13}}=\frac{19.05}{\sin 13.8°}=79.67\,\text{mm}$$

$$D_{01}=19.05\times\left(0.6+\cot\frac{180°}{13}\right)=88.79\,\text{mm}$$

종동축

$$D_{p2}=\frac{19.05}{\sin\dfrac{180°}{39}}=\frac{19.05}{\sin 4.61°}=234.32\,\text{mm}$$

$$D_{02}=19.05\times\left(0.6+\cot\frac{180°}{39}\right)=244.79\,\text{mm}$$

체인의 링크수 L_n은 식 (20·19)로부터

$$L_n=\frac{2\times 820}{19.05}+\frac{1}{2}(13+39)+\frac{0.0257\times 19.05}{820}(13-39)^2$$
$$=112.504\fallingdotseq 113$$

예제 20-9. 체인번호 50의 롤러 체인으로 4 HP를 전달하는 데 안전계수를 15 이상으로 유지하려면 체인의 속도는 어느 범위 내에 있어야 하는가?

풀이 체인번호 50의 파단하중은 2210 kg$_f$, 안전계수를 15 이상으로 유지하려면 허용하중 T_1 은

$$T_1 = \frac{2210}{15} = 147\,\mathrm{kg}_f$$

이내에 있어야 한다. 전달마력이 4HP이므로 체인의 속도 v_m은

$$v_m = \frac{75H}{T_1} = \frac{75 \times 4}{147} = 2.04 = 2\,\mathrm{m/s}$$

위의 식으로 $T_1 < 147\,\mathrm{kg}_f$이면 $v_m > 2.04\,\mathrm{m/s}$ 이므로, 체인의 속도는 2m/s 이상이 되도록 유지하여야 한다.

예제 20-10. 5HP를 전달하는 다음과 같은 롤러 체인 장치를 설계하라. 원동차의 회전수 $n_1 = 850\,\mathrm{rpm}$, 종동차의 회전수 $n_2 = 200\,\mathrm{rpm}$, 중심 거리 700mm, 안전계수 15로 하고 하중은 때때로 50% 정도 초과하는 것을 고려하라.

풀이 원동차의 잇수 $z_1 = 17$로 가정하고 체인번호 40을 취하면 $p = 12.70\,\mathrm{mm}$이므로

$$v_m = \frac{850 \times 12.70 \times 17}{1000 \times 60} = 3.1\,\mathrm{m/s}$$

전달력 T_1은

$$T_1 = \frac{75H}{v_m} = \frac{75 \times 5}{3.1} = 121\,\mathrm{kg}_f$$

50%의 초과하중을 생각한 최대 전달하중 $T_{1\max}$은

$$T_{1\max} = 129 \times 1.5 = 181.5\,\mathrm{kg}_f$$

체인번호 40의 파단강도는 $1420\,\mathrm{kg}_f$ 이므로 안전계수 $= \frac{1420}{181.5} = 7.8$

체인번호 50을 사용하면 $p = 15.88\,\mathrm{mm}$이고

$$v_m = \frac{850 \times 15.88 \times 17}{1000 \times 60} = 3.8\,\mathrm{m/s}$$

$$T_{1\max} = \frac{75H}{v_m} \times 1.5 = \frac{75 \times 5}{3.8} \times 1.5 = 148\,\mathrm{kg}_f$$

체인번호 50의 파단강도는 $2210\,\mathrm{kg}_f$ 이므로 안전계수 $= \frac{2210}{148} = 14.9$

체인번호 60이면 $p = 19.05\,\mathrm{mm}$

$$v_m = \frac{850 \times 19.05 \times 17}{1000 \times 60} = 4.6\,\mathrm{m/s}$$

$$T_{1\max} = \frac{75H}{v_m} \times 1.5 = \frac{75 \times 5}{4.6} \times 1.5 = 122.3\,\mathrm{kg}_f$$

체인번호 60의 파단강도는 $3200\,\mathrm{kg}_f$이므로 안전계수 $= \frac{3200}{122.3} = 26.2$

이상의 결과에서 체인번호 60은 체인의 속도도 크고 안전계수도 과대하다. 체인번호 50은 안전계수가 충분치 않다. 체인번호 40을 2열로 한 2열 롤러 체인을 사용하면 체인의 속도도 크지 않고 안전계수는 $7.8 \times 2 = 15.6$이 된다.

종동차의 잇수 z_2는

$$z_2 = z_1 \frac{n_1}{n_2} = 17 \times \frac{850}{200} = 72.25 \fallingdotseq 73$$

원동축

$$D_{p1}=\frac{12.70}{\sin\frac{180°}{17}}=\frac{12.70}{\sin 10.6°}=68.65\,\text{mm}$$

$$D_{01}=12.70\times(0.6+\cot\ 10.6°)=75.04\,\text{mm}$$

$$D_{b1}=D_{P1}-D_R=68.65-7.94=60.71\,\text{mm}$$

종동축

$$D_{P2}=\frac{12.70}{\sin\frac{180°}{70}}=\frac{12.70}{\sin 2.5°}=\frac{12.70}{0.0436}=291.1\,\text{mm}$$

$$D_{02}=12.70\times(0.6+\cot 2.5°)=298.5\,\text{mm}$$

$$D_{b2}=D_{P2}-D_R=291.1-7.94=283.16\,\text{mm}$$

체인의 링크수 L_n은

$$L_n=\frac{2C}{p}+\frac{1}{2}\ (z_1+z_2)+\frac{0.0257p}{C}\ (z_2-z_1)^2$$

$$=\frac{2\times700}{12.70}+\frac{1}{2}\ (17+73)+\frac{0.0257\times12.70}{700}\ (73-17)^2$$

$$=110.24+45+1.46=156.7\fallingdotseq157$$

연 습 문 제

1. 와이어 로프를 꼬는 방법과 거기에 따르는 장단점을 말하라.
2. 와이어 로프의 자중으로 말미암아 생기는 처짐량을 구하고 로프 내에 발생하는 장력에 관해서 설명하라.
3. 체인 전동장치의 특징을 들어라.
4. 체인의 속도 변동률은 왜 발생하며, 속도 변동률을 작게 하기 위한 방법은 어떤 것이 있는가?
5. 사일런트 체인의 가로 미끄럼을 방지하기 위해서 어떤 방법을 강구할 수 있는가?
6. 22 kW, 250 rpm의 동력을 지름 500 mm의 로프 풀리로 같은 회전수를 갖는 수동축에 전달하기 위해서 로프 두 가닥을 사용하였다. 이럴 경우 로프의 인장력을 구하라. 다만, 로프와 로프 풀리 사이의 마찰계수는 0.22이다. ($T=3352$N)
7. 축간 거리 25 m의 로프 풀리에서 로프가 55 cm 처졌다. 이 때 로프에 생기는 인장력은 얼마인가? 다만, 로프의 길이마다 무게는 $w=5$N/m이다. ($T=713$N)
8. 로프 전동장치에 의해 7.4 kW, 200 rpm의 동력을 지름 750 mm의 로프 풀리로 속도비 1 : 1의 종동축에 전달하기 위해 3호(6×19)인 와이어 로프 1개를 사용하고자 한다. 로프의 파단하중을 구하라. 다만 안전계수는 10이고, 홈바닥에는 가죽을 끼우고 로프에는 약간의 그리스를 바른 것으로 마찰계수는 0.2이다. ($T=20190$N)

9. 와이어 로프 전동장치가 있다. $\frac{h}{l}=0.05$, 로프 지름 10mm, 로프자중 3.4N/m, 축간 거리 25m, 로프 풀리에 걸리는 장력을 539N이라면 이 장치의 로프처짐은 얼마인가? ($h=0.503$m)

10. 40번의 롤러 체인은 평균속도 2m/s일 때 몇 kW을 전달할 수 있는가? 안전계수는 15로 한다. ($H=1.9$kW)

11. 100번의 롤러 체인용 스프로킷 휠에서 잇수 40인 경우, 피치원 지름과 바깥 지름을 구하라. ($D_p=404.5$mm, $D_0=422.5$mm)

12. 10kW, 1150rpm의 전동기로 600rpm의 펌프를 롤러 체인에 의해 구동시키려고 한다. 체인과 스프로킷 휠의 잇수를 결정하라. 다만, 축간 거리는 500mm, 1일 24시간 운전하므로 부하계수는 1.2이다. (40번 2열, $z_1=25$, $z_2=48$, $D_{p1}=101.6$mm, $D_{p2}=194.7$mm, $D_{01}=108.6$mm, $D_{02}=201.4$mm, $L_n=122$개)

13. 3.7kW의 동력을 전달하는 롤러 체인 전동장치를 설계하라. 다만, 구동축의 회전속도 $n_1=900$ rpm, 종동축의 회전속도 $n_2=300$rpm, 축간 거리 $C=600$rpm, 안전계수는 16으로 한다. 또, 하중은 가끔 50% 정도 초과하는 경우도 있다.
(40번 2열, $z_1=17$, $z_2=51$, $D_{p1}=69.1$mm, $D_{01}=75.34$mm, $D_{b1}=61.2$mm, $D_{p2}=206.2$mm, $D_{02}=213.6$mm, $D_{b2}=198.2$mm, $L_n=130$개)

14. 100번의 롤러 체인용 스프로킷 휠의 잇수가 30, 40이고 중심 거리를 520mm로 할 때 스프로킷 휠의 잇수 및 체인의 길이를 구하라. ($D_{p1}=303.8$mm, $D_{01}=321$mm, $D_{p2}=404.5$mm, $D_0=422.5$mm, $L_n=68$개, $L=2159$mm)

15. 40번의 단열 롤러 체인이 $n=300$rpm으로 회전하는 잇수 45의 스프로킷 휠의 구동에 사용된다. 전달마력은 얼마인가? 다만, 운전상태는 전동기 구동으로 약간의 충격이 있으므로 부하계수는 1.3으로 하고, 안전계수는 10으로 한다. ($H=4.2$HP)

제 21 장

브레이크 및 플라이휠

운동부분의 에너지를 흡수하여 그 운동을 정지시키거나, 또는 운동속도를 조절하는 데 사용되는 기계요소를 **브레이크**(brake)라고 한다. 일반적으로 회전축의 운동 에너지를 마찰에 의한 열에너지로 변환하는 마찰 브레이크가 가장 많이 사용되고, 이와 같은 마찰 브레이크는 마찰력을 발생시키는 **作動部分**과 이 부분에 힘을 주는 **操作部分**으로 구성된다. 조작부분에 작용하는 힘으로는 인력, 증기, 진공, 압축공기, 유압, 전기 등이 있다.

브레이크는 이미 설명한 클러치와 종류 및 구조면에서 거의 같으나 기능이 반대이다. 클러치는 토크를 주어 가속시키나 브레이크는 토크를 빼서 감속시킨다.

보통 사용되는 마찰 브레이크는 구조상으로 블록 브레이크, 밴드 브레이크, **軸壓** 브레이크, 자동하중 브레이크 등이 있으며, 마찰력을 이용하지 않는 폴 브레이크(pawl brake)도 있다.

21-1 블록 브레이크

블록 브레이크는 회전하는 브레이크 드럼(brake drum)에 1~2개의 브레이크 블록(brake block)을 브레이크 레버(brake lever)에 의하여 밀어붙여 마찰에 의한 제동작용을 하는 것이다. 브레이크 드럼은 주철, 주강으로 만들고, 브레이크 블록은 나무 또는 나무에 가죽을 입힌 것도 있으나 주철제의 블록에 석면 라이닝을 붙인 것을 사용한다.

21-1-1 單式 블록 브레이크(Single block brake)

단식 블록 브레이크는 그림 21-1에 표시한 것처럼 세 가지 종류가 있다. 구조가 간단하나, 제동축에 굽힘 모멘트가 작용하고 베어링 하중이 커지므로 큰 제동력을 얻을 수 없다. 일반적으로 제동축의 지름이 50mm 이하에 주로 사용한다.

세 가지 종류는 (a) $c>0$인 경우, (b) $c=0$인 경우, (c) $c<0$인 경우이며, 블록은 하나를 사용하고 브레이크 드럼의 회전에는 우회전과 좌회전이 있다. 브레이크 레버의 치수 a/b는 3~6이며 10을 넘어서는 안 된다. 조작력을 사람의 힘으로 하는 경우는 10~15kg$_f$가 보통이고 20kg$_f$는 초과하지 않아야 한다. 브레이크 블록과 브레이크 드럼 사이의 틈새는 2~3mm 정도가 알맞다.

여기서

T : 제동토크

D : 브레이크 드럼의 지름

P : 브레이크의 제동력$\left(=\dfrac{2T}{D}\right)$

Q : 브레이크 드럼과 브레이크 블록 사이의 압력

F : 브레이크 레버에 작용하는 조작력

μ : 브레이크 드럼과 브레이크 블록 사이의 마찰계수

a, b, c : 브레이크 레버의 치수

라고 하면

$$T=\mu Q\cdot\frac{D}{2}=\frac{PD}{2} \qquad (21\cdot1)$$

그림 21-1(a)의 경우

우회전일 때

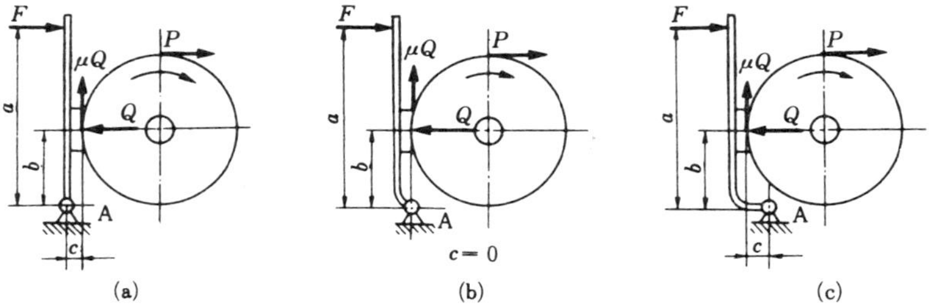

그림 21-1 단식 블록 브레이크의 형식

$$F \cdot a - Q \cdot b - \mu Q \cdot c = 0, \qquad F = \frac{Q}{a}(b + \mu c) \tag{21·2a}$$

좌회전일 때

$$F \cdot a - Q \cdot b + \mu Q \cdot c = 0, \qquad F = \frac{Q}{a}(b - \mu c) \tag{21·2b}$$

그림 **21-1**(b)의 경우

$c = 0$이므로 회전방향에 관계없이 제동효과는 일정하다.

$$F \cdot a - Q \cdot b = 0, \qquad F = \frac{Q}{a} \cdot b \tag{21·3}$$

그림 **21-1**(c)의 경우

우회전일 때

$$F \cdot a - Q \cdot b + \mu Q \cdot c = 0, \qquad F = \frac{Q}{a}(b - \mu c) \tag{21·4a}$$

좌회전일 때

$$F \cdot a - Q \cdot b - \mu Q \cdot c = 0, \qquad F = \frac{Q}{a}(b + \mu c) \tag{21·4b}$$

그림에서 (a)와 (c)는 축의 회전방향에 따라 F는 $\frac{Q}{a}\mu c$만큼 증감한다. 일반적으로 $c = \frac{1}{5}b$, $\mu = 0.1 \sim 0.6$ 정도를 취한다면 F의 변화는 10% 이하이므로 실용상 큰 지장은 없다. 그러나 $b - \mu c \leqq 0$일 때, 즉 c가 b에 비해 상당히 커지면 $F \leqq 0$이 되어 브레이크 레버에 힘을 주지 않더라도 자동적으로 브레이크가 걸리게 된다. 따라서, 이런 경우에는 축의 회전속도를 제어하는 브레이크로서의 작용은 하지 못한다.

마찰면의 제동력을 작은 힘 Q로 큰 효과를 나타내도록 하려면 그림 **21-2**와 같이 쐐기 작용를 가진 V블록을 사용한다. V홈각 α의 홈에 쐐기형 블록을 힘 Q로 브레이크 드럼에 밀어붙일 때 경사면에 수직한 힘을 N, 마찰계수를 μ라고 하면 다음 식이 성립한다.

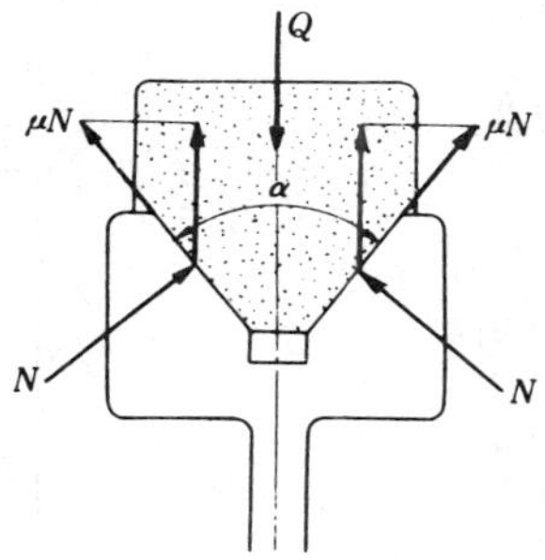

그림 21-2 V홈을 가진 블록 브레이크

$$Q=2\left(N\sin\frac{\alpha}{2}+\mu N\cos\frac{\alpha}{2}\right) \tag{21·5}$$

$$N=\frac{Q}{2\left(\sin\frac{\alpha}{2}+\mu\cos\frac{\alpha}{2}\right)} \tag{21·6}$$

브레이크의 제동력 P는 브레이크 드럼과 브레이크 블록의 미끄럼 방향에 작용하는 마찰력이므로, 2개의 경사면을 고려하였을 때

$$P=2\times\mu N=2\times\mu\times\frac{Q}{2\left(\sin\frac{\alpha}{2}+\mu\cos\frac{\alpha}{2}\right)}$$

$$=\frac{\mu}{\sin\frac{\alpha}{2}+\mu\cos\frac{\alpha}{2}}\cdot Q=\mu' Q \tag{21·7}$$

μ'는 실제의 마찰계수 μ가 쐐기형으로 되어서 증가한 것이다. α가 작을수록 큰 제동력을 얻을 수 있으나 너무 지나치게 작아지면 블록이 홈 속에 세게 끼워지므로 보통 $\alpha \geq 45°$로 한다.

21-1-2 複式 블록 브레이크(Double block brake)

그림 21-3과 같이 축에 대해서 대칭으로 2개의 브레이크 블록이 배치되어 양쪽에서 브레이크 드럼을 밀어붙여, 축에는 굽힘 모멘트가 작용하지 않고 베어링에도 달리 하중이 걸리지 않는다.

브레이크 토크는 단식의 경우보다 2배가 되고 전동윈치나 기중기 등에 주로 사용되며, 브레이크 제동력은 스프링에 의해 주어지고 전자석으로 브레이크를 풀어 주는 형식이 많다.

제동토크 T는

$$T=2\mu Q\cdot R$$

이고, R는 브레이크 드럼의 반지름이다. F를 스프링의 힘, Y를 전자석의 힘이라고 하면, 지점 A에서의 모멘트 평형으로부터

$$F\cdot a=Q\cdot b$$

$$F=\frac{Q\cdot b}{a}$$

지점 E에서의 모멘트 평형으로부터

$$F\cdot d=Y\cdot e$$

$$Y=\frac{F\cdot d}{e}$$

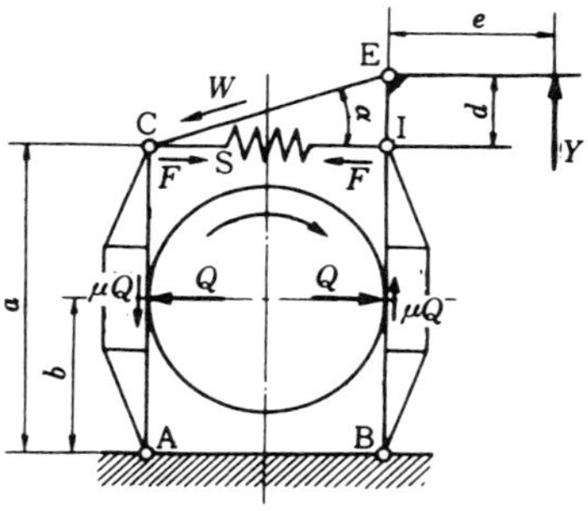

그림 21-3 복식 블록 브레이크

따라서

$$Y=\frac{Qbd}{ae},\qquad Q=Y\frac{ae}{bd}$$

가 되고 제동력 $P=2\mu Q$이므로

$$P=2\mu Y\cdot\frac{ae}{bd}\tag{21·8}$$

와 같이 표시한다.

21-1-3 안쪽 확대식 브레이크(Internal expansion brake)

복식 블록 브레이크가 변형된 형식으로, 그림 21-4에서 보는 것처럼 2개의 길이가 긴 브레이크 블록이 브레이크 드럼의 안쪽에 있어서 이것을 바깥쪽으로 확대하여 브레이크 드럼에 접촉시켜 제동을 하게 된다. 마찰면이 안쪽에 있으므로 먼지와 기름 등이 마찰면에 부착하지 않고, 또 브레이크 드럼의 바깥면에서 열을 발산하는 데 편리하다. 브레이크 슈(brake shoe)를 확대하여 밀어붙이는 데 캠을 사용하거나 유압장치를 사용한다. 자동차용으로는 유압장치를 이용한 안쪽 확대식 브레이크가 많이 사용되고 있다.

여기서

$F_1,\ F_2$: 브레이크 슈를 밀어서 벌리는 힘

$Q_1,\ Q_2$: 마찰면에 작용하는 수직력

$a,\ b,\ c$: 브레이크 슈의 각 치수

라고 하면, 제동력 P는

$$P=\mu Q_1+\mu Q_2\tag{21·9}$$

우회전일 때

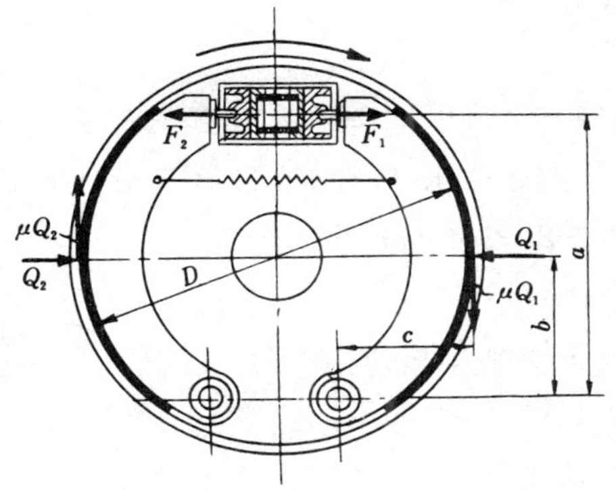

그림 21-4 안쪽 확대식 브레이크

$$\left.\begin{aligned} F_1 &= \frac{Q_1}{a}(b-\mu c) \\ F_2 &= \frac{Q_2}{a}(b+\mu c) \end{aligned}\right\} \tag{21·10a}$$

좌회전일 때

$$\left.\begin{aligned} F_1 &= \frac{Q_1}{a}(b+\mu c) \\ F_2 &= \frac{Q_2}{a}(b-\mu c) \end{aligned}\right\} \tag{21·10b}$$

우회전하는 경우, 지점에 대한 모멘트 균형을 보면

$$\left.\begin{aligned} F_1 a &= Q_1 b - \mu Q_1 c = \mu Q_1 \left(\frac{b-\mu c}{\mu}\right) \\ F_2 a &= Q_2 b + \mu Q_2 c = \mu Q_2 \left(\frac{b+\mu c}{\mu}\right) \end{aligned}\right\} \tag{21·11}$$

위의 식에서 브레이크의 제동력을 구하면

$$\left.\begin{aligned} P_1 &= \mu Q_1 = \frac{\mu F_1 a}{b-\mu c} \\ P_2 &= \mu Q_2 = \frac{\mu F_2 a}{b+\mu c} \end{aligned}\right\} \tag{21·12}$$

$$T = (P_1+P_2)\frac{D}{2} = (\mu Q_1 + \mu Q_2)\frac{D}{2} = \left(\frac{F_1 a}{b-\mu c} + \frac{F_2 a}{b+\mu c}\right)\cdot\frac{\mu D}{2} \tag{21·13}$$

좌회전하는 경우

$$F_1 a = Q_1 b + \mu Q_1 c, \qquad F_2 a = Q_2 b - \mu Q_2 c \tag{21·14}$$

$$T = \left(\frac{F_1 a}{b+\mu c} + \frac{F_2 a}{b-\mu c}\right)\frac{\mu D}{2} \tag{21·15}$$

21-1-4 블록 브레이크의 性能

[1] 브레이크 블록

브레이크 드럼은 주철이나 주강제이고 브레이크 블록은 주철, 주강 또는 나무에 가죽, 석면직물 등을 라이닝한 것을 사용한다. 마찰계수는 건조상태에서는 크지만 마모가 빨리 일어나므로 마찰면에 약간 기름을 쳐서 사용한다.

그림 21-5 에서

Q : 블록을 브레이크 드럼에 밀어붙이는 힘

d : 브레이크 블록의 너비

e : 브레이크 블록의 길이

D : 브레이크 드럼의 지름

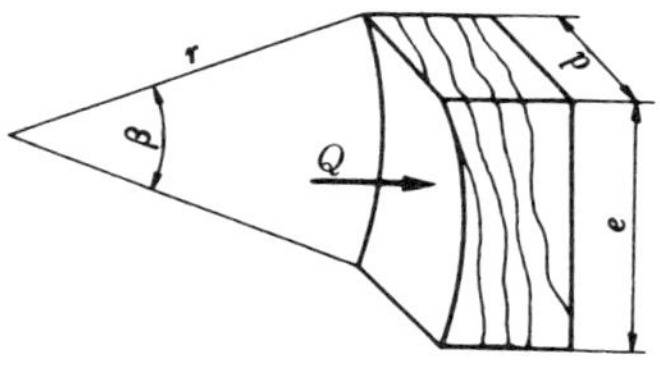

그림 21-5 브레이크 블록

A : 브레이크 블록의 마찰면적

이라면 블록과 브레이크 드럼 사이의 브레이크 압력 p는 다음 식으로 표시한다.

$$p = \frac{Q}{A} = \frac{Q}{de} \qquad (12 \cdot 16)$$

접촉 중심각 β는 대략 50~70°가 되도록 취하고, D에 비해서 e의 값이 작을수록 브레이크 압력은 균일하게 된다.

표 21-1에 브레이크 재료의 마찰계수와 허용 브레이크 압력을 표시한다.

표 21-1 브레이크 재료의 성질

재 료	허용브레이크압력 p_a(kg$_f$/cm^2)	마찰계수 μ	사용조건
주 철	10 이하	0.1~0.2 0.08~0.12	건 조 윤 활
강 철		0.15~0.20 0.10~0.15	건 조 윤 활
연 강		0.15	건 조
연 철		0.18	건 조
놋 쇠		0.1~0.2	건조, 윤활
청 동	4~8	0.1~0.2	건조, 윤활
목 재	2~3	0.15~0.25	소량의 기름
파이버	0.5~1	0.05~0.10	건조, 윤활
가 죽	0.7~2.5	0.25~0.30	건조, 윤활
석면직물	2.5~3.5	0.35~0.60	건 조

[2] 브레이크 容量

브레이크 블록의 치수를 결정하는 데 발생되는 마찰열의 방열을 고려하지 않으면 안 된다. 마찰열은 블록의 접촉면에서 행해지는 마찰일에 의해 발생된다. 제동마력 H(HP)는

$$H = \frac{Pv}{75} = \frac{\mu Qv}{175} = \frac{\mu pvA}{75} \qquad (21 \cdot 17)$$

이며, 여기서

P : 제동력(kg$_f$)

v : 브레이크 드럼의 원주속도(m/s)

따라서, 단위 마찰면적에 대한 일량은

$$\frac{75H}{A} = \mu pv (\mathrm{kg_f/mm^2\ m/s}) \qquad (21 \cdot 18)$$

이고, 단위면적마다에서 발생되는 열량을 표시한다. 이 μpv를 브레이크 용량(brake capacity)이라 하며, 이 값은 어느 한도 이하로 제한해야 한다. 브레이크 드럼을 자연냉각시켰을 때

사용정도가 심한 경우 : $\mu pv < 0.06\,\mathrm{kg_f/mm^2 \cdot m/s}$

사용정도가 심하지 않는 경우 : $\mu pv < 0.1\,\mathrm{kg_f/mm^2 \cdot m/s}$

방열상태가 좋고 사용정도가 심하지 않는 경우 : $\mu pv < 0.3\,\mathrm{kg_f/mm^2 \cdot m/s}$로 한다.

예제 21-1. 그림 21-6과 같은 단식 블록 브레이크에서 브레이크 드럼에 80N·m의 토크가 작용하고 있는 경우, 브레이크 레버에 160N의 힘을 가하여 제동하려면 브레이크 드럼의 지름 D는 몇 mm로 하면 되는가? 또, 브레이크 드럼의 회전방향이 반대가 되면 브레이크 레버에 작용하여야 할 힘은 몇 N인가? 다만, 브레이크 드럼과 브레이크 블록 사이의 마찰계수는 0.3이다.

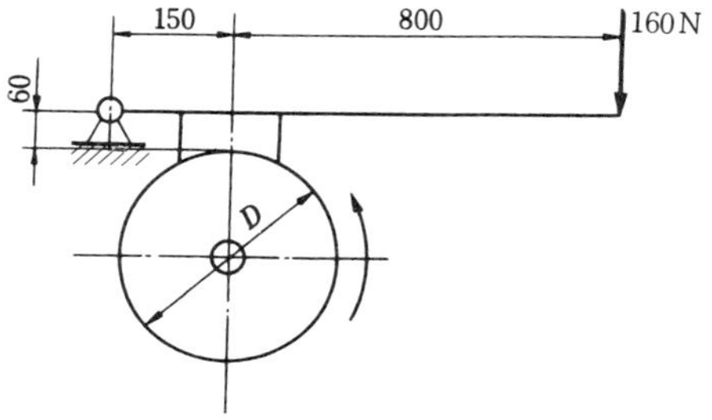

그림 21-6　단식 블록 브레이크

풀이〉 식 (21·2b)에서

$$P = \mu Q = \frac{F \cdot a\mu}{b - \mu c} = \frac{160 \times 950 \times 0.3}{150 - 0.3 \times 60} = 345.5\,\mathrm{N}$$

$$D = \frac{2T}{P} = \frac{2 \times 80 \times 10^3}{345.5} \fallingdotseq 463\,\mathrm{mm}$$

방향이 반대가 되면 식 (21·2a)에서

$$F = \frac{P}{a\mu}(b + \mu c) = \frac{345.5}{950 \times 0.3}(150 + 0.3 \times 60) = 203.7\,\mathrm{N}$$

예제 21-2. 그림 21-7과 같은 복식 블록 브레이크가 제동할 수 있는 동력은 몇 kW인가? 단, 브레이크 블록과 브레이크 드럼 사이의 마찰계수는 0.3이다.

풀이〉 하중판의 균형조건으로부터 각 브레이크 레버에 작용하는 힘 F는

$$F = \frac{200 \times 200}{50} = 800\,\mathrm{N}$$

이고, 우측 브레이크 레버의 균형조건으로부터 브레이크 블록을 밀어붙이는 힘 Q_1은

$$Q_1 = \frac{800 \times 650}{300 - 0.3 \times 50} = 1824.6\,\mathrm{N}$$

한편, 좌측 브레이크 레버에서는

$$Q_2 \times \frac{800 \times 700}{300 + 0.3 \times 50} = 1777.8\,\text{N}$$

따라서, 전브레이크 토크 T는

$$T = 0.3 \times 250(1824.6 + 1777.8) = 270.2\,\text{N} \cdot \text{m}$$

그러므로 제동할 수 있는 동력 H'는

$$H' = \frac{270.2 \times \dfrac{2\pi \times 600}{60}}{1000} = 17\,\text{kW}$$

를 얻는다.

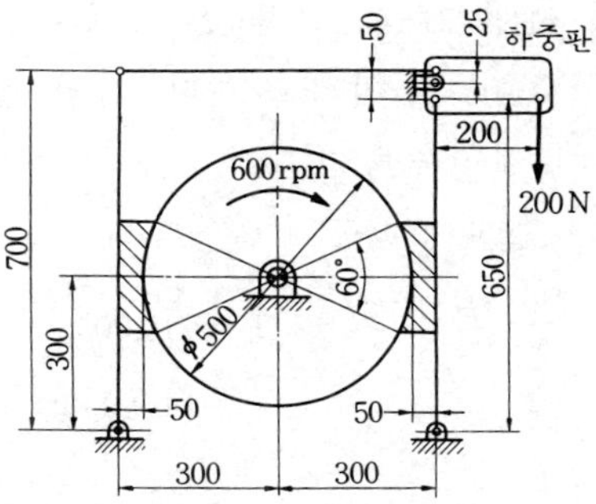

그림 21-7 복식 블록 브레이크

예제 21-3. 그림 21-1 (a)와 같은 단식 블록 브레이크에서 $a = 900\,\text{mm}$, $b = 90\,\text{mm}$, $c = 30\,\text{mm}$, $D = 500\,\text{mm}$, $F = 15\,\text{kg}_f$라고 할 때 얻을 수 있는 제동토크는 얼마인가? 다만, 브레이크 블록과 브레이크 드럼 사이의 마찰계수는 0.3이고, 브레이크면의 허용압력을 2 kg_f/cm^2로 한다. 브레이크 블록의 치수를 결정하라.

풀이 우회전할 때 제동력 P는

$$P = \mu Q = \frac{\mu a F}{b + \mu c} = \frac{0.3 \times 900 \times 15}{90 + 0.3 \times 30} = 40.9\,\text{kg}_f$$

따라서, 제동토크 T는

$$T = P \cdot \frac{D}{2} = 40.9 \times \frac{500}{2} = 10{,}225\,\text{kg}_f \cdot \text{mm}$$

좌회전할 때

$$P = \mu Q = \frac{\mu a F}{b - \mu c} = \frac{0.3 \times 900 \times 15}{90 - 0.3 \times 30} = 50\,\text{kg}_f$$

$$T = P \cdot \frac{D}{2} = 50 \times \frac{500}{2} = 12{,}500\,\text{kg}_f \cdot \text{mm}$$

위의 결과로 좌회전할 때 제동력이 커지고, 따라서 Q도 좌회전할 때 크게 된다. 그러므로

$$Q = \frac{P}{\mu} = \frac{50}{0.3} = 166.7\,\text{kg}_f$$

마찰면적 A는

$$A = \frac{Q}{p} = \frac{166.7}{0.02} = 8335\,\text{mm}^2$$

접촉 중심각 $\beta = 50°$로 취하면 $\frac{D}{2} \cdot \beta \fallingdotseq e$이므로 블록의 길이 e는

$$e = 250 \times \frac{50° \times \pi}{180°} = 218\,\text{mm}$$

그러므로 브레이크 블록의 너비 d는

$$d = \frac{A}{e} = \frac{8335}{218} \fallingdotseq 38\,\text{mm}$$

예제 **21-4.** 그림 21-8에서 보는 것처럼 안쪽 확대식 브레이크 12.5HP, 600rpm의 동력을 제동하려고 한다. 유압 실린더의 안지름이 18mm라 할 때 유압을 구하라. 다만, 마찰계수는 0.3이다.

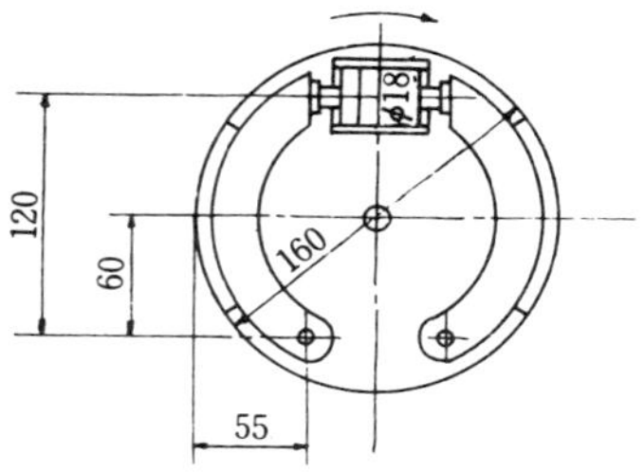

그림 21-8 안쪽 확대식 브레이크

풀이〉 필요한 제동토크 T는

$$T = 716{,}200\frac{H}{n} = 716{,}200 \times \frac{12.5}{600}$$

$$= 14{,}921\,\mathrm{kg}_f\cdot\mathrm{mm}$$

$$P = \frac{2T}{D} = \frac{2 \times 14{,}921}{160} = 186.5\,\mathrm{kg}_f$$

또한

$$P = \mu Q_1 + \mu Q_2 = \mu(Q_1 + Q_2)$$

$$Q_1 + Q_2 = \frac{P}{\mu} = \frac{186.5}{0.3} = 621.7\,\mathrm{kg}_f$$

유압에 의하여 브레이크 슈를 확장시키는 힘 F_1과 F_2는 같으므로

$$\frac{Q_1}{a}(b - \mu c) = \frac{Q_2}{a}(b + \mu c)$$

위의 두 식을 연립해서 풀면, 즉

$$Q_1(60 - 0.3 \times 55) = (621.7 - Q_1)(60 + 0.3 \times 55)$$

$$43.5Q_1 = 47{,}560.1 - 76.5Q_1$$

$$Q_1 = \frac{47{,}560.1}{120} = 396.3\,\mathrm{kg}_f$$

따라서

$$Q_2 = 621.7 - 396.3 = 225.4\,\mathrm{kg}_f$$

$$F = \frac{Q_1}{a}(b - \mu c) = \frac{396.3}{120}(60 - 0.3 \times 55) = 143.7\,\mathrm{kg}_f$$

그러므로 필요한 유압 q는

$$q = \frac{4 \times 143.7}{\pi \times 18^2} = 0.56\,\mathrm{kg}_f/\mathrm{mm}^2$$

21-2 밴드 브레이크(Band brake)

브레이크 드럼의 외주에 鋼製 밴드를 감고 밴드에 장력을 주어 밴드와 브레이크 드럼 사이의 마찰에 의하여 제동작용을 하는 것으로, 마찰력을 크게 하기 위하여 밴드의 안쪽에 나뭇조각, 가죽, 석면직물 등을 붙인다. 브레이크 레버에 밴드를 연결하는 부착 위치에 따라 單動式, 差動式, 合動式의 세 가지 형식이 있다.

21-2-1 밴드 브레이크의 力學理論

밴드 양끝의 장력과 밴드와 브레이크 드럼 사이의 압력분포는 이미 설명한 벨트와 벨트 풀리 사이의 마찰전동과 같다.

그림 21-9에서

T_1, T_2 : 밴드 양끝의 장력

θ : 밴드와 브레이크 드럼 사이의 접촉각(rad)

μ : 밴드와 브레이크 드럼 사이의 마찰계수

P : 브레이크의 제동력

T : 회전토크

F : 조작력

이라 하면

$$P=\frac{2T}{D} \tag{21·19}$$

T_1과 T_2의 관계식은 벨트에서 이미 소개되었으므로

$$\frac{T_1}{T_2}=e^{\mu\theta} \tag{21·20}$$

$T_1-T_2=P$ 이므로 다음 식이 얻어진다.

$$T_1=P\frac{e^{\mu\theta}}{e^{\mu\theta}-1} \tag{21·21}$$

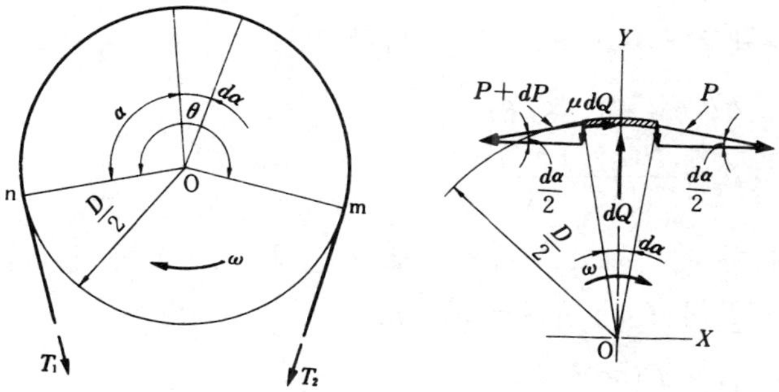

그림 21-9 밴드의 미소부분에 작용하는 힘의 관계

21-2-2 밴드 브레이크의 制動力

[1] 單動式 밴드 브레이크(simple band brake)

우회전을 하는 경우는 그림 21-10(a)에서 보는 바와 같이

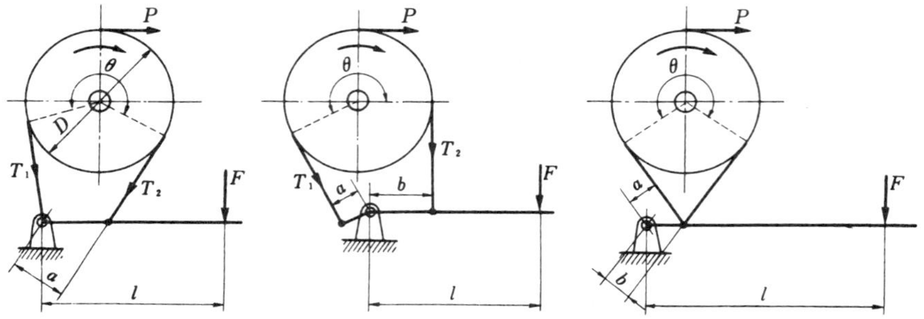

(a) 단동식 (b) 차동식 (c) 합동식

그림 21-10 밴드 브레이크의 제동력

$$Fl = T_2 a$$

$$F = \frac{a}{l} T_2 = P \frac{a}{l} \cdot \frac{1}{e^{\mu\theta} - 1} \qquad (21 \cdot 22)$$

회전방향이 반대가 되면 T_1과 T_2가 반대가 되므로

$$F = P \frac{a}{l} \cdot \frac{e^{\mu\theta}}{e^{\mu\theta} - 1} \qquad (21 \cdot 23)$$

즉, 식 (21·22)의 경우와 같은 제동력을 얻기 위하여 F의 값을 $e^{\mu\theta}$배로 해야 한다. 다시 말해서 F가 일정하면 회전방향에 의하여 브레이크의 제동력이 다르게 되고, $\mu\theta$의 값이 클수록 그 차이가 커진다. 그러므로 조작력을 작게 하려면 밴드의 긴장측을 고정지점에 연결하고 이완측을 레버에 연결해야 한다.

[2] **差動式 밴드 브레이크**(differential band brake)

우회전의 경우는 그림 21-10(b)에서 보는 바와 같이

$$Fl = T_2 b - T_1 a$$

$$F = \frac{P(b - ae^{\mu\theta})}{l(e^{\mu\theta} - 1)} \qquad (21 \cdot 24)$$

F는 b와 $ae^{\mu\theta}$와의 차에 의해서 작용하므로 차동식 밴드 브레이크라 한다.

좌회전의 경우에는 T_1과 T_2가 반대로 되므로

$$F = \frac{P(be^{\mu\theta} - a)}{l(e^{\mu\theta} - 1)} \qquad (21 \cdot 25)$$

이다. 우회전의 경우에는 $ae^{\mu\theta} \geq b$, 좌회전의 경우에는 $a \geq be^{\mu\theta}$로 되면 $F \leqq 0$으로 되어 자동적으로 정지되어 회전축의 회전속도를 제어하는 브레이크로써 사용할 수 없다. 이런 작용을 자립잠김 작용(self-locking action)이라 한다.

그리고 우회전의 경우 $ae^{\mu\theta} = b$이면 $F = 0$으로 결정되나 $e^{\mu\theta}$는 항상 1보다 커서 $a < b$의 관계가 있으므로, 좌회전의 경우에는 $be^{\mu\theta}$는 언제나 a보다 크므로 F는 결코 0이

되지 않는다. 따라서, 이와 같은 치수를 가진 차동식 밴드 브레이크는 브레이크 드럼이 반시계 방향으로 자유로이 회전할 수 있으나, 시계방향 회전은 전혀 할 수 없는 역전 방지장치(back stop mechanism)로 할 수 있다. b와 $ae^{\mu\theta}$ 또는 a와 $be^{\mu\theta}$의 비가 너무 작으면 진동이 발생하므로 보통 2.5~3.0 정도로 잡는다. 그리고 a, b 중에서 작은 편의 값은 30~50mm로 취한다.

[3] **合動式 밴드 브레이크**(integral band brake)

우회전의 경우 그림 **21-10**(c)에서

$$T_1 > T_2, \qquad P = T_1 - T_2$$

브레이크 레버의 평형으로부터

$$F \cdot l = T_2 a + T_1 b$$

$$F = \frac{P(a + be^{\mu\theta})}{l(e^{\mu\theta} - 1)} \tag{21·26}$$

F는 a와 $be^{\mu\theta}$와의 합에 의해서 변한다.

좌회전의 경우에는 T_1과 T_2가 반대가 되므로

$$F = \frac{P(ae^{\mu\theta} + b)}{l(e^{\mu\theta} - 1)} \tag{21·27}$$

만약, 그림 **21-10**(c)에서 $a = b$인 경우에는

$$F = \frac{Pa(e^{\mu\theta} + 1)}{l(e^{\mu\theta} - 1)} \tag{21·28}$$

이 되어 회전방향이 반대가 되어도 F는 변하지 않는다.

21-2-3 壓力分布·制動馬力 및 設計치수

[1] 밴드의 壓力과 制動馬力

밴드가 브레이크 드럼에 미치는 압력 p는 그림 **21-11**과 같이 **對數曲線**으로 된다. 밴드의 너비를 w, 브레이크 드럼의 반지름을 r, 임의의 밴드의 미소 길이를 dx, dx에 해당되는 중심각을 $d\theta$, x점의 장력을 T_x, 밴드의 접촉원호의 온길이를 y라고 하면

$$pwdx \fallingdotseq 2T_x \sin\frac{d\theta}{2} \fallingdotseq T_x d\theta = T_x \frac{dx}{r}$$

$$p = \frac{T_x}{wr} \tag{21·29}$$

$$\left.\begin{aligned} p_{\max} &= \frac{T_1}{wr} = \frac{Pe^{\mu\theta}}{wr(e^{\mu\theta} - 1)} \\ p_{\min} &= \frac{T_2}{wr} = \frac{P}{wr(e^{\mu\theta} - 1)} \end{aligned}\right\} \tag{21·30}$$

$$p_{mean} = \frac{p_{max} + p_{min}}{2}$$

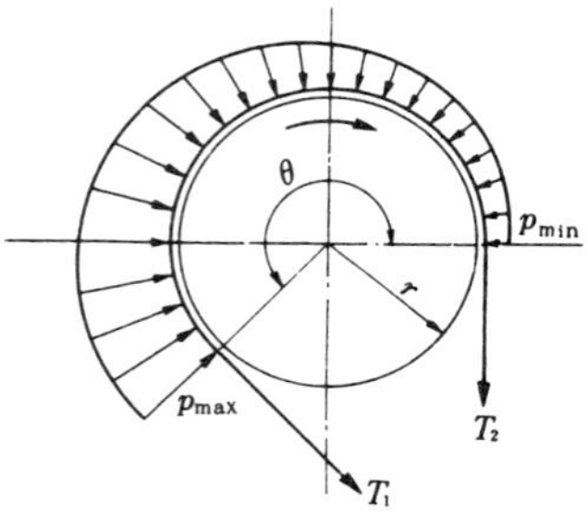

그림 21-11 밴드의 압력분포

제동력 P는

$$P = \mu w y p_{mean} \qquad (21 \cdot 31)$$

이 된다. 그러므로 제동마력 H는 드럼의 원주속도를 v m/s 라고 할 때

$$H = \frac{Pv}{75} = \frac{\mu w y p_{mean} \times v}{75} \qquad (21 \cdot 32)$$

여기서 p_{mean}은 블록 브레이크의 압력에 준하고 마찰계수는 강철인 경우 $\mu = 0.15 \sim 0.2$, 나무토막을 붙인 경우는 $\mu = 0.25 \sim 0.30$ 정도이다. 접촉각 $\theta = (1 \sim 1.5)\pi$ 정도로 하는 것이 보통이다.

[2] 설계치수

밴드의 너비는 보통 $w \leqq 150$ mm로 하고 밴드의 두께 t는 허용 인장응력을 σ_t라고 하면

$$t = \frac{T_1}{\sigma_t \cdot w} \qquad (21 \cdot 33)$$

로 구한다. 강철인 경우 보통 $\sigma_t = 600 \sim 800\,\text{kg}_f/\text{cm}^2$로 취하고, 특히 마멸을 고려하는 경우에는 $\sigma_t = 500 \sim 600\,\text{kg}_f/\text{cm}^2$로 한다. 또, 제동할 때 적당한 휨을 얻기 위하여 $t = 2 \sim 4$ mm로 한다.

라이닝의 두께를 목재에서는 30~40 mm, 석면직물에서 5~10 mm, 밴드와 브레이크 드럼과의 틈새를 드럼의 크기에 따라 1~5 mm로 한다. 브레이크 레버의 치수 a와 b에 대해서는 밴드의 접촉이 드럼원주의 70% 정도의 경우 $b = (2.5 \sim 3)a$, $a = 30 \sim 50$ mm 정도로 하는 것이 보통이다.

일반적으로 사용되는 밴드 브레이크의 관계치수를 표 21-2에 표시한다.

표 21-2 밴드 브레이크의 설계치수 (단위 : mm)

브레이크 드럼의 지름 D	250	300	350	400	450	500
브레이크 드럼의 너비 B	50	60	70	80	100	120
브레이크 밴드의 너비 w	40	50	60	70	80	100
브레이크 밴드의 두께 t	2	3	3	4	4	4
브레이크 라이닝의 너비 w'	40	50	60	70	80	100
브레이크 라이닝의 두께 t'	4~5	4~6.5	5~8	6.5~8	6.5~10	6.5~10

예제 21-5. 그림 21-12에서 보는 것처럼 밴드 브레이크에서 3 kW, 200 rpm의 동력을 제동하려고 한다. 브레이크 레버에 작용하는 힘을 200 N이라 하고 레버의 길이 l을 구하라.

마찰계수는 0.3이고 밴드의 접촉각은 225°라 한다.

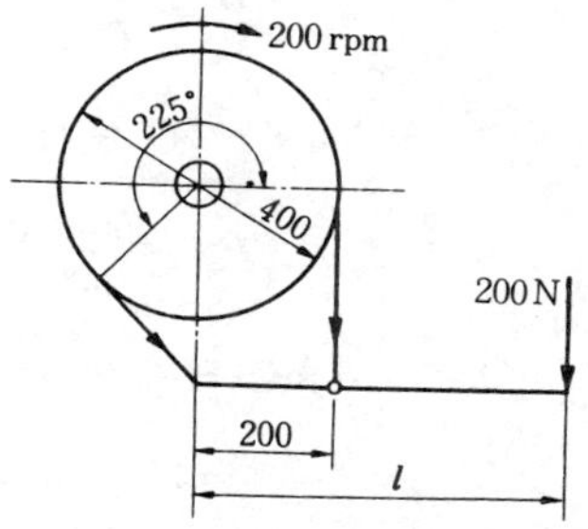

그림 21-12 단 동 식

풀이

$$T = 9549\frac{H}{n} = 9549 \times \frac{3}{200} = 143.2\,\text{N}\cdot\text{m}$$

$$P = \frac{2T}{D} = \frac{2 \times 143.2\,\text{N}\cdot\text{m}}{0.4} = 716\,\text{N}$$

$\mu = 0.3$, $\theta = 225° = 3.925\,\text{rad}$, $e^{\mu\theta} = 3.25$

식 (21·22)에서

$$l = P\cdot\frac{a}{F}\cdot\frac{1}{e^{\mu\theta}-1} = 716 \times \frac{200}{200} \times \frac{1}{3.25-1}$$

$$= 318.2\,\text{mm}$$

예제 **21-6.** 그림 **21-13**에서 보는 것처럼 밴드 브레이크 장치에서 얻어지는 최대 제동토크 T는 얼마인가? 밴드는 석면직물을 라이닝하여 마찰계수 $\mu = 0.4$이다. 밴드의 두께 $t = 3.5\,\text{mm}$로 하였을 때 밴드의 허용 인장응력 $\sigma_t = 70\,\text{MPa}$이라면 밴드의 너비 w는 얼마로 해야 하는가?

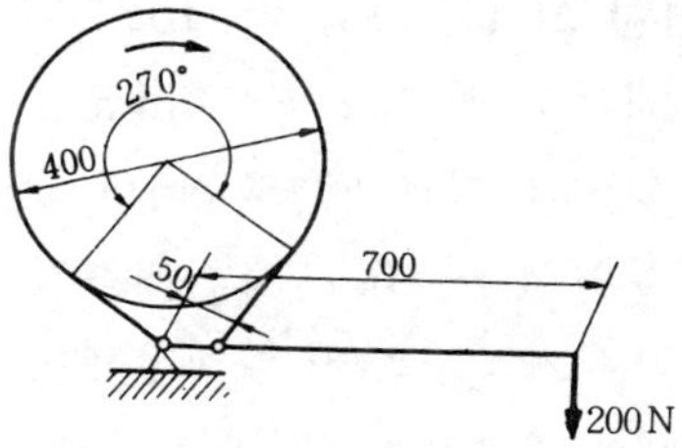

그림 21-13 단 동 식

풀이 우회전이므로 $F\cdot l = T_2\cdot a$

$$F = P\cdot\frac{a}{l}\cdot\frac{1}{e^{\mu\theta}-1}\text{에서}$$

$\mu = 0.4$, $\theta = 270° = 4.71\,\text{rad}$, $e^{\mu\theta} = 6.58$

브레이크의 제동력 P는

$$P = F\cdot\frac{l}{a}\,(e^{\mu\theta}-1) = 200 \times \frac{700}{50} \times (6.58-1) = 15{,}624\,\text{N}$$

$$T = P\cdot\frac{D}{2} = 15{,}624 \times \frac{0.4}{2} = 3125\,\text{N}\cdot\text{m}$$

긴장측의 장력 T_1은

$$T_1 = P\cdot\frac{e^{\mu\theta}}{e^{\mu\theta}-1} = 15{,}624 \times \frac{6.58}{6.58-1} = 18{,}424\,\text{N}$$

$$w = \frac{T_1}{\sigma_t\cdot t} = \frac{18{,}424}{70 \times 3.5} = 75.2\,\text{mm}$$

예제 **21-7.** 브레이크 드럼의 축에 $8000\,\text{kg}_f\cdot\text{cm}$의 토크가 작용하고 있는 그림 **21-14**와 같은 차동식 밴드 브레이크 장치가 있다. 마찰계수 $\mu = 0.3$으로 할 때 축의 회전을 정지시키려면 브레이크 레버에 작용시킬 힘 F의 크기는 얼마라야 하는가? 또, 이 브레이크를 자동멈춤시키려면 c의 크기를 얼마로 해야 하는가?

풀이 좌회전인 경우 식 (21·25)를 사용해야 하나, F의 방향이 반대이므로 $-F$를 식에 대입하여 정리하면

$$F = \frac{P(a - be^{\mu\theta})}{l(e^{\mu\theta}-1)}$$

여기서 $a = c = 95\,\text{mm}$, $b = 25\,\text{mm}$, $l = 500\,\text{mm}$이다. 제동력 P는

$$P=\frac{2T}{D}=\frac{2\times8000}{45}=356\,\mathrm{kg}_f$$

$\mu=0.3,\ \theta=240°=4.19\,\mathrm{rad},\ e^{\mu\theta}=3.5$

$$F=\frac{356\times(95-25\times3.5)}{500\times(3.5-1)}=2.14\,\mathrm{kg}_f$$

자동멈춤을 하기 위한 조건은 $a-be^{\mu\theta}\leqq0$이므로

$$c-25\times3.5\leqq0$$
$$c\leqq25\times3.5=87.5\,\mathrm{mm}$$

따라서, c를 87.5mm보다 작게 하면 $F\leqq0$이 되어 자동적으로 브레이크가 걸려서 자동멈춤작용을 한다. 또한 $c<25$mm가 되면 F의 작용으로 밴드는 오히려 헐거워진다.

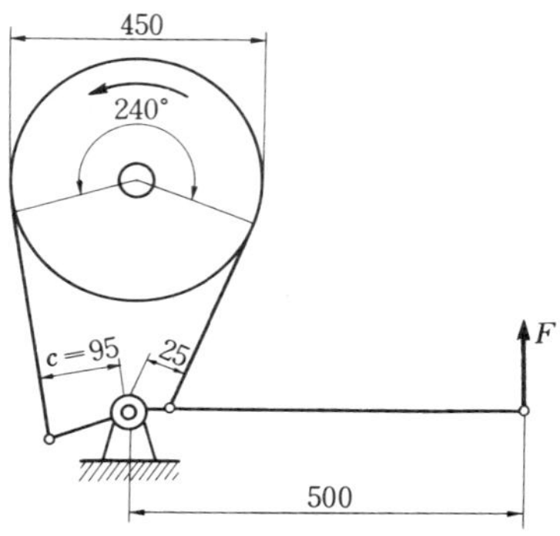

그림 21-14 차 동 식

예제 **21-8.** 그림 21-10의 단동식 밴드 브레이크에 의해 4.2HP, 100rpm의 동력을 제동하려고 한다. $a=150$mm, $D=450$mm, $F=16\,\mathrm{kg}_f$로 하였을 때 브레이크 레버의 길이 l 및 브레이크 밴드의 너비 w를 구하라. 다만, 밴드는 두께 1mm의 강판이고, 석면직물을 붙여서 $\mu=0.3$이고, 접촉각 $\theta=216°$이며, 밴드의 허용 인장응력은 $8\,\mathrm{kg}_f/\mathrm{mm}^2$이다. 또, 브레이크 드럼이 좌회전하면 제동할 수 있는 동력은 얼마인가?

풀이 우회전인 경우 필요한 제동토크 T는

$$T=716{,}200\frac{H}{n}=716{,}200\times\frac{4.2}{100}=30{,}080\,\mathrm{kg}_f\cdot\mathrm{mm}$$

제동력 P는

$$P=\frac{2T}{D}=\frac{2\times30{,}080}{450}=133.7\,\mathrm{kg}_f$$

$\mu=0.3,\ \theta=216°=3.77\,\mathrm{rad},\ e^{\mu\theta}=3.1$

$$T_1=P\cdot\frac{e^{\mu\theta}}{e^{\mu\theta}-1}=133.7\times\frac{3.1}{3.1-1}=197.4\,\mathrm{kg}_f$$

$$T_2=P\cdot\frac{1}{e^{\mu\theta}-1}=133.7\times\frac{1}{3.1-1}=63.7\,\mathrm{kg}_f$$

$F\cdot l=T_2\cdot a$이므로

$$l=\frac{T_2}{F}\cdot a=\frac{63.7}{16}\times150=597.2\,\mathrm{mm}$$

밴드의 강도는 T_1을 기준으로 계산하면

$$w=\frac{T_1}{t\times\sigma_t}=\frac{197.4}{1\times8}=24.7\fallingdotseq25\,\mathrm{mm}$$

좌회전의 경우 식 (21·23)에서부터 제동력 P는

$$P=\frac{F}{\dfrac{a}{l}\cdot\dfrac{e^{\mu\theta}}{e^{\mu\theta}-1}}=\frac{16}{\dfrac{150}{597.2}\times\dfrac{3.1}{3.1-1}}=43\,\mathrm{kg}_f$$

제동토크 T는

$$T = P \cdot \frac{D}{2} = 43 \times \frac{450}{2} = 9675\,\mathrm{kg}_f \cdot \mathrm{mm}$$

따라서, 제동되는 동력 H는

$$H = \frac{Tn}{716,200} = \frac{9675 \times 100}{716,200} = 1.35\,\mathrm{HP}$$

가 된다.

21-3 軸壓 브레이크 및 自動荷重 브레이크

21-3-1 軸壓 브레이크

브레이크 축방향으로 스러스트를 주어 그 마찰력으로 제동하는 브레이크이다.

[1] **圓板 브레이크**(disc brake)

그림 **21-15**(a)는 1장의 브레이크 원판으로 이루어진 축압 브레이크로서 **圓板** 브레이크 중에서 單板 브레이크이다.

여기서

Q : 축방향의 스러스트

D : 원판의 평균 지름

P : 평균 지름에 있어서의 제동력

이라고 하면 제동토크 T는

$$\left.\begin{aligned} T &= \mu Q \cdot \frac{D}{2} = P \cdot \frac{D}{2} \\ P &= \mu Q \end{aligned}\right\} \qquad (21 \cdot 34)$$

그림 **21-15**(b)에서 보는 것처럼 원판을 여러 장 배열하여 축방향으로 밀어붙일 때, 원

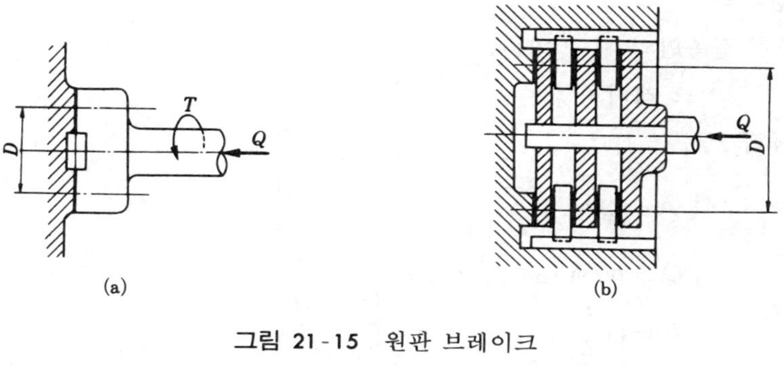

그림 21-15 원판 브레이크

판과 원판이 밀착해서 그 사이의 마찰력에 의해 제동작용을 하는 원판 브레이크를 多板 브레이크라 한다. 마찰면의 수를 z라고 하면 제동력은 다음과 같다.

$$P = z\mu Q \tag{21·35}$$

원판의 재료는 강이나 청동을 사용하고 보통 석면직물, 파이버 등을 라이닝한다. 브레이크 압력은 다음과 같이

$$p = 0.04 \sim 0.08\,\text{kg}_f/\text{mm}^2 \text{ (강과 청동)}$$

$$p = 0.02 \sim 0.03\,\text{kg}_f/\text{mm}^2 \text{ (강과 직물)}$$

정도로 취한다. 브레이크 용량은 $\mu p v = 0.1 \sim 0.3\,\text{kg}_f/\text{mm}^2 \cdot \text{m/s}$이다.

[2] **圓錐 브레이크**(cone brake)

그림 21-16에서 보는 것처럼 마찰면을 원추로 한 것으로, 원추면의 마찰에 의해 제동하는 것이다.

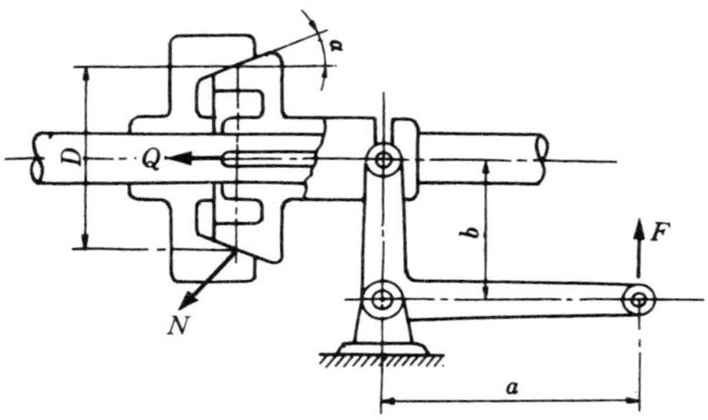

그림 21-16 원추 브레이크의 작동력

여기서

T : 제동토크

F : 브레이크 레버의 조작력

Q : 축방향의 스러스트

N : 원추면에 수직으로 작용하는 힘

2α : 원추각

D : 원추 접촉면의 평균 지름

a, b : 브레이크 레버의 치수

라고 하면, 제동력 P는

$$\left.\begin{aligned} P &= \mu N = \frac{2T}{D} \\ Q &= N(\sin\alpha + \mu\cos\alpha) \\ F &= Q\frac{b}{a} \end{aligned}\right\} \tag{21·36}$$

그러므로

$$F = P \cdot \frac{b}{a} \cdot \frac{\sin\alpha + \mu\cos\alpha}{\mu} = \frac{2T}{D} \cdot \frac{b}{a} \cdot \frac{\sin\alpha + \mu\cos\alpha}{\mu} \qquad (21 \cdot 37)$$

보통 $\alpha = 10 \sim 18°$, μ는 주철이면 0.18, 나무토막을 붙인 것은 0.2~0.25 정도로 취하고, 접촉면의 너비를 w라고 할 때 브레이크 압력 p는

$$p = \frac{N}{\pi Dw} = \frac{Q}{\pi Dw(\sin\alpha + \mu\cos\alpha)} \qquad (21 \cdot 38)$$

를 얻는다.

21-3-2 自動荷重 브레이크(Automatic load brake)

윈치, 크레인 등에서 큰 하중을 감아올릴 때는 브레이크 작용은 하지 않고 클러치로써 작용하며, 하중을 감아내릴 때는 브레이크로써 작용하여 하중의 속도를 조정하거나 정지시키는 데 사용하는 것이 자동하중 브레이크이다.

자동하중 브레이크에는 웜 브레이크(worm brake), 나사 브레이크(screw brake), 캠 브레이크(cam brake), 遠心 브레이크(centrifugal brake), 電磁氣 브레이크(electra-magnetic brake) 등이 있으나, 여기서는 웜 브레이크에 대해서만 간단히 설명한다.

[1] 웜 브레이크

웜 브레이크는 웜 기어가 회전할 때 생기는 스러스트를 이용한 것으로 그림 21-17은 기중기에 적용한 것이다.

1은 웜, 2는 웜 기어, 3은 웜을 구동하는 전동기이다. 4는 웜축, 5는 웜축에 부착된 브레이크 드럼, 6은 원추구멍을 가진 브레이크판, 7은 6의 바깥 둘레에 설치한 래칫 휠, 8은 폴(pawl), 9는 폴이 끼어 있는 핀, 10은 핀이 설치된 고정부, 11은 웜 기어에 고정된 드럼, 12는 감아올라가는 하중, 13은 전동기축과 웜을 결합시키는 미끄럼키 부분이다.

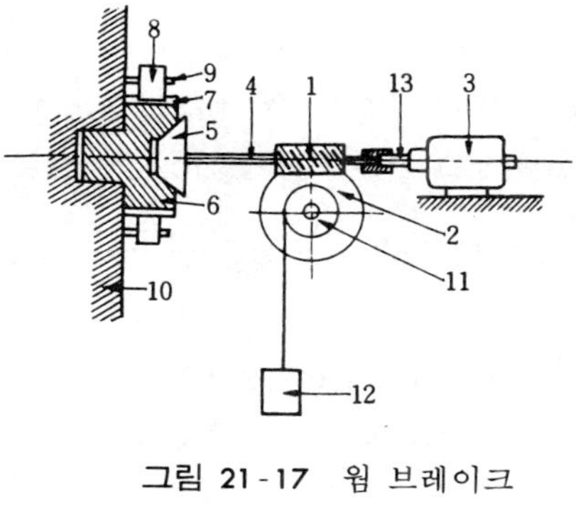

그림 21-17 웜 브레이크

하중을 감아올릴 때에는 웜 기어의 회전에 의하여 웜축은 왼쪽으로 스러스트를 받으므로, 5는 6에 압착되어 한 덩어리가 되어 회전한다. 이 때 폴은 래칫 휠에 걸리지 않고 자유로이 회전한다. 웜축의 회전을 멈추면 폴은 래칫 휠에 걸리고 축은 5와 6 사이의 마찰에 의하여 제동되며, 하중을 도중에서 정지시킨 채로 지지한다. 감아내릴 때에는 이 제동력에 이겨서 웜축을 역전시키면 5와 6은 서로 떨어지고 브레이크는 풀리게 된다.

여기서

P : 웜 축방향의 스러스트

r_2 : 웜의 피치원 반지름

μ : 5와 6 사이의 마찰계수

θ : 웜의 리드각

ρ : 웜의 마찰각

D : 원추 브레이크의 평균 지름

α : 원추각

이라고 하면 감아 올리는 데 필요한 토크 T_1은

$$T_1 = Pr_2 \tan(\theta + \rho) \tag{21·39}$$

감아 내리기 시작하는 데 필요한 토크 T_2는 다음과 같다.

$$T_2 = \frac{\mu PD/2}{\sin\frac{\alpha}{2}} - Pr_2 \tan(\theta - \rho) \tag{21·40}$$

예제 21-9. 웜 브레이크 장치에서 피치원 반지름이 50mm, 리드각 20°, 마찰각 6°인 웜에 120kg$_f$의 스러스트가 작용하여 하중을 감아 올린다. 이 때에 필요한 토크 T_1은 얼마인가? 원추 마찰면의 평균 지름이 500mm, 원추각 45°, 마찰계수 0.4인 경우 감아 내리기 시작하는 데 필요한 토크 T_2는 얼마인가?

풀이 식 (21·39)에서 감아 올리는 데 필요한 토크 T_1은

$$T_1 = Pr_2 \tan(\theta + \rho) = 120 \times 50 \times \tan 26° = 2926\,\text{kg}_f\cdot\text{mm} \fallingdotseq 2.9\,\text{kg}_f\cdot\text{m}$$

감아 내리기 시작하는 데 필요한 토크 T_2는 식 (21·40)으로부터

$$T_2 = \frac{\mu PD/2}{\sin\frac{\alpha}{2}} - Pr_2 \tan(\theta - \rho) = \frac{0.4 \times 120 \times 500/2}{\sin 22.5°} - 120 \times 50 \tan 14°$$

$$= 31{,}358 - 1496 = 29{,}862\,\text{kg}_f\cdot\text{mm} = 29.9\,\text{kg}_f\cdot\text{m}$$

21-4 폴 브레이크(Pawl brake)

래칫 휠(ratchet wheel)과 폴(pawl)로 구성되며, 軸의 逆轉防止機構로써 널리 사용되나 브레이크 일부로 사용되기도 한다. 래칫 휠에는 외측 래칫 휠과 내측 래칫 휠이 있으나 보통 외측 래칫 휠이 많이 사용된다.

21-4-1 외측 래칫 휠

그림 21-18에서 보는 것처럼 래칫 휠의 바깥쪽에 이를 가진 것을 외측 래칫 휠이라고 한다. A는 래칫 휠, B는 폴이며, 래칫 휠이 화살방향으로 회전하는 것은 허용하고 그 역전은 방지한다. 이의 각도 α는 마찰각 ρ보다 크게 하여 폴이 이뿌리에 확실하게 미끄러 들어가도록 한다. 폴은 하중에 충분히 견딜 수 있고 확실히 작용하여 폴이 래칫 휠에 잘 걸려야 한다. $\mu=0.15\sim0.20$이라면 α는 15° 정도가 되어야 한다.

그림에서 폴축의 중심 m에서 래칫 휠의 외접원에 그은 접선의 접점 n에서 폴이 래칫 휠에 걸리도록 하면 접선방향에 있는 폴이 받는 힘 P는 최소가 된다. 이의 모양은 그림과 같이 이가 확실히 걸리고 하중에 견딜 수 있도록 다음과 같이 결정한다.

여기서

P : 폴에 걸리는 힘

T : 래칫 휠에 걸리는 토크

z : 래칫 휠의 잇수

p : 래칫 휠의 이의 피치

h : 이의 높이

D : 래칫 휠의 외접원의 지름

b : 래칫 휠의 너비

q : 이에 걸리는 면압

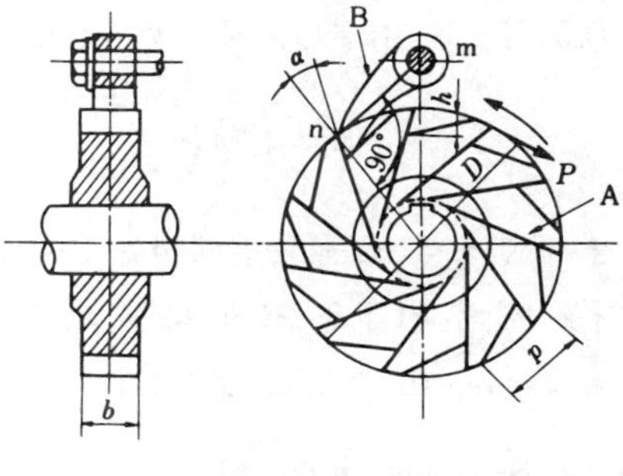

그림 21-18 외측 래칫 휠

이라고 하면

$$P=\frac{2T}{D}=\frac{2\pi T}{zp} \tag{21·41}$$

$$q=\frac{P}{bh} \tag{21·42}$$

다만

$q=0.1\sim1\,\mathrm{kg_f/mm^2}$……주철

$q=1.5\sim3\,\mathrm{kg_f/mm^2}$……주강, 단강

그림 21-19에서 이의 강도를 굽힘에 대하여 검토해 본다.

M : 이뿌리의 굽힘 모멘트

σ_a : 허용 굽힘응력

e : 이뿌리의 두께

c : 이끝의 두께

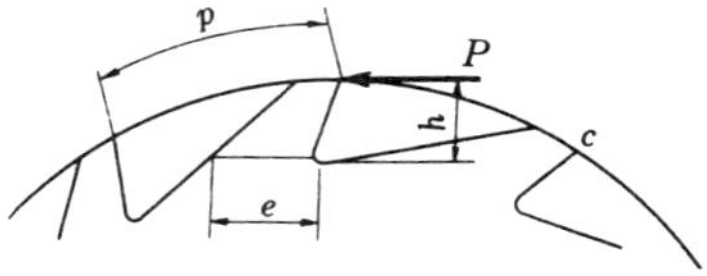

그림 21-19 래칫 휠의 설계

라면

$$M = Ph = \frac{be^2}{6}\sigma_a \tag{21·43}$$

보통 $h = 0.35p$, $e = 0.5p$, $c = 0.25p$를 취한다면, 이것들을 위의 식에 대입하여

$$0.35pP = \frac{bp^2}{24}\sigma_a$$

가 된다.

위의 식과 $\phi = \dfrac{b}{p}$라 놓고 식 (21·41)을 정리하면

$$p = 3.75\sqrt[3]{\frac{T}{z\sigma_a\phi}} \tag{21·44}$$

를 얻게 되고, 여기서 ϕ는 이 너비 係數로써 보통 주철이면 0.5~1, 주강이나 단강이면 0.3~0.5 정도를 취한다. 지금 $\phi = 0.5$로 잡으면 식 (21·44)는 다음과 같이 된다.

$$p = 4.74\sqrt[3]{\frac{T}{z\sigma_a}} \tag{21·45}$$

허용 굽힘응력 σ_a는 주철에서는 $2\sim3\,\text{kg}_f/\text{mm}^2$, 주강이나 단강에서는 $4\sim6\,\text{kg}_f/\text{mm}^2$로 한다. 래칫 휠의 지름을 크게 하면 피치 p는 작게 되나 원주속도가 증가하면 충격력이 증가하므로 $z = 8\sim16$ 정도로 설계한다.

21-4-2 내측 래칫 휠

그림 21-20에서 보는 것처럼 래칫 휠의 내측에 이를 가지고 있으므로 소형으로 된다. 이것은 큰 장소를 필요로 하지 않아서 편리하나 폴을 래칫 휠의 이끝 원의 접선상에 놓을 수 없으므로, 접선과 맺는 각 $\alpha = 60°$로 하여 이의 모양은 마찰각 $\rho = 14\sim17°$만큼 반지름 방향에서 경사시킨다. 일반적으로 잇수 $z = 16\sim30$, 이 높이 $h = 15\sim30\,\text{mm}$로 한다. 내측 래칫 휠의 경우에는 이끝의 두께 $e = p$로 하여 계산하면 다음과 같은 식이 얻어진다.

$$p = 2.37\sqrt[3]{\frac{T}{z\sigma_a\phi}} \tag{21·46}$$

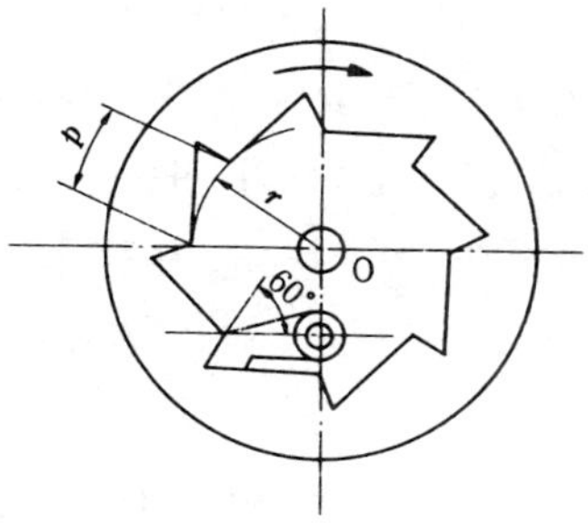

그림 21-20 내측 래칫 휠

예제 21-10. 120,000 $kg_f \cdot mm$의 토크를 받는 외측 래칫 휠을 설계하라. 재료는 주강으로 사용하고 허용 굽힘응력은 5 kg_f/mm^2로 한다.

풀이 잇수 $z=16$으로 하여 식 (21·45)에 대입하여 피치 p를 구해 보면

$$p=4.74\sqrt[3]{\frac{120,000}{16\times 5}}=54.3 \fallingdotseq 54\,mm$$

모듈 m은

$$m=\frac{p}{\pi}=\frac{54}{3.14}=17.2 \fallingdotseq 17\,mm$$

원주피치 ………… $p=\pi m=53.4 \fallingdotseq 53\,mm$

외접원 지름 ……… $D=zm=16\times 17=272\,mm$

이의 높이 ………… $h=0.35p=0.35\times 53=18.6 \fallingdotseq 19\,mm$

이끝의 두께 ……… $c=0.25p=0.5\times 53=13.3 \fallingdotseq 14\,mm$

이뿌리의 두께 …… $e=0.5p=0.5\times 53=26.6 \fallingdotseq 27\,mm$

이 너비 …………… $b=0.5p=0.5\times 53=27\,mm$

다음은 이에 걸리는 면압 q를 조사해 보면

이에 걸리는 힘 P는

$$P=\frac{2T}{D}=\frac{2\times 120,000}{272}=882\,kg_f$$

$$q=\frac{P}{bh}=\frac{882}{27\times 19}=1.72\,kg_f/mm^2$$

주강의 경우 허용 면압력은 1.5～3 kg_f/mm^2이므로 강도는 안전하다.

21-5 플라이휠(Flywheel)

플라이휠은 브레이크와 같이 일종의 속도 조정장치이다. 내연기관, 왕복펌프, 공기 압축기 등의 크랭크축에 작용하는 토크는 1사이클 동안에 그 크기와 방향이 여러 가지로 변하게 된다. 그러므로 1사이클 중에 평균토크에 대해서 순간적으로 작용하는 토크는 크게 되

기도 하고 작아지기도 한다. 내연기관과 같이 1사이클 중에 회전방향에 반대되는 토크가 작용하면 회전부분에 관성이 없다면 회전할 수 없게 된다. 실제로는 적당한 관성이 있기 때문에 회전은 하지만 1사이클 중에 순간적인 각속도의 변동은 생긴다. 일반적으로 내연기관에 의해서 다른 기계를 회전시킬 경우에는 이 각속도 변동이 크면 구동되는 기계에 나쁜 영향을 준다. 또, 공기 압축기의 경우에는 이것을 돌리는 전동기에 변동부하가 걸려서 전류가 변동하는 곤란을 당하게 된다.

플라이휠은 그것이 갖고 있는 큰 관성 모멘트를 이용하여 운동 에너지의 흡수, 저축 및 방출를 적절히 함으로써 1사이클 중의 토크가 역방향으로 작용하는 경우에도 운전을 가능하게 하고, 큰 각속도 변동이 생기지 않도록 정상운전을 유지시키는 역할을 한다.

21-5-1 플라이휠의 작용

그림 21-21은 4사이클 단기통 디젤기관의 토크곡선을 보여 준다. 1사이클, 즉 크랭크각으로 4π rad 동안 토크는 陰(−)에서 陽(+)으로 심하게 변동하는 것을 알 수 있다. 이 그림에서 토크곡선과 가로축 사이에 있는 +넓이와 −넓이를 각각 측정해서 대수합을 구하여 4π로 나누면 평균 높이에 해당되는 토크가 얻어진다. 이것이 이 내연기관의 평균토크 T_m이다. 이 평균토크보다 위 또는 아래에 나와 있는 넓이 중에서 가장 큰 것, 즉 ΔE에 의하여 최대의 각속도 변동이 일어난다.

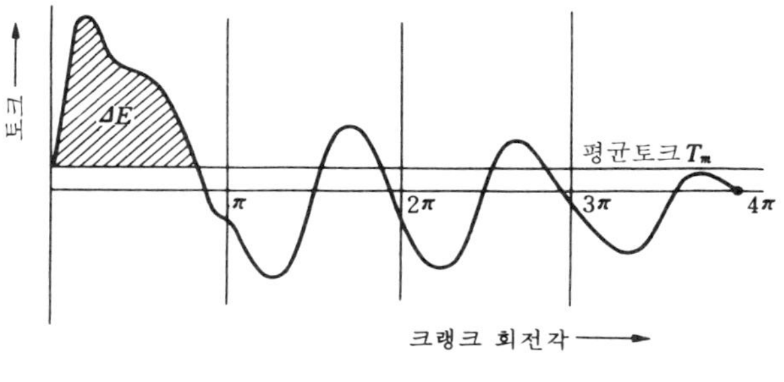

그림 21-21 토 크 곡 선

여기서

I : 플라이휠의 관성 모멘트

ω : 평균 각속도

ω_1, ω_2 : 최대 및 최소 각속도

라고 하면

$$\Delta E = \frac{I(\omega_1^2 - \omega_2^2)}{2} \tag{21·47}$$

으로 된다. 다음 角速度 변동계수(coefficient of speed fluctuation)를 δ라고 하면

$$\delta = \frac{\omega_1 - \omega_2}{\omega} \qquad (21 \cdot 48)$$

로 정의된다. 또, 근사적으로

$$\omega = \frac{\omega_1 + \omega_2}{2} \qquad (21 \cdot 49)$$

로 볼 수 있으므로, 이들을 식 (21 · 47)에 대입하면

$$\Delta E = I\omega^2\delta \qquad (21 \cdot 50)$$

와 같은 식을 얻는다.

δ의 값은 작을수록 좋지만 그렇게 하려면 I의 값이 커야 되므로 플라이휠의 치수와 무게가 커지게 된다. 그러므로 δ의 값은 실용상 큰 지장이 없는 정도로 제한할 필요가 있는데 일반적으로 표 **21-3**과 같은 값을 사용한다.

표 21-3 기관의 종류에 의한 허용 각속도 변동계수 δ

종 류	δ	종 류	δ
공기 압축기, 왕복펌프, 일반공장 동력용 증기기관	$\frac{1}{20} \sim \frac{1}{40}$	직결직류 발전기, 운전용 내연기관	$\frac{1}{100} \sim \frac{1}{150}$
제지 및 제분기	$\frac{1}{40} \sim \frac{1}{50}$	직결교류 발전기, 운전용 내연기관	$\frac{1}{150} \sim \frac{1}{250}$
일반공장 동력용 디젤기관	$\frac{1}{20} \sim \frac{1}{70}$	공 작 기 계	$\frac{1}{35}$
벨트전동에 의한 직류 발전기, 운전용 디젤기관	$\frac{1}{70} \sim \frac{1}{80}$	방 직 기 계	$\frac{1}{150} \sim \frac{1}{300}$
벨트전동에 의한 압축기	$\frac{1}{60} \sim \frac{1}{75}$	왕복펌프, 전단기	$\frac{1}{20} \sim \frac{1}{30}$

그림 **21-21**에서 크랭크축의 1사이클 중에 얻을 수 있는 에너지는

$$E = 4\pi T_m \qquad (21 \cdot 51)$$

이다. 에너지 變動係數(coefficient of energy fluctuation)를 ξ라고 하면

$$\xi = \frac{\Delta E}{E} \qquad (21 \cdot 52)$$

로 정의된다. ξ값은 각 기계에 대하여 토크곡선을 그려 그 결과로부터 E, ΔE의 값을 구하여 계산하는 것이지만, 내연기관의 경우에는 기관형식에 따라 ξ의 값의 범위가 대체로 결정되기 때문에, ξ값을 적당히 잡으면 토크곡선을 그리지 않고 I의 값을 대략 알 수 있다. 표

21-4에 여러 가지 형식의 내연기관에 대한 ξ값을 표시한다. 일반적으로 디젤기관의 경우에는 압축압력이 높기 때문에 ξ값은 표 중에서 큰 쪽의 값을 취하는 것이 좋다.

표 21-4 에너지 변동계수 ξ

사 이 클 수	내연기관의 형식	ξ
4사이클 기관	단기통	1.20~1.30
	직렬 2기통(크랭크각 360°)	0.50~0.60
	직렬 2기통(크랭크각 180°)	0.75~1.10
	대향 2기통(크랭크각 360°)	0.75~1.10
	대향 2기통(크랭크각 180°)	0.50~0.60
	직렬 4기통(크랭크각 180°)	0.10~0.33
	직렬 6기통(크랭크각 120°)	0.09~0.29
2사이클 기관	단기통	0.50~0.90
	직렬 2기통(크랭크각 180°)	~0.50
	직렬 4기통(크랭크각 90°)	~0.33

21-5-2 플라이휠의 慣性 모멘트

식 (21·50)에서 I가 결정되면 이 값을 가진 플라이휠의 크기를 결정하여야 한다. 물체의 관성 모멘트는 반지름의 제곱과 그 무게에 비례하므로, 지름을 크게 하면 같은 관성 모멘트를 갖기 위해서 무게를 크게 줄일 수 있다. 그러나 플라이휠은 원주속도, 기계의 모양 및 크기에 의해서 많은 제한을 받는다. 지금 그림 21-22와 같은 웨브형 플라이휠의 관성 모멘트를 구하면 다음과 같다.

여기서

r : 임의점까지의 반지름

γ : 플라이휠 재료의 비중량

I_1 : 림부분의 관성 모멘트

I_2 : 웨브부분의 관성 모멘트

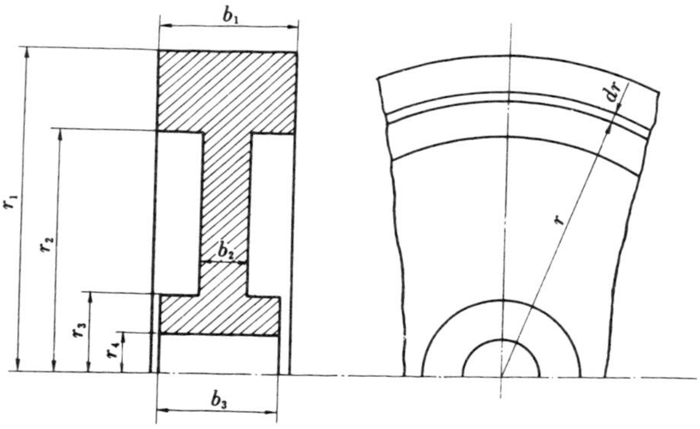

그림 21-22 웨브형 플라이휠

I_3 : 보스부분의 관성 모멘트

I : 플라이휠 전체의 관성 모멘트

라고 할 때, 먼저 림부분의 관성 모멘트를 구하면

$$\left.\begin{aligned} I_1 &= \int \frac{dW_1}{g} r^2 = \int_{r2}^{r1} \frac{(2\pi r dr) b_1 \gamma}{g} \cdot r^2 = \frac{2\pi b_1 \gamma}{g} \int_{r2}^{r1} r^3 dr \\ &= \frac{\pi b_1 \gamma}{2g} (r_1^4 - r_2^4) \\ I_2 &= \frac{\pi b_2 \gamma}{2g} (r_2^4 - r_3^4) \\ I_3 &= \frac{\pi b_3 \gamma}{2g} (r_3^4 - r_4^4) \end{aligned}\right\} \tag{21·53}$$

로 된다. 따라서, 플라이휠 전체의 관성 모멘트 I는 다음과 같이 구해진다.

$$I = I_1 + I_2 + I_3 \tag{21·54}$$

실제의 플라이휠에서 관성 모멘트를 계산하면 I_1이 대부분을 차지하고, I_3는 매우 작기 때문에 대개 무시한다. 또, 림과 보스가 몇 개의 암으로 연결되어 있는 형식에서는 암의 관성 모멘트는 무시하고 림의 관성 모멘트만 생각해도 충분하다.

21-5-3 플라이휠의 強度

플라이휠의 강도는 원심력에 의하여 생기는 인장응력이 기준이 되는데, 플라이휠 전체를 한 덩어리로 생각치 않고 벨트 풀리의 경우와 같이 림부분의 강도만을 생각한다. 지금 림부분만 회전한다고 생각하여 얇은 살을 가진 회전원통으로 보아 계산한다.

여기서

r : 림의 평균 반지름

σ_t : 원주방향의 인장응력

v : 림의 평균 원주속도

라 할 때

$$\sigma_t = \frac{r^2 \omega^2 \gamma}{g} \tag{21·55}$$

로 된다. $v = r\omega$ 이므로 위의 식은 다음과 같이 쓸 수 있다.

$$\sigma_t = \frac{v^2 \gamma}{g} \tag{21·56}$$

즉, 원주방향의 인장응력은 림의 두께나 반지름에는 무관하게 원주속도에만 의하여 결정된다. 따라서, 일반적으로 주철의 경우에는 v의 값을 30m/s 이하로, 주강의 경우에는 70 m/s 이하로 한다.

크랭크축에 작용하는 토크가 변동하면 크랭크축에서 플라이휠을 가속시키든가, 반대로 플라이휠에 저장되었던 에너지가 방출되어 크랭크축을 돌리든가 한다. 따라서, 플라이휠에 장착된 축, 키, 플라이휠의 암 등에는 평균토크가 작용하는 것이 아니고 1사이클 중에서 최대토크가 걸린다. 그러므로 각 부분의 강도계산은 최대토크에 대해서 설계해야만 안전하다.

예제 21-11. 18.5kW, 400rpm의 4사이클 단기통 디젤기관에서 각속도 변동계수를 $\frac{1}{80}$ 이하로 유지시키기에 필요한 플라이휠의 림의 치수를 결정하라. 다만, 기관의 에너지 변동계수를 1.30으로 하고 플라이휠의 바깥 지름 1.8m, 림부분의 너비 18cm로서 플라이휠의 재료는 주철로 비중량은 0.073N/cm³이다.

풀이 이 기관이 1사이클 중에 한 일은

$$E = \frac{2 \times 1000 \times 60 H}{n} = 120{,}000 \cdot \frac{H}{n} = 120{,}000 \times \frac{18.5}{400} = 5550\,\mathrm{N \cdot m}$$

식 (21·52)에서

$$\xi = \frac{\Delta E}{E}$$

$$\Delta E = \xi \times E = 1.3 \times 5550 = 7215\,\mathrm{N \cdot m}$$

식 (21·50)에서

$$I = \frac{\Delta E}{\omega^2 \delta}$$

여기서

$$\omega = \frac{2\pi n}{60} = \frac{2\pi \times 400}{60} = 41.9\,\mathrm{rad/s}$$

$$\delta = \frac{1}{80}$$

이므로

$$I = \frac{7215}{41.9^2 \times \frac{1}{80}} = 328.8\,\mathrm{N \cdot m \cdot s^2}$$

이 관성 모멘트를 림부분만으로 된다고 생각하고 림의 치수를 결정한다. 식 (21·53)에서 $r_1 = 0.9\,\mathrm{m}$, $b_1 = 0.18\,\mathrm{m}$, $\gamma = 73{,}000\,\mathrm{N/m^3}$ 이므로

$$I = 328.8 = \frac{\pi b_1 \gamma}{2g}(r_1^4 - r_2^4) = \frac{\pi \times 0.18 \times 73{,}000}{2 \times 9.8}(0.9^4 - r_2^4)$$

$$0.9^4 - r_2^4 = 0.16$$

$$r_2^4 = 0.66 - 0.16 = 0.5$$

$$r_2 = 0.84\,\mathrm{m} = 840\,\mathrm{mm}$$

가 얻어진다.

예제 21-12. 28HP, 400rpm의 2사이클 2기통 가솔린 기관에서 각속도 변동계수를 $\frac{1}{40}$ 이하로 유지하기 위한 플라이휠의 관성 모멘트를 구하라.

풀이 2사이클 기관의 1사이클 동안의 출력은

$$E = \frac{75H \times 60}{n} = 4500 \cdot \frac{H}{n} = 4500 \times \frac{28}{400} = 315\,\text{kg}_f \cdot \text{m}$$

$$\Delta E = \xi E = I\delta\omega^2$$

에서 에너지 변동계수 $\xi = 0.5$라고 하면

$$I = \frac{\xi E}{\frac{1}{40} \times \left(\frac{2\pi n}{60}\right)^2} = \frac{0.5 \times 315}{\frac{1}{40} \times \left(\frac{2\pi \times 400}{60}\right)^2} = \frac{2268 \times 10^4}{631 \times 10^4} = 3.6\,\text{kg}_f \cdot \text{m} \cdot \text{s}^2$$

연습문제

1. 복식 블록 브레이크의 구조를 간단히 설명하고 단식 블록 브레이크과 비교하라.
2. 블록 브레이크에서 발생되는 열량을 고려해서 설계상 어떻게 조치를 하는가?
3. 차동식 밴드 브레이크에서 역전장치로 이용하려면 어떤 조건을 만족해야 하는가?
4. 래칫 휠의 작용은 무엇인가? 모든 조건이 같고 래칫 휠에 걸리는 토크가 2배로 증가하면 래칫 휠의 이의 피치를 어느 만큼 크게 해야 하는가?
5. 플라이휠이 왜 필요한가? 에너지 변동계수가 크면 기계에 어떤 영향을 주는지 설명하라.
6. 그림 21-1(a)의 단식 블록 브레이크에서 $a = 710$mm, $b = 110$mm, $c = 25$mm, $\mu = 0.2$, $D = 350$ mm이다. 레버의 끝에 $F = 160$N을 가할 때 브레이크의 제동력과 제동토크를 구하라.
   ($P = 199.6$N, $T = 34.9$N·m)
7. 문제 6에서 브레이크 드럼을 주강, 브레이크 블록을 석면으로 라이닝하였다면 브레이크의 크기는 얼마로 해야 하는가? 블록의 길이 e는 중심각 50°가 되도록 한다. ($d = 17.6$mm, $e = 153$mm)
8. 그림 21-23과 같은 단식 블록 브레이크로 중량 W의 자연낙하를 방지하려면 W가 최대 몇 N까지

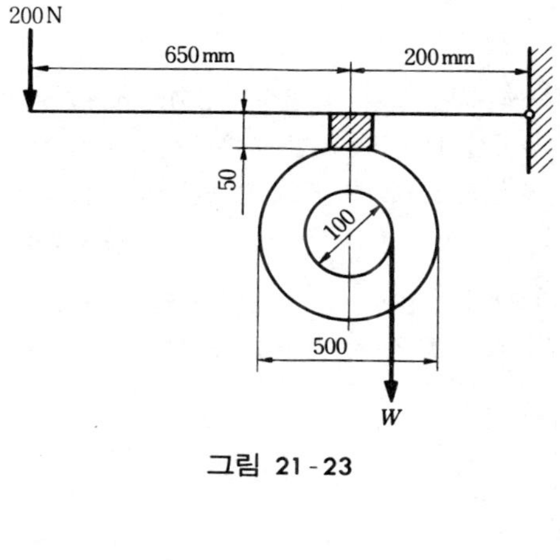

그림 21-23

허용되는가? 다만, 마찰계수는 0.2이다. ($W = 896$ N)

9. 그림 **21-24**와 같은 밴드 브레이크 드럼축에 350 N·m의 토크가 작용하고 있다. 드럼축의 좌회전을 멈추기 위해 브레이크 레버에 주는 힘 F를 구하라. 다만, 드럼의 지름은 375 mm, 마찰계수는 0.3이다. ($F = 39.9$ N)

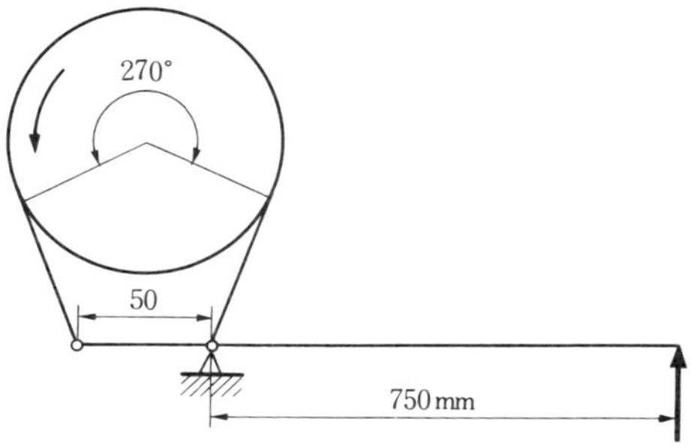

그림 **21-24**

10. 브레이크 드럼의 지름이 500 mm의 밴드 브레이크에 밴드 두께 3 mm, 너비 100 mm일 때 얻어지는 최대 제동토크는 얼마인가? 다만, 밴드와 드럼 사이의 마찰계수는 0.4, 접촉각 270°, 밴드의 허용 인장응력은 80 MPa이다. ($T_{max} = 5100$ N·m)

11. 25,000 kg_f·mm의 토크를 받는 주철제 래칫 휠의 치수를 구하라. 다만, 잇수는 12로 하고 주철의 허용응력은 2.0 kg_f/mm^2이다.

($m = 15$ mm, $p = 47$ mm, $D = 180$ mm, $h = 17$ mm, $c = 12$ mm, $e = 24$ mm, $b = 24$ mm, $q = 0.68\ kg_f/mm^2 < 2.0$)

12. 25 HP, 1500 rpm으로 좌회전하고 있는 축에 지름 150 mm, 너비 100 mm의 브레이크 드럼이 달려 있다. 단동식 밴드 브레이크에서 $a = 400$ mm, $l = 700$ mm, $\theta = 252°$, $\mu = 0.45$, 브레이크 밴드의 인장강도가 $\sigma_t = 2\ kg_f/mm^2$이면 브레이크 가압력과 밴드의 두께는 얼마로 해야 하는가? 다만, 밴드의 안전계수는 5이다. ($F = 1.5\ kg_f$, $t = 5$ mm)

13. 2사이클, 4실린더의 내연기관이 750 rpm, 70 HP를 출력하는데, 여기에 사용되는 플라이휠의 중량은 얼마인가? 다만 이 기관은 직류 발전기를 구동하는 것으로, 플라이휠의 지름은 650 mm이고 $\delta = 0.005$, $\xi = 0.25$이다. ($W = 631\ kg_f$)

14. 20 HP의 단기통 4사이클 석유기관이 있다. 회전수는 550 rpm으로 속도 변동계수 $\frac{1}{23}$이며, 폭발시 발생한 에너지의 85%를 플라이휠에 저장하려면 플라이휠의 관성 모멘트를 얼마로 설계해야 하는가? 또, 플라이휠의 회전 반지름을 55 cm로 하면 그 무게는 얼마가 되는가?

($I = 2.51\ kg_f·m·s^2$, $W = 162.6\ kg_f$)

15. 평균 회전수 600 rpm으로 회전하는 기계의 1사이클 중 입력토크는 그림 **21-25**와 같다. $\delta = \frac{1}{30}$로 하고 일정한 출력토크를 얻으려고 한다. 축의 관성 모멘트를 무시하는 경우, 플라이휠의 관성 모멘트는 얼마인가? ($I = 3.43\ kg_f·cm·s^2$)

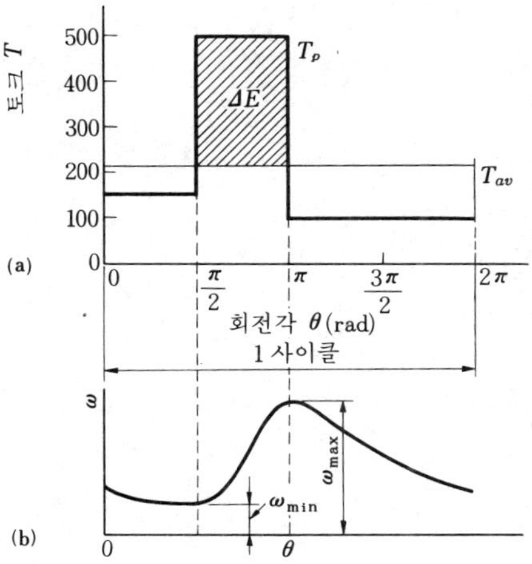

토크 T
500
400
300
200
100
0
T_p
ΔE
T_{av}
(a)
0
$\frac{\pi}{2}$
π
$\frac{3\pi}{2}$
2π
회전각 θ(rad)
1 사이클
ω
ω_{max}
ω_{min}
(b)
0
θ

그림 21-25

제 22 장

스 프 링

탄성체는 하중을 받으면 하중의 크기에 따라 변위를 하게 되고 그 때 한 일을 탄성 에너지로 흡수, 축적하는 특성을 가지고 있다. 따라서, 이와 같은 특성과 기능을 이용한 기계요소가 **스프링**이다. 스프링은 탄성이 큰 재료를 특별한 모양 또는 구조로 만들어 하중이 가해지면 큰 변형을 일으켜서 큰 탄성 에너지를 저장하고, 하중을 제거하면 저장된 에너지를 방출하는 일을 한다.

22-1 스프링의 特性과 종류

22-1-1 스프링의 特性

그림 **22-1**과 같이 스프링에 하중 P가 작용하였을 때 변형 δ가 생기고 하중의 크기와 변형의 관계는 A, B, C에서 보는 것처럼 스프링의 특성에 따라 다르다. 지금 직선 OA처럼 P와 δ가 비례하는 경우 이런 스프링을 線形 스프링이라 하며 다음과 같은 관계식이 성립한다.

$$P = k\delta \qquad (22 \cdot 1)$$

위의 식에서 k는 스프링 常數(spring constant)라 하고 단위변위에 필요한 하중의 크기로 표시한다. OB, OC의 특성을 가진 스프링을 非線形 스프링이라 하며, OB의 특성을 지닌 스프링을 하드 스프링(hard spring), OC의 특성을 지닌 스프링을 소프트 스프링(soft spring)이라 한다. 이상과 같이 하중과 하중에 따르는 변형과의 관계를 스프링 특성이라 한다.

그림 22-1(a)에서 하중이 線形 스프링에 대하여 행해진 일량 U는 스프링의 내부에 탄성 에너지로 흡수되며, 그 크기는

$$U = \frac{1}{2}P\delta = \frac{1}{2}k\delta^2 \qquad (22 \cdot 2)$$

이며, 변형이 복원되는 경우 이 에너지는 외부에 대하여 일을 하게 된다.

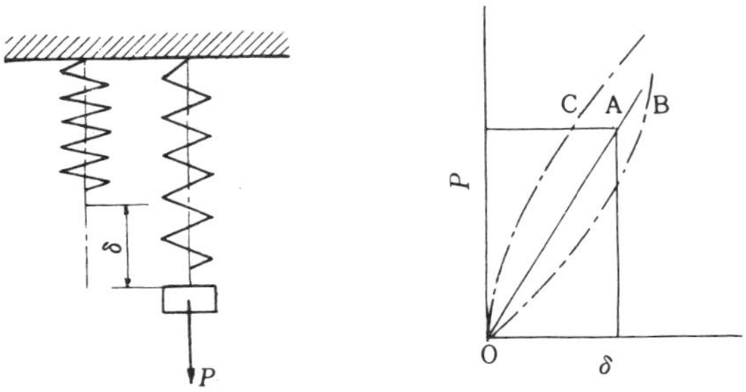

(a) (b)

그림 22-1 스프링의 특성

22-1-2 스프링의 種類

[1] 사용재료에 대한 분류

- 스프링
  - 금속 스프링
    - 강 스프링
      - 탄소강 스프링
      - 합금강 스프링
    - 비철 스프링
      - 동합금 스프링
      - 니켈합금 스프링
  - 비금속 스프링
    - 고무 스프링
    - 공기 스프링
    - 액체 스프링

[2] 모양에 의한 분류

모양에 따르는 분류는 여러 가지가 있으나 대표적인 것을 골라 소개한다.

(1) 코일 스프링(coil spring)

단면이 원형, 정 4 각형, 직 4 각형인 棒材를 나선형으로 감은 것으로 모양에 따라 원통형, 원추형, 장고형, 드럼형이 있고, 용도에 따라 인장코일 스프링, 압축코일 스프링, 비틀림 코일 스프링이 있다. 일반적으로 원통코일 스프링이 가장 많이 사용된다.

이 코일 스프링은 제작비가 싸며, 기능이 확실하고 가볍고 작게 만들 수 있는 이점을 가지고 있다.

(2) 스파이럴 스프링(spiral spring)

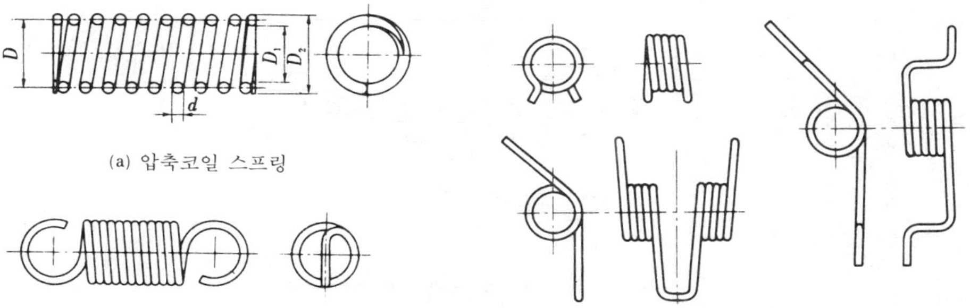

(a) 압축코일 스프링

(b) 인장코일 스프링

(c) 비틀림 코일 스프링

그림 22-2 코일 스프링의 단면도

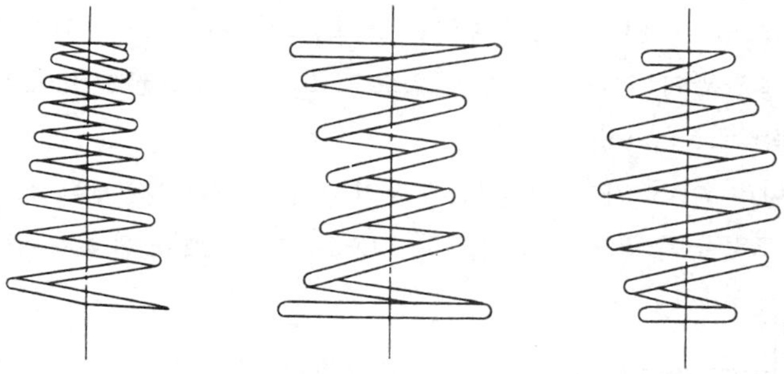

(a) 원추형 (b) 장고형 (c) 드럼형

그림 22-3 특수코일 스프링

단면이 일정한 薄鋼板 또는 帶鋼 등의 스프링 재료를 나선 모양으로 감은 스프링으로서 굽힘응력이 작용한다. 이 스프링은 비교적 좁은 장소에 큰 에너지를 축적할 수 있는 특성을 가지고 있다.

(3) 토션 바(torsion bar)

그림 22-4와 같은 棒材를 비틀림으로써 스프링으로 작용하는 것을 토션 바라 하며, 특징으로는 큰 에너지를 저축할 수 있고, 가볍고 간단한 모양을 얻을 수 있으며, 스프링 특성과 이론값이 잘 일치하나 부착부의 가공이 복잡하다.

(4) 판스프링(plate spring)

판스프링은 너비가 좁고 긴 얇은 판을 보로써 하중을 지지하도록 사용한 것이며, 판을 여

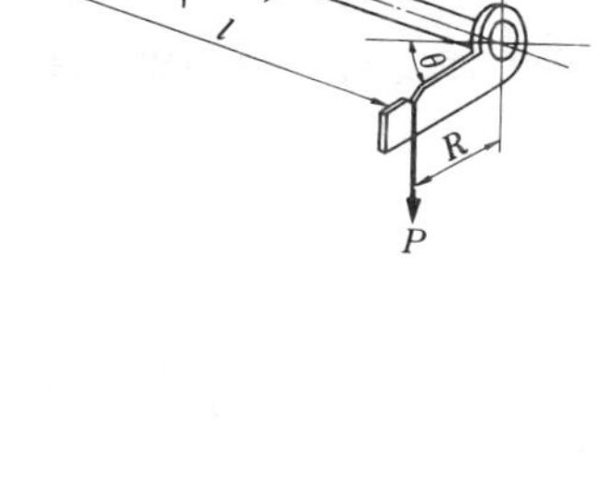

그림 22-4 토션 바

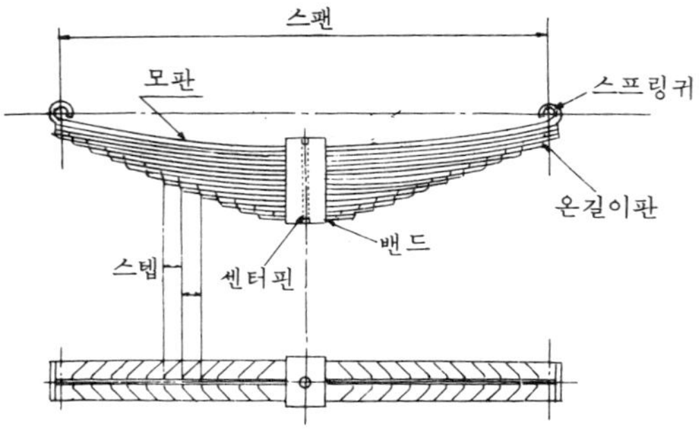

그림 22-5 겹판 스프링

러 장 겹쳐서 사용한 것을 **겹판 스프링**(laminated spring)이라 한다. 그림 **22-5**에 나타낸 바와 같이 겹판 스프링은 에너지 흡수능력이 크고, 스프링 작용 이외에 구조용 部材로써의 기능을 겸하고, 제조가공이 쉽다는 특징이 있으므로 자동차의 懸架用으로 사용된다.

(5) 와이어 스프링(wire spring)

線材를 목적에 따라 여러 가지 모양으로 감거나 굽히거나 한 것이며, 코일 스프링, 판스프링, 스파이럴 스프링을 소형으로 간략화한 것으로 그림 **22-6**에 나타낸 바와 같다.

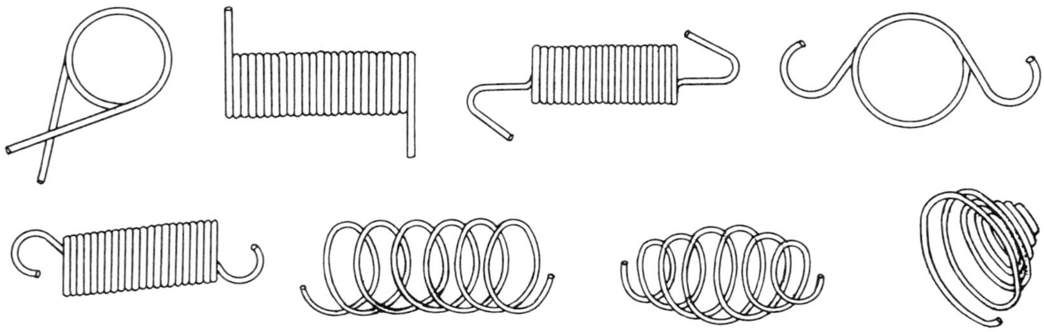

그림 22-6 와이어 스프링

(6) 원판 스프링(disk spring)

그림 **22-7**에서 보는 바와 같이 중앙에 구멍이 있는 원판을 원추형으로 성형하고, 상하방향에서 하중이 작용하도록 사용하는 스프링이다. 이 스프링은 좁은 공간에서 비교적 큰 부하용량을 가지고 있을 뿐만 아니라 자유상태에서 높이와 두께를 적당히 선정함으로써 이용범위가 넓은 비선형 스프링 특성을 쉽게 얻을 수 있는 특징을 가지고 있다.

(7) 그 밖의 스프링

위에 설명한 스프링 외에도 링 스프링(ring spring), 벌류트 스프링(volute spring), 고무 스프링(rubber spring) 등이 있다.

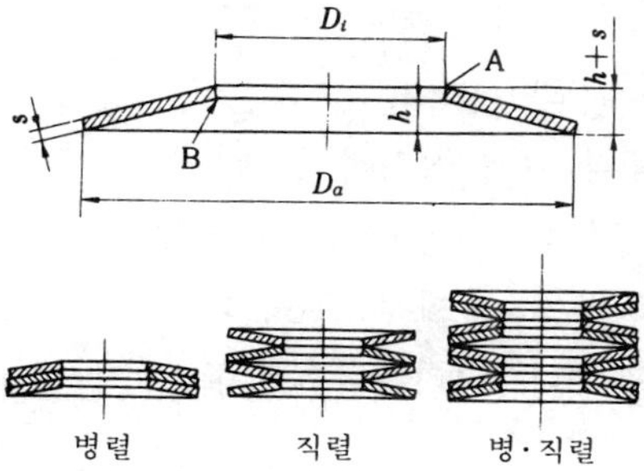

그림 22-7 원판 스프링의 단면도와 배치

22-1-3 스프링의 用途

① 진동 및 충격 에너지를 흡수한다.

② 에너지를 저축하여 놓고 이것을 동력원으로 사용한다.

③ 복원하려는 성질을 이용하여 힘을 주는 데 사용한다.

④ 선형 스프링의 특성을 이용하여 힘의 측정에 이용된다.

22-2 코일 스프링

22-2-1 원통코일 스프링

그림 22-8에서 보는 바와 같이 축방향에 하중 P가 작용하고 있는 경우 그 평균 반지름을 R라고 하고, 평균 지름을 D라 하면 $2R = D$이고, 스프링에는 $T = PR = P \cdot \dfrac{D}{2}$의 비틀림 모멘트가 생긴다. 따라서

$$T = PR = \frac{\pi d^3}{16}\tau \qquad (22 \cdot 3)$$

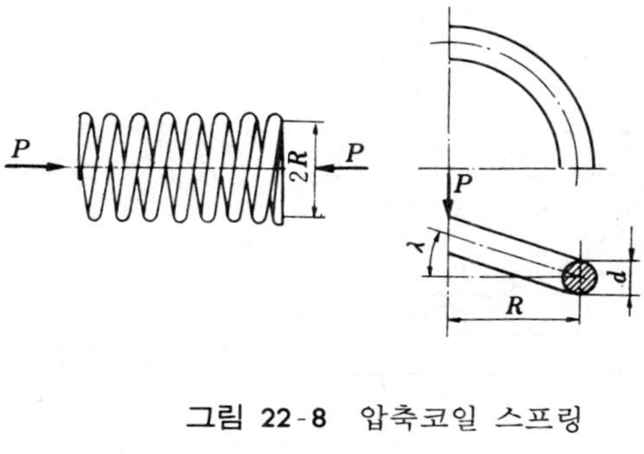

그림 22-8 압축코일 스프링

에서부터 스프링의 단면에 작용하는 평균 전단응력이 구해지나 실제의 응력은 이 값보다 크다.

즉, 코일의 단면에는 이 응력 외에 직접적인 전단력, 코일방향의 압축력 및 굽힘응력 등이 작용하고, 더욱 코일의 굽힘까지 고려한다면 그림 22-9에서 보는 것처럼 복잡한 응력의 분포상태를 갖는다. 따라서, 수정계수에 의해서 보정한다.

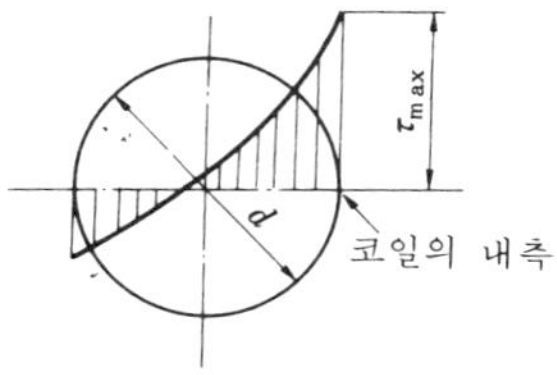

그림 22-9 코일 스프링의 단면에 있어서의 응력 분포상태

$$\tau = \frac{16PR}{\pi d^3} = \frac{8PD}{\pi d^3} = \frac{8C}{\pi d^2}P = \frac{8C^3}{\pi D^2}P \qquad (22 \cdot 4)$$

여기서 $\frac{D}{d} = \frac{2R}{d} = C$ 이고, 이 C를 스프링 指數라 한다. 앞에서 언급한 바와 같이 전단응력을 수정계수 K로 보정하면

$$\tau = K\frac{16PR}{\pi d^3} = K\frac{8PD}{\pi d^3} = K\frac{8C}{\pi d^2}P = K\frac{8C^3}{\pi D^2}P \qquad (22 \cdot 5)$$

와 같이 되고, K를 Wahl의 수정계수라 하며, 다음 식에서 알 수 있는 바와 같이 스프링 지수의 함수이다. 즉

$$K = \frac{4C-1}{4C-4} + \frac{0.615}{C} \qquad (22 \cdot 6)$$

또는

$$K = \frac{C}{C-1} + \frac{1}{4C} \qquad (22 \cdot 7)$$

스프링 지수가 작으면 스프링을 제작하는 데 곤란하므로 4 이상으로 하는 것이 보통이며, 일반적으로 $C = 4 \sim 10$ 범위를 취한다. 스프링 지수 C의 함수로 표시되는 응력 수정계수 또는 Wahl의 수정계수는 스프링 지수가 작을수록 갑자기 증가한다. 그림 22-10, 표 22-1에

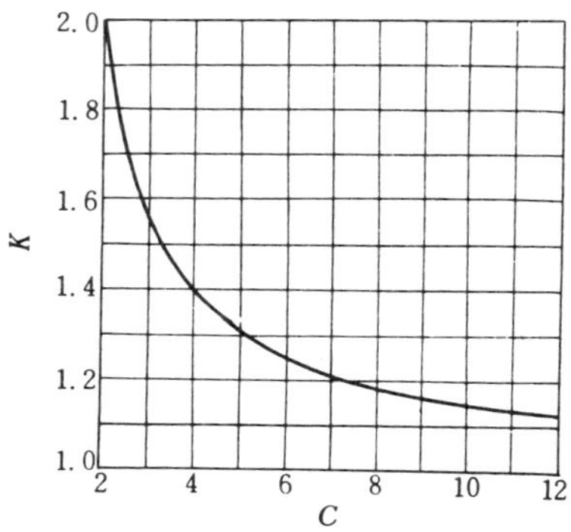

그림 22-10 Wahl 수정계수와 스프링 지수

표 22-1 원통코일 스프링의 응력 수정계수 K, K'

D/d 또는 D/a	K	K'	D/d 또는 D/a	K	K'
2.0	2.0	1.8	6.0	1.24	1.22
2.5	1.70	1.63	6.5	1.22	1.20
3.0	1.58	1.50	7.0	1.20	1.19
3.5	1.47	1.40	7.5	1.18	1.18
4.0	1.39	1.34	8.0	1.17	1.16
4.5	1.34	1.29	9.0	1.15	1.15
5.0	1.30	1.26	10.0	1.14	1.14
5.5	1.27	1.24	11.0	1.12	1.12

〔비고〕 K는 원형단면, K'는 한 변의 길이가 a인 정 4각형 단면

응력 수정계수 K의 값을 나타낸다.

다음은 스프링의 처짐을 구해 본다. 비틀림 모멘트 $T=PR$에 의한 비틀림각 θ는 재료역학의 공식으로부터

$$\theta=\frac{Tl}{GI_p} \tag{22·8}$$

이고, 소선의 유효 길이 l은 유효 감김수를 n이라고 하면 $l=\pi Dn$이다. 처짐 $\delta=R\theta$로 표시되고

$$R=\frac{D}{2}, \qquad \theta=\frac{PR\pi Dn}{GI_p}$$

을 대입하면

$$\delta=R\theta=\frac{n\pi D^3P}{4GI_p}$$

원형단면에 대하여 극단면 2차 모멘트 $I_p=\dfrac{\pi d^4}{32}$이므로, 이것을 위의 식에 대입하여

$$\delta=\frac{64nPR^3}{Gd^4}=\frac{8nPD^3}{Gd^4} \tag{22·9}$$

와 같이 구해진다.

또, 스프링 상수 k는 다음과 같이 표시된다.

$$k=\frac{P}{\delta}=\frac{Gd^4}{8nD^3} \tag{22·10}$$

다음 처짐이 δ의 경우 스프링에 저축되는 에너지 U는 다음 식으로 구해진다.

$$U=\frac{P\delta}{2}=\frac{32nR^3P^2}{Gd^4}=\frac{V\tau^2}{4K^2G} \tag{22·11}$$

여기서 V는 스프링의 부피이며

$$V = \frac{\pi d^2}{4} \cdot 2\pi R n \qquad (22 \cdot 12)$$

따라서, 단위체적마다에 흡수되는 에너지를 크게 하려면 좋은 재료를 사용하며, τ를 크게 취하고 K를 작게, 즉 스프링 지수를 크게 하여야 한다. 가로 탄성계수 G는 재료에 따라 표 **22-2**에 표시한다. 또 鋼材인 경우에는 소선의 지름에 따라 표 **22-3**의 값을 취해도 좋다.

표 22-2 가로 탄성계수 G

재 료	기 호	G의 값 (kg_f/mm^2)	전단 항복점 (kg_f/mm^2)
스프링 강선	SPS	8×10^3	53~91
경 강 선	HSW	8×10^3	56~127
피 아 노 선	PWR	8×10^3	56~127
스테인리스 강선	STSxWS	7.5×10^3	32~98
황 동 선	BsW	4×10^3	
양 백 선	NSW	4×10^3	42~49
인 청 동 선	PBW	4.5×10^3	35~60
베릴륨 동선	BeCuW	5×10^3	46~67

표 22-3 스프링용 강재의 가로 탄성계수

소재의 지름 d(mm)	G(kg_f/mm^2)
$d \geqq 13$	7500
$5.5 < d < 13$	8000
$2 < d \leqq 5.5$	8400
$d \leqq 2$	8800

압축코일 스프링의 끝부를 **자리**(end)라 하고 그림 **22-11**과 같이 만든다. 가장 많이 사용되는 것은 냉간성형에서는 연삭한 오픈엔드(open end)이고, 열간성형에서는 테이퍼 가공한 크로스 엔드(close end)이다.

압축 스프링에서는 양끝이 축에 직각이 되도록 자리를 만들고 스프링의 굽힘을 막는다. 따라서, 자리부분에서는 素線의 일부가 서로 접촉한다. 이 접촉하는 부분은 그림 **22-12**에서 보는 바와 같이 $\frac{3}{4}$감김, 1감김, $1\frac{1}{2}$감김으로 만든다. 자리부분을 제외하고 스프링으로

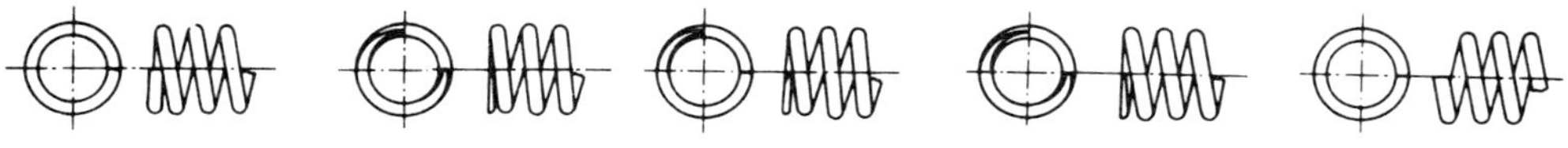

(a) 크로스 엔드 (無研削) (b) 크로스 엔드 (研削) (c) 크로스 엔드 (테이퍼) (d) 오픈엔드 (研削) (e) 오픈엔드 (無研削)

그림 22-11 압축코일 스프링의 자리 모양

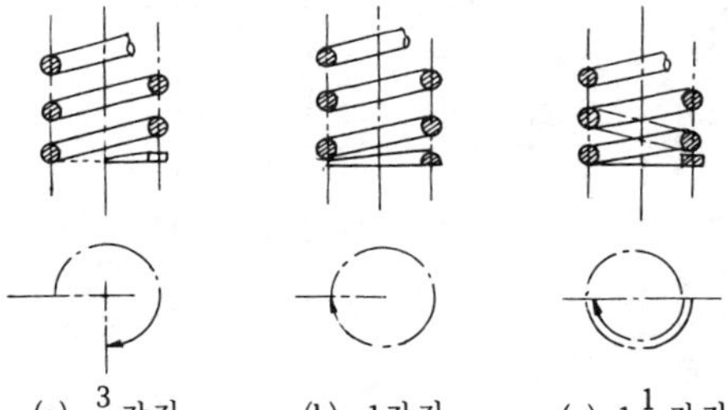

그림 22-12 압축코일 스프링의 자리 감김수

써 유효하게 작용하는 부분을 **有效部分**이라 하고, 그 부분의 감김수를 **유효 감김수**라 한다. 스프링의 양끝의 지지면에 접하는 부분과 여기에 계속하여 바로 옆의 코일에 접촉하고 있는 부분은 스프링으로써 그 기능을 발휘하지 못하므로 이 부분을 **자리감김**(end trrns)이라 하고, 그 수를 **자리 감김수**라 한다. 또, 이 자리 감김수는 스프링으로써 작용하지 않으므로 무효 감김수라고도 한다. 스프링의 한 끝에서 다른 끝까지의 전체의 감김수를 **온감김수** (total number of coils)라 하며 다음 식이 성립한다.

$$온감김수 = 유효\ 감김수 + 무효\ 감김수$$

유효 감김수는 자유 감김수와 같게 하며, 유효 감김수 n은 압축코일 스프링의 경우

$$n = n_t - (n_1 + n_2) \qquad (22 \cdot 13)$$

인장코일 스프링의 경우

$$n = n_t \qquad (22 \cdot 14)$$

여기서 n_t는 온감김수이고 n_1, n_2는 각각 코일 끝부분의 자리 감김수이다. 코일 끝만이 다음 자유코일에 접하고 있을 때는 $n_1 = n_2 = 1$이므로

$$n = n_t - 2 \qquad (22 \cdot 15)$$

코일 끝이 다음 코일에 접하지 않고 연삭부의 길이 $\frac{3}{4}$감김의 것이면 $n_1 = n_2 = 0.75$이므로

$$n = n_t - 1.5 \qquad (22 \cdot 16)$$

유효 감김수는 일반적으로 3 이상으로 잡는 것이 좋다.

설계응력은 정하중, 동하중에 의하여 다르나 정하중을 받는 압축코일 스프링은 그림 **22-13**에서 구한다. 그림의 값은 최대응력이므로 밀착응력 및 시험하중 때의 응력은 이 값을 넘어서는 안 된다. 상용응력은 그림의 값에서 80% 이하가 좋다. 인장코일 스프링의 경우에

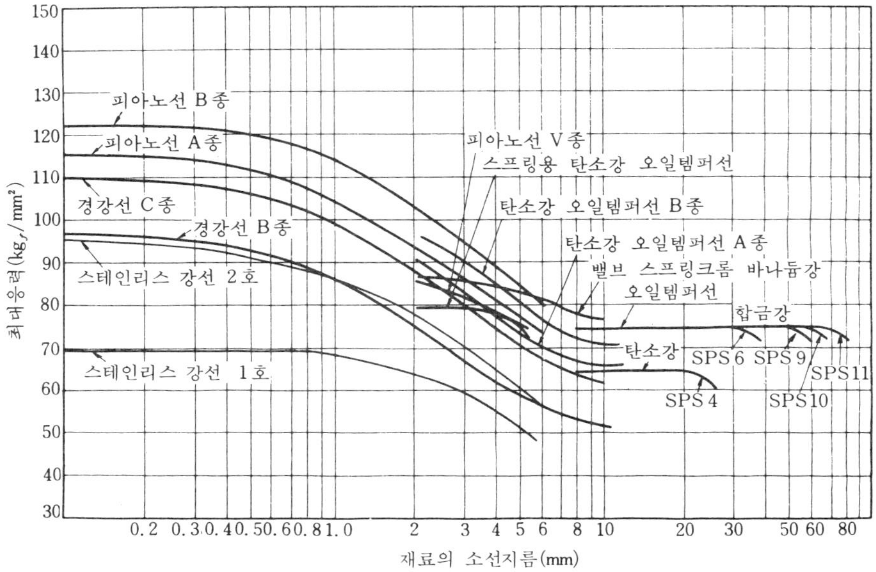

그림 22-13 정하중에 대한 허용응력

는 최대응력의 64% 이하로 하는 것이 적당하다.

동하중에 대한 허용응력은 피로한도 선도를 구하여 안전한 평균응력, 응력진폭을 정해야 한다. 표면상태 등 피로강도에 미치는 영향을 고려해서 정하중보다 훨씬 낮게 취해야 한다. 표면상태가 좋은 교번 비틀림 피로한도 τ_{f_1}은 σ_{ut}를 인장강도라고 할 때

$$\tau_{f_1} = (0.22 \sim 0.37)\,\sigma_{ut} \tag{22·17}$$

이고, 반복 비틀림 피로한도 τ_{f2}는 다음과 같은 범위에 있다.

$$\tau_{f_2} = (0.83 \sim 0.93)\,\tau_{f_1} \tag{22·18}$$

22-2-2 圓錐코일 스프링

코일의 지름이 변하는 코일 스프링으로 작은 공간에서 비교적 큰 하중에 견딜 수 있다. 압축하중을 받으면 코일의 지름이 큰 부분일수록 처짐이 크므로 이 부분에서 접촉이 이루어진다. 전혀, 접촉이 일어나지 않는 동안은 직선적으로 변화한다. 접촉이 시작되면 스프링의 유효 감김수가 점차로 적어지고, 또 스프링 지수가 작아지므로 하중의 증가에 비하여 처짐의 증가는 점차로 작아진다. 이 때문에 작은 공간으로 비교적 큰 하중에 견딜 수 있는 것이다.

응력과 처짐을 다음과 같이 근사적으로 계산할 수 있다. 최대 전단응력은 최대 비틀림 모멘트가 작용하는 곳, 즉 코일의 평균 지름이 최대인 R_2인 곳에서 생길 것이며, 그 값은

$$\tau = \frac{16PR_2}{\pi d^3}$$

이며, 원통코일 스프링과 마찬가지로 수정계수를 고려하면 다음과 같이 표시된다.

다만

$$\left.\begin{aligned} \tau &= K\frac{16PR_2}{\pi d^3} \\ K &= \frac{4C-1}{4C-4} + \frac{0.615}{C} \end{aligned}\right\} \tag{22·19}$$

처짐에 대해서는 그림 22-14에서 나선곡선으로 표시된다고 가정하여 계산한다. 스프링의 상단에서 A점까지의 감김각을 α, A점에서의 스프링의 평균 반지름을 R, 이 점에 작용하는 비틀림 모멘트를 T라고 하면, 나선곡선의 성질로부터

$$R = R_1 + k\alpha$$

$R = R_2$일 때 $\alpha = 2\pi n$(n : 감김수)이므로

$$k = \frac{R_2 - R_1}{2\pi n}$$

$$R = R_1 + \frac{(R_2 - R_1)\alpha}{2\pi n} \tag{22·20}$$

$$T = PR = P\left\{R_1 + \frac{(R_2 - R_1)\alpha}{2\pi n}\right\} \tag{22·21}$$

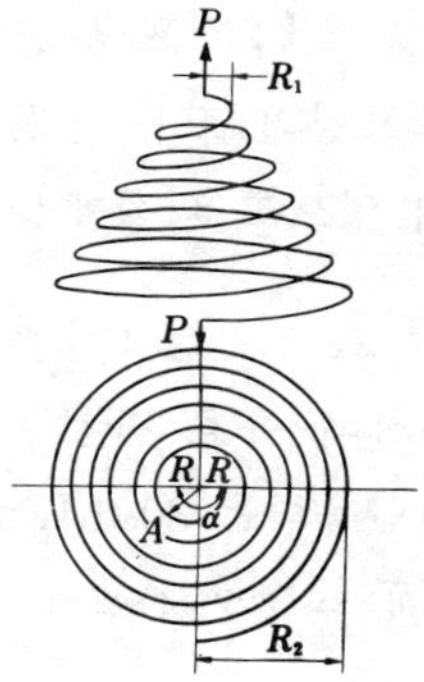

그림 22-14 원추코일 스프링

A점에서 소선의 미소 길이 $ds = Rd\alpha$에 해당되는 비틀림각 $\theta = Tds/GI_p$에 의해 발생되는 미소처짐 $d\delta$는

$$d\delta = R\cdot\theta = R\cdot\frac{Tds}{GI_p} = \frac{P}{GI_p}\left\{R_1 + \frac{(R_2 - R_1)\alpha}{2\pi n}\right\}^3 d\alpha$$

그러므로 전체의 처짐 δ는 다음과 같이 구해진다.

$$\begin{aligned} \delta &= \int d\delta = \frac{P}{GI_p}\int_0^{2\pi n}\left\{R_1 + \frac{(R_2 - R_1)\alpha}{2\pi n}\right\}^3 d\alpha \\ &= \frac{16Pn}{Gd^4}(R_1^2 + R_2^2)(R_1 + R_2) \end{aligned} \tag{22·22}$$

22-2-3 서징(Surging)

내연기관의 밸브 스프링과 같이 반복하중이 빠른 경우, 그 반복속도가 스프링의 고유 진동수에 가까워지면 공진을 일으켜 스프링은 기능을 상실하게 되고, 동시에 큰 반복응력을 받아 피로파괴의 원인이 된다. 이와 같은 공진현상을 서징이라 한다.

압축코일 스프링의 고유 진동수는 다음과 같이 구해진다.

$$f = a\sqrt{\frac{kg}{W}} = a\frac{d}{\pi n D^2}\sqrt{\frac{Gg}{2\gamma}} \qquad (22 \cdot 23)$$

여기서

W : 스프링의 무게 　　 n : 유효 감김수
γ : 스프링의 비중량 　　 a : 계수로서
d : 소선의 지름 　　 양단자유 또는 고정 $i/2$
D : 스프링의 지름 　　 일단자유, 타단고정 $(2i-1)/4$
k : 스프링 상수 　　 $i = 1,\ 2,\ 3\cdots\cdots$ (고주파 차수)

스프링의 고유 진동수 f는 변동하중의 진동수의 15배 이하의 경우, 서징이 일어날 가능성이 있으므로 설계상 주의해야 한다.

예제 22-1. 상용하중 5kN으로 80mm의 처짐이 생기는 피아노선 압축코일 스프링의 소선 지름과 유효 감김수를 구하라. 다만, 코일의 평균 지름은 140mm로 스프링 재료의 허용 전단응력은 300MPa이다.

풀이 식 (22·4)에서

$$300 = \frac{8PD}{\pi d^3} = \frac{8 \times 5000 \times 140}{\pi d^3}, \qquad d = 17.6\,\text{mm}$$

이므로 $d = 18$ mm를 선정하고, 이 경우 스프링 치수 $C = \frac{D}{d} = \frac{140}{18} = 7.8$이므로 표 **22-1**에 응력 수정계수 $K = 1.18$이고 K를 보정한 소선의 최대응력을 구하면

$$\tau_{max} = 1.18\frac{8 \times 5000 \times 140}{\pi \times 18^3} = 360.7\,\text{MPa} > 300\,\text{MPa}$$

이므로, 최대 전단응력이 너무 크게 생긴다.

그래서 $d = 20$ mm를 선정해 보면 $C = 7.0$, $K = 1.21$이고 $\tau_{max} = 270\,\text{MPa} < 300\,\text{MPa}$가 되어 주어진 조건이 만족되므로 $d = 20$ mm의 피아노선을 사용하면 된다.

다음은 식 (22·9)에서 유효 감김수 n을 구하면 다음과 같다.

$$80 = \frac{8 \times n \times 5000 \times 140^3}{80{,}000 \times 20^4}$$

$$n = 9.3 \fallingdotseq 9.5\text{감김}$$

예제 22-2. 코일의 평균 지름 200mm, 소선 지름 20mm의 압축코일 스프링에 작용하는 최대하중을 구하라. 다만, 스프링 재료의 허용 전단응력은 350MPa이다.

풀이 스프링 지수 $C = \frac{200}{20} = 10$이며, 식 (22·6)에서 응력 수정계수 K를 구하면

$$K = \frac{4C-1}{4C-4} + \frac{0.615}{C} = \frac{4 \times 10 - 1}{4 \times 10 - 4} + \frac{0.615}{10} = 1.14$$

식 (22·5)에 대입하면

$$350 = 1.14 \times \frac{8 \times P \times 200}{\pi \times 20^3}$$

$$P = 4823\,\text{N}$$

이 얻어진다.

예제 22-3. 지름 5.16mm의 피아노선으로 만든 바깥 지름 50mm의 코일 스프링에 40kg$_f$의 하중을 작용시켰을 때 스프링 내에 생기는 전단응력은 얼마인가?

풀이〉 스프링의 평균 지름 D는

$$D = 50 - 5.16 = 44.84\,\text{mm}$$

이므로 비틀림 모멘트에 의한 최대 전단응력은 식 (22·4)에서

$$\tau = \frac{8PD}{\pi d^3} = \frac{8 \times 40 \times 44.84}{\pi \times (5.16)^3} = 33.24\,\text{kg}_f/\text{mm}^3$$

응력 수정계수 K는 식 (22·6)에서

$$K = \frac{4 \times 8.69 - 1}{4 \times 8.69 - 4} - \frac{0.615}{8.69} = 1.17$$

이므로, 수정된 최대 전단응력은

$$\tau_{max} = K\tau = 1.17 \times 33.24 = 38.9\,\text{kg}_f/\text{mm}^2$$

가 구해진다.

예제 22-4. 장착되었을 때 스프링의 길이 150mm, 스프링 힘은 16kg$_f$이고, 20mm를 압착하면 스프링 힘이 22kg$_f$가 되는 압축코일 스프링을 설계하라. 다만, 소선의 지름이 4.19 mm의 스프링강으로 스프링의 안지름은 40mm이고 자리감김은 크로스 엔드로 연삭한다.

풀이〉 스프링의 평균 지름은

$$D = 40 + d = 44.19\,\text{mm}$$

$\delta = 20$mm에 대해서 $P = 22 - 16 = 6$kg$_f$이므로, 식 (22·9)에 대입하면

$$20 = \frac{8n \times 6 \times (44.19)^3}{G \times (4.19)^4}$$

표 **22-2**에서 $G = 8000\,\text{kg}_f/\text{mm}^2$이므로, 위의 식에서

$$n = 11.9 \fallingdotseq 12$$

가 얻어진다. 따라서, 스프링의 온길이 L은

$$L = 150 + 20 \times \frac{16}{2} = 203.3\,\text{mm}$$

가 된다.

다음은 22kg$_f$의 스프링힘이 작용하면 스프링 내에 생기는 최대 전단응력은

$$\tau_{max} = 1.14 \times \frac{8 \times 22 \times 44.19}{\pi \times (4.19)^3} = 38.4\,\mathrm{kg_f/mm^2}$$

가 얻어진다. 표 **22-2**에서 스프링강의 전단 항복점을 $65\,\mathrm{kg_f/mm^2}$로 생각한다면, 허용 전단응력 τ_a는

$$\tau_a = \frac{65}{1.5} = 43.3\,\mathrm{kg_f/mm^2}$$

이므로 $\tau_{max} < \tau_a$가 되고, 허용 전단응력 이하의 조건에서 사용될 수 있다.

다음 스프링의 온감김수 $n_t = 12 + 2 = 14$이므로 코일을 밀착시켰을 때의 처짐 δ_1 은

$$\delta_1 = 203.3 - 4.19 \times 14 = 144.6\,\mathrm{mm}$$

따라서, δ_1 을 생기도록 하는 힘 P_1 은

$$P_1 = P \times \frac{\delta_1}{\delta} = 6 \times \frac{144.6}{20} = 43.4\,\mathrm{kg_f}$$

P_1 이 작용할 때 스프링 내에 생기는 최대 전단응력 τ_{1max}은

$$\tau_{1max} = 1.14 \times \frac{8 \times 43.4 \times 44.19}{\pi \times (4.19)^3} = 75.7\,\mathrm{kg_f/mm^2}$$

이다. 압축코일 스프링은 제작한 후 밀착시험을 할 경우에도 파괴가 되어서는 안 되고, 이 경우의 최대 전단응력은 재료의 전단 항복점의 1.5배 이하가 되어야 한다. 본보기에서 τ_{1max}이 $1.5 \times 65 = 97.5\,\mathrm{kg_f/mm^2}$ 이하이면 되므로 충분히 조건을 만족하고 있음을 알 수 있다.

따라서, 설계된 스프링의 치수는 다음과 같다.

소선의 지름	4.19 mm	유효 감김수	12
코일의 안지름	40 mm	온감김수	14
코일의 평균 지름	44.19 mm	자유 길이	203.3 mm

22-3 토선 바

곧은 막대의 한 끝을 고정하고 다른 끝을 비틀 때 생기는 비틀림 변형을 이용한 것으로, 단위체적마다에 저축되는 탄성 에너지가 크고 가벼우며, 모양이 간단하고 좁은 곳에 설치할 수 있고 스프링 특성의 계산값과 아주 잘 맞는다는 특징이 있다. 그렇지만 재료를 엄선해야 하고 끝부분의 가공이 어려우며, 비용이 들고 부착하기 위한 설치비용이 많이 든다.

여기서

L : 토션 바의 길이

T : 작용하는 비틀림 모멘트 $(= PR)$

θ : 비틀림각

τ : 전단응력

G : 재료의 가로 탄성계수

d_1, d_2, d : 안지름, 바깥 지름, 실체축의 지름

이라면

中空 원형단면의 경우

$$\tau_{max} = \frac{16 d_2 T}{\pi(d_2^4 - d_1^4)} = \theta \cdot \frac{d_2 G}{2L} \qquad (22 \cdot 24)$$

$$\theta = \frac{32}{\pi(d_2^4 - d_1^4)} \cdot \frac{TL}{G} = \frac{2\tau L}{d_2 G} \qquad (22 \cdot 25)$$

원형단면의 경우에는 $d_1 = 0$, $d_2 = d$ 로 놓으면

$$\left.\begin{aligned} \tau_{max} &= \frac{16T}{\pi d^3} = \frac{\theta d G}{2L} \\ \theta &= \frac{32}{\pi d^4} \cdot \frac{TL}{G} = \frac{2\tau L}{dG} \end{aligned}\right\} \qquad (22 \cdot 26)$$

따라서, 스프링 상수 k 는 다음과 같이 표시된다.

$$k = \frac{T}{\theta} = \frac{\pi d^4 G}{32L} \qquad (22 \cdot 27)$$

토션 바에 저장되는 탄성 에너지 $U = \frac{1}{2}T\theta$ 이다. 따라서

$$\theta = \frac{TL}{GI_p} = \frac{32TL}{\pi d^4 G}$$

이므로

$$U = \frac{1}{2}T \cdot \frac{32TL}{\pi d^4 G} = \frac{16T^2 L}{\pi d^4 G} \qquad (22 \cdot 28)$$

로 표시된다. 토션 바의 부피 $V = \frac{\pi}{4}d^2 L$ 이므로, 단위체적마다의 탄성 에너지 u 는

$$u = \frac{U}{V} = \frac{16T^2 L}{\pi d^4 G} \times \frac{4}{\pi d^2 L} = \frac{64T^2}{\pi^2 d^6 G} \qquad (22 \cdot 29)$$

한편, $\tau = \frac{16T}{\pi d^3}$ 이므로 위의 식은 다음과 같이 표시된다.

$$u = \left(\frac{16T}{\pi d^3}\right)^2 \times \frac{4}{16} \times \frac{1}{G} = \frac{1}{4} \cdot \frac{\tau^2}{G} \qquad (22 \cdot 30)$$

예제 22-5. 165 N·m의 비틀림 모멘트를 받는 토션 바의 최대 비틀림각을 18°로 하고자 한다. 재료의 허용 전단응력을 550 MPa로 제한하고, 가로 탄성계수를 80 GPa로 하면 토션 바의 지름과 길이를 구하라.

풀이〉 식 (22·26)에서 토션 바의 지름 d는

$$d \geq \sqrt[3]{\frac{16T}{\pi\sigma}} = \sqrt[3]{\frac{16\times165,000}{\pi\times550}} = 11.5\,\text{mm}$$

식 (22·26)의 비틀림각 θ를 rad에서 다시 고쳐 쓰면

$$\theta = \frac{32TL}{\pi d^4 G}\,(\text{rad}) \times \frac{180°}{\pi} = \frac{584TL}{Gd^4}$$

이므로, 바의 길이 L은

$$L \leq \frac{Gd^4\theta°}{584T} = \frac{80,000\times11.5^4\times18}{584\times165,000} = 261\,\text{mm}$$

를 얻는다.

예제 22-6. 위의 문제에서 토션 바에 저장되는 탄성 에너지는 얼마나 되며, 단위체적마다의 탄성 에너지는 어떻게 되는가?

풀이〉 탄성 에너지 U는 식 (22·28)에서

$$U = \frac{16T^2L}{\pi d^4 G} = \frac{16\times165^2\times0.261}{\pi\times0.0115^4\times80\times10^9} = 25.9\,\text{N}\cdot\text{m}$$

단위체적마다 탄성 에너지 u는 식 (22·30)에서

$$u = \frac{1}{4}\times\frac{\tau^2}{G} = \frac{(550\times106)^2}{4\times80\times10^9} = 945,312.5\,\text{N}\cdot\text{m}/\text{m}^3$$

22-4 板 스 프 링

판자 모양으로 된 재료의 굽힘탄성을 이용한 것으로, 한 장으로 된 단일판 스프링과 2장 이상이 겹쳐서 구성된 겹판 스프링이 있다. 구조가 간단하고 구조물의 한 部材로써도 이용된다.

특히, 널리 사용되는 겹판 스프링의 특징은 다음과 같다.

① 자동차, 철도차량의 현가용으로 차제구조의 일부를 겸하므로 차체가 단순화된다.

② 판 사이의 마찰이 감쇠력으로 작용해서 진동시에 유효한 작용을 한다.

③ 판스프링 중 어느 한 장이 끊어지더라도 그 판스프링만을 바꿈으로써 재생해서 사용할 수 있다.

22-4-1 單一 板스프링

[1] 직 4각형 단면의 경우

그림 22-15와 같은 외팔보가 길이 l, 너비 b, 두께 h라 하고, 자유단에 수직하중 P가 작용할 때 처짐 δ와 스프링 상수 k, 응력 σ는 다음과 같이 표시한다.

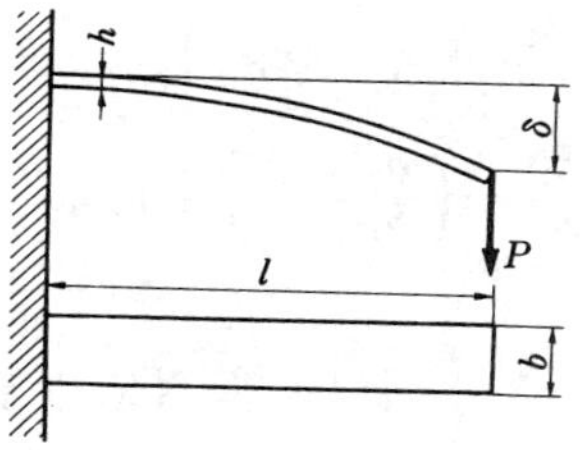

그림 22-15 단일판 스프링

$$\left.\begin{aligned} \delta &= \frac{Pl^3}{3EI} \\ k &= \frac{P}{\delta} = \frac{3EI}{l^3} \\ \sigma_{max} &= \frac{Pl}{Z} \end{aligned}\right\} \qquad (22 \cdot 31)$$

$I = bh^3/12$, $Z = bh^2/6$ 이므로 위의 식에 대입하면

$$\left.\begin{aligned} \delta &= \frac{4Pl^3}{Ebh^3} \\ k &= \frac{Ebh^3}{4l^3} \\ \sigma_{max} &= \frac{6Pl}{bh^2} \end{aligned}\right\} \qquad (22 \cdot 32)$$

이 얻어지고, 판스프링의 양단이 자유로이 받쳐져 있고 단면이 균일한 길이 $2l$ 의 단순보에 $2P$ 의 집중하중이 중앙에 작용하는 경우에는, δ 와 σ_{max}의 식은 식 (22 · 32)와 같고, k 는 다음과 같이 표시된다.

$$k = \frac{2P}{\delta} = \frac{Ebh^3}{2l^3} \qquad (22 \cdot 33)$$

[2] 사다리꼴 단면의 경우

그림 22-16 에서와 같이 사다리꼴로 하면 스프링의 응력이 균일하게 걸리므로 재료의 이용면에서 좋아진다. 이 때의 처짐 δ 의 식은

$$\delta = \phi \frac{Pl^3}{3EI} \qquad (22 \cdot 34)$$

여기서 $I = b_2h^3/12$ 이다. 그리고 스프링 상수 k 는

$$k = \phi \frac{3EI}{\phi l^3} \qquad (22 \cdot 35)$$

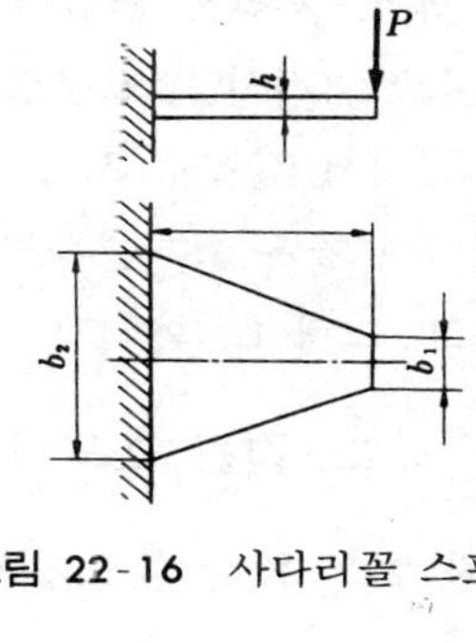

그림 22-16 사다리꼴 스프링

ϕ 는 형상 수정계수로 다음 식과 같이 주어지고, 그림

22-17에서 b_1/b_2에 따르는 ϕ의 값을 구할 수 있다.

$$\phi = \frac{3}{\left(1-\frac{b_1}{b_2}\right)^3}\left\{\frac{1}{2} - 2\frac{b_1}{b_2} + \left(\frac{b_1}{b_2}\right)^2\left(\frac{3}{2} - \log_e\frac{b_1}{b_2}\right)\right\} \tag{22·36}$$

그림 22-17에서 b_1/b_2이 작을수록, 즉 사다리꼴의 정도가 클수록 스프링으로써 효율이 좋다. $b_1/b_2=0$이면 3각형, $b_1/b_2=1$이면 직4각형, 최대 굽힘응력 σ_{max}은 다음과 같이 얻어진다.

$$\sigma_{max} = \frac{6Pl}{b_2h^2} \tag{22·37}$$

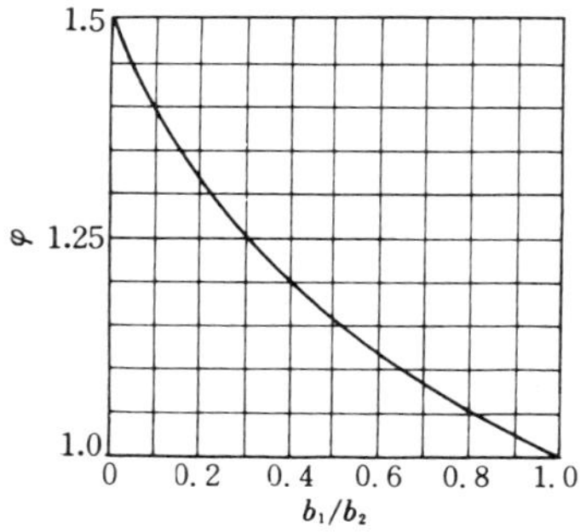

그림 22-17 형상 수정계수 ϕ

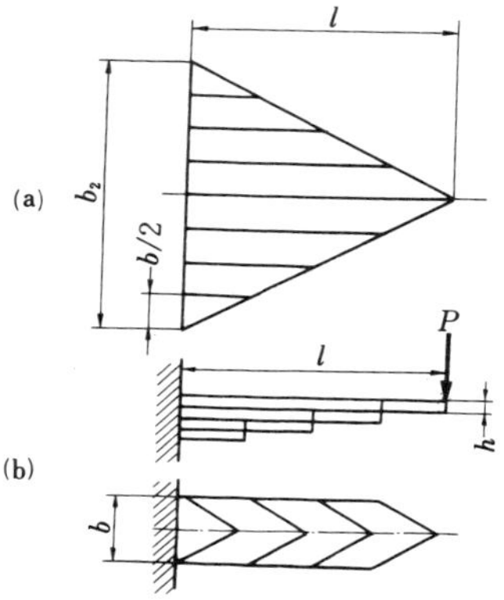

그림 22-18 삼각판 스프링

두께를 일정하게 하고 너비를 변화시켜서 균일강도 보로 하면 그림 22-18(a)와 같은 2등변 3각형의 판스프링으로 된다. 이와 같은 3각 판스프링의 응력과 처짐은 다음과 같다.

$$\left.\begin{aligned}\sigma &= \frac{6Pl}{b_2h^2}\\ \delta &= \frac{6Pl^3}{Eb_2h^3}\end{aligned}\right\} \tag{22·38}$$

이 경우, 처짐은 균일단면 보의 처짐에 비해 크므로 같은 하중에 의하여 저장되는 탄성에너지도 커져서 스프링으로 매우 적합하다. 그러나 이 모양의 스프링은 고정단의 너비가 너무 넓어서 실제로 사용하는 데는 불편하므로, 그림 22-18(b)와 같이 몇 장으로 분할하여 겹치면 같은 효과를 갖는 균일강도 보가 된다. 이것을 겹판 스프링(laminated spring)이라 하고, 그림 (b)와 같은 스프링을 외팔보형 겹판 스프링이라고 한다.

22-4-2 겹판 스프링

그림 22-18(b)에서 겹치는 판의 너비를 b, 판의 장수를 n이라고 하면 $b_2=nb$이고, 응

력 σ와 처짐 δ는 식 (22·38)에 따라

$$\sigma = \frac{6Pl}{nbh^2}$$

$$\delta = \frac{6Pl^3}{nbh^3E} = \frac{\sigma l^2}{hE} \qquad (22 \cdot 39)$$

이 된다.

다음은 그림 22-19와 같은 양단 지지형 겹판 스프링, 즉 간단히 겹판 스프링을 검토해 본다. 그림의 겹판 스프링을 밴드를 중심으로 하여 반으로 절단된 겹판 스프링은 길이 $\frac{l}{2}$, 하중이 $\frac{P}{2}$인 외팔보형 겹판 스프링과 마찬가지로 생각하여, 응력과 처짐은 식 (22·39)에 l 대신 $\frac{l}{2}$을, P 대신 $\frac{P}{2}$를 대입하면 다음과 같이 얻어진다.

$$\left.\begin{aligned} \sigma &= \frac{3}{2} \cdot \frac{Pl}{nbh^2} \\ \delta &= \frac{3}{8} \cdot \frac{Pl^3}{nbh^3E} \end{aligned}\right\} \qquad (22 \cdot 40)$$

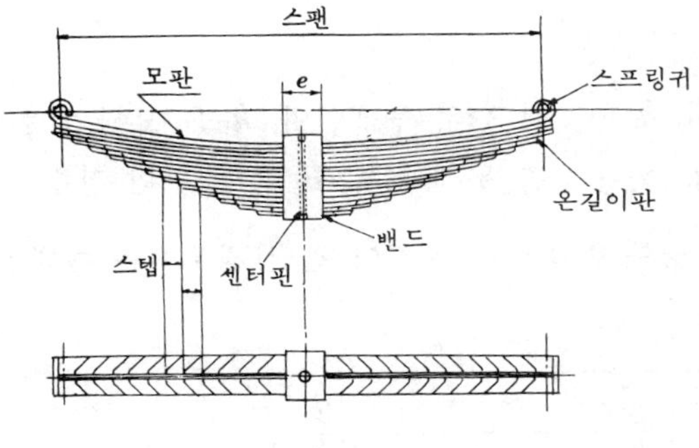

그림 22-19 겹판 스프링

여기서 l은 겹판 스프링의 길이, P는 겹판 스프링의 중앙에 작용하는 집중하중이다. 스프링의 길이는 중앙에 벤드 버클(band buckle)로 움직이지 않도록 죄었기 때문에, 스프링의 길이로써 유효하게 작용하는 길이는 양지점 사이의 거리보다 작을 것이다. 실질적으로 작용하는 스프링의 길이를 유효 길이 l_1이라 하면, 밴드의 너비 e가 스프링의 길이에 영향을 주므로 다음과 같이 유효 길이를 정한다.

$$l_1 \fallingdotseq l - 0.5e \qquad (22 \cdot 41)$$

여기서

l_1 : 유효 길이

l : 겹판 스프링의 길이

e : 밴드의 너비

겹판 스프링의 경우, 판과 판 사이에는 마찰력이 작용하게 되고, 이 마찰력은 하중에 대한 저항이 되어 하중을 가할 때는 마찰이 없는 경우보다 힘이 더 필요하고 하중을 제거할 때는 그 반대가 된다. 따라서, 마찰을 고려하는 경우 겹판 스프링의 처짐 δ_1, δ_2 는 실험적으로 다음과 같이 변한다.

$$\left.\begin{aligned}\delta_1 &= \frac{5(1-\mu)}{5+\mu}\delta \cdots\cdots \text{하중을 가할 때} \\ \delta_2 &= \frac{5(1+\mu)}{5+\mu}\delta \cdots\cdots \text{하중을 제거할 때}\end{aligned}\right\} \tag{22·42}$$

여기서 δ는 마찰이 없는 경우의 처짐이고, μ는 마찰계수로 보통 0.14~0.20 정도이다.

겹판 스프링에서 각 판의 두께와 판의 수가 다를 때는 식 (22·39), (22·40)의 σ식 중에서 $1/nh^2$ 대신에 $h_1/(n_1h_1^3+n_2h_2^3 \cdots)$을, δ의 식 중에서 nh^3 대신에 $(n_1h_1^3+n_2h_2^3+\cdots)$을 대입하면 된다.

여기서

h_1, $h_2 \cdots$: 각 판의 두께이며, h_1은 모판의 두께

n_1, $n_2 \cdots$: 판 두께가 h_1, $h_2 \cdots$인 판의 장수

또, 겹판 스프링의 판 중에서 n'장이 온길이 판인 경우에는 최대처짐은 다음과 같이 얻어진다.

$$\delta = \frac{3}{8}\left\{\frac{2}{2-(n'/n)}\right\}\frac{Pl^3}{nbh^3E} \tag{22·43}$$

표 22-4에 여러 가지 스프링 재료의 세로 탄성계수를 표시한다.

표 22-4　스프링 재료의 세로 탄성계수

스프링 재료	세로 탄성계수(kg_f/mm^2)
탄소강	2.1×10^4
Cr-V강	2.1×10^4
피아노강	2.1×10^4
담금질 강선	2.1×10^4
스테인리스강	1.9×10^4
스프링용 황동	1.05×10^4
인 청 동	1.05×10^4

예제 **22-7.** 길이 100mm이고 단면이 30mm×1mm의 균일한 직 4 각형인 판스프링에 허용 응력이 450MPa가 되도록 하려면 얼마의 하중이 걸릴 수 있는가? 또, 처짐은 얼마인가? 다만, 스프링 재료의 세로 탄성계수는 $E=210$GPa이다.

풀이〉 식 (22·32)에서 하중 P는

$$P=\frac{bh^2\sigma}{6l}=\frac{30\times1^2\times450}{6\times100}=22.5\,\text{N}$$

처짐 δ는

$$\delta=\frac{4Pl^3}{Ebh^3}=\frac{4\times22.5\times100^3}{210\times10^3\times30\times1^3}=14.3\,\text{mm}$$

예제 **22-8.** 너비 70mm, 두께 11mm의 스프링강을 사용하여 최대하중 19kN, 이 때의 처짐이 50mm인 외팔보형 겹판 스프링을 설계하려면 스프링의 길이 및 판의 장수를 구하라. 다만, 허용응력은 480MPa, 세로 탄성계수 $E=200$GPa 이다.

풀이〉 식 (22·39)에서

$$\delta=\frac{\sigma l^2}{hE}\ \text{이므로}$$

$$l=\sqrt{\frac{\delta hE}{\sigma}}=\sqrt{\frac{50\times11\times200\times10^3}{480}}=479\,\text{mm}$$

마찬가지로

$$\sigma=\frac{6Pl}{nbh^2}\text{에서}$$

$$n=\frac{6Pl}{\sigma bh^2}=\frac{6\times19\times10^3\times479}{480\times70\times11^2}=13.4=14$$

$n=14$로 하면 l은

$$l=\sqrt[3]{\frac{nbh^3E\delta}{6P}}=\sqrt[3]{\frac{14\times70\times11^3\times200\times10^3\times50}{6\times19{,}000}}=485\,\text{mm}$$

$$\sigma=\frac{hE\delta}{l^2}=\frac{11\times200\times10^3\times50}{485^2}=468\,\text{MPa}<480\,\text{MPa}$$

예제 **22-9.** 너비 62mm, 두께 6mm의 강판으로 된 길이 760mm의 겹판 스프링이 있다. 중앙하중 3kN이고, 응력이 170MPa를 넘지 않으려면 몇 장이 필요한가? 또, $E=220$ GPa라면 처짐은 얼마인가? 다만, 밴드부분의 영향은 전혀 없는 것으로 생각한다.

풀이〉 식 (22·40)에서부터

$$\sigma=\frac{3}{2}\frac{Pl}{nbh^2}\ \text{이므로}\ \sigma\leqq170\,\text{MPa}\text{가 되도록 } n\text{을 구하라.}$$

$$n\geqq\frac{3Pl}{2bh^2\sigma}=\frac{3\times3000\times760}{2\times62\times6^2\times170}=9.01\fallingdotseq9$$

처짐 δ는

$$\delta = \frac{3}{8} \cdot \frac{Pl^3}{nEbh^3} = \frac{3\times3000\times760^3}{8\times9\times220\times10^3\times62\times6^3} = 18.6\,\text{mm}$$

예제 22-10. 스프링의 길이 100cm, 너비 80mm인 강제겹판 스프링이 있다. 4500kg$_f$의 하중을 지지하는 데 18장이 겹쳐 있고, 그 중에서 2장이 스프링의 온길이에 해당한다. 허용 최대응력 $\sigma = 49\,\text{kg}_f/\text{mm}^2$일 때의 판의 두께와 최대처짐을 구하라. 다만, 밴드부분의 영향은 없는 것으로 가정한다.

풀이〉 식 (22·40)으로부터

$$h = \sqrt{\frac{3Pl}{2nb\sigma}} = \sqrt{\frac{3\times4500\times1000}{2\times18\times80\times49}} = \sqrt{96} = 9.8 \fallingdotseq 10\,\text{mm}$$

식 (22·43)에서 $n' = 2$, $n = 18$, $h = 10\,\text{mm}$, $E = 2.1\times10^4\,\text{kg}_f/\text{mm}^2$를 대입하여 처짐 δ는

$$\delta = \frac{3}{8} \cdot \frac{2}{2-n'/n} \cdot \frac{Pl^3}{nbh^3E}$$

$$= \frac{3}{8}\left\{\frac{2}{2-(2/18)}\right\} \cdot \frac{4500\times1000^3}{18\times80\times10^3\times2.1\times10^4} = 59.0\,\text{mm}$$

예제 22-11. 앞의 예제에서 스프링의 중앙을 너비 200mm의 밴드로 세게 죄이면 처짐은 얼마가 되는가? 또, 마찰계수 $\mu = 0.16$일 때 하중을 가하는 경우의 처짐은 얼마인가?

풀이〉 유효길이 l_1을 구하기 위하여 식 (22·41)에서

$$l_1 = l - 0.5e = 1000 - 0.5\times200 = 900\,\text{mm}$$

$$\delta = \frac{3}{8}\left\{\frac{2}{2-(2/18)}\right\} \frac{4500\times900^3}{18\times80\times10^3\times2.1\times10^4} = 38.6\,\text{mm}$$

또한, $\mu = 0.16$이면 식 (22·42)에서 하중을 가할 때의 처짐 δ_1은

$$\delta_1 = \frac{5(1-\mu)}{5+\mu}\delta = \frac{5(1-0.16)}{5+0.16}38.6 = 31.4\,\text{mm}$$

와 같이 얻어진다.

예제 22-12. 스프링의 길이 75cm인 겹판 스프링이 10장으로 이루어지고 있다. 그 중에서 2장은 스프링의 길이와 같다. 두께는 6mm, 너비는 50mm이다. 이것을 평균 지름 100mm의 원통코일 스프링으로 대체하려고 한다. 코일 스프링에 작용하는 응력과 처짐이 겹판 스프링의 경우와 같도록 하려면 강선의 지름과 감김수는 얼마로 해야 하는가? 다만, 코일 스프링의 응력 수정계수는 무시한다.

풀이〉 양단 지지형 겹판 스프링의 응력은 식 (22·40)에서

$$\sigma = \frac{3Pl}{2nbh^2}$$

한편, 코일 스프링에 걸리는 전단응력 τ는

$$\tau = \frac{16PR}{\pi d^3}$$

위의 식들을 같다고 놓고 d에 관해 풀면

$$d^3 = \frac{2\times 16\times Rnbh^2}{3\pi l} = \frac{32\times 50\times 10\times 50\times 6}{3\times \pi\times 750} = 4076$$

$$d = 16\,\text{mm}$$

처짐에 관한 식은 각각

$$\delta = \frac{3Pl^3}{8(2+n'/n)Enbh^3}, \qquad \delta = \frac{8PD^3n}{Gd^4}$$

위의 두 식을 같다고 놓으면

$$\frac{3\times 750^3}{8(2+0.2)+E\times 10\times 50\times 6^3} = \frac{8\times 100^3 n}{G\times 19^4}$$

강선의 경우 $E = 2.1\times 10^4\,\text{kg}_f/\text{mm}^2$, $G = 8.1\times 10^3\,\text{kg}_f/\text{mm}^2$이므로, 이것을 대입하여 n을 구하면

$$n \doteqdot 6$$

이 된다.

22-5 원판 스프링

그림 22-20과 같이 중앙에 구멍이 뚫려 있는 접시형 원판의 주위를 지지하고 구멍 가장자리에 수직력 P를 가하면 점선처럼 δ만큼 처져서 판스프링과 같은 작용을 한다.

하중 P와 처짐 δ와의 관계는 $h/t = 1.5$일 때 그림 22-21과 같은 특성을 갖는다. $\delta/t = 1.0$에서는 하중이 변하지 않더라도 처짐이 $\delta/t = 2.0$까지 계속해서 진행된다. 따라서, $h/t = 1.5$의 원판 스프링에서는 $\delta/t = 1.5$를 기준으로 설계하는 것이 적당하다. 반지름비인 $a/b = 2.0$ 정도가 가장 많이 사용된다.

원판 스프링에서 하중 P, 처짐 δ, 구멍의 가장자리에 발생하는 최대응력 σ와의 관계는 다음과 같다.

여기서

a : 원판의 반지름

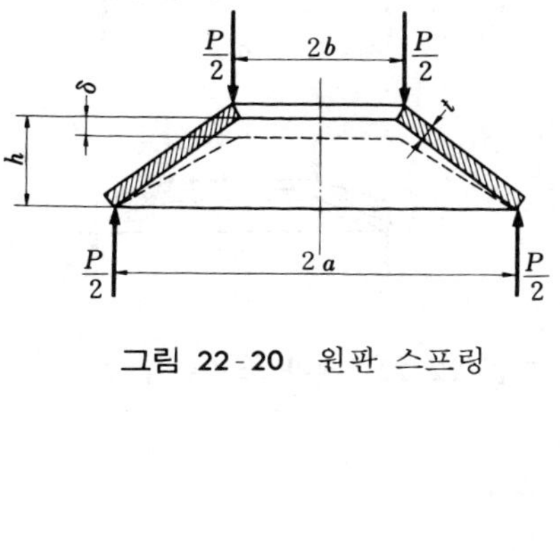

그림 22-20 원판 스프링

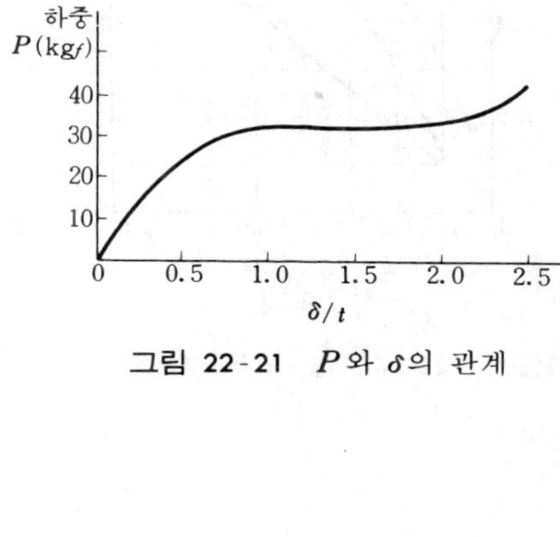

그림 22-21 P와 δ의 관계

b : 구멍의 반지름

t : 판의 두께

h : 접시 스프링의 높이

E : 재료의 세로 탄성계수

ν : 푸아송비($=0.3$)

라면

$$\left.\begin{aligned} P &= \frac{E\delta}{(1-\nu^2)c_1a^2}\left\{\left(h-\frac{\delta}{2}\right)(h-\delta)t+t^3\right\} \\ \sigma &= \frac{E\delta}{(1-\nu^2)c_1a^2}\left\{c_2\left(h-\frac{\delta}{2}\right)+c_3t\right\} \end{aligned}\right\} \qquad (22\cdot 44)$$

여기서 $\dfrac{a}{b}=\rho$라고 하면 c_1, c_2, c_3는 다음과 같다.

$$\left.\begin{aligned} c_1 &= \frac{6}{\pi\log_e\rho}\left(\frac{\rho-1}{\rho}\right)^2 \\ c_2 &= \frac{6}{\pi\log_e\rho}\left(\frac{\rho-1}{\log_e\rho}-1\right) \\ c_3 &= \frac{6}{\pi\log_e\rho}\left(\frac{\rho-1}{2}\right) \end{aligned}\right\} \qquad (22\cdot 45)$$

그림 **22-22**는 ρ에 대한 c_1, c_2 및 c_3의 값을 구하는 선도를 표시한다. 또, 원판 스프링은 조합하는 방법에 따라 직렬과 병렬이 있는데, 그림 **22-23**(a)는 직렬, (b)는 병렬을 나타낸다. 직렬은 같은 하중에 대해 처짐이 커지고, 병렬은 같은 처짐에 대해 하중능력이 큰 특성을 갖는다.

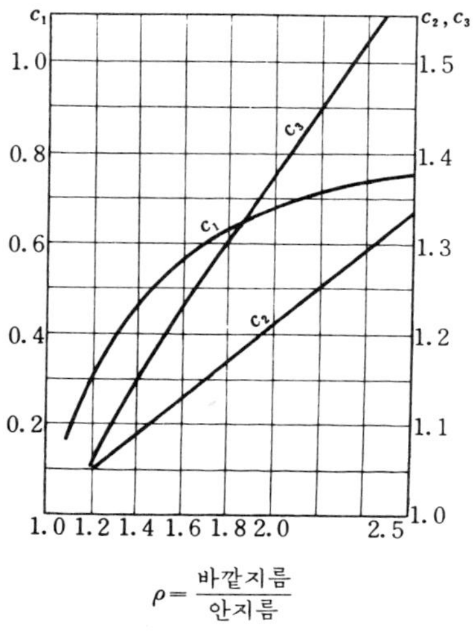

그림 **22-22** c_1, c_2, c_3와 ρ의 선도

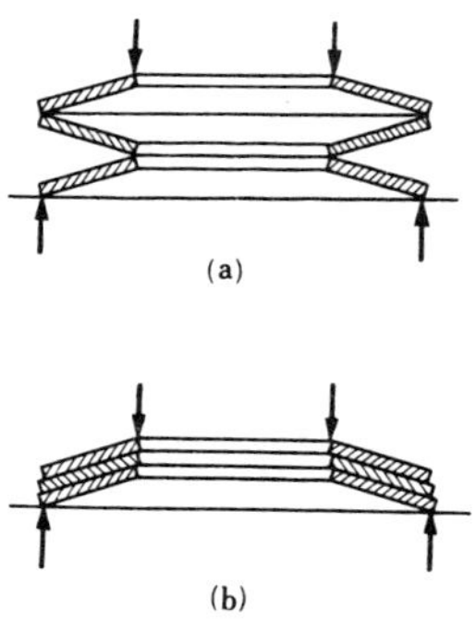

그림 **22-23** 원판 스프링의 조합

예제 22-13. 원판 스프링에서 원판의 반지름 100mm, 구멍의 반지름 50mm, 판의 두께 3.8mm 원판 스프링의 높이 5.7mm에 하중을 가하여 1.5mm의 처짐을 얻었다. 하중의 크기와 원판 스프링에 걸리는 최대응력을 구하라. 다만, 푸아송비는 0.3이고 재료의 세로 탄성계수는 $2.1\times10^4 \mathrm{kg_f/mm^2}$이다.

풀이 $\rho=\dfrac{a}{b}=\dfrac{100}{50}=2$이므로 그림 **22-22**에서 $c_1=0.69$이고,

$$
\begin{aligned}
P&=\frac{E\delta}{(1-\nu^2)c_1a^2}\left\{\left(h-\frac{\delta}{2}\right)(h-\delta)t+t^3\right\}\\
&=\frac{2.1\times10^4\times1.5}{(1-0.3^2)0.69\times100^2}\left\{\left(5.7-\frac{1.5}{2}\right)(5.7-1.5)3.8+3.8^3\right\}\\
&=679.14\,\mathrm{kg_f}
\end{aligned}
$$

$\rho=2$이면 그림 **22-22**에서 $c_2=1.21$, $c_3=1.38$이므로

$$
\begin{aligned}
\sigma&=\frac{E\delta}{(1-\nu^2)c_1a^2}\left\{c_2\left(h-\frac{\delta}{2}\right)+c_3t\right\}\\
&=\frac{2.1\times10^4\times1.5}{(1-0.3^2)0.69\times100^2}\left\{1.21\left(5.7-\frac{1.5}{2}\right)+1.38\times3.8\right\}\\
&=57\,\mathrm{kg_f/mm^2}
\end{aligned}
$$

원판 스프링의 허용응력은 보통 $150\mathrm{kg_f/mm^2}$이므로 충분히 안전하다. 또, $150\mathrm{kg_f/mm^2}$은 아주 극히 일부분에만 생기는 것을 명심해야 한다.

22-6 고무 스프링

고무 스프링은 緩衝, 防振 등으로 사용된다. 천연의 생고무를 加硫成形하여 금속편에 접착시켜서 사용하며, 특히 耐油性이 필요한 곳에는 합성고무를 사용한다. 고무 스프링은 변형하더라도 부피가 변하지 않는 성질을 가지고 있으며, 세로 탄성계수도 변형률과 더불어 변한다.

22-6-1 고무 스프링의 特性

① 1개로 2軸, 3軸 방향의 스프링 작용을 동시에 할 수 있고, 스프링 상수도 비교적 자유로이 선택할 수 있다.

② 모양을 자유로이 선택할 수 있으므로 여러 가지 용도로 이용이 가능하고 금속과의 접착이 강하게 이루어질 수 있다.

③ 소형으로 가볍게 제작이 가능하다.

④ 내부마찰로 감쇠력을 얻을 수 있고, 고주파 진동의 절연에 좋다.

⑤ 防音效果가 우수하다.

그러나 반대로 노화현상이 있고 耐油性이 적다. 또, 인장력에 약하므로 인장하중은 피하는 것이 좋다. 따라서, 노화와 변질을 위해서는 0~70℃의 온도범위에서 사용해야 하고 직사광선, 오존, 기름에 닿지 않도록 주의해야 한다.

22-6-2 고무 스프링의 모양

고무 스프링의 모양에는 하중을 받는 데 따라 압축형, 전단형, 복합형, 비틀림형 등이 있다.

(1) 압 축 형

그림 **22-24**(a)와 같이 압축을 받고 항상 수직으로 큰 하중을 받는 경우에 사용한다.

(2) 전 단 형

그림 **22-24**(b)와 같이 전단력을 받고 수직방향으로 연하게 지지하려는 경우에 사용한다.

(3) 복 합 형

그림 **22-24**(c)와 같이 압축과 전단을 받고 2축 또는 3축 방향의 스프링 상수를 소요값으로 고를 때 사용한다.

(4) 비틀림형

그림 **22-24**(d)와 같이 외부의 4각 케이스와 내부의 4각 막대 사이에 고무를 삽입하여 고무 스프링의 탄성을 이용한다.

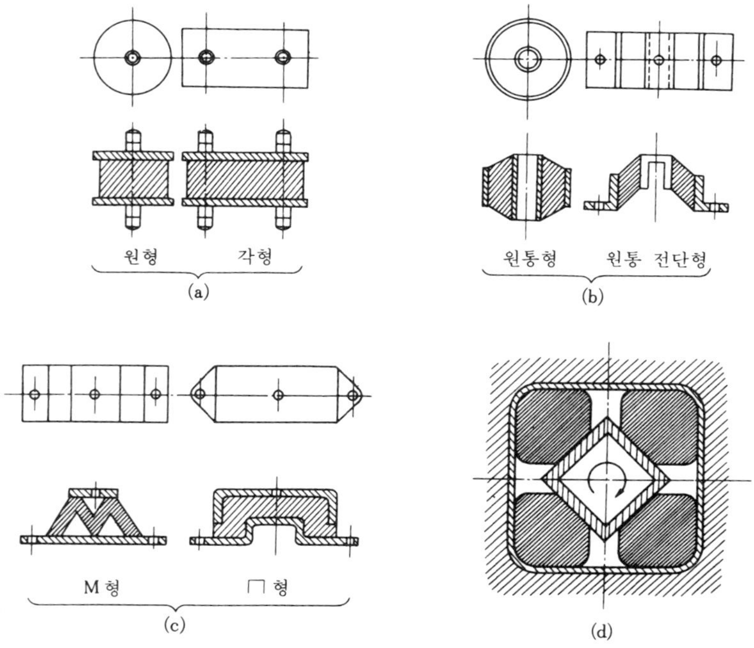

그림 22-24 고무 스프링의 모양

연 습 문 제

1. 스프링은 어떤 곳에 사용되는가?

2. 원통코일 스프링에서 단위체적에 흡수되는 에너지를 크게 하려면 어떻게 해야 하는가?

3. 원추코일 스프링의 처짐을 구하는 식을 유도하고 코일의 평균 지름이 최대인 경우가 최소보다 2배가 되면 처짐은 어떻게 되는가?

4. 원형단면을 갖는 토션 바에서 전단응력이 1.5배 증가한다면 단위체적마다의 탄성 에너지는 어떻게 변하는가?

5. 외팔보형 겹판 스프링과 양단 지지형 겹판 스프링을 해석하는 데 어떤 점이 다른지 설명하라.

6. 허용응력 350 MPa인 강제 코일 스프링이 있다. 강선의 지름 1.6mm로 코일의 평균 지름과 소선의 비가 6이다. 45 N의 축하중에 대해 발생하는 최대응력을 구하고, 2.5 cm의 처짐에 필요한 코일의 감김수를 구하라. 다만, $G = 82\,\text{GPa}$이다. ($\tau_{max} = 333.6\,\text{MPa}$, $n = 43$)

7. 소선의 지름 3.2mm인 피아노선으로 평균 지름 30mm의 인장코일 스프링을 만들려고 한다. 하중 200 N이 작용하는 경우, 처짐은 30mm가 되도록 한다. 코일의 온 감김수는 얼마로 해야 하는가? 다만, 초장력은 100 N이고 스프링의 양단은 코일 지름과 같은 크기의 둥근 고리를 만든다. ($N_t = 11$)

8. 평균 지름 30 mm, 소선의 지름 5 mm, 유효 감김수 12의 스프링강제 밸브 스프링이 있다. 이 스프링의 1차 고유 진동수를 구하라. 다만, 스프링의 양단은 고정지지되어 있다. (167.2 Hz)

9. 소선의 지름 8 mm, 평균 지름 48 mm, 유효 감김수 10의 경강제 압축코일 스프링으로 만들어진 완충기에 무게 20N의 물체가 5 m/s의 속도로 충돌하여 정지하였다. 이 완충기에 작용하는 최대하중 및 최대응력을 구하라. 또, 완충효율을 구하라. 다만, 충돌시 에너지 손실은 없는 것으로 한다. ($P = 1372.7\,\text{N}$, $\tau_{max} = 409.6\,\text{MPa}$, $\eta = 50.1\,\%$)

10. 그림 22-25는 토션 바를 사용하여 0~500 kg_f까지 하중을 재는 중량계의 원리도이다. 그림에서 요동치차의 중심각 $\alpha = 5°$로 하고 레버의 길이 $R = 150\,\text{mm}$일 때 토션 바의 안지름, 바깥 지름을 구하라. 토션 바의 재질은 $G = 80\,\text{GPa}$, 허용 전단응력 $\tau = 200\,\text{MPa}$, 길이는 70cm이다. ($d_2 = 41\,\text{mm}$, $d_1 = 38\,\text{mm}$)

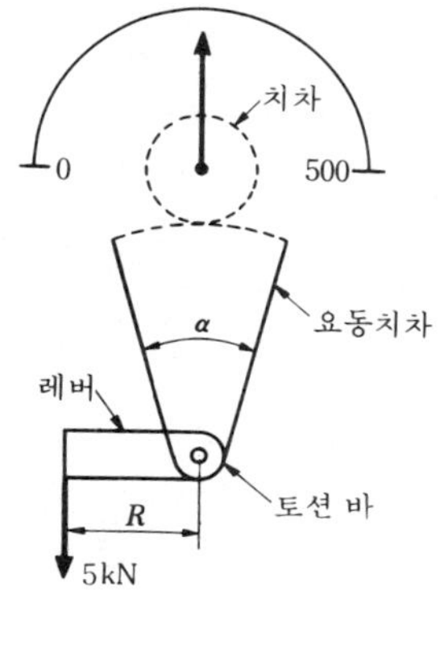

그림 22-25

11. 한 장으로 된 외팔보 스프링이 있다. 황동으로 만들어지고 두께 0.5mm, 너비 15mm, 길이 60mm 이다. 하중 45kg$_f$가 작용할 때 최대응력과 최대처짐을 구하라.

($\delta_{max}=4.32$kg$_f$/mm^2, $\delta=1.97$mm)

12. 길이 400mm로 고정단의 단면이 800×2mm인 직 4 각형의 3각 스프링에 10kg$_f$의 하중을 걸면 얼마나 처지는가? 다만, $E=2.1\times10^4$kg$_f$/mm^{2}이다. ($\delta=28.6$mm)

13. 길이 200cm, 너비 100mm의 강제 겹판 스프링이 있다. 8000kg$_f$의 하중을 지지하는 18장의 겹판 스프링 중에서 2장이 온길이이다. 최대 허용응력 50kg$_f$/mm^{2}일 때 판의 두께와 최대처짐을 구하라. 밴드부의 영향은 무시한다. ($h=16$mm, $\delta_{max}=164.1$mm)

14. 길이 1m, 너비 100mm, 중앙부 밴드의 너비 100mm, 판 두께 9mm로 된 5장의 겹판 스프링이 있다. 1ton의 하중을 걸었을 때 응력과 처짐을 구하라. 다만, $\mu=0.2$, $E=2.1\times10^4$kg$_f$/mm^{2}이다.

($\sigma_b=34.8$kg$_f$/mm^2, $\delta=40.7$mm, $\delta_1=31.3$mm)

15. 철도 차량용 판스프링으로 빈 차인 경우 $W_1=3575$kg$_f$, 만재인 경우 $W_2=5575$kg$_f$의 하중이 걸려서 $\delta_2-\delta_1=54$mm의 처짐이 생긴다면, 스프링의 최대너비 120mm, 길이가 대략 1800mm 정도일 때 스프링은 몇 장이 있어야 하는가? 다만, 스프링 재료의 최대허용 인장응력은 70kg$_f$/mm^{2}이다. 스프링의 두께는 13mm, 16mm의 두 가지가 있다. (13mm→$n=15$장, 16mm→$n=8$장)

제 23 장

管·管이음 및 밸브

물, 수증기, 가스 및 기름 등 유체를 수송하기 위해 **管**(pipe)을 사용한다. 관을 잇는 것을 **관이음**(pipe joint)이라 하고 유체의 유량을 관 내에서 변화시키기 위해 밸브(valve)를 사용한다. 관은 재질상으로 금속관과 비금속관으로 나누어진다. 비금속관에는 고무관, 비닐관, 토관 등 여러 가지가 있으나 여기서는 주로 금속관과 이것에 관계되는 관이음, 밸브에 관해서 논한다. 또, 관은 무게에 비해서 단면 2차 모멘트가 크기 때문에 구조용으로도 널리 사용된다.

23-1 管(Pipe)

금속관과 비금속관이 있으며, 사용목적에 따라 수도용, 압력 배관용, 열교환기용, 구조용 등이 있다.

23-1-1 管의 종류

[1] 鑄 鐵 管

주철관은 값이 싸고 내식성이 풍부하기 때문에 수도, 가스, 배수 등의 매설용으로 사용된다. 강관에 비해서 단위 길이당 무게가 무겁고 파괴강도가 약하며, 사용응력은 7∼10 kg_f/cm^2 이하, 사용온도는 250℃ 이하이다.

[2] 鋼 管

용접관과 이음매 없는 관(seamless pipe)이 있고, 이음매 없는 관은 질이 좋은 평로강이나 전기로강을 열간압연 또는 냉간인발에 의해서 제작된다. 탄소 함유량에 따라 1종(0.2% C 이하), 2종(0.08~0.18% C), 3종(0.25% 이하), 4종(0.30% C 이하)이 있으며 1, 2종은 일반적으로 온도 450℃, 압력 50 kg_f/cm^2 이하에 사용하고, 그 이상의 고온, 고압에 대해서는 3, 4종 또는 특수 합금강을 사용한다.

용도별로 나누면 **壓力配管用** 炭素鋼 **鋼管**, 熱交換器用 炭素鋼 **鋼管**, 스테인리스 **鋼管**, 合金鋼 **鋼管** 등이 있다.

[3] 銅管 및 黃銅管

이것들은 이음매 없는 관으로 지름이 작고 용도는 가열기, 복수기, 냉각기용 등으로 사용되고, 시험압력은 70 kg_f/cm^2를 초과할 필요가 없다.

[4] 鉛 管

압출 제관기에 의해 제작되고 내산성이 강하며 굴곡이 자유스러워 수도, 가스의 인출관, 산성액체나 오수용으로 사용된다.

[5] 휨管(flexible pipe)

강, 구리, 구리합금, 알루미늄 등의 박판을 나선형으로 감아서 氣密을 유지하도록 만들어진 관이다. 이 관은 열, 가스, 증기, 물, 기름 등의 수송용, 전선의 보호관 또는 신축이음으로 사용한다. 치수는 안지름으로 표시되고, 사용압력이 높은 것은 이중관으로 되어 15 kg_f/cm^2 정도까지 견딘다. 그림 **23-1**에 **휨管**의 단면이 표시된다.

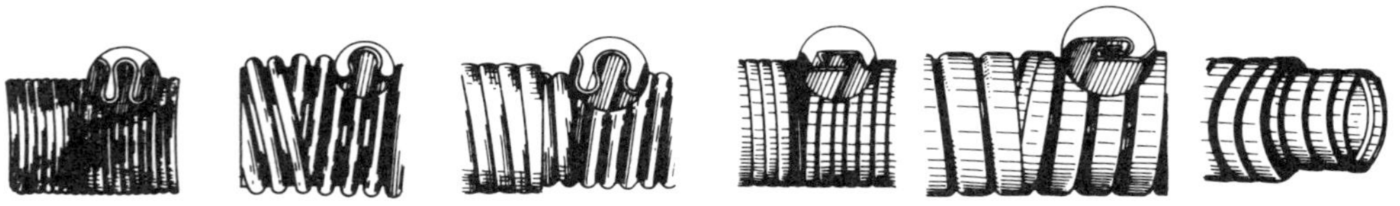

(a) (b) (c) (d) (e) (f)

그림 23-1 휨 관

[6] 관의 許容壓力과 水壓試驗

일반적으로 관은 규정된 시험수압, 또 그림 **23-2**에 표시된 사용조건에 따르는 常用壓力의 1.25~2.5배의 시험수압으로 수압시험을 하는 것이 통례이다. 고온이 되면 관의 기계적 성질이 열의 영향으로 강도가 떨어지고 더 고온, 고압에서는 크리프도 고려해야 하므로 온도상승에 따라 허용압력은 떨어진다. 보통 100℃ 이하의 압력변동이 없는 물에 대해서는 상용압력을 공칭 사용압력으로 적용시킬 수 있으나 100~300℃의 가스, 증기, 압력변동이 있는 물이나 기름에서는 상용압력의 20% 감소, 300~400℃ 정도의 과열증기에 대해서는 상

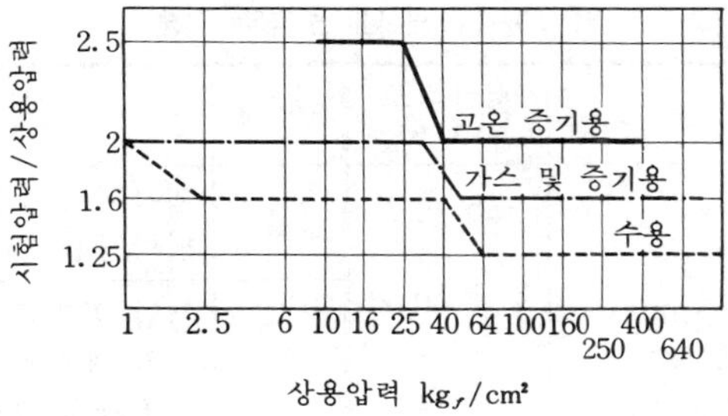

그림 23-2 관의 상용압력과 수압시험 압력

용압력의 약 36% 감소된 값을 허용압력으로 사용해야 한다.

23-1-2 管의 설계

[1] 管의 안지름과 流量

流體를 보내는 유량으로부터 안지름이 결정된다. 관 내를 흐르는 유체의 속도분포는 관벽 가까이에서는 늦고, 관의 중앙에서는 빠르나 유체는 일정한 속도로 흐른다고 생각하면

v_m : 평균유속

D : 관의 안지름

Q : 유체의 유량

이라고 하면

$$Q = \frac{\pi}{4} D^2 v_m \tag{23·1}$$

이므로

$$D = 1.13\sqrt{\frac{Q}{v_m}} \tag{23·2}$$

에서 Q와 v_m이 주어지면 안지름 D가 얻어진다. v_m이 크면 관의 지름이 작아지나 손실수두가 증가해서 에너지 손실이 커지므로 적당한 v_m 값을 정할 필요가 있다. 표 **23-1**에 각종 용도에 사용되는 평균속도 v_m의 값이 표시된다.

[2] 內壓을 받는 얇은 管

여기서

p : 관의 내압

D : 관의 안지름

σ_a : 재료의 허용 인장응력

t : 관의 두께

표 23-1 관 내 유속의 기준

유 체	용 도	평균속도 (m/s)	유 체	용 도	평균속도 (m/s)
물	상수도(장거리)	0.5~0.7	물	왕복펌프 토출관(짧은 관)	2
	상수도(중거리)	~1		난방탕관	0.1~3
	상수도(근거리) 지름 3~15mm	~0.5	공기	저압 공기관	10~15
	상수도(근거리) 지름 ~30mm	~1		고압 공기관	20~25
	상수도(근거리) 지름 >100mm	~2		소형가스 석유기관 흡입관	15~20
	수력원동 소도수관	2~5		대형가스 석유기관 흡입관	20~25
	소방용 호스	6~10		소형 디젤기관 흡입관	14~20
	저수두 원심펌프 흡입 토출관	1~2		대형 디젤기관 흡입관	20~30
	고수두 원심펌프 흡입 토출관	2~4	가 스	석탄 가스관	2~6
	왕복펌프 흡입관(긴 관)	0.7 이하			
	왕복펌프 흡입관(짧은 관)	1	증 기	포화 증기관	12~40
	왕복펌프 토출관(긴 관)	1		과열 증기관	40~80

η : 관의 이음효율

C : 부식, 마모에 대한 정수

라면

$$t=\frac{pD}{2\sigma_a\cdot\eta}+C \tag{23·3}$$

가 얻어지고, 표 **23-2**에 σ_a, η, C의 값이 주어진다.

표 23-2 내압을 받는 얇은 관의 허용응력

재 질		이음효율 η		인장강도 (kg_f/cm^2)	허용응력 (kg_f/cm^2)	C(mm)	
주 철	보 통				2.5	$t \leqq 55$	$6(1-pD/27,500)$
	고 급				4.0	$t \geqq 55$	0
주 강				45 (인장 22%)	6.0	$t \leqq 55$ $t \geqq 55$	$6(1-pD/66,000)$ 0
강		이음매 없는 관 용 접 관 1열 리벳이음	1.00 0.80 0.57~0.63	34~45 45~55	8.0 10.0	1	
구 리				20~25	2.0	$d \leqq 100$ $100 < d \leqq 125$	1.5 0
아 연	100%			1.25	0.25	0~3	
	1~3% Sb				0.50		

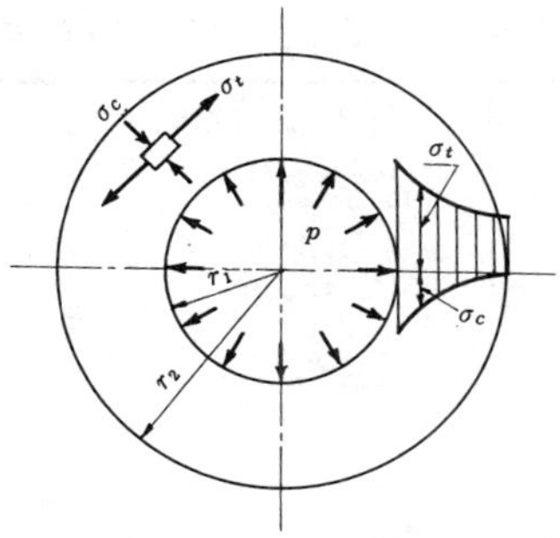

그림 23-3 두꺼운 원관의 응력분포

[3] 內壓을 받는 두꺼운 管

관의 두께가 두꺼우면 耐壓을 받을 때 응력은 관의 벽 두께 전면에 균일하게 분포하지 않고 바깥 지름/안지름의 값이 1.2를 초과하면 그림 **23-3**과 같이 응력의 불균형이 심해지고, 안쪽의 응력은 바깥쪽의 응력보다 훨씬 커진다.

따라서, 관벽에는 원주방향의 인장응력과 반지름 방향의 압축응력이 생기고 그 최대값은 안쪽에서의 인장응력이 되며

$$\sigma_t = \frac{p(r_2^2 + r_1^2)}{r_2^2 - r_1^2} \tag{23·4}$$

또는

$$t = r_1\left(\sqrt{\frac{\sigma_t + p}{\sigma_t - p}} - 1\right) \tag{23·5}$$

이 얻어지나 실제로는 실험결과에 맞추어 다음과 같이 약간의 수정식을 사용한다.

(1) 관의 양단이 열려서 축방향의 힘이 작용하지 않을 때

$$\sigma_t = p \cdot \frac{2}{3}\,\frac{r_2^2 + 4r_1^2}{(r_2^2 - r_1^2)} \tag{23·6}$$

$$t = r_1\left(\sqrt{\frac{\sigma_a + 0.007p}{\sigma_a - 0.013p}} - 1\right) \tag{23·7}$$

(2) 관의 양단이 닫혀서 축방향에도 힘이 작용할 때

$$\sigma_t = p \cdot \frac{0.4r_2^2 + 1.3r_1^2}{(r_2^2 - r_1^2)} \tag{23·8}$$

$$t = r_1\left(\sqrt{\frac{\sigma_a + 0.004p}{\sigma_a - 0.013p}} - 1\right) \tag{23·9}$$

표 **23-3**에 두꺼운 관의 재료에 대한 허용응력과 허용내압을 표시한다.

표 23-3 두꺼운 관의 허용응력

	허용 접선응력 σ_a kg_f/mm^2	허 용 내 압 $p kg_f/cm^2$
주 철 강	2~6 15~20	150~300 <12,000
인 청 동	7.5~10	

[4] 管路의 굵기

流體를 수송하는 管路의 크기를 결정하는데 강도 외에 경제성과 보수면도 고려해야 한다. 작은 관은 강도가 크고 설비비가 적으나 일정량의 유체를 수송하는 데 流速을 올려야 한다. 그 때문에 마찰손실이 증가하고, 동력손실이 커져서 유지비가 높아진다. 관로의 직선부분의 길이를 l, 압력수두를 H, 流量을 Q라고 하면

$$Q = \frac{\pi}{4} D^2 \sqrt{\frac{2gH}{\mu(l/D)} + \Sigma\zeta} \tag{23·10}$$

여기서

μ : 관의 마찰계수

$\Sigma\zeta$: 마찰 이외의 각종 손실

그러나 관의 지름에 비하여 관로가 긴 경우에는 식 (23·1)에 의해서 유량을 결정한다. 따라서, 용도에 따라 적당한 평균유속을 선정하여 관의 크기를 결정해야 한다.

[5] 管의 熱膨脹

l : 관의 길이

P : 하중

α : 재료의 선팽창 계수

σ_r : 열응력

t_0 : 처음 온도(℃)

t : 나중 온도(℃)

E : 세로 탄성계수

λ : 온도상승으로 늘어난 길이

라고 하면 온도가 t_0에서 t로 상승함으로써 늘어난 관의 길이, 관의 양단을 고정했을 때 내부에 생기는 열응력, 열응력에 의한 하중을 구하면 다음과 같다.

$$\left.\begin{aligned} \lambda &= \alpha(t-t_0)l \\ \sigma_r &= \alpha(t-t_0)E \\ P &= \sigma_r \times A \end{aligned}\right\} \tag{23·11}$$

예제 23-1. 유량 $0.28\,m^3/s$, 수압 2.5MPa에서 常溫으로 사용하는 이음매 없는 강관의 크기를 결정하라. 다만, 평균유속은 3m/s이다.

풀이> 관의 안지름을 D라고 하면 식(23·2)에서

$$D = 1.13\sqrt{\frac{Q}{v_m}} = 1.13\sqrt{\frac{0.28}{3}} = 0.345\,\mathrm{m} = 345\,\mathrm{mm}$$

이음매 없는 강관이므로 표 23-2에서 $\eta = 1$, $\sigma_a = 80\,\mathrm{MPa}$, $C = 1\,\mathrm{mm}$라고 하면, 식 (23·3)에서

$$t = \frac{pD}{2\sigma_a\eta} + C = \frac{2.5\times 345}{80\times 1\times 2} + 1 = 54 + 1 = 6.4 \fallingdotseq 7\,\mathrm{mm}$$

관의 바깥 지름 D_0는

$$D_0 = D + 2t = 345 + 2\times 7 = 359\,\mathrm{mm}$$

예제 23-2. 바깥 지름 165mm, 두께 5mm의 軟鋼으로 만들어진 관의 허용응력을 100 MPa라면 이 관에 몇 MPa의 耐壓을 가할 수 있는가? 이 관으로 유량 $50\,l/s$의 물을 수송한다면 유속은 몇 m/s인가? 또, 유량은 시간당 몇 kN인가?

풀이> 안지름을 D라고 하면 관에 작용하는 응력은 식 (23·3)에서

$$\sigma = \frac{pD}{2t}$$

이므로

$$p = \frac{2t\cdot\sigma_a}{D} = \frac{2\times 5\times 100}{155} = 6.45\,\mathrm{MPa}$$

다음은 관의 단면적을 A라고 하면

$$A = \frac{\pi}{4}D^2 = \frac{\pi}{4}\times 155^2 = 18{,}869\,\mathrm{mm^2} = 0.018869\,\mathrm{m^2}$$

유속을 v_m 이라고 하면 유량 $Q = 50\,l/s = 0.05\,m^3/s$ 이므로

$$v_m = \frac{Q}{A} = \frac{0.05}{0.018869} = 2.65\,\mathrm{m/s}$$

한 시간당의 유량은

$$Q = 3600\times 0.05\,\mathrm{m^3/s} = 180\,\mathrm{m^3/h}$$

$1\,m^3$의 물은 9.8kN에 해당하므로 시간당 유량은 다음과 같다.

$$Q = 1764\,\mathrm{kN/h}$$

예제 23-3. 안지름 300mm로 $280\,kg_f/mm^2$의 水壓이 걸리는 실린더의 두께를 얼마로 해야 하는가? 다만, 재료는 鋼을 사용하고 허용 인장응력을 $8\,kg_f/mm^2$라 한다.

풀이> 두꺼운 원통에 내압 $p = 280\,kg_f/cm^2$의 수압이 걸리고 있다. 안반지름 $r_1 = 150\,\mathrm{mm}$, 바깥 반지름을 r_2 라고 하면 원주방향 응력 σ_t 와 반지름 방향의 응력 σ_r 를 비교할 때 $\sigma_t > \sigma_r$ 이고, 최대 응력은 $r = r_1$에서 발생되므로 식 (23·4)에 대입하면

$$\sigma_t = \frac{p(r_2^2 + r_1^2)}{r_2^2 - r_1^2}$$

에서 $\sigma_t = 8\,\text{kg}_f/\text{mm}^2$, $r_1 = 150\,\text{mm}$, $p = 2.8\,\text{kg}_f/\text{mm}^2$이므로

$$8(r_2^2 - 150^2) = 2.8(r_2^2 + 150^2)$$

$$r_2^2 = \frac{10.8 \times 150^2}{5.2} = 46,730$$

$$r_2 = 216\,\text{mm}$$

두께 t는

$$t = r_2 - r_1 = 216 - 150 = 66\,\text{mm}$$

예제 23-4. 바깥 지름 130mm, 두께 5mm, 길이 10m의 강관에 350℃의 과열증기를 통하면 그 열팽창은 얼마인가? 다만, 상온은 20℃이다. 만약, 양단이 완전히 고정되어 있다고 하면 관의 열응력 및 압축력은 얼마인가? 재료의 세로 탄성계수 $E = 2.1 \times 10^4\,\text{kg}_f/\text{mm}^2$, 선팽창 계수는 $\alpha = 112 \times 10^{-7}$이다.

풀이 온도상승으로 늘어난 길이를 λ라고 하면 식 (23·11)에서부터

$$\lambda = \alpha(t - t_0)l = 112 \times 10^{-7} \times (350 - 20) \times 10^4 = 36.9\,\text{mm}$$

열응력 σ_r라고 하면

$$\sigma_r = \alpha(t - t_0)E = 112 \times 10^{-7} \times 330 \times 2.1 \times 10^4 = 77.5\,\text{kg}_f/\text{mm}^2$$

관의 단면적 A는

$$A = \frac{\pi}{4}(D_2^2 - D_1^2) = \frac{\pi}{4}(130^2 - 120^2) = 1962\,\text{mm}^2$$

양단을 고정하면 압축력은

$$P = 77.5 \times 1962 = 152,055\,\text{kg}_f = 152\,\text{ton}$$

23-2 管이음(Pipe joint)

관, 밸브 및 관련 부속품을 체결하는 데 관이음을 사용한다. 고압관에서는 새는 것을 막고 이음해야 할 곳을 줄이기 위하여 용접 관이음을 해야 하나, 용접 관이음은 着脫할 수 없는 영구 관이음이다. 보수와 관리를 하려면 필요한 곳에 착탈이 가능한 관이음이 요구된다.

23-2-1 나사식 관이음

관의 양단에 관용나사를 절삭하고 관이음으로 체결하여 연결하는 것으로 가단주철, 鋼, 청동제가 있다. 그림 **23-4**에 상용압력 $10\,\text{kg}_f/\text{cm}^2$의 여러 가지 관이음을 나타낸다.

관이음의 종류에는 각종 엘보(elbow), T, Y, 크로스(cross), 소켓(socket), 벤드(bend),

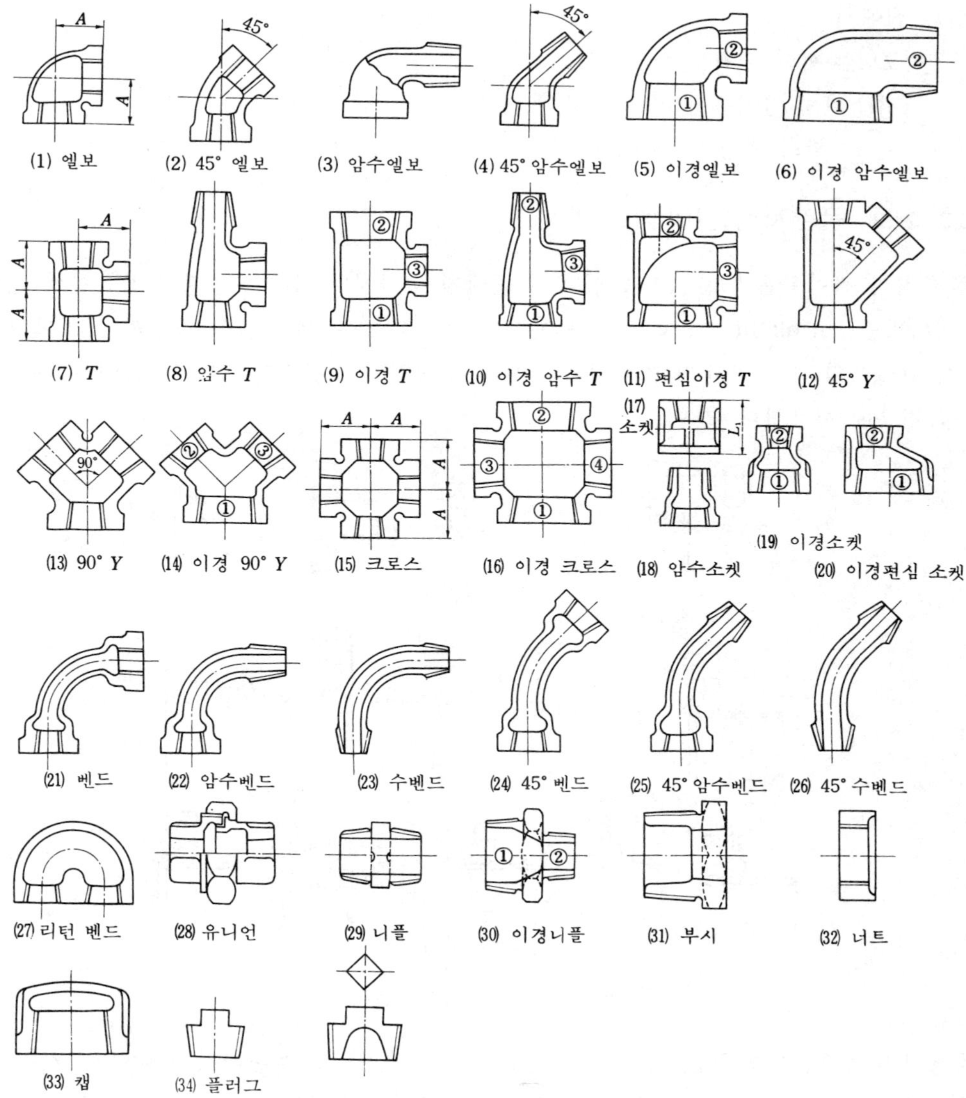

그림 23-4 나사식 관이음

유니언(union), 니플(nipple), 부시(bush), 록 너트(lock nut), 캡(cap), 플러그(plug) 등이 있다.

이들 나사식 관이음은 20 kg_f/cm^2의 수압 또는 5 kg_f/cm^2의 공기압에 견디고 새어남이나 다른 이상이 있어서는 안 된다. 관이음의 나사부에 필요한 길이 l(mm)는 근사적으로 다음 식으로 구한다.

$$l \geq \frac{D}{4}\left(\frac{K^2-1}{K^2}\right)\frac{\sigma}{\tau} \qquad (23 \cdot 12)$$

위의 식에서

D : 나사의 골지름(mm)

K : 관의 안지름과 바깥 지름의 비

σ, τ : 관의 인장 및 전단응력

23-2-2 플랜지식 관이음

플랜지식 관이음은 그림 **23-5** 와 같이 플랜지를 관에다 나사로 고정하거나 리벳이음, 가열 끼워맞춤(shrink fit), 용접이음, 軸壓 등으로 고정하여 새는 것을 방지하기 위해 개스킷을 사이에 끼워 축의 플랜지 커플링처럼 볼트로 체결하는 것으로, 관의 지름이 크거나 내압이 클 경우에 사용한다.

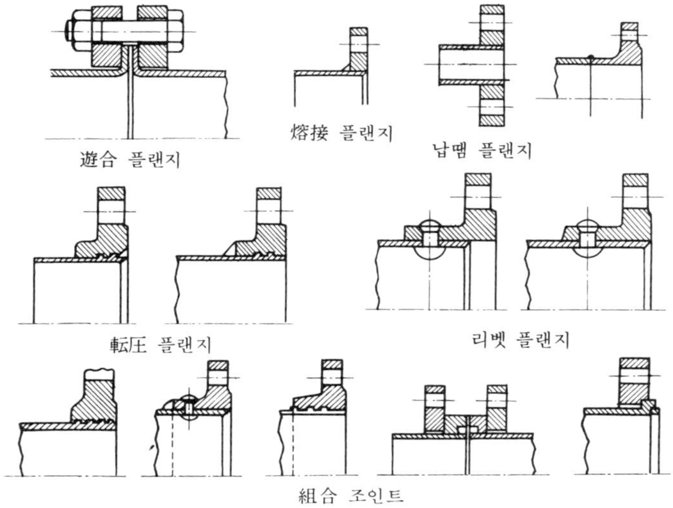

그림 23-5 플랜지식 관이음

플랜지는 주철, 가단주철, 주강, 鋼, 청동 등으로 만들고, 플랜지식 관이음의 호칭압력, 호칭압력에 대한 최고 사용압력 및 수압 시험압력을 호칭압력 2~63 kg_f/cm^2의 경우에 대해 표 **23-4**에 표시한다.

호칭압력에 대응하는 최고 사용압력은 표와 같이 플랜지의 재료, 유체의 상태 및 온도에 의하여 다르다. 금속제 링이음 개스킷을 사용하는 플랜지 또는 그것에 상당하는 것에는 표에 나타난 최고 사용압력의 10%까지 초과하여 사용할 수 있다. 표 중의 수압 시험압력은 플랜지를 관에 고정했을 때의 시험압력을 나타내고, 호칭압력이 30 kg_f/cm^2 이상에서는 Mo 강 또는 Cr-Mo 강을 사용한다.

증기, 공기, 가스, 물 및 기름 등을 사용하는 관이나 밸브 등을 접속하는 주철, 강제의 플랜지식 관이음의 기본값에 관해서는 호칭압력 2, 5, 10, 16, 20, 30, 40 및 50 kg_f/cm^2에 맞

표 23-4 플랜지의 호칭압력, 최고 사용압력 및 수압 시험압력

호칭압력 p (kg_f/cm^2)	재료	유체의 상태와 최대 사용압력(kg_f/cm^2)											수압시험응력 WTP
		W	G_1	G_2	G_3	H_1	H_2	H_3	H_4	H_5	H_6	H_7	
		120℃ 이하	220℃ 이하	300℃	350℃	400℃	425℃	450℃	475℃	490℃	500℃	570℃	
2	FC 20	3	2	–	–	–	–	–	–	–	–	–	4
	SS 41	3	2	–	–	–	–	–	–	–	–	–	
5	FC 20, FCMB 28	7	5	–	–	–	–	–	–	–	–	–	10
	SS 41, SF 40, S20C, SC 42	7	6	5	–	–	–	–	–	–	–	–	
10	FC 20, FCMB 28	14	10	–	–	–	–	–	–	–	–	–	20
	SS 41, SF 40, S20C, SC 42	14	12	10	–	–	–	–	–	–	–	–	
16	FC 20	22	16		–	–	–	–	–	–	–	–	32
	FCMB 35	22	20	18	16	–	–	–	–	–	–	–	35
	SS 41, SF 40, S20C, SC 42	27	25	23	21	18	16	–	–	–	–	–	40
20	FC 20	28	20(3)	–	–	–	–	–	–	–	–	–	40
	FCMB 35	28	25	23	20	–	–	–	–	–	–	–	44
	SS 41, SF 40, S20C, SC 42	34	31	29	26	23	20	–	–	–	–	–	50
30	SF 45, S25C, SC 46	51	46	43	39	34	30	–	–	–	–	–	75
	SCA 41, 1/2 Mo 단강	(51)	(46)	(43)	(39)	38	36	34	30	–	–	–	
	SCA 51, $1^1/_4$ Cr1/2 Mo 단강	(51)	(46)	(43)	(39)	38	36	34	32	30	–	–	
40	SF 45, S25C, SC 46	68	62	57	52	46	40	–	–	–	–	–	100
	SCA 41, 1/2 Mo 단강	(68)	(62)	(57)	(52)	51	48	45	40	38	36	34	
	SCA 51, $1^1/_4$ Cr1/2 Mo 단강	(68)	(62)	(57)	(52)	51	48	45	42	40	38	36	
63	SF 45, S25C, SC 49	107	97	90	81	72	63	–	–	–	–	–	160
	SCA 41, 1/2 Mo 단강	(107)	(97)	(90)	(81)	80	76	71	63	59	56	53	
	SCA 51, $1^1/_4$ Cr1/2 Mo 단강	(107)	(97)	(90)	(81)	80	76	71	66	63	59	56	

는 형식과, 치수가 KS규격에 정해져 있으므로 특별한 경우 이외에는 계산할 필요가 없다. 표 **23-5**에 공칭압력 $5kg_f/cm^2$의 플랜지식 관이음의 치수를 표시한다.

보통 플랜지식 관이음에 사용되는 플랜지 부분의 계산은 다음과 같이 한다.

여기서

p : 관의 내압

D : 관의 안지름

σ_a : 허용 굽힘응력

Z : 플랜지의 단면계수

D_m : 개스킷의 평균 지름

g : 플랜지 접촉부의 지름

C : 볼트 중심원의 지름

t : 플랜지의 두께

l : 플랜지에 걸리는 하중의 암

표 23-5 관 플랜지의 치수(5 kgf/cm²)

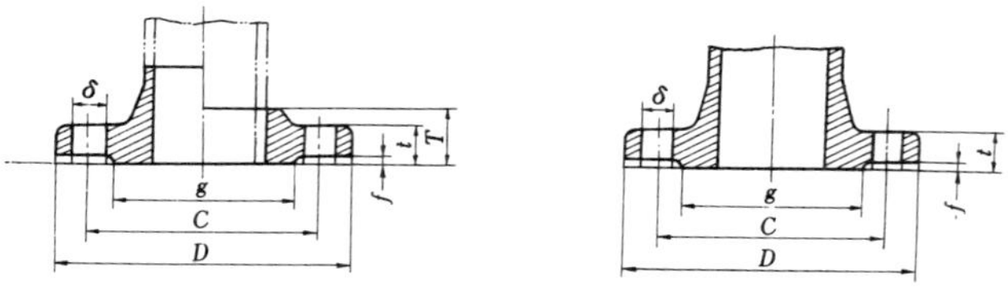

호칭지름	작용하는 강 관 의 바깥지름	플랜지의 지 름 D	플랜지의 각부 치수			볼 트 구 멍			볼트의 호 칭
			t	f	지름 g	중심원의 지름 C	수	지름 δ	
10	17.3	115	22	1	52	80	4	19	5/8
15	21.7	120	22	1	55	85	4	19	5/8
20	27.2	135	24	1	60	95	4	22	3/4
25	34	140	26	1	70	100	4	22	3/4
32	42.7	150	28	2	80	110	4	22	3/4
40	48.6	175	30	2	90	130	4	25	7/8
50	60.5	185	32	2	105	145	8	22	3/4
65	76.3	220	36	2	130	175	8	25	7/8
80	89.1	230	38	2	140	185	8	25	7/8
(90)	101.6	255	40	2	150	205	8	29	1
100	114.3	270	42	2	165	220	8	29	1
125	139.8	325	48	2	200	265	8	32	$1^1/_8$
150	165.2	365	52	2	240	305	12	32	$1^1/_8$
200	216.3	425	58	2	290	360	12	35	$1^1/_4$
250	267.4	500	66	2	355	430	12	38	$1^3/_8$
300	318.5	560	74	3	410	485	16	41	$1^1/_2$
350	355.6	615	78	3	455	530	16	45	$1^5/_8$
400	406.4	680	85	3	515	590	16	48	$1^3/_4$

P : 하중

M : 굽힘 모멘트

라고 하면 다음과 같이 얻어진다.

$$P=\frac{\pi}{4}D_m^2p \tag{23·13}$$

$$M=P\cdot l \tag{23·14}$$

$$l=\frac{C-g}{2} \tag{23·15}$$

$$M=\sigma_a\cdot Z=\frac{\pi g\cdot t^2}{6}\cdot\sigma_a \tag{23·16}$$

$$t=\sqrt{\frac{6Pl}{\pi g\sigma_a}} \tag{23·17}$$

[1] 개스킷(gasket)

박판 모양의 패킹으로 압력용기나 플랜지의 접합부에 사용된다. 또, 접합부의 기밀이 오랜 기간 유지되어야 한다. 流體 때문에 상하거나, 유체를 오염시키지 않고 사용온도나 압력에서 탄성과 유연성을 가지며 필요 접촉압력에 대한 충분한 耐久性이 있어야 한다.

면·마 등의 섬유, 합성수지, 수지로 가공된 종이, 가죽, 천연고무, 내유성의 합성고무, 천이 들어 있는 고무, 코르크·석면과 같은 비금속 개스킷과 납, 구리, 모넬 메탈, 軟鋼과 같은 금속 개스킷 및 비금속 패킹과 금속패킹을 조합해서 만든 세미메타릭 개스킷이 있다.

[2] 개스킷의 두께

접합면의 표면조도는 아주 다르나 일반적으로 다듬질면의 표면조도가 좋으면 개스킷은 얇아도 괜찮다. 또, 개스킷의 두께는 그 재질의 탄성계수에 비례하는데 탄성계수가 작은 비금속 개스킷은 대략 0.8 mm 이하로, 얇고 탄성계수가 큰 금속 개스킷은 1~3 mm 정도로 두껍게 한다.

[3] 개스킷의 접촉너비

관에 내압이 걸리면 볼트에 힘이 가해지므로 개스킷에 가해졌던 체결력은 耐壓이 걸리지 않은 경우, 초기 체결력보다 감소하여 초기 체결력에 충분한 여유가 없으면 개스킷의 기밀성이 떨어진다. 또, 고온유체가 흐르는 경우에는 온도차에서 오는 열응력으로 초기 체결력이 증가하는 상태가 발생한다. 따라서, 개스킷의 氣密은 접촉압력에 따르므로 접촉면적을 작게 하여 체결력의 절대값을 작게 하는 것이 바람직하다.

금속 개스킷의 경우, 접촉너비 b를 구하는 실험식이 다음과 같이 주어지며, 너비 b는 작게 설계하는 것이 바람직하다.

$$b = \frac{p}{8200}\left(\frac{2.5t}{\mu} + \frac{d}{2}\right) \qquad (23 \cdot 18)$$

여기서

b : 접촉너비 mm

p : 내압 kg_f/cm^2

l : 개스킷의 두께 mm

μ : 개스킷의 접합면의 마찰계수

d : 개스킷의 안지름 mm

[4] 개스킷의 최소 접촉압력

개스킷은 충분한 접촉압력을 가질 때 기밀을 유지할 수 있다. 여러 가지 개스킷의 최소 접촉압력 p_g가 표 23-6에 나타나 있다. 따라서, 플랜지 볼트의 최소 체결력 P_b는, 개스킷의 접촉면적을 A_g라 하면 다음 식을 만족해야 한다.

$$P_b \geq A_g \cdot p_g$$

표 23-6 개스킷의 최소 접촉압력

개스킷의 종류		최소 접촉압력 p_g(kg_f/mm^2)
코 르 크		10
고 무		10~15
석면 조인트 시트		120
내유성 오일 패킹		50
테 프 론		100
충전제 + 테프론		150
석면이 섞인 피복 개스킷	알루미늄판 피복	200
	동 판 피 복	250
	연강판 피복	300
	니켈판 피복	300
	모넬판 피복	350
	스테인리스판 피복	350
파형 금속판	알루미늄판	200
	동 판	250
	연 강 판	300
	모 넬 판	400
	스테인리스판	400
개 스 킷		300
금속 개스킷		700

23-2-3 伸縮이음(Expansion joint)

관에 고온의 증기를 통하면 가열하여 관은 열팽창을 일으키고, 만약 양단이 고정되면 관벽에는 축방향의 압축응력이 발생한다. 그림 23-6에 강관, 주철관, 동관 및 알루미늄관이 가열하였을 때 관의 길이 1m마다의 열팽창량을 표시한다. 이러한 열팽창에 의한 응력의 증가에 대응하여 필요한 곳에 신축형의 관이음을 사용하여야 한다.

그림 23-7에 나타낸 바와 같이 여러 가지 신축벤드(expansion band)는 강 또는 다른 금속으로 만들어지고 잘 굽어지므로 벤드의 탄성을 이용하여 신축에 잘 견디며, 또 자유롭게

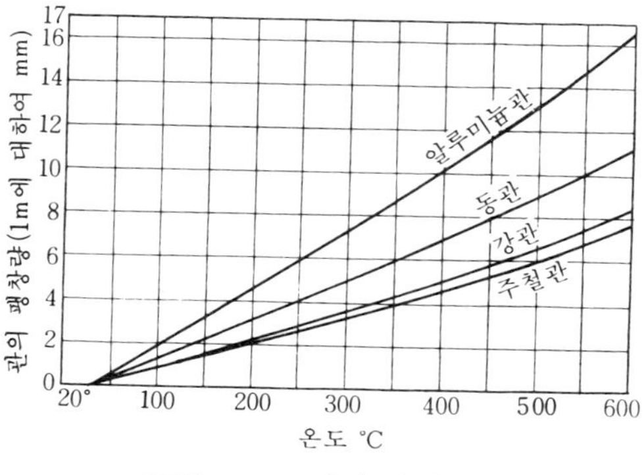

그림 23-6 관의 열팽창

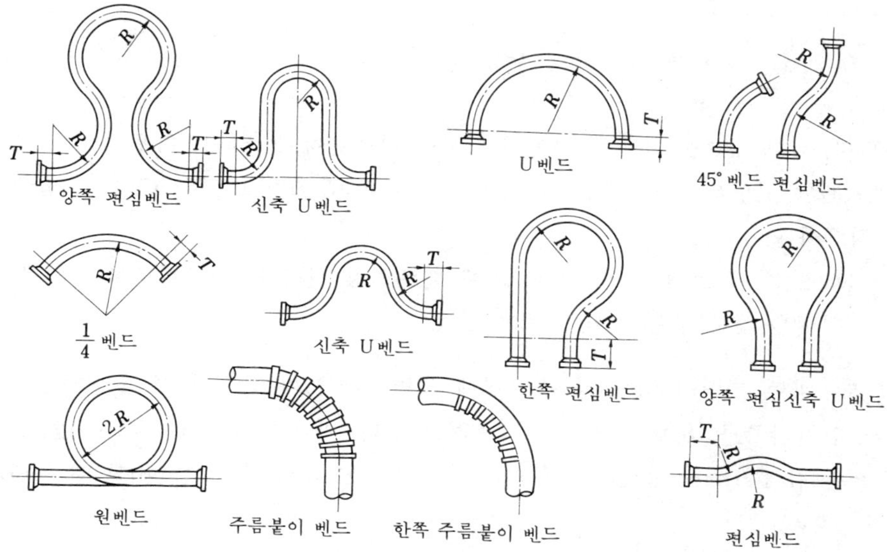

그림 23-7 신축벤드의 종류

모양을 이룰 수 있어서 몇 개의 관이음을 사용하는 것을 1개의 벤드로 대신하여 유동마찰을 감소시키고, 기둥과 같은 장해물을 피하여 쉽게 배관할 수 있기 때문에 고온고압의 긴 증기관로 등에는 극히 유효하다.

벤드의 곡률 반지름의 최소 허용값은 관의 두께나 지름에 의해 다르지만, 挫屈을 발생시키지 않는 한도 내에서 취하여야 한다. 보통 관 지름의 4∼5배(때로는 6배 정도)가 필요하지만 주름붙이는 경우는 관 지름의 2∼3배(때로는 1.5배 정도)로 할 수 있으므로 고정할 장소에 제한이 있는 경우에는 편리하다.

지금 直管의 중앙부에 그림 **23-8**과 같이 曲管을 삽입하였을 때 직관의 양단에서 고정하는 힘 P는

$$P = \frac{\delta EI}{K_1 R^3} \ (\mathrm{kg}_f) \qquad (23 \cdot 19)$$

이며, 관벽에 생기는 굽힘응력 σ_b 는

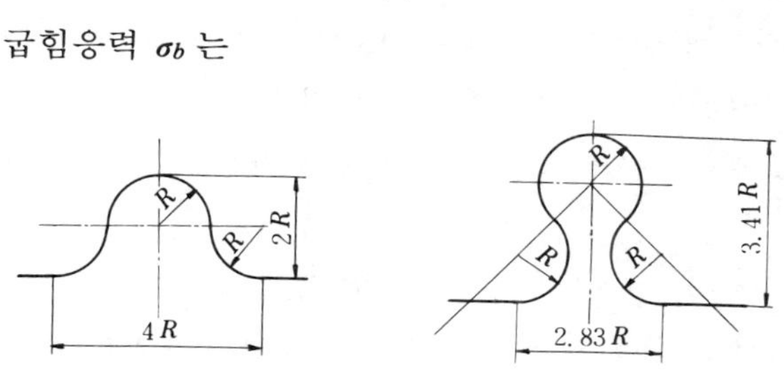

$K_1 = 4.62 \quad C_1 = 0.108$ $\qquad$ $K_1 = 18.7 \quad C_1 = 0.091$

그림 23-8 신축벤드

$$\sigma_b = C_1 \cdot \frac{DE\delta}{R^2} \ (\mathrm{kg}_f/\mathrm{cm}^2) \qquad (23 \cdot 20)$$

로 표시된다. 식에서 δ는 고정점 사이에서 관이 자유로이 팽창하는 경우 늘어난 길이(cm)이고, I는 관벽 단면의 관성 모멘트(cm^4), 즉 $I \fallingdotseq 0.4 D_m{}^3 t$ 이고, K_1, C_1 은 그림에서 얻을 수 있는 정수이다.

신축이음에는 이미 소개한 신축벤드 외에 벨로스형 관이음, 슬라이드형 관이음, 시웰형(siwel 型) 관이음 및 고무형 관이음 등이 있다.

예제 23-5. 바깥 지름 100 mm의 주철관에 압력 1 MPa가 작용할 때 플랜지를 사용하여 지름 $\frac{5}{8}$ 인치의 볼트 8개로 관이음을 하려고 한다. 개스킷의 평균 지름이 124 mm, 볼트 중심원의 지름 160 mm, 플랜지 부분의 최소 지름 120 mm, 두께 22 mm일 때 플랜지의 강도를 계산하라.

풀이 식 (23·13)에서 하중 P를 구하면

$$P = \frac{\pi}{4} D_m{}^2 p = \frac{\pi}{4} \times 124^2 \times 1 = 12.1\,\mathrm{kN}$$

식 (23·15)로부터

$$l = \frac{C-g}{2} = \frac{160-120}{2} = 20\,\mathrm{mm}$$

식 (23·14)와 식 (23·16)에서 굽힘응력 σ_b 를 구해 보면

$$\sigma_b = \frac{6Pl}{\pi g t^2} = \frac{6 \times 12.1 \times 10^3 \times 20}{\pi \times 120 \times 22^2} = 7.96\,\mathrm{N/mm^2} = 7.96\,\mathrm{MPa}$$

가 얻어지고, 볼트에 걸리는 인장응력 σ_t 는 볼트의 골지름을 12.9 mm라고 하면

$$\sigma_t = \frac{4P}{\pi d_1{}^2 n} = \frac{4 \times 12.1 \times 10^3}{\pi \times 12.9^2 \times 8} = 11.6\,\mathrm{N/mm^2} = 11.6\,\mathrm{MPa}$$

가 얻어지고, 응력상으로 판단할 때 충분히 안전하다는 판단을 얻었다.

예제 23-6. 안지름 15.3 cm, 두께 6 mm, 온길이 10 m의 강관을 직선으로 배관하고, 그 중앙에 그림 23-8(b)와 같은 신축곡관($R \fallingdotseq 1000$ mm)을 삽입하여 이것을 200℃에서 가열하면 고정점에서의 고정하는 힘과 응력은 얼마인가?

풀이 그림 23-6에서 팽창량 $\delta = 2.07$ cm이며, 관의 평균 지름 $D_m = 15.3 + 0.6 = 15.9$ cm이고, 관단면의 관성 모멘트 I는

$$I = 0.4 D_m{}^3 t = 0.4 \times 15.9^3 \times 0.6 \fallingdotseq 960\,\mathrm{cm}^4$$

그림 23-8(b)에서 $K_1 = 18.7$, $C_1 = 0.091$이므로 고정하는 힘 P는 식 (23·19)에서

$$P = \frac{\delta EI}{K_1 R^3} = \frac{2.07 \times 2.1 \times 10^6 \times 960}{18.7 \times 100^3} = 223\,\mathrm{kg}_f$$

관벽에 생기는 굽힘응력 σ_b는 식 (23·20)으로부터

$$\sigma_b = C_1 \frac{ED\delta}{R^2} = \frac{0.09 \times 2.1 \times 10^6 \times 15.3 \times 2.07}{100^2} = 599\,\mathrm{kg}_f/\mathrm{cm}^2$$

또, 관에서는 내압으로 축방향에 인장력이 작용해서

$$P = \frac{\pi}{4} D^2 p = \frac{\pi}{4}\, 15.3^2 \times 7 = 1300\,\mathrm{kg}_f$$

이며, 이 인장력으로 관에 생기는 인장응력 σ_t는

$$\sigma_t = \frac{P}{\pi D_m t} = \frac{1300}{\pi \times 15.9 \times 0.6} = 43\,\mathrm{kg}_f/\mathrm{cm}^2$$

이며, 축방향의 전체 인장응력은 다음과 같다.

$$\sigma = \sigma_b + \sigma_t = 599 + 43 = 642\,\mathrm{kg}_f/\mathrm{cm}^2$$

23-3 밸브(Valve)

管路 안에 있으면서 **流體**의 유량을 제어하기 위해 사용하는 것을 **밸브**라 한다. 소형으로 온도와 압력이 그리 높지 않을 때는 청동을, 고온·고압에서는 단강을 사용한다. 대형에서는 온도와 압력에 따라 청동, 주철, 주강, 합금강 등이 사용된다.

23-3-1 스톱 밸브(Stop valve)

유체가 유출하는 방향에 따라 글로브 밸브(glove valve)와 앵글 밸브(angle valve)가 있고 관과의 이음방식에는 나사식과 플랜지식이 있다. 흐름에 대하여 저항손실이 크고, 물이 고이는 곳에는 먼지가 차기 쉬운 결점을 가지고 있으나, 밸브의 **揚程**이 적고 개폐가 빨리 되고 밸브와 밸브 시트의 접촉이 쉽게 이루어지며, 가격이 싸서 널리 이용된다. 그림 **23-9**에 스톱 밸브를 표시한다.

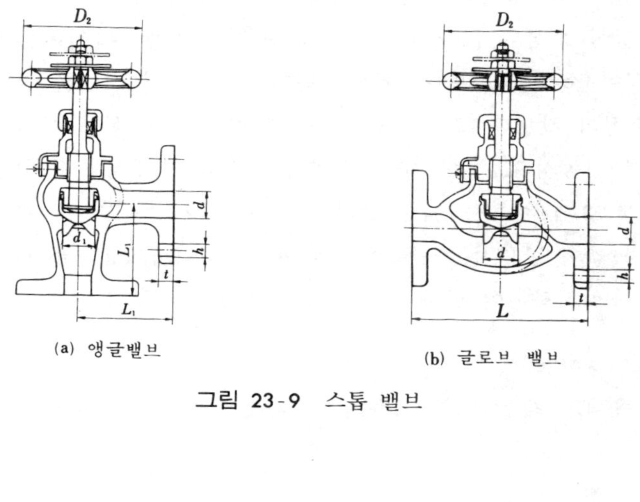

(a) 앵글밸브 (b) 글로브 밸브

그림 23-9 스톱 밸브

23-3-2 슬루스 밸브(Sluice valve)

그림 23-10과 같이 판 모양의 밸브가 흐름에 직각으로 미끄러져 流路를 개폐한다. 밸브판은 쐐기형과 평행형이 있으며, 전자는 1/10의 테이퍼로 한다. 밸브를 개폐할 때 밸브 스템의 승강과 더불어 밸브가 움직여 개폐하는 昇降形과 밸브만이 상하로 움직이는 非昇降形이 있다. 비승강형은 대형밸브에 사용되고 슬루스 밸브는 全開나 全閉한 상태로 사용하고 유량을 조절하는 데는 이용할 수 없다. 만약에 半開상태로 사용하게 된다면 밸브판 뒤에서 발생되는 渦流로 밸브가 심한 진동을 일으킨다.

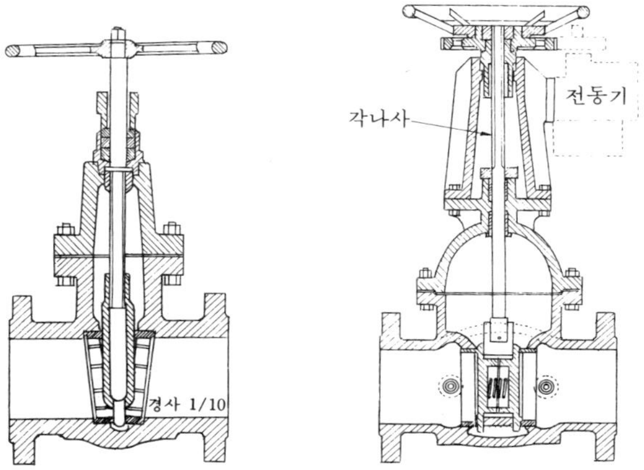

그림 23-10 슬루스 밸브

23-3-3 기타 밸브

[1] **減壓밸브**(reducing valve)

고압의 증기, 공기, 가스 등을 저압으로 감압하여 일정압력으로 유지하는 데 사용한다. 감압 후에 압력이 항상 소정의 값을 유지하도록 하중, 스프링, 다이어프램 등에 의해 제어되고 감압측의 압력이 소정의 값보다 작게 되면 이들의 힘이 밸브를 밀어서 열고, 반대로 감압측의 압력이 소정의 값보다 크면 감압측 유체압력에 의한 힘을 이겨서 밸브를 닫게 하므로, 밸브의 開度를 자동적으로 조절하여 감압측 압력을 일정하게 유지한다. 이 밸브의 구조의 한 보기가 그림 23-11에 표시되어 있다.

또, 그림 23-12와 같이 반드시 고압측에서는 체크 밸브(check valve), 저압측에는 안전밸브(relief valve)를 설치하여야 한다.

[2] **安全밸브**(relief valve)

증기, 가스 등의 유체가 제한된 최고압력을 초과했을 때 자동적으로 밸브가 열려서 유체

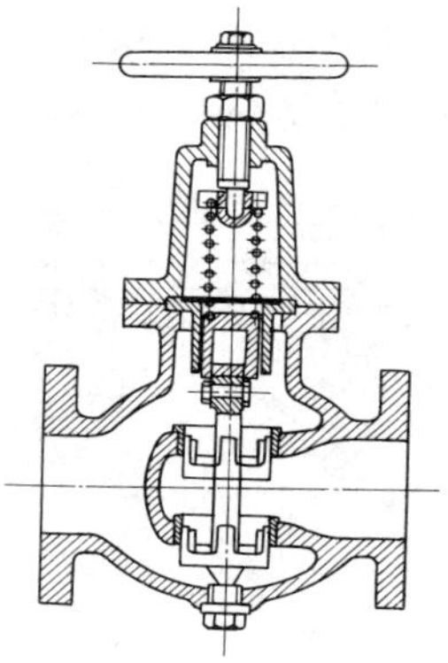

그림 23-11 감압밸브

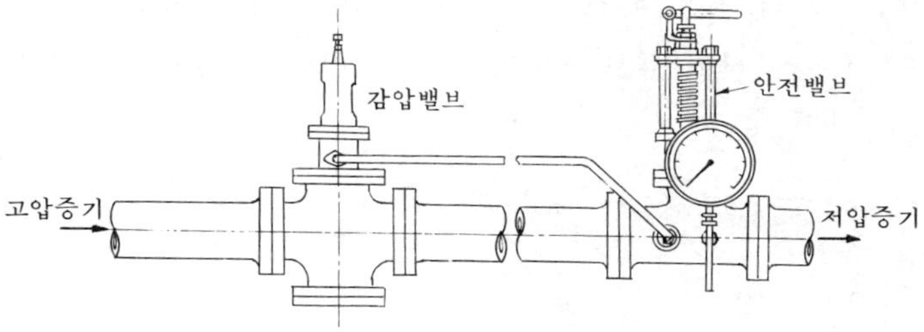

그림 23-12 감압밸브에 대한 안전밸브의 위치

를 외부로 방출하는 밸브이다. 안전밸브는 제한압력을 넘었을 때 확실히 배출하여 압력을 제한치 내에 유지해야 하고, 배출이 끝난 후 압력이 정확하게 유지되고 제한압력보다 너무 내려가지 않아야 한다.

[3] 나비형 밸브

이 밸브는 스로틀 밸브(throttle valve)라고도 하며, 원판의 회전으로 관로의 개도를 변경시켜 유량의 가감을 한다. 주로 구경이 큰 관로에 사용한다.

[4] 콕(cock)

콕은 유체를 똑바로 흐르게 하고 꼭지를 $\frac{1}{4}$ 회전하면 완전히 열 수 있으므로 개폐가 빠르다. 주철이나 청동으로 만들어지고 주로 지름이 작고 저압용에 사용된다.

[5] 체크 밸브(check valve)

유체를 한 방향으로만 흘러가게 하고 역류하지 않도록 한다. 밸브의 무게와 밸브의 양쪽에 걸리는 압력차에 의해 자동적으로 작동하도록 되어 있다.

23-3-4 밸브의 設計

[1] 스톱 밸브

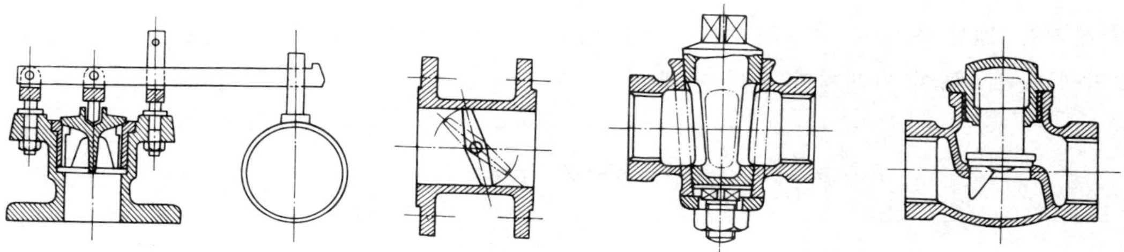

(a) 안전밸브 (b) 나비형 밸브 (c) 콕 (d) 체크 밸브

그림 23-13 여러 가지 밸브

그림 23-14와 같은 스톱 밸브의 밸브 시트(valve seat)와 밸브를 설계하기 위하여 호칭 지름을 d_0, 밸브 시트 구멍 지름을 d, 밸브 시트 너비를 b, 밸브의 양정을 h, 베인(vane)붙이 밸브의 경우 베인의 판 두께를 b', 베인의 수를 n, 유량계수를 1이라 하고 밸브구멍의 면적과 밸브 가장자리의 면적이 같다고 하면

$$\pi dh = \frac{\pi}{4}d^2$$

이며

$$h = \frac{d}{4}$$

를 얻는가.

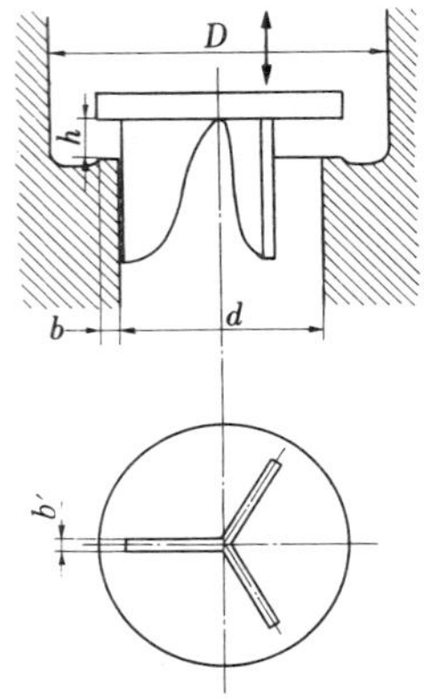

그림 23-14 스톱 밸브

베인리스 밸브의 경우

$$d_0 \simeq d, \qquad h = \frac{d}{4} \tag{23·21}$$

실제로는 밸브로부터 흘러나오는 유체는 縮流이며, 방향변화에 따르는 손실을 고려해야 하므로 양정은 식 (23·21)보다 크게 취한다. 밸브 시트는 45°의 경사를 사용한다.

베인붙이 밸브의 경우

$$d_0^2 = d^2\left(1 - \frac{2nb'}{\pi d}\right), \qquad h = \frac{d}{4}\,\frac{1 - \dfrac{2nb'}{\pi d}}{1 - \dfrac{nb'}{\pi d}} \tag{23·22}$$

이며, 특별한 경우 $n = 3$, $b' = d/10$로 하면

$$d = 1.112\,d_0, \qquad h = 0.895 \times \frac{d}{4} \tag{23·23}$$

가 된다. 규격에서는 $d/d_0 = 1.10 \sim 1.12$로 한다.

밸브와 밸브 시트 사이에 작용하는 접촉압력을 p'', 유체압력을 p, p''를 발생시키기 위하여 밸브를 밸브 시트에 누르는 밸브 스템(vavle stem)의 축력을 P라 하고, 밸브 시트의 윗면에 유체압력이 가해지면 힘의 관계는

$$P + p\frac{\pi}{4}(d + 2b)^2 = p''\pi(d + b)b \tag{23·24}$$

가 되고, 밸브가 닫힌 상태에서 열리는 경우에는

$$P = -p\frac{\pi}{4}(d+2b)^2 \qquad (23 \cdot 25)$$

이다. 유체압력이 밑에서 작용하면 밸브 시트의 누수를 막기 위해 누르는 압력을 p'라 하면

$$P = p'\pi(d+b)b + p\frac{\pi}{4}d^2 \qquad (23 \cdot 26)$$

이 된다. 이것들의 식으로부터 밸브 시트의 너비 b를 계산한다. 보통 $b/d = 1/50 \sim 1/10$로 하며, p''는 허용압력 이하로 해야 하고 표 23-7에 허용압력의 값이 주어진다. p'는 $p' \cong p''/3$로 한다. 밸브 스템의 軸力 P를 발생시키기 위한 핸들의 토크 T는

$$T = P\frac{d_2}{2}\tan(\alpha+\rho) \qquad (23 \cdot 27)$$

로 주어지고, d_2는 나사의 유효 지름, α는 나사의 리드각, ρ는 암나사와 수나사 사이의 마찰계수가 μ인 경우 $\mu = \tan\rho$로 주어지는 마찰각이다.

표 23-7 밸브 시트의 허용압력

밸브 시트 재질	연한 고무	단단한 고무	주철	포금	청동	인청동	니켈
허용압력(kg_f/cm^2)	15	50	80	150	200	250	300

[2] 슬루스 밸브

그림 23-15에서 (a)처럼 쐐기형인 경우 밸브의 頂角을 2θ, 밸브 스템을 밑으로 누르는 힘을 P, 유로의 지름을 d, 밸브 시트의 너비를 b, 유체의 압력을 p, 밸브 시트의 압력을 p', p'', 밸브와 밸브 시트의 마찰각을 ρ라고 하면, 밸브 스템을 밑으로 누르는 경우 수직방향의 평형으로부터

$$P = \frac{\pi}{4}d^2\frac{1}{\cos\theta}p\sin\theta + \pi(d+b)b\frac{1}{\cos\theta}(p'+p'')\frac{1}{\cos\rho}\cos\left(\frac{\pi}{2}-\rho-\theta\right) \qquad (23 \cdot 28)$$

이 성립하고, 또 수평방향의 평형으로부터

$$\theta = \frac{\pi}{4}d^2\frac{1}{\cos\theta}p\cos\theta + \pi(d+b)b\frac{1}{\cos\theta}(p'-p'')\frac{1}{\cos\rho}\sin\left(\frac{\pi}{2}-\rho-\theta\right) \qquad (23 \cdot 29)$$

가 얻어지고, 식 (23·29)에서

$$p'' = p' + p\frac{d^2}{4b(d+b)}\quad\frac{1}{1-\tan\rho\tan\theta} \qquad (23 \cdot 30)$$

가 되고, 이것을 식 (23·28)에 대입하면

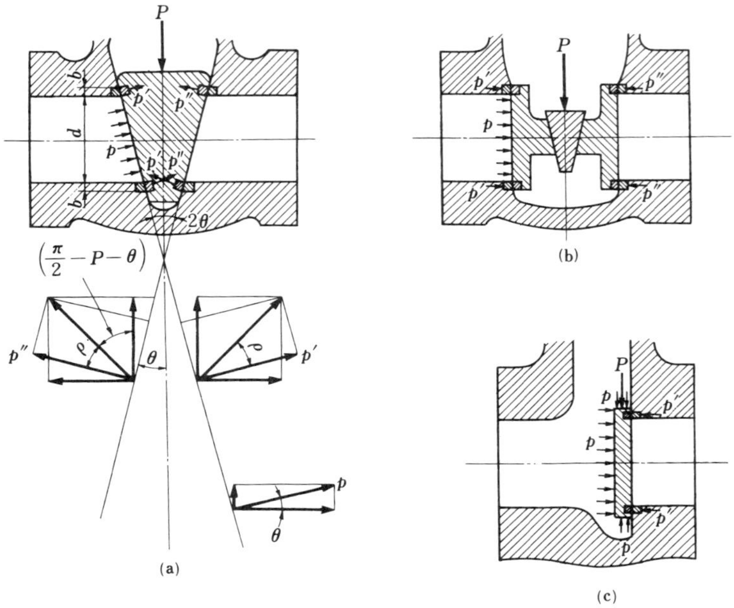

그림 23-15 슬루스 밸브

$$P=\frac{\pi}{4}d^2p\{\tan(\rho+\theta)+\tan\theta\}+2\pi b(d+b)p'(\tan\rho+\tan\theta) \qquad (23\cdot 31)$$

가 얻어진다. 밸브를 올리는 경우에는 마찰력이 반대로 작용하므로, 이 때 P를 P'라 하면

$$p''=p'+p\frac{d^2}{4b(d+b)}\frac{1}{1+\tan\rho\tan\theta} \qquad (23\cdot 32)$$

$$P'=\frac{\pi}{4}d^2p\{\tan(\rho-\theta)-\tan\theta\}+2\pi b(d+b)p'(\tan\rho-\tan\theta) \qquad (23\cdot 33)$$

로 되고 $P'<P$이다. 여기서 p'는 기밀을 유지하기 위하여 밸브 시트에 탄성변형을 주는 압력으로 $p'\cong p''/3$로 한다. p''는 밸브 시트의 허용압력 이하가 되도록 한다.

그림 23-15(b)와 같이 2장으로 된 쐐기형에서는 P'를 생각하지 않아도 된다. 평행판을 사용하면 $\theta=0$이며

$$p''=p'+p\frac{d^2}{4b(d+b)} \qquad (23\cdot 34)$$

$$P=\left\{\frac{\pi}{4}d^2p+2\pi(d+b)bp'\right\}\tan\rho \qquad (23\cdot 35)$$

가 되고 (a)의 경우보다 작다.

또, 그림 23-15(c)와 같이 유체압력으로 기밀을 유지하는 밸브에서는

$$p' = p\frac{(d+2b)^2}{4(d+b)b} \tag{23·36}$$

가 되고, 바이패스 밸브를 설치하지 않고 움직이는 경우에는

$$P = P' = p\frac{\pi}{4}(d+2d)^2 \tan\rho \tag{23·37}$$

로 한다. $P > 4000\,\mathrm{kg}_f$ (밸브 스템의 바깥 지름 $>$300mm)의 경우에는 바이패스 밸브를 설치하여야 한다.

예제 23-7. 실린더 지름 375mm, 행정 600mm, 회전수 100rpm, 압력 1.2MPa, 밸브의 유속 18m/s 이하로 하여 스톱 밸브를 설계하라.

풀이〉 피스톤의 면적 A'는

$$A' = \frac{\pi}{4} \times 0.375^2 = 0.1104\,\mathrm{m}^2$$

피스톤의 평균속도 v'는

$$v' = \frac{2 \times 0.6 \times 100}{60} = 2.00\,\mathrm{m/s}$$

밸브의 면적을 A, 밸브의 유속을 $v = 18\,\mathrm{m/s}$라 하고 연속의 조건에서

$$Av = A'v'$$

로부터

$$A = \frac{v'}{v}A' = \frac{2.00 \times 0.1104}{18} = 0.0123\,\mathrm{m}^2$$

이며, 밸브의 지름 d는

$$d = \sqrt{\frac{4A}{\pi}} = \sqrt{\frac{4 \times 0.0123\,\mathrm{m}^2}{\pi}} = 0.125\,\mathrm{m}$$

이므로 호칭 지름을 125mm로 결정한다.

밸브의 4개의 베인을 가지고 있고 베인의 판 두께가 6mm, 밸브 시트 구멍의 지름을 135mm로 가정하면, 밸브의 유효면적은 식 (23·22)로부터

$$A_m = \frac{\pi}{4}d^2\left(1 - \frac{2 \times 4 \times 0.006}{\pi \times 0.135}\right) = 0.0127\,\mathrm{m}^2$$

이 되고, 이 값은 위의 $A = 0.0123\,\mathrm{m}^2$ 와 거의 같으므로 밸브 지름은 135mm가 좋다. 이 때 양정은 식 (23·22)로부터

$$h = \frac{0.135}{4}\,\frac{1 - \dfrac{2 \times 4 \times 0.006}{\pi \times 0.135}}{1 - \dfrac{4 \times 0.006}{\pi \times 0.135}} = 0.0317\,\mathrm{m}$$

이다. 밸브 시트의 너비를 $b = 3\,\mathrm{mm}$로 하고 밸브의 윗면에 압력을 가하는 경우 식 (23·24)의

제 2항은

$$p\frac{\pi}{4}(d+2b)^2 = 12 \times \frac{\pi}{4}(0.135+0.006)^2 = 18{,}737\,\text{N}$$

또, 재질을 청동으로 하면 $p'' \leqq 20\,\text{MPa}$이고, 식 (23·24)의 우변은

$$p''\pi(d+b)b = 20 \times 10^6 \pi(0.135+0.003) \times 0.003 = 26{,}012\,\text{N}$$

이며, 위의 18,737 N은 이 허용값 26,012 N보다 낮으므로 안전하다.

그러나 누수를 생각하면 $p' \cong p''/3 \cong 6\,\text{MPa}$로부터

$$p'\pi(d+b)b = 6 \times 10^6 \pi(0.135+0.003) \times 0.003 = 7804\,\text{N}$$

$$18{,}737\,\text{N} + 7804\,\text{N} = 26{,}541\,\text{N} > 26{,}012\,\text{N}$$

로 되어 허용압력을 약간 초과하고 있다.

닫힌 밸브를 열려고 하는 경우 밸브 스템에 걸리는 힘은 식 (23·25)로부터

$$P = 1.2 \times 10^6 \times \frac{\pi}{4}(0.135+0.006)^2 = 18{,}737\,\text{N}$$

이 된다. 밸브 밑면에 압력이 가해지는 경우에는 식 (23·26)으로부터

$$P = 7804 + 1.2 \times 10^6 \times \frac{\pi}{4} \times 0.135^2 = 24{,}981\,\text{N}$$

이 얻어진다.

예제 23-8. 예제 23-7과 같은 조건으로 슬루스 밸브를 설계하라. 다만, 밸브의 유속은 30 m/s 이하로 한다.

풀이〉 밸브의 면적 A는

$$A = \frac{v'}{v}A' = \frac{2.00 \times 1105}{30} = 73.6\,\text{cm}^2$$

이므로, 밸브 지름 d는

$$d = \sqrt{\frac{4 \times 73.6}{\pi}} = 9.68 \approx 10\,\text{cm}$$

이므로 호칭 지름은 100 mm로 한다.

밸브는 $\theta = 3°$인 쐐기형으로 하고, $\rho = 6°$, 재질은 청동, $p'' = 200\,\text{kg}_f/\text{cm}^2$, $p' = p''/3$, 밸브 시트 너비 $b = 2.5\,\text{mm}$로 하여 식 (23·30)에서 압력을 계산하면

$$p'' = \frac{3}{2} \times 12 \times \frac{10^2}{4 \times 0.25 \times 10.25}\ \frac{1}{1 - 0.36 \times 0.05} \cong 179\,\text{kg}_f/\text{cm}^2 \leqq 200\,\text{kg}_f/\text{cm}^2$$

밸브 스템에 가해지는 힘은 식 (23·31)로부터

$$P = \frac{\pi}{4} \times 10^2 \times 12(\tan 9° + \tan 30°) + 2\pi \times 0.25 \times 10.25 \times \frac{179}{3}(\tan 6° + \tan 9°)$$
$$= 827\,\text{kg}_f < 4000\,\text{kg}_f$$

이므로, 바이패스 밸브는 필요하지 않다.

다음은 밸브 스템의 나사설계를 하면 나사의 바깥 지름 $d = 16$mm를 사용하면 골지름 $d_1 =$ 11.5mm, 유효 지름 $d = 13.75$mm, 피치 $p = 4.233$mm 이다. 나사의 리드각은

$$\alpha = \tan^{-1}\frac{4.233}{\pi \times 13.75} = 5°36'$$

마찰각을 $\rho = 6°$로 하면 나사를 돌리는 데 필요한 토크 T는 식 (23 · 27)에서

$$T = 827 \times \frac{1.375}{2}\tan(6° + 5°36') = 117\,\text{kg}_f\cdot\text{cm}$$

이 비틀림 모멘트에 의한 전달응력은 나사골 부분에서

$$\tau = \frac{T}{\frac{\pi}{16}d_1^3} = \frac{16 \times 117}{\pi \times 1.15^3} = 391\,\text{kg}_f/\text{cm}^2$$ 이므로 보통강으로도 충분하다.

연 습 문 제

1. 관의 허용압력을 결정하기 위한 수압시험에 관해서 설명하라.
2. 두꺼운 관이 내압을 받게 되면 관벽에 발생되는 응력은 어떤 형태로 나타나는지 표시하고, 설계시 사용되는 기준응력은 어느 것인가?
3. 관에 온도상승이 발생하면 열팽창으로 인한 열응력은 어떻게 나타나는가?
4. 신축이음이 왜 필요하며 신축이음으로 사용되고 있는 것으로 어떤 것이 있는가?
5. 밸브로 널리 사용되고 있는 스톱 밸브와 슬루스 밸브에 관한 특성을 들어라.
6. 두께 10mm, 인장강도 450MPa의 연강관으로 70MPa의 내압을 받는 원관을 만들려고 한다. 안전계수를 4로 하면 안지름은 얼마로 해야 하는가? (D=28.93mm)
7. 강판으로 만들어진 원통형 탱크가 내압을 받아서 40MPa의 원주응력을 발생하면 부피는 얼마나 증가하는가? 다만, 양끝의 덮개는 변형하지 않으며 재료의 푸아송비는 0.3, 세로 탄성계수는 210GPa 이다. (0.34% 증가)
8. 바깥 지름 185mm, 구경 105mm의 대포가 있다. 포탄 발사의 화약폭발 압력이 70MPa라고 하면 포신에 발생하는 최대응력은 얼마인가? (σ_t=136.5MPa)
9. 길이 2.4m의 강관이 있다. 이 관을 양단고정하여 100℃의 온도상승을 주면 관에는 얼마의 압축응력이 생기는가? 다만, E=210GPa, 관의 선팽창 계수 α=1.1×1.10^{-5}이다. 또, 이 관의 바깥 지름을 105mm, 안지름을 85mm로 하면 고정단에는 얼마의 힘이 작용하는가? (σ_c=231MPa, P=689.1kN)
10. 유효낙차 190m, 출력 137MW의 수차를 갖는 발전소를 설립하는 데 필요한 수압관을 설계하라. 다만, 수압관 입구와 출구와의 낙차는 195m로 수차의 효율은 92%이다. (D=5.04m, t=103mm의 주강관)
11. 압력 100kg$_f$/cm^2(게이지압), 온도 400℃의 증기를 100t/hr로 발생하는 보일러가 있다. 이 보일

러에 100℃의 물을 급수하는 데 11,370kW의 전동기로 구동하는 원심펌프를 사용한다. 이 원심펌프의 토출관을 설계하라. 다만, 흡입수면과 보일러 내의 수면 사이는 10m, 펌프 중심축과 토출수면 사이는 9m, 펌프의 효율을 80%로 한다. (D=770mm, t=136mm의 주철관)

12. 위의 문제에서 보일러의 증기관을 설계하라. (D=179mm, t=85mm의 주철관)

13. 위의 문제에서 증기관의 양단이 완전히 고정되어 있는 길이 10m의 직선부분이 있다. 이 부분에 생기는 전압축력은 얼마인가? (P=2810ton)

14. 용량 $30m^3$, 지름 3m의 원통 물탱크를 강판을 리벳이음하여 만들려고 한다. 두께를 얼마로 해야 하는가? 부식에 대한 여유 두께는 0.73mm로 한다. (t=2.6mm)

15. 실린더 지름 400mm, 행정 500mm, 회전수 200rpm, 압력 $15kg_f/cm^2$, 밸브의 유속 20m/s로 하였을 때, 여기에 적절히 사용되는 스톱 밸브를 설계하라.

(d=163mm, 베인의 수 4, 베인의 판 두께 6mm,
시트구멍 지름 170mm, h=40.5mm, b=5mm)

◇찾아보기◇

≪ㄱ≫

≪ㄴ≫

≪ㅈ≫

≪ㅊ≫